Springer-Lehrbuch

Stephen G. Lipson
Henry S. Lipson
David S. Tannhauser

Optik

Übersetzt von Holger Becker

Mit 332 meist zweifarbigen Abbildungen,
125 Aufgaben und vollständigen Lösungen

Springer

Professor Dr. Stephen G. Lipson
Professor Dr. David S. Tannhauser
Department of Physics
Technicon-Israel Institute of Technology
Haifa, Israel

Professor Dr. Henry S. Lipson †

Übersetzer
Dr. Holger Becker
Zeneca SmithKline Centre for Analytical Sciences
Department of Chemistry
SW7 2AY South Kensington, London, United Kingdom

Titel der englischen Originalausgabe:
Optical Physics, 3rd Edition. © Cambridge University Press 1995

ISBN 978-3-540-61912-3

Die Deutsche Bibliothek – CIP-Einheitsaufnahme
Lipson, Stephen G.: Optik:
125 Aufgaben und vollständige Lösungen / Stephen G. Lipson; Henry S. Lipson;
David S. Tannhauser.
Aus dem Engl. übers. von Holger Becker.
- Berlin; Heidelberg; New York; Barcelona; Budapest; Hongkong; London; Mailand; Paris; Santa
Clara; Singapur; Tokio: Springer, 1997
(Springer-Lehrbuch)
Einheitssacht.: Optical physics <dt.>
ISBN 978-3-540-61912-3   ISBN 978-3-642-59053-5 (eBook)
DOI 10.1007/978-3-642-59053-5

Umschlagabbildung: Photo eines anisotropen Kristalls in zirkular polarisiertem Licht, aufgenommen mit einem Polarisationsmikroskop. Mit freundlicher Genehmigung der Carl Zeiss Jena GmbH
(Deutschland)

Herstellung: Claus-Dieter Bachem und Petra Treiber, Heidelberg
Redaktion: Antje Endemann, Heidelberg
Datenkonvertierung und Umbruch in LaTeX 2_ε: Thomas Schmidt, Leipzig
Layout und Zeichnungen: Schreiber VIS, Seeheim
Einbandgestaltung: Meta-Design, Berlin

SPIN: 10532732   56/3144 - 5 4 3 2 1 0 – Gedruckt auf säurefreiem Papier

Henry S. Lipson, der Seniorautor des vorliegenden Lehrbuches, starb überraschend am 26. April 1991, kurz nachdem der Verlag eine dritte Ausgabe dieses Buches vorgeschlagen hatte. Henrys großes Interesse an physikalischer Optik, speziell an Fraunhoferscher Beugung, entstammte seiner Forschung auf dem Gebiet der Röntgenkristallographie, auf dem er einer der Pioniere war.

Er erhielt 1930 seinen B. Sc. (Bachelor of Science) in Physik von der Universität Liverpool und ergänzte sein Studium durch Forschungen auf dem Gebiet der Strukturbestimmung von Kristallen, was zu einer engen Freundschaft mit W. L. Bragg führte, der auf den Rest seiner Karriere einen starken Einfluß haben sollte. Zusammen mit A. Beevers bestimmte er zum ersten Mal die Struktur eines komplexen Kristalls $CuSO_4 \cdot 5\,H_2O$, der nur minimale Symmetrie besitzt, wobei sie die Fourier-Synthese mit geschickt geratenen Phasen verwendeten. Diese Arbeit führte zu ihrer Entwicklung der Fourier-Streifen, einer Berechnungsmethode, die bei Arbeiten zur Kristallstrukturforschung etwa 30 Jahre lang benutzt wurde, bis sie durch elektronische Computer überflüssig gemacht wurde.

1945 wurde er zum Dekan des Physik-Departments des Manchester College of Technology ernannt und wurde Physikprofessor, als das College zur University of Manchester Institute of Science and Technology (UMIST) umgewandelt wurde. Diese Stellung behielt er bis zu seiner Pensionierung bei.

Die Analogie zwischen Röntgenbeugung und der optischen Beugung führte Henry seit 1948 zu Bemühungen, mit Hilfe optischer Beugungsphänomene die Fourier-Synthese zu simulieren und auf diese Weise die Kristallstruktur zu bestimmen. Ein spezielles Problem, das mit dieser Methode zugänglich wurde, war das der Übergitter bei Legierungen. Es war diese Art Probleme, die 1966 den Ursprung dieses Buches darstellten.

Henry wird von seiner Frau Jenny, der die ersten beiden Ausgaben gewidmet waren, von zweien seiner drei Kinder und sieben Enkeln überlebt. Diese Ausgabe von „Optical Physics" ist seinem Andenken gewidmet.

Vorwort
zur deutschen Übersetzung

Wir sind sehr erfreut darüber, daß sich der Springer-Verlag entschlossen hat, dieses Buch ins Deutsche zu übersetzen und hoffen, daß die Leser es anregend finden werden.

Wir haben die Gelegenheit genutzt, um einige Fehler und Mehrdeutigkeiten, die in der dritten englischen Ausgabe noch enthalten waren oder sich darin eingeschlichen hatten, zu korrigieren, und möchten dem Übersetzer, Dr. H. Becker, und dem Springer-Verlag, insbesondere Frau A. Endemann, dafür danken, daß sie uns auf einige davon aufmerksam gemacht haben. Wir möchten den Mitarbeitern des Springer-Verlags auch für ihre Geduld und das Eingehen auf unsere Wünsche danken.

Wir haben erfreut festgestellt, daß die Überarbeitung der Abbildungen, die für diese Ausgabe notwendig wurde, aufs sachverständigste ausgeführt wurde und daß die Länge der deutschen Sätze im allgemeinen *kürzer* ist als bei der englischen Ausgabe. Wir hoffen, daß diese beiden Punkte zur Klarheit des Buches beitragen werden.

Die Übungsaufgaben erscheinen hier am jeweiligen Kapitelende, aber wir möchten darauf hinweisen, daß zahlreiche davon in dem Sinne „global" sind, daß sie Konzepte von verschiedenen, möglicherweise sogar später folgenden Kapiteln des Buches verwenden. Die Lösungen der Übungsaufgaben sind in diese Ausgabe mit aufgenommen worden, und wir möchten hier Dr. Erez Ribak für seine Hilfe bei der Erstellung danken. Einige der Aufgaben haben sich als schwieriger herausgestellt, als wir zunächst angenommen haben, und die Antworten sind dementsprechend lang. Wir haben versucht, die zugrundeliegenden physikalischen Konzepte so weit wie möglich zu betonen, möglicherweise zu Lasten mathematischer Exaktheit. Wir haben keine Details zu den Rechenmethoden, die wir zu numerischen Lösungen verwandt haben, angegeben; einige wurden mit Hilfe des Programms „Mathematica" berechnet. In den wenigen Fällen, in denen die Lösung aus der direkten Anwendung einer Formel aus dem Text besteht, haben wir nur die Antwort angegeben. Wir sind sicher, daß auch weiterhin Fehler oder Unklarheiten im Buch vorkommen, und sind Lesern dankbar, wenn sie uns darauf per Post oder Email hinweisen (phr22sl@physics.technion.ac.il, phr07dt@tx.technion.ac.il).

Haifa, Mai 1997

S. G. Lipson
D. S. Tannhauser

Vorwort
zur dritten englischen Auflage

Die Aufforderung des Verlags, „Optical Physics" für eine dritte Auflage zu überarbeiten, hat uns sehr ermutigt. Die Aufforderung beinhaltete aber auch viel mehr Arbeit, als wir vorhergesehen hatten; auf der einen Seite wurden wir speziell danach gefragt, die Behandlung der geometrischen Optik, der Faseroptik und der Quantenoptik zu vertiefen, auf der anderen Seite sollte der Umfang des Buches nicht zunehmen. Dazu bedurfte es offensichtlich einer Neufassung der restlichen Kapitel des Buches. Speziell die Nachfrage nach den letzten beiden Themengebieten haben wir begrüßt. Sowohl die Faseroptik als auch die Quantenoptik haben im letzten Jahrzehnt große Fortschritte gemacht, und ein grundsätzliches Verständnis von beiden ist nicht nur für Spezialisten, sondern für jeden Studenten der Physik wichtig. Da wir keine Mathematiker sind, hoffen wir, daß unser Zugang zu diesen Themengebieten – in Analogie zu wohlbekannten, gelösten Problemen aus der Quantenmechanik – bei dem Teil unserer Leserschaft Anklang findet, dem es ebenso geht. Wir haben bei der Bearbeitung der beiden Gebiete mit Sicherheit viel gelernt. Wir haben beschlossen, die geometrische Optik in einer praxisnahen Formulierung darzustellen, von der wir hoffen, daß sie dadurch für Studenten, die heutzutage sicheren Umgang mit Computern haben, attraktiv wird. Wir haben uns dabei hauptsächlich auf die Gaußsche Optik beschränkt, die für einen Physiker im allgemeinen den meisten Nutzen bringt.

Wir haben die vorangegangenen Auflagen dieses Buches seit mehr als einem Jahrzehnt als Grundlage zweier Vorlesungen verwendet. Eine davon ist ein Kurs während des Grundstudiums, der als Voraussetzungen ein Abiturwissen in Optik sowie elementare Kenntnisse der Wellentheorie und Quantenmechanik erfordert. Diese Vorlesung behandelt das meiste aus den Kapiteln 3, 4, 7, 8, 9, 11 und 12. Wir haben auch einen Hauptstudiumskurs in fortgeschrittenen optischen Problemen gehalten, der unter anderem die Kapitel 6, 10, 13 und 14 abdeckt.

Diese neue Auflage enthält auch ein erweitertes und aktualisiertes Literaturverzeichnis. Soweit es möglich war, haben wir uns auf Lehrbücher und Übersichtsartikel bezogen, die Material in einer pädagogischen Aufbereitung enthalten. Zusätzlich haben wir mehrere populärwissenschaftliche Abhandlungen aufgeführt, die besonders für Studienanfänger nützlich sind. Besonders bei den fortgeschritteneren Themen war es unvermeidbar, Artikel aus Fachzeitschriften aufzunehmen, von denen wir hoffen, daß sie wenigstens einen Teil der Begeisterung über die moderne optische Forschung vermitteln können.

Es ist traurig, festhalten zu müssen, daß Henry Lipson nur beim ersten Treffen der drei Autoren teilnehmen konnte, bei dem die allgemeine Ausrichtung der Neuauflage festgelegt wurde. Er starb einige Tage nach dieser Sitzung; aber natürlich beeinflussen die Auswirkungen seiner persönlichen Auffassung der Optik und der Art und Weise, wie sie gelehrt werden sollte, noch sehr stark die Darstellung. Wir haben aus diesem Grund den Schwerpunkt auf der Fouriertransformation als grundlegendes Werkzeug genauso beibehalten wie die zahlreichen Beispiele aus dem Bereich kristallographischer Methoden. Soweit dies möglich war, haben wir die Theorie mit Photographien echter Laborergebnisse verdeutlicht; zahlreiche Experimente aus der zweiten Auflage wurden wiederholt und hoffentlich verbessert.

Wir haben auch den Aufgabenteil überarbeitet, der jetzt insgesamt etwa einhundert Aufgaben umfaßt. Die meisten davon zielen darauf ab, das Nachdenken zu fördern und zielen weniger auf Prüfungsvorbereitung. Wir planen, die Lösungen zu den Aufgaben zu publizieren, die schriftlich von den Autoren erhalten werden können (E-Mail: PHR22SL@ PHYSICS.TECHNION.AC.IL, PHR07DT@TX.TECHNION.AC.IL).[1]

Es ist uns eine Freude, den zahlreichen Personen zu danken, die uns bei der Erstellung dieser Auflage geholfen haben. Wir müssen hier speziell Sam Braunstein, Netta Cohen, Arnon Dar, Michael Elbaum, Baruch Fisher, Kopel Rabinovitch, Erez Ribak, Vassilios Sarafis, John Shakeshaft und Michael Woolfson erwähnen, die bestimmte Themengebiete vorgeschlagen, das Manuskript gelesen und kritisch kommentiert haben. Die Geduld und die Fähigkeiten von Frau Julia Löwnheim bei der Herstellung der Photographien seien dankbar erwähnt sowie die Hilfe von Michael Dovrat, Gila Etzion, Shimon Kostianovski, Ariel, Carni und Doron Lipson, Carina Reisin und Elizabeth Yudim bei der Herstellung des Manuskripts und der Abbildungen. Wir danken speziell Rina Lipson für die Erstellung des Indexes. Wir bedanken uns ebenso für die finanzielle Unterstützung durch den Technion President's Fund, mit der einige der Herstellungskosten gedeckt werden konnten.

S. G. Lipson
D. S. Tannhauser

---

[1] Anmerkung des Verlags: Die vorliegende deutsche Ausgabe enthält bereits alle vollständigen Lösungen.

Vorwort
zur zweiten englischen Auflage

Seit dem Erscheinen der ersten Auflage ist das Gebiet der Optik, wie es an Universitäten studiert wird, sowohl im Umfang als auch in seiner Popularität gewachsen, und sowohl wir als auch der Verlag waren der Meinung, daß die Zeit für eine Neuauflage von „Optical Physics" gekommen ist.

Bei der Vorbereitung für die neue Auflage haben wir in mehrerer Hinsicht weitgehende Veränderungen vorgenommen. Zuerst haben wir versucht, alle Fehler und konzeptionellen Mängel, die uns während der neunjährigen Verwendung des Buches aufgezeigt wurden, zu beseitigen. Zweitens haben wir eine wichtige Änderung beim Inhalt vorgenommen: Wir haben das Kapitel über Quantenoptik in die anderen Kapitel des Buches aufgenommen. Im Laufe der Jahre sind zahlreiche Lehrbücher zum Thema Laserphysik erschienen, und es erscheint heute für ein Buch über Optik unerfüllbar, dieses Thema in einem Kapitel befriedigend zu behandeln. Da jedoch einige Kenntnisse über die Prinzipien des Lasers für das Verständnis der heutigen physikalischen Optik vonnöten sind, insbesondere, wenn Kohärenzphänomene besprochen werden, haben wir die Teile, die wir als notwendiges Minimum ansehen, in Kapitel 7 und 8 aufgenommen.

Zusätzlich zu diesen inhaltlichen Änderungen haben wir die Zahl der dem Leser angebotenen Übungsaufgaben erhöht, sie in Kapitel aufgeteilt und Lösungen vorbereitet. Wir haben auch einige Vorschläge aufgegriffen, die unserer Erfahrung nach als studentische Projekte dazu geeignet sind, das Themengebiet dieses Buches zu illustrieren.

Wir sind natürlich all denen dankbar, die uns auf Fehler und Verbesserungsmöglichkeiten aufmerksam gemacht haben. Speziell müssen wir hier D.S. Tannhauser, I. Senitsky und M. Neugarten danken, die uns erheblich durch kritisches Lesen des erneuerten Manuskripts geholfen haben. Wir sind auch den Angestellten von Cambridge University Press sehr dankbar, die weitgehend bei der Behebung von Fehlern und Ungenauigkeiten in unserem Manuskript beteiligt waren.

Mai 1979

S. G. Lipson
H. S. Lipson

Vorwort
zur ersten englischen Auflage

Es gibt zwei Sorten von Lehrbüchern. Auf der einen Seite gibt es Referenzhandbücher, in denen ein Student Klarheit über relativ unbedeutende Punkte oder eine ins Detail gehende Darstellung wichtiger Experimente finden kann. Auf der anderen Seite gibt es erklärende Bücher, die sich hauptsächlich mit den Prinzipien beschäftigen und helfen, Bücher des ersten Typs zu verstehen.

Wir haben versucht, ein Lehrbuch der zweiten Sorte zu produzieren. Es behandelt hauptsächlich die Prinzipien der Optik, wobei wir allerdings überall dort, wo es möglich war, die Bedeutung dieser Prinzipien für andere Zweige der Physik betont haben – daher der eher ungewohnte Buchtitel.[1] Wir haben dabei die Beschreibung zahlreicher klassischer Experimente der Optik – beispielsweise Foucaults Bestimmung der Lichtgeschwindigkeit – weggelassen, da diese heute bereits in den Schulbüchern in sehr guter Art und Weise beschrieben werden. Zusätzlich haben wir versucht, mehrfache Beschreibungen eines Gebiets zu vermeiden; da wir z. B. denken, daß der graphische Ansatz für Interferenz und die Fraunhofersche Beugung vollständig durch den Ansatz der komplexen Wellentheorie abgedeckt wird, haben wir ersteren gar nicht verwendet.

Aus diesen Gründen wird sich herausstellen, daß das Buch nicht als einführendes Lehrbuch verwendet werden soll, sondern hoffentlich für Studenten auf allen Niveaus nützlich sein wird. Die ersten Kapitel sind dabei eher einführend, und wir hoffen, daß zu dem Zeitpunkt, an dem die Kapitel erreicht werden, die ein Wissen an Vektorrechnung und komplexen Zahlen erfordern, die Studenten die notwendigen mathematischen Fähigkeiten erlernt haben.

Wir haben die Verwendung von Fourierreihen hervorgehoben; insbesondere die Fouriertransformation – die eine wichtige Rolle in so vielen Bereichen der Physik spielt – wird ziemlich detailliert dargestellt. Zusätzlich haben wir – sowohl theoretisch als auch experimentell – der Operation der Faltung einige Bedeutung beigemessen, da wir denken, daß jeder Physiker sie fließend beherrschen sollte.

Wir möchten der beträchtlichen Zahl an Leuten danken, die uns geholfen haben, dieses Buch in seiner vorliegenden Form zu erstellen. Professor C. A. Taylor und Professor A. B. Pippard hatten beträchtlichen Einfluß auf die endgültige Form – vielleicht mehr, als sie ahnen. Dr. I. G. Edmunds und Herr T. Ashworth haben den gesamten Text gelesen, und ihnen ist dafür zu danken, daß der Text nicht noch mehr Inkonsistenzen enthält. (Wir glauben nicht daran, daß es überhaupt keine gibt!) Dr. G. L. Squires und Herr T. Blaney haben uns wertvolle Hinweise für spezielle Teile des Buches gegeben. Herr F. Kirkman und seine Assistenten – Herr A. Pennington und Herr R. McQuade – haben beträchtliche Geduld bei der Herstellung einiger der genaueren photographischen Illustrationen aufgebracht und schöne Ab-

---

[1] Gemeint ist der Titel „Optical Physics" der englischen Originalausgabe.

züge für den endgültigen Druck zur Verfügung gestellt. Herr L. Spero hat uns sehr beim letzten Schliff für unser Manuskript geholfen.

Schließlich möchten wir den drei Damen danken, die letztendlich die druckreife Version des Manuskripts fertigstellten – Frau M. Allen, Frau E. Midgley und Frau K. Beanland. Sie haben ein enormes Entgegenkommen bei den in letzter Minute vorgenommenen Veränderungen gezeigt, und ihre Hilfe hat viel dazu beigetragen, unsere Arbeit zu erleichtern.

S. G. Lipson
H. S. Lipson

Inhaltsverzeichnis

3. Geometrische Optik

4. Fouriertheorie

7. Beugung

8. Fraunhofer-Beugung und Interferenz   `8`

9. Interferometrie   `9`

12. Bildentstehung 12

15. Lösungen der Übungsaufgaben

A. Anhang

Literaturverzeichnis

Sach- und Namenverzeichnis

Eine kurze Geschichte der Optik

1 Eine kurze Geschichte der Optik

▼ Übersicht

Wir möchten dieses Buch mit einem kurzen Kapitel über die Geschichte der Optik beginnen. Wissenschaftliche Theorien und Konzepte haben ihre eigene Entstehungsgeschichte, die oft zum Verständnis viel beitragen kann. Deswegen sollen hier zunächst die entscheidenden Entdeckungen und Entwicklungen der Optik vorgestellt werden.

1.1 Die Bedeutung der Geschichte

Warum sollte ein Physiklehrbuch mit einem Kapitel über Geschichte beginnen? Warum kann man nicht einfach mit dem heutigen Wissen beginnen und mögliche Ablenkungen durch veraltetes Material vermeiden? Diese Frage wäre dann berechtigt, wenn Physik eine vollständige und abgeschlossene Wissenschaft wäre. In einem solchen Fall spielt nur das Endergebnis eine Rolle, und der ganze Prozeß der Entstehung dieser Kenntnisse wäre irrelevant. Aber gerade die Physik ist keine solch abgeschlossene Wissenschaft und speziell die Optik ein rasch fortschreitendes Gebiet. Es ist für Studierende wichtig zu erkennen, daß Ideen aus der Vergangenheit sehr wohl Auswirkungen auf die Zukunft haben können. Nur die Gegenwart zu studieren, kommt dem Versuch gleich, ein Schaubild mit nur einem Punkt zeichnen zu wollen.

Es ist zudem interessant und manchmal ernüchternd zu erfahren, wie einige der großen Ideen geboren wurden. Durch den Blick in die Vergangenheit kann man manchen Einblick – wenn vielleicht auch nur oberflächlich – in die Gedanken und Arbeitsweisen großer Physiker bekommen. Natürlich kann kein Lehrbuch ihre Arbeitsweise vollständig beschreiben, aber auch ein kurzer Blick auf die Probleme und Schwierigkeiten, die sie überwinden mußten, kann wertvoll sein. Was für sie größte Schwierigkeiten dargestellt haben mag, erscheint uns heute trivial, vielleicht, weil wir über die Erfahrung von Generationen verfügen, die sich mit dem Problem beschäftigt haben; vielleicht haben wir aber auch die Probleme einfach hinter einer elaborierten Fachsprache versteckt. *Newton* fand beispielsweise in seinen späten Lebensjahren die Idee der „Fernwirkung" einer Kraft unbefriedigend, obwohl er von ihr in seinen Werken ausgiebig Gebrauch machte. Heutzutage akzeptieren wir dieses Konzept als selbstverständlich, aber sind wir mit seinem Verständnis weiter als *Newton*? Sich ab und zu solch fundamentaler Fragestellungen zu erinnern, hilft, den Geist zu schärfen, etwas, was auch für die moderne Physik von großem Nutzen ist. Physik zu studieren heißt, Fragen zu stellen, genauso wie sie die Genies der Vergangenheit gestellt haben. Durchschnittliche Studierende werden jemanden finden, der ihnen die Fragen beantwortet, gute beantworten sie selbst.

Die Geschichte der Optik folgt zwei parallelen Pfaden; verschieden, aber stark voneinander abhängig. Der erste beschäftigt sich mit dem Verständnis der **Natur des Lichts**; die ursprüngliche Frage war, ob Licht aus Teilchen besteht, die der Newtonschen Mechanik folgen, oder ob es eine Welle ist, falls ja, in welchem Medium? Als die Wellennatur deutlicher wurde, wurde die Frage nach dem Medium drängender, um schließlich von der Relativitätstheorie beantwortet zu werden. Aber die Quantenmechanik belebte den **Welle-Korpuskel**-Streit erneut, und auch heute noch werden viele grundsätzliche Fragen vor dem Hintergrund dieses Dualismus gestellt. Die Erfindung des Lasers, der Licht in einer völlig anderen Art ausstrahlt als thermische Quellen, ist ein Resultat dieser Diskussion. Sie hat das Überdenken zahlreicher optischer Konzepte notwendig gemacht.

Der zweite Pfad folgt den **Anwendungen der Optik**. Beginnend mit einfachen lichtbrechenden Geräten, die sich gut durch die Korpuskulartheorie erklären ließen, wurde die Wellennatur des Lichts immer wichtiger, je komplexer die Geräte wurden, und schließlich wurde klar, daß eine fundamentale Grenze ihrer Leistungsfähigkeit existiert. Aber auch die Wellentheorie ist nicht ausreichend, um die Empfindlichkeitsgrenzen optischer Geräte zu beschreiben, die schließlich durch die Quantenmechanik gegeben sind. Nur ein tieferes Verständnis davon führt uns heute zu immer empfindlicheren Meßtechniken.

1.2 Die Natur des Lichts

1.2.1 Erste Überlegungen

Schon in der Frühzeit hatten die Menschen erste grobe Vorstellungen von der Natur des Lichts, hauptsächlich dadurch motiviert, den Vorgang des Sehens mit dem am besten bekannten Sinn, dem Tastsinn, zu vergleichen. Aber keiner dieser frühen Gedanken fand große Verbreitung und es dauerte bis zur Einführung des Experiments als wissenschaftliche Methode durch *Galileo Galilei* (1564–1642), bevor echte Fortschritte erzielt wurden. *Galilei* war der erste Naturforscher, der konsequent **Experimente** zum Testen einer Theorie verwendete, eines davon z. B. sein Versuch, die Lichtgeschwindigkeit zu messen. Der Versuch scheiterte, aber allein das Konzept eines solchen Versuchs war ein intellektueller Triumph.

1.2.2 Frühes Wissen

Reisen wir zurück in *Galileis* Zeit. Was wußte man über das Licht zu Beginn des 17. Jahrhunderts? Zuerst einmal, daß es sich geradlinig ausbreitet. Zweitens, daß es von glatten Oberflächen unter bekannten Gesetzen reflektiert wird. Drittens, daß seine Ausbreitungsrichtung sich beim Übergang von einem Medium in ein anderes ändert (**Brechung**). Die Regeln für dieses Phänomen waren nicht so leicht zu erschließen, wurden aber trotzdem von *Snellius* (1591–1626) entdeckt und später von *Descartes* (1596–1650) bestätigt. Viertens kannte man das Phänomen, das heute als Fresnelbeugung bezeichnet wird. Es wurde von *Grimaldi* (1618–1663) und *Hooke* (1635–1703) beobachtet. Und schließlich wurde auch die Doppelbrechung von *Bartholinus* (1625–1698) entdeckt. Eine Theorie des Lichts muß all diese Phänomene erklären können.

Vor allem die beiden letzten Erscheinungen waren verwirrend. Warum wurden Schatten nicht beliebig scharf, wenn man die Lichtquelle verkleinerte, und warum erschienen dunkle Streifen im beleuchteten Bereich am Rand des Schattens einer scharfen Kante? Und wieso erzeugte Licht, das durch einen Kalkspatkristall fiel, zwei Bilder, während beim Durchgang durch die meisten anderen durchsichtigen Materialien nur ein Bild erzeugt wurde?

1.2.3 Welle oder Teilchen?

Wie in der Wissenschaft bei ungenügenden experimentellen Daten üblich, entbrannte ein Streit um die Natur des Lichts. *Newton* (1642–1727) unterstützte mit seiner ganzen Autorität die **Teilchenhypothese**, vor allem auf der Basis seines ersten Gesetzes, das besagt, daß sich ein Objekt ohne Einwirkung einer äußeren Kraft geradlinig bewegt. Er postulierte, daß die Gravitation nicht auf die Lichtteilchen wirkt. Doppelbrechung erklärte er durch eine Asymmetrie der Teilchen, wodurch ihre Ausbreitungsrichtung davon abhängig würde, ob die Teilchen aufrecht oder auf der Seite liegend den Kristall durchquerten. Er hatte die Vorstellung der Teilchen als kleine Magnete, daher das Wort „Polarisation", obwohl die ursprüngliche Erklärung schon längst überholt ist.

Eine Erklärung für die **Beugungsphänomene** zu finden war weitaus schwieriger. *Newton* erkannte ihre Bedeutung und führte einige Schlüsselexperimente aus. Er zeigte, daß Beugungsstreifen bei rotem Licht weiter auseinander liegen als bei blauem Licht. Als es ihm allerdings nicht gelang, dies mit der Korpuskulartheorie zu erklären, stellte er seine Experimente mit der Begründung ein, er habe zu viel zu tun! *Newton* war auch durch die Tatsache irritiert, daß Licht an einer Glasoberfläche teilweise reflektiert und teilweise transmittiert wurde; wie konnte es sein, daß einige Teilchen durchgelassen, andere reflektiert wurden? Er versuchte diese Frage mit dem Vorschlag von „Fits der Transmission" und „Fits der Reflexion" zu erklären. In einer Folge von Teilchen würden einige sich dadurch in die eine, einige in die andere Richtung bewegen. Er berechnete sogar die Länge der „Fits", die in die Nähe dessen kam, was wir heute als halbe Wellenlänge bezeichnen. Aber die gesamte Konstruktion war mühsam und nicht wirklich befriedigend.

Sein Zeitgenosse *Huygens* (1629–1695) war ein Vertreter der **Wellentheorie**. Damit konnte er die Beugungserscheinungen und die Doppelbrechung beschreiben, ohne allerdings den tieferliegenden Grund für die beiden Strahlen erklären zu können. Sowohl *Huygens* als auch *Newton* glaubten, daß, falls Lichtwellen wirklich existierten, sie wie Schallwellen longitudinale Wellen sein müßten. Es ist schon überraschend, daß zwei der großen Geister in der Wissenschaft beide diesem Irrtum verfielen. Hätten sie an transversale Wellen gedacht, wäre das Problem der Doppelbrechung gelöst gewesen.

1.2.4 Triumph des Wellenbildes

Newtons Autorität hielt die Korpuskulartheorie bis zum Ende des 18. Jahrhunderts am Leben, dann aber kamen Ideen auf, die nicht unterdrückt werden konnten. 1801 erzeugte *Young* (1773–1829) seine Beugungsmuster am **Doppelspalt** (Abb. 1.1), ein einfach auszuführendes Experiment, dessen Resultate nicht anzuzweifeln waren. 1815 erarbeitete *Fresnel* (1788–1827) die Theorie der Grimaldi-Hookeschen Muster, und 1821 erzeugte *Fraunhofer* (1787–1826) Beugungsmuster mit parallelem Licht, bei denen die Theorie viel einfacher war. Diese drei Männer legten die Grundlagen der Wellentheorie des Lichts, die auch die Grundlage für die heutige physikalische Optik bildet.

Die endgültige Niederlage der Korpuskulartheorie, zumindest bis zur Einführung der **Quantenmechanik**, kam 1818. In diesem Jahr schrieb *Fresnel* einen Wettbewerbsaufsatz für die französische Académie des Sciences über die Lichtbeugung. Aufgrund dieses Aufsatzes erdachte *Poisson* (1781–1840), einer der Juroren, eine Argumentation, die die Wellentheorie des Lichts durch eine Reductio ad absurdum ungültig machen würde: Man nehme an, eine Punktquelle erzeuge einen Schatten eines perfekt runden Objekts, entlang des Objektumfangs sind alle Wellen in Phase, daher müßten sie auch im Zentrum des Schattens in Phase sein. Aus diesem Grund sollte dort ein heller Punkt erscheinen. Absurd! *Fresnel* und *Arago* (1786–1853) führten dieses Experiment aus und fanden tatsächlich den hellen Fleck im Zentrum des Schattens (Abb. 1.2). Der Triumph der Wellentheorie schien vollständig.

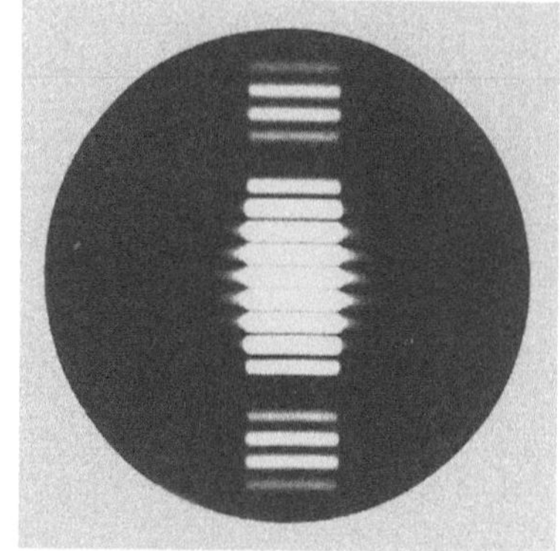

Abb. 1.1. Youngsches Interferenzmuster

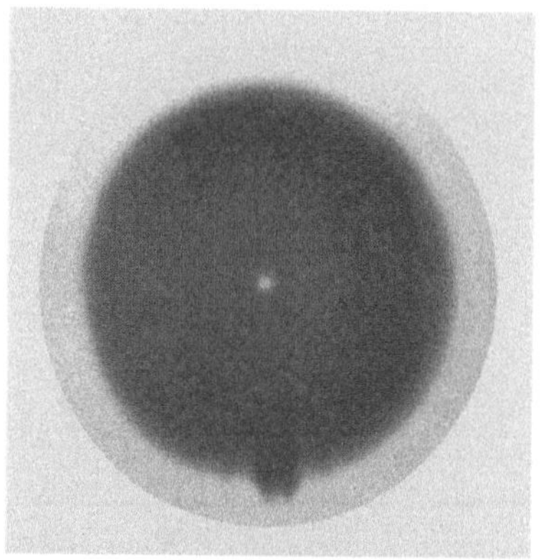

Abb. 1.2. Der helle Fleck im Mittelpunkt des Schattens einer Scheibe

1.3 Die Lichtgeschwindigkeit

1.3.1 Messungen

Die Methode, die *Galilei* verwendete, um die Lichtgeschwindigkeit zu messen, war bei weitem zu grob, um Erfolg zu haben. 1678 erkannte *Rømer* (1644–1710), daß Unregelmäßigkeiten bei den **Verdunklungen der Jupitermonde** durch eine endliche Geschwindigkeit des Lichts erklärt werden konnten. Er berechnete daraus eine Geschwindigkeit von etwa $3 \cdot 10^8 \, \mathrm{m \, s^{-1}}$. 1726 kam *Bradley* (1693–1762) zu den gleichen Schlußfolgerungen, als er die kleinen Ellipsenbewegungen beobachtete, die die Sterne am Himmel vollführen. Da diese Ellipsenbahnen eine Periode von einem Jahr hatten, mußten sie etwas mit der Bewegung der Erde zu tun haben.

Es dauerte allerdings bis 1850, daß direkte Messungen der Lichtgeschwindigkeit durchgeführt werden konnten. *Fizeau* (1819–1896) und *Foucault* (1819–1868) konnten damit die Abschätzungen *Rømers* und *Bradleys* bestätigen. Das Wissen um den genauen Wert war wichtig zur Bestätigung der Maxwellschen Theorie der elektromagnetischen Strahlung (Abschn. 1.4.2), die es ermöglichte, die Lichtgeschwindigkeit aus den Ergebnissen von elektrostatischen und -dynamischen Laborexperimenten abzuleiten. Durch *Michelson* (1852–1931) wurden die Methoden noch verfeinert, er erreichte eine Genauigkeit von 0,03%; bis heute wurden immer genauere Meßwerte gewonnen.

1.3.2 Brechungsindex

Der Gedanke, daß Lichtbrechung deswegen stattfindet, weil die Lichtgeschwindigkeit vom Ausbreitungsmedium abhängt, geht zurück auf *Huygens* und *Newton*. Gemäß der Korpuskulartheorie müßte die Lichtgeschwindigkeit in einem Medium größer sein als in Luft, die Teilchen müßten zum dichteren Medium hingezogen werden, um die beobachteten Brechungsphänomene zu erklären. Die Wellentheorie dagegen sagte eine niedrigere Lichtgeschwindigkeit in Wasser voraus, die Wellen „schleuderten" um die Ecke in die abgebeugte Richtung. *Foucaults* Methode zur Messung benötigte nur einen relativ kurzen Lichtweg, und die Lichtgeschwindigkeit konnte daher direkt in einem von Luft verschiedenen Medium, z. B. Wasser, gemessen werden. Obwohl zu dieser Zeit die Wellentheorie vollständig akzeptiert war, stellte Foucaults Methode eine weitere Bestätigung dar. Sie ermöglichte auch die Erforschung der Auswirkungen der Bewegung des Mediums auf die Lichtgeschwindigkeit, denn es war möglich, die Messungen auch bei fließendem Wasser durchzuführen. Die Ergebnisse konnten allerdings nicht mit dem physikalischen Wissen des 19. Jahrhunderts begründet werden, erst die **Relativitätstheorie** (Abschn. 9.4.1) konnte diese Experimente befriedigend erklären.

1.4 Transversale oder longitudinale Wellen?

1.4.1 Polarisation

Der Unterschied zwischen **longitudinalen** und **transversalen** Wellen war schon sehr früh in der Geschichte der Physik entdeckt worden; Schallwellen wurden als longitudinal erkannt, während Wasserwellen offensichtlich transversal waren. Im Falle des Lichts war das Phänomen, das eine Entscheidung möglich machte, die **Doppelbrechung** in einem Kalkspat-Kristall. Wie schon zuvor erwähnt, hatte *Huygens* darauf hingewiesen, daß dieses Phänomen, das in Abb. 1.3 zu sehen ist, etwas mit dem Zusammenhang zwischen Kristallorientierung und Richtung der Welle zu tun haben mußte. Er übersah allerdings die Verbindung zur Transversalität des Lichts.

1.4.2 Die Natur des Lichts

Diese Experimente sagen uns noch nichts über die Beschaffenheit des Lichts; sie beschäftigen sich alle mit seinem Verhalten. Der größte Schritt hin zu einem tieferen Verständnis kam aus einer völlig anderen Richtung: den theoretischen Studien zu Elektrizität und Magnetismus.

In der ersten Hälfte des 19. Jahrhunderts wurden die Zusammenhänge zwischen **Magnetismus und Elektrizität** durch Forscher wie *Oersted* (1777–1851), *Ampère* (1775–1836) und *Faraday* (1791–1867) weitgehend erkundet. *Maxwell* (1831–1879) wurde 1864 angeregt, ihre Ergebnisse zusammenzufassen und mathematisch zu formulieren. Bei der Bearbeitung der Formeln wurde klar, daß man sie in Form einer transversalen Wellengleichung darstellen konnte. Die Geschwindigkeit der Welle konnte dann von den bekannten magnetischen und elektrischen Konstanten abgeleitet

Abb. 1.3. Doppelbrechung in einem Kalkspat-Kristall

werden. Abschätzungen dieser Geschwindigkeit zeigten, daß sie gleich der Lichtgeschwindigkeit war. Licht konnte so als elektromagnetische Welle aufgefaßt werden. Diese Erkenntnis stand am Anfang einer der spannendsten Perioden in der Physik, in der Ideen aus verschiedenen Teilbereichen zusammengebracht und miteinander verbunden werden konnten.

1.5 Quantentheorie

1.5.1 Die Anfänge

Nach der Verbindung von geometrischer Optik und der Wellentheorie (physikalische Optik) schienen gegen Ende des letzten Jahrhunderts keine weiteren Regeln zur Erklärung der Lichtphänomene mehr notwendig. Trotzdem blieben einige grundlegende Fragestellungen unbeantwortet, beispielsweise die nach dem Spektrum eines glühenden Körpers. Warum wurden solche Objekte rotglühend bei Temperaturen um 600 °C und dann mit steigender Temperatur immer weißer? Große Wissenschaftler wie *Kelvin* (1824–1907) waren sich dieses Phänomens wohl bewußt, aber erst 1900 schlug *Planck* (1858–1947), sehr zögerlich, eine ad-hoc Lösung vor, die **Quantentheorie**.

Plancks Grundidee war die Aufteilung der Wellenenergie in kleine Pakete (Quanten), deren Energie proportional ihrer Frequenz sein sollte; niederfrequente Quanten, z. B. rotes Licht, lassen sich daher leichter erzeugen als hochfrequente. Diese Idee wurde ohne besondere Begeisterung aufgenommen, aber die Zweifel wurden durch mehr und mehr experimentelle Hinweise auf die Richtigkeit der Quantenhypothese aus dem Weg geräumt. Ab etwa 1920 war die Quantentheorie allgemein akzeptiert, vor allem aufgrund *Einsteins* (1879–1955) Arbeiten zum **photoelektrischen Effekt** und *Comptons* (1892–1962) Erklärung der Energie- und Impulserhaltung bei der **Streuung von Röntgenstrahlen** (1923).

1.5.2 Welle-Teilchen-Dualismus

Das eigentliche Problem ist aber immer noch nicht gelöst. Die gleichberechtigte Darstellung von Licht als Welle und Teilchen ist vor allem für diejenigen schwierig, die intuitiv zugängliche Vorstellungen in der Physik bevorzugen. Die Energie einer Welle ist über den Raum verteilt, die Energie eines Teilchens ist lokalisiert. Eine der besten Analogien ist die eines Wellenreiters, getragen und geführt von einer Welle. Müßte er durch eine enge Öffnung hindurch, würde er sie entweder verfehlen und durch das Hindernis gestoppt werden, oder er würde glatt durchgehen. Die Welle, die ihn führt, würde in diesem Fall allerdings abgeschnitten werden und könnte ihn nicht weiter mit der gleichen Genauigkeit führen; dies entspricht dem Fall der Beugung.

1.5.3 Materiewellen

Wie in der Physik üblich, führte ein Gedanke zum nächsten, und 1924 war es *de Broglie* (1892–1987), der aufgrund von Symmetrieüberlegungen ein neues Konzept vorstellte. *Faraday* hatte dieses Prinzip bei der Entdeckung des Elektromagnetismus angewendet; wenn Elektrizität Magnetismus hervorruft, kann dann Magnetismus Elektrizität produzieren? *De Broglie* fragte, „wenn man Wellen als Teilchen interpretieren kann, haben Teilchen dann auch Wellennatur?" Inzwischen hatten die Physiker gelernt, auch ausgefallene Theorien ernst zu nehmen, und innerhalb von drei Jahren wurde seine Frage beantwortet. Es wurde von *Davisson* (1881–1958) und *Germer* (1896–1971) mit Ionisationsmethoden und von *G.P. Thomson* (1892–1975) mit photographischen Methoden gezeigt, daß Elektronen von Materie in ähnlicher Weise gebeugt werden können wie Röntgenstrahlen. Seither wurden solche Beugungsexperimente auch mit anderen Teilchen wie Neutronen, Protonen und Atomen durchgeführt. Aufgrund dieser Experimente stellte *Schrödinger* (1887–1961) 1928 eine allgemeine **Wellentheorie der Materie** auf, die zumindest bis hin zu atomaren Dimensionen die Verhältnisse richtig beschreibt.

1.6 Optische Instrumente

1.6.1 Das Teleskop

Obwohl einzelne Linsen seit Urzeiten bekannt waren, dauerte es bis zum Beginn des 17. Jahrhunderts, bis optische Instrumente in dem Sinn, wie wir sie heute kennen, erfunden wurden. *Lippershey* (1570–1619) entdeckte 1608 wahrscheinlich zufällig, daß zwei getrennte Linsen ein entferntes Objekt vergrößert abbilden können. *Galilei* machte sich diese Entdeckung zu eigen, baute sein eigenes Teleskop und begann, eine Serie von Entdeckungen zu machen – die Jupitermonde und die Saturnringe – die die Astronomie grundlegend ändern sollten. *Newton*, der mit den Farbverzeichnungen der Bilder im Linsenteleskop unzufrieden war, erfand das Spiegelteleskop (Abb. 1.4). Seit dieser Zeit hat sich das Prinzip des Fernrohrs nicht grundlegend geändert; was sich geändert hat, sind die Abmessungen und die Kosten.

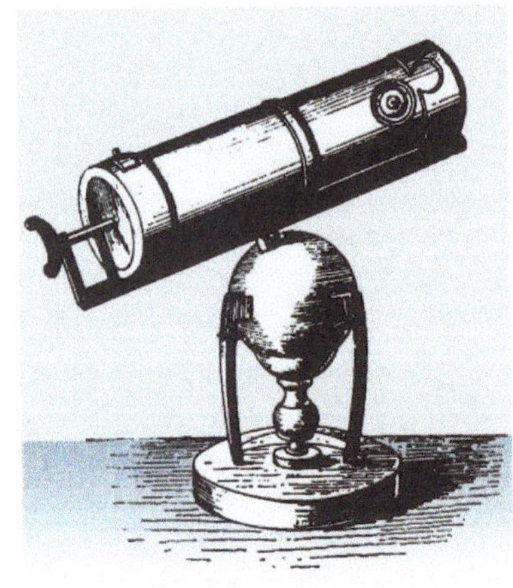

Abb. 1.4. Das Spiegelteleskop von *Newton*

1.6.2 Das Mikroskop

Die Geschichte des Mikroskops ist gänzlich verschieden. Sein genauer Ursprung ist unbekannt, viele Leute trugen zu seiner frühen Entwicklung bei. Auch heute noch werden neue Methoden seiner Anwendung gefunden und weitere fundamentale Entwicklungen gemacht (Abschn. 12.5).

Ursprünglich stammte das Mikroskop von der Lupe ab. Im 16. und 17. Jahrhundert wurde großer Aufwand betrieben, um hochbrechende Linsen zu erzeugen; ein Tropfen Wasser oder Honig konnte in den Händen eines Enthusiasten wundervolle Resultate hervorbringen. *Hooke* (1635–1703) spielte die wahrscheinlich wichtigste Rolle in der Entwicklung des zusammengesetzten Mikroskops, und einige seiner Instrumente (Abb. 1.5) zeigten bereits die Grundelemente moderner Geräte. Man kann sich das Entzücken eines begabten Experimentators vorstellen, der das Glück hat, ein neues Instrument zu entwickeln und es dazu zu benutzen, zum ersten

Abb. 1.5. Das Mikroskop von *Hooke*, aus seinem Buch *Micrographia*

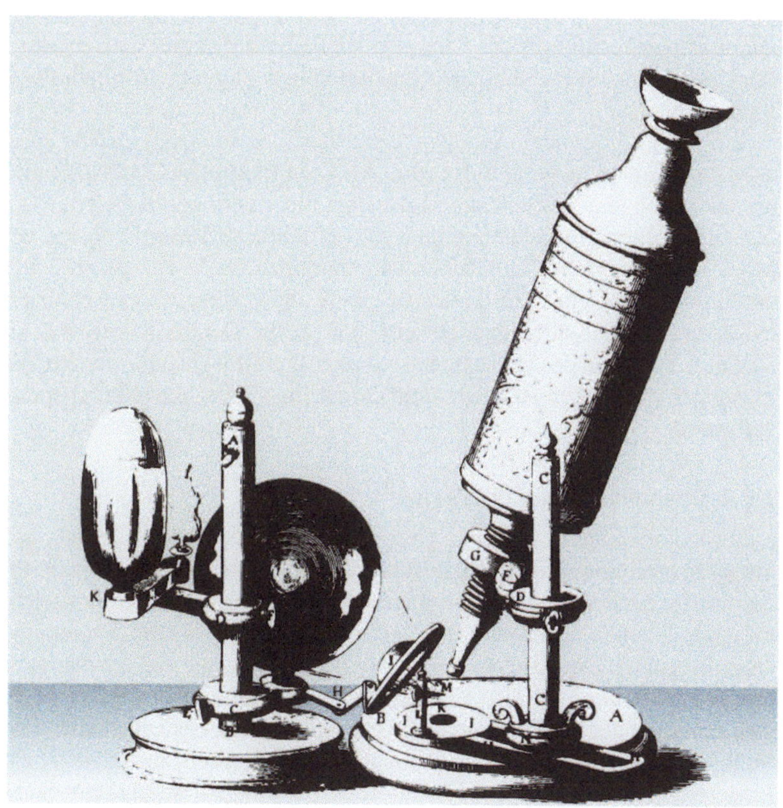

Mal die Welt des Allerkleinsten, beschrieben in seinem Werk *Micrographia* (1665), zu erforschen.

1.6.3 Die Grenzen der Auflösung

Um eine theoretische Basis für das Design optischer Instrumente zu haben, wurde das Gebiet der geometrischen Optik begründet. Es basierte vollständig auf dem Konzept der Lichtstrahlen, die gerade Linien in isotropen Medien beschreiben und gemäß dem **Snelliusschen Brechungsgesetz** an den Grenzflächen zweier Medien gebrochen werden. Auf diesen Grundüberlegungen basierend, wurden Regeln formuliert, um die Leistungsfähigkeit von Linsen und Spiegeln zu steigern, insbesondere für die Herstellung von Oberflächen, bei denen sich die unvermeidbaren **Aberrationen** gegenseitig aufheben.

Der Glaube, daß Fortschritte bei der Herstellung optischer Instrumente ausschließlich vom Können der Hersteller abhängig seien, wurde von *Abbe* (1840–1905) 1873 plötzlich beendet. Er zeigte, daß die Theorie der geometrischen Optik – so nützlich sie bei der Entwicklung optischer Instrumente war – dahingehend unvollständig war, als daß sie die Wellennatur des Lichts nicht in Betracht zog. Geometrische Hauptbedingung zur Erzeugung eines perfekten Bildes ist, daß die Strahlen, die von einem beliebigen Punkt des Objekts ausgehen, so gebrochen werden, daß sie sich in dem entsprechenden Bildpunkt wieder schneiden. *Abbe* zeigte, daß diese Bedingung immer nur annähernd erfüllt werden kann; Wellen laufen aufgrund von Beugungseffekten auseinander und können sich deshalb nicht genau in einem Punkt schneiden.

Er brachte eine andere Sicht von Bildentstehung vor – daß ein Bild durch zwei Beugungsprozesse geformt wird. Als Resultat können Details, die kleiner als eine halbe Wellenlänge sind, selbst mit einem perfekt korrigierten Instrument nicht aufgelöst werden. Dieses einfache Resultat wurde von Mikroskopnutzern mit Unglauben aufgenommen; viele von ihnen hatten bereits kleinere Details mit guten, starr befestigten Mikroskopen beobachtet. *Abbes* Theorie allerdings beweist, daß solche Details falsch sind; sie sind eine Funktion des Instruments und nicht des Objekts. Die weitere Verbesserung von Linsen ist daher nicht der richtige Weg, um Mikroskope zu verbessern.

1.6.4 Das Verschieben der Grenze

Jede fundamentale Begrenzung dieser Art sollte einen Forscher nicht entmutigen, sondern sollte als Herausforderung betrachtet werden. Solange die Schwierigkeiten nicht deutlich zutage treten, ist kein wirklicher Fortschritt möglich. Da man nun wußte, worin die wirklichen Beschränkungen optischer Instrumente bestanden, war es möglich, sich auf sie zu konzentrieren, anstatt nur das Linsendesign zu optimieren. Weil das Auflösungsvermögen eine Funktion der Wellenlänge ist, ist es sinnvoll, sich Gedanken über neue Strahlungsquellen mit kürzeren Wellenlängen zu machen, anstatt über neue Linsenkombinationen. Ultraviolettes Licht ist eine offensichtliche Wahl, aber die experimentellen Schwierigkeiten sind zu groß, um den Gewinn eines Faktors 2 in der Auflösung zu rechtfertigen. Die Strahlungsquellen, die sich effektiv nutzen lassen, sind Röntgenstrahlen und Elektronenstrahlen. Ihre Wellenlängen liegen bei etwa 10^{-3} bis 10^{-4} der des sichtbaren Lichts. Diese Instrumente haben revolutionäre Ergebnisse hervorgebracht.

1.6.5 Röntgenbeugung

Die Röntgenstrahlung wurde 1895 entdeckt, aber 17 Jahre lang war unklar, ob es sich dabei um Teilchen oder Wellen handelt. Schließlich löste *von Laue* (1879–1960) durch einen brillanten Einfall 1912 das Problem. Er erkannte die Möglichkeit, einen Kristall als dreidimensionales Beugungsgitter zu verwenden, und sein Experiment, bei dem ein dünner Röntgenstrahl auf einen Kupfersulfatkristall gelenkt wurde (Abb. 1.6), erzeugte eindeutige Hinweise auf Beugungseffekte, ein Beweis für die Wellennatur der Röntgenstrahlung. Zusätzlich zu dieser Erkenntnis war dabei eine neue Wissenschaft ins Leben gerufen worden – die Röntgenstrahl-Kristallographie.

1.6.6 Elektronenmikroskopie

Die Erkenntnis, daß bewegte Teilchen Welleneigenschaften besitzen, eröffnete neue Möglichkeiten in der Bilderzeugung (Abschn. 1.5.3). Wenn man geladene Teilchen verwendet, dann können sie elektrostatisch oder magnetisch abgelenkt werden, was der optischen Brechung entspricht, und man

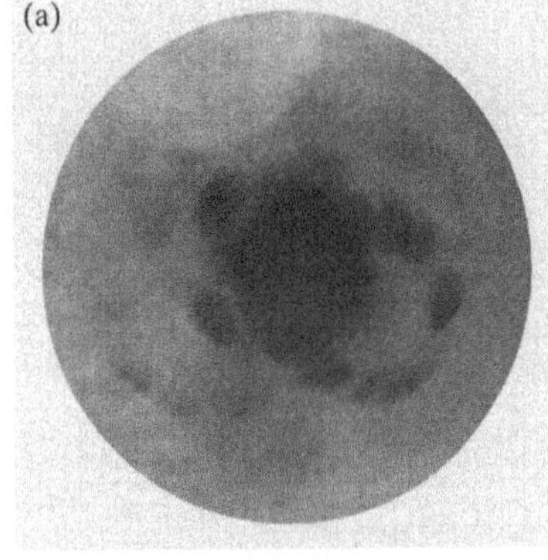

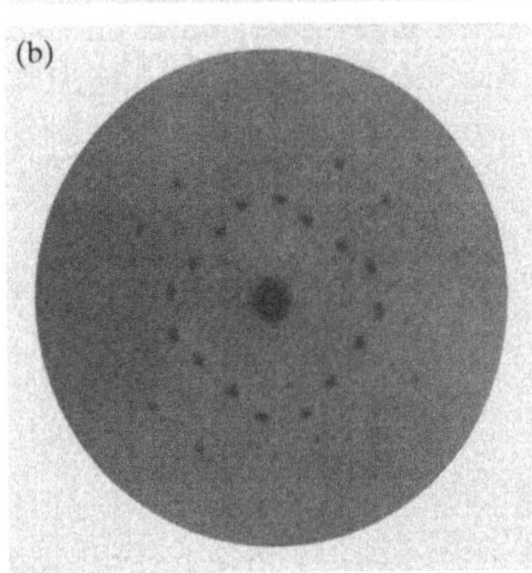

Abb. 1.6a,b. Röntgenbeugung an einem Kristall. (a) Originalmeßergebnisse; (b) eine deutlichere Aufnahme, die die Kristallsymmetrie zeigt. (Aus *Ewald* 1962)

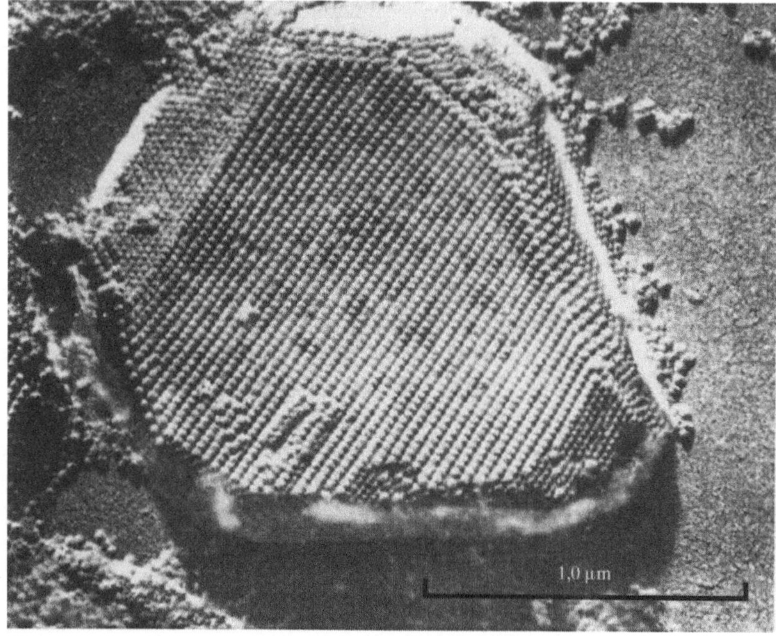

Abb. 1.7. Elektronenmikroskopische Aufnahme eines Viruskristalls. Bei einer Vergrößerung von $3 \cdot 10^4$ werden die einzelnen Viren aufgelöst. (Mit freundlicher Genehmigung von *R.W.G. Wyckhoff*)

fand heraus, daß entsprechend geformte Felder als Linsen wirken können, Bildentstehung also möglich ist.

Elektronen wurden sehr erfolgreich für solche Zwecke eingesetzt. Elektronenmikroskope mit magnetischen (und selten elektrostatischen) „Linsen" werden für Anwendungen mit sehr großen Vergrößerungen benutzt. Verwendet man Beschleunigungsspannungen von etwa 100 kV, haben die Elektronen eine Wellenlänge von ca. 0,01 nm, daher sollte eine deutlich bessere Auflösung als bei der Verwendung von Röntgenstrahlen errreichbar sein. In der Praxis erweisen sich allerdings die Elektronenlinsen als schlecht im Vergleich zu ihren optischen Gegenstücken, weswegen nur kleine Linsenöffnungen möglich sind, was das Auflösungsvermögen einschränkt. Die Elektronenmikroskopie entwickelte sich sehr schnell in den dreißiger Jahren und überholte rasch die optische Mikroskopie in puncto Auflösung. Heutzutage sind Mikroskope für atomare und molekulare Auflösung erhältlich (Abb. 1.7), die z. B. in Bereichen wie der Biologie große Fortschritte ermöglichten.

1.7 Neuere Entwicklungen

Der geschichtliche Überblick hat uns bis in die dreißiger Jahre dieses Jahrhunderts geführt. Zu diesem Zeitpunkt schlief der Fortschritt praktisch ein, und zahlreiche Wissenschaftler meinten, keine wirklichen Fortschritte seien mehr zu erwarten, Optik sei nun als abgeschlossene Wissenschaft anzusehen und es sei kaum der Mühe wert, Optik zu lehren. Diese Einstellung erwies sich selbstverständlich als grundfalsch; selbst für den Fall, daß die Optik abgeschlossen wäre, würde sie immer noch einen wichtigen

Teil der Physik darstellen, mit Konzepten, die zahlreiche andere Bereiche beeinflussen.

Es war hauptsächlich ein Mann, der Niederländer *Zernike* (1888–1966), der der Optik die Fahne hielt, obwohl zahlreiche andere Gebiete der Physik aufregender erschienen. Er beschäftigte sich intensiv mit dem Konzept der Kohärenz und zeigte, daß mehr dahinter steckt als nur die beiden Extremformen vollständige Kohärenz und Inkohärenz. Er führte die **partielle Kohärenz** eines einzelnen Lichtstrahls ein und erfand das **Phasenkontrastmikroskop**, ein Gerät, das von der Biologie euphorisch aufgenommen wurde, da es das Einfärben von Proben überflüssig machte. Er wurde dafür 1953 mit dem Nobelpreis ausgezeichnet.

Es schien, daß vollständige Kohärenz – genau wie zahlreiche andere Ideen der Perfektheit in der Physik – ein idealisiertes Konzept darstellte, bis der Amerikaner *Townes* sowie *Basov* und *Prokharov* in der Sowjetunion den **Laser** erfanden, wofür sie 1964 den Nobelpreis erhielten. Es gelang ihnen, alle Atome eines Kristalls im „Gleichtakt" schwingen zu lassen und so einen vollständig kohärenten Strahl mit sehr hoher Energiedichte zu erzeugen; auch mit so kleinen Leistungen wie 1 mW können sehr intensive Strahlen erzeugt werden.

Mit der Erfindung des Lasers und dem theoretischen Konzept der Kohärenz haben sich der Optik zahlreiche neue Entwicklungspfade eröffnet. Obwohl es zu jeder Zeit klar erscheint, welche Entwicklungen zu diesem Zeitpunkt die wichtigsten sind, überlassen wir die geschichtliche Beurteilung unserer Zeit den Wissenschaftlern des nächsten Jahrhunderts.

Ein Kapitel dieser Länge kann wenig mehr bewirken, als die Neugier bei den Studierenden für die Entwicklung der Optik von den ersten zögerlichen Konzepten zu dem breiten Wissen unserer Zeit zu wecken. Zwei Bücher, die den Inhalt dieses Kapitels in einer gut lesbaren Art und Weise vertiefen, sind die Bücher von *H. Lipson* (1968) und *Segrè* (1984); speziell die geschichtliche Entwicklung der Optik ist im ersten Kapitel von *Born* und *Wolf* (1980) beschrieben.

$$\nabla^2 \mathbf{f} = \frac{1}{v^2}\frac{\partial^2 \mathbf{f}}{\partial t^2}$$

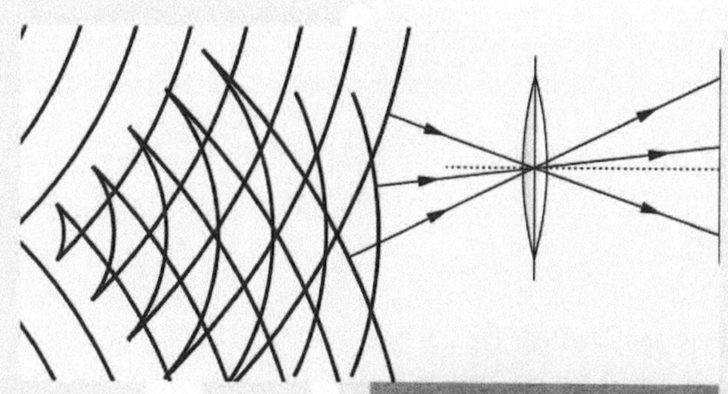

Wellen

2

Wellen

▼ Übersicht

Wellen sind der zentrale Gegenstand der Optik. In diesem Kapitel möchten wir eine mathematische Einführung in ihre Eigenschaften geben und ihr Verhalten in verschiedenen Medien vorstellen. Die Prinzipien von *Huygens* und *Fermat* werden uns durch das ganze Lehrbuch hindurch begleiten.

2.1 Einführung

Optik ist die Wissenschaft von der Wellenausbreitung und ihrer zugrundeliegenden Quanteneigenschaften. Traditionell wurden damit hauptsächlich die Wellen des sichtbaren Lichts assoziiert, aber in der heutigen Zeit haben sich die über die Jahre hin entwickelten Konzepte auch für andere Arten von Wellen innerhalb und außerhalb des elektromagnetischen Spektrums als sehr nützlich erwiesen. Die Wellenausbreitung in einem Medium wird mathematisch in Form einer **Wellengleichung** beschrieben. Das ist eine Differentialgleichung, die die Dynamik und die Statik von kleinen Verschiebungen des Mediums miteinander verbindet und deren Lösung als eine sich ausbreitende Störung verstanden werden kann. Dieses Kapitel widmet sich solchen Gleichungen und ihren Lösungen.

Der Ausdruck „Verschiebungen des Mediums" ist selbstverständlich nicht auf rein mechanische Verschiebungen begrenzt, sondern kann sich auf beliebige Größen eines Feldes (definiert als stetige Funktionen des Orts r und der Zeit t) beziehen, die man zur Beschreibung einer Abweichung von einem Gleichgewichtszustand benutzen kann; der Gleichgewichtszustand braucht dabei nicht mehr zu sein als das Vakuum.

Obwohl es von einem elementaren Standpunkt aus bequem ist, sich die Wellengleichungen anzuschauen, die aus der mechanischen Verbindung von Verschiebung und Wellengeschwindigkeit entstehen, werden wir schnell feststellen, daß fast alle Beziehungen zwischen Ableitungen des Feldes nach dem Ort und der Zeit solche Gleichungen erfüllen können. In einem solchen Fall kann der Unterschied zwischen „statischen" und „dynamischen" Größen, der im mechanischen Fall klar zu erkennen ist, verschwimmen. Im Falle einer elektromagnetischen Welle beispielsweise sind die Größen das elektrische und magnetische Feld. Sucht man nach den den statischen und dynamischen Variablen äquivalenten Größen, kann man vielleicht das elektrische Feld – intuitiv mit einer Ladungsverteilung verknüpft – als „statische" Variable auffassen, während das magnetische Feld – verknüpft mit Strömen oder bewegten Ladungen – die „dynamische" Variable darstellt. Viel wichtiger ist allerdings, daß die Ableitungen der beiden Felder über die **Maxwellschen Gleichungen** (5.1–4) miteinander verbunden sind. Die Symmetrie dieser Gleichungen läßt jede derartige Unterscheidung willkürlich erscheinen.

Hat man eine Gleichung aufgestellt, so wollen wir sie als **Wellengleichung** bezeichnen, wenn sie sich ausbreitende Lösungen hat. Das heißt, wenn wir die Randbedingungen am Anfang so wählen, daß wir eine Störung haben, die zur Zeit $t = 0$ an einer bestimmten Stelle lokalisiert ist, dann werden wir zu einer späteren Zeit eine ähnliche Störung an einem anderen Punkt im Raum vorfinden.

Der Ausdruck „lokalisiert" bezieht sich hier auf die Position des Schwerpunkts der Störung und ist dabei so weit gefaßt, daß er eine mögliche Veränderung der Störung zuläßt. Wir versuchen einfach, einen Schwerpunkt zu definieren, der sowohl für den Anfangszustand der Störung als auch für spätere Zustände Gültigkeit besitzt, so daß man verschiedene Zeitpunkte miteinander vergleichen kann, und der die Ausbreitung der Welle verdeutlicht. In diese Definition kann man zahlreiche Phänomene mit einbeziehen und von ihrer Allgemeinheit profitieren. Am Anfang wollen wir uns allerdings auf den einfachsten Fall beschränken, bei dem die Störung im Zeitverlauf unverändert bleibt.

2.2 Die Wellengleichung für dispersionsfreie Wellen in einer Dimension

Die einfachste Form der Wellengleichung beschäftigt sich mit Medien, in denen die Fortpflanzungsgeschwindigkeit von Wellen nicht von ihrer Frequenz abhängt. Solche Medien heißen **dispersionsfrei**.

2.2.1 Die Differentialgleichung für dispersionsfreie Wellen

Die wichtigste der elementaren eindimensionalen Wellengleichungen erhält man, indem man für die Lösungen folgende Eigenschaften fordert:

- Ausbreitung in beliebiger Richtung ($\pm x$) mit konstanter Geschwindigkeit v,
- die Welle erscheint zeitlich unverändert, wenn sie aus einem Bezugssystem betrachtet wird, das sich mit der gleichen Geschwindigkeit v bewegt.

Diese Bedingungen schränken die Allgemeinheit der Betrachtung ein, gelten aber trotzdem für eine Vielzahl von physikalischen Phänomenen. Die daraus folgende Gleichung ist die **Wellengleichung für dispersionsfreie Wellen**.

Wir beginnen mit der Forderung, daß eine Lösung $f(x, t)$ der Gleichung unverändert bleibt, wenn wir den Ursprung um eine Strecke $x = \pm\, vt$ in der Zeit t verschieben (Abb. 2.1). Dann erhalten wir die beiden Gleichungen:

$$f(x, t) = f(x - vt, 0)\,, \tag{2.1}$$

$$f(x, t) = f(x + vt, 0)\,, \tag{2.2}$$

wobei f eine beliebige differenzierbare Funktion[1] ist. Wir definieren nun

$$(x \pm vt) \equiv \xi_\pm\,. \tag{2.3}$$

---

[1] Fußnote siehe S. 16

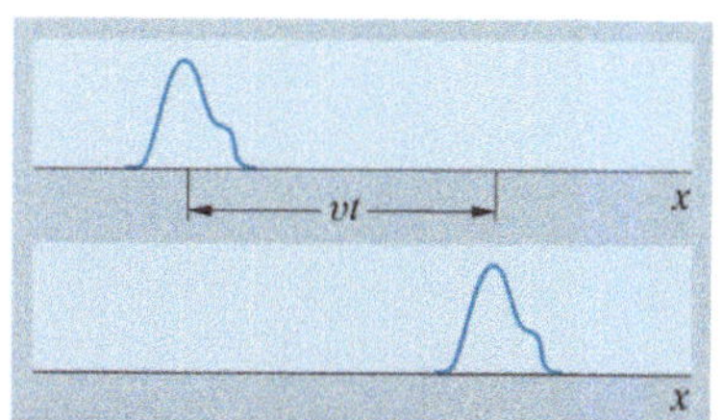

Abb. 2.1. Eine beliebige Störung, die sich mit gleichmäßiger Geschwindigkeit bewegt

Differenziert man (2.1) jeweils nach x und t, erhält man

$$\frac{\partial f}{\partial x} = \frac{df}{d\xi_-} \; ; \qquad \frac{\partial f}{\partial t} = -v\frac{df}{d\xi_-} \, , \tag{2.4}$$

analog für (2.2)

$$\frac{\partial f}{\partial x} = \frac{df}{d\xi_+} \; ; \qquad \frac{\partial f}{\partial t} = v\frac{df}{d\xi_+} \, . \tag{2.5}$$

Die Gleichungen (2.4) und (2.5) können zu einer einzigen Gleichung zusammengefaßt werden, indem man ein zweites Mal differenziert und den Term $d^2 f/d\xi^2$ eliminiert. Jede der Gleichungen ergibt

$$\frac{\partial^2 f}{\partial x^2} = \frac{d^2 f}{d\xi^2} \; ; \qquad \frac{\partial^2 f}{\partial t^2} = v^2 \frac{d^2 f}{d\xi^2} \, .$$

Hieraus folgt

$$\boxed{\frac{\partial^2 f}{\partial x^2} = \frac{1}{v^2} \frac{\partial^2 f}{\partial t^2}} \, , \tag{2.6}$$

wofür (2.1) und (2.2) die allgemeinsten Lösungen darstellen. Gleichung (2.6) wird als **Wellengleichung für dispersionsfreie Wellen** bezeichnet, da die Lösungen zeigen, daß sich die Form der Welle bei der Ausbreitung nicht ändert.

Obwohl (2.6) als allgemeine Lösungen (2.1) und (2.2) besitzt, gibt es eine spezielle Lösung, die noch wichtiger ist, da sie einer ganzen Klasse von Gleichungen, den **Wellengleichungen**, genügt. Diese Lösung ist die einfache **harmonische Welle** mit Amplitude a. Wir schreiben sie in ihrer komplexen exponentiellen Schreibweise

$$f(x,t) = a \exp\left[2\pi i \left(\frac{x}{\lambda} - vt \right) \right] \, ,$$

mit v als Frequenz in Zyklen pro Zeiteinheit und λ als Wellenlänge. Eine einfachere Schreibweise erhält man über

- Raumfrequenz oder **Wellenzahl** $k = 2\pi/\lambda$,
- **Kreisfrequenz** $\omega = 2\pi v$.

Letztere ist einfach die Frequenz ausgedrückt in Radian pro Sekunde, wir werden sie der Einfachheit halber ebenfalls Frequenz nennen. Mit diesen Abkürzungen erhält man

$$\boxed{f(x,t) = a \exp\left[i(kx - \omega t) \right]} \, . \tag{2.7}$$

---

[1] Dies soll kein mathematisch exakter Ausdruck sein, sondern nur unsere grundlegenden Voraussetzungen verdeutlichen. Vom physikalischen Standpunkt aus wird es selbstverständlich immer zahlreiche weitere Einschränkungen geben, z. B. Einschränkungen der Größe der Störung und ihrer Ableitungen auf solch ein Maß, daß keine dauerhaften Veränderungen im durchlaufenen Medium zurückbleiben.

Das Argument $\phi \equiv (kx - \omega t)$ heißt Phase der Welle. Man kann sich leicht davon überzeugen, daß diese Funktion (2.6) löst und daß die Geschwindigkeit durch

$$v = \omega/k \tag{2.8}$$

gegeben ist. Sie wird **Phasengeschwindigkeit** oder Wellengeschwindigkeit genannt. Aus (2.8) ergibt sich $\phi = k\xi$.

2.2.2 Harmonische Wellen und ihre Superposition

Ein spezieller Vorteil einfacher harmonischer Wellen, den wir in Kap. 3 genauer kennenlernen werden, ist die Möglichkeit, andere Wellenformen durch Überlagerung (**Superposition**) dieser zu erzeugen. Falls die Wellengleichung linear in f ist, kann man die Ausbreitung einer ganzen Zahl von harmonischen Wellen einfach dadurch untersuchen, daß man jede ihrer Komponenten separat betrachtet und die Ergebnisse überlagert. Im Fall eines dispersionsfreien Mediums ist das einfach zu bewerkstelligen.

Nehmen wir eine Elementarwelle mit Wellenzahl k, für die $\omega = kv$ gilt:

$$f_k(x, t) = a_k \exp\left[\mathrm{i}(kx - \omega t)\right] = a_k \exp(\mathrm{i}\phi)\,. \tag{2.9}$$

Zum Zeitpunkt $t = 0$ soll es eine Superposition dieser Wellen geben:

$$g(x, 0) = \sum_j f_{k_j}(x, 0) = \sum_j a_{k_j} \exp(\mathrm{i}k_j x)\,. \tag{2.10}$$

Zur Zeit t hat sich jede der Partialwellen gemäß (2.9) ausgebreitet, so daß

$$g(x, t) = \sum_j a_{k_j} \exp\left[\mathrm{i}(k_j x - \omega_j t)\right] \tag{2.11}$$

$$= \sum_j a_{k_j} \exp\left[\mathrm{i}k_j(x - vt)\right] \tag{2.12}$$

$$= g(x - vt, 0)\,. \tag{2.13}$$

Mit anderen Worten, die ursprüngliche Funktion $g(x, 0)$ hat sich ohne Veränderung mit der Geschwindigkeit v ausgebreitet; (2.13) ist äquivalent zu (2.1). Es ist wichtig zu erkennen, daß dieses einfache Ergebnis durch das Einsetzen von kv anstelle von ω in (2.11) zustande kam. Falls Partialwellen verschiedener Frequenz verschiedene Geschwindigkeiten haben (dispersionsbehaftete Welle), müssen wir unsere Schlußfolgerungen ändern (Abschn. 2.8).

2.2.3 Ein Beispiel für eine dispersionsfreie Welle

Um ein Gefühl für die dispersionsfreie, eindimensionale Wellengleichung zu bekommen, betrachten wir als Beispiel eine **Kompressionswelle** in einem kontinuierlichen Medium, z. B. einer Flüssigkeit. Nimmt man für die Flüssigkeit die Kompressibilität K und die Dichte ϱ an, so wird der Gleichgewichtszustand durch das **Hookesche Gesetz** beschrieben:

$$P = K \frac{\partial \eta}{\partial x}\,, \tag{2.14}$$

wobei P den örtlichen Druck, d. h. die Zugspannung, darstellt und η die lokalen Abweichungen von der Gleichgewichtslage. Das Differential $\partial\eta/\partial x$ beschreibt die Verzerrung. Eine dynamische Gleichung verbindet die Abweichung vom Gleichgewichtszustand (gleichmäßiger und konstanter Druck P) mit der lokalen Beschleunigung:

$$\varrho\frac{\partial^2\eta}{\partial t^2} = \frac{\partial P}{\partial x}\,. \tag{2.15}$$

Gleichungen (2.14) und (2.15) führen dann zur Wellengleichung

$$\frac{\partial^2\eta}{\partial x^2} = \frac{\varrho}{K}\frac{\partial^2\eta}{\partial t^2}\,. \tag{2.16}$$

Die Wellen sind daher dispersionsfrei und haben eine **Wellengeschwindigkeit** von

$$v = \left(\frac{K}{\varrho}\right)^{\frac{1}{2}}\,. \tag{2.17}$$

Die Wellengleichung (2.16) ist gültig in dem Bereich, in dem die Beziehung zwischen Verzerrung und Zugspannung linear ist, d. h. für kleine Zugspannungen. Schockwellen beispielsweise können über diesen Ansatz nicht behandelt werden, da bei ihnen die Zugspannung die Elastizitätsgrenze überschreitet. Ein weiteres Beispiel für eine dispersionsfreie Wellengleichung wurde von Maxwell für elektromagnetische Wellen abgeleitet. Diese werden wir in Kap. 5 genauer kennenlernen.

2.3 Dispersionsbehaftete Wellen

Im Gegensatz zum vorangegangenen Abschnitt betrachten wir nun Medien, bei denen die Fortpflanzungsgeschwindigkeit von Wellen eine Funktion ihrer Frequenz ist. Solche Medien heißen **dispergierend**.

2.3.1 Die Differentialgleichung für eine dispersionsbehaftete Welle in einem linearen Medium

Allgemein sind Wellengleichungen nicht auf zweite Ableitungen von x und t beschränkt. Vorausgesetzt, die Gleichungen sind linear in f, können auch andere Ordnungen von Ableitungen auftreten; in jedem solchen Fall gibt es eine Lösung von der Form $f = a\exp[\mathrm{i}(kx - \omega t)]$. Im Fall einer solchen Welle kann man $\partial f/\partial t$ durch $-\mathrm{i}\omega f$ und $\partial f/\partial x$ durch $\mathrm{i}kf$ ersetzen. Kann die Wellengleichung in der Form

$$\mathcal{P}\left(\frac{\partial}{\partial x}, \frac{\partial}{\partial t}\right)f = 0 \tag{2.18}$$

geschrieben werden, wobei $\mathcal{P}$ eine Polynomfunktion in $\partial/\partial x$ und $\partial/\partial t$ ist, die auf f wirkt, folgt damit als Ergebnis die Gleichung

$$\boxed{\mathcal{P}(\mathrm{i}k, -\mathrm{i}\omega) = 0}\,, \tag{2.19}$$

die **Dispersionsrelation** genannt wird. Als Beispiel kehren wir zunächst zur dispersionsfreien Wellengleichung (2.6) zurück und betrachten sie unter diesem Blickwinkel. Wir hatten

$$\frac{\partial^2 f}{\partial x^2} = \frac{1}{v^2}\frac{\partial^2 f}{\partial t^2}\,,\tag{2.20}$$

was man umformen kann zu

$$\left[\left(\frac{\partial}{\partial x}\right)^2 - \frac{1}{v^2}\left(\frac{\partial}{\partial t}\right)^2\right] f = 0\,.\tag{2.21}$$

Aus (2.18) und (2.19) folgt dann

$$(\mathrm{i}k)^2 - \frac{1}{v^2}(-\mathrm{i}\omega)^2 = 0 = \frac{\omega^2}{v^2} - k^2\,,\tag{2.22}$$

was bedeutet

$$\omega/k = \pm v\,.\tag{2.23}$$

2.3.2 Ein Beispiel für eine dispersionsbehaftete Wellengleichung: die Schrödingergleichung

Eine dispersionsbehaftete Wellengleichung, die in ihrer Bedeutung den Maxwellschen Gleichungen in der Elektrodynamik gleichkommt, ist die **Schrödingergleichung** für ein nichtrelativistisches Teilchen der Masse m, das sich in einem Potential V bewegt. Diese Gleichung hat in einer Dimension die Form

$$\boxed{\ \mathrm{i}\hbar\,\frac{\partial\psi}{\partial t} = -\frac{\hbar^2}{2m}\cdot\frac{\partial^2\psi}{\partial x^2} + V(x)\psi\ }\,.\tag{2.24}$$

Dabei ist $|\psi|^2\delta x$ die Wahrscheinlichkeit, das Teilchen in dem Bereich zwischen x und $x+\delta x$ zu finden, und ψ wird **Wahrscheinlichkeitsamplitude** genannt. Verwendet man (2.18) und (2.19), kann man unmittelbar die **Dispersionsrelation** notieren:

$$\mathrm{i}\hbar\,(-\mathrm{i}\omega) = -\frac{\hbar^2}{2m}\cdot(\mathrm{i}k)^2 + V(x)\,,\tag{2.25}$$

$$\hbar\omega = \frac{(\hbar k)^2}{2m} + V(x)\,.\tag{2.26}$$

Wir können $\hbar\omega$ als Gesamtenergie E des Teilchens identifizieren (Planck: $E = \hbar\omega = h\nu$) und $\hbar k$ als seinen Impuls $p = mv$ (de Broglie: $p = \hbar k = h/\lambda$). Aus (2.26) wird daher

$$E = \frac{p^2}{2m} + V(x) = \frac{1}{2}mv^2 + V(x)\,,\tag{2.27}$$

oder in Worten: Gesamtenergie = kinetische Energie + potentielle Energie.

In diesem Fall beschreibt die Dispersionsrelation die Newtonsche Mechanik, während die Wellengleichung das quantenmechanische Äquivalent darstellt.

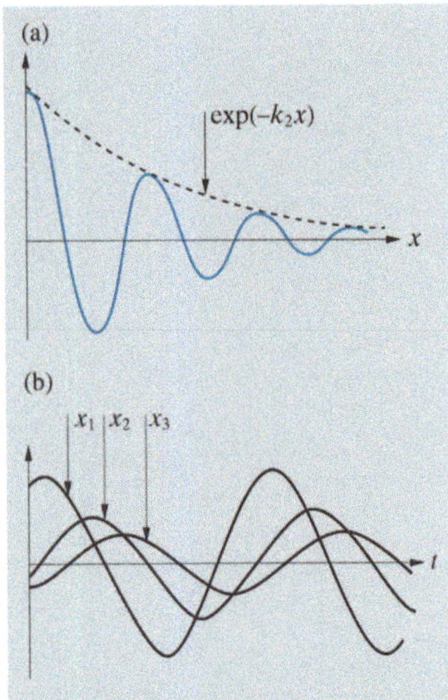

Abb. 2.2. Gedämpfte Welle (a) als Funktion der Ortes x zur Zeit $t = 0$; (b) als Funktion von t an den Orten $x_1 < x_2 < x_3$

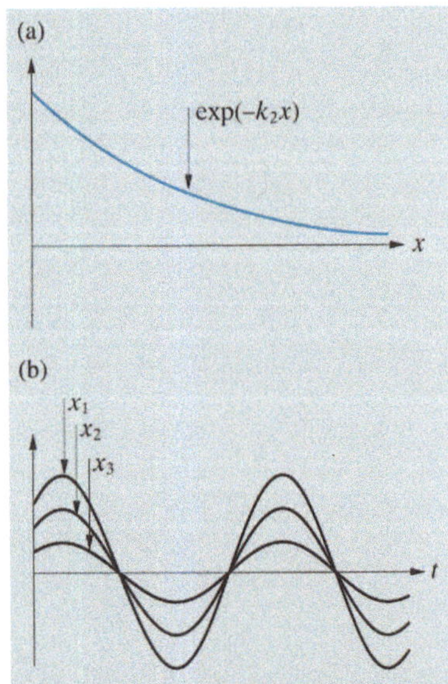

Abb. 2.3. Evaneszente harmonische Welle (a) als Funktion der Ortes x zur Zeit $t = 0$; (b) als Funktion von t an den Orten $x_1 < x_2 < x_3$

2.4 Komplexe Wellenzahl, Frequenz und Geschwindigkeit

Lösungen zu Dispersionsrelationen der Form (2.26) können zu komplexen Werten für k oder ω führen. Auch die Geschwindigkeit ω/k kann komplex werden. Es ist daher wichtig, diesen Größen in solchen Fällen eine physikalische Bedeutung zu geben.

2.4.1 Komplexe Wellenzahl: gedämpfte Wellen

Nehmen wir an, die Frequenz ω ist reell, aber die Dispersionsrelation liefert uns eine komplexe Wellenzahl $k \equiv k_1 + ik_2$. Daraus erhalten wir

$$\begin{aligned} f &= a \exp\left[i(k_1 + ik_2)x - i\omega t\right] \\ &= a \exp(-k_2 x) \exp\left[i(k_1 x - \omega t)\right]. \end{aligned} \tag{2.28}$$

Diese Gleichung beschreibt eine fortschreitende Welle mit der Geschwindigkeit $v = \omega/k_1$, die mit einem Faktor $\exp(-k_2 x)$ gedämpft wird. Das bedeutet, daß die Amplitude pro **charakteristischer Zerfallslänge** k_2^{-1} um den Faktor e^{-1} abnimmt (Abb. 2.2).

2.4.2 Imaginäre Geschwindigkeit: evaneszente Wellen

Manchmal wird die Wellenzahl rein imaginär ($k_1 = 0$). In diesem Fall entnimmt man aus (2.28), daß die Welle keinerlei harmonisches Verhalten in der Ortskoordinate mehr aufweist, sondern eine reine Exponentialfunktion in Abhängigkeit von x darstellt. In der Zeitkoordinate findet allerdings noch ein oszillatorisches Verhalten mit der Frequenz ω statt (Abb. 2.3). Eine solche Welle heißt abklingende oder **evaneszente Welle**.

2.4.3 Die Diffusionsgleichung

Die Diffusionsgleichung kann auch als Wellengleichung angesehen werden, obwohl sie zahlreiche Lösungen hat, die keine Wellenform besitzen. Wir wollen hier den Fall von Wärmediffusion betrachten, in Anlehnung an Fouriers Anwendung der Wellentheorie auf dieses Phänomen, die zahlreiche der mathematischen Grundlagen für dieses Buch gelegt hat. Die eindimensionale Wellengleichung läßt sich aus der Wärmeleitungsgleichung ableiten. Als Beispiel betrachten wir die Wärmeleitungsgleichung für einen Stab mit vernachlässigbarem Wärmeverlust an seinen Oberflächen:

$$q = -\kappa \, \partial\theta/\partial x \,, \tag{2.29}$$

die den Wärmefluß q je Einheitsfläche mit der Temperatur θ eines Mediums, das die Wärmeleitfähigkeit κ und die spezifische Wärme s pro Volumeneinheit hat, verbindet. Energieerhaltung erfordert

$$s \, \partial\theta/\partial t = -\partial q/\partial x \,, \tag{2.30}$$

woraus folgt

$$\frac{\partial\theta}{\partial t} = D\frac{\partial^2\theta}{\partial x^2} \,, \tag{2.31}$$

wobei $D = \kappa/s$ ist. Die Dispersionsrelation (2.19) wird dann zu

$$-\mathrm{i}\omega = -Dk^2 \,, \tag{2.32}$$

was für reelles ω

$$k = \left(\frac{\omega}{2D}\right)^{\frac{1}{2}} (1 + \mathrm{i}) \tag{2.33}$$

ergibt. Heizt und kühlt man nun abwechselnd ein Ende des Stabs, so daß seine Temperatur θ sich von der Umgebungstemperatur unterscheidet, gilt:

$$\theta(0, t) = \theta_0 \exp(-\mathrm{i}\omega t) \,, \tag{2.34}$$

und eine Welle der Form

$$\begin{aligned}
\theta(x, t) &= \theta_0 \exp\left\{\mathrm{i}\left[\left(\frac{\omega}{2D}\right)^{\frac{1}{2}} (1 + \mathrm{i})x - \omega t\right]\right\} \\
&= \theta_0 \exp\left[-\left(\frac{\omega}{2D}\right)^{\frac{1}{2}} x\right] \exp\left\{\mathrm{i}\left[\left(\frac{\omega}{2D}\right)^{\frac{1}{2}} x - \omega t\right]\right\}
\end{aligned} \tag{2.35}$$

breitet sich entlang des Stabs aus. Diese Welle wird längs des Stabs mit einer charakteristischen Zerfallslänge $(2D/\omega)^{1/2}$ gedämpft. Die fortschreitende Störung ist trotzdem eine Welle, da die Phase der Oszillationen periodisch in x fortschreitet.

Nehmen wir an, der gleiche Stab habe eine ursprüngliche Temperaturverteilung

$$\theta(x, 0) = \theta_0 \exp(\mathrm{i}kx) \,, \qquad k \text{ reell} \,, \tag{2.36}$$

zur Zeit $t = 0$, und man betrachtet, wie sich diese Verteilung im Zeitverlauf ohne Einwirkung von außen ändert. Mit (2.35) kann man die Temperaturverteilung schreiben als

$$\begin{aligned}
\theta(x, t) &= \theta_0 \exp\left[\mathrm{i}(kx - \omega t)\right] \\
&= \theta_0 \exp\left[-(Dk^2 t)\right] \exp(\mathrm{i}kx)
\end{aligned} \,. \tag{2.37}$$

Es gibt offensichtlich keine oszillatorische Zeitabhängigkeit, die räumliche Verteilung $\exp(\mathrm{i}kx)$ bleibt unverändert, aber die Amplitude nimmt mit einer Zeitkonstanten $(Dk^2)^{-1}$ ab. Dies ist eine in der Zeit **evaneszente Welle**. Man sieht daher, daß die Wärmediffusionsgleichung beide Arten von Verhalten zeigt: eine Welle, die einerseits für reelle Frequenzen räumlich abklingt, andererseits für reelle Wellenlängen zeitlich abklingt.

2.5 Gruppengeschwindigkeit

Die Wellengleichung für dispersionsfreie Wellen (2.6) hat die Eigenschaft, daß sich jede Störung beliebiger Frequenz mit der gleichen Geschwindigkeit ausbreitet. Das hat zur Folge, daß sich nach Abschn. 2.2.2 die Form einer

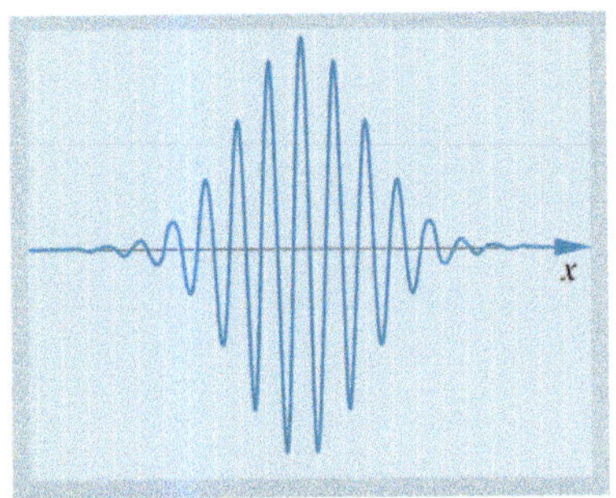

Abb. 2.4. Wellenpaket

Welle bei der Ausbreitung nicht ändert. Andererseits findet man in vielen Medien, daß

- Wellen mit unterschiedlichen Frequenzen sich mit unterschiedlichen Geschwindigkeiten ausbreiten,
- die Wellenform sich im Lauf der Ausbreitung ändert.

Nehmen wir nun ein **Wellenpaket** an, d. h. eine Welle mit gegebenem ω_0 und k_0, deren Amplitude so moduliert ist, daß sie bei $t = 0$ auf einen bestimmten Bereich des Raums beschränkt ist (Abb. 2.4). Es ist klar, daß die in der Welle vorhandene Energie sich auf die Bereiche verteilt, in denen die Amplitude von 0 verschieden ist. Eine solche Welle läßt sich aus einer Überlagerung von vielen **Partialwellen** bilden, deren Frequenzen bzw. Wellenzahlen in der Nähe von ω_0 und k_0 liegen. Methoden, ihre Amplituden zu berechnen, werden wir in Kap. 4 kennenlernen, wir brauchen sie an dieser Stelle noch nicht. Zu einem bestimmten Zeitpunkt wird das Maximum der Einhüllenden eines Wellenpakets an der Stelle sein, an der sich die einzelnen Partialwellen gleichphasig überlagern und sich so gegenseitig verstärken. Wir werden nun zeigen, daß sich dieses Maximum mit der sog. **Gruppengeschwindigkeit** bewegt; eine wohldefinierte Größe, die sich von der Geschwindigkeit der einzelnen Partialwellen unterscheidet und die der Geschwindigkeit des Energietransports der Welle entspricht.

Wenn das Maximum der Einhüllenden dem Punkt entspricht, in dem die Phasen der Partialwellen gleich sind, erhält man die Gleichung

$$\frac{\mathrm{d}\phi}{\mathrm{d}k} = \frac{\mathrm{d}}{\mathrm{d}k}(kx - \omega t) = 0 \tag{2.38}$$

für diesen Punkt.

Die Geschwindigkeit, mit der sich dieses Maximum bewegt, ist dann gegeben durch

$$v_\mathrm{g} = \frac{x}{t} = \frac{\mathrm{d}\omega}{\mathrm{d}k}, \tag{2.39}$$

was die Definition der Gruppengeschwindigkeit darstellt.

Man kann sie auf mehrere Weisen durch Einsetzen von $\lambda = 2\pi/k$, $\omega/k = v$ und $v = \omega/2\pi$ ausdrücken, beispielsweise als

$$v_\mathrm{g} = v - \lambda \mathrm{d}v/\mathrm{d}\lambda. \tag{2.40}$$

Im allgemeinsten Fall ist $\mathrm{d}\omega/\mathrm{d}k$ natürlich keine Konstante. Da das Wellenpaket aus einzelnen Komponenten mit Wellenvektoren in der Nähe von k_0 besteht, wird implizit der Wert von $\mathrm{d}\omega/\mathrm{d}k$ an der Stelle k_0 genommen. In erster Näherung bewegt sich das Maximum der Einhüllenden mit dieser Geschwindigkeit, falls das Wellenpaket hinreichend groß ist. Da die Phasengeschwindigkeit v im allgemeinen von v_g verschieden ist, werden sich die einzelnen Partialwellen relativ zur Einhüllenden in oder entgegen der Ausbreitungsrichtung bewegen. Das kann man insbesondere bei Wasserwellen gut beobachten, da sie eine starke Dispersion aufweisen.

Die Wellenform wird normalerweise bei der Ausbreitung verändert. In Abschn. 2.8 werden wir ein illustratives Beispiel dafür kennenlernen. In stark dispergierenden Medien ist die Behandlung schwierig und kann zu scheinbar paradoxen Situationen führen, bei denen v_g größer wird als die Lichtgeschwindigkeit (*Brillouin* 1960).

2.6 Wellen in drei Dimensionen

Dem Leser mag es als triviale Übung erscheinen, wenn wir die Analyse aus Abschn. 2.2.1, wo wir die Gleichungen für dispersionsfreie Wellen ableiteten, nun für dreidimensionale Wellen wiederholen; dem ist aber nicht so! Der Grund dafür ist, daß sich auch in dispersionsfreien Medien das Profil einer dreidimensionalen Welle während der Ausbreitung ändert. Nehmen wir z. B. eine kugelförmige Schallwelle an, die von einer Schallquelle in Luft ausgesendet wird. Luft ist für hörbare Frequenzen ein hinreichend dispersionsfreies Medium. Wenn wir uns von der Quelle entfernen, nimmt die Schallintensität mit r^{-2} ab, die Amplitude der Welle ändert sich also offensichtlich mit dem Ort.

Es gibt allerdings eine wichtige Klasse von Wellen, die sich auch im dreidimensionalen Fall ohne Änderungen ausbreiten: die **ebenen Wellen**.

2.6.1 Ebene Wellen

Eine Welle, die sich mit der Geschwindigkeit v in eine Richtung $\hat{\boldsymbol{n}}$ ausbreitet, hat analog zu (2.1) die Form:

$$f(\boldsymbol{r}, t) = f(\boldsymbol{r} \cdot \hat{\boldsymbol{n}} - vt, 0) \, . \tag{2.41}$$

Wie in (2.3) ist

$$\xi = \boldsymbol{r} \cdot \hat{\boldsymbol{n}} - vt \, . \tag{2.42}$$

Dies ist eine Konstante für alle Ebenen, die die Bedingung $\boldsymbol{r} \cdot \hat{\boldsymbol{n}} - vt = \text{const}$ erfüllen. Eine solche Ebene wird **Wellenfront** genannt und ist eine Ebene konstanter Phase senkrecht zur Ausbreitungsrichtung $\hat{\boldsymbol{n}}$ (Abb. 2.5).

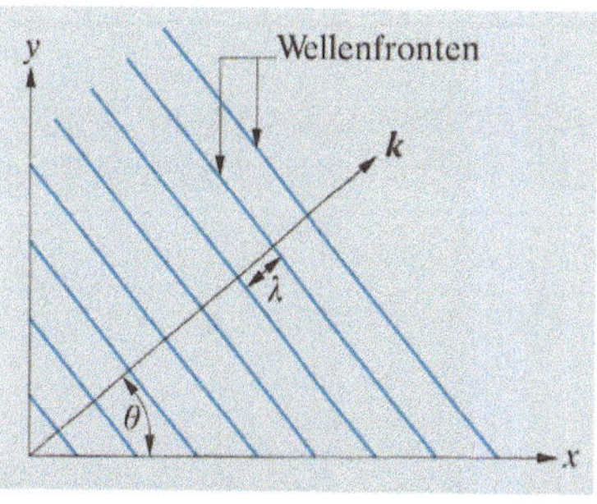

Abb. 2.5. Ebene Welle mit Wellenvektor $\boldsymbol{k}$

2.6.2 Die Wellengleichung in drei Dimensionen

Auf dieser Basis können wir die Wellengleichung ableiten. Mit (2.41) erhalten wir

$$f(\boldsymbol{r}, t) = f(\boldsymbol{r} \cdot \hat{\boldsymbol{n}} - vt, 0) = F(\xi) \, . \tag{2.43}$$

Für diese Funktion sind die Ableitungen nach dem Ort und der Zeit:

$$\partial/\partial t = -v \, \mathrm{d}/\mathrm{d}\xi \, , \tag{2.44}$$

$$\nabla \equiv \left(\frac{\partial}{\partial x}, \frac{\partial}{\partial y}, \frac{\partial}{\partial z} \right) = \left(\frac{\partial \xi}{\partial x}, \frac{\partial \xi}{\partial y}, \frac{\partial \xi}{\partial z} \right) \frac{\mathrm{d}}{\mathrm{d}\xi} = \hat{\boldsymbol{n}} \frac{\mathrm{d}}{\mathrm{d}\xi} \, , \tag{2.45}$$

wobei (2.42) benutzt wurde, um $\partial\xi/\partial x$ usw. zu berechnen. Es folgt aus (2.43)

$$\frac{\partial^2 f}{\partial t^2} = v^2\,\frac{\mathrm{d}^2 f}{\mathrm{d}\xi^2}\,, \tag{2.46}$$

aus (2.45)

$$\nabla\cdot(\nabla f) = (\hat{\boldsymbol{n}}\cdot\hat{\boldsymbol{n}})\,\frac{\mathrm{d}^2 f}{\mathrm{d}\xi^2} = \frac{\mathrm{d}^2 f}{\mathrm{d}\xi^2} \tag{2.47}$$

und schließlich

$$\nabla\cdot\nabla f \equiv \nabla^2 f = \frac{\partial^2 f}{\partial x^2} + \frac{\partial^2 f}{\partial y^2} + \frac{\partial^2 f}{\partial z^2} = \frac{1}{v^2}\,\frac{\partial^2 f}{\partial t^2}\,. \tag{2.48}$$

Bis jetzt wurde f als rein skalar angesehen, aber die obigen Schritte können für jede Komponente eines Vektorfeldes separat durchgeführt werden. Man erhält dann

$$\boxed{\nabla^2 f = \frac{1}{v^2}\,\frac{\partial^2 f}{\partial t^2}}\,. \tag{2.49}$$

Dies ist die **Wellengleichung für dispersionsfreie Wellen** in drei Dimensionen.

Gemäß (2.7) läßt sich eine ebene harmonische Welle konstruieren, indem man $\boldsymbol{f}$ durch $\boldsymbol{a}\exp[\mathrm{i}(\boldsymbol{k}\cdot\boldsymbol{r}-\omega t)]$ ersetzt. Die Phase ist gegeben durch

$$\phi = \boldsymbol{k}\cdot\boldsymbol{r}-\omega t = k\left(\frac{\boldsymbol{k}}{k}\cdot\boldsymbol{r}-\frac{\omega}{k}t\right) = k\left(\frac{\boldsymbol{k}}{k}\cdot\boldsymbol{r}-vt\right)\,, \tag{2.50}$$

woraus unter Benutzung von (2.42) folgt, daß $\hat{\boldsymbol{n}}=\boldsymbol{k}/k$ der Einheitsvektor in Richtung $\boldsymbol{k}$ ist. Die Wellenfront verläuft daher senkrecht zur Ausbreitungsrichtung von $\boldsymbol{k}$. Der Betrag von $\boldsymbol{k}$ ist $k=2\pi/\lambda$, analog zu (2.7). Da die Komponenten von λ aus dieser Beziehung nicht abzuleiten sind, ist λ kein Vektor, obwohl λ sowohl eine Richtung als auch einen Betrag hat.

Die **Dispersionsrelation** für den dreidimensionalen Fall läßt sich in gleicher Weise ableiten wie für eine Dimension, man ersetzt einfach $\nabla = \mathrm{i}\boldsymbol{k}$ und $\partial/\partial t = -\mathrm{i}\omega$. Dies ergibt im allgemeinen Fall eine Vektorgleichung der Form $\mathcal{P}(\mathrm{i}\boldsymbol{k},-\mathrm{i}\omega)=0$, analog zu (2.19).

2.6.3 Kugelwellen und zylindrische Wellen

Eine weitere Klasse dreidimensionaler Wellen sind die **Kugelwellen**, mit kugelförmigen Wellenfronten

$$\boldsymbol{f}(\boldsymbol{r},t) = \boldsymbol{A}(\boldsymbol{r})\exp\left[\mathrm{i}(kr-\omega t)\right], \tag{2.51}$$

und **zylindrische Wellen**, bei denen die Wellenfronten eine Zylinderoberfläche darstellen

$$\boldsymbol{f}(\boldsymbol{r},t) = \boldsymbol{A}(\boldsymbol{r})\exp\left\{\mathrm{i}\left[k(x^2+y^2)^{\frac{1}{2}}-\omega t\right]\right\}. \tag{2.52}$$

Bei diesen Wellentypen ist die Beschreibung von Polarisationsphänomenen problematisch, weswegen wir unsere Behandlung dieser Typen in diesem Buch auf die skalare Wellentheorie (Kap. 7) beschränken.

2.7 Wellen in inhomogenen Medien

Die Ausbreitung einer einfachen harmonischen Welle in einem homogenen Medium ist eine relativ einfache Angelegenheit, aber im Falle eines inhomogenen Mediums wird die Behandlung so kompliziert, daß sich nur die einfachsten Fälle überhaupt noch analytisch lösen lassen. Zwei wichtige Prinzipien, von *Huygens* und *Fermat* entwickelt, sind bei der Vereinfachung der Physik in solchen Fällen sehr hilfreich.

2.7.1 Das Huygenssche Prinzip

Wie wir gesehen haben, war *Huygens* ein starker Verfechter der **Wellentheorie** des Lichts; er führte einige Gedanken in die Optik ein, die bis heute ihre grundlegende Richtigkeit bewahrt haben. Einer davon war die Idee der **Wellenfront**, die wir eben (Abschn. 2.6.1) bereits als Oberfläche konstanter Phase definiert haben. *Huygens* verstand eine Welle mehr als ein vorübergehendes Phänomen, das zu einer bestimmten Zeit an einem bestimmten Ort ausgesandt wird. In diesem Fall kann man eine Wellenfront als die Oberfläche definieren, die von der Störung zu einem bestimmten Zeitpunkt erreicht worden ist. Im Prinzip kann eine Wellenfront eine beliebige Form annehmen, aber in der Praxis haben nur ebene, kugelförmige und gelegentlich elliptische Wellen bei der Analyse von Wellenphänomenen eine Bedeutung.

> *Huygens* wies darauf hin, daß, wenn man den Verlauf der Wellenfront zu einer bestimmten Zeit kennt, man die Wellenfront zu einem späteren Zeitpunkt dadurch berechnen kann, daß man jeden Punkt der Wellenfront als Ausgangspunkt für eine neue Welle ansieht. Diese neuen Wellen sind Kugelwellen, deren Einhüllende die neue Wellenfront zu einem späteren Zeitpunkt ergibt (Abb. 2.6a). Diese Regel heißt **Huygenssches Prinzip**.

Die in der Konstruktion auftauchenden Kugelwellen werden **Huygenssche Elementarwellen** genannt. Auf der Basis dieses Prinzips läßt sich leicht erkennen, daß kugelförmige, ebene und zylindrische Wellen ihre Form beibehalten, während andere Formen bei der Ausbreitung verzerrt werden.

Das Huygenssche Prinzip läßt sich auf anisotrope Materialien anwenden (Kap. 6), wenn man erkennt, daß im Falle einer Abhängigkeit der Wellengeschwindigkeit von der Ausbreitungsrichtung die Elementarwellen keine Kugelwellen mehr sind, sondern elliptische Wellen. Eine wichtige Regel folgt, wenn man die Ausbreitung einer Wellenfront mit begrenzter räumlicher Ausdehnung betrachtet. Die Richtung des Energieflusses (Π, die Ausbreitungsrichtung) läßt sich dadurch konstruieren, daß man eine Linie zieht vom Ursprung jeder Elementarwelle zu dem Punkt, an dem sie die Einhüllende berührt. Diese Richtung entspricht nicht immer der des Wellenvektors k (Abb. 2.6b).

Es wird manchmal angemerkt, daß das Huygenssche Prinzip unvollkommen sei, da es außer der vorwärtslaufenden auch eine zurücklaufende Welle vorhersagt. Das ist nicht der Fall. Wenn man herausfinden möchte, wie sich

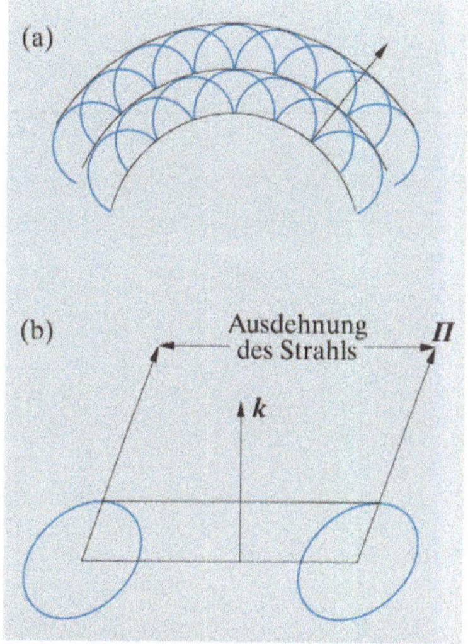

Abb. 2.6. Huygenssches Prinzip (a) in einem isotropen Medium; (b) in einem anisotropen Medium

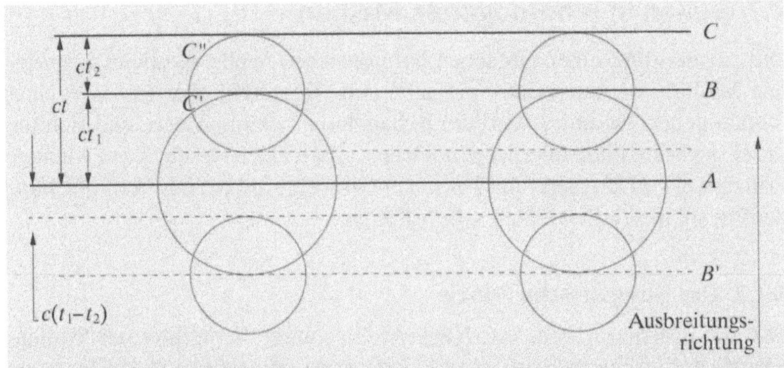

Abb. 2.7. Problem der zurücklaufenden Welle beim Huygensschen Prinzip

eine Wellenfront A im Laufe der Zeit t entwickelt, kann man t in zwei Teile unterteilen, t_1 und t_2. Die Wellenfront A wird sich zu B innerhalb der Zeit t_1 entwickelt haben und B zu C innerhalb der Zeit t_2. Berücksichtigt man zurücklaufende Wellen, wird die Wellenfront C von C' und C'' begleitet, deren Positionen von den genauen Werten von t_1 und t_2 abhängen. Alle solche Wellenfronten werden sich destruktiv überlagern, und nur die vorwärtslaufende Welle, die von $t = t_1 + t_2$ abhängt, bleibt übrig (Abb. 2.7). In der Kirchhoffschen Behandlung des Huygensschen Prinzips, die wir in Abschn. 7.2 besprechen werden, wird dieses Problem auf eine ganz natürliche Weise gelöst. Die Huygenssche Konstruktion ist extrem nützlich, um ein physikalisches Bild der Wellenausbreitung in Fällen zu erhalten, bei denen eine exakte Berechnung nicht möglich ist; in Abschn. 2.9 werden wir ein Beispiel dafür kennenlernen.

2.7.2 Das Fermatsche Prinzip

Nehmen wir an, Licht wird von einer Punktquelle in einem inhomogenen Medium ausgesandt und kann zwischen verschiedenen Wegen zu einem Beobachter „wählen". Welchen Weg wird es nehmen? *Fermat* war der erste, der feststellte, daß es den Weg wählen würde, der die kürzeste Zeit in Anspruch nimmt, entsprechend einem Ökonomiegedanken in der Natur. Die geradlinige Ausbreitung von Licht in einem homogenen Medium ist ein offensichtliches Resultat dieser Überlegung, und auch die Gesetze für Brechung und Reflexion lassen sich daraus ableiten. Wenn man dieses Prinzip anwendet, ist es nützlich, den **optischen Pfad** von A nach B zu definieren:[2]

$$\overline{AB} = \int_A^B \mu(s)\,\mathrm{d}s\,, \tag{2.53}$$

wobei $\mu(s)$ der **Brechungsindex** am Punkt s des Wegs, berechnet aus $\mu(s) = c/v(s)$, ist. Die Zeit, die das Licht für die Reise von A nach B braucht, ist dann $\overline{AB}/c$.

---

[2] Anmerkung des Verlags: Der Überstrich bezeichnet hier den optischen Weg. Die *Länge einer Strecke*, die in der Geometrie mit einem Überstrich gekennzeichnet wird, wird deshalb hier in der Notation nicht von einer Strecke unterschieden.

Das Fermatsche Prinzip kann nur im Zusammenhang mit der **Interferenz** korrekt verstanden werden, aber das zugrundeliegende Konzept ist einfach. Nehmen wir an, das Licht würde sich zwischen A und B auf allen möglichen Wegen AB_j ausbreiten, nicht eingeschränkt durch Regeln der geometrischen oder physikalischen Optik (die Regeln werden bei dieser Betrachtung als Resultat herauskommen). Die verschiedenen optischen Wege $\overline{AB_j}$ werden sich dabei um Beträge unterscheiden, die eine Wellenlänge weit übersteigen, daher werden die Wellen am Punkt B eine breite Verteilung in der Phase besitzen und sich größtenteils durch destruktive Interferenz auslöschen. Da es aber einen kürzesten Weg AB_0 gibt und die optischen Weglängen stetig von diesem Wert aus zunehmen, gibt es eine große Zahl benachbarter Wege mit einem Weglängenunterschied, der sich nur in zweiter Ordnung ($\Delta s < \lambda$) von $\overline{AB_0}$ unterscheidet; sie überlagern sich daher konstruktiv. Deshalb werden Wellen auf und in der Nähe des kürzesten Wegs dominieren (Abb. 2.8), und man wird AB_0 als den Weg sehen, auf dem das Licht reist. Die gleiche Argumentation gilt auch für den längsten Lichtweg $\overline{AB_j}$. Manchmal geht die Natur seltsame Wege!

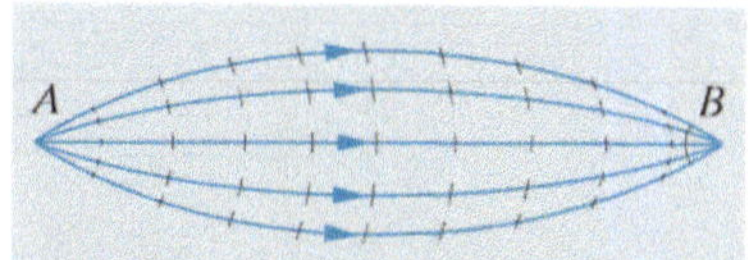

Abb. 2.8. Fermatsches Prinzip. Die Striche entlang der Strahlen markieren jeweils eine Wellenlänge

Das Fermatsche Prinzip gilt auch bei der **Bildentstehung**. Wenn alle Routen von A nach B den gleichen optischen Weg besitzen, interferieren sie konstruktiv am Punkt B. In diesem Fall wird kein spezieller Pfad vom Licht ausgewählt. A und B heißen hier konjugierte Punkte, und einer ist das Bild des anderen.

Wir möchten diesen Abschnitt mit einem Beispiel beenden, das für das folgende Kapitel wichtig ist; wir zeigen, wie man die **Snelliusschen Brechungsgesetze** vom Fermatschen Prinzip ableiten kann. Man nehme eine Grenzschicht I (für englisch „Interface") zwischen zwei Medien mit den Brechungsindizes μ_1 und μ_2 an (Abb. 2.9). Zwei benachbarte Routen von A nach B gehen durch C_1 und C_2, wobei $C_1 C_2 = d$. Der optische Weglängenunterschied zwischen den beiden ist dann im Falle $d \ll AC_1,\ BC_1$:

$$\mu_1 X C_2 - \mu_2 Y C_1 = \mu_1 d \sin \hat{\imath} - \mu_2 d \sin \hat{r}\,. \tag{2.54}$$

Dieser Wert wird 0 für den minimalen oder maximalen optischen Weg $\overline{AB}$, wenn

$$\mu_1 \sin \hat{\imath} = \mu_2 \sin \hat{r}\,.$$

Auf diese Weise führt das Fermatsche Prinzip zum Snelliusschen Brechungsgesetz.

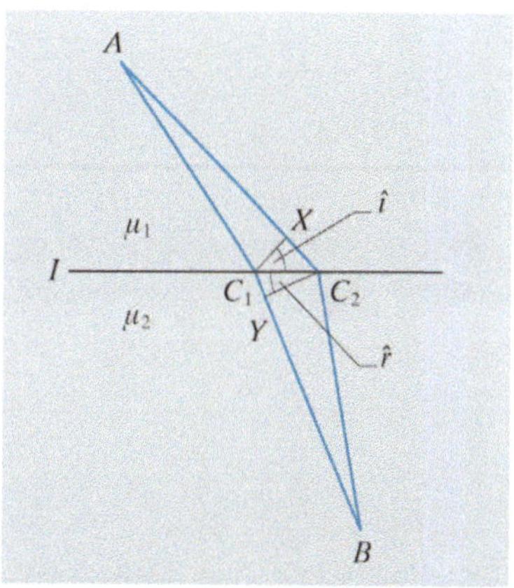

Abb. 2.9. Beweis des Snelliusschen Brechungsgesetzes mit Hilfe des Fermatschen Prinzips

2.8 Vertiefungsthema: Ausbreitung und Verzerrung eines Wellenpakets in einem dispergierenden Medium

In Abschn. 2.2.2 betrachteten wir die Ausbreitung einer Superposition von Partialwellen der Form

$$F(x, t) \equiv \sum_j f_{k_j}(x, t) = \sum_j a_{k_j} \exp\left[i(k_j x - \omega_j t)\right]. \tag{2.55}$$

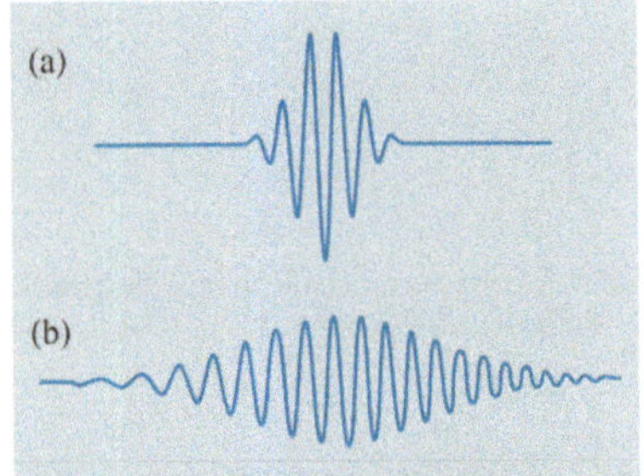

Abb. 2.10. (a) Gaußsches Wellenpaket zur Zeit $t = 0$; (b) berechnete Form des Wellenpakets nach dem Durchlaufen einer Strecke in einem Medium mit quadratischer Dispersionsrelation

Wir ersetzen nun die Summation durch ein Integral

$$F(x, t) = \int_{-\infty}^{\infty} f(k, x, t)\, \mathrm{d}k = \int_{-\infty}^{\infty} a(k) \exp\left[\mathrm{i}(kx - \omega t)\right] \mathrm{d}k\,, \qquad (2.56)$$

wobei die Beziehung $\omega(k)$ bekannt ist. Wir nehmen nun den speziellen Fall eines **Gaußschen Wellenpakets** (Abschn. 4.4.6, 4.6.5) an, bei dem $a(k)$ eine **Gauß-Funktion** der Form

$$a(k) = \left(\frac{2\pi}{\sigma}\right)^{-\frac{1}{2}} \exp\left[\frac{-(k - k_0)^2 \sigma^2}{2}\right] \qquad (2.57)$$

ist, zentriert um $k = k_0$ und mit einer Varianz σ^{-2}.

Das Integral (2.56) kann nun für $t = 0$ (Abschn. 4.4.6) ausgewertet werden, und das Ergebnis ist (Abb. 2.10a)

$$F(x, 0) = \exp(-x^2/2\sigma^2)\exp(\mathrm{i}k_0 x)\,. \qquad (2.58)$$

Die Einhüllende $\exp(-x^2/2\sigma^2)$ dieses Wellenpakets hat ihr Maximum bei $x = 0$ und eine Halbwertsbreite (Abschn. 4.4.6) $w = 2{,}36\,\sigma$.

Betrachten wir nun die Ausbreitung eines solchen Wellenpakets in drei Medien:

- in einem dispersionsfreien Medium mit $\omega = vk$;
- in einem Medium mit linearer Dispersionsrelation, in dem gilt: $\omega = v_\mathrm{g}k + \alpha$ (die Phasengeschwindigkeit ist in diesem Beispiel nicht konstant);
- in einem Medium mit quadratischer Dispersionsrelation, in dem gilt: $\omega = v_\mathrm{g}k + \alpha + \beta(k - k_0)^2$.

Im ersten Fall, wie wir in Abschn. 2.2.2 sahen, kann man $x' = x - vt$ schreiben und erhält sofort $F(x, t) = F(x', 0) = F(x - vt, 0)$: Das Wellenpaket breitet sich unverändert mit der Geschwindigkeit v aus.

Im zweiten Fall ergibt eine Substitution von ω in (2.56):

$$F(x, t) = \int_{-\infty}^{\infty} a(k) \exp\left\{\mathrm{i}\left[kx - t(v_\mathrm{g}k + \alpha)\right]\right\} \mathrm{d}k\,. \qquad (2.59)$$

Ersetzt man $x - v_\mathrm{g}t$ durch x', folgt

$$F(x, t) = \exp(-\mathrm{i}\alpha t)F(x', 0) = \exp(-\mathrm{i}\alpha t)F(x - v_\mathrm{g}t, 0)\,. \qquad (2.60)$$

Man sieht, daß sich das Wellenpaket mit einer unveränderten Einhüllenden mit der Geschwindigkeit v_g $(= \mathrm{d}\omega/\mathrm{d}k$, der **Gruppengeschwindigkeit**) fortbewegt, die Phase der einzelnen Partialwellen ändert sich jedoch während der Ausbreitung. Dies ist die oben (Abschn. 2.5) erwähnte Bewegung von einzelnen Partialwellen relativ zur Einhüllenden.

Keines der oben erwähnten Beispiele hat explizite Aussagen über die Form von $a(k)$ benötigt, und die Resultate sind für beliebige Formen von

Wellenpaketen gültig. Dies gilt, solange $d\omega/dk$ keine Funktion von k ist. Im dritten Beispiel allerdings hängt das Verhalten der Einhüllenden von den Anfangsbedingungen ab. Gleichung (2.56) wird dabei zu:

$$F(x, t) = (2\pi/\sigma)^{-\frac{1}{2}} \int_{-\infty}^{\infty} \exp\left[\frac{-(k_0 - k)^2 \sigma^2}{2}\right]$$

$$\times \exp\left\{i\left[kx - (v_g k + \alpha + \beta(k + k_0)^2)t\right]\right\} dk$$

$$= (2\pi/\sigma)^{-\frac{1}{2}} e^{-i\alpha t} \int_{-\infty}^{\infty} \exp\left[-(k_0 - k)^2\left(\frac{\sigma^2}{2} + i\beta t\right)\right] \exp(ikx') \, dk \, .$$

$$(2.61)$$

So kompliziert dieser Ausdruck aussehen mag, das Integral kann wie jedes andere Gauß-Integral (siehe Abschn. 4.4.6) ausgewertet werden[3] und ergibt

$$F(x', t) = (1 + 4\beta^2 \sigma^{-4} t^2)^{-\frac{1}{4}}$$

$$\times \exp\left[-\frac{x'^2}{2(\sigma^2 + 4\beta^2 t^2 \sigma^{-2})}\right] e^{i\psi(t)} \, . \qquad (2.62)$$

Diese Form ist nicht mehr so kompliziert. Die Einhüllende ist um den Punkt $x' = (x - v_g t) = 0$ zentriert, man sieht nochmals, daß sich das Maximum mit der Gruppengeschwindigkeit bewegt. Die Halbwertsbreite und die Amplitude der Einhüllenden haben sich allerdings verändert. Die Halbwertsbreite ist jetzt $2{,}36\,(\sigma^2 + 4\beta^2 t^2 \sigma^{-2})^{1/2}$, was immer größer ist als der ursprüngliche Wert $w = 2{,}36\,\sigma$, und sie nimmt kontinuierlich mit der Zeit zu. Gleichzeitig nimmt die Amplitude ab, so daß die Gesamtenergie erhalten bleibt. Merke: Je schmaler das ursprüngliche Wellenpaket (großes σ), desto schneller läuft es auseinander. Für jede Zeitspanne, die das Wellenpaket zurücklegt, gibt es eine spezielle Anfangsbreite, die den schmalsten Puls nach dieser Zeit ergibt. Der Phasenfaktor $\psi(t)$ ist schwierig zu berechnen, die Berechnung erfolgt am besten numerisch. Er enthält einen Faktor αt, der ebenfalls in Medien mit linearer Dispersionsrelation auftaucht, sowie weitere Terme. Diese führen zu einer „Pulskompression", einer Variation des lokalen k mit dem zurückgelegten Weg. Ein numerisch berechnetes Beispiel ist in Abb. 2.10a gezeigt.[4] Die Untersuchung der Ausbreitung von Wellenpaketen in dispergierenden Medien ist von großer Wichtigkeit bei der Planung optischer Kommunikationssysteme (Abschn. 10.1, 2), und dieses Beispiel stellt nur einen sehr einfachen Fall dar.

2.9 Vertiefungsthema: Gravitationslinsen

Eine interessante moderne Anwendung der Prinzipien von *Huygens* und *Fermat* auf das Gebiet der Astronomie ist die Erklärung von Mehrfachbildern von Sternen durch den **Gravitationslinseneffekt**. Die Überlegung, daß

---

[3] Dies ist der Grund, warum wir ein gaußförmiges Wellenpaket als Beispiel gewählt haben!

[4] Wir danken *Yoav Oreg* für die Überlassung dieses Beispiels.

ein massiver Körper Licht ablenken kann, ist nicht neu; *Newton* zog dies in Betracht für den Fall, daß seine Lichtteilchen Masse hätten. Die moderne Interpretation im Rahmen der **Allgemeinen Relativitätstheorie** erklärt diese Ablenkung als Folge der Verzerrung des Raums in der Nähe eines schweren Körpers. Der Effekt selbst und sein von *Einstein* vorhergesagtes Ausmaß konnten 1919 erstmals bei einer totalen Sonnenfinsternis experimentell beobachtet werden. Lichtstrahlen, die nahe am Sonnenrand vorbeiliefen, wurden vom Gravitationsfeld der Sonne abgelenkt; die scheinbare Änderung der Stern-Positionen konnte vermessen werden. Mit Radioteleskopen wurden seither ähnliche Beobachtungen gemacht.

Einige hochauflösende Radio- und Infrarotbilder weitentfernter Quasare haben vor kurzem gezeigt, daß diese Objekte scheinbar aus mehreren Komponenten bestehen, alle mit dem gleichen Spektrum (was auf eine gemeinsame Quelle hinweist) und mit meßbaren Zeitunterschieden beim Auftreten nichtperiodischer Ereignisse (z. B. „Radiobursts", Strahlungsausbrüche). Solche Bilder können als optische Effekte interpretiert werden, bei denen schwere Galaxien in der Nähe des Lichtwegs das Licht ablenken.

Am leichtesten wird der Effekt verständlich, wenn man die Verzerrungen des Raumes durch einen **effektiven Brechungsindex** μ_g beschreibt, der mit dem Gravitationspotential Φ und der Lichtgeschwindigkeit c über

$$\mu_g = 1 - 2\Phi/c^2 \tag{2.63}$$

verbunden ist.

Zuerst wollen wir die Ablenkung des Lichts eines Sternes im Schwerefeld der Sonne betrachten. Für einen Massenpunkt (oder eine sphärische Masse) M gilt $\Phi = -MG/r$, wobei G die Gravitationskonstante ist. Die Ablenkung wird in allen Fällen klein sein (von der Größenordnung Bogensekunden), so daß es eine gute Näherung ist, den optischen Weg von einem Quasar Q zu uns Beobachtern O durch eine gerade Linie zu ersetzen, deren kürzester Abstand zur ablenkenden Masse b ist. Diesen Abstand nennt man in Anlehnung an die Streutheorie der Kernphysik „**Stoßparameter**" (Abb. 2.11). Die optische Weglänge ist

$$\bar{l} = \overline{QO} = \int_Q^O \mu_g(\boldsymbol{r})\mathrm{d}\boldsymbol{r}$$

$$= \int_{-L_1}^{L_2} \left(1 + \frac{2MG}{c^2(x^2 + b^2)^{\frac{1}{2}}}\right) \mathrm{d}x$$

$$= L_1 + L_2 + \frac{2MG}{c^2}(\ln 4 + \ln L_2 + \ln L_1 - 2\ln b), \tag{2.64}$$

wobei die Abstände des Beobachters bzw. des Quasars von der Masse M L_2 bzw. L_1 sind. Abb. 2.12a zeigt $\bar{l}(b)$. Offensichtlich wird der optische Weg um so länger, je näher das Licht der ablenkenden Masse kommt; in diesem Sinne wirkt die Masse wie eine fokussierende Linse mit einem Profil wie in Abb. 2.12b gezeigt. Der Ablenkungswinkel α des Lichts läßt sich mit Hilfe

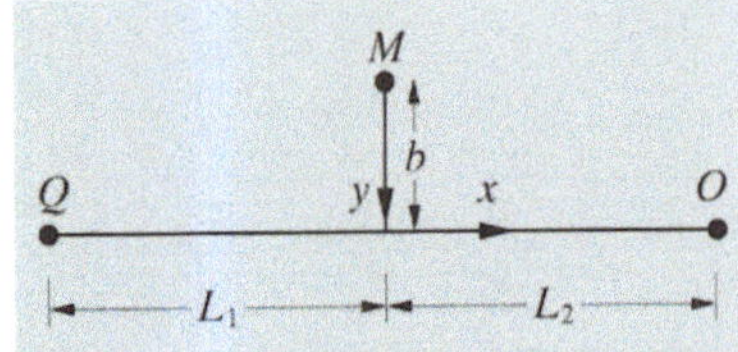

Abb. 2.11. Geometrische Anordnung der Quelle Q, der Masse M, die die Gravitationslinse bildet, und des Beobachters O

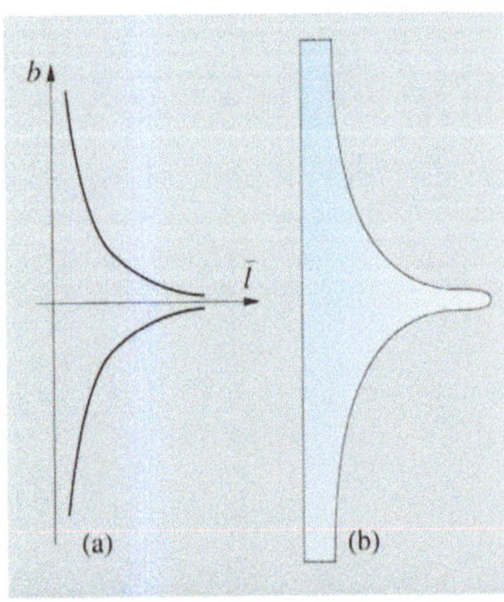

Abb. 2.12a,b. Gravitationslinse. (a) optischer Weg $\bar{l}$ als Funktion von b für eine punktförmige Masse; (b) Profil einer Plastiklinse, mit der man im Labor den Gravitationslinseneffekt simulieren kann

des Huygensschen Prinzips berechnen. Die Wellenfront beim Beobachter ist die Oberfläche mit konstantem $\bar{l}$ (Strecken gleicher Laufzeit zwischen QO und QO'), für kleine Winkel ergibt sich

$$\alpha = \frac{d\bar{l}}{dy} = \frac{L_1}{L_1 + L_2} \cdot \frac{d\bar{l}}{db} = \frac{4MG}{c^2 b} \cdot \frac{L_1}{L_1 + L_2} \simeq \frac{4MG}{c^2 b} \, , \qquad (2.65)$$

wobei diese Näherung gültig ist, falls $L_2 \ll L_1$, d. h. falls die solare Entfernung viel kleiner ist als die stellare. Diese Ablenkung wurde 1919 experimentell beobachtet.

Nun wollen wir qualitativ den Linseneffekt betrachten, der eintritt, wenn die Erde, ein entfernter Quasar und eine eine Linse bildende Galaxie fast auf einer Linie liegen, so daß b sehr klein ist. Die Astronomen halten eine solche Konstellation für durchaus wahrscheinlich. Nehmen wir jetzt an, daß die ablenkende Masse eine endliche Ausdehnung hat. Damit wird die Singularität am Punkt $b = 0$ in (2.64) vermieden, und es ist möglich, das Linsenzentrum gemäß Abb. 2.12b mit einem endlichen Wert zu approximieren. Wir verwenden diese Näherung nun, um die Wellenfronten zu konstruieren, die die Region der Gravitationslinse verlassen (Abb. 2.13a); dazu verwenden wir das Huygenssche Prinzip. Die Situation ist in Abb. 2.13b dargestellt. Die Wellenausbreitung in dieser Abbildung entspricht genau dem Huygensschen Bild der Entstehung einer Wellenfront, die aus dem Gebiet des Linseneffekts herausläuft, ohne daß es zu weiteren Verzerrungen der Fronten kommt. In genügendem Abstand vom Streuzentrum gibt es eine Region, in der die Wellenfronten aufspalten. Die Ränder dieser Region bilden eine **Kaustik**. Dies ist ein Paar von Linien, die zu einer Spitze zusammenlaufen. Offensichtlich kann ein Beobachter innerhalb dieser Region drei verschiedene Wellenfronten gleichzeitig sehen, jede mit einem unterschiedlichen Profil, und daher drei separate Bilder. Wichtig ist, daß die drei Wellenfronten, die durch A hindurchgehen, unterschiedliche optische Abstände von der Quelle besitzen, was die beobachteten Zeitunterschiede erklärt. Die obige Erklärung wurde in zwei Dimensionen entwickelt. Würden der Beobachter, die abbildende Galaxie und die Quelle auf einer geraden Linie liegen, ist aufgrund der Axialsymmetrie klar, daß das beobachtete Bild ein heller Fleck, umgeben von einem erleuchteten Ring, sein müßte. Ist die „Linse" nicht kugelsymmetrisch oder das System nicht koaxial, ergibt sich aus einer entsprechenden dreidimensionalen Überlegung, daß das Bild aus fünf

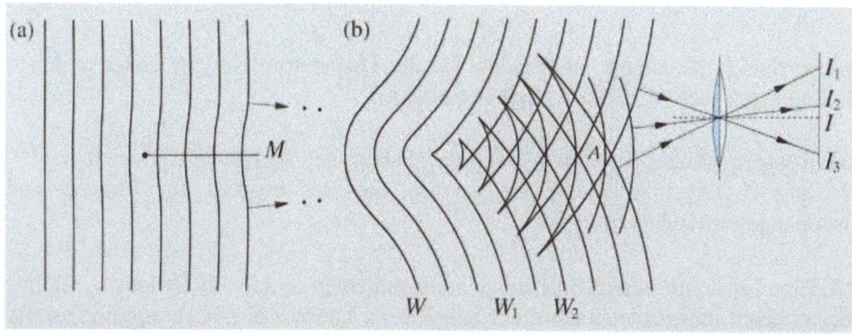

Abb. 2.13. (a) Wellenfronten beim Verlassen der Gravitationslinsenregion; (b) Entwicklung der Wellenfronten W_1, W_2 usw. aus der einlaufenden Front W, konstruiert nach dem Huygensschen Prinzip. Man erkennt die Entstehung von drei verschiedenen Bildern I_1, I_2, I_3 statt des erwarteten Einzelbildes I

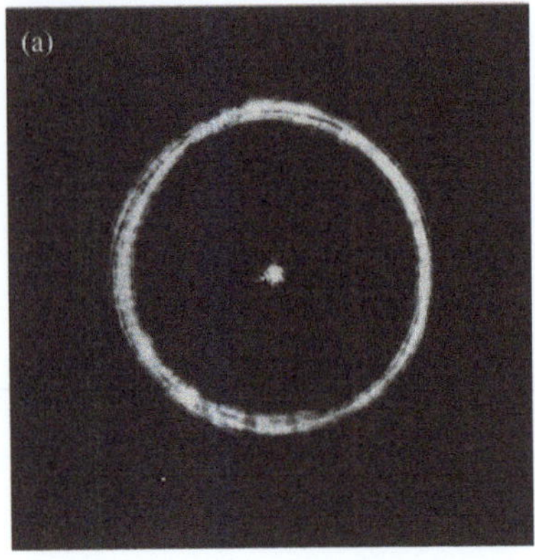 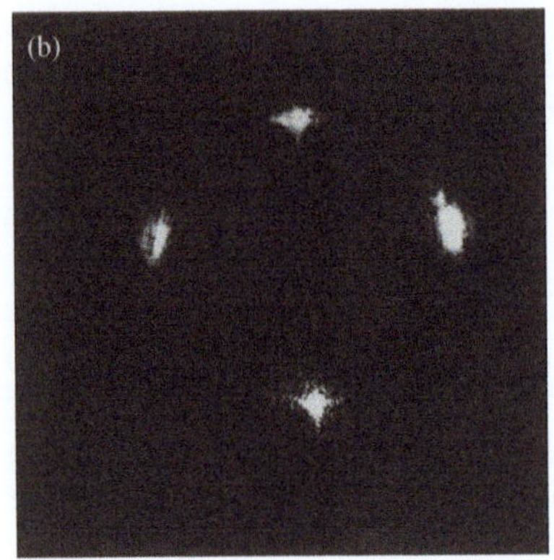 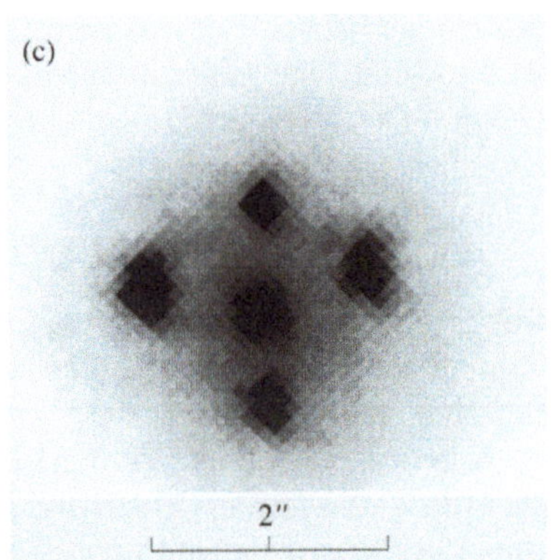

Abb. 2.14a–c. Bildentstehung beim Durchgang des Lichts einer Punktquelle durch eine Gravitationslinse. (a) betrachtet durch die Linse aus Abb. 2.12b entlang der optischen Achse; (b) wie bei (a), nur von der optischen Achse versetzt (es gibt noch einen fünften Lichtpunkt in der Nähe des Zentrums, er ist zu schwach, um ihn auf der Photographie zu erkennen); (c) die beobachtete Struktur der kosmischen Quelle Q2237 + 0305, aufgenommen mit dem JPL Weitwinkelteleskop im nahen Infrarot. Man sieht fünf Einzelbilder mit der gleichen Rotverschiebung von 1,695. Die Skala hat eine Länge von zwei Bogensekunden. (Wiedergabe mit freundlicher Genehmigung der NASA. Eine Falschfarbendarstellung dieser Abbildung findet sich bei *Paczyski* und *Wambsganss* 1993)

Punktbildern zusammengesetzt sein muß. Abbildung 2.14 zeigt ein solches Bild eines Quasars, von dem man annimmt, daß eine Galaxie nahe am Lichtweg als Gravitationslinse wirkt, und im Vergleich dazu ein Laborexperiment, bei dem eine Punktquelle durch eine Plastiklinse mit einem Profil gemäß Abb. 2.12b betrachtet wird.

✘ Übungsaufgaben

$\lambda = 0,5\,\mu$m, soweit nichts anderes vermerkt ist.

2.1 Eine Kette bestehe aus Massenpunkten m, die entlang der x-Achse an den Orten $x = na$ verteilt sind. Sie sind durch Federn mit der Federkonstante K verbunden und sollen sich nur entlang der x-Achse bewegen können. Zeigen Sie, daß sich eine longitudinale Welle entlang der Kette ausbreiten kann und daß diese eine Dispersionsrelation

$$\omega = 2(K/m)^{\frac{1}{2}}\left|\sin\tfrac{1}{2}ka\right| \tag{2.66}$$

besitzt. Erklären Sie physikalisch, warum die Dispersionsrelation periodisch ist. Berechnen Sie die Phasen- und Gruppengeschwindigkeit für die Fälle $\omega \to 0$ und $\omega = 2(K/m)^{1/2}$.

2.2 Biegewellen eines Stabes haben eine Wellengleichung der Form

$$\frac{\partial^2 y}{\partial t^2} = -B^2 \frac{\partial^4 y}{\partial x^4}\,, \tag{2.67}$$

wobei B eine Konstante ist. Finden Sie die Dispersionsrelation. Unter welchen Bedingungen werden diese Wellen evaneszent?

2.3 Röntgenstrahlen in einem Medium haben den Brechungsindex $\mu = (1 - \Omega^2/\omega^2)^{1/2}$ (Abschn. 13.3.3). Zeigen Sie, daß das Produkt aus Phasen- und Gruppengeschwindigkeit c^2 ist.

2.4 Eine Linse mit einem Brechungsindexgradienten (engl. „GRIN lens", „GRIN" für „gradient index") wird aus einer Scheibe der Dicke d in z-Richtung hergestellt, die einen Brechungsindex $\mu(x, y) = \mu_2 - \alpha(x^2 + y^2)$ besitzt, wobei μ_2 und α Konstanten sind. Verwenden Sie das Fermatsche Prinzip, um zu zeigen, daß diese Linse eine Sammellinse mit der Brennweite $(2d\alpha)^{-1}$ in paraxialer Näherung ist (siehe auch *Marchand* 1978).

2.5 Verwenden Sie das Fermatsche Prinzip und die Eigenschaften von Kegelschnitten, um zu zeigen, daß eine Punktquelle in dem einen Brennpunkt eines elliptischen oder parabolischen Spiegels in den anderen Brennpunkt abgebildet wird. Das bekannteste Beispiel hierfür ist ein Parabolspiegel, bei dem ein Brennpunkt im Unendlichen liegt. Das **Cassegrain-Teleskop** und der **Schmidt-Spiegel** (Gregorianisches Teleskop) verwenden sowohl Sammel- als auch Zerstreuungslinsen, um eine hohe Vergrößerung zu erzielen (wie ein Teleobjektiv). Welches Spiegelprofil verwendet man hierzu idealerweise?

2.6 Eine Linse, deren sphärische Aberration korrigiert ist, wird dazu verwendet, einen entfernten Punkt auf der optischen Achse abzubilden. Die Linse hat einen Durchmesser von 100 mm und eine Brennweite von 500 mm. Bis zu welcher Entfernung vom Brennpunkt auf der optischen Achse kann man feststellen, daß ein Objekt nicht fokussiert ist, d. h. wie groß ist die Tiefenschärfe? Verwenden sie dazu das Fermatsche Prinzip.

2.7 Eine Punktquelle sendet eine Kugelwelle aus. Zeigen Sie, daß die Gesamtenergie erhalten bleibt, wenn die Amplitude wie r^{-1} abnimmt. Welche funktionale Abhängigkeit ergibt sich bei einer Zylinderwelle, die von einer linienförmigen Quelle ausgesendet wird?

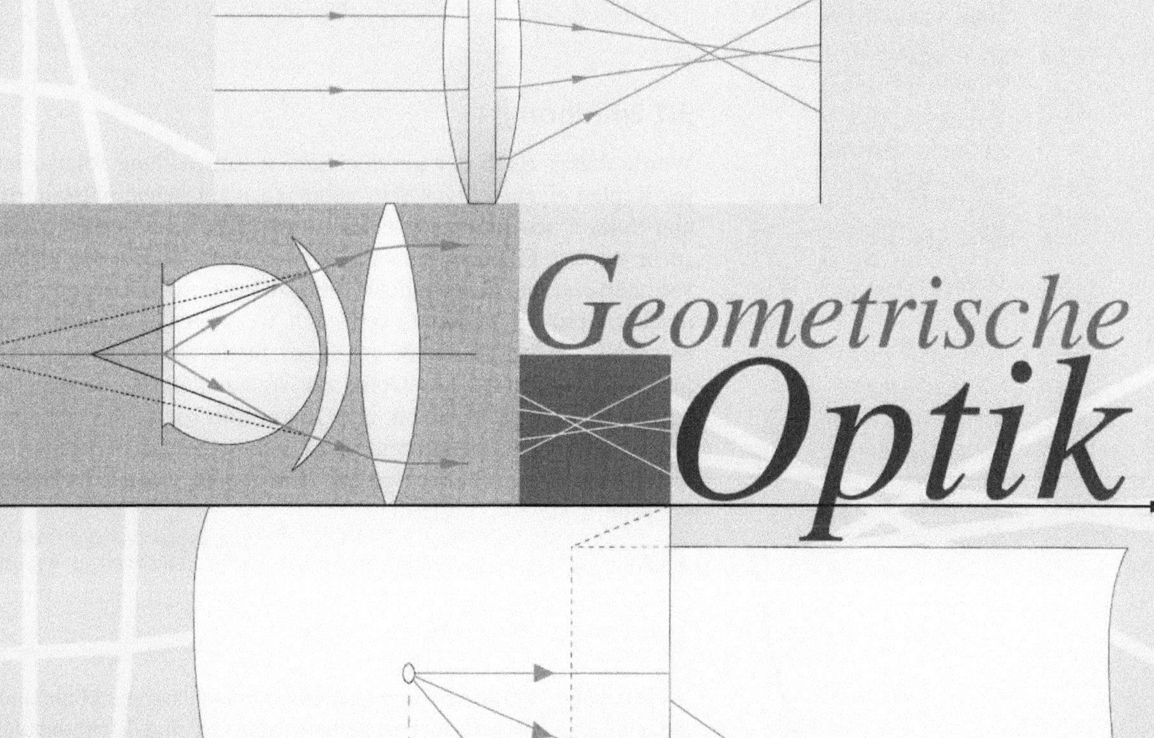

Geometrische Optik

3 Geometrische Optik

▼ Übersicht

Die geometrische Optik oder Strahlenoptik beschäftigt sich mit dem, was die meisten Laien unter dem Begriff „Optik" verstehen: mit dem Verlauf von Lichtstrahlen durch optische Systeme, zusammengesetzt aus Linsen und Spiegeln. Mit relativ einfachen Regeln lassen sich die Strahlengänge durch solche Systeme berechnen. Auch Abbildungsfehler können im Rahmen dieser Theorie beschrieben werden.

3.1 Einführung

Würde dieses Buch der geschichtlichen Entwicklung folgen, hätte dieses Kapitel eigentlich vor dem vorangehenden stehen müssen, da Linsen und Spiegel schon lange vor dem Aufkommen der Wellentheorie untersucht wurden. Hat man jedoch einmal die Grundlagen der Wellentheorie verinnerlicht, sind die Möglichkeiten und die Einschränkungen der geometrischen Optik viel besser zu verstehen, weswegen es didaktisch sinnvoller ist, die geometrische Optik an dieser Stelle zu behandeln. Grundsätzlich hat die geometrische Optik zur Wellenoptik das gleiche Verhältnis wie die klassische Mechanik zur Quantenmechanik. Sie betrachtet Licht als sich in einem homogenen Medium geradlinig ausbreitende Strahlen, die sich an Grenzschichten gemäß dem **Snelliusschen Brechungsgesetz** (Abschn. 2.7.2, 5.4.2) verhalten.

Damit die Gesetze der geometrischen Optik gelten, ist es wichtig, daß die Abmessungen der Elemente, mit denen wir uns beschäftigen, groß sind gegen die Wellenlänge λ.

Das heißt, daß wir Beugungseffekte vernachlässigen können, die sonst die gleichzeitige genaue Feststellung von Ort und Richtung der Lichtstrahlen, auf der die geometrische Optik beruht, verhindern. Von einem praktischen Gesichtspunkt aus beantwortet die geometrische Optik die meisten Fragen in bezug auf optische Instrumente sehr gut und viel einfacher, als es die Wellentheorie könnte. Einzig die Grenzen der Leistungsfähigkeit wie z. B. das Auflösungsvermögen, lassen sich mit ihr nicht vorhersagen, und auch für kleine Objekte, wie z. B. optische Fasern, funktioniert sie nicht besonders gut. Diese Probleme werden wir in Kap. 10 und 12 mit Hilfe der Wellentheorie angehen.

In diesem Kapitel wird zuerst die klassische Strahlentheorie für Systeme aus dünnen Linsen in der **paraxialen Näherung** behandelt. Diese Näherung basiert auf der Annahme, daß für ein gegebenes optisches System eine **optische Achse** z definiert werden kann und daß alle Strahlen annähernd parallel zu dieser Achse sind. Daran schließt sich eine elegante und nützliche Formulierung der paraxialen geometrischen Optik mit Hilfe von Linearer Algebra und Matrizenrechnung an. Mit Ausnahme von ein oder zwei Beispielen werden wir nicht-paraxiale Systeme nur am Rande behandeln, da sie durch Aberrationseffekte viele Probleme komplizieren. Die geometrische Optik wird in den Werken von *Kingslake* (1978, 1983) und *Welford* (1986) ausführlicher behandelt.

Optische Systeme bestehen hauptsächlich aus den folgenden Elementen:

- **dünne Linsen**, wie sie beispielsweise bei Brillen und Lupen verwendet werden, bündeln oder zerstreuen Lichtstrahlen;
- **zusammengesetzte Linsen**, die in Ergänzung zu den oben erwähnten so konzipiert sind, daß sie die verschiedenen Arten von Aberrationen korrigieren; Beispiele sind achromatische Doppellinsen und Mikroskopobjektive;
- **ebene Spiegel** oder **Prismen**, die die Richtung des optischen Wegs umkehren und oft dazu benutzt werden, ein Bild umzukehren, wie beispielsweise beim Fernglas;
- **sphärische oder parabolische Spiegel**, die in großen optischen Instrumenten, z. B. Teleskopen, Linsen ersetzen oder bei Wellenlängen arbeiten, die von normalen optischen Materialien absorbiert werden.

Wir werden unsere Behandlung in diesem Kapitel auf Linsensysteme beschränken. Der Grund dafür ist, daß sich gekrümmte Spiegel ganz ähnlich wie Linsen verhalten, außer daß sie ein Minuszeichen in die Gleichungen einbringen, was wenig zur Physik, aber viel zur Verwirrung der Leser beiträgt. Die Behandlung von Spiegeln sollte daher in spezialisierteren Texten nachgelesen werden *Kingslake* (1983).

Die meisten Linsen haben aus den rein praktischen Gründen des Schliffs und der Politur kugelförmige Oberflächen. Kugeloberflächen haben keine besonderen Eigenschaften, die sie von parabolischen, ellipsoidischen oder anderen analytischen Oberflächenformen unterscheiden würden. **Aberrationen** treten bei allen auf, und alle sind perfekte Lösungen für Spezialfälle, die zu selten vorkommen, als daß es wert wäre, sie hier zu erwähnen. Eine Ausnahme bildet das **aplanatische System** (Abschn. 3.9), bei dem sich die Kugeloberfläche als perfekte Lösung für viele wichtige Probleme, wie beispielsweise das Design von Mikroskopobjektiven, herausstellt.

3.2 Die Philosophie optischen Designs

Bevor wir uns mit den Details und den Berechnungen in der geometrischen Optik beschäftigen, möchten wir kurz die Schritte beschreiben, die bei der Planung eines linsengestützten optischen Systems zu bedenken sind. Sie gelten eigentlich für fast alle Anwendungen in der geometrischen Optik.[1]

(1) Überlege in groben Zügen, wie das Problem zu lösen ist.
(2) Zeichne den Strahlengang für Objekte auf der optischen Achse und ihre Bilder mit Hilfe der paraxialen Optik (Abschn. 3.3).

---

[1] Eine wichtige Ausnahme, die uns in den Sinn gekommen ist, ist das Design von strahlungssammelnden Systemen, die bei *Welford* und *Winston* (1989) beschrieben sind.

(3) Zeichne einen ähnlichen paraxialen Strahlengang für achsenferne Objekte. Damit kann man sich die Vergrößerung des Systems verdeutlichen und Probleme erkennen, die damit zusammenhängen, daß aufgrund des endlichen Durchmessers der optischen Elemente Lichtstrahlen an ihnen vorbeilaufen. Diese Abbildungsfehler werden **Abschattungen** oder **Vignettierungen** genannt (siehe Abschn. 3.4.2).

Wir möchten die Wichtigkeit der Abschnitte (2) und (3) betonen, die normalerweise schon die Bedürfnisse eines durchschnittlichen Physikers erfüllen.

(4) Löse das Problem nun genauer mit Hilfe von Matrizenoptik (Abschn. 3.5) oder computergestützten Designprogrammen, um die besten Positionen für die Linsen herauszufinden.

(5) Berücksichtige die Effekte von Strahlen unter großen Einfallswinkeln und von Aberrationen.

(6) Ziehe die Verwendung von asphärischen Linsen usw. in Betracht.

Die Schritte (5) und (6) beinhalten schon sehr technische Aspekte, die weit über den Rahmen dieses Lehrbuchs hinausgehen.

3.3 Die klassische Optik in der Gaußschen Näherung

Die **paraxiale Näherung**, d.h. die Annahme kleiner Winkel zur optischen Achse, wird oft auch als **Gaußsche Näherung** bezeichnet. In der Realität haben Strahlen allerdings beim Durchgang durch eine Linse oftmals keine kleinen Winkel zur optischen Achse; zwei typische Beispiele sind in Abb. 3.1 zu sehen. Der Strahlengang ist mittels des Snelliusschen Brechungsgesetzes ermittelt worden. Wir erkennen, daß sich ein Strahlenbündel, das parallel zur z-Achse einfällt, *nicht* in einem Punkt auf der optischen Achse schneidet. Dies ist ein Beispiel für **sphärische Aberration**, die in Abschn. 3.8.3 genauer behandelt wird. In den meisten Teilen dieses Kapitels werden wir versuchen, die Probleme, die mit dem Auftreten großer Winkel verbunden sind, zu vermeiden, und wir wollen annehmen, daß alle vorkommenden Winkel so klein sind, daß die Näherung $\theta \approx \sin\theta \approx \tan\theta$ gültig ist. Damit definiert man den Gültigkeitsbereich der Gaußschen Optik, die in der Praxis sehr nützlich ist und oft auch in Bereichen, wo diese Näherung strenggenommen nicht mehr gilt, noch gute Resultate liefert. Wir müssen in diesem Zusammenhang auch das Snelliussche Brechungsgesetz (Abschn. 2.7.2) linearisieren; $\mu_1 \sin\hat{\imath} = \mu_2 \sin\hat{r}$ wird durch $\mu_1 \hat{\imath} = \mu_2 \hat{r}$ ersetzt. Das setzt voraus, daß $\hat{\imath}$ und $\hat{r}$ ebenfalls klein sind, d. h. alle brechenden Oberflächen müssen fast senkrecht auf der optischen Achse stehen. Daraus folgt, daß die Krümmungsradien der verwendeten Linsen groß sein müssen im Vergleich zum Abstand der Lichtstrahlen von der optischen Achse.

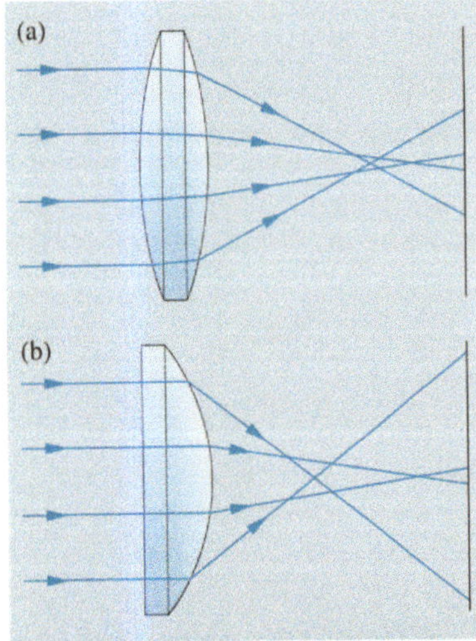

Abb. 3.1a,b. Sphärische Aberration einer Linse. (a) bikonvex; (b) plankonvex. Beide Linsen haben die gleiche Brennweite für paraxiale Strahlen

3.3.1 Vorzeichenkonvention

Es ist nützlich, eine eindeutige Regelung für den Gebrauch von positiven und negativen Größen in der Optik zu haben. In diesem Buch werden wir durchgängig eine einfache kartesische Konvention verwenden, die in Abb. 3.2

erläutert ist. Dazu kommen die Regeln, daß Oberflächen, die nach rechts konkav sind, einen positiven Krümmungsradius haben und daß Winkel von Strahlen, die nach rechts oben zeigen, ebenfalls als positiv angenommen werden. Wir werden bei der Betrachtung von Linsensystemen immer das Licht von links einfallen lassen. Andere Konventionen, die auf der Unterscheidung von reellen oder virtuellen Bildern oder Objekten basieren, führen im allgemeinen zu Schwierigkeiten. Obwohl es dafür keine spezielle Anwendung in diesem Buch gibt, wird jeder, der sich weitergehend beispielsweise mit Linsenaberrationen beschäftigen will, mit dem kartesischen System und den oben genannten Konventionen arbeiten müssen.

Beim Zeichnen von Strahlengängen muß die y-Achse stark vergrößert werden, da man sonst die kleinen Winkel nicht sehen würde. Daher werden sphärische Elemente unabhängig von ihrem Krümmungsradius als ebene Objekte in den Zeichnungen erscheinen.

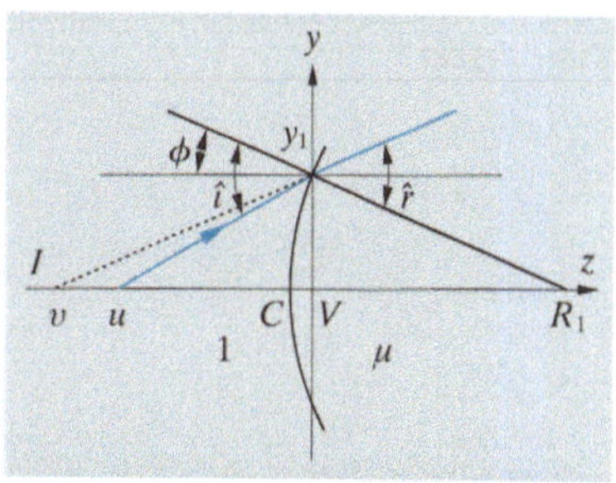

Abb. 3.2. Brechung eines Lichtstrahls an einer gekrümmten Oberfläche. In der Gaußschen Näherung ist $y_1 \ll R_1$ und daher $VC \ll R_1$; in der Theorie wird VC daher 0 gesetzt. Gemäß der Vorzeichenkonvention sind in dieser Zeichnung u und v negativ, R_1 und die Winkel $\hat{\imath}$ und $\hat{r}$ positiv

3.3.2 Die Abbildungsgleichung für eine einzelne dünne Linse in Luft

Wir werden nun eine einzelne lichtbrechende Oberfläche mit Krümmungsradius R_1 an der Stelle $z = 0$ behandeln, wie in Abb. 3.2 gezeigt. Links davon ist $\mu_1 = 1$, rechts davon ist $\mu_2 = \mu$, die Lichtstrahlen gehen von einem Punktobjekt O an der Stelle $z = u$ auf der optischen Achse aus. Gemäß unserer Vorzeichenkonvention haben Orte links des Vertex V negatives Vorzeichen. Ein Lichtstrahl, der von O ausgeht, schneidet die Oberfläche bei $y = y_1$. Er wird aus dem Winkel $\hat{\imath}$ in den Winkel $\hat{r}$ gebrochen und scheint daher von einem virtuellen Bild I an der Stelle $z = v$ zu stammen. Es gilt dann:

$$\hat{\imath} - \phi = -y_1/u, \qquad \hat{r} - \phi = -y_1/v, \qquad \phi = y_1/R_1 \,, \tag{3.1}$$

woraus folgt:

$$\frac{\hat{\imath}}{\hat{r}} = \mu = \frac{y_1\left(\frac{1}{R_1} - \frac{1}{u}\right)}{y_1\left(\frac{1}{R_1} - \frac{1}{v}\right)} \,, \tag{3.2}$$

was sich zu

$$-\frac{\mu}{v} + \frac{1}{u} = \frac{1}{R_1}(1 - \mu) \tag{3.3}$$

vereinfachen läßt. μ im ersten Term von (3.3) deutet darauf hin, daß v sich auf eine Region mit Brechungsindex μ bezieht. Die Position $z = v'$ des Bildes, das von der dünnen Linse in Luft erzeugt wird, kann nun aus (3.3) unter Benutzung einer zweiten Oberfläche mit Krümmungsradius R_2 abgeleitet werden, indem man die Position des Objekts durch das gerade berechnete v ersetzt (Abb. 3.3). Diese Ersetzung impliziert, daß die Vertices der beiden Linsen geometrisch übereinanderliegen, d. h. daß die Linse tatsächlich dünn im Vergleich zu v und u ist. Vertauscht man nun die Rollen von μ und 1, erhält man

$$-\frac{1}{v'} + \frac{\mu}{v} = \frac{1}{R_2}(\mu - 1) \,. \tag{3.4}$$

Abb. 3.3. Bildentstehung bei einer dünnen Linse in Luft

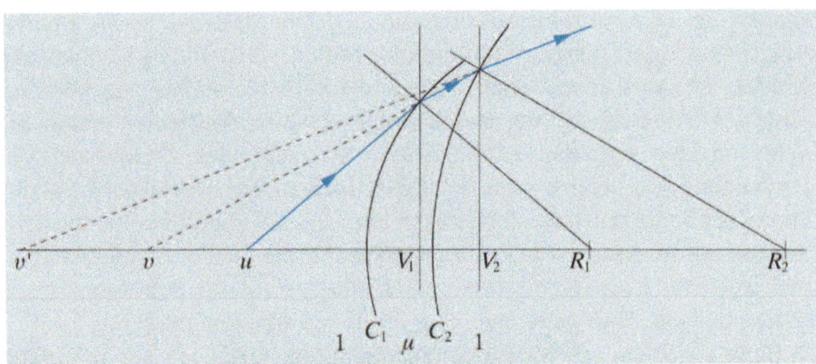

Setzt man nun μ/v aus (3.3) ein, folgt daraus

$$-\frac{1}{v'} + \frac{1}{u} + \frac{1}{R_1}(\mu - 1) = \frac{1}{R_2}(\mu - 1)\,. \tag{3.5}$$

Daraus erhalten wir die bekannte Gleichung

$$\boxed{-\frac{1}{u} + \frac{1}{v'} = \frac{1}{f}}\,, \tag{3.6}$$

wobei

$$\frac{1}{f} = (\mu - 1)\left(\frac{1}{R_1} - \frac{1}{R_2}\right)\,. \tag{3.7}$$

Die **Objekt-** und **Bildweiten** u und v' sind sog. **konjugierte Größen**. Wenn $u \to \infty$, dann $v' \to f$. Das heißt, daß alle Strahlen, die parallel zur optischen Achse auf die Linse treffen, im Fokus (**Brennpunkt**) F die optische Achse schneiden (Abb. 3.4). Die Größe f heißt **Brennweite** und ihr Kehrwert $1/f$ **Brechkraft** der Linse. f wird in Meter gemessen, die Einheit der Brechkraft ist die **Dioptrie**. Eine Linse mit $f > 0$ heißt **Sammellinse**, mit $f < 0$ **Zerstreuungslinse**. Nur eine Sammellinse kann ein reelles Bild eines materiellen Körpers erzeugen.

Die **Brennebene** $\mathscr{F}$ wird als die Ebene senkrecht zur optischen Achse durch den Punkt f definiert. Alle Strahlen, die unter einem bestimmten (kleinen) Winkel auf die Linse treffen, konvergieren in demselben Punkt von $\mathscr{F}$. Dies kann man in Abb. 3.5 erkennen, in der ein beliebiger Lichtstrahl a unter dem Winkel α einfällt und die optische Achse im Punkt u schneidet. Er trifft $\mathscr{F}$ am Punkt P im Abstand d von der optischen Achse, und v ist der zu u konjugierte Punkt. Es gilt

$$y = -u\alpha\,, \qquad d = \beta(f - v) = \frac{y}{v}(v - f)\,, \tag{3.8}$$

woraus mit (3.6) folgt, daß $d = f\alpha$ ist, unabhängig von u. Der einfachste Weg, P zu finden, besteht darin, einen ungebrochenen Strahl b unter dem Winkel α durch das Zentrum der Linse zu ziehen.

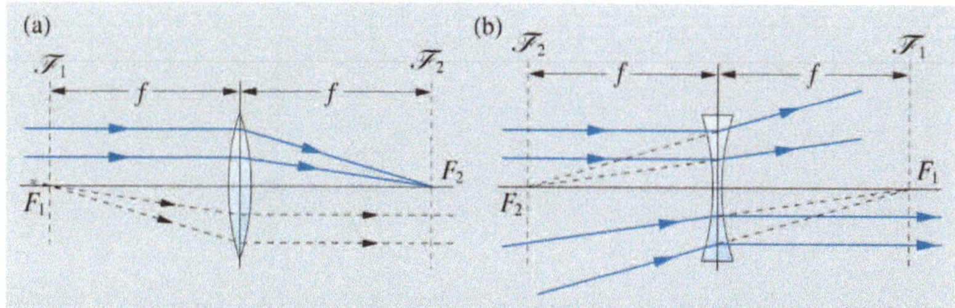

Abb. 3.4a,b. Brennebenen und Brennweiten dünner Linsen in Luft. (a) Sammellinse; (b) Zerstreuungslinse. Die Wege verschiedener Strahlen sind eingezeichnet

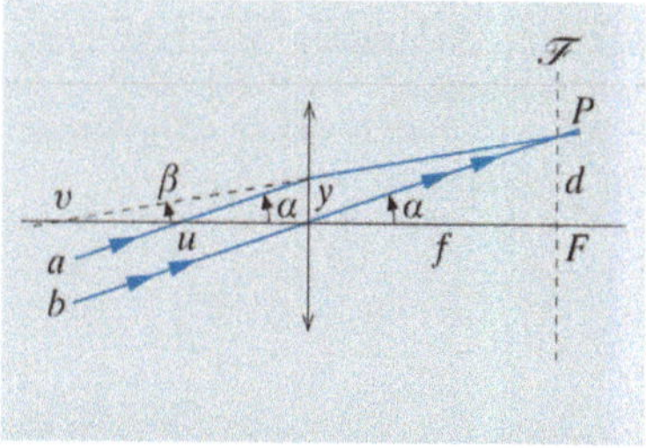

Abb. 3.5. Alle Strahlen, die unter dem gleichen Winkel zur optischen Achse einfallen, treffen sich an einem Punkt in der Brennebene

3.4 Strahlengänge durch einfache Systeme

Paraxiale Strahlengangsbestimmung ist ein wichtiges Werkzeug beim Design optischer Systeme. Sie beinhaltet das Verfolgen mehrerer paraxialer Strahlen, die von einem Punkt außerhalb der optischen Achse ausgehen. Es gibt drei Sorten von Strahlen, deren Strahlengang durch eine dünne Linse einfach bestimmt werden kann (siehe Abb. 3.4 und 3.5):

(1) alle Strahlen, die auf einer Seite der Linse durch den Brennpunkt gehen, verlaufen auf der anderen Seite parallel zur optischen Achse und umgekehrt (**Brennpunktsstrahlen**);
(2) alle Strahlen, die durch den Mittelpunkt der Linse gehen, laufen geradlinig weiter (**Mittelpunktsstrahlen**);
(3) alle Strahlen eines parallelen Lichtbündels auf der einen Seite der Linse gehen durch einen Punkt der Brennebene auf der anderen Seite und umgekehrt; dieser Punkt kann durch einen Mittelpunktsstrahl im Bündel bestimmt werden.

Benutzt man diese Strahlen, kann man sich einen guten Überblick über die optischen Eigenschaften eines Gesamtsystems verschaffen. Wir werden jetzt zwei Beispiele ausführlicher besprechen, die Lupe und das astronomische Teleskop. Dabei werden wir die Konzepte der Abschattung (Vignettierung) und der Feldblenden einführen.

3.4.1 Die Lupe

Die Lupe – oder, in ihrer etwas vornehmeren Form, das **Okular** – ist das einfachste optische Instrument, und seine Funktion sollte klar verstanden werden. Die Aufgabe der Lupe ist es, von einem Objekt innerhalb der **deutlichen Sehweite** (oder Bezugssehweite, der kürzesten Entfernung, bei der das Auge noch auf einen Gegenstand fokussiert werden kann, typischerweise ca. 25 cm bei jungen Leuten mit normaler Sehkraft) ein virtuelles Bild in größerer Entfernung, oft im Unendlichen, zu erzeugen. Dies ist in Abb. 3.6 verdeutlicht.

Für eine Lupe oder jedes andere optische Instrument, das ein virtuelles Bild erzeugt, ist die **Vergrößerung des Sehwinkels** eine geeignetere Größe zur Beschreibung als die lineare Vergrößerung, das Verhältnis von Bild- zu Objektgröße. Man kann sie auf zwei äquivalente Weisen definieren:

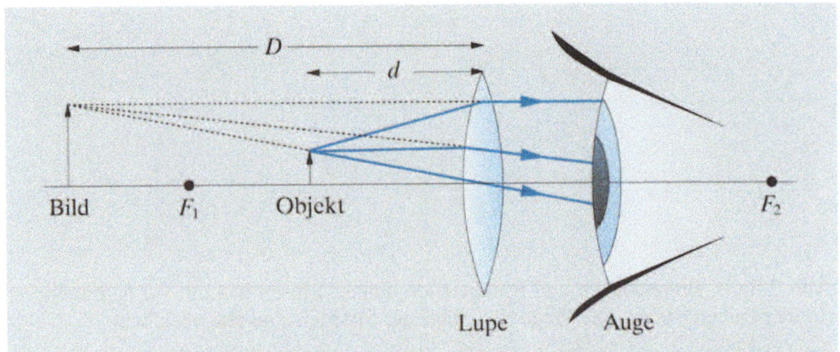

Abb. 3.6. Strahlengang einer Lupe. y ist die Objektgröße, y' die Bildgröße. Normalerweise ist $f \ll D$ und die Objektweite in der Nähe von f

(1) das Verhältnis zwischen dem Winkel, den das Bild am Auge ausfüllt, und dem Winkel, den das Objekt in der deutlichen Sehweite D ausfüllen würde;

(2) das Verhältnis zwischen der linearen Größe des Retinabildes, das mit dem Instrument erzeugt wird, und dem größten noch scharfen Retinabild, das ohne es erzeugt werden kann, d. h. wenn sich das Objekt am Punkt der deutlichen Sehweite befindet.

Normalerweise befindet sich eine Lupe nahe am Auge. Die Winkelvergrößerung ist dann (Abb. 3.6)

$$M = \frac{y'}{y} = \frac{D}{d} .$$

(3.9)

Da $1/d - 1/D = 1/f$, finden wir

$$M = 1 + \frac{D}{f} .$$

(3.10)

Üblicherweise ist $D \gg f$, so daß man die Näherung $M = D/f$ verwenden kann.

Eine einzelne Linse wird nur bei einfachen Lupen verwendet, für präzisere Systeme werden zusammengesetzte Okulare benutzt, ein Beispiel dafür werden wir in Abschn. 3.4.3 geben.

3.4.2 Das astronomische Fernrohr und einige Bemerkungen zu Blenden

Ein Teleskop wandelt ein Bündel paralleler Strahlen, die unter dem Winkel α zur optischen Achse einfallen, in ein zweites Bündel um, das einen Winkel β zur Achse hat. Das Verhältnis β/α wird **Winkelvergrößerung** genannt. Sie ist gleich dem Verhältnis der Retinabilder, die man mit und ohne Teleskop erhält. Abbildung 3.7a zeigt ein einfaches Teleskop, das aus zwei Linsen L_1 (Objektiv) und L_2 (Okular) mit den Brennweiten f_1 und f_2 aufgebaut ist. Der Linsenabstand beträgt $f_1 + f_2$, so daß ein unendlich weit entferntes Objekt ein reelles Bild in der gemeinsamen Brennebene besitzt.

Vom Gefühl her würde man das Auge an die Stelle E_0 direkt hinter die Linse L_2 bringen, aber wir werden sehen, daß dies nur zu einer unnötigen Beschränkung des Gesichtsfelds führen würde. Wir analysieren nun

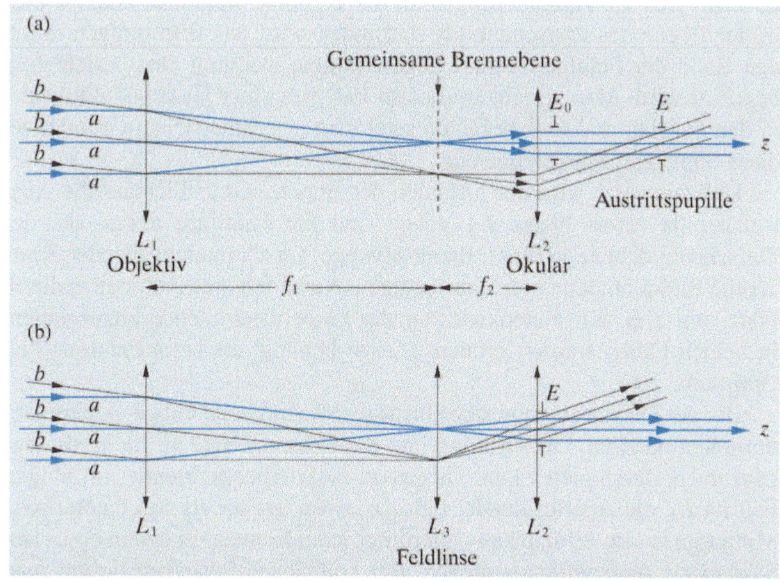

Abb. 3.7a,b. Strahlengang durch ein Teleskop mit einer dreifachen Vergrößerung. (a) Einfaches astronomisches Fernrohr; (b) mit einer zusätzlichen Feldlinse. Die Austrittspupille ist in beiden Zeichnungen am Ort E

für den genannten Fall den Durchgang des Lichts durch das System mit einem paraxialen Strahlendiagramm. Ein paralleles Strahlenbündel (*aaa*), das aus dem Unendlichen kommt, trifft parallel zur optischen Achse auf das Objektiv L_1 und verläßt das Teleskop durch die Okularlinse L_2, um dann die Iris des Beobachters zu treffen. Betrachten wir nun ein zweites Strahlenbündel (*bbb*) von einem zweiten Punkt im Unendlichen außerhalb der optischen Achse. Nehmen wir an, der Durchmesser von L_2 wäre sehr groß. Die Strahlen, die L_1 unter einem bestimmten Winkel zur optischen Achse treffen, könnten die Iris E_0 aufgrund ihrer endlichen Größe verfehlen. Dieser Effekt heißt Abschattung oder **Vignettierung** (Abschn. 3.2). Es wird aber sofort aus dem Diagramm klar, daß, wenn man das Auge weiter von L_2 wegbewegt an die Stelle E, auch Strahlen des Bündels (*bbb*) die Iris treffen. Aus der Abbildung kann man auch entnehmen, daß E in der Ebene liegt, in der das Bild von L_1 durch L_2 entsteht. Dieses Bild heißt **Austrittspupille** und wird weiter unten noch genauer definiert. Positioniert man das Auge in die Ebene der Austrittspupille, wird das Gesichtsfeld maximiert und man kann auch Punkte außerhalb der optischen Achse beobachten.

Bislang haben wir angenommen, der Durchmesser von L_2 sei sehr groß und würde den Lichtdurchsatz nicht beschränken. Ist L_2 allerdings von endlicher Größe, findet bereits hier eine Abschattung von achsenfernen Strahlen statt. Um dieses Problem zu vermeiden, muß man eine weitere Linse, die **Feldlinse** L_3, einführen (Abb. 3.7b). Sie wird in die gemeinsame Brennebene eingesetzt, wo sie keinen Einfluß auf das Zwischenbild hat. Ihre Aufgabe ist es, ein Bild von L_1 auf L_2 zu erzeugen. Es ist leicht zu erkennen, daß dann jedes Strahlenbündel, das durch L_1 geht, auch durch das Zentrum von L_2 gehen muß. Die Austrittspupille fällt jetzt mit L_2 zusammen, so daß es in diesem Fall wirklich sinnvoll ist, das Auge nahe an L_2 heranzubringen.

Es kann jetzt zu Vignettierungen an der Feldlinse kommen, aber da dies in der Ebene des Zwischenbilds stattfindet, wird das Bild einfach durch den Rand der Feldlinse scharf abgeschnitten, wodurch das Gesichtsfeld begrenzt wird. Man spricht in diesem Fall von einer Gesichtsfeldblende; in den meisten praktischen Fällen setzt man aus ästhetischen Gründen an diese Stelle eine Ringblende ein.

Üblicherweise wird aus Gründen der Benutzerfreundlichkeit die Austrittspupille etwas hinter L_2 gelegt und die Feldlinse etwas aus der Zwischenbildebene gerückt, damit etwaige Verschmutzungen oder Kratzer die Bildqualität nicht beeinträchtigen. Außerdem gewinnt man dadurch Platz, um z. B. ein Fadenkreuz an der Gesichtsfeldblende anzubringen. In beiden Fällen werden größere Linsen benötigt als beim theoretischen Optimum.

Bei der Diskussion optischer Instrumente sind noch einige weitere Definitionen nützlich. Die Öffnung, die die Gesamtmenge an Licht, die das Instrument durchqueren kann, begrenzt, heißt **Aperturblende**; im obigen Fall ist L_1 die Aperturblende, falls L_2 etwas größer als das theoretische Minimum ist. Im Prinzip kann allerdings jedes Element in einem optischen System als Aperturblende dienen. Bei komplexen Systemen nimmt man meistens das teuerste oder am schwierigsten herzustellende Element als Aperturblende, um seine Möglichkeiten optimal zu nutzen.[2] Das Bild der Aperturblende, das von den folgenden optischen Elementen erzeugt wird, ist dann die Austrittspupille. Klarerweise sollte das Auge oder eine Kamera an dieser Stelle positioniert werden. Ist die Aperturblende nicht das erste Element in einem System, dann wird das Bild der Aperturblende, das durch die davorliegenden Elemente erzeugt wird, **Eintrittspupille** genannt. Die Theorie der Blenden hat vielfältige Anwendungen; bei Kameras beispielsweise gibt es immer eine einstellbare Aperturblende (in der Umgangssprache einfach „Blende" genannt), die die Lichtintensität in der Filmebene regelt und deren Position innerhalb eines zusammengesetzten Objektivs so berechnet ist, daß auch Objekte außerhalb der optischen Achse gleichmäßig hell erscheinen.

Wir wollen noch darauf hinweisen, daß Strahlendiagramme es dem Designer erlauben, die optimalen Abmessungen der optischen Komponenten zu berechnen. Im Falle eines Teleskopes beispielsweise ist die Größe der Pupille im Auge des Beobachters eine anatomisch gegebene Größe, aus der man bei gegebener Vergrößerung die Durchmesser von L_1 und L_2 berechnen kann.

3.4.3 Zusammengesetzte Okulare

Die Feldlinse und die Okularlinse sind oftmals in einer Einheit zusammengesetzt, die dann einfach als **Okular** bezeichnet wird. Eine solche Kombination hat mehrere Vorteile, sie bietet u. a. die Möglichkeit, durch

---

[2] Zwei Beispiele: Bei einem Teleskop mit weiter Öffnung wird immer der Hauptspiegel oder die Eintrittslinse die Funktion der Aperturblende haben, einfach der Kosten wegen. In optischen Systemen, die eine mechanische Rasterung beinhalten, wird die Rastereinheit als Aperturblende dienen, da sie möglichst klein gehalten wird, um ihre Masse und damit das Trägheitsmoment zu minimieren.

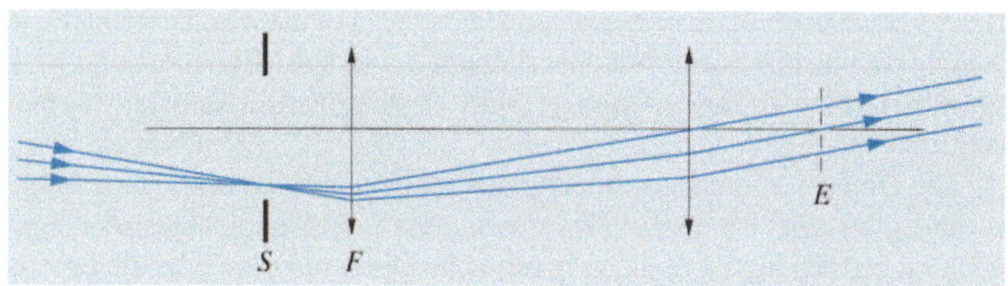

Abb. 3.8. Ramsden-Okular. Nach dem Zwischenbild kommt die Feldlinse F; die Blende S kann ein Fadenkreuz oder eine Meßskala aufnehmen. Die Austrittspupille ist mit E bezeichnet

die beiden Linsen die Aberration zu korrigieren oder eine Gesichtsfeldblende einzubauen. Ein Beispiel dafür ist das **Ramsden-Okular**, das in Abb. 3.8 gezeigt ist.

3.4.4 Das Mikroskop

Das grundlegende Prinzip eines Mikroskops ist, daß eine Objektivlinse mit sehr kurzer Brennweite (oft nur einige Millimeter) dazu benutzt wird, ein sehr stark vergrößertes reelles Bild eines Objekts zu erzeugen. Das Objekt befindet sich daher gerade knapp außerhalb der Brennebene des Objektivs.[3] Ein Okular wird dann dazu benutzt, dieses Bild nochmals zu vergrößern. Der Strahlengang ist in Abb. 3.9 gezeigt. Nach dem Objektiv ist der Strahlengang derselbe wie in einem Teleskop, und es gelten die gleichen Überlegungen zu Feldlinse und Austrittspupille. Aufgrund des schwierigen

---

[3] Um das Objekt *genau* in die Brennebene des Objektivs zu bringen, damit jeder Objektpunkt ein paralleles Strahlenbündel erzeugen kann, wird oft eine weitere, schwache Linse, die sog. **Tubuslinse**, verwendet. Die meisten Mikroskope beinhalten noch weitere Komponenten wie Strahlteiler, Polarisatoren usw. zwischen Objektiv und Tubuslinse. Diese Komponenten verändern nichts am Grundprinzip, aber sie sind am leichtesten in parallelen Strahlengängen zu verwenden.

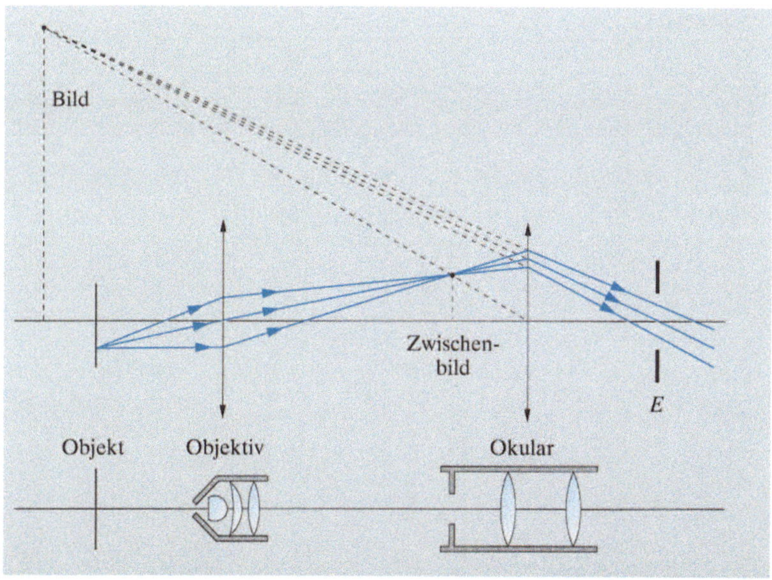

Abb. 3.9. Strahlengang durch ein Mikroskop zur Darstellung der Position der Austrittspupille

Designs und der Notwendigkeit, große Brechungswinkel zu verwenden, ist die Objektivlinse Schwerpunkt der Planung bei einem Mikroskop und wirkt als Aperturblende. Das endgültige Bild ist bei einem Mikroskop virtuell und invertiert.

Die Objekte, die man normalerweise mit einem Mikroskop untersucht, enthalten Details von der Größenordnung der Lichtwellenlänge oder sogar noch kleiner. Daher kann die geometrische Optik nur eine sehr allgemeine Beschreibung der Bildentstehung liefern. Ein volles Verständnis der Möglichkeiten und Grenzen von Mikroskopen kann dagegen nur die Wellenoptik schaffen. Wir werden sie in Kap. 12 behandeln.

3.5 Matrixformulierung der Gaußschen Optik für axialsymmetrische brechende Systeme

Es ist sehr mühselig, den algebraischen Ansatz aus Abschn. 3.3.2 auf kompliziertere Systeme zu übertragen. Eine viel elegantere Methode, die die Tatsache nutzt, daß (3.2–10) aufgrund der Näherung (3.1) lineare Gleichungen sind, verwendet **Matrizen**, um die Berechnung auch sehr komplexer Systeme stark zu vereinfachen. Sie ist besonders für numerische Berechnungen ausgesprochen nützlich (Aufgabe 3.10).

Das Durchlaufen eines axialsymmetrischen Systems durch einen Lichtstrahl besteht aus aufeinanderfolgenden **Brechungen** und **Translationen**. Wie zuvor bemerkt, definieren wir die Laufrichtung des Strahls von links nach rechts. Wir werden hier nur die Strahlen betrachten, die in einer Ebene mit der optischen Achse liegen; die sog. schrägen Strahlen werden wir ignorieren, da sie keine neuen Informationen in der paraxialen Näherung liefern.[4] Da das System rotationssymmetrisch um die optische Achse (z-Achse) ist, ist ein Strahl an der Stelle $z = z_0$ eindeutig definiert, wenn wir seine Entfernung y von der Achse und seinen Neigungswinkel $dy/dz = \theta$ kennen; wir können uns daher auf Strahlen in einer (y, z)-Ebene beschränken.

---

[4] Die Projektion eines schrägen Strahls auf eine Ebene mit der optischen Achse ist ein in der paraxialen Näherung gültiger Strahl. Dies gilt nicht mehr für große Winkel.

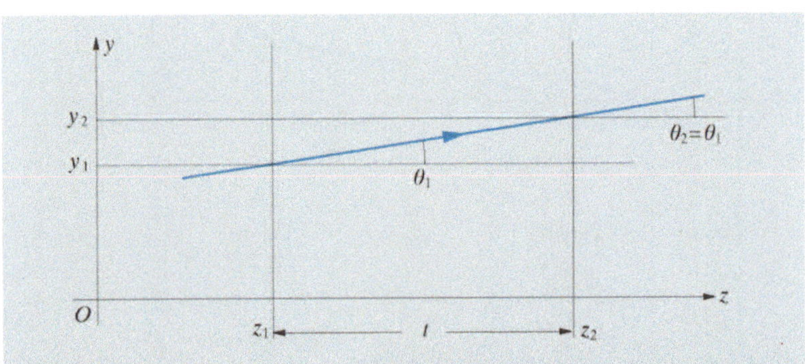

Abb. 3.10. Darstellung der Translationsmatrix

3.5.1 Translations- und Brechungsmatrix

Nehmen wir zunächst einen Strahl an, der sich geradlinig in einem Medium mit dem Brechungsindex μ ausbreitet (Abb. 3.10). Er hat den Abstand y_1 von der optischen Achse und die Neigung θ_1 an der Stelle $z = z_1$ sowie y_2 und $\theta_2 = \theta_1$ an der Stelle $z = z_1 + t$. Es gilt dann:

$$y_2 = y_1 + t\theta_1 \,, \tag{3.11}$$

$$\theta_2 = \theta_1 \,. \tag{3.12}$$

Diese Gleichungen kann man als Matrizengleichung mit den Vektoren $(y, \mu\theta)$ schreiben:[5]

$$\begin{pmatrix} y_2 \\ \mu\theta_2 \end{pmatrix} = \begin{pmatrix} 1 & t/\mu \\ 0 & 1 \end{pmatrix} \begin{pmatrix} y_1 \\ \mu\theta_1 \end{pmatrix} = \mathsf{T} \begin{pmatrix} y_1 \\ \mu\theta_1 \end{pmatrix} \,, \tag{3.13}$$

die die **Translationsmatrix** T für die Verschiebung von z_1 nach $z_1 + t$ definiert.

Eine zweite Matrix beschreibt die Brechung eine Lichtstrahls beim Durchgang durch eine Oberfläche mit Krümmungsradius R zwischen Medien mit den Brechungsindizes μ_1 und μ_2 (Abb. 3.11). Sie läßt sich über das Snelliussche Brechungsgesetz $\mu_1 \sin \hat{\imath} = \mu_2 \sin \hat{r}$ herleiten; daraus folgt zunächst

$$\mu_1 \sin(\phi + \theta_1) = \mu_2 \sin(\phi + \theta_2) \,. \tag{3.14}$$

Für kleine Winkel wird daraus

$$\mu_1\phi + \mu_1\theta_1 = \mu_2\phi + \mu_2\theta_2 \,. \tag{3.15}$$

Mit $\phi = y_1 / R$ erhalten wir

$$\mu_2\theta_2 = \mu_1\theta_1 - (\mu_2 - \mu_1)y_1 / R \quad . \tag{3.16}$$

---

[5] Wir verwenden das Produkt $\mu\theta$ anstelle von θ, weil dadurch die weiteren Berechnungen vereinfacht werden.

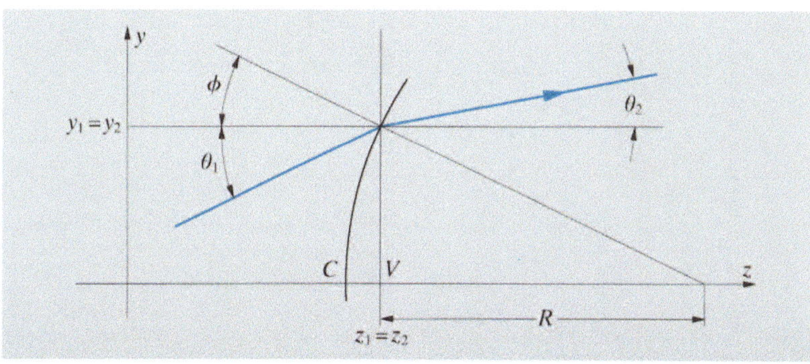

Abb. 3.11. Darstellung der Brechungsmatrix. In der Gaußschen Theorie fallen V und C zusammen

Beachten Sie, daß $\phi > 0$. Da z_1 und z_2 übereinstimmen, gilt auch $y_1 = y_2$; damit können wir die **Brechungsmatrix** R über folgende Gleichung definieren:

$$\begin{pmatrix} y_2 \\ \mu_2\theta_2 \end{pmatrix} = \begin{pmatrix} 1 & 0 \\ \frac{\mu_1-\mu_2}{R} & 1 \end{pmatrix} \begin{pmatrix} y_1 \\ \mu_1\theta_1 \end{pmatrix} = \mathsf{R} \begin{pmatrix} y_1 \\ \mu_1\theta_1 \end{pmatrix} . \tag{3.17}$$

Eine allgemeine Matrix M_{21}, die Strahlen am Ort z_1 mit ihren Fortsetzungen am Ort z_2 verbindet, ist durch die folgende Gleichung gegeben:

$$\begin{pmatrix} y_2 \\ \mu_2\theta_2 \end{pmatrix} = \mathsf{M}_{21} \begin{pmatrix} y_1 \\ \mu_1\theta_1 \end{pmatrix} , \tag{3.18}$$

wobei M_{21} ein Produkt aus T und R ist. Da $\det\{\mathsf{R}\} = \det\{\mathsf{T}\} = 1$ ist, folgt $\det \mathsf{M}_{21} = 1$. Dabei haben wir zur Normierung dieser Matrizen das Produkt $\mu\theta$ verwendet, und nicht θ alleine.

3.5.2 Matrixdarstellung einer dünnen Linse

Wie wir bereits in Abschn. 3.3.2 gesehen haben, besteht eine **dünne Linse** aus einem optisch transparenten Medium mit Brechungsindex μ, das von zwei sphärischen Oberflächen begrenzt wird (Abb. 3.12). Die Verbindungslinie der beiden Krümmungsmittelpunkte definiert die optische Achse, und das System ist zu dieser Achse rotationssymmetrisch. Nehmen wir zunächst an, das Medium außerhalb der Linse habe den Brechungsindex 1. Die **Vertices** der Linse (das sind die Punkte, an denen die Linsenoberflächen die optische Achse schneiden) liegen an den Orten z_1 und z_2, wobei $t = z_2 - z_1$. Die Matrix M_{21} zwischen $z = z_1$ und $z = z_2$ läßt sich ableiten aus

$$\begin{pmatrix} y_2 \\ \mu_2\theta_2 \end{pmatrix} = \begin{pmatrix} 1 & 0 \\ \frac{\mu-1}{R_2} & 1 \end{pmatrix} \begin{pmatrix} 1 & t/\mu \\ 0 & 1 \end{pmatrix} \begin{pmatrix} 1 & 0 \\ \frac{1-\mu}{R_1} & 1 \end{pmatrix} \begin{pmatrix} y_1 \\ \mu_1\theta_1 \end{pmatrix}$$

$$= \mathsf{M}_{21} \begin{pmatrix} y_1 \\ \mu_1\theta_1 \end{pmatrix} , \tag{3.19}$$

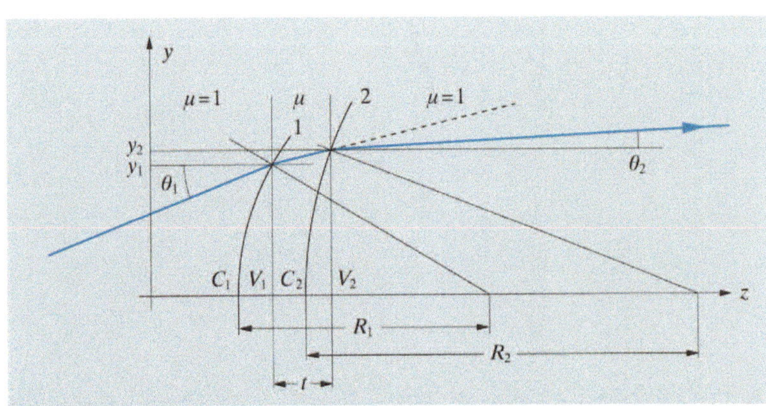

Abb. 3.12. Strahlengang bei der Bildentstehung einer dünnen Linse in Luft, alle Größen sind positiv. In der Gaußschen Theorie fallen V_1 und C_1 sowie V_2 und C_2 zusammen

wobei

$$M_{21} = \begin{pmatrix} 1 + \frac{t(1-\mu)}{\mu R_1} & t/\mu \\ (\mu - 1)\left(\frac{1}{R_2} - \frac{1}{R_1}\right) - \frac{t(1-\mu)^2}{R_1 R_2 \mu} & 1 + \frac{(\mu-1)t}{R_2 \mu} \end{pmatrix}. \tag{3.20}$$

Für eine dünne Linse kann man annehmen, daß t so klein ist, daß der zweite Term im linken unteren Eintrag vernachlässigt werden kann. Da $\mu - 1$ ungefähr 1 ist, ist $t \ll |R_1 - R_2|$. Setzt man nun $t = 0$, folgt

$$M_{21} = \begin{pmatrix} 1 & 0 \\ (\mu - 1)\left(\frac{1}{R_2} - \frac{1}{R_1}\right) & 1 \end{pmatrix} = \begin{pmatrix} 1 & 0 \\ -\frac{1}{f} & 1 \end{pmatrix}, \tag{3.21}$$

wobei die **Brennweite** f gleich der in (3.7) definierten ist. Wir möchten betonen, daß in der Matrix M_{21} all die Eigenschaften stecken, die wir von einer dünnen Linse in Luft erwarten:

- Ein parallel zur optischen Achse mit dem Abstand y_1 einfallender Strahl $(y_1, 0)$ verläßt die Linse im gleichen Abstand, wird aber für $f > 0$ zur Achse hin gebrochen, die er dann bei f schneidet und der Strahl wird beschrieben durch $(y_1, -y_1/f)$.
- Im Falle von $R_1 = R_2$ haben wir eine sphärische Linse. Man könnte erwarten, daß sie eine unendliche Brennweite hat, aber t darf hier nicht vernachlässigt werden (da $R_1 - R_2 = 0$), weshalb man den vollständigen Ausdruck für f aus (3.20) verwenden muß (siehe Aufgabe 3.7).
- Falls $R_1^{-1} > R_2^{-1}$ (wie in Abb. 3.12) und $\mu > 1$ ist, haben wir eine **Sammellinse**. Diese Beziehung weist auch darauf hin, daß die Linse in ihrem Zentrum am dicksten ist.

Ist die Linse von Medien mit dem Brechungsindex μ_1 auf der linken und μ_2 auf der rechten Seite umgeben, kann man die gesamte Berechnung leicht wiederholen und zeigen, daß im Falle von vernachlässigbarem t

$$\begin{pmatrix} y_2 \\ \mu_2 \theta_2 \end{pmatrix} = M_{21} \begin{pmatrix} y_1 \\ \mu_1 \theta_1 \end{pmatrix} \tag{3.22}$$

ist, wobei

$$M_{21} = \begin{pmatrix} 1 & 0 \\ \frac{\mu - \mu_2}{R_2} + \frac{\mu_1 - \mu}{R_1} & 1 \end{pmatrix}. \tag{3.23}$$

Wir werden zu dieser Situation in Abschn. 3.7.2 zurückkehren.

3.5.3 Objekt- und Bildraum

Ein Linsensystem ist durch seinen linken und rechten Vertex V_1 und V_2 räumlich begrenzt. Es ist nützlich, einen **Objektraum** mit Ursprung V_1 und einen **Bildraum** mit Ursprung V_2 zu definieren. Links von V_1 wird der abzubildende Gegenstand plaziert, man kann ein reelles Bild auf einen Schirm rechts von V_2 projizieren. Beide Räume haben auch „virtuelle"

Gegenstücke. So kann man z. B. ein virtuelles Bild links von V_2 durch eine Lupe erzeugen, aber man kann dieses Bild nicht auf einem Schirm an dieser Position sichtbar machen; entsprechend kann ein virtuelles Objekt mit entsprechenden optischen Elementen rechts von V_1 erzeugt werden.

3.6 Bildentstehung

Die Erzeugung eines Bilds ist das häufigste Ziel eines optischen Systems, und wir werden jetzt kennenlernen, wie man diesen Vorgang mit Matrizen beschreibt. Nehmen wir ein beliebiges System an, das von z_1 nach z_2 reicht und durch die Matrix $\mathsf{M}_{21} = \begin{pmatrix} A & B \\ C & D \end{pmatrix}$ beschrieben wird. Diese Matrix bewirkt

$$\begin{pmatrix} y_2 \\ \mu_2\theta_2 \end{pmatrix} = \begin{pmatrix} A & B \\ C & D \end{pmatrix} \begin{pmatrix} y_1 \\ \mu_1\theta_1 \end{pmatrix} . \tag{3.24}$$

Wenn dieses System am Ort z_2 ein Bild des Gegenstands, der sich am Ort z_1 befindet, erzeugt, dann werden die (x, y)-Ebenen, die durch z_1 und z_2 gehen, **konjugierte Ebenen** genannt. Bilderzeugung heißt, daß y_2 unabhängig sein muß von $\mu_1\theta_1$, in anderen Worten, alle Strahlen, die den Punkt (y_1, z_1) in beliebiger Richtung θ verlassen, müssen am *gleichen* Punkt (y_2, z_2) ankommen. Da dieser Punkt unabhängig vom Winkel θ_1 ist, muß $B = 0$ gelten. Es folgt außerdem aus $\det \mathsf{M}_{21} = 1$, daß $AD = 1$. Die **lineare Vergrößerung** des Systems ist dann

$$m = \frac{y_2}{y_1} = A . \tag{3.25}$$

Ein Strahl, der von $(0, z_1)$ unter dem Winkel θ_1 ausgeht, wird $(0, z_2)$ unter dem Winkel θ_2 passieren. Das Verhältnis der beiden Winkel ist die **Winkelvergrößerung**:

$$\frac{\theta_2}{\theta_1} = D\frac{\mu_1}{\mu_2} = \frac{1}{m}\frac{\mu_1}{\mu_2} . \tag{3.26}$$

3.6.1 Bildentstehung durch eine dünne Linse in Luft

Kehren wir nun zur dünnen Linse (Abschn. 3.5.2) zurück. Wir setzen einen Gegenstand an die Stelle $z_1 = u$, wobei u negativ ist, eine dünne Linse an die Stelle $z = 0$ und finden ein Bild bei $z_2 = v$. Unter Verwendung von (3.21) erhält man für das Gesamtsystem (Abb. 3.12) die Matrix:

$$\begin{pmatrix} A & B \\ C & D \end{pmatrix} = \begin{pmatrix} 1 & v \\ 0 & 1 \end{pmatrix} \begin{pmatrix} 1 & 0 \\ -1/f & 1 \end{pmatrix} \begin{pmatrix} 1 & -u \\ 0 & 1 \end{pmatrix}$$

$$= \begin{pmatrix} 1-v/f & -u+v+vu/f \\ -1/f & 1+u/f \end{pmatrix} . \tag{3.27}$$

Da das System bilderzeugend ist, gilt:

$$B = -u + v + vu/f = 0 \tag{3.28}$$

oder

$$-\frac{1}{u} + \frac{1}{v} = \frac{1}{f} \; . \tag{3.29}$$

Dies ist die bereits bekannte Gleichung (3.6). Die lineare Vergrößerung ist $m = 1 - v/f = v/u$, während für einen Strahl mit $y_1 = 0$ die Winkelvergrößerung $1 + u/f = 1/m = u/v$ ist.

Ein weiterer Weg, um die Bildentstehung auszudrücken, erwächst aus der Tatsache, daß im Fall $B = 0$ $AD = 1$ wird. Daraus folgt

$$(1 - v/f)(1 + u/f) = 1 \tag{3.30}$$

oder

$$\boxed{(f - v)(u + f) = f^2} \; ; \tag{3.31}$$

(3.31) wird **Newtonsche Gleichung** genannt. Man sollte daran denken, daß u negativ ist. Diese Gleichung ist sehr nützlich; wir werden sehen, daß sie für jede Linse gilt, nicht nur für dünne, und ihre Nützlichkeit kommt daher, daß sie sich nicht auf die Linsenvertices bezieht, sondern nur auf den Bildpunkt, den Gegenstandspunkt und die Brennpunkte. Wir möchten betonen, daß (3.29) und (3.31) nicht unabhängig sind, sondern eine Gleichung aus der anderen abgeleitet werden kann.

3.6.2 Teleskopische oder afokale Systeme

Falls $C = 0$ ist, hängt θ_2 nicht mehr von y_1 ab, und ein paralleles Strahlenbündel, das in das System eintritt, wird als paralleles Bündel das System wieder verlassen, allerdings unter einem anderen Winkel. Systeme mit dieser Eigenschaft heißen **teleskopisch** oder **afokal**. Von einem Gegenstand im Unendlichen wird ein Bild im Unendlichen erzeugt. Zwei gebräuchliche teleskopische Systeme sind das einfache **astronomische Teleskop** (Abschn. 3.4.2) und das **Galilei-Teleskop**, das eine Zerstreuungslinse als Okular besitzt und daher das Bild nicht invertiert.

3.7 Hauptpunkte und Hauptebenen

Betrachten wir ein abbildendes Linsensystem in Luft, das zwischen seinen Vertices V_1 an der Stelle z_1 und V_2 an der Stelle z_2 durch die allgemeine Matrix $\mathsf{M}_{21} = \begin{pmatrix} a & b \\ c & d \end{pmatrix}$ beschrieben wird, die die Matrix $\begin{pmatrix} 1 & 0 \\ -1/f & 1 \end{pmatrix}$ der dünnen Linse aus Abschn. 3.6.1 ersetzt. Anstelle von (3.27) haben wir dann

$$\begin{pmatrix} A & B \\ C & D \end{pmatrix} = \begin{pmatrix} 1 & v \\ 0 & 1 \end{pmatrix} \begin{pmatrix} a & b \\ c & d \end{pmatrix} \begin{pmatrix} 1 & -u \\ 0 & 1 \end{pmatrix}$$

$$= \begin{pmatrix} a + vc & b - au + v(d - cu) \\ c & d - cu \end{pmatrix} , \tag{3.32}$$

wobei wir daran erinnern möchten, daß u von V_1 und v von V_2 aus in positiver z-Richtung gemessen wird. Die Bedingung für die Bilderzeugung ist wiederum durch $B = 0$ gegeben, was zu

$$b - au + vd - vcu = 0 \tag{3.33}$$

führt. Daraus folgt abermals $AD = 1$ und damit

$$(a + vc)(d - cu) = 1\,. \tag{3.34}$$

Um das Problem zu vereinfachen, vergleichen wir (3.34) mit der Newtonschen Gleichung (3.31) für die dünne Linse. Beide haben die gleiche Form, wenn wir (3.34) wie folgt

$$(fa - v)(fd + u) = f^2 \tag{3.35}$$

schreiben, wobei wir $-1/c$ wie bei der dünnen Linse als **Brennweite** f definieren. Setzt man $v = \infty$ bzw. $u = -\infty$, befinden sich die Brennpunkte F_1 und F_2 an den Stellen $z_1 + d/c$ und $z_2 - a/c$. Nun schreiben wir (3.35) in der Form

$$\left\{ f - [v - (a-1)f] \right\}\left\{ f + [u - (1-d)f] \right\} = f^2\,. \tag{3.36}$$

Mit den Definitionen

$$u_p = (d-1)/c\,, \tag{3.37}$$
$$v_p = (1-a)/c\,, \tag{3.38}$$
$$f = -1/c \tag{3.39}$$

wird daraus

$$\boxed{\left[f - (v - v_p) \right]\left[f + (u - u_p) \right] = f^2}\,. \tag{3.40}$$

Diese Gleichung entspricht der Newtonschen Gleichung, vorausgesetzt wir messen die Objekt- und Bildentfernungen von den **Hauptpunkten** H_1 an der Stelle $z = z_1 + u_p$ und H_2 an der Stelle $z = z_2 + v_p$ aus. Damit kann (3.36) geschrieben werden als

$$-\frac{1}{u - u_p} + \frac{1}{v - v_p} = \frac{1}{f}\,. \tag{3.41}$$

Aus den obigen Gleichungen ist leicht zu entnehmen, daß die lineare Vergrößerung $m = A = (v - v_p)/(u - u_p)$ beträgt und die Winkelvergrößerung, wie sonst auch, $1/m$ ist.

Die **Hauptebenen** $\mathscr{H}_1$ und $\mathscr{H}_2$, senkrecht zur optischen Achse z durch die Punkte H_1 und H_2, werden in vielen Lehrbüchern als **konjugierte Ebenen** bei einer Vergrößerung von 1 definiert. Ersetzt man $u = u_p$, $v = v_p$ in (3.32), finden wir sofort:

$$\begin{pmatrix} A & B \\ C & D \end{pmatrix} = \begin{pmatrix} 1 & 0 \\ C & 1 \end{pmatrix}, \tag{3.42}$$

woraus man erkennen kann, daß die Hauptebenen tatsächlich konjugierte Ebenen ($B = 0$) bei einer linearen Vergrößerung und Winkelvergrößerung von 1 ($A = 1$) sind. Wir möchten den Leser daran erinnern, daß eine Vergrößerung von $+1$ bedeutet, daß ein aufrechtes Bild in der gleichen Größe wie das Objekt erzeugt wird. Es gibt eine Situation, die hiermit leicht verwechselt werden kann, und zwar wenn gilt: $u - u_p = -2f$, $v - v_p = 2f$; hier ist die Vergrößerung allerdings -1.

Die 4 Punkte H_1, H_2, F_1 und F_2 sind 4 der 6 **Kardinalpunkte**, die für Zwecke der Strahlengangsbestimmung die Matrix eines Linsensystems darstellen. Die anderen beiden werden in Abschn. 3.7.2 diskutiert, es sind die **Knotenpunkte** N_1 und N_2, die mit H_1 und H_2 übereinstimmen, wenn Objekt- und Bildraum den gleichen Brechungsindex besitzen. Wir möchten die Orte der Haupt- und Brennpunkte in bezug auf die Matrixelemente des Systems zusammenfassen und nochmals darauf hinweisen, daß das System sich in einem Medium mit Brechungsindex 1 befindet.

- Hauptpunkte: H_1 an der Stelle $z = (d-1)/c + z_1$,
  H_2 an der Stelle $z = (1-a)/c + z_2$.
- Brennpunkte: F_1 an der Stelle $z = d/c + z_1$,
  F_2 an der Stelle $z = -a/c + z_2$.

Offensichtlich gilt $F_1 H_1 = H_2 F_2 = -1/c = f$, so daß jeder Brennpunkt eine Strecke f vom zugehörigen Hauptpunkt entfernt ist.

3.7.1 Geometrische Bedeutung der Brenn- und Hauptpunkte

Wenn ein Strahlenbündel parallel zur optischen Achse z in ein Linsensystem eintritt, gilt $u = -\infty$, also $v - v_p = f$, so daß das Bündel in F_2 fokussiert wird. Ein Bündel, das schräg unter einem Winkel α einfällt, wird an der Stelle $y = \alpha f$ in der Brennebene $\mathscr{F}_2$, das ist die Ebene senkrecht zur optischen Achse durch den Punkt F_2, fokussiert. Ebenso verläßt jeder Strahl, der durch F_1 geht, das System parallel zur optischen Achse, und es gibt auch auf dieser Seite eine Brennebene, $\mathscr{F}_1$, senkrecht zur z-Achse durch den Punkt F_1. All das ist analog zum Fall der dünnen Linse.

Für eine dünne Linse liegen $\mathscr{H}_1$ und $\mathscr{H}_2$ in der Linsenebene, im Falle eines Linsensystems dagegen können sie sich an anderen Stellen befinden; ein Beispiel dafür werden wir in Abschn. 3.7.3 kennenlernen. Normalerweise fallen sie nicht zusammen. Da sich F_1 in einer Entfernung f links von $\mathscr{H}_1$ befindet, kann $\mathscr{H}_1$ als der Ort einer dünnen Linse der Brennweite f interpretiert werden, die Licht einer Punktquelle in F_1 in einen parallelen nach rechts laufenden Strahl umwandelt; analog ist $\mathscr{H}_2$ die Ebene der gleichen dünnen Linse, die einen parallel von links einfallenden Strahl in F_2 fokussiert.

Um den Strahlengang in einem Linsensystem zu verfolgen, verwenden wir die Hauptpunkte wie folgt (siehe Abb. 3.13a): Ein durch F_1 einfallender Strahl (1) verläßt das System parallel zur optischen Achse in dem Abstand, in dem er $\mathscr{H}_1$ erreicht, genauso als ob dort in dieser Ebene eine dünne Linse vorhanden wäre. Ebenso geht ein von links parallel zur Achse einfallender Strahl (2) durch den Punkt F_2, als ob er durch eine dünne Linse in der Ebene $\mathscr{H}_2$ gebrochen worden wäre. Jeder durch H_1 einfallende Strahl (3) verläßt

Abb. 3.13. (a) Strahlengang durch ein beliebiges optisches System in Luft, konstruiert mit den Haupt- und Brennpunkten der Optik. (b) Die Papierfaltungsmethode

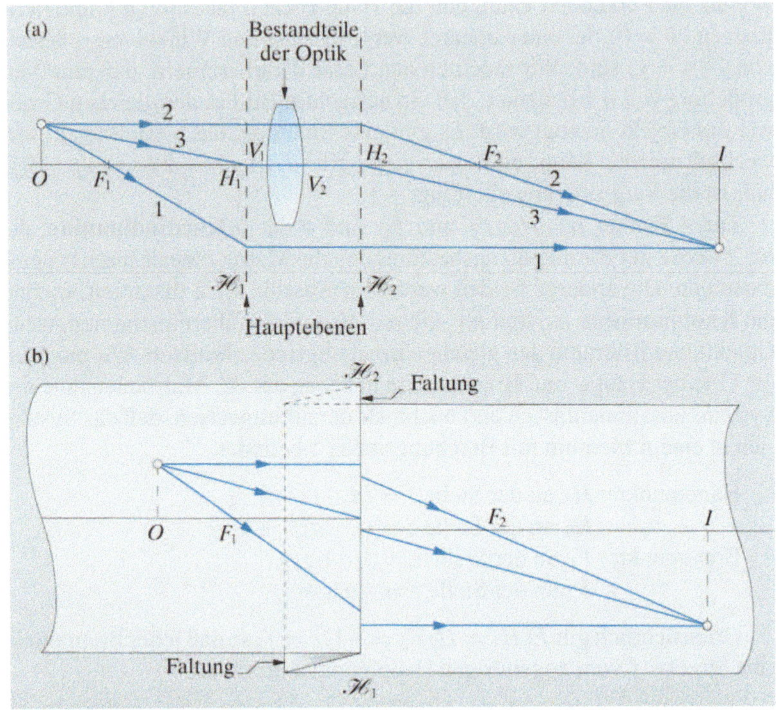

das System durch H_2, da $\mathscr{H}_1$ und $\mathscr{H}_2$ konjugiert sind; weiterhin sind der einfallende und auslaufende Strahl parallel, da die Winkelvergrößerung zwischen den Hauptebenen bei einem System in Luft 1 beträgt. Dadurch kann man jeden Strahl durch das System verfolgen, indem man seinen Schnittpunkt mit $\mathscr{H}_1$ herausfindet, ihn von $\mathscr{H}_2$ aus im gleichen Abstand von der optischen Achse fortsetzt (Vergrößerung 1) und einen parallelen Hilfsstrahl durch einen Brennpunkt zieht, um die Austrittsrichtung zu bestimmen.

Ein bequemer Weg, um den Strahlengang durch ein System sichtbar zu machen, ist in den folgenden Schritten beschrieben und in Abb. 3.13b schematisch dargestellt. Mit den Daten des Systems

(1) bestimmt man die Hauptpunkte F_1, F_2, H_1 und H_2 und zeichnet ihre Position entlang der optischen Achse auf einem Blatt Papier zusammen mit V_1 und V_2 ein;
(2) als nächstes faltet man das Papier, so daß die Ebenen $\mathscr{H}_1$ und $\mathscr{H}_2$ übereinanderliegen und die optische Achse geradlinig verläuft (dazu benötigt man zwei parallele Faltungen, eine entlang $\mathscr{H}_1$ und eine entlang der Mittelsenkrechten von $\mathscr{H}_1$ und $\mathscr{H}_2$);
(3) nun zeichnet man den Strahlengang, als ob die (übereinanderliegenden) Hauptebenen eine dünne Linse darstellen würden (siehe Abschn. 3.4);
(4) schließlich faltet man das Papier wieder auseinander. Die vorher gezeichneten Linien entsprechen den Lichtwegen außerhalb von $V_1 V_2$. Zwischen V_1 und V_2 sind weitere Informationen notwendig, um die Strahlen korrekt zu beschreiben. In Abschn. 3.7.3 ist ein Beispiel dafür beschrieben.

3.7.2 Immersionssysteme und Knotenpunkte

Obwohl viele optische Systeme sowohl im Objekt- als auch im Bildraum einen **Brechungsindex** von $\mu = 1$ haben, ist dies keine Notwendigkeit. Das Auge beispielsweise hat eine wäßrige Lösung ($\mu = 1{,}336$) im Bildraum. Allgemein betrachten wir ein System mit $\mu = \mu_1$ im Objektraum und $\mu = \mu_2$ im Bildraum. Die dünne Linse aus Abschn. 3.5.2 hat dann die Matrix (3.23)

$$\mathsf{M}_{21} = \begin{pmatrix} 1 & 0 \\ \frac{\mu-\mu_2}{R_2} + \frac{\mu_1-\mu}{R_1} & 1 \end{pmatrix}, \tag{3.43}$$

wobei μ der Brechungsindex des Linsenmaterials ist. Die Brennweite der Linse ist f, wobei gilt:

$$-\frac{1}{f} = \frac{\mu-\mu_2}{R_2} + \frac{\mu_1-\mu}{R_1} \ . \tag{3.44}$$

Ersetzt man in (3.27) u durch u/μ_1 und v durch v/μ_2, folgt sofort

$$-\frac{\mu_1}{u} + \frac{\mu_2}{v} = \frac{1}{f} \ . \tag{3.45}$$

Die Brennweiten sind dann durch $\mu_1 f$ auf der linken und $\mu_2 f$ auf der rechten Seite gegeben. Für das allgemeine System, wie in (3.32) beschrieben, verwenden wir die gleiche Ersetzung. Dadurch können die folgenden Resultate leicht abgeleitet werden. Die Newtonsche Gleichung (3.31) wird zu

$$\left(\frac{-a\mu_2}{c} - v\right)\left(\frac{-d\mu_1}{c} + u\right) = \frac{\mu_1\mu_2}{c^2} = \mu_2\mu_1 f^2 \ . \tag{3.46}$$

Wieder einmal haben wir **Hauptebenen** $\mathscr{H}_1$ und $\mathscr{H}_2$ an den Orten, wo dem System äquivalente dünne Linsen plaziert wären, analog zu Abschn. 3.7.1. $\mathscr{H}_1$ befindet sich dieses Mal an der Stelle $z = z_1 + \mu_1(d-1)/c$ und $\mathscr{H}_2$ an der Stelle $z = z_2 + \mu_2(1-a)/c$. Wie vorher auch sind $\mathscr{H}_1$ und $\mathscr{H}_2$ konjugierte Ebenen mit einer linearen Vergrößerung von 1. Die Winkelvergrößerung zwischen den Hauptebenen ist nun allerdings nach (3.26)

$$D\mu_1/\mu_2 = \mu_1/\mu_2 \ , \tag{3.47}$$

also von 1 verschieden. Um nun den Strahlengang entsprechend der Methode in Abschn. 3.7.1 zu konstruieren, brauchen wir ein Paar konjugierter Punkte auf der optischen Achse N_1 und N_2 (die **Knotenpunkte**) an den Stellen $z_1 + u_N$ und $z_2 + v_N$, die durch eine **Winkelvergrößerung** von 1 miteinander verbunden sind. Das erfordert $D = 1/A = \mu_2/\mu_1$, also

$$A = \frac{\mu_1}{\mu_2} = a + \frac{v_N c}{\mu_2} \qquad \Rightarrow v_N = \frac{\mu_1 - \mu_2 a}{c} \ , \tag{3.48}$$

$$D = \frac{\mu_2}{\mu_1} = d - \frac{u_N c}{\mu_1} \qquad \Rightarrow u_N = \frac{\mu_1 d - \mu_2}{c} \ . \tag{3.49}$$

Eine einfache Subtraktion liefert $H_1 N_1 = H_2 N_2 = (\mu_1 - \mu_2)/c$. Wir überlassen es unseren Lesern, sich eine Papierfaltmethode für den Fall $\mu_1 \neq \mu_2$ zu überlegen. Man braucht dazu zwei getrennte Faltungsschritte.

3.7.3 Beispiele: Meniskuslinse und Teleobjektiv

Ein einfaches Experiment zeigt, daß die Hauptebenen einer **Meniskuslinse**, einer asymmetrischen Linse, bei der die Krümmungsmittelpunkte beider Oberflächen auf einer Seite der Linse liegen, nicht mit der Linsenebene übereinstimmen. Man kann sich das durch die Bestimmung der beiden Brennpunkte einer starken, dicken Linse für Weitsichtige (Lesebrille!) verdeutlichen, indem man ein weit entferntes, helles Objekt abbildet. Man sieht sofort, daß die beiden Brennpunkte in verschiedenen Entfernungen von der Linse liegen. Da sich Objekt- und Bildraum beide in Luft befinden, ist das ein Hinweis darauf, daß die Hauptebenen auf einer Seite der Linse liegen.

Eine deutlichere Demonstration der Funktion der Kardinalebenen kann man mit einem **Teleobjektiv** erhalten. Dieses kann als ein System definiert werden, bei dem die Brennweite deutlich größer ist als der Abstand $V_1 F_2$. Ein solches Objektiv mit kurzer Bauweise und großer Brennweite wird vor allem in Photoapparaten verwendet, um ein stark vergrößertes Bild auf dem Film zu erzeugen. Ein Beispiel für ein solches Objektiv mit seinen Einzelheiten ist in Abb. 3.14 gezeigt.

Es besteht im wesentlichen aus einem Paar dünner Linsen A und B, einer schwächeren Sammellinse und einer stärkeren Zerstreuungslinse. Diese Linsen sind etwas weiter als die Summe ihrer Brennweiten voneinander entfernt, so daß sie in Kombination wie eine schwache Sammellinse wirken. Berechnet man die Positionen von H_1 und H_2, sieht man, daß beide auf der gleichen Seite der Linse liegen. Jeder Punkt eines weit entfernten Gegenstands dient als Quelle paralleler Strahlen, entsprechend wird er in $\mathscr{F}_2$ abgebildet. Für Licht, das aus dem Objektraum einfällt, verhält sich das System wie eine dünne Linse an der Stelle H_2 mit der Brennweite $H_2 F_2$ (im

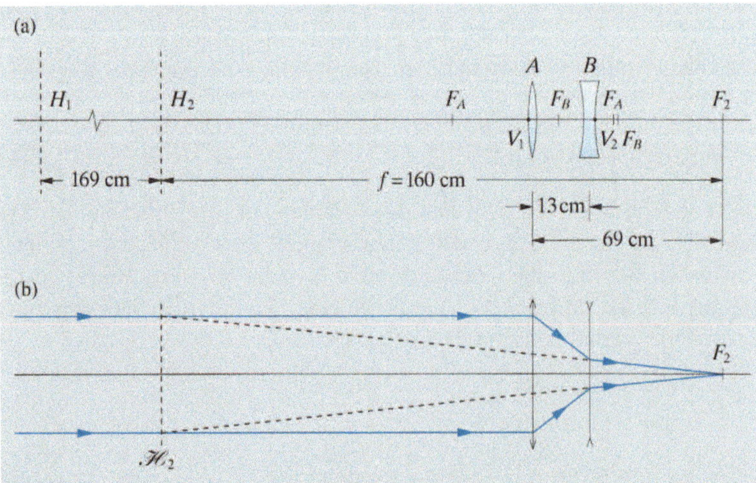

Abb. 3.14a,b. Teleobjektiv-System aus zwei Linsen A und B mit den Brennweiten 20 cm und -8 cm in einem Abstand von 13 cm. (a) Kardinalpunkte; (b) Strahlengang für ein Objekt auf der optischen Achse an der Stelle $u = -\infty$. Die äquivalente dünne Linse an der Stelle $\mathscr{H}_2$ hat einen Strahlengang entsprechend den gestrichelten Linien

Beispiel 160 cm), während die tatsächliche Länge des Objektivs $V_1 F_2$ nur 69 cm beträgt.

Ein ähnliches System mit einem Abstand $AB = 12,1$ cm kann als **Diffraktometer** im Klassenzimmer zur Darstellung der Fraunhofer-Beugung verwendet werden (siehe Anhang A2). Dabei gehört jede Gruppe paralleler Strahlen zu einer Ordnung von der Maske gebeugter Strahlen. Das Teleobjektiv ermöglicht eine Projektion der Beugungsmuster, mit einer Größe, die von f abhängt (im Beispiel 16 m), wobei sich die Leinwand in einer Entfernung $V_2 F_2$ vom Teleobjektiv befindet (nur 6,4 m). Dies ergibt ein reelles Bild des Beugungsmusters, das $2\frac{1}{2}$ mal größer ist als das Bild, das man mit einer einfachen Linse an der gleichen Stelle erhält.

3.7.4 Experimentelle Bestimmung der Hauptpunkte für ein System in Luft

Die Brennpunkte F_1 und F_2 eines Systems aus Sammellinsen können durch die Lokalisierung des Bildes eines entfernten Objekts festgestellt werden. Alternativ dazu kann man den Ort eines Gegenstands suchen, der an der gleichen Stelle ein Bild erzeugt, wenn man einen ebenen Spiegel hinter das Linsensystem plaziert. Kann man zwei konjugierte Punkte herausfinden und sind p und p' die Entfernungen dieser Punkte von F_1 und F_2, läßt sich die Newtonsche Gleichung (3.31) in der Form $pp' = f^2$ zur Bestimmung der Brennweite verwenden. Mit den Brennpunkten und der Brennweite können wir nun die Hauptebenen bestimmen.

3.8 Abbildungsfehler

Die **Gaußsche Näherung** gilt nicht für reale Linsen und Spiegel. Leider verliert die geometrische Optik genau in dem Moment ihre elegante Einfachheit und wird sehr technisch, wenn wir die Näherung $\sin \hat{\imath} \simeq \tan \hat{\imath} \simeq \hat{\imath}$ aufgeben. Da diese technischen Einzelheiten aber große praktische Bedeutung haben, möchten wir wenigstens anhand einiger Beispiele von Linsenfehlern und ihren Korrekturen die Problematik behandeln. Eine weiterführende Diskussion findet sich bei *Kingslake* (1978) und *Welford* (1986).

3.8.1 Monochromatische Aberration

Kein bilderzeugendes Instrument kann ein perfektes Bild eines endlich ausgedehnten Objekts liefern. Das Beste, was man in der Praxis erreichen kann, ist, zu versuchen, die Aberrationen, die bei einem Experiment am meisten stören, möglichst klein zu halten, auch auf die Gefahr hin, andere Abbildungsfehler dadurch zu vergrößern.

Die Klassifizierung der Abbildungsfehler, die sich heute durchgesetzt hat und ihre Bedeutung in der Praxis verdeutlicht, wurde von *Seidel* 1860 eingeführt und geht geschichtlich der Theorie der beugungsbegrenzten Optik (Kap. 12) voraus. Im Idealfall würde eine perfekte Linse, die ein leuchtendes Objekt abbildet, eine sphärische Wellenfront erzeugen, die genau in einem Punkt in der Bildebene zusammenläuft. Der Ort dieses Punktes in der Ebene wäre linear mit dem des Objekts durch die Vergrößerung m

verknüpft. Einige der hier besprochenen Arten von Abbildungsfehlern – sphärische Aberration, Koma, Astigmatismus – beschreiben, wie dieser Bildpunkt an Schärfe verliert. Andere beschreiben die Abweichung des realen Bildpunkts von seiner theoretischen Position; die **Bildfeldwölbung** verrät uns, wie weit vor oder hinter der idealen Bildebene wir das Bild finden, und die **Verzeichnung**, wie stark die Abweichungen von einer gleichmäßigen Vergrößerung sind. All diese Abbildungsfehler sind abhängig von der Position des abzubildenden Objektpunkts (x, y, z) und der Linseneigenschaften, insbesondere dem Linsendurchmesser, der in der paraxialen Näherung keine Rolle gespielt hat.

Vom Gesichtspunkt der Wellentheorie aus stimmt die auslaufende Wellenfront einfach nicht mit der Front überein, die am „richtigen" Punkt, wie in der Gaußschen Näherung definiert, konvergiert. Wenn wir die Abweichung der realen Wellenfront von der idealen am Ort der Austrittspupille berechnen, erhalten wir eine Funktion Δ, die die Abbildungsfehler beschreibt. Die Unterteilung von *Seidel* spaltet nun diese Funktion auf in eine Linearkombination von Radial- und Winkelfunktionen, von denen jede mit einer der oben genannten Aberrationen korrespondiert. Es gibt auch Aberrationen höherer Ordnung, um die wir uns hier aber nicht kümmern möchten. Jede dieser Teilfunktionen, deren Anteil am Abbildungsfehler kleiner ist als $\lambda/2$, ist vernachlässigbar, da sie das Bild nicht besonders beeinflußt.

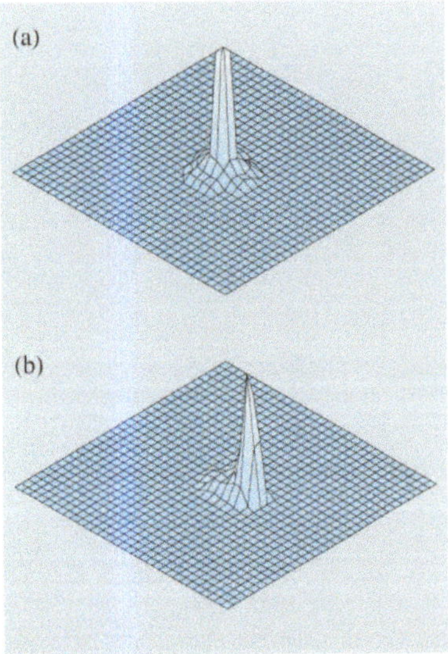

Wir möchten zwei Beispiele geben. Verwenden wir die Koordinaten (ϱ, θ) am Ort der Austrittspupille und befindet sich ein Objekt auf der optischen Achse, dann entspricht die **sphärische Aberration** der Funktion

$$\Delta(\varrho, \theta) = A\varrho^4 . \tag{3.50}$$

Ist das Objekt lateral um x in bezug auf die optische Achse versetzt, erhalten wir einen zusätzlichen Term proportional zu x, das **Koma**

$$\Delta(\varrho, \theta) = Bx\varrho^3 \cos\theta . \tag{3.51}$$

Diesen Ansatz kann man weiterverfolgen. Interpretiert man Δ als Fehler in der Phase $k_0\Delta$, wobei $k_0 = 2\pi/\lambda$, kann man die verzerrte Form des abgebildeten Punktes als Fraunhofersches Beugungsmuster (Abschn. 8.2.5) des „Phasenobjekts" $f(\varrho, \theta) = \exp[-ik_0\Delta(\varrho, \theta)]$ verstehen. Der Verlauf der Funktionen zu den obigen zwei Beispielen ist in Abb. 3.15 gezeigt.

3.8.2 Chromatische Aberration

Zur monochromatischen Aberration kommt hinzu, daß eine einfache Linse Hauptpunkte hat, deren Positionen vom **Brechungsindex** der Linse abhängen, der wiederum eine Funktion der Wellenlänge λ ist. Spiegel haben natürlich diese Abbildungsfehler nicht. Der Brechungsindex $\mu(\lambda)$ eines durchsichtigen Materials ist immer eine abnehmende Funktion von λ; er ist allerdings von Material zu Material verschieden (Abschn. 13.4.2).

Die **Brechkraft** einer einfachen dünnen Linse ist gegeben durch (3.7): $f^{-1} = (\mu - 1)(R_1^{-1} - R_2^{-1})$. Eine Linsenkombination aus zwei oder mehr Linsen kann deshalb durch eine geschickte Auswahl der Krümmungsradien R so geplant werden, daß die Brennweiten für zwei oder mehrere

Abb. 3.15. Intensitätsverteilung für einen Bildpunkt, der durch (a) sphärische Aberration und (b) Koma verzeichnet ist

spezifische Wellenlängen gleich sind. In der gebräuchlichsten Ausführung besteht ein solches System aus zwei Linsen mit Krümmungsradien R_1, R_2 und S_1, S_2 und wird **achromatisches Dublett** oder einfacher **Achromat** genannt. Die Brechungsindexvariation $\mu(\lambda)$ jedes Glases wird durch seine **Brechzahlkurve** beschrieben, die für optische Systeme im Sichtbaren definiert ist durch

$$\omega = \frac{\mu_b - \mu_r}{\mu_y - 1}\,, \tag{3.52}$$

wobei μ_b, μ_y und μ_r die Brechungsindizes für blaues, gelbes (Index „y" für „yellow") und rotes Licht sind. Normalerweise werden dazu die Wellenlängen $\lambda = 486{,}1\,\mathrm{nm}$, $587{,}6\,\mathrm{nm}$ und $656{,}3\,\mathrm{nm}$ verwendet, wobei für andere Spektralregionen andere Wellenlängen sinnvoll sind. Die **Abbezahl** $V = \omega^{-1}$ findet sich oft in den Tabellen für optisches Material. Es läßt sich leicht zeigen, daß die Brennweiten für blaues und rotes Licht gleich sind, falls

$$(\mu_{bF} - \mu_{rF})(R_1^{-1} - R_2^{-2}) + (\mu_{bK} - \mu_{rK})(S_1^{-1} - S_2^{-2}) = 0\,, \tag{3.53}$$

wobei die beiden Indizes F und K die Glasarten bezeichen.[6] Drückt man dies durch die jeweiligen Brennweiten für gelbes Licht f_F und f_K aus, erhält man

$$\frac{\omega_F}{f_F} + \frac{\omega_K}{f_K} = 0\,, \tag{3.54}$$

und die gemeinsame Brechkraft ist dann

$$f^{-1} = f_F^{-1} + f_K^{-1}\,. \tag{3.55}$$

Eine zusammengeklebte Linse hat eine gemeinsame Oberfläche $R_2 = S_1$, so daß die beiden Gleichungen (3.54) und (3.55) drei Krümmungsradien bestimmen. Es verbleibt daher ein Freiheitsgrad, und wir werden in Abschn. 3.8.3 sehen, wie wir damit einen weiteren Abbildungsfehler korrigieren können. Bei einem unverklebten Linsendoublett mit $R_2 \neq S_1$ hat man zwei freie Parameter.

3.8.3 Die Korrektur sphärischer Aberration

In Abb. 3.1 haben wir die Strahlengänge von Linsen mit **sphärischer Aberration** gezeigt. Vergleicht man (a) mit (b), kann man auf den Gedanken kommen, daß eine Verbiegung der Linse, d. h. das Addieren einer Konstanten zu sowohl R_1^{-1} als auch R_2^{-1}, eine Kompensation ergeben könnte. Eine solche Verbiegung wird die Brennweite nicht ändern, da sie nur von dem Unterschied zwischen R_1^{-1} und R_2^{-1} abhängt. Leider stellt sich heraus, daß so die sphärische Aberration einer Einzellinse für Objekte im Unendlichen nicht vollständig korrigiert werden kann. Für Objekte innerhalb der Brennweite funktioniert dieser Trick allerdings, wie wir in Abschn. 3.9 für das

---

[6] F steht dabei für Flint-, K für Kronglas, die beiden am meisten verwendeten Gläser für eine chromatische Korrektur, es könnten aber beliebige Materialien sein.

aplanatische System, einer besonderen Form einer gebogenen Meniskuslinse, sehen werden. Ist das Objekt im Unendlichen, stellt sich für $\mu = 1{,}6$ beispielsweise heraus, daß sich die beste Reduktion der sphärischen Aberration bei einem Verhältnis $R_2/R_1 = -12$ einstellt. Dies entspricht fast einer plankonvexen Linse, wobei die flache Seite zum Bild hin zeigt (nicht wie in Abb. 3.1b!). Damit kann man die Lichtbrechung mehr oder weniger gleichmäßig zwischen den beiden Oberflächen aufteilen, was sich als gute Daumenregel für den Fall erweist, daß man keine aplanatischen Bedingungen hat.

Benutzt man einen **Achromaten**, kann der zusätzliche Freiheitsgrad (Abschn. 3.8.2) dazu benutzt werden, die sphärische Aberration zu korrigieren. In diesem Fall kann man eine gute Korrektur durch Verbiegen der Linse auch für Objekte im Unendlichen erzielen. Die meisten Teleskopobjektive werden so aufgebaut. Es ist auch üblich, Achromate für Laborexperimente mit monochromatischem Licht zu verwenden, da man den Vorteil der Korrektur sphärischer Aberration ausnutzen will.

3.8.4 Koma und weitere Abbildungsfehler

Die **Abbesche Sinusbedingung**, die wir in Abschn. 12.2.2 mit Beugungsmethoden beweisen werden,[7] besagt, daß, wenn ein Strahl unter dem Winkel θ_1 ein Punktobjekt verläßt und unter dem Winkel θ_2 im Bildpunkt konvergiert, außerdem die Bedingung

$$\boxed{\frac{\sin\theta_1}{\sin\theta_2} = \text{const}} \qquad (3.56)$$

erfüllt ist, weder sphärische Aberration noch Koma auftreten. Die auftretende Konstante ist natürlich die **Winkelvergrößerung**, was man sich leicht verdeutlichen kann, indem man θ sehr klein werden läßt; in diesem Fall gelten dann wieder die paraxialen Gleichungen. Das aplanatische System (Abschn. 3.9) erfüllt diese Bedingung, aber man sieht leicht, daß eine dünne Linse sie nicht erfüllt, denn das Verhältnis zwischen den Winkeltangenten ist konstant.

Bildverzerrungen sind dagegen am kleinsten bei Linsensystemen, die symmetrisch um ihre Mittelebene sind. Ist die Vergrößerung -1, kann man sich dies durch die Umkehrbarkeit der Lichtstrahlen (siehe Aufgabe 3.11) klarmachen, es gilt aber auch näherungsweise für andere Vergrößerungen. Die Probleme, vor denen die Designer von optischen Systemen stehen, werden deutlich, wenn man versucht, gleichzeitig Bildverzerrungen (die ein symmetrisches System verlangen), sphärische Aberration und Koma (das eine asymmetrische, gebogene Linse verlangt) zu berücksichtigen. Eine Lösung kann nur durch eine Vielzahl von **kombinierten Linsen** gefunden werden.

Im allgemeinen ist die Größe der Abbildungsfehler eine Funktion, die stark vom Linsendurchmesser abhängt. Dieser Zusammenhang wird oft

---

[7] Man kann sie auch in der geometrischen Optik beweisen, aber ein Beweis reicht eigentlich.

durch eine dimensionslose Größe, die **Blendenzahl** einer Linse, beschrieben, die als Verhältnis der Brennweite zum Aperturblendendurchmesser definiert ist. Eine kleine Blendenzahl bedeutet also eine große Blendenöffnung. Die Bildhelligkeit, die die Belichtungszeit eines Photos bestimmt, ist proportional zur Blendenzahl^{-2}.

3.9 Vertiefungsthema: aplanatische Objektive

Ein optisches System, das auch Strahlen unter großen Einfallswinkeln zur Abbildung benutzt und trotzdem keine sphärische Aberration zeigt, ist die sog. **aplanatische Sphäre**. Obwohl es sich dabei nur um eine spezielle Anwendung des Snelliusschen Brechungsgesetzes ohne tiefergehende Bedeutung handelt, wird sie doch oft beim Design von optischen Geräten verwendet, vor allem in der Mikroskopie, wenn ein Auflösungsvermögen in der Nähe des theoretischen Maximums erreicht werden soll.

Ein Gegenstand befindet sich innerhalb einer Kugel am Punkt A, für den $u = -R - R/\mu$ gilt, gemessen vom Punkt V, dem rechten Vertex der Kugel. Wir zeigen, daß am Punkt A' mit $v = -(R + R\mu)$ ein Bild entsteht (siehe Abb. 3.16) und daß diese Beziehung für alle Einfallswinkel gilt.

Wir betrachten das Dreieck ACP und sehen, wenn wir den geometrischen Sinussatz anwenden, daß $\sin \hat{\imath} / \sin \alpha = 1/\mu$ gilt. Nach dem Snelliusschen Brechungsgesetz gilt auch $\sin \hat{\imath} / \sin \hat{r} = 1/\mu$, also $\hat{r} = \alpha$. Die Dreiecke ACP und PCA' sind daher ähnlich, woraus folgt

$$A'C/R = R/(R/\mu)\,, \tag{3.57}$$

also

$$A'V = A'C + R = R\mu + R\,. \tag{3.58}$$

Aus diesem Grund werden Strahlen, die von einem Punkt mit dem Abstand R/μ vom Zentrum der Kugel mit dem Radius R ausgehen, nach der Brechung so erscheinen, als stammten sie von einem Punkt der Entfernung

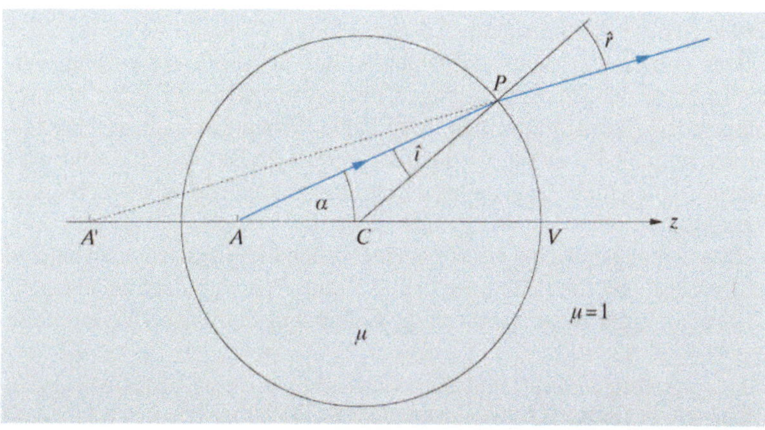

Abb. 3.16. Aplanatische Punkte einer Kugel mit Radius R, gezeichnet für $\mu = 1{,}50$. Die Dreiecke ACP und PCA' sind ähnlich

μR vom Kugelmittelpunkt. Da bei dieser Rechnung keine Näherungen verwendet wurden, gilt diese Gleichung für alle Winkel. Nimmt man beispielsweise $\mu = 1{,}50$ an, so wird ein Strahl mit einem halben Öffnungswinkel von $64°$ ($\sin 64° = 0{,}90$) unter einem halben Öffnungswinkel von $37°$ ($\sin 37° = 0{,}60$) die Kugel verlassen.

Da die Abbildungseigenschaften für alle Winkel, auch für kleine, perfekt sind, kann man formal die optischen Eigenschaften einer aplanatischen Kugel im Sinne der Matrizenoptik beschreiben. Das entsprechende optische System besitzt *eine* brechende Oberfläche und wird durch die Matrix

$$\begin{pmatrix} 1 & 0 \\ \frac{1-\mu}{R} & 1 \end{pmatrix} \tag{3.59}$$

beschrieben. Man beachte, daß der Krümmungsradius der Oberfläche $-R$ ist! Die Hauptebenen gehen dabei durch den Vertex. Die Brennweiten sind $f_1 = R\mu/(\mu-1)$ und $f_2 = R/(\mu-1)$. Da $u = -(R+R/\mu)$ ist, folgt wieder aus (3.45), daß $v = -(R+R\mu)$. Das virtuelle Bild ist also μ^2 größer als das Objekt.

Es mag zunächst so aussehen, als seien die aplanatischen Eigenschaften für die Praxis wertlos, da sich das Objekt innerhalb der Kugel befindet,[8] aber tatsächlich gibt es zwei weitverbreitete Anwendungen.

Zum einen kann die Kugel an einer Fläche abgeschnitten werden, die durch den inneren aplanatischen Punkt geht. Das Objekt wird nun möglichst nahe an diesen Punkt herangebracht und in eine Flüssigkeit (Zedernöl wird oft verwendet) getaucht, die den gleichen Brechungsindex wie das Glas hat (Abb. 3.17a). Dies hat den zusätzlichen Vorteil, daß die Wellenlänge im Medium kleiner ist als an Luft, so daß die Auflösung zunimmt. Ein solches System ist unter dem Namen **Öl-Immersionssystem** bekannt und wird bei fast allen höchstauflösenden Mikroskopen verwendet.

Bei der zweiten Möglichkeit, das aplanatische Prinzip auszunutzen, wird der Gegenstand in den Krümmungsmittelpunkt der ersten konkaven Fläche einer Linse gebracht; dieser Punkt dient als innerer aplanatischer Punkt der zweiten Oberfläche. Die gesamte Lichtbrechung erfolgt dann an der zweiten Oberfläche, und das Bild entsteht am äußeren aplanatischen Punkt (Abb. 3.17b). Man kann leicht zeigen, daß die Vergrößerung einer solchen Linse μ beträgt. Wir haben in diesem Fall die sphärische Aberration durch Verbiegen der Linse korrigiert (Abschn. 3.8.3).

Das vollständige Mikroskopobjektiv, wie in Abb. 3.17c gezeigt, verwendet diese beiden Anwendungen des aplanatischen Prinzips in zwei aufeinanderfolgenden Schritten. Der halbe Öffnungswinkel des Strahls, der anfänglich $64°$ beträgt, wird auf $24°$ reduziert. Das virtuelle Bild wird dann ins Unendliche abgebildet durch eine zusätzliche relativ schwache Sammellinse.

Das Fehlen von Koma bei der aplanatischen Linse versteht man anhand der Tatsache, daß alle Punkte mit dem Abstand R/μ vom Zentrum aplanatische Punkte sind. Wenn wir daher die Krümmung der Fläche, auf der diese

---

[8] Das vergrößerte virtuelle Bild eines Goldfisches in einem runden Wasserglas, R/μ von der Glasmitte entfernt, wäre ein perfektes Beispiel.

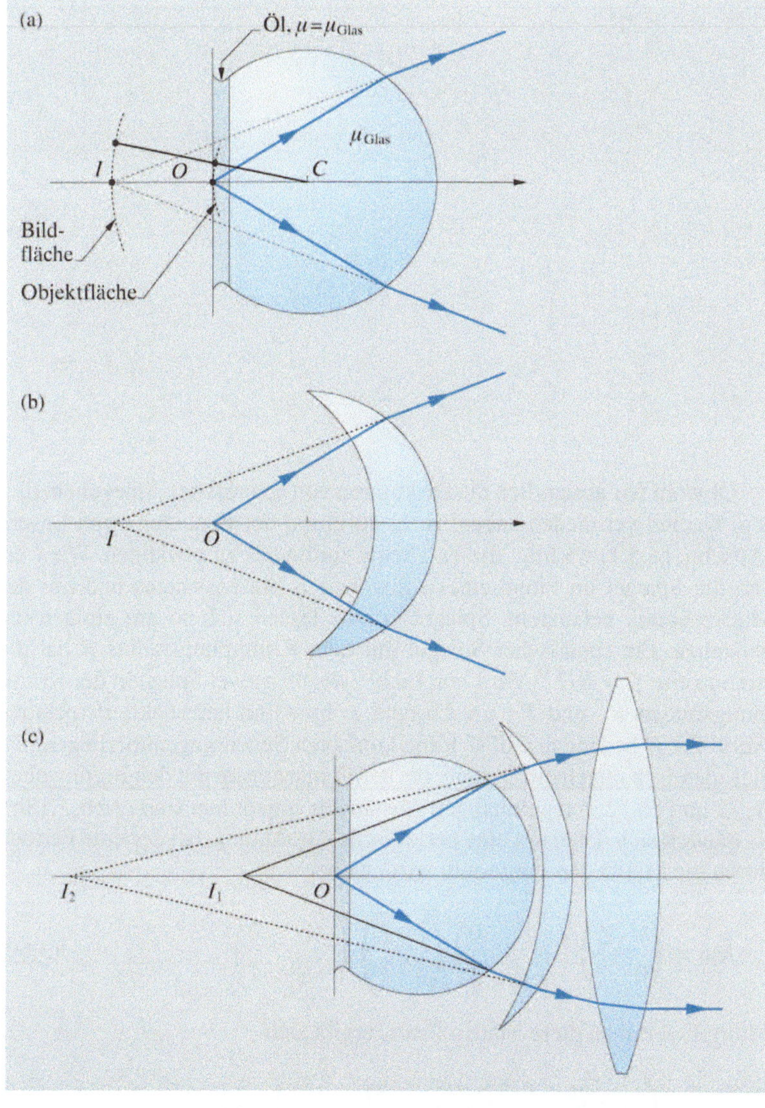

Abb. 3.17a–c. Anwendungen der aplanatischen Punkte. (a) Abbildung eines Objekts innerhalb einer Öl-Immersionsschicht; (b) Abbildung eines externen Objekts; (c) ein Mikroskopobjektiv, das die beiden zuvor genannten Anwendungen verwendet. O ist das Objekt, I, I_1 und I_2 sind die Bilder

Punkte liegen, vernachlässigen, erkennen wir, daß alle Punkte eines ebenen Gegenstands ein ebenes Bild formen, das frei von Koma und sphärischer Aberration ist.

3.10 Vertiefungsthema: der sphärische Fabry-Perot-Resonator

Die meisten **Laserresonatoren** werden aus zwei Spiegeln gebildet, die zueinander konkav sind, so daß das Licht zwischen ihnen „eingesperrt" ist. Die Grundidee besteht darin, daß Licht, das in einem kleinen Winkel zur optischen Achse läuft, nach mehrfacher Reflexion nicht immer größere Winkel einnimmt, sondern innerhalb des Resonators verbleibt (Abb. 3.18a).

Abb. 3.18. (a) Strahlengang durch einen stabilen Fabry-Perot-Resonator; (b) der äquivalente Satz unendlich vieler periodisch angeordneter dünner Linsen

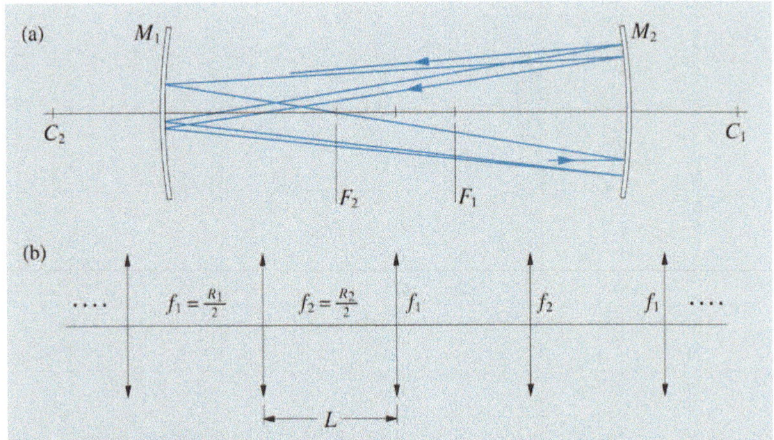

Obwohl wir absichtlich die Diskussion von sphärischen Spiegeln in diesem Kapitel vermieden haben, ist es aufgrund der Bedeutung von Lasern (Abschn. 14.5.1) wichtig, dieses Thema zumindest zu erwähnen. Wir werden die Spiegel im Sinne eines äquivalenten Linsensystems und mit der Matrizenoptik behandeln. Spiegelsysteme lassen sich so am einfachsten verstehen. Ein sphärischer Spiegel mit dem Krümmungsradius R hat die Brennweite $f = R/2$.[9] Wird nun Licht zwischen zwei Spiegeln der Krümmungsradien R_1 und R_2 im Abstand L hin- und herreflektiert (positive Werte für R bedeuten, daß sich die konkaven Seiten gegenüberliegen), ist dies identisch mit einem System, bei dem Linsenpaare mit den Brennweiten $R_1/2$ und $R_2/2$ in regelmäßigen Abständen angeordnet sind (Abb. 3.18b). Es handelt sich dabei um eine periodische Anordnung, bei der eine Periode durch die Matrix $\mathsf{M_P}$ dargestellt wird, wobei

$$\mathsf{M_P} = \begin{pmatrix} 1 & L \\ 0 & 1 \end{pmatrix} \begin{pmatrix} 1 & 0 \\ -\frac{2}{R_2} & 1 \end{pmatrix} \begin{pmatrix} 1 & L \\ 0 & 1 \end{pmatrix} \begin{pmatrix} 1 & 0 \\ -\frac{2}{R_1} & 1 \end{pmatrix}. \tag{3.60}$$

Multipliziert man diese Matrizen aus, ergibt sich

$$\mathsf{M_P} = \begin{pmatrix} 1 - \frac{2L}{R_2} - \frac{4L}{R_1} + \frac{4L^2}{R_1 R_2} & 2L - \frac{2L^2}{R_2} \\ -2\left(\frac{1}{R_1} + \frac{1}{R_2}\right) + \frac{4L}{R_1 R_2} & 1 - \frac{2L}{R_2} \end{pmatrix}. \tag{3.61}$$

Geht nun Licht durch N Perioden eines solchen Systems, was N Reflexionen in einem Spiegelsystem entspricht, erhalten wird die Matrix $\mathsf{M_P^N}$. Um ihre bündelnden Eigenschaften zu erkennen, muß man sie diagonalisieren. Das bedeutet hauptsächlich, einen Vektor (h, θ) in einen neuen Vektor $(ah + b\theta, -bh + a\theta)$ zu überführen, in dem die Matrix dann diagonal ist, wobei

---

[9] Daraus können wir schließen, daß beispielsweise ein Objekt an der Stelle $u = -R = -2f$ auf die Stelle $v = 2f = R$ abgebildet wird; berücksichtigt man noch die Umkehr der Ausbreitungsrichtung des Lichts, fallen Bild und Objekt zusammen, und die lineare Vergrößerung beträgt $v/u = -1$.

$a^2 + b^2 = 1$ gelten muß. Die Technik, die man dafür benötigt, findet sich in jedem Lehrbuch der Linearen Algebra und besteht in der Lösung der Säkulargleichung

$$\det\{M_P - \lambda I\} = 0 \tag{3.62}$$

mit den beiden Lösungen λ_1 und λ_2. Die Diagonalmatrix ist dann $M_D \equiv \begin{pmatrix} \lambda_1 & 0 \\ 0 & \lambda_2 \end{pmatrix}$. Da $\det\{M_P\} = 1$, folgt aus (3.62)

$$\boxed{\lambda^2 - \left[4\left(1 - \frac{L}{R_1}\right)\left(1 - \frac{L}{R_2}\right) - 2\right]\lambda + 1 = 0} \, , \tag{3.63}$$

womit λ_1 und λ_2 bestimmt werden können. Bevor wir die Lösungen hinschreiben, möchten wir einen Blick auf ihre physikalische Bedeutung werfen. Die Determinate von M_D ist 1, also auch $\lambda_1 \lambda_2 = 1$. Die möglichen Lösungen der quadratischen Gleichung (3.63) können in zwei Gruppen unterteilt werden:

(1) Reelle Lösungen, λ_1 und λ_1^{-1}, für die, wie wir sehen werden, die Strahlen auseinanderlaufen und der Resonator instabil ist. Wir definieren λ_1 als die größere Lösung und schließen den Fall $\lambda_1 = \lambda_2 = 1$ aus.
(2) Komplexe Lösungen der Form $\lambda_1 = e^{i\alpha}$, $\lambda_2 = e^{-i\alpha}$, inklusive der Lösung $\alpha = 0$ ($\lambda_1 = \lambda_2 = 1$). Für diese Werte laufen die Strahlen nicht auseinander, und der Resonator ist stabil.

Betrachten wir den ersten Fall. Die Matrix M_D^N ist hier

$$M_D^N = \begin{pmatrix} \lambda_1^N & 0 \\ 0 & \lambda_1^{-N} \end{pmatrix} \, . \tag{3.64}$$

Nach einer hinreichend großen Zahl von Durchgängen N wird λ_1^{-N} so klein sein, daß wir diesen Term vernachlässigen können, und wir können schreiben

$$\begin{pmatrix} ah_N + b\theta_N \\ -bh_N + a\theta_N \end{pmatrix} \simeq \begin{pmatrix} \lambda_1^N & 0 \\ 0 & 0 \end{pmatrix} \begin{pmatrix} ah_1 + b\theta_1 \\ -bh_1 + a\theta_1 \end{pmatrix} \, , \tag{3.65}$$

wobei h_N die Höhe und θ_N der Winkel des Strahls nach N Durchläufen ist. Aus den Lösungen dieser Gleichungen sieht man, daß h_N und θ_N proportional zu λ_1^N sind und daher mit zunehmendem N divergieren. Die Strahlen entfernen sich also immer weiter von der optischen Achse.

Im zweiten Fall wird aus (3.64)

$$M_D^N = \begin{pmatrix} e^{Ni\alpha} & 0 \\ 0 & e^{-Ni\alpha} \end{pmatrix} \, , \tag{3.66}$$

und die Lösung von (3.65) wird periodisch mit einer Periode von $2\pi/\alpha$. Das bedeutet, daß h und θ mit endlicher Amplitude um die optische Achse oszillieren.

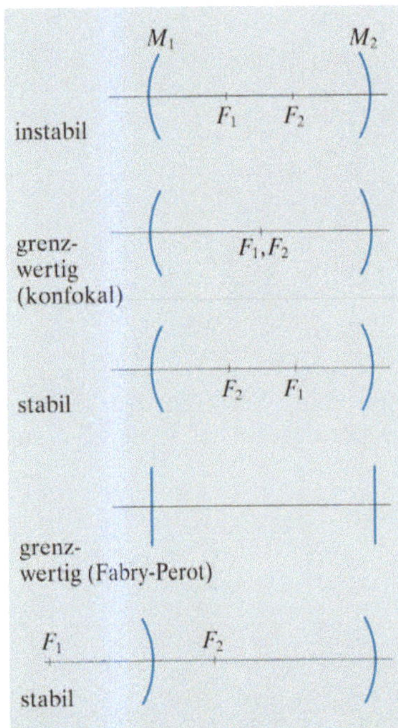

Abb. 3.19. Stabile und instabile Resonatoren

Um zu einem stabilen Zustand zu gelangen, müssen die Lösungen von (3.63) daher komplex oder eins sein, d. h.

$$-1 \le 2\left(1 - \frac{L}{R_1}\right)\left(1 - \frac{L}{R_2}\right) - 1 \le 1 \tag{3.67}$$

oder äquivalent dazu

$$0 \le \left(1 - \frac{L}{R_1}\right)\left(1 - \frac{L}{R_2}\right) \le 1 \,. \tag{3.68}$$

Beispiele für **stabile** und **instabile Resonatoren** sind in Abb. 3.19 gezeigt.

Der am häufigsten verwandte stabile Resonator für Gaslaser ist der sog. **konfokale Resonator**. Er ist grenzwertig stabil, da beide Spiegel einen gemeinsamen Brennpunkt haben müssen, also $R_1 = R_2 = L$ und $\lambda = 1$. Ein Resonator aus zwei parallelen ebenen Spiegeln ($R_1 = R_2 = \infty$) ist ebenfalls grenzwertig stabil und wird in Festkörperlasern verwendet.

Wir möchten darauf hinweisen, daß es im Sinne der geometrischen Optik zwar möglich ist, die Spiegeldurchmesser eines stabilen Resonators so zu wählen, daß es zu keinerlei Strahlenverlusten kommt. Wenn man dagegen Beugungserscheinungen mit berücksichtigt, kommt es immer zu gewissen Verlusten, ebenso durch die unvollständige Reflexion bei realen Spiegeln. Diese Verluste müssen bei dem Design eines Lasers durch die Verstärkung im aktiven Medium (Abschn. 14.4) ausgeglichen werden. Andererseits kann man in einem Medium mit großer Verstärkung sogar auch leicht instabile Resonatoren verwenden.

✖ Übungsaufgaben

$\lambda = 0{,}5\,\mu\mathrm{m}$, soweit nichts anderes vermerkt ist.

3.1 Die Brennpunkte eines Spiegels, der die Form eines Rotationsellipsoids hat, sind konjugierte Punkte (Aufgabe 2.5). Wie hängen Vergrößerung und Exzentrizität des Ellipsoids zusammen? (Schwierig!)

3.2 Um in einem Mikroskop eine schwer beobachtbare Probe zu untersuchen, kann man eine Hilfslinse zwischen Probe und Objektiv einführen. Mit dem Mikroskop betrachtet man dann das reelle Bild der Probe. Zeichnen Sie den Strahlengang des Systems, und beschreiben Sie den Einfluß der Hilfslinse auf die Austrittspupille und das Gesichtsfeld.

3.3 Entwerfen Sie ein **Periskop** mit einer Länge von 2 m und einem Tubusdurchmesser von 0,1 m. Das Gesichtsfeld soll einen Öffnungswinkel von 60° haben. Dieses Periskop benötigt mehrere Feld- und Hilfslinsen. Verwenden Sie die paraxiale Näherung.

3.4 Eine Linse wird aus zwei dünnen Linsen L_1 und L_2 mit den Brennweiten 90 mm und 30 mm und den Öffnungen 60 mm und 20 mm zusammengesetzt. $L_1 L_2 = 50$ mm. Zwischen den Linsen ist in der Ebene 30 mm von L_1 entfernt eine Blende mit dem Durchmesser 10 mm eingesetzt. Wo befindet sich die Aperturblende für ein Objekt 120 mm vor L_1? Wo befinden sich die Eintritts- und Austrittspupille?

3.5 Folgende Methode ist nützlich, um den Brechungsindex eines transparenten Materials in Form einer planparallelen Platte der Dicke d herauszufinden: Ein Mikroskop wird auf einen Gegenstand fokussiert. Die Platte wird zwischen Objekt und Mikroskop eingefügt und das Mikroskop wieder fokussiert. Nun mißt man die Objektivverschiebung, die zur Fokussierung notwendig war. Finden Sie die Beziehung zwischen der Verschiebung, dem Brechungsindex und der Plattendicke d heraus. Schätzen Sie die Genauigkeit der Methode ab (Aufgabe 2.6 ist bei der Lösung nützlich).

3.6 Ermitteln Sie die Matrix, die die Transmission von Licht entlang eines Stabes der Länge l mit einem Brechungsindexgradienten beschreibt. Verwenden Sie die paraxiale Näherung mit den Parametern von Aufgabe 2.4. Zeigen Sie, daß sich dieser Stab im Grenzfall $l \to 0$ wie eine dünne Linse verhält.

3.7 Ist es im Rahmen der Gaußschen Optik möglich, eine Glaskugel mit beliebigem Brechungsindex durch eine einzelne Linse zu ersetzen?

3.8 Eine Zoomlinse besteht aus zwei Linsen mit den Brennweiten $100\,\text{mm}$ und $-20\,\text{mm}$. Zeichnen Sie ein Diagramm, das den Zusammenhang zwischen der effektiven Brennweite und der Blendenzahl als Funktion des Linsenabstands beschreibt.

3.9 Eine gebogene Glasscheibe der Dicke $1,5\,\text{mm}$ und mit Brechungsindex $1,5$ hat auf beiden Seiten den gleichen Krümmungsradius von $100\,\text{mm}$ (eine Seite ist konvex, die andere konkav).

(a) Entscheiden Sie, ohne Rechnung, ob die Scheibe als Sammel- oder Zerstreuungslinse wirkt.
(b) Ermitteln Sie ihre Brennweiten und Hauptachsen.

3.10 Schreiben Sie ein Computerprogramm, das, basierend auf den Gaußschen Matrizen, die Hauptpunkte eines beliebigen paraxialen optischen Systems bestimmt. Ein solches System ist definiert durch koaxiale sphärische Grenzschichten zwischen Regionen mit gegebenem Brechungsindex und/oder durch dünne Linsen. Verwenden Sie es dazu, Ihre Ergebnisse der Aufgaben 3.7–9 zu überprüfen.

3.11 Zeigen Sie, daß in einem symmetrischen Abbildungssystem mit einer Vergrößerung von 1 in der paraxialen Näherung keine Verzeichnungen auftreten.

3.12 Entwerfen Sie eine Linse des Typs wie in Abb. 3.17b gezeigt, mit $\mu = 2$ und $f = \infty$. Was ist m, wenn sich O am aplanatischen Punkt befindet? Erklären Sie physikalisch, warum diese Linse vergrößert, auch wenn ihre effektive Brennweite unendlich ist.

$$F(k) = \int_{-\infty}^{\infty} f(x)\exp(-ikx)\mathrm{d}x$$

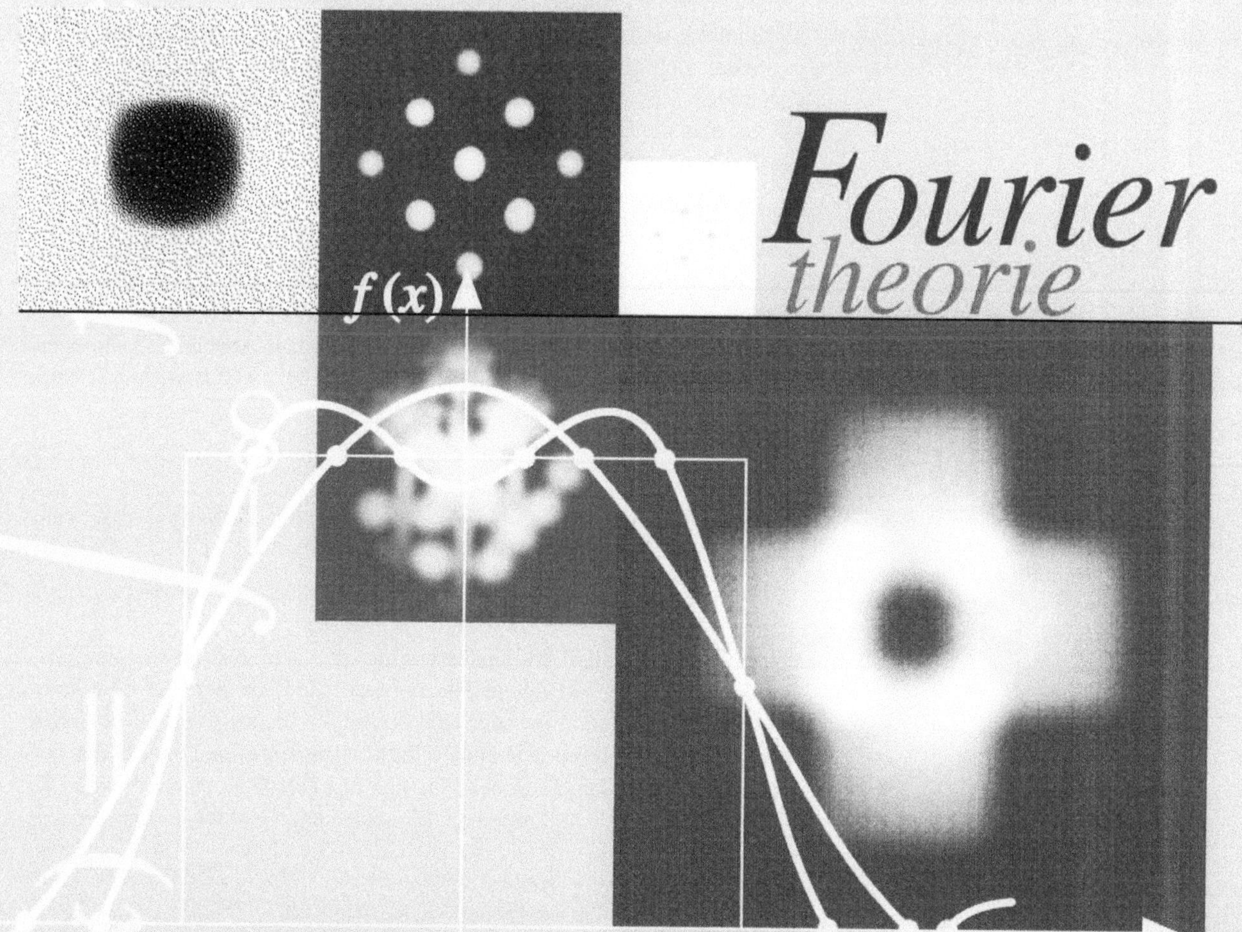

4

Fouriertheorie

▼ Übersicht

Ein weit über das Gebiet der Optik hinaus angewandtes mathematisches Hilfsmittel bei der Untersuchung zeit- und ortsabhängiger Phänomene ist die Fouriertheorie. Sie ermöglicht die Analyse periodischer und nichtperiodischer Funktionen, indem sie diese Funktionen durch eine Summe von sinusförmigen Termen darstellt.

4.1 Einführung

J.B.J. Fourier (1763–1830) war einer derjenigen Wissenschaftler im Frankreich Napoleons, die der französischen Wissenschaft zu einer außergewöhnlichen Blüte verhalfen. Sein Arbeitsgebiet war die angewandte Mathematik, und Arbeiten, mit denen sein Name auch heute noch verbunden ist, finden sich im Bereich der Wärmeleitungstheorie. Hier beschäftigte er sich mit der Lösung der eindimensionalen Wärmeleitungsgleichung (2.31), mit der man die Entwicklung der Wärmeverteilung $\theta(x, t)$ in einem Körper beschreiben kann:

$$\frac{\partial \theta}{\partial t} = D \frac{\partial^2 \theta}{\partial x^2} \, . \tag{4.1}$$

Zur Lösung dieser Gleichung benötigt man Randbedingungen, wie z. B. die Temperaturverteilung $\theta(x, 0)$ an der Stelle x zur Zeit $t = 0$. Gleichung (4.1) ist eine **Wellengleichung** des Typs, den wir bereits in Abschn. 2.3.1 kennengelernt haben. Sie ist analytisch lösbar, wenn θ bei $t = 0$ eine sinusförmige Abhängigkeit von x besitzt:

$$\theta(x, 0) = \theta_0 \sin kx \, . \tag{4.2}$$

Die Lösung nimmt dann eine exponentielle Form an mit einer charakteristischen Zeitkonstanten, die mit k verbunden ist:

$$\theta(x, t) = \theta_0 \exp(-Dk^2 t) \sin kx \, . \tag{4.3}$$

Da eine sinusförmige Anfangsverteilung eine sehr restriktive, unnatürliche Voraussetzung ist, leitete *Fourier* eine Methode her, die es erlaubt, jede periodische Funktion oder jede auf ein endliches Intervall begrenzte nichtperiodische Funktion in eine Reihe von sinusförmigen Funktionen verschiedener Wellenlänge, die jede für sich (4.1) erfüllen, zu entwickeln. Da (4.1) homogen in θ ist, können die Einzellösungen einfach addiert werden.

Das Grundprinzip, eine beliebige Funktion durch eine Summe von sinusförmigen Termen auszudrücken, heißt **Fouriertheorie**. Es hat Anwendungen weit über die Grenzen der Wärmediffusionstheorie hinaus gefunden.

In der Optik, die sich mit Lichtwellen beschäftigt und ihrer Wechselwirkung mit verschiedenen Objekten, die Gebiete darstellen, in denen die Wellengleichung unter spezifischen Randbedingungen gelöst werden muß, erweist sich die Fouriertheorie als überaus nützliches Instrument, auf das wir häufig zurückgreifen werden. Die Idee dieses Kapitels ist es, die Theorie einzuführen und einige ihrer grundlegenden Ideen und Ergebnisse zum späteren Gebrauch herzuleiten. Eine vollständigere Behandlung findet sich in zahlreichen Lehrbüchern, beispielsweise bei *Walker* (1988).

4.2 Analyse periodischer Funktionen

Dieser Abschnitt beschäftigt sich mit der Darstellung periodischer Funktionen als einfachstes Beispiel für die Zerlegung einer Funktion in eine Summe aus Sinusfunktionen.

4.2.1 Fouriersches Theorem

Das Fouriersche Theorem besagt, daß jede periodische Funktion $f(x)$ als Summe von Sinusfunktionen ausgedrückt werden kann, deren jeweilige Wellenlänge ein ganzzahliger Teiler der Wellenlänge λ von $f(x)$ ist.

Damit die Beschreibung vollständig wird, muß die nullte Ordnung mitgezählt werden, die einen konstanten Term zu der Reihe beiträgt:

$$f(x) = \frac{1}{2}C_0 + C_1 \cos\left(\frac{2\pi x}{\lambda} + \alpha_1\right) + C_2 \cos\left(\frac{2\pi x}{\lambda/2} + \alpha_2\right) + \ldots$$
$$+ C_n \cos\left(\frac{2\pi x}{\lambda/n} + \alpha_n\right) + \ldots \quad (4.4)$$

Die Indizes n beschreiben die Ordnung der einzelnen Beiträge, der sog. **Oberschwingungen** oder „Harmonischen". Mit der folgenden Argumentation wollen wir das Theorem verdeutlichen. Schneiden wir die Reihe nach dem ersten Term ab, erlaubt die Wahl von C_0, daß die Gleichung für eine diskrete Anzahl von Punkten erfüllt ist. Das werden immer mindestens zwei Punkte pro Wellenlänge sein. Verwenden wir auch noch den zweiten Term, kommen weitere solche Punkte hinzu. Durch Hinzufügen immer weiterer Ordnungen kann man die Zahl der gemeinsamen Punkte von Reihe und Originalfunktion beliebig groß werden lassen (Abb. 4.1). Dies ist noch kein Beweis dafür, daß die Reihe mit der Originalfunktion identisch sein muß, wenn die Zahl der berücksichtigten Terme gegen unendlich geht; es gibt Beispiele, bei denen die Fourierreihe nicht gegen die Zielfunktion konvergiert, aber die Bereiche, in denen Abweichungen auftreten, müssen vernachlässigbar klein werden.

Diese Überlegung gilt natürlich für beliebige periodische Funktionen. Die Sinusfunktion ist als Lösung aller Wellengleichungen von besonderer Wichtigkeit und verleiht der Fouriertheorie ihre außerordentliche Bedeutung.

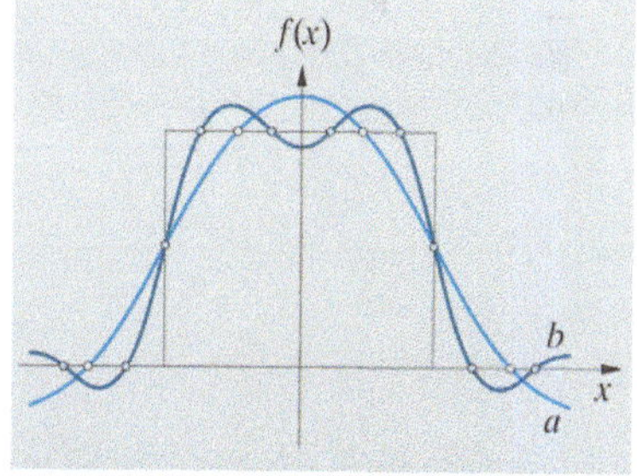

Abb. 4.1. Schnittpunkte einer Rechteckfunktion und ihrer Fourierreihe, abgebrochen nach (*a*) dem ersten und (*b*) dem dritten Term

4.2.2 Fourierkoeffizienten

Jeder Term der Reihe (4.4) besitzt eine Amplitude C_n und eine Phase α_n. Letztere stellt einen Freiheitsgrad dar, der für die Verschiebung der einzelnen

Terme entlang der x-Achse notwendig ist. Die Bestimmung dieser Größen für jeden Term der Reihe heißt **Fourieranalyse.**

Es ist allerdings nicht immer sinnvoll, Amplitude und Phase einzeln anzugeben. Wir können stattdessen jeden Term in der Form

$$C_n \cos(nk_0 x + \alpha_n) = A_n \cos nk_0 x + B_n \sin nk_0 x \tag{4.5}$$

ausdrücken, wobei $A_n = C_n \cos\alpha_n$, $B_n = -C_n \sin\alpha_n$ und $k_0 = 2\pi/\lambda$. Die Reihe (4.4) läßt sich dann schreiben als

$$\boxed{f(x) = \frac{1}{2}A_0 + \sum_1^\infty A_n \cos nk_0 x + \sum_1^\infty B_n \sin nk_0 x} \; . \tag{4.6}$$

Die Fourieranalyse besteht nun in der Berechnung der Paare (A_n, B_n), den **Fourierkoeffizienten**, für alle n.

4.2.3 Komplexe Fourierkoeffizienten

Die reellen Funktionen $\cos\theta$ und $\sin\theta$ können als Real- und Imaginärteil der komplexen Exponentialfunktion $\exp(i\theta)$ aufgefaßt werden. Es gibt algebraisch zahlreiche Vorteile der Schreibweise als komplexe Exponentialfunktion, weswegen wir sie in diesem Buch fast ausschließlich verwenden werden. Aus (4.6) wird damit

$$f(x) = \frac{1}{2}A_0 + \sum F_n \exp(ink_0 x) \, , \tag{4.7}$$

wobei wir den Summationsbereich noch bewußt offengelassen haben. Setzen wir nun (4.7) und (4.6) gleich für ein reelles $f(x)$. Wir erhalten

$$\sum F_n \big[\cos(nk_0 x) + i \sin(nk_0 x) \big]$$
$$= \sum_1^\infty \big[A_n \cos(nk_0 x) + B_n \sin(nk_0 x) \big] . \tag{4.8}$$

Unter der Annahme, daß der Bereich, über den die Summation läuft, in beiden Termen gleich ist, setzen wir äquivalente Sinus- und Kosinusterme unabhängig voneinander gleich; dies ergibt

$$\begin{aligned} F_n &= A_n \, ; \\ iF_n &= B_n \, . \end{aligned} \tag{4.9}$$

Daraus folgt, daß $iA_n = B_n$ ist, was nicht stimmen kann, da A_n und B_n beide reell sind. Wir müssen daher die Summation in (4.7) von $n = -\infty$ bis $+\infty$ laufen lassen, um das Problem zu lösen. Wir erhalten daraus zwei unabhängige komplexe Koeffizienten F_n und F_{-n}, die dem Paar A_n, B_n entsprechen. Vergleichen wir die Terme in (4.8), folgt

$$\begin{aligned} F_n + F_{-n} &= A_n \, ; \\ i(F_n - F_{-n}) &= B_n \, , \end{aligned} \tag{4.10}$$

woraus wir schließen können, daß

$$F_n = \frac{1}{2}(A_n - iB_n) = \frac{1}{2}C_n \exp(i\alpha_n), \qquad (4.11)$$

$$F_{-n} = \frac{1}{2}(A_n + iB_n) = \frac{1}{2}C_n \exp(-i\alpha_n). \qquad (4.12)$$

Aus diesem Grund läßt sich die **Fourierreihe** in komplexer Schreibweise darstellen als

$$f(x) = \sum_{-\infty}^{+\infty} F_n \exp(ink_0 x), \qquad (4.13)$$

wobei $F_0 = \frac{1}{2}A_0$. Bisher sind wir davon ausgegangen, daß die Funktion $f(x)$ und daher A_n, B_n reell ist. Daraus folgt in Verbindung mit (4.11) und (4.12), daß F_n und F_{-n} komplex konjugiert sind

$$F_n = F_{-n}^*. \qquad (4.14)$$

Im allgemeinen dagegen kann eine komplexe Funktion $f(x)$ durch komplexes A_n und B_n dargestellt werden, für die es jeweils keinen solchen Zusammenhang gibt.

4.3 Fourieranalyse

Für die meisten wichtigen Funktionen in der Physik kann man die Fourieranalyse analytisch ausführen aufgrund der Eigenschaft der Sinusfunktion, daß ihr Integral über ein ganzzahliges Vielfaches der Wellenlänge null ist. Entsprechend ist das Integral des Produkts zweier sinusförmiger Funktionen mit einem ganzzahligen Wellenlängenverhältnis über ein ganzzahliges Vielfaches beider Wellenlängen ebenfalls null, mit einer Ausnahme: Wenn beide Wellenlängen gleich sind und die beiden Funktionen nicht um 90° phasenverschoben sind, ist das Integral ungleich null. Wenn wir daher über das Produkt der Funktion $f(x)$ (mit der Wellenlänge λ) mit einer Sinusfunktion der Wellenlänge λ/m integrieren, wird das Ergebnis für alle Fourierkomponenten null sein mit Ausnahme der $m$ten Komponente, die die Wellenlänge λ/m hat, und der Wert des Integrals ergibt die Amplitude des Koeffizienten F_m.

Um diesen Sachverhalt mathematisch auszudrücken, bestimmen wir den $m$ten Fourierkoeffizienten durch Multiplikation von $f(x)$ mit $\exp(-imk_0 x)$ und Integration über eine komplette Wellenlänge λ. Es bietet sich an, die Variable x durch einen Phasenwinkel $\theta = k_0 x$ zu ersetzen und dann das Integral I_m über dem Intervall $-\pi \leq \theta \leq \pi$ auszuwerten, was einer Wellenlänge entspricht. Es folgt

$$I_m = \int_{-\pi}^{\pi} f(\theta) \exp(-im\theta)\, d\theta = \int_{-\pi}^{\pi} \sum_{-\infty}^{+\infty} F_n \exp(in\theta) \exp(-im\theta)\, d\theta.$$

$$(4.15)$$

Jeder Term in der Summation ist sinusförmig mit einer Wellenlänge $\lambda/|m - n|$ mit Ausnahme des einen Terms, für den $m = n$ gilt. Die Sinusterme, die über $|m - n|$ Wellenlängen integriert werden, tragen nichts bei, so daß gilt

$$I_m = \int_{-\pi}^{\pi} F_m \, \mathrm{d}\theta = 2\pi F_m \; . \tag{4.16}$$

Daraus folgt der allgemeine Ausdruck für den $m$ten **Fourierkoeffizienten**: F_m:

$$F_m = \frac{1}{2\pi} \int_{-\pi}^{\pi} f(\theta) \exp(-\mathrm{i}m\theta) \, \mathrm{d}\theta \; . \tag{4.17}$$

Beachte, daß darin auch der Term nullter Ordnung, der Durchschnittswert von $f(\theta)$, enthalten ist:

$$F_0 = \frac{1}{2\pi} \int_{-\pi}^{\pi} f(\theta) \, \mathrm{d}\theta \; . \tag{4.18}$$

4.3.1 Gerade und ungerade Funktionen

Man nennt eine Funktion **gerade** oder **symmetrisch**, wenn $f(\theta) = f(-\theta)$ gilt, entsprechend **ungerade** oder **antisymmetrisch**, falls $f(\theta) = -f(-\theta)$ (siehe Abb. 4.2). Kehren wir für einen Augenblick zum Ausdruck (4.6) für die Fourierreihe als Summe von Sinus- und Kosinusfunktionen zurück. Hieraus folgt, daß eine gerade periodische Funktion als Summe von reinen Kosinustermen dargestellt werden kann, da die Sinusterme Beiträge mit entgegengesetztem Vorzeichen für $+\theta$ und $-\theta$ liefern. Daher gilt $B_n = 0$, und es folgt aus (4.11) und (4.12):

$$\text{gerade Funktion:} \qquad F_n = F_{-n} \; . \tag{4.19}$$

Ist die Funktion zusätzlich noch reell, so daß (4.14) gilt, finden wir:

$$\text{gerade reelle Funktion:} \qquad F_n = F_{-n}^* = F_{-n} \; , \tag{4.20}$$

woraus wir schließen können, daß F_n reell ist.

Genauso finden wir für ungerade Funktionen, daß die Koeffizienten A_n gleich 0 sein müssen, also:

$$\text{ungerade Funktion:} \qquad F_n = -F_{-n} \; , \tag{4.21}$$

$$\text{ungerade reelle Funktion:} \quad F_n = F_{-n}^* = -F_{-n} \; , \tag{4.22}$$

woraus für den zweiten Fall einer ungeraden reellen Funktion folgt, daß die F_n rein imaginär sind. Wichtig ist, daß die Symmetrie von $f(x)$ sich in den Fourierkoeffizienten F_n wiederfindet.

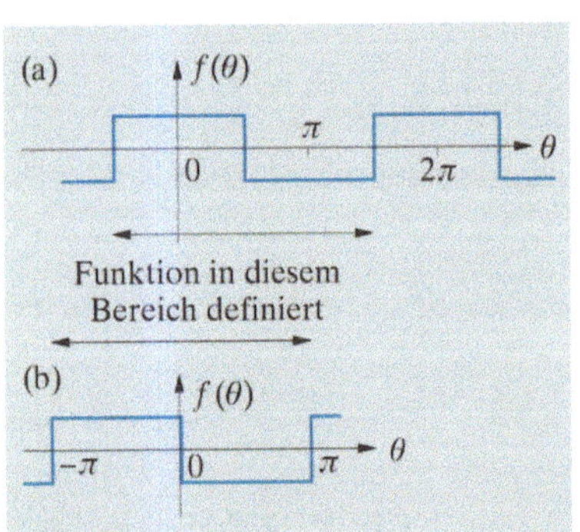

Abb. 4.2. Rechteckfunktion (a) als gerade oder (b) ungerade Funktion

4.3.2 Die Rechteckfunktion

Wir möchten die obige Analyse anhand eines einfachen Beispiels, der Rechteckfunktion, illustrieren. Diese Funktion habe den Wert 1 über die eine Hälfte der Periode ($-\pi/2$ bis $\pi/2$) und -1 über die andere Hälfte ($\pi/2$ bis $3\pi/2$) (Abb. 4.2a). Sie ist in diesem Fall reell und gerade, weswegen die F_n reell sind. Wenn die Möglichkeit besteht, sollte man den Nullpunkt einer Funktion so festlegen, daß die Funktion gerade wird, da sich dadurch die Mathematik oft vereinfacht. Hätten wir die Funktion so gewählt, daß sie im Bereich von $-\pi$ bis 0 den Wert 1 annimmt und -1 zwischen 0 und π, wäre sie ungerade und die Koeffizienten wären alle imaginär (Abb. 4.2b). Die Möglichkeit, die Phase aller Koeffizienten gleichzeitig dadurch zu ändern, daß man den Nullpunkt verschiebt, ist oft von Bedeutung (Abschn. 4.4.4); nur die Form der Funktion bestimmt die relativen Phasen der Koeffizienten. Für die gerade Funktion aus Abb. 4.2a ergibt sich

$$f(\theta) = 1 \in (-\pi/2 \le \theta \le \pi/2);$$
$$f(\theta) = -1 \in (\pi/2 \le \theta \le 3\pi/2)\,, \tag{4.23}$$

$$
F_n = \frac{1}{2\pi} \int_{-\pi}^{\pi} f(\theta)\exp(-in\theta)\,\mathrm{d}\theta
$$
$$
= \frac{1}{2\pi} \int_{-\pi/2}^{\pi/2} \exp(-in\theta)\,\mathrm{d}\theta - \frac{1}{2\pi} \int_{\pi/2}^{3\pi/2} f(\theta)\exp(-in\theta)\,\mathrm{d}\theta
$$
$$
= \frac{1}{n\pi} \sin\frac{n\pi}{2}\big[1 - \exp(-in\pi)\big]\,. \tag{4.24}
$$

Berechnet man F_0 aus (4.18), folgt daher:

$$
F_0 = 0\,, \qquad F_{\pm 1} = \frac{2}{\pi}\,, \qquad F_{\pm 2} = 0\,, \qquad F_{\pm 3} = -\frac{2}{3\pi}\,,
$$
$$
F_{\pm 4} = 0\,, \qquad F_{\pm 5} = \frac{2}{5\pi}\cdots
$$

4.3.3 Der reziproke Raum in einer Dimension

Wir können uns die Fourierkoeffizienten F_n als Funktion $F(n)$ von n vorstellen. Obwohl $F(n)$ nur für ganzzahlige Werte von n von null verschieden ist, kann man sich die Funktion auch für nicht ganzzahlige Werte definiert denken, mit einem Funktionswert von null. Die positive Hälfte der Funktion $F(n)$, die die Fourierserie der Rechteckfunktion darstellt, kann deswegen, wie in Abb. 4.3 gezeigt, gezeichnet werden. Nimmt man diese Zeichnung, kann man die ursprüngliche Funktion durch Aufsummieren der Reihe, die sie darstellt, rekonstruieren. Man erhält daraus allerdings noch keine Information über die Wellenlänge λ der ursprünglichen Funktion. Dieser Mangel kann allerdings leicht behoben werden. Drückt man F_n durch x aus, erhält man

$$
F_n = \frac{1}{\lambda} \int_{\substack{\text{eine}\\ \text{Wellenlänge}}} f(x)\exp(-ink_0 x)\,\mathrm{d}x\,. \tag{4.25}
$$

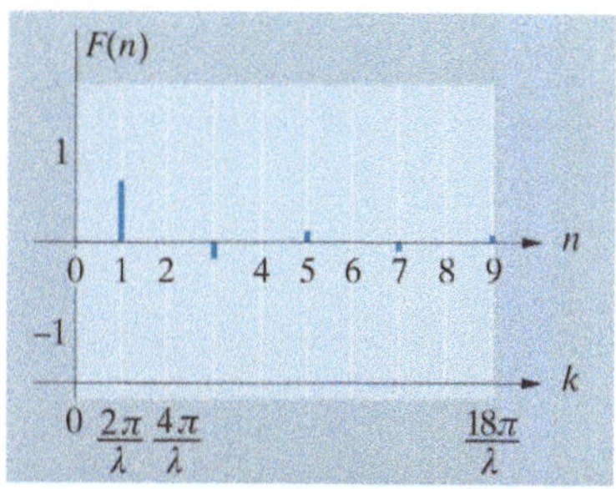

Abb. 4.3. Positive Hälften der Funktionen $F(n)$ und $F(k)$ einer Rechteckfunktion

Abb. 4.4a–c. Rechteckfunktionen verschiedener Wellenlänge und ihre Fourierkoeffizienten $F(k)$. Die Funktionen überdecken den Bereich von $-\infty$ bis $+\infty$

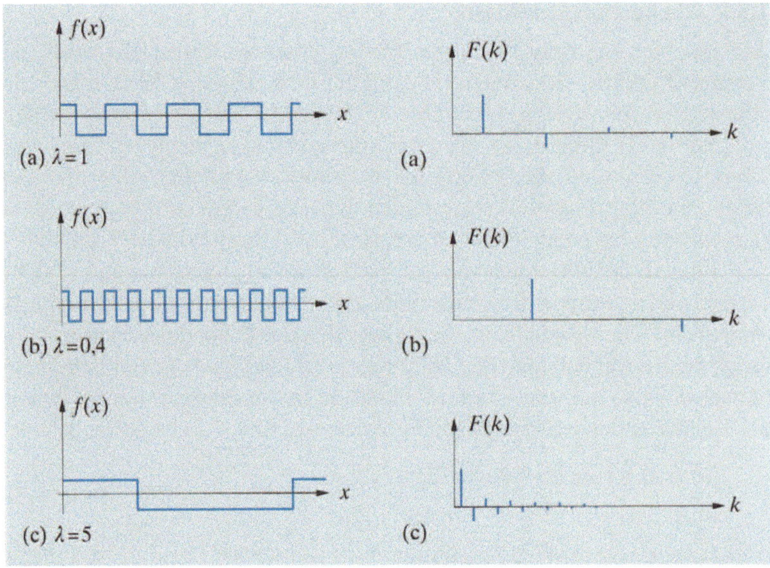

Die Information über die Wellenlänge λ ist in (4.25) enthalten; hier ist $k_0 \equiv 2\pi/\lambda$, und die Variable $k = nk_0$ tritt an die Stelle von n, was einer Oberschwingung der Wellenlänge λ/n entspricht (Abb. 4.3). Die Funktion (4.25) wird dann zu

$$F(k) = \frac{1}{\lambda} \int\limits_{\substack{\text{eine} \\ \text{Wellenlänge}}} f(x) \exp(-ikx)\, dx \quad . \tag{4.26}$$

Es ist instruktiv, sich die Funktionen $F(k)$ bei sich verändernder Wellenlänge λ anzusehen. In Abb. 4.4 ist dieser Vergleich durchgeführt, wobei die Skalen für k und x in den Teilabbildungen (a), (b) und (c) gleich sind. Die Skala von $F(k)$ ist offensichtlich umgekehrt proportional zur Skala von $f(x)$. Aus diesem Grund (k proportional zu $1/\lambda$) wird der Raum, dessen Koordinaten in k gemessen werden, **reziproker Raum** genannt; im Ortsraum werden die Koordinaten in x gemessen, im reziproken Raum in x^{-1}. Bisher haben wir nur den eindimensionalen Fall betrachtet, die Erweiterung auf zwei oder drei Dimensionen ist aber einfach, wir werden sie in Kap. 8 diskutieren.

4.3.4 Analyse beliebiger Funktionen

Im allgemeinen ist die Integration in (4.17) viel komplizierter als im von uns genannten Beispiel. Oft kann das Integral nicht analytisch gelöst werden, selbst wenn $f(x)$ eine relativ einfache analytische Funktion ist. Dann muß man auf numerische Methoden zurückgreifen. Der Ablauf ist allerdings prinzipiell der gleiche, das Integral

$$\frac{1}{2\pi} \int\limits_{-\pi}^{\pi} f(\theta) \exp(-in\theta)\, d\theta \tag{4.27}$$

wird für eine Folge von Werten für n ausgewertet. Da dabei eine sehr große Zahl von Rechenschritten notwendig ist, sind numerische Methoden, die diesen Aufwand geschickt minimieren, sehr nützlich. Heute wird meist eine sehr effiziente (Computer-)Rechentechnik, die schnelle Fouriertransformation (**Fast Fourier Transform, FFT**), verwendet (*Brigham* 1988).

4.4 Nichtperiodische Funktionen

Obwohl Kristalle aus einem Gitter von Atomen bestehen, das sich in drei Dimensionen periodisch fortsetzt, ist dies bei Gegenständen in der makroskopischen Welt meistens nicht der Fall. Wachstumsprozesse realer Objekte sind mehr oder weniger periodisch, aber sie sind nie perfekt. Die meisten Objekte, mit denen wir es in der Optik zu tun haben (d. h. in Größenordnungen deutlich größer als die Wellenlänge des Lichts), sind sogar vollständig nichtperiodisch. Da wir uns in diesem Buch mit Licht und realen Objekten beschäftigen, können wir uns daher fragen, ob die Methoden der Fourieranalyse hier überhaupt von Bedeutung sind, wenn sie nur auf periodische Funktionen angewendet werden können. Die Antwort lautet, daß es eine Erweiterung der Theorie auf nichtperiodische Funktionen gibt, die von *Fourier* selbst nicht gesehen wurde. Sie basiert auf dem Konzept der Fouriertransformation.

4.4.1 Fouriertransformation

Wir haben in Abschn. 4.2.1 gesehen, daß eine periodische Funktion mittels einer Reihe von Harmonischen mit Wellenlängen $\infty, \lambda, \lambda/2, \lambda/3, \ldots$ analysiert werden kann, und wir haben mit Abb. 4.4 gezeigt, wie die Form der Funktion $F(k)$ von der Größe von λ abhängt. Wenn wir nun nichtperiodische Funktionen betrachten, können wir wie folgt vorgehen: Man konstruiere eine Welle der Wellenlänge λ, bei der jede Untereinheit aus einer nichtperiodischen Funktion besteht (Abb. 4.5). Wir können die Größe von λ immer so wählen, daß nur ein vernachlässigbarer Anteil der Funktion außerhalb des Bereiches einer Wellenlänge liegt. Nun lassen wir λ ohne Begrenzung zunehmen, so daß die Wiederholungen der nichtperiodischen Funktion sich weiter und weiter voneinander entfernen. Was passiert dann mit $F(k)$? Die Spitzen der Funktion nähern sich mit zunehmendem λ einander an, aber man sieht, daß die Einhüllende der Spitzen unverändert bleibt; sie wird nur durch die Untereinheit, durch die originale, nichtperiodische Funktion, bestimmt. Beim Grenzübergang $\lambda \to \infty$ nähern sich die einzelnen Spitzen bis auf infinitesimale Abstände einander an, und $F(k)$ entspricht der Einhüllenden. Sie wird **Fouriertransformierte** der nichtperiodischen Funktion genannt. Der Grenzübergangsprozeß ist in Abb. 4.5 erläutert.

Diese Vorgehensweise suggeriert zugegebenermaßen, daß die Fourierreihe einer nichtperiodischen Funktion eher eine Folge unendlich nahe beieinanderliegender Spitzen ist als eine stetige Funktion. Unsere Argumentation beweist nicht, daß die Funktion im Limes $\lambda \to \infty$ stetig wird, obwohl der Unterschied physikalisch eher unbedeutend erscheint. Vom

Abb. 4.5. Verdeutlichung des Übergangs von der Fourierreihe zur Fouriertransformierten

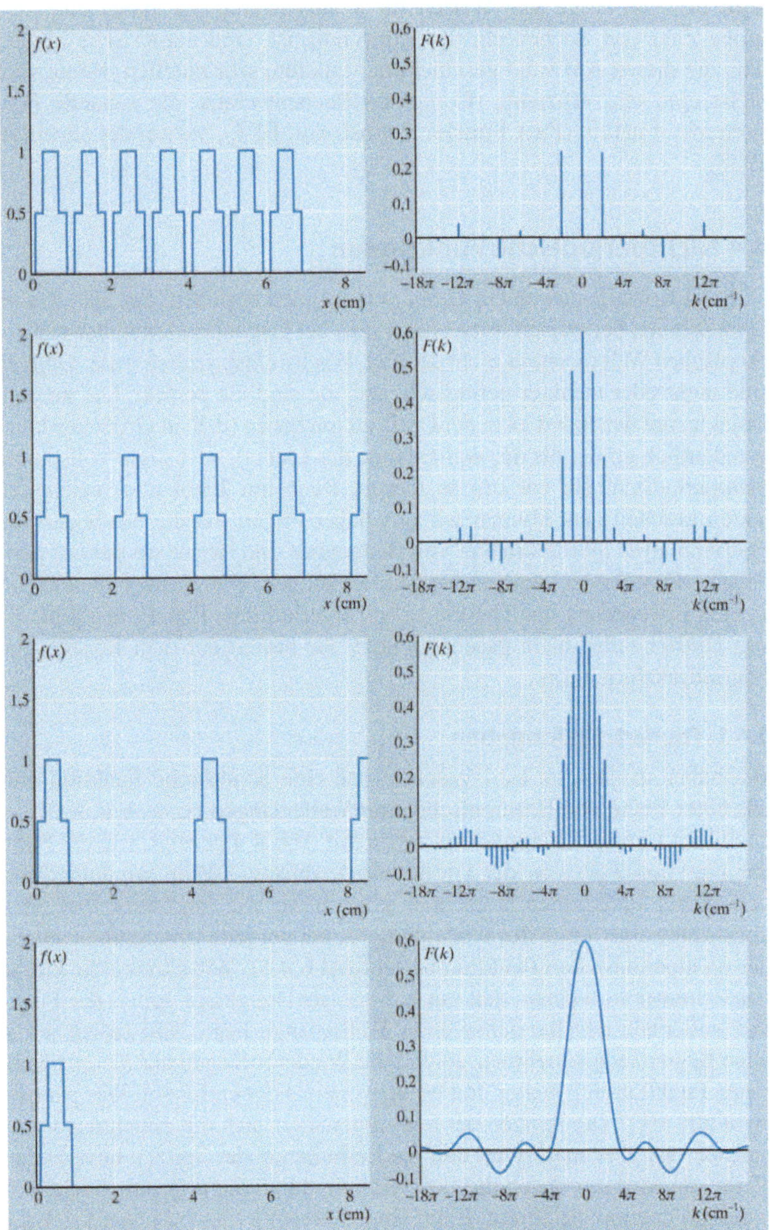

mathematischen Gesichtspunkt aus ist es besser, den umgekehrten Weg einzuschlagen. Dazu definieren wir die Fouriertransformierte einer Funktion $f(x)$ als

$$F(k) = \int_{-\infty}^{\infty} f(x)\exp(-\mathrm{i}kx)\,\mathrm{d}x \ ,$$

(4.28)

was eine stetige Funktion der **Raumfrequenz** k darstellt.[1] Wir werden nun zeigen, daß, falls $f(x)$ periodisch ist, die Transformierte $F(k)$ nur für diskrete und periodische Werte von k von null verschieden ist. Der Beweis dieser Aussage wird sehr einfach, sobald wir das Konzept der Faltung (Abschn. 4.6) eingeführt haben.

Eine wichtige Idee, die man anhand von Abb. 4.5 erläutern kann, ist die des Abtastens (**Sampling**). Der Satz der Ordnungen einer periodischen Funktion kann als in konstanten Abständen aufgetragene Funktionswerte der Fouriertransformierten der Untereinheit aufgefaßt werden. Wenn diese Abstände durch Anwachsen von λ abnehmen, werden immer höhere Ordnungen in der Transformierten auftauchen, und die Funktionswerte werden in immer kleineren Abständen abgetastet. Dieses Konzept ist insbesondere beim Digitalisieren von Funktionen wichtig. Numerisch ist eine Funktion (die Untereinheit) nur innerhalb eines bestimmten Bereiches im Raum überhaupt definiert. Mathematisch nimmt man an, daß sich diese Untereinheit periodisch wiederholt, und benutzt (4.17) dazu, die Fourierreihe zu berechnen. Die Transformierte der Untereinheit wird daher digital an nahe beieinanderliegenden, aber diskreten Punkten abgetastet, deren Abstand von der Länge der Wiederholperiode abhängt.

4.4.2 Fouriertransformation eines Rechteckpulses

Wir können die Berechnung einer Fouriertransformierten – analog zu dem in Abschn. 4.3.2 vorgeführten Beispiel – anhand eines einzelnen Rechteckpulses illustrieren. Dies ist eine der einfachsten und in der Optik nützlichsten Funktionen. Wir definieren den Rechteckpuls im Sinne von Abb. 4.6a mit einer Höhe H und einer Breite h. Das Integral (4.28) wird damit zu

$$
\begin{aligned}
F(k) &= \int_{-h/2}^{h/2} H \exp(-\mathrm{i}kx)\,\mathrm{d}x \\
&= \frac{H}{-\mathrm{i}k}\left[\exp\left(\frac{-\mathrm{i}kh}{2}\right) - \exp\left(\frac{\mathrm{i}kh}{2}\right)\right] \\
&= Hh\,\frac{\sin(kh/2)}{kh/2}\,.
\end{aligned}
\tag{4.29}
$$

> Die Funktion $\sin(\theta)/\theta$ taucht sehr häufig in der Theorie der Fouriertransformation auf, sie hat daher einen eigenen Namen, $\mathrm{sinc}(\theta)$, bekommen.

Gleichung (4.29) kann damit geschrieben werden als

$$
\boxed{F(k) = Hh\,\mathrm{sinc}(kh/2)}
\tag{4.30}
$$

Die Transformierte ist in Abb. 4.6b dargestellt. Sie hat an der Stelle $k = 0$ den Funktionswert Hh (was der Fläche unter dem Puls entspricht),

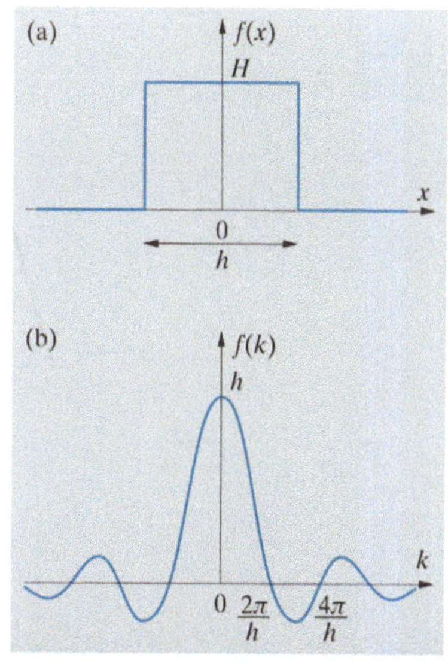

Abb. 4.6. (a) Rechteckimpuls und (b) seine Fouriertransformierte

---

[1] Im Vergleich zu (4.27) haben wir den Faktor $1/2\pi$ weggelassen.

Abb. 4.7. Übergang von einem Rechteckpuls (a) und (b) zur δ-Funktion (c). Die
Fläche *Hh* bleibt konstant

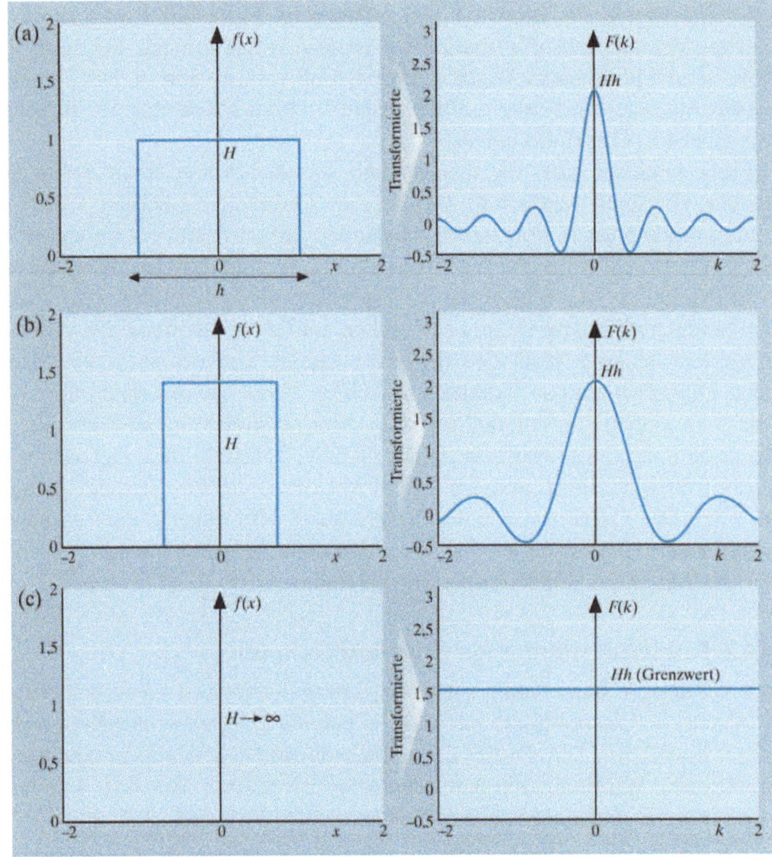

nimmt mit zunehmendem k ab und wird null an der Stelle $kh = 2\pi$. Sie
alterniert dann zwischen positiven und negativen Werten mit Nullstellen bei
$kh = 2n\pi$ ($n \neq 0$). Man beachte, daß die Funktion reell ist: Dies folgt daraus,
daß die Funktion um den Ursprung symmetrisch ist, d. h. $f(x) = f(-x)$
(Abschn. 4.4.7).

Die Reziprozität der Transformation, wie in Abschn. 4.3.3 erläutert, ist
in Abb. 4.7 zu sehen. Mit zunehmendem h nimmt der Wert von k, an dem
die Funktion null wird, ab, und der Abstand darauffolgender Nullstellen
nimmt ebenfalls ab; je „grober" die Ursprungsfunktion, desto mehr Details
hat die Transformierte. Umgekehrt wird die Transformierte um so breiter,
um so mehr h abnimmt; und wenn h null wird, gibt es keinerlei Details mehr
in der Transformierten, die dann eine konstante Funktion mit dem Wert Hh
ist.

4.4.3 Die Diracsche δ-Funktion

Der Grenzübergang im vorigen Kapitel führt uns zu einer neuen und sehr
nützlichen Funktion, zur **Diracschen δ-Funktion** (oder einfach **Deltafunktion**). Sie repräsentiert den Grenzwert eines Rechteckpulses, dessen Breite
h gegen null geht, wobei aber die Fläche Hh unter dem Puls konstant gleich

eins bleibt. Sie ist daher überall null, außer an der Stelle $x = 0$, wo sie den Grenzwert unendlich, $\lim_{h \to 0} 1/h$, annimmt. Die Fouriertransformierte der Deltafunktion kann mit Hilfe des Grenzwertprozesses aus dem vorigen Kapitel ermittelt werden. Wir beginnen mit einem Rechteckpuls der Breite h und Höhe h^{-1}, dessen Transformierte

$$F(k) = \mathrm{sinc}(kh/2) \tag{4.31}$$

ist, und sehen, daß für den Grenzübergang $h \to 0$ die Transformierte gleich 1 für alle Werte von k wird. Die Transformierte der eindimensionalen Deltafunktion am Ursprung ist daher eine Konstante mit dem Wert 1.

Eine mathematisch wichtige Eigenschaft dieser Funktion ist:

$$\boxed{\int_{-\infty}^{\infty} f(x)\, \delta(x - a)\, \mathrm{d}x = f(a)} \quad . \tag{4.32}$$

Dieses Integral tastet $f(x)$ an der Stelle $x = a$ ab.

4.4.4 Verschiebung des Ursprungs

Um die Phasenverschiebung – ohne Veränderung der Amplitude – darzustellen, die bei einem Verschieben des Ursprungs auftritt, berechnen wir die Transformierte der Funktion $f_1(x) = f(x - x_0)$. Wir ersetzen $x - x_0$ durch x' und erhalten

$$
\begin{aligned}
F_1(k) &= \int_{-\infty}^{\infty} f(x - x_0)\exp(-\mathrm{i}kx)\, \mathrm{d}x \\
&= \int_{-\infty}^{\infty} f(x')\exp\{-\mathrm{i}k(x' + x_0)\}\, \mathrm{d}x' \\
&= \exp(-\mathrm{i}kx_0) \int_{-\infty}^{\infty} f(x')\exp(-\mathrm{i}kx')\, \mathrm{d}x' = \exp(-\mathrm{i}kx_0) F(k)\, .
\end{aligned}
\tag{4.33}
$$

Dieses unterscheidet sich von $F(k)$ nur durch einen Phasenfaktor $\exp(-\mathrm{i}kx_0)$. Insbesondere sind die Amplituden $|F_1(k)|$ und $|F(k)|$ gleich.

4.4.5 Mehrfache Deltafunktion

Eine Reihe, bestehend aus Deltafunktionen an verschiedenen Orten x, ist eine oft benötigte Funktion:

$$\boxed{f(x) = \sum_n \delta(x - x_n)} \quad . \tag{4.34}$$

Aus (4.33) ergibt sich leicht die Transformierte der Reihe

$$F(k) = \sum_n \exp(-\mathrm{i}kx_n)\, . \tag{4.35}$$

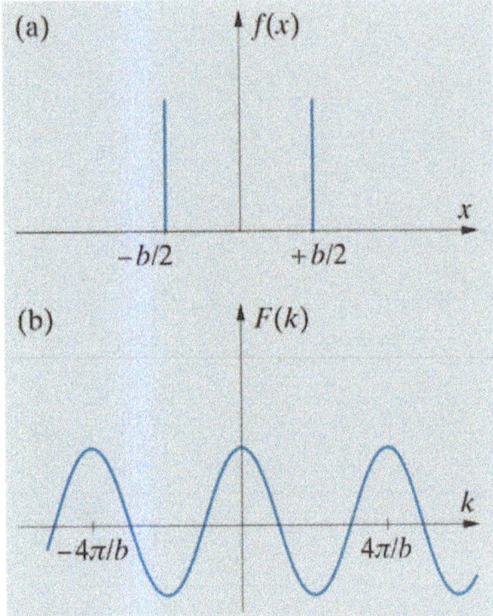

Abb. 4.8. (a) Zwei δ-Funktionen an den Orten $\pm b/2$ und (b) ihre Fouriertransformierte

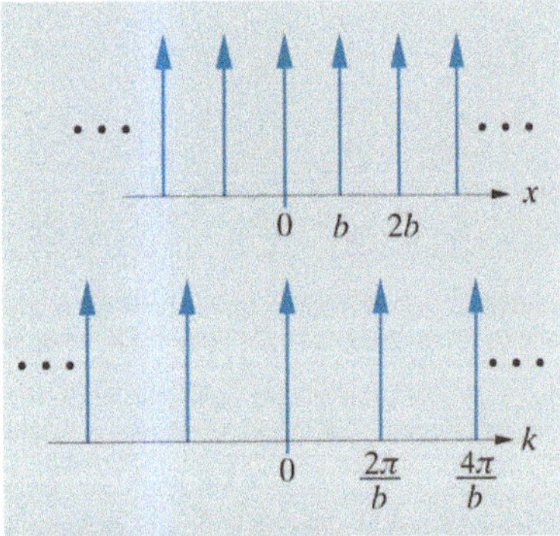

Abb. 4.9. Periodisch sich wiederholende δ-Funktion und ihre Fouriertransformierte

Befinden sich beispielsweise zwei Deltafunktionen an den Stellen $x_n = \pm b/2$, so erhalten wir als Transformierte

$$F(k) = 2\cos(kb/2)\,, \tag{4.36}$$

die reell ist ($f(x)$ ist eine gerade Funktion) und ein harmonisches Verhalten zeigt (Abb. 4.8). Ihre Bedeutung für die Diskussion des optischen Experiments der Youngschen Beugungsmuster wird in Abschn. 8.3.1 deutlich werden.

Außerordentlich wichtig ist die Transformierte einer regelmäßigen Reihe von Deltafunktionen (Abb. 4.9):

$$f(x) = \sum_{-\infty}^{\infty} \delta(x - nb)\,. \tag{4.37}$$

Mit (4.35) folgt die Transformierte

$$F(k) = \sum_{-\infty}^{\infty} \exp(-iknb)\,. \tag{4.38}$$

Wir haben hier eine Funktion $f(x)$, die in positiver und negativer Richtung gegen unendlich geht und deren Integral divergiert. Es kann gezeigt werden, daß die Funktion aus rein mathematischer Sicht keine Fouriertransformierte hat. Bei einem realen physikalischen Phänomen, das durch die Mathematik repräsentiert wird, sind die Größen aber natürlich endlich. Wir stellen daher reale physikalische Gegebenheiten besser dar durch ein langsames Ausklingenlassen der Reihe nach einer großen, aber endlichen Zahl von Termen. (Es ist besser, die Reihe ausklingen zu lassen, als sie abrupt abzubrechen, wie wir experimentell in den Abschn. 12.3.5 und 12.5.1 sehen werden.) Wir verwirklichen diesen Schritt durch Multiplikation der Reihe mit dem Faktor $\exp(-s|n|)$, wobei s klein genug sein soll, um die Reihe in jedem betrachteten weiten Bereich nicht zu beeinflussen. Nun kann (4.38) aufsummiert werden; wir schreiben die Transformierte als Summe zweier geometrischer Reihen und ziehen einen doppelt auftretenden Term am Ende wieder ab:

$$F(k) = \sum_{0}^{\infty} \exp(-iknb - sn) + \sum_{-\infty}^{0} \exp(-iknb + sn) - 1\,, \tag{4.39}$$

wobei wir s so klein wie nötig machen können. Gleichung (4.39) ergibt dann

$$F(k) = \left[1 - \exp(-ikb - s)\right]^{-1} + \left[1 - \exp(ikb - s)\right]^{-1} - 1\,. \tag{4.40}$$

Diese Funktion hat periodische Spitzen der Höhe $2/(1 - \mathrm{e}^{-s}) - 1 \approx 2/s$ überall, wo $kb = 2\pi m$ gilt, wobei m ganzzahlig ist. Entwickelt man die Exponenten bis zur zweiten Ordnung, kann man leicht zeigen, daß die Spitzen eine Breite $2s/b$ haben, also proportional zu s sind und damit δ-Funktionen für $s \to 0$ approximieren. Als Endergebnis kann man die

Funktion (4.40) als periodische Reihe von Deltafunktionen ansehen

$$F(k) = \frac{4}{b} \sum_{m=-\infty}^{\infty} \delta(k - 2\pi m/b) \ , \tag{4.41}$$

wobei der Vorfaktor $4/b$ in diesem Ausdruck gerade der Fläche unter einer Spitze entspricht.[2]

4.4.6 Die Gauß-Funktion

Eine weitere Funktion, deren Fouriertransformierte von großer Bedeutung für die Optik ist, ist die **Gauß-Funktion** (Abb. 4.10)

$$f(x) = \exp(-x^2/2\sigma^2) \ . \tag{4.42}$$

Gemäß der Definition für die Transformierte (4.28) erhalten wir

$$F(k) = \int_{-\infty}^{\infty} \exp(-x^2/2\sigma^2)\,\exp(-ikx)\,\mathrm{d}x \tag{4.43}$$

$$= \exp\left[-k^2\left(\frac{\sigma^2}{2}\right)\right] \int_{-\infty}^{\infty} \exp\left\{-\left[\frac{x}{(2\sigma^2)^{\frac{1}{2}}} + ik\left(\frac{\sigma^2}{2}\right)^{\frac{1}{2}}\right]^2\right\}\mathrm{d}x \ .$$

Dieses Integral wird in der statistischen Mechanik häufig verwendet und findet sich in allen Integraltafeln. Sein Wert ist unabhängig von k:

$$\int_{-\infty}^{\infty} \exp\frac{-\xi^2}{2\sigma^2}\,\mathrm{d}\xi = (2\pi\sigma^2)^{\frac{1}{2}} \ , \tag{4.44}$$

woraus folgt

$$F(k) = (2\pi\sigma^2)^{\frac{1}{2}} \exp\left[-k^2\left(\frac{\sigma^2}{2}\right)\right] \ . \tag{4.45}$$

Die ursprüngliche Funktion (4.42) war eine Gauß-Funktion mit Varianz σ^2, die Transformierte ist ebenfalls eine Gauß-Funktion, allerdings mit der Varianz σ^{-2}.

Die **Halbwertsbreite** (Full Width Half Maximum oder FWHM) der Gauß-Funktion, die Breite der Funktion bei der Hälfte des maximalen Funktionswerts, beträgt $2{,}36\,\sigma$. Anhand der Tatsache, daß die Transformierte einer Gauß-Funktion wiederum eine Gauß-Funktion ist, läßt sich die Reziprozität der Skalen der Funktion und ihrer Transformierten sehr gut verdeutlichen.

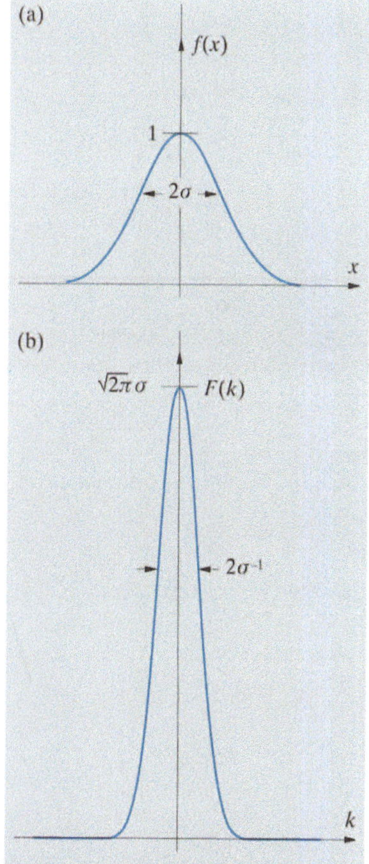

Abb. 4.10a,b. Gaußfunktion und ihre Fouriertransformierte. Die Breiten sind bei $e^{-1/2} = 0{,}60$ des Maximums eingezeichnet

---

[2] Da $f(x)$ strenggenommen keine Fouriertransformierte besitzt, ergeben verschiedene Arten der Näherung verschiedene Vorfaktoren! Nehmen wir z. B. einfach an, der Vorfaktor habe die Form C/b. Dann führt die Symmetrie zwischen der Funktion und ihrer inversen Fouriertransformierten zu $C = 2\pi$.

4.4.7 Transformation komplexer Funktionen

In Abschn. 4.3.1 haben wir die Beziehung zwischen F_n und F_{-n} für periodische Funktionen mit verschiedenen Symmetrieeigenschaften diskutiert. Wir haben dabei den Fall mit eingeschlossen, daß $f(x)$ eine komplexe Funktion sein kann, und da komplexe Funktionen in der Wellenoptik eine wichtige Rolle spielen, müssen wir sie natürlich auch bei der Fouriertransformation berücksichtigen. Wenn $f(x)$ komplex ist und eine in der üblichen Weise definierte Fouriertransformierte $F(k)$ hat, können wir die Transformierte der dazu komplex konjugierten Funktion $f^*(x)$ schreiben als

$$
\int_{-\infty}^{\infty} f^*(x) \exp(-\mathrm{i}kx)\, \mathrm{d}x = \left[\int_{-\infty}^{\infty} f(x) \exp(\mathrm{i}kx)\, \mathrm{d}x \right]^*
\tag{4.46}
$$
$$
= F^*(-k)\,.
$$

Die Transformierte von $f^*(x)$ ist also $F^*(-k)$. Ist $f(x)$ reell, also $f(x) = f^*(x)$, folgt daraus sofort, daß analog zu (4.14) gilt

$$
\text{reelle Funktion:} \qquad F^*(-k) = F(k)\,.
\tag{4.47}
$$

Mit der gleichen Argumentation schließen wir analog zu (4.19–22)

$$
\text{gerade Funktion:} \qquad F(k) = F(-k)\,,
\tag{4.48}
$$
$$
\text{ungerade Funktion:} \qquad F(k) = -F(-k)\,.
\tag{4.49}
$$

Kombiniert man diese Ergebnisse mit (4.47), folgt daraus, daß eine reelle, gerade Funktion eine reelle Transformierte hat und eine reelle, ungerade Funktion eine rein imaginäre. In allen diesen Fällen aber gilt:

$$
\left|F(-k)\right|^2 = \left|F(k)\right|^2\,.
\tag{4.50}
$$

In den weiteren Kapiteln werden wir oft komplexe Funktionen aus Gründen mathematischer Bequemlichkeit zur Beschreibung von physikalischen Größen verwenden. Die **Hilbert-Transformation** ist ein formeller Weg, um die zu einer vorgegebenen reellen Funktion gehörende komplexe Funktion zu definieren. Diese kann sehr bequem mit Hilfe der Fouriertransformierten der Funktion ausgedrückt werden. Ist die reelle Funktion $f^{\mathrm{R}}(x)$, wobei

$$
f^{\mathrm{R}}(x) = \int_{-\infty}^{\infty} F(k) \exp(-\mathrm{i}kx)\, \mathrm{d}k\,,
\tag{4.51}
$$

so ist die zugeordnete komplexe Funktion $f(x) = \mathrm{Re}\,[f(x)] + \mathrm{i}\,\mathrm{Im}[f(x)]$ gleich

$$
f(x) = 2 \int_{0}^{\infty} F(k) \exp(-\mathrm{i}kx)\, \mathrm{d}k\,.
\tag{4.52}
$$

Der Leser kann sich aufgrund dieser Definition leicht davon überzeugen, daß $\mathrm{Re}[f(x)] = f^{\mathrm{R}}(x)$.

4.4.8 Fouriertransformation in zwei Dimensionen und ihre Symmetrieeigenschaften

Alles, was wir bisher über Fourierreihen und Fouriertransformierte in einer Dimension gesagt haben, läßt sich auch auf höhere Dimensionen anwenden. Vor allem zweidimensionale Funktionen sind in der Optik sehr wichtig (Bilder auf zweidimensionalen Bildschirmen!). Die Transformierte ist durch zwei Komponenten der Ortsfrequenz, k_x und k_y, in einem Doppelintegral definiert:

$$F(k_x, k_y) = \int\limits_{-\infty}^{\infty}\!\!\int f(x, y) \exp\left[-\mathrm{i}(xk_x + yk_y)\right] \mathrm{d}x\,\mathrm{d}y\,. \tag{4.53}$$

Läßt sich die Funktion $f(x, y)$ als Produkt zweier Funktionen $f_1(x)\,f_2(y)$ schreiben, kann das Integral (4.53) in zwei eindimensionale Transformierte zerlegt werden

$$F(k_x, k_y) = \int\limits_{-\infty}^{\infty} f_1(x) \exp(-\mathrm{i}xk_x)\,\mathrm{d}x \int\limits_{-\infty}^{\infty} f_2(y) \exp(-\mathrm{i}yk_y)\,\mathrm{d}y$$

$$= F_1(k_x)\,F_2(k_y)\,. \tag{4.54}$$

In der gleichen Weise, wie die Komponenten (x, y) einen Vektor $\boldsymbol{r}$ im Ortsraum bilden, definieren die Komponenten (k_x, k_y) einen Vektor $\boldsymbol{k}$ im reziproken Raum. Deshalb lassen sich auch die dreidimensionalen Analoga zu (4.53) und (4.54) ohne Probleme hinschreiben.

Falls sich $f(x, y)$ nicht in einer solch einfachen Weise als Produkt schreiben läßt, kann das Integral (4.53) analytisch schwierig zu lösen sein. Eine für die Optik wichtige Klasse solcher Probleme ist die der Systeme mit axialer Symmetrie; f wird hier in Polarkoordinaten (r, θ) ausgedrückt:

$$f(r, \theta) = f_1(r)\,f_2(\theta)\,. \tag{4.55}$$

Einige Beispiele dieser Art werden in Anhang A.1 diskutiert.

Die Symmetrieeigenschaften lassen sich leicht auf 2 Dimensionen erweitern. Für den Fall, daß $f(x, y)$ zentrumssymmetrisch ist, gilt:

$$f(x, y) = f(-x, -y)\,, \tag{4.56}$$
$$F(k_x, k_y) = F(-k_x, -k_y)\,. \tag{4.57}$$

Analog für den Fall

$$f(x, y) = -f(-x, -y) \tag{4.58}$$
$$F(k_x, k_y) = -F(-k_x, -k_y)\,. \tag{4.59}$$

Ist $f(x, y)$ reell, gilt:

$$F(k_x, k_y) = F^*(-k_x, -k_y)\,, \tag{4.60}$$

woraus die Zentrumssymmetrie von $|F(k_x, k_y)|^2$ folgt. Aus (4.56) und (4.57) kann man folgern, daß sowohl die Ursprungsfunktion als auch ihre Transformierte invariant sind unter Drehungen von $180°$ um den Ursprung. Allgemeiner behält im Fall einer Funktion, die invariant unter Rotationen um $360°/n$ um den Ursprung ist (n-fache Axialsymmetrie), die Transformierte diese Symmetrie bei. Zum Schluß wollen wir den Fall einer reellen Funktion mit ungeradem n betrachten. $|F(k_x, k_y)|^2$ hat n-fache Symmetrie und ist zusätzlich zentrumssymmetrisch, was eine $2n$-fache Symmetrie impliziert. Ein Beispiel dafür ist ein gleichseitiges Dreieck, das eine Transformierte mit sechsfacher Symmetrie hat. Spiegelsymmetrie oder -antisymmetrie verhalten sich gleich; wenn $f(x, y) = \pm f(-x, -y)$, dann gilt $F(-k_x, k_y) = \pm F(k_x, k_y)$; in beiden Fällen besitzt $|F(k_x, k_y)|^2$ Spiegelsymmetrie.

4.5 Inverse Fouriertransformation

Eine sehr nützliche Eigenschaft der Fouriertransformation ist die Tatsache, daß Hin- und Rücktransformation identisch sind. Diese Eigenschaft ist nichttrivial und wird weiter unten bewiesen. Anders ausgedrückt, ist die Fouriertransformierte einer Transformierten wiederum die Originalfunktion, bis auf einige unbedeutende Details. Diese Eigenschaft heißt **Fourierinversionstheorem**.

Ist die Originalfunktion $f(x)$, kann die Transformierte $f_1(x')$ ihrer Fouriertransformierten direkt in Form eines Doppelintegrals dargestellt werden

$$f_1(x') = \int \left\{ \int_{-\infty}^{\infty} f(x) \exp(-ikx)\, dx \right\} \exp(-ikx')\, dk, \tag{4.61}$$

was ausgewertet werden kann zu

$$f_1(x') = \int \int_{-\infty}^{\infty} f(x) \exp\left\{ -ik(x+x') \right\} dx\, dk$$

$$= \int_{-\infty}^{\infty} f(x) \left[\frac{\exp\left\{ -ik(x+x') \right\}}{-i(x+x')} \right]_{k=-\infty}^{k=\infty} dx. \tag{4.62}$$

Die Funktion mit den eckigen Klammern kann in einem Grenzübergangsprozeß geschrieben werden als

$$\lim_{k \to \infty} \frac{2 \sin ky}{y}, \qquad \text{wobei } y = (x+x'), \tag{4.63}$$

mit dem Wert $2\pi\delta(y)$.[3] Die Transformierte $f_1(x')$ ist daher:

$$f_1(x') = \int_{-\infty}^{\infty} 2\pi\delta(x+x') f(x)\, dx = 2\pi f(-x'). \tag{4.64}$$

Nach einer weiteren Transformation der Fouriertransformierten haben wir so die Originalfunktion wiederhergestellt, mit Ausnahme einer Spiegelung am Ursprung (aus x wird $-x$) und einem Faktor von 2π. Im Fall der zweidimensionalen Transformierten der Funktion $f(x, y)$ (Abschn. 4.4.8) ist das Ergebnis der Rücktransformation eine Spiegelung an beiden Achsen, was einer Drehung um $180°$ um den Ursprung entspricht.

Es gibt eine Konvention, mit der man die Rücktransformation so definieren kann, daß beide oben genannten „Symmetriemängel" behoben werden, so daß die Transformierte der Transformierten dann exakt der Ursprungsfunktion entspricht. Dazu definiert man die Hintransformation, von $f(x)$ nach $F(k)$, wie zuvor in (4.28), als

$$\boxed{F(k) = \int_{-\infty}^{\infty} f(x)\exp(-\mathrm{i}kx)\,\mathrm{d}x}\,, \tag{4.65}$$

und die Rücktransformation, die sog. **inverse Fouriertransformation**, $F(k)$ nach $f(x)$, als

$$\boxed{f(x) = \frac{1}{2\pi}\int_{-\infty}^{\infty} F(k)\exp(\mathrm{i}kx)\,\mathrm{d}k}\,. \tag{4.66}$$

Mit dieser Konvention erhält man nach Hin- und Rücktransformation genau die Ursprungsfunktion zurück. Natürlich halten sich reale physikalische Systeme nicht an solche Konventionen. Wenn wir die Transformation und ihre inverse Transformation experimentell durchführen, wie in bilderzeugenden Systemen (Abschn. 12.2), so erhalten wir ein **invertiertes** Bild!

4.5.1 Beispiele

Das Inversionstheorem kann anhand einer beliebigen Funktion erläutert werden, vorausgesetzt, die Funktion und ihre Transformierte können analytisch transformiert werden. In Abschn. 4.4 haben wir bereits die periodische Reihe von Deltafunktionen (Abschn. 4.4.5) und die Gauß-Funktion

---

[3] Daß die Funktion

$$\lim_{k\to\infty}(2\sin ky)/y$$

einer Deltafunktion entspricht, läßt sich durch Darstellen der Funktion für einige Werte von k leicht verstehen. Daß sie den Funktionswert 2π hat, folgt aus der Berechnung des Standardintegrals

$$\int_{-\infty}^{+\infty}\frac{\sin ky}{y}\,\mathrm{d}y = \pi\,.$$

Die Größe einer Deltafunktion entspricht der Fläche unter dem Integral.

(Abschn. 4.4.6) eingeführt, die bei Transformation beide in sich selbst übergehen (siehe auch Abschn. 9.5.3).

Ein weiteres Beispiel aus Abschn. 4.4.5 ist das Paar von Deltafunktionen. Wir hatten festgestellt, daß die Funktion $\delta(x+b/2) + \delta(x-b/2)$ zu $2\cos(kb/2)$ transformiert wird (4.36). Die inverse Transformierte des Kosinus kann mit (4.66) unter Berücksichtigung der Fußnote auf S. 87 berechnet werden:

$$\frac{1}{2\pi} \times 2 \int_{-\infty}^{\infty} \cos\left(\frac{kb}{2}\right) \exp(\mathrm{i}kx)\,\mathrm{d}k$$

$$= \frac{1}{2\pi} \int_{-\infty}^{\infty} \left\{ \exp\left[\mathrm{i}k\left(x+\frac{b}{2}\right)\right] + \exp\left[\mathrm{i}k\left(x-\frac{b}{2}\right)\right] \right\}\,\mathrm{d}k$$

$$= \delta\left(x+\frac{b}{2}\right) + \delta\left(x-\frac{b}{2}\right) , \tag{4.67}$$

was der Originalfunktion entspricht. Wie man sich vorstellen kann, ist das Inversionstheorem dann besonders nützlich, wenn die Transformation nur in einer Richtung analytisch ausführbar ist.

4.6 Faltung

Eine weitere Rechenoperation, die in der Optik – und in der Physik allgemein – häufig verwendet wird, ist die **Faltung** oder Konvolution. Die Faltung zweier reeller Funktionen f und g ist mathematisch definiert als

$$h(x) = \int_{-\infty}^{\infty} f(x')g(x-x')\,\mathrm{d}x' . \tag{4.68}$$

Der Faltungsoperator wird üblicherweise mit dem Symbol „$\otimes$" bezeichnet, so daß (4.68) in der Form

$$h(x) = f(x) \otimes g(x) \tag{4.69}$$

geschrieben wird. Faltungen spielen in der Fouriertheorie eine wichtige Rolle.

4.6.1 Die Lochkamera als Beispiel

Die Faltungsoperation läßt sich am besten am Beispiel des einfachsten optischen Instruments, der **Lochkamera**, darstellen. Nehmen wir an, wir photographierten einen ebenen Gegenstand mit einer Lochkamera mit einer großen Lochblende. Aufgrund der Größe der Lochblende wird jeder helle Punkt des Objekts einen verwaschenen Fleck in der Bildebene erzeugen, der um den Ort x', dem Punkt, an dem das Bild bei scharfem Fokus läge, zentriert ist. Eindimensional wird dieser verwaschene Fleck durch die Funktion $g(x-x')$ beschrieben, deren Ursprung am Ort $x = x'$ liegt. Die

Intensität des Flecks ist proportional zur Intensität $f(x')$, die ein scharfes Bild an der Stelle x' hätte. Die Intensität am Punkt x ist daher

$$f(x')g(x-x')\,, \tag{4.70}$$

und für das komplette, verwaschene Bild entspricht die gesamte, beobachtete Intensität dem Integral

$$h(x) = \int\limits_{-\infty}^{\infty} f(x')g(x-x')\,\mathrm{d}x'\,. \tag{4.71}$$

Die obige Beschreibung wird anhand von Abb. 4.11 verdeutlicht, wobei wir ein zweidimensionales Objekt bzw. Bild verwendet haben und einige ausgefallene Blendenmuster, um die Eigenschaften der Faltung darzustellen. In zwei Dimensionen wird die Faltungsfunktion geschrieben als

$$h(x,y) = \int\!\!\int\limits_{-\infty}^{\infty} f(x',y')g(x-x',y-y')\,\mathrm{d}x'\,\mathrm{d}y'\,. \tag{4.72}$$

Eine quantitative Analyse dieser Vorlesungsdemonstration befindet sich in Anhang A.2.

4.6.2 Faltung mit einer Reihe von Deltafunktionen

Bei einer der wichtigsten Anwendungen der Faltung in der physikalischen Optik ist eine der beteiligten Funktionen eine Reihe von Deltafunktionen. Ob diese Reihe periodisch ist oder nicht, ist dabei unerheblich. Wir werden dies am Beispiel eines zweidimensionalen, unendlich ausgedehnten Briefmarkenbogens verdeutlichen (Abb. 4.12). Wir werden sehen, daß unter diesen Bedingungen die Faltung eine besonders einfache Form annimmt. Der Briefmarkenbogen kann im Prinzip als ein regelmäßiges rechtwinkliges Gitter von Punkten (Abb. 4.12a) mit Abständen $a = 2,0$ cm entlang der x-Achse und $b = 2,5$ cm entlang der y-Achse angesehen werden; an jedem Gitterpunkt ist eine identische Einheit, eine Briefmarke, plaziert. Wir definieren einen speziellen Punkt der Briefmarke als ihren Ursprung und beschreiben die Dichteverteilung der Tinte als eine Funktion $f(x,y)$ bezüglich dieses Ursprungs. Das Gitter wird durch eine Reihe von Deltafunktionen an den Gitterpunkten beschrieben:

$$g(x,y) = \sum_{l,m} \delta(x-la)\,\delta(y-mb)\,, \tag{4.73}$$

wobei l und m ganze Zahlen sind. Der komplette Briefmarkenbogen kann dann durch die Faltungsfunktion

$$h(x,y) = \int\!\!\int g(x',y')f(x-x',y-y')\,\mathrm{d}x'\,\mathrm{d}y'\,. \tag{4.74}$$

beschrieben werden (Abb. 4.12b).

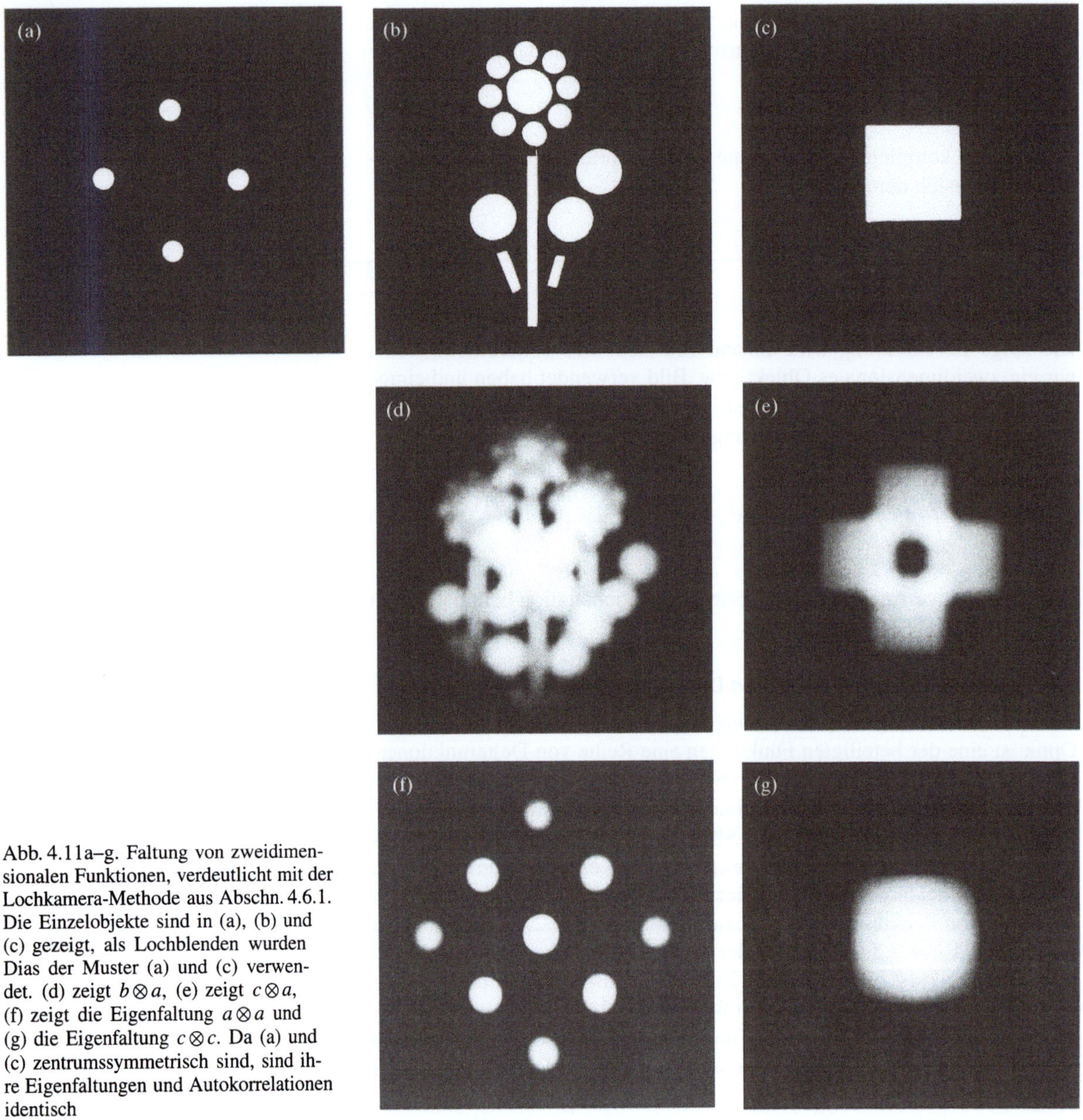

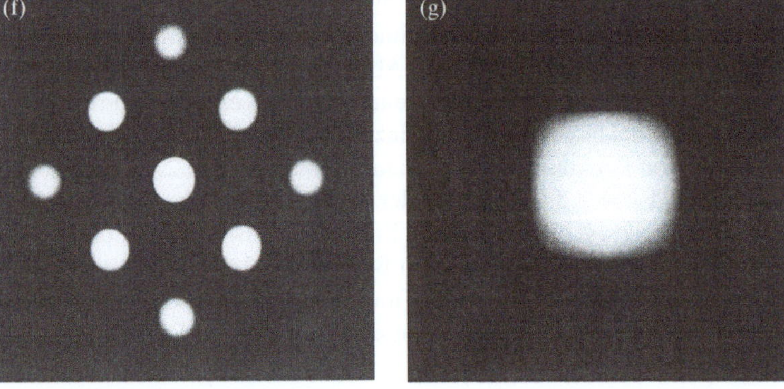

Abb. 4.11a–g. Faltung von zweidimensionalen Funktionen, verdeutlicht mit der Lochkamera-Methode aus Abschn. 4.6.1. Die Einzelobjekte sind in (a), (b) und (c) gezeigt, als Lochblenden wurden Dias der Muster (a) und (c) verwendet. (d) zeigt $b \otimes a$, (e) zeigt $c \otimes a$, (f) zeigt die Eigenfaltung $a \otimes a$ und (g) die Eigenfaltung $c \otimes c$. Da (a) und (c) zentrumssymmetrisch sind, sind ihre Eigenfaltungen und Autokorrelationen identisch

4.6.3 Faltung in der Optik

Wir haben der Faltung gebührende Aufmerksamkeit gewidmet, da sie vielfältige Anwendungen in der Optik hat. Auch auf das Risiko hin, einigen Kapiteln vorzugreifen, möchten wir kurz einige Beispiele auflisten, bei denen die Technik der Faltung zu beträchtlichen Vereinfachungen führt.

- Ein Beugungsgitter (Abschn. 9.2) kann durch einen Schlitz oder eine beliebige linienförmige Funktion, gefaltet mit einer eindimensionalen Reihe von Deltafunktionen, dargestellt werden.

- Die Elektronendichte in einem Kristall wird durch die Elektronendichte einer einzelnen molekularen Einheitszelle, gefaltet mit dem dreidimensionalen Gitter aus Deltafunktionen, die das Kristallgitter repräsentieren, beschrieben (Abschn. 8.4.1).
- Bei einem Fraunhoferschen Beugungsexperiment kann nur die Intensitätsverteilung direkt beobachtet werden. Die Transformierte der Intensitätsverteilung ist die Faltung aus der Funktion der Beugungsmaske mit ihrer Inversen (Abschn. 4.7.1).

4.6.4 Fouriertransformation einer Faltung

Die Faltung kommt in der Physik häufig vor, und glücklicherweise ist ihre Fouriertransformation sehr einfach. Diese Tatsache macht die Faltung zu einem bequemen Hilfsmittel. Wir werden nun den sog. **Faltungssatz** beweisen, der besagt, daß die Fouriertransformierte der Faltung zweier Funktionen das Produkt der Transformierten der Originalfunktionen ist.

Betrachten wir die Faltung $h(x)$ der Funktionen $f(x)$ und $g(x)$, wie in (4.68) definiert. Die Fouriertransformation davon lautet

$$H(k) = \int_{-\infty}^{\infty} \left[\int_{-\infty}^{\infty} f(x')g(x-x')\,\mathrm{d}x' \right] \exp(-\mathrm{i}kx)\,\mathrm{d}x$$

$$= \int\int_{-\infty}^{\infty} f(x')g(x-x')\exp(-\mathrm{i}kx)\,\mathrm{d}x'\mathrm{d}x . \tag{4.75}$$

Indem man $y = x - x'$ einführt, kann dies zu

$$H(k) = \int\int_{-\infty}^{\infty} f(x')g(y)\exp\left\{-\mathrm{i}k(x'+y)\right\}\mathrm{d}x'\mathrm{d}y \tag{4.76}$$

umgeschrieben werden, was sich in 2 Faktoren zerlegen läßt

$$\int_{-\infty}^{\infty} f(x')\exp(-\mathrm{i}kx')\,\mathrm{d}x' \int_{-\infty}^{\infty} g(y)\exp(-\mathrm{i}ky)\,\mathrm{d}y = F(k)G(k) \tag{4.77}$$

oder einfacher

$$\boxed{H(k) = F(k)G(k)} . \tag{4.78}$$

Dies ist das gewünschte Ergebnis.

Wir können nun das Inversionstheorem (Abschn. 4.5) benutzen und sofort schließen, daß die Fouriertransformierte eines Produkts zweier Funktionen multipliziert mit 2π der Faltung der einzelnen Transformierten entspricht. Dies ist eine alternative Formulierung des Faltungssatzes.

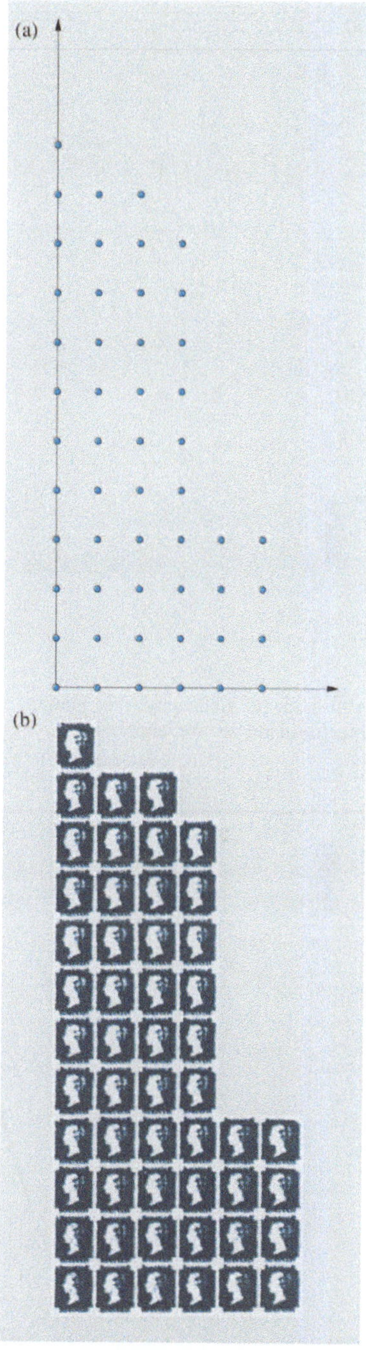

Abb. 4.12. Briefmarkenbogen, der die Faltung einer einzelnen Briefmarke mit einem zweidimensionalen Gitter aus Deltafunktionen darstellt. (Mit freundlicher Genehmigung von HM Postmaster-General)

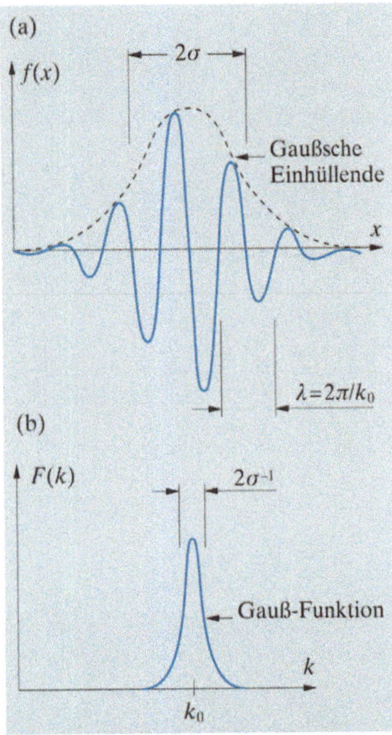

Abb. 4.13. (a) Wellenpaket; (b) Fouriertransformierte des Wellenpakets

4.6.5 Fouriertransformation eines Wellenpakets als Beispiel für eine Faltung

Es gibt zahlreiche Beispiele für Funktionen, die sich einfach fouriertransformieren lassen, nachdem man sie in eine Faltung oder ein Produkt von Funktionen umgewandelt hat. Der Leser wird einige davon in den folgenden Kapiteln kennenlernen. An dieser Stelle möchten wir nur ein einfaches Beispiel aufzeigen, das oft als Modellfall für kompliziertere Konzepte verwendet wird (z. B. in Abschn. 2.8 und Abschn. 11.2.2).

Ein Gaußsches Wellenpaket hat die Form $A \exp(ik_0 x)$, überlagert mit einer Gauß-Funktion (Abschn. 4.4.6) der Varianz σ^2 (Abb. 4.13a). Es kann in der Form

$$f(x) = A \exp(ik_0 x) \exp(-x^2/2\sigma^2) \tag{4.79}$$

geschrieben werden. Man sieht sofort, daß diese Funktion ein Produkt der komplexen Exponentialfunktion $\exp(ik_0 x)$ und der Gauß-Funktion (4.42) ist. Ihre Transformierte ist daher die Faltung der Transformierten der beiden Einzelfunktionen, $2\pi A\delta(k - k_0)$ und $(2\pi\sigma^2)^{1/2} \exp(-k^2\sigma^2/2)$ (4.45). Die erste der Transformierten ist eine Deltafunktion am Punkt $k = k_0$, und eine Faltung mit der zweiten Funktion ergibt nichts weiter als eine Verschiebung des Ursprungs der transformierten Gauß-Funktion zu diesem Punkt. Daher erhalten wir

$$F(k) = (2\pi)^{\frac{3}{2}} \sigma A \exp\left[-(k - k_0)^2\sigma^2/2\right], \tag{4.80}$$

wie in Abb. 4.13b gezeigt. Dieses Ergebnis haben wir bereits in Abschn. 2.8 verwendet.

4.7 Korrelationsfunktion

Eine Art der Faltung mit großer Bedeutung in der Statistik und zahlreichen Anwendungen in der Physik ist die **Korrelationsfunktion**, die formal als

$$h_C(x) = \int_{-\infty}^{\infty} f(x')g^*(x' + x)\,dx' \tag{4.81}$$

definiert wird.[4] Durch Umschreiben der Variablen kann man einfach zeigen, daß dies die Faltung von $f(-x)$ mit $g^*(x)$ ist. Wie der Name schon sagt, ist diese Funktion ein Maß dafür, wie stark die Funktionen f und g übereinstimmen. Nehmen wir an, die beiden Funktionen sind sich in Amplitude und Phase ähnlich, wenn ihre Ursprünge an den Orten 0 und $-x_0$ liegen. Setzt man $x = x_0$, werden $f(x')$ und $g(x' + x_0)$ etwa die gleichen komplexen Werte besitzen, und $f(x')g^*(x' + x_0)$ wird positiv und reell sein. Damit

---

[4] Einige Bücher definieren die Korrelationsfunktion mit einem $-x$ anstelle des $+x$ im Argument von g. Dies macht physikalisch keinen Unterschied. Wir verwenden die Notation von *Born* und *Wolf* (1980).

wird auch das Integral $h_C(x_0)$ positiv sein und einen großen Wert haben. Wir werden diese Funktion bei der Besprechung von Kohärenzphänomenen in Kap. 11 ausführlich besprechen. Ihre Fouriertransformierte ist

$$H_C(k) = F(-k)G^*(-k) \; . \tag{4.82}$$

4.7.1 Autokorrelationsfunktion und Wiener-Khinchin-Theorem

Ein spezieller Fall der Korrelationsfunktion ist die **Autokorrelationsfunktion** h_{AC}, die nach (4.81) mit $f \equiv g$ definiert wird, also

$$h_{AC}(x) = \int\limits_{-\infty}^{\infty} f(x')\,f^*(x'+x)\,\mathrm{d}x' \; . \tag{4.83}$$

Da die Funktionen nun den gleichen Ursprung besitzen, hat die Autokorrelationsfunktion eine deutliche Spitze bei $x = 0$. Als Fouriertransformierte von h_{AC} erhalten wir

$$H_{AC}(k) = F(-k)F^*(-k) = \left| F(-k) \right|^2 \; , \tag{4.84}$$

und für reelles f ergibt (4.50)

$$H_{AC}(k) = \left| F(k) \right|^2 \; . \tag{4.85}$$

In Worten ausgedrückt, besagt (4.85), daß für eine reelle Funktion $f(x)$ die Fouriertransformierte der Autokorrelationsfunktion das Betragsquadrat der Transformierten ist. Dies wird auch **Leistungsspektrum** genannt. Aufgrund des Inversionstheorems gilt der umgekehrte Zusammenhang ebenfalls bis auf einen Faktor 2π. Dieser Fall wird **Wiener-Khinchin-Theorem** genannt und gilt genauso in mehr als einer Dimension.

Nützliche Information in der Autokorrelationsfunktion ist nicht auf den Bereich um $x = 0$ beschränkt. Nehmen wir beispielsweise an, eine Funktion habe eine starke Periodizität mit einer Wellenzahl K_0 und einer Wellenlänge $\Lambda = 2\pi/K_0$. Die Funktionen $f(x')$ und $f^*(x'+n\Lambda)$ werden sich daher ähneln, und ihr Produkt wird positiv sein. Aus diesem Grund werden periodische Spitzen in $h_{AC}(x)$ erscheinen. Die Transformierte, das Leistungsspektrum H_{AC}, hat ein entsprechendes Maximum bei $k = K_0$, und man kann dies dazu benutzen, Periodizitäten in der Funktion $f(x)$ herauszufinden.

In zwei und drei Dimensionen findet die Korrelationsfunktion viele Anwendungen, vor allem in der Mustererkennung; außerdem wird die Autokorrelationsfunktion oft dazu verwendet, Röntgenbeugungsmuster zu interpretieren. In dieser Anwendung heißt sie **Pattersonfunktion**. Es ist instruktiv, sich ihr Zustandekommen an einem einfachen zweidimensionalen Beispiel klarzumachen (Abb. 4.14). Die Funktion $f(x, y)$ besteht in diesem Fall aus drei gleichen, reellen Deltafunktionen. In jeden Aufpunkt, δ-Punkt, von $f(x', y')$ plazieren wir den Ursprung der Funktion $f^*(-x, -y)$, was einfach der um 180° gedrehten Funktion $f(x, y)$ entspricht. Wir sehen sofort, daß am Ursprung ein großer Funktionswert entsteht. Dieser hohe Wert

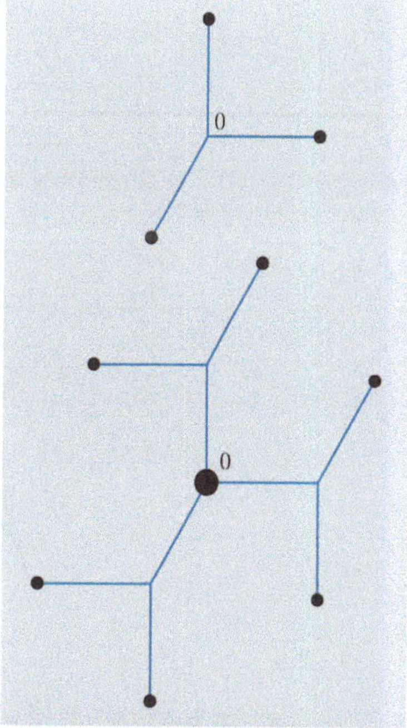

Abb. 4.14. Autokorrelation einer zweidimensionalen Funktion, die aus drei δ-Funktionen besteht (*oben*). Die durchgezogenen Linien sind nur zur Verdeutlichung eingezeichnet und nicht Teil der Funktion

am Ursprung ist ein grundsätzliches Merkmal der Autokorrelation einer reellen Funktion. Experimentelle Methoden zur Bestimmung der räumlichen Autokorrelationfunktionen werden wir kurz in Abschn. 12.6.5 besprechen.

4.7.2 Energieerhaltung: Parsevalsches Theorem

Der Prozeß der Fouriertransformation besteht im wesentlichen aus der Darstellung einer Funktion $f(x)$ durch eine Superposition von Partialwellen. Wir werden später im Kap. 8 sehen, daß die Fraunhofersche Beugung als Fouriertransformation beschrieben werden kann. Dabei entspricht $f(x)$ der Amplitudenverteilung nach dem Verlassen der Beugungszone und $F(k)$ der Amplitudenverteilung des Beugungsmusters. Bei diesem Prozeß geht keine Energie verloren, und es erscheint daher zwingend, daß die Gesamtenergie, die das Beugungsobjekt verläßt, gleich oder zumindest proportional zu der Energie, die am Beugungsmuster ankommt, ist. Mathematisch ausgedrückt bedeutet das

$$\int_{-\infty}^{\infty} \left| f(x) \right|^2 \mathrm{d}x = C \int_{-\infty}^{\infty} \left| F(k) \right|^2 \mathrm{d}k \,. \tag{4.86}$$

Dieser Zusammenhang heißt **Parsevalsches Theorem**. Es ist leicht aus unserer Diskussion der Autokorrelationsfunktion in Abschn. 4.7.1 abzuleiten. Wendet man das Inversionstheorem auf (4.84) an, muß die inverse Transformation von $\left| F(-k) \right|^2$ gleich $h_{AC}(x)$ sein. Schreibt man diesen Ausdruck explizit hin, erhält man aus (4.66)

$$\frac{1}{2\pi} \int_{-\infty}^{\infty} \left| F(-k) \right|^2 \exp(\mathrm{i}kx) \, \mathrm{d}k = \int_{-\infty}^{\infty} f(x') f^*(x' + x) \, \mathrm{d}x' \,. \tag{4.87}$$

Setzen wir $x = 0$ und substituieren $-k$ durch k,

$$\frac{1}{2\pi} \int_{-\infty}^{\infty} \left| F(k) \right|^2 \mathrm{d}k = \int_{-\infty}^{\infty} \left| f(x') \right|^2 \mathrm{d}x' \,, \tag{4.88}$$

erhalten wir wieder das Parsevalsche Theorem mit $C = 1/2\pi$. Dieser Faktor erscheint nur aufgrund der Konvention, ihn in die Definition (4.66) der inversen Transformation mit einzubeziehen.

✖ Übungsaufgaben

$\lambda = 0{,}5\,\mu\mathrm{m}$, soweit nichts anderes vermerkt ist.

4.1 Finden Sie unter der Voraussetzung, daß die Transformierte von $f(x)$ als $F(k)$ definiert ist, allgemeine Ausdrücke für $\int_0^x f(x')\,\mathrm{d}x'$ und $\mathrm{d}f/\mathrm{d}x$.

4.2 Die „**Hartley-Transformierte**" einer reellen Funktion $v(x)$ ist definiert als

$$H(k) = \int_{-\infty}^{\infty} v(x)(\cos kx + \sin kx) \, \mathrm{d}x \,. \tag{4.89}$$

Zeigen Sie, daß sie mit der Fouriertransformierten über

$$H(k) = \text{Re}\big[V(k)\big] - \text{Im}\big[V(k)\big] \tag{4.90}$$

verknüpft ist. Überlegen Sie sich eine Methode, wie man unter Benutzung der Fourieroptik die Hartley-Transformierte optisch aufzeichnen kann. Beachten Sie, daß sie alle Informationen einer Fouriertransformierten in einer einzigen reellen Funktion enthält, sie aber auch nur für reelle Funktionen möglich ist. *Bracewell* (1986) enthält eine ausführliche Diskussion; eine experimentelle Methode ist in *Villasenor* und *Bracewell* (1987) besprochen.

4.3 Finden Sie die Fouriertransformierte zu einer gedämpften Reihe von Deltafunktionen:

$$f(t) = \sum_{n=0}^{\infty} \delta(t - nt_0)\, \text{e}^{-\alpha n}\, . \tag{4.91}$$

Wie kann das Resultat zu einem besseren Verständnis eines Fabry-Perot-Interferometers benutzt werden?

4.4 Berechnen Sie die Fouriertransformierte einer periodischen Dreieckwelle, die für eine Periode als $y = |x|$ $(-\pi < x \le \pi)$ definiert ist. Welche Beziehung hat das Resultat zu der Autokorrelation eines Rechteckpulses?

4.5 Die Periode eines Rechtecksignals ist b; der Funktionswert ist 1 während einer Zeit c innerhalb einer Periode und 0 für die Zeit $b - c$. Das Verhältnis der Zeiten c/b heißt **Tastverhältnis** oder „duty cycle". Verwenden Sie den Faltungssatz, um die Variation der Fouriertransformierten als Funktion von c/b zu untersuchen. Was geschieht im Grenzfall $c/b \to 1$?

4.6 Zeigen Sie, daß die Faltung von $\text{sinc}(ax/2)$ mit sich selbst die gleiche Funktion multipliziert mit einer Konstanten ergibt.

4.7 Vergleichen Sie die Funktionen $(f_1 \otimes f_2) \times f_3$ und $f_1 \otimes (f_2 \times f_3)$ sowie ihre Transformierten, wobei $f_1 = \sum_{n=-\infty}^{\infty} \delta(x - nb)$, $f_2 = \text{rect}(x/b)$ und $f_3 = \exp(\text{i}\alpha x)$.

4.8 Faltungen haben manchmal seltsame Eigenschaften. Eine Gruppe von drei Deltafunktionen mit Abständen b kann beispielsweise als Produkt der unendlichen Reihe $\sum \delta(x - nb)$, multipliziert mit $\text{rect}(x/c)$, dargestellt werden, wobei c jeden Wert zwischen $2b + \varepsilon$ und $4b - \varepsilon$ (mit beliebig kleinem ε) annehmen kann. Zeigen Sie, daß die Transformierte, die als Faltung dargestellt werden kann, tatsächlich vom Argument der Rechteckfunktion rect innerhalb dieser Grenzen unabhängig ist. Dieses Problem ist nicht leicht zu lösen! Die Lösung ist ausführlich bei *Collin* (1991) diskutiert.

4.9 Bei einer Reihe von Deltafunktionen fehlt jede fünfte. Wie sieht ihre Fouriertransformierte aus?

4.10 Das Bild einer dicken schwarzen Linie auf weißem Hintergrund unter einem bestimmten Winkel bezüglich der x- und y-Achse wird auf einem $N \times N$ großen Gitter digitalisiert, wobei ein Feld schwarz bzw. weiß gezeichnet wird, falls mehr bzw. weniger als die Hälfte von der Linie bedeckt wird (Abb. 4.15). Die digitale Fouriertransformation der Linie wird dann berechnet. Ist N klein, sind vor allem die Einträge entlang der k_x- und k_y-Achse groß (Transformation der Elementarquadrate). Mit zunehmendem N nähert sich die Transformierte einem Limit, bei dem

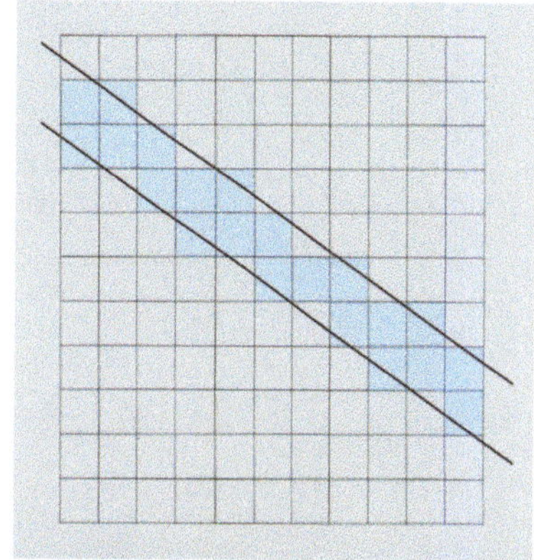

Abb. 4.15. Digitalisierte Darstellung einer diagonalen Linie

hauptsächlich Komponenten senkrecht zur Linie eine Rolle spielen. Wie geht dieser Übergang vor sich?

4.11 Eine „Elementarwellentransformierte" ist die Fouriertransformierte einer Funktion, deren Spektrum sich im Zeitverlauf ändert. Sie besteht aus einer Darstellung der Fouriertransformierten, die während eines Zeitintervalls δt gemessen wurde, als Funktion der Zeit (Beispiele finden sich bei *Combes*, *Grossman* und *Tchamitchian* 1990). Sie wird oft bei der Analyse von Sprache und Musik verwendet. Zeigen Sie mit Hilfe des Faltungssatzes, daß δt und die Frequenzauflösung $\delta\omega$ der Transformierten über $\delta t \cdot \delta\omega \approx 2\pi$ verknüpft sind.

4.12 Eine lange, eindimensionale, quasiperiodische Reihe von Deltafunktionen kann wie folgt erzeugt werden: Sie hat eine grundlegende Periode b, und innerhalb jeder Zelle befindet sich eine Deltafunktion entweder an der Stelle $x = 0$ oder $x = h$, wobei $h < b/2$ ist. Die Wahrscheinlichkeit für jeden dieser Fälle ist 50%. Verwenden Sie die Autokorrelationsfunktion, um das Leistungsspektrum dieser Reihe zu berechnen.

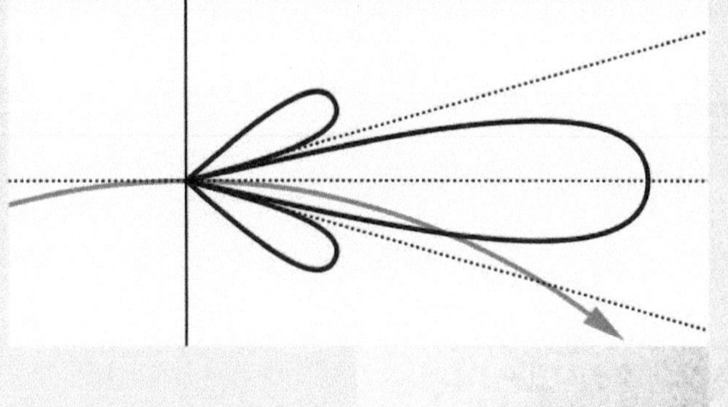

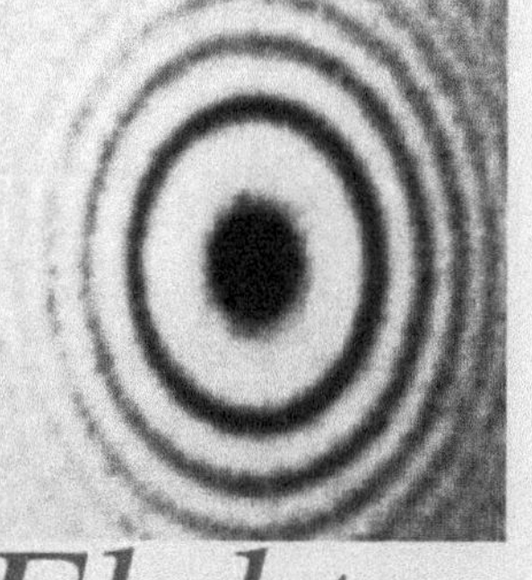

Elektromagnetische Wellen

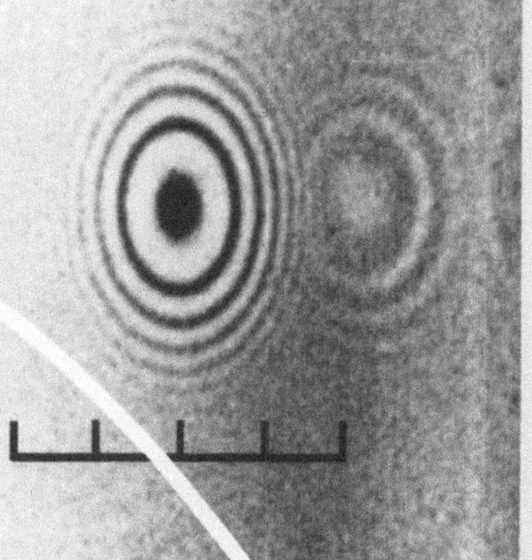

5

Elektromagnetische Wellen

▼ Übersicht

Elektromagnetische Wellen spielen in der Optik eine zentrale Rolle. Wir werden in diesem Kapitel ihre mathematische Beschreibung in Form der Maxwellschen Gleichungen behandeln sowie ihr Verhalten an Grenzflächen zweier Medien betrachten, das entscheidend für optische Elemente wie Linsen und Spiegel ist.

5.1 Elektromagnetismus und die Wellengleichung

In diesem Kapitel werden wir den Elektromagnetismus als spezielles, aber wichtigstes Beispiel einer allgemeinen Theorie der Wellenausbreitung, wie in Kap. 2 besprochen, diskutieren. Wir werden an dem Punkt beginnen, an dem die elementaren Eigenschaften der klassischen Elektrizitätslehre und des Magnetismus in der Form der **Maxwellschen Gleichungen** zusammengefaßt wurden. Wir werden dabei voraussetzen, daß der Leser mit den Schritten, die zur Formulierung der Gleichungen notwendig sind, vertraut ist. Falls notwendig, können sie in einschlägigen Lehrbüchern der Elektrodynamik (z. B. *Grant* und *Phillips* 1975, oder *Jackson* 1975) nachgeschlagen werden.[1] Wie bekannt, wurde in der Maxwellschen Formulierung zum ersten Mal der **Verschiebungsstrom** $\partial D/\partial t$ eingeführt, die Zeitableitung eines fiktiven Verschiebungsfeldes $D = \varepsilon_0 E + P$, das sich aus dem angelegten **elektrischen Feld** E und der elektrischen **Polarisation** P zusammensetzt. Dieses Verschiebungsfeld wird sich als enorm wichtig für die Behandlung der Wellenausbreitung in anisotropen Medien (Kap. 6) erweisen.

Die Darstellungen in diesem Kapitel behandeln die Eigenschaften einfacher harmonischer Wellen in isotropen linearen Medien und diskutieren das Verhalten dieser Wellen an der Grenzschicht zwischen zwei solchen Medien. In einem **isotropem** Medium sind alle Raumrichtungen gleichwertig und es gibt keine Unterschiede zwischen Rotationen im und gegen den Uhrzeigersinn. Ein Beispiel dafür ist eine monoatomare Flüssigkeit; im Gegensatz dazu sind Kristalle generell **anisotrop**. In einem **linearen** Medium ist die Polarisation, die von einem angelegten elektrischen oder magnetischen Feld erzeugt wird, proportional zu diesen Feldern. Da die Felder zwischen benachbarten Atomen Feldstärken in der Größenordnung von $10^{11}\,\mathrm{V\,m^{-1}}$ erreichen können, sind die im Labor erreichbaren Feldstärken (typischerweise $< 10^8\,\mathrm{V\,m^{-1}}$) vergleichsweise klein. Die Wechselfelder, die durch intensive Laserstrahlung erzeugt werden, können dagegen um Größenordnungen darüberliegen und erzeugen dann **nichtlineare** Effekte. Im Prinzip wird sich der ganze Rest dieses Buches um die Wechselwirkung von Feldern mit Materie drehen. Das letzte Kapitel führt die Quantisierung des elektro-

---

[1] Wir werden, entgegen der in der Elektrodynamik üblichen Schreibweise, SI-Einheiten verwenden.

magnetischen Feldes ein – ein Aspekt, den *Maxwell* nicht hätte voraussagen können – und wird uns damit bis an die Grenzen aktueller Forschung führen.

5.1.1 Die Maxwellschen Gleichungen

Wenn man bedenkt, daß *Maxwell* nicht das moderne Konzept der Vektordifferentialoperatoren (div, grad, rot) zur Verfügung hatte, war es eine fast unglaubliche Leistung, die klassischen Eigenschaften der elektrischen Felder E und D, der magnetischen Felder H und B, der Ladungsdichte ϱ und der Stromdichte j in einem Satz von vier einfachen Gleichungen zusammenzufassen. Es ist noch erstaunlicher, daß er diesen Gleichungen ansah, daß sie zu einer Wellenausbreitung führen würden. Verwendet man die Vektoroperatoren, wird die Herleitung allerdings viel transparenter:

$$\text{Gaußsches Gesetz der Elektrostatik}: \quad \nabla \cdot D = \varrho \,, \tag{5.1}$$

$$\text{Gaußsches Gesetz der Magnetostatik}: \quad \nabla \cdot B = 0 \,, \tag{5.2}$$

$$\text{Ampèresches Gesetz}: \quad \nabla \times H = \frac{\partial D}{\partial t} + j \,, \tag{5.3}$$

$$\text{Faradaysches Gesetz}: \quad \nabla \times E = -\frac{\partial B}{\partial t} \,. \tag{5.4}$$

Im Vakuum sind E und D identische Felder; der Zusammenhang in SI-Einheiten $D = \varepsilon_0 E$, wobei ε_0 von 1 verschieden und einheitenbehaftet ist, spiegelt nur die Tatsache wider, daß E und D in verschiedenen Einheiten gemessen werden. Das gleiche gilt auch für das angelegte magnetische Feld H und die magnetische Induktion B, die das gemessene Magnetfeld unter Berücksichtigung von Polarisationseffekten darstellt. Im Vakuum gilt $B = \tilde{\mu}_0 H$, wobei $\tilde{\mu}_0$ die verschiedenen Einheiten miteinander verknüpft.[2] Innerhalb eines Mediums ist D wirklich von E verschieden, ebenso B von H. Der Zusammenhang wird im Fall eines linearen isotropen Mediums durch die dimensionslosen Konstanten ε und $\tilde{\mu}$ dargestellt:

$$D = \varepsilon \varepsilon_0 E \,, \tag{5.5}$$

$$B = \tilde{\mu} \tilde{\mu}_0 H \,. \tag{5.6}$$

Die Werte von ε und $\tilde{\mu}$ können dabei frequenzabhängig sein, wie wir in Kap. 10 sehen werden.

5.1.2 Elektromagnetische Wellen

Der einfachste Fall, für den die Maxwellschen Gleichungen zu einer **dispersionsfreien Wellengleichung** (Abschn. 2.6) führen, ist ein isotropes isolierendes Medium, in dem die Ladungsdichte ϱ und die Stromdichte j beide gleich 0 sind. Aus (5.1–4) wird dann:

$$\nabla \cdot \dot{D} = \varepsilon \varepsilon_0 \nabla \cdot E = 0 \,, \tag{5.7}$$

$$\nabla \cdot B = \tilde{\mu} \tilde{\mu}_0 \nabla \cdot H = 0 \,, \tag{5.8}$$

---

[2] Anmerkung des Verlags: Zur Unterscheidung der magnetischen Permeabilität vom Brechungsindex wird sie mit einer Tilde gekennzeichnet.

$$\nabla \times \boldsymbol{H} = \frac{\partial \boldsymbol{D}}{\partial t} = \varepsilon \varepsilon_0 \frac{\partial \boldsymbol{E}}{\partial t} \,, \tag{5.9}$$

$$\nabla \times \boldsymbol{E} = -\frac{\partial \boldsymbol{B}}{\partial t} = -\tilde{\mu}\tilde{\mu}_0 \frac{\partial \boldsymbol{H}}{\partial t} \,. \tag{5.10}$$

Wendet man $(\nabla \times)$ auf beide Seiten von (5.10) an und setzt (5.9) ein, erhält man

$$\nabla \times (\nabla \times \boldsymbol{E}) = -\tilde{\mu}\tilde{\mu}_0 \frac{\partial}{\partial t}(\nabla \times \boldsymbol{H}) = -\tilde{\mu}\tilde{\mu}_0 \varepsilon \varepsilon_0 \frac{\partial^2 \boldsymbol{E}}{\partial t^2} \,. \tag{5.11}$$

Entwickelt man $\nabla \times (\nabla \times \boldsymbol{E}) = \nabla(\nabla \cdot \boldsymbol{E}) - \nabla^2 \boldsymbol{E}$, wird (5.11) zu

$$\boxed{\nabla^2 \boldsymbol{E} = \varepsilon \tilde{\mu} \varepsilon_0 \tilde{\mu}_0 \frac{\partial^2 \boldsymbol{E}}{\partial t^2}} \,. \tag{5.12}$$

In kartesischen Koordinaten ausgedrückt, ist $\nabla^2 \boldsymbol{E}$ der Vektor

$$\nabla \cdot (\nabla \boldsymbol{E}) = (\nabla^2 E_x, \, \nabla^2 E_y, \, \nabla^2 E_z) \,.$$

5.1.3 Wellengeschwindigkeit und Brechungsindex

Erinnern wir uns an Abschn. 2.2, sehen wir sofort, daß die Lösung von (5.12) eine Welle mit der Geschwindigkeit

$$v = (\varepsilon \tilde{\mu} \varepsilon_0 \tilde{\mu}_0)^{-\frac{1}{2}} \tag{5.13}$$

ist. Im Vakuum ist diese Geschwindigkeit $c = (\varepsilon_0 \tilde{\mu}_0)^{-1/2}$ eine wichtige Naturkonstante, deren Wert als genau $2{,}997\,92458 \cdot 10^8\,\mathrm{m\,s^{-1}}$ definiert wird. (Diese Zahl enthält das Meter und die Sekunde mit der höchsten bekannten Genauigkeit, macht allerdings c selbst zur Naturkonstanten – eine Entscheidung, die 1986 getroffen wurde.[3]) Als Folge dieser Definition wird $\tilde{\mu}_0$ in SI-Einheiten zu $4\pi \cdot 10^{-7}\,\mathrm{H\,m^{-1}}$, woraus sich dann ε_0 mit $(\tilde{\mu}_0 c^2)^{-1} = 8{,}854 \cdot 10^{-12}\,\mathrm{F\,m^{-1}}$ berechnen läßt.

In Übereinstimmung mit der üblichen Praxis optischer Arbeiten werden wir für den Rest des Buches annehmen, daß die **magnetische Permeabilität** $\tilde{\mu}$ den Wert $\tilde{\mu} = 1$ im Bereich der Frequenzen des sichtbaren Lichts hat. Das Verhältnis von der Geschwindigkeit elektromagnetischer Wellen im Vakuum zu der in einem isotropen Medium dient zur Definition des **Brechungsindex** μ, also

$$\boxed{\mu = c/v = \varepsilon^{\frac{1}{2}}} \,, \tag{5.14}$$

wobei wiederum die Frequenzabhängigkeit von ε berücksichtigt werden muß, d. h. der Wert von ε bei der richtigen Frequenz muß eingesetzt werden. Um mögliche Verwechslungen mit dem Brechungsindex μ zu vermeiden, werden wir $\tilde{\mu}_0$ normalerweise in den Gleichungen durch $(\varepsilon_0 c^2)^{-1}$ ersetzen.

---

[3] Eine der etwas enttäuschenden Eigenschaften der Definition der Lichtgeschwindigkeit als Naturkonstante ist, daß nun die Experimente zu ihrer Bestimmung zu reinen Messungen der Länge eines optischen Weges verkommen.

5.2 Ebene Wellen als Lösung der Wellengleichung

Die ebene Welle (vgl. Abschn. 2.6)

$$E = E_0 \exp\left[i(k \cdot r - \omega t)\right] \tag{5.15}$$

ist eine Lösung von (5.12), wobei $\omega/k = v$. Ersetzen wir ∇ und $\partial/\partial t$ durch $-ik$ und $i\omega$ (Abschn. 2.6.1), können wir (5.7–10) in der Form

$$k \cdot D = \varepsilon\varepsilon_0 k \cdot E = 0 \,, \tag{5.16}$$

$$k \cdot B = (\varepsilon_0 c^2)^{-1} k \cdot H = 0 \,, \tag{5.17}$$

$$k \times H = -\omega D = -\omega\varepsilon\varepsilon_0 E \,, \tag{5.18}$$

$$k \times E = \omega B = \omega(\varepsilon_0 c^2)^{-1} H \tag{5.19}$$

schreiben. Diese Gleichungen ermöglichen uns sofort einen Überblick über die Orientierung und Größe der beteiligten Feldvektoren (Abb. 5.1): D, k und B stehen senkrecht aufeinander, genauso E, k und H, einfach aufgrund der Isotropie des Mediums. **Elektromagnetische Wellen sind daher transversal.** Darüber hinaus sind die Beträge von E und H über

$$\frac{E}{H} = \frac{k}{\varepsilon\varepsilon_0\omega} = \frac{1}{\varepsilon^{\frac{1}{2}}\varepsilon_0 c} \equiv Z \tag{5.20}$$

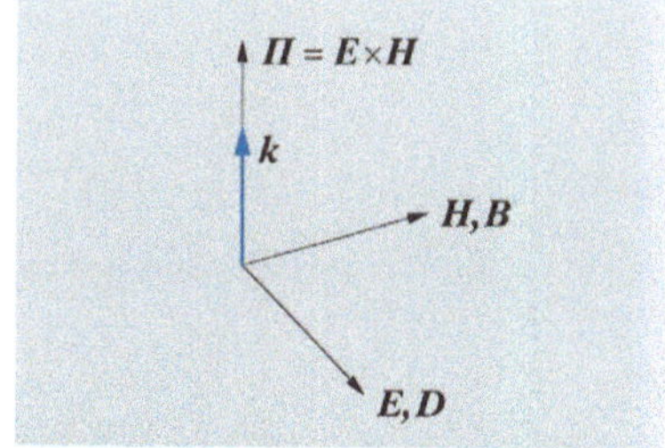

Abb. 5.1. Lage der Vektoren einer elektromagnetischen Welle in einem isotropen Medium

miteinander verknüpft. Z heißt **Impedanz des Mediums** bei der Ausbreitung elektromagnetischer Wellen und hat, etwas überraschend, die Einheit Ohm (Ω). Deshalb wird Z auch kurz **Wellenwiderstand** genannt. Im Vakuum gilt $Z_0 = 1/\varepsilon_0 c = 377\,\Omega$. Allgemein verknüpft

$$Z = Z_0/\mu \tag{5.21}$$

den Wellenwiderstand eines Mediums mit seinem Brechungsindex.

Die Ebene, in der D und k liegen, heißt **Polarisationsebene**. Sie wird in Kap. 6 von großer Bedeutung sein.

Die Tatsache, daß (5.16–19) vollständig reell sind, deutet an, daß es keine Phasenunterschiede zwischen den elektrischen und magnetischen Feldern gibt. H kann daher geschrieben werden als

$$H = H_0 \exp\left[i(k \cdot r - \omega t)\right] \,, \tag{5.22}$$

wobei H_0 senkrecht auf k und E_0 steht und von der Größe E_0/Z ist.

5.2.1 Energiefluß in einer elektromagnetischen Welle

Eine wesentliche Eigenschaft einer elektromagnetischen Welle ist ihre Fähigkeit zum Energietransport.

Der Vektor, der den Energiefluß beschreibt, heißt **Poynting-Vektor**. Er ist allgemein definiert als

$$\Pi = E \times H \,. \tag{5.23}$$

Er hat die Einheit „Energie pro Zeit und Fläche", und sein Absolutwert wird **Intensität der Welle** genannt.

Man sieht leicht, daß dieser Vektor in einem isotropen Medium parallel zu k ist. Der zeitliche Mittelwert von $\mathbf{\Pi}$, wenn E und H in Phase sind und wie in Abb. 5.1 senkrecht aufeinander stehen, ist

$$\langle \Pi \rangle = \langle E_0 \sin \omega t H_0 \sin \omega t \rangle = \frac{1}{2} E_0 H_0 = \frac{1}{2} E_0^2 / Z \,, \qquad (5.24)$$

denn der Mittelwert von $\sin^2 \omega t$ ist $\frac{1}{2}$ für Zeiten $t \gg 1/\omega$.

Wir werden später Situationen kennenlernen, in denen es eine Phasenverschiebung zwischen E und H gibt und der Mittelwert deshalb ein anderer ist. In dem Spezialfall, daß zwischen E und H ein Phasenunterschied von $90°$ besteht, ergibt sich

$$\langle \Pi \rangle = \langle E_0 \sin \omega t H_0 \cos \omega t \rangle = 0 \,, \qquad (5.25)$$

und es findet kein Energietransport statt. Evaneszente Wellen sind ein Beispiel für ein solches Verhalten (Abschn. 2.4.2 und 5.5.4).

5.3 Strahlung

Elektromagnetische Strahlung wird durch bewegte Ladungen erzeugt. Zwei Arten von Quellen sind dabei für die Optik von besonderer Bedeutung. Obwohl eine ausführliche Beschreibung in einem Optik-Lehrbuch etwas fehl am Platze scheint, möchten wir sie kurz erwähnen. Eine tiefergehende Behandlung findet sich in den Lehrbüchern der Elektrodynamik.

5.3.1 Strahlung einer beschleunigten Ladung

Ein geladenes Teilchen, das sich mit gleichmäßiger Geschwindigkeit geradlinig bewegt, entspricht einem elektrischen Strom und erzeugt ein konstantes Magnetfeld. Es strahlt keine elektromagnetischen Wellen ab. Wenn das Teilchen dagegen beschleunigt wird, bekommt das Feld von 0 verschiedene Zeitableitungen, und eine Abstrahlung von elektromagnetischen Wellen findet statt. Eine wichtige, direkte Anwendung davon ist die **Synchrotronstrahlung**, die von geladenen Teilchen in einem Beschleuniger erzeugt wird. Sie wird aus den Bereichen des Synchrotrons ausgesandt, in denen die Teilchen aufgrund eines Magnetfelds ihre Flugrichtung ändern, also einer Zentripetalbeschleunigung unterliegen (*Wille* 1991). Für ein Teilchen der Ladung q mit der Geschwindigkeit $\mathbf{v}(t)$ und der Beschleunigung $\dot{\mathbf{v}}$ ist das elektrische Strahlungsfeld bei einem Radiusvektor $\mathbf{r} \equiv \hat{\mathbf{n}} r$

$$E = \frac{q}{4\pi\varepsilon_0 c^2 r} \left[\hat{\mathbf{n}} \times (\hat{\mathbf{n}} \times \dot{\mathbf{v}}) \right] \,, \qquad (5.26)$$

mit einem Betrag von

$$|E| = \frac{q|\dot{\mathbf{v}}|}{4\pi\varepsilon_0 c^2 r} \sin \theta \,, \qquad (5.27)$$

wobei θ der Winkel zwischen $\dot{\mathbf{v}}$ und $\hat{\mathbf{n}}$ ist. Das Feld liegt in der Ebene dieser Vektoren, senkrecht zu $\hat{\mathbf{n}}$, wie in Abb. 5.2a gezeigt.

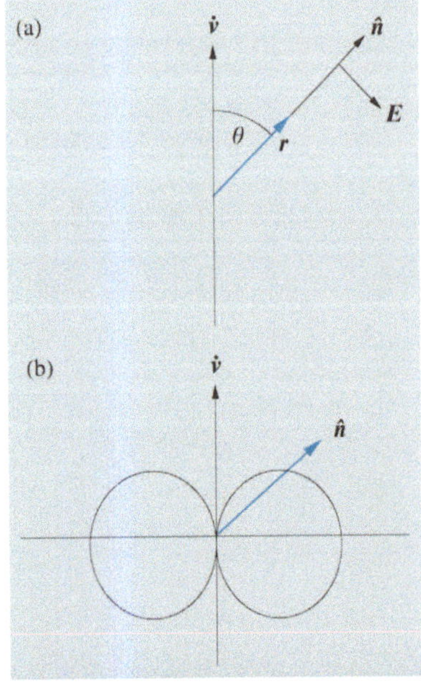

Abb. 5.2a,b. Strahlung einer beschleunigten Ladung. (a) Orientierung der Vektoren; (b) Ausschnitt aus dem Polardiagramm, das in drei Dimensionen einen Torus darstellt

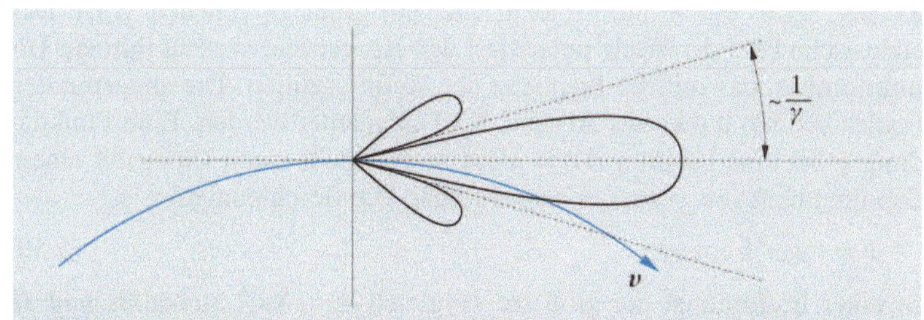

Abb. 5.3. Synchrotronstrahlung. Die Abbildung zeigt einen Schnitt des Polardiagramms in der Orbitalebene für eine Ladung mit $v \approx c$, wobei $\gamma \equiv (1 - v^2/c^2)^{-1/2} \gg 1$, relativistisch in das Laborsystem transformiert

Das magnetische Feld ist durch $H = Z_0^{-1}(\hat{n} \times E)$ gegeben und daher auch senkrecht zu $\hat{n}$, es ist aber senkrecht zur $(v, \hat{n})$-Ebene polarisiert. Die Felder sind retardiert, d. h. v wird eine Zeitspanne r/c früher als E und H gemessen. Zusammengenommen ergibt sich, daß die Strahlungsenergie hauptsächlich in eine Ebene senkrecht zur Beschleunigungsrichtung ausgestrahlt wird. Mit (5.27) ergibt sich für den Poynting-Vektor:

$$\boldsymbol{\Pi} = E \times H = \frac{\hat{n} q^2 \dot{v}^2}{16\pi^2 \varepsilon_0 c^3 r^2} \sin^2 \theta \,. \tag{5.28}$$

Er hat seinen Maximalwert in der Richtung senkrecht zu $\dot{v}$. Wir können diese Zusammenhänge in einem **Polardiagramm** darstellen, wobei $\boldsymbol{\Pi}(\hat{n})$ in Polarkoordinaten vom Ursprung der strahlenden Ladung aus aufgetragen wird (Abb. 5.2b). In dem Fall, daß die Ladung, wie im Synchrotron, eine Kreisbahn beschreibt, wird die Strahlung in der Tangentialebene zur Umlaufbahn, die senkrecht zur momentanen Beschleunigung $\hat{v}$ steht, maximal. Die gesamte abgestrahlte Leistung läßt sich durch Integration von (5.28) über eine Kugeloberfläche mit Radius r ermitteln:

$$P = \frac{q^2 |\dot{v}|^2}{6\pi\varepsilon_0 c^3} \,. \tag{5.29}$$

In der obigen Berechnung wurde angenommen, daß die Bewegung der Ladung nichtrelativistisch ist, d. h. daß $v \ll c$. Bei Geschwindigkeiten in der Nähe von c ändert sich die Abstrahlcharakteristik. Das Maximum wird schmaler und liegt mehr in der Bewegungsrichtung. Transformiert man die Abstrahlung in das Laborsystem, erhält man eine Charakteristik, wie in Abb. 5.3 gezeigt.

Das Frequenzspektrum der Synchrotronstrahlung erhält man durch **Fourieranalyse** eines kurzen Strahlungspulses, wie er bei jedem Durchgang des Elektrons durch einen gekrümmten Bereich der Umlaufbahn entsteht. In der Praxis entstehen dabei hauptsächlich **Röntgenstrahlen**, weswegen Synchrotronstrahlung für viele Röntgenbeugungsexperimente und Röntgenabbildungsysteme verwendet wird (siehe Abschn. 7.5).

5.3.2 Strahlung eines schwingenden Dipols

Das in der elementaren Optik am häufigsten vorkommende strahlende System ist der periodisch schwingende Dipol. Er kommt beispielsweise in der Streutheorie (Abschn. 13.2) vor, wenn eine Welle auf einen polarisierbaren

Körper, sei es ein Atom, Molekül oder ein größeres Teilchen, trifft. Das elektrische Feld der Welle polarisiert den Körper und verleiht ihm ein **Dipolmoment**, das mit der Frequenz der Welle oszilliert. Die abgestrahlten Felder können direkt aus Abschn. 5.3.1 abgeleitet werden. Eine Punktladung q hat eine Position $z(t) = a \cos \omega t$ und stellt einen Dipol mit einem Dipolmoment von $p = qz = qa \cos \omega t$ dar. Die Beschleunigung ist

$$\dot{\boldsymbol{v}} = -a\omega^2 \hat{\boldsymbol{z}} \cos \omega t \, . \tag{5.30}$$

In einer Entfernung, die groß im Vergleich zu a ist,[4] stehen $\boldsymbol{E}$ und $\boldsymbol{H}$ senkrecht zu $\hat{\boldsymbol{n}}$ und ihre Amplituden sind gegeben durch:

$$\boldsymbol{E}_0 = \frac{-qa\omega^2}{4\pi\varepsilon_0 c^2 r} \left[\hat{\boldsymbol{n}} \times (\hat{\boldsymbol{n}} \times \hat{\boldsymbol{z}}) \right] \, , \tag{5.31}$$

$$\boldsymbol{H}_0 = Z_0^{-1} \hat{\boldsymbol{n}} \times \boldsymbol{E}_0 \, . \tag{5.32}$$

Das Polardiagramm der Strahlung für den Poynting-Vektor $\boldsymbol{\Pi} = \boldsymbol{E} \times \boldsymbol{H}$ eines solchen strahlenden Dipols hat die gleiche $\sin^2\theta$-Abhängigkeit wie in (5.28) und in Abb. 5.2b. Es ist wichtig, festzuhalten, daß $\boldsymbol{\Pi}$ entlang der Dipolachse $\hat{\boldsymbol{z}}$ den Wert 0 hat, ein weiterer Hinweis darauf, daß elektromagnetische Strahlung transversal ist.

Die gesamte abgestrahlte Leistung des Dipols ist analog zu (5.29)

$$P = \frac{1}{6\pi\varepsilon_0} \cdot \frac{p_0^2 \omega^4}{c^3} \cos^2 \omega t \, , \tag{5.33}$$

wobei $p_0 = qa$ die Amplitude der Dipolmomentschwingungen ist. Da der Mittelwert von $\cos^2 x$ den Wert $\frac{1}{2}$ hat, ist die mittlere, über eine Periode $t \gg \omega^{-1}$ abgestrahlte Leistung

$$\langle P \rangle = \frac{p_0^2 \omega^4}{12\pi c^3 \varepsilon_0} \, . \tag{5.34}$$

Eine beachtenswerte Eigenschaft dieses Ausdrucks ist die starke ω-Abhängigkeit; die von einem Dipol abgestrahlte Leistung ist der vierten Potenz der Frequenz proportional. Eine direkte Folge davon ist die blaue Farbe des Himmels (Abschn. 13.2.1), eine weitere die grundlegende Grenze der Transparenz einer optischen Faser (Abschn. 10.2).

5.4 Reflexion und Brechung

Bei jedem Übergang einer elektromagnetischen Welle von einem Medium in ein anderes, z. B. beim Durchgang einer Welle durch eine Linse, kommt es zu Reflexions- oder Brechungseffekten. Diese lassen sich, wie wir in den folgenden Abschnitten sehen werden, durch geeignete Randbedingungen der Maxwellschen Gleichungen berechnen.

---

[4] Wenn der Abstand zum Betrachter in der gleichen Größenordnung wie a und/oder die Wellenlänge ist, wird die Betrachtung im Nahfeld komplizierter. Dieser Bereich hat in der Optik einige wichtige Anwendungen, beispielsweise das Nahfeldmikroskop (Abschn. 12.5), wird aber hier nicht behandelt.

5.4.1 Randbedingungen an Grenzschichten

An scharfen Grenzen zwischen zwei Medien gibt es einfache Beziehungen, die die Felder auf beiden Seiten erfüllen müssen. Die Komponenten von E und H parallel zur Oberfläche müssen auf beiden Seiten gleich sein, entsprechend die Normalkomponenten von D und B. Ein vollständiger Beweis dieser Bedingungen, von denen wir im folgenden ausführlich Gebrauch machen werden, findet sich in den einschlägigen Elektrodynamik-Lehrbüchern.

5.4.2 Die Fresnel-Koeffizienten

Nehmen wir an, eine ebene elektromagnetische Welle mit dem Wellenvektor k und der Amplitude des elektrischen Feldes E_0 trifft auf eine ebene Oberfläche, die zwei isotrope Medien mit den Brechungsindizes μ_1 und μ_2 voneinander trennt. Der Einfallswinkel zwischen dem Wellenvektor k und der Normalen $\hat{n}$ der Oberfläche ist $\hat{i}$. Ohne Einschränkung der Allgemeinheit können wir die beiden Fälle, in denen der Feldvektor E in der von k und $\hat{n}$ definierten Ebene liegt (mit ∥ bezeichnet) oder senkrecht dazu (mit ⊥ bezeichnet), separat behandeln. Jede andere Polarisation, ob eben oder nicht (Abschn. 6.2), kann als lineare Superposition dieser beiden Fälle aufgefaßt werden. Weitere, oft verwendete Bezeichnungen sind p oder TM (für „transversal magnetisch") für den parallelen Fall (∥) und s oder TE (für „transversal elektrisch") für den senkrechten Fall (⊥).

Abbildung 5.4 zeigt die Geometrie dieser Situation. Man beachte, daß hier reflektierte und transmittierte Wellen eingeführt wurden. Die Ebene, die den einfallenden Wellenvektor k, sowie den reflektierten und transmittierten Wellenvektor und die Oberflächennormale $\hat{n}$ enthält, ist die (x, z)-Ebene; der Vektor $\hat{n}$ zeigt entlang der z-Achse. Wir bezeichnen die Amplituden (Größen des elektrischen Feldes) der einfallenden, reflektierten und transmittierten Welle mit I, R und T. Die Beträge der Wellenvektoren in beiden Medien sind k_1 und k_2, und offensichtlich gilt $k_1/k_2 = \mu_2/\mu_1$, da beide Wellen die gleiche Frequenz haben.

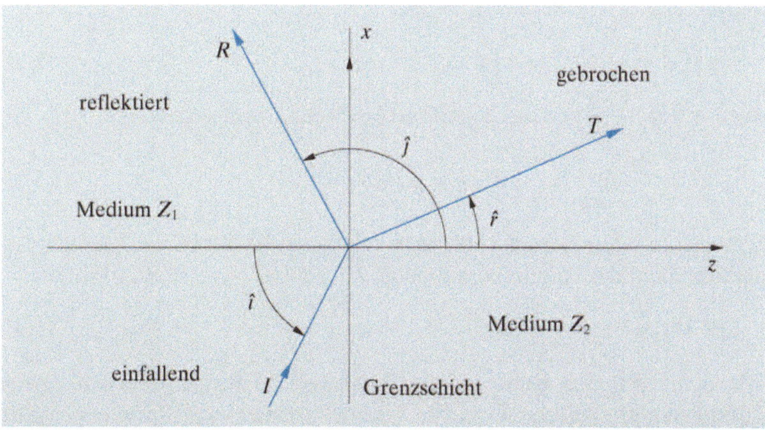

Abb. 5.4. Einfallende, reflektierte und gebrochene Strahlen

Betrachten wir zunächst die senkrechte ($\perp$) Mode: Der einfallende Strahl ist gegeben durch $\boldsymbol{E} = (0, I, 0)$. Zur Zeit $t = 0$ gilt:

einfallende Welle:
$$E_y = E_{yI} = I \exp\left[-\mathrm{i}(k_1 z \cos\hat{\imath} + k_1 x \sin\hat{\imath})\right],$$
reflektierte Welle:
$$E_y = E_{yR} = R \exp\left[-\mathrm{i}(k_1 z \cos\hat{\jmath} + k_1 x \sin\hat{\jmath})\right], \tag{5.35}$$
gebrochene Welle:
$$E_y = E_{yT} = T \exp\left[-\mathrm{i}(k_2 z \cos\hat{r} + k_2 x \sin\hat{r})\right].$$

Jede Phasenänderung während der Reflexion oder Transmission drückt sich in negativen oder komplexen Werten von R und T aus. Die magnetischen Felder sind über den **Wellenwiderstand** $Z = E/H = Z_0/\mu$ damit verbunden und stehen senkrecht auf $\boldsymbol{k}$ und $\boldsymbol{E}$. Der Tatsache, daß sich die reflektierte Welle in entgegengesetzter z-Richtung im Vergleich zu den anderen Wellen ausbreitet, wird durch einen passenden Wert von $\hat{\jmath}$ Rechnung getragen. Damit hat der Poynting-Vektor, der Energiefluß, die richtige Richtung. Haben wir als Feldrichtung $\boldsymbol{E} = (0, E_y, 0)$, so ergibt sich für die Komponenten des magnetischen Feldes:

$$
\begin{aligned}
\text{einfallende Welle:} \quad & H_z = E_{yI} Z_0^{-1} \mu_1 \sin\hat{\imath}\,, \\
& H_x = -E_{yI} Z_0^{-1} \mu_1 \cos\hat{\imath}\,; \\
\text{reflektierte Welle:} \quad & H_z = E_{yR} Z_0^{-1} \mu_1 \sin\hat{\jmath}\,, \\
& H_x = -E_{yR} Z_0^{-1} \mu_1 \cos\hat{\jmath}\,; \\
\text{gebrochene Welle:} \quad & H_z = E_{yT} Z_0^{-1} \mu_2 \sin\hat{r}\,, \\
& H_x = -E_{yT} Z_0^{-1} \mu_2 \cos\hat{r}\,.
\end{aligned}
\tag{5.36}
$$

Nun kann man die Randbedingungen mit einbeziehen. E_y ist die Parallelkomponente, die stetig ins zweite Medium übergehen soll. Daher ergibt sich aus (5.35) an der Stelle $x = 0$, $z = 0$

$$I + R = T\,. \tag{5.37}$$

Damit $E_{yI} + E_{yR} = E_{yT}$ gilt, müssen für jeden Punkt der Ebene $z = 0$ die oszillierenden Anteile identisch sein:

$$k_1 \sin\hat{\imath} = k_1 \sin\hat{\jmath} = k_2 \sin\hat{r}\,, \tag{5.38}$$

woraus $\hat{\jmath} = \pi - \hat{\imath}$ und das **Snelliussche Brechungsgesetz** folgen

$$\sin\hat{\imath} = \frac{k_2}{k_1} \sin\hat{r} = \frac{\mu_2}{\mu_1} \sin\hat{r} = \mu_\mathrm{r} \sin\hat{r}\,. \tag{5.39}$$

Dabei ist $\mu_\mathrm{r} = \mu_2/\mu_1$ der relative Brechungsindex der beiden Medien. Aus der Stetigkeit der Parallelkomponente H_x am Ort $(x, z) = (0, 0)$ folgt

$$I Z_1^{-1} \cos\hat{\imath} + R Z_1^{-1} \cos\hat{\jmath} = T Z_2^{-1} \cos\hat{r}\,. \tag{5.40}$$

Wir definieren den **Reflexionskoeffizienten** $\mathscr{R} \equiv R/I$ und den **Transmissionskoeffizienten** $\mathscr{T} \equiv T/I$. Damit erhalten wir für die gewählte

Polarisation (durch den Index $\perp$ gekennzeichnet) aus (5.37), (5.38) und (5.21):

$$\mathscr{R}_\perp = \frac{\mu_1 \cos\hat{\imath} - \mu_2 \cos\hat{r}}{\mu_1 \cos\hat{\imath} + \mu_2 \cos\hat{r}} = \frac{\cos\hat{\imath} - \mu_r \cos\hat{r}}{\cos\hat{\imath} + \mu_r \cos\hat{r}} \,, \tag{5.41}$$

$$\mathscr{T}_\perp = \frac{2\mu_1 \cos\hat{\imath}}{\mu_1 \cos\hat{\imath} + \mu_2 \cos\hat{r}} = \frac{2\cos\hat{\imath}}{\cos\hat{\imath} + \mu_r \cos\hat{r}} \,. \tag{5.42}$$

Die Koeffizienten für die parallele (Index $\parallel$) Polarisationsebene können völlig analog berechnet werden. Wenn wir $\mathscr{R}$ und $\mathscr{T}$ auf die Komponente E_x beziehen, erhalten wir:[5]

$$\mathscr{R}_\parallel = \frac{\mu_1 \cos\hat{r} - \mu_2 \cos\hat{\imath}}{\mu_1 \cos\hat{r} + \mu_2 \cos\hat{\imath}} = \frac{\cos\hat{r} - \mu_r \cos\hat{\imath}}{\cos\hat{r} + \mu_r \cos\hat{\imath}} \,, \tag{5.43}$$

$$\mathscr{T}_\parallel = \frac{2\mu_1 \cos\hat{\imath}}{\mu_1 \cos\hat{r} + \mu_2 \cos\hat{\imath}} = \frac{2\cos\hat{\imath}}{\cos\hat{r} + \mu_r \cos\hat{\imath}} \,. \tag{5.44}$$

Diese Funktionen sind in Abb. 5.5 dargestellt. Die beiden Fälle (ausgenommen $\mathscr{T}_\parallel$) werden manchmal zu den handlichen Ausdrücken

$$\mathscr{R} = \frac{u_1 - u_2}{u_2 + u_1} \,, \tag{5.45}$$

$$\mathscr{T}_\perp = \frac{2u_1}{u_2 + u_1} \tag{5.46}$$

---

[5] Es kommt manchmal zu Verwirrung aufgrund des Vorzeichens von $\mathscr{R}_\parallel$. Beziehen sich die Koeffizienten auf die Komponente E_z (was für Winkel in der Nähe des streifenden Einfalls praktisch sein kann), kehrt sich das Vorzeichen von $\mathscr{R}_\parallel$ um. Um dieser Fehlerquelle vorzubeugen, werden wir uns in diesem Buch ausschließlich auf E_x beziehen.

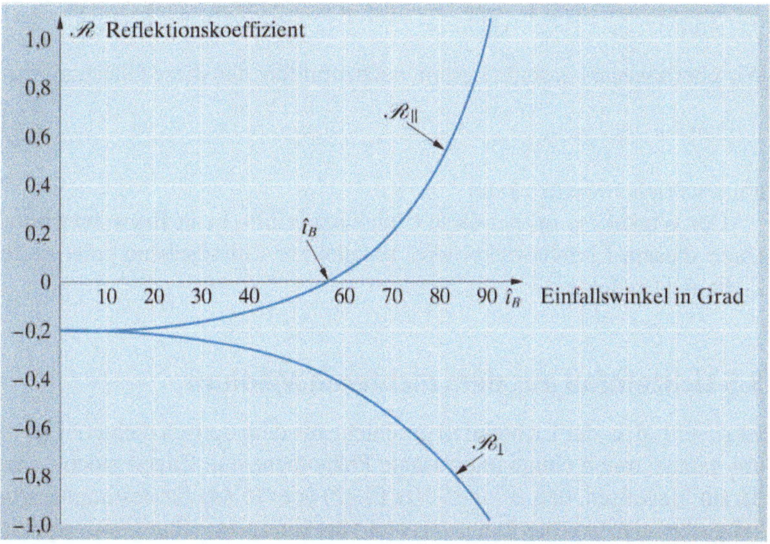

Abb. 5.5. Reflexionskoeffizient $\mathscr{R}(\hat{\imath})$ an der Oberfläche eines Mediums mit dem Brechungsindex $\mu_r = 1{,}5$ für parallele und senkrechte Polarisation

zusammengefaßt, wobei

$$\text{für } \perp \quad u_1 \equiv \mu_1 \cos \hat{\imath}, \quad u_2 \equiv \mu_2 \cos \hat{r}; \tag{5.47}$$

$$\text{für } \parallel \quad u_1 \equiv \mu_1 \sec \hat{\imath}, \quad u_2 \equiv \mu_2 \sec \hat{r}. \tag{5.48}$$

Diese Darstellung ist besonders zur Entwicklung der allgemeinen Theorie von vielschichtigen dielektrischen Systemen (Abschn. 10.3) nützlich, da sowohl Polarisation als auch Einfallswinkel mit einem einzigen Paar Formeln behandelt werden können. Bei senkrechtem Einfall ist der Reflexions- und Transmissionskoeffizient für beide Polarisationsrichtungen gleich und durch

$$\mathscr{R} = \frac{1 - \mu_r}{1 + \mu_r}, \tag{5.49}$$

$$\mathscr{T} = \frac{2}{1 + \mu_r} \tag{5.50}$$

gegeben. Als Beispiel nehmen wir den Übergang von Luft zu Glas, mit $\mu_r = 1{,}5$. Der Amplitudenreflexionskoeffizient $\mathscr{R}$ (5.49) ist

$$\mathscr{R} = \frac{-0{,}5}{2{,}5} = -0{,}2,$$

woraus sich ein Intensitätsreflexionskoeffizient von $\mathscr{R}^2 = 4\%$ ergibt.

5.4.3 Brewsterwinkel

Ist die Polarisationsebene parallel zur Einfallsebene, kann man aus Abb. 5.5 schließen, daß für einen bestimmten Winkel $\hat{\imath}_B$ der Reflexionskoeffizient null wird. Unter dieser Bedingung haben wir

$$\mu_1 \cos \hat{r} - \mu_2 \cos \hat{\imath} = 0,$$

$$\frac{\cos \hat{r}}{\cos \hat{\imath}} = \frac{\mu_2}{\mu_1} = \mu_r = \frac{\sin \hat{\imath}}{\sin \hat{r}}. \tag{5.51}$$

Wir überlassen es unseren Lesern, nachzuprüfen, daß diese Gleichung zu

$$\boxed{\tan \hat{\imath} = \cot \hat{r} = \mu_r} \tag{5.52}$$

umgeschrieben werden kann.

Der Winkel $\hat{\imath} = \hat{\imath}_B$, der diese Gleichung erfüllt, heißt **Brewsterwinkel**. Unter diesem Einfallswinkel wird parallel zur Einfallsebene polarisiertes Licht nicht reflektiert.

5.5 Lichteinfall aus dem dichteren Medium

Ist $\mu_r < 1$, d. h. der Lichteinfall geschieht aus dem optisch dichteren Medium heraus, treten einige interessante Phänomene auf. Zuerst möchten wir darauf hinweisen, daß $\mathscr{T}$ in (5.50), (5.42) oder (5.44) für bestimmte Winkel größer als 1 werden kann, was nicht der Energieerhaltung widerspricht.

Wir müssen für jeden Einzelfall Π berechnen. Aus (5.50) ergibt sich, wenn man $\Pi = E^2 Z^{-1} = E^2 \mu Z_0^{-1}$ pro Flächeneinheit setzt, für den Anteil an transmittierter Energie

$$\left(\frac{2\mu_1}{\mu_2 + \mu_1}\right)^2 \frac{\mu_2}{\mu_1} = \frac{4\mu_1 \mu_2}{(\mu_1 + \mu_2)^2} = \frac{4\mu_r}{(1 + \mu_r)^2} , \tag{5.53}$$

der seinen Maximalwert von 1 für $\mu_r = 1$ erreicht. Im Falle von nichtsenkrechtem Einfall muß bei der Berechnung des totalen Energieflusses auch berücksichtigt werden, daß sich die Flächen von transmittiertem und reflektiertem Strahl wie $\cos \hat{\imath} : \cos \hat{r}$ verhalten.

5.5.1 Totalreflexion

In der normalen Situation, in der $\mu_r > 1$ ist, ergibt jeder Einfallswinkel einen berechenbaren Brechungswinkel $\hat{r}$. Ist dagegen $\mu_r < 1$, gibt es keine reelle Lösung für $\hat{r}$, falls $\hat{\imath} > \sin^{-1} \mu_r \equiv \hat{\imath}_c$ (Index c für „critical"). Dieser Winkel wird **kritischer Winkel** genannt; oberhalb davon sind sowohl $|\mathscr{R}_\perp|$ als auch $|\mathscr{R}_\parallel|$ gleich 1. Das Phänomen heißt **Totalreflexion**. Wie kann man nun das Wellenfeld für Winkel $\hat{\imath} > \hat{\imath}_c$ beschreiben? Wir führen für solche Winkel einen **komplexen Brechungswinkel** als formale Lösung des Snelliusschen Brechungsgesetzes ein. Es stellt sich dann heraus, daß die Welle im zweiten (optisch dünneren) Medium (räumlich) exponentiell abklingt. Solch eine Welle wird als evaneszente Welle bezeichnet. Aus der Gleichung

$$\sin \hat{r} = \frac{1}{\mu_r} \sin \hat{\imath} = (1 + \beta^2)^{\frac{1}{2}} > 1 \tag{5.54}$$

folgt

$$\cos \hat{r} = (1 - \sin^2 \hat{r})^{\frac{1}{2}} = \pm i\beta \quad (\beta \text{ reell und positiv}) . \tag{5.55}$$

Von den beiden Vorzeichen für $\cos \hat{r}$ steht das obere bzw. untere für eine Wellenausbreitung in Richtung $+z$ bzw. $-z$. Setzt man dies in die Gleichungen für $\mathscr{R}$ und $\mathscr{T}$ (5.41–44) ein, erhält man:

$$\mathscr{R}_\perp = \frac{\cos \hat{\imath} \mp i\mu_r \beta}{\cos \hat{\imath} \pm i\mu_r \beta} , \tag{5.56}$$

$$\mathscr{T}_\perp = \frac{2 \cos \hat{\imath}}{\cos \hat{\imath} \pm i\mu_r \beta} , \tag{5.57}$$

$$\mathscr{R}_\parallel = \frac{-\mu_r \cos \hat{\imath} \pm i\beta}{\mu_r \cos \hat{\imath} \pm i\beta} , \tag{5.58}$$

$$\mathscr{T}_\parallel = \frac{2 \cos \hat{\imath}}{\mu_r \cos \hat{\imath} \pm i\beta} . \tag{5.59}$$

Da die Reflexionskoeffizienten beide die Form

$$\mathscr{R} = \frac{p - iq}{p + iq} = \exp\left[-2i \tan^{-1}\left(\frac{p}{q}\right)\right]$$
$$= \exp(-i\alpha) \tag{5.60}$$

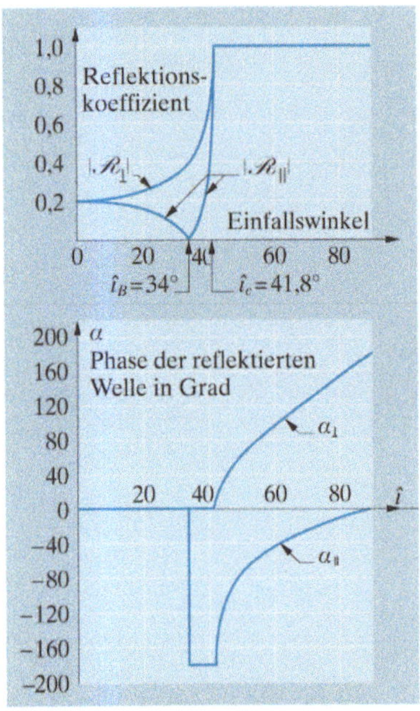

Abb. 5.6. Betrag und Phase des Reflexionskoeffizienten $\mathscr{R} = |\mathscr{R}| \exp(i\alpha)$ an der Oberfläche für Einfall aus einem optisch dichteren Medium mit $\mu_{\mathrm{r}} = 1/1{,}5$

haben, ist es klar, daß sie die komplette Reflexion ($|\mathscr{R}| = 1$) beschreiben, allerdings mit einer Phasenverschiebung α

$$\alpha_\perp = \pm 2 \tan^{-1} \frac{\mu_{\mathrm{r}} \beta}{\cos \hat{\imath}}\,, \tag{5.61}$$

$$\alpha_\parallel = \mp 2 \tan^{-1} \frac{\mu_{\mathrm{r}} \cos \hat{\imath}}{\beta}\,. \tag{5.62}$$

Abbildung 5.6 zeigt den Reflexionskoeffizienten für $\mu_{\mathrm{r}} = 1{,}5^{-1}$ über den gesamten Bereich von $\hat{\imath}$ zwischen 0 und $\pi/2$.

Es ist allerdings keiner der Transmissionskoeffizienten dabei null, wir müssen daher die gebrochene Welle genauer untersuchen. Wir schreiben dazu den ortsabhängigen Anteil der transmittierten Welle vollständig als

$$\begin{aligned}
E &= E_0 \exp\left[-\mathrm{i}(kz \cos \hat{r} + kx \sin \hat{r})\right] \\
&= E_0 \exp(\mp k\beta z) \exp\left[-\mathrm{i}kx(1+\beta^2)^{\frac{1}{2}}\right]. \tag{5.63}
\end{aligned}$$

Wenn die oberen Vorzeichen in (5.55–63) gewählt werden, erhalten wir eine **evaneszente Welle**, die exponentiell gegen null abklingt für $z \to \infty$. Die **charakteristische Zerfallslänge** ist $(k\beta)^{-1}$. Als Beispiel betrachten wir ein Material mit $\mu = 1{,}5$ und einem kritischen Winkel von $41{,}8°$. Nehmen wir einen Einfallswinkel von $42{,}8°$, erhalten wir

$$\beta = (2{,}25 \sin^2 42{,}8° - 1)^{\frac{1}{2}} = 0{,}20\,,$$

und daraus eine Zerfallslänge von $\lambda/2\pi\beta \approx 0{,}8\,\lambda$.

Das Phänomen der Totalreflexion und der daraus folgenden evaneszenten Welle besitzt mehrere wichtige Anwendungen. Verschiedene Typen von Prismen verwenden die Totalreflexion in optischen Instrumenten, um Licht mit oder ohne eine Bildumkehr zu reflektieren. Ein typisches Beispiel sind Feldstecher. In optischen **Wellenleitern** und Glasfasern (Abschn. 10.1,2) wird eine Mehrfachreflexion an den Wänden oder den Grenzschichten zwischen den Medien dazu verwendet, das Licht mit vernachlässigbaren Verlusten entlang der Faser zu führen. Zusätzlich eröffnet die Existenz der evaneszenten Welle außerhalb der Faser eine Möglichkeit, ohne mechanische Eingriffe Energie aus dem Lichtleiter auszukoppeln.

5.5.2 Phasenverschiebungen bei der Totalreflexion

Die Phasenverschiebungen (5.61–62) für die beiden Polarisationen in z-Richtung haben etwas unterschiedliche Abhängigkeiten vom Winkel $\hat{\imath}$ im Bereich zwischen $\hat{\imath}_{\mathrm{c}}$ und $\pi/2$. Verwenden wir in beiden Gleichungen wiederum die oberen Vorzeichen, kann man ihnen die Werte 0 und π für den Winkel $\hat{\imath} = \hat{\imath}_{\mathrm{c}}$ ($\beta = 0$) bzw. π und 0 für $\hat{\imath} = \pi/2$ zuweisen. Die Differenz $\alpha_\parallel - \alpha_\perp + \pi$ kann für beliebige Werte von μ_{r} ausgewertet werden,[6] sie ist in Abb. 5.7 für die beiden Werte $\mu_{\mathrm{r}} = 1{,}5^{-1}$ und $\mu_{\mathrm{r}} = 2{,}5^{-1}$ gezeigt. Für $\beta/\cos\hat{\imath} = 1$ hat die Phasenverschiebung ein Maximum mit $45°$ bei $\hat{\imath} = 51{,}7°$ und $93°$ bei $\hat{\imath} = 31{,}7°$ für die beiden Werte von μ_{r}. Ein Polarisator, der auf diesem Prinzip beruht, ist der **Fresnel-Rhombus** (Aufgabe 5.3).

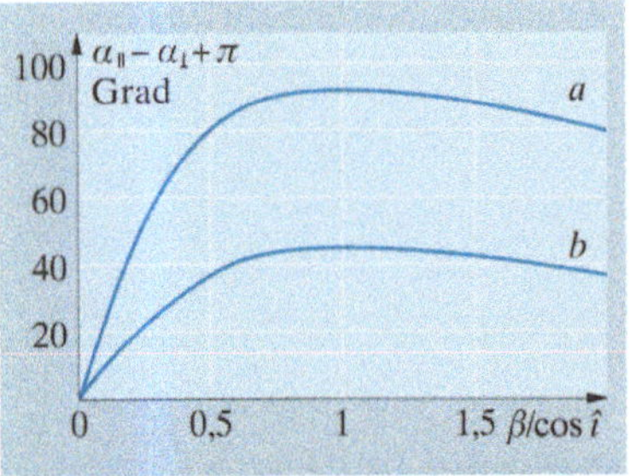

Abb. 5.7. Phasendifferenz $\alpha_\parallel - \alpha_\perp + \pi$ bei Totalreflexion im Falle von (a) $\mu_{\mathrm{r}} = 1/2{,}5$ und (b) $\mu_{\mathrm{r}} = 1/1{,}5$ als Funktion von $\beta/\cos(\hat{\imath})$

---

[6] Die Notwendigkeit, π zu $\alpha_\parallel - \alpha_\perp$ hinzuzufügen, entsteht, da nur die parallele Polarisationsrichtung einen Brewsterwinkel aufweist, bei dem sich die Phase von $\mathscr{R}$ um π ändert (siehe Abb. 5.6b).

5.5.3 Optisches Tunneln

Wird Licht von einer ebenen Oberfläche unter einem Winkel, der größer ist als der kritische, totalreflektiert, und existiert eine zweite Oberfläche innerhalb des Bereichs der evaneszenten Welle, kann die Totalreflexion verhindert werden und das Phänomen des **optischen Tunnelns** tritt auf (man spricht dabei auch von „frustrierter" Totalreflexion). Dabei wird eine Welle teilweise durch einen Raum übertragen, der nach den Gesetzen der geometrischen Optik nicht zugänglich ist. Es handelt sich hierbei um das elektromagnetische Äquivalent des Tunnelns von α-Teilchen oder Elektronen in der Quantenmechanik. Ein schematisches Experiment ist in Abb. 5.8 gezeigt. Der Vorgang hat zahlreiche Anwendungen, z. B. Strahlteiler und Koppelelemente für Lichtleiter.

Die Berechnung des Transmissionsvermögens durch die „verbotene Zone" ist nicht schwierig, wenn man erst die **effektiven Brechungsindizes** der Medien durch u_1 und u_2 (5.45, 5.46) ausgedrückt hat, wobei der Wert von u_2 im Luftspalt imaginär ist. Wir können hier die Methode, die in Abschn. 10.3 für Vielschichtensysteme hergeleitet wird, vorwegnehmen und das Ergebnis hinschreiben:

$$\mathscr{T} = \left[\cosh k\beta d + \tfrac{1}{2}\mathrm{i}\sinh k\beta d(\mu\cos\hat{\imath}/\beta - \beta/\mu\cos\hat{\imath})\right]^{-1}$$
$$\approx \mathrm{e}^{-k\beta d} \quad \text{für große } d \tag{5.64}$$

Man kann das optische Tunneln leicht experimentell nachweisen (Abb. 5.9a). Das zweite Prisma in Abb. 5.8 wird durch eine Linse mit großem ($\sim 1\,\mathrm{m}$) Krümmungsradius ersetzt, die leicht auf der horizontalen Grundseite des Prismas (Hypotenuse) aufliegt. Dadurch können mehrere Werte von d gleichzeitig untersucht werden. Schaut man sich das reflektierte Licht an, kann man einen dunklen Fleck um den Auflagepunkt der Linse herum erkennen, der den Bereich der frustrierten Totalreflexion charakterisiert (Abb. 5.9b). Verändert man den Einfallswinkel in das Prisma zu einem Wert unterhalb des kritischen Winkels, wird u_2 wieder reell, und Interferenzstreifen (**Newtonsche Ringe**) ersetzen den dunklen Fleck (Abb. 5.9c). Diese können zur Kalibration der Breite der verbotenen Zone verwendet werden und zur Bestätigung, daß nennenswertes Tunneln bis zu einer Breite von $\tfrac{3}{4}\lambda$ auftritt.

5.5.4 Energiefluß in der evaneszenten Welle

Die Amplitude der evaneszenten Welle klingt mit zunehmendem z ab, so daß offensichtlich keine Energie in diese Richtung, weg von der Grenzschicht, transportiert werden kann. Auf der anderen Seite existiert eine Welle, die eine Energiedichte besitzt. Wir müssen nun also zeigen, daß der Energietransport innerhalb der evaneszenten Welle auf Richtungen parallel zur Grenzschicht begrenzt ist. Für die senkrechten Wellenkomponenten im zweiten Medium ergibt ein Einsetzen von (5.63) in (5.36) die Felder

$$E_y = E_0 \exp(-k\beta z)\exp\left\{-\mathrm{i}[kx(1+\beta^2)^{\frac{1}{2}} - \omega t]\right\}, \tag{5.65}$$

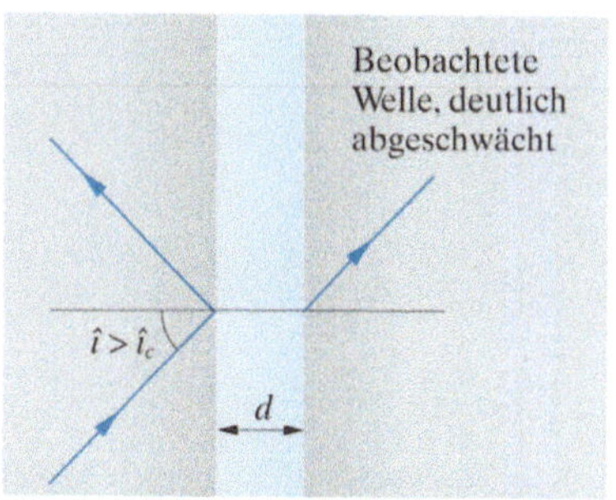

Abb. 5.8. Tunneln einer Welle durch einen Luftspalt zwischen zwei Medien im Abstand von $d \sim (k\beta)^{-1}$

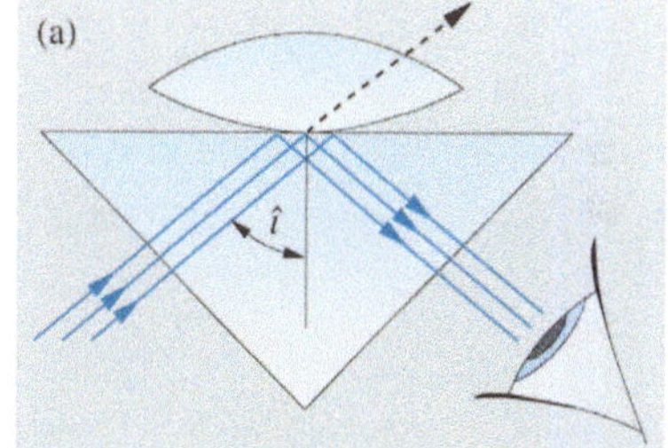

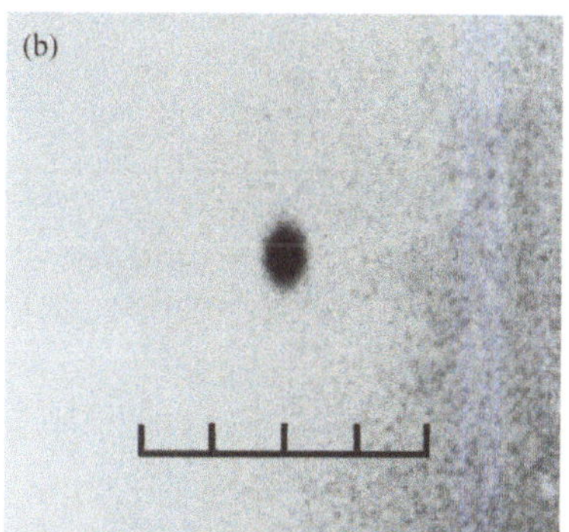

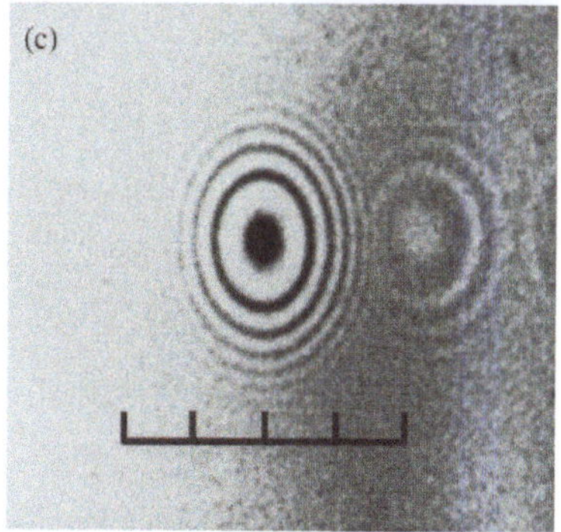

Abb. 5.9. (a) Experiment zur Veranschaulichung des optischen Tunneleffekts; (b) Beobachtung unter $\hat{\imath} > \hat{\imath}_c$; (c) Ergebnis bei $\hat{\imath} < \hat{\imath}_c$

$$H_z = Z_0^{-1} \sin \hat{r} E_y = Z_0^{-1}(1+\beta^2)^{\frac{1}{2}} E_y$$
$$= Z_0^{-1}(1+\beta^2)^{\frac{1}{2}} E_0 \exp\left\{-\mathrm{i}\left[kx(1+\beta^2)^{\frac{1}{2}} - \omega t\right]\right\}, \tag{5.66}$$

$$H_x = Z_0^{-1} \cos \hat{r} E_y = \mathrm{i} Z_0^{-1} \beta E_y$$
$$= Z_0^{-1} E_0 \beta \exp\left\{-\mathrm{i}\left[kx(1+\beta^2)^{\frac{1}{2}} - \omega t + \pi/2\right]\right\}. \tag{5.67}$$

Daher besitzt der Poynting-Vektor folgende Komponenten:

$$\Pi_x = E_y H_z \sim E_y^2 (1+\beta)^{\frac{1}{2}}, \tag{5.68}$$

$$\Pi_z = -E_y H_x \sim \mathrm{i}\beta E_y^2. \tag{5.69}$$

Der imaginäre Wert von Π_z sagt uns, daß keine Energie senkrecht zur Oberfläche transportiert wird; mit (5.67) wird klar, daß E_y und H_x eine Phasenverschiebung von $\pi/2$ haben und daher das Zeitmittel ihres Produkts null ist, $\langle \Pi_z \rangle = 0$. Es gibt dagegen keine Phasenverschiebung zwischen E_y und H_z, so daß $\langle \Pi_x \rangle \neq 0$, die Energie wird daher in dieser Richtung transportiert.

5.5.5 Fata Morgana

Reflexionen können auch dann auftreten, wenn die Grenzschicht zwischen zwei Medien nicht scharf definiert ist. Dies geschieht häufig; das bekannteste Beispiel dafür ist zweifellos die **Fata Morgana**, die dem zeitgenössischen Leser vor allem beim Fahren auf einer Asphaltstraße im Sommer begegnet. Dabei wird der blaue Himmel von einer dünnen Schicht überhitzter Luft über der Straßenoberfläche reflektiert, und man kann ihn unter einem flachen Winkel sehen. Es scheint fast so, als wäre die Straße überflutet.[7] Ein weiteres Auftreten einer nicht scharf definierten Grenzschicht, das wir in Abschn. 10.2.2 kennenlernen werden, ist eine Glasfaser mit Brechungsindexgradienten. Es gibt mehrere Wege, diese Phänomene zu behandeln:

- mit Hilfe der geometrischen Optik,
- mit den Prinzipien von *Huygens* und *Fermat*,
- durch Lösung der Wellengleichung.

Wir wollen annehmen, daß sich der Brechungsindex μ langsam als Funktion der Höhe z ändert, d.h. $\mathrm{d}\mu/\mathrm{d}z \ll k_0$, so daß das Medium lokal einheitlich erscheint. Die geometrische Optik sagt uns, daß sich der Winkel des Strahls mit der Höhe gemäß

$$\mu(z) \sin \hat{\imath}(z) = K, \qquad K \text{ konstant} \tag{5.70}$$

ändert. Für ein gegebenes $\hat{\imath}(0)$ in der Augenhöhe des Beobachters, $z = 0$, tritt Totalreflexion in der Höhe z_r auf, wobei $\hat{\imath}(z_\mathrm{r}) = \pi/2$ gilt:

$$\mu(z_\mathrm{r}) = \mu(0) \sin \hat{\imath}(0). \tag{5.71}$$

---

[7] Dieses Beispiel ersetzt die Standardbeschreibung einer Fata Morgana, wie sie einem durstigen Beduinen unter sengender Mittagssonne auf seinem Kamel bei der Durchquerung einer endlosen Sandwüste erscheint …

Luft hat einen temperaturabhängigen Brechungsindex

$$\mu(T) = 1{,}000291 - 10^{-6}\, T \,,$$

wobei T in Grad Celsius angegeben wird. Ist die Lufttemperatur beim Beobachter 30 °C und auf der Straße 70 °C, wird ein von der Luft direkt oberhalb der Straße reflektierter Lichtstrahl den Beobachter unter einem Winkel $\hat{\imath}(h)$ von

$$\mu(70) = \mu(30)\, \sin \hat{\imath}(h)$$

erreichen, also $\hat{\imath} = \frac{\pi}{2} - 9 \cdot 10^{-3}$ rad, was etwa 0,6° unterhalb des Horizontes ist.

Das **Huygenssche Prinzip** erlaubt es uns, die Wellenfronten zu verfolgen, wenn eine flach von oben einfallende Welle sich $z = 0$ nähert. Die Wellenlänge (Abstand zwischen Wellenfronten) wird bei größer werdendem z immer kürzer (da $\mathrm{d}\mu/\mathrm{d}z > 0$), daher kommt es zu einem Umlenken („Umbiegen") der Welle (Abb. 5.10). Es gibt keine wohldefinierte Reflexionshöhe. Auf den ersten Blick scheint es, als ob dieser Typ Reflexion das Bild nicht umkehren würde, aber eine genauere Behandlung zeigt, daß dies doch der Fall ist.

Die Behandlung im Rahmen der Wellentheorie ermöglicht eine vollständige Berechnung der komplexen Amplitude in jeder Höhe und zeigt, wie man es erwartet, eine evaneszente Welle unterhalb der Höhe der geometrischen Reflexion z_r, wie in (5.71) definiert. Man kann hier eine Methode anwenden, die in der Quantenmechanik weit verbreitet ist, die **WKB-Methode** (für *Wentzel*, *Kramers* und *Brillouin*). Man findet sie in den Quantenmechanik-Lehrbüchern, z. B. *Cohen-Tannoudji* et al. (1977) oder *Gasiorowicz* (1974).[8]

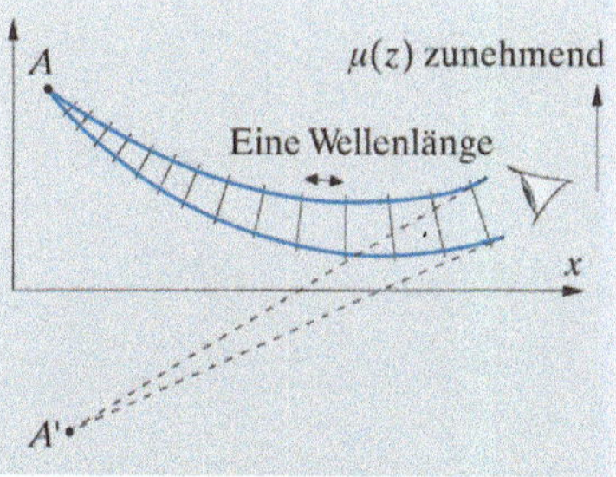

Abb. 5.10. Fermatsches Prinzip angewendet auf eine Fata Morgana

5.6 Einfall elektromagnetischer Wellen auf leitende Oberflächen

Bisher haben wir ausschließlich **Isolatoren** betrachtet. Dadurch konnten wir den Stromterm in (5.3) vernachlässigen

$$\nabla \times \boldsymbol{H} = \frac{\partial \boldsymbol{D}}{\partial t} + \boldsymbol{j} \,. \tag{5.72}$$

Wenn wir nun wissen wollen, was beim Einfall einer elektromagnetischen Welle auf einen **Leiter** geschieht, müssen wir diesen Term behandeln, da das elektrische Feld $\boldsymbol{E}$ eine von null verschiedene Stromdichte $\boldsymbol{j}$ induziert, sofern die Leitfähigkeit σ hinreichend groß ist:

$$\boldsymbol{j} = \sigma \boldsymbol{E} \,. \tag{5.73}$$

Wir können (5.73) in (5.72) einsetzen, gleichzeitig $\boldsymbol{D}$ durch $\varepsilon\varepsilon_0 \boldsymbol{E}$ ersetzen und erhalten:

$$\nabla \times \boldsymbol{H} = \varepsilon\varepsilon_0 \frac{\partial \boldsymbol{E}}{\partial t} + \sigma \boldsymbol{E} \,. \tag{5.74}$$

---

[8] Die vollständige Berechnung findet sich in der zweiten Ausgabe dieses Buches (*Lipson* und *Lipson*).

Erinnern wir uns nun daran, daß die Welle mit der Frequenz ω schwingt und ersetzen den Operator $\partial/\partial t$ durch $-\mathrm{i}\omega$, was uns zu

$$\nabla \times \boldsymbol{H} = -\mathrm{i}\varepsilon_0 E\omega\left(\varepsilon - \frac{\sigma}{\mathrm{i}\omega\varepsilon_0}\right) \tag{5.75}$$

führt. Der Leitfähigkeitsterm kann in die **Dielektrizitätskonstante** mit einbezogen werden, wenn wir sie als komplexe Größe schreiben:

$$\varepsilon_\mathrm{c} = \varepsilon - \frac{\sigma}{\mathrm{i}\omega\varepsilon_0} \; . \tag{5.76}$$

> Dies ist ein wichtiges Ergebnis: Wellenausbreitung in einem Leiter kann formal als Ausbreitung in einem Medium mit komplexer Dielektrizitätskonstante beschrieben werden.

Der Grund dafür ist leicht einsichtig. In einem Isolator erzeugt das dielektrische Feld einen dazu um 90° phasenverschobenen Verschiebungsstrom $\partial\boldsymbol{D}/\partial t$; in einem Leiter ist die reale Stromdichte in Phase mit $\boldsymbol{E}$, woraus ein Gesamtstrom mit einer dazwischenliegenden Phase entsteht, der sich durch ein komplexes ε_c beschreiben läßt.

Da die Mathematik nun formell wie in Abschn. 5.1 für eine reelle Dielektrizitätskonstante zu behandeln ist, werden wir einfach das Standardergebnis $v/c = \varepsilon^{-\frac{1}{2}}$ nehmen und ε_c aus (5.76) darin einsetzen

$$\frac{v}{c} = \left(\varepsilon + \frac{\mathrm{i}\sigma}{\varepsilon_0\omega}\right)^{-\frac{1}{2}} \; . \tag{5.77}$$

Nehmen wir an, ε sei von der Größenordnung eins. Setzt man reale Werte metallischer Leiter für σ und ω ein, zeigt sich, daß der komplexe Anteil bei weitem dominiert, auch bei optischen Frequenzen. Wir können daher schreiben:

$$c/v = \mu \approx (\mathrm{i}\sigma/\varepsilon_0\omega)^{\frac{1}{2}} = (\sigma/2\varepsilon_0\omega)^{\frac{1}{2}}(1+\mathrm{i}) \, , \tag{5.78}$$

wobei μ der komplexe Brechungsindex ist (Abschn. 2.4). Wir können nun den Einfluß einer Welle der Frequenz ω angeben

$$\boldsymbol{E} = \boldsymbol{E}_0 \exp\left[\mathrm{i}(kx - \omega t)\right] = \boldsymbol{E}_0 \exp\left[\mathrm{i}\omega(\mu z/c - t)\right] , \tag{5.79}$$

die senkrecht zur Oberfläche $z = 0$ auf einen Leiter einfällt. In der Tiefe z haben wir dann aus (5.78):

$$\begin{aligned}
\boldsymbol{E}(z) = \boldsymbol{E}_0 &\exp\left[-(\sigma\omega/2\varepsilon_0 c^2)^{\frac{1}{2}} z\right] \\
&\times \exp\left\{\mathrm{i}\left[(\sigma\omega/2\varepsilon_0 c^2)^{\frac{1}{2}} z - \omega t\right]\right\}
\end{aligned} \; . \tag{5.80}$$

Dies ist eine gedämpfte Welle mit einer charakteristischen Zerfallslänge l und einer Wellenlänge λ innerhalb des Leiters, die gegeben ist durch

$$l = \lambda/2\pi = (2\varepsilon_0 c^2/\sigma\omega)^{\frac{1}{2}} \; . \tag{5.81}$$

Die Dämpfung pro Wellenlänge ist daher unabhängig von der Frequenz und impliziert, daß die Welle kaum mehr als einige Wellenlängen in den Leiter eindringen kann.

Tabelle 5.1 zeigt einige typische Werte der **Eindringtiefe** (oder Skin-Tiefe) l in Kupfer für verschiedene Frequenzen. Es ist klar, daß für optische Frequenzen die Eindringtiefe für Kupfer praktisch vernachlässigbar ist, selbst auf einer atomaren Skala, obwohl zugegebenermaßen die Theorie für Frequenzen, bei denen die Eindringtiefe kleiner als die mittlere freie Weglänge der Metallelektronen ist, nicht anwendbar ist.

Tabelle 5.1. Eindringtiefen in Kupfer für verschiedene Frequenzen bei 0°

Frequenz (Hz)	Vakuum-Wellen-länge (m)	Eindring-tiefe (m)
50		$10 \cdot 10^{-3}$
10^3		$2{,}4 \cdot 10^{-3}$
10^6	$300 \cdot 10^{-3}$	$0{,}01 \cdot 10^{-3}$
$600 \cdot 10^{12}$	$500 \cdot 10^{-9}$	$1{,}7 \cdot 10^{-9}$

5.6.1 Reflexion an einer Metalloberfläche

Als Folge obiger Überlegungen kann man zahlreiche optische Eigenschaften von einfachen Leitern berechnen. Solche Berechnungen vernachlässigen Bandstruktur-Effekte, die beispielsweise zu der charakteristischen Farbe von Kupfer Anlaß geben, sind aber im Bereich sichtbarer Frequenzen für Metalle wie die Alkalimetalle hinreichend genau. Unter dieser Voraussetzung kann man den komplexen Wert von μ aus (5.78) in (5.41) und (5.43) einsetzen, um den Reflexionskoeffizienten zu erhalten. Wir werden das an einem Beispiel zeigen.

Licht, parallel zur Oberfläche polarisiert, fällt schräg auf eine Metalloberfläche. Der **Reflexionskoeffizient** in Abhängigkeit des Einfallswinkels ist nach (5.43)

$$\mathcal{R}_\parallel = \frac{\cos\hat{r} - s(1+\mathrm{i})\cos\hat{\imath}}{\cos\hat{r} + s(1+\mathrm{i})\cos\hat{\imath}} \, , \tag{5.82}$$

wobei

$$s = (\sigma/2\varepsilon_0\omega)^{\frac{1}{2}} \, . \tag{5.83}$$

Da $s = \mathrm{Re}(\mu) \gg 1$ ist, können wir $\cos\hat{r} = 1$ annehmen, also

$$\boxed{\mathcal{R}_\parallel = \frac{1 - s(1+\mathrm{i})\cos\hat{\imath}}{1 + s(1+\mathrm{i})\cos\hat{\imath}}} \, . \tag{5.84}$$

Für kleine Einfallswinkel $\hat{\imath}$ hat $\mathcal{R}_\parallel$ den Wert -1: perfekte Reflexion mit einer Phasenverschiebung von π. Nähern wir uns dem streifenden Einfall, ändert sich die Phase der reflektierten Welle kontinuierlich, bis $\mathcal{R}_\parallel = +1$ bei $\hat{\imath} = \pi/2$ erreicht wird. Die Phasenänderung geschieht bei einem Winkel, den man als „**komplexen Brewsterwinkel**" bezeichnen könnte, bei dem der Real- und Imaginärteil von $\mathcal{R}$ vergleichbar werden, d. h.

$$s\cos\hat{\imath} \approx 1 \, . \tag{5.85}$$

An dieser Stelle fällt der Wert von $|\mathcal{R}|$ etwas unter 1 ab. Bei einer Aluminiumoberfläche bei Raumtemperatur beträgt dieser Winkel etwa 89° für sichtbares Licht, und der Intensitätsreflexionskoeffizient $|\mathcal{R}|^2$ fällt auf ein Minimum von etwa 20% ab. Bei kleineren Einfallswinkeln wird das Verhalten von realen Metallen ununterscheidbar von dem idealer Metalle mit $\sigma \to \infty$.

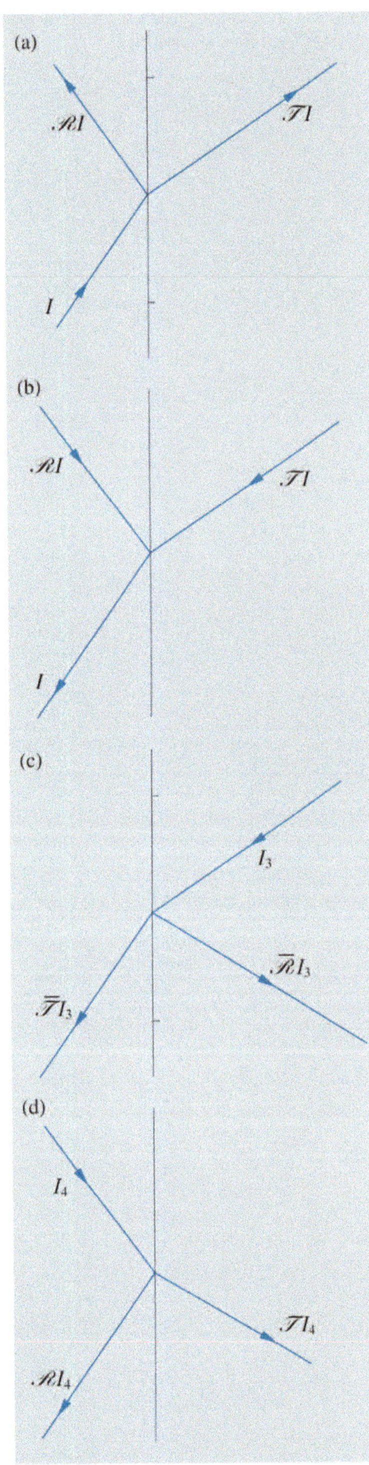

Abb. 5.11a–d. Reflexion von gegenüber-
liegenden Seiten einer Grenzschicht

5.6.2 Reziprozität und Zeitumkehr: die Stokesschen Beziehungen

Dem Leser ist vielleicht aufgefallen, daß der Reflexionskoeffizient (5.45) bei Lichteinfall aus dem Medium mit dem niedrigeren Brechungsindex negativ ist, und positiv mit dem gleichen Betrag, wenn der Lichtweg exakt umgekehrt wird, so daß das Licht aus dem optisch dichteren Medium einfällt. Diese Vorzeichenumkehr des Reflexionskoeffizienten an einer Grenzschicht bei der Umkehr des Lichtwegs ist eine wichtige Eigenschaft, die nicht auf einzelne Grenzschichten beschränkt ist. Sie gilt für alle nichtabsorbierenden, teilreflektierenden Systeme. Diese Eigenschaft stellt nicht einfach eine mathematische Merkwürdigkeit dar, sondern hat wichtige Folgen für die Energieerhaltung in Interferometern (siehe beispielsweise Abschn. 9.5 und die Aufgaben 9.5 und 9.6) und wird auch beim optischen phasensensitiven Detektor verwandt (Aufgabe 14.1). Sie ist eine Folge der **Zeitumkehrsymmetrie** der Maxwellschen Gleichungen in Abwesenheit von Absorption, die sich durch einen nichtverschwindenden Stromdichteterm j in (5.3) bemerkbar machen würde.

Wenn wir t in (5.9, 10) durch $-t$ ersetzen, finden wir keine Veränderung in der resultierenden Wellengleichung (5.12). Somit hat jeder Satz von miteinander verbundenen Wellen, wie beispielsweise das Trio von einfallender, reflektierter und transmittierter (gebrochener) Welle, eine Zeitumkehrentsprechung. Der Effekt der Ersetzung von t durch $-t$ bei einer Welle ist die Umkehrung der Ausbreitungsrichtung ohne Veränderung der Amplitude. Wenn wir daher diesen Vorgang auf das Trio in Abb. 5.11a anwenden, erhalten wir die Wellen in Abb. 5.11b. Das reflektierende Medium ist dabei völlig beliebig bis auf die Tatsache, daß es nicht absorbieren darf. Es könnte sich dabei um eine einzelne Grenzschicht, ein Vielschichtensystem oder jedes andere System handeln, das diese Bedingung erfüllt. Die Amplituden I, R und T der einfallenden, reflektierten und transmittierten (gebrochenen) Welle in beiden Abbildungen sind durch die Koeffizienten $\mathscr{R} = R/I$ und $\mathscr{T} = T/I$ miteinander verknüpft. Es ist wichtig sich klarzumachen, daß sich diese Koeffizienten auf eine beliebige vorgegebene Oberfläche beziehen, die den gesamten Reflektor repräsentiert. In Abb. 5.11b sind die Amplituden unverändert, aber sie stellt eine ungewöhnliche Situation dar: Es gibt zwei einfallende Wellen und eine, die das System verläßt. Offensichtlich muß dazu eine Art von **Interferenz** mitberücksichtigt werden, aber das ist im Rahmen der Maxwellschen Gleichungen problemlos möglich, und die Details sollen uns hier nicht weiter beschäftigen. Auf jeden Fall läßt sich die Situation in Abb. 5.11b durch eine Superposition zweier konventioneller Wellentrios, jedes von einer Seite aus einfallend, wie in Abb. 5.11c und Abb. 5.11d gezeigt, darstellen. Das erste davon fällt von rechts her ein und hat einen Reflexions- bzw. Transmissionskoeffizienten $\overline{\mathscr{R}}$ und $\overline{\mathscr{T}}$. In der Abbildung sind die Amplituden entsprechend gekennzeichnet. Wir nehmen zunächst an, daß $\mathscr{R}$ und $\mathscr{T}$ reelle Größen sind. Berechnet man die Amplituden aus Abb. 5.11b als Summe dieser beiden, ergibt sich:

$$I = \overline{\mathscr{T}} I_3 + \mathscr{R} I_4 , \tag{5.86}$$

$$\mathscr{R} I = I_4 , \tag{5.87}$$

$$0 = \overline{\mathscr{R}} I_3 + \mathscr{T} I_4 \, , \tag{5.88}$$

$$\mathscr{T} I = I_3 \, . \tag{5.89}$$

Das führt uns direkt zu den **Stokesschen Beziehungen**:

$$\overline{\mathscr{R}} = -\mathscr{R} \, , \tag{5.90}$$

$$1 = \mathscr{T}\,\overline{\mathscr{T}} + \mathscr{R}^2 \, . \tag{5.91}$$

Gleichung (5.90) stellt ein allgemeines Ergebnis dar, für das die Reflexion an einer dielektrischen Oberfläche nur ein Sonderfall ist.

Die Voraussetzung, daß $\mathscr{R}$ und $\mathscr{T}$ reelle Größen sind, bedeutet, daß weder bei der Reflexion noch der Transmission der Welle eine Phasenänderung auftritt. Es gibt allerdings zahlreiche Fälle, z. B. bei der Totalreflexion (Abschn. 5.5.2), wo dies nicht stimmt. Die Argumentation kann aber recht einfach auf komplexe Werte von $\mathscr{R}$ und $\mathscr{T}$ ausgeweitet werden. Der Ausgangspunkt hierfür ist die Erkenntnis, daß es ein zu E gehörendes, zeitumgekehrtes Feld E^* gibt. Obwohl wir dies nicht für alle Fälle beweisen können (siehe hierzu *Altman* und *Suchy* 1991), kann man die Bedeutung davon für den Fall der Totalreflexion verstehen, bei der die transmittierte Welle keine Energie transportiert und der Reflexionskoeffizient $\mathscr{R} = \mathrm{e}^{i\alpha}$ ist. Nach der Reflexion wird die einfallende Welle I zu $I\mathscr{R} = I\mathrm{e}^{i\alpha}$. Im System mit Zeitumkehr beginnen wir mit dem Feld $(I\mathrm{e}^{i\alpha})^*$, das mit dem gleichen Reflexionskoeffizienten zu I^* reflektiert wird. Dies verdeutlicht, daß durch die Verwendung der komplex-konjugierten Größen das zeitumgekehrte System in diesem Beispiel selbstkonsistent ist.

Ersetzen wir nun in Abb. 5.11b I durch I^* und gehen durch die gleichen Schritte wie in (5.86–89), erhalten wir die Stokesschen Beziehungen in einer Form, die für alle teilreflektierenden, nichtabsorbierenden Systeme gilt:

$$\mathscr{T}^*\overline{\mathscr{T}}^* + \mathscr{R}^*\,\mathscr{R} = 1 \, , \tag{5.92}$$

$$\mathscr{T}^*\overline{\mathscr{R}}^* + \mathscr{T}\,\mathscr{R}^* = 0 \, . \tag{5.93}$$

Es ist auch möglich, die Phasenbeziehungen zwischen den verschiedenen Reflexions- und Transmissionskoeffizienten zu bestimmen. Wählen wir beispielsweise die beliebige festlegbare Oberfläche, die die Reflexion für einen komplexen Reflektor beschreibt, so, daß $\mathscr{T}$ reell wird, ergibt sich aus (5.93):

$$\overline{\mathscr{R}} = -\mathscr{R}^* \, . \tag{5.94}$$

Für komplexes T kann eine allgemeine Aussage gemacht werden über die Phasendifferenzen zwischen T und R und $\bar{\delta}$ zwischen $\overline{T}$ und $\overline{R}$. Substituiert man $T = |T| \exp(iu)$ und $R = |R| \exp(iv)$ in (5.92) und (5.93), kann man leicht zeigen, daß $\delta + \bar{\delta} = \pi$ gilt (*Zeilinger* 1980).

Wir möchten zum Abschluß den Leser daran erinnern, daß die obigen Beziehungen nur von *nicht absorbierenden* partiellen Reflektoren erfüllt werden. In einem absorbierenden System sind solche Verallgemeinerungen nicht möglich; überlegen Sie sich z. B. die Eigenschaften einer Eisenfolie, die auf einer Seite grün bemalt ist.

✖ Übungsaufgaben

$\lambda = 0{,}5\,\mu$m, soweit nichts anderes vermerkt ist.

5.1 Zwei vom Betrag her gleiche Dipole mit entgegengesetztem Vorzeichen $\pm p$, die voneinander um den Ortsvektor l entfernt sind, bilden einen **Quadrupol**. Es gibt zwei grundlegende Sorten von Quadrupolen, eine mit $l \parallel p$ und eine mit $l \perp p$. Zeigen Sie, daß für den Fall $l \ll \lambda$ das Feld eines schwingenden Quadrupols $E_q(r)$ mit dem Feld E_p eines Dipols über

$$E_q = -\mathrm{i}k_0\,E_p\,(l \cdot r)/r \tag{5.95}$$

verbunden ist, und bestimmen Sie die Frequenzabhängigkeit sowie das Polardiagramm der Leistungsabstrahlung beider Quadrupoltypen.

5.2 Licht tunnelt gemäß Abb. 5.8 zwischen zwei Prismen. Was ist die Wellengeschwindigkeit im Tunnelbereich? Man nehme nun ein Gaußsches Wellenpaket an: Kann man damit Signale schneller als mit c übertragen? Eine Behandlung dieses Themas findet sich bei *Chiao*, *Kwait* und *Steinberg* (1993).

5.3 Der **Fresnel-Rhombus** ist ein Instrument, um linear polarisiertes Licht in zirkular polarisiertes umzuwandeln. Dazu wird eine doppelte Totalreflexion verwendet (Abb. 5.12). Berechnen Sie die Schnittwinkel der Rhombusflächen für ein Material mit dem Brechungsindex 1,5.

5.4 Nehmen wir an, die reflektierende Oberfläche in Abb. 5.11 sei vollständig symmetrisch (z. B. ein freistehendes $\lambda/4$-Plättchen mit einem von null verschiedenen Reflexionskoeffizienten). Welche Beziehung haben $\mathscr{R}$ und $\overline{\mathscr{R}}$ zueinander?

5.5 Zeigen Sie, daß unter dem Brewsterwinkel der reflektierte und der gebrochene Strahl senkrecht aufeinanderstehen. Ist der Einfall aus Luft, nehmen Sie für die reflektierte Welle an, sie würde als Dipolstrahlung von Dipolen an der Oberfläche erzeugt (analog zum Huygensschen Prinzip). Zeigen Sie, daß der Reflexionskoeffizient für den $\parallel$-Modus tatsächlich bei diesem Winkel 0 wird. Können Sie diese Argumentation auch für Reflexionen unter dem Brewsterwinkel führen, bei denen das Licht aus dem dichteren Medium heraus einfällt, an einer Grenzschicht zur Luft? (Wir können es nicht!)

5.6 Ein Stapel Glasplatten mit $\mu = 1{,}5$ wird dazu verwendet, Licht über Brewsterwinkelreflexion zu polarisieren. Leiten Sie einen Ausdruck für den Polarisationsgrad (Verhältnis von $\parallel$ zu $\perp$) des transmittierten Lichts als Funktion der Zahl der Glasplatten her, wenn das einfallende Licht inkohärent und unpolarisiert ist.

5.7 MgF$_2$ hat einen Brechungsindex von 1,38. Ein Prisma mit den Winkeln 45°, 45°, 90° wird aus diesem Material konstruiert und wird dazu benutzt, Licht um 90° durch Totalreflexion an seiner Hypotenuse umzulenken. Verknüpfen Sie den Polarisationsvektor nach der Reflexion mit dem davor, sowohl für linear als auch für zirkular polarisiertes Licht (vgl. Abschn. 9.6).

5.8 Ein einfaches Metall (Näherung der freien Elektronen) habe die Leitfähigkeit σ. Welche Dicke muß man für eine Beschichtung annehmen, die als Strahlteiler für Licht mit einer Frequenz ω wirkt und bei der die Intensitäten für den reflektierten und transmittierten Strahl gleich sind? Wieviel Licht wird dabei absorbiert? Man vernachlässige zur Vereinfachung das Substrat.

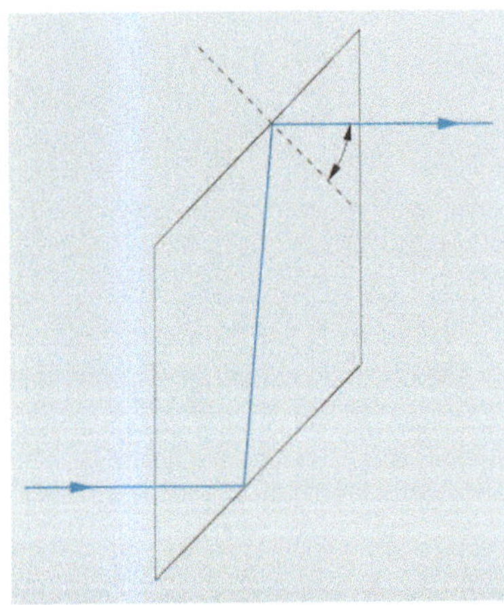

Abb. 5.12. Der Fresnel-Rhombus. Er besteht aus einem Glasprisma mit dem hier gezeigten parallelogrammförmigen Querschnitt

Polarisation und anisotrope Medien

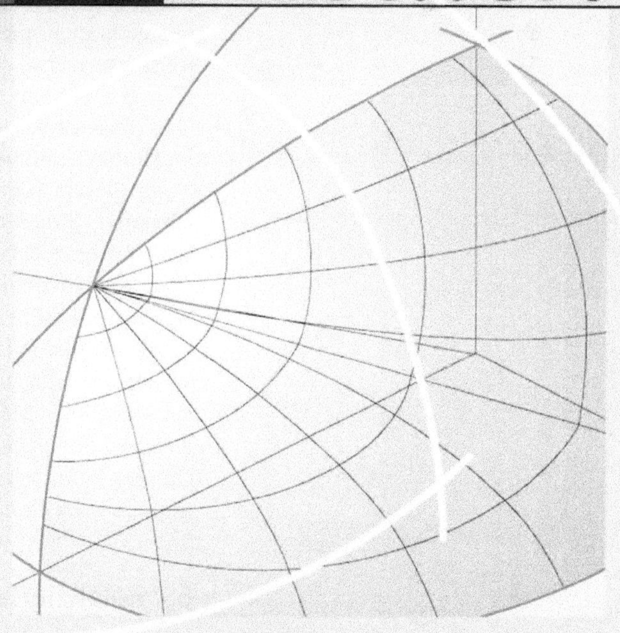

6

Polarisation und anisotrope Medien

▼ Übersicht

In diesem Kapitel werden wir uns mit elektromagnetischen Wellen beschäftigen, deren Feldvektor E eine definierte Richtung zum Wellenvektor k besitzt. Solche Wellen heißen „polarisiert". Wir werden außerdem Medien kennenlernen, deren Eigenschaften richtungsabhängig sind. Dies gilt für viele in der Natur vorkommende Materialien. Solche Medien heißen „anisotrop". Das Verhalten elektromagnetischer Wellen in anisotropen Materialien hat weitreichende Anwendungen in der Optik gefunden.

6.1 Einführung

Wie wir in Kap. 5 gesehen haben, sind elektromagnetische Wellen in isotropen Medien transversal, die Vektoren des elektrischen und magnetischen Feldes E und H stehen senkrecht auf der Ausbreitungsrichtung k. Die Richtung von E, oder eher, wie wir später sehen werden, die Richtung des Verschiebungsfeldes D, wird **Polarisationsrichtung** genannt. Für jede Ausbreitungsrichtung gibt es zwei unabhängige Polarisationsvektoren, die zwei beliebige, aufeinander senkrecht stehende Vektoren senkrecht zu k sein können. Ist das Medium, durch das die Welle läuft, anisotrop, d. h. hängen seine Eigenschaften von der Raumrichtung ab, gilt dies nicht mehr so allgemein. Wir werden sehen, daß als Resultat der Anisotropie die Felder B und D in jedem Fall weiterhin senkrecht zu k bleiben, während E und H, die nun nicht mehr parallel zu D und B sein müssen, nicht mehr *notwendigerweise* transversal sind. Daraus folgt auch direkt, daß der Poynting-Vektor, $\Pi = E \times H$ nicht mehr in jedem Fall parallel zum Wellenvektor k ist. Darüber hinaus müssen jetzt die beiden unabhängigen Polarisationsrichtungen im Hinblick auf die Kristallachsen ausgewählt werden.

In diesem Kapitel werden wir zunächst die verschiedenen Arten polarisierter Strahlung kennenlernen. Wir werden dann die Theorie der elektromagnetischen Wellen, wie wir sie in Kap. 5 eingeführt hatten, auf anisotrope Medien erweitern. Das Ziel, die Theorie der **Kristalloptik**, werden wir mit Hilfe einer etwas unkonventionellen geometrischen Methode erarbeiten, deren Ursprung in der Analogie zwischen elektromagnetischen Wellen, die sich in einem Kristall ausbreiten, und Elektronenwellen, die ein kristallines Metall durchlaufen, liegt. Wir werden auch sehen, wie der gleiche Formalismus dazu verwendet werden kann, Effekte aufgrund von chiraler (z. B. schraubenförmiger) Anisotropie eines Materials sowie die Einflüsse von elektrischen und magnetischen Feldern zu beschreiben.

6.2 Polarisiertes Licht in isotropen Medien

In einem isotropen Medium breitet sich jede sinusförmige Welle mit einer gegebenen Geschwindigkeit c/μ aus. Solch eine Welle kann immer als eine

Superposition eines Paares orthogonaler Basiswellen ausgedrückt werden.
Es gibt verschiedene Arten, solch ein Wellenpaar auszuwählen.

6.2.1 Linear polarisiertes Licht

Die einfachste periodische Lösung der Maxwellschen Gleichungen in einem
isotropen Medium ist eine Welle, bei der E, H und k ein Dreibein aus
gegenseitig senkrecht aufeinanderstehenden Vektoren bilden. Eine solche
Welle wird **linear polarisiert** genannt. Die Vektoren E und k definieren
dabei die **Polarisationsebene**. Wir haben:

$$E = E_0 \exp\left[i(k \cdot r - \omega t)\right], \tag{6.1}$$

$$H = H_0 \exp\left[i(k \cdot r - \omega t)\right]. \tag{6.2}$$

Der Energiefluß $\Pi = E \times H$ ist dabei parallel zu k. Für ein gegebenes k
kann ein beliebiges Paar von orthogonalen Polarisationsrichtungen gewählt
werden, die unabhängige Lösungen für diese Bedingungen darstellen.

6.2.2 Zirkular polarisiertes Licht

In einem Medium, das eine lineare Reaktion auf elektrische und magnetische
Felder zeigt (d. h. wir nehmen an, daß B proportional zu H und D proportional zu E ist), ist jede lineare Superposition der beiden oben erwähnten
linear polarisierten Wellen wiederum eine Lösung der Maxwellgleichun-
gen. Ein besonders wichtiger Fall dabei tritt auf, wenn beide Wellen mit
einer Phasenverschiebung von $\pi/2$ (positiv oder negativ) überlagert werden. Nehmen wir als Beispiel Wellen mit k in z-Richtung; die beiden linear
polarisierten Wellen sollen die gleiche Amplitude besitzen

$$E_{01} = E_0\hat{x}, \qquad E_{02} = E_0\hat{y}, \tag{6.3}$$

wobei $\hat{x}$ und $\hat{y}$ die Einheitsvektoren in x- und y-Richtung sind. Nun
überlagern wir diese Wellen mit einem Phasenunterschied von $\pi/2$

$$E = E_0\hat{x} \exp\left[i(kz - \omega t)\right] + E_0\hat{y} \exp\left[i(kz - \omega t + \pi/2)\right]. \tag{6.4}$$

Erinnern wir uns daran, daß das reale elektrische Feld den Realteil dieses
komplexen Vektors bildet:

$$\boxed{E^{R} = E_0\hat{x}\cos(kz - \omega t) + E_0\hat{y}\sin(kz - \omega t)} \,. \tag{6.5}$$

Für gegebenes z stellt dies einen Vektor mit konstanter Länge $E^{R} = E_0$
dar, der um die z-Achse mit konstanter Winkelgeschwindigkeit ω rotiert.
Die Drehung erfolgt für einen Betrachter, der die Welle auf sich zukommen
sieht, im Uhrzeigersinn. Eine solche Welle nennt man **rechtszirkular** polarisiert. Etwas unglücklich definiert, beschreibt der Vektor die Bewegung
einer Linksschraube.[1]

---

[1] Diese Konvention wird nicht universell eingehalten; siehe z. B. *Yariv* und *Yeh*
(1984).

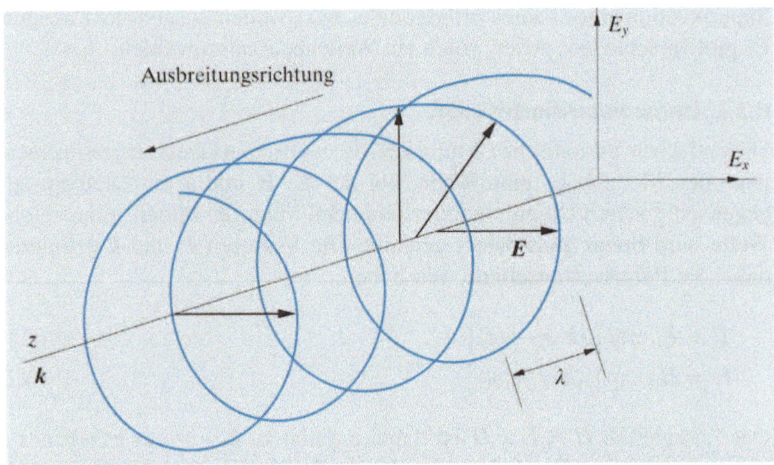

Abb. 6.1. Vektor des elektrischen Feldes zur Zeit $t = 0$ für eine zirkular polarisierte Welle

Anders betrachtet, wenn wir die Welle zur Zeit $t = 0$ „einfrieren", hat der Vektor $\boldsymbol{E}^{\mathrm{R}}$ die Form

$$\boldsymbol{E}^{\mathrm{R}} = E_0 \left(\hat{\boldsymbol{x}} \cos kz + \hat{\boldsymbol{y}} \sin kz \right) . \tag{6.6}$$

Dieser Vektor beschreibt, wenn man ihn als Funktion von z zeichnet, eine Rechtsschraube (Abb. 6.1). Das magnetische Feld beschreibt eine ähnliche Kurve, $\pi/2$ phasenverschoben zu $\boldsymbol{E}$. Ist diese Phasenverschiebung $-\pi/2$, erhalten wir eine zweite, unabhängige Polarisation, bei der die Drehung von $\boldsymbol{E}$ gegen den Uhrzeigersinn erfolgt. Die Welle wird in diesem Fall als **linkszirkular polarisiert** bezeichnet. Für gegebenes t beschreibt der Vektor eine Linksschraube.

6.2.3 Elliptisch polarisiertes Licht

Die in Abschn. 6.2.2 beschriebene Superposition erfordert für die beiden sich überlagernden linear polarisierten Wellen keine gleichen Amplituden. Man sieht leicht, daß im Falle von Amplituden E_{0x} und E_{0y} der Vektor in Abb. 6.1 eine Schraubenlinie mit elliptischem Querschnitt beschreibt. Entsprechend beschreibt der Vektor $\boldsymbol{E}^{\mathrm{R}}$ für ein gegebenes z eine Ellipse. Diese Sorte **Polarisation** wird **elliptisch** genannt und hat ebenfalls links- und rechtshändige Orientierungen.

6.2.4 Über die Bedeutung der Polarisationsarten

Wenn wir in Kap. 14 die **Quantenoptik** einführen werden, werden wir sehen, daß die Quantenstatistik des elektromagnetischen Feldes der eines Ensembles aus identischen Teilchen mit **Bose-Statistik** entspricht. Diese Teilchen werden **Photonen** genannt. Um einer solchen Statistik zu folgen, müssen die Teilchen ganzzahligen Spin besitzen. Darüber hinaus werden wir sehen, daß aus Gründen der Drehimpulserhaltung bei der Wechselwirkung von Atomen mit Licht der Spin von der Größe ± 1 in Einheiten von $\hbar$ sein muß. Daraus folgt, daß die beste Beschreibung für ein Photon eine zirkular polarisierte Welle ist, rechtszirkular polarisiert für Spin $+1$, linkszirkular polarisiert für den Spin -1. Linear polarisiertes Licht sollte daher korrekterweise als Überlagerung zweier zirkular polarisierter Wellen mit entgegengesetzter Händigkeit interpretiert werden. Die resultierende Polarisationsrichtung hängt dann von der Phasenverschiebung der beiden zirkular polarisierten Wellen zueinander ab.

6.2.5 Teilweise polarisiertes und unpolarisiertes Licht

Licht, das beispielsweise von einer **Gasentladung** oder einer **Glühwendel** erzeugt wird, ist im allgemeinen unpolarisiert.

> Dies bedeutet in Wirklichkeit, daß solches unpolarisiertes Licht als Überlagerung sehr vieler, linear polarisierter Wellen betrachtet werden kann, die alle eine zufallverteilte Phase und Polarisationsebene besitzen. Darüber hinaus ändert sich die Phasenbeziehung der Wellen untereinander im Laufe der Zeit, da die Lichtquelle nicht streng monochromatisch ist.

Ein solches chaotisches Ensemble von Wellen ohne spezifische Polarisationseigenschaften nennt man **unpolarisiert**. Manchmal gibt es bei solchem Licht bevorzugte Polarisationsebenen aufgrund von Anisotropien im Medium, dann nennt man das Licht **teilweise polarisiert**. Ein Beispiel dafür ist das Licht des blauen Himmels, bei dem die Anisotropie durch Lichtstreuung hervorgerufen wird (Abschn. 13.2.2).

Manchmal ist es notwendig, den Polarisationsgrad einer Lichtwelle zu beschreiben. Dies kann auf verschiedenen Wegen erfolgen, die im Detail in weitergehenden Lehrbüchern beschrieben sind (z. B. *Clarke* und *Grainger* 1971, oder *Azzam* und *Bashra* 1989). Grundsätzlich kann inkohärentes, teilweise polarisiertes Licht (der häufigste allgemeine Fall) beschrieben werden durch einen unpolarisierten Anteil und einen polarisierten, der dann eine Polarisationsrichtung, einen elliptischen Polarisationsgrad und eine Drehrichtung aufweist. Diese Eigenschaften können mit Hilfe von vier Parametern beschrieben werden, die in einem vierdimensionalen Parameterraum einen Vektor, den sog. **Stokes-Vektor**, bilden. Ein polarisierendes Element oder ein Spiegel in einem optischen System, der den Polarisationsgrad einer Welle ändert, kann dann mit Hilfe einer 4×4-Matrix, der **Müller-Matrix**, beschrieben werden, die den Stokes-Vektor der einfallenden Welle in den der auslaufenden Welle transformiert. Ist das Licht kohärent, werden weniger Parameter benötigt, da eine unpolarisierte kohärente Komponente nicht existiert. Wir werden diese Beschreibungen für den Rest des Buches nicht benötigen und sie deshalb nicht weiter diskutieren.

6.2.6 Zustände orthogonaler Polarisation

Zwei Polarisationsmoden heißen **orthogonal**, wenn ihre Vektoren des elektrischen Feldes aufeinander senkrecht stehen:

$$\boldsymbol{E}_1 \cdot \boldsymbol{E}_2^* = 0 \,. \tag{6.7}$$

Die hier benutzten Feldvektoren sind die komplexen Amplituden, weshalb noch ein Phasenfaktor $\exp[\mathrm{i}(\boldsymbol{k} \cdot \boldsymbol{r} - \omega t)]$ hinzukommt. Für **linear polari-**

sierte Wellen sind diese Amplituden zwei reelle Vektoren, die im üblichen geometrischen Sinne aufeinander senkrecht stehen: E_1 steht senkrecht auf E_2 bedeutet dann, daß

$$E_{1x}E_{2x} + E_{1y}E_{2y} = 0 \,. \tag{6.8}$$

Zwei **zirkular polarisierte Wellen** mit entgegengesetztem Drehsinn sind ebenfalls orthogonal. Aus (6.4) folgt

$$E_1 = E_0(\hat{x} + \mathrm{i}\hat{y}), \qquad E_2 = E_0(\hat{x} - \mathrm{i}\hat{y}),$$
$$E_1 \cdot E_2^* = E_0^2(\hat{x} \cdot \hat{x} + \mathrm{i}^2 \hat{y} \cdot \hat{y}) = 0 \,. \tag{6.9}$$

Man kann zeigen, daß jede **elliptisch polarisierte Welle** ein entsprechendes orthogonales Pendant hat, beide haben den gleichen Grad an elliptischer Exzentrizität, aber Haupt- und Nebenachse sind miteinander vertauscht, und die Drehrichtungen sind entgegengesetzt.

6.3 Die Erzeugung polarisierten Lichts

Jede denkbare Abhängigkeit der Ausbreitungseigenschaften des Lichts von seiner Polarisation kann theoretisch dazu benutzt werden, polarisiertes Licht zu erzeugen. Zwei bekannte Phänomene, die diese Eigenschaft besitzen, sind die Reflexion an einer dielektrischen Oberfläche (Abschn. 5.4.2) und die Streuung an kleinen Teilchen (Abschn. 13.2.2). Andere Methoden, die wir später im Detail besprechen werden, verwenden die Lichtausbreitung in einem Kristall (Abschn. 6.8.4) und die selektive Absorption (**Dichroismus**, Abschn. 6.3.2).

> Der Vorgang des „Polarisierens" von Licht bedeutet im wesentlichen, aus einem Strahl unpolarisierten Lichts einen Strahl polarisierten Lichts (linear, zirkular oder elliptisch) zu extrahieren.

Der Rest des Lichts, der manchmal dann dazu orthogonal polarisiert ist, wird vergeudet oder für andere Zwecke verwandt. Es gibt keine Möglichkeit, ohne den Strahl aufzuweiten oder divergent zu machen, Licht so umzuformen, daß man aus einer unpolarisierten Quelle einen einzigen Strahl polarisierten Lichts erhält. Gäbe es eine solche Möglichkeit, könnte man damit den **zweiten Hauptsatz der Thermodynamik** umgehen (siehe Aufgabe 6.9)!

6.3.1 Polarisation durch Reflexion

Einer der einfachsten Wege, Licht zu polarisieren, besteht darin, es unter dem **Brewsterwinkel** (Abschn. 5.4.3) an einer ebenen dielektrischen Oberfläche zu reflektieren:

$$\hat{\imath}_B = \tan^{-1} \mu_r \,. \tag{6.10}$$

Unter diesem Winkel ist der Reflexionskoeffizient der $\parallel$-Komponente gleich 0, wodurch das reflektierte Licht vollständig in der $\perp$-Richtung polarisiert ist

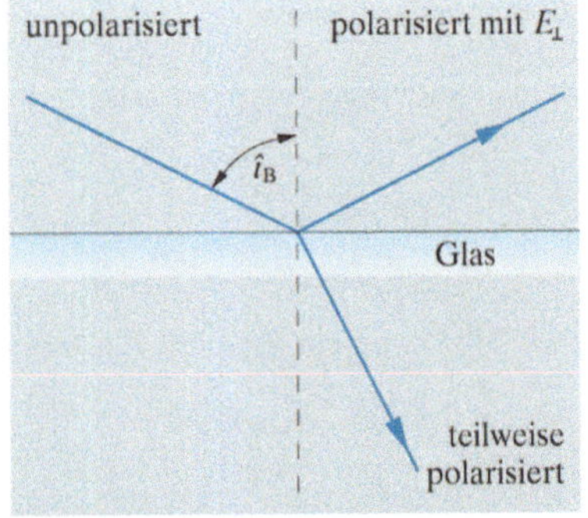

Abb. 6.2. Erzeugung von linear polarisiertem Licht durch Reflexion unter dem Brewster-Winkel

(Abb. 6.2). Der Reflexionskoeffizient für diese Richtung ist dabei allerdings auch klein, typischerweise $5-6\%$, so daß diese Methode der Polarisation ineffizient ist. Die Polarisation ist auch nur unter einem bestimmten Einfallswinkel vollständig. Stapelt man mehrere Platten, von denen jede etwas von der $\perp$-Komponente reflektiert, übereinander, erhält man eine recht gut polarisierte, transmittierte $\parallel$-Komponente, wobei auch die Winkelempfindlichkeit nicht mehr so groß ist (Aufgabe 5.6). Polarisation durch Brewster-Reflexion hat einen entscheidenden Vorteil: Sie ist selbstkalibrierend in dem Sinn, daß die Geometrie allein die **Polarisationsebene** definiert. Sie ist ebenfalls extrem empfindlich gegenüber Veränderungen an der Oberfläche und Verschmutzungen, eine Eigenschaft, die bei der Methode der **Ellipsometrie** zur Oberflächenuntersuchung ausgenutzt wird (*Azzam* und *Bashra* 1989).

Kristallpolarisatoren verwenden innere **Totalreflexion**, um die polarisierten Komponenten vom unpolarisierten Licht zu trennen, und werden bei sehr hohen Ansprüchen an den Polarisationsgrad verwendet. Wir werden sie tiefergehend in Abschn. 6.8.4 behandeln.

6.3.2 Polarisation durch Absorption

Zahlreiche Materialien, natürliche und synthetische, absorbieren verschiedene Polarisationsrichtungen verschieden stark. Dieses Verhalten wird **Dichroismus** genannt. Es wird oft zur Erzeugung linear polarisierten Lichts verwendet, kann aber auch zirkular polarisiertes Licht produzieren.

Ein einfacher Mechanismus, der auf diese Weise linear polarisiertes Licht erzeugt, ist ein Gitter aus parallelen, leitenden Drähten, die etwas weniger als eine Wellenlänge voneinander entfernt sind. Dieses System läßt das meiste Licht, dessen Polarisationsvektor senkrecht auf den Drähten steht, passieren. Es kommt zu keinen Beugungserscheinungen (Abschn. 8.3.4), wenn der Abstand der Drähte kleiner als eine Wellenlänge ist. Ist dagegen der Vektor des elektrischen Feldes parallel zu den Drähten, wird in ihnen ein Strom induziert und die Welle absorbiert. Dadurch wird ein einfallender, unpolarisierter Strahl recht gut in einen senkrecht zu den Drähten polarisierten Strahl umgewandelt.[2] In der Praxis werden für Infrarotwellenlängen ($1\,\mu\mathrm{m}$ und darüber) solche Polarisatoren mit Hilfe von Mikrosystemtechnik oder Ionenimplantation von Gold oder Silberstreifen auf einem durchsichtigen, dielektrischen Substrat hergestellt.

Das am meisten verwendete polarisierende Material „**Polaroid**" verwendet diesen Mechanismus. Es besteht aus einem gestreckten Film aus Polyvinyl-Alkohol, der mit Iod gefärbt ist. Die ausgerichteten, leitenden Polymereinheiten verhalten sich wie das oben beschriebene Gitter. Dieses Material ist billig herzustellen und kann in dünnen Folien beliebiger Größe produziert werden.

6.3.3 Extinktionsverhältnis

Ein Maß für die **Effektivität** eines Polarisators kann dadurch erhalten werden, daß man unpolarisiertes Licht durch zwei identische, in Serie ge-

---

[2] Dies läßt sich gut und einfach mit Hilfe von Mikrowellen mit Wellenlängen von einigen Zentimetern zeigen.

schaltete Polarisatoren hindurchschickt. Wenn beide Einheiten Licht der gleichen Polarisationsrichtung durchlassen, geht diese Komponente durch beide Polarisatoren hindurch und die Ausgangsintensität ist I_1. Dreht man nun einen Polarisator, so daß die Durchlaßrichtungen senkrecht aufeinander stehen, sollte idealerweise kein Licht das System verlassen können. In der Realität wird allerdings eine geringe Intensität I_2 zu messen sein. Durch sorgfältige Orientierung der beiden Polarisatoren läßt sich diese Intensität minimieren. Das Verhältnis I_1/I_2 heißt **Extinktionsverhältnis**. In guten Kristallpolarisatoren kann es bis zu 10^7 betragen, ähnliche Werte kann man auch durch saubere Reflektoren exakt unter dem Brewsterwinkel erhalten. Polaroid hat typischerweise einen Wert von 10^3.

6.4 Wellenausbreitung in anisotropen Medien

Die folgenden beiden Abschnitte beschäftigen sich mit der Erweiterung der Theorie der Ausbreitung elektromagnetischer Wellen aus Kap. 5 auf anisotrope Materialien, d. h. Materialien, bei denen die Ausbreitungseigenschaften von der Orientierung abhängen. Wir werden dieses Thema auf einem rein phänomenologischen Niveau behandeln; molekulare oder atomare Ursachen der Anisotropie sind Themen, die weit über den Umfang dieses Buches hinausgehen.

6.4.1 Die Huygenssche Konstruktion

Wir werden zunächst die generellen Beziehungen zwischen der Ausbreitung von Wellen und Strahlen und anisotropen Eigenschaften besprechen. Historisch wurde dies zuerst von *Huygens* um etwa 1650 durchgeführt, der allerdings noch kein Verständnis für den Ursprung der Anisotropie entwickeln konnte. Betrachten wir Elementarwellen, die, wie in Abb. 6.3 gezeigt, von Punkten einer gegebenen Wellenfront AB mit *begrenzter* Aus-

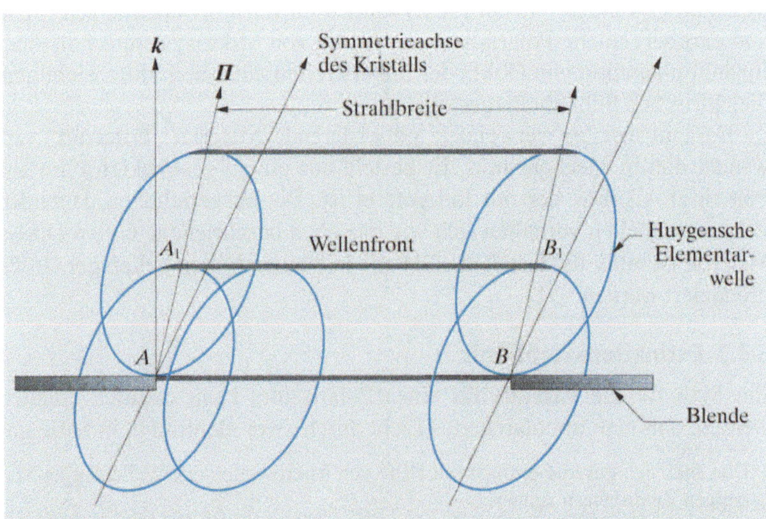

Abb. 6.3. Huygenssches Prinzip, angewendet auf die Ausbreitung eines räumlich begrenzten Strahls in einem anisotropen Medium

dehnung ausgehen (siehe auch Abb. 2.6b). Ist die Wellengeschwindigkeit eine Funktion der Ausbreitungsrichtung, sind die Elementarwellen keine Kugelwellen mehr; wir werden in der Tat sehen, daß sie elliptische Wellen sind. Die neue Wellenfront $A_1 B_1$ ist, wie gezeigt, die gemeinsame Einhüllende der Elementarwellen (Tangente an die Elementarwellen). Aber die Wellenfront bewegt sich in ihrer Ausdehnung zur Seite, was Ausdruck dafür ist, daß der Lichtstrahl, den sie repräsentiert, einen Winkel mit dem Wellenvektor bildet. Dies ist eine allgemeine Eigenschaft der Ausbreitung in einem Kristall: Der Poynting-Vektor $\boldsymbol{\Pi}$, der die Richtung des Lichtstrahls darstellt, ist nicht mehr, wie in Abschn. 6.1 angenommen, parallel zu $\boldsymbol{k}$.

6.4.2 Die Brechungsindex-Oberfläche

Die genaue Beziehung zwischen der Geschwindigkeitsanisotropie und $\boldsymbol{\Pi}$ kann mit einer geometrischen Methode bestimmt werden.[3] Betrachten wir monochromatisches Licht mit einer gegebenen Frequenz ω_0. Der Brechungsindex kann als Vektor geschrieben werden, da er eine Funktion der Ausbreitungsrichtung ist:

$$\mu = \frac{ck}{\omega_0} \, , \tag{6.11}$$

wobei $\boldsymbol{k}$ den Betrag des Wellenvektors, gemessen in dem Ausbreitungsmedium, und die entsprechende Richtung besitzt. Der Vektor $\boldsymbol{\mu}$ hat die gleiche Richtung.

Die **Phasengeschwindigkeit** ist nun $v = \omega/k$. Die **Gruppengeschwindigkeit** v_{g}, die die Geschwindigkeit der Energieausbreitung beschreibt und daher die gleiche Richtung hat wie $\boldsymbol{\Pi}$, hat (vgl. Abschn. 2.5) die Komponenten:

$$v_{gx} = \frac{\partial \omega}{\partial k_x} \, , \qquad v_{gy} = \frac{\partial \omega}{\partial k_y} \, , \qquad v_{gz} = \frac{\partial \omega}{\partial k_z} \, . \tag{6.12}$$

In Vektorschreibweise ergibt sich

$$\boldsymbol{v}_{\mathrm{g}} = \nabla_k \omega \equiv \left(\frac{\partial \omega}{\partial k_x}, \frac{\partial \omega}{\partial k_y}, \frac{\partial \omega}{\partial k_z} \right) \tag{6.13}$$

$$= \frac{c}{\omega_0} \left(\frac{\partial \omega}{\partial \mu_x}, \frac{\partial \omega}{\partial \mu_y}, \frac{\partial \omega}{\partial \mu_z} \right) = \frac{c}{\omega_0} \nabla_\mu \omega \, . \tag{6.14}$$

Wir werden nun die Ausbreitungseigenschaften in einem Medium durch den Vektor $\boldsymbol{\mu}$ ausdrücken. Bei einem bestimmten Wert $\omega = \omega_0$ hat er für jede Ausbreitungsrichtung einen spezifischen Wert und kann daher als dreidimensionale, geschlossene Oberfläche dargestellt werden.[4] Der Radi-

---

[3] Dieser Ansatz entspricht der Behandlung von Elektronenwellen in einem Metall. Die Brechungsindex-Oberfläche ist das Analogon zur Fermi-Oberfläche des Metalls.

[4] Ist in einer bestimmten Richtung keine Ausbreitung möglich, gibt es keine Oberfläche in dieser Richtung, die Oberfläche ist deshalb nicht geschlossen. Dies geschieht z. B., wenn die Wellen in einer bestimmten Richtung evaneszent sind. Es kommt oft vor, wenn Wellen sich in einem Plasma ausbreiten. Beispiele hierzu finden sich in der zweiten Ausgabe dieses Buches oder bei *Budden* (1966).

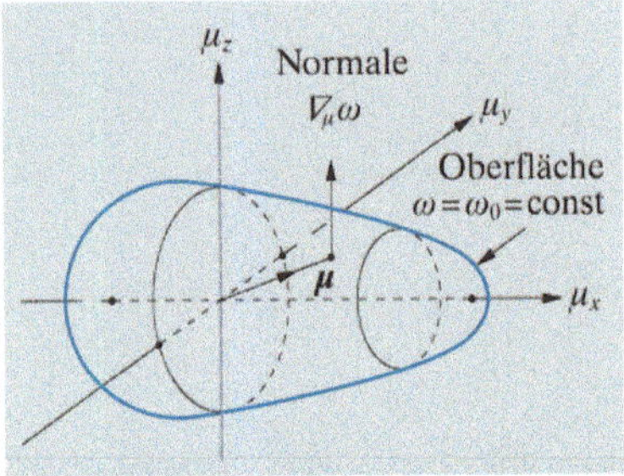

Abb. 6.4. Konstruktion der μ-Fläche

usvektor vom Ursprung zu der Oberfläche in jeder Richtung entspricht dem Wert von μ für die Ausbreitung in dieser Richtung. Diese Oberfläche heißt **Brechungsindex-Oberfläche** oder μ-Oberfläche. Da (6.14) der aus der Elektrostatik bekannten Beziehung $E = -\nabla V$ entspricht, die besagt, daß die Feldlinien des elektrischen Feldes E senkrecht auf den Äquipotentialflächen $V = \text{const}$ stehen, kann man folgern, daß der Vektor v_g (6.14) senkrecht auf der Fläche mit konstantem ω steht, d. h. senkrecht zur Index-Oberfläche. Im allgemeinen können wir durch Konstruktion der Index-Oberfläche für ein gegebenes Material bei der Frequenz ω_0 geometrisch die Richtung des Poynting-Vektors Π (die Richtung der Gruppengeschwindigkeit) für jede Welle dadurch bestimmen, daß wir eine Senkrechte zur μ-Oberfläche an dem Punkt zeichnen, der seinem k-Vektor entspricht (siehe Abb. 6.4). Offensichtlich ist die Index-Oberfläche eines isotropen Materials eine Kugel und $\Pi \parallel k$.

6.5 Elektromagnetische Wellen in anisotropen Medien

Wir werden nun die Maxwellschen Gleichungen für Medien mit anisotropen dielektrischen Eigenschaften lösen. Wie in Kap. 5 wollen wir annehmen, daß es keine magnetische Polarisierung gibt ($\mu = 1$), wie dies für transparente Medien bei optischen Frequenzen normalerweise der Fall ist. Für harmonische Wellen der Form

$$E = E_0 \exp\left[\mathrm{i}(k \cdot r - \omega t)\right] \tag{6.15}$$

verwenden wir wieder die Operatorsubstitutionen aus Abschn. 2.3, genau wie in Abschn. 5.1:

$$\frac{\partial}{\partial t} = -\mathrm{i}\omega, \qquad \nabla = \mathrm{i}k. \tag{6.16}$$

Die **Maxwellschen Gleichungen für einen ungeladenen Isolator** werden dann zu:

$$\nabla \cdot B = 0 \quad \Rightarrow \quad \mathrm{i}k \cdot B = 0, \tag{6.17}$$

$$\nabla \cdot D = 0 \quad \Rightarrow \quad \mathrm{i}k \cdot D = 0, \tag{6.18}$$

$$\nabla \times H = \frac{\partial D}{\partial t} \quad \Rightarrow \quad \mathrm{i}k \times H = -\mathrm{i}\omega D, \tag{6.19}$$

$$\nabla \times E = -\frac{\partial B}{\partial t} \quad \Rightarrow \quad \mathrm{i}k \times E = \mathrm{i}\omega B. \tag{6.20}$$

Diese Gleichungen müssen nun mit (5.16–19) verglichen werden. Man beachte, daß D und B aufeinander und ebenso zu k senkrecht stehen. Setzt man $\mu_0 H$ für B ein (nichtmagnetisches Material) und multipliziert (6.20) mit ($k\times$), erhält man

$$k \times (k \times E) = \mu_0 \omega k \times H = -\mu_0 \omega^2 D. \tag{6.21}$$

Diese Gleichung verbindet die Vektoren k, E und D und kann leicht mit (5.11) für den isotropen Fall in Verbindung gebracht werden, mit $D = \varepsilon_0 \varepsilon E$.

Schauen wir uns zuerst die Geometrie der Vektoren in (6.21) an. Der Vektor $k \times (k \times E)$ liegt in der Ebene von k und E, senkrecht zu k. Damit die Gleichung überhaupt eine Lösung hat, muß D daher in der Ebene von k und E liegen. Aus (6.18) wissen wir, daß D senkrecht auf k steht. Dies ist in Abb. 6.5a dargestellt. Diese Bedingung definiert eine sog. **charakteristische Welle**, die für das Material eine sich ausbreitende Wellenmode repräsentiert. Für eine solche Welle gibt es einen Winkel θ zwischen E und D, so daß

$$\left| k \times (k \times E) \right| = k^2 E \cos\theta = \mu_0 \omega^2 D \quad . \tag{6.22}$$

Die Geschwindigkeit der Welle ist dann durch

$$v^2 = \frac{\omega^2}{k^2} = \frac{E \cos\theta}{\mu_0 D} \tag{6.23}$$

gegeben. Aus (6.17–19) läßt sich schließlich schließen, daß die magnetischen Felder B und H senkrecht auf k und D stehen, so daß nun ein vollständiges Bild der Anordnung von D, E, k, H und dem Poynting-Vektor $\Pi = E \times H$ gezeichnet werden kann (Abb. 6.5b).

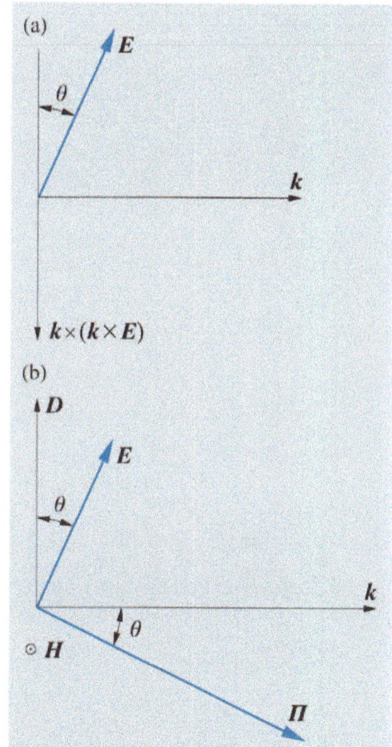

Abb. 6.5. (a) Vektoren k, E und $k \times (k \times E)$; (b) Vektoren D, E, Π, k und H einer Welle

6.6 Kristalloptik

Das Problem, das wir nun für ein bestimmtes Medium lösen müssen, besteht darin, nachdem man die Richtung des Wellenvektors k festgelegt hat, die charakteristischen Wellen herauszufinden, d. h. die Richtungen von D zu finden, in denen D, E und k koplanar sind. Daraus können dann die **Wellengeschwindigkeit** und der **Brechungsindex** $\mu = c/v$ über (6.23) ermittelt werden. Es wird im allgemeinen zwei getrennte Lösungen für jede Richtung von k geben, die unter Umständen entartet sein können. Die Polarisationen der beiden charakteristischen Wellen sind orthogonal zueinander (Abschn. 6.2.6). Wenn wir daraus die Brechungsindex-Oberfläche konstruieren (Abschn. 6.4.2), werden wir herausfinden, daß sie doppelwertig ist, d. h. es gibt für jede Richtung zwei Werte von μ. Dies hat mehrere interessante und wichtige Konsequenzen.

6.6.1 Der dielektrische Tensor

Kristalle sind aufgrund ihrer mikroskopischen Struktur anisotrop (siehe z. B. *Hecht* 1987). Wir werden uns hier nur mit der Anisotropie im Sinne einer kontinuierlichen, makroskopischen Eigenschaft befassen, da die zwischenatomaren Abstände um mehrere Größenordnungen kleiner sind als die Wellenlänge des Lichts. In einem anisotropen, linearen, dielektrischen Medium sind die Vektoren D und E in ihrem Betrag proportional, aber nicht notwendigerweise parallel, so daß wir eine Tensorbeziehung erhalten:

$$D = \varepsilon_0 \varepsilon E \quad , \tag{6.24}$$

wobei $\boldsymbol{\varepsilon}$, der dielektrische Tensor, die Matrix

$$\boldsymbol{\varepsilon} = \begin{pmatrix} \varepsilon_{11} & \varepsilon_{12} & \varepsilon_{13} \\ \varepsilon_{21} & \varepsilon_{22} & \varepsilon_{23} \\ \varepsilon_{31} & \varepsilon_{32} & \varepsilon_{33} \end{pmatrix} \tag{6.25}$$

darstellt. Seine Bedeutung ist einfach. Wird ein elektrisches Feld $\boldsymbol{E} = (E_1, E_2, E_3)$ angelegt, bekommt man eine dielektrische Verschiebung $\boldsymbol{D} = (D_1, D_2, D_3)$ mit

$$D_i = \varepsilon_0 \left(\varepsilon_{i1} E_1 + \varepsilon_{i2} E_2 + \varepsilon_{i3} E_3 \right). \tag{6.26}$$

Die Theorie der linearen Algebra zeigt, daß es immer einen Satz von drei Hauptachsen gibt ($i = 1, 2, 3$), für die D_i und E_i parallel sind. In diesem System lassen sich drei **Haupt-Dielektrizitätskonstanten** ε_i definieren durch

$$\frac{D_{1i}}{E_{1i}} = \frac{D_{2i}}{E_{2i}} = \frac{D_{3i}}{E_{3i}} = \varepsilon_0 \varepsilon_i. \tag{6.27}$$

Die drei Hauptachsen stehen senkrecht aufeinander. Für einen nichtabsorbierenden Kristall sind die ε_i reell. Verwendet man die drei Hauptachsen als x-, y- und z-Achse, kann der Tensor (6.25) in einer einfacheren Form geschrieben werden, die wir sooft wie möglich verwenden wollen:

$$\boldsymbol{\varepsilon} = \begin{pmatrix} \varepsilon_1 & 0 & 0 \\ 0 & \varepsilon_2 & 0 \\ 0 & 0 & \varepsilon_3 \end{pmatrix}. \tag{6.28}$$

Daß die ε_i in einem nichtabsorbierenden Medium reell sind, ist gleichbedeutend mit der Aussage $\varepsilon_{ji} = \varepsilon_{ij}^*$ in (6.25) und stellt die Definition eines hermiteschen Tensors dar. Der Vorgang der Rotation des Tensors, so daß (x, y, z) zu Hauptachsen werden, wird **Diagonalisierung** genannt; die technischen Einzelheiten finden sich in jedem Lehrbuch zur linearen Algebra. Im allgemeinsten Fall, der aus später ersichtlichen Gründen **zweiachsiger (biaxialer) Kristall** genannt wird, haben wir drei getrennte Werte für $\varepsilon_1, \varepsilon_2, \varepsilon_3$. Bei Kristallen mit höherer Symmetrie, sog. **einachsigen (uniaxialen) Kristallen**, haben zwei der Konstanten (z. B. ε_1 und ε_2) den gleichen Wert. Sind alle drei Konstanten gleich, ist das Material isotrop, und die ganze Behandlung in diesem Kapitel ist überflüssig.

6.6.2 Das Brechungsindex-Ellipsoid

Um die Kristalloptik geometrisch darzustellen, müssen wir den Tensor durch ein Ellipsoid darstellen. Allgemein betrachtet ist ein Ellipsoid mit den Achsen a, b, c eine Oberfläche, die durch

$$\frac{x^2}{a^2} + \frac{y^2}{b^2} + \frac{z^2}{c^2} = 1 \tag{6.29}$$

beschrieben wird. Formal läßt sich dies schreiben als:

$$(x, y, z) \begin{pmatrix} a^{-2} & 0 & 0 \\ 0 & b^{-2} & 0 \\ 0 & 0 & c^{-2} \end{pmatrix} \begin{pmatrix} x \\ y \\ z \end{pmatrix} = 1 \qquad (6.30)$$

oder kurz

$$\boldsymbol{r} \cdot \boldsymbol{M} \cdot \boldsymbol{r} = 1. \qquad (6.31)$$

Die zu (6.24) inverse Beziehung lautet

$$\boxed{\varepsilon_0 \boldsymbol{E} = \boldsymbol{\varepsilon}^{-1} \cdot \boldsymbol{D}}, \qquad (6.32)$$

wobei für $\boldsymbol{\varepsilon}^{-1}$ in der Diagonalform von (6.28) gilt:

$$\boldsymbol{\varepsilon}^{-1} \equiv \begin{pmatrix} \varepsilon_1^{-1} & 0 & 0 \\ 0 & \varepsilon_2^{-1} & 0 \\ 0 & 0 & \varepsilon_3^{-1} \end{pmatrix}. \qquad (6.33)$$

Wir können nun die geometrische Bedeutung der formalen Gleichung $\boldsymbol{D} \cdot \boldsymbol{E} = 1$ studieren, die mit (6.32) zu

$$\boldsymbol{D} \cdot \boldsymbol{\varepsilon}^{-1} \cdot \boldsymbol{D} = \varepsilon_0 \qquad (6.34)$$

wird. Dies wird durch das Ellipsoid aus (6.30) dargestellt, wenn gilt:

$$(x, y, z) = \boldsymbol{D}\varepsilon_0^{-\frac{1}{2}} \qquad (6.35)$$

sowie

$$\varepsilon_1 = a^2, \qquad \varepsilon_2 = b^2, \qquad \varepsilon_3 = c^2. \qquad (6.36)$$

Somit hat das Ellipsoid, das in Abb. 6.6a dargestellt ist, die drei Achsen $\varepsilon_1^{1/2}, \varepsilon_2^{1/2}, \varepsilon_3^{1/2}$, von denen wir feststellen werden, daß sie den drei Hauptachsenwerten des **Brechungsindex** μ entsprechen (denken Sie daran, daß in einem isotropen Medium die Beziehung $\mu = \varepsilon^{\frac{1}{2}}$ gilt, Abschn. 5.1.3). Um die Bedeutung des Ellipsoids zu verstehen, stellen wir uns vor, wie $\boldsymbol{D}$ seine Richtung ändert, wobei wir seine Länge für jeden Punkt aus $\boldsymbol{D} \cdot \boldsymbol{E} = 1$ (in Einheiten von Energiedichte) berechnen. Aus (6.35) folgt dann, daß die Spitze des Vektors $\boldsymbol{D}\varepsilon_0^{-1/2}$ das Ellipsoid beschreibt. Es läßt sich zeigen, daß der Vektor $\boldsymbol{E}$ die Richtung der Normalen zum Ellipsoid an der Spitze von $\boldsymbol{D}$ hat (Abb. 6.6).[5]

---

[5] Beweis: Die Tangentialebene an das Ellipsoid (6.29) im Punkt (x_1, y_1, z_1) ist gegeben durch

$$\frac{xx_1}{a^2} + \frac{yy_1}{b^2} + \frac{zz_1}{c^2} = 1. \qquad (6.37)$$

Ein Vektor, der zu dieser Ebene senkrecht steht, ist $(x_1/a^2, y_1/b^2, z_1/c^2)$. Ersetzt man (x_1, y_1, z_1) durch $\boldsymbol{D}$ und a^2 durch ε_1 usw., sieht man, daß dieser Normalenvektor die Richtung von $\boldsymbol{E}$ hat.

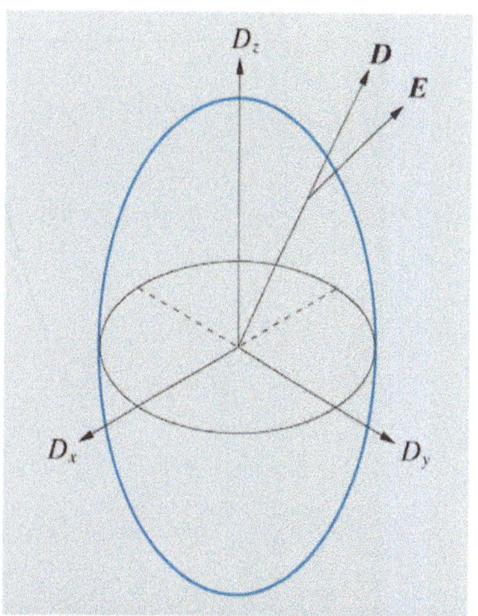

Abb. 6.6. Indexellipsoid und der Zusammenhang zwischen $\boldsymbol{D}$ und $\boldsymbol{E}$. $\boldsymbol{E}$ steht senkrecht auf der Oberfläche des Ellipsoids

Daraus folgt sehr einfach der Brechungsindex μ für eine Welle mit dem Polarisationsvektor $\boldsymbol{D}$. Wir bekommen aus (6.23)

$$v^2 = \frac{c^2}{\mu^2} = \frac{E\cos\theta}{\mu_0 D} = \frac{ED\cos\theta}{\mu_0 D^2} = \frac{1}{\mu_0 D^2} \quad , \tag{6.38}$$

da $ED\cos\theta = \boldsymbol{E}\cdot\boldsymbol{D} = 1$ an jedem Punkt des Ellipsoiden. Es gilt daher $\mu = c\mu_0^{1/2} D = D/\varepsilon_0^{1/2}$.

> In anderen Worten, der Ortsvektor des Ellipsoids in jeder Richtung entspricht dem Brechungsindex des Mediums für eine Welle mit dem Polarisationsvektor $\boldsymbol{D}$ in dieser Richtung.

Dieses Ellipsiod wird als **Brechungsindex-Ellipsoid** oder Index-Ellipsoid bezeichnet. Man sollte nebenbei bemerken, daß die Werte für den Brechungsindex für die Hauptebenen richtig herauskommen; für die x-Achse beispielsweise hat das Ellipsoid die Hauptachse $\varepsilon_1^{1/2}$, was genau dem Brechungsindex einer Welle, die in dieser Richtung polarisiert ist, entspricht. Es ist sehr wichtig, sich zu vergegenwärtigen, daß die **Polarisationsrichtung** und nicht die Ausbreitungsrichtung die Geschwindigkeit der Welle bestimmt. Wellen, die in verschiedene Richtungen laufen, aber den gleichen Polarisationsvektor haben, besitzen die gleiche Geschwindigkeit.

6.6.3 Charakteristische Wellen

Wir müssen nun die Polarisationen und die Geschwindigkeiten der charakteristischen Wellen für eine gegebene Ausbreitungsrichtung $\boldsymbol{k}$ bestimmen. Wir haben in Abschn. 6.5 gesehen, daß die Bedingung für charakteristische Wellen ist, daß $\boldsymbol{D}$, $\boldsymbol{E}$ und $\boldsymbol{k}$ koplanar sind. Wir haben nun die Mittel, sie zu bestimmen. Wir werden dabei bei gegebener Ausbreitungsrichtung $\boldsymbol{k}$ wie folgt vorgehen:

(1) Wir ermitteln alle möglichen Polarisationen $\boldsymbol{D}$. Diese liegen alle in einer Ebene senkrecht zu $\boldsymbol{k}$, da $\boldsymbol{D}$ so definiert ist (6.18).
(2) Wir konstruieren $\boldsymbol{E}$ für jedes $\boldsymbol{D}$, indem wir das Brechungsindex-Ellipsoid verwenden. Erinnern wir uns daran, daß $\boldsymbol{E}$ senkrecht zur Oberfläche des Ellipsoids an der Spitze von $\boldsymbol{D}$ ist (Abschn. 6.6.2).
(3) Wir suchen koplanare $\boldsymbol{D}$, $\boldsymbol{E}$ und $\boldsymbol{k}$.

Abbildung 6.7 verdeutlicht diese Schritte. In Stufe (1) konstruieren wir eine Ebene senkrecht zu $\boldsymbol{k}$ durch den Ursprung. Sie schneidet das Ellipsoid in Form einer Ellipse. In Stufe (2) konstruieren wir $\boldsymbol{E}$ senkrecht zum Index-Ellipsoid für jeden Punkt dieser Schnittellipse. Durch Symmetrieüberlegungen werden in Schritt (3) Punkte auf der Haupt- und Nebenachse ausgewählt, bei denen $\boldsymbol{E}$ in der $(\boldsymbol{k}, \boldsymbol{D})$-Ebene liegt.[6] Daher gibt es immer **zwei charakteristische Wellen** für die Ausbreitung mit einem speziellen $\boldsymbol{k}$; OP und OQ stellen in der Abbildung ihre Polarisationsrichtungen dar, die senkrecht aufeinander stehen müssen. Die dazugehörigen Brechungsindizes

---

[6] Dies läßt sich leicht durch eine Projektion von $\boldsymbol{E}$ auf die Ellipsenebene einsehen.

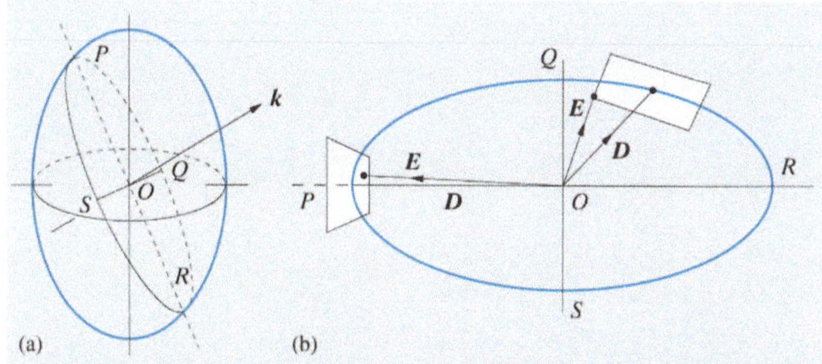

Abb. 6.7. (a) Elliptischer Schnitt senkrecht zu **k** durch die Punkte *PQRS* des Indexellipsoids; (b) Tangentialebenen an zwei Punkten der Ellipse *PQRS*, die zeigen, daß nur auf den Achsen (am Punkt *P* beispielsweise) **D**, **E** und **k** koplanar sind, sonst aber nicht

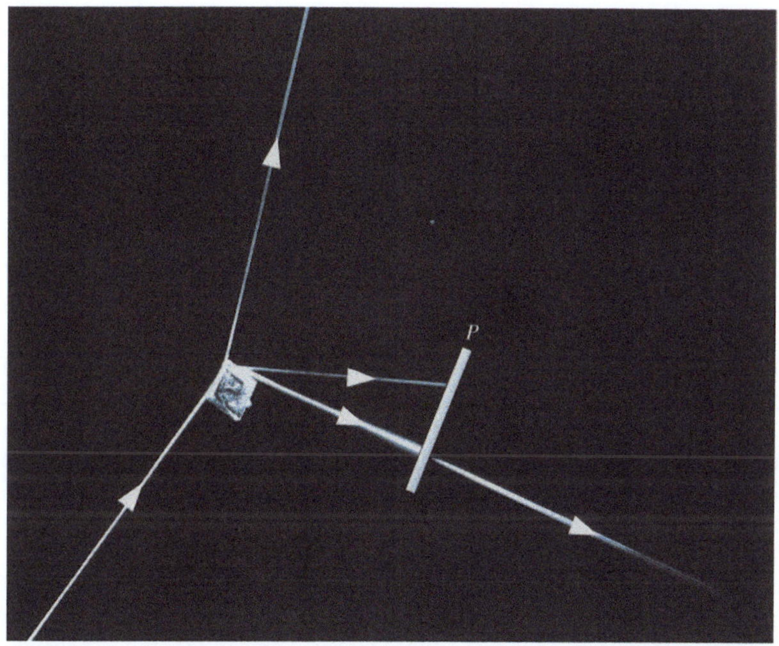

Abb. 6.8. Aufnahme der Lichtbrechung eines unpolarisierten Laserstrahls durch einen $NaNO_3$ Kristall, dessen natürlich gewachsene Facetten ein Prisma formen. Ein reflektierter und zwei gebrochene Strahlen sind sichtbar, die durch zwei Brechungsindizes zustande kommen. An der Stelle *P* treffen die gebrochenen Strahlen auf einen Polarisator, der nur einen Strahl durchläßt

sind durch die Länge von OP und OQ gegeben. Daß es diese beiden Wellen mit verschiedenem Brechungsindex in der Realität gibt, ist in Abb. 6.8 gezeigt.

6.6.4 Die Brechungsindex-Oberfläche bei Kristallen

Wir können einen guten Eindruck von der Gestalt der Index-Oberfläche in 3 Dimensionen erhalten, wenn wir seine Schnitte mit den (x, y)-, (y, z)- und (z, x)-Ebenen konstruieren. Ohne Einschränkung der Allgemeinheit wollen wir annehmen, das Index-Ellipsoid habe eine kürzeste Hauptachse mit dem Wert μ_1 entlang der x-Achse, eine mittlere Hauptachse mit dem Wert μ_2 entlang der y-Achse und eine längste Hauptachse mit dem Wert μ_3 entlang der z-Achse.

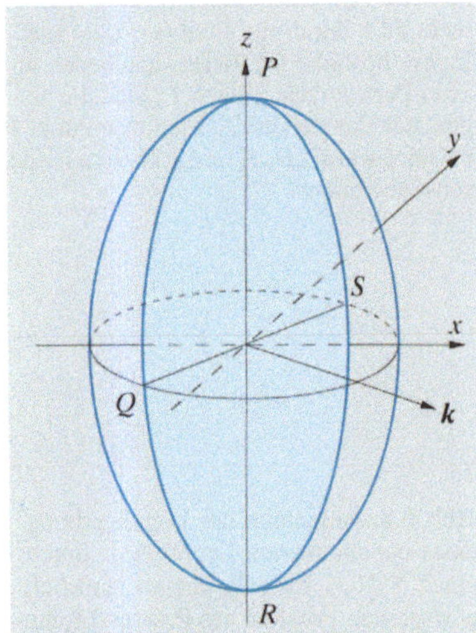

Abb. 6.9. Schnitt des Indexellipsoids, bei dem k in der (x, y)-Ebene liegt

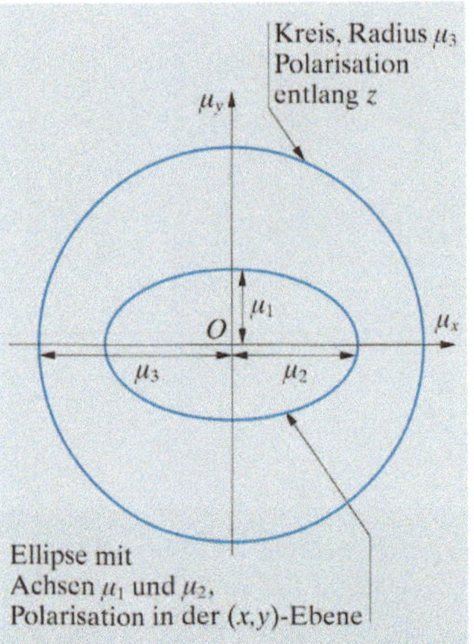

Abb. 6.10. Schnitt der μ-Oberfläche in der (x, y)-Ebene

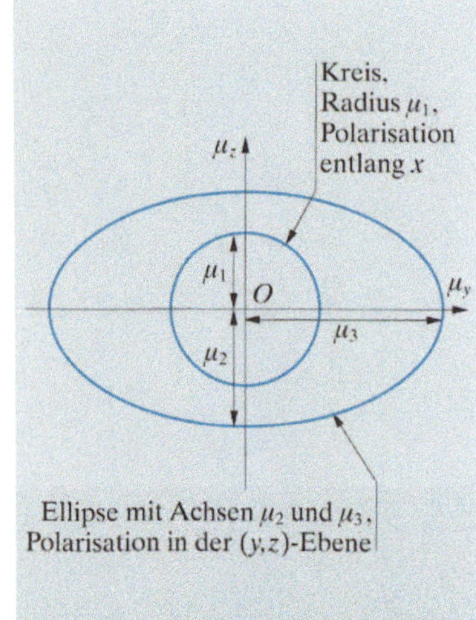

Abb. 6.11. Schnitt der μ-Oberfläche in der (y, z)-Ebene

Beginnen wir mit k entlang x und überlegen uns, was passiert, wenn wir den Wellenvektor, wie in Abb. 6.9 gezeigt, in der (x, y)-Ebene drehen. Liegt k entlang der x-Achse, hat die Ellipse $PQRS$ aus Abb. 6.7 die Hauptachsen $OZ = \mu_3$ und die Nebenachse $OY = \mu_2$. Wird k um die z-Achse gedreht, bleibt OZ immer die Hauptachse, aber die Nebenachse ändert sich langsam von OY nach $OX = \mu_1$, deren Wert erreicht wird, wenn k parallel zu y liegt. Zeichnen wir die beiden Werte für μ in einem **Polardiagramm** als Funktion der Richtung von k ein, erhalten wir den Schnitt der Index-Oberfläche mit der (x, y)-Ebene. Das Ergebnis ist in Abb. 6.10 gezeigt. Es gibt einen Kreis mit Radius μ_3, der der Polarisation in z-Richtung entspricht, und eine Ellipse (μ_2, μ_1)[7], die der Polarisation senkrecht zu z und k entspricht.

Auf die gleiche Weise können wir den Schnitt mit der (y, z)- (Abb. 6.11) und der (z, x)-Ebene (Abb. 6.12) konstruieren. Letztere besteht aus einem Kreis mit Radius μ_2, der eine Ellipse (μ_3, μ_1) an den vier mit A bezeichneten Punkten schneidet. Sie entsprechen zwei kreisförmigen Schnitten des Index-Ellipsoids (Abb. 6.13), und die Richtungen von k, die den Ortsvektoren OA entsprechen, werden **optische Achsen** genannt. Für eine Ausbreitung entlang dieser Achsen sind die beiden charakteristischen Wellen entartet (daher können zwei beliebige orthogonale Polarisationen als charakteristische Wellen gewählt werden). Da es zwei solcher Richtungen OA gibt, wird ein Kristall im allgemeinsten Fall $(\mu_3 \neq \mu_2 \neq \mu_1)$ biaxial genannt. Es ist leicht einzusehen, daß es keine weiteren kreisförmigen Schnitte des Ellipsoids im allgemeinsten Fall gibt und daher auch keine weiteren optischen Achsen.

Die Konstruktion der vollständigen Index-Oberfläche kann nun qualitativ durch Interpolation erfolgen; dieser Ansatz wird für unser Verständnis

---

[7] Diese Schreibweise bedeutet, daß die Hauptachse μ_2 und die Nebenachse μ_1 ist.

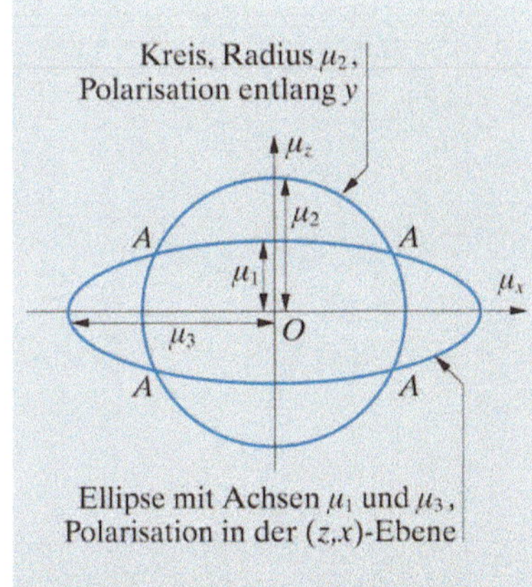

Abb. 6.12. Schnitt der μ-Oberfläche in der (z, x)-Ebene

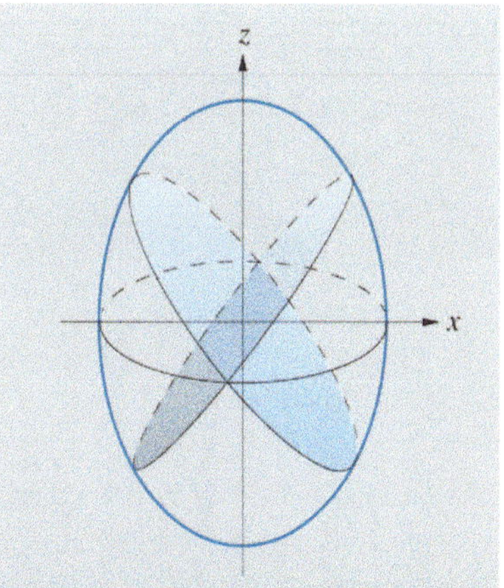

Abb. 6.13. Kreisförmige Schnitte des Indexellipsoids

der Physik der Kristalloptik ausreichen. Ein Oktant der Index-Oberfläche ist in Abb. 6.14 zusammen mit einer Photographie eines Modells gezeigt. Die Oberfläche hat offensichtlich zwei Zweige, die wir als „inneren" und „äußeren" bezeichnen wollen. Sie berühren sich entlang der optischen Achse, die die einzige Richtung darstellt, für die die Brechungsindizes der beiden charakteristischen Wellen gleich sind. Die anderen Oktanten lassen sich aufgrund von Symmetrieüberlegungen durch Spiegelungen konstruieren.

6.6.5 Ordentliche und außerordentliche Strahlen

Haben wir erst einmal die Index-Oberfläche konstruiert, ist es im Prinzip einfach, die **Polarisationen** und die **Poynting-Vektoren Π** der beiden charakteristischen Wellen für jede vorgegebene Richtung zu konstruieren (siehe Abb. 6.15). Wir verbinden mit jeder Richtung von k und charakteristischer Polarisation einen **Strahl**, der in Richtung von Π läuft. Dieser Strahl ist derjenige, den man im Experiment sieht, wenn eine Welle einen Kristall durchläuft (Abb. 6.16). Die Existenz von zwei Strahlen für jede gegebene Richtung von k ist die Grundlage für das Auftreten des bekannten Phänomens der **Doppelbrechung** (Abb. 1.3). Zwei Arten von Strahlen können definiert werden:

(1) der **ordentliche Strahl**, bei dem Π und k parallel sind;
(2) der **außerordentliche Strahl**, bei dem Π und k nicht parallel sind.

Da das **Snelliussche Brechungsgesetz** für die Richtungen von k gilt, gilt es für Π ebenso, jedoch nur für den ordentlichen Strahl. Generell gibt es einen allgemeinen Fall und zwei Spezialfälle, die in Abb. 6.16 erläutert werden:

(1) In einer beliebigen Richtung k_1 erzeugen beide Index-Oberflächen einen außerordentlichen Strahl. Sind Π und k erst einmal bekannt, kann der Vektor des magnetischen Feldes H leicht gefunden werden, da er gleich ihrer gemeinsamen Normalen ist; ebenso der Polarisationsvektor D, der die gemeinsame Normale zu k und H darstellt.

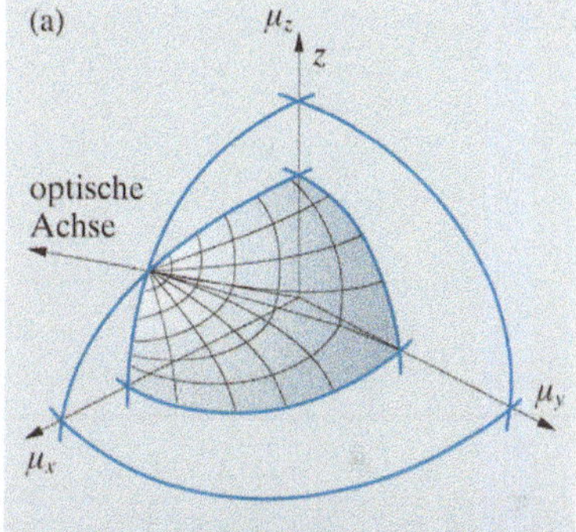

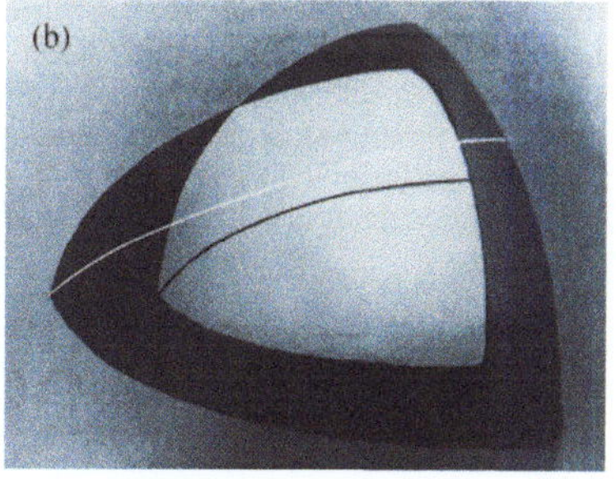

Abb. 6.14a,b. μ-Oberfläche eines zweiachsigen Kristalls

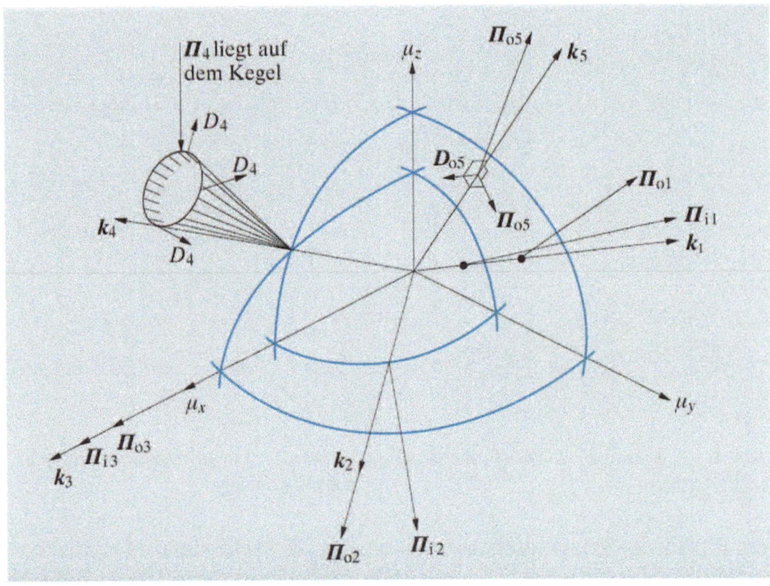

Abb. 6.15. Zusammenhang zwischen den Wellenvektoren an verschiedenen Punkten der Oberfläche. Die Indizes „o" und „i" stehen für die äußeren und inneren Zweige (englisch: „outer and inner branches")

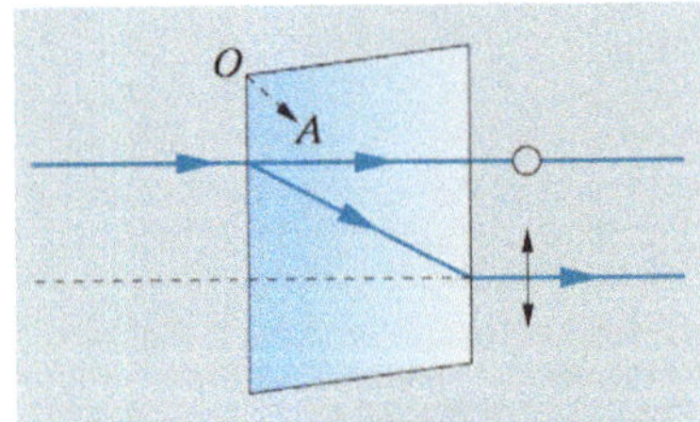

Abb. 6.16. Ein unpolarisierter Lichtstrahl spaltet in zwei Strahlen auf, wenn er einen Kristall durchquert. Offensichtlich widerspricht der Winkel zwischen dem außerordentlichen Strahl und der Kristalloberfläche dem Snelliusschen Gesetz. Die optische Achse verläuft in der Richtung OA

(2) Liegt k_2 in einer Symmetrieebene (x, y), (y, z) oder (z, x), gibt es einen ordentlichen und einen außerordentlichen Strahl.

(3) Liegt k_3 entlang einer der Hauptachsen x, y oder z, sind beide Strahlen ordentlich, obwohl sie verschiedene Werte von μ besitzen.

Beispiele für wichtige **biaxiale Kristalle** sind: Glimmer mit $\mu_1 = 1{,}552$, $\mu_2 = 1{,}582$ und $\mu_3 = 1{,}587$; LiB_3O_5 mit $\mu_1 = 1{,}578$, $\mu_2 = 1{,}606$ und $\mu_3 = 1{,}621$.

6.6.6 Konische Ausbreitung

Eine spezielle Form der Wellenausbreitung tritt auf, wenn k entlang der optischen Achse liegt (k_4 in Abb. 6.15). Aufgrund der Entartung von μ kann eine beliebige Polarisation gewählt werden (Abschn. 6.6.4), aber jede besitzt ein unterschiedliches Π. Diese verschiedenen Πs liegen auf einer Kegeloberfläche, deren eine Seite auf der optischen Achse liegt. Haben wir eine Scheibe biaxialen Kristalls, und unpolarisiertes Licht fällt so ein, daß es in die Richtung der optischen Achse gebrochen wird, verteilt sich das Licht innerhalb des Kristalls auf einen Kegel. Dieses Phänomen wird äußere **konische Brechung** (Refraktion) genannt.

6.7 Uniaxiale Kristalle

Zahlreiche Kristalle haben einen **dielektrischen Tensor**, der nur zwei unabhängige Einträge hat. Deshalb wird (6.28) zu

$$\boldsymbol{\varepsilon} = \begin{pmatrix} \varepsilon_1 & 0 & 0 \\ 0 & \varepsilon_1 & 0 \\ 0 & 0 & \varepsilon_3 \end{pmatrix}. \tag{6.39}$$

Daraus folgt, daß das Brechungsindex-Ellipsoid ein Rotationsellipsoid ist, d. h. mit einer Halbachse der Länge μ_3 und einem kreisförmigen Querschnitt mit Radius μ_1. Stellt man sich die Index-Oberfläche aufgrund ihrer Schnitte vor, erhalten wir wiederum eine zweigeteilte Oberfläche (2 Zweige). Ein Zweig ist eine Kugel mit Radius μ_1; der andere ein Rotationsellipsoid mit einer Halbachse μ_1 und einem Radius von μ_3. Es wird sofort klar, daß sich beide Zweige entlang der μ_z-Achse berühren, die in diesem Fall die einzige optische Achse ist (Abb. 6.17a). Aufgrund dieser Eigenschaft tragen solche Kristalle den Namen **einachsige** oder **uniaxiale Kristalle**. Man nennt μ_1 üblicherweise den „ordentlichen" (engl. „ordinary") Brechungsindex (μ_o) und μ_3 den „außerordentlichen" (engl. „extraordinary") Brechungsindex (μ_e). Ist $\mu_e > \mu_o$, heißt der Kristall positiv uniaxial, ist $\mu_e < \mu_o$, heißt er negativ uniaxial. Zahlreiche für die Optik wichtige Kristalle sind uniaxial, beispielsweise der Kalkspat (Kalzit) oder Islandspat ($CaCO_3$) mit $\mu_o = 1,66$ und $\mu_e = 1,49$; KDP (KH_2PO_4) mit $\mu_o = 1,51$ und $\mu_e = 1,47$; Quarz (SiO_2) mit $\mu_o = 1,54$ und $\mu_e = 1,55$; Kalomel (Hg_2Cl_2) mit $\mu_o = 1,97$ und $\mu_e = 2,66$.

6.7.1 Wellenausbreitung in einem uniaxialen Kristall

Aus der Form der Brechungsindex-Oberfläche folgt, wie der Leser sehr leicht verifizieren kann, daß:

(1) es für ein beliebiges k einen ordentlichen und einen außerordentlichen Strahl gibt;

(2) es für k entlang der optischen Achse zwei entartete ordentliche Strahlen gibt;

(3) es für k senkrecht zur optischen Achse zwei ordentliche Strahlen mit den Brechungsindizes μ_o und μ_e gibt. Ersterer ist entlang der optischen Achse (z) polarisiert, der zweite senkrecht dazu in der (x, y)-Ebene;

(4) keine konische Ausbreitung stattfindet.

6.7.2 Optische Aktivität

Fällt eine linear polarisierte Welle auf einen Quarzkristall entlang der optischen Achse, dreht sich die Polarisationsebene um 22° pro Millimeter Laufstrecke im Kristall. Quarz ist ein einachsiger Kristall, weswegen dieses Verhalten nicht im Einklang damit steht, was wir bisher über solche Kristalle gesagt haben. Die kontinuierliche Drehung der Polarisationsebene ist ein Phänomen, das **„optische Aktivität"** genannt wird und in jedem Material auftreten kann, kristallin oder nichtkristallin, das eine **chirale Struktur** („Händigkeit") besitzt. Quarz beispielsweise kommt in der Natur in links- und rechtshändigen Versionen vor (Abb. 6.18). Zuckerlösungen sind bekannte Beispiele für nichtkristalline, optisch aktive Substanzen. Traubenzucker (Dextrose) dreht die Polarisationsebene im Sinne einer Rechtsschraube, Lävulose in die entgegengesetzte Richtung.

    Phänomenologisch können die dielektrischen Eigenschaften eines optisch aktiven, uniaxialen Kristalls durch einen hermiteschen Dielektrizitätstensor beschrieben werden, der imaginäre Einträge als Nicht-

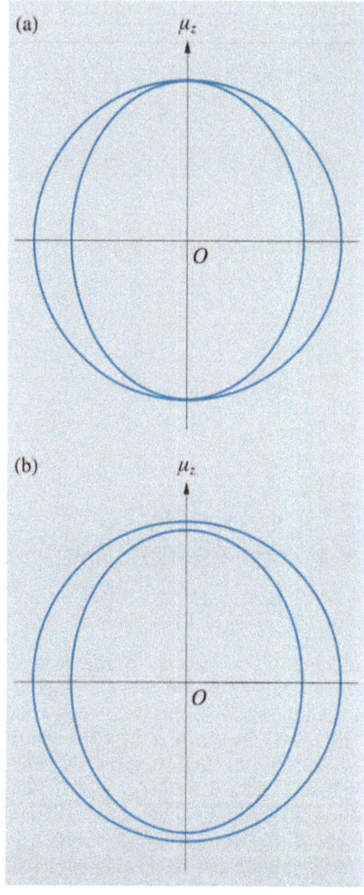

Abb. 6.17. Schnitte der μ-Oberfläche entlang der optischen Achse für einachsige Kristalle; (a) Kalkspat, (b) Quarz, der zudem optisch aktiv ist

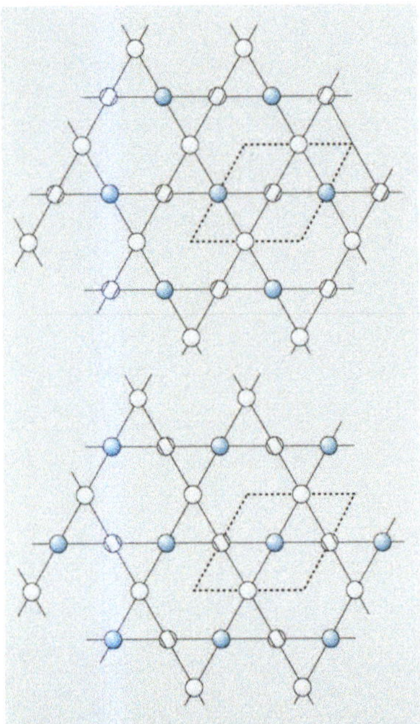

Abb. 6.18. Positionen der Siliziumatome in rechts- und linkshändigem Quarz, projiziert auf die Ebene senkrecht zur optischen Achse. Die gestrichelte Linie markiert die Einheitszelle, die drei Atome auf den Ebenen 0, 1/3 und 2/3 der Zellenhöhe enthält, dargestellt durch die offenen, schattierten und blau gefüllten Kreise. Sie formen Schraubenlinien mit verschiedenem Drehsinn in den beiden Zeichnungen

diagonalelemente besitzt.[8] Wir schreiben

$$\boldsymbol{\varepsilon} = \begin{pmatrix} \varepsilon_1 & ia & 0 \\ -ia & \varepsilon_1 & 0 \\ 0 & 0 & \varepsilon_3 \end{pmatrix}. \tag{6.40}$$

Dieser Tensor erfüllt $\varepsilon_{ij} = \varepsilon_{ji}^*$, d. h. er ist hermitesch und kann diagonalisiert werden, so daß er die Hauptachsenwerte $\varepsilon_1 + a$, $\varepsilon_1 - a$ und ε_3 besitzt. Die Polarisationsrichtungen sind dann $\boldsymbol{D}_1 = (1, i, 0)$, $\boldsymbol{D}_2 = (1, -i, 0)$ und $\boldsymbol{D}_3 = (0, 0, 1)$. Die ersten beiden stellen zirkular polarisierte Wellen dar, die sich entlang der z-Achse ausbreiten, da sie eine Phasenverschiebung von $\pi/2$ zwischen den Schwingungen ihrer x- und y-Komponenten besitzen.

Breitet sich eine Welle in einem solchen Medium parallel zur z-Achse aus, können wir nun erklären, warum ihre Polarisationsebene gedreht wird. Eine linear polarisierte Welle kann als Superposition zweier zirkular polarisierter Wellen mit entgegengesetzter Drehrichtung konstruiert werden:

$$\boldsymbol{D}_r = D_0 (1, i, 0) \exp\left[i(\mu_r k_0 z - \omega t)\right], \tag{6.41}$$

$$\boldsymbol{D}_l = D_0 (1, -i, 0) \exp\left[i(\mu_l k_0 z - \omega t)\right], \tag{6.42}$$

wobei die Brechungsindizes μ_r und μ_l den Wert $(\varepsilon_1 \pm a)^{1/2}$ besitzen. Der Mittelwert davon ist $\overline{\mu}$ und ihre Differenz $\delta\mu$. Kombiniert man beide Gleichungen, erhalten wir

$$\begin{aligned} \boldsymbol{D} &= \boldsymbol{D}_r + \boldsymbol{D}_l \\ &= 2D_0 \left(\hat{\boldsymbol{x}} \cos \tfrac{1}{2}\delta\mu\, k_0 z + \hat{\boldsymbol{y}} \sin \tfrac{1}{2}\delta\mu\, k_0 z\right) \exp\left[i(\overline{\mu}k_0 z - \omega t)\right]. \end{aligned} \tag{6.43}$$

Der Winkel der Polarisationsebene, $\tan^{-1}(D_x/D_y) \tfrac{1}{2}\delta\mu\, k_0 z$ wächst kontinuierlich mit z. Die Rate von $22°$ pro Millimeter ergibt für grünes Licht $\delta\mu \approx 7 \cdot 10^{-5}$. Da dieser Wert so klein ist, verhält sich Quarz wie ein normaler, uniaxialer Kristall für fast alle Ausbreitungsrichtungen mit Ausnahme der Richtungen, die sehr nahe an der optischen Achse liegen. Die Brechungsindex-Oberfläche ist schematisch in Abb. 6.17b gezeigt.

Die Brechungsindex-Oberfläche eines isotropen, optisch aktiven Mediums wie der Zuckerlösung kann mit Hilfe von zwei konzentrischen Kugeln mit den Radien μ_r und μ_l konstruiert werden.

6.8 Anwendungen der Ausbreitung in anisotropen Medien

Um der Ausbreitung einer Welle mit gegebenem $\boldsymbol{k}$ und Polarisationszustand in einem anisotropen Medium zu folgen, müssen wir zunächst ihren $\boldsymbol{D}$-Vektor als Superposition derjenigen der beiden charakteristischen Wellen

---

[8] Als Beispiel werden wir einen solchen Tensor für ein magneto-optisches Medium in Abschn. 13.3.5 herleiten.

mit gleichem k ausdrücken. Wir folgen dann jedem Teilstrahl entsprechend seinem Brechungsindex und rekombinieren beide später wieder. Gibt es eine Grenzschicht zu einem anderen Medium, müssen wir die Stetigkeit der Felder sicherstellen. Dies beinhaltet die separate Erfüllung des Snelliusschen Brechungsgesetzes für beide charakteristischen Wellen (Abschn. 6.8.3).

6.8.1 $\lambda/4$- und $\lambda/2$-Plättchen

Eine linear polarisierte Welle fällt senkrecht (z-Richtung) auf eine Kristallplatte der Dicke l mit parallelen Seitenflächen, so daß seine Polarisationsebene den Winkel zwischen den Polarisationsebenen der beiden charakteristischen Wellen mit dem gleichen k-Vektor zweiteilt. Ihre D-Vektoren definieren in diesem System die x- und y-Achsen. Die beiden charakteristischen Wellen besitzen die Brechungsindizes μ_1 und μ_2 mit dem Mittelwert $\overline{\mu}$ und der Differenz $\delta\mu$. Wir erhalten

$$D = D_0\hat{x} \exp\left[i(\mu_1 k_0 z - \omega t)\right] + D_0\hat{y} \exp\left[i(\mu_2 k_0 z - \omega t)\right], \qquad (6.44)$$

die sich im Punkt $z = 0$ zu der einfallenden Welle $D = D_0(1, 1, 0)$ $\times \exp(-i\omega t)$ überlagern. Für von null verschiedenes z kann (6.44) geschrieben werden als

$$D = D_0\left[\hat{x} \exp\left(-\tfrac{1}{2}i\delta\mu\, k_0 z\right) + \hat{y} \exp\left(\tfrac{1}{2}i\delta\mu\, k_0 z\right)\right]$$
$$\times \exp\left[i(\overline{\mu}k_0 z - \omega t)\right]. \qquad (6.45)$$

Dabei sind einige Spezialfälle von besonderem Interesse:

(1) Ist $\tfrac{1}{2}\delta\mu\, k_0 z = \pi/4$, hat die Phasenverschiebung zwischen den $\hat{x}$- und $\hat{y}$-Komponenten den Wert $\pi/2$. Dadurch wird die einfallende, linear polarisierte Welle zu einer zirkular polarisierten. Eine Scheibe mit dieser Dicke, $l = \pi/2k_0\, \delta\mu = \lambda/4\, \delta\mu$ heißt „$\lambda/4$-Plättchen". Liegt die Polarisationsebene der einfallenden Welle auf der anderen Winkelhalbierenden von $\hat{x}$ und $\hat{y}$, erhält man den entgegengesetzten Drehsinn. Liegt sie nicht exakt auf der Winkelhalbierenden, ist die auslaufende Welle elliptisch polarisiert. Kehrt man die Situation um, erzeugt ein $\lambda/4$-Plättchen aus einer zirkular polarisierten Welle eine linear polarisierte. Verwenden wir die Daten aus Abschn. 6.6.5, hat ein $\lambda/4$-Plättchen aus Glimmer für eine Wellenlänge von $\lambda = 590$ nm eine Dicke von ca. $0,025$ mm.

(2) Ein Plättchen aus dem gleichen Material mit der doppelten Dicke spiegelt, wie man sich leicht klarmachen kann, die Polarisationsebene in der (x, z)- und (y, z)-Ebene und kehrt daher den Drehsinn einer einfallenden zirkular oder elliptisch polarisierten Welle um. Es wird „$\lambda/2$-Plättchen" genannt.

6.8.2 Kompensatoren

Die Phasenverschiebung zwischen den beiden charakteristischen Wellen kann durch einen sog. „**Kompensator**" kontinuierlich geändert werden. Er wird aus einem Keil aus doppelbrechendem Material mit einem Öffnungswinkel von etwa $1°$ hergestellt. Seine Dicke ist dann offensichtlich

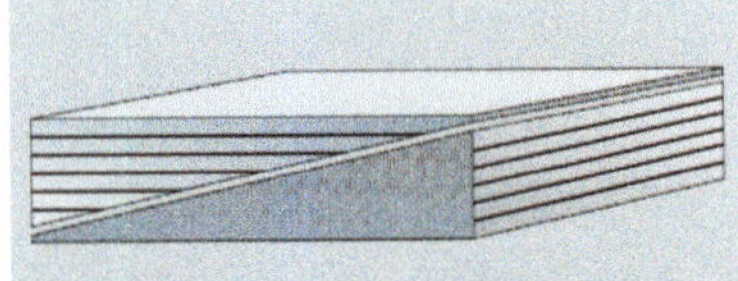

Abb. 6.19. Babinet-Kompensator. Die parallelen Linien verdeutlichen die Richtungen der optischen Achsen der beiden Keile

eine Funktion des Ortes, und sein Einfluß auf einen einfallenden Lichtstrahl kann durch Verschiebung verändert werden. Es ist allerdings schwierig, auf diese Weise Phasenverschiebungen in der Nähe von null genau einzustellen. Der **Babinet-Kompensator** besteht aus zwei übereinanderliegenden, entgegengesetzt orientierten Keilen eines einachsigen Kristalls, die so befestigt sind, daß die optischen Achsen der beiden Hälften senkrecht aufeinanderstehen (Abb. 6.19). Damit hat man ein Instrument mit parallelen Außenflächen, das zu einer Phasenverschiebung führt, die kontinuierlich durch null durchläuft. Einen Kompensator für zirkular polarisierte Wellen erhält man auf ähnliche Weise durch zwei Keile aus links- und rechtshändigem Quarz.

6.8.3 Die Pöverlein-Konstruktion

Die Brechungsindex-Oberfläche ermöglicht leicht eine **graphische Lösung** von Brechungsproblemen an Grenzschichten zwischen Kristallen. Wir sollten uns daran erinnern, daß das Snelliussche Brechungsgesetz, das aus der Stetigkeit von E und H an der Grenzschicht resultiert, immer für die Richtungen des k-Vektors gültig ist. Betrachten wir nun die Brechung von Licht aus einem homogenen Material mit Brechungsindex μ_1 in den Kristall hinein. In Abb. 6.20 ist ein Querschnitt der Index-Oberfläche in der Einfallsebene gezeigt, der die k-Vektoren der einfallenden und gebrochenen Welle sowie die Oberflächennormale enthält. Die Konstruktion, die in der Abbildungslegende erklärt ist, berechnet die Projektionen $k \sin\theta = k_0 \mu(\theta) \sin\theta$ (*OA* für die einfallende Welle, *OB* für die beiden gebrochenen Strahlen) auf die Grenzschicht. Sie ist als „**Pöverlein-Konstruktion**" bekannt und kann auch zur Berechnung der Brechung an Grenzschichten zwischen zwei verschiedenen doppelbrechenden Materialien verwendet werden.

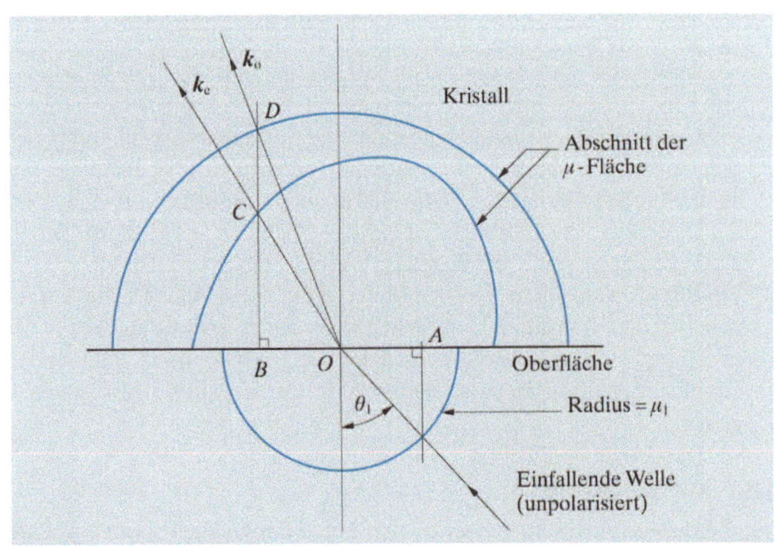

Abb. 6.20. Pöverlein-Konstruktion. *OB* ist die Projektion von k_o und k_e auf die Grenzschicht, sie ist gleich der Projektion *OA* des einfallenden k-Vektors

Abb. 6.21. Glan-Polarisator

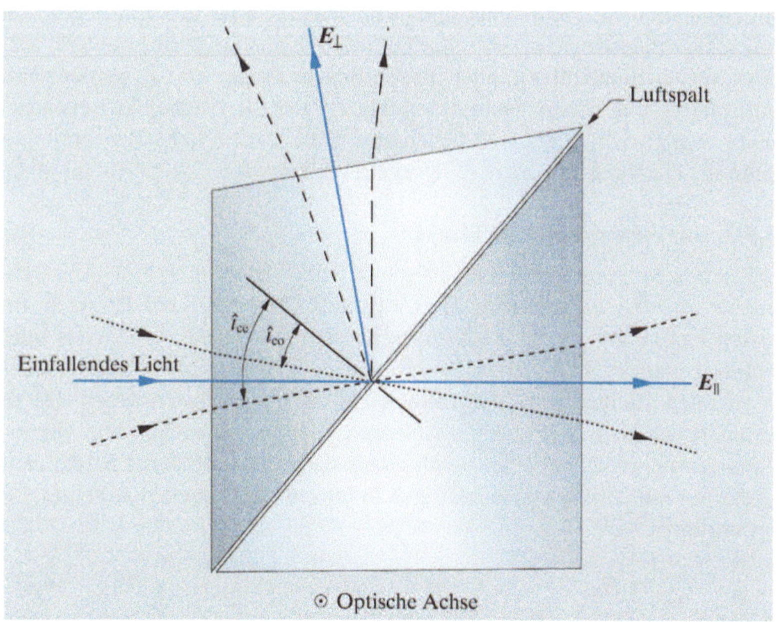

6.8.4 Kristallpolarisatoren

Kristallpolarisatoren trennen die beiden aufeinander senkrecht stehenden Polarisationen aufgrund der Tatsache, daß der kritische Winkel eine Funktion des Brechungsindexes ist und daher von der Polarisationsrichtung abhängt. Ein typisches Beispiel ist das **Glan-Luft-Prisma**, das normalerweise aus Kalkspat besteht, obwohl Kalomel (Hg_2Cl_2) noch bessere Eigenschaften dafür besitzt. Der Aufbau ist in Abb. 6.21 gezeigt. Die optischen Achsen beider Hälften stehen senkrecht zur Zeichenebene. Offensichtlich wird nur die ordentliche Polarisation am Luftspalt reflektiert, wenn der Einfallswinkel einen Wert zwischen den kritischen Winkeln $\sin^{-1} \mu_o$ und $\sin^{-1} \mu_e$ besitzt. Der Kristall wird so geschnitten, daß diese Grenzschicht in der Mitte zwischen den beiden kritischen Winkeln liegt, wenn das Licht senkrecht auf die Eintrittsfläche fällt.

Werden die beiden Hälften mit einem Kleber, der einen Brechungsindex μ_B im Bereich zwischen μ_o und μ_e besitzt, zusammengeklebt, erhält man Varianten dieses Instruments, das **Glan-Thompson-Prisma** und das **Nicolsche Prisma**. In diesem Fall gibt es nur einen kritischen Winkel für die ordentliche Welle. Das Nicolsche Prisma wird mit Hilfe der natürlichen Spaltflächen des Kalkspatkristalls erzeugt.

6.9 Induzierte Anisotropie

In unserer bisherigen Diskussion haben wir angenommen, die Anisotropie in einem Kristall sei eine Folge seiner Struktur. Es gibt aber zahlreiche Gelegenheiten, bei denen die Eigenschaften eines isotropen Materials (z. B. einer Flüssigkeit, eines Polymers oder eines kubischen Kristalls) anisotrop werden durch angelegte äußere Felder. Darüber hinaus können die optischen

Eigenschaften von zahlreichen anisotropen Materialien durch Anlegen von Feldern geändert werden. Wir werden weiter unten einige Beispiele für solches Verhalten aufführen, aber unsere Beschreibung wird in keinem Fall vollständig sein. Einige weitere Aspekte der induzierten dielektrischen Effekte werden wir in Kap. 13 behandeln. Eine ausführliche Beschreibung kann in dem Buch von *Yariv* (1989) gefunden werden.

6.9.1 Der elektrooptische Effekt

Das Anlegen eines äußeren elektrischen Feldes kann induzierte Anisotropie hervorrufen. Es gibt dabei zwei weitverbreitete Arten von Effekten. Im ersten Fall zeigt sich, daß zahlreiche isotrope Materialen, z. B. Glas oder Flüssigkeiten wie Nitrobenzol, uniaxial werden, wobei ihre optischen Achsen in der Richtung des elektrischen Feldes ausgerichtet werden. Da es keine Möglichkeit gibt, daß ein isotropes Material gegenüber dem Vorzeichen des elektrischen Feldes empfindlich sein könnte, muß der Effekt dem Quadrat (oder anderen geradzahligen Potenzen) des angelegten Feldes E_0 proportional sein:

$$\mu_e - \mu_o \propto E_0^2 \, . \tag{6.46}$$

Dies wird **Kerr-Effekt** genannt.

Auf der anderen Seite gibt es Kristalle ohne ein Symmetriezentrum in der Anordnung der Atome in der Elementarzelle. Dadurch können sie zwischen den positiven und negativen Feldern unterscheiden und der elektrooptische Effekt kann auch von ungeraden Potenzen des Feldes abhängen. Insbesondere ein linearer Effekt wird dadurch möglich. Seine Amplitude kann eine Funktion der Orientierung des Feldes sein, weshalb eine komplette Beschreibung selbst auf der phänomenologischen Ebene sehr kompliziert wird. Üblicherweise charakterisiert man den elektrooptischen Effekt mit Hilfe von Parametern, die eine direkte Verzerrung des Brechungsindex-Ellipsoids (6.34) beschreiben:

$$\frac{D_x^2}{\mu_1^2} + \frac{D_y^2}{\mu_2^2} + \frac{D_z^2}{\mu_3^2} = \varepsilon_0 \, . \tag{6.47}$$

Wir möchten hier nur ein Beispiel, den **Pockels-Effekt** in uniaxialen Kristallen wie beispielsweise KH_2PO_4, betrachten. Dabei erzeugt das Anlegen des Feldes E_0 parallel zur optischen Achse gleich große Änderungen mit entgegengesetztem Vorzeichen in μ_1, dem Brechungsindex für die beiden Polarisationen senkrecht zum angelegten Feld. Es ist üblich, das verzerrte Brechungsindex-Ellipsoid in der Form

$$D_x^2\left(\frac{1}{\mu_1^2} + rE_0\right) + D_y^2\left(\frac{1}{\mu_1^2} - rE_0\right) + \frac{D_z^2}{\mu_3^2} = \varepsilon_0 \tag{6.48}$$

zu schreiben, wobei wir angenommen haben, daß die Änderungen in μ sehr klein sind. Dann ergeben sich die wirklichen Änderungen der x- und y-Achse des Ellipsoids zu $\pm\delta\mu_1 \approx \mp rE_0\mu_1^3/2$. Offensichtlich wird der Kristall dann biaxial. Es folgt daher beispielsweise, daß eine Welle, die sich entlang der z-Richtung ausbreitet, elliptisch polarisiert wird, genauso, wie wir es in Abschn. 6.8.1 diskutiert hatten; und eine Kristallscheibe der Dicke l in der z-Richtung wirkt als $\lambda/4$-Plättchen, wenn die Bedingung

$$lE_0 = \lambda/4r\mu_1^3 \tag{6.49}$$

erfüllt ist. Das Produkt lE_0 ist eine Spannung, die von der Kristalldicke unabhängig ist. Sie wird $\lambda/4$-Spannung genannt und beträgt typischerweise 500 V. Sowohl der Kerr-Effekt als auch ein linearer elektrooptischer Effekt wie der Pockels-Effekt werden dazu benutzt, eine elektronisch gesteuerte Strahlblende zu realisieren, indem man den Kristall zwischen gekreuzte Polarisatoren einbaut.

6.9.2 Der photoelastische Effekt

Ein mechanisches Verzerrungsfeld kann den Brechungsindex eines isotropen Materials wie Glas, Plexiglas (Poly-Methyl-Methacrylat) oder verschiedene Epoxidharze beeinflussen. Man kann sich vorstellen, daß das Brechungsindex-Ellipsoid beim Strecken des Materials verzerrt wird, und dies ist qualitativ die Grundlage des Effekts. Das Material wird uniaxial mit der optischen Achse entlang der Verzerrungsrichtung. Dieser Effekt spielt bei der Visualisierung von Verspannungen in komplizierten zweidimensionalen Körpern (Abb. 6.22) eine wichtige Rolle. Solche Körper können als Modelle aus den oben genannten Materialien hergestellt werden.

6.9.3 Der magnetooptische Effekt

Zahlreiche isotrope diamagnetische Materialien, unter ihnen Glas und Wasser, werden **optisch aktiv**, wenn man ein magnetisches Feld anlegt. Die induzierte optische Achse richtet sich parallel zum angelegten äußeren Feld B_0 aus. Breitet sich nun eine Welle mit $k \parallel B_0$ aus, dreht sich ihre Polarisationsrichtung in eine Richtung, wenn k in die gleiche Richtung wie B_0 zeigt, in die entgegengesetzte Richtung bei antiparalleler Ausrichtung. Wir werden diesen Effekt analog zu (6.40) beschreiben, wobei der Parameter a proportional zu B_0 ist, $a = r_B B_0$. Ein mikroskopisches Modell, das diesen Effekt für ein Elektronenplasma beschreibt, werden wir in Abschn. 13.3.5 vorstellen. Aus (6.42) folgt, daß die beiden Brechungsindizes für die links- und rechtshändige Polarisation die Gleichung $\delta\mu = \mu_1 - \mu_r = \mu^3 r_B B_0$ erfüllen, wobei $r_B B_0 \ll \mu^{-2}$. Der Drehwinkel der Polarisationsebene pro Längeneinheit in Ausbreitungsrichtung ist dann $\frac{1}{2}k_0\,\delta\mu = \frac{1}{2}k_0\mu^3 r_B B_0$. Die Konstante $\frac{1}{2}k_0\mu^3 r_B$ heißt **Verdet-Konstante**. Sie ist in etwa proportional zu λ^{-2}. Ein typischer Wert, der für Wasser, ist $20°\mathrm{T}^{-1}\,\mathrm{m}^{-1}$.

Es gibt einen wichtigen Unterschied zwischen optischer Aktivität in einem Kristall und dem magnetooptischen Effekt, der die Eigenschaften des magnetischen Feldes als **Pseudovektor**[9] repräsentiert. Breitet sich eine

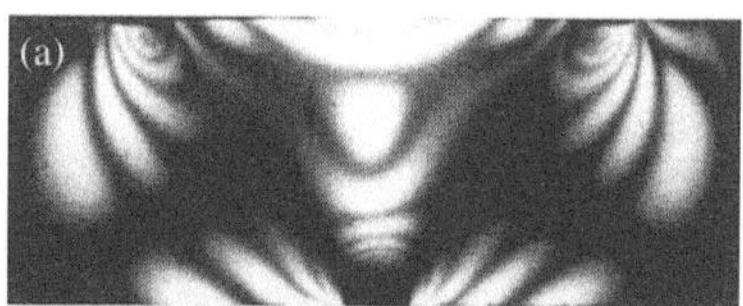
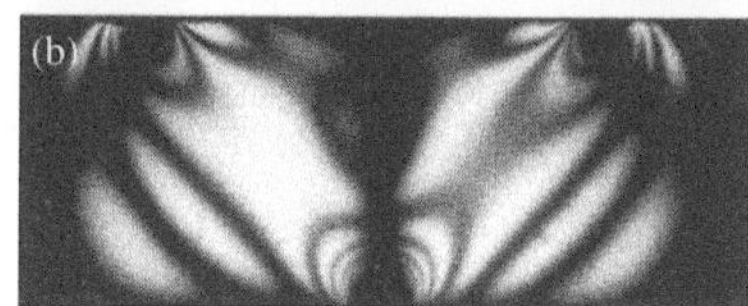

Abb. 6.22a,b. Beispiel für den photoelastischen Effekt. Ein Stück verspanntes Plexiglas wird in monochromatischem Licht zwischen zwei Polarisatoren betrachtet. Der Winkel zwischen den Polarisatoren und den Kanten des Materials beträgt in (a) $\pm45°$ und in (b) $0°$ und $90°$

---

[9] Eine Schraube bleibt eine Rechts- oder eine Linksschraube, egal von welcher Seite man sie betrachtet. Die Schraubenlinie dagegen, die von einem Elektron in einem Magnetfeld beschrieben wird, kehrt ihre Händigkeit um, wenn die Feldrichtung umgekehrt wird.

Welle durch einen optisch aktiven Kristall aus, wird dann von einem Spiegel reflektiert und durchläuft noch einmal den Kristall, ist die Gesamtdrehung der Polarisationsebene null, da die Spiegelung die rechts- und linkshändigen Komponenten der Zirkularpolarisation vertauscht, weswegen der Effekt des ersten Durchlaufes vom zweiten aufgehoben wird. Führt man das gleiche Experiment mit einem magnetooptischen Material aus, wobei die Ausbreitung parallel zu B_0 erfolgen soll, kehrt sich bei der Reflexion nicht nur die Händigkeit der Welle um, sondern auch das Vorzeichen des magnetooptischen Effekts, da nach der Reflexion die Richtung von k entgegengesetzt zu B_0 ist. Daher ist der Gesamteffekt doppelt so groß wie der Effekt einer einfachen Passage. Eine ähnliche Analyse des elektrooptischen Effekts im Gegensatz zu der Doppelbrechung (was wir dem Leser als Übung überlassen wollen), zeigt keine solche Unterscheidung. Diese Eigenschaft des magnetooptischen Effekts ermöglicht es uns, ein „Einwegventil" oder einen Isolator zu konstruieren. Haben wir ein magnetooptisches Plättchen in einem Feld, das die Polarisationsebene um $\pi/4$ dreht, zwischen einem Polarisator und einem Analysator, deren optische Achsen um genau diesen Winkel gedreht sind, wird eine Welle in der einen Richtung von beiden Polarisatoren durchgelassen. Eine Welle in der anderen Richtung dagegen wird beim Austreten genau senkrecht zum Polarisator polarisiert sein und wird daher absorbiert. Diese Anordnung wird bei Mikrowellenanwendungen häufig verwendet.

✖ Übungsaufgaben

$\lambda = 0{,}5\,\mu\text{m}$, soweit nichts anderes vermerkt ist.

6.1 Ein Lichtstrahl besteht aus polarisierten und unpolarisierten Anteilen. Wie kann man das Verhältnis der beiden herausbekommen?

6.2 Denken Sie sich eine Methode aus, um den Drehsinn einer elliptisch polarisierten Welle absolut zu bestimmen.

6.3 Ein Quarzplättchen hat die Dicke d und eine optische Achse, die mit seinen Schnittflächen jeweils einen Winkel von 45° einschließt. Unpolarisiertes Licht fällt senkrecht zum Plättchen ein, zwei separate polarisierte Strahlen verlassen den Kristall. Bestimmen Sie mit den Werten $\mu_\mathrm{o} = 1{,}544$ und $\mu_\mathrm{e} = 1{,}533$ den Abstand der beiden Strahlen.

6.4 Biaxialer Glimmer hat die Brechungsindizes 1,5998 und 1,5948 für eine Ausbreitung senkrecht zur Spaltfläche. Ein Glimmerplättchen, das zwischen zwei gekreuzte Polarisatoren gehalten wird, erscheint in violetter Farbe, d. h. rotes und blaues Licht wird transmittiert, grünes dagegen nicht. Schätzen Sie die Dicke des Plättchens ab. Wie verändert sich die Farbe, (a) wenn das Plättchen um seine eigene Achse gedreht wird, (b) wenn einer der Polarisatoren um seine Achse gedreht wird?

6.5 Ein paralleler Strahl von Natriumlicht (eine spektrale Doppellinie (Dublett) mit $\lambda = 589\,\text{nm}$ und 589,6 nm) passiert ein Paar paralleler Polarisatoren, die durch ein Kalkspatplättchen voneinander getrennt sind. Das Plättchen hat eine optische Achse in der Ebene seiner Schnittflächen mit einem Winkel von 45° zu den optischen Achsen der Polarisatoren. Eine Linie des Dubletts wird transmittiert, die andere absorbiert. Berechnen Sie die Dicke des Plättchens. Für den oben angegebenen

Spektralbereich gilt: $\mu_e = 1{,}486$ und $d\mu_e/d\lambda = -3{,}53 \cdot 10^{-7}$ nm^{-1}; $\mu_o = 1{,}658$ und $d\mu_o/d\lambda = -5{,}88 \cdot 10^{-7}$ nm^{-1}.

6.6 Wie kann man die Pöverlein-Konstruktion dazu verwenden, Reflexionen an der ebenen Oberflächen eines Kristalls zu beschreiben? Ein unpolarisierter Strahl tritt unter einem flachen Winkel in ein Kristallplättchen mit parallelen Seiten ein, dessen optische Achse eine beliebige Orientierung besitzt. Der Strahl wird zwischen den Oberflächen mehrmals hin- und herreflektiert. Wie viele separate Strahlen kann man nach n Reflexionen beobachten?

6.7 Beim photoelastischen Effekt in einem isotropen Material ist der Grad der Doppelbrechung $\mu_o - \mu_e$ proportional zum Unterschied zwischen den Spannungen an den Hauptachsen $p_x - p_y$. Beschreiben Sie das Muster, das von einem Plastikmodell eines freitragenden Arms (engl. „cantilever") mit gleichförmigem Querschnitt erzeugt wird, der an einer Seite fest eingespannt und an der anderen Seite mit einem Gewicht belastet ist. Welche Orientierung der Polarisatoren ist für das deutlichste Auftreten des Effekts notwendig?

6.8 Ein linear polarisierter Lichtstrahl fällt senkrecht auf ein transparentes Plättchen mit parallelen Seiten. Nach dem Durchgang durch das Plättchen wird er durch einen ebenen Metallspiegel wieder zu seinem Ausgangspunkt zurückreflektiert. Vergleichen Sie den Endzustand der Polarisation mit dem Ausgangszustand für die folgenden Arten von Plättchen:

(a) ein doppelbrechendes Plättchen mit optischen Achsen in beliebiger Richtung;
(b) ein Plättchen, das Pockels-Effekt zeigt; das angelegte elektrische Feld sei parallel zum Lichtstrahl;
(c) ein Plättchen aus optisch aktivem Material mit der optischen Achse parallel zum Lichtstrahl;
(d) ein magnetooptisches Plättchen; das angelegte Magnetfeld sei parallel zum Lichtstrahl.

6.9 Überdenken Sie mögliche Methoden zur Erzeugung eines vollständig polarisierten Lichtstrahls ausgehend von einer unpolarisierten Quelle. Beispielsweise wird ein polarisierendes Prisma dazu verwendet, zwei Strahlen mit senkrecht aufeinanderstehenden Polarisationsrichtungen zu erzeugen, von denen einer in seiner Polarisation gedreht wird, bevor die beiden rekombinieren. Zeigen Sie, daß die Helligkeit des resultierenden Strahls nie die des Ausgangsstrahls übersteigen kann und daß deswegen der zweite Hauptsatz der Thermodynamik erfüllt wird (Helligkeit ist definiert als Leistung pro Einheits-Fläche, Einheits-Wellenlängenintervall und Einheits-Raumwinkel für eine gegebene Polarisation).

Beugung

7

Beugung

▼ Übersicht

Ein wichtiges Phänomen, das nicht mit Hilfe der geometrischen Optik erklärt werden kann, ist die Beugung. Dabei wird Licht beim Durchgang durch Blendenöffnungen oder beim Passieren von Kanten aus nichttransparentem Material teilweise aus seiner ursprünglichen Richtung abgelenkt und erscheint unter Winkeln, die nach den Regeln der geometrischen Optik nicht zugänglich wären.

7.1 Das Auftreten von Beugungserscheinungen

Wie wir bereits in Kap. 1 gesehen haben, war die **Wellentheorie** des Lichts zunächst nicht allgemein akzeptiert, da dem Licht offensichtliche Welleneigenschaften zu fehlen schienen. Es wurde z. B. nicht von einem Hindernis abgelenkt, wie es beispielsweise bei Wasserwellen der Fall ist. Der Grund, warum dieses Problem uns heutzutage nicht mehr daran hindert, die Wellentheorie des Lichts zu akzeptieren, liegt darin, daß wir heute die Größenordnungen dieser beiden Wellenarten kennen: Wasserwellen haben makroskopische Ausdehnung, und wir erkennen, daß sie nur von **Objekten in der gleichen Größenordnung wie ihre Wellenlänge** gebeugt werden; noch größere Hindernisse stoppen die Wellen, und nur an den Rändern eines Hindernisses kommt es zu Beugungserscheinungen. Die Wellenlänge des Lichts dagegen ist typischerweise $5 \cdot 10^{-7}$ m ($0{,}5\,\mu$m), und so ist selbst ein Objekt von der hundertfachen Ausdehnung der Welle – ausreichend, um eine Wellenausbreitung zu verhindern – für unsere alltäglichen Begriffe noch sehr klein. Trotzdem tritt auch bei Licht eine Beugung an den Rändern eines Hindernisses auf und kann unter bestimmten Bedingungen beobachtet werden. Für Teilchen in der Größenordnung einiger Wellenlängen sind dabei keine speziellen Apparate vonnöten; so sind beispielsweise die Wassertropfen, die auf einer Autoscheibe kondensieren, überraschend homogen in ihrer Größe und erzeugen beim Vorbeifahren schöne Lichthöfe (**Halos**) rund um die Straßenlaternen. Bei größeren Objekten sind dagegen spezielle Apparate nötig. Alle diese Effekte werden **Beugungsphänomene** (Diffraktionsphänomene) genannt.

7.1.1 Interferenz und Beugung

Es gibt eine andere Klasse von Phänomenen, die der Beugung sehr nahe verwandt sind. Sie werden durch Überlagerung räumlich getrennter Wellen erzeugt und werden **Interferenzphänomene** genannt. Beugung und Interferenz lassen sich manchmal nicht klar unterscheiden, und verschiedene Autoren verbinden verschiedene Bedeutungen mit den beiden Begriffen.

Wir werden versuchen, die Konvention beizubehalten, daß Interferenz mit der geplanten Überlagerung von zwei oder mehr getrennten Strahlen zu tun hat, während Beugung automatisch bei der Begrenzung eines einzelnen Strahles auftritt.

Es wird uns nicht gelingen, diese Konvention in aller Strenge beizubehalten, da einige Bezeichnungen, z. B. das Beugungsgitter, nicht richtig darin einzuordnen sind und doch so etabliert sind, daß wir keine neuen Begriffe für sie einführen möchten. Trotzdem werden wir versuchen, die Unterscheidung überall dort, wo es möglich ist, beizubehalten. Es gibt eine Analogie zu der Unterscheidung zwischen der **Fourierreihe** (die der Interferenz entspricht) und der **Fouriertransformierten** (entspricht der Beugung); aus Abschn. 4.4.1 wissen wir, daß die Fourierreihe als Spezialfall der Fouriertransformation abgeleitet werden kann. In der gleichen Weise können alle Interferenzerscheinungen mit Hilfe der Beugungstheorie erklärt werden.

7.1.2 Einführung in die Beugungstheorie

Die Formulierung von Beugungsproblemen beinhaltet hauptsächlich eine einfallende, ungestörte Welle, deren Ausbreitung durch ein Hindernis oder eine Maske, Blende o. ä. gestört wird, d. h. ihre Amplitude und/oder Phase wird lokal um einen bestimmten Faktor geändert. Der Beobachter mißt an einem bestimmten Ort oder an einem Satz von Punkten auf einem Schirm (z. B. der Netzhaut des Auges) das Feld der Welle, das durch die Superposition der einfallenden Welle mit anderen Feldern entsteht, wobei diese Überlagerung den Maxwellschen Gleichungen mit den für das Hindernis entsprechenden Randbedingungen genügen muß. Ein Beispiel für eine Fragestellung, die auf diese Weise gelöst wurde, ist die Beugung einer ebenen Welle durch eine perfekt leitende Kugel. Dieser Vorgang wird **Mie-Streuung** genannt. Eine detaillierte Herleitung der Lösung findet sich bei *Born* und *Wolf* (1980) sowie bei *van de Hulst* (1984). Unglücklicherweise ist die Klasse der analytisch auf diese Weise lösbaren Probleme für allgemeine Anwendungen zu klein, weswegen ein auf der Basis des **Huygensschen Prinzips** basierender, viel einfacherer Lösungsansatz entwickelt wurde, der die meisten Beugungsphänomene befriedigend beschreibt, wenn auch nicht in vollständig quantitativer Weise. Der zugrundeliegende Ansatz geht davon aus, daß die Amplitude und die Phase einer elektromagnetischen Welle hinreichend genau durch eine skalare Größe beschrieben werden können, wobei Polarisationseffekte vernachlässigt werden. Er wird deshalb als **Näherung skalarer Wellen** bezeichnet. Wir werden diese Näherung auf zwei Ebenen entwickeln, zunächst als intuitiven Ansatz und später mit der notwendigen mathematischen Genauigkeit (Abschn. 7.2.2).

7.2 Die Näherung skalarer Wellen

Im Prinzip sollte eine Berechnung skalarer Wellen für jede Komponente der Vektor-Welle getrennt durchgeführt werden. In der Praxis ist dies allerdings meistens nicht notwendig. Auf der anderen Seite können wir uns Randbedingungen vorstellen, unter denen die Polarisationsrichtung eine Rolle spielt. Ein Beispiel dafür ist die Beugung an einem Spalt in einem perfekt leitenden Metallblech. Nimmt man jeden Punkt der Ebene des Blechs als Quelle für mögliche Strahlung, sehen wir folgendes:

- Punkte auf der Metallblende werden keine Strahlung aussenden, da das Feld E in einem perfekten Leiter null sein muß;
- Punkte innerhalb des Spalts, die von den Rändern hinreichend weit entfernt sind, werden alle Polarisationsrichtungen abstrahlen, da das Feld in alle Richtungen des Raums weisen kann;
- Punkte am Rand des Spalts werden die Richtungen bevorzugen, bei denen E senkrecht zu den Rändern ist, gegenüber den Richtungen, bei denen E parallel dazu ist. Der Grund dafür ist, daß sich $E_\parallel$ kontinuierlich von null im Metall zu einem endlichen Wert im Bereich des Spalts ändert, während $E_\perp$ im Bereich der Oberfläche nicht stetig ist (Abschn. 5.4.1). Der Spalt erzeugt daher ein Beugungsmuster, das einer schmaleren Breite entspricht, wenn das beleuchtende Licht parallel zu seiner Längsrichtung polarisiert ist. Da aber solche Effekte auf Bereiche an den Spaltkanten in der Größenordnung einer Wellenlänge begrenzt sind, werden sie nur für Objekte mit Strukturelementen in dieser Größe bemerkbar. So hängt beispielsweise die Effizienz eines **Blaze-Gitters** (Abschn. 9.2.5) fast immer von der Polarisationsrichtung ab. Gitter aus nahe beieinanderliegenden Drähten mit Gitterkonstanten von ca. $2\,\mu$m sind effiziente Polarisatoren im Bereich infraroter Wellenlängen (Abschn. 6.3).

Aus diesen Gründen möchten wir dem Leser vorschlagen, jetzt einmal zu vergessen, daß das Licht aus zwei schwingenden Vektorfeldern besteht, und sich vorzustellen, diese Schwingung ließe sich durch eine einzelne, komplexe, skalare Variable ψ beschreiben, die eine Frequenz ω und einen Wellenvektor k_0 besitzt, der einen Betrag von ω/c und die gleiche Richtung wie die sich ausbreitende Welle hat. Da ψ ein komplexes skalares Feld darstellt, hat es sowohl eine Amplitude als auch eine Phase. Der zeitabhängige Phasenfaktor $\exp(-\mathrm{i}\omega t)$ spielt in diesem Kapitel keine Rolle, da er in allen Berechnungen unverändert auftaucht; wir werden ihn deshalb weglassen.

7.2.1 Erklärung der Beugung mit Hilfe des Huygensschen Prinzips

Versuchen wir nun, intuitiv eine Beugungstheorie zu formulieren, die auf dem Huygensschen Prinzip der Aussendung **skalarer Elementarwellen** von Punkten einer beugenden Oberfläche basiert. Eine strengere Ableitung der gleichen Theorie, die allerdings immer noch skalare Wellen beinhaltet, wurde von *Kirchhoff* entwickelt und wird in Abschn. 7.2.2 diskutiert. Die meisten Bestandteile der Integralformulierung können allerdings bereits anschaulich hergeleitet werden, und wir werden dies zunächst auch so tun. Nehmen wir eine am Punkt P beobachtete Amplitude an, die von einer Welle herrührt, die von der Punktquelle Q ausgesendet und von der ebenen Blende $\mathscr{R}$ gebeugt wurde (siehe Abb. 7.1). Wir nehmen an, daß, wenn ein infinitesimales Flächenelement $\mathrm{d}S$ am Ort S auf $\mathscr{R}$ von einer Welle ψ_1 angeregt wird, dieses Element als Quelle für eine kohärente Aussendung einer

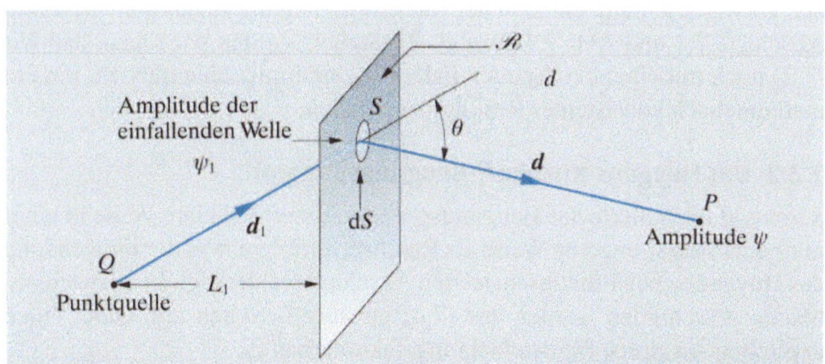

Abb. 7.1. Definition der Größen für das Beugungsintegral

Sekundärwelle der Stärke $f_S \psi_1 \mathrm{d}S$ dient. f_S wird **Transmissionsfunktion** von $\mathcal{R}$ an der Stelle S genannt. Im einfachsten Fall ist f_S null an den Stellen, an denen die Blende undurchsichtig ist, und eins an den durchsichtigen Stellen, aber man kann sich leicht dazwischenliegende Fälle vorstellen oder auch komplexe Werte, bei denen die Phase der einlaufenden Welle um einen festen Betrag geändert wird. Wichtig ist die **Kohärenz** der Reemission; die Phase der ausgesendeten Welle muß eine feste Beziehung zu der ursprünglichen Störung ψ_1 besitzen, sonst ändert sich das Beugungsmuster im Laufe der Zeit.

Die skalare Welle, die von der Punktquelle Q mit der Stärke a_Q ausgestrahlt wird, kann als **Kugelwelle** mit der Wellenzahl $k_0 = 2\pi/\lambda$ (Abschn. 2.6.3) geschrieben werden

$$\psi_1 = \frac{a_Q}{d_1} \exp(\mathrm{i}k_0 d_1)\,, \tag{7.1}$$

woraufhin S als Sekundärquelle mit der Stärke a_S agiert

$$a_S = f_S \psi_1 \mathrm{d}S\,, \tag{7.2}$$

so daß der Beitrag zu ψ, der am Punkt P empfangen wird

$$\begin{aligned}
\mathrm{d}\psi_P &= f_S \psi_1 d^{-1} \exp(\mathrm{i}k_0 d)\mathrm{d}S \\
&= f_S a_Q (d d_1)^{-1} \exp\left[\mathrm{i}k_0 (d + d_1)\right] \mathrm{d}S
\end{aligned} \tag{7.3}$$

beträgt. Die totale Amplitude, die in P empfangen wird, ist daher das Integral dieses Ausdrucks über die gesamte Fläche $\mathcal{R}$:

$$\psi_P = a_Q \iint_{\mathcal{R}} \frac{f_S}{d d_1} \exp\left[\mathrm{i}k_0 (d + d_1)\right] \mathrm{d}S\,. \tag{7.4}$$

Die Größen f_S, d und d_1 sind alle Funktionen des Ortes S. Es wird in Abschn. 7.2.4 gezeigt werden, daß (7.2) eigentlich noch einen **Neigungsfaktor** enthalten sollte; d. h. die Stärke der sekundären Ausstrahlung hängt vom Winkel θ zwischen der einfallenden und der gestreuten Strahlung in Abb. 7.1 ab. Bei dem Huygensschen Prinzip wird dieser Faktor als 1 in der Vorwärtsrichtung und 0 in der Rückwärtsrichtung angenommen, wie in Abschn. 2.7.1 und Abb. 7.4 gezeigt. Zusätzlich werden wir sehen, daß wir (7.2) noch mit einem konstanten Faktor ik_0 multiplizieren müssen, um ein mathematisch konsistentes Resultat zu erhalten.

7.2.2 Das Huygens-Kirchhoff-Beugungsintegral

Kirchhoff formulierte das Beugungsproblem für eine skalare Welle in einer mathematisch strengeren Weise als Randwertproblem, was die Verwendung des Huygensschen Prinzips im letzten Abschnitt rechtfertigt. In den nächsten beiden Abschnitten werden wir (7.4) genauer herleiten und dabei einen expliziten Ausdruck für den Neigungsfaktor erhalten.

Da ein elektromagnetisches Feld an jedem Punkt innerhalb einer geschlossenen Region im Raum eindeutig durch seine Randbedingungen bestimmt werden kann, ist es von Interesse, festzustellen, inwiefern ein solcher Ansatz mit dem Konzept der Reemission von Elementarwellen an Orten entlang einer Wellenfront durch die Blende in Übereinstimmung zu bringen ist. Durch Einsetzen eines zeitabhängigen Terms $\exp(-i\omega t)$ in die Wellengleichung (2.49) erhalten wir:

$$\boxed{\nabla^2 \psi = -\frac{\omega^2}{c^2}\psi = -k_0^2 \psi}\ .$$

$$(7.5)$$

Diese Gleichung bezieht sich auf jede Komponente des elektrischen oder magnetischen Felds. Wir werden sehen, daß das Feld $\psi(0)$ an einem Ort innerhalb der geschlossenen Region durch ψ und seine Ableitungen auf dem Rand dieser Region ausgedrückt werden kann. In einfachen Fällen, bei denen diese durch externe Wellen, die von einer Punktquelle ausgehen, bestimmt sind, wird das Ergebnis dem bereits intuitiv gefundenen sehr ähnlich sein.

7.2.3 Die Mathematik hinter dem Beugungsintegral

Bei Randwertproblemen ist es oft sinnvoll und bequem, die Eigenschaften der Unterschiede zwischen zwei Lösungen zu untersuchen statt die einer einzelnen Lösung. Dadurch wird die Behandlung der Randbedingungen leichter. Das **Beugungsintegral** stellt ein Beispiel dafür dar, und wir werden die für (7.5) benötigte Lösung mit einer Versuchsfunktion (Index t für englisch „trial") vergleichen

$$\psi_t = \frac{a_t}{r}\exp(ik_0 r)\,,$$

$$(7.6)$$

die eine vom Ursprung ausgehende Kugelwelle (2.48) darstellt. Diese Welle löst (7.5) bis auf die Stelle $r = 0$. Diesen Ursprung definieren wir als Beobachtungspunkt P, an dem ψ den Wert $\psi(0)$ besitzt. Die beiden Wellenfelder ψ (das zu berechnende) und ψ_t (die Versuchswelle) erfüllen die Gleichung

$$\psi \nabla^2 \psi_t - \psi_t \nabla^2 \psi = -\psi k_0^2 \psi_t + \psi_t k_0^2 \psi = 0$$

$$(7.7)$$

an allen Punkten außer $r = 0$, da sowohl ψ als auch ψ_t Lösungen von (7.5) sind. Wir werden nun (7.7) über ein Volumen $\mathscr{V}$ mit der Oberfläche $\mathscr{S}$ integrieren. Aus dem Volumenintegral kann mit Hilfe des **Greenschen Satzes** ein Oberflächenintegral gemacht werden:

$$\iiint\limits_{\mathscr{V}} (\psi\nabla^2\psi_t - \psi_t\nabla^2\psi)\mathrm{d}V = \iint\limits_{\mathscr{S}} (\psi\nabla\psi_t - \psi_t\nabla\psi)\cdot\boldsymbol{n}\,\mathrm{d}S. \tag{7.8}$$

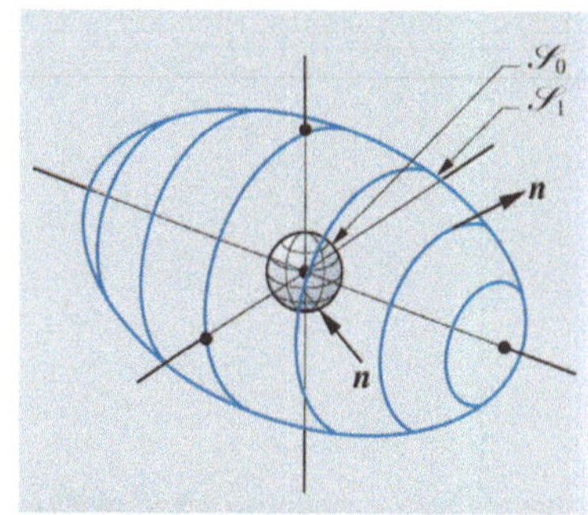

Abb. 7.2. Die Oberfläche, über die integriert wird. $\mathscr{V}$ liegt zwischen $\mathscr{S}_0$ und $\mathscr{S}_1$

$\boldsymbol{n}$ stellt dabei die nach außen gerichtete Normale auf der Oberfläche $\mathscr{S}$ an jedem Punkt dar. Da der Integrand (7.7) null ist, müssen die Integrale (7.8) ebenfalls null sein, vorausgesetzt, das Integrationsvolumen $\mathscr{V}$ enthält den Ursprung $\boldsymbol{r} = 0$ nicht. Die Oberfläche $\mathscr{S}$ wird deshalb so gewählt, daß sie aus zwei Teilen besteht, wie in Abb. 7.2 dargestellt: eine beliebige äußere Oberfläche $\mathscr{S}_1$ und eine kleine, kugelförmige Oberfläche $\mathscr{S}_0$ vom Radius δr (deutlich kleiner als eine Wellenlänge), die den Ursprung umgibt. Das Integrationsvolumen $\mathscr{V}$ liegt zwischen den beiden Flächen, und $\boldsymbol{n}$, die aus $\mathscr{V}$ nach außen zeigende Oberflächennormale, zeigt deshalb auf $\mathscr{S}_0$ zum Ursprung hin und auf $\mathscr{S}_1$ vom Ursprung weg.

Integrieren wir über diese zweigeteilte Oberfläche, erhalten wir aus (7.8)

$$\left[\iint\limits_{\mathscr{S}_0} + \iint\limits_{\mathscr{S}_1}\right] (\psi\nabla\psi_t - \psi_t\nabla\psi)\cdot\boldsymbol{n}\,\mathrm{d}S = 0. \tag{7.9}$$

Mit Hilfe von (7.6) können wir den Gradienten von ψ_t bestimmen:

$$\begin{aligned}
\nabla\psi_t &= \frac{a_t\boldsymbol{r}}{r^2}\mathrm{i}k_0\exp(\mathrm{i}k_0 r) - \frac{a_t\boldsymbol{r}}{r^3}\exp(\mathrm{i}k_0 r) \\
&= \frac{a_t\boldsymbol{r}}{r^3}(\mathrm{i}k_0 r - 1)\exp(\mathrm{i}k_0 r). \tag{7.10}
\end{aligned}$$

Setzt man ihn in (7.9) ein, erhält man

$$\int\limits_{\mathscr{S}_0+\mathscr{S}_1}\!\!\!\int \frac{a_t}{r^3}\exp(\mathrm{i}k_0 r)\big[\psi(\mathrm{i}k_0 r - 1)\boldsymbol{r} - r^2\nabla\psi\big]\cdot\boldsymbol{n}\,\mathrm{d}S = 0. \tag{7.11}$$

Der Anteil von $\mathscr{S}_0$ kann direkt berechnet werden, da wir ψ und $\nabla\psi$ über die kleine Kugel mit dem Radius δr als Konstante mit dem Wert $\psi(0)$ bzw. $\nabla\psi(0)$ annehmen können. Da außerdem $\boldsymbol{n}$ der Einheitsvektor parallel zu $-\boldsymbol{r}$ ist, erhalten wir $\boldsymbol{r}\cdot\boldsymbol{n} = -r$ und können $r^2\mathrm{d}\Omega$ für $\mathrm{d}S$ einsetzen. Daraus folgt

$$\iint\limits_{\mathscr{S}_0} \frac{a_t}{r^3}\exp(\mathrm{i}k_0 r)\big[\psi(0)(\mathrm{i}k_0 r - 1)\boldsymbol{r} - r^2\nabla\psi(0)\big]\cdot\boldsymbol{n}r^2\,\mathrm{d}\Omega$$

$$= -\iint\limits_{\mathscr{S}_0} a_t\exp(\mathrm{i}k_0 r)\big[\psi(0)(\mathrm{i}k_0 r - 1) + \boldsymbol{r}\nabla\psi(0)\cdot\boldsymbol{n}\big]\mathrm{d}\Omega, \tag{7.12}$$

ausgewertet an der Stelle $r = \delta r$, $\mathrm{d}\Omega$ ist das Raumwinkelelement. Bei dem Grenzübergang $\delta r \to 0$ bleibt nur ein Term übrig (alle anderen gehen dabei gegen null):

$$\iint\limits_{\mathscr{S}_0} a_t\exp(\mathrm{i}k_0\delta r)\psi(0)\,\mathrm{d}\Omega \to 4a_t\pi\psi(0), \tag{7.13}$$

da $k_0 \delta r \ll 1$. Aus (7.11) folgt daher, wenn man a_t kürzt

$$\iint\limits_{\mathscr{S}_1} \frac{1}{r^3} \exp(ik_0 r)\left[\psi(ik_0 r - 1)\,r - r^2 \nabla\psi\right] \cdot n \, dS = -4\pi\psi(0) \ . \quad (7.14)$$

Dieser Ausdruck ist das analytische Resultat der Wellengleichung (7.5) und gilt für jede Lösung ψ und jede Oberfläche $\mathscr{S}_1$, die den Ursprung einhüllt. (Für eine Oberfläche, die den Ursprung nicht einschließt, ist die Einführung von $\mathscr{S}_0$ überflüssig, und die rechte Seite von (7.14) ist null.) Wir werden jetzt ein spezielles System betrachten, in dem ψ und $\nabla\psi$ für jeden Punkt von $\mathscr{S}_1$ berechenbar sind.

7.2.4 Beleuchtung durch eine Punktquelle

Nehmen wir an, die Störung auf $\mathscr{S}_1$ stammt von einer Punktquelle Q. Wir betrachten einen Punkt S auf $\mathscr{S}_1$ mit $r = d$, der eine Entfernung d_1 von Q besitzt (Abb. 7.3). Die einfallende Welle hat an der Stelle S die Amplitude $(a_Q / d_1)\exp(ik_0 d_1)$, und für den Fall, daß die **Transmissionsfunktion** an diesem Punkt f_S ist, erhalten wir für die reemittierte Welle $\psi(d)$ und ihren Gradienten

$$\psi(d) = \frac{f_S a_Q}{d_1}\exp(ik_0 d_1)\,, \qquad\qquad (7.15)$$

$$\nabla\psi = \frac{f_S a_Q d_1}{d_1^3}(ik_0 d_1 - 1)\exp(ik_0 d_1)\,, \qquad\qquad (7.16)$$

wie in (7.10). Setzt man diese Werte in (7.14) ein, erhält man

$$a_Q \iint\limits_{\mathscr{S}_1} f_S \exp\left[ik_0(d + d_1)\right]$$

$$\times \left[\frac{d \cdot n}{d_1 d^3}(ik_0 d - 1) - \frac{d_1 \cdot n}{dd_1^3}(ik_0 d_1 - 1)\right] dS = -4\pi\psi(0)\,. \quad (7.17)$$

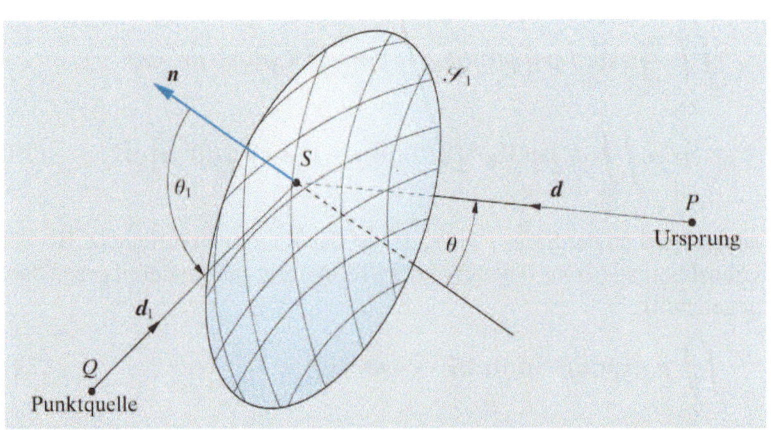

Abb. 7.3. Teil der Oberfläche $\mathscr{S}_1$ mit den im Text definierten Größen

Aus der Abbildung erhält man für die Skalarprodukte die Werte $\boldsymbol{d}\cdot\boldsymbol{n} = d\cos\theta$ und $\boldsymbol{d}_1\cdot\boldsymbol{n} = -d_1\cos\theta_1$. Sind sowohl d als auch d_1 sehr viel größer als die Wellenlänge, können wir die 1 im Vergleich zu $k_0 d$ vernachlässigen, und mit der Definition von θ und θ_1 aus Abb. 7.3 bekommen wir

$$\psi(0) = -\frac{\mathrm{i}k_0 a_Q}{2\pi} \iint\limits_{\mathscr{S}_1} \frac{fs}{dd_1} \exp\left[\mathrm{i}k_0(d+d_1)\right] \\ \times \left(\frac{\cos\theta + \cos\theta_1}{2}\right) \mathrm{d}S \quad . \tag{7.18}$$

Dies ist die Rechtfertigung für den Ausdruck (7.4), den wir bereits bei der Berechnung der Beugung verwendet haben. Aber (7.18) enthält noch drei weitere Informationen. Die erste ist die explizite Form $\frac{1}{2}(\cos\theta + \cos\theta_1)$ für den **Neigungsfaktor**, der in Abb. 7.4 gezeigt ist, wo er mit der Abschätzung von *Huygens* (Abschn. 2.7.1) verglichen wird. Bei **paraxialen Bedingungen** gilt $\cos\theta = \cos\theta_1 \simeq 1$, der Faktor ist gleich 1, wie es für (7.4) angenommen wurde. Wir werden ihn im anschließenden Kapitel ausführlicher besprechen. Der zweite interessante Punkt ist der Phasenfaktor $-\mathrm{i}$, der dritte der Faktor $k_0/2\pi$, die beide eine physikalische Bedeutung haben, wie es in den folgenden Beispielen gezeigt wird.

7.2.5 Der Neigungsfaktor

Die Form des Neigungsfaktors

$$\frac{\cos\theta + \cos\theta_1}{2} \tag{7.19}$$

ist von beträchtlicher Bedeutung. Sie stimmt mit der **Huygensschen Konstruktion** überein, auch bei der Unterdrückung von rückwärtslaufenden Wellen (Abschn. 2.7.1). Merkwürdigerweise scheint der Neigungsfaktor allerdings von θ und θ_1 unabhängig voneinander abzuhängen, so daß er von der lokalen Ausrichtung der Oberfläche $\mathscr{S}$ abzuhängen scheint. Es wäre sinnvoller, er würde nur von der Differenz $\theta - \theta_1$ abhängen, so daß die Orientierung der Oberfläche keine Rolle spielt, aber eine genaue Untersuchung ergibt, daß dem nicht so ist. Das komplette Bild der Reemission ist nur eine Modellvorstellung; es ist eben nicht so, daß wir eine Schicht aus einem bestimmten Material an einer Oberfläche $\mathscr{S}$ haben, die das Licht gleichmäßig in alle Richtungen streut. Die wichtige Eigenschaft des Beugungsintegrals ist nicht, daß jeder der Beiträge des Integrals unabhängig von $\mathscr{S}$ ist, sondern daß das gesamte Integral von der Wahl der Oberfläche unabhängig ist, denn $\mathscr{S}$ wurde ja willkürlich festgelegt. Genau diese Eigenschaft wird durch die obige Form des Neigungsfaktors sichergestellt. Nehmen wir an, wir tauschen $\mathscr{S}_1$ gegen eine andere Oberfläche $\mathscr{S}_2$ aus, die ebenfalls der Bedingung genügt, den Ursprung einzuschließen. Dann ergibt sich für $\psi(0)$ der Wert

$$-4\pi\psi(0) = \iint\limits_{\mathscr{S}_1} = \iint\limits_{\mathscr{S}_2} + \left(\iint\limits_{\mathscr{S}_1} - \iint\limits_{\mathscr{S}_2}\right) , \tag{7.20}$$

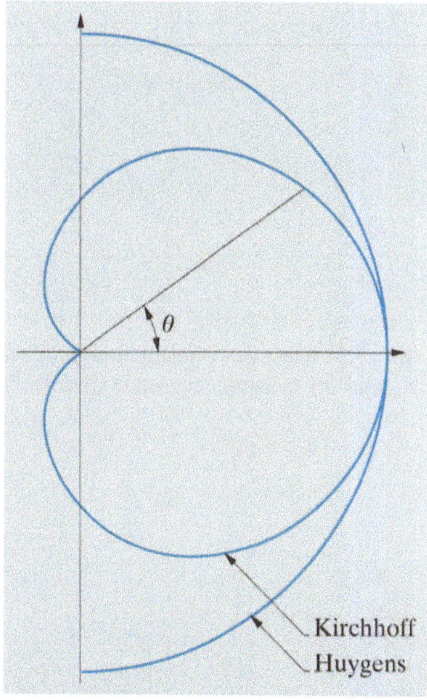

Abb. 7.4. Inklinationsfaktor für $\theta_1 = 0$ in Polarkoordinaten

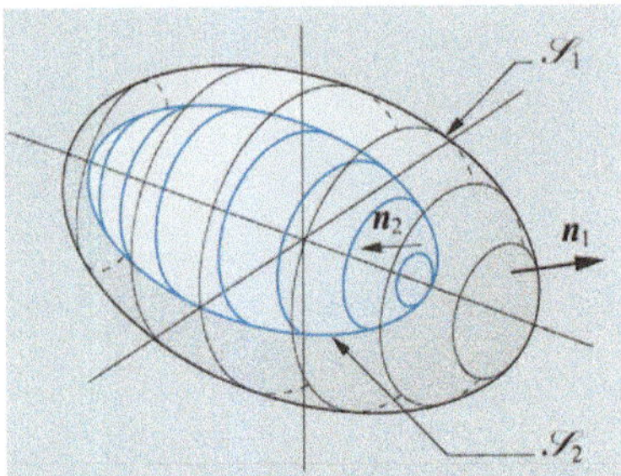

Abb. 7.5. Aus zwei benachbarten Flächen $\mathscr{S}_1$ und $\mathscr{S}_2$ zusammengesetzte Oberfläche

wobei jedes Integral die Form von (7.14) besitzt. Der letzte Term in (7.20) (in Klammern) ist das Oberflächenintegral über eine Oberfläche, die den Ursprung nicht einschließt; seine Oberflächennormalen sind nach außen gerichtet auf dem Teil, der zu $\mathscr{S}_2$ gehört, und nach innen gerichtet für die Beiträge von $\mathscr{S}_1$, weswegen das Integrationsvolumen $\mathscr{V}$ zwischen den beiden Flächen liegt (siehe Abb. 7.5).

Das Integral über eine solche Oberfläche ist null, wie in Abschn. 7.2.3 erklärt. Daher ist der Wert von $\psi(0)$, der über eine beliebige Oberfläche berechnet wird, von dieser Oberfläche unabhängig, und die spezielle Form des Neigungsfaktors ist notwendig, um das gesamte Integral invariant zu lassen, obwohl sich der Integrand selbst ändert.

In der Praxis wird die Integrationsoberfläche so gewählt, daß sie eine gegebene Blendenöffnung abdeckt. Wenn diese in einer einzelnen Wellenfront liegt, wird θ_1 angenehmerweise null. Nur die Blendenöffnung selbst trägt zum Integral bei, da f_S an allen anderen Stellen der Oberfläche null ist, weswegen die Auswertung von (7.18) nicht schwierig ist. Wir werden nun dafür einige Beispiele von allgemeinem Interesse besprechen.

7.2.6 Fraunhofer- und Fresnel-Beugung

Die Berechnung der Beugung beinhaltet die Integration von (7.4) – oder genauer – von (7.18) unter verschiedenen Randbedingungen, die realen Experimenten entsprechen. Wir werden eine Klassifizierung einführen, die die Prinzipien klarer herausstellt. Zuerst möchten wir unsere Aufmerksamkeit Systemen zuwenden, die von ebenen Wellen beleuchtet werden. Wir können das dadurch realisieren, daß wir die Quelle Q als sehr weit entfernt und sehr hell annehmen. Wir machen also d_1 und a_Q sehr groß, halten aber ihr Verhältnis konstant

$$a_Q/d_1 = A \, . \tag{7.21}$$

Betrachten wir nun die Situation wie sie in Abb. 7.6 gezeigt ist, bei der $\mathscr{S}_1$ mit der Ebene $\mathscr{R}$, der Beugungsmaske, übereinstimmt. Außerhalb dieses Bereichs ist $f_S = 0$. Um die Sache am Anfang noch zu erleichtern, lassen wir $\mathscr{R}$ mit der Wellenfront der einlaufenden Welle übereinstimmen. Wir definieren nun den Ursprung O in der Ebene $\mathscr{R}$ und die Symmetrieachse des Systems als QO, senkrecht zu $\mathscr{R}$. Kennzeichnen wir einen Ort S durch den Vektor $\boldsymbol{r}$ in der Ebene $\mathscr{R}$, kann man f_S durch $f(\boldsymbol{r})$ ersetzen, und (7.18) wird, wenn man den Neigungsfaktor vernachlässigt und $d_1 = L_1 = \text{const}$ annimmt, zu

$$\psi_P = \frac{k_0 A}{2\pi \mathrm{i}} \exp(\mathrm{i}k_0 L_1) \iint\limits_{\mathscr{R}} \frac{f(\boldsymbol{r})}{d} \exp(\mathrm{i}k_0 d)\,\mathrm{d}^2 r \, , \tag{7.22}$$

wobei L_1 der senkrechte Abstand von Q zu $\mathscr{R}$ ist. Der Faktor $\exp(\mathrm{i}k_0 L_1)$, der über die Ebene $\mathscr{R}$ konstant ist, wird in Zukunft in A einbezogen. Die am Ort P beobachtete Intensität ist (wir werden von hier an bis zum Kapitelende den Index P fallenlassen)

$$I = |\psi|^2 \equiv \psi\psi^* \, . \tag{7.23}$$

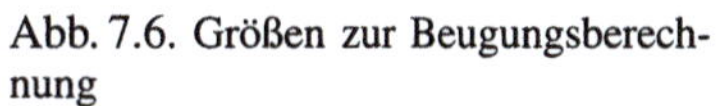

Abb. 7.6. Größen zur Beugungsberechnung

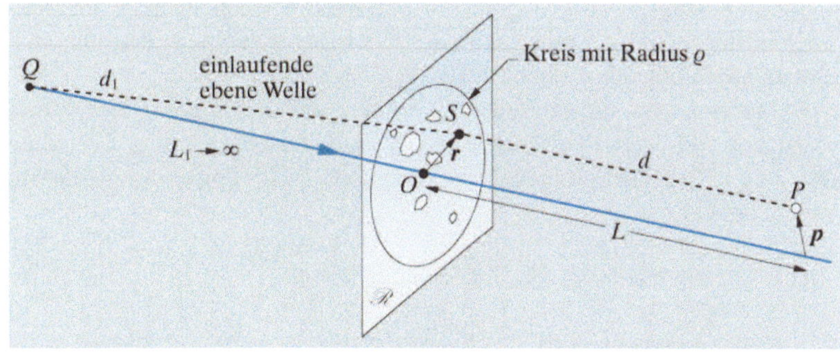

Die Einteilung von Beugungseffekten in die Kategorien **Fresnel-** und **Fraunhofer-Beugung** hängt davon ab, wie sich die Phase $k_0 d$ bei der Bewegung des Punktes S auf der Blende $\mathscr{R}$ ändert. Dabei spielen drei Faktoren eine Rolle: der Abstand d zwischen dem Punkt S und dem Ort des Beobachters P, die Bereiche von $\mathscr{R}$, in denen $f(\boldsymbol{r})$ von null verschieden ist, d.h. die Größe des transmittierenden Bereichs der Blende, und die Wellenlänge $\lambda = 2\pi/k_0$.

> Hängt $k_0 d$ linear von $\boldsymbol{r}$ ab, haben wir **Fraunhofer-Beugung**; hat die Variation nichtlineare Anteile vergleichbar mit $\pi/2$, sprechen wir von **Fresnel-Beugung**.

Wir können diese Aussage quantitativ formulieren, wenn wir einen Kreis mit Radius ϱ definieren, der gerade alle transmittierenden Bereiche von $\mathscr{R}$ einschließt (Abb. 7.6). Wir betrachten nun die Beugung in der Ebene $\mathscr{P}$ senkrecht zur Achse in einer Entfernung L von der Blende. An einem Punkt P in dieser Ebene, mit einem Abstandsvektor $\boldsymbol{p}$ von der Achse, wird die Phase $k_0 d$ der Welle von $\boldsymbol{r}$ zu:

$$k_0 d = k_0 \left(L^2 + |\boldsymbol{r} - \boldsymbol{p}|^2 \right)^{1/2}$$
$$\simeq k_0 L + \tfrac{1}{2} k_0 L^{-1} (r^2 - 2\boldsymbol{r} \cdot \boldsymbol{p} + p^2) + \cdots, \tag{7.24}$$

wobei wir angenommen haben, daß r und p klein im Vergleich zu L sind. Der Ausdruck enthält einen konstanten Term $k_0 (L + \tfrac{1}{2} p^2 / L)$, einen Term $k_0 \boldsymbol{r} \cdot \boldsymbol{p}/L$, der linear in r ist, und einen quadratischen Term $\tfrac{1}{2} k_0 r^2 / L$. Da der größte Wert von r, der zur Streuung beiträgt, ϱ ist, haben wir für den quadratischen Term einen Maximalwert von $\tfrac{1}{2} k_0 \varrho^2 / L$. Nun ist die Zuordnung zu Fresnel- oder Fraunhofer-Beugung davon abhängig, ob $\tfrac{1}{2} k_0 \varrho^2 / L$ viel größer oder kleiner als π ist. In Wellenlängen ausgedrückt, liefert das:

$$\text{Fresnel-Beugung:} \quad \varrho^2 \gtrsim \lambda L\,; \tag{7.25}$$
$$\text{Fraunhofer-Beugung:} \quad \varrho^2 \ll \lambda L \quad. \tag{7.26}$$

Wenn man beispielsweise eine Lochblende mit einem Durchmesser von 2 mm mit Licht der Wellenlänge $5 \cdot 10^{-7}$ m beleuchtet, wird man Fresnelsche Beugungsmuster in Entfernungen unterhalb von 2 m beobachten,

Fraunhofer-Beugung in größeren Entfernungen. Berechnet man die Beugungsmuster, wird man sehen, daß der Übergang von einem Beugungstyp zum anderen fließend ist (siehe Aufgabe 7.8).

Wir können an dieser Stelle anmerken, daß bei einer Beleuchtung der Blende mit einer Punktquelle in der endlichen Entfernung L_1 (siehe Abb. 7.1), (7.24) leicht angepaßt werden kann.[1] Die Phase der Welle am Punkt P ist dann

$$k_0(d_1 + d) = k_0 \left[(L_1^2 + r^2)^{1/2} + \left(L^2 + |\boldsymbol{r} - \boldsymbol{p}|^2 \right)^{1/2} \right] \qquad (7.27)$$

$$\simeq k_0(L + L_1) + \frac{k_0 r^2}{2}(L^{-1} + L_1^{-1}) + \frac{k_0 p^2}{2L} - \frac{k_0}{L}\boldsymbol{r} \cdot \boldsymbol{p} + \cdots$$

Eine ähnliche Unterscheidung zwischen Fresnel- und Fraunhofer-Beugung läßt sich dann durch Ersetzen von L durch $1/(L^{-1} + L_1^{-1})$ in (7.25, 26) treffen. Diese Ersetzung gilt für alle Resultate der Abschn. 7.3–5.

7.2.7 Experimentelle Beobachtung von Beugungsmustern

Verwendet man eine Punktquelle, die monochromatisches Licht ausstrahlt, oder einen Laser mit kohärenten Wellenfronten, ist es einfach, beide Typen von Beugung zu beobachten. Bei der Verwendung einer Punktquelle ist es wichtig, sicherzustellen, daß sie klein genug ist, um wirklich **Kugelwellen** auszustrahlen. In anderen Worten heißt das, daß die von verschiedenen Punkten der Quelle mit der endlichen Ausdehnung D ausgehenden Kugelwellen sich mit einer Genauigkeit von mindestens $\frac{1}{4}\lambda$ an jedem transmittierenden Punkt von $\mathscr{R}$, d. h. einem Kreis mit Radius ϱ, überlagern müssen. Die Bedingung hierfür kann leicht hingeschrieben werden:

$$D\varrho/L_1 < \frac{1}{4}\lambda . \qquad (7.28)$$

Wie wir in Kap. 11 sehen werden, heißt das, daß die abgestrahlte Welle über die transmittierende Fläche der Blende kohärent sein muß. Für unser obiges Beispiel der 2 mm Lochblende muß daher die Quelle bei einem Abstand $L_1 = 1$ m eine Ausdehnung von $D < 0{,}1$ mm besitzen; für eine Entfernung von 1 km reicht bereits eine Straßenlaterne von 10 cm Durchmesser aus.

Um **Fresnelsche Beugungsmuster** zu beobachten, braucht man nur einen Schirm in der nötigen Entfernung L aufzustellen. Bei der **Fraunhofer-Beugung** muß man den in r quadratischen Term klein genug machen, damit die Bedingung (7.26) für $r = \varrho$ erfüllt ist. Eine Möglichkeit hierfür ist, einfach L und L_1 sehr groß zu machen. Einfacher ist allerdings die Wahl $L = -L_1$, indem man eine Linse dazu benutzt, den Schirm in einer zur Quelle konjugierten Ebene abzubilden. Schauen wir z. B. direkt in die Quelle, ist

---

[1] Ist das Objekt eindimensional, z. B. ein Spalt oder eine Reihe von Spalten, ist es möglich, die Punktquelle Q durch eine Linienquelle zu ersetzen. Jeder Punkt der Linienquelle erzeugt ein Beugungsbild der Maske. Vorausgesetzt diese sind identisch und nicht seitlich versetzt, werden sie sich zu einem verstärkten Beugungsmuster einer Punktquelle überlagern. Dazu müssen die Linienquelle und der Beugungsschlitz genau parallel ausgerichtet sein, neue physikalische Konzepte werden aber darüberhinaus nicht benötigt.

die Netzhaut in einer zur Quelle konjugierten Ebene. Bringt man nun das Beugungsobjekt irgendwo in den Lichtweg ein (üblicherweise nahe an die Pupille), kann man Fraunhofer-Beugung beobachten. Defokussiert man das Auge, verwandelt sich das Muster in ein Fresnelsches Beugungsbild. Für mehr quantitative Arbeiten verwendet man eine Punktquelle, die mit einer Linse einen parallelen Strahl ergibt oder, äquivalent dazu, einen aufgeweiteten Laserstrahl. Beide Methoden entsprechen einem unendlichen Wert von L_1. Das Fraunhofersche Muster ist dann auf einem Schirm mit unendlichem L zu beobachten oder einfacher in der Brennebene einer Sammellinse, die zu unendlichem L konjugiert ist. Zahlreiche Abbildungen in diesem Buch wurden mit einem **optischen Diffraktometer** (Abb. 8.1b) erzeugt, das mit Hilfe dieses Prinzips konstruiert wurde.

7.3 Fresnel-Beugung

In den folgenden Abschnitten werden wir die **Fresnel-Beugung** für einige einfache Systeme beispielhaft betrachten. Die Fraunhofer-Beugung und ihre Anwendungen werden in Kap. 8 und 9 diskutiert, da sie als analytische Methode viel wichtiger ist. Aber auch die Fresnel-Beugung hat einige Anwendungen (siehe Abschn. 7.5) und war historisch betrachtet von entscheidender Wichtigkeit für den Triumph der Wellentheorie des Lichtes (siehe Abschn. 7.3.3 und 1.2).

Das zugrundeliegende Integral, das auszuwerten ist, ist (7.22):

$$\psi = \frac{k_0 A}{2\pi i} \iint_{\mathscr{R}} \frac{f(\mathbf{r})}{d} \exp(ik_0 d)\, d^2 r \quad . \tag{7.29}$$

Für eine beliebige Situation kann dieses Integral offensichtlich numerisch ausgewertet werden, aber von diesen numerischen Methoden erhalten wir wenig Information über die physikalischen Hintergründe, weswegen wir sie nur als Notlösung verwenden werden oder wenn besondere Genauigkeit notwendig ist. Die erste Sorte von Problemen, mit denen wir uns hier beschäftigen werden, besitzt axiale Symmetrie, und das Integral kann für Punkte auf der Achse analytisch gelöst werden. Die zweite Sorte besitzt Translationssymmetrie und kann mit Hilfe von graphischen Methoden behandelt werden.

Für kleine Blenden ($\varrho \ll L$) und Punkte auf der Achse ($\mathbf{p} = 0$) können wir d im Exponenten von (7.29) wie in Abschn. 7.2.6 mit Hilfe des **binomischen Satzes** entwickeln. Unter dem Bruchstrich haben unter diesen Bedingungen kleine Veränderungen von d wenig Einfluß, weswegen man sie vernachlässigt und dafür L einsetzt:

$$\psi = \frac{k_0 A}{2\pi i} \iint_{\mathscr{R}} \frac{f(\mathbf{r})}{L} \exp\left[ik_0\left(L + \frac{r^2}{2L}\right)\right] d^2 r$$

$$= \frac{k_0 A}{2\pi i L} \exp(ik_0 L) \iint_{\mathscr{R}} f(\mathbf{r}) \exp\left(ik_0 \frac{r^2}{2L}\right) d^2 r \, . \tag{7.30}$$

Der Phasenfaktor $\exp(\mathrm{i}k_0 L)$ kann nun in A mit einbezogen werden. (A hat, wie wir uns erinnern, in Abschn. 7.2.6 bereits $-\exp(\mathrm{i}k_0 L_1)$ „geschluckt").

7.3.1 Analytisch lösbare, radialsymmetrische Probleme

In einem axialsymmetrischen System kann der Wert von ψ auf der Symmetrieachse ($p = 0$) durch direkte Integration von (7.30) bestimmt werden. Für eine solche Blende kann $f(\boldsymbol{r})$ als $g(r^2) = g(s)$ geschrieben werden, wobei $s \equiv r^2$ gesetzt wird. Das Flächenelement wird dann in Abhängigkeit von s geschrieben als

$$\mathrm{d}^2 r = 2\pi r\mathrm{d}r = \pi\mathrm{d}s, \tag{7.31}$$

und das Integral (7.30) wird zu

$$\boxed{\psi = \frac{k_0 A}{2\mathrm{i}L} \int_0^\infty g(s)\exp\left(\frac{\mathrm{i}k_0 s}{2L}\right)\mathrm{d}s}. \tag{7.32}$$

Dieses Integral sieht stark nach einer Fourier-Transformation aus, obwohl die Integration von 0 (und nicht von $-\infty$) nach ∞ läuft, was allerdings für die physikalische Situation vernachlässigbar ist. Leider gibt es für Punkte außerhalb der Symmetrieachse keine solch einfachen Lösungen!

Wir möchten drei wichtige Beispiele betrachten:

(1) eine runde **Lochblende** mit Radius R, für die gilt $g(s) = 1$, wenn $s < R^2$, sonst $g(s) = 0$;
(2) eine runde **Scheibe** mit Radius R, für die gilt $g(s) = 1$, wenn $s > R^2$, sonst $g(s) = 0$;
(3) die **Zonenplatte**, für die $g(s)$ periodisch ist.

7.3.2 Die Lochblende

Das Integral wird für den obigen Fall (1)

$$\psi = \frac{k_0 A}{2\mathrm{i}L} \int_0^{R^2} \exp\left(\frac{\mathrm{i}k_0 s}{2L}\right)\mathrm{d}s \tag{7.33}$$

$$= -A\left[\exp(\mathrm{i}k_0 R^2/2L) - 1\right]. \tag{7.34}$$

Die beobachtete Intensität ist

$$\boxed{|\psi|^2 = 2A^2\left[1 - \cos(k_0 R^2/2L)\right]}. \tag{7.35}$$

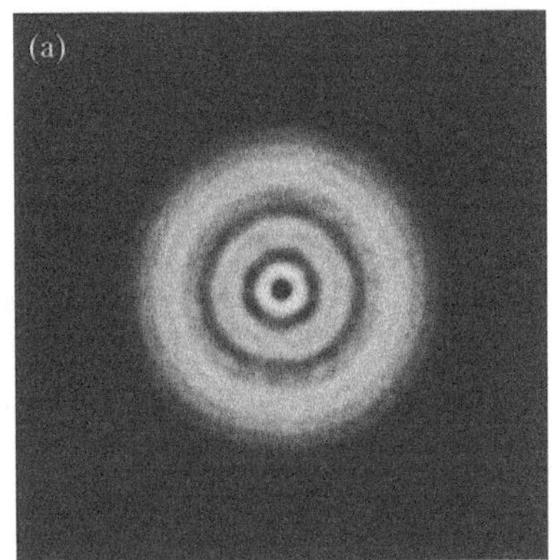
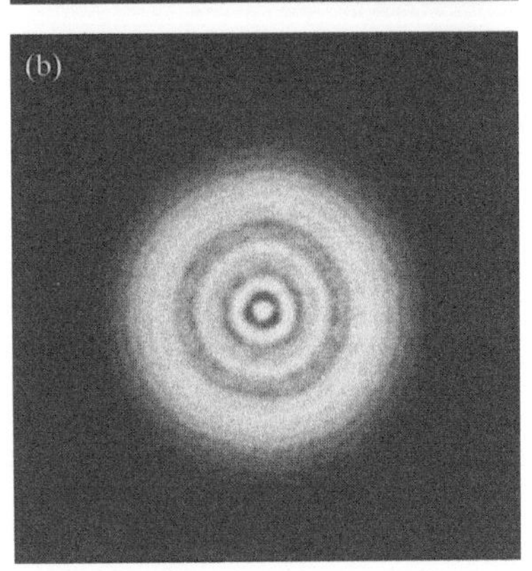

Abb. 7.7. Fresnelsche Beugungsmuster einer Lochblende; (a) für $kR^2/2L = 2n\pi$; (b) für $kR^2/2L = (2n+1)\pi$

Wenn sich der Beobachter entlang der Symmetrieachse bewegt, ändert sich die Intensität im Zentrum des Beugungsmusters periodisch mit L^{-1} zwischen null und der vierfachen Einfallsintensität A^2 (Abb. 7.7).

7.3.3 Die runde Scheibe

In ähnlicher Weise müssen wir das Integral für den Fall (2) auswerten:

$$\psi = \frac{k_0 A}{2iL} \int\limits_{R^2}^{\infty} \exp\left(\frac{ik_0 s}{2L}\right) ds \tag{7.36}$$

$$= -A\left[\exp(i\infty) - \exp(ik_0 R^2/2L)\right] \ . \tag{7.37}$$

Die Exponentialfunktion $\exp(i\infty)$ kann aus folgendem Grund null gesetzt werden: Wie wir uns erinnern, haben wir den Faktor d^{-1} in (7.29) durch L^{-1} ersetzt. Diese Näherung wird für den Grenzübergang $s \to \infty$ ungültig, wobei $d^{-1} \to 0$ es ermöglicht, diesen Term zu vernachlässigen. Daher gilt für die Intensität

$$|\psi|^2 = A^2 \tag{7.38}$$

für alle Werte von L. Dieses überraschende Ergebnis, daß es immer einen hellen Fleck in der Mitte des Beugungsmusters einer runden Scheibe gibt (Abb. 1.2), war das Argument, das schließlich auch die Gegner der Wellentheorie überzeugte. Aus diesem Grund war die Fresnel-Beugung für die Entwicklung der Optik von entscheidender Wichtigkeit.

7.3.4 Die Zonenplatte

Für lange Zeit war die Zonenplatte wenig mehr als ein physikalisches Spielzeug, mit dem sich die Fresnel-Beugung schön demonstrieren ließ. Ihre Bedeutung hat allerdings dadurch zugenommen, daß sie ein einfaches Modell zum Verständnis der **Holographie** (Abschn. 12.6) darstellt; seit kurzem wird sie auch in der **Röntgenmikroskopie** (Abschn. 7.5) verwendet. Sie wird üblicherweise durch Verkleinerung einer Abbildung mit abwechselnd schwarzen und weißen Ringen hergestellt (Abb. 7.8), deren Durchmesser so bemessen sind, daß $g(s)$ eine periodische Funktion mit der Periode $2R_0^2$ wird (Abb. 7.9):

$$\begin{aligned} g(s) &= 1 & &[2nR_0^2 < s < (2n+1)R_0^2], \\ g(s) &= 0 & &[(2n+1)R_0^2 < s < (2n+2)R_0^2] \end{aligned} \tag{7.39}$$

für ganzzahliges $n \geq 0$. Dies beschreibt eine Rechteckfunktion, und wir können (7.32) mit Hilfe von Abschn. 4.3.2 entwickeln. Das Ergebnis besteht aus Deltafunktionen mit den Werten

$$(-1)^{\frac{m-1}{2}} \frac{k_0 A}{2im\pi L} \tag{7.40}$$

für ungerades m an diskreten Stellen von L, wobei L die Gleichung

$$\frac{k_0}{L} = \frac{2m\pi}{R_0^2} \tag{7.41}$$

erfüllt. Wir finden daher bei diesen Werten von L eine Reihe von „**Brennpunkten**", an denen Licht konzentriert wird. Setzt man L aus (7.41) in

Abb. 7.8. Zonenplatte

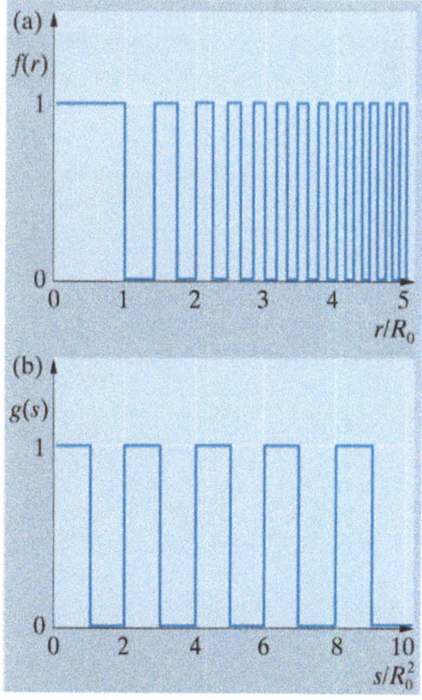

Abb. 7.9a,b. $f(r)$ und $g(s)$ für eine Zonenplatte, wobei $s = r^2$

den Ausdruck für die Amplituden (7.40) ein, sieht man, daß diese alle gleich groß sind. Dies ist ein spezielles Ergebnis, das aus der Zerlegung der Rechteckfunktion in ihre **Harmonischen** resultiert; es gilt nicht für andere Funktionen. Insbesondere hat eine Zonenplatte mit einem sinusförmigen Profil $g(s) = \frac{1}{2}[1 + \sin(\pi s / R_0^2)]$, das der ersten Komponente der Zerlegung der Rechteckwelle entspricht, eine einzige Fourier-Komponente positiver Frequenz und erzeugt daher einen einzelnen Brennpunkt an der Stelle $L = k_0 R_0^2 / 2\pi$. Wir werden in Abschn. 12.6 sehen, daß dies der echten holographischen Rekonstruktion eines Punktes entspricht. Die Zonenplatte besitzt ebenfalls eine einzelne Komponente negativer Frequenz, die der virtuellen Rekonstruktion entspricht.

Eine Zonenplatte kann in ähnlicher Weise wie eine Linse verwendet werden. Konzentrieren wir uns auf eine bestimmte Beugungsordnung, beispielsweise $n = 1$, können wir aus Abschn. 7.2.6 sehen, daß bei Beleuchtung mit einer Punktquelle in der Entfernung L_1 (Abb. 7.1), sich die Bildposition so verschiebt, daß die Gleichung

$$\frac{1}{L} + \frac{1}{L_1} = \frac{2\pi}{k_0 R_0^2} = \frac{\lambda}{R_0^2} \tag{7.42}$$

erfüllt wird. Sie entspricht der Abbildungsgleichung einer Linse mit der Brennweite R_0^2 / λ. Offensichtlich leidet die Abbildung unter starker **chromatischer Aberration** (siehe Aufgabe 7.4). Solche „Linsen" werden heutzutage für die Röntgenmikroskopie verwendet (Abschn. 7.5).

7.4 Fresnel-Beugung durch lineare Systeme

Es gibt keine einfache analytische Methode, um das Beugungsintegral (7.30) für Systeme ohne Axialsymmetrie auszuwerten, weshalb entweder numerische oder graphische Methoden verwendet werden müssen. Letztere ermöglichen uns einige Einblicke in die dahinterliegende Physik der schönen **Fresnelschen Beugungsmuster**. Wir werden daher ihre Anwendung in linearen Systemen kurz diskutieren. In kartesischen Koordinaten ausgedrückt, wird (7.30) zu

$$\psi = \frac{k_0 A}{2\mathrm{i}\pi L} \iint_{\mathscr{R}} f(x, y) \exp\left[\frac{\mathrm{i}k_0}{2L}(x^2 + y^2)\right] \mathrm{d}x\mathrm{d}y . \tag{7.43}$$

In diesem Abschnitt werden wir uns nur mit Systemen beschäftigen, bei denen $f(x, y)$ in ein Produkt aus zwei Funktionen $f(x, y) = g(x)h(y)$ aufgespalten werden kann, so daß (7.43) geschrieben werden kann als

$$\psi = \frac{k_0 A}{2\mathrm{i}\pi L} \int_{-\infty}^{\infty} g(x) \exp\left(\frac{\mathrm{i}k_0}{2L}x^2\right) \mathrm{d}x \int_{-\infty}^{\infty} h(y) \exp\left(\frac{\mathrm{i}k_0}{2L}y^2\right) \mathrm{d}y .$$

$$\tag{7.44}$$

Die beiden Integrale können dann separat ausgewertet werden.

7.4.1 Graphische Auswertung durch Amplituden-Phasen-Diagramme

Integrale der Art

$$\psi = \int_{x_1}^{x_2} f(x) \exp\left[i\phi(x)\right]\mathrm{d}x \tag{7.45}$$

können durch Zeichnen eines **Amplituden-Phasen-Diagramms** in der komplexen Ebene ausgewertet werden. Wir stellen jedes Infinitesimalelement von ψ

$$\mathrm{d}\psi = f(x) \exp\left[i\phi(x)\right]\mathrm{d}x \tag{7.46}$$

als Vektor in der komplexen Ebene dar, mit der Länge $f(x)\mathrm{d}x$ unter einem Winkel $\phi(x)$ zur reellen Achse. Der Wert von ψ ist dann die Vektorsumme aller Infinitesimalelemente, die durch den Vektor, der die Enden x_1 und x_2 der aus allen Infinitesimalelementen gebildeten Kurve vom Anfang bis zum Ende verbindet, beschrieben wird. Eine solche Kurve wird Amplituden-Phasen-Diagramm genannt, und das eigentliche Problem liegt darin, die Form der Kurve, die schematisch in Abb. 7.10 gezeigt ist, zu berechnen. Wenn wir uns ein Stück der Länge $\delta\sigma$ entlang der Kurve bewegen, wird sich als Ergebnis der Winkel ϕ um den Wert $\delta\phi$ verändern. Die Steigung ist dann offensichtlich im Grenzwert

$$\kappa = \frac{\delta\phi}{\delta\sigma} \rightarrow \frac{\mathrm{d}\phi}{\mathrm{d}\sigma}, \tag{7.47}$$

und, wenn wir κ als Funktion von σ kennen, können wir die komplette Kurve aufzeichnen. Nun ist aber $\mathrm{d}\sigma = f(x)\,\mathrm{d}x$, weswegen die Kurve in Abhängigkeit von σ und

$$\kappa = \frac{1}{f(x)}\frac{\mathrm{d}\phi}{\mathrm{d}x} \tag{7.48}$$

beschrieben werden kann.

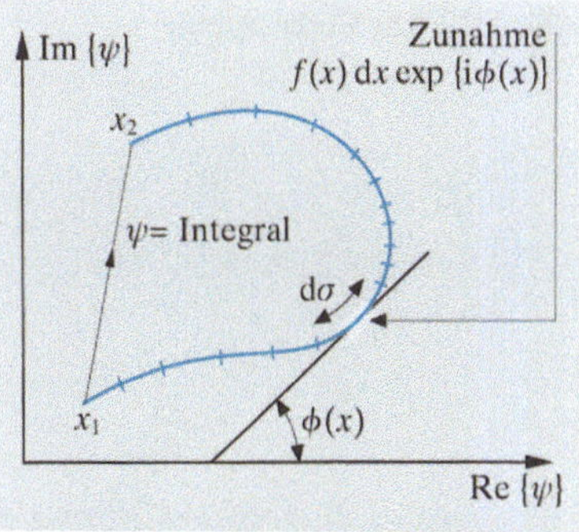

Abb. 7.10. Auftragung des Integrals $\psi = \int_{x_1}^{x_2} f(x)\exp[i\phi(x)]\,\mathrm{d}x$ in der komplexen Ebene

7.4.2 Beugung am Spalt

Betrachten wir das Problem der Beugung an einem einzelnen, langen Spalt, der in der Ebene $\mathscr{R}$ zwischen x_1 und x_2 liegt, so daß gilt: $g(x) = 1$ zwischen diesen Grenzen und $g(x) = 0$ sonst. Überall gilt $h(y) = 1$. Das Integral für ψ ergibt dann die Amplitude und Phase der Anregung an der Stelle P, die gegenüber der Stelle $(x, y) = (0, 0)$ in der Ebene $\mathscr{R}$ liegt (Abb. 7.11). Um das gesamte Beugungsmuster aufzubauen, muß man die Berechnung für zahlreiche Punkte P, die Punkten des Spalts gegenüberliegen, wiederholen. Dazu variiert man x_1 und x_2 so, daß $(x_1 - x_2)$ konstant bleibt. Das Integral wird dann zu

$$\psi = \frac{k_0 A}{2i\pi L} \int_{x_1}^{x_2} \exp\left(\frac{ik_0}{2L}x^2\right)\mathrm{d}x \int_{-\infty}^{\infty} \exp\left(\frac{ik_0}{2L}y^2\right)\mathrm{d}y \ . \tag{7.49}$$

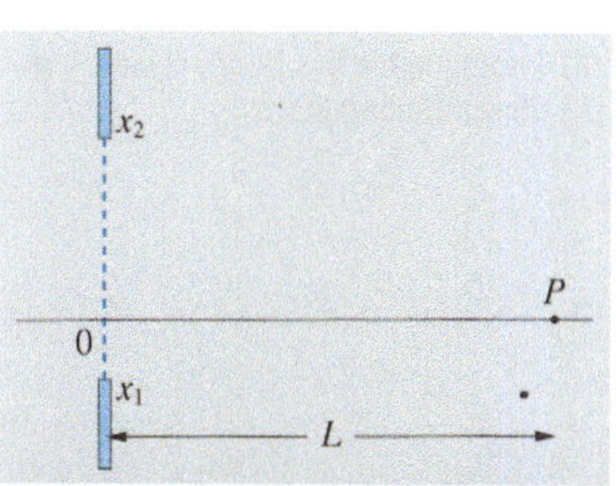

Abb. 7.11. Größen bei der Fresnelbeugung an einer Schlitzblende

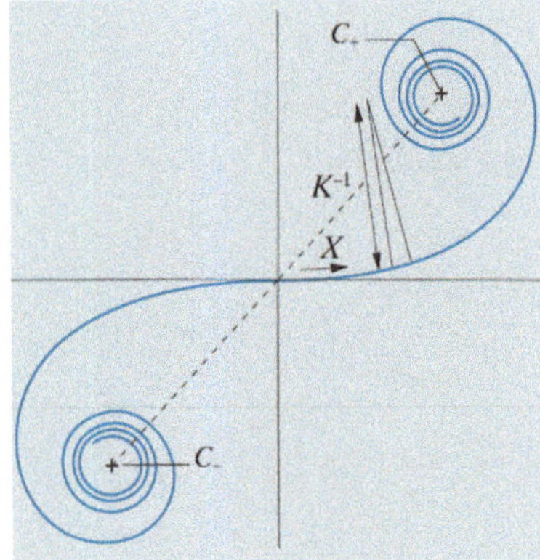

Abb. 7.12. Die Cornu-Spirale

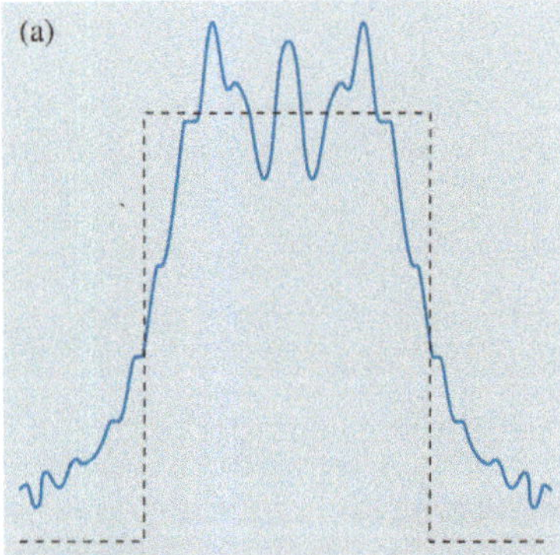

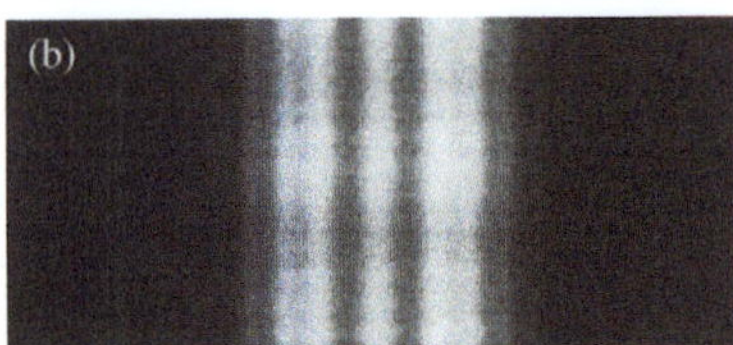

Abb. 7.13. (a) Amplitude der Fresnel-schen Beugungsmuster, berechnet für eine Schlitzblende der Breite 0,9 mm mit den Parametern $L = 20$ cm, $L_1 = 28$ cm und $\lambda = 0,6$ µm. Der geometrische Schatten ist gestrichelt eingezeichnet. (b) Photographie des Beugungsmusters bei diesen Bedingungen

Betrachten wir das erste Integral von (7.49). Seine Amplitude und Phase sind durch den Vektor zwischen den Punkten x_1 und x_2 auf der Kurve definiert, so daß

$$\sigma = \int_0^x \mathrm{d}x = x \,, \tag{7.50}$$

$$\kappa = \frac{\mathrm{d}\phi}{\mathrm{d}x} = \frac{k_0 x}{L} \equiv \beta^2 x \,. \tag{7.51}$$

Damit wird x zum Abstand vom Ursprung, gemessen entlang der Kurve, und die Krümmung an dieser Stelle ist $\beta^2 x$. Man kann die Kurve mit Hilfe von dimensionslosen Parametern beschreiben:

$$X = \beta x \,, \qquad K = \beta^{-1} \kappa \,. \tag{7.52}$$

Die Kurve, die (7.50) und (7.51) erfüllt, wird **Cornu-Spirale** genannt, und wird durch die einfache Gleichung

$$K = X \tag{7.53}$$

definiert. Sie ist in Abb. 7.12 gezeigt.[2] Ihre Krümmung wächst linear mit der entlang der Kurve gemessenen Entfernung vom Ursprung. Um das Beugungsmuster des Spaltes zu berechnen, nehmen wir eine Anzahl von Werten von X_1 und X_2, so daß $(X_1 - X_2)/\beta$ der Breite des Spaltes entspricht, und messen die vektorielle Länge zwischen den entsprechenden Punkten X_1 und X_2 auf der Spirale. Dies ergibt die Amplitude und Phase von ψ am Punkt P, der $x = 0$ gegenüberliegt. Wir werden sehen, daß die Beugungsmuster eine feine Strukturierung zeigen, wenn sowohl X_1 als auch X_2 in den „Hörnern" der Spirale liegen, d. h. wenn $(X_1 - X_2)$ ungefähr 10 oder größer ist. Als Beispiel haben wir ein Beugungsmuster berechnet für $(X_1 - X_2) = 8,5$. Verwendet man Licht der Wellenlänge 0,6 µm, ergibt sich aus (7.51): $(x_1 - x_2)^2/L \simeq 7$ µm, was einem Spalt der Breite 2,7 mm in einer Entfernung $L = 1$ m entspricht. Abbildung 7.13a zeigt die berechnete Intensität als Funktion des Ortes und Abb. 7.13b das beobachtete Beugungsmuster. Die numerischen Berechnungen wurden mit Hilfe einer sehr genauen Zeichnung der Cornu-Spirale in dem klassischen Lehrbuch „Physical Optics" von *Wood* (1934) gemacht.

Wir dürfen nun allerdings das y-Integral in (7.49) nicht vergessen. Für dieses Integral ergibt die Cornu-Spirale den Vektor $C_+ C_- = (2\pi \mathrm{i} L/k_0)^{1/2}$, der einen Winkel von 45° zur reellen Achse im Diagramm hat.[3] Die Phase ist natürlich nicht zu beobachten, aber es ist befriedigend, bestätigt zu finden, daß das Beugungsmuster einer unendlich ausgedehnten Blendenöffnung,

---

[2] Bei der Cornu-Spirale ist die x-Achse durch $\int_0^X \cos(t^2/2)\,\mathrm{d}t$ und die y-Achse durch $\int_0^X \sin(t^2/2)\,\mathrm{d}t$ gegeben. Diese Integrale sind bei *Hecht* (1987) tabelliert.

[3] Dieses Integral ist das einer Gauß-Funktion mit imaginärer Varianz $\sigma^2 = L/\mathrm{i} k_0$, so daß sein Wert $(2\pi \mathrm{i} L/k_0)^{1/2}$ beträgt.

für die die Integrationsbereiche sowohl für x als auch für y unbegrenzt sind, die Form

$$\psi = \frac{k_0 A}{2i\pi L} \int\limits_{-\infty}^{\infty} \exp\left(\frac{ik_0}{2L}x^2\right) dx \int\limits_{-\infty}^{\infty} \exp\left(\frac{ik_0}{2L}y^2\right) dy = A \qquad (7.54)$$

besitzt, was man von einer ungestörten Welle erwarten würde, wenn man bedenkt, daß A den Phasenfaktor $\exp[ik_0(L+L_1)]$ bereits enthält.

7.4.3 Beugung an einer einzelnen Kante: die Kantenwelle

Einige Beugungsmuster haben bestimmte Charakteristika, die leicht als geometrische Eigenschaft der Cornu-Spirale erkennbar sind. Eine offensichtliche Eigenschaft ist, daß für große Werte von $|X|$ die Spirale fast kreisförmig wird, mit einem Radius $|X|^{-1}$, der bei der Annäherung an die Grenzen C_+ und C_- sehr langsam gegen null konvergiert. Das Beugungsbild einer geraden Kante, die im Prinzip einer Blendenöffnung entspricht, die von einem bestimmten Wert von X nach unendlich ausgedehnt ist, ist in Abb. 7.14 gezeigt. Dabei verbindet der Vektor, der $\psi(X)$ darstellt, den Punkt X mit C_+. Ist X positiv, so daß $X=0$ im geometrischen Schatten liegt, dreht sich der Vektor einfach um C_+, wird dabei kontinuierlich kürzer, und die Phase wächst monoton, wenn $X \to \infty$ (Abb. 7.15a):

$$\frac{d\phi}{dX} = K = X. \qquad (7.55)$$

Dies ist mit einer von einer Linienquelle ausgesandten Welle identisch, da die Phasenbeziehung für eine solche Welle durch

$$\psi = \exp\left[ik_0(x^2 + L^2)^{\frac{1}{2}}\right] = \exp\left[i\phi(x)\right] \qquad (7.56)$$

gegeben ist, wobei man nach der Entwicklung des Exponenten für $x \ll L$ erhält:

$$\frac{d\phi}{dx} \simeq \frac{k_0 x}{L} \quad \text{oder} \quad \frac{d\phi}{dX} \simeq X. \qquad (7.57)$$

Die Amplitude von ψ ist dabei fast unabhängig von X. Da deshalb die Amplituden- und Phasenvariationen im Schattenbereich praktisch mit denen einer Linienquelle identisch sind, erscheint die Kante als helle Linie; dies ist als die Konstruktion der **Kantenwelle** bekannt. Bis weit in den hellen Bereich des Beugungsmusters kann eine analoge Analyse angewandt werden, bei der der Vektor zwischen X und C_+ als Summe der beiden Vektoren $C_+ C_-$ und $C_- X$ dargestellt wird (Abb. 7.15b). Das Erscheinungsbild ist das einer gleichmäßigen Beleuchtung ($C_+ C_-$) und wiederum einer hellen Kante. Interferenz zwischen diesen beiden Wellen, der ebenen und divergierenden, zylindersymmetrischen Kantenwelle, führt zu hellen und dunklen Bändern, deren Abstand und Kontrast abnimmt, wenn $X \to \infty$. Die Kantenwelle ist in der Nähe von $X=0$ nicht beobachtbar.

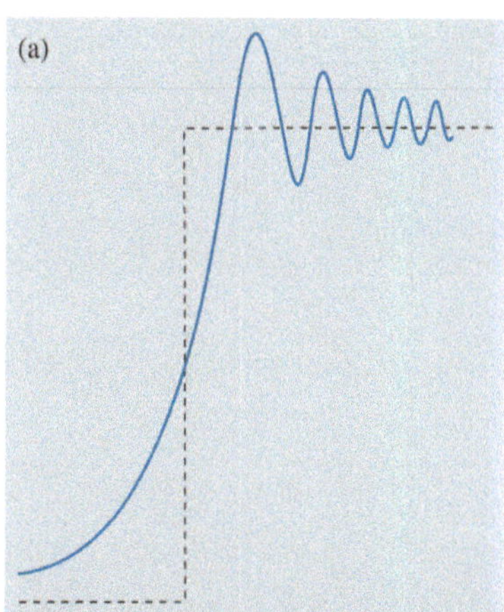

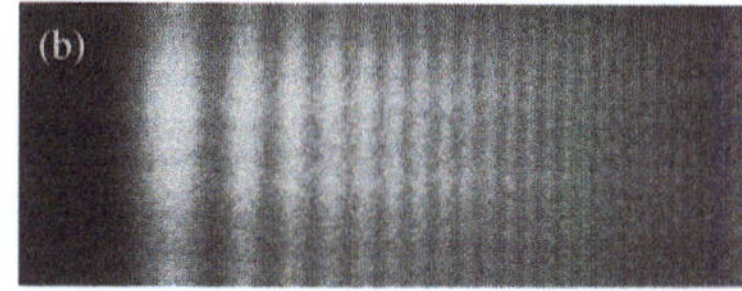

Abb. 7.14. (a) Intensität des Fresnelschen Beugungsmusters einer geraden Kante. Der geometrische Schatten ist gestrichelt eingezeichnet. (b) Photographie des beobachteten Musters

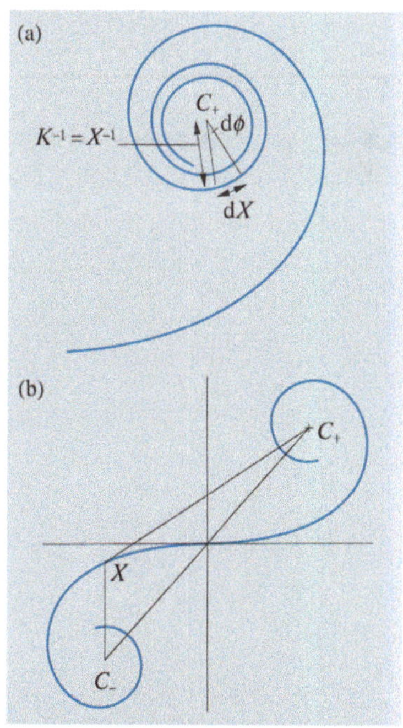

Abb. 7.15. Konstruktion der Cornu-Spirale für die Kantenwelle (a) in der Schattenregion; (b) in der beleuchteten Region

7.5 Vertiefungsthema: Röntgenmikroskopie

Wie schon in Abschn. 7.3.4 angemerkt, war die **Zonenplatte** bis vor kurzem wenig mehr als ein physikalisches Spielzeug zur Demonstration des Prinzips der Fresnel-Beugung, ohne ernsthafte Anwendungen. Heutzutage dagegen, hauptsächlich eine Folge der Fortschritte in der **Mikrosystemtechnik**, werden Zonenplatten für die **Röntgenmikroskopie** verwendet (*Howells* et al. 1991; *Michette* 1988). Wir sollten uns in Erinnerung rufen (siehe auch Abschn. 13.3.3), daß der Brechungsindex von Materialien für Röntgenstrahlen nur sehr wenig kleiner als 1 ist (typischerweise $1-10^{-7}$), weswegen man keine Linsen konstruieren kann. Spiegel mit streifendem Einfall, die externe **Totalreflexion** verwenden, sind dagegen realisierbar. Aufgrund der Schwierigkeiten, die mit der Herstellung der genauen elliptischen Oberflächen solcher Spiegel verbunden sind, ist man allerdings noch nicht in der Lage, hochauflösende Mikroskopie damit zu betreiben. Mit einer Zonenplatte hat man dagegen ein alternatives fokussierendes Element, das aus einer Reihe von durchsichtigen und undurchsichtigen Ringen besteht, die sich leicht aus einem ebenen Metallfilm herstellen lassen. Sie wurde vor kurzem erfolgreich bei Röntgenstrahlung verwendet.

Nehmen wir an, wir verwenden eine Wellenlänge von 5 nm und brauchen eine Brennweite von 1 mm. Die Größe der Ringe ist dann durch (7.42) gegeben:

$$R_0^2 = f\lambda = 5\,\mu\text{m}^2\,. \tag{7.58}$$

Der $n$te Ring hat den Radius $\sqrt{n}\cdot R_0$, und seine Dicke beträgt genähert $R_0/\sqrt{n}$, so daß mehrere hundert Ringe und eine Fabrikationsgenauigkeit in der Größenordnung von $0,1\,\mu$m notwendig werden. Solche Strukturen können mit Hilfe von Elektronenstrahllithographie erzeugt werden, bei der man eine Photolackschicht strukturiert, unter der sich eine Goldschicht auf einem 120 nm dicken, für Röntgenstrahlen transparenten Siliziumnitridsubstrat befindet. Löst man den unbelichteten Photolack ab und ätzt die darunterliegende Goldschicht, erhält man eine Zonenplatte, deren Strukturgröße bis zu 20 nm herunterreichen kann.

Wir können das **Auflösungsvermögen** einer solchen „Linse" mit Hilfe von Methoden, die wir in Abschn. 12.3 entwickeln werden, berechnen. Zuerst einmal ist das transversale Auflösungsvermögen dem einer Linse mit dem äußeren Durchmesser D, dem gleichen wie bei der Zonenplatte, äquivalent. Wir wollen annehmen, die Zonenplatte habe N Ringe, so daß aus (7.39) folgt: $s_{\text{max}} = D^2/4 = 2NR_0^2$. Dann ergibt sich für das Auflösungsvermögen δx_{min}, wenn man die Brennweite unter Benutzung von (7.42) einsetzt

$$\delta x_{\text{min}} = f\theta_{\text{min}} = \frac{1{,}22f\lambda}{D} = \frac{1{,}22f\lambda}{2\sqrt{2N}R_0} = \frac{1{,}22R_0}{2\sqrt{2N}}\,. \tag{7.59}$$

Dies läßt sich einfach mit der Dicke des äußersten Ringes vergleichen, die $\sqrt{2N}R_0 - \sqrt{2N-1}R_0 \approx R_0/\sqrt{2N}$ für großes N beträgt. In anderen Worten heißt das, daß das transversale Auflösungsvermögen im wesentlichen der Größe des dünnsten Ringes entspricht, die wiederum von der

Fabrikationstechnologie begrenzt wird (ungefähr 20 nm). Das longitudinale Auflösungsvermögen ist wellenlängenabhängig. Von den Bildern an den Orten, die durch (7.41) gegeben sind, ist nur das Primärbild $n = 1$ von Interesse (alle anderen werden durch entsprechend plazierte Blenden abgeblockt). Dieses ist im Idealfall nur scharf für $N \to \infty$. Sonst erhalten wir, wie wir bereits aus der Fouriertheorie für eine begrenzte Zahl N von Oszillationen (Abschn. 4.4.5) wissen, eine Verbreiterung des Bildes mit den Werten

$$\frac{\delta L}{L} = \frac{1}{N}, \tag{7.60}$$

$$\delta L = \frac{R_0^2 k_0}{2N\pi} = \frac{1}{N}\left(\frac{R_0^2}{\lambda}\right) = \frac{D^2}{8N^2\lambda}. \tag{7.61}$$

Wie in abbildenden Systemen üblich, ist das longitudinale und transversale Auflösungsvermögen miteinander verknüpft

$$\frac{\delta L}{\lambda} \simeq \left(\frac{\delta x_{\min}}{\lambda}\right)^2, \tag{7.62}$$

d. h. das longitudinale Auflösungsvermögen entspricht ungefähr dem Quadrat des transversalen, wenn beide in Einheiten der Wellenlänge ausgedrückt werden. Das transversale Auflösungsvermögen ist etwa 4λ, das longitudinale daher etwa 16λ. Diese schlechte Tiefenauflösung zusammen mit den hohen Dosen an Röntgenstrahlung, die für die Bildgebung notwendig sind, stellen die Hauptprobleme bei der Röntgenmikroskopie dar, die noch gelöst werden müssen.

✖ Übungsaufgaben

$\lambda = 0{,}5\,\mu$m, soweit nichts anderes vermerkt ist.

7.1 Eine ebene Welle fällt senkrecht auf eine Blende, die ein 1 mm großes Loch besitzt. Was ist die größte Entfernung von der Blende, von der aus man ein Beugungsmuster mit einer Intensität von null in der Mitte sehen kann?

7.2 Eine Scheibe mit 5 mm Durchmesser wird dazu verwendet, das klassische Experiment mit dem hellen Fleck in der Mitte ihres Fresnelschen Beugungsmusters nachzuvollziehen. Der Bildschirm befindet sich in 1 m Entfernung. Welches Maß an Unregelmäßigkeit an den Rändern der Scheibe kann man tolerieren? Schätzen Sie den Durchmesser des hellen Flecks auf dem Bildschirm ab.

7.3 Berechnen Sie die Abstände der hellen und dunklen Streifen ausgehend von der Kante des geometrischen Schattens beim Beugungsmuster einer geraden Kante, beobachtet in parallelem Licht auf einem Schirm in 1 m Entfernung von der Kante.

7.4 Was ist die Brechzahlkurve (Abschn. 3.8.2) einer Fresnelschen Zonenplatte, wenn man sie als Linse betrachtet?

7.5 Finden Sie die Intensitätsvariationen entlang der optischen Achse einer Ringblende mit innerem und äußerem Durchmesser R_1 und R_2 bei Beleuchtung mit parallelem Licht.

7.6 Bestimmen Sie das Fresnelsche Beugungsmuster einer axialsymmetrischen Lichtverteilung, die durch

$$f(r) = \exp(-r^2/2\sigma^2 - \mathrm{i}r^2/2\beta^2)$$

gegeben ist. Zeigen Sie, daß diese Funktion bei sinnvoller Wahl von σ und β die stabile Grundmode einer Laserkavität darstellt. Siehe Abschn. 3.10 und Abschn. 9.5.3.

7.7 Eine Lochkamera erzeugt ein Bild eines entfernten Objekts auf einem Schirm im Abstand d von der Lochblende. Welcher Durchmesser der Lochblende ergibt das schärfste Bild? Ziehen Sie sowohl die Beugung als auch die Faltung des Bildes mit der Lochblende in Betracht.

7.8 Benutzen Sie die Cornu-Spirale, um das Fresnelsche Beugungsmuster eines Spalts mit Breite 1 mm auf einem Schirm im Abstand 1 m bei Beleuchtung mit parallelem Licht zu berechnen. Vergleichen Sie dies mit dem Fraunhoferschen Muster, das man durch Einsetzen einer Linse mit Brennweite 1 m unmittelbar hinter dem Spalt erhält.

7.9 Überlegen Sie sich eine Methode, um die Amplituden-Phasen-Diagramme für die Bestimmung von Fraunhoferschen Beugungsmustern zu verwenden, und benutzen Sie sie dazu, das Beugungsmuster einer periodischen Anordnung von sechs dünnen Schlitzen zu bestimmen (diese Methode wird in vielen elementaren Texten zur Optik verwendet).

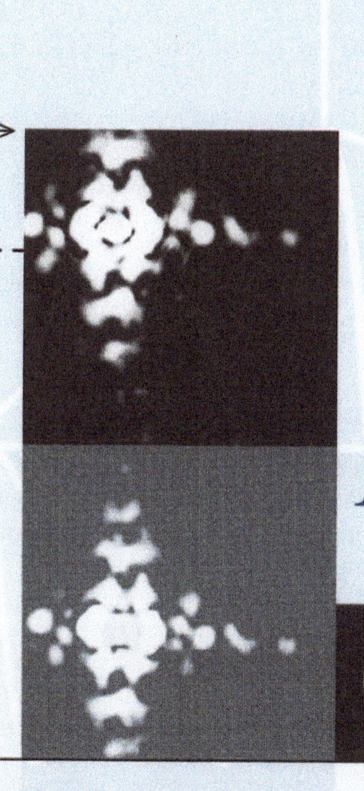

Fraunhofer-Beugung *und* Interferenz

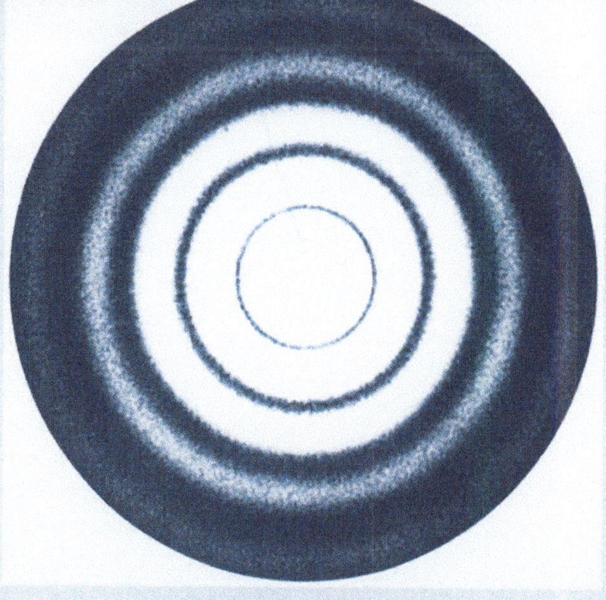

Fraunhofer-Beugung und Interferenz

▼ Übersicht

In der Optik kommt es in zahlreichen Fällen zu einer Überlagerung von Wellen, die entweder von verschiedenen Quellen oder aber einer Einzelquelle stammen können. Die dann auftretenden Effekte werden allgemein Interferenzeffekte genannt und bilden die Grundlage für zahlreiche Anwendungen, vor allem in der Festkörperphysik und der Kristallographie. Die Fraunhofer-Beugung ist durch einen linearen Phasenverlauf während des Beugungsvorgangs gekennzeichnet. Wir werden sie für verschiedene Beispiele berechnen.

8.1 Einführung

Der Unterschied zwischen **Fresnel-** und **Fraunhofer-Beugung** wurde im vorangegangenen Kapitel besprochen. Dabei haben wir gezeigt, daß die Fraunhofer-Beugung durch eine **lineare Veränderung der Phase** während des Beugungsvorgangs an einem Hindernis charakterisiert wird. In der Praxis kann man solche linearen Phasenänderungen allerdings nur unter bestimmten Voraussetzungen erreichen, beispielsweise bei der Beleuchtung des Objekts mit parallelem Licht. Aus diesem Grund muß man sowohl für die Erzeugung des parallelen Lichts als auch für die Beobachtung der resultierenden Beugungsmuster Linsen verwenden.

> Dies ist gleichwertig zu der Aussage, daß die Fraunhofer-Beugung einen Grenzfall der Fresnel-Beugung darstellt, bei dem sowohl Lichtquelle als auch Beobachter unendlich weit vom Beugungsobjekt entfernt sind.

8.1.1 Erzeugung eines linearen Phasenverlaufs

In (7.27) haben wir gezeigt, daß der optische Weg von einer Punktquelle Q auf der optischen Achse zum Punkt P in der Beobachterebene durch einen beliebigen Punkt S in der Ebene $\mathscr{R}$ des Beugungsobjekts (siehe Abb. 7.6) sich schreiben läßt als

$$\overline{QSP} \simeq L + L_1 + \tfrac{1}{2}(L^{-1} + L_1^{-1})r^2 + \tfrac{1}{2}L^{-1}(p^2 - 2\boldsymbol{r} \cdot \boldsymbol{p}) + \cdots, \quad (8.1)$$

wobei sich S am Ort $\boldsymbol{r} \equiv (x, y)$ und P am Ort $\boldsymbol{p} \equiv (p_x, p_y)$ in ihren jeweiligen Ebenen befinden. Die Ursprünge liegen jeweils auf der optischen Achse. Wir können nun P durch die Richtungskosinusse (ℓ, m, n) der Strecke OP definieren, die den Ursprung in der Objektebene mit P verbindet. Für den Fall, daß $p \ll L$, können wir $\boldsymbol{p} = (L\ell, Lm)$ schreiben, woraus folgt

$$\overline{QSP} \simeq L + L_1 + \tfrac{1}{2}(L^{-1} + L_1^{-1})r^2 + \tfrac{1}{2}L(\ell^2 + m^2) - x\ell - ym$$
$$\simeq L + L_1 - x\ell - ym + \cdots \qquad (8.2)$$

Alle Terme zweiter und höherer Ordnung haben wir dabei vernachlässigt. Es ist diese **lineare Abhängigkeit** von x und y, auf der die enorme Wichtigkeit der Fraunhofer-Beugung basiert. Wie wir in Abschn. 7.2.7 betont haben, können die experimentellen Bedingungen leicht so vorgegeben werden, daß die Terme zweiter Ordnung auch für große r null werden. Eine typische Situation ist die für $L_1 = -L$, bei der der Bildschirm zur Punktquelle Q konjugiert ist. Dies tritt auf, wenn man eine weit entfernte Punktquelle betrachtet und sich gleichzeitig das Beugungsobjekt nahe am Auge befindet. Quantitative Laborexperimente werden mit Hilfe von Linsen oder Linsensystemen, wie in Abb. 8.1a gezeigt, ausgeführt. Die Punktquelle (heutzutage ein auf eine Lochblende fokussierter Laser) liegt im Brennpunkt B der ersten Linse C, so daß eine ebene Welle auf das Beugungsobjekt $\mathscr{R}$ trifft. Dadurch ergibt sich $L_1 \to \infty$. Nach der Beugung passiert das Licht eine zweite Linse D, in deren Brennebene $\mathscr{F}$ sich der Beobachter befindet, so daß auch $L \to \infty$. Jeder Punkt in dieser Ebene entspricht einem Vektor $(L\ell, Lm)$. Klarerweise ist die Beobachtungsebene zur Punktquelle konjugiert, unabhängig vom Abstand der beiden Linsen.

Zahlreiche Abbildungen (Photos) in diesem Buch wurden mit Hilfe eines **optischen Diffraktometers** aufgenommen, das für genaue optische Messungen dieser Art konstruiert wurde (siehe Abb. 8.1b). Solche Instrumente wurden zuerst als „analoge Computer" zur Lösung von Problemen in der Röntgenbeugung entwickelt (*Taylor* und *Lipson* 1964), die meistens Fraunhofer-Beugung beinhalten. Wir werden dieses Thema in Abschn. 8.4 behandeln.

8.2 Fraunhofer-Beugung und Fouriertransformation

Betrachten wir nun die Argumentation aus Abschn. 8.1.1 etwas genauer für einen Fall wie in Abb. 8.2 dargestellt. Dabei ist das einfallende Licht eine ebene Welle parallel zur optischen Achse, und die Beobachtung findet in der Brennebene der zweiten Linse statt.

Wir haben eine ebene Welle, die sich entlang der z-Achse ausbreitet (siehe Abb. 8.2) und die bei $z = 0$ auf ein Beugungsobjekt mit der **Amplitudentransmissionsfunktion** $f(x, y)$ trifft. Das gebeugte Licht wird von einer Linse der Brennweite F gesammelt, die sich in der Ebene $z = U$ befindet.

Alle Lichtwellen, die die Beugungsebene unter einem bestimmten Winkel verlassen, werden von der Linse in einen Punkt der Brennebene fokussiert. In der Abbildung sind z. B. XB, OA und YC parallel und werden alle in P abgebildet. Die Amplitude des Lichts in P ist daher die Summe der Amplituden an den Stellen X, O, Y usw., jeweils mit dem passenden Phasenfaktor $\exp(ik_0 \overline{XBP})$ usw. versehen. $\overline{XBP}$ steht für den optischen Weg von X nach P über B, wobei der Weg durch die Linse mit einbezogen ist.

Nun ist die Amplitude am Punkt X, einem beliebigen Punkt (x, y) in der Ebene $z = 0$, einfach die Amplitude der einfallenden Welle (der Einfachheit halber gleich eins gesetzt), multipliziert mit der Transmissionsfunktion $f(x, y)$. Um den optischen Weg $\overline{XBP}$ zu berechnen, erinnern wir uns an das **Fermatsche Prinzip** (Abschn. 2.7.2), das besagt, daß alle optischen We-

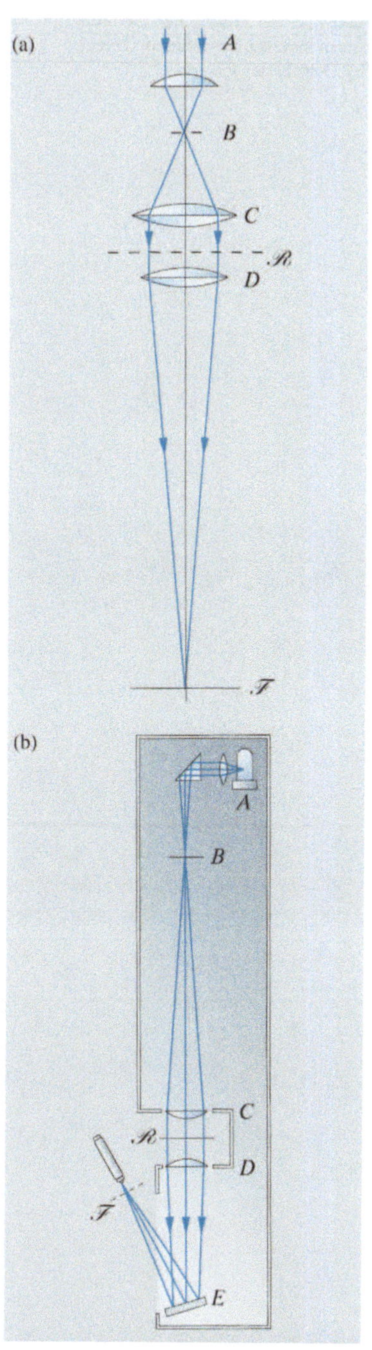

Abb. 8.1. (a) Experimenteller Aufbau zur Beobachtung der Fraunhofer-Beugung; (b) optisches Diffraktometer. A ist die Lichtquelle, B die Lochblende, C und D sind Linsen und E ist ein ebener Spiegel. Das Beugungsmuster einer Blende am Ort $\mathscr{R}$ ist in der Ebene $\mathscr{F}$ beobachtbar

Abb. 8.2. (a) Fraunhofer-Beugung an einem zweidimensionalen Objekt; (b) Details der Region OZX

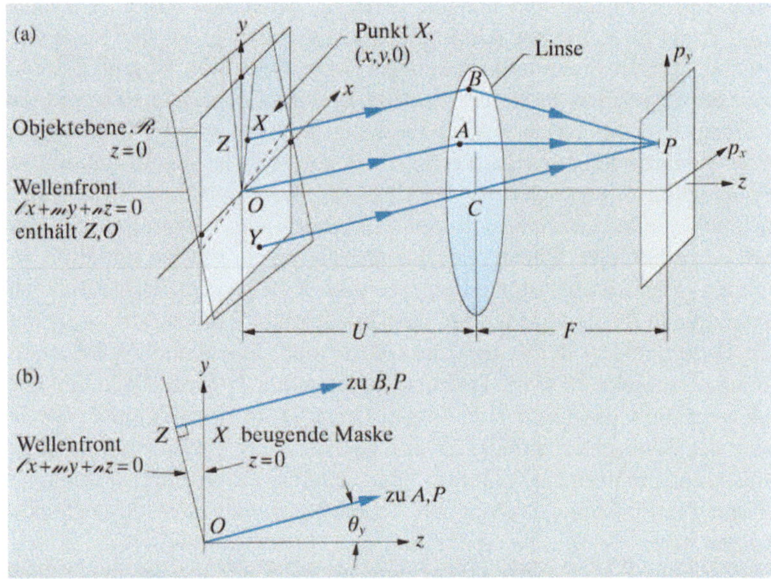

ge von verschiedenen Punkten auf einer Wellenfront zu dem Brennpunkt gleich sind. Die Richtung von XB, OA, ... wird durch die Richtungskosinusse (ℓ, m, n) gegeben. Damit ist die dazu senkrechte Wellenfront durch O, die in P fokussiert wird, die Ebene

$$\ell x + my + nz = 0, \tag{8.3}$$

und die optischen Wege von dieser Wellenfront nach P, d. h. $\overline{OAP}$ und $\overline{ZBP}$, sind gleich. Nun ist ZX die Projektion von OX auf den Strahl XB, was durch die Komponente des Vektors $(x, y, 0)$ in der Richtung (ℓ, m, n) ausgedrückt werden kann:

$$ZX = \ell x + my. \tag{8.4}$$

Daraus folgt

$$\overline{XBP} = \overline{OAP} - \ell x - my. \tag{8.5}$$

Die Gesamtamplitude in P kann durch Integration von $f(x,y)\,\exp(\mathrm{i}k_0 \overline{XBP})$ über das Beugungsobjekt berechnet werden:

$$\psi_P = \exp\left(\mathrm{i}k_0 \overline{OAP}\right) \iint f(x, y)\, \exp\left[-\mathrm{i}k_0(\ell x + my)\right] \mathrm{d}x\mathrm{d}y. \tag{8.6}$$

Wir können $u \equiv \ell k_0$ und $v \equiv m k_0$ dazu verwenden, die Position von P zu beschreiben, und erhalten

$$\psi(u,v) = \exp\left(\mathrm{i}k_0 \overline{OAP}\right) \iint f(x,y)\, \exp\left[-\mathrm{i}(ux + vy)\right] \mathrm{d}x\mathrm{d}y. \tag{8.7}$$

> Das Beugungsmuster der Fraunhofer-Beugung ist somit durch die zwei-
> dimensionale Fouriertransformation der Transmissionsfunktion $f(x, y)$
> des Beugungsobjekts gegeben.

Die Koordinaten (u, v) können auch mit den Beugungswinkeln θ_x und θ_y
zwischen dem Vektor (ℓ, m, n) und den vertikalen bzw. horizontalen Ebenen,
die die Koordinatenachsen enthalten, verknüpft werden. So ist $\ell = \sin \theta_x$
und $m = \sin \theta_y$, damit gilt

$$u = k_0 \sin \theta_x , \qquad v = k_0 \sin \theta_y . \tag{8.8}$$

Die Koordinaten (p_x, p_y) von P können nur dann genau mit u und v
verbunden werden, wenn Details der Linse bekannt sind. In der **Gaußschen
Optik** gilt $n \approx 1$ und daher

$$p_x = F\ell/n \approx uF/k_0 , \qquad p_y = Fm/n \approx vF/k_0 . \tag{8.9}$$

Es wäre sehr nützlich, wenn diese Näherung auch für große Winkel gelten
würde und man entsprechende Linsen herstellen könnte. Leider muß man im
allgemeinen mit kleinen Winkeln arbeiten, um die Linearität der Beziehung
$(p_x, p_y) : (u, v)$ aufrechtzuerhalten.

Beobachten wir ein Beugungsmuster oder photographieren wir es, mes-
sen wir die Intensität $|\psi(u, v)|^2$, weswegen der genaue Wert von $\overline{OAP}$
unwesentlich ist. Obwohl es einige Experimente gibt, bei denen die Phase
des Beugungsmusters von Wichtigkeit ist und die wir im nächsten Abschnitt
besprechen werden, ist es üblich, den Phasenfaktor zu vernachlässigen und
für (8.7) zu schreiben

$$\psi(u, v) = \iint f(x, y) \exp\left[-\mathrm{i}(ux + vy)\right] \mathrm{d}x\mathrm{d}y . \tag{8.10}$$

8.2.1 Die Phase des Fraunhofer-Beugungsmusters

Die Intensität des Beugungsmusters ist dahingehend unabhängig von der
genauen Position des Beugungsobjekts relativ zur Linse, als daß die Entfernung OC nur den Phasenfaktor $\exp(\mathrm{i}k_0 \overline{OAP})$ beeinflußt. Für einige
Anwendungen ist es dagegen von Bedeutung, auch die Phase des Beugungsmusters zu kennen, z. B. wenn die gebeugte Welle mit einer anderen
kohärenten Welle überlagert werden soll. Dies ist bei bestimmten Methoden
der **Mustererkennung** der Fall und bei der **Holographie** (Abschn. 12.6).

Nun ist der Faktor $\exp(\mathrm{i}k_0 \overline{OAP})$ vollkommen unabhängig von $f(x, y)$,
da er durch die Geometrie des optischen Systems bestimmt wird. Er ist für
den Spezialfall, in dem $f(x, y) = \delta(x)\delta(y)$ gilt, besonders leicht zu berechnen. Diese Funktion stellt eine punktförmige Lochblende („**Pinhole**") in
der Beugungsmaske an der Stelle O dar. Mit Hilfe von (8.7) läßt sich das
Beugungsmuster berechnen zu

$$\psi(u, v) = \exp\left(\mathrm{i}k_0 \overline{OAP}\right) \int \delta(x) \exp(-\mathrm{i}ux) \, \mathrm{d}x \int \delta(y) \exp(-\mathrm{i}vy) \, \mathrm{d}y$$

$$= \exp\left(\mathrm{i}k_0 \overline{OAP}\right) . \tag{8.11}$$

Wie wir wissen, ist die allgemeine Aufgabe der Linse in diesem System, das Licht, das durch diese Lochblende fällt, zu bündeln. Der Spezialfall, bei dem die Blende in der vorderen Brennebene der Linse ($OC = F$) liegt, ist von besonderem Interesse. Dann wird die Welle, die die Linse verläßt, eine **ebene Welle** sein:

$$\psi(u, v) = \exp\left(ik_0 \overline{OAP}\right) = \text{const}.$$ (8.12)

Aus diesem Grund stellt das Fraunhofersche Beugungsmuster die vollständige, komplexe Fouriertransformierte von $f(x, y)$ dar, wenn sich das Beugungsobjekt in der vorderen Brennebene der Linse befindet. Für alle anderen Positionen des Beugungsobjekts ist zwar die Intensität des Musters diejenige der Fouriertransformierten, nicht aber die Phase.

8.2.2 Fraunhofer-Beugung bei schrägem Lichteinfall

Wenn sich die ebene Welle, die das Beugungsobjekt in Abb. 8.2 beleuchtet, nicht parallel zur z-Achse ausbreitet, kann die oben besprochene Ableitung relativ leicht angepaßt werden. Insbesondere eilt, wenn die einfallende Welle die Richtungskosinusse (ℓ_0, m_0, n_0) besitzt, die Phase der Welle, die den Punkt (x, y) des Objekts erreicht, um $k_0(\ell_0 x + m_0 y)$ gegenüber der durch den Ursprung gehenden vor. Aus diesem Grund ist der Phasenunterschied des Beitrags von (x, y) im Vergleich zu dem von $(0, 0)$ gleich $k_0[(\ell - \ell_0)x + (m - m_0)y]$. Das Integral (8.6) wird deshalb zu

$$\boxed{\begin{aligned} \psi_P = \exp\left(ik_0 \overline{OAP}\right) \iint f(x, y) \\ \times \exp\left\{-ik_0\left[(\ell - \ell_0)x + (m - m_0)y\right]\right\} dx\, dy \end{aligned}}$$ (8.13)

Man kann dies immer noch in der gleichen Form wie (8.7) schreiben

$$\psi(u, v) = \exp\left(ik_0 \overline{OAP}\right) \iint f(x, y) \exp\left[-i(ux + vy)\right] dx dy,$$ (8.14)

vorausgesetzt, man definiert u und v als

$$u = k_0(\ell - \ell_0), \qquad v = k_0(m - m_0).$$ (8.15)

Erinnern wir uns nun daran, daß (ℓ, m) als die Sinusse der Winkel (θ_x, θ_y) definiert wurden, können wir beispielsweise für u

$$u = k_0(\sin\theta_x - \sin\theta_{x0})$$ (8.16)

schreiben. Nehmen wir an, ein bestimmter Ausschnitt des Beugungsmusters, der zu einem bestimmten Wert von u gehört, erscheint unter einem bestimmten Beugungswinkel $(\theta_x - \theta_{x0})$ relativ zum Wellenvektor der einlaufenden Welle. Setzen wir daher u in (8.16) als Konstante ein, können wir (8.16) in der Form

$$u = \text{const} = 2k_0 \sin\left(\frac{\theta_x - \theta_{x0}}{2}\right) \cos\left(\frac{\theta_x + \theta_{x0}}{2}\right)$$ (8.17)

schreiben, aus der klar wird, daß die Differenz $\theta_x - \theta_{x0}$ ihren minimalen Wert annimmt, wenn $\cos[(\theta_x + \theta_{x0})/2] = 1$. Dies zeigt, daß der Ablenkwinkel minimal wird, wenn $\theta_x = -\theta_{x0}$, d. h. wenn die beugende Ebene den stumpfen Winkel zwischen einfallendem und gebeugtem Strahl halbiert (Abb. 8.3). Diese Bedingung der minimalen Beugung kann immer nur für eine Komponente u zu einer bestimmten Zeit erfüllt werden und wird oft für **Beugungsgitter** (Abschn. 8.3.4) und **Hologramme** (Abschn. 12.6) verwendet, bei denen die Beugungsordnung bzw. die Richtung des Referenzstrahls den Wert von u genau definieren.

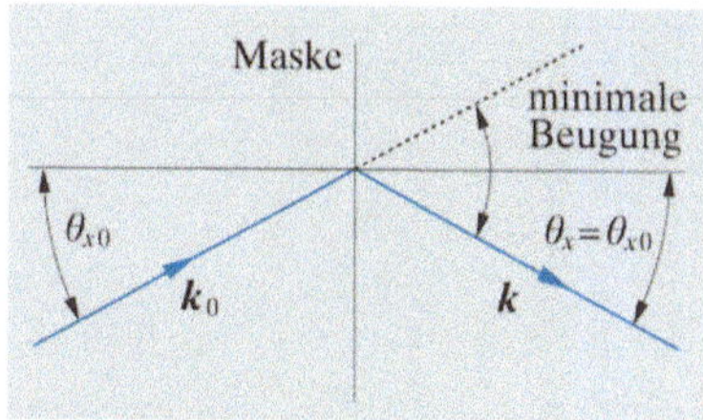

Abb. 8.3. Bedingung für Minimalbeugung

8.2.3 Beugung am Spalt

Wir stellen einen Spalt der Breite a durch die Funktion

$$f(x, y) = \mathrm{rect}(x/a) = \begin{cases} 1, & (|x| \le a/2) \\ 0, & (|x| > a/2) \end{cases} \tag{8.18}$$

dar. Man beachte, daß der Spalt als unendlich ausgedehnt in y-Richtung angenommen wird. Die Funktion $f(x, y)$ läßt sich dann sehr einfach in ein Produkt von Funktionen von x und y zerlegen (wobei letztere eine Konstante ist, die den Wert 1 hat). Mit den Ergebnissen von Abschn. 4.4.2 erhalten wir

$$\psi(u, v) = \int_{-a/2}^{a/2} \exp(-\mathrm{i}ux)\,\mathrm{d}x \int_{-\infty}^{\infty} \exp(-\mathrm{i}vy)\,\mathrm{d}y \tag{8.19}$$
$$= a\,\mathrm{sinc}(au/2)\delta(v)$$

Die Intensität des Fraunhoferschen Beugungsmusters entlang der Achse $v = 0$ beträgt

$$\left|\psi(u, 0)\right|^2 = a^2\,\mathrm{sinc}^2(au/2). \tag{8.20}$$

Diese Funktion, die in Abb. 8.4a gezeigt ist, ist sehr wichtig; sie besitzt ein Maximum von a an der Stelle $u = 0$ und hat Nullstellen in regelmäßigen Abständen, für die gilt $au/2 = m\pi$, wobei m eine von null verschiedene ganze Zahl ist. Die Höhe der Nebenmaxima ist annähernd proportional zu $(2m + 1)^{-2}$, wobei dieses Ergebnis auf der Annahme basiert, daß die Maxima in der Mitte zwischen zwei Nullstellen liegen. Ihre exakten Positionen sind dagegen nicht leicht zu bestimmen.

In Abb. 8.4b sind die beobachteten Intensitäten $|\psi(u, 0)|^2$ gezeigt. Die Nullstellen dieser Funktion erscheinen unter Winkeln, die durch

$$\tfrac{1}{2}ka \sin \theta = m\pi, \qquad a \sin \theta = m\lambda \tag{8.21}$$

gegeben sind.

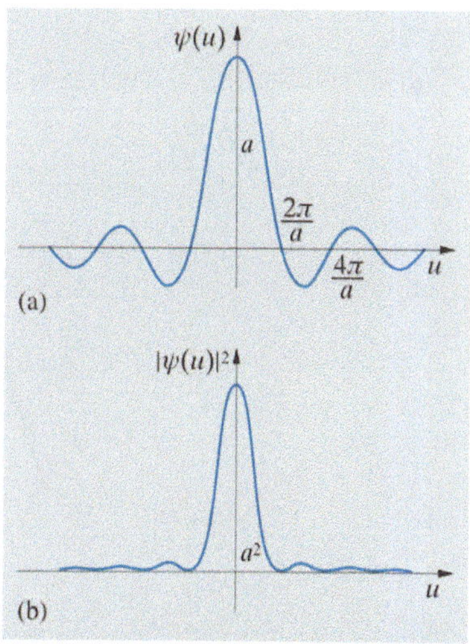

Abb. 8.4. (a) Die Funktion $a\,\mathrm{sinc}\left(\tfrac{1}{2}au\right)$; (b) die Funktion $a^2\,\mathrm{sinc}^2\left(\tfrac{1}{2}au\right)$

8.2.4 Beugung an einem unscharfen Spalt, dargestellt durch eine Dreiecksfunktion

Wir nehmen nun an, die **Transmissionsfunktion** an den Rändern des Spalts ändere sich kontinuierlich und linear mit x, so daß wir einen Spalt wie zuvor mit einer Breite von a definieren können, nun aber mit unscharfen Rändern. Wir werden sehen, daß wir durch die Unschärfe an den Rändern eine Reduktion der Seitenbänder im Beugungsmuster erzielen. Als Transmissionsfunktion verwenden wir eine Dreiecksfunktion

$$
f(x, y) = \begin{cases} 1 - |x|/a, & (|x| \le a) \\ 0, & (|x| > a). \end{cases}
$$

Der so definierte Spalt hat die **effektive Breite** (definiert als $\int f(x)\,\mathrm{d}x / f_{\mathrm{max}}$), die gleich der Spaltbreite a aus dem vorangegangenen Abschn. 8.2.3 ist. Durch partielle Integration erhalten wir

$$
\begin{aligned}
\psi(u, v) = \Bigg[& \frac{1}{a} \int_0^a (a - x) \exp(-\mathrm{i}ux)\,\mathrm{d}x \\
& + \frac{1}{a} \int_{-a}^0 (a + x) \exp(-\mathrm{i}ux)\,\mathrm{d}x \Bigg] \int_{-\infty}^{\infty} \exp(-\mathrm{i}vy)\,\mathrm{d}y \\
= {} & a \operatorname{sinc}^2(au/2)\delta(v)
\end{aligned} \tag{8.22}
$$

Die Form von $\psi(u, 0)$ ist die gleiche wie in Abb. 8.4b gezeigt. Sie ist überall positiv und hat Nullstellen in u bei

$$
au/2 = m\pi ; \qquad a \sin\theta = m\lambda . \tag{8.23}
$$

Die Positionen dieser Nullstellen sind exakt die gleichen wie die beim einfachen Spalt; da die effektiven Breiten der Spalte als gleich angenommen wurden, ist dies nicht überraschend. Aber die Nebenmaxima in den Seitenbändern sind deutlich reduziert; ihre Intensitäten sind nun proportional zu $(2m + 1)^{-4}$. Eine weitere Glättung der Funktion $f(x, y)$ an den Kanten des Spalts führt zu einer größeren Unterdrückung der Seitenbänder. Eine besonders glatte Funktion ist die **Gauß-Funktion**, die wir bereits in Abschn. 4.4.6 diskutiert haben. Ihre Transformierte besitzt keinerlei Seitenbänder mehr.

8.2.5 Beugung an einem rein phasenverschiebenden Objekt

Es gibt zahlreiche Objekte, vor allem natürliche, die Licht nicht besonders absorbieren, sondern bei der Transmission nur die Phase ändern. Jedes beliebige Stück Fensterglas wird sich beispielsweise so verhalten; es ist durchsichtig, aber seine Dicke ist nicht gleichmäßig, und so wird Licht, das an verschiedenen Stellen das Glas durchläuft, unterschiedliche Phasenverschiebungen erleiden. Ist der Brechungsindex des Glases μ, so ist der Unterschied in der Länge des optischen Weges zwischen zwei Wegen mit den Glasdicken t_1 und t_2 (t für englisch „thickness")

$$(\mu - 1)(t_1 - t_2)\,, \tag{8.24}$$

und folgerichtig ist die Wellenfront, die die Glasplatte verläßt, keine ebene Welle mehr, wie sie es beim Einfall (Abb. 8.5) war. Da Wellen verschiedener Phase, aber gleicher Amplitude durch komplexe Amplituden mit gleichem Vorfaktor dargestellt werden können, können wir dieses **Phasenobjekt** durch eine komplexe Transmissionsfunktion $f(x, y)$ mit konstantem Vorfaktor darstellen. Nehmen wir als Beispiel ein dünnes Prisma mit Öffnungswinkel α und Brechungsindex μ. Die Dicke des Prismas t an der Stelle x ist αx (Abb. 8.6), und seine Transmissionsfunktion ist durch

$$\begin{aligned} f(x, y) &= \exp\left[ik_0(\mu - 1)t\right] \\ &= \exp\left[ik_0(\mu - 1)\alpha x\right] \end{aligned} \tag{8.25}$$

gegeben. Wir nehmen an, das Prisma sei in x- und y-Richtung unendlich weit ausgedehnt. Das Beugungsmuster, das zu $f(x, y)$ gehört, hat dann die Form

$$\begin{aligned} \psi(u, v) &= \int_{-\infty}^{\infty} \exp\left[ik_0(\mu - 1)\,\alpha x\right]\exp(-iux)\,\mathrm{d}x \int_{-\infty}^{\infty} \exp(-ivy)\,\mathrm{d}y \\ &= \delta\left[u - (\mu - 1)k_0\alpha\right]\delta(y)\,. \end{aligned} \tag{8.26}$$

Die gebeugte Welle breitet sich daher in eine Richtung aus, die durch

$$\boxed{u = k_0(\mu - 1)\,\alpha\,, \qquad v = 0} \tag{8.27}$$

beschrieben wird. Setzt man die Definition von u in diese Gleichung ein, erhält man $\theta \approx (\mu - 1)\alpha$ für kleine θ. Das Licht bleibt daher in eine Ausbreitungsrichtung konzentriert, wird aber von der Einfallsrichtung um einen Winkel mit dem gleichen Betrag abgelenkt, wie wir ihn mit Hilfe der geometrischen Optik bereits hergeleitet haben.

8.2.6 Beugung an einer Rechteckblende

Wenn wir eine Rechteckblende betrachten, die die Seitenlängen a und b besitzt und deren Kanten parallel zur x- bzw. y-Achse ausgerichtet sind, haben die beiden **Beugungsintegrale** unabhängige Integrationsgrenzen und (8.10) kann einfach als Produkt geschrieben werden:

$$\psi(u, v) = \int_{-a/2}^{a/2} \exp(-iux)\,\mathrm{d}x \int_{-b/2}^{b/2} \exp(-ivy)\,\mathrm{d}y\,, \tag{8.28}$$

wobei die Funktion $f(x, y)$ über der Blendenöffnung als eins angenommen wird. Da wir den Ursprung in das Zentrum der Blende legen können, haben wir eine gerade Funktion, und diese besitzt eine reelle Transformierte. Also gilt

$$\boxed{\psi(u, v) = ab\,\mathrm{sinc}\left(\tfrac{1}{2}ua\right)\mathrm{sinc}\left(\tfrac{1}{2}vb\right)}\,, \tag{8.29}$$

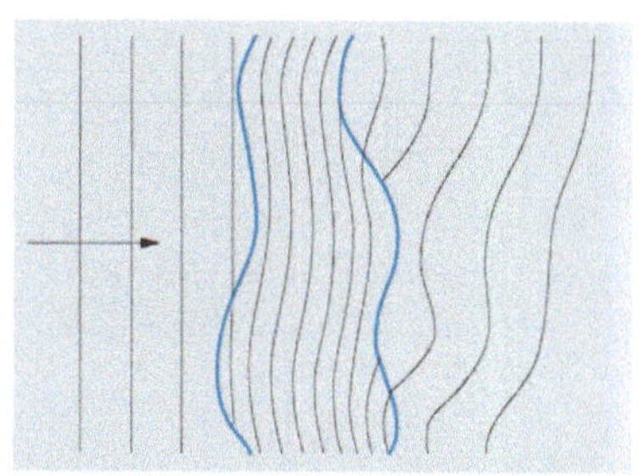

Abb. 8.5. Verzerrung der ebenen Wellenfronten durch eine ungleichförmige Glasplatte

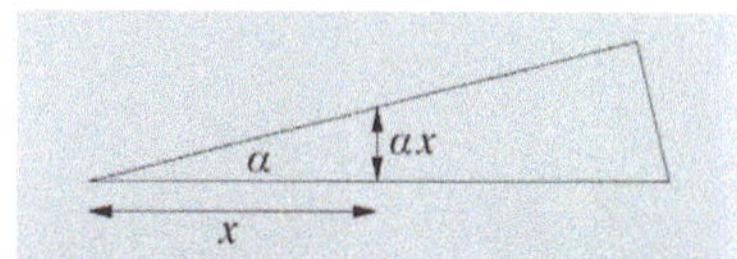

Abb. 8.6. Dünnes Prisma mit Winkel α

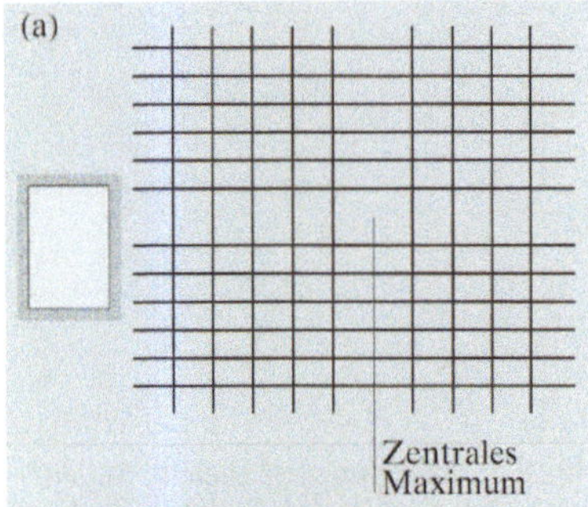

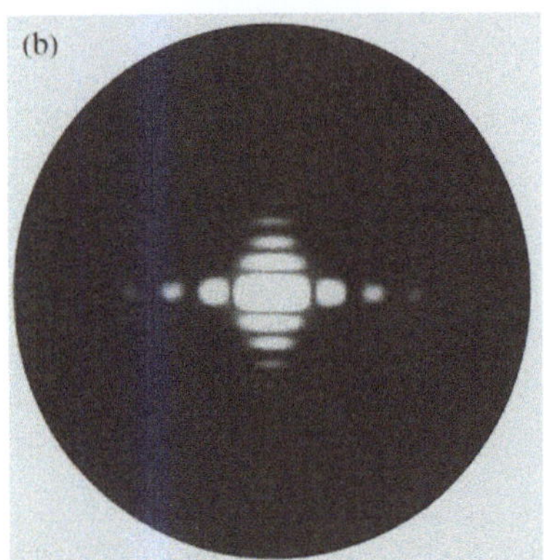

Abb. 8.7. (a) Linien verschwindender Intensität im Beugungsmuster der links gezeigten Rechteckblende; (b) beobachtetes Beugungsmuster

wobei jeder Faktor auf die gleiche Weise abgeleitet wurde wie beim Einzelspalt (8.19). Das Beugungsmuster hat Nullstellen an den Orten, an denen ua und vb von null verschiedene, ganzzahlige Vielfache von 2π sind. Sie liegen also auf Geraden parallel zu den Kanten der Blende und sind durch

$$u = m_1 \frac{2\pi}{a} \quad \text{und} \quad v = m_2 \frac{2\pi}{b} \tag{8.30}$$

gegeben. Das zentrale Maximum z. B. ist eingegrenzt durch Geraden mit den Parametern $m_1 = \pm 1$ und $m_2 = \pm 1$, die ein Rechteck bilden, dessen Abmessungen umgekehrt proportional zu den Abmessungen der beugenden Blende sind (Abb. 8.7). Die Maxima, die außerhalb der u- und v-Achse liegen, sind sehr schwach und schwer zu photographieren.

8.2.7 Das Beugungsbild einer Lochblende

Für ein kreisförmiges Loch mit Radius R ist das Integral (8.10) schwieriger zu berechnen, da die Integrationsgrenzen nun nicht mehr unabhängig voneinander sind. Man verwendet am besten **Polarkoordinaten**, um Punkte auf der Blende und im Beugungsmuster zu beschreiben. Sind (ϱ, θ) die Polarkoordinaten für die Blende, gilt

$$x = \varrho \cos \theta \quad \text{und} \quad y = \varrho \sin \theta, \tag{8.31}$$

analog für (ζ, ϕ) als Koordinaten für das Beugungsmuster

$$u \equiv \zeta \cos \phi \quad \text{und} \quad v \equiv \zeta \sin \phi. \tag{8.32}$$

Damit wird (8.10) zu

$$\psi(u, v) = \int_0^R \int_0^{2\pi} \exp\left[-\mathrm{i}(\varrho\zeta \cos\phi \cos\theta + \varrho\zeta \sin\phi \sin\theta)\right]\varrho \, \mathrm{d}\varrho\mathrm{d}\theta$$

$$= \int_0^R \int_0^{2\pi} \exp\left[-\mathrm{i}\varrho\zeta \cos(\theta - \phi)\right]\varrho \, \mathrm{d}\varrho\mathrm{d}\theta. \tag{8.33}$$

Dieses Integral kann mit Hilfe von **Besselfunktionen** (siehe Anhang A1) gelöst werden und ergibt

$$\psi(\zeta, \phi) = \frac{2\pi R J_1(\zeta R)}{\zeta} = \pi R^2 \left[\frac{2J_1(\zeta R)}{\zeta R}\right]. \tag{8.34}$$

Das Beugungsmuster besitzt Zentrumssymmetrie; $\psi(\zeta, \phi)$ ist, wie zu erwarten, nicht von ϕ abhängig.

Die Form von $2J_1(x)/x$ ist von Interesse. $J_1(x)$ ist an der Stelle $x = 0$ null, aber, wie die Funktion sinc x, besitzt $2J_1(x)/x$ hier einen endlichen Wert, nämlich eins. Sie nimmt dann zu null ab, wird negativ und oszilliert mit langsam abnehmender Periode, die sich einer Konstanten annähert (siehe Abb. 8.8a).

Das dazugehörige Beugungsbild ist in Abb. 8.8b gezeigt. Das zentrale Maximum ist als **Airy-Scheibe** bekannt und reicht bis zur ersten Nullstelle, die an der Stelle $x = 3,83$ oder unter dem Winkel $\zeta/k_0 = 0,61\lambda/R$ auftritt. Wie man aufgrund der Eigenschaften von Fouriertransformierten erwarten würde, ist der Radius der Airy-Scheibe umgekehrt proportional zum Radius der Lochblende.

Bemerkenswert ist, wie man (8.29) und (8.34) entnehmen kann, daß die Amplitude, nicht die Intensität, im Mittelpunkt des Beugungsmusters der Fläche der Lochblende proportional ist. Dieses Resultat macht Sinn, wenn man sich klarmacht, daß die linearen Abmessungen des Beugungsmusters umgekehrt proportional zu denen der Lochblende sind, weswegen der totale Energiefluß im Beugungsmuster proportional zur Fläche der Blende ist. Verändert man die Fläche der Lochblende, ändert sich die Intensität im Beugungszentrum mit dem Quadrat der Blendenfläche.

8.2.8 Eine einfache Ableitung der Größe der Airy-Scheibe

Die Ableitung der Form des Beugungsmusters mit Hilfe der Bessel-Funktionen hilft nicht unbedingt beim physikalischen Verständnis des Problems. Würden die Besselfunktionen nicht auch im Zusammenhang mit anderen physikalischen Problemen auftauchen, wäre $J_1(x)$ es nicht wert, tabelliert zu werden und wir wären mit der Ableitung von (8.34) einem Verständnis des Problems nicht nähergekommen. Es ist allerdings möglich, eine grobe Abschätzung der Lösung mit Hilfe der in Abschn. 8.2.3–4 eingeführten Konzepte vorzunehmen.

Nehmen wir an, wir haben eine Funktion $f(x, y)$, die ein Beugungsmuster $\psi(u, v)$ besitzt. Entlang der Achse $v = 0$ haben wir allgemein

$$\psi(u, 0) = \iint f(x, y) \exp(-\mathrm{i}ux)\,\mathrm{d}x\mathrm{d}y$$

$$= \int_{-\infty}^{\infty} \left[\int_{-\infty}^{\infty} f(x, y)\,\mathrm{d}y \right] \exp(-\mathrm{i}ux)\,\mathrm{d}x\,. \tag{8.35}$$

Dies bedeutet, daß der axiale Wert $\psi(u, 0)$ die Fouriertransformierte des Integrals $\int f(x, y)\,\mathrm{d}y$ ist. Für eine kreisförmige Blende ist dieses Integral eine halbkreisförmige Funktion (Abb. 8.9). Wir haben in Abschn. 8.2.3 gesehen, daß die Nullstellen einer Dreiecksfunktion denen eines linearen Spalts entsprechen, wenn die effektiven Breiten gleich sind. Verwenden wir die gleiche Argumentation, können wir eine Spaltfunktion mit Breite b konstruieren, die die gleiche Höhe und Fläche wie der Halbkreis besitzt. Die Bedingung hierfür ist $b = \pi R/2$. Das dazugehörige Beugungsmuster entlang der u-Achse ist

$$\psi(u, 0) = b\,\mathrm{sinc}(\pi u R/4)\,, \tag{8.36}$$

welches seine erste Nullstelle bei $uR = 4$ besitzt. Dies stimmt relativ gut mit dem exakten Wert $uR = 3,83$, den wir mit Hilfe der Besselfunktion erhalten haben, überein. Obwohl diese Lösung nicht exakt ist, vermittelt sie

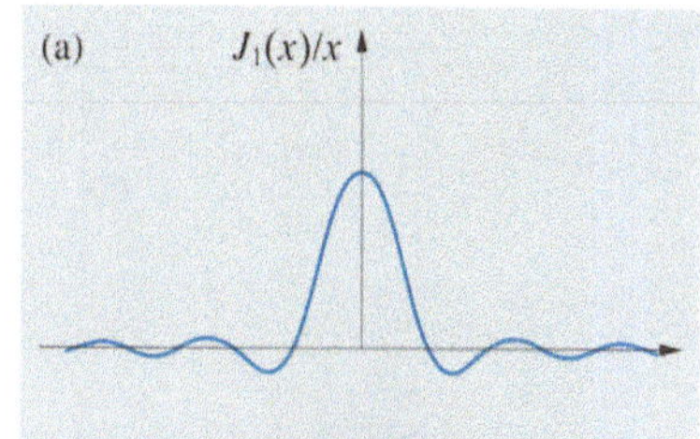

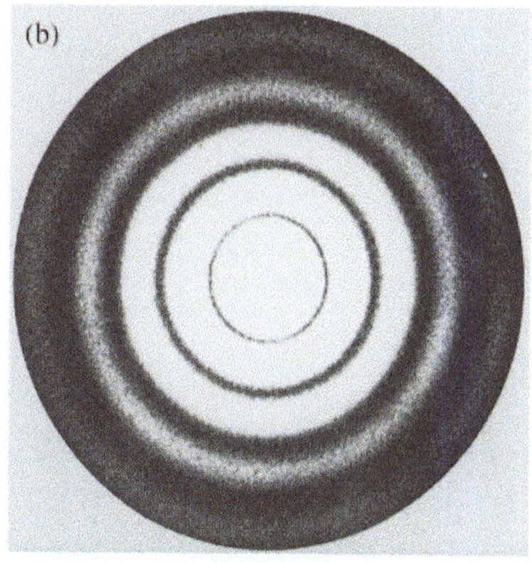

Abb. 8.8. (a) Die Funktion $J_1(x)/x$, die die radiale Amplitudenverteilung im Beugungsmuster einer runden Lochblende beschreibt; (b) Fraunhofer-Beugung an einer Lochblende

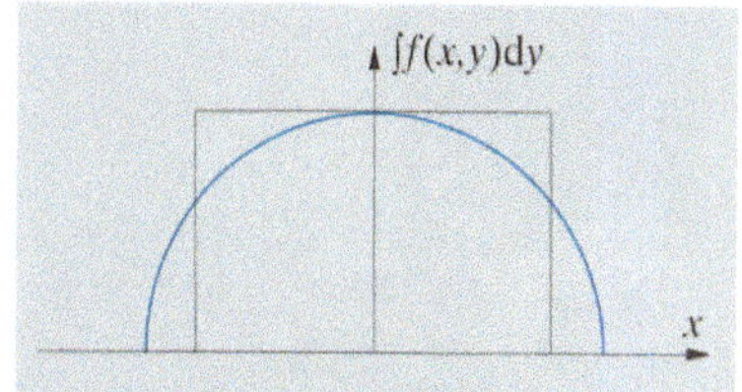

Abb. 8.9. Kreis und Rechteck gleicher Fläche

doch einen Eindruck davon, wie eine grobe Näherung manchmal recht gute Werte für eine physikalische Größe erbringen kann.

8.2.9 Überlagerung von Beugungsmustern

Die additive Eigenschaft der Transformation ermöglicht eine Herleitung des Beugungsmusters komplexer Objekte, wenn sich ihre Form als **algebraische Summe** von einfacheren Objekten darstellen läßt. Die getrennten Komponenten des Objekts müssen dazu bezüglich eines gemeinsamen Ursprungs ausgedrückt werden, und man erhält die komplexe Transformierte durch separate Addition der Real- und Imaginärteile der Transformierten der Einzelkomponenten. Dieser Prozeß ist besonders einfach, wenn die Komponenten zentrumssymmetrisch bezüglich eines gemeinsamen Symmetriezentrums sind, denn dann sind all ihre Transformierten rein reell. So ist es z. B. möglich, das Beugungsmuster dreier Spalte dadurch abzuleiten, daß man das Beugungsmuster der beiden äußeren zu dem des inneren addiert; das Beugungsmuster von vier Spalten kann durch Aufteilen in zwei Paare vereinfacht werden, wobei ein Paar den dreifachen Spaltabstand des anderen besitzt. Einige dieser Beispiele werden in den Aufgaben besprochen.

Ein undurchsichtiges Hindernis kann dadurch behandelt werden, daß man seine Transformierte als negativ ansetzt. So kann beispielsweise ein dicker, rechteckiger Rahmen als die Differenz zwischen dem inneren und äußeren Rechteck definiert werden. (Man beachte beim Ausarbeiten eines solchen Beispiels, daß die Amplitude des zentralen Maximums der Transformierten eines Rechtecks proportional zu seiner Fläche ist, wie in Abschn. 8.2.6 gezeigt.) Das Beugungsmuster eines kreisförmigen Rings kann als Differenz der Muster des inneren und äußeren Kreises ausgedrückt werden. Dieses Beispiel hat eine wichtige praktische Anwendung, die wir in Abschn. 12.5 behandeln werden.

8.2.10 Komplementäre Objekte: Babinetsches Theorem

Ein wichtiges Theorem in der Optik beschäftigt sich mit den Beugungsmustern von zwei **komplementären Objekten**. Zwei Objekte sind dann komplementär, wenn sie aus einem Muster von offenen Bereichen in einem undurchsichtigen Material bestehen, und zwar in der Weise, daß die offenen Bereiche des einen den undurchsichtigen Bereichen des anderen entsprechen und umgekehrt. Das **Babinetsche Theorem** besagt, daß das Beugungsmuster solcher zwei Objekte genau gleich ist, bis auf einen kleinen Bereich um den Mittelpunkt. So sollte beispielsweise das Muster eines Satzes von undurchsichtigen Scheiben das gleiche sein wie das gleich großer Löcher mit identischer Anordnung. Dies wird durch Abb. 8.10 erläutert, in der die Masken und Beugungsmuster zu sehen sind.

Das Theorem kann allgemein mit Hilfe der **skalaren Beugungstheorie** bewiesen werden. Wir nehmen für die Amplituden der Beugungsmuster zweier komplementärer Objekte, die mit dem gleichen Lichtstrahl beleuchtet werden, die Werte ψ_1 und ψ_2 an. Wie wir wissen, kann die Beugungsfunktion für eine Kombination von Beugungsobjekten durch Addition ihrer einzelnen (komplexen) Funktionen erhalten werden. Wenn wir ψ_1 und ψ_2 addieren, sollten wir daher die Beugungsfunktion eines unge-

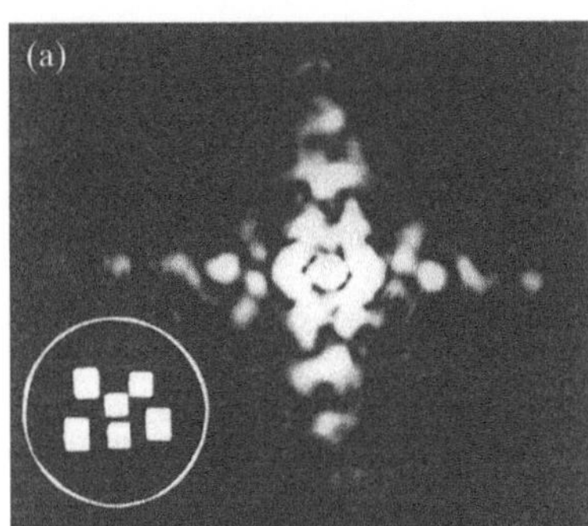

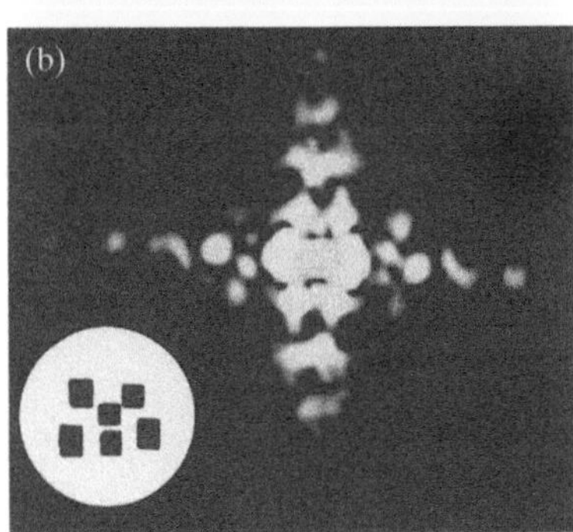

Abb. 8.10a,b. Beugungsmuster zweier komplementärer Masken (siehe Bildeinschub), beleuchtet mit einem gaußförmigen Strahl. Die Positivmaske (a) wurde aus einer Metallfolie herausgeschnitten, die Negativmaske (b) wurde durch Aufdampfen von Metall auf eine Glasplatte erzeugt

störten Strahls erhalten. Ist dieser groß und kreisförmig, ergibt die Summe von ψ_1 und ψ_2 die Airy-Scheibe, die einen kleinen Bereich in der Mitte des Musters bedeckt, der Rest ist dunkel. Daher muß die Summe von ψ_1 und ψ_2 bis auf einen kleinen, zentralen Bereich überall null sein. Die Beträge von ψ_1 und ψ_2 müssen daher für gleiche Bereiche des Musters gleich sein, die Phasen dagegen haben eine Differenz von π. Die Intensitätsfunktionen sind dabei identisch.

Die experimentelle Bestätigung des Babinetschen Theorems ist nicht einfach, vor allem aufgrund der Stärke des zentralen Maximums. Ist der ungestörte Strahl sehr groß, ist das Maximum sehr stark und dominiert das Beugungsmuster des im wesentlichen durchsichtigen Beugungsobjekts. Um ein überzeugendes Ergebnis für solche Experimente zu erhalten, sollte man sich an folgenden Regeln orientieren:

(1) Die Kanten des ungestörten Strahls sollten unscharf sein. Damit werden die äußeren Bestandteile der Transformierten unterdrückt. Tatsächlich ergibt die Verwendung eines Gaußschen Strahls das konzentrierteste Maximum mit den schwächsten Seitenbändern.

(2) Die positiven und negativen Beugungsobjekte sollten etwa 50% des Lichtes transmittieren, um das deutlichste Beugungsmuster zu liefern.

(3) Die Beugungsobjekte sollten zahlreiche kleine Details enthalten, um ein helles Beugungsmuster weit außerhalb der Region des zentralen Maximums zu erzeugen.

8.3 Interferenz

Wir haben uns bisher nur um Effekte gekümmert, die sich auf die Veränderung einer einzelnen Wellenfront bezogen. Nun werden wir die Phänomene betrachten, die auftreten, wenn **zwei oder mehrere Wellenfronten** miteinander wechselwirken. Effekte dieser Art werden **Interferenz** genannt. In diesem Kapitel werden wir hauptsächlich Wellenfronten betrachten, die von identischen Beugungsobjekten ausgehen.

Für identische Blenden können wir uns das Prinzip der **Faltung** (Abschn. 4.6) zunutze machen. So können beispielsweise zwei gleiche, parallel orientierte Blenden als die Faltung einer einzelnen Blende mit einem Paar von Deltafunktionen, die jeweils im Ursprung der Blenden liegen, ausgedrückt werden. Das Interferenzmuster ist daher das Produkt des Beugungsmusters einer Einzelblende mit dem des Paars von Deltafunktionen (Abschn. 4.4.5). Wir können also ein solches Interferenzproblem in zwei Teile aufspalten – in die Ableitung der Fouriertransformierten einer einzelnen Blende und der eines Satzes von Deltafunktionen. Die Transformierte der Blende heißt **Beugungsfunktion** und die der Deltafunktionen **Interferenzfunktion**. Das vollständige Beugungsmuster ist ein Produkt dieser beiden Funktionen. In Abb. 8.11 ist es für zwei kreisförmige Lochblenden gezeigt.

8.3.1 Interferenzmuster zweier kreisförmiger Lochblenden

Wie erwähnt, können wir ein Paar kreisförmiger Lochblenden mit dem Abstand a als das Resultat der Faltung einer einzelnen Blende mit einem

Abb. 8.11. Das Produkt von Beugungs- und Interferenzfunktion ergibt die Amplitude des gesamten Beugungsmusters zweier Lochblenden

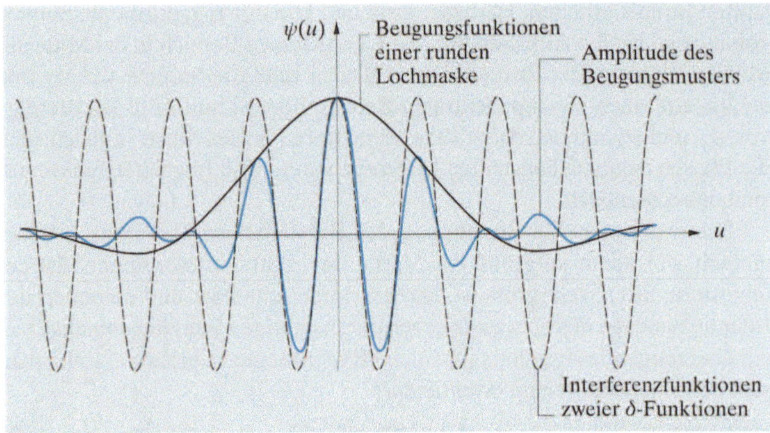

Paar von Deltafunktionen betrachten. Aus Abschn. 4.4.5 kennen wir die Transformierte der beiden Deltafunktionen:

$$\psi(u, v) = 2\cos(ua/2) \quad . \tag{8.37}$$

Daher ist das Beugungsmuster der beiden Lochblenden das gleiche wie das einer der Blenden, multipliziert mit einer Kosinusfunktion parallel zur Verbindungslinie a, wie in Abb. 8.12 gezeigt.

Die Nullstellen der Funktion (8.37) treten bei Werten von θ auf, die durch

$$ua/2 = \left(m + \tfrac{1}{2}\right)\pi \tag{8.38}$$

gegeben sind, wobei m eine ganze Zahl ist. Da $u = k\sin\theta = 2\pi\sin\theta/\lambda$, läßt sich das zu

$$a\sin\theta = \left(m + \tfrac{1}{2}\right)\lambda \tag{8.39}$$

Abb. 8.12. Fraunhofer-Beugung an zwei Lochblenden

vereinfachen. Man kann erkennen, daß wir einen gewissen Umweg durch die Einführung der Faltung bei der Ableitung eines Ausdrucks für die **Youngschen Beugungsmuster** gemacht haben. Es gibt aber einige gute Gründe für diesen Ansatz: Erstens haben wir so einen kompletten Ausdruck für das Profil des Beugungsmusters erhalten, nicht nur einen für die räumliche Anordnung; zweitens konnten wir damit zeigen, daß die Faltungsmethode für ein einfaches Beispiel ein korrektes Ergebnis liefert, und drittens haben wir damit die Grundlage zur Behandlung komplexerer Systeme, die wir in den folgenden Abschnitten besprechen werden, gelegt.

8.3.2 Interferenzmuster zweier paralleler Blenden beliebiger Form

Wenn wir ein Paar identischer Blenden mit gleicher räumlicher Orientierung (Abb. 8.13) betrachten, können wir sie wie oben als die Faltung einer Einzelblende mit einem Paar von Deltafunktionen interpretieren. Das Beugungsmuster ist daher das Produkt des Beugungsmusters der Einzelblende

Abb. 8.13. Zwei parallele Blenden

mit der Interferenzfunktion, die aus einem Satz Streifen mit sinusförmigem Intensitätsverlauf besteht. Dies ist in Abb. 8.14 dargestellt und ist eines der wichtigsten Ergebnisse der Beugungstheorie. Die Argumentation gilt offensichtlich für ein Paar von Blenden beliebiger Form.

8.3.3 Interferenzmuster eines periodischen Gitters aus identischen Blenden

Eine periodische Anordnung von Blenden kann wie zuvor als Faltung eines entsprechenden Satzes von Deltafunktionen mit einer einzelnen Blende behandelt werden. Aus Abschn. 4.4.5 wissen wir, daß die Transformierte eines periodischen eindimensionalen Gitters von Deltafunktionen mit Abstand d

$$\psi(u, v) = \sum_{n=0}^{N-1} \exp(-\mathrm{i}und) \tag{8.40}$$

ist, wobei N die Zahl der Lochblenden ist. Für $N \to \infty$ ist diese Summe (Abschn. 4.4.5):

$$\psi(u, v) = \sum_{m=-\infty}^{\infty} \delta(u - 2\pi m/d) . \tag{8.41}$$

Der Index m wird „**Beugungsordnung**" genannt. Ist N endlich, ist die Summe der geometrischen Reihe (8.40)

$$\psi(u, v) = \frac{1 - \exp(-\mathrm{i}uNd)}{1 - \exp(-\mathrm{i}ud)} . \tag{8.42}$$

Die Intensität ist gegeben durch

$$I(u, v) = \left| \psi(u, v) \right|^2 = \frac{\sin^2(uNd/2)}{\sin^2(ud/2)} . \tag{8.43}$$

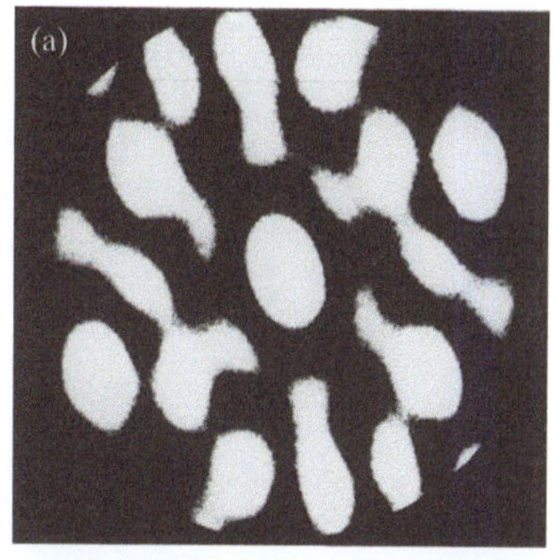

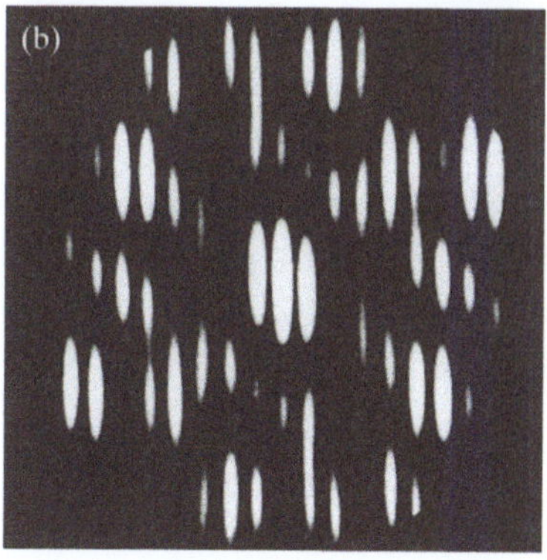

Abb. 8.14. (a) Beugungsmuster einer der Blenden aus Abb. 8.13; (b) Komplettes Beugungsmuster der Maske aus Abb. 8.13

Dieser Ausdruck, der in Abb. 8.15 für $N = 6$ gezeigt ist, hat einige interessante Eigenschaften. Er ist null an allen Nullstellen des Zählers außer an den Stellen, an denen der Nenner ebenfalls null wird. Dort ist der Funktionswert N^2. Nimmt die Zahl der Blenden zu, nimmt die Zahl der Nullstellen ebenfalls zu, und das Beugungsmuster wird detailreicher. Die Maxima der Intensität N^2 – Hauptmaxima genannt – sind dann sehr stark hervorgehoben im Vergleich zu den schwachen Nebenmaxima, von denen es $N - 2$ zwischen den Hauptmaxima gibt. Tatsächlich approximieren die Hauptmaxima die Deltafunktionen in (8.41), nämlich $\delta(u - 2m\pi/d)$.

Die Bedingung für das Auftreten der Hauptmaxima ist $ud/2 = m\pi$. Da $u = 2\pi \sin\theta/\lambda$, erhalten wir

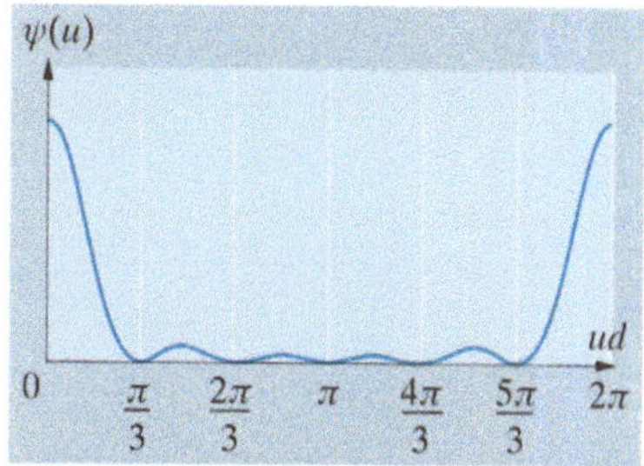

Abb. 8.15. Funktion $\sin^2(uNd/2)/\sin^2(ud/2)$ für $N = 6$

$$d \sin\theta = m\lambda , \tag{8.44}$$

die wohlbekannte Gleichung für ein Beugungsgitter (**Bragg-Bedingung**).

8.3.4 Beugungsgitter

Ein Beugungsgitter ist eine eindimensionale, periodische Anordnung von identischen Beugungsobjekten. Wird das Gitter in Transmission benutzt, sind diese Beugungsobjekte schmale Spalte, in Reflexion schmale Spiegel. Da Beugungsgitter sehr wichtige Instrumente für die **Interferometrie** darstellen, werden sie noch ausführlich in Abschn. 9.2 besprochen. An dieser Stelle werden wir nur eine kurze Grundlage der Theorie der **Fraunhofer-Beugung** für einfache Gitter herleiten, da sie eine gute Basis für das Verständnis von anderen Phänomenen, z. B. in der Holographie und bei der Bildentstehung bildet. Hat jeder Spalt das Transmissionsprofil $b(x)$ und beträgt der Abstand der einzelnen Spalte d, so ergibt sich für die **Transmissionsfunktion**

$$f(x) = b(x) \otimes \sum_{n=-N/2}^{N/2} \delta(x - nd) \,, \tag{8.45}$$

wobei N die Gesamtanzahl der Spalte ist. Für $N \to \infty$ ist die Transformierte der Summation durch (8.41) gegeben und so gilt

$$\psi(u) = B(u) \sum_{m=-\infty}^{\infty} \delta(u - 2\pi m/d) \,. \tag{8.46}$$

Erinnern wir uns nun an die Definition von u (8.15); für Licht, einfallend unter dem Winkel θ_0 relativ zur Achse und gebeugt unter dem Winkel θ, bekommen wir

$$u = \frac{2\pi}{\lambda}(\sin\theta - \sin\theta_0) \,. \tag{8.47}$$

Da $\sin\theta$ und $\sin\theta_0$ zwischen -1 und 1 liegen, ist der maximale beobachtbare Wert von u gleich $4\pi/\lambda$. Daraus folgt, obwohl (8.46) für alle m definiert ist, daß die Beugungsbedingung allgemein lautet:

$$m\lambda = d(\sin\theta - \sin\theta_0) \,, \tag{8.48}$$

wobei für ein gegebenes θ_0 gilt: $(-1 - \sin\theta_0)d/\lambda \leq m \leq (1 - \sin\theta_0)d/\lambda$.

Die Amplituden der verschiedenen Beugungsordnungen sind durch die Transformierten $B(u)$ der einzelnen Blenden gegeben. Ein gutes Beispiel ist das Rechteck-Gitter (Ronchi-Teilung), bei dem $b(x) = \text{rect}(2x/d)$. Ohne die Details wiederholen zu wollen, sieht man sofort aus Abb. 4.3, daß die geraden Beugungsordnungen fehlen und die ungeraden stetig abnehmende Intensität zeigen. Obwohl Abb. 4.3 die nullte Ordnung nicht zeigt, muß sie doch dazugerechnet werden, da $b(x)$ positiv definit ist und $\psi(0)$ das Integral darüber ist (siehe Abschn. 8.2.8), das einen von null verschiedenen Wert aufweist. Die Existenz einer starken nullten Beugungsordnung für positiv definite Funktionen hat wichtige Folgen, die wir in Abschn. 9.2.4 und Abschn. 12.2.5 diskutieren werden.

Ein endliches Gitter (alle realen Gitter sind natürlich endlich) erhält man durch Aufsummieren von (8.45) bis zu einem endlichen Wert N. Dies läßt sich bequem dadurch ausdrücken, daß man die unendliche Summe mit einer „**Fensterfunktion**" der Länge Nd multipliziert, die nur N Deltafunktionen „hindurchläßt". Damit wird das Gitter durch

$$f(x) = b(x) \otimes \left[\sum_{n=-\infty}^{\infty} \delta(x - nd) \cdot \mathrm{rect}(x/Nd) \right] \qquad (8.49)$$

dargestellt. Wichtig ist die Reihenfolge der Rechenoperationen; es ist für die richtige Darstellung einer endlichen Zahl von Spalten wichtig, zuerst die Produktbildung auszuführen und danach die Faltung. Die umgekehrte Ausführung könnte am Ende unvollständige Spalte ergeben. In diesem Beispiel ist der Unterschied nur gering, aber es ist nicht schwierig, Fälle zu finden, bei denen die Reihenfolge von großer Wichtigkeit ist. Faltung und Multiplikation sind *nicht* kommutativ!

Das Beugungsmuster zu (8.49),

$$\psi(u) = B(u) \cdot \left[\sum \delta\left(u - \frac{2\pi m}{d} \right) \otimes \mathrm{sinc}\left(\frac{uNd}{2} \right) \right] , \qquad (8.50)$$

hat die folgenden Charakteristika: Es gibt wohldefinierte Beugungsordnungen (für große N), wie in (8.48) definiert, aber jede davon hat ein $\mathrm{sinc}(uNd/2)$ Profil. Dies hat die Breite (Abstand zwischen dem Maximum und der ersten Nullstelle) $\Delta u = 2\pi/Nd$, was $(1/N)$ des Abstands zwischen den Beugungsordnungen darstellt.

8.3.5 Beugungsmuster eines Lochblendengitters

Wir können nun unsere Ergebnisse auf eine in x und y periodische Anordnung von Lochblenden ausweiten, die wir als zweidimensionales Gitter bezeichnen können. Wir können dies anhand eines Satzes von vier Lochblenden an den Orten $\pm(x_1, y_1)$, $\pm(x_2, y_2)$ verdeutlichen (Abb. 8.16a). Dazu müssen wir folgenden Ausdruck auswerten:

$$\begin{aligned} \psi(u, v) &= \sum \exp\left[-\mathrm{i}(ux + vy) \right] \\ &= 2\left[\cos(ux_1 + vy_1) + \cos(ux_2 + vy_2) \right] \\ &= 4\cos\left(u\frac{x_1 + x_2}{2} + v\frac{y_1 + y_2}{2} \right) \\ &\quad \times \cos\left(u\frac{x_1 - x_2}{2} + v\frac{y_1 - y_2}{2} \right) . \end{aligned} \qquad (8.51)$$

Wie in Abschn. 8.3.1 sehen wir, daß diese Funktion Maxima für Werte von u und v hat, die gegeben sind durch

$$\begin{aligned} u(x_1 + x_2) + v(y_1 + y_2) &= 2m_1\pi , \\ u(x_1 - x_2) + v(y_1 - y_2) &= 2m_2\pi , \end{aligned} \qquad (8.52)$$

wobei m_1 und m_2 ganze Zahlen sind. Das Beugungsbild ist daher das Produkt zweier Sätze von linearen Streifen, wobei diese Beugungsstreifen jeweils senkrecht auf den Verbindungsgeraden der Lochblenden stehen

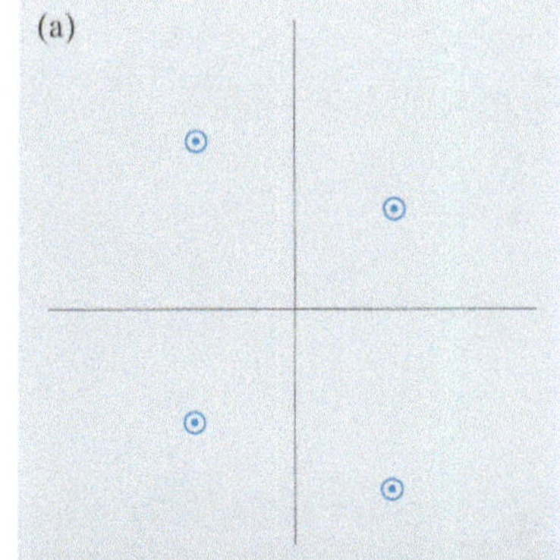

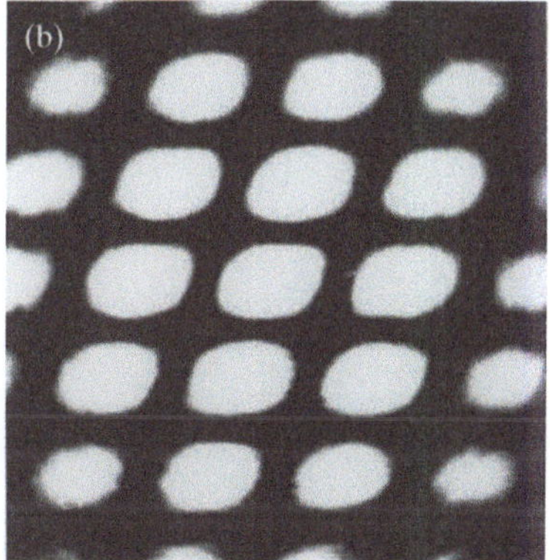

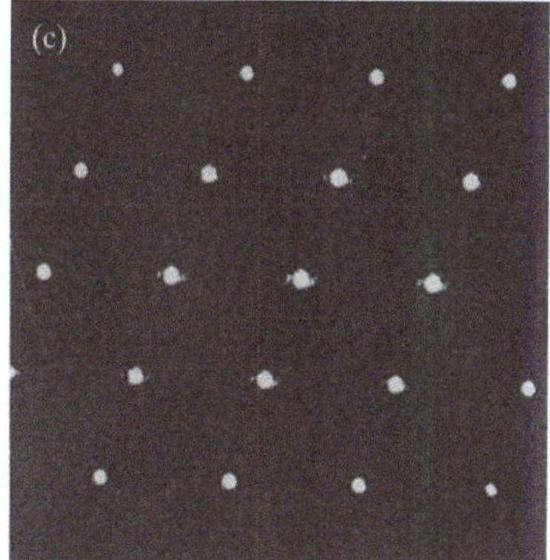

Abb. 8.16. (a) Zwei Paar Lochblenden; (b) Beugungsmuster von (a), das „gekreuzte Streifen" zeigt; (c) reziprokes Gitter – das Beugungsmuster eines ausgedehnten Gitters aus Lochblenden mit der Anordnung aus (a) als Einheitszelle

(siehe Abb. 8.12). Solche Beugungsmuster heißen „gekreuzte Streifen" und sind in Abb. 8.16b zu sehen.

Durch eine Argumentation die der in Abschn. 8.3.3 entspricht und die in Abschn. 8.3.6 formalisiert werden wird, können wir erkennen, daß, wenn das Blendengitter, für das die vier Lochblenden die Elementarzelle darstellen, weiter und weiter räumlich ausgedehnt wird, die Bedingungen für konstruktive Interferenz immer schärfer definiert werden und daß im Limes das Beugungsmuster zu einem Satz von Punkten wird, die ebenfalls in einem Gitter angeordnet sind (Abb. 8.16c). Dies wird „**reziprokes Gitter**" des normalen (Original-)Gitters genannt, da u und v in einem reziproken Verhältnis zu den Lochabständen in Abb. 8.16a stehen.

8.3.6 Reziprokes Gitter in zwei Dimensionen

Das Konzept des zweidimensionalen reziproken Gitters läßt sich formal folgendermaßen ableiten (diese Ableitung wird uns im Abschn. 8.4 als Basis für eine äquivalente Ableitung in drei Dimensionen dienen): Nehmen wir an, die Orte der Lochblenden in einem unendlich ausgedehnten periodischen Gitter können durch zwei gegebene Gittervektoren $\boldsymbol{a}$ und $\boldsymbol{b}$ definiert werden als

$$f(x, y) = \sum_{h, k=-\infty}^{\infty} \delta(\boldsymbol{r} - h\boldsymbol{a} - k\boldsymbol{b}) . \tag{8.53}$$

Damit wird an jeden Punkt des periodischen Gitters, dessen Elementarzelle ein Parallelogramm mit den Seiten $\boldsymbol{a}$ und $\boldsymbol{b}$ ist, eine Deltafunktion gesetzt.[1]

Die Fouriertransformierte von (8.53) ist, wenn man $\boldsymbol{u}$ für den Vektor (u, v) einsetzt:

$$\psi(u, v) = \sum_{h, k=-\infty}^{\infty} \exp\left[-\mathrm{i}\boldsymbol{u} \cdot (h\boldsymbol{a} + k\boldsymbol{b})\right] . \tag{8.54}$$

Dieser Ausdruck kann deutlich vereinfacht werden, wenn man zwei neue Vektoren $\boldsymbol{a}^*$ und $\boldsymbol{b}^*$ in der Ebene von $\boldsymbol{u}$ definiert, so daß

$$\boldsymbol{a} \cdot \boldsymbol{a}^* = 1 , \qquad \boldsymbol{b} \cdot \boldsymbol{b}^* = 1 , \tag{8.55}$$

$$\boldsymbol{a}^* \cdot \boldsymbol{b} = \boldsymbol{b}^* \cdot \boldsymbol{a} = 0 \quad (\text{d.h. } \boldsymbol{a}^* \perp \boldsymbol{b} \text{ und } \boldsymbol{b}^* \perp \boldsymbol{a}) . \tag{8.56}$$

Die Vektoren $\boldsymbol{a}^*$ und $\boldsymbol{b}^*$ sind nicht parallel, und so kann $\boldsymbol{u}$ als Linearkombination der beiden ausgedrückt werden

$$\boldsymbol{u} = (h^* \boldsymbol{a}^* + k^* \boldsymbol{b}^*) 2\pi , \tag{8.57}$$

---

[1] Es gibt für ein gegebenes Gitter zahlreiche verschiedene Möglichkeiten, $\boldsymbol{a}$ und $\boldsymbol{b}$ zu wählen, aber normalerweise sind ein oder zwei davon die offensichtlich einfachste Wahl.

wobei ℓ^* und ℓ^* im Moment einfach beliebige Zahlen darstellen. Damit wird aus (8.54)

$$\psi(u, v) = \sum_{\ell,\, \ell = -\infty}^{\infty} \exp\left[-2\pi i(\ell\ell^* \boldsymbol{a}^* \cdot \boldsymbol{a} + \ell\ell^* \boldsymbol{b}^* \cdot \boldsymbol{b})\right]$$
$$= \sum \exp\left[-2\pi i(\ell\ell^* + \ell\ell^*)\right] \tag{8.58}$$

Diese Summe ist für allgemeine ℓ^* und ℓ^* normalerweise klein, da sie eine unendliche Summe aus komplexen Zahlen mit einem Betrag von eins darstellt, die sich im wesentlichen gegenseitig aufheben. Sind dagegen ℓ^* und ℓ^* ganze Zahlen, so ist jeder Term gleich eins, und $\psi(u, v)$ wird unendlich. Daher ist $\psi(u, v)$ ein Gitter aus Deltafunktionen auf dem Gitter, das durch die Gittervektoren $\boldsymbol{a}^*$ und $\boldsymbol{b}^*$ definiert wird. Dieses Gitter ist das **reziproke Gitter**.

Die Vektoren $\boldsymbol{a}^*$ und $\boldsymbol{b}^*$ sind leicht zu identifizieren (Abb. 8.17). Ist der Winkel zwischen $\boldsymbol{a}$ und $\boldsymbol{b}$ gleich γ, dann definieren die Beziehungen $\boldsymbol{a}^* \cdot \boldsymbol{a} = 1$ und $\boldsymbol{a}^* \cdot \boldsymbol{b} = 0$ den Vektor $\boldsymbol{a}^*$ als den Vektor senkrecht zu $\boldsymbol{b}$ mit der Länge $(a \sin \gamma)^{-1}$. Analog dazu ist $\boldsymbol{b}^*$ senkrecht zu $\boldsymbol{a}$ und hat die Länge $(b \sin \gamma)^{-1}$. Die Vektoren $\boldsymbol{a}^*$ und $\boldsymbol{b}^*$ heißen **reziproke Gittervektoren**. Das Beugungsmuster eines großen, zweidimensionalen periodischen Gitters aus Deltafunktionen ist in Abb. 8.16c gezeigt. Der Name „**reziprokes Gitter**" kommt daher, daß seine Dimensionen in einem reziproken Verhältnis zu denen des normalen Raumgitters stehen; reduzieren wir $\boldsymbol{a}$ und $\boldsymbol{b}$ um einen konstanten Faktor, dehnt sich das reziproke Gitter um diesen Faktor aus.

Das Konzept des reziproken Gitters wird sehr wichtig in Zusammenhang mit dreidimensionaler Interferenz, die wir in Abschn. 8.4 diskutieren werden.

8.3.7 Beugungsmuster eines Gitters aus parallelen Blenden

Haben wir ein ausgedehntes Gitter von identischen Blenden (Abb. 8.18a), können wir es als Faltung einer Einzelblende mit einem Gitter mit den Gittervektoren $\boldsymbol{a}$ und $\boldsymbol{b}$ auffassen. Das Beugungsmuster (Abb. 8.18b) ist

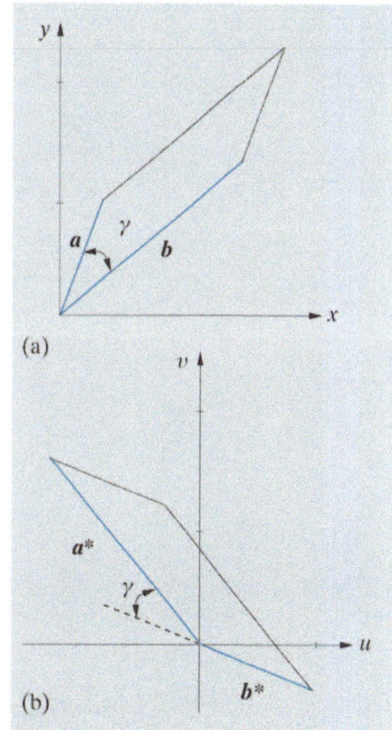

Abb. 8.17. Zusammenhang zwischen Raumgittervektoren und Vektoren des reziproken Gitters. Es ist jeweils die zweidimensionale Einheitszelle dargestellt

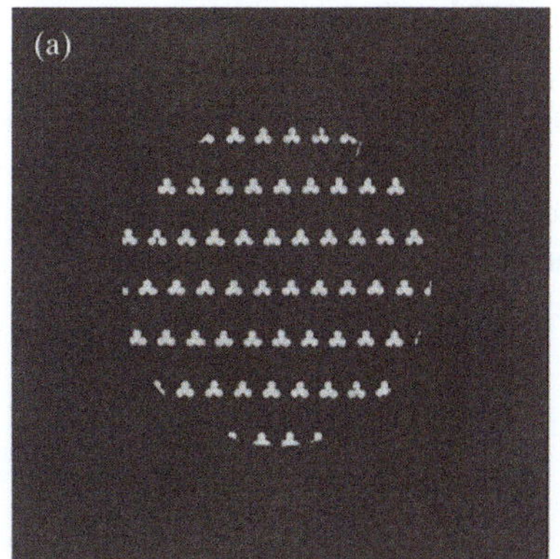

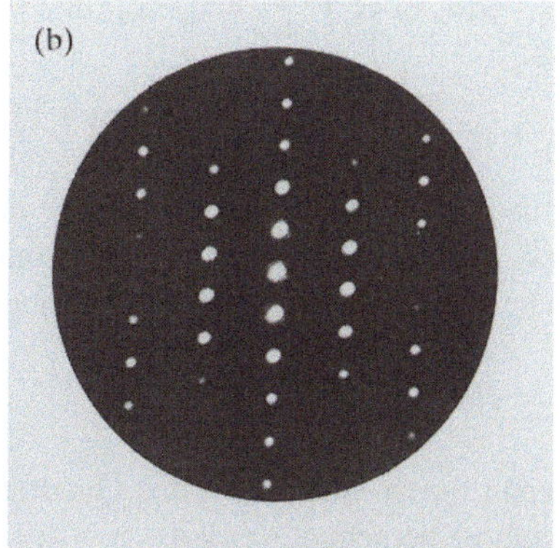

Abb. 8.18. (a) Gitter aus parallel angeordneten Blenden; (b) Beugungsmuster von (a)

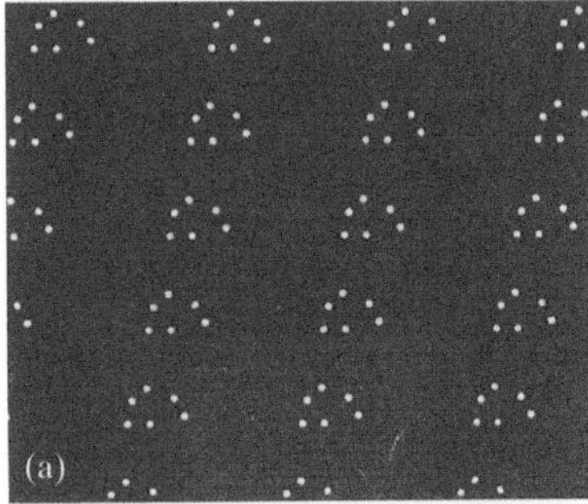

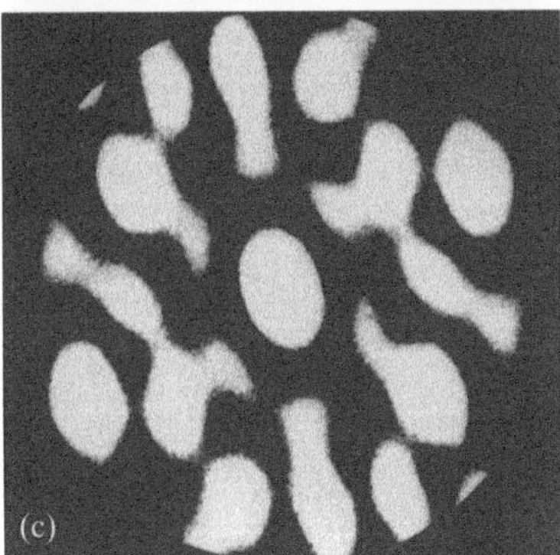

Abb. 8.19. (a) Satz von Lochblenden, die ein Gitter aus Molekülen repräsentieren; (b) Beugungsmuster von (a); (c) Beugungsmuster einer Einheit von Löchern aus (a)

dann das Produkt des Beugungsmusters des Gitters und der Einzelblende. In anderen Worten ausgedrückt, heißt das, das Muster des reziproken Gitters wird mit dem Muster der Einheitszelle multipliziert. Ist die Einheitszelle beispielsweise ein quadratisches Loch, läßt sich der Einfluß des Beugungsmusters leicht sehen; ist das Beugungsobjekt komplizierter, wie die in Abb. 8.19a zu sehende Anordnung von Löchern, die ein Molekülgitter darstellen sollen, so ist das Ergebnis nicht so klar zu erkennen (Abb. 8.19b), aber der Zusammenhang ist trotzdem vorhanden. Wir können die Zusammensetzung des Beugungsmusters auch von einer anderen Seite aus betrachten. Eine einzelne Einheit aus Abb. 8.19a ergibt ein spezielles Beugungsmuster (Abb. 8.19c); werden viele Einheitszellen zu einem Gitter zusammengesetzt, hat das zur Folge, daß das Beugungsmuster nur an reziproken Gitterpunkten sichtbar wird. Außerdem wird das Muster insgesamt heller. Dieser Prozeß wird „**Abtasten**" (**Sampling**) genannt; er ist bei der Behandlung von Problemen der Beugung an Kristallen wichtig und hat viele Anwendungen in der Bildverarbeitung und der Kommunikationstheorie.

Wenn wir den Blendensatz als zweidimensionales Beugungsgitter interpretieren, repräsentiert das reziproke Gitter die verschiedenen **Beugungsordnungen**. Jeder Punkt des reziproken Gitters stellt eine Beugungsordnung dar (Abschn. 8.3.3), die jetzt durch *zwei* ganze Zahlen $\hbar^*$ und ℓ^*, anstelle durch eine einzelne, spezifiziert wird. Im dreidimensionalen Fall (Abschn. 8.4) werden wir sehen, daß man drei ganze Zahlen dafür braucht.

8.3.8 Beugung an einem Gitter aus zufallsverteilten parallelen Blenden

Nehmen wir nun an, das Beugungsobjekt bestehe aus einem Satz aus parallel ausgerichteten, aber zufallsverteilten Blenden. Auch in diesem Fall können wir das Objekt als Faltung einer Einzelblende mit einem Satz von Deltafunktionen, die die Blendenpositionen repräsentieren, darstellen.

Wir müssen nun das Beugungsmuster eines Satzes von N zufallsverteilten Deltafunktionen bestimmen. Dieses Problem läßt sich mathematisch in der Form

$$\psi(u, v) = \int \sum_{n=1}^{N} \delta(x - x_n)\, \delta(y - y_n) \exp\left[-\mathrm{i}(ux + vy)\right] \mathrm{d}x\mathrm{d}y$$

$$= \sum \exp\left[-\mathrm{i}(ux_n + vy_n)\right] \tag{8.59}$$

ausdrücken, wobei die $n$te Blende einen willkürlich bestimmten Ursprung (x_n, y_n) hat (Abb. 8.20). Diese Summe läßt sich nicht generell auswerten. Die Intensität der Transformierten allerdings

$$I(u, v) = \left|\psi(u, v)\right|^2 \tag{8.60}$$

kann durch Umformen des Quadrats der Summe (8.59) in eine Doppelsumme berechnet werden

$$\left|\psi(u, v)\right|^2 = \left|\sum_{n=1}^{N} \exp\left[-\mathrm{i}(ux_n + vy_n)\right]\right|^2$$

$$= \sum_{n=1}^{N}\sum_{m=1}^{N} \exp\left\{-\mathrm{i}\left[u(x_n - x_m) + v(y_n - y_m)\right]\right\}. \qquad (8.61)$$

Da x_n und x_m Zufallsvariablen sind, ist auch $(x_n - x_m)$ zufallsverteilt, und so bilden die verschiedenen Terme zufallsverteilt positive oder negative Beiträge zur Summe. Davon gibt es allerdings zwei Ausnahmen: Erstens tragen die Terme mit $n = m$ in der Doppelsumme alle mit einem Wert von $\mathrm{e}^{\mathrm{i}0} = 1$ zur Summe bei. Da es N Beiträge gibt, ist der zu erwartende Wert der Doppelsumme (8.61) N. Zweitens sind für $u = v = 0$ alle Terme der Summe gleich eins, und der Wert von (8.61) ist N^2. Damit können wir einen statistischen Erwartungswert schreiben als

$$\boxed{I(u, v) = N + N^2\,\overline{\delta}(u, v)}\,, \qquad (8.62)$$

wobei $\overline{\delta}(u, v)$ den Wert 1 hat für $(u, v) = (0, 0)$ und den Wert 0 sonst.[2] Die Funktion (8.62) stellt einen hellen Fleck im Beugungsbild mit der Intensität N^2 am Ursprung dar, vor einem gleichförmigen Hintergrund der Intensität N.

Es gibt natürlich in der Realität keine wirklich zufällige Verteilung, weshalb die obige Darstellung modifiziert werden muß. Liegen die N Punkte innerhalb einer begrenzten Region (nehmen wir beispielsweise ein Quadrat der Seitenlänge D), werden die Terme in der Doppelsumme (8.61) alle positive Werte haben, auch wenn u und v von null bis zu $\pi/2D$ abweichen. Dadurch bekommt der Fleck am Ursprung eine endliche Ausdehnung von dieser Größenordnung. Zusätzlich ist die Zufälligkeit der Verteilung vielleicht auch eingeschränkt, um etwa sich überlappende Blenden zu vermeiden. Dies kann zu einer schwachen Strukturierung des sonst gleichförmigen Hintergrunds führen.

Kehren wir zu dem Beugungsmuster des zufallsverteilten Blendengitters zurück, und erinnern wir uns, daß das Objekt als Faltung einer Einzelblende mit zufallsverteilten Deltafunktionen interpretiert werden konnte. Sein Beugungsmuster ist dann das Produkt aus dem Beugungsmuster der Einzelblende und der Funktion (8.62). An allen Punkten ausgenommen dem Ursprung und seiner direkten Umgebung ist die Intensität gerade N-mal die Intensität des Beugungsmusters der Einzelblende. Nur am Ursprung erscheint ein heller Fleck mit einer Intensität N^2-mal so groß wie die Intensität der nullten Beugungsordnung der Einzelblende. Dieses Ergebnis ist in Abb. 8.21 gezeigt. Ist die Zahl der Blenden sehr groß, ist dieser Fleck das einzig beobachtbare Element des Beugungsmusters. Eine praktische Anwendung dieses Sachverhalts in der astronomischen Bilderzeugung wird in Abschn. 12.8 diskutiert.

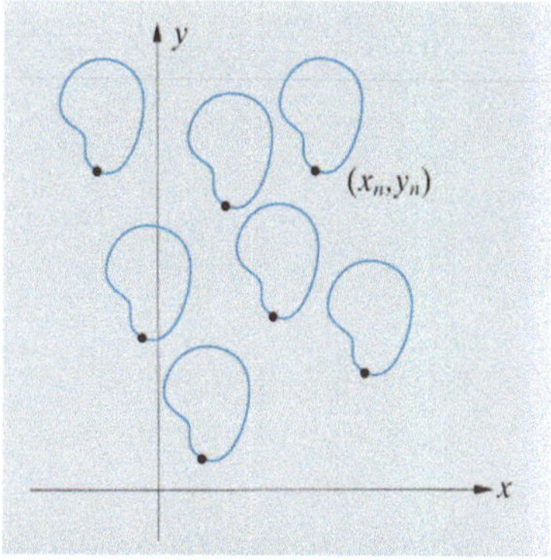

Abb. 8.20. Zufallssatz von gleichartigen Blenden mit Ursprung (x_n, y_n) für eine einzelne Blende

---

[2] Dies ist das sog. Kronecker-Delta.

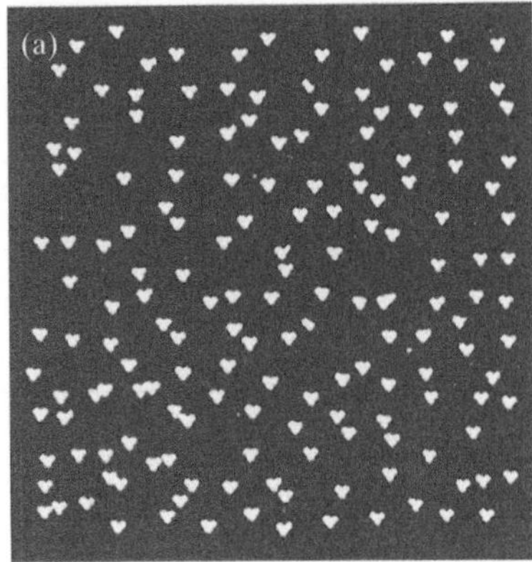

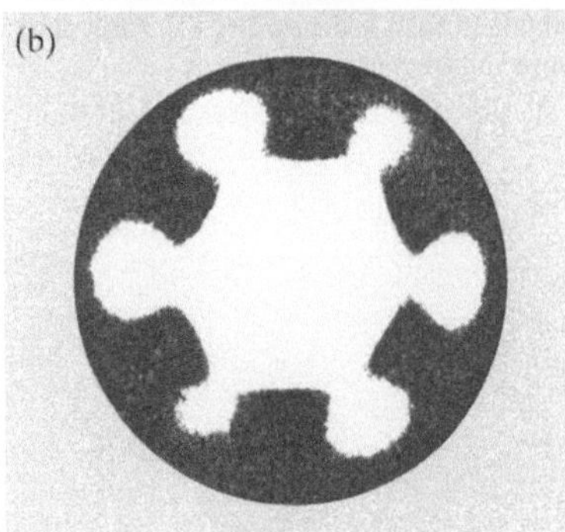

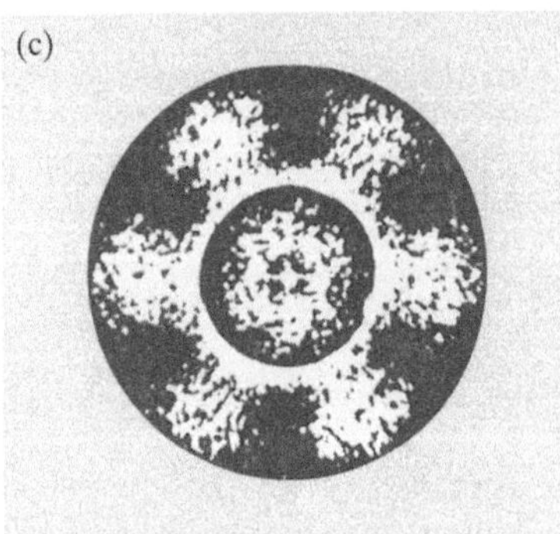

Abb. 8.21. (a) Maske aus zufallsverteilten Lochblenden gleicher Orientierung; (b) Beugungsmuster einer Blendeneinheit aus (a); (c) vollständiges Beugungsmuster von (a). Der Einsatz in der Mitte zeigt eine unterbelichtete Aufnahme des Musters, bei der man den hellen Fleck im Zentrum erkennen kann

8.4 Dreidimensionale Interferenz

Fraunhofer-Beugung an dreidimensionalen Objekten hat zahlreiche Anwendungen, die wichtigste davon ist die **Beugung an einem Kristall**. Sie stellt dabei nicht einfach eine schlichte Erweiterung der ein- und zweidimensionalen Fälle in die dritte Dimension dar, denn die bisher entwickelte Theorie beschrieb das Beugungsmuster im wesentlichen als Lösung eines Randwertproblems, in dem die auf das Beugungsobjekt einfallende Welle sich gemäß des **Huygensschen Prinzips** weiterbewegt, wie es durch die Kirchhoff-Huygens-Theorie beschrieben wird. Ist das Beugungsobjekt (z. B. die Maske) dreidimensional, kann es vorkommen, daß die Randbedingungen überbestimmt sind und ein Beugungsmuster nicht existiert. Wir werden in der Tat sehen, daß die Fouriertransformation alleine das Beugungsmuster nicht beschreiben kann, sondern eine weitere Bedingung, die durch die Konstruktion der „**Ewald-Kugel**" beschrieben wird, erfüllt sein muß, die uns sagt, welche Teile der Fouriertransformierten zum Beugungsmuster beitragen.

8.4.1 Kristalle und Faltungen

Kristalle sind dreidimensionale Beugungsgitter, sie beugen Wellen der passenden Wellenlänge: Neutronen, Elektronen, Atome und Röntgenstrahlen. Die grundlegenden Prinzipien der Beugung sind bei all diesen Strahlen gleich, man muß nur die relevanten Parameter anpassen. Unsere Diskussion hier wird sich auf Röntgenstrahlen konzentrieren. Die Theorie hierfür wurde ursprünglich von *M. von Laue* für den Fall der schwachen Streuung ausgearbeitet, was bedeutet, daß die Wahrscheinlichkeit, daß eine Welle innerhalb des Kristalls ein zweites Mal gestreut wird, vernachlässigbar ist.

Ein Kristall ist im Prinzip eine Ansammlung von Atomen. Aus Gründen der Einfachheit wollen wir annehmen, es gäbe nur eine Sorte identischer Atome. Da Röntgenstrahlen nur von der Elektronenhülle gestreut werden, kann vom Gesichtspunkt der Röntgenbeugung aus ein Kristall als ein Satz von Atompositionen (Deltafunktionen) angesehen werden, der mit der Elektronendichtefunktion eines einzelnen Atoms gefaltet ist. Die Positionen der Atome wiederholen sich auf einem Gitter[3] d. h. eine kleine Gruppe von Atomen, die sog. **Elementarzelle**, wiederholt sich periodisch in drei Dimensionen. Dadurch können wir den Kristall als Faltung der Elementarzelle mit den Gitterpositionen darstellen. Diese Idee ist in Abb. 8.22 für einen zweidimensionalen Fall gezeigt. Dies würde zu einem unendlichen Kristall führen. Wir schränken deshalb seine Ausdehnung ein, indem wir die Faltung mit einer Funktion multiplizieren, die die Kristallränder repräsentiert.

Aus dem **Faltungssatz** können wir folgern, daß die Transformierte der Elektronendichtefunktion als Faltung der Transformierten der Begrenzungsfunktion mit dem Produkt von drei anderen Transformierten ausgedrückt werden kann: die des Atoms, die des Satzes der Deltafunk-

---

[3] Wir möchten anmerken, daß der Ausdruck „Gitter" nicht mit dem Ausdruck „Struktur" identisch ist, sondern nur die mathematische Konstruktion darstellt, auf die die Struktur aufbaut.

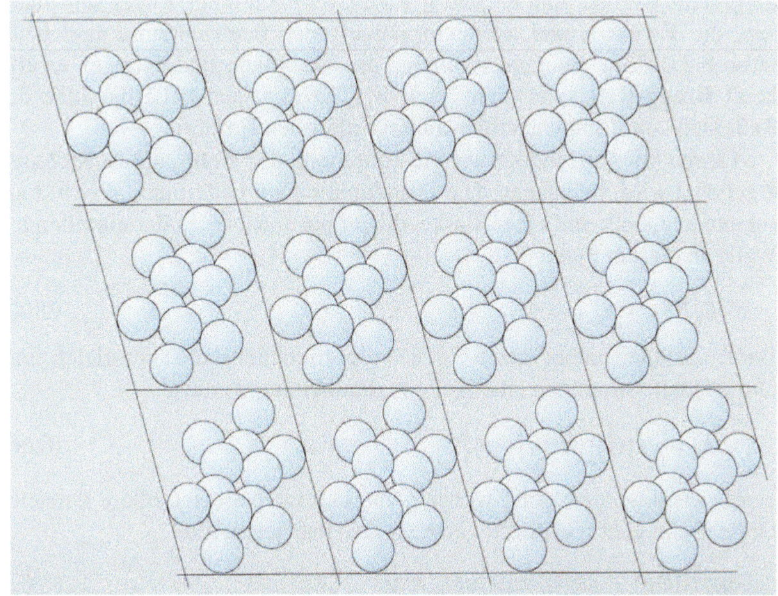

Abb. 8.22. Zweidimensionale Darstellung eines Kristallgitters

tionen, die die Atompositionen in der Einheitszelle repräsentieren, und die des Kristallgitters.

Dies ist eine **vollständige** Beschreibung der Theorie der Röntgenbeugung. Alles, was wir jetzt noch brauchen, sind kleinere Details. Leider könnte man allein damit mehrere Lehrbücher füllen, denn jeder Teilaspekt kann beliebig kompliziert werden. Im folgenden Abschnitt werden wir die Beugung am Kristallgitter besprechen, und in Abschn. 8.6.2 kümmern wir uns um die Bestimmung der Positionen der einzelnen Atome innerhalb einer Elementarzelle.

8.4.2 Beugung an einem dreidimensionalen Gitter

Wir wollen uns nun das Beugungsmuster anschauen, das durch ein **dreidimensionales Gitter** von Deltafunktionen erzeugt wird. Wir nehmen dazu eine einlaufende Welle mit Wellenvektor k_0, die in eine Welle mit Wellenvektor k abgebeugt wird. Aus Gründen der **Energieerhaltung** müssen einlaufende und gebeugte Welle die gleiche Frequenz besitzen

$$\omega_0 = ck, \tag{8.63}$$

weswegen die Beträge von k und k_0 gleich sein müssen:

$$|k| = |k_0|. \tag{8.64}$$

Alternativ kann man die Formulierung benutzen, daß beide Wellen die gleiche Zeitabhängigkeit $\exp(-i\omega_0 t)$ haben müssen, da diese Abhängigkeit durch eine Wechselwirkung mit einem stationären Gitter nicht geändert werden kann. Beugungseffekte an einem bewegten Gitter werden wir in Abschn. 8.5 besprechen. Die Bedingung (8.64) kann geometrisch dadurch

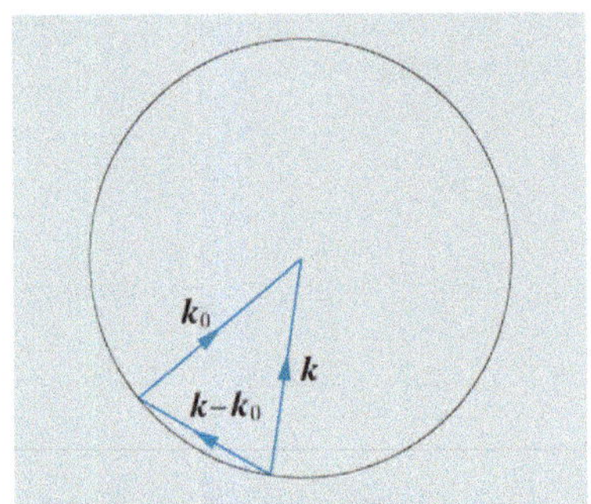

Abb. 8.23. Ewald-Kugel

dargestellt werden, daß k_0 und k Radiusvektoren einer Kugel sein müssen, die **Ewald-Kugel**, Reflexionskugel oder Beobachtungskugel heißt (Abb. 8.23). Eine Beugungsordnung, die die obigen Bedingungen erfüllt, heißt **Bragg-Reflex**, benannt nach *W. L. Bragg*, der 1912 die Idee der Reflexion von Röntgenstrahlen an Kristallebenen einführte.

Fahren wir fort, indem wir die Amplitude der Welle, die in Richtung k gebeugt wird, berechnen. Die Deltafunktion am Gitterpunkt r' wirkt als sekundäre Quelle mit einer Stärke, die proportional ist zu der einfallenden Welle an diesem Punkt

$$\exp\left[\mathrm{i}(k_0 \cdot r')\right]. \tag{8.65}$$

Der Einfachheit halber setzen wir die Proportionalitätskonstante gleich eins. Diese Quelle streut nun eine Welle in die Richtung k, die als

$$\psi(k) = \exp\left\{\mathrm{i}\left[(k \cdot r)\right] + \phi\right\} \tag{8.66}$$

geschrieben werden kann, wobei ϕ, bisher, eine beliebige Phase darstellt. Diese Welle geht wie (8.65) von r' aus, so daß gelten muß

$$\exp\left[\mathrm{i}(k \cdot r' + \phi)\right] = \exp\left[\mathrm{i}(k_0 \cdot r')\right]. \tag{8.67}$$

Daraus folgt

$$\phi = (k_0 - k) \cdot r' \tag{8.68}$$

sowie

$$\psi(k) = \exp\left\{\mathrm{i}\left[(k \cdot r) + (k_0 - k) \cdot r'\right]\right\}. \tag{8.69}$$

Der vollständige gebeugte Strahl mit Wellenvektor k kann daher durch Summation von (8.69) über alle möglichen r' des Gitters aus Deltafunktionen mit den Gittervektoren a, b und c erhalten werden. Nach Abschn. 8.3.6 haben wir

$$f(r') = \sum_{h,k,\ell=-\infty}^{\infty} \delta(r - h a - k b - \ell c), \qquad h, k, \ell \text{ ganzzahlig}, \tag{8.70}$$

was sich zu der Summe

$$\Psi(k) = \exp(\mathrm{i}k \cdot r) \sum_{h,k,\ell=-\infty}^{\infty} \exp\left\{\mathrm{i}\left[(k - k_0) \cdot (h a + k b + \ell c)\right]\right\} \tag{8.71}$$

vereinfachen läßt. Auf die gleiche Weise wie in Abschn. 8.3.6 können wir sehen, daß die Summe offensichtlich Null ist, es sei denn, die Phasen aller Terme sind Vielfache von 2π:

$$(k - k_0) \cdot (h a + k b + \ell c) = 2\pi s, \qquad s \text{ ganzzahlig}. \tag{8.72}$$

Eine triviale Lösung dieser Gleichung ist

$$(k - k_0) = 0, \qquad s = 0, \tag{8.73}$$

die ebenfalls (8.64) erfüllt. Es gibt aber noch jede Menge weiterer Lösungen.

8.4.3 Reziprokes Gitter in drei Dimensionen

Diese weiteren Lösungen von (8.72) können mit Hilfe der Konstruktion des reziproken Gitters (Abschn. 8.3.5) abgeleitet werden. Die Vektoren $\boldsymbol{k} - \boldsymbol{k}_0$ zwischen den Punkten des reziproken Gitters sind ebenfalls Lösungen von (8.72). Im dreidimensionalen Fall definieren wir die reziproken Gittervektoren $\boldsymbol{a}^*$, $\boldsymbol{b}^*$ und $\boldsymbol{c}^*$ in bezug auf die Gittervektoren des realen Gitters über die Gleichungen

$$
\begin{aligned}
\boldsymbol{a}^* &= V^{-1} \boldsymbol{b} \times \boldsymbol{c}, \\
\boldsymbol{b}^* &= V^{-1} \boldsymbol{c} \times \boldsymbol{a}, \\
\boldsymbol{c}^* &= V^{-1} \boldsymbol{a} \times \boldsymbol{b},
\end{aligned}
\tag{8.74}
$$

wobei V das Volumen der Einheitszelle im Ortsraum ist:

$$
V = \boldsymbol{a} \cdot \boldsymbol{b} \times \boldsymbol{c}.
\tag{8.75}
$$

Daraus folgt nun, wie in Abschn. 8.3.6, daß, für den Fall, daß $(\boldsymbol{k} - \boldsymbol{k}_0)/2\pi$ als Summe von ganzzahligen Vielfachen von $\boldsymbol{a}^*$, $\boldsymbol{b}^*$ und $\boldsymbol{c}^*$ geschrieben werden kann

$$
\boxed{(\boldsymbol{k} - \boldsymbol{k}_0)/2\pi = h^*\boldsymbol{a}^* + k^*\boldsymbol{b}^* + \ell^*\boldsymbol{c}^*, \quad h^*, k^*, \ell^* \text{ganzzahlig}}
\tag{8.76}
$$

die Summation (8.71) divergiert; in jedem anderen Fall ist sie null. Dies definiert das dreidimensionale reziproke Gitter aus Deltafunktionen an den Punkten (8.76), siehe Abb. 8.24.

Das beobachtete Beugungsmuster besteht aus den Strahlen, die sowohl (8.64) als auch (8.76) erfüllen. Diese beiden Bedingungen werden geometrisch durch die Ewald-Kugel (8.64) und. das reziproke Gitter (8.76) dargestellt. Man kann daher die Ewald-Kugel und das reziproke Gitter übereinanderzeichnen und nach Schnittpunkten suchen (Abb. 8.25). Die Ewald-Kugel geht durch den Ursprung des reziproken Gitters (da $\boldsymbol{k} - \boldsymbol{k}_0 = 0$

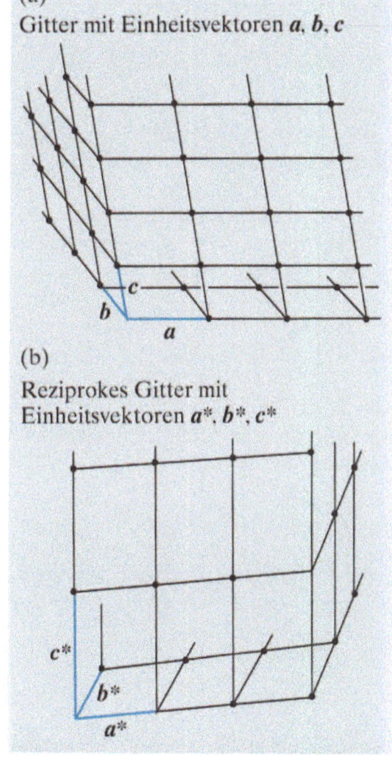

Abb. 8.24a,b. Reziprokes Gitter mit Einheitsvektoren

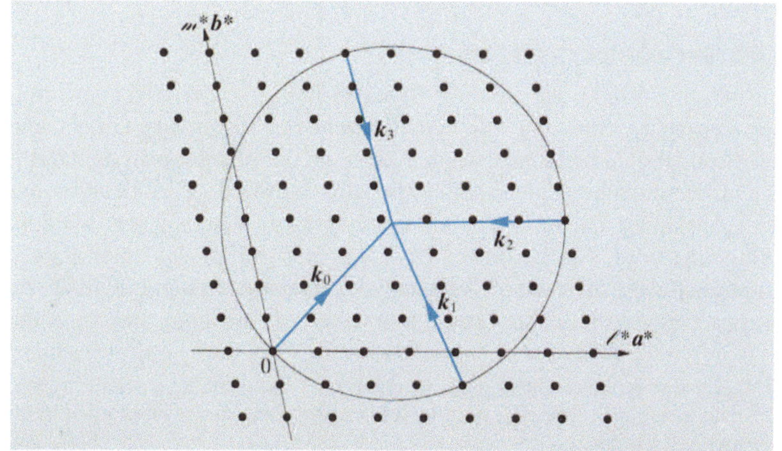

Abb. 8.25. Zweidimensionale Darstellung des Schnitts der Ewald-Kugel mit dem reziproken Gitter. Eingezeichnet ist der einfallende Strahl $\boldsymbol{k}_0$ und drei gestreute Strahlen $\boldsymbol{k}_1$, $\boldsymbol{k}_2$ und $\boldsymbol{k}_3$

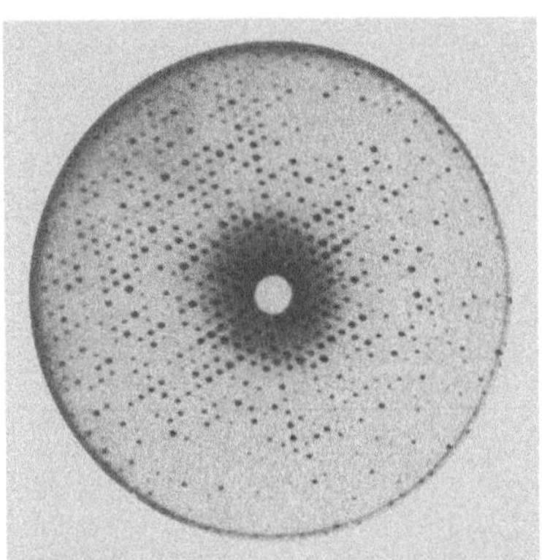

Abb. 8.26. Präzessionsbeugungsbild von Hämoglobin. (Mit freundlicher Genehmigung von *M.F. Perutz*)

ein Punkt auf ihr ist), und ihr Mittelpunkt ist durch den Endpunkt des Vektors k_0 bestimmt. Mathematisch ist die Wahrscheinlichkeit, daß sich eine Kugel mit einem Satz von diskreten Punkten exakt schneidet, vernachlässigbar klein. Da aber in der Realität weder ein völlig paralleler Strahl noch eine exakt monochromatische Quelle existieren, kommt es trotzdem zur Beugung an einem Kristall. (Ein wichtiger Punkt ist die triviale Lösung (8.73), die sicherstellt, daß es zumindest einen „gebeugten" Strahl, den unabgelenkten, gibt, der die einfallende Energie wegträgt.) Indem man die Richtung des einfallenden Strahls k_0 kontrolliert, sowie den Kristall und den Beobachtungsschirm bewegt, kann man einen Ausschnitt aus dem reziproken Gitter erzeugen, bei dem einer der drei Indizes h^*, k^*, ℓ^* konstant ist. Ein solcher Ausschnitt ist als Photographie in Abb. 8.26 zu sehen.

8.4.4 Beugung an einem ganzen Kristall

Wir können Abb. 8.26 entnehmen, daß die Intensitäten im Beugungsmuster in einer irregulären Art und Weise variieren; es gibt starke und schwache Beugungsordnungen. Diese Variation rührt, wie bei Abb. 8.18, von der Multiplikation des reziproken Gitters mit der Transformierten der Atompositionen innerhalb einer Einheitszelle her, und eine wichtige Aufgabe in der Kristallographie ist es, diese Intensitätsvariationen zu interpretieren (Abschn. 8.6.2). Im Falle der Röntgen- und Neutronenstreuung kann man üblicherweise annehmen, daß die Streuung schwach ist, so daß man nur Einzelstreuung in Betracht ziehen muß. Dies ist bei Elektronenstreuung anders, und Korrekturen, die die Mehrfachstreuung mit einbeziehen, müssen ausgeführt werden. Ihre Resultate sind zu kompliziert, um hier aufgeführt zu werden (siehe *Cowley* 1984), tragen aber auch zu den Intensitätsunterschieden der verschiedenen Beugungsordnungen bei. Man kann anhand von Abb. 8.26 auch erkennen, daß die Punkte eine endliche Ausdehnung besitzen. Diese wird durch die Geometrie des experimentellen Aufbaus verursacht – endliche Größe des Röntgenbrennpunkts, Winkeldivergenz des Strahls usw. Selbst wenn diese Faktoren keine Rolle spielten, hätten die Punkte eine von null verschiedene Ausdehnung aufgrund der Begrenzungsfunktion des Kristalls (Abschn. 8.4.1); dieser Effekt kann in der Praxis allerdings nicht direkt beobachtet werden.

8.4.5 Der akustooptische Effekt

Ein weiterer Effekt der dreidimensionalen Beugung, der leicht im Limit der schwachen Streuung mit dem Konzept des reziproken Gitters und der Ewald-Kugel betrachtet werden kann, ist der **akustooptische Effekt**, der im wesentlichen eine eindimensionale, sinusförmige Modulation des Brechungsindex darstellt, die auf ein ursprünglich homogenes Medium aufgeprägt wird. Ein besonders einfaches Beispiel ist das einer ebenen Ultraschallwelle in Wasser.[4] Aufgrund der endlichen Kompressibilität von Wasser reagiert die lokale Dichte und daher der Brechungsindex auf die

---

[4] Wasser ist ein überraschend gutes Medium, um diesen Effekt zu demonstrieren. Kristalle wie z.B. $PbGeO_4$ sind für seine Anwendung in der Festkörperphysik entwickelt worden.

Druckschwankungen, die durch die Ultraschallwelle erzeugt werden und die eine sinusförmige Modulation der Amplitude A des Brechungsindex hervorrufen:

$$\mu(\boldsymbol{r}) = \mu_W + A\cos(\boldsymbol{q}\cdot\boldsymbol{r} - \Omega t)\,, \tag{8.77}$$

wobei μ_W der Brechungsindex von Wasser bei Atmosphärendruck ist, und die Ultraschallwelle die Frequenz Ω und den Wellenvektor $\boldsymbol{q}$ besitzt. Die Schallgeschwindigkeit in Wasser beträgt etwa $v_s \approx 1\,200\,\mathrm{m\,s^{-1}}$, und daher wird für eine Ultraschallfrequenz $\Omega = 2\pi \cdot 10\,\mathrm{MHz}$ die Wellenlänge $2\pi/q$ etwa $0,1\,\mathrm{mm}$, also $2\pi/q \gg \lambda$. Das Wasser verhält sich wie ein dreidimensionales Phasengitter mit dieser Periode, und da $v_s \ll c$ können wir annehmen, daß das Licht dieses Gitter als stationäre Modulation sieht.

Obwohl wir hier nun ein wohldefiniertes Problem haben, ist die exakte Lösung schwer zu bestimmen, da die einfallende Welle sowohl gebeugt als auch gebrochen wird. Wir werden hier nur eine sehr grobe Näherung, die vor allem die physikalischen Grundzüge des Problems beleuchtet, behandeln; eine detailliertere Betrachtung kann bei *Born* und *Wolf* (1980), *Korpel* (1988) und *Yariv* (1991) gefunden werden.

Beugung von Licht an einem schwachen dreidimensionalen sinusförmigen Gitter kann mit der gleichen Technik behandelt werden wie die für die Beugung an einem Kristall. Das Gitter wird durch die komplexe Transmissionsfunktion

$$f(\boldsymbol{r}) = \exp\left\{ i \int^{\boldsymbol{r}} \big[\mu(\boldsymbol{r}') - 1\big]\, \boldsymbol{k}_0 \cdot \mathrm{d}\boldsymbol{r}' \right\} \tag{8.78}$$

dargestellt, wobei die Integration ausgeführt wird von dem Punkt, an dem das Licht in das Medium eintritt, bis zum Punkt $\boldsymbol{r}$. Um das Problem zu vereinfachen, nehmen wir unser Medium als Rechteck mit konstanter Dicke d senkrecht zur Einfallsrichtung des Lichts an und ersetzen das Integral in (8.78) durch einen Durchschnittswert $[\mu(\boldsymbol{r}) - 1]k_0 d$. Das Gitter bekommt daher die Form $f(\boldsymbol{r}) = \exp\{i[\mu(\boldsymbol{r}) - 1]k_0 d\}$. Für die Modulation gilt $|\mu(\boldsymbol{r}) - \mu_W| \ll 1$ (typischerweise $< 10^{-6}$), so daß $f(\boldsymbol{r})$ für kleine d entwickelt werden kann zu:[5]

$$\begin{aligned} f(\boldsymbol{r}) &= \exp\left\{ ik_0 d\big[\mu_W - 1 + A\cos(\boldsymbol{q}\cdot\boldsymbol{r} - \Omega t)\big]\right\} \\ &\simeq \exp\big[ik_0 d(\mu_W - 1)\big]\big[1 + iAk_0 d\cos(\boldsymbol{q}\cdot\boldsymbol{r} - \Omega t)\big]. \end{aligned} \tag{8.79}$$

Die Fouriertransformierte dieser Funktion im reziproken Raum $\boldsymbol{u}$ ist

$$\begin{aligned} F(\boldsymbol{u}) = \exp\big[ik_0 d(\mu_W - 1)\big]\big[&\delta(\boldsymbol{u}) + \tfrac{1}{2}iAk_0 d\, \mathrm{e}^{-i\Omega t}\delta(\boldsymbol{u} - \boldsymbol{q}) \\ &+ \tfrac{1}{2}iAk_0 d\, \mathrm{e}^{i\Omega t}\delta(\boldsymbol{u} + \boldsymbol{q})\big], \end{aligned} \tag{8.80}$$

---

[5] Ist d zu groß, um diese Näherung durchzuführen, kann das Integral mit Hilfe von **Besselfunktionen** (Anhang A1) entwickelt werden, und man erkennt höhere Beugungsordnungen. Dadurch wird das Problem allerdings, wie zuvor bemerkt, sehr viel komplizierter.

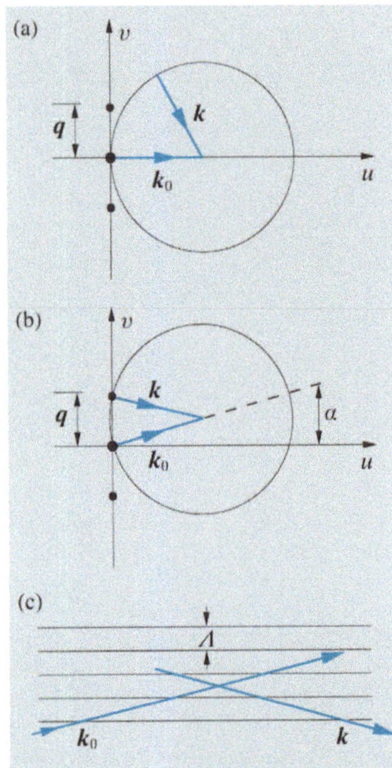

Abb. 8.27a–c. Konstruktion der Streuung einer einfallenden Welle k_0 an einer Ultraschallwelle mit Wellenvektor q im reziproken Raum. (a) senkrechter Einfall; (b) Winkelbedingung für Bragg-Streuung; (c) Interpretation der Konstruktion im Sinne des Braggschen Gesetzes

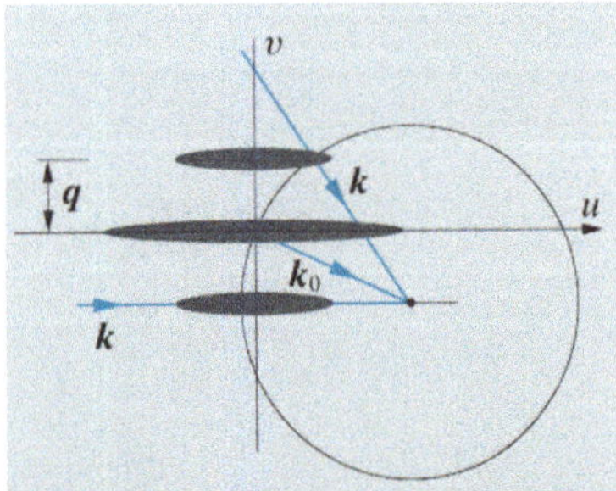

Abb. 8.28. Konstruktion im reziproken Raum für die Streuung an einer Ultraschallwelle in einer dünnen Probe

die drei Deltafunktionen, eine starke am Ursprung und zwei schwächere bei $\pm q$, darstellt.

Das vollständige Beugungsproblem wird dann durch die Überlagerung der Ewald-Kugel mit dieser Fouriertransformierten gelöst (Abb. 8.27). Die Abbildung zeigt zum einen den Einfall senkrecht zu q (Abb. 8.27a); es wird klar, daß es keinen gebeugten Strahl in diesem Fall gibt. Es gibt nur zwei Einfallswinkel, unter denen Beugung stattfindet, $\pm\alpha$, wobei der Fall $+\alpha$ in Abb. 8.27b gezeigt ist. Die Winkel α sind gegeben durch

$$q = \pm 2k_0 \sin\alpha . \tag{8.81}$$

Setzt man $q = 2\pi/\Lambda$ und $k_0 = 2\pi/\lambda$, erhält man

$$\lambda = 2\Lambda \sin\alpha , \tag{8.82}$$

was die bekannte Form der **Bragg-Bedingung** für Gitterebenen mit Abstand Λ darstellt (siehe Abb. 8.27c).

Im allgemeinen ist die Größe eines für akustooptische Experimente verwendeten Kristalls nicht groß im Vergleich zur akustischen Wellenlänge. In diesem Fall wird die Transmissionsfunktion wieder mit einer Begrenzungsfunktion (Abschn. 8.4) multipliziert, die innerhalb des Kristalls den Wert eins, außerhalb den Wert null hat. Bei der Transformation wird daher jede der drei Deltafunktionen mit der Transformierten der Begrenzungsfunktion gefaltet, was zu einer endlichen Ausdehnung der Punkte führt. Dies bedeutet in anderen Worten, daß die Bragg-Bedingung (8.82) nicht exakt erfüllt ist. Ein Extremfall tritt ein, wenn die Probe in der Richtung senkrecht zu q sehr dünn ist, so daß die Punkte der Transformierten in dieser Richtung stark gestreckt sind (Abb. 8.28). Beugung kann dann für jede Einfallsrichtung beobachtet werden. Man kann leicht zeigen, daß diese Winkel die Bedingung für schrägen Einfall bei zweidimensionalen Beugungsgittern (8.48) erfüllen. Dies wird das **Raman-Nath-Streulimit** genannt.

Da die Lichtgeschwindigkeit viel größer ist als die Schallgeschwindigkeit, sieht das Licht das Beugungsgitter im wesentlichen als stationär. Die zeitabhängigen Amplituden der Deltafunktionen $Ak_0 d \exp(\pm i\Omega t)$ haben dagegen praktische Auswirkungen. Da die beiden gebeugten Wellen um $\pm\Omega$ frequenzverschoben sind, können sie beispielsweise interferieren und ein bewegtes Beugungsmuster ergeben. Die Frequenzverschiebung kann leicht im Sinne einer Dopplerverschiebung interpretiert werden, bei der eine Welle an einem bewegten Gitter gestreut wird (Aufgabe 8.11), oder als Energieerhaltung, wenn ein Phonon (Abschn. 8.5) von einem Photon absorbiert oder emittiert wird.

8.5 Vertiefungsthema: inelastische Streuung von thermischen Neutronen an Phononen

Es ist einfach, unsere Analyse des akustooptischen Effekts auf andere Systeme zu übertragen. Ein wichtiges Gebiet ist beispielsweise das thermisch angeregte Kristallgitter. Bei von null verschiedener Temperatur schwingen die Atome um ihre Gleichgewichtspositionen. Eine elegante Möglichkeit, ihre Bewegung zu beschreiben, stellt das Modell der sog. **Phononen** dar, die harmonische Schwingungen des Kristallgitters mit Wellenvektor q und Frequenz Ω darstellen. In einem niederfrequenten Limit stellen Phononen und Ultraschallwellen das gleiche Phänomen dar, aber die Phononwellenlänge, die notwendig ist, um die thermische Bewegung darzustellen, kann so klein wie der doppelte interatomare Abstand werden. Eine wichtige Eigenschaft der Phononen ist ihre **Dispersionsrelation** $\Omega(q)$ (Abschn. 2.3), die viel Information über die dahinterliegende Physik enthält, und **Neutronenstreuung** gehört zu den besten Methoden, sie zu studieren. Da während der Streuung Energie zwischen dem Phonon und dem Neutron ausgetauscht wird, nennt man diese Streuung inelastisch.

Neutronen werden entweder in einem Reaktor oder durch **Spallation**[6] (Kernzersplitterung) erzeugt und erreichen in einem Moderator von Raumtemperatur T das thermische Gleichgewicht. Ihre Geschwindigkeitsverteilung ist durch die klassische **Boltzmann-Verteilung** gegeben, wobei das mittlere Geschwindigkeitsquadrat in x-Richtung die Gleichung

$$\tfrac{1}{2}mv_x^2 = \tfrac{1}{2}k_{\mathrm{B}}T \tag{8.83}$$

erfüllt. Aus dieser Geschwindigkeit erhält man eine **de Broglie-Wellenlänge** von

$$\lambda = \frac{h}{mv_x} = \frac{h}{(mk_{\mathrm{B}}T)^{\frac{1}{2}}}\,, \tag{8.84}$$

die von der Größenordnung 10^{-10} m ist – also in der Größenordnung der Gitterabstände. Man kann leicht zeigen, daß die Phasengeschwindigkeit der Neutronenwellen $v_x/2$ beträgt, was bei Raumtemperatur etwa $800\,\mathrm{m\,s}^{-1}$ ist, in der Größenordnung vergleichbar mit der Schallgeschwindigkeit. Es ist diese Ähnlichkeit in der Wellenlänge und der Ausbreitungsgeschwindigkeit von Neutronen und Phononen, die die Eignung der Neutronen für Streuexperimente ausmacht.

Neutronen werden von den Atomkernen im Kristallgitter schwach gestreut und die Streugeometrie folgt *von Laues* Theorie, die wir für Röntgenstrahlen in Abschn. 8.4 entwickelt haben. Wir werden die Streuung an einem einzelnen Phonon mit Wellenvektor q als Beispiel betrachten. Läuft ein Phonon durch einen Kristall, haben wir eine Dichtewelle (wie im Falle der Ultraschallwelle), und die Atome tasten diese Welle an den Gitterpunkten ab. Daher ist die dreidimensionale Fouriertransformierte die der Atompositionen – das reziproke Gitter – gefaltet mit der der Dichtewelle – den drei Deltafunktionen aus (8.80).[7] Die Beugungsordnungen, die für einfallende Neutronen mit Wellenvektor k_0 und Frequenz ω_0 beobachtet werden können, sind dann durch die Schnittpunkte der Ewald-Kugel mit der dreidimensionalen Transformierten gegeben. Wie in Abschn. 8.4.2

---

[6] Dabei wird ein Puls hochenergetischer Elektronen aus einem Beschleuniger auf ein Urantarget gerichtet. Dort erzeugen sie γ-Quanten, die wiederum Neutronen produzieren. Diese Methode hat gegenüber einem Reaktor den Vorteil, einen gepulsten Strahl zu liefern.

[7] Ein eindimensionales Beispiel wird in Abschn. 9.2.3 ausführlich besprochen.

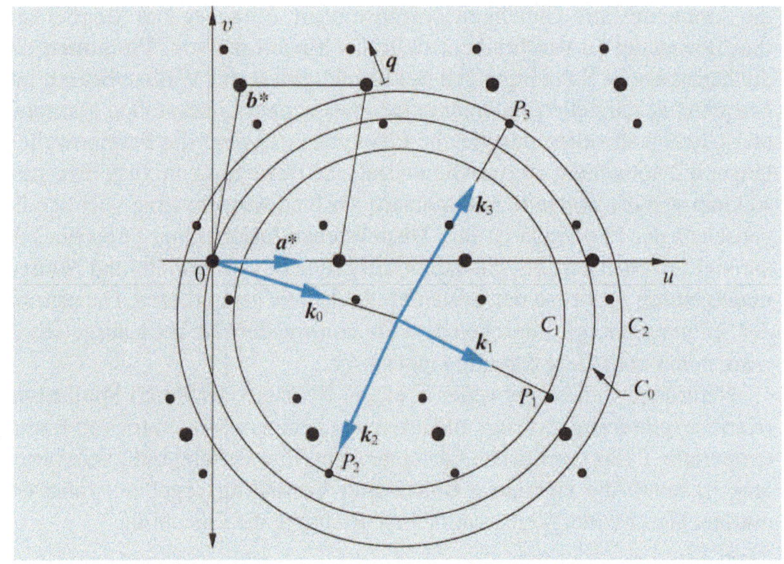

Abb. 8.29. Konstruktion im reziproken Raum für die Neutronenstreuung an einem Phonon in einem Kristallgitter. Der Phonon-Wellenvektor ist q, der des einfallenden Neutrons k_0. Die Streuung der Neutronen an den stationären Gitterpunkten läßt sich analog zu Abb. 8.25 durch den Schnitt des Kreises C_0 mit den Punkten des reziproken Gitters $\ell^* a^* + \ell^* b^*$ konstruieren. Im Falle von inelastischer Streuung, wenn ein Neutron Energie an ein Phonon q abgibt, wird die Energieerhaltung durch den Kreis C_1 dargestellt. Dieser schneidet die Punkte der modulierten Transformierten P_1 und P_2, woraus die gestreuten Strahlen k_1 und k_2 resultieren. Analog dazu kann ein Neutron Energie von einem Phonon übernehmen; dieser Fall ist durch den Kreis C_2 verdeutlicht, der die modulierte Transformierte im Punkt P_3 schneidet und den gestreuten Strahl k_3 ergibt

bereits erwähnt, stellt die Konstruktion der Ewald-Kugel die Energieerhaltung bei der Streuung dar. In diesem Fall gibt es wie beim **akustooptischen Effekt** eine Dopplerverschiebung, also $\omega_0 \rightarrow \omega_0 \pm \Omega$. Dies kann durch eine entsprechende Konstruktion der Ewald-Kugel – passender Radius für die gestreute Welle – mit einbezogen werden und ist in Abb. 8.29 schematisch dargestellt. Messungen der Richtung und der Energie $\hbar\,(\omega_0 \pm \Omega)$ der gestreuten Neutronen ergeben so q und Ω des Phonons.

Natürlich breiten sich zu jedem Zeitpunkt zahlreiche Phononen gleichzeitig im Kristall aus, aber die Konstruktion der Ewald-Kugel behandelt sie eines nach dem anderen; für jeweils gegebene Ein- und Ausfallswin-

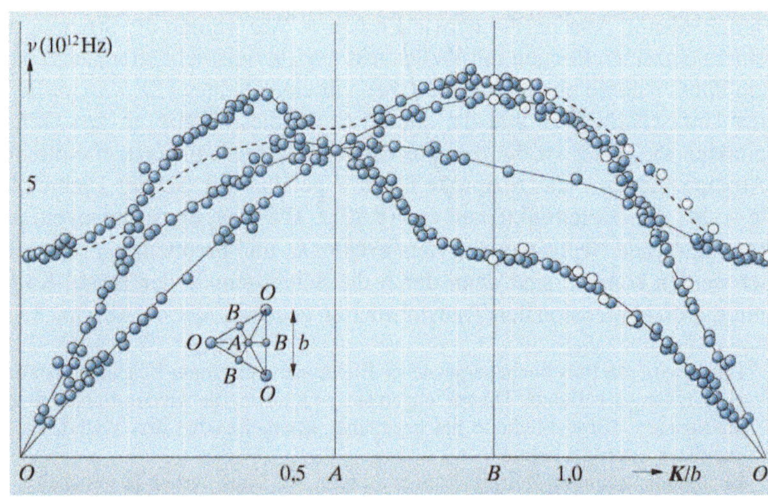

Abb. 8.30. Experimentelle Resultate für die Phonon-Dispersionsrelation in einkristallinem Magnesium, ermittelt durch Streuung von thermischen Neutronen. Die Frequenz ν ist gegeben durch $\Omega/2\pi$, und q liegt entlang der Symmetrieachsen zwischen den Punkten O, A und B in der Basalebene der Einheitszelle des reziproken Gitters (siehe Einsatz). Man sieht, daß sowohl akustische Moden ($\Omega \rightarrow 0$ für $q \rightarrow 0$) als auch optische Moden ($\Omega \not\rightarrow 0$ für $q \rightarrow 0$) auftreten. (Mit freundlicher Genehmigung von G.L. Squires)

kel ist immer nur ein Phonon beteiligt. Wir werden an dieser Stelle nicht weiter ins Detail gehen, sondern möchten nur ein Beispiel eines typischen Resultats, erhalten mit einem Magnesium-Kristall (Abb. 8.30), zeigen. Eine ausführliche Diskussion findet sich bei *Squires* (1978).

8.6 Vertiefungsthema: Phasenwiedergewinnung

Wird ein Beugungsmuster aufgenommen – photographisch, mit einem Detektor oder mit einer beliebigen Technik, die keine Interferenz mit einer Referenzwelle enthält[8] – geht die **Phaseninformation** der Welle verloren. Beugungsexperimente sind mächtige Instrumente, um die Struktur der Materie zu erforschen, und es wäre sehr angenehm, könnte man die inverse Fouriertransformation eines Beugungsmusters dazu verwenden, um direkt die Struktur des Beugungsobjekts zu bestimmen. Man muß allerdings die **Umkehrtransformation** auf das komplexe Amplitudenmuster anwenden; sind die Phasen nicht mehr bekannt, ist dieses nicht vollständig. Dies wird **Phasenproblem** genannt, und das Lösen dieses Problems ist vor allem in der Kristallographie von enormer Bedeutung.

Obwohl das Phasenproblem im Prinzip keine allgemeine Lösung haben kann (es gibt eine unendliche Zahl von mathematischen Funktionen, die die gleichen Intensitäten in einem Beugungsmuster ergeben), führt in der Praxis die Annahme einiger sinnvoller Zwangsbedingungen zu einer eindeutigen Lösung, und es wurden Techniken entwickelt, mit deren Hilfe diese Lösung gefunden werden kann. Für ihre Pionierarbeiten auf diesem Gebiet wurde *Hauptman* und *Karle* 1985 der Nobelpreis für Chemie verliehen. Heutzutage ist die Interpretation der meisten Röntgenbeugungsmuster von Kristallen eine verhältnismäßig einfache technische Angelegenheit, obwohl für sehr komplizierte Kristallstrukturen (Abschn. 12.2.5) weitergehende Techniken eingesetzt werden müssen. Der schwierigste Teil der Arbeit ist dabei oftmals die Präparation des Kristalls selbst. In diesem Abschnitt werden wir uns mit den Ideen zur Strukturbestimmung in zwei Bereichen beschäftigen: Der erste ist das Hauptgebiet der Kristallographie, bei dem das Beugungsmuster des Kristalls an den Punkten des reziproken Gitters (Abschn. 8.4.3) abgetastet wird; der zweite ist die Übertragung dieses Konzepts auf kontinuierliche optische Beugungsmuster.

8.6.1 A priori Information

Wie wir oben bereits erwähnt haben, sind einige Zwangsbedingungen notwendig, um die Lösung eindeutig zu machen. Die wichtigste davon ist die Bedingung, daß die **Objektfunktion** reell und positiv sein muß. Dies gilt immer für die Elektronendichte in einem Kristall. Im Bereich der Optik beschränkt dies die Auswahl des Objekts auf Gegenstände wie undurchsichtige Masken mit Löchern oder photographische Filme. Die zweite a priori

---

[8] Beispiele für Techniken, die Interferenz mit einer Referenzwelle verwenden, um die Phaseninformation zu erhalten, sind Holographie (Abschn. 12.6), Apertursynthese (Abschn. 11.9.3) und die Methode der schweren Atome in der Kristallographie (Abschn. 12.2.5).

Information ist eine Abschätzung einiger geometrischer Parameter wie die Abmessungen der Elementarzelle eines Kristalls (bekannt durch das reziproke Gitter) und die Zahl der Atome darin oder, für den kontinuierlichen optischen Fall, die Gesamtgröße des Objektes.

8.6.2 Direkte Methoden in der Kristallographie

Die Bestimmung der Kristallstruktur allein aus den Intensitäten der Röntgenbeugungsmuster wird als **direkte Methode** bezeichnet und sollte im Gegensatz zu anderen Techniken, die zusätzliche Information benötigen, wie beispielsweise die **Methode der schweren Atome**, die in Abschn. 12.2.5 beschrieben wird, gesehen werden. Obwohl solche Methoden bereits um 1950 vorgeschlagen wurden, verhinderte ihr Bedarf an hoher Rechenleistung ihre allgemeine Akzeptanz bis in die siebziger Jahre, als leistungsfähige Rechner breiter zugänglich wurden. In diesem Abschnitt werden wir die grundlegenden Ideen der direkten Methode an einem einfachen Beispiel verdeutlichen. Zwei nützliche Übersichtsartikel über dieses Feld sind die von *Woolfson* (1971) und *Hauptman* (1991).

Wir haben in Abschn. 8.4 gesehen, daß ein Kristall als Faltung von der molekularen Elektronendichte (oder die einer Gruppe von Molekülen mit einer festen geometrischen Beziehung) und dem Kristallgitter betrachtet werden kann. Das Beugungsmuster der Elektronendichte wird dann an den Punkten des reziproken Gitters abgetastet. Die Abstände und Winkel zwischen den Beugungspunkten ermöglichen leicht die Bestimmung des reziproken – und damit auch des realen – Gitters.

Die Amplitude des Beugungsmusters am reziproken Gitterpunkt h, wie in (8.76) definiert

$$h = \ell^* a^* + \ell^* b^* + \ell^* c^*, \tag{8.85}$$

ist mit der Elektronendichte $\varrho(r)$ innerhalb der Elementarzelle verknüpft durch

$$F(h) = V^{-1} \iiint\limits_{\text{Zelle}} \varrho(r) \exp(-i h \cdot r) \, d^3 r , \tag{8.86}$$

was die dreidimensionale Fouriertransformierte von $\varrho(r)$ darstellt.

Nehmen wir an, die Elementarzelle enthalte N Atome und jedes davon habe aus Gründen der Einfachheit die Elektronendichte $Zs(r)$, bezogen auf den Ursprung des jeweiligen Atoms. Der Unterschied zwischen den Atomen ist in Z, der Kernladungszahl, verborgen. Die Elektronendichte ϱ kann dann als Faltung von $s(r)$ und einem Satz aus N Deltafunktionen an den Atomorten r_j dargestellt werden, wobei die $j$te Deltafunktion den Wert Z_j besitzt. Dadurch kann (8.86) als Summe geschrieben werden:

$$F(h) = S(h) \sum_{j=1}^{N} Z_j \exp(-i h \cdot r_j) , \tag{8.87}$$

wobei $S(h)$ die Transformierte von $s(r)$ ist, die wir als glatt und hinreichend bekannt voraussetzen wollen. Die Intensität schließlich, die an dem reziproken Gitterpunkt h gemessen wird, ist $|F(h)|^2$:

$$|F(h)|^2 = |S(h)|^2 \left| \sum_{j=1}^{N} Z_j \exp(-\mathrm{i}h \cdot r_j) \right|^2$$
$$= |S(h)|^2 \sum_{j=1}^{N} \sum_{k=1}^{N} Z_j Z_k \exp\left[-\mathrm{i}h \cdot (r_j - r_k) \right] \qquad (8.88)$$

In (8.88) gibt es vier Unbekannte für jede Position j – die Werte für Z_j und die drei Komponenten von r_j – und es gibt N Werte von j; insgesamt also $4N$ Unbekannte. Wird daher $|F(h)|^2$ an mehr als $4N$ verschiedenen Orten h gemessen, ist im Prinzip genug Information vorhanden, um alle Variablen zu bestimmen. Da die Messung dieser Zahl von Beugungsreflexen normalerweise möglich ist, oft sogar mehr Punkte zur Verfügung stehen, sollte das Problem nicht nur lösbar, sondern sogar überbestimmt sein! Die Frage ist eher, wie man die Lösung finden kann.

Die Diskussion in diesem Abschnitt wird sich um einige zentrale Punkte drehen, um die zugrundeliegenden Konzepte klarzumachen, ohne die volle mathematische Komplexität wiedergeben zu wollen. In diesem Sinne nehmen wir einen Kristall aus molekularen Einheiten an, die jeweils N **identische**, punktförmige Atome besitzen. Daher sind die Z_j alle gleich und werden der Einfachheit halber eins gesetzt, ebenso setzen wir $S(h) = 1$. Betrachten wir nun die beiden Funktionen $\varrho(r)$ und $\varrho^2(r)$. Sie sind gegeben durch

$$\varrho(r) = \sum_{j=1}^{N} \delta(r - r_j) , \qquad (8.89)$$

$$\varrho^2(r) = \beta \sum_{j=1}^{N} \delta(r - r_j) . \qquad (8.90)$$

Die erste davon ist notwendigerweise positiv (Abschn. 8.6.1), die zweite offensichtlich auch.[9] Die Fouriertransformierte von (8.89) ist $F(h)$, und die von (8.90) ist ihre **Autokorrelation**

$$F(h) \otimes F^*(-h) = \sum_{k} F(k) F^*(k - h) . \qquad (8.91)$$

Aus (8.89) und (8.90) erhalten wir auch $\varrho^2(r) = \beta\varrho(r)$, weswegen (8.91) geschrieben werden kann als:

$$\beta F(h) = \sum_{k} F(k) F^*(k - h) . \qquad (8.92)$$

---

[9] Der Faktor β stellt das Verhältnis zwischen $\delta(x)$ und seinem Quadrat dar – unbekannt, aber auf jeden Fall positiv. Der genaue Wert spielt hier auch keine Rolle. Man denke daran, daß die Deltafunktion nur eine mathematische Abstraktion ist, die ein reales Atom darstellen soll.

Diese Gleichung ist als **Sayre-Gleichung** für punktförmige Atome bekannt. Wir wollen nun die Amplitude und Phase für jedes $F(\boldsymbol{h})$ separieren, indem wir schreiben $F(\boldsymbol{h}) = E(\boldsymbol{h})\exp[\mathrm{i}\phi(\boldsymbol{h})]$. Multipliziert man nun (8.92) mit $F^*(\boldsymbol{h})$, folgt

$$\beta E^2(\boldsymbol{h}) = \sum_{\boldsymbol{k}} E(\boldsymbol{h})\,E(\boldsymbol{k})\,E(\boldsymbol{k}-\boldsymbol{h})$$

$$\times \exp\Big\{\mathrm{i}\big[-\phi(\boldsymbol{h})+\phi(\boldsymbol{k})-\phi(\boldsymbol{k}-\boldsymbol{h})\big]\Big\}\,. \tag{8.93}$$

Eine praktische Methode, um eine erste gute Näherung für die Lösung zu erhalten, basiert auf dieser Gleichung; wichtig dabei ist, daß $\beta E^2(\boldsymbol{h})$ positiv ist.

Die Messung des Beugungsmusters liefert uns Werte für $E(\boldsymbol{h})$ für zahlreiche Werte von $\boldsymbol{h}$. Wir rufen uns nun ins Gedächtnis zurück (Abschn. 4.4.8), daß für reelle ϱ $F(\boldsymbol{h}) = F^*(-\boldsymbol{h})$ gilt, so daß $E(\boldsymbol{h}) = E(-\boldsymbol{h})$ und $\phi(\boldsymbol{h}) = -\phi(-\boldsymbol{h})$. Von den gemessenen Werten wählen wir die drei größten Werte von E aus, die den reziproken Gittervektoren $\boldsymbol{h}$, $\boldsymbol{k}$ und $\boldsymbol{h}\pm\boldsymbol{k}$ entsprechen (d. h. einer der Vektoren ist die Summe bzw. die Differenz der anderen beiden). Dann ist es, damit der Wert von (8.93) positiv wird, am wahrscheinlichsten, daß der Term, der diese drei Vektoren enthält, einen positiven Beitrag zu der Summe liefert, denn ihr Produkt stellt den größten Term dar. Wenn dem so ist, wird die Summe der Phasen null:

$$\phi(\boldsymbol{h}) \pm \phi(\boldsymbol{k}) \doteq \phi(\boldsymbol{h}\pm\boldsymbol{k})\,, \tag{8.94}$$

wobei das Zeichen $\doteq$ für „wird als gleich angenommen" steht. Es kann sich nämlich am Ende herausstellen, daß diese Gleichung nur näherungsweise richtig ist. Betrachten wir nun die verschiedenen gemessenen Intensitäten, versuchen wir, weitere Tripel von $\boldsymbol{h}$, $\boldsymbol{k}$ und $\boldsymbol{h}\pm\boldsymbol{k}$ zu identifizieren, für die das Produkt $E(\boldsymbol{h})\,E(\boldsymbol{k})\,E(\boldsymbol{h}\pm\boldsymbol{k})$ relativ groß ist und verwenden (8.94), um ihre Phasen miteinander zu verknüpfen. Je kleiner dabei das Produkt wird, um so unzuverlässiger wird (8.94).

Die genauen Werte der Phasen ϕ sind durch den Ursprung der Einheitszelle bestimmt. Er ist im Prinzip völlig willkürlich, aber die Symmetrie des Moleküls legt oftmals eine bestimmte Wahl nahe. Ist das Molekül beispielsweise zentrumssymmetrisch, macht die Wahl des Symmetriezentrums als Ursprung alle Phasen zu null oder π. Dies reduziert den Arbeitsaufwand beträchtlich. Im allgemeinen sind die Phasen von jeweils drei der Beugungspunkte (im dreidimensionalen Fall) frei wählbar, vorausgesetzt, sie formen keines der oben erwähnten Tripel. Verwenden wir (8.94), können wir versuchen, alle anderen Phasen in bezug auf diese drei und die Phasen einer kleinen Anzahl weiterer deutlicher Punkte, die durch Symbole dargestellt werden, zu bestimmen. Sind mehrere Tripel, die die stärksten Reflexe repräsentieren, verwendet worden, können ihre Phasen normalerweise relativ genau bestimmt werden. Dieser Prozeß funktioniert in zwei und drei Dimensionen besser als in einer, da die größere Zahl von Dimensionen auch eine größere Zahl von möglichen Beziehungen erlaubt.

Der nächste Schritt in der Strukturbestimmung beinhaltet die Rekonstruktion des Objekts mit Hilfe der bekannten Amplituden und der abgeleiteten Phasen. Da einigen davon beliebige Symbole zugewiesen wurden, muß man eine ganze Serie von Rekonstruktionen mit verschiedenen Werten, die den Symbolen zugewiesen wurden, ausführen. Der Satz Phasen, der ein Objekt mit möglichst wenig negativen Anteilen und der größten Nähe zu den a priori Annahmen (Zahl der Atome, Bindungslängen usw.) rekonstruiert, wird als näherungsweise korrekt angesehen. Die Phasen können nun iterativ verbessert werden, indem man diese berechnete Struktur zurücktransformiert, wobei alle negativen Elektronendichten null gesetzt werden. Die im zweiten Schritt gewonnenen Phasen werden dann zusammen mit den gemessenen Amplituden dazu verwendet, einen neuen Strukturvorschlag zu berechnen. Dieser Prozeß wird mehrfach durchlaufen, bis der gewünschte Genauigkeitsgrad erreicht ist.

8.6.3 Ein zentrumssymmetrisches Beispiel für die direkte Methode

Die oben beschriebene Methode ist für die moderne Kristallographie so wichtig, daß wir sie anhand eines einfachen eindimensionalen Beispiels, wie in Abb. 8.31 gezeigt, erläutern wollen. Dies ist nicht so einfach, wie es scheint, denn die Methode funktioniert für eine Dimension nicht besonders gut. Ein zweidimensionales Beispiel findet sich bei *Woolfson* (1971), es ist aber zu lang, um es an dieser Stelle anzuführen. Wir werden ein zentrumssymmetrisches Beispiel wählen, das aus zehn gleichen „Punktatomen" besteht, an Orten x im Bereich zwischen $-32 < x < 32$, symmetrisch um $x = 0$ angeordnet. Das bedeutet, daß die Beugungsamplituden alle reell sind und die Phasen entweder den Wert null oder π haben. Wir sind in der Lage, den Phasenwert null (d. h. das Symbol „+") einem Beugungswert zuzuordnen, drei weitere Werte bekommen die Phasen „a", „b" und „c". Mindestens einer davon muß die Phase „$-$" besitzen, da andernfalls (8.94) trivialerweise dadurch gelöst werden kann, daß man alle Phasen zu „+" macht. Wie wir in Abschn. 12.2.5 sehen werden, entspricht dies einem extrem schweren Atom am Ursprung, für das wir die direkte Methode gar nicht brauchen. Der erste Näherungsschritt für die Lösung ist in Abb. 8.31 gezeigt, in der der bekannte Ausgangszustand (Abb. 8.31a) mit den besten Werten für (a, b, c), angenommen als $(+, -, +)$, verglichen wird (Abb. 8.31d). Eine andere mögliche Wahl ist in Abb. 8.31h gezeigt, die die richtige Anzahl an starken Reflexen liefert, allerdings mit einem erhöhten Hintergrundsignal. Alle hier gezeigten Ergebnisse sind vor Beginn der Iterationen erhalten worden.

8.6.4 Phasenwiedergewinnung aus optischen Beugungsmustern

Die Lösung für kontinuierliche Beugungsmuster ist im wesentlichen die gleiche, der Hauptunterschied besteht in der Auswahl der Startwerte für die Phasen. Es stellt sich heraus, daß dies kein besonders kritischer Punkt ist, für praktisch alle vernünftigen Startwerte konvergiert der Wert nach genügend vielen Iterationsschritten, wie im letzten Absatz von Abschn. 8.6.2 beschrieben, gegen die korrekte Lösung. In diesem Fall haben wir dann eine Intensitätsverteilung $|F(u, v)|^2$ des Beugungsmusters eines Objekts $f(x, y)$, von der wir wissen, daß sie reell und nichtnegativ ist. Wir kennen ebenso die

Abb. 8.31a–j. Verdeutlichung der direkten Methode in der Kristallographie. (a) Gewählte Originalfunktion $f(x)$, die aus zehn δ-Funktionen besteht, die symmetrisch zum Ursprung im Intervall $-32 < x < 32$ angeordnet sind; (b) Amplituden der Beugungsordnungen im Bereich $0 < u < 32$. Der größten wird die Phase + zugeordnet, drei weitere bekommen die Markierungen a, b und c. Die Phasen, abgeleitet aus (8.94), sind bei einigen der stärkeren Ordnungen eingetragen; (c–j) Rekonstruktion des Originals (nur für den Bereich $x \geq 0$) mit acht Permutationen der Phasen + und − (für a, b, c): (c) $+++$; (d) $+-+$; (e) $++-$; (f) $--+$; (g) $---$; (h) $-+-$; (i) $-++$; (j) $+--$

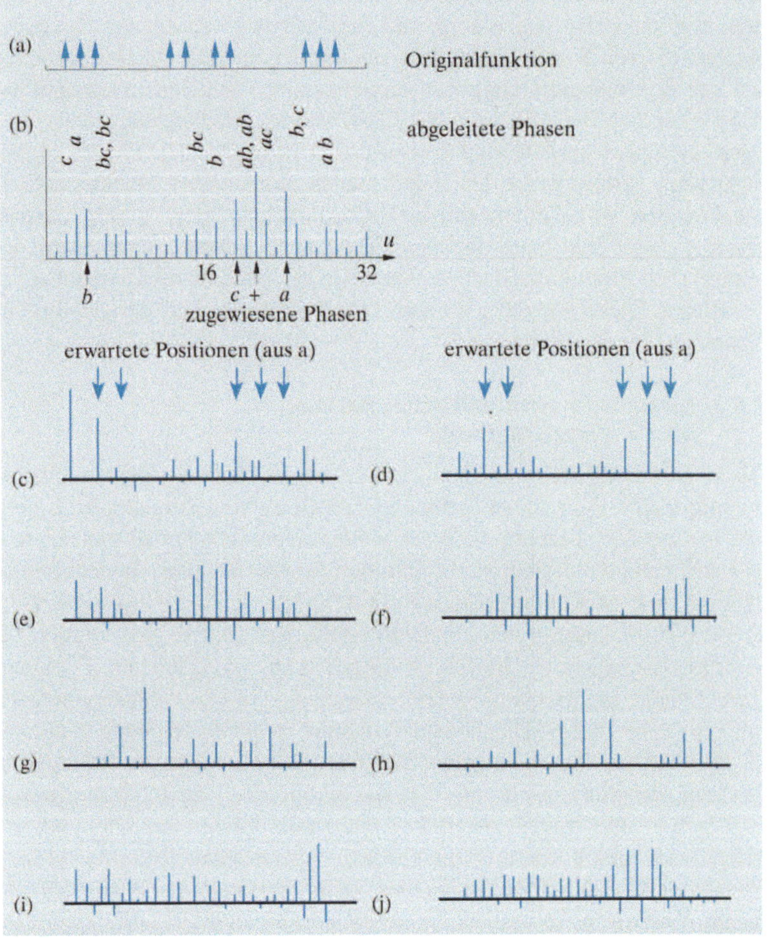

äußere Grenze der Region in der (x, y)-Ebene, für die $f \geq 0$ ist. Ist diese Begrenzung nun zentrumssymmetrisch (beispielsweise ein Rechteck), wird es immer zwei mögliche Lösungen geben, die aufgrund der Symmetrie miteinander verbunden sind. Sie werden **enantiomorphe Lösungen** genannt und treten auch in der Kristallographie auf. Das Programm zur Phasenwiedergewinnung muß zwischen diesen beiden Lösungen entscheiden, und dies wird durch eine anfängliche Gewichtung getan. Eine Methode, die bei *Fienup* (1982) beschrieben wird, funktioniert folgendermaßen (Abb. 8.32):[10]

Wir stellen den Umriß des Objekts durch die Funktion $g(x, y)$ dar, die außerhalb des Objekts null ist und einen Wert, z. B. $1 + \beta(x - y)$, innerhalb des Objekts hat. Sie ist gewichtet, um eine enantiomorphe Lösung zu selektieren. Die Transformierte von g ist $G(u, v) = |G(u, v)| \exp[i\phi_g(u, v)]$. Die erste Testphase, die in $F(u, v)$ verwendet wird, ist $\phi_g(u, v)$. Daher

---

[10] Wir bedanken uns bei *Chaim Schwartz* für die Überlassung dieses Beispiels.

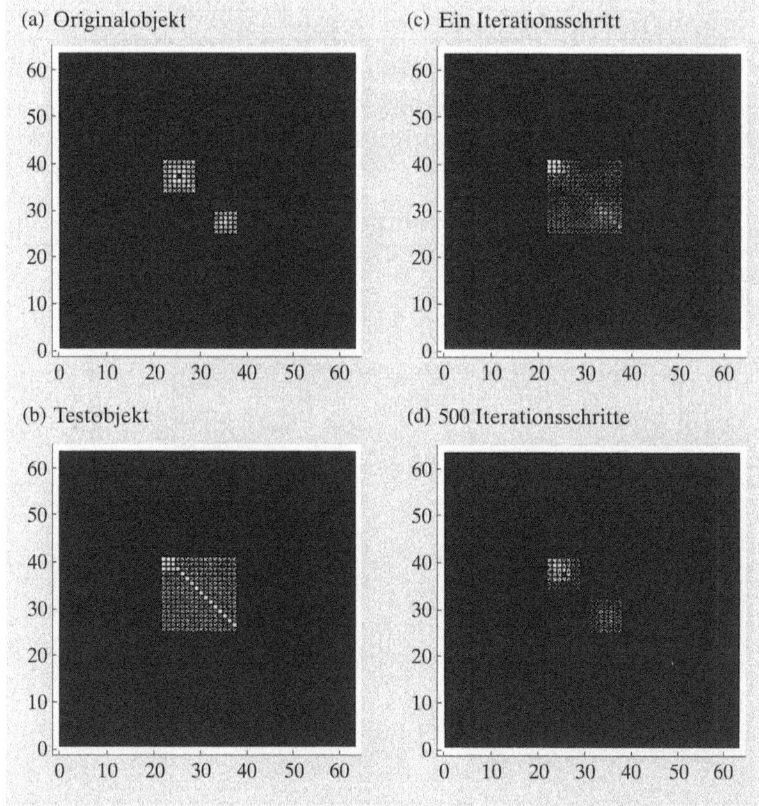

Abb. 8.32a–d. Phasenwiedergewinnnung für ein kontinuierliches Objekt. (a) Originalobjekt $f(x, y)$; (b) Begrenzungsfunktion $g(x, y)$ mit asymmetrischer Gewichtung; (c) Bild $f_1(x, y)$ nach der ersten Iteration; (d) Bild $f_{500}(x, y)$ nach dem 500sten Schritt

transformieren wir die Funktion

$$F_1(u, v) = \left| F(u, v) \right| \exp \left[i\phi_g(u, v) \right], \tag{8.95}$$

um die erste Testfunktion $f_1(x, y)$ zu erhalten. Alle negativen Anteile von f_1 werden null gesetzt, woraus wir $f_2(x, y)$ erhalten. $f_2(x, y)$ wird transformiert, und man bekommt $F_2(u, v) = |F_2| \exp[i\phi_2(u, v)]$. Nun wird $|F_2|$ durch den bekannten Wert von $|F|$ ersetzt, und das Ergebnis $|F| \exp[i\phi_2(u, v)]$ ersetzt (8.95) im nächsten Iterationszyklus. Dies wird solange fortgesetzt, bis ein befriedigendes Ergebnis erreicht ist. Die Methode funktioniert hauptsächlich deswegen, weil die Transformierte des Umrisses g einen typischen Wert für die Phasenänderung liefert, der meistens gut als Startwert zu verwenden ist. Der Ursprung der so erhaltenen Funktion stimmt offensichtlich mit dem von g überein. Die Konvergenz ist nicht besonders schnell; das Beispiel von Abb. 8.32 zeigt das Ergebnis nach 500 Iterationen, und selbst dies ist noch nicht mit dem Original identisch. Da das Original eine sehr einfache Struktur ist, ist es offensichtlich, warum sehr viel Mühe zum Abschätzen der Startwerte für die Phasen in der Kristallographie, in der die Objekte viel komplizierter sind, aufgewendet werden muß, bevor die Iteration beginnen kann.

✖ Übungsaufgaben

$\lambda = 0{,}5\,\mu$m, soweit nichts anderes vermerkt ist.

Vorbemerkung: Zahlreiche Variationen der Aufgaben zu Beugungsmustern können durch die Verwendung des „Atlas of Optical Transforms" (*Harburn*, *Taylor* und *Welberry* 1975) erzeugt werden.

8.1 Leiten Sie das Fraunhofersche Beugungsmuster eines Satzes bestehend aus drei Spalten mit gleichen Abständen her, indem Sie sie als Summe eines einzelnen und eines doppelten Spaltes betrachten.

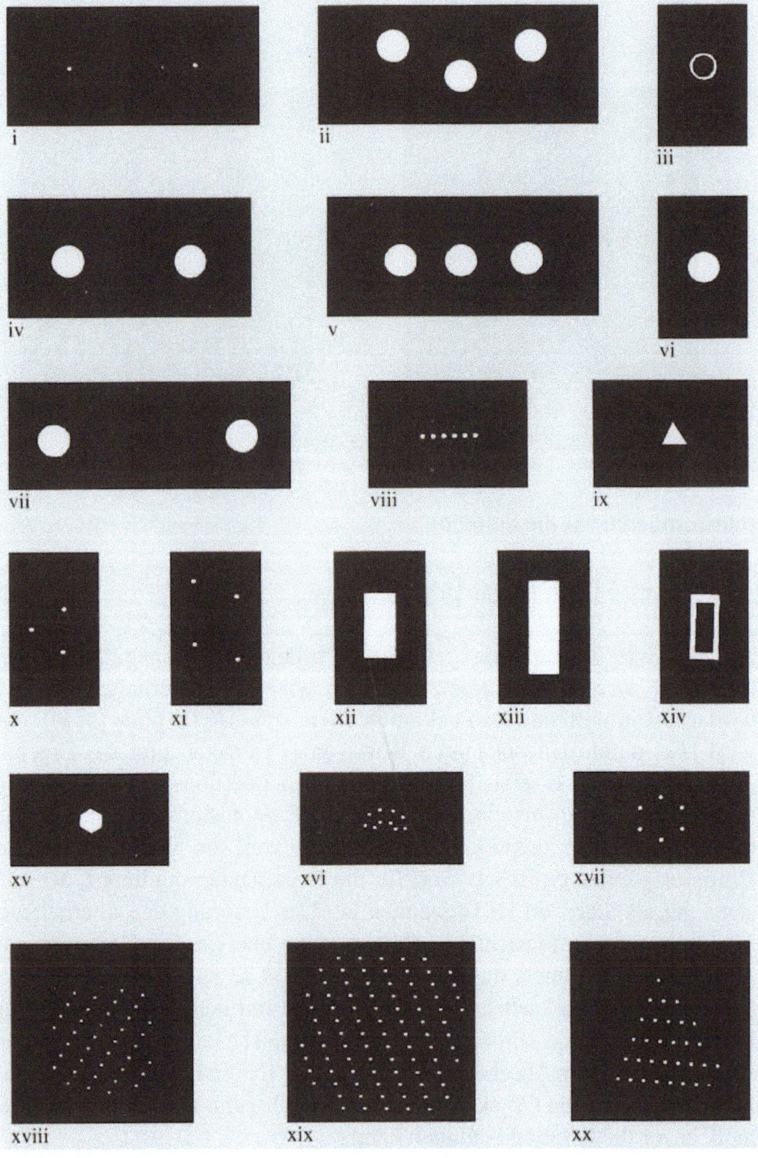

Abb. 8.33. Verschiedene Blenden

8.2 Leiten Sie das Fraunhofersche Beugungsmuster von vier Spalten mit gleichen Abständen her als

(a) ein Paar aus Spalt-Paaren (mit Hilfe des Faltungssatzes).
(b) als Doppelspalt im Zentrum, eingebettet in einen Doppelspalt mit dem dreifachen Spaltabstand.

8.3 Leiten Sie das Fraunhofersche Beugungsmuster eines rechteckigen Rahmens durch Subtraktion des Musters eines kleineren Rechtecks von dem eines größeren Rechtecks her.

8.4 Wie sieht das Beugungsmuster von vier Lochblenden an den Stellen $(x, y) = (\pm a, 0)$ und $(0, \pm a)$ aus? Vergleichen Sie ihr Ergebnis mit Abb. 12.4f.

Abb. 8.34. Verschiedene Beugungsmuster

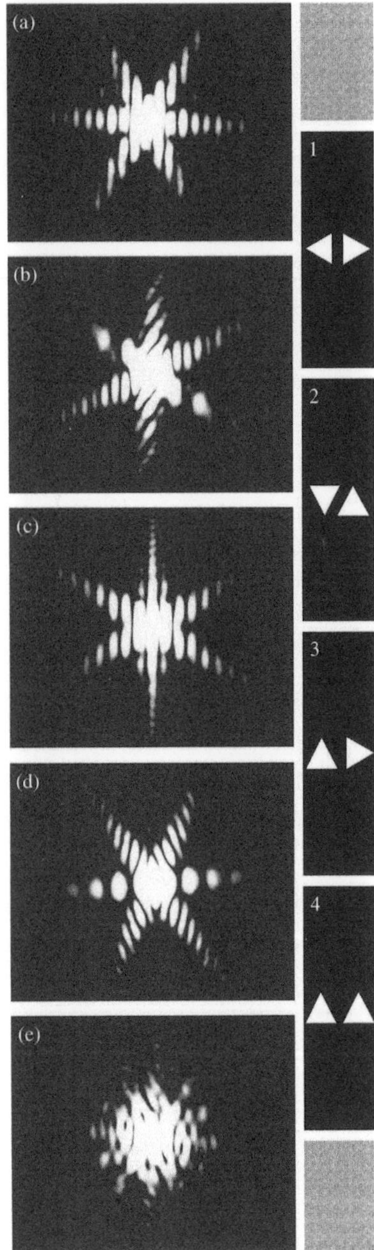

Abb. 8.35a–e. Paare dreieckiger Lochblenden und ihre Fraunhoferschen Beugungsbilder

8.5 Abbildung 8.33 zeigt 20 Blenden, und Abb. 8.34 zeigt 20 Fraunhofersche Beugungsmuster. Alle Muster haben den gleichen Maßstab, aber teilweise verschiedene Belichtungszeiten. Einige davon sind nicht richtig orientiert. Finden Sie die zusammengehörigen Blenden und Beugungsmuster und finden Sie die korrekte Ausrichtung.

8.6 Abbildung 8.35 zeigt fünf Beugungsmuster und vier Paare dreieckiger Lochblenden. Welches Muster gehört zu welchem Lochpaar? Das fünfte Muster gehört zu einem hier nicht gezeigten Paar; wie muß dieses Paar aussehen? (Es gibt zwei Antworten, die durch Symmetrie miteinander verbunden sind.)

8.7 Wie sieht das Beugungsmuster einer Maske aus, die die Gestalt eines Schachbretts mit durchsichtigen und undurchsichtigen Feldern hat?

8.8 Eine quadratische Blende wird zur Hälfte mit einem Glimmerplättchen abgedeckt, das die Phase des transmittierten Lichts um $\pi/2$ verschiebt. Wie sieht das Fraunhofersche Beugungsmuster aus?

8.9 Berechnen Sie (entweder analytisch oder numerisch) die Intensität des Fraunhoferschen Beugungsmusters eines Satzes von sechs Lochblenden an den Ecken eines regelmäßigen Sechsecks. Wiederholen Sie die Berechnung mit einem zusätzlichen Loch in der Mitte des Sechsecks. Zeigen Sie, wie ein Vergleich der beiden Muster die Bestimmung der Phase jedes Punktes des ersten Musters ermöglicht. Vergleichen Sie dies mit der Methode der schweren Atome in der Kristallographie.

8.10 Ein eindimensionales Objekt besteht aus mehreren gleichen positiven Deltafunktionen, die symmetrisch um den Ursprung an ganzzahligen Werten von x im Bereich $-32 \leq x \leq 32$ angeordnet sind. Dieses Objekt wird periodisch entlang der x-Achse mit der Periode 64 wiederholt. Die Punkte des Beugungsmusters, die am Ort $u = n\pi/32$ beobachtet werden, haben die Amplituden $a(n)$ wie folgt:

n	1	2	3	4	5	6	7	8
$a(n)$	0	2,11	0	0,23	0	0,96	0	0,41

n	9	10	11	12	13	14	15	16
$a(n)$	0	1,39	0	2,85	0	2,66	0	1,00

n	17	18	19	20	21	22	23	24
$a(n)$	0	0,66	0	0,85	0	0,61	0	2,41

n	25	26	27	28	29	30	31	32
$a(n)$	0	2,96	0	1,77	0	0,11	0	1,00

$$(8.96)$$

(a) Was sind die Folgen der Tatsache, daß alle ungeraden Werte von n eine Amplitude von null haben?

(b) Finden Sie die Phasen aller Punkte mit einer Amplitude größer als eins mit Hilfe der Sayre-Gleichung (8.92) heraus.

(c) Rekonstruieren Sie das Objekt mit Hilfe der Amplituden und der herausgefundenen Phasen.

(d) Finden Sie die Phasen der übrigen Punkte auch noch heraus.

8.11 Eine ebene Welle der Wellenlänge λ_0 fällt senkrecht auf ein Beugungsgitter, das sich mit der konstanten Geschwindigkeit $v \ll c$ in seiner eigenen Ebene in einer Richtung senkrecht zu den Spalten bewegt. Berechnen Sie die Wellenlängen der verschiedenen gebeugten Wellen.

Interferometrie

9

Interferometrie

▼ Übersicht

Interferenzphänomene werden in der Praxis für zahlreiche Anwendungen der Meßtechnik verwendet. Mit praktisch keiner anderen Technik lassen sich sowohl räumliche Messungen als auch Frequenzbestimmungen so genau durchführen. Wir stellen in diesem Kapitel eine Auswahl an interferometrischen Methoden vor.

9.1 Einführung

In Kap. 8 haben wir die Theorie der **Fraunhofer-Beugung** und **Interferenz** besprochen, wobei wir die Bedeutung der Fouriertransformation hervorgehoben haben. In diesem Kapitel werden wir die Anwendung von Interferenzphänomenen für Meßzwecke behandeln; dies wird **Interferometrie** genannt. Einige der genauesten Messungen von räumlichen Dimensionen sind mit interferometrischen Methoden durchgeführt worden, wobei Wellen verschiedenster Typen verwendet wurden – elektromagnetische, akustische, Materiewellen usw. Die Vielfalt der Methoden ist enorm, weswegen wir uns in der Diskussion in diesem Kapitel auf einige wichtige Grundtechniken beschränken werden, ohne dabei die Vielzahl von Methoden oder Instrumenten innerhalb dieser Gruppen zu beschreiben. Es gibt zahlreiche Monographien zum Thema Interferometrie, die praktische Aspekte im Detail besprechen, beispielsweise *Tolansky* (1973), *Steel* (1983) und *Hariharan* (1985).

Die Entdeckung von Interferenzeffekten durch *Young* (Abschn. 1.2.4) ermöglichte es ihm, das erste interferometrische Experiment durchzuführen, die **Bestimmung der Wellenlänge** des Lichts. Selbst dieses einfache System, ein Paar Schlitzblenden, das von einer gemeinsamen Punktquelle beleuchtet wird, kann überraschend genau sein, wie wir in Abschn. 9.1.1 sehen werden. Im allgemeinen ist Interferenz möglich zwischen Wellen, die einen beliebigen, von null verschiedenen Grad gegenseitiger Kohärenz besitzen (Abschn. 11.4) und auch von verschiedenen Quellen kommen können („**Light beats**"), aber für die Darstellung in diesem Kapitel reicht es, wenn wir annehmen, die Wellen seien entweder vollständig kohärent (wobei dann Interferenz auftritt) oder inkohärent (wobei dann keine Interferenzeffekte erscheinen). Im Falle der vollständigen Kohärenz gibt es eine feste Phasenbeziehung zwischen den Wellen, und man kann zeitlich stationäre Interferenzeffekte beobachten, die deswegen mit einfachen Instrumenten wie dem Auge oder einer Photographie beobachtbar sind.

Wir kombinieren kohärente Wellen, indem wir ihre komplexen Amplituden addieren, und berechnen ihre Intensität durch die Berechnung des Betragsquadrats dieser Summe; beim Überlagern von inkohärenten Wellen berechnen wir ihre individuellen Intensitäten zuerst und addieren diese dann auf.

Die Notwendigkeit der Kohärenz der interferierenden Wellen macht für optische Frequenzen eine Einzelquelle notwendig; die verschiedenen Methoden, einen einfallenden Strahl zu teilen und die verschiedenen Teilstrahlen miteinander interferieren zu lassen, nachdem sie das zu messende System durchlaufen haben, machen die unterschiedlichen Klassen von Interferometern aus.

9.1.1 Interferometrie mit Hilfe des Youngschen Beugungsmusters

Das Experiment, bei dem das **Youngsche Beugungsmuster** entsteht, stellt das einfachste Interferometer dar, und es ist sinnvoll, sich etwas mit seinen grundlegenden Eigenschaften zu beschäftigen. Gemäß dem Huygensschen Prinzip kann jeder Spalt als Quelle von kohärenten Wellen angesehen werden; die Wellenfronten sind in der zweidimensionalen Projektion kreisförmig (Abb. 9.1) abgebildet. Die Maxima und Minima des Interferenzmusters entstehen an den Stellen, an denen sich die Wellen konstruktiv (die Amplituden addieren sich) oder destruktiv (die Amplituden werden subtrahiert) überlagern. Im einfachsten Fall, bei dem die beiden Spalte Partialwellen mit der gleichen Phase aussenden, tritt konstruktive Interferenz bei einem Wegunterschied von einem ganzzahligen Vielfachen der Wellenlänge auf, destruktive bei einem Wegunterschied von einem $(n+1/2)$-fachen der Wellenlänge, wobei n ganzzahlig ist. Die Orte solcher Punkte befinden sich auf Hyperbeln, deren Brennpunkte auf den Spalten liegen. Werden die Spalte durch Lochblenden ersetzt, die vom analytischen Gesichtspunkt aus sinnvoller sind (siehe Fußnote 1 in Abschn. 7.2.6), sind die Orte der Interferenzstreifen in drei Dimensionen eine Familie von Hyperboloiden, deren Brennpunkte an den Stellen der Lochblenden liegen. Schneidet man sie mit einem ebenen Schirm in großer Entfernung, ergeben sich annähernd gerade Beugungsstreifen.

Eine einfache Methode, zwei kohärente Quellen zu erzeugen, besteht darin, eine Punktquelle und ihr Spiegelbild zu verwenden. Diese Anordnung heißt **Lloyd-Spiegel** und ist in Abb. 9.2 gezeigt. Ist die Lichtquelle fast in der Spiegelebene, ist der Abstand zwischen Quelle und Bild gering, und gut aufgelöste Interferenzstreifen können erzeugt werden. Offensichtlich kann dagegen der Interferenzstreifen nullter Ordnung – der äquidistant von beiden Quellen ist – mit dieser Methode nicht erzeugt werden. Extrapoliert man, wo sich dieser Streifen befinden sollte, findet man an dieser Stelle ein Minimum anstelle eines Maximums. Es muß daher eine Asymmetrie zwischen der Lichtquelle und ihrem Spiegelbild geben. Dies kann auf die Phasenänderung zurückgeführt werden, die auftritt, wenn Licht an einem Medium mit höherem Brechungsindex (Abschn. 5.4.2) oder einem Leiter (Abschn. 5.6.1) reflektiert wird.

Obwohl man das Youngsche Beugungsexperiment normalerweise nicht für hochauflösende Messungen verwenden würde, ist es doch interessant, festzustellen, wie groß die Meßgenauigkeit damit sein kann. Die Spalte werden durch eine **Transmissionsfunktion** dargestellt, die aus zwei Deltafunktionen besteht, die den Abstand a haben (siehe Abschn. 8.3.1). Wir haben gezeigt, daß dafür die Amplitude des Beugungsmusters,

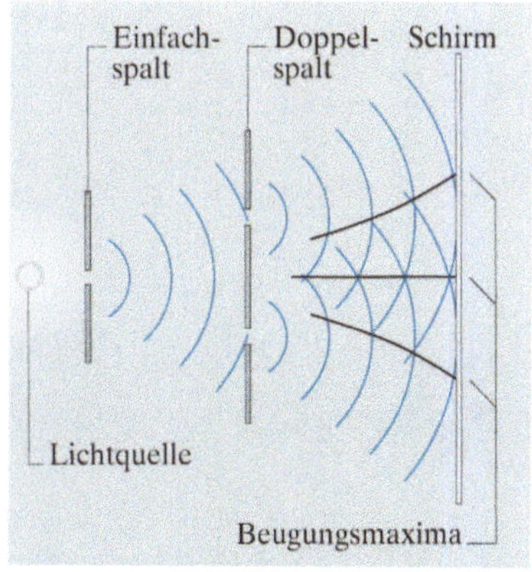

Abb. 9.1. Schematischer Aufbau für ein Youngsches Beugungsexperiment

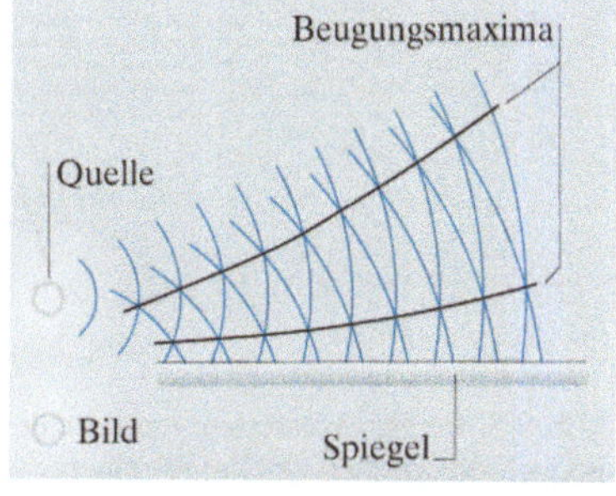

Abb. 9.2. Aufbau für Lloyd-Einzelspiegelbeugung. Der Phasensprung bei der Reflexion wird durch Verschieben der Kreisbögen, die die reflektierte Welle darstellende, gegenüber den Kreisbögen der einlaufenden Welle verdeutlicht

das auf einem weit entfernten Schirm abgebildet ist (Fraunhofersche Beugungsbedingungen), gegeben ist durch:

$$\psi(u) = 2\cos(ua/2)\,. \tag{9.1}$$

Schreibt man dies um für die Winkelvariable $\sin\theta$, wobei $u = k_0\sin\theta$, erhält man

$$\psi(\sin\theta) = 2\cos(k_0 a \sin\theta/2)\,; \tag{9.2}$$

$$I = \left|\psi(\sin\theta)\right|^2 = 4\cos^2(k_0 a \sin\theta/2)\,. \tag{9.3}$$

Haben wir in der Quelle zwei Wellen mit Wellenzahlen k_1 und k_2, addieren sich die Intensitäten inkohärent, womit man unter der Annahme von zwei gleich hellen Quellen erhält:

$$I = 4\left[\cos^2\left(\frac{k_1 a}{2}\sin\theta\right) + \cos^2\left(\frac{k_2 a}{2}\sin\theta\right)\right]\,. \tag{9.4}$$

Die beiden Sätze von Beugungsmustern der Form $\cos^2$ sind außer Phase und löschen sich daher aus, was zu einer gleichmäßigen Intensität führt, wenn die Bedingung

$$\frac{k_1 a}{2}\sin\theta - \frac{k_2 a}{2}\sin\theta = (2n+1)\frac{\pi}{2} \tag{9.5}$$

erfüllt ist. Das Kriterium für die Auflösung einer einzelnen Wellenlänge ist intuitiv dadurch gegeben, daß mindestens eine solche destruktive Interferenz für einen Beobachtungswinkel von $\theta < 90°$ auftritt; dies ist der Fall, wenn

$$(k_1 - k_2) > \pi/a\,,$$

oder, für $k_1 \approx k_2$, in Wellenlängen λ ausgedrückt

$$\boxed{\frac{\lambda_2 - \lambda_1}{\lambda} > \frac{\lambda}{2a}}\,, \tag{9.6}$$

wobei $\lambda = (\lambda_1 + \lambda_2)/2$. Diese Bedingung wird **Auflösungsgrenze** genannt, ihr Inverses $\lambda/(\lambda_2 - \lambda_1)$ heißt **Auflösungsvermögen**. Ist beispielsweise $a \approx 1\,\mathrm{mm}$ und $\lambda \approx 0{,}5\,\mu\mathrm{m}$, wird ein Auflösungsvermögen von bis zu 4000 erreicht, was für ein solch primitives Experiment schon sehr gut ist. Enthält die Quelle mehr als zwei Wellenlängen, wird das Beugungsmuster zu kompliziert für unsere einfache Interpretation (Abb. 9.3), und kompliziertere Techniken, z. B. Fourier-Spektroskopie, werden benötigt (Abschn. 11.6), aber unsere Abhandlung enthält die vollständige Physik der **Zweistrahlinterferometrie**!

Ein bedeutender Fortschritt gegenüber dem Zweispaltsystem ist eine periodische Anordnung von Spalten – das **Beugungsgitter**.

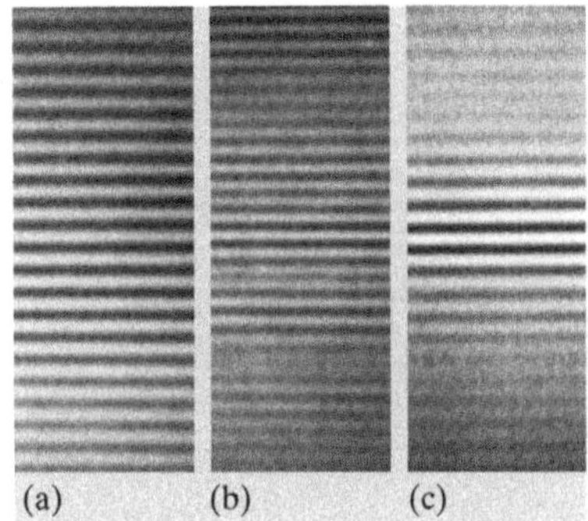

Abb. 9.3. Interferenzstreifen von (a) einer monochromatischen Quelle; (b) einer Lampe mit mehreren Spektrallinien (Quecksilberdampflampe); (c) einer Lampe mit kontinuierlichem Spektrum

9.2 Beugungsgitter

Ein Beugungsgitter ist eine eindimensionale, periodische Anordnung von gleichartigen Blenden, typischerweise schmale Spalte oder Spiegel. Wir haben in Abschn. 8.3.4 gesehen, daß das Beugungsmuster einer solchen Anordnung eine periodische Reihe von Deltafunktionen ist, deren Stärke durch die genaue Form und Größe der einzelnen Blenden gegeben ist. Die Positionen der Deltafunktionen werden nur durch die Gitterperiode bestimmt, mit (8.47–48) haben wir:

$$u = k_0(\sin\theta - \sin\theta_0) = u_m = 2\pi m/d\,, \tag{9.7}$$

wobei m die **Beugungsordnung** darstellt. Da k_0 in der Definition von u enthalten ist, ist der Beugungswinkel θ abhängig von der Wellenlänge, $\lambda = 2\pi/k_0$. Diese Abhängigkeit macht Beugungsgitter zu wichtigen Instrumenten in der Spektroskopie. Wir werden sie im Zusammenhang mit der skalaren Näherung betrachten, obwohl ein Vektorformalismus vollständiger wäre (*Hutley*, 1982).

9.2.1 Herstellung von Beugungsgittern

Obwohl sich dieses Buch hauptsächlich mit den allgemeinen Prinzipien der Optik beschäftigt, muß auf die Herstellung von Beugungsgittern kurz eingegangen werden, da einige Zusammenhänge in der folgenden Theorie von der Vertrautheit mit der Herstellung abhängen.

Die ersten richtigen Gitter wurden durch Ritzen von feinen Linien in Glas oder Metall mittels einer Diamantspitze erzeugt. *Rowland* verwendete ein genaues Gewinde, um die Diamantspitze lateral um einen genauen Betrag zwischen den Linien zu verschieben. In diesem Satz ist offensichtlich viel Mühe versteckt: Der Diamant und das Substrat, auf dem das Gitter aufgebracht werden soll, müssen sorgfältig ausgewählt werden; das Gewinde und das Substrat müssen exakt ausgerichtet werden; die Diamantspitze darf sich während des Ritzens nicht verändern, und die Temperatur des gesamten Aufbaus muß konstant gehalten werden, damit keine irregulären thermischen Längenänderungen auftreten. Daher sind Maschinen, die auf diese Weise Beugungsgitter herstellen, sehr kompliziert und teuer.

In den letzten Jahren haben sich die Methoden zur Herstellung von Beugungsgittern drastisch geändert. Zuerst werden Gitter dadurch hergestellt, daß in eine Zylinderoberfläche ein sehr feines Gewinde geschnitten wird. Der Zylinder wird anschließend mit einem Kunststoff beschichtet, der dadurch einen genauen Abdruck des Gewindes enthält. Der Kunststoff wird abgewickelt und stellt ein überraschend genaues Gitter dar, das sich auf diese Weise sehr billig herstellen läßt.

Wichtiger allerdings ist die Entwicklung der **holographischen Gitter**. Wie wir in Abschn. 12.6 sehen werden, sind Hologramme im wesentlichen sehr komplizierte Beugungsgitter. Sie können aber auch so entworfen werden, daß sie einfache Beugungsgitter darstellen. Die Entwicklung von hochauflösenden Emulsionen, vor allem von Photolacken für die

Mikroelektronik-Industrie hat es ermöglicht, ein sehr feines Interferenzmuster zwischen zwei ebenen Wellen zu photographieren, das mit einer einzigen Belichtung ein Gitter erzeugt, das Tausende von feinen Linien enthält. Zwei kohärente ebene Wellen beispielsweise, die von einem Laser mit der Wellenlänge $0{,}5\,\mu$m erzeugt werden und unter einem Winkel von $2\alpha = 60°$ interferieren, erzeugen ein Youngsches Beugungsmuster mit einem Linienabstand von $\lambda/2\sin\alpha = 0{,}5\,\mu$m. Da die Laserlinien sehr scharf sind, ist die Zahl der Linien sehr groß, und Beugungsgitter mit einer Länge von mehreren Zentimetern können mit einer einzigen Belichtung erzeugt werden. Diese Technik umgeht vollständig das Problem von Fehlern in der Linienposition, das bei geritzten Gittern immer auftritt.

Ein weiterer Vorteil von holographischen Gittern besteht darin, daß der Linienabstand in einer geplanten Art und Weise ungleichmäßig gemacht werden kann, um so bekannte Abbildungsfehler in der dazugehörigen Optik zu korrigieren oder die Zahl der benötigten optischen Elemente zu reduzieren. So kann z. B. ein selbstfokussierendes Gitter dadurch erzeugt werden, daß man als Ursprung für das Gitter die Interferenz zweier Kugelwellen verwendet.

Die meisten professionell eingesetzten Beugungsgitter sind **Reflexionsgitter**, die entweder durch Ritzen einer optisch ebenen reflektierenden Oberfläche erzeugt werden oder mit Hilfe der Holographie, wobei eine solche Oberfläche in den Bereichen von belichtetem Photolack angeätzt wird. Ihre Wichtigkeit stammt daher, daß Reflexionsgitter generell **Phasengitter** sind, deren Effizienz sowohl in der Theorie als auch in der Praxis deutlich höher liegt als bei **Transmissionsgittern** (Abschn. 9.2.4). Gitter können auch auf zylindrischen oder kugelförmigen Oberflächen erzeugt werden, um für die Korrektur von Aberrationen eine zusätzliche Dimension zur Verfügung zu haben.

9.2.2 Auflösungsvermögen

Eine der wichtigen Aufgaben eines Beugungsgitters ist die Messung der Wellenlänge von Spektrallinien. Kennen wir den Abstand der Gitterlinien, können wir (9.7) dazu benutzen, die Wellenlängen absolut zu bestimmen. Die erste Frage, die wir deshalb zu einem Gitter stellen müssen, lautet daher: „Was ist der kleinste Wellenlängenabstand, der zwei getrennte Spitzen im Spektrum erzeugt?" Dies definiert das **Auflösungsvermögen**. Wir werden sehen, daß diese Begrenzung durch die endliche Länge des Gitters zustande kommt.

Das Problem kann im Licht von Abschn. 8.3.3 betrachtet werden, wo wir sahen, daß das Beugungsmuster einer endlichen Zahl von Blenden mit konstanten Abständen sowohl Haupt- als auch Nebenmaxima besitzt. Im Fall von N Spalten gibt es $N-1$ Nullstellen der Intensität zwischen den Hauptmaxima. Sind im einfallenden Licht zwei Wellenlängen vertreten, werden sich ihre Intensitätsfunktionen addieren. Wir benötigen nun die Bedingung dafür, daß ihre Hauptmaxima noch deutlich als Doppellinie im Spektrum zu erkennen sind. Wir müssen daher die exakte Form der **Interferenzfunktion** im Detail betrachten.

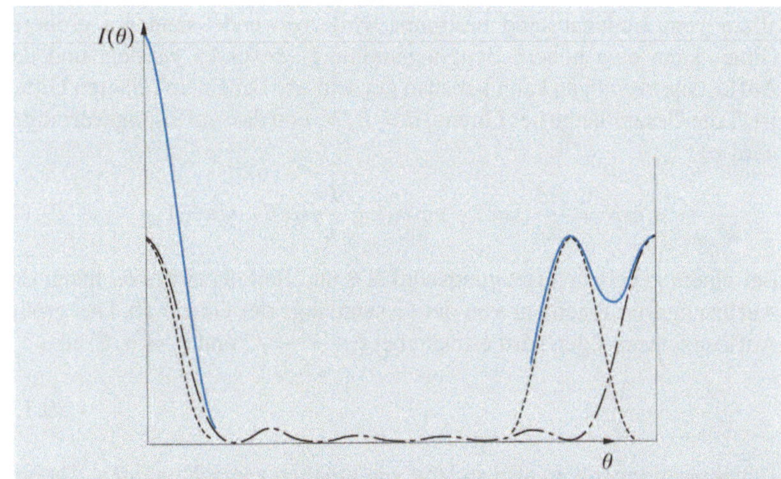

Abb. 9.4. Die Addition der Beugungs-gitterfunktionen für zwei verschiedene Wellenlängen. Dies verdeutlicht das Wellenlängenauflösungsvermögen gemäß dem Rayleigh-Kriterium

Aus (8.43) wissen wir, daß die Interferenzfunktion, auf eins normiert an der Stelle $u = 0$, gegeben ist durch

$$I(u) = \frac{\sin^2(u\,Nd/2)}{N^2\,\sin^2(ud/2)}\,. \tag{9.8}$$

Diese Funktion hat Hauptmaxima mit $I(u) = 1$ an den Stellen $u = 2m\pi/d$ und Nullstellen bei

$$u = 2(m + p/N)\pi/d\,, \tag{9.9}$$

wobei p eine ganze Zahl im Intervall $1 \le p \le N - 1$ ist. Zwischen den Nullstellen gibt es Nebenmaxima. Sind nun die Intensitäten der beiden einfallenden Wellenlängen gleich, so ist ihre kombinierte Intensität die Summe zweier Funktionen der Gestalt von (9.8), ausgedrückt in Abhängigkeit vom Winkel θ, wie in Abb. 9.4 gezeigt. Ein sinnvolles Auflösungskriterium ist von *Rayleigh* vorgeschlagen worden. Danach werden zwei Wellenlängen aufgelöst, wenn das Hauptmaximum der ersten Intensitätsfunktion im Winkel mit der ersten Nullstelle ($p = 1$) der anderen übereinstimmt. Dies ist ein überaus nützliches Kriterium, wenn auch etwas pessimistisch, und wird im Detail in Abschn. 12.3 im Zusammenhang mit der Bildentstehung besprochen. Benutzen wir das **Rayleigh-Kriterium**, finden wir mit Hilfe von (9.9), daß die erste Nullstelle vom Hauptmaximum um $\delta u = 2\pi/Nd$ entfernt ist. Gemäß der Definition von u wie in (9.7) können wir schreiben

$$\frac{\delta u}{u} = \frac{\delta k}{k} = (-)\frac{\delta\lambda}{\lambda}\,. \tag{9.10}$$

Das Auflösungsvermögen ist definiert als $\lambda/\delta\lambda_{\min}$ und beträgt für die $m$te Ordnung

$$\boxed{\frac{\lambda}{\delta\lambda_{\min}} = \frac{u\,Nd}{2\pi} = mN}\,. \tag{9.11}$$

Dieses Ergebnis zeigt, daß das erreichbare Auflösungsvermögen nicht allein vom Linienabstand bestimmt wird; verwendet man ein groberes Gitter, kann eine höhere Beugungsordnung verwendet werden, und das Auflösungsvermögen kann genauso gut sein wie bei einem feineren Gitter. Ist L die Gesamtlänge des Gitters, $d = L/N$, und das Auflösungsvermögen wird zu

$$\frac{\lambda}{\delta\lambda_{\min}} = mN = \frac{Nd}{\lambda}(\sin\theta - \sin\theta_0) = \frac{L}{\lambda}(\sin\theta - \sin\theta_0)\,. \tag{9.12}$$

Bei einem gegebenen Beugungswinkel θ und Einfallswinkel θ_0 hängt das Auflösungsvermögen nur von der Gesamtlänge des Gitters ab. Das größte Auflösungsvermögen wird erreicht bei $\theta_0 \to -\pi/2$ und $\theta \to \pi/2$, also

$$\frac{\lambda}{\delta\lambda_{\min}} \to \frac{2L}{\lambda}\,. \tag{9.13}$$

Beugungsgitter sollten also so lang wie möglich gemacht werden. Theoretisch könnten wir auch einfach ein Paar Spalte nehmen, die um die Strecke L voneinander entfernt sind; sie würden das zur Verfügung stehende Licht allerdings nur sehr schlecht ausnutzen. Dieses Beispiel, das **Youngsche Beugungsexperiment**, wurde in Abschn. 9.1.1 bereits besprochen. Als Beispiel sollte nach (9.13) ein Gitter der Länge 5 cm bei $\lambda = 0{,}5\,\mu$m eine Auflösung von fast $2 \cdot 10^5$ besitzen, obwohl es schwierig ist, θ und θ_0 in der Nähe von 90° zu realisieren.

In der Praxis haben Beugungsgitter selten Auflösungsvermögen in der Nähe des theoretischen Wertes; Fehler bei der Herstellung treten unvermeidlich auf und können die Leistungsfähigkeit stark einschränken. Mit einem sehr gut gemachten Gitter und sorgfältig korrigierten optischen Komponenten kann ein Auflösungsvermögen von mehr als der Hälfte des theoretischen Wertes erreicht werden, dies ist allerdings selten der Fall.

9.2.3 Effekte von periodischen Fehlern – Geister

Es gibt eine Sorte von häufig auftretenden Fehlern bei Beugungsgittern, die das Auflösungsvermögen nicht beeinträchtigen, aus anderen Gründen aber trotzdem unerwünscht sind; dies sind periodische Fehler in der Linienposition. Sie können durch ein schlechtes Schraubengewinde bei der Herstellung oder durch schlechte Koordination des Gewindes und des Gitterträgers (Abschn. 9.2.1) hervorgerufen werden und haben eine Erhöhung der Nebenmaxima zur Folge.

Als Beispiel betrachten wir die Situation, bei der ein Fehler in der Linienposition bei jeder $q$ten Linie wiederholt wird; der wirkliche Linienabstand ist qd, weswegen q-mal so viele Beugungsordnungen erzeugt werden. Die meisten davon werden sehr schwach sein, aber einige können so stark sein, daß sie mit den Hauptmaxima vergleichbar sind. Um ein solches Problem analytisch lösen zu können, nehmen wir an, die Linienpositionen x_p enthalten einen kleinen Fehler, der sinusförmig im Ort ist

$$x_p = pd + \varepsilon \sin 2\pi p/q\,. \tag{9.14}$$

Das Gitter wird dann durch einen Satz von Deltafunktionen dargestellt

$$f(x) = \sum_p \delta(x - pd - \varepsilon \sin 2\pi p/q)\,, \tag{9.15}$$

deren Fouriertransformierte

$$\begin{aligned}
F(u) &= \sum_p \exp\left[-\mathrm{i}u(pd + \varepsilon \sin 2\pi p/q)\right] \\
&\approx \sum_p \left[\exp(-\mathrm{i}upd)(1 - \mathrm{i}u\varepsilon \sin 2\pi p/q)\right]
\end{aligned} \tag{9.16}$$

ist, wobei $\varepsilon \ll d$. Schreibt man $\sin 2\pi p/q$ als $\frac{1}{2}\mathrm{i}[\exp(-2\mathrm{i}\pi p/q) - \exp(2\mathrm{i}\pi p/q)]$, kann man leicht zeigen, daß gilt:

$$\begin{aligned}
F(u) &= \sum_m \delta\left(u - \frac{2\pi m}{d}\right) - \frac{u\varepsilon}{2} \sum_m \delta\left[u - \frac{2\pi}{d}\left(m + \frac{1}{q}\right)\right] \\
&\quad + \frac{u\varepsilon}{2} \sum_m \delta\left[u - \frac{2\pi}{d}\left(m - \frac{1}{q}\right)\right],
\end{aligned} \tag{9.17}$$

wobei m die Beugungsordnung darstellt. Die Summation zeigt, daß zusätzlich zu den Hauptmaxima Maxima bei den Winkeln auftreten, die durch die beiden „Beugungsordnungen" $m + 1/q$ und $m - 1/q$ gegeben sind. Das bedeutet, daß jede Beugungsordnung m zwei schwache Satellitenlinien besitzt, deren Intensitäten proportional zu ε^2 sind und die um $1/q$ der Beugungsordnung im reziproken Raum von der Hauptordnung entfernt sind (siehe Abb. 9.5). Diese Linien werden **(Gitter-)Geister** (englisch „ghosts") genannt; ihre Intensitäten sind ferner proportional zu $\sin^2 \theta$, was bedeutet, daß sie mit zunehmendem m stark ansteigen. Fehler in der Linienposition erzeugen keine Geister im Bereich um die nullte Ordnung.

Die Idee, daß periodische Abweichungen in der Position von den Punkten eines regelmäßigen Gitters zu Geisterbildern bei der Beugung führen, hat Anwendungen in zahlreichen Bereichen der Physik, von denen wir hier einige anführen wollen:

- In einem kompressiblen Medium führt eine akustische Welle zu solchen periodischen Verschiebungen; in Abschn. 8.4.5 haben wir die elementaren Grundlagen des **akustooptischen Effekts** besprochen.
- Die thermische Bewegung von Atomen eines Kristalls kann als Superposition sinusförmiger Verschiebungen, Phononen genannt, dargestellt werden, die alle zu Geistern führen. All diese zusammengenommen, ergeben einen diffusen Hintergrund und eine offensichtliche Verbreiterung der ansonsten scharfen Beugungspunkte bei der Röntgenbeugung. Dies wird **Debye-Waller-Effekt** genannt.

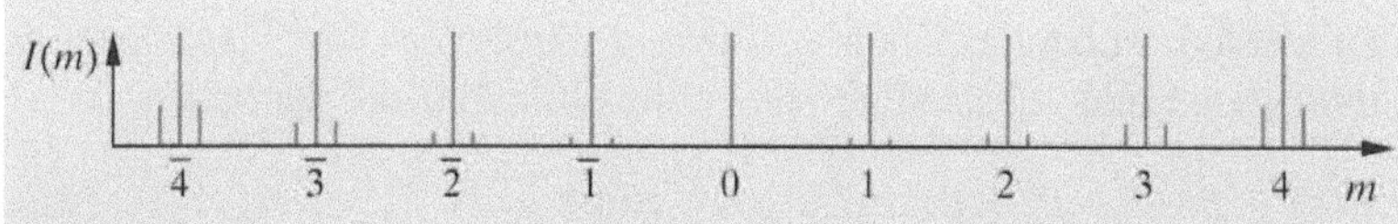

Abb. 9.5. Darstellung der Beugungsstreifen verschiedener Ordnung eines Gitters mit periodischen Fehlern in der Anordnung

- Im Bereich von Legierungen treten **Übergitter** auf, wenn es eine räumliche Ordnung jeder Komponente in dem zugrundeliegenden Kristallgitter gibt. Diese kann relativ kompliziert sein (z. B. Cu-Zn). Übergitter können auch künstlich auf Halbleitern hergestellt werden, indem man verschiedene atomare Spezies in einer bestimmten Reihenfolge aufwachsen läßt. Die Existenz eines Übergitters wird dann durch das Auftreten von Geistern zwischen den Beugungsreflexen bei der Röntgenbeugung sichtbar. Ein besonders wichtiges Beispiel tritt bei einigen magnetischen Materialien (z. B. MnF_2) auf, wo die atomaren Spins in einem Gitter angeordnet sind, das sich vom Kristallgitter unterscheidet. In diesem Fall sind Geister im Beugungsbild langsamer Neutronen sichtbar, deren Spin mit den atomaren Spins wechselwirkt. Die Geister sind in der Röntgenbeugung des gleichen Kristalls nicht sichtbar, da Röntgenstrahlen nicht spinabhängig gebeugt werden.
- Schließlich wollen wir erwähnen, daß die eindimensionale Analyse, die wir in diesem Kapitel durchgeführt haben, der Spektralanalyse einer frequenzmodulierten Radiowelle (FM) entspricht. Die Geister in der Beugung, die die Information über Frequenz und Amplitude der Modulation enthalten, heißen in der Telekommunikation **Seitenbänder** (siehe Abschn. 10.2.4).

9.2.4 Beugungseffizienz

Die Diskussion von Beugungsgittern drehte sich bis jetzt hauptsächlich um die Interferenzfunktion, die Fouriertransformierte des Satzes von Deltafunktionen, der die Positionen der einzelnen Beugungsobjekte darstellt. Diese Transformierte muß nun mit der Beugungsfunktion multipliziert werden, die die Transformierte eines einzelnen Beugungsobjekts ist.

Betrachten wir zunächst ein einfaches **Amplitudentransmissionsgitter**, bei dem die Beugungsobjekte Spalte sind, jeder mit einer Breite b (die geringer sein muß als ihr Abstand d). Die **Beugungsfunktion** ist dann die Transformierte eines solchen Spalts (Abschn. 8.2.3),

$$\psi(u) = b \operatorname{sinc}(bu/2) . \tag{9.18}$$

Für die $m$te Ordnung gilt $u_m = 2\pi m/d$. Für die erste Ordnung tritt bei einer Variation von b der maximale Wert von $\psi(u)$ bei $b = d/2$ auf; die optimale Spaltbreite ist daher der halbe Spaltabstand. Aber auch bei diesem Wert ist die **Effizienz** des Beugungsgitters noch sehr klein. Die Lichtleistung P_m in den verschiedenen Beugungsordnungen ist proportional zu $|\psi(u_m)|^2$, insbesondere

$$P_0 \propto d^2/4 , \qquad P_{\pm 1} \propto d^2/\pi^2 , \qquad P_{\pm 2} = 0 \quad \text{usw.}$$
$$\text{(für } b = d/2) . \tag{9.19}$$

Die Proportionalitätskonstante kann durch Gleichsetzen von $b = d$ gefunden werden, wobei das Gitter vollständig transparent wird. Dann geht das einfallende Licht vollständig in die nullte Ordnung, und wir haben

$$P_0' \propto d^2 , \qquad P_i' = 0 \quad (i > 0) \quad \text{(für } b = d) . \tag{9.20}$$

> Die **Beugungseffizienz** ist definiert als der Bruchteil des einfallenden Lichts, der in die stärkste, von null verschiedene Ordnung gebeugt wird.

Selbst wenn man die Beugungseffizienz durch die Wahl von $b = d/2$ maximiert, erreicht sie nur einen Wert von $P_1/P_0' = \pi^{-2}$, etwa 10%. Dieser Wert kann aufgrund der Begrenzungen der reellen, positiven Transmissionsfunktion kaum verbessert werden; der Weg hin zu höheren Effizienzen führt zur Benutzung von Phasengittern.

9.2.5 Blaze-Gitter

Die Diskussion im vorangegangenen Abschnitt hat uns gezeigt, wie ineffizient ein Amplitudentransmissionsgitter notwendigerweise sein muß. *Rayleigh* ersann die Idee, Effekte von Beugung oder Reflexion mit der Interferenz zu kombinieren, um ein **Phasengitter** zu erzeugen, das einen Großteil der Intensität in eine bestimmte Beugungsordnung konzentrieren kann. Das Prinzip ist in Abb. 9.6 erläutert. Jedes Element des Transmissionsgitters, das in Abb. 9.6a gezeigt ist, ist in der Form eines Prismas gemacht, dessen Winkel so gewählt wird, daß die erzeugte Ablenkung dem Winkel einer bestimmten Beugungsordnung entspricht; entsprechendes gilt für das **Reflexionsgitter** in Abb. 9.6b, bei dem jedes Element ein kleiner Spiegel ist.

Solche Gitter werden häufig verwendet. Um ein Gitter zu ritzen, benutzt man hier anstelle eines beliebigen, spitzen Diamanten einen speziellen Kristallschnitt, der optisch ebene Flächen in einem beliebigen Winkel erzeugen kann. So hergestellte Gitter nennt man **Blaze-Gitter**. Es ist anzumerken, daß ein Blaze-Gitter nur für eine bestimmte Beugungsordnung und Wellenlänge optimiert ist, d. h. die hohen erreichbaren Effizienzen gelten nur für einen beschränkten Wellenlängenbereich.

Die Beschreibung eines Blaze-Gitters mit Hilfe der skalaren Wellentheorie ist ein elegantes Beispiel für die Verwendung des Faltungssatzes. Nehmen wir an, daß eine ebene Wellenfront, die senkrecht auf das Beugungsgitter einfällt, bei der Reflexion oder Transmission an einer einzelnen Facette des Gitters um den Winkel β abgebeugt wird. Für ein Reflexionsgitter ist $\beta = 2\alpha$ nur durch die Geometrie bestimmt; im Falle eines Transmissionsgitters kann β auch wellenlängenabhängig sein. Ohne Einschränkung der Allgemeinheit wollen wir uns allerdings auf den ersten Fall konzentrieren, auch wenn Abb. 9.7 Beugungsergebnisse eines Transmissionsgitters zeigt. Analog zu der Analyse in Abschn. 8.2.5 kann eine einzelne Facette durch eine Phasenfunktion der Form $\exp(ik_0 x \sin \beta)$ beschrieben werden. Die dazugehörige komplexe Transmissionsfunktion einer Facet-

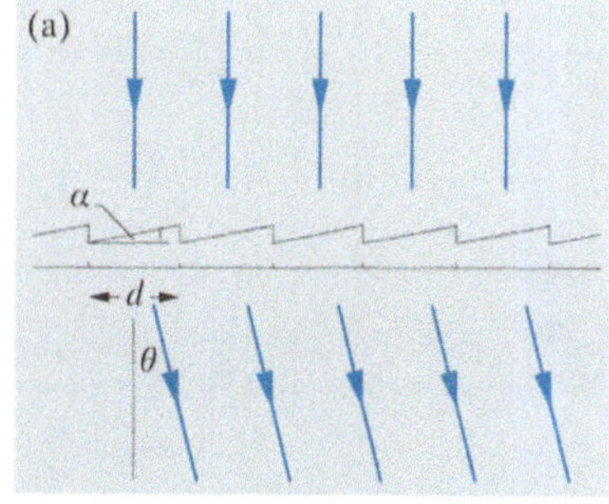

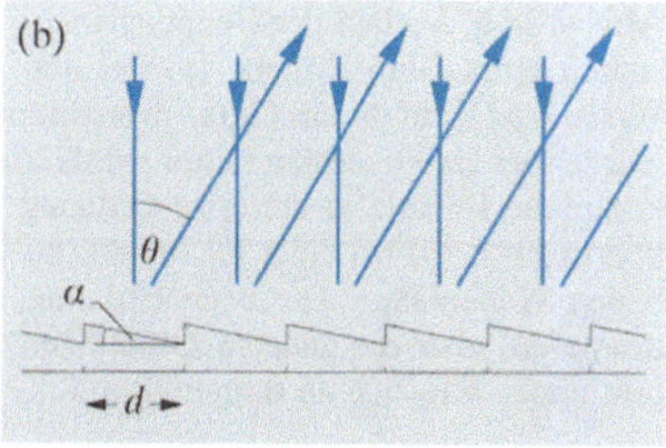

Abb. 9.6. (a) Blaze-Transmissionsgitter. Der Winkel θ muß die Bedingungen $n\lambda = d \sin \theta$ und $\theta = (\mu - 1)\alpha$ erfüllen; (b) Blaze-Reflexionsgitter. Hier muß θ die Bedingungen $n\lambda = d \sin \theta$ und $\theta = 2\alpha$ erfüllen

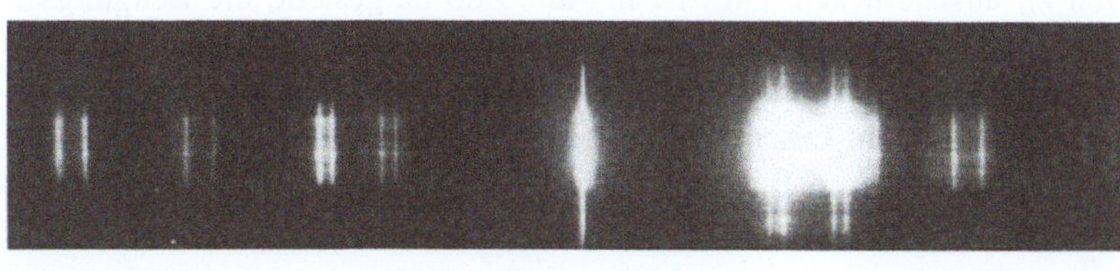

Abb. 9.7. Mehrere Beugungsordnungen eines Blaze-Transmissionsgitters. Der obere und untere Bildrand sind unterbelichtet, um die relative Intensität des Hauptmaximums sichtbar zu machen

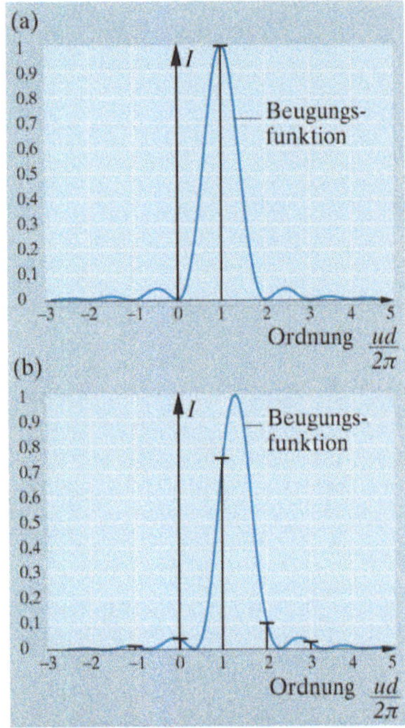

Abb. 9.8a,b. Verlauf der Beugungsintensitäten eines Blaze-Gitters. (a) Bei der Wellenlänge, auf die das Gitter abgestimmt wurde (bei einem idealen Gitter würde die komplette Energie in die erste Ordnung übertragen); (b) bei einer leicht verschobenen Wellenlänge. Die erste Ordnung dominiert, aber die anderen Ordnungen erscheinen schwach im Beugungsbild

te mit Breite b ist $g(x) = \text{rect}(x/b)\exp(\mathrm{i}k_0 x \sin\beta)$. Das vollständige Gitter wird dann durch

$$f(x) = g(x) \otimes \sum \delta(x - nd) \tag{9.21}$$

$$= \left[\text{rect}(x/b)\exp(\mathrm{i}k_0 x \sin\beta)\right] \otimes \sum \delta(x - nd) \tag{9.22}$$

dargestellt. Die Fouriertransformierte von (9.22) ist

$$F(u) = \left[\delta(u - k_0 \sin\beta) \otimes \text{sinc}(ub/2)\right] \cdot \sum \delta(u - 2\pi m/d)$$

$$= \text{sinc}\left[b(u - k_0 \sin\beta)/2\right] \cdot \sum \delta(u - 2\pi m/d) . \tag{9.23}$$

Man kann Abb. 9.8a entnehmen, daß das Maximum der Einhüllenden (sinc-Funktion), das den Wert von u (unter dem Winkel θ, wobei $u = k_0 \sin\theta$ ist) angibt, der die größte Intensität besitzt, vom Ursprung zum Punkt $k_0 \sin\beta$ verschoben ist. Ist nun $k_0 \sin\beta = 2\pi m_0/d$, so stimmt dies mit der Ordnung m_0 überein (normalerweise, aber nicht notwendigerweise die erste Ordnung). Auf diese Art und Weise kann β dazu verwendet werden, die Intensität einer bestimmten Ordnung für eine gegebene Wellenzahl k_0 zu maximieren. Die dazugehörige Wellenlänge heißt „**Blaze-Wellenlänge**".

Wir wollen nun die **Beugungseffizienz** berechnen. Die Intensität I_m der $m$ten Ordnung ist bei der Blaze-Wellenlänge gegeben durch $|F(2\pi m/d)|^2$, woraus

$$I_m = \text{sinc}^2 \left[\frac{b\pi}{d}(m - m_0)\right] \tag{9.24}$$

im Idealfall (vollständige Transmission oder Reflexion), wobei $b = d$ und $I_m = 0$ für alle Ordnungen außer $m = m_0$. Die Beugungseffizienz der $m_0$ten Ordnung beträgt daher 100%! In der Praxis sind Gitter mit $b = d$ schwer herzustellen, es gibt üblicherweise einige unbeleuchtete Bereiche an den Rändern der Facetten. Dadurch haben wir $b < d$, und die Ordnungen $m \neq m_0$ haben kleine, aber von null verschiedene Intensitäten (siehe Abb. 9.7), was sich in einer Verringerung der Effizienz widerspiegelt.

Für Wellenzahlen $k_1 \neq k_0$ ist die Phasenfunktion $\exp(\mathrm{i}k_1 \sin\beta)$ und

$$F(u) = \text{sinc}\left[(u - k_1 \sin\beta)/2\right] \cdot \sum \delta(u - 2\pi m/d) , \tag{9.25}$$

$$\boxed{I_m = \text{sinc}^2 \left[\frac{b\pi}{d}\left(m - m_0 \frac{k_1}{k_0}\right)\right]} , \tag{9.26}$$

wobei wir die Blaze-Bedingung dazu verwendet haben, $\sin\beta$ als Funktion von k_0 auszudrücken. Dies ist in Abb. 9.8b dargestellt; die Beugungseffizienz ist nicht mehr 100%, kann aber immer noch sehr hoch sein, falls $k_1 \approx k_0$. Die Berechnung für nichtsenkrechten Einfall anzupassen, ist einfach und soll dem Leser als Übungsaufgabe überlassen bleiben. Es bleibt noch anzumerken, daß man die Blaze-Wellenlänge durch Verändern des Einfallswinkels etwas variieren kann.

Im Detail betrachtet, ist die Strukturgröße bei einem Beugungsgitter in der Größenordnung der Wellenlänge, und daher ist die skalare Beugungstheorie eigentlich nicht besonders gut zu ihrer Beschreibung geeignet. Vor allem polarisationsabhängige Effekte werden damit nicht beschrieben. Eine ausführlichere Beschreibung findet sich bei *Hutley* (1982).

9.3 Zweistrahlinterferometrie

Das Phänomen der Interferenz hilft nicht nur bei der Beantwortung einiger grundlegender Fragen zur Natur des Lichtes, sondern eröffnet auch ungeahnte Möglichkeiten zur Präzisionsmessung. Wie wir bereits gesehen haben, ergeben sich aus den Youngschen Beugungsstreifen relativ gute Werte für die Wellenlänge des Lichts, und mit Hilfe sorgfältig geplanter Instrumente hat sich die optische Interferometrie zu einer der genauesten Meßtechniken in der Physik entwickelt.[1] In diesem Abschnitt werden wir einige Interferometer beschreiben, die auf der Interferenz zweier verschiedener Strahlen beruhen, und ihre Anwendungen kennenlernen. Für Meßzwecke ist es heute üblich, Laser als Lichtquellen zu verwenden; die dabei verwendeten Interferometer sind auf ihre Anwendung hin ausgerichtet. Nur wenn Bildgebung als Teil der Interferometrie verlangt wird (z. B. in der Interferenzmikroskopie, Abschn. 12.4.6), werden monochromatische Lichtquellen vorgezogen.

9.3.1 Jamin- und Mach-Zehnder-Interferometer

Diese Interferometer verwenden Teilreflexion an einem Strahlteiler, um zwei getrennte kohärente Lichtwellen zu erzeugen, die an einem zweiten Strahlteiler wieder zusammengeführt werden. Die Längen der optischen Wege können miteinander verglichen werden, wobei sehr geringe Differenzen detektiert werden können. Die Ausführung nach *Jamin* ist sehr stabil gegenüber mechanischen Störungen, aber durch die Tatsache, daß beide Strahlen eng nebeneinander laufen, weniger flexibel in der Anwendung (Abb. 9.9). Beim **Mach-Zehnder-Interferometer** ist eine größere Strahlseparation möglich (Abb. 9.10). Beide Interferometer können mit Hilfe einer Weißlichtquelle so eingestellt werden, daß sie für spezielle Bedingungen einen Wegunterschied von null aufweisen. Eine typische Anwendung jeder der beiden Typen ist die Messung der Brechungsindizes von Gasen. In Abb. 9.9 sieht man die beiden Strahlen durch geschlossene Glasröhren der Länge L laufen, wobei eine Röhre evakuiert und die andere mit dem zu messenden Gas unter einem bestimmten Druck gefüllt ist. Der Unterschied im optischen Weg $\overline{\delta l}$ ermöglicht die Messung des Brechungsindizes des Gases:

$$\overline{\delta l} = (\mu - 1)L \,. \tag{9.27}$$

Bei den meisten Messungen dieser Art mißt man nicht die eigentliche Verschiebung der Interferenzstreifen, sondern verwendet einen **Kompensator** (normalerweise eine Glasplatte mit parallelen Seiten, die bekannte Dicke

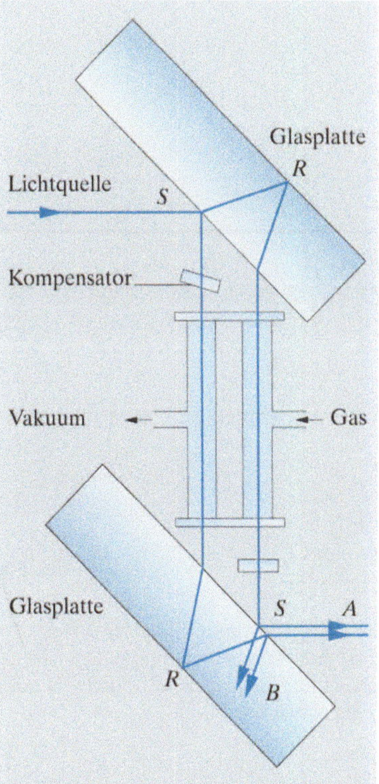

Abb. 9.9. Jamin-Interferometer zur Messung des Brechungsindex von Gasen. An der Fläche R reflektiert die Glasplatte das Licht vollständig, an der Fläche S zur Hälfte. Die Interferenz ist an den Ausgängen A und B meßbar

---

[1] Zeit- und frequenzmessende Techniken habe eine um etwa eine Größenordnung bessere relative Genauigkeit.

Abb. 9.10. Mach-Zehnder-Interferometer. M_1 und M_2 sind Spiegel, S_1 und S_2 sind Strahlteiler, die 50% reflektieren

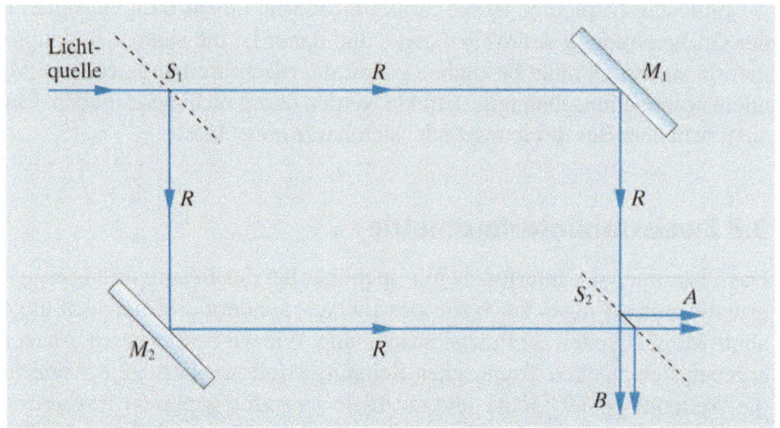

und Brechungsindex hat, unter einem beliebigen Winkel in einen Strahl eingebracht), um die Beugungsstreifen wieder in die Nullposition zu bringen. Mit Hilfe elektronischer Detektion kann die Nullposition etwa auf 10^{-3} eines Streifens bestimmt werden. Daher ergibt sich aus (9.27) mit $L = 20\,\mathrm{cm}$ und $\lambda = 0{,}5\,\mu\mathrm{m}$ eine Meßgenauigkeit von $\delta\mu = \pm 10^{-3}\lambda/L = \pm 2{,}5 \cdot 10^{-9}$.

9.3.2 Michelson-Interferometer

Michelson-Interferometer erzeugen Strahlen, die nicht nur weit voneinander getrennt sind, sondern sich auch noch senkrecht zueinander ausbreiten. Diese beiden Eigenschaften machen sie zu sehr vielseitigen Instrumenten, und zusammen mit abgeleiteten Instrumenten stellen sie die am besten bekannten Interferometer dar. Man sollte ein Michelson-Interferometer allerdings nicht mit dem **Michelson-Stellarinterferometer** verwechseln, das in Abschn. 11.9.1 beschrieben wird.

Das Grundprinzip ist in Abb. 9.11 dargestellt. Licht tritt von oben ein und wird teilweise reflektiert und teilweise transmittiert durch den halbdurchlässigen Spiegel S. Die beiden Strahlen werden von den Spiegeln M_1 und M_2 reflektiert, und das daraus entstehende Interferenzmuster kann an den Orten A oder B beobachtet werden. Da Strahlen, die vom Spiegel M_2 reflektiert werden, bei Beobachtung am Ort A dreimal das Medium von Spiegel S durchlaufen müssen, während entsprechende Strahlen vom Spiegel M_1 dies nur einmal tun, wird ein zusätzliches Medium P in den Strahlengang eingebracht, um die optischen Wege anzugleichen. Diese Glasplatte wird auch deswegen benötigt, da Glas ein dispergierendes Medium ist und man nur dann für alle Wellenlängen den gleichen optischen Weg bekommt, wenn man die gleiche Strecke in Glas auf beiden Wegen zurücklegt. Diese Kompensationsplatte muß daher die gleiche Dicke und den gleichen Winkel wie S besitzen.

Mit dem Michelson-Interferometer lassen sich zahlreiche verschiedene Arten von Beugungsmustern erzeugen – gerade Streifen, gekrümmte oder vollständig kreisförmige, in monochromatischem oder weißem Licht. Sie können alle im Rahmen einer einzigen Theorie verstanden werden, wenn wir das Problem als dreidimensional auffassen, wobei die verschiedenen Muster

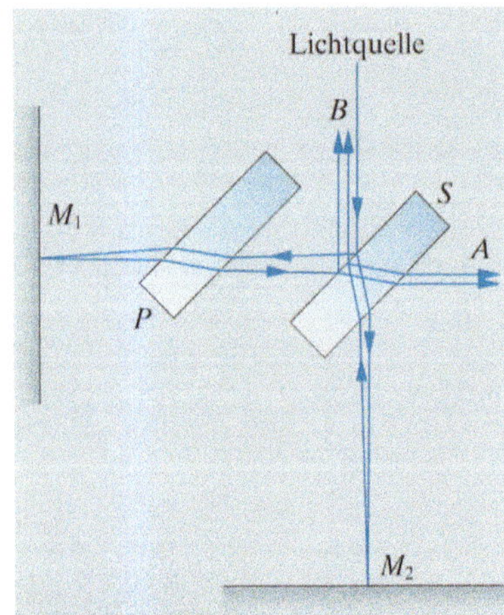

Abb. 9.11. Michelson-Interferometer. P ist eine Kompensatorplatte. Das austretende Licht kann an den Positionen A oder B betrachtet werden

dadurch zustande kommen, daß man das gleiche Muster aus verschiedenen Richtungen betrachtet.

Die Quelle sollte dabei ausgedehnt sein, aber wir können das Verständnis der Theorie dadurch erleichtern, daß wir uns einen Strahl nach dem anderen anschauen, der von einem bestimmten Punkt auf der Quelle ausgeht. Ignorieren wir die endliche Dicke der optischen Komponenten, so können wir Abb. 9.12 entnehmen, daß O an S gespiegelt ein (Spiegel-)Bild an der Stelle O_S hat und an M_2 gespiegelt an der Stelle O_2; O_S hat ein Bild O_{S1} in M_1 und O_2 eines in S an der Stelle O_{2S}. Die Bilder O_{S1} und O_{2S} sind die beiden virtuellen Quellen, die zur Interferenz kommen.

Man kann leicht sehen, daß man O_{S1} und O_{2S} so nahe aneinanderbringen kann, wie das Problem es erfordert. Kleine Einstellungen an M_1 und M_2 können ihre Positionen verschieben, und so ist es möglich, sogar ein Bild hinter das andere zu projizieren. Die unterschiedlichen Arten von Beugungsstreifen resultieren aus den verschiedenen Positionen von O_{S1} und O_{2S}, und die Größe der Interferenzstreifen hängt von ihrem Abstand ab.

Sind O_{S1} und O_{2S} nebeneinander angeordnet, haben wir eine Situation wie beim **Youngschen Experiment**, und wir erhalten einen Satz von geraden[2] Streifen, senkrecht zum Vektor $O_{S1}O_{2S}$. Je enger die beiden Punkte beieinanderliegen, desto weiter ist der Abstand der Interferenzstreifen. Eine üblichere Position ist die, in der O_{S1} vor oder hinter O_{2S} zu liegen kommt. Die Richtungen konstruktiver und destruktiver Interferenz liegen dann auf Kegelflächen um die Verbindungslinie $O_{S1}O_{2S}$. Abbildung 9.13a entnehmen wir, daß auf einem Schirm in der Entfernung $L \gg O_{S1}O_{2S} \equiv s$ die Wellenamplitude im Punkt P, dem Punkt, der einem Beobachtungswinkel θ entspricht, gegeben ist durch

$$\psi_P \sim \exp\left(ik_0 \overline{O_{2S}P}\right) + \exp\left(ik_0 \overline{O_{S1}P}\right) \tag{9.28}$$

$$\sim 2 \exp\left[ik_0 \frac{\overline{O_{2S}P} + \overline{O_{S1}P}}{2}\right] \cos\left[k_0 \frac{\overline{O_{2S}P} - \overline{O_{S1}P}}{2}\right]. \tag{9.29}$$

Für solch große L gilt $\frac{1}{2}(\overline{O_{2S}P} - \overline{O_{S1}P}) \simeq \frac{1}{2}s\cos\theta$, so daß die beobachtete Intensität geschrieben werden kann als

$$|\psi_P|^2 \sim 4\cos^2\left[\frac{k_0 s \cos\theta}{2}\right] = 2\left[1 + \cos(k_0 s \cos\theta)\right]. \tag{9.30}$$

Dies definiert einen Satz kreisförmiger Beugungsstreifen (mit konstantem θ) in der Ebene, in der P liegt. Der genaue Wert von s bestimmt dabei, ob das Zentrum ($\theta = 0$) dunkel oder hell ist. Die Größe des Beugungsmusters hängt von s ab. Erfüllt s beispielsweise die Bedingung $k_0 s = m_0 \pi$, wird das Zentrum hell, und der $m$te helle Streifen befindet sich unter dem Winkel θ_m, so daß $k_0 s \cos\theta_m = (m_0 - m)\pi$ erfüllt ist. Für kleine θ läßt sich dies schreiben als

$$\boxed{k_0 s \theta_m^2 \simeq 2m\pi} \,. \tag{9.31}$$

---

[2] Die Streifen sind tatsächlich hyperbolisch, aber von geraden Streifen in den meisten praktischen Fällen nicht zu unterscheiden (Abschn. 9.1.1).

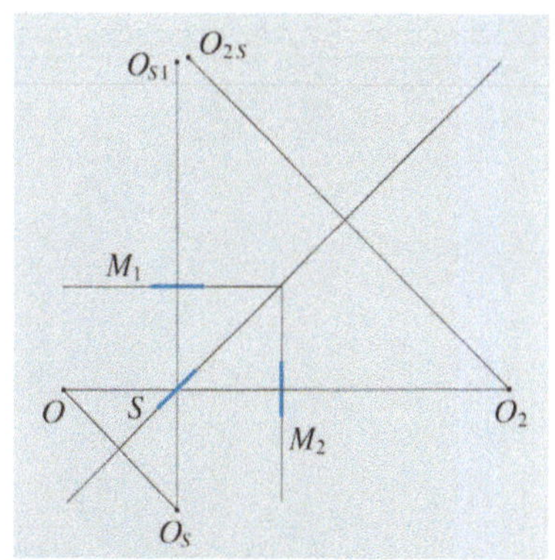

Abb. 9.12. Prinzip des Michelson-Interferometers

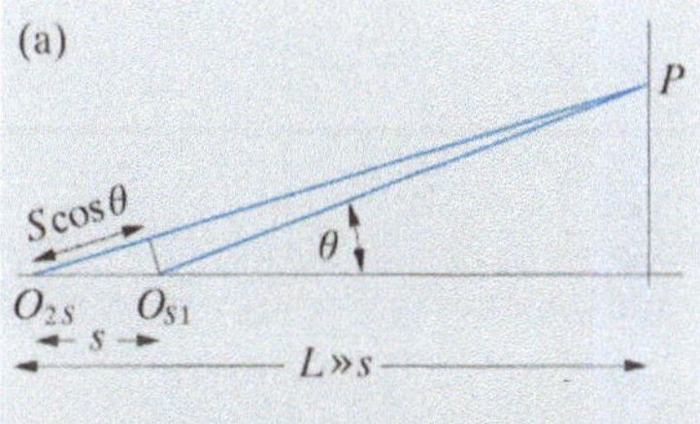

Abb. 9.13. (a) Wegunterschied am Ort P zwischen Wellen mit einem Winkel θ relativ zur Achse. O_{2S} ist weiter vom Beobachter entfernt als O_{S1}. (b) Beugungsringe in einem Michelson-Interferometer

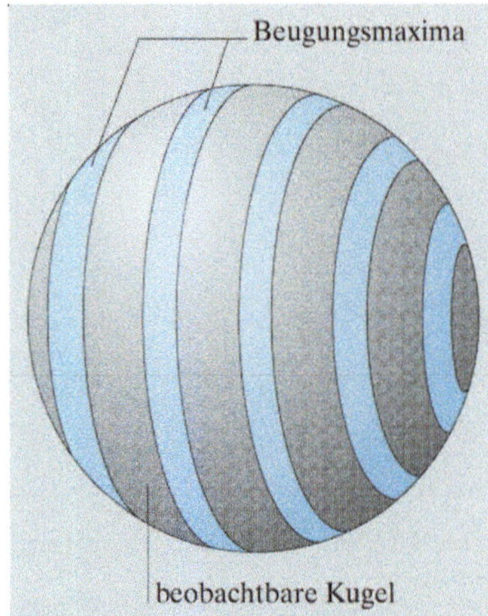

Abb. 9.14. Schematische Darstellung des Schnitts der Fourier-Transformierten zweier Punkte – planare Streifen mit sinusförmigen Intensitätsverlauf – mit der Ewald-Kugel

Daher sind die Winkeldurchmesser der kreisförmigen Streifen proportional zu $\sqrt{m}$ und skalieren mit $k_0 s$ (siehe Abb. 9.13b).

Wie in Abschn. 8.4 ist es auch hier instruktiv, dieses Problem als **dreidimensionale Fouriertransformation** zweier Punkte zu betrachten; dies ergibt einen Satz von ebenen, sinusförmigen Streifen, wie in Abb. 9.14 dargestellt. Die verschiedenen beobachteten Beugungsstreifen sind unterschiedliche Darstellungen dieser Fouriertransformation.

Um diese Aussage besser zu verstehen, verwenden wir wieder das Konzept der **Ewald-Kugel** (Abschn. 8.4.2). Wir beschäftigen uns hier allerdings mit kohärenten Quellen und nicht mehr mit Streuzentren, so daß die Phasendifferenz immer null wird und nicht mehr vom einfallenden Wellenvektor k_0 abhängt. Daher muß (8.65) zu eins werden; dies ergibt sich, indem man $k_0 = 0$ setzt. Die Ewald-Kugel bekommt dadurch einen Radius von $2\pi/\lambda$ und ist um den Ursprung des reziproken Raums zentriert. Sie schneidet daher die Fouriertransformierte und hat ihr Zentrum auf einem Maximum (Abb. 9.14).

Rücken die Punkte O_{S1} und O_{2S} näher zusammen, werden die Streifen breiter, und je nach Wahl der Punkte hat die Transformierte verschiedene Ausrichtungen. Abbildung 9.15 zeigt, wie verschiedene Typen von Beugungsmustern zustande kommen, wenn man die Schnittpunkte von Transformierter und Ewald-Kugel auf den Beobachtungsschirm projiziert. Wird weißes Licht verwendet, hat die Ewald-Kugel eine endliche Dicke; wie man in Abb. 9.15d sieht, ist nur der zentrale Streifen scharf, die anderen weisen bestimmte Farben auf und verlaufen ineinander. Solche farbigen Streifen sind der beste Hinweis auf die Interferenz in der nullten Ordnung.

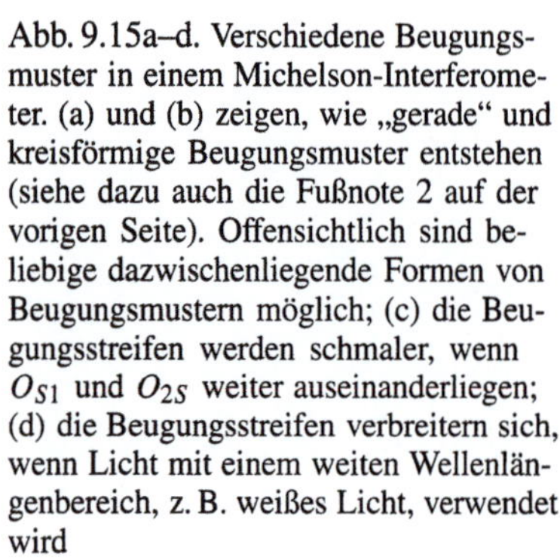

Abb. 9.15a–d. Verschiedene Beugungsmuster in einem Michelson-Interferometer. (a) und (b) zeigen, wie „gerade" und kreisförmige Beugungsmuster entstehen (siehe dazu auch die Fußnote 2 auf der vorigen Seite). Offensichtlich sind beliebige dazwischenliegende Formen von Beugungsmustern möglich; (c) die Beugungsstreifen werden schmaler, wenn O_{S1} und O_{2S} weiter auseinanderliegen; (d) die Beugungsstreifen verbreitern sich, wenn Licht mit einem weiten Wellenlängenbereich, z. B. weißes Licht, verwendet wird

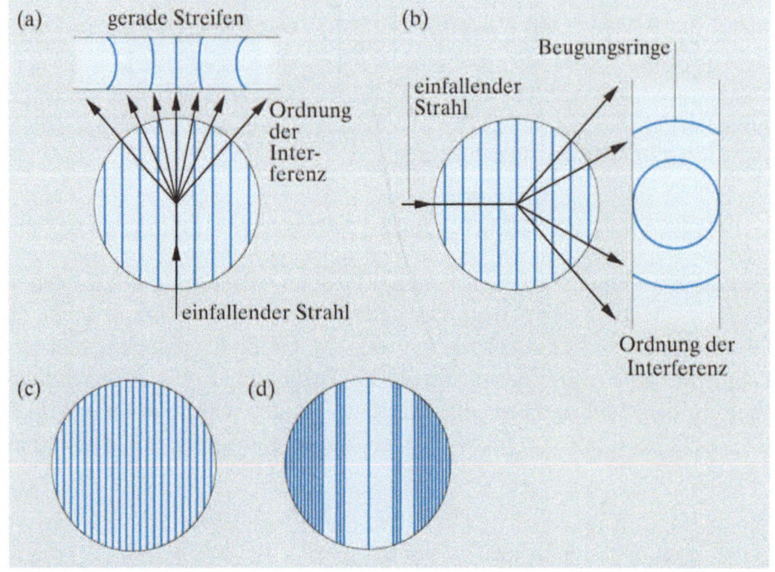

9.3.3 Lokalisation von Beugungsstreifen

Bisher sind wir davon ausgegangen, daß die Beugungsstreifen von einer einzelnen Punktquelle O ausgesendet wurden. Ist die Lichtquelle aber ausgedehnt und inkohärent, erzeugt jeder Punkt davon sein eigenes Streifenmuster an einer bestimmten Stelle; die verschiedenen Muster überlagern sich und löschen sich normalerweise aus. Es gibt allerdings einen Bereich, in dem alle Beugungsmuster übereinstimmen, und so kann selbst bei einer ausgedehnten, inkohärenten Lichtquelle ein Streifenmuster an dieser Stelle lokalisiert gesehen werden. Beim **Michelson-Interferometer** liegen die Streifen im Bereich zwischen den Spiegeln M_1 und M_2 (die der Beobachter als übereinanderliegend sieht).

Die folgende Herleitung zum Verständnis der Streifenlokalisierung kann für jedes beliebige Interferometer angewendet werden, wird aber am Beispiel des Michelson-Interferometers erläutert (Abb. 9.16). Wir betrachten einen Strahl, der vom Punkt O ausgehend durch das Interferometer läuft und das Auge des Beobachters erreicht. Unterwegs ist der Strahl geteilt worden, und, wie wir in Abschn. 9.3.2 gesehen haben, kommt er scheinbar von den beiden Quellen O_{S1} und O_{2S}. Beide Teilstrahlen müssen das Auge treffen, damit man das Interferenzmuster sieht. Bei einer Projektion des Strahlengangs in die von O_{S1}, O_{2S} und dem Auge aufgespannte Ebene schneiden sich die Teilstrahlen im Punkt X. Wir wollen annehmen, daß wir die Streifen nullter Ordnung betrachten, was voraussetzt, daß das Interferometer so justiert ist, daß O_{S1} und O_{2S} Seite an Seite zu liegen kommen, so daß die optischen Wege $O_{S1} X$ und $O_{2S} X$ gleich sind. Die nullte Beugungsordnung liegt dann in der Ebene $\mathscr{Z}_O$, der Winkelhalbierenden von $O_{S1} O_{2S}$ (Abschn. 9.1.1), die durch X geht. Nun betrachten wir einen zweiten Punkt Q auf der Lichtquelle. Dieser hat eine definierte geometrische Beziehung zu O und dem Strahl, der durch O geht, er erhält bei den Reflexionen diese Beziehung. Daher erfüllen die Bilder Q_{S1} und Q_{2S} folgende Beziehungen:

$$O_{S1} Q_{S1} = O_{2S} Q_{2S} \,, \tag{9.32}$$

für die Winkel gilt: $\angle O_{S1} Q_{S1} X = \angle O_{2S} Q_{2S} X \,. \tag{9.33}$

Aus der Kongruenz der Dreiecke $O_{S1} Q_{S1} X$ und $O_{2S} Q_{2S} X$ folgt, daß die Ebene der nullten Ordnung $\mathscr{Z}_Q$ des Interferenzmusters zwischen Q_{S1} und Q_{2S} ebenso durch den Punkt X geht, wo sie $\mathscr{Z}_O$ entlang einer Linie senkrecht zur Zeichenebene schneidet. Aus dieser Konstruktion folgt, daß *alle* Streifen nullter Ordnung, die von einem ausgedehnten Objekt stammen, sich entlang dieser Linie schneiden. Das Interferenzmuster ist daher um X herum lokalisiert, dem Schnittpunkt zwischen den Projektionen der Strahlen auf die Ebene, die O_{S1}, O_{2S} und das Auge enthält.

Auch die Streifen höherer Ordnungen können so geometrisch festgestellt werden. Ist $O_{S1} O_{2S} \ll O_{S1} X$, so ist die Fläche $\mathscr{F}_O$ der ersten Ordnung angenähert eine Ebene unter einem Winkel $\beta = \lambda / O_{S1} O_{2S}$ relativ zu $\mathscr{Z}_O$. Man kann sehen, daß für den Fall kleiner Winkel die Ebenen erster Ordnung, abgeleitet von O und Q, sich entlang einer Linie parallel zur nullten Ordnung schneiden, in einer Ebene durch X senkrecht zum Lichtstrahl (eine exakte geometrische Konstruktion, die von Q unabhängig ist, gibt es nicht).

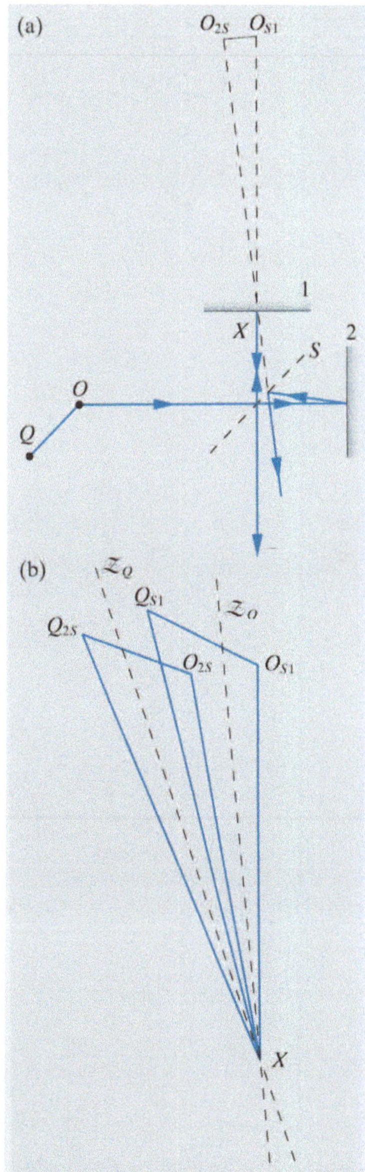

Abb. 9.16a,b. Konstruktion zur Verdeutlichung der Position von Michelson-Streifen in der Ebene der Spiegel. Um den Punkt X zu bestimmen, muß ein Spiegel aus seiner normalen Position herausgedreht werden

Beim Michelson-Interferometer liegt X in der Ebene der Spiegel. Die **Interferenzstreifen** sind daher **in der Spiegelebene** lokalisiert. Dies ist eine wichtige Eigenschaft des Michelson-Interferometers und seiner Ableitungen, wenn man sie in Verbindung mit einer ausgedehnten, inkohärenten Lichtquelle betreibt. Der Beobachter muß auf die Spiegel fokussieren, um die Interferenzmuster zu sehen.

9.3.4 Das Michelson-Morley-Experiment

Eines der wichtigsten Experimente, die zum Zeitalter der modernen Physik hingeführt haben, wurde von *Michelson* und *Morley* 1887 ausgeführt, wobei die enorme Genauigkeit ausgenutzt wurde, die *Michelson* dank seinem Genius mit seinem Interferometer erreichen konnte. Er beschäftigte sich mit dem Problem, daß, um die **Aberration** von Sternenlicht – die scheinbare Veränderung eines Sternorts aufgrund der Bewegung der Erde um die Sonne – zu erklären, Fresnel annehmen mußte, daß der „**Äther**" (das Medium, von dem man annahm, daß sich darin die elektromagnetischen Wellen ausbreiten) in Ruhe ist, wenn sich ein undurchsichtiger Körper durch ihn hindurchbewegt. Er setzte sich daraufhin zum Ziel, die Geschwindigkeit der Erde relativ zum Äther zu messen.

Michelson ging dabei von der Voraussetzung aus, daß die Geschwindigkeit der Erde relativ zum Äther von der gleichen Größenordnung wie ihre Umlaufgeschwindigkeit sein sollte. Er zeigte zuerst, daß sein Interferometer eine solche Messung mit hinreichender Genauigkeit durchführen konnte. Das Hauptproblem bestand darin, daß der zu messende Effekt zweiter Ordnung ist. Die Geschwindigkeit des Lichts konnte nur dadurch herausgefunden werden, daß man die Zeit maß, die ein Lichtsignal braucht, um wieder zu seinem Ausgangspunkt zurückzukehren. Die Differenz zwischen den Zeiten für einen Weg entlang der Flugrichtung der Erde und senkrecht dazu, die die beiden Extremwerte darstellen, ist eine Größe zweiter Ordnung, die wir nun ableiten wollen.

Gemäß der klassischen Physik ist die Zeit t_1 für die Reise des Lichts entlang der Strecke L parallel zur Flugrichtung der Erde gegeben durch

$$t_1 = \frac{L}{c+v} + \frac{L}{c-v}, \tag{9.34}$$

wobei v die Umlaufgeschwindigkeit der Erde darstellt. Für eine Reise senkrecht zu dieser Richtung müßte das Licht einen längeren Weg $L' = 2L[1 + (v^2/c^2)]^{1/2}$ zurücklegen, und zwar in einer Zeit $t_2 = L'/c$. Entwickelt man die Ausdrücke bis zur zweiten Ordnung in v/c, erhält man

$$t_1 \approx \frac{2L}{c}\left(1 + \frac{v^2}{c^2}\right); \qquad t_2 \approx \frac{2L}{c}\left(1 + \frac{1}{2}\frac{v^2}{c^2}\right). \tag{9.35}$$

Der Zeitunterschied $t_1 - t_2 = (L/c)(v^2/c^2)$ entspricht einem Wegunterschied von Lv^2/c^2. Ist v zu klein im Vergleich zu c, könnte eine Messung dieser Größe unmöglich werden.

Ist nun v zu klein? Die Umlaufgeschwindigkeit der Erde beträgt etwa einen Faktor 10^{-4} der Lichtgeschwindigkeit. Nimmt man ein L von 100 cm,

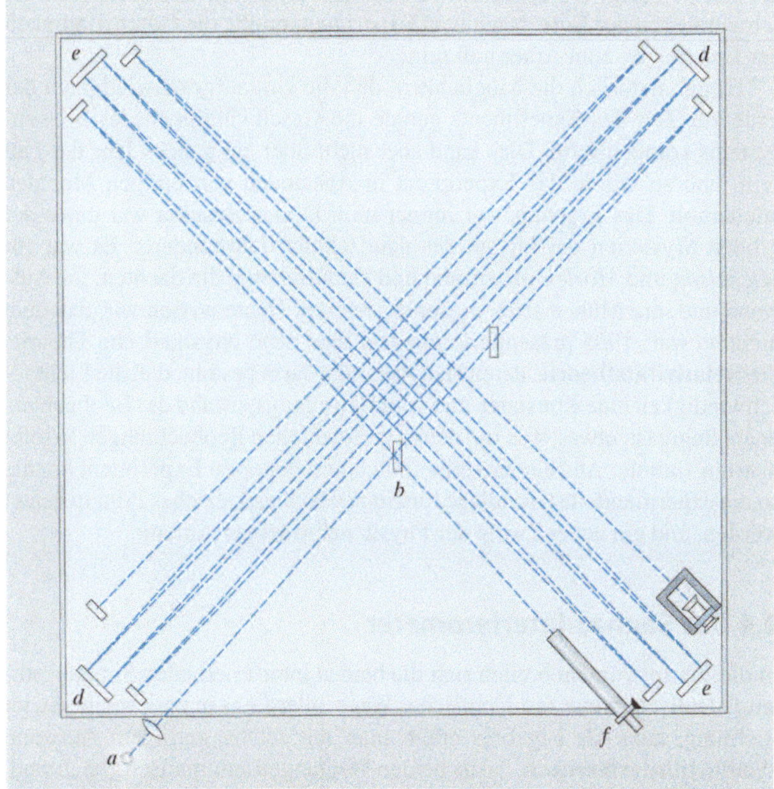

Abb. 9.17. Interferometer, benutzt im Michelson-Morley-Experiment. (Aus *Michelson* 1927)

erhält man einen Wegunterschied von 10^{-6} cm oder etwa $\lambda/50$. Dies ist in der Tat zu klein für visuelle optische Techniken, aber groß genug, um mit einigen Modifikationen einen meßbaren Effekt in einem Interferometer hervorzurufen.

Der wichtigste Faktor, um einen meßbaren Weglängenunterschied hervorzurufen, war eine Verlängerung von L. Das Interferometer wurde auf eine Steinplatte mit einer Diagonalen von 2 m montiert (Abb. 9.17), und das Licht wurde mehrmals hin- und herreflektiert, so daß sich eine optische Weglänge L von 11 m ergab. Da es kein a priori Wissen über die Richtung der Erdbewegung relativ zum Äther gab, konnte der ganze Apparat gedreht werden und der maximale Weglängenunterschied sollte etwa das 22-fache des oben angegebenen Wertes erreichen – etwas weniger als die Hälfte eines Interferenzstreifens. Michelson und Morley waren sich sicher, daß sie dies mit einer Genauigkeit von etwa 5% messen konnten.

Wir beschreiben dieses Experiment in einigen Details, da es eines der wichtigsten Experimente der Optik darstellt. Es macht die Notwendigkeit klar, Techniken zur Messung sehr kleiner Größen zu entwickeln. Die Sorgfalt, mit der Störeinflüsse vermieden wurden, machen es lohnend, auch die Originalarbeit zu lesen (*Michelson* 1927). Das Ergebnis war überraschend und enttäuschend: keine reproduzierbare Verschiebung, die größer als $0{,}01\lambda$ gewesen wäre, konnte gefunden werden (Abb. 9.18). Die gestrichelte Linie

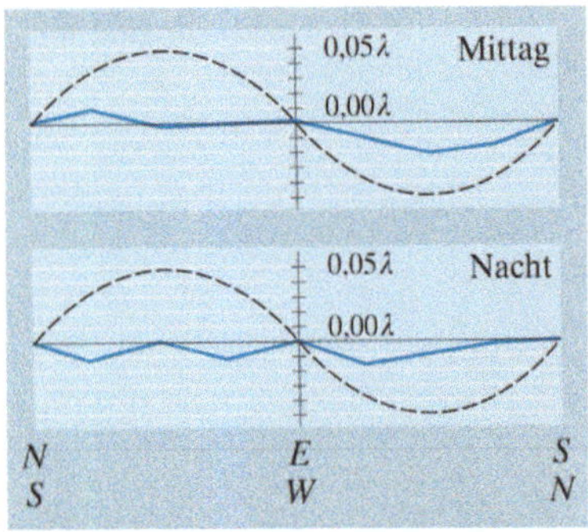

Abb. 9.18. Typische tägliche Variation der Musterverschiebung. (Aus *Michelson* 1927)

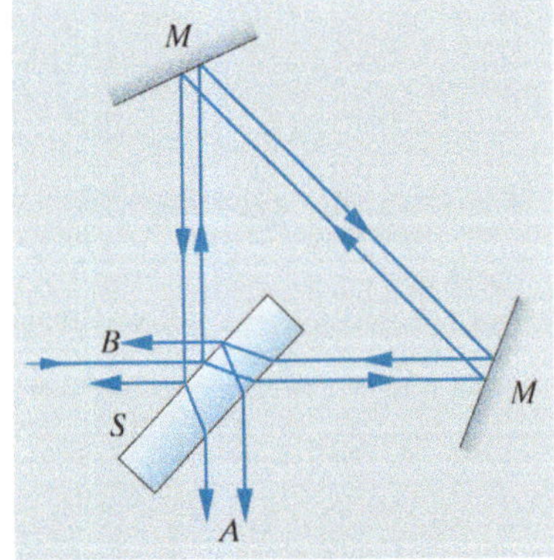

Abb. 9.19. Sagnac-Interferometer. *S* ist ein Strahlteiler. Aufgrund seiner Dicke überlagern sich die gegenläufigen Strahlen nicht vollständig

in Abb. 9.18 zeigt 1/8 der erwarteten Verschiebung aufgrund der Umlaufgeschwindigkeit der Erde. Nach dem Experiment müßte die Geschwindigkeit der Erde relativ zum Äther null sein!

Es gab natürlich die Möglichkeit, daß die Umlaufgeschwindigkeit der Erde zur Zeit des Experiments gerade die Geschwindigkeit des Sonnensystems kompensierte. Dies kann aber nicht über ein ganzes Jahr der Fall sein, und so wurde das Experiment in Abständen von einigen Monaten wiederholt. Das Ergebnis war immer null. Dieses Resultat war eines der großen Mysterien der Physik des neunzehnten Jahrhunderts. Es war für *Michelson* und *Morley* verwirrend und enttäuschend, die dachten, ihr Aufwand und ihre Mühen seien umsonst gewesen. Heute wissen wir, daß dem nicht so war; 1905 präsentierte *Einstein* eine neue physikalische Theorie, die **Relativitätstheorie**, deren Hauptaussage darin besteht, daß die Lichtgeschwindigkeit eine Konstante und vom Bewegungszustand des Beobachters unabhängig ist, etwas, was mit den experimentellen Beobachtungen absolut übereinstimmte. Aus einem vermeintlich gescheiterten Experiment konnte so die experimentelle Grundlage für ein neues physikalisches Prinzip gelegt werden, und ein neuer Zweig der Physik nahm seinen Anfang.

9.4 Das Sagnac-Interferometer

In diesem Instrument breiten sich die beiden interferierenden Strahlen entlang identischer oder fast identischer Wege, allerdings in entgegengesetzter Richtung, aus. Als Ergebnis erhält man mit relativ geringem Aufwand **Weißlichtinterferenzen**, da die beiden Weglängen automatisch gleich sind. Kleine Weglängenunterschiede können eingeführt werden, indem man die vollständige Gegenläufigkeit der Strahlen etwas stört. In Abb. 9.19 ist die einfachste Form des Interferometers gezeigt, aber Varianten mit mehr Spiegeln sind möglich. Es gibt üblicherweise zwei austretende Strahlen; einer am Punkt A, der leicht zugänglich ist, und einer in B, der in Richtung der Quelle zurückläuft. Hier ergibt sich nicht die Notwendigkeit einer Kompensationsscheibe wie beim Michelson-Interferometer, da beide Strahlen gleich häufig den Strahlteiler durchlaufen. Ist der Amplitudenreflexionskoeffizient des Strahlteilers $\mathcal{R}$ und sein Transmissionskoeffizient $\mathcal{T}$, dann hat die eine Welle am Ort A die Amplitude $\mathcal{T}^2$, die andere $\mathcal{R}\mathcal{R}$. Die Wellen interferieren daher destruktiv, wenn der Weglängenunterschied an diesem Ausgang null beträgt (siehe Abschn. 5.6.2), aber löschen sich nur dann vollständig aus, wenn $\mathcal{T}^2 = \mathcal{R}^2$. Dies erfordert einen sorgfältig konstruierten Strahlteiler. Am Punkt B haben wir zwei Wellen mit den Amplituden $\mathcal{T}\overline{\mathcal{R}}$, die sich daher bei einem Weglängenunterschied von Null konstruktiv überlagern, wobei der Kontrast für alle Werte von $\mathcal{R}$ und $\mathcal{T}$ gleich eins ist. Daher wird dieser Ausgang für quantitative Messungen oft vorgezogen, obwohl man zusätzliche optische Elemente benötigt (in der Abbildung nicht eingezeichnet), um die auslaufenden von den einfallenden Strahlen zu trennen.

Tritt Licht in das Interferometer ein unter einem Winkel zu dem Strahl, der in Abb. 9.19 gezeigt ist, wird ein Weglängenunterschied eingebracht, da die beiden gegenläufigen Strahlen nicht vollständig parallel sind und daher leicht unterschiedliche optische Wege im Strahlteiler haben. Die austretenden Strahlen sind allerdings immer parallel, so daß bei der Verwendung einer ausgedehnten, inkohärenten Strahlungsquelle aus Abschn. 9.3.3 folgt, daß die Interferenzstreifen im Unendlichen lokalisiert sind.

9.4.1 Lichtgeschwindigkeit in einem bewegten Medium

Das **Sagnac-Interferometer** ist aus zwei Gründen besonders wichtig: Der erste Grund ist historischer Art; es stellte die erste Methode zur Messung relativistischer Effekte bei der Lichtausbreitung dar. 1859 konstruierte *Fizeau* ein Interferometer dieser Art, um die Geschwindigkeit von Licht in strömendem Wasser zu messen (Abb. 9.20). Das Wasser fließt, wie in der Abbildung gezeigt, und so breitet sich ein Lichtstrahl in Flußrichtung, der zweite entgegengesetzt dazu aus. Die Differenz der Geschwindigkeiten der beiden Wellen konnte so gemessen werden. In der klassischen Physik ergeben sich natürlich für die Lichtgeschwindigkeit bei Bewegung in einem bewegten Bezugssystem $c_+ = c/\mu + v$ und $c_- = c/\mu - v$ für die beiden Richtungen, womit allerdings die experimentellen Beobachtungen nicht übereinstimmten. *Fizeau* mußte daher einen „**Äthermitführungskoeffizienten**" $(1 - \mu^{-2})$ einführen, um sie zu erklären (dieser Term wurde bereits dazu verwendet, die unerklärbaren Ergebnisse der Messungen der stellaren Aberration aufgrund der Erdbewegung auszugleichen, Abschn. 9.3.4). Die Einsteinsche Relativitätstheorie erklärt die Resultate zwanglos, und man erhält für c_+ und c_- die Werte

$$c_\pm = \frac{c/\mu \pm v}{1 \pm v/\mu c} \, . \tag{9.36}$$

Es ist interessant zu bemerken, daß, anders als beim Michelson-Morley-Experiment, die Größen, die hier gemessen werden, von erster Ordnung und daher relativ leicht zu beobachten sind.

9.4.2 Optische Gyroskope

Eine wichtige moderne Anwendung des Sagnac-Interferometers ist die Verwendung als **optisches Gyroskop**. Nehmen wir an, das komplette Interferometer rotiert in seiner Ebene mit einer Winkelgeschwindigkeit Ω. Dadurch wird eine Phasenverschiebung zwischen den beiden gegenläufigen Strahlen erzeugt; dies wird **Sagnac-Effekt** genannt. Da hier Licht in einem Nichtinertialsystem (rotierendes Bezugssystem) auftritt, müßte das Problem eigentlich im Rahmen der allgemeinen Relativitätstheorie behandelt werden, aber es zeigt sich, daß auch die spezielle Relativitätstheorie das richtige Ergebnis liefert.[3]

Betrachten wir ein kreisförmiges Interferometer[4] mit Radius R und optischer Weglänge L zwischen dem ersten und zweiten Durchlauf des Lichts

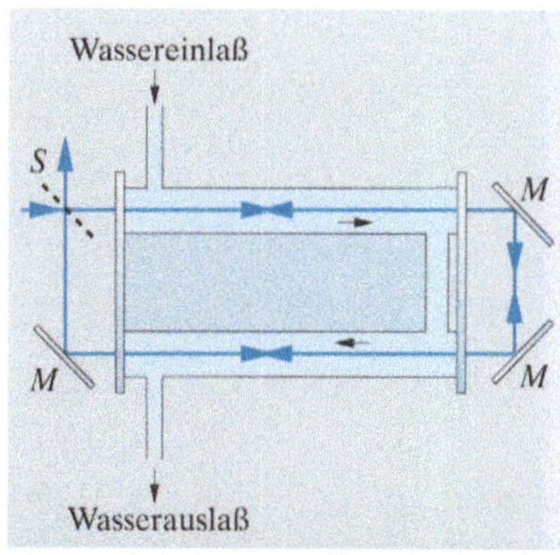

Abb. 9.20. Fizeau's Experiment zur Bestimmung der Lichtgeschwindigkeit in strömendem Wasser (schematisch)

---

[3] *Chow* et al. (1985); spezielle und allgemeine Relativitätstheorie ergeben das gleiche Resultat, da keine Gravitationsfelder beteiligt sind.

[4] Wir ersetzen die dreieckige Konfiguration aus Abb. 9.19 durch einen Kreis, so daß die Geschwindigkeit $R\Omega$ des Mediums konstant ist, und erhalten so ein angenähertes Ergebnis.

durch einen Strahlteiler (für einen einfachen Umlauf ist $L = 2\pi R$, es können aber auch mehrere Umläufe verwendet werden). Die Geschwindigkeit ist $v = R\Omega$, und das Licht breitet sich in einem Medium mit Brechungsindex μ aus. Verwenden wir das Additionstheorem für Geschwindigkeiten in einem Inertialsystem, haben wir in einer Richtung die Lichtgeschwindigkeit c_+ (im Uhrzeigersinn, gleiche Richtung wie Ω), in der entgegengesetzten Richtung (gegen den Uhrzeigersinn) beträgt sie c_- (9.36). Diese Geschwindigkeiten stellen die zwei Lichtgeschwindigkeiten, gemessen im Laborsystem, dar. Während der Zeit t_+, die das Licht im Uhrzeigersinn braucht, um den Weg L durch das Interferometer zurückzulegen, bewegt sich der Strahlteiler um die Strecke $R\Omega t_+$, so daß gilt $c_+ t_+ = L + R\Omega t_+$. Analog gilt für die Gegenuhrzeigerrichtung $c_- t_- = L - R\Omega t_-$. Kombinieren wir beide, finden wir

$$\Delta t = t_+ - t_- = L\left[\frac{1}{c_+ - R\Omega} - \frac{1}{c_- + R\Omega}\right]. \tag{9.37}$$

Setzen wir c_+ und c_- aus (9.36) ein, erhalten wir

$$\Delta t = \frac{2LR\Omega}{c^2 - R^2\Omega^2} \simeq \frac{2LR\Omega}{c^2}. \tag{9.38}$$

Man beachte, daß μ in der Gleichung nicht mehr vorkommt.

Diese Zeitdifferenz kann in eine Phasen- oder Frequenzdifferenz übersetzt werden, abhängig von der Detektionsmethode. In einem optischen Gyroskop wird Licht der Frequenz ω in das Interferometer geleitet, und die Phasendifferenz $\omega\Delta t$ wird gemessen. Der Effekt ist sehr klein, daher verwendet man üblicherweise eine Spule aus Glasfasern, um ihn durch Verlängern von L zu vergrößern. Die Tatsache, daß man dazu eine Glasfaser verwendet, verändert das Ergebnis nicht, da μ in (9.38) nicht mehr vorkommt. R wird so groß wie praktisch möglich gemacht (damit wird die Größe des Instruments bestimmt). Nehmen wir als Beispiel $L = 100\,\text{m}$, $R = 0,1\,\text{m}$, $\Omega = 1\,\text{rad}\cdot\text{s}^{-1}$ und $\lambda = 0,5\,\mu\text{m}$; wir erhalten als Phasenverschiebung

$$\Delta\phi = \omega\Delta t = \frac{2\pi c}{\lambda}\cdot\frac{2LR\Omega}{c^2} \simeq 0,8\,\text{rad}. \tag{9.39}$$

Es ist nicht allzu schwierig, eine solche Phasenverschiebung zu messen, aber ein einsetzbares Gyroskop sollte bis auf einen Faktor 10^{-3} der Erdrotation, $15°\text{h}^{-1}$, genau sein, so daß Phasenverschiebungen von 10^{-7} rad gemessen werden müßten. Aufgrund von Verlusten beträgt der größte realisierbare Wert von L einige Kilometer.

Wir werden hier nicht weiter auf die verschiedenen Detektionsmethoden, die hierzu entwickelt wurden, oder die Probleme, die überwunden werden mußten, um aus diesem Effekt eine erfolgreiche Technologie zu machen, eingehen. Zahlreiche dieser Probleme drehen sich um Asymmetrien im Fasermaterial, die bei der Ausbreitung in und entgegen dem Uhrzeigersinn Unterschiede hervorrufen und vom Sagnac-Effekt schwer zu unterscheiden sind. Haben die beiden Strahlen z. B. unterschiedliche

Intensitäten (Strahlteiler mit $\mathscr{R} \neq 50\%$), und gibt es eine nichtlineare Brechungsindexkomponente (siehe Abschn. 13.5), werden sich die optischen Weglängen voneinander unterscheiden.

Das **Ringlasergyroskop** (Abb. 9.21) stellt eine weitere Anwendung des Sagnac-Effekts dar. Ein Resonator mit geschlossenem optischen Weg wird durch (mindestens) drei Spiegel konstruiert, die einen kreisförmigen Weg der Länge L definieren; der Resonator soll aus Gründen der Einfachheit mit einem laseraktiven Medium mit Brechungsindex μ gefüllt sein. Der Laser arbeitet (siehe Abschn. 14.5.1) bei einer Resonanzfrequenz, bei der die Resonatorlänge ein ganzzahliges Vielfaches m der Wellenlänge λ/μ beträgt. Rotiert der Resonator, erfüllt das im Uhrzeigersinn laufende Licht die Gleichung

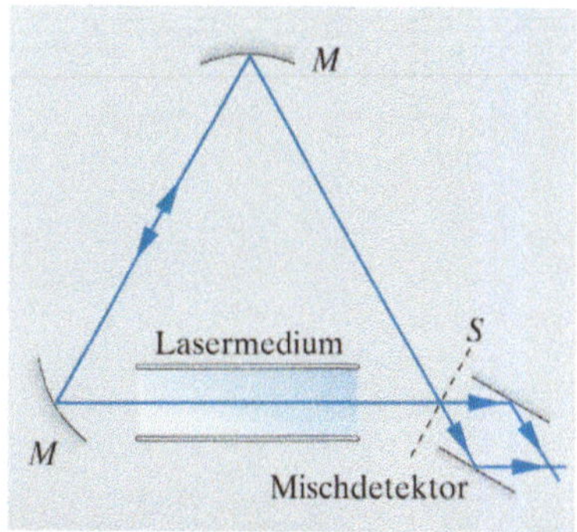

Abb. 9.21. Ringlasergyroskop

$$L + tR\Omega = L\left(1 + \frac{\mu}{c}R\Omega\right) = m\lambda_{+}/\mu \,, \tag{9.40}$$

für das gegen den Uhrzeigersinn laufende Licht gilt

$$L - tR\Omega = L\left(1 - \frac{\mu}{c}R\Omega\right) = m\lambda_{-}/\mu \,. \tag{9.41}$$

Die sehr kleine Wellenlängendifferenz ist

$$\Delta\lambda = \lambda_{+} - \lambda_{-} = \frac{2LR\mu^2\Omega}{cm} \,, \tag{9.42}$$

wobei wir annehmen, daß die gleiche Anzahl Moden m in beiden Fällen das Optimum darstellt. Übersetzen wir dieses kleine $\Delta\lambda$ in einen Frequenzunterschied zwischen den beiden Wellen am Ausgang, erhalten wir mit $\lambda = \mu L/m$ aus (9.40–41)

$$\boxed{\Delta f = \frac{\Delta\lambda\, c}{\mu\lambda^2} = \frac{2LR\mu\Omega}{m\lambda^2} = \frac{2R\Omega}{\lambda}} \,. \tag{9.43}$$

Die Messung von Δf ermöglicht die Bestimmung von Ω. Dieser Ansatz verwendete die Näherung eines Kreises durch ein Dreieck, aber das Ergebnis ist trotzdem näherungsweise gültig. Eine Abschätzung für $R = 0,1\,\mathrm{m}$, $\Omega = 1\,\mathrm{rad}\cdot\mathrm{s}^{-1}$ und $\lambda = 0,5\,\mu\mathrm{m}$ ergibt $0,4\,\mathrm{MHz}$. Prinzipiell sollte die Messung einer solchen Frequenz (oder einer kleineren, wenn Ω kleiner ist) kein Problem sein, aber frühere Versuche, ein Ringlasergyroskop herzustellen, scheiterten daran, daß für $f \to 0$ Streueffekte in der Optik dazu führten, daß sich die beiden gegenläufigen Moden mischten, und stimulierte Emission bei der gleichen Frequenz hervorriefen („frequency locking"). Weitere Details können bei *Kim* und *Shaw* (1986) und bei *Lefevre* (1993) nachgelesen werden.

9.5 Interferenz durch Mehrfachreflexion

Die Methode der Zweistrahlinterferenz bot uns sowohl die Möglichkeit, die Wellentheorie des Lichtes zu bestätigen, als auch die Wellenlänge des

9

Lichtes mit einer Genauigkeit von einigen Prozent zu bestimmen. Da, wie wir in Abschn. 9.1.1 gesehen haben, die Intensitätsverteilung bei der Zweistrahlinterferenz sinusförmig ist, können die Positionen der Maxima und Minima nicht besonders genau festgestellt werden. **Mehrstrahlinterferenz** kann dieses Problem umgehen; die Bedingungen dafür, daß sich mehrere Strahlen konstruktiv überlagern, sind viel schwieriger zu erreichen als bei zwei Strahlen, die Maxima werden deswegen sehr scharf.

Wir haben bereits eine Technik, die sich die Mehrstrahlinterferenz zunutze macht, kennengelernt: das **Beugungsgitter**, bei dem ein Satz von periodisch positionierten Beugungsobjekten eine Schar interferierender Wellen erzeugt, deren Phasen eine feste Beziehung untereinander haben. Eine weitere Möglichkeit, solch eine Wellenschar herzustellen, besteht darin, Mehrfachreflexionen von einer ebenen, transparenten Scheibe oder von parallelen Spiegeln zu verwenden. Beim Hin- und Herreflektieren der Welle kommt jedesmal eine konstante Phase hinzu; extrahiert man einen Bruchteil des Lichtes bei jeder Reflexion, erhält man wie oben eine Wellenschar mit konstant anwachsender Phase. Wir betrachten deshalb den Vorgang der Mehrfachreflexion zwischen zwei parallelen Oberflächen. Die Oberflächen sollen einen Amplitudenreflexionskoeffizienten $\mathscr{R}$ und -Transmissionskoeffizienten $\mathscr{T}$ besitzen; wenn wir annehmen, daß keine Energie durch andere Prozesse verlorengeht, gilt nach (5.91):

$$\mathscr{R}^2 + \mathscr{T}\overline{\mathscr{T}} = 1 . \tag{9.44}$$

Berechnen wir zunächst die Phasendifferenz, die in einem Zyklus des Hin- und Herreflektierens erzeugt wird. Betrachten wir eine Welle, die durch eine Platte der Dicke d mit dem Brechungsindex μ hindurchläuft, wobei sie einen Winkel θ relativ zur Oberflächennormale innerhalb des Mediums (Abb. 9.22) einnimmt. Die optischen Weglängen $\overline{AE}$ und $\overline{DC}$ sind gleich. Daher ist der Unterschied im optischen Weg zwischen den Strahlen, die nach X und Y laufen, durch $\overline{ABD} = \mu(AB + BD)$ gegeben. Konstruiert man A', die Spiegelung von A an der unteren Grenzfläche, wird klar, daß gilt:

$$AB + BD = A'D = 2d\cos\theta , \tag{9.45}$$

so daß die Phasendifferenz zwischen den beiden interferierenden Wellenfronten AD

$$2\pi\overline{ABD}/\lambda = k_0\overline{ABD} = 2k_0\mu d\cos\theta \equiv g \tag{9.46}$$

beträgt. Es ist wichtig festzustellen, daß der Weglängenunterschied nicht das Doppelte der projizierten Dicke AB der Platte beträgt. Darüberhinaus nimmt g ab (wie $\cos\theta$), wenn der Einfallswinkel zunimmt. Diese beiden Punkte widersprechen etwas der physikalischen Intuition.

Betrachten wir nun die Amplituden der mehrfach reflektierten Wellen (Abb. 9.23). Wir sollten uns daran erinnern (Abschn. 5.6.2), daß $\mathscr{R}$ für die Reflexion an einer Seite jedes Reflektors definiert wurde – beispielsweise an der Innenseite. Daher wird die Reflexion an der Außenseite einen Reflexionskoeffizient von $\overline{\mathscr{R}} = -\mathscr{R}$ besitzen (Abschn. 5.6.2). Die Amplituden

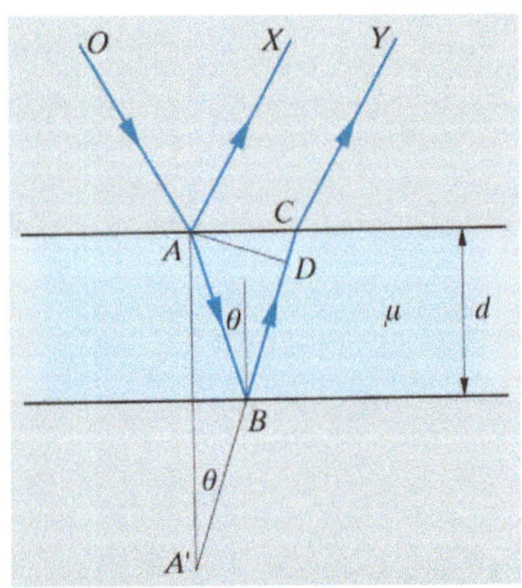

Abb. 9.22. Wegunterschiede von Strahlen, die am oberen und unteren Rand einer planparallelen Schicht reflektiert werden

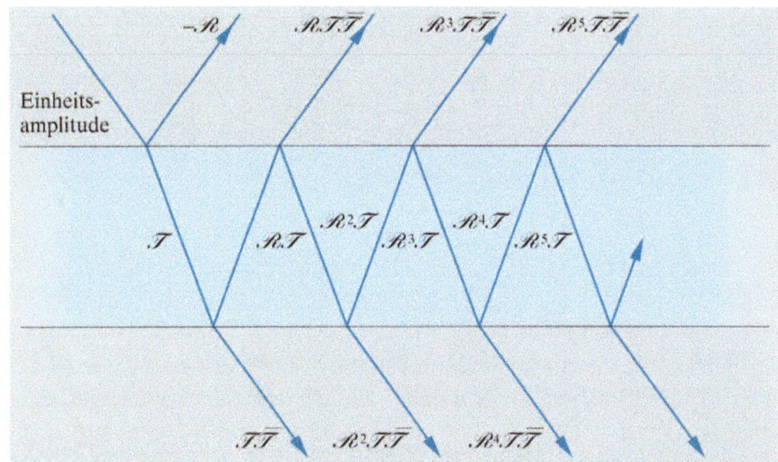

Abb. 9.23. Mehrfachreflexion in einer planparallelen Schicht. $\mathscr{R}$ und $\mathscr{T}$ und deswegen $\overline{\mathscr{T}}$ beziehen sich auf die Amplituden (vergleiche Abschn. 5.6.2)

der beteiligten Wellen sind in der Abbildung gezeigt. Die auslaufende Welle, entweder in Reflexion oder Transmission, wird alle Partialwellen mit dieser Amplitude und der konstanten Phasendifferenz g in jedem Zyklus kombinieren. Diese Situation ist mit der eines Beugungsgitters eng verwandt – mit der Ausnahme, daß hier die Partialwellen stetig abnehmende Amplituden besitzen.

Betrachten wir das transmittierte Licht. Die Reihe der Partialwellen kann durch

$$\psi(g) = \mathscr{T}\overline{\mathscr{T}} \sum_{p=0}^{\infty} \mathscr{R}^{2p} \exp(\mathrm{i}pg) \tag{9.47}$$

dargestellt werden. Diese Funktion kann auf zwei Arten ausgewertet werden:

(1) als **Fourierreihe** mit den Koeffizienten $a_p = \mathscr{R}^{2p}$;
(2) als **geometrische Reihe** mit dem Faktor $\mathscr{R}^2 \exp(\mathrm{i}g)$.

Betrachten wir (9.47) zunächst als Fourierreihe. Sie stellt (Abschn. 4.2.3) eine periodische Funktion mit Periode $\Delta g = 2\pi$ dar. Die Funktion innerhalb einer jeden Periode ist die Fouriertransformierte der Koeffizienten $\mathscr{R}^{2p}$, wobei p als kontinuierliche Variable angesehen wird. Schreiben wir

$$\mathscr{R}^{2p} = \exp(2p \ln \mathscr{R}), \tag{9.48}$$

sehen wir, daß wir die Transformierte von

$$f(p) = \exp(-\alpha p) \quad (p \geq 0); \qquad f(p) = 0 \quad (p < 0) \tag{9.49}$$

benötigen, die durch

$$F(g) = \int_0^{\infty} \exp\left[-(\alpha + \mathrm{i}g)p\right] \mathrm{d}p = (\alpha + \mathrm{i}g)^{-1} \tag{9.50}$$

Abb. 9.24. Intensität einer Lorentz-Funktion (*gestrichelte Linie*). Die durchgezogene Linie zeigt die Intensität bei einer Faltung von periodisch angeordneten δ-Funktionen mit einer Lorentz-Funktion

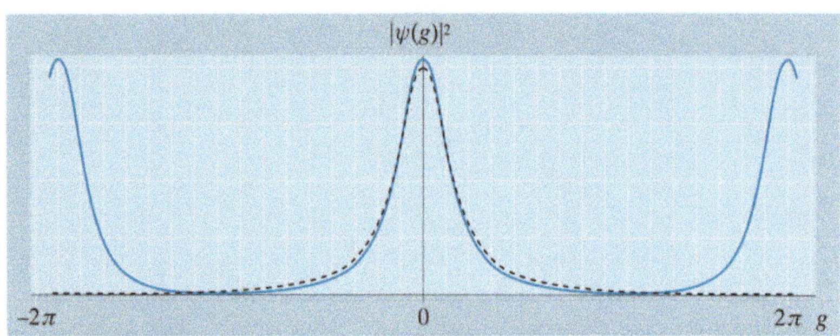

gegeben ist, da p und g konjugierte Variablen sind (der Exponent in (9.47) ist $\exp[\mathrm{i}pg]$). Ersetzen wir α durch $-2\ln\mathcal{R}$, erhalten wir das gesuchte Resultat:

$$F(g) = (-2\ln\mathcal{R} + \mathrm{i}g)^{-1}\,; \qquad \left|F(g)\right|^2 = \left[4(\ln\mathcal{R})^2 + g^2\right]^{-1}\,. \quad (9.51)$$

Die Funktion $|F(g)|^2$ aus (9.51) wird **Lorentz-Funktion** genannt. Ihre Intensität $|F(g)|^2$ ist in Abb. 9.24 (gestrichelte Linie) und Abb. 11.3 gezeigt. Oberflächlich betrachtet, sieht die Kurve aus wie eine **Gauß-Kurve**, sie fällt aber zu den Flanken hin langsamer ab. Die Fourierreihe (9.47) entspricht $F(g)$, gefaltet mit $\sum \delta(g - 2m\pi)$; diese Faltung hat die Intensität $|\psi(g)|^2$ und ist in Abb. 9.24 als durchgezogene Linie gezeigt. In Abschn. 4.4.6 haben wir die **Halbwertsbreite** w definiert. Bei der Lorentz-Funktion finden wir den halben Funktionswert des Maximums, wenn gilt

$$g_{\mathrm{H}} = \pm 2|\ln\mathcal{R}|\,, \qquad\qquad\qquad\qquad\qquad\qquad (9.52)$$

so daß die Halbwertsbreite gegeben ist durch

$$w = 2g_{\mathrm{H}} = 4|\ln\mathcal{R}| \approx 4(1 - \mathcal{R})\,, \qquad\qquad\qquad (9.53)$$

wobei die Näherung für $\mathcal{R} \approx 1$ gilt. In diesem Fall ist der Überlapp der Nachbarmaxima vernachlässigbar, weswegen dieses Resultat auch für $|\psi(g)|^2$ gilt.

Als zweites werten wir (9.47) als geometrische Reihe aus. Dies ist die konventionellere Methode, das Problem zu lösen. Wir schreiben

$$\psi(g) = \mathcal{T}\overline{\mathcal{T}} \sum_{p=0}^{\infty} \left[\mathcal{R}^2 \exp(\mathrm{i}g)\right]^p\,, \qquad\qquad\qquad (9.54)$$

was eine geometrische Reihe mit der Summe

$$\psi(g) = \mathcal{T}\overline{\mathcal{T}} \big/ \left[1 - \mathcal{R}^2 \exp(\mathrm{i}g)\right] \qquad\qquad\qquad (9.55)$$

darstellt. Die Intensität ist

$$I(g) = |\psi(g)|^2 = \mathcal{T}^2\overline{\mathcal{T}}^2 \big/ (1 + \mathcal{R}^4 - 2\mathcal{R}^2\cos g)$$

$$= \frac{\mathcal{T}^2\overline{\mathcal{T}}^2}{(1 - \mathcal{R}^2)^2 + 4\mathcal{R}^2\sin^2(g/2)} \quad,$$

$$= \left(\frac{\mathcal{T}\overline{\mathcal{T}}}{1 - \mathcal{R}^2}\right)^2 \cdot \frac{1}{1 + F\sin^2(g/2)} \tag{9.56}$$

wobei $F \equiv 4\mathcal{R}^2/(1 - \mathcal{R}^2)^2$ und $\mathcal{F} = (\pi/2)F^{1/2}$ **Finesse** genannt werden.

Der Ausdruck (9.56) hat einige interessante Eigenschaften. Wir stellen fest, daß die Funktion periodische Maxima des Wertes $[\mathcal{T}\overline{\mathcal{T}}/(1 - \mathcal{R}^2)]^2$ an den Stellen $g = 2m\pi$ besitzt. Gibt es keine Absorption, gilt $[\mathcal{T}\overline{\mathcal{T}}/(1 - \mathcal{R}^2)]^2 = 1$, und so kommen wir zu der offensichtlich paradoxen Feststellung, daß auch bei einem Transmissionskoeffizienten von fast null an den Stellen $g = 2m\pi$ das gesamte Licht transmittiert wird! Natürlich ist das kein wirkliches Paradoxon; die starke transmittierte Welle resultiert aus der konstruktiven Interferenz der zahlreichen, mehrfach reflektierten schwachen Partialwellen. Ist F groß ($\mathcal{R} \simeq 1$), werden diese Maxima sehr schmal; zwischen ihnen nimmt die Funktion Werte der Größenordnung $1/F \ll 1$ an (Abb. 9.25). Die Sichtbarkeit der Beugungsstreifen, die wir in Abschn. 11.4.2 genau definieren werden, beträgt dann $F/(2 + F)$.

Berechnet man die Halbwertsbreite der Maxima mit Hilfe von (9.56), fällt die Transmission auf die Hälfte des Maximalwertes ab, wenn $F\sin^2(g/2) = 1$. Daher gilt:

$$g_\mathrm{H} = 2\sin^{-1}\left(F^{-\frac{1}{2}}\right) \approx 2F^{-\frac{1}{2}} \quad. \tag{9.57}$$

Wenn $\mathcal{R} \to 1$, ergibt sich für die Breite $w = 2g_\mathrm{H} \simeq 4(1 - \mathcal{R})$, wie in (9.53). Tabelle 9.1 zeigt verschiedene Werte von $w/2\pi$, die Breite der Maxima im Vergleich zu ihrem Abstand, für verschiedene $\mathcal{R}$. Zum Vergleich sei angemerkt, daß der entsprechende Wert für das Youngsche Experiment 0,50 beträgt, so daß wir, bevor wir einen Wert für $\mathcal{R}$ oberhalb von 0,60

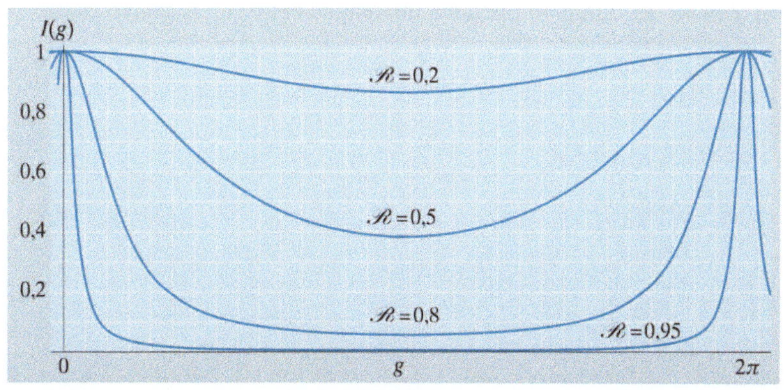

Abb. 9.25. Verlauf von $I(g)$ nach (9.56) für verschiedene Werte von $\mathcal{R}$

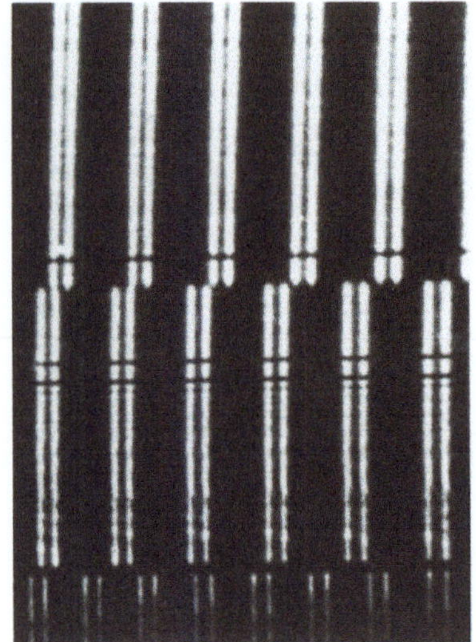

Abb. 9.26. Mehrfachreflexionen in doppelbrechendem Glimmer. (Aus *Tolansky* 1973)

Tabelle 9.1. Halbwertsbreiten w für verschiedene Werte von $\mathscr{R}$

$\mathscr{R}$	0,5	0,6	0,7	0,8	0,9	0,95	0,98
$w/2\pi$	0,54	0,36	0,24	0,15	0,07	0,03	0,01

erreichen, keine Verbesserung in der Schärfe der Maxima erhalten. (Für Werte von $\mathscr{R}$ unterhalb von 0,50 wird I sogar nicht kleiner als $\frac{1}{2}I_{\max}$.)

Die reflektierte Welle verhält sich in komplementärer Weise. Wir überlassen es dem Leser, zu zeigen, daß es für alle Werte von g fast vollständige Reflexion gibt, mit der Ausnahme von schmalen Bereichen (dünne dunkle Linien) an den Stellen $g = 2m\pi$.

Effekte der Mehrfachreflexionsinterferenz können dann beobachtet werden, wenn sich ein beliebiger Parameter in (9.46) $g = 2k_0\mu d\cos\theta$ ändert, also k_0 (oder gleichbedeutend λ), μ, d oder θ. Abbildung 9.26 zeigt, wie konvergentes Licht von einem Glimmer-Plättchen, das beschichtet wurde, um $\mathscr{R} \to 1$ zu erhalten, transmittiert wird. θ ist daher eine Funktion des Ortes, und scharfe Beugungsstreifen entstehen dann, wenn $g = 2n\pi$. Zusätzlich ändert sich d gelegentlich an molekularen Stufen an der Oberfläche. Da Glimmer zudem noch doppelbrechend ist, es also zwei Werte für μ gibt, erscheinen die Streifen doppelt.

9.5.1 Das Fabry-Perot-Interferometer

Eine wichtige Anwendung der Interferenz durch Mehrfachreflexion ist das **Fabry-Perot-Interferometer** (auch **Étalon** genannt). Die Grundkonstruktion ist extrem einfach: Es besteht aus zwei ebenen Glasplatten, die auf einem mechanischen Träger mit Abstandshaltern zwischen ihnen so angeordnet sind, daß sie parallel zueinander sind. Die beiden inneren Oberflächen sind so verspiegelt, daß sie einen hohen Reflexionskoeffizienten haben, aber gleichzeitig noch einen kleinen Anteil des Lichts transmittieren (siehe Abb. 9.27). Diese einfache Beschreibung übergeht einfach mehrere wichtige Eigenschaften dieses Aufbaus, die ein Fabry-Perot-Interferometer zu einem teuren Instrument machen können. Erstens müssen die Glasplatten sehr eben (besser als $\lambda/50$) sein. Zweitens müssen die inneren (spiegelnden) Oberflächen sehr genau parallel zueinander ausgerichtet sein. Und drittens darf sich der Abstand d, der groß (einige Zentimeter) sein kann, im Laufe der Zeit weder durch Temperaturänderungen noch durch andere Einflüsse

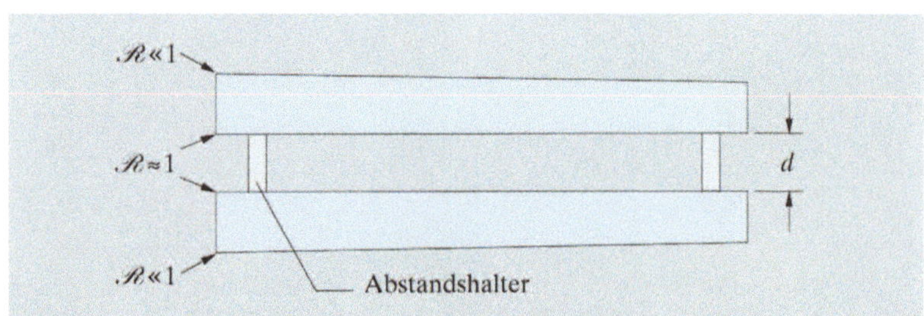

Abb. 9.27. Schemazeichnung eines Fabry-Perot-Interferometers. Die äußeren Oberflächen sind nicht genau parallel zu den inneren

ändern. Auf der anderen Seite ist die Qualität der Außenseiten der Platten weitgehend unwichtig. Sie müssen optisch eben sein, spielen aber keine Rolle bei der Analyse. Es ist günstig, wenn sie nicht genau parallel zu den inneren Oberflächen und mit einer Antireflexbeschichtung versehen sind, um Reflexionen, die das Interferenzmuster stören könnten, zu vermeiden.

Wird eine ausgedehnte monochromatische Lichtquelle durch ein solches Interferometer betrachtet, kann man scharfe, helle Ringe unter einem Winkel θ sehen, der gegeben ist durch $2k_0\mu d \cos\theta = 2m\pi$ oder $\mu d \cos\theta = m\lambda/2$. In diesem Fall ist μ der Brechungsindex von Luft oder einem anderen Medium zwischen den Platten. Wie beim Michelson-Interferometer ist der Durchmesser dieser Beugungsringe im wesentlichen abhängig von der Wurzel ihrer Ordnungszahl, siehe (9.31). In diesem Fall sind die Ringe aber sehr scharf. Bezeichnen wir mit g_{H} den kleinsten Abstand, den Ringe verschiedener Wellenlänge haben können, bevor sie ununterscheidbar werden,[5] ist das Auflösungsvermögen für große F gegeben durch

$$\frac{g}{\delta g} = \frac{g}{g_{\mathrm{H}}} = \pi m F^{\frac{1}{2}} . \tag{9.58}$$

Dieser Ausdruck ist gleich $\lambda/\delta\lambda$, $d/\delta d$ oder $\mu/\delta\mu$, je nachdem, welche Größe gemessen wird. Ist der Intensitätsreflexionskoeffizient bespielsweise $\mathscr{R}^2 = 0{,}95$ und $d = 2{,}5\,\mathrm{cm}$, erhalten wir für $\lambda = 0{,}5\,\mu\mathrm{m}$ als Resultat $m = 2d/\lambda = 10^5$ im Zentrum des Ringmusters und $F = 1\,500$, $\mathscr{F} = 61$. Daraus folgt $g/\delta g = 1{,}2 \cdot 10^7$, was deutlich besser ist als bei allen anderen Interferometern, die wir bisher kennengelernt haben. Der Grund dafür ist klar; nicht nur die Beugungsordnung m ist groß, sondern auch die Zahl N der interferierenden Wellen, und das Auflösungsvermögen ist nach (9.11) $g/\delta g = mN$. Die Zahl der effektiven Reflexionen, die zur Interferenz beitragen, ist $\pi F^{1/2} = 2\mathscr{F}$. Um allerdings eine solche Auflösung zu erhalten, muß die Phase nach mehr als $2\mathscr{F}$ Reflexionen immer noch genauer als $\lambda/4$ sein, so daß die verwendeten Glasplatten eben und parallel auf $\lambda/8\mathscr{F}$ genau über die verwendete Fläche sein müssen, in unserem Fall auf $\lambda/500$, d. h. auf etwa $1\,\mathrm{nm}$!

Das Fabry-Perot-Interferometer ist bei Untersuchungen der Feinstruktur von Spektrallinien weit verbreitet. Emittiert eine Lichtquelle mehrere Linien, können die sich überlappenden Ringmuster zu Verwirrung Anlaß geben, so daß man üblicherweise die Linie, für die man sich interessiert, zuvor durch die Benutzung eines einfacheren Spektrometers, z. B. eines Prismas oder eines Beugungsgitters, absepariert (Abb. 9.28). Die durch dieses erste Spektrometer herausgefilterte Spektralregion muß so gewählt werden, daß alle als eine Gruppe beobachteten Ringe (inklusive der Satelliten einer Spektrallinie) tatsächlich die gleiche Ordnung besitzen. Dies bedeutet, daß der spektrale Bereich kleiner sein muß als $\delta\lambda = \lambda/2m$. Dieser Bereich wird **„freier Spektralbereich"** eines Interferometers genannt.

---

[5] Das Rayleigh-Kriterium kann hier zur Bestimmung des Auflösungsvermögens nicht angewendet werden, da (9.56) keine Nullstellen hat. Mit Hilfe des Sparrow-Kriteriums (Abschn. 12.3) kommt man auf $0{,}6\,g_{\mathrm{H}}$ anstelle von g_{H}.

Abb. 9.28. Anwendung des Fabry-Perot-Interferometers (Etalon) in der hochauflösenden Spektroskopie

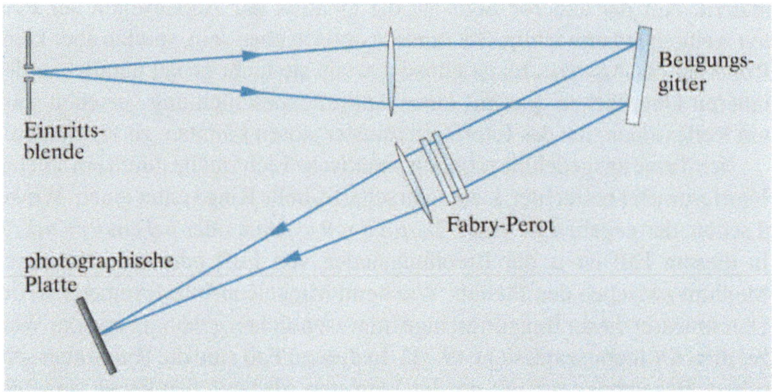

9.5.2 Mehrfachreflexionen in einem verstärkenden Medium

Ein Problemfeld, das durch das Aufkommen des Lasers sehr wichtig geworden ist, ist der Einfluß eines verstärkenden Mediums auf das Verhalten eines Interferometers, das auf Mehrfachreflexionen basiert. Dies bildet zugleich die Basis für Laserresonatoren (Abschn. 3.10 und Abschn. 14.5.1). Nehmen wir an, das Lasermedium verstärkt das Feld der Welle um den Faktor G während eines einzelnen Resonatordurchlaufs. Dann wird (9.47) zu

$$\psi(g) = \mathscr{T}\,\overline{\mathscr{T}} \sum_{p=0}^{\infty} (\mathscr{R}^2 G)^p \, \exp(\mathrm{i}pg)\,. \tag{9.59}$$

Das so erhaltene Resultat wäre ähnlich wie (9.56), wenn $\mathscr{R}^2 G$ kleiner als eins wäre. Für große G wird der Wert allerdings eins, und die Summe wird zu

$$\psi(g) = \mathscr{T}\,\overline{\mathscr{T}} \sum_{p=0}^{\infty} \exp(\mathrm{i}pg)$$

$$= \mathscr{T}\,\overline{\mathscr{T}} \sum_{q=0}^{\infty} \delta(g - 2\pi q)\,. \tag{9.60}$$

Das Spektrum ist eine Reihe von ideal scharfen Linien; für diese Funktion ist $g_\mathrm{H} = 0$. Dies ist der hauptsächliche Grund dafür, warum Laserlinien so scharf sind. Wenn man sich nun fragt, was geschieht, wenn $\mathscr{R}^2 G$ größer als eins wird, stellt man damit eine Frage, die die Mathematik nicht beantworten kann. In der Praxis, in einem kontinuierlichen Laser, erreicht der Verstärkungsfaktor G einen Endwert, der bei genügend hoher Intensität einen Wert von $\mathscr{R}^{-2}$ annimmt, so daß sich eine stabile Situation bei der Intensität einstellt. In einem gepulsten Laser ist die Verstärkung zu Beginn des Pulses sehr groß und nimmt langsam ab, wenn die Besetzungsinversion abgebaut wird. Die Zahl der Terme, bei denen $\mathscr{R}^2 G$ größer ist als eins, ist endlich; gegen Ende des Laserpulses wird G kleiner als eins, und die Reihe bricht ab.

Man würde aufgrund dieser Argumentation erwarten, daß ein kontinuierlicher Laser eine Reihe perfekt scharfer Linien (**longitudinale Moden**) abstrahlen würde, die einen Abstand von $\delta k = \pi/\mu d$, aus (9.60), besitzen, was einem Wellenlängenabstand von $\delta\lambda = \lambda^2/2\mu d$ entspricht. Wie wir in Abschn. 14.6 noch diskutieren werden, sind die Linien aufgrund von Rauschen (spontane Emission) und thermischen Fluktuationen nicht ideal scharf; zusätzlich ist die Zahl der abgestrahlten Moden relativ gering (manchmal wird nur eine einzige Mode abgestrahlt) und um die Wellenlänge zentriert, für die die Verstärkung G maximal ist. Ein gepulster Laser produziert klarerweise keine ideal scharfen Linien; wenn ein Wellenzug nur eine bestimmte Zeit T lang ist, muß die Linienbreite $\delta\lambda$ größer sein als λ^2/cT.

9.5.3 Der konfokale Resonator: transversale Moden

Ein weitverbreitetes Beispiel für ein periodisches System vom in Abschn. 3.10 diskutierten Typ ist der **konfokale Resonator**, für den $L = R_1 = R_2$ gilt (Abb. 9.29). Er ist grenzwertig stabil, und die beiden Brennpunkte der Spiegel fallen zusammen (daher der Name). Enthält ein solcher Resonator ein verstärkendes (laseraktives) Medium, haben wir ein System, das dem im vorangegangenen Abschnitt sehr nahe kommt, da im Rahmen der geometrischen Optik auch bei Spiegeln endlicher Größe keine Lichtverluste auftreten. Wir werden die Eigenschaften des Resonators nicht im Detail besprechen, sondern ihn dazu benutzen, das Konzept der **transversalen Moden** zu erläutern.

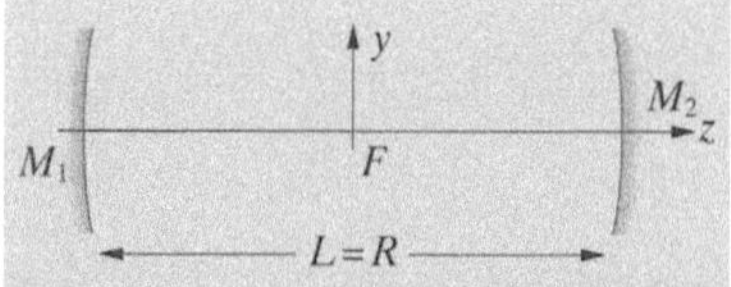

Abb. 9.29. Konfokaler Resonator

Betrachten wir die Amplitude $a(x, y)$ von Licht, das in der gemeinsamen Brennebene nach rechts läuft (Abb. 9.29). Da dies die Lichtamplitude in der Brennebene ist, muß die Amplitude in der zweiten Brennebene des Spiegels M_2 (die hier mit der ersten übereinstimmt) ihre Fouriertransformierte $A(u, v)$ sein (Abschn. 8.2), wobei aber das Licht dann nach links läuft. Nun ist dieses System aber symmetrisch zur Brennebene, weswegen die Ausbreitungsrichtung des Lichts unwichtig ist. Daher wird ein stabiler Betriebszustand erreicht, wenn das Fraunhofersche Beugungsmuster in Amplitude und Phase mit der Originalfunktion $a(x, y)$ in jedem Punkt übereinstimmt.

Es gibt nur wenige kontinuierliche Funktionen mit der Eigenschaft, daß Funktion und Fouriertransformierte von identischer Form sind. Wir haben bereits zwei solche Funktionen kennengelernt: die unendlich ausgedehnte Reihe von **Deltafunktionen** und die **Gauß-Funktion**. Die erste hat unendliche Ausdehnung und ist nicht kontinuierlich. Die zweite, die Gauß-Funktion, ist in der Tat die erste Funktion in einer ganzen Reihe von Funktionen, die alle die gewünschten Eigenschaften aufweisen. Dieser Satz sind die **Gauß-Hermiteschen Polynome**, die jedem Studenten, der schon eine Vorlesung über Quantenmechanik gehört hat, als die Wellenfunktionen des harmonischen Oszillators vertraut sein sollten.[6] Sie werden dargestellt durch

$$a_n(x) = H_n(x/\sigma)\exp(-x^2/2\sigma^2)\,, \tag{9.61}$$

---

[6] Die Wellenfunktion im p-Raum ist die Fouriertransformierte von der im q-Raum, und der Hamiltonoperator des harmonischen Oszillators, der als $\mathscr{H} = \frac{1}{2}(p^2 + q^2)$ geschrieben werden kann, ist invariant gegenüber der Vertauschung von p und q.

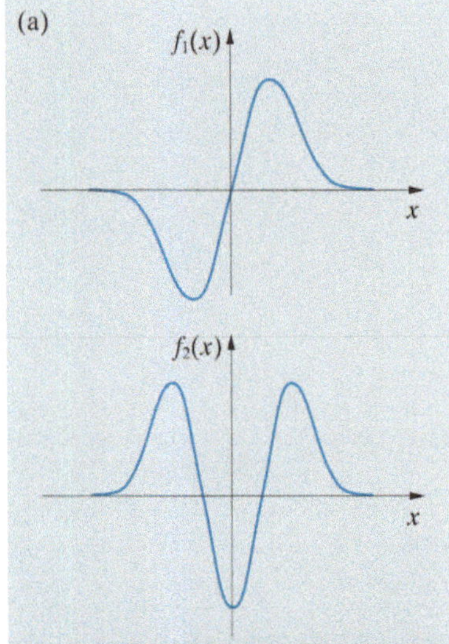

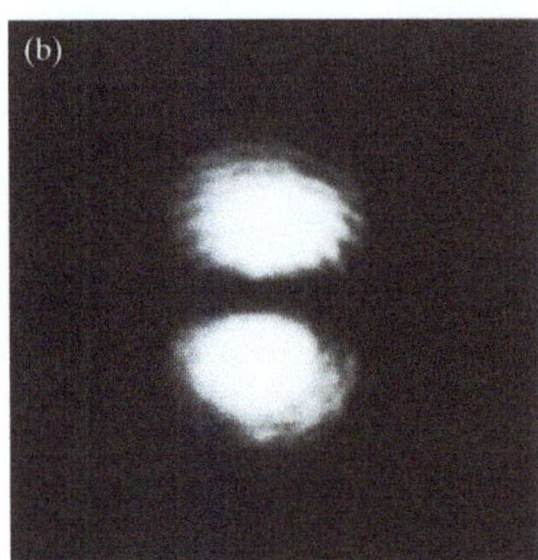

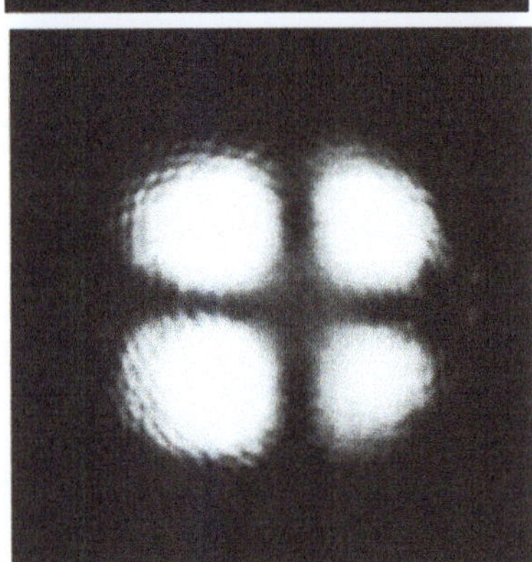

Abb. 9.30. (a) Beispiele für Gauß-Hermite-Funktionen; (b) Photographien verschiedener Laser-Moden

wobei die Funktionen $H_n(x)$ die Rekursionsbeziehung

$$2xH_n = H_{n+1} + 2nH_{n-1} ; \qquad H_0 = 1 \tag{9.62}$$

erfüllen. Daraus ergibt sich $H_1 = 2x$, $H_2 = 4x^2 - 2$ usw. In Abb. 9.30a sind zwei Beispiele für diese Funktionen abgebildet.

In zwei Dimensionen erfüllt jedes Produkt der Form

$$a_{lm}(x, y) = H_l(x/\sigma) H_m(y/\sigma) \exp\left[-(x^2 + y^2)/2\sigma^2\right] \tag{9.63}$$

unsere Bedingungen. Sie können als Intensitätsverteilungen im Querschnitt des Strahls eines leicht dejustierten kontinuierlichen Lasers beobachtet werden; zwei Beispiele dafür sind in Abb. 9.30b gezeigt. Die verschiedenen Funktionen werden als **transversale Moden** bezeichnet und werden durch ein Zahlenpaar (l, m) gekennzeichnet. Sie sollten mit den ähnlichen Moden in einer optischen Faser verglichen werden (Abschn. 10.2.1), obwohl ihr Ursprung ein ganz anderer ist.

Die Bedingungen der geometrischen Optik erlauben es uns, die Fokusgröße am gemeinsamen Brennpunkt bei gegebener Brennweite F zu berechnen. Für die Mode $(0,0)$, die ein Punkt mit gaußförmiger Intensitätsverteilung ist, ergibt sich

$$a(x, y) = \exp\left[-(x^2 + y^2)/2\sigma^2\right] , \tag{9.64}$$

das Beugungsmuster ist dabei die Transformierte von (9.64)

$$A(u, v) = \exp\left[-(u^2 + v^2)\sigma^2/2\right] . \tag{9.65}$$

Die reale Ausdehnung des Musters ist für kleine Winkel durch (8.9) gegeben:

$$p_x = uF/k_0 ; \qquad p_y = vF/k_0 , \tag{9.66}$$

wobei wir verlangen, daß p_x und p_y zu x und y identische Koordinaten sind. Damit $A(p_x k_0/F, p_y k_0/F)$ und $a(x, y)$ die gleiche Funktion darstellen, muß gelten

$$\exp\left[-(x^2 + y^2)/2\sigma^2\right] = \exp\left[-k_0^2(x^2 + y^2)\sigma^2/2F^2\right] , \tag{9.67}$$

woraus $\sigma^2 = F/k_0$ folgt. Daher ist der Radius des Punktes der Größe $\sigma/2^{1/2}$ gegeben durch $(F/2k)^{1/2} = (F\lambda/4\pi)^{1/2}$. Dies ist natürlich die Punktgröße in der Mitte der Laserröhre. Erreicht der Strahl die Spiegel, wird er die Form des Fresnelschen Beugungsmusters dieses Punktes in einer Entfernung F haben, von dem man leicht nachweisen kann, daß es etwa die doppelte Ausdehnung besitzt.

9.6 Vertiefungsthema: die Berry-Phase in der Interferometrie

Zwei Wellen mit orthogonaler Polarisation können nicht direkt interferieren. Es ist daher wichtig, daß die ursprüngliche Polarisation einer Welle, die in ein Interferometer einfällt, erhalten oder wieder hergestellt wird, bevor das Interferenzmuster beobachtet wird. Von einem praktischen Gesichtspunkt aus wird die Polarisation innerhalb eines Interferometers oftmals bei schrägem Einfall auf einen Spiegel oder Strahlteiler verändert und ebenso, wenn der Lichtweg nicht innerhalb einer einzelnen Ebene liegt. Selbst wenn dann Interferenz auftritt, können sich die Phasen von den erwarteten unterscheiden, da sich die Phase bei Reflexionen ändert.

Liegt der Lichtweg nicht in einer einzelnen Ebene, können aus topologischen Gründen weitere Phasenänderungen auftreten, wobei sie davon abhängen, ob der Lichtweg eine links- oder rechtshändige Helizität besitzt. Solche Phasen werden **geometrische Phasen** oder **Berry-Phasen** (*Berry* 1984, 1987) genannt. Wir werden dieses Phänomen anhand eines einfachen Beispiels diskutieren.

Die Diskussion wird spürbar einfacher, wenn wir unser Interferometer mit polarisationserhaltenden Spiegeln und Strahlteilern aufbauen. Diese sind allerdings keine konventionellen Laborkomponenten. Im allgemeinen wird bei Reflexion an einem Spiegel die Orientierung der Polarisation umgekehrt; dies kann vermieden werden, wenn die interne Reflexion an einer Grenzschicht zwischen einem Dielektrikum und Luft stattfindet, so daß der Einfallswinkel zwischen dem **Brewster-Winkel** und dem kritischen Winkel erfolgt. In diesem Fall erhalten die induzierten Phasenveränderungen den Drehsinn der Polarisation. Da der Einfallswinkel ca. 45° betragen soll, können wir z. B. ein Prisma aus MgF_2 ($\mu < \sqrt{2}$), wie in Abb. 9.31c gezeigt, verwenden. Wir möchten betonen, daß die oben genannten Spiegel nur deshalb eingeführt wurden, um die folgende Diskussion zu vereinfachen; sie haben keinerlei Effekt auf den Wert der Berry-Phase selbst.

Mit einem solchen polarisationserhaltenden Reflektor können wir ein dreidimensionales **Mach-Zehnder-Interferometer** konstruieren, bei dem sich das Licht entlang der Kanten eines Würfels ausbreitet. Die Kanten des Würfels sind alle gleichwertig, weswegen wir a priori erwarten, daß es am Ausgang A zu konstruktiver und am Ausgang B zu destruktiver Interferenz kommt.[7] Zwei mögliche Konstruktionen des Interferometers, die verschiedene Kanten verwenden, bei denen aber jeweils die optischen Wege gleich sind, sind in Abb. 9.31 gezeigt. In jedem der Interferometer folgen wir der Orientierung des E-Vektors der einfallenden Welle nach mehreren aufeinanderfolgenden Reflexionen. Dies ist in der Abbildung für Anfangspolarisationen eingezeichnet, die wir als parallel (↑) und senkrecht (⌀) bezeichnen wollen. Wie sich aus der Zeichnung ergibt, kommt es im Fall (a) zu destruktiver Interferenz am Punkt A (die auslaufenden Felder haben entgegengesetzte Orientierung), während im Fall (b) konstruktive Interferenz stattfindet.

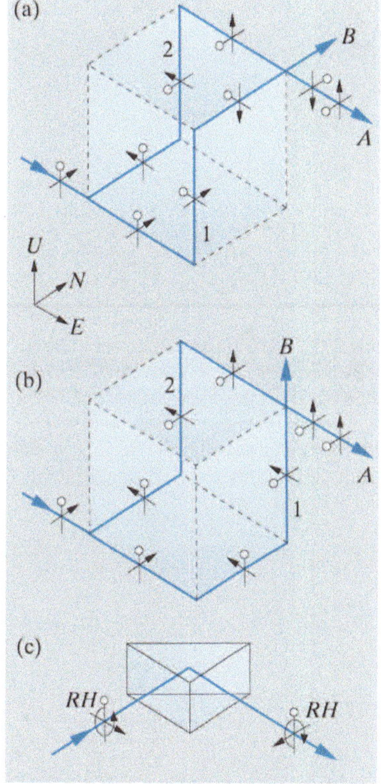

Abb. 9.31a–c. „Kubische Mach-Zehnder"-Interferometer, jeweils mit zwei Lichtwegen gleicher Länge zwischen den Strahlteilern. (a) Die Wege 1 und 2 haben linkshändige (LH) bzw. rechtshändige (RH) Helizität, in (b) sind beide Wege rechtshändig; (c) Beziehung der Feldvektoren bei der Reflexion an den speziellen Spiegeln in diesem Beispiel

---

[7] Die Asymmetrie wird durch den Strahlteiler eingeführt, siehe Abschn. 5.6.2. Mit B werden wir uns hier nicht weiter beschäftigen.

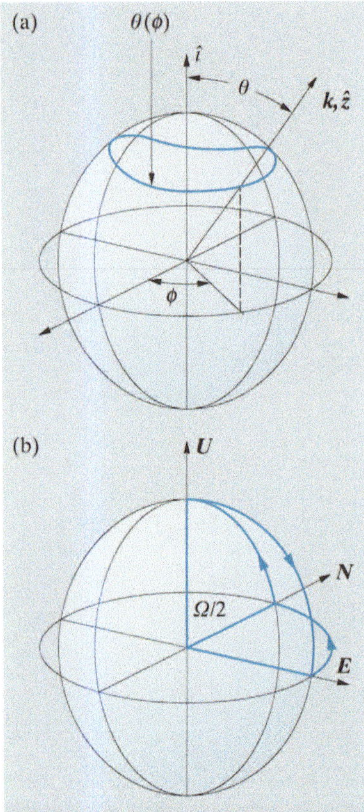

Abb. 9.32. (a) Konstruktion eines allgemeinen Pfades des k-Vektors auf einer Kugeloberfläche; (b) Konstruktion des Pfades ENUE, passend zum kubischen Interferometer aus Abb. 9.31a. $\Omega/2$ ist der Raumwinkel, der von den drei Achsen eingeschlossen wird

Der Unterschied kann auf die Rotationsrichtung der Orientierung des E-Vektors zurückgeführt werden. Bezeichnen wir die drei Raumrichtungen, wie in Abb. 9.31a gezeigt, mit Norden (N für „North"), Osten (E für „East") und Aufwärts (U für „Up"), folgt Strahl 1 dem Weg EUNE, während Strahl 2 den Weg ENUE nimmt. Ersterer ist eine grobe linkshändige Schraubenlinie, während der zweite eine rechtshändige darstellt. In Abb. 9.31b folgen beide Strahlen ENUE und beschreiben eine rechtshändige Schraubenlinie. Es ist diese unterschiedliche Folge von endlichen Rotationen des E-Vektors, die den Phasenunterschied von π zwischen beiden Fällen hervorruft. Dieser Phasenunterschied ist topologischer Natur und hängt nur mit der Geometrie des Systems zusammen; er ist ein Beispiel für eine große Zahl solcher Phasenveränderungen in klassischen und quantenmechanischen Systemen, deren allgemeine Theorie von *Berry* (1984) abgeleitet wurde. Bei zweidimensionalen Systemen sind die Phasenveränderungen identisch null.

Für ein beliebiges dreidimensionales Interferometer kann die geometrische Phase durch Aufzeichnen der Wellenvektoren k der beiden Teilwellen abgeleitet werden. Sie beschreiben bei ihrem Weg durch die beiden Arme des Interferometers Ortskurven auf einer Kugel, wie in Abb. 9.32a gezeigt. Vor dem ersten Strahlteiler liegen die k-Vektoren der beiden Partialwellen übereinander, ebenso nach dem zweiten (und letzten). Daher haben beide Ortskurven die gleichen Endpunkte. Definieren wir Ω als den Raumwinkel, der vom Ursprung der Kugel aus gesehen zwischen den beiden Ortskurven eingeschlossen wird, können wir zeigen, daß der topologische Phasenunterschied zwischen den beiden Strahlen $\pi - \Omega/2$ ist. Diese Konstruktion erleichtert die Berechnung der topologischen Phase für beliebige Interferometer (Aufgabe 9.10). Es wird auch klar, daß für ein Interferometer in einer Ebene (zwei Dimensionen) $\Omega = 0$.

Für elektromagnetische Wellen kann man diese geometrische Konstruktion wie folgt ableiten (*Lipson* 1990). Wir wollen annehmen, daß die Änderungen in k kontinuierlich sind, so daß die Ortskurven auf der Kugel eindeutig definiert sind, obwohl wir in dem oben erwähnten Beispiel diskontinuierliche Änderungen von k an den Spiegeln hatten. Wir postulieren einen Beobachter des elektromagnetischen Feldes, der sich langsam entlang der beiden Pfade bewegt und dabei das Vektorfeld in seinem eigenen Bezugssystem mißt, das sich ebenfalls kontinuierlich ändert, so daß die lokale z-Achse immer mit k übereinstimmt. Um diesen Zustand aufrechtzuerhalten, muß der Beobachter sein Bezugssystem rotieren lassen, und wir definieren $\boldsymbol{\alpha}(t)$ als seine Winkelgeschwindigkeit relativ zum Laborsystem.

In dem Bezugssystem, das sich mit $\boldsymbol{\alpha}$ dreht, verknüpfen wir die Zeitableitung eines allgemeinen Vektors V mit der des ruhenden Laborsystems durch

$$\left(\frac{\partial \boldsymbol{V}}{\partial t}\right)_{\text{rotierendes Bezugssystem}} = \left(\frac{\partial \boldsymbol{V}}{\partial t}\right)_{\text{Laborsystem}} - \boldsymbol{\alpha} \times \boldsymbol{V} \,. \qquad (9.68)$$

Wir können diese Gleichung nun auf die Maxwellschen Gleichungen (siehe Fußnote 3 in Abschn. 9.4.2) (5.9, 10) anwenden, woraus sich aus Sicht des Beobachters

$$\nabla \times \boldsymbol{H} = \varepsilon_0 \left(\frac{\partial \boldsymbol{E}}{\partial t} - \boldsymbol{\alpha} \times \boldsymbol{E} \right) ; \tag{9.69}$$

$$\nabla \times \boldsymbol{E} = -\mu_0 \left(\frac{\partial \boldsymbol{H}}{\partial t} - \boldsymbol{\alpha} \times \boldsymbol{H} \right) \tag{9.70}$$

ergibt. Die anderen beiden Maxwellschen Gleichungen (5.7, 8) bleiben invariant. Die Wellengleichung, die (5.12) ersetzt, ist gegeben durch

$$\frac{\partial^2 \boldsymbol{E}}{\partial t^2} + \boldsymbol{\alpha} \times \frac{\partial \boldsymbol{E}}{\partial t} = c^2 \nabla^2 \boldsymbol{E}^2 . \tag{9.71}$$

Die Gleichung entspricht der aus der klassischen Mechanik für die Bewegung des **Foucaultschen Pendels**, das sich über der rotierenden Erdkugel bewegt. Der zweite Term in der Gleichung entspricht der **Coriolis-Kraft**.

Im Gegensatz zur normalen Wellengleichung (5.12) ist eine linear polarisierte Welle keine Lösung von (9.71); stattdessen sind die Lösungen links- bzw. rechtshändig zirkular polarisierte Wellen. Setzen wir diese in die Wellengleichung ein

$$\boldsymbol{E}_\pm = E_0 (1, \pm \mathrm{i}, 0) \exp \left[\mathrm{i}(\omega t - kz) \right] , \tag{9.72}$$

erhalten wir sofort die **Dispersionsrelation**

$$c^2 k^2 = \omega^2 \pm \alpha_z \omega \quad \Rightarrow \quad \omega_\pm \approx ck \pm \alpha_z /2 \tag{9.73}$$

für $\alpha \ll \omega$. Die Phasendifferenz zwischen den Wellen entlang der beiden Pfade resultiert nun aus der geringen Differenz zwischen den Winkelgeschwindigkeiten, wenn α_z in einer Drehrichtung positiv, in der anderen negativ ist als Folge der unterschiedlichen Helizitäten.

Die Phasendifferenz zwischen dem Anfang und dem Ende eines Pfades ist

$$\int_0^{z,t} (k \, \mathrm{d}z - \omega \, \mathrm{d}t) \pm \frac{1}{2} \int_0^t \alpha_z \, \mathrm{d}t = \Delta \Phi_0 \pm \frac{1}{2} \int_0^t \alpha_z \, \mathrm{d}t \equiv \Delta \Phi_0 + \gamma , \tag{9.74}$$

$\Delta \Phi_0$ steht dabei für den gewöhnlichen (kinetischen) Anteil an der Phasendifferenz aufgrund der optischen Weglänge des Pfades. Der zusätzliche Term γ kann durch die Konstruktion auf der Kugel leicht erklärt werden. Die Richtung von $\boldsymbol{k}$ hat die Winkelkoordinaten (θ, ϕ), siehe Abb. 9.32a. Die Ortskurve kann dann als $\theta(\phi)$ parametrisiert werden, und $\boldsymbol{\alpha}$ ist die Summe der zwei orthogonalen Komponenten

$$\boldsymbol{\alpha}(t) = \frac{\mathrm{d}\phi}{\mathrm{d}t} \hat{\imath} + \frac{\mathrm{d}\theta}{\mathrm{d}t} \hat{\jmath} , \tag{9.75}$$

wobei $\hat{\imath}$ der Einheitsvektor in Richtung des Pols und $\hat{\jmath}$ die gemeinsame Senkrechte zu $\hat{\imath}$ und $\boldsymbol{k}$ ist. Die Projektion von $\boldsymbol{\alpha}$ auf die z-Achse in dem rotierenden Koordinatensystem, das als parallel zu $\boldsymbol{k}$ definiert wurde, ist dann

$$\alpha_z = \frac{\mathrm{d}\phi}{\mathrm{d}t} (\hat{\imath} \cdot \hat{z}) = \frac{\mathrm{d}\phi}{\mathrm{d}t} \cos \theta . \tag{9.76}$$

Integration über den Pfad ergibt

$$\gamma = \tfrac{1}{2}\int_0^t \alpha_z \, \mathrm{d}t = \tfrac{1}{2}\int_0^t \frac{\mathrm{d}\phi}{\mathrm{d}t}\cos\theta \, \mathrm{d}t = \tfrac{1}{2}\int \cos\theta(\phi)\,\mathrm{d}\phi \ . \tag{9.77}$$

Für einen geschlossenen Weg ergibt sich als Raumwinkel vom Ursprung der Kugel aus betrachtet $\Omega = \oint[1-\cos\theta(\phi)]\mathrm{d}\phi = 2(\pi-\gamma)$. Wenn wir nun auf der Kugeloberfläche die Wege von $\boldsymbol{k}$ aufzeichnen, die den beiden Interferometerarmen entsprechen, erhalten wir $\gamma = \pi - \Omega/2$, wobei Ω den Raumwinkel im eingeschlossenen Bereich darstellt. Wir erinnern uns daran, daß γ zu einer der zirkular polarisierten Wellen gehört. Die Welle mit dem entgegengesetzten Drehsinn ergibt $-\gamma$, und der Unterschied zwischen beiden, nämlich 2γ, ist direkt meßbar, da sich $\Delta\Phi_0$ in (9.74) heraushebt. Experimente mit verschiedenen Würfelinterferometern wurden von *Chiao* et al. (1988) ausgeführt, und Versuche mit der Wellenausbreitung in spiralförmig aufgewickelten optischen Fasern (*Tomita* und *Chiao* 1986) bestätigen die Resultate. In dem Würfelinterferometer, das wir in Abb. 9.31 beschrieben haben, ist $\gamma = \pi/2$, und aufgrund der Phasendifferenz $2\gamma = \pi$ kommt es zur destruktiven Interferenz (Abb. 9.32b).

✖ Übungsaufgaben

$\lambda = 0{,}5\,\mu\mathrm{m}$, soweit nichts anderes vermerkt ist.

9.1 Ein Amplitudenbeugungsgitter (d. h. ein Beugungsgitter, das die Phasen nicht verändert) besitzt ein reelles und positives Linienprofil $f(x)(\in 0 < x < d)$. Welches Profil maximiert die Beugungseffizienz in der ersten Ordnung?

9.2 Ein **Stufengitter** (engl.: „echelon-grating") ist wie eine Treppe konstruiert, mit hochreflektierenden Stufen der Breite b und Höhe h. Es besitzt N Stufen (siehe Abb. 9.33). Leiten Sie sein Fraunhofersches Beugungsmuster her und das für hochauflösende Spektroskopie erreichbare Auflösungsvermögen.

9.3 Bestimmen Sie das Auflösungsvermögen eines Beugungsgitters gemäß des Sparrow-Kriteriums.

9.4 Ein Reflexionsgitter besitzt eine Blaze-Wellenlänge von $\lambda = 700\,\mathrm{nm}$ für die erste Ordnung. Die nullte Ordnung hat bei dieser Wellenlänge eine Intensität von $0{,}09$ im Vergleich zur ersten Ordnung. Berechnen Sie die relativen Intensitäten der anderen Ordnungen. Nehmen Sie dazu an, daß das Gitter aus flachen Spiegeln konstruiert ist. Bestimmen Sie die Intensitäten auch für $\lambda = 500\,\mathrm{nm}$.

9.5 Warum erscheint ein Seifenfilm schwarz in reflektiertem Licht, wenn seine Dicke gegen null geht? Licht, das von einer unbekannten Schicht reflektiert wird, besitzt ein Spektrum mit Maxima bei 666 nm, 545 nm und 462 nm. Wie groß ist die Dicke der Schicht? Verwenden Sie hierfür einen Brechungsindex von 1,4, und nehmen Sie senkrechten Einfall an.

9.6 Ein Michelson-Interferometer wird in exakt parallelem, monochromatischem Licht so einjustiert, daß der Wegunterschied zwischen den beiden optischen Pfaden

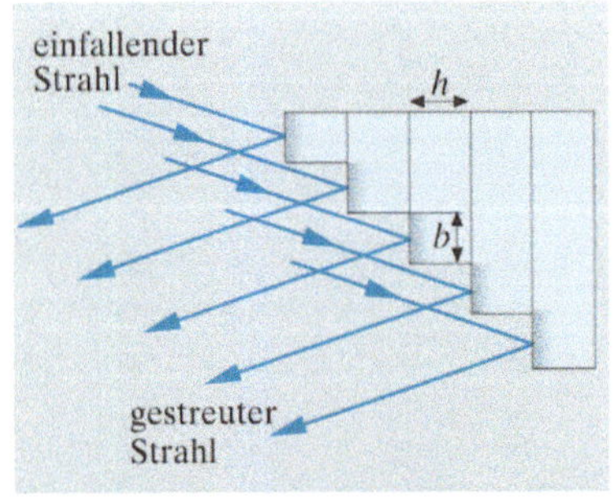

Abb. 9.33. Stufengitter (Echelon)

SM_1 und SM_2 genau $\lambda/2$ beträgt. Die Ausgangsintensität ist dann null. Wohin ist die Energie verschwunden?

9.7 Wo sind die Beugungsstreifen einer ausgedehnten Lichtquelle lokalisiert (a) bei Interferenz von einer dünnen Schicht; (b) in einem Mach-Zehnder-Interferometer? Können Streifen aufgrund mehrfacher Reflexion ebenfalls lokalisiert werden, und wenn ja, unter welchen Bedingungen?

9.8 Ein Fabry-Perot-Interferometer wird aus Glasplatten konstruiert, die nicht genau parallel sind. Nehmen wir an, der Reflexionskoeffizient der Platten ist praktisch eins, und der mittlere Abstand der Platten ist d. Wie wird das Auflösungsvermögen durch den Winkel θ zwischen den Glasplatten beeinflußt?

9.9 Eine **Lummer-Gherke-Platte** wird, wie in Abb. 9.34 gezeigt, aus einer Glasplatte der Dicke d, der Länge L und dem Brechungsindex μ konstruiert. Sie verwendet mehrfache interne Reflexion an den parallelen Oberflächen unter einem Winkel, der gerade kleiner ist als der kritische, um eine große Zahl paralleler Strahlen zu erzeugen. Bestimmen Sie die Phasendifferenz zwischen diesen Strahlen als Funktion des Austrittswinkels θ. Wie groß ist das Auflösungsvermögen?

9.10 Das Interferometer, das von *Chiao* et al. (1988) konstruiert wurde, um die Berry-Phase zu studieren, ist in Abb. 9.35 gezeigt. Bestimmen Sie die Phasendifferenz zwischen den Beugungsmustern, die sich bei links- und rechtshändig zirkularpolarisiertem Licht, das durch das Interferometer läuft, ergibt. Die Antwort findet sich in der Originalarbeit.

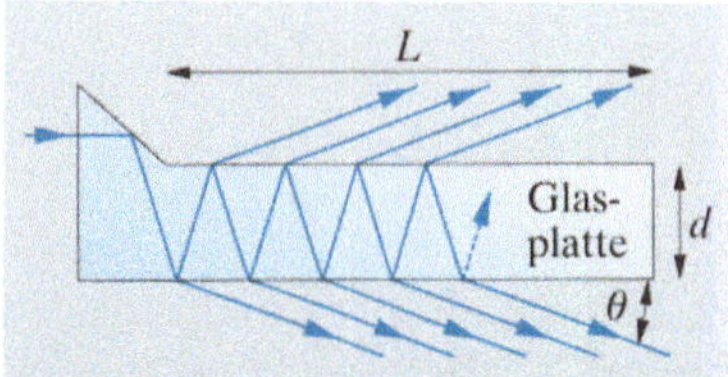

Abb. 9.34. Lummer-Gherke-Platte

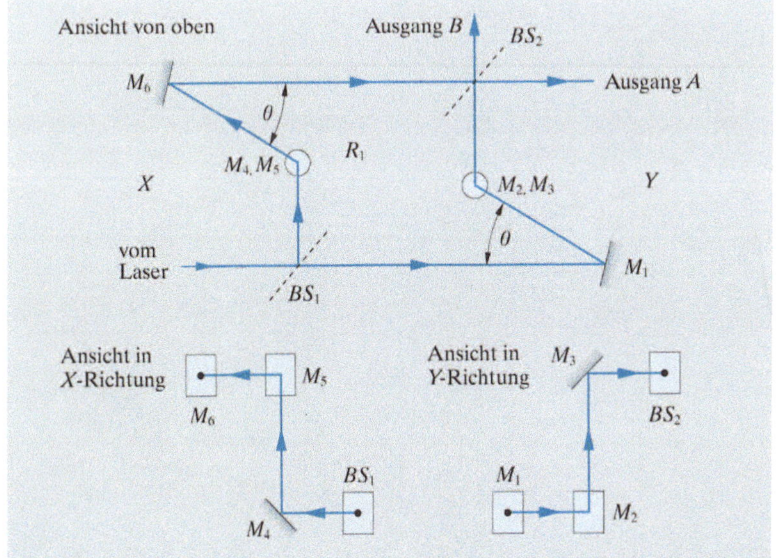

Abb. 9.35. Berry-Phasen-Interferometer

Optische Wellenleiter
und brechungsindex-modulierte Medien

10
Optische Wellenleiter und brechungsindexmodulierte Medien

▼ Übersicht

In diesem Kapitel werden wir uns mit zwei Beispielen **elektromagnetischer Wellen** beschäftigen, die sich in Systemen ausbreiten, in denen die Näherung der skalaren Wellen aufgrund der kleinen Abmessungen der beteiligten Komponenten nicht mehr gilt. Das erste Beispiel ist der **optische Wellenleiter**, aus dem täglichen Leben als **Glasfaser** bekannt, die in der Telekommunikationsindustrie eine wahre Revolution ausgelöst hat. Das zweite Beispiel ist ein **dielektrisches Vielschichtsystem**, das in seiner einfachsten Form (die $\lambda/4$-Antireflexbeschichtung) bereits seit mehr als einem Jahrhundert verwendet wird und das heute dazu verwendet wird, optische Filter beliebiger Komplexität, die heute zur Standardausrüstung jedes Labors gehören, herzustellen.

10.1 Optische Wellenleiter

Die Übertragung von Licht entlang eines Stabes aus durchsichtigem Material durch mehrfache innere Reflexion an den Wänden wurde bestimmt unzählige Male beobachtet, bevor dieser Effekt praktische Verwendung fand. In diesem Abschnitt beschreiben wir die geometrischen und optischen Modelle für dieses Phänomen und leiten einige der grundlegenden Formeln für ebene und zylindrische Wellenleiter her, wobei letztere einen Modellfall für optische Fasern darstellen. Glasfasern haben zahlreiche Anwendungen, von denen wir zwei am Ende von Abschn. 10.2 kurz beschreiben wollen; die erste ist die Übertragung von Bildern, entweder in kodierter Form oder als Rohdaten, ohne die Verwendung von Linsen; die zweite ist die optische Kommunikation.

10.1.1 Geometrische Überlegungen zur Wellenleitung

Das Prinzip der optischen Faser kann mit Hilfe eines zweidimensionalen Modells (das eher einen breiten Streifen als eine runde Faser beschreibt), wie in Abb. 10.1 gezeigt, erläutert werden. Der Streifen hat die Dicke $2a$ und den Brechungsindex μ_2, er ist von einem Medium mit niedrigerem Brechungsindex μ_1 umgeben. Eine ebene Welle, die sich innerhalb des Streifens unter einem Winkel $\hat{\imath}$ zur x-Achse ausbreitet, wird an der Wand vollständig reflektiert (Abschn. 5.5.1), wenn $\hat{\imath}$ größer als der kritische Winkel $\hat{\imath}_c = \sin^{-1}(\mu_1/\mu_2)$ ist. Da die beiden Seiten des Streifens parallel sind, wird die Welle unter dem gleichen Winkel wiederholt hin- und herreflektiert, im Idealfall ohne jede Verluste (Abb. 10.1a). Gemäß der Gesetze der geometrischen Optik kann sich jede Welle mit $\hat{\imath} < \hat{\imath}_c$ so ausbreiten. Die physikalische Optik dagegen macht es notwendig, sich alle Wellen, die in die gleiche Richtung laufen, anzuschauen und sicherzustellen, daß sie sich konstruktiv überlagern. Gehen wir dabei auf naive Weise vor, berechnen wir

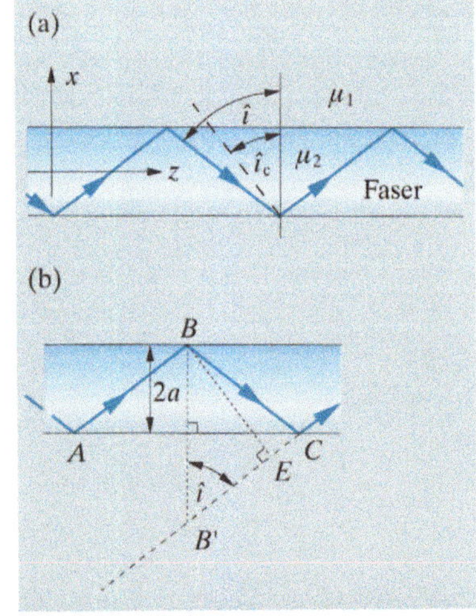

Abb. 10.1. (a) Geometrie der Lichtausbreitung in einer Richtung innerhalb einer optischen Faser; (b) BE ist die gemeinsame Wellenfront der Strahlen AB und $B'E$

einfach die Phasendifferenz zwischen benachbarten Partialwellen, die sich parallel zueinander ausbreiten (Abb. 10.1b):

$$\Delta\phi = \mu_2 k_0 (BC - EC) = \mu_2 k_0 B'E = 4\mu_2 k_0 a \cos\hat{\imath} \, . \tag{10.1}$$

Dabei ist $k_0 = 2\pi/\lambda_0$ und λ_0 die Vakuumwellenlänge. Die Bedingung für **konstruktive Interferenz** ist dann (wie in Abschn. 9.5):

$$\Delta\phi = 4\mu_2 k_0 a \cos\hat{\imath} = 2n\pi \, . \tag{10.2}$$

Jeder ganzzahlige Wert von n definiert eine erlaubte **Ausbreitungsmode**. Es wird immer mindestens eine Lösung zu (10.2) geben, die triviale für $n = 0$, bei der $\hat{\imath} = \pi/2$. Wie man Abb. 10.2a entnehmen kann, ist die Zahl der weiteren Lösungen mit $\hat{\imath} > \hat{\imath}_c$ gleich dem ganzzahligen Anteil von

$$\frac{2\mu_2 k_0 a}{\pi} \cos\hat{\imath}_c = \frac{2\mu_2 k_0 a}{\pi} (1 - \mu_1^2/\mu_2^2)^{\frac{1}{2}} \, . \tag{10.3}$$

Nun ist aber die Berechnung unglücklicherweise nicht ganz so einfach, da wir die Phasenänderungen $\alpha(\hat{\imath})$ vernachlässigt haben, die bei der Reflexion unter einem Winkel auftreten, der größer ist als der kritische Winkel (Abschn. 5.5.2). Wir sollten also statt (10.2) besser

$$\boxed{\Delta\phi = 4\mu_2 k_0 a \cos\hat{\imath} + 2\alpha(\hat{\imath}) = 2n\pi} \tag{10.4}$$

schreiben. Die erste Lösung in diesem Fall ist $n = 1, \hat{\imath} = \pi/2$, da $\alpha(\pi/2) = \pi$. Da aber $\alpha(\hat{\imath}_c) = 0$, wird es üblicherweise eine Mode weniger geben, als es nach (10.3) den Anschein hat. Dies ist in Abb. 10.2b gezeigt. Die Moden für die beiden grundlegenden Polarisationsrichtungen sind aufgrund des Unterschiedes zwischen $\alpha_\parallel$ und $\alpha_\perp$ nicht identisch.

Die oben beschriebenen Moden mit $\hat{\imath} > \hat{\imath}_c$ sind theoretisch verlustfreie Moden und können sich entlang der Faser, solange wie es der Absorptionskoeffizient erlaubt, ausbreiten. Es gibt zusätzliche, verlustbehaftete Moden mit $\hat{\imath} < \hat{\imath}_c$, die nach einer bestimmten Zahl von Reflexionen aussterben und nur für sehr kurze Fasern wichtig sind.

Die obigen geometrischen Überlegungen geben tatsächlich ein relativ vollständiges Bild der Wellenausbreitung in einem Streifen wieder, das insbesondere die Eigenschaften von Ausbreitungsmoden und die Unterschiede in den $\parallel$- und $\perp$-Polarisationen enthält. Zusätzlich ist leicht zu erkennen, daß die Welle, die in den Streifen (und in Fasern allgemein) eintritt, dies unter einem Winkel tun muß, der hinreichend nahe an der optischen Achse liegt, damit kritische Reflexion auftreten kann. Dies bedeutet eine Beschränkung der möglichen **Einfallswinkel** am Ende des Streifens (Abb. 10.3), was die Effizienz, mit der inkohärentes Licht eingekoppelt werden kann, ernsthaft beeinflußt, insbesondere für den Fall $\mu_2 - \mu_1 \ll \mu_1$.

Nichtsdestotrotz ist das geometrische Modell zu ungenau, um quantitative Aussagen über die oben gemachten Feststellungen hinaus zu treffen. Zwei Fälle sind dabei besonders wichtig: der erste ist der der optischen Faser mit zylindrischem Querschnitt, die einige Moden unterstützt, bei denen das Licht sich spiralförmig um die optische Achse ausbreitet und nicht

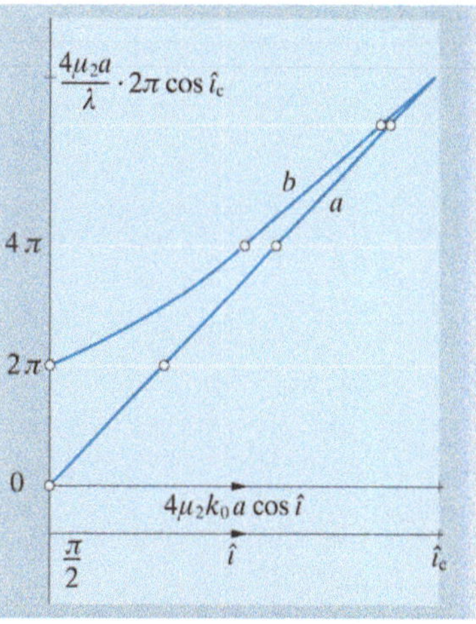

Abb. 10.2. Graphische Bestimmung der Zahl der Moden innerhalb eines Streifens; (10.2) wird durch die Linie (*a*), (10.4) durch die Linie (*b*) beschrieben

Abb. 10.3. Winkelbereich, in dem das Licht in die Faser eingekoppelt werden kann

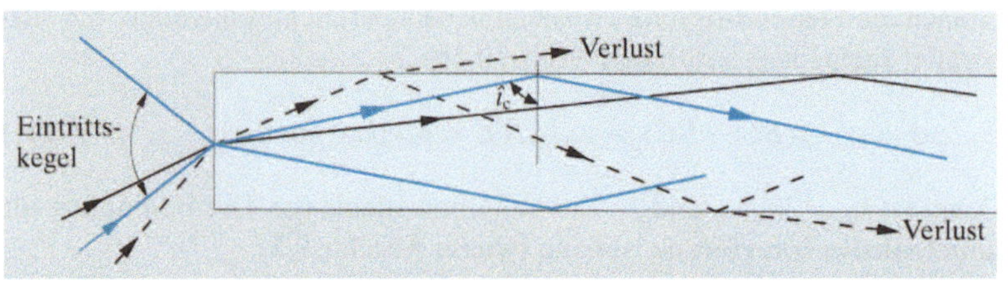

auf eine Ebene beschränkt ist (**„schiefe Strahlen"**, englisch „skew-rays"). Zweitens können sowohl **Streifen-Wellenleiter** als auch optische Fasern einen kontinuierlich variierenden Brechungsindex haben, wobei es dann keine eindeutig definierte Ebene gibt, an der die kritische Reflexion stattfindet. Der Winkel $\hat{\imath}$ ändert sich statt dessen langsam entlang der z-Achse, wie im Fall der **Fata-Morgana** (Abschn. 5.5.5). Solche Systeme heißen **Gradientensysteme** (englisch „gradient index systems") und sind von großer praktischer Bedeutung.

Probleme dieser Art lassen sich besser mit einem allgemeineren Ansatz lösen, bei dem die Maxwellschen Gleichungen mit den entsprechenden Randbedingungen direkt gelöst werden. Diese Methode ist viel ergiebiger und hat den besonderen Vorteil, die Ähnlichkeit der Wellengleichung für elektromagnetische Wellen mit der **Schrödingergleichung für Materiewellen** (Abschn. 2.3.2) hervorzuheben. Lösungen dieser zweiten Gleichung, mit denen der Leser vielleicht aufgrund des Studiums der Quantenmechanik (siehe z. B. *Cohen-Tannoudji* et al. 1977; *Gasiorowicz* 1974) vertraut ist, helfen uns dabei, sowohl spezielle Probleme leichter zu lösen als auch ein Gefühl für mögliche, sinnvolle Konfigurationen zu entwickeln. Tatsächlich haben zahlreiche quantenmechanische Konzepte, z. B. der Tunneleffekt und die Bändertheorie des Festkörpers, direkte Anwendungen bei optischen Wellenleitern in analogen Situationen gefunden.

10.1.2 Wellengleichung für einen ebenen Wellenleiter

Führen wir unser zweidimensionales, ebenes Modell für den Wellenleiter weiter aus, leiten wir nun die Wellengleichung für das in Abb. 10.1 gezeigte System her und versuchen, sie zu lösen. Wir nehmen spezifisch die Wellenausbreitung in z-Richtung und einen in x-Richtung variierenden Brechungsindex $\mu(x)$ an. Es gibt keinerlei y-abhängige Größen in diesem Modell, wir haben allerdings $\perp$-Polarisation (nur $E = E_y$) oder $\parallel$-Polarisation (E in der (x, z)-Ebene) als zwei unabhängige Möglichkeiten (Abschn. 5.4.2).

Die Wellengleichung geht von (5.11) aus:

$$-\frac{\varepsilon}{c^2}\frac{\partial^2 \boldsymbol{E}}{\partial t^2} = \nabla \times (\nabla \times \boldsymbol{E}) = \nabla(\nabla \cdot \boldsymbol{E}) - \nabla^2 \boldsymbol{E}. \tag{10.5}$$

Wie wir in Kap. 6 gesehen haben, folgt aus dem **Gaußschen Gesetz** $\nabla \cdot \boldsymbol{D} = 0$ nicht notwendigerweise $\nabla \cdot \boldsymbol{E} = 0$, es sei denn, ε ist eine homogene (d. h. eine räumlich gleichförmige) skalare Zahl. Dies ist in der von uns gewählten Situation allerdings nicht der Fall. Erinnern wir uns, daß $\varepsilon(x) = \mu^2(x)$, folgt

$$0 = \nabla \cdot \boldsymbol{D} = \varepsilon_0 \cdot (\varepsilon \boldsymbol{E}) = \varepsilon_0 (\varepsilon \nabla \cdot \boldsymbol{E} + \nabla \varepsilon \cdot \boldsymbol{E})$$

$$= \varepsilon_0 \varepsilon \nabla \cdot \boldsymbol{E} + \varepsilon_0 E_x \frac{\partial \varepsilon}{\partial x} \,. \tag{10.6}$$

Die Wellengleichung (10.5) wird dann zu

$$\frac{\varepsilon}{c^2} \frac{\partial^2 \boldsymbol{E}}{\partial t^2} = \nabla^2 \boldsymbol{E} - \nabla(\nabla \cdot \boldsymbol{E}) = \nabla^2 \boldsymbol{E} + \nabla \left(E_x \frac{1}{\varepsilon} \frac{\partial \varepsilon}{\partial x} \right) \,, \tag{10.7}$$

die sich zur üblichen Maxwellschen Wellengleichung (5.12) reduzieren läßt, wenn der Term

$$\nabla \left(E_x \frac{1}{\varepsilon} \frac{\partial \varepsilon}{\partial x} \right) \tag{10.8}$$

im Vergleich zu $\nabla^2 \boldsymbol{E}$ klein genug ist, um vernachlässigt zu werden. Für die $\perp$-Mode ist $E_x = 0$, weswegen (10.8) identisch null wird. Für die $\parallel$-Mode ist allerdings $E_x \neq 0$, obwohl in zahlreichen Fällen bis auf eine endliche Zahl von Diskontinuitäten $\partial \varepsilon / \partial x = 0$ ist. Im folgenden wollen wir annehmen, daß (10.8) vernachlässigbar klein ist und deswegen die Gleichungen für $\parallel$- und $\perp$-Moden identisch werden (wobei die Randbedingungen an die Gleichungen verschieden sind); diesen Fall nennt man die **Näherung der schwachen Führung**.

Für die Welle $E = E(x) \exp[\mathrm{i}(k_z z - \omega t)]$, die in z-Richtung läuft, können wir in (10.7) $\partial/\partial z = \mathrm{i}k_z$, $\partial/\partial t = -\mathrm{i}\omega$ und $\partial/\partial y \equiv 0$ einsetzen und erhalten

$$\frac{\partial^2 E}{\partial x^2} - k_z^2 E = -\frac{1}{c^2} \varepsilon \omega^2 E = -\frac{\mu^2(x)}{c^2} \omega^2 E \,; \tag{10.9}$$

$$\boxed{\frac{\partial^2 E}{\partial x^2} = \left[k_z^2 - \mu^2(x) k_0^2 \right] E} \,. \tag{10.10}$$

Wir schreiben die zeitunabhängige Schrödingergleichung in der gleichen Weise, um die Ähnlichkeit zwischen diesen beiden Gleichungen hervorzuheben:

$$\frac{\partial^2 \psi}{\partial x^2} = \frac{2m}{\hbar^2} \left[-\mathscr{E} + \mathscr{V}(x) \right] \psi \,. \tag{10.11}$$

Man sieht sofort, daß es korrespondierende Lösungen für ein Brechungsindexprofil $-\mu^2(x)$ und einen Potentialwall $\mathscr{V}(x)$ gibt. In diesem Fall entspricht $-k_z^2$ einem Energieeigenwert $\mathscr{E}$. Es wird auch klar, daß eine ausbreitungsfähige Mode, für die k_z reell ist, einem gebundenen Zustand in der Quantenmechanik mit $\mathscr{E} < \mathscr{V}(\infty)$ entspricht.

Die spezifische Form von $\mu(x)$, die dem optischen Streifen-Wellenleiter entspricht, der in Abb. 10.4 gezeigt ist, ist:

$$\mu(x) = \mu_2 \qquad \text{für } |x| < a \ (\textbf{Kernbereich}) \,; \tag{10.12}$$

$$\mu(x) = \mu_1 < \mu_2 \qquad \text{für } |x| \geq a \ (\textbf{Mantelbereich}) \,, \tag{10.13}$$

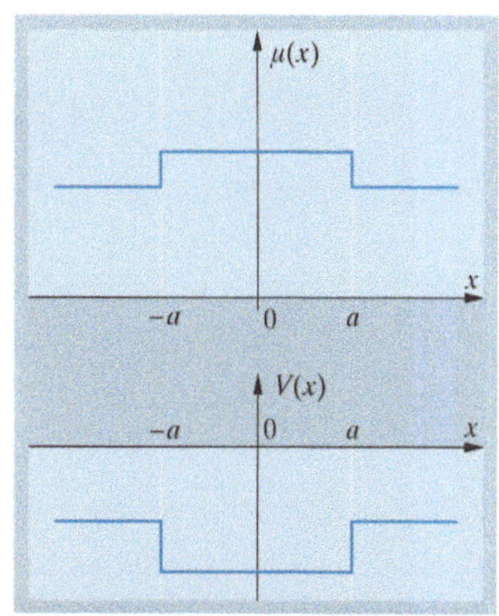

Abb. 10.4. Brechungsindexprofil $\mu(x)$ für einen Streifen und das äquivalente Schrödinger-Potential

und ist einem Potentialtopf äquivalent. Die Lösungen für eine geführte Welle befinden sich daher (wobei wir uns die quantenmechanische Analogie zu einem Teilchen in einem Potentialtopf zunutze machen, um direkt die Lösung zu finden) in einem Bereich $\mu_1^2 k_0^2 < k_z^2 < \mu_2^2 k_0^2$. Definieren wir

$$\mu_2^2 k_0^2 - k_z^2 \equiv \alpha^2 \,, \qquad k_z^2 - \mu_1^2 k_0^2 \equiv \beta^2 \,,$$
$$\alpha^2 + \beta^2 = (\mu_2^2 - \mu_1^2)k_0^2 \equiv V^2 \,, \tag{10.14}$$

erhalten wir für die Kernregion $|x| < a$

$$\frac{\partial^2 E}{\partial x^2} = -\alpha^2 E \,;$$
$$\Rightarrow \quad E = E_{2s} \cos \alpha x + E_{2a} \sin \alpha x \,, \tag{10.15}$$

wobei die Indizes „s" und „a" für „symmetrische" bzw. „antisymmetrische" Moden stehen. Im Bereich des Mantels, $|x| > a$, haben wir entsprechend

$$\frac{\partial^2 E}{\partial x^2} = \beta^2 E$$
$$\Rightarrow \quad E = E_{1l}\mathrm{e}^{\beta x} + E_{1r}\mathrm{e}^{-\beta x} \quad (\beta \geq 0) \,, \tag{10.16}$$

wobei die Indizes „l" und „r" für „links" bzw. „rechts" stehen. Innerhalb des zentralen Bereichs des Streifens ist die Funktion wellenförmig (oszillatorische Lösung); im Randbereich wird sie evaneszent, und damit E endlich bleibt, muß die Feldstärke wie $\exp(-\beta|x|)$ für große $|x|$ abklingen. Die Partiallösungen für den Kernbereich und den Mantel müssen stetig ineinander übergehen, was wir gleich detaillierter besprechen werden. Die komplette Funktion ist daher in einem Bereich um die zentrale Region des Streifens „gefangen" oder „**lokalisiert**". Dies ist das Grundprinzip der Wellenleitung.[1] Die inhärente Symmetrie des System zur Ebene $x = 0$ suggeriert die Verwendung der symmetrischen und antisymmetrischen Lösungen aus (10.15). Betrachten wir nur den Bereich $x > 0$ (der Bereich $x < 0$ folgt dann automatisch aus der Symmetrie oder Antisymmetrie), sind offensichtlich nur die Lösungen (10.16) mit $E_{1l} = 0$ akzeptabel. An der Stelle $x = a$ müssen die Feldkomponenten E_y, E_z, H_y und H_z parallel zur Grenzschicht (siehe Abschn. 5.4.1) stetig sein. Für die $\perp$-Mode ist $E_z = 0$, und aus der Stetigkeit von E_y folgt für die kosinusförmige Lösung von (10.15):

$$E_{2s} \cos \alpha a = E_{1r}\mathrm{e}^{-\beta a} \,. \tag{10.17}$$

Das Feld H_z kann dann aus der Maxwellschen Gleichung (5.4) für die $\perp$-Mode mit $\boldsymbol{E} = (0, E_y, 0)$ berechnet werden

$$-\frac{\partial \boldsymbol{B}}{\partial t} = \frac{\mathrm{i}\omega}{c^2 \varepsilon_0} \boldsymbol{H}$$
$$= \nabla \times \boldsymbol{E} = \left(\frac{\partial E_y}{\partial z}, 0, \frac{\partial E_y}{\partial x} \right) \,, \tag{10.18}$$

---

[1] Wir könnten die Analogie noch erweitern, indem wir ein imaginäres β und ein komplexes k_z zuließen. Wir würden dann zu den verlustbehafteten Moden kommen. Dies möchten wir allerdings dem Leser als Übung überlassen.

wobei die Stetigkeit von H_z die Stetigkeit von $\partial E_y/\partial x$ bedingt. Dadurch wird die Analogie zur Schrödingergleichung vollständig. Für die kosinusförmige Lösung von (10.15) ergibt sich dann

$$\alpha E_{2\mathrm{s}} \sin \alpha a = \beta E_{1\mathrm{r}} e^{-\beta a} \, . \tag{10.19}$$

Dividiert man (10.19) durch (10.17), folgt

$$\boxed{\alpha a \tan \alpha a = \beta a} \, . \tag{10.20}$$

Analog dazu erhält man aus (10.15) bei der Wahl der sinusförmigen Lösung

$$\boxed{-\alpha a \cot \alpha a = \beta a} \, . \tag{10.21}$$

Wir können diese Berechnungen für die $\|$-Polarisation, für die gilt $\boldsymbol{H} = (0, H_y, 0)$, wiederholen. Eine Argumentation analog zu (10.17–19) führt zu Gleichungen, die zu (10.20) und (10.21) äquivalent sind

$$\frac{\alpha a}{\mu_1^2} \tan \alpha a = \frac{\beta a}{\mu_2^2} \, ; \tag{10.22}$$

$$-\frac{\alpha a}{\mu_1^2} \cot \alpha a = \frac{\beta a}{\mu_2^2} \, . \tag{10.23}$$

In der Praxis ist der Unterschied zwischen μ_1 und μ_2 oft sehr klein, weshalb die Unterschiede zwischen den beiden Lösungstypen vernachlässigbar klein werden.

Wir wenden unsere Aufmerksamkeit der $\perp$-Mode zu, für die (10.20) und (10.21) Eigenwertgleichungen darstellen, deren Lösungen spezifische Werte von α und β definieren. Diese müssen die Gleichung $\alpha^2 + \beta^2 = V^2$ erfüllen, wobei V eine Konstante (aus 10.14) darstellt. Daraus ergeben sich spezielle Werte für k_z, die zu den **ausbreitungsfähigen Moden** im Streifen gehören. Die Gleichungen können im allgemeinen nicht analytisch gelöst werden, aber man kann die Lösungen graphisch dadurch ermitteln, daß man βa als Funktion von αa gemäß (10.20) und (10.21) aufträgt und ihre Schnittpunkte mit den Kreisen, die (10.14) darstellen, bestimmt (Abb. 10.5). Die Kreise haben einen Radius von Va, und mit zunehmendem a findet man mehr und mehr Schnittpunkte mit den Kurven. Nur der Quadrant mit $\alpha, \beta > 0$ ist dabei relevant, da β als positiv definiert wurde und die Abbildung symmetrisch um die β-Achse ist.

Die interessanteste Eigenschaft, die man Abb. 10.5 entnehmen kann, ist die begrenzte Zahl der ausbreitungsfähigen Moden. Es gibt immer mindestens eine Mode (auch für $V \to 0$); im allgemeinen ist die Zahl der Moden $n + 1$, wobei n der ganzzahlige Anteil von $2aV/\pi$ ist (vgl. Abschn. 10.1.1).

Typische Beispiele für die Form von $E(x)$ sind in Abb. 10.6 gezeigt. Die Lösungen sind abwechselnd symmetrisch (kosinusförmig mit $E_{2\mathrm{a}} = 0$ in (10.15)) oder antisymmetrisch (sinusförmig mit $E_{2\mathrm{s}} = 0$). Die niedrigste Mode ($n = 0$) hat ein einzelnes Maximum im Zentrum des Streifens; die höheren Moden haben mehr und mehr Maxima.

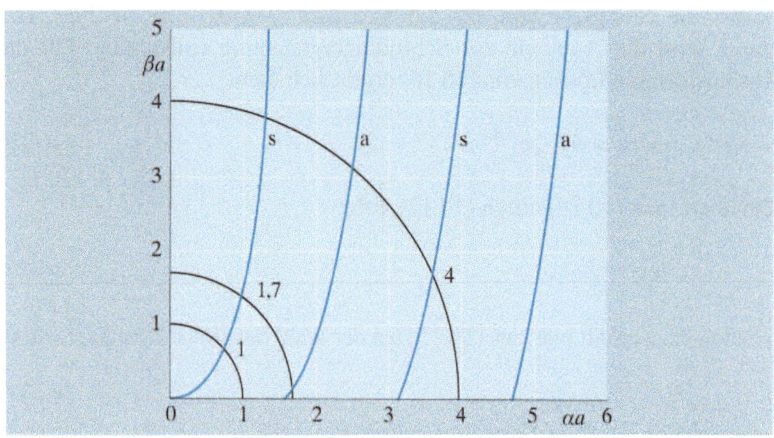

Abb. 10.5. Graphische Konstruktion zur Bestimmung der Moden in einem streifenförmigen Wellenleiter. Die Buchstaben „s" und „a" markieren symmetrische bzw. antisymmetrische Moden; der Kreis mit Radius aV ist eingezeichnet für Werte von $a = 1; 1{,}7; 4$

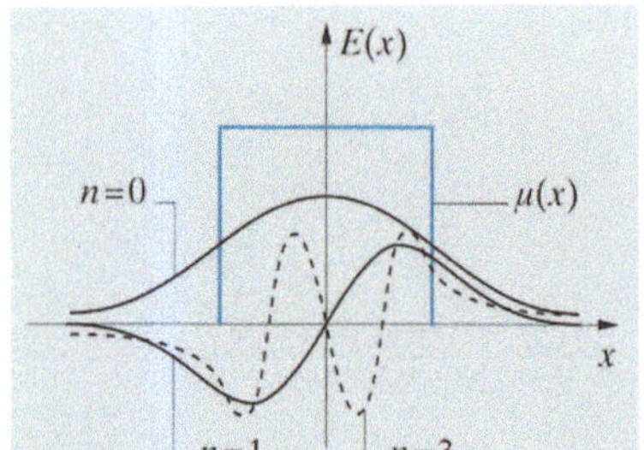

Abb. 10.6. $E(x)$ für die Moden $n = 0; 1; 3$ eines Streifens

10.1.3 Dispersion

Eine weitere wichtige Eigenschaft bei der Ausbreitung ist die **Dispersionsbeziehung** zwischen verschiedenen Moden. Die Bedeutung von Dispersion im Hinblick auf die Übertragung von Information wurde bereits in Abschn. 2.3 und 2.8 diskutiert. Wir haben in unserer bisherigen Analyse die Frequenz $\omega = k_0 c$ als konstant angenommen. Um nun eine Dispersionskurve zu erhalten, müssen wir die Abhängigkeit von k_z (des Wellenvektors in Ausbreitungsrichtung entlang des Streifens) im Verhältnis zu k_0 betrachten. Dies kann man leicht durch Ablesen des Werts von β als Funktion von V an den Schnittpunkten in Abb. 10.5. Dann können wir mit Hilfe von (10.14)

$$k_z = (\beta^2 + \mu_1^2 k_0^2)^{\frac{1}{2}} \tag{10.24}$$

berechnen. Das Ergebnis ist schematisch in Abb. 10.7 gezeigt. Für jede gegebene Mode n kann man feststellen, daß

(1) die Ausbreitung beginnt, wenn $\beta = 0$, d. h. bei $k_0 = n\pi/2a(\mu_2^2 - \mu_1^2)^{1/2}$;
(2) im Fall von kleinem β gilt $k_z \approx \mu_1 k_0$; d. h. die Welle breitet sich aus, als befände sie sich im Medium des Randbereichs;
(3) im Fall von großem β gilt $\beta \approx V$, und somit $k_z \approx \mu_2 k_0$; d. h. die Welle breitet sich aus, als befände sie sich im Medium des Kerns.

Betrachtet man die Energieverteilung (E^2 in Abb. 10.6), so wird deutlich, daß die Ausbreitungsgeschwindigkeit von dem Medium beherrscht wird, in dem die meiste Energie konzentriert ist.

10.1.4 Monomoden-Wellenleiter

Ein Streifen mit einer einzelnen sich ausbreitenden Mode ($n = 0$) hat spezielle Bedeutung im Bereich der Kommunikationsanwendungen und heißt **Monomoden-Wellenleiter**. Der Grund für seine Wichtigkeit liegt darin, daß in einem Multimoden-Wellenleiter die Phasen- und Gruppengeschwindigkeit, ck_0/k_z und $c\,dk_0/dk_z$, die man Abb. 10.7 entnehmen kann, von Mode zu Mode unterschiedlich sind, weshalb Information, die durch eine

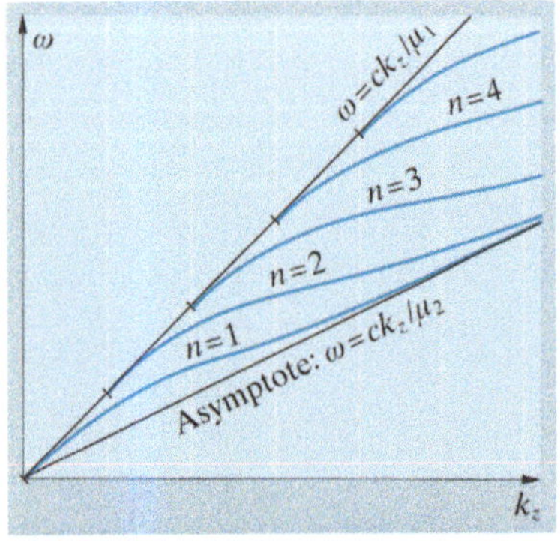

Abb. 10.7. Schema der Dispersionsrelation für einen streifenförmigen Wellenleiter. Die Krümmung der Kurven ist aus Gründen der Übersichtlichkeit stark übertrieben eingezeichnet

optische Faser in Form eines Wellenpakets geschickt wird, verzerrt wird, wenn sich mehrere Moden gleichzeitig ausbreiten. Die Verwendung einer Monomodenfaser vermeidet diese Quelle von Signalverzerrungen, obwohl Pulsverformungen aufgrund der nichtlinearen Form der Funktion $k_z(k_0)$ auch bei einer einzelnen Mode auftreten.

Um einen Monomoden-Wellenleiter zu erzeugen, müssen wir die Bedingung $a < \pi/2V$ erfüllen. Daraus folgt

$$a < 0{,}25\lambda/(\mu_2^2 - \mu_1^2)^{\frac{1}{2}} \,, \tag{10.25}$$

wobei λ die Vakuumwellenlänge ist. Obwohl ein symmetrischer Wellenleiter immer mindestens eine Mode besitzt, gibt es asymmetrische Wellenleiter ohne eine ausbreitungsfähige Mode, wenn die Leiterbreite sehr klein wird.

10.2 Glasfasern

Die Diskussion hat sich bisher um eindimensionale Wellenleiter gedreht. Obwohl diese Konfiguration viele Anwendungen hat, ist das bei weitem häufigste Wellenleiter-System eine **Glasfaser**. Die zugrundeliegende Geometrie ist die einer zylindrischen Faser mit Brechungsindex μ_2 als Kernmaterial, das in einen Mantel mit Brechungsindex μ_1 eingebettet ist. Idealerweise wäre das Mantelmaterial unendlich ausgedehnt, in der Praxis dagegen ist es ebenfalls zylinderförmig und koaxial um den Kern, wobei es dick genug sein muß, um mehrere Abklinglängen β^{-1} von evaneszenten Wellen (10.16) zu beinhalten.

Wir werden nicht die gleichen Berechnungen, die wir für den Streifen-Wellenleiter vorgeführt haben, für diese Zylindergeometrie wiederholen, sondern sie nur bis zu dem Grad ausführen, bei dem neue Phänomene auftreten. Die zu lösende Gleichung ist (10.7) mit $\varepsilon \equiv \mu^2(r)$, in der Näherung der schwachen Führung. Da die Randschicht (d. h. die Grenzschicht zwischen den beiden Medien) axiale Symmetrie besitzt, ist es sinnvoll, die Gleichung für skalares E in Zylinderkoordinaten (r, θ, z) zu schreiben:

$$\frac{\partial^2 E}{\partial x^2} + \frac{\partial^2 E}{\partial y^2} - \left[k_z^2 - \mu^2(x, y)k_0^2\right]E = 0 \tag{10.26}$$

wird zu

$$\frac{\partial^2 E}{\partial r^2} + \frac{1}{r}\frac{\partial E}{\partial r} + \frac{1}{r^2}\frac{\partial^2 E}{\partial \theta^2} - \left[k_z^2 - \mu^2(r)k_0^2\right]E = 0\,. \tag{10.27}$$

Aufgrund der Axialsymmetrie ist es möglich, $E(r, \theta)$ als Produkt von zwei Funktionen $R(r)\Theta(\theta)$ zu schreiben. Aus (10.27) wird dann:

$$\frac{\Theta\,\mathrm{d}^2 R}{\mathrm{d}r^2} + \frac{\Theta}{r}\frac{\mathrm{d}R}{\mathrm{d}r} + \frac{R}{r^2}\frac{\mathrm{d}^2\Theta}{\mathrm{d}\theta^2} - \left[k_z^2 - \mu^2(r)k_0^2\right]R\Theta = 0\,. \tag{10.28}$$

Dividieren wir durch $R\Theta$ und multiplizieren mit r^2, erhalten wir

$$\frac{r^2}{R}\frac{\mathrm{d}^2 R}{\mathrm{d}r^2} + \frac{r}{R}\frac{\mathrm{d}R}{\mathrm{d}r} + \frac{1}{\Theta}\frac{\mathrm{d}^2\Theta}{\mathrm{d}\theta^2} - r^2\left[k_z^2 - \mu^2(r)k_0^2\right] = 0\,, \tag{10.29}$$

was nur noch Terme enthält, die entweder von r oder von θ abhängen, aber nicht von beiden. Die Gleichung spaltet daher in zwei unabhängige Gleichungen auf, die nur noch von r oder θ abhängen und gleich einer Konstanten sind, die wir mit l^2 bezeichnen. Sie lauten:

$$\frac{1}{\Theta}\frac{\mathrm{d}^2\Theta}{\mathrm{d}\theta^2} = \mathrm{const} \equiv -l^2 \; ; \tag{10.30}$$

$$\frac{r^2}{R}\frac{\mathrm{d}^2R}{\mathrm{d}r^2} + \frac{r}{R}\frac{\mathrm{d}R}{\mathrm{d}r} - r^2\left[k_z^2 - \mu^2(r)k_0^2\right] = l^2 \quad . \tag{10.31}$$

Gleichung (10.29) ist die Summe dieser beiden Gleichungen. In (10.30) taucht eine neue Eigenschaft auf, die beim ebenen Wellenleiter nicht auftrat und die mit den **schiefen Strahlen** aus Abschn. 10.1.1 zusammenhängt. Jede ihrer Lösungen muß die Bedingung $\Theta(2\pi) = \Theta(0)$ erfüllen, d. h.:

$$\Theta(\theta) = A\cos l\theta + B\sin l\theta \; , \tag{10.32}$$

wobei l eine nichtnegative ganze Zahl ist und A und B beliebige Konstanten sind. Betrachten wir nur diesen Teil der Lösung, sehen wir, daß die Lichtintensität E^2 in θ moduliert ist mit einer geraden Anzahl von Maxima in einem kompletten Kreis (360°). Sie heißen **azimutale Moden** (Abb. 10.8). Wir haben solche Moden bereits beim **konfokalen Resonator** in Abschn. 9.5.3 kennengelernt.

Abb. 10.8a–f. Photographien der Intensitätsverteilung verschiedener Moden einer runden Faser

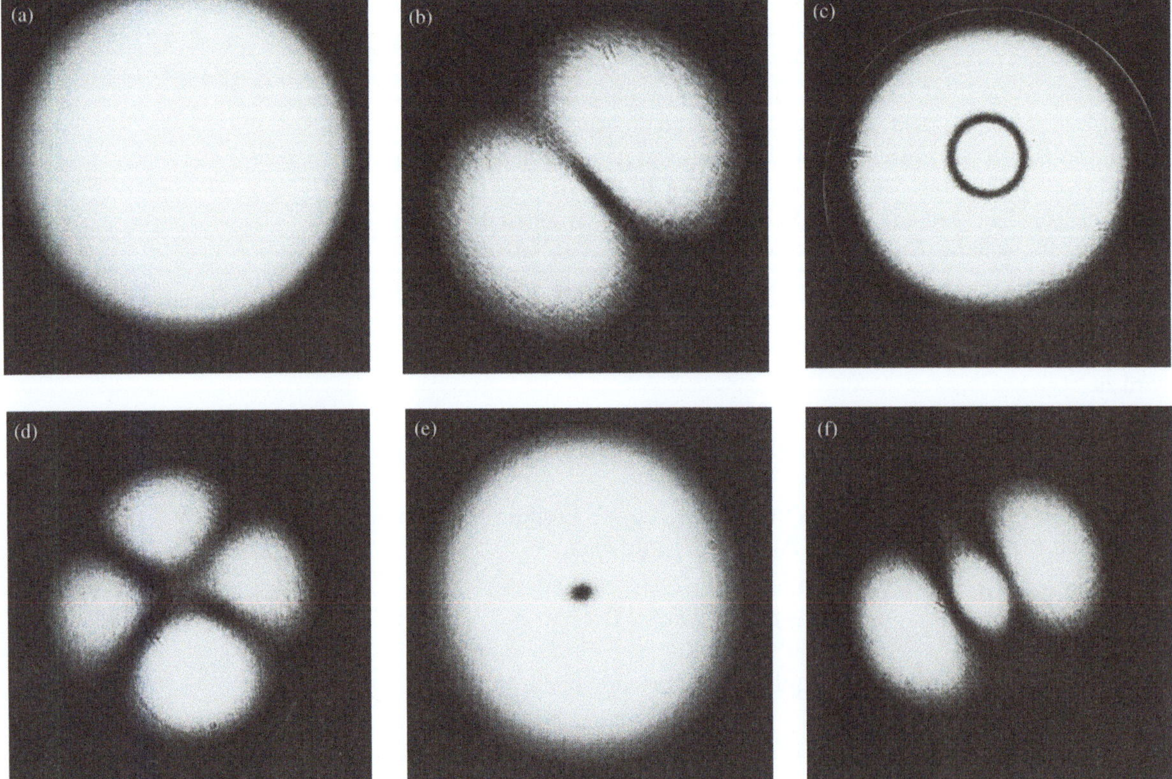

10.2.1 Glasfasern mit stufenförmigem Brechungsindexprofil

Die Radialgleichung (10.31) ist nicht leichter zu lösen als (10.10), sie ergibt **radiale Moden**, die im Kernbereich oszillatorisch und im Mantel evaneszent sind. Wir können den l^2-Term so behandeln, als wäre er eine zusätzliche Dielektrizitätskonstante $-l^2/k_0^2 r^2$; da r^{-2} für $r = 0$ divergiert, müssen die Felder der Moden mit $l \neq 0$ dort verschwinden. Der einfachste Fall ist der einer Faser mit einem stufenförmigem Brechungsindexprofil, $\mu(r) = \mu_2\,(r < a)$ und $\mu(r) = \mu_1\,(r > a)$. Die Analyse erfolgt analog zu der beim Streifen-Wellenleiter, wobei die Kosinus- und Sinusfunktionen durch die Besselfunktionen J_0 und J_1 (siehe Anhang 1) ersetzt werden müssen. Einige typische Moden sind in Abb. 10.8 gezeigt. Nur eine einzelne Mode kann sich ausbreiten, wenn $a < 0{,}383\lambda/(\mu_2^2 - \mu_1^2)^{1/2}$, vgl. (10.25). Solche Monomodenfasern mit dieser Eigenschaft sind bei Anwendungen im Telekommunikationsbereich aufgrund ihrer relativ geringen Dispersion sehr wichtig. Liegen μ_2 und μ_1 nahe beeinander, kann der maximale Kerndurchmesser $2a$ einer Monomodenfaser deutlich größer werden als λ. Hat man beispielsweise $\mu_2 = 1{,}535$ und $\mu_1 = 1{,}530$, wird auch eine Faser mit $2a < 6{,}2\lambda$ nur eine einzelne Mode unterstützen.

10.2.2 Glasfasern mit Brechungsindexgradienten

An dieser Stelle möchten wir das Ergebnis von Abschn. 2.8 ins Gedächtnis zurückrufen, wonach eine der Folgen der nichtlinearen Dispersion bei der Ausbreitung eines Wellenpakets eine Zunahme der Breite im Laufe der Zeit ist. Dieser Umstand begrenzt die Rate, mit der Wellenpakete durch eine Glasfaser gesendet werden können, ohne daß sie sich überlappen. Es stellt sich heraus, daß Fasern mit stufenförmigem Indexprofil auch innerhalb einer einzelnen Übertragungsmode soviel Dispersion besitzen, daß für langreichweitige Telekommunikation Fasern mit niedrigerer Dispersion gefunden werden müssen. Dies führte zur Entwicklung von Glasfasern mit **Brechungsindexgradienten**, bei denen der Brechungsindex $\mu(r)$ eine stetige Funktion des Radius ist. Ein allgemein verwendetes Profil ist eine Parabel $\mu^2(r)$. Eine solche Faser besitzt eine geringere Dispersion als eine Faser mit Stufenprofil, obwohl es keinen Beweis dafür gibt, daß dieses Profil die minimale Dispersion besitzt; tatsächlich hat ein Profil mit einem etwas geringeren Exponenten ein noch besseres Übertragungsverhalten. Das parabolische Profil $\mu^2(r) = A - br^2$ hingegen erinnert uns an das Potential des harmonischen Oszillators in der Quantenmechanik, und da die Schrödingergleichung für dieses Modell eine einfache Lösung besitzt, werden wir dieses Profil hier besprechen. In der Praxis beschränkt sich das parabolische Brechungsindexprofil auf den Kernbereich der Faser,[2] wie in Abb. 10.9 gezeigt. Diese Abbildung stellt eine ummantelte Faser mit parabolischem Brechungsindexprofil dar, deren Parameter so eingestellt werden können, daß sie nur eine einzelne Mode überträgt und trotzdem minimale Dispersion zeigt. Eine ausführlichere Diskussion kann bei *Ghatak* und *Thyagarajan* (1980) gefunden werden.

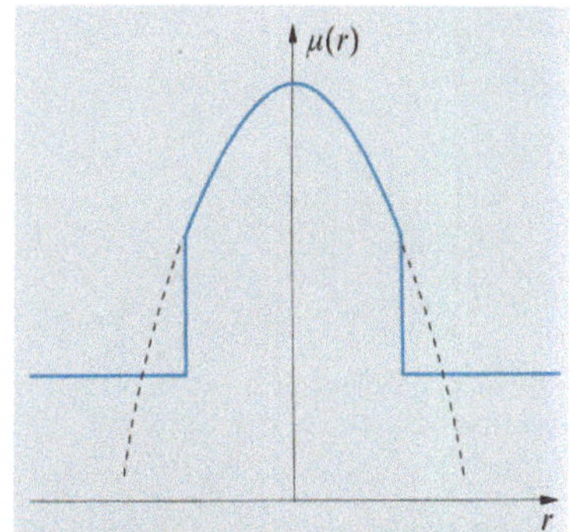

Abb. 10.9. Brechungsindexprofil einer Faser mit parabolischem Indexverlauf (*durchgezogene Linie*) und das dazugehörige mathematische Modell (*gestrichelt*)

---

[2] Sonst würde der Brechungsindex ab einem bestimmten Radius kleiner als eins werden!

Als Startpunkt nehmen wir (10.29) und setzen $\mu^2(r) = \mu_2^2 - b^2 r^2$. Alles, was wir bisher über die azimutalen Moden gesagt haben, gilt auch in diesem Fall, da die spezifische Form von $\mu^2(r)$ in (10.30) nicht auftauchte. Die Radialgleichung (10.31) kann dann geschrieben werden als

$$\frac{\mathrm{d}^2 R}{\mathrm{d}r^2} + \frac{1}{r}\frac{\mathrm{d}R}{\mathrm{d}r} + R\left(U - \alpha^2 r^2 - \frac{l^2}{r^2}\right) = 0 \,, \tag{10.33}$$

wobei $U = \mu_2^2 k_0^2 - k_z^2$ und $\alpha = k_0 b$. Dadurch bekommt die Gleichung die analoge Form zum zweidimensionalen harmonischen Oszillator in der Quantenmechanik, bei der U die Gesamtenergie darstellt und das Potential die Form $\alpha^2 r^2$ hat. Deshalb müssen die Lösungen die Form

$$R = \mathrm{e}^{-\alpha r^2/2}\, f(r) \tag{10.34}$$

haben, wobei $f(r) = \sum_{j=n_0}^{n} a_j r^j$ eine endliche Polynomreihe ist.[3]

Setzt man (10.34) in (10.33) ein und führt einen Koeffizientenvergleich durch, ergeben sich zusammen mit der Randbedingung, daß n eine endliche ganze Zahl (d.h. $a_k = 0 \; \forall k > n$) sein muß, folgende Schlußfolgerungen:

(1) Es gibt unabhängige symmetrische Lösungen für gerade und antisymmetrische Lösungen für ungerade l. Für $l \neq 0$ muß gelten, daß $R(0) = 0$.

(2) Der Wert von n_0 ist $n_0 = l$. Dies bedeutet, daß die Radialfunktion höchstens $n - l + 1$ Maxima besitzen kann, da sie eine Polynomfunktion mit genau dieser Zahl von Termen, multipliziert mit einer **Gauß-Funktion**, ist. Ein typisches Bild der Moden ist in Abb. 10.10 gezeigt.

(3) Die erlaubten Werte von U sind $U = \mu_2^2 k_0^2 - k_z^2 = 2\alpha(n+1)$. Der Wert 2α entspricht $h\nu$ beim quantenmechanischen harmonischen Oszillator; die „**Grundzustandsenergie**" ($n = 0$) beträgt $h\nu$ und nicht $\frac{1}{2}h\nu$, da es sich um ein zweidimensionales System handelt. Deshalb ist die Dispersionsrelation für die niedrigste Mode (unter Verwendung von $k_0 = \omega/c$ und $\alpha = k_0 b$):

$$\mu_2^2 k_0^2 - 2bk_0 = k_z^2 \,. \tag{10.35}$$

Für diese unterste Mode ist $l = n = 0$, so daß sich für die Amplitude des elektrischen Feldes ergibt:

$$E(r) = R(r) = \mathrm{e}^{-k_0 b r^2/2} \,, \tag{10.36}$$

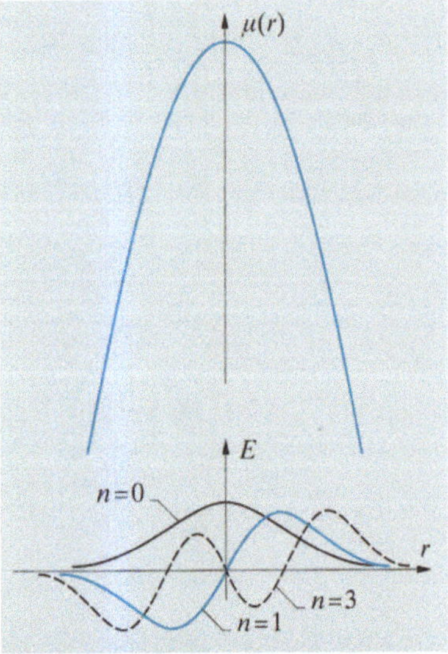

was ein einfaches Gauß-Profil darstellt. Der Radius $r = (k_0 b)^{-1/2}$ ist genau der Wendepunkt dieses Profils, so daß er im wesentlichen dem Kernradius der Faser entspricht (vergleiche Abb. 10.10 mit Abb. 10.6). Man sollte diese Analogie allerdings nicht zu weit treiben, sie gilt strenggenommen nur für ein parabolisches Profil unendlicher Ausdehnung,

Abb. 10.10. Typische Moden in einer Faser mit parabolischem Indexprofil

---

[3] Dies ist die klassische Sommerfeldsche Lösung zur quantenmechanischen Gleichung des harmonischen Oszillators.

und die Situation ändert sich drastisch durch die Anwesenheit eines Mantelmediums, das notwendigerweise vorhanden sein muß, da μ nicht unter einen Wert von 1,5 fällt.

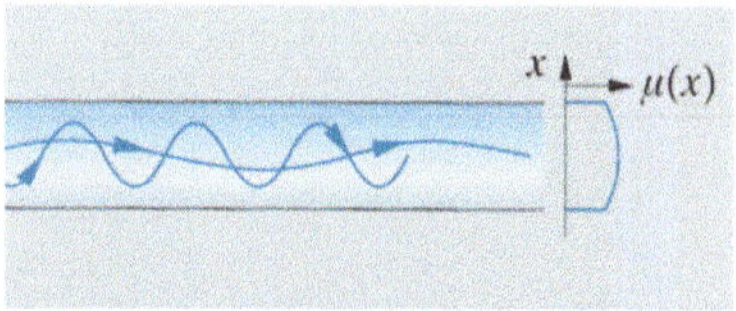

Man kann Abb. 10.11 qualitativ die Ursache für die geringere Dispersion bei einer Faser mit Brechungsindexgradienten entnehmen. In der Abbildung ist die Mode mit der kürzesten Weglänge auf die Region mit größtem Brechungsindex $\mu(x)$ beschränkt, wobei die Moden mit längeren Wegen Bereiche mit niedrigerem Brechungsindex durchlaufen. Diese beiden Parameter – Weglänge und Brechungsindex – heben sich teilweise gegenseitig auf und ergeben eine niedrigere Dispersion als bei einer Faser mit stufenförmigem Indexprofil. Die Dispersion des Glases muß zusätzlich in Betracht gezogen werden; im Bereich normaler Dispersion (Abschn. 13.3.2) hat $\partial^2\omega/\partial k^2$ für Glas angenehmerweise das entgegengesetzte Vorzeichen im Vergleich zur Faserdispersion, und somit ist eine weitere Kompensation möglich.

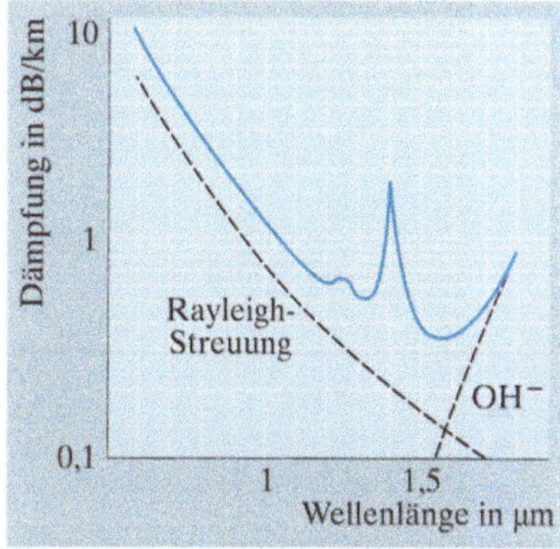

Abb. 10.11. Darstellung zweier Moden als Lichtstrahlen in einer Faser mit parabolischem Indexprofil

10.2.3 Herstellung von Glasfasern

Einige Worte zur Herstellung von Glasfasern sollen die obige Diskussion etwas aus dem Rahmen einer rein theoretischen Abhandlung herausholen. Glasfasern werden kommerziell in Längen von vielen Kilometern aus speziellem Glas mit niedrigem Absorptionskoeffizienten hergestellt. Zuerst wird ein kurzes Stück zylindrischen Glases (Rohling) mit mehreren Zentimetern Durchmesser so präpariert, daß ein Kernbereich mit höherem Brechungsindex als im Randbereich entsteht. Dieser Rohling wird erwärmt und durch eine Öffnung gezogen, deren Durchmesser dem äußeren Durchmesser der späteren Faser entspricht. Die inneren Strukturen des Rohlings skalieren mit diesem Ziehprozeß, d. h. es kommt zu einer entsprechenden Verkleinerung. Ein typisches Absorptionsspektrum für eine Glasfaser ist in Abb. 10.12 gezeigt. Man beachte, daß die Einheiten der Abszisse dB/km sind, wobei ein dB einem Intensitätsverlust des übertragenen Lichts von $10^{0,1}$ entspricht (B ist die Einheit „Bel", die einem Verlust von einem Faktor zehn entspricht).

Eine ähnliche Methode wird zur Produktion von Fasern mit einem Indexgradienten verwendet. In diesem Fall wird der Rohling aus axialen Schichten verschiedenen Brechungsindexes aufgebaut, die oftmals chemisch aus der Gasphase abgeschieden werden (CVD = „Chemical Vapour Deposition"), wobei man die Zusammensetzung der Quellmaterialien kontinuierlich ändern kann.

Lichtverluste in den Fasern stammen aus verschiedenen Quellen. Absorption im Glas, wie oben bereits erwähnt, ist nur eine davon; eine gewaltige Entwicklungsarbeit hat dazu geführt, daß für einige Wellenlängen dieser Faktor auch bei Übertragungslängen von mehreren hundert Kilometern vernachlässigbar ist. **Rayleigh-Streuung** (Abschn. 13.2) ist für kürzere Wellenlängen wichtig und stammt daher, daß Glas kein kristallines Medium ist und deshalb unvermeidbare Dichteschwankungen besitzt. Die Verluste, die durch unvollständige Totalreflexion auftreten können, werden in einer Faser mit Stufenprofil dadurch vermieden, daß die Grenzschicht zwischen μ_2 und μ_1 im Bereich der Ummantelung liegt und so weder beschädigt

Abb. 10.12. Typischer Absorptionskoeffizient in einer Glasfaser als Funktion der Wellenlänge. Die Grenzen der Rayleigh-Streuung und der Absorption durch OH^--Ionen im entfernten Infrarotbereich sind gestrichelt eingezeichnet

noch verschmutzt werden kann; dies gilt um so mehr für die Fasern mit Brechungsindexgradienten, wo diese Grenzschicht gar nicht definiert ist. Bei praxisnaher Auslegung sind auch die Verluste aufgrund evaneszenter Wellen im Mantelbereich vernachlässigbar, obwohl sie bei Biegungen oder Knicken in der Faser bemerkbar werden können.[4]

10.2.4 Kommunikation mit Hilfe von Glasfasern

Glasfasern sind heutzutage das Standardmedium zur Übermittlung von Telephongesprächen und Daten. Ein typisches System verwendet als Signalquelle eine lichtemittierende Diode (LED = „**Light Emitting Diode**") oder einen **Halbleiterlaser**, die Licht einer Wellenlänge aussenden, bei der Absorption und Dispersion in der Faser minimal sind ($1,3-1,5\,\mu$m). Ihre Intensität wird entsprechend dem zu übertragenden Signal moduliert. Das Licht wird dann in eine Glasfaser eingekoppelt. Auf der anderen Seite (Empfangsseite) wird das Licht durch einen Photodetektor wieder in ein elektrisches Signal zurückverwandelt. Die maximale Übertragungsdistanz ist durch die oben diskutierten Faserverluste begrenzt. Es kann daher notwendig werden, das Signal bei der Übertragung über längere Strecken regelmäßig zu verstärken. Dies kann z. B. dadurch geschehen, daß man die Glasfaser mit einem Photodetektor abschließt, das Signal elektronisch verstärkt und mögliche Störungen, die nicht zum übertragenen Signalcode gehören, eliminiert und anschließend das Signal wieder aussendet. Vor kurzem wurden Konzepte erarbeitet, die eine **Verstärkung des Lichtes innerhalb der Faser** durch stimulierte Emission ermöglichen; im wesentlichen wird dabei ein Teil der Faser passend dotiert und optisch gepumpt und dadurch zu einem optischen Verstärker gemacht, der auf dem Laserprinzip beruht (Abschn. 14.4.3).

Der große Gewinn bei der Verwendung von Glasfasern zur Datenübermittlung liegt in der großen Zahl von Kanälen, die gleichzeitig über eine einzelne Faser übertragen werden können. Wenn wir annehmen, daß das übertragene Licht die Frequenz ω besitzt und ein einzelner Kanal die **Bandbreite** ω_1, dann können im Prinzip durch Überlagerung der unterschiedlichen Kanäle, die jeweils auf eine verschiedene **Trägerfrequenz** aufmoduliert werden, ω/ω_1 Kanäle gleichzeitig übertragen werden. Nehmen wir $\omega = 10^{15}\,\mathrm{s}^{-1}$ und $\omega_1 = 10^5\,\mathrm{s}^{-1}$, so ergeben sich 10^{10} Kanäle. Die heutige Technologie ist noch weit davon entfernt, ein solches Potential auszuschöpfen, aber der Vorteil bleibt bestehen. Die obige Abschätzung vernachlässigt zudem einige Punkte von fundamentaler Wichtigkeit, einer davon ist die Dispersion (Abschn. 2.8), die die Kanalzahl deutlich reduziert, obwohl selbst bei ihrer Berücksichtigung noch eine beeindruckende Zahl übrigbleibt. Zum gegenwärtigen Zeitpunkt können ca. 25 000 Kanäle gleichzeitig über ein Glasfaserpaar übertragen werden, verglichen mit 24 in einem Kupferkabel. Eine populärwissenschaftliche Abhandlung über die Leistungsfähigkeit optischer Kommunikationssysteme findet sich bei *Desurvire* (1992).

---

[4] Das Problem eines Streifen-Wellenleiters mit einem bestimmten Krümmungsradius kann analytisch gelöst werden und hat ebenfalls eine Analogie aus dem Bereich der Quantenmechanik – die Tunneldiode.

10.2.5 Anwendungen in der Bilderzeugung

Für die Übertragung von Bildern ist die Modenstruktur des Lichts in einer Glasfaser unwichtig; wir möchten nur das Licht möglichst ungestört von einem Ende der Faser zum anderen transportieren. Ein Faserbündel wird zu einer strukturierten Anordnung zusammengefaßt, und die Enden werden sauber abgeschnitten; diese Anordnung wird auf der anderen Seite wiederholt. Was dazwischen geschieht, ist unwichtig. Ein Bild, das nun auf ein Ende des Faserbündels projiziert wird, kann am anderen Ende gesehen werden. Eine Anordnung dieser Art ist sehr wertvoll als Methode der Bildübertragung aus unzugänglichen Bereichen; eine wichtige Anwendung in der Medizin ist die Untersuchung des Körperinneren beim Menschen (**Endoskopie**). Die Auflösung des Bildes wird durch den Durchmesser der einzelnen Glasfasern bestimmt, der typischerweise 20–50 μm beträgt. Durch Verändern der Anordnung der Fasern an einem Ende kann das Bild kodiert werden, z. B. von einem kreisförmigen Blickfeld zu einem spaltförmigen. Die Änderung der Anordnung kann auch einfach eine Rotation sein; ein Bild mit Hilfe eines Faserbündels umzukehren ist billiger, benötigt weniger Platz und führt zu weniger Aberrationen als bei einem Linsensystem, obwohl die Auflösung begrenzt ist (Abb. 10.13).

Das Gebiet der Faseroptik ist gut in Übersichtsartikeln und Büchern jeden Schwierigkeitsgrads erfaßt, beispielsweise *Gloge* (1979), *Marcuse* (1989, 1991a,b), *Agrawal* (1989) und *Keiser* (1991).

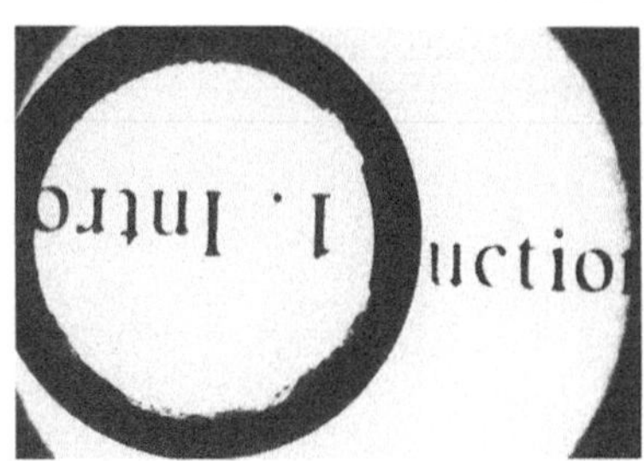

Abb. 10.13. Bildumkehr durch die Benutzung eines kohärenten Faserbündels der Länge 10 mm

10.3 Wellenausbreitung in einem Medium mit Brechungsindexmodulationen

Eine weitere Anwendung der Ausbreitung elektromagnetischer Wellen mit praktischer Bedeutung stellt das Durchlaufen eines Mediums mit periodisch moduliertem Brechungsindex dar. Verfolgen wir weiter unsere Strategie, *Analogien aus dem Bereich der Quantenmechanik* zu suchen, so finden wir hierfür sofort die Entsprechung beim Verhalten eines Elektrons in einem periodischen Potential, z. B. in einem Kristall. Die Lösungen im optischen Fall haben in der Tat zahlreiche Gemeinsamkeiten mit den wohlbekannten **Bloch-Wellen** und weisen Bandlücken auf, die denen in der elektronischen Bandstruktur von Kristallen vollständig entsprechen. Obwohl wir uns bei der Behandlung hier auf eine Dimension beschränken wollen, wurde das Problem der Ausbreitung elektromagnetischer Wellen vor kurzem auf dreidimensionale, periodisch modulierte Medien angewendet (*Yablonovitch* 1993); die Resultate, die wir hier ableiten wollen, lassen sich auch bei solchen Systemen finden. Die Analogie zur Quantenmechanik liegt auch hier zugrunde.

10.3.1 Allgemeine Methode für Mehrschichtsysteme

Das optische, beugende System, das uns hier interessiert, ist ein **dielektrisches Mehrschichtsystem**, das aus einer Reihe von transparenten Schichten mit verschiedenen Brechungsindizes besteht, die übereinanderliegend auf ein Substrat aufgebracht wurden. Eine Lichtwelle fällt aus dem Vaku-

Abb. 10.14. Parameter zur Berechnung von Vielschichtsystemen

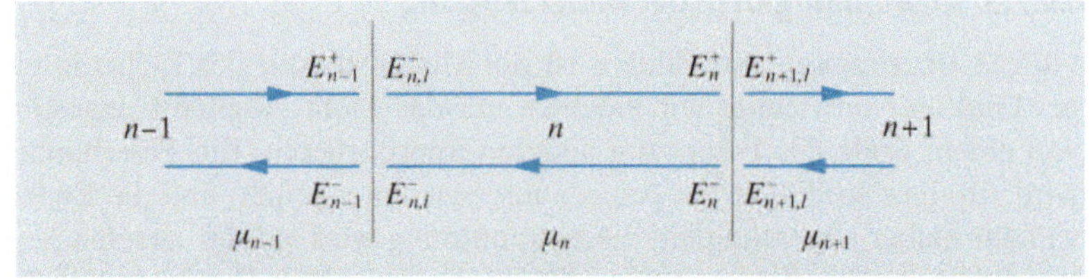

um (oder aus Luft) unter einem Winkel $\hat{\imath}$ zur Oberflächennormalen der Schichten ein, und wir möchten nun die Art und Weise der Reflexion und Transmission des Lichtes in diesem System berechnen. In diesem Abschnitt werden wir den allgemeinen Rahmen zur Behandlung solcher Probleme abstecken und einen Spezialfall, den eines periodischen Stapels, genauer betrachten. Ein schmalbandiges **Interferenzfilter** dient uns als Anwendungsbeispiel.

Betrachten wir zunächst den Fall senkrechten Einfalls. Wellen, die in das Mehrschichtsystem entlang der x-Achse einfallen (Abb. 10.14), werden an den verschiedenen Grenzschichten teil-reflektiert. In jeder Schicht n gibt es im allgemeinen zwei Wellen, eine davon in Richtung $+x$, die andere in Richtung $-x$. Wir nehmen E als in y-Richtung polarisiert an. Die komplexen Amplituden sind auf der rechten Seite (Grenzschicht zur $n+1$-ten Schicht) E_n^+ und E_n^-. Der Phasenunterschied zwischen den beiden Seiten der Schicht für jede davon beträgt $g_n = k_n d_n$, wobei k_n die Wellenzahl in diesem Medium ist, d. h. $k_n = k_0 \mu_n$, und d_n ist die Dicke der Schicht. Die Wellenamplituden auf der linken Seite einer Schicht werden dann zu:

$$E_{nl}^+ = E_n^+ \mathrm{e}^{+ig_n}\,, \tag{10.37}$$

$$E_{nl}^- = E_n^- \mathrm{e}^{-ig_n}\,. \tag{10.38}$$

Das gesamte elektrische Feld an der Grenzschicht muß stetig sein, so daß gilt

$$E_{nl}^+ + E_{nl}^- = E_{n-1}^+ + E_{n-1}^-\,. \tag{10.39}$$

Setzen wir ein, ergibt sich

$$E_n^+ \mathrm{e}^{+ig_n} + E_n^- \mathrm{e}^{-ig_n} = E_{n-1}^+ + E_{n-1}^-\,. \tag{10.40}$$

Genauso verfahren wir mit den magnetischen Feldern in der z-Richtung. Die Amplitude der Welle, die sich in Richtung $+x$ ausbreitet, ist $H^+ = \mu Z_0^{-1} E^+$, die der Welle in Richtung $-x$ ist $H^- = -\mu Z_0^{-1} E^-$. Danach ergibt sich analog zu (10.40)

$$H_n^+ \mathrm{e}^{+ig_n} + H_n^- \mathrm{e}^{-ig_n} = H_{n-1}^+ + H_{n-1}^-\,. \tag{10.41}$$

Schreiben wir (10.40) und (10.41) für die totalen Felder um, erhalten wir

$$E_n = E_n^+ + E_n^-\,; \tag{10.42}$$

$$Z_0 H_n = u_n(E_n^+ - E_n^-) \equiv \mu_n(E_n^+ - E_n^-)\,. \tag{10.43}$$

Dabei wurde μ_n durch u_n ersetzt; diese Änderung in der Notation entspricht der in Abschn. 5.4.2 und wird in Abschn. 10.3.2 genauer besprochen.[5] Wir erhalten nun zwei neue Gleichungen

$$E_{n-1} = E_n \cos g_n + \frac{iZ_0 H_n}{u_n} \sin g_n \; ; \tag{10.44}$$

$$Z_0 H_{n-1} = iu_n E_n \sin g_n + Z_0 H_n \cos g_n \, , \tag{10.45}$$

die in Matrixform geschrieben werden können

$$\begin{pmatrix} E_{n-1} \\ Z_0 H_{n-1} \end{pmatrix} = \begin{pmatrix} \cos g_n & iu_n^{-1} \sin g_n \\ iu_n \sin g_n & \cos g_n \end{pmatrix} \begin{pmatrix} E_n \\ Z_0 H_n \end{pmatrix}$$
$$\equiv \mathsf{M}_n \begin{pmatrix} E_n \\ Z_0 H_n \end{pmatrix} \; . \tag{10.46}$$

Das Verhalten des Gesamtsystems, daß durch den Parametersatz (g_n, u_n) für jede Schicht definiert ist, kann nun einfach durch Matrixmultiplikation bestimmt werden. Als Resultat erhalten wir eine Beziehung zwischen $(E_0, Z_0 H_0)$, was sowohl die einfallende als auch die reflektierte Welle enthält, und $(E_N, Z_0 H_N)$, was die transmittierte Welle repräsentiert:

$$(E_0, Z_0 H_0) = \prod_{n=1}^{N} \mathsf{M}_n \cdot (E_N, Z_0 H_N) \, . \tag{10.47}$$

Daraus lassen sich nun die **Reflexions-** und **Transmissionskoeffizienten** $\mathscr{R}$ und $\mathscr{T}$ ableiten. Da $E_0^- = \mathscr{R} E_0^+$, $Z_0 H_0^+ = u_0 E_0^+$ und $Z_0 H_0^- = -u_0 E_0^-$ gelten, folgt

$$(E_0, Z_0 H_0) = \left[(1 + \mathscr{R}), u_0 (1 - \mathscr{R}) \right] , \tag{10.48}$$

wobei das einfallende Wellenfeld den Wert eins zugewiesen bekommt. Offensichtlich ist $E_N^- = 0$, da es keine reflektierte Welle in der Richtung $-x$ in der letzten Schicht gibt, so daß gilt

$$(E_N, Z_0 H_N) = (\mathscr{T}, u_N \mathscr{T}) \, . \tag{10.49}$$

Die resultierende Matrixgleichung ist

$$\left(1 + \mathscr{R}, u_0 (1 - \mathscr{R}) \right) = \prod_{n=1}^{N} \mathsf{M}_n \cdot (\mathscr{T}, u_N \mathscr{T}) \, , \tag{10.50}$$

die durch die Gleichsetzung der Koeffizienten leicht gelöst werden kann, wie wir im folgenden Beispiel sehen werden. Merken wir uns für eine spätere Anwendung, daß die Determinante $\det\{\mathsf{M}\} = 1$ ist. Dies folgt aus dem **Energieerhaltungssatz**; man kann daraus $\det\{\prod_n \mathsf{M}_n\} = 1$ schließen.

---

[5] An zahlreichen Literaturstellen findet man an dieser Stelle $Z_0 = 1$, da sich dieser Wert immer heraushebt.

10.3.2 Schräger Einfall

Der Fall schrägen Lichteinfalls läßt sich leicht behandeln und kann den Leser daran erinnern, warum die Variable u eingeführt wurde. Nehmen wir an, die einfallende Welle hat im Vakuum den Winkel $\hat{\imath}$ zur x-Achse. Dann ist ihr Winkel $\hat{r}_n$ in der $n$ten Schicht durch das Snelliussche Brechungsgesetz bestimmt:

$$\sin \hat{\imath} = \mu_n \sin \hat{r}_n \,. \tag{10.51}$$

Die Phasendifferenz g_n enthält nun die x-Komponente von k in dem Medium, d. h. $k_0 \mu_n \cos \hat{r}_n$:[6]

$$g_n = k_0 \mu_n d_n \cos \hat{r}_n \,. \tag{10.52}$$

Wie wir in Abschn. 5.4.2 gesehen haben, ist es nun möglich, die Randbedingungen für $\|$- und $\perp$-Felder auszudrücken durch Einführen von **effektiven Brechungsindizes**

$$u_n = \mu_n \sec \hat{r}_n \qquad (\|\text{-Polarisation}) \,, \tag{10.53}$$
$$u_n = \mu_n \cos \hat{r}_n \qquad (\perp\text{-Polarisation}) \tag{10.54}$$

in die **Fresnel-Koeffizienten** für senkrechten Einfall, siehe auch (5.43–44). Das gleiche Argument gilt auch in diesem Fall, wobei $\hat{r}_n$ der Brechungswinkel innerhalb jedes Mediums ist.

10.3.3 Einzelschicht als Antireflexbeschichtung

Obwohl der Reflexionskoeffizient einer einzelnen Grenzschicht zwischen Luft und einem transparenten Medium in der Größenordnung von 4% liegt, wie in Abschn. 5.4.2 berechnet, und damit recht klein erscheint, stellt dieser Wert doch einen ernsthaften Verlust an Licht in optischen Systemen dar, wie z. B. zusammengesetzten Linsen und Instrumenten mit vielen Oberflächen. Der Reflexionskoeffizient kann durch Beschichten der Oberfläche mit einer oder mehreren Schichten aus Material mit verschiedenen Brechungsindizes drastisch gesenkt werden. Solche **Antireflexbeschichtungen** stellen die weitverbreitetste Anwendung von dielektrischen Dünnschichten dar. Wir werden die zugrundeliegende Idee am einfachsten Beispiel, der Beschichtung mit einer Einzelschicht, darlegen, wobei der Reflexionskoeffizient bei passendem Design für eine bestimmte Wellenlänge null werden kann und auch für benachbarte Wellenlängen sehr klein wird.

Für eine Schicht mit Parametern (g, u) zwischen Luft (u_0) und einem Substrat mit Index u_S haben wir analog zu (10.46) und (10.50)

$$\begin{pmatrix} 1 + \mathscr{R} \\ u_0(1 - \mathscr{R}) \end{pmatrix} = \begin{pmatrix} c & iu^{-1}s \\ ius & c \end{pmatrix} \begin{pmatrix} \mathscr{T} \\ u_S \mathscr{T} \end{pmatrix} \,, \tag{10.55}$$

---

[6] Es ist ein weitverbreiteter Irrtum, der durch irregeführte Intuition zustandekommt, anzunehmen, daß ein schräger Einfall die Schichten „dicker" erscheinen läßt, und zu schreiben $g = k_0 \mu d / \cos \hat{r}$. Die richtige physikalische Erklärung des hier auftretenden Effekts ist in Abschn. 9.5 am Beispiel des **Fabry-Perot-Interferometers** aufgeführt.

wobei $c \equiv \cos g$ und $s \equiv \sin g$. Wir verwenden u anstelle des Brechungsindexes μ, damit die Ergebnisse für jeden Einfallswinkel und jede Polarisation allgemein verwendbar sind. Wir möchten $\mathscr{R} = 0$ erreichen, wofür wir aus (10.55) das folgende Gleichungspaar erhalten

$$1 = (c + isu_S/u)\mathscr{T} , \tag{10.56}$$

$$u_0 = (ius + cu_S)\mathscr{T} . \tag{10.57}$$

Eliminieren von $\mathscr{T}$ führt zu der komplexen Gleichung

$$u_0 = \left[u_S + ics(u - u_S^2/u)\right]/(c^2 + s^2 u_S^2/u^2) . \tag{10.58}$$

Offensichtlich muß der Imaginärteil null sein. Da $u \neq u_S$ (sonst wäre die aufgebrachte Schicht einfach ein Teil des Substrats) muß entweder c oder s null sein. Ist $s = 0$, folgt, daß $c = \pm 1$, aber dies löst die Gleichung nicht, da $u_0 \neq u_S$. Daher muß $c = 0$ gelten, woraus $s = \pm 1$ folgt und

$$\boxed{u_0 u_S = u^2} . \tag{10.59}$$

Der Wert $s = \pm 1$ impliziert $g = n\pi/2$, wobei n eine ungerade ganze Zahl sein muß; die optische Dicke der Schicht ist ein ungeradzahliges Vielfaches von $\lambda/4$. Normalerweise wird eine einzelne Viertelwelle gewählt. Bei senkrechtem Einfall beispielsweise ist der für eine Antireflexbeschichtung mit einer Grenzschicht gegen Luft ($u_0 = 1$) benötigte Brechungsindex die Wurzel des Brechungsindexes des Substrats. Auf einem Glassubstrat mit $u_S = \mu_S \simeq 1{,}6$ ist das am häufigsten verwendete Beschichtungsmaterial MgF_2, das sich leicht durch Aufdampfen aufbringen läßt und das einen Brechungsindex von 1,38 besitzt, was in etwa dem benötigten Wert entspricht. Der Reflexionskoeffizient in Abhängigkeit von der Wellenlänge für diesen Fall ist in Abb. 10.15 gezeigt. Glas, das auf diese Weise beschichtet ist, zeigt einen leicht purpurnen Schimmer, da die Schicht mehr im Blauen und Roten reflektiert; aus diesem Grund wird diese Technik im Englischen auch als „Blooming" (blühend) bezeichnet.

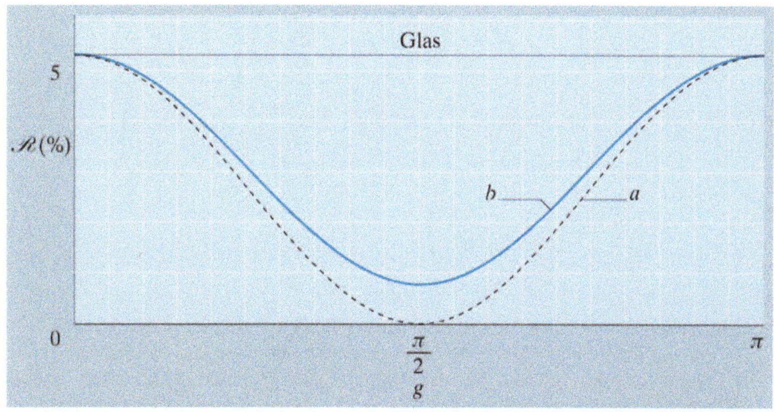

Abb. 10.15. Verlauf des Reflexionskoeffizienten für eine Antireflexschicht der Dicke $\lambda/4$ auf Glas, berechnet für minimale Reflexion bei senkrechtem Einfall und einer Wellenlänge $\lambda = 550\,\mathrm{nm}$. (a) ideale Schicht, $u = \sqrt{1{,}60}$; (b) MgF_2, $u = 1{,}38$

Die Verwendung von mehr als einer Schicht ermöglicht die Herstellung von breitbandigeren Beschichtungen mit besserer Qualität; wir möchten dies hier aber nicht weiter diskutieren (siehe *Liddell* 1981 und *Macleod* 1989).

Die physikalischen Grundlagen der Einschicht-Antireflexbeschichtung sind leicht zu verstehen. Indem man eine Schicht mit u gleich dem geometrischen Mittel aus dem Brechungsindex der Luft und u_S des Substrats herstellt, hat man zwei Grenzschichten mit gleichem Reflexionskoeffizienten erzeugt, siehe (5.45). Dadurch, daß diese durch eine optische Entfernung von $\lambda/4$ getrennt sind, sind die von beiden Grenzschichten reflektierten Wellen gegenphasig und interferieren deshalb destruktiv.

10.3.4 Periodische Vielfachschichten: wellenlängenselektive Spiegel

Wir möchten hier nur ein Problem, das Vielfachschichten beinhaltet, im Detail besprechen, obwohl sich der Leser leicht vorstellen kann, daß mit Hilfe von (10.47) und einem kleinen Computer die Berechnung der Eigenschaften einer beliebigen Kombination von nichtabsorbierenden Schichten möglich ist, wenn die verschiedenen Werte für (g_n, u_n) gegeben sind.[7]

Um ein möglichst hochreflektives Vielschichtsystem zu konstruieren, werden wir genau den umgekehrten Weg wie bei der Antireflexbeschichtung gehen. Ziel ist es, eine möglichst gute konstruktive Interferenz der reflektierten Partialwellen zu erreichen. Dies kann dadurch erreicht werden, daß man Grenzschichten mit abwechselnd positiven und negativen Reflexionskoeffizienten gleichen Betrags erzeugt und sie um den optischen Weg einer halben Wellenlänge voneinander trennt (d. h. wiederum eine Schichtdicke von $\lambda/4$), wie in Abb. 10.16 gezeigt. Probieren wir diesen Vorschlag einmal aus.

Wir konstruieren ein periodisches System aus zwei Sorten von Material, das wir H und L nennen wollen, für hohen („high") und niedrigen („low") Brechungsindex. Ihre effektiven Brechungsindizes sind u_H und u_L, und ihre optischen Dicken sollen gleich sein: $g_H = g_L = g$. Das System soll q Paare dieser Schichten auf einem Substrat mit Brechungsindex u_S enthalten. Aus (10.47) wird dann mit $c \equiv \cos g$ und $s \equiv \sin g$:

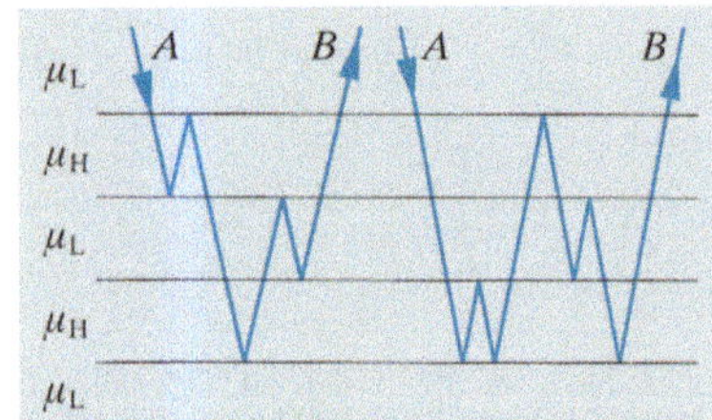

Abb. 10.16. Beliebige, mehrfach reflektierte Welle in einem Vielschichtsystem. Jede Welle, die von A ausgeht, hat am Punkt B die gleiche Phase, vorausgesetzt, jede Lage hat die optische Dicke $\lambda/4$. Dabei sind die Phasenänderungen bei der Reflexion mit einbezogen

$$\begin{pmatrix} E_0 \\ Z_0 H_0 \end{pmatrix} = \left[\begin{pmatrix} c & iu_L^{-1}s \\ iu_L s & c \end{pmatrix} \begin{pmatrix} c & iu_H^{-1}s \\ iu_H s & c \end{pmatrix} \right]^q \begin{pmatrix} E_N \\ Z_0 H_N \end{pmatrix}$$

$$= \begin{pmatrix} c^2 - u_H u_L^{-1} s^2 & ics(u_H^{-1} + u_L^{-1}) \\ ics(u_H + u_L) & c^2 - u_L u_H^{-1} s^2 \end{pmatrix}^q \begin{pmatrix} E_N \\ Z_0 H_N \end{pmatrix} \tag{10.60}$$

$$\equiv (M_p)^q \begin{pmatrix} E_N \\ Z_0 H_N \end{pmatrix}. \tag{10.61}$$

---

[7] Ein interessanteres und viel schwierigeres Problem ist genau das Umgekehrte: Geben wir die gewünschten optischen Eigenschaften vor und versuchen, die benötigten Werte von (g_n, u_n) auszurechnen. Beispiele dafür finden sich bei *Liddell* (1981).

Es ist am einfachsten, die Matrix $(M_p)^q$ algebraisch auszuwerten, wenn sie zuvor durch Drehung des Vektors $(E, Z_0 H)$ diagonalisiert wird. Ist

$$M = \begin{pmatrix} \lambda_1 & 0 \\ 0 & \lambda_2 \end{pmatrix}, \quad \text{dann} \quad M^q = \begin{pmatrix} \lambda_1^q & 0 \\ 0 & \lambda_2^q \end{pmatrix}. \tag{10.62}$$

Die Werte von λ sind gegeben durch

$$\begin{aligned} \det\{M_p - \lambda \mathbf{1}\} &= 0 \\ &= \det\{M_p\} - \lambda \, \mathrm{Sp}\{M_p\} + \lambda^2 \\ &= 1 - \lambda \, \mathrm{Sp}\{M_p\} + \lambda^2. \end{aligned} \tag{10.63}$$

Schreiben wir 2ξ für die Spur (Summe der Diagonalkomponenten), ergibt sich

$$\lambda = \xi \pm \sqrt{\zeta^2 - 1}. \tag{10.64}$$

ξ hat nun den Wert

$$\xi = c^2 - \frac{1}{2}\left(\frac{u_\mathrm{H}}{u_\mathrm{L}} + \frac{u_\mathrm{L}}{u_\mathrm{H}}\right) s^2. \tag{10.65}$$

Man beachte, daß $(u_\mathrm{H}/u_\mathrm{L} + u_\mathrm{L}/u_\mathrm{H}) \geq 2$ ist für beliebige u_H, u_L. Wie man leicht sieht, hat ξ folgende Eigenschaften (man denke daran, daß $c^2 + s^2 = 1$ ist):

- Sein Maximalwert, der bei $c = \pm 1$, $s = 0$ erreicht wird, ist eins.
- Sein Minimalwert, bei $c = 0$, $s = \pm 1$, beträgt $-\frac{1}{2}(u_\mathrm{H}/u_\mathrm{L} + u_\mathrm{L}/u_\mathrm{H})$, was immer kleiner als -1 ist. Es gibt daher Bereiche von c und s, in denen λ reell ist (um $g = 0$, π, ...), und welche, in denen λ komplex ist (um $g = \pi/2$, $3\pi/2$, ...), wie in Abb. 10.17 gezeigt. Im allgemeinen haben wir

$$\lambda_1 \lambda_2 = 1. \tag{10.66}$$

Der Spezialfall, wenn g ein ungeradzahliges Vielfaches von $\pi/2$ ist, ist besonders einfach zu behandeln, da die Matrix M_p in ihrer unrotierten Form bereits diagonal ist; d. h. $(E_n, Z_0 H_n)$ ist ein Eigenvektor. Dann ist $\lambda_1 = u_\mathrm{H}/u_\mathrm{L}$, $\lambda_2 = u_\mathrm{L}/u_\mathrm{H}$ und die optische Dicke jeder Schicht beträgt

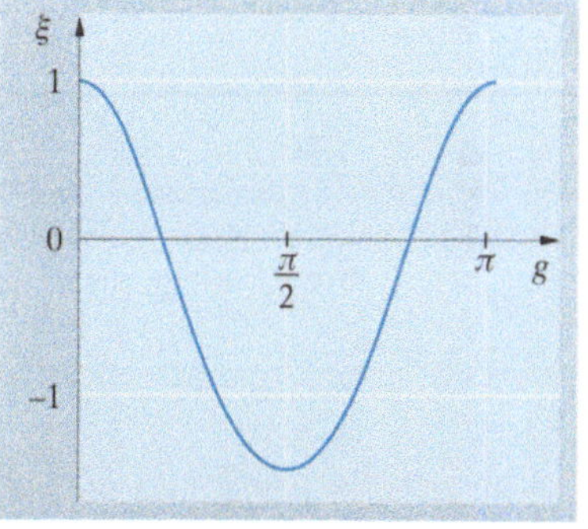

Abb. 10.17. Matrix-Eigenwerte für ein periodisches Vielschichtsystem

$$ud = g/k_0 = n\,\frac{\pi}{2} \times \frac{\lambda}{2\pi} = n\,\frac{\lambda}{4}, \quad n \text{ ungerade}. \tag{10.67}$$

Wir haben anstelle von (10.50) dann

$$\begin{pmatrix} 1 + \mathscr{R} \\ u_0(1 - \mathscr{R}) \end{pmatrix} = \begin{pmatrix} \lambda_1^q & 0 \\ 0 & \lambda_2^q \end{pmatrix} \begin{pmatrix} \mathscr{T} \\ u_\mathrm{S}\mathscr{T} \end{pmatrix}, \tag{10.68}$$

was nach $\mathscr{R}$ aufgelöst werden kann:

$$\boxed{\mathscr{R} = \frac{u_0 \lambda_1^q - u_\mathrm{S} \lambda_2^q}{u_0 \lambda_1^q + u_\mathrm{S} \lambda_2^q}}. \tag{10.69}$$

Aus (10.66) können wir schließen, daß einer der Beträge $|\lambda_1|$ oder $|\lambda_2|$ größer als eins sein muß, so daß $|\mathscr{R}| \to 1$, wenn $q \to \infty$. In anderen Worten ausgedrückt heißt das, daß in dem Bereich um $g = n\pi/2$ (n ungerade), in dem λ reell ist, sich das System wie ein Spiegel verhält. Es ist sogar ziemlich einfach, einen sehr guten Spiegel zu erhalten. Nehmen wir an, $u_H/u_L = 2$ (was ungefähr dem Verhältnis für die oft verwendete Paarung ZnS–MgF$_2$ entspricht) für senkrechten Einfall; dann erhalten wir für $g = \pi/2$ aus (10.67): $\xi = -\frac{5}{4}$ und $\lambda_1 = -\frac{1}{2}$, $\lambda_2 = -2$. Für fünf Doppelschichten beispielsweise und $u_S/u_0 = 1{,}5$ erhalten wir

$$\mathscr{R} = \frac{\left(-\frac{1}{2}\right)^5 - 1{,}5(-2)^5}{\left(-\frac{1}{2}\right)^5 + 1{,}5(-2)^5} = -0{,}9987\,. \tag{10.70}$$

Der Intensitätsreflexionskoeffizient beträgt dann $\mathscr{R}^2 = 0{,}9974$. Diese Methode erlaubt es uns, hochreflektierende Spiegel für einen bestimmten Wellenlängenbereich herzustellen, in dem die Schichten die optische Dicke eines ungeradzahligen Vielfachen (normalerweise einfachen) einer viertel Wellenlänge besitzen. So werden typischerweise Spiegel für **Laserresonatoren** hergestellt, da die hier auftretenden Verluste (auch unter realen Bedingungen) deutlich geringer als bei Metallspiegeln sind. Der Bereich, in dem λ_1 und λ_2 reell sind, erstreckt sich über eine Region um $g = n\pi/2$ (n ungerade). Seine Grenzen sind gegeben durch $\lambda_1 = \lambda_2 = -1$, d.h. $\xi = -1$, und mit (10.65) folgt

$$-1 = c^2 - \frac{1}{2}\left(\frac{u_H}{u_L} + \frac{u_L}{u_H}\right)s^2\,, \tag{10.71}$$

was sich vereinfachen läßt zu

$$\cos g = \pm\left(\frac{u_H - u_L}{u_H + u_L}\right)\,. \tag{10.72}$$

Diese beiden Lösungen definieren die Punkte a und b in Abb. 10.18; der Bereich der hohen Reflektivität um $g = n\pi/2$ (n ungerade) hat die Breite

$$\Delta g = 2\sin^{-1}\left(\frac{u_H - u_L}{u_H + u_L}\right) = 2\sin^{-1}\mathscr{R}_{HL}\,, \tag{10.73}$$

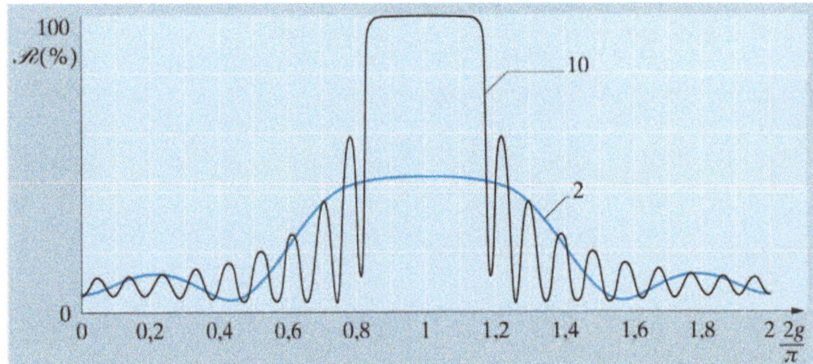

Abb. 10.18. Reflektivität periodischer Vielschichtsysteme mit 2 und 10 Perioden

wobei $\mathscr{R}_{HL}$ die **Fresnelsche Reflektivität** der Grenzschicht (Abschn. 5.4.2) ist. Man beachte, daß die Breite des reflektierenden Bereiches nicht von der Zahl der Schichten q abhängt.

In dem Bereich, in dem λ_1 und λ_2 komplex sind, nehmen sie die Form $\lambda = \exp(\pm i\phi)$ an und $\xi = \cos\phi$. Betrachten wir als Beispiel $g = m\pi/2$ (m gerade), wo M_p bereits Diagonalform besitzt. Dort ist $\phi = 0$, und wir erhalten $\mathscr{R} = (u_0 - u_S)/(u_0 + u_S)$. Dies ist die Reflektivität des Substrats ohne die Anwesenheit des Schichtsystems; die Schichten haben keinerlei Effekt, wenn ihre optische Dicke ein Vielfaches der halben Wellenlänge ist.

Die Berechnung von $\mathscr{R}$ für Werte von g, die keine ganzzahligen Vielfachen von $\pi/2$ sind, ist algebraisch sehr mühsam und wird am besten numerisch vollzogen, direkt mit Hilfe von (10.60). Ein Beispiel mit $u_H/u_L = 2$, $q = 10$ und $u_S/u_0 = 1{,}5$ ergibt das Resultat in Abb. 10.18. Allgemeine Eigenschaften dieser Kurven sind die hohe Reflektivität in den Bereichen, in denen g etwa ein ungeradzahliges Vielfaches von $\pi/2$ ist, und die niedrige Reflektivität in Bereichen, in denen g etwa ein geradzahliges Vielfaches davon ist. Beim Übergang gilt $\cos g = \pm\mathscr{R}_{HL}$. Es gibt weitere Werte von g, bei denen die Reflektivität gering ist; diese hängen von den Details der Schichten ab.

Wir möchten schließlich nochmals auf die Analogie zur Theorie der elektronischen Bänder in einem Kristall hinweisen. Ist die Gitterperiode im Kristall gleich der halben Wellenlänge der Elektronen, befinden wir uns exakt in der Mitte der Bandlücke. Die Bandlücke kann als Äquivalent zum Bereich hoher Reflektivität (keinerlei Transmission) der Vielschichtstruktur angesehen werden.

10.3.5 Interferenzfilter

Eine weitere wichtige Anwendung der dielektrischen Vielschichtsysteme ist die Konstruktion von **Interferenzfiltern**. Im vorhergehenden Abschnitt haben wir gezeigt, daß hochreflektive, nichtabsorbierende, wellenlängenselektive Spiegel durch eine Beschichtung aus verschiedenen dielektrischen Medien mit der optischen Dicke einer viertel Wellenlänge hergestellt werden können. Dieses Konzept kann auf die Herstellung von Filtern mit fast beliebigen Transmissionskurven übertragen werden. Wir werden die Indizes H und L verwenden, um Schichten der Dicke einer viertel Wellenlänge mit den Brechungsindizes μ_H und μ_L darzustellen.

Die weitverbreitetsten Filter sind schmalbandige Interferenzfilter, die auf den Eigenschaften des **Fabry-Perot-Étalons** basieren (Abschn. 9.5.1). Nehmen wir an, wir haben ein Paar reflektierender Oberflächen durch die Verwendung von dielektrischen Vielschichten (HLHL ...) hergestellt, die durch einen Abstandshalter getrennt sind, so daß das System mit der ersten (oder einer höheren, $m$ten) Ordnung des Fabry-Perots korrespondiert. Vernachlässigen wir der Einfachheit halber das Substrat, ergibt sich der **Amplitudenreflexionskoeffizient** bei senkrechtem Einfall für einen Satz von q Schichtpaaren HL aus (10.69) zu

$$\mathscr{R} \simeq \frac{\mu_H^{2q} - \mu_L^{2q}}{\mu_H^{2q} + \mu_L^{2q}}. \tag{10.74}$$

Abb. 10.19. (a) Transmissionsvermögen
eines Interferenzfilters $(HL)^5 H^2 (LH)^5$
auf einem Glassubstrat als Funktion von
$2g/\pi$; (b) gestreckte Skala für den Bereich
$0{,}995 < 2g/\pi < 1{,}005$

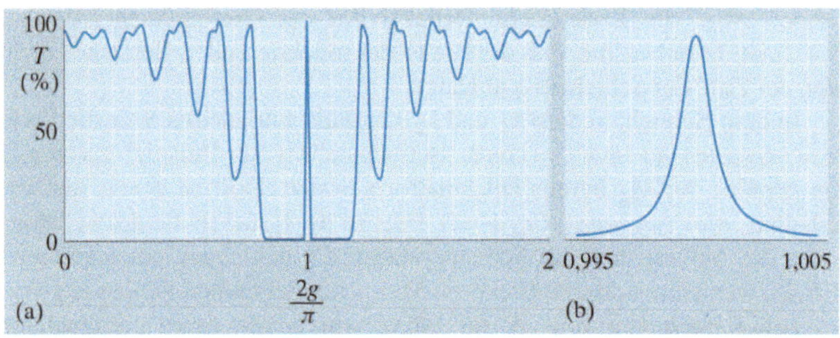

Die Dicke des Abstandshalters für die erste Ordnung $m = 1$ ist gegeben
durch $t = \lambda/2\mu$, was einfach einer Schicht mit der optischen Dicke einer halben Wellenlänge entspricht. Wir haben dann ein Schichtsystem, das
symbolisch beschrieben werden kann als $(HL)^q H^2 (LH)^q$, wobei die beiden
aufeinanderfolgenden H-Schichten den Abstandshalter (die $\lambda/2$-Schicht)
darstellen. Diese Struktur hat eine **Bandpaßcharakteristik** gemäß (9.58)

$$
\frac{\delta\lambda}{\lambda} = \frac{\delta g}{g} = \frac{F^{-\frac{1}{2}}}{\pi} = \frac{1 - \mathscr{R}^2}{2\pi\mathscr{R}}
$$

$$
= \frac{2\mu_H^{2q} \mu_L^{2q}}{\pi(\mu_H^{4q} - \mu_L^{4q})} .
\tag{10.75}
$$

Sehr genaue Beschichtungstechniken sind für die Herstellung solcher Filter
(und zahlreicher anderer mit komplizierterem Design) entwickelt worden,
die es ermöglichen, Dutzende von Schichten aufeinander aufzubringen.
Verwendet man beispielsweise ZnS ($\mu_H = 2{,}32$) und MgF_2 ($\mu_L = 1{,}38$)
mit $q = 5$ (entspricht einem Filter bestehend aus 21 Lagen), erhalten wir

$$
\frac{\delta\lambda}{\lambda} = 3{,}5 \cdot 10^{-3} .
$$

Für $\lambda = 500\,\mathrm{nm}$ bekommt man $\delta\lambda = 1{,}8\,\mathrm{nm}$. Ein solcher Filter transmittiert kein Licht im Bereich der vollständigen Reflexion der periodischen
„Viertelwellenlängen-Konstruktion", was etwa $100\,\mathrm{nm}$ auf jeder Seite des
Bandpasses entspricht. Dies ist ein typisches Beispiel dafür, was heutzutage
mit Vielschichtfiltern erreicht werden kann (Abb. 10.19).

✘ Übungsaufgaben

$\lambda = 0{,}5\,\mu\mathrm{m}$, soweit nichts anderes vermerkt ist.

10.1 Inkohärentes Licht wird auf das ebene Ende einer Mehrmodenfaser mit einem
Brechungsindex μ_2 im Kernbereich und μ_1 im Mantelbereich fokussiert. Was ist
die größte verwendbare numerische Apertur (NA) der fokussierenden Optik? Kann
dieser Wert durch die Verwendung eines anderen Profils am Faserende gesteigert
werden?

10.2 Beweisen Sie, daß die Helligkeit (siehe Aufgabe 6.9) eines Lichtstrahls, der
in die Faser eintritt, nicht durch ein spitzes Zulaufen des Eingangsbereichs der

Faser gesteigert werden kann, was Licht über einen größeren Bereich sammeln und konzentrieren würde (optischer Trichter).

10.3 Zeigen Sie, daß die Zahl der $\perp$- und $\parallel$-Moden in einem Streifen-Wellenleiter gleich sind. Welche Sorte von Moden breitet sich am weitesten aus, wenn das Material im Mantelbereich höhere optische Verluste aufweist als das im Kernbereich?

10.4 Ein asymmetrischer Streifen-Wellenleiter der Dicke a mit Brechungsindex μ_2 wird auf einem Substrat mit Brechungsindex μ_0 aufgebracht und mit einem Material mit Brechungsindex μ_1 bedeckt. Was ist, unter der Annahme, daß $\mu_2 - \mu_1 \ll \mu_2 - \mu_0$ ist, der kleinste Wert von a/λ, für den sich eine einzelne Mode ausbreiten kann?

10.5 Die Lichtverteilung für mehrere Moden einer runden Faser ist in der Abb. 10.8 gezeigt. Einige davon sind gemischte Moden. Finden Sie die reinen Moden heraus, und bestimmen Sie deren Modenzahlen (l, m).

10.6 Ein Interferenzfilter hat die Transmissionswellenlänge λ und die Bandbreite $\delta\lambda$ bei senkrechtem Einfall. Wie ändern sich λ und $\delta\lambda$, wenn der Filter relativ zum einfallenden Licht gekippt wird? Berücksichtigen Sie auch Polarisationseffekte!

10.7 Entwerfen Sie einen Strahlteiler auf der Basis eines Vielschichtsystems, der bei schrägem Einfall eine Polarisationsrichtung vollständig transmittiert und 99% der anderen reflektiert.

10.8 Erklären Sie nur mit Hilfe von physikalischen Argumenten, warum ein Vielschichtspiegel mit dem Aufbau „Glas $(HL)^{q+1}$ Luft" einen niedrigeren Reflexionskoeffizienten hat als ein System „Glas $(HL)^q$ H Luft", obwohl letzteres eine Lage weniger besitzt. Das symmetrische Arrangement $(HL)^q$ H wird „Viertelwellen-Anordnung" (englisch **„quarter-wave-stack"**) genannt, es wird im Filterdesign häufig verwendet.

10.9 Schreiben Sie ein Computerprogramm zur Untersuchung von Vielschichtsystemen, die aus zwei Materialien H und L auf einem Substrat bestehen. Verwenden Sie es, um $\mathscr{R}(g)$ und $\mathscr{T}(g)$ im Bereich $0 < g < 2\pi$ zu bestimmen. Untersuchen Sie folgende Konzepte damit:

(1) breitbandige Filter mit steilen Flanken, auf der Idee von gekoppelten Potentialtöpfen – „Glas $(HL)^q$ H$(HL)^p$ H$(HL)^q$ Luft" – basierend, wobei p klein ist;
(2) Hoch- und Tiefpaßfilter, die auf einem Vielschichtspiegel basieren, bei dem sich die Schichtdicke monoton über die Stapelhöhe verändert.

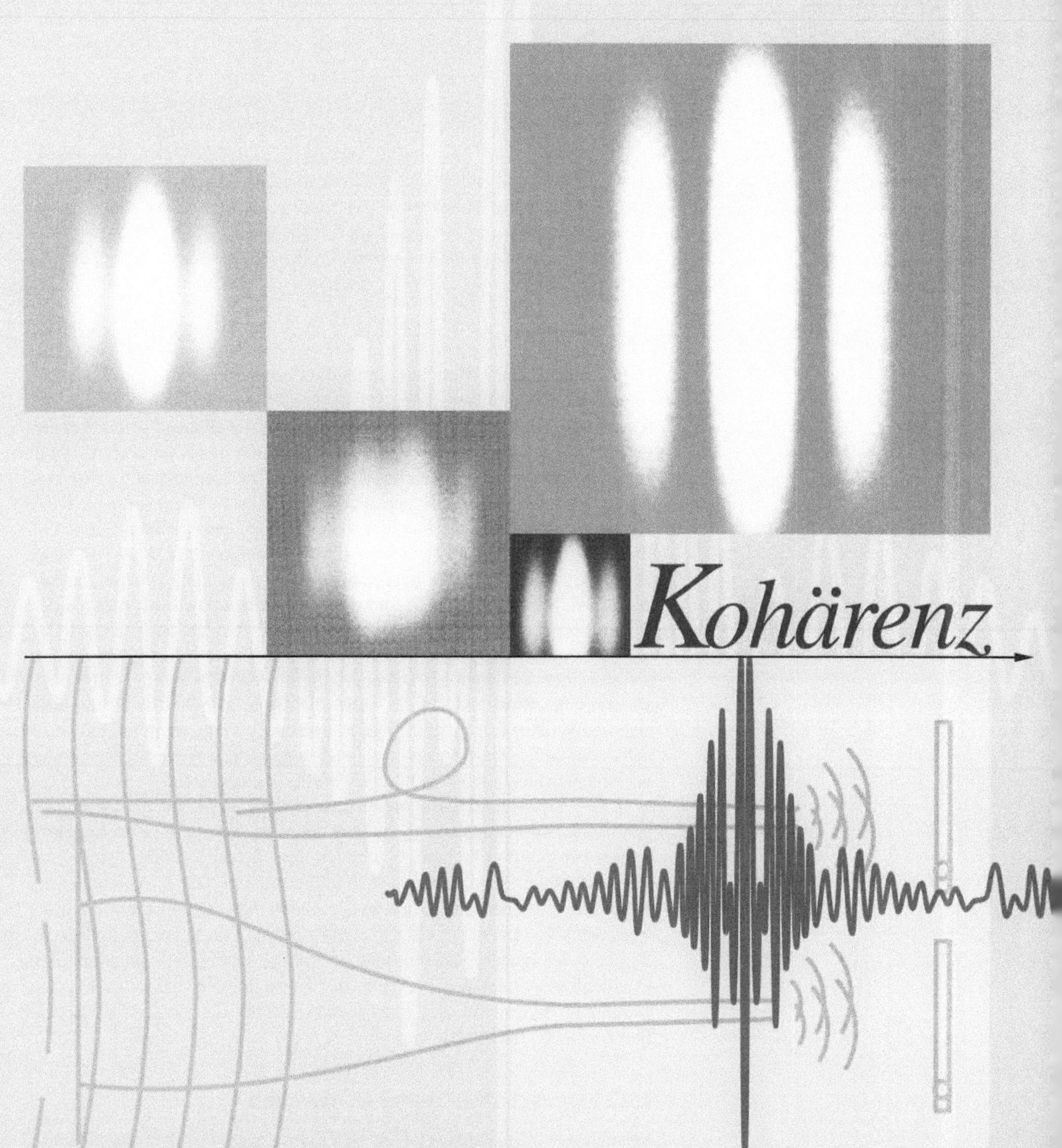
Kohärenz

11

Kohärenz

▼ Übersicht

Um Interferenzerscheinungen beobachten zu können, müssen die beteiligten Wellen Kohärenz zeigen. Das heißt, die Zeitabhängigkeit ihrer Amplituden muß bis auf eine konstante Phasenverschiebung gleich sein. In diesem Kapitel werden wir das Konzept der zeitlichen und räumlichen Kohärenz einführen und mehrere Anwendungen, vor allem für Präzisionsmessungen in der Spektroskopie und Astronomie, betrachten.

11.1 Einführung

Die **Kohärenz** einer Welle beschreibt die Genauigkeit, mit der sie als reine sinusförmige Welle dargestellt werden kann. Wir hatten bisher optische Effekte nur im Hinblick auf Wellen diskutiert, deren Wellenvektor k und deren Frequenz ω genau definiert werden konnten; in diesem Kapitel werden wir untersuchen, wie Unschärfen und kleine Fluktuationen in k und ω die Beobachtungen in optischen Experimenten beeinflussen. Wellen, die als reine Sinuswellen erscheinen, wenn man sie über einen beschränkten Bereich in Raum und Zeit beobachtet, heißen **teilweise kohärent**. Ein wesentlicher Teil dieses Kapitels ist der Bestimmung der Abweichung solcher „unsauberen" Wellen von der reinen Sinuswelle gewidmet. Diese Messungen der Kohärenz einer Welle sind Funktionen sowohl der Zeit als auch des Ortes, aber aus Gründen der Klarheit werden wir sie als separate Funktionen dieser beiden Variablen betrachten. Auf einfache Weise sind in Abb. 11.1 eine zeitlich teilweise kohärente Welle (die als perfekte Sinuswelle nur über einen begrenzten Zeitraum erscheint) und eine zweite, räumlich teilweise kohärente Welle (die als perfekte, sinusförmige ebene Welle nur über einen begrenzten Bereich ihrer Wellenfront erscheint) dargestellt.

Das Verständnis der Kohärenzeigenschaften von Licht hat zahlreiche praktische Konsequenzen. Darunter befinden sich z. B. die **Fourier-Spektroskopie** und mehrere Methoden der hochauflösenden astronomischen Messung. Sie basieren auf dem Verständnis von Fluktuationen in Phase und Intensität realer Lichtwellen, die in diesem Kapitel auf dem Niveau der klassischen Physik diskutiert werden. Einige der spannendsten Bereiche der modernen Optik sind allerdings durch die Anwendung der Quantentheorie auf das Phänomen der Kohärenz entstanden. In Kap. 14 werden wir sehen, wie dies zu Ergebnissen führt, die mit der klassischen Beschreibung unvereinbar sind.

11.2 Eigenschaften realer Lichtwellen

Versuchen wir zunächst, klar zu bestimmen, was wir über **reale Lichtwellen**, die von einer klassischen, monochromatischen Quelle ausgesandt werden, wissen. Wir wissen, daß das Licht, das wir zu jedem Zeitpunkt beobachten, von angeregten Atomen stammt, von denen jedes einen Übergang zwischen den gleichen Energiezuständen macht. Die Emission eines Atoms ist aber ein keiner Weise mit der eines anderen Atoms gekoppelt. In der Tat zeigt uns eine sorgfältige spektroskopische Analyse, daß das Licht nicht wirklich monochromatisch im engsten Sinne des Wortes ist; es enthält Komponenten verschiedener Wellenlänge innerhalb eines bestimmten Bereiches, der **Linienbreite**. Ist die Linienbreite deutlich kleiner als die typische Wellenlänge, verwendet man den Ausdruck **quasimonochromatisch** für eine solche Strahlung. Die physikalischen Gründe für eine von null verschiedene Linienbreite werden im Detail in Abschn. 11.3 behandelt, aber als Beispiel wollen wir daran erinnern, daß bei einer endlichen Temperatur alle Atome in dem aussendenden Medium (normalerweise ein Gas) sich zufallsverteilt in verschiedene Richtungen im Raum bewegen und daß deshalb die Strahlung jedes Atoms eine spezifische **Doppler-Verschiebung** aufweist.

Fragen wir uns nun, wie eine Welle genau aussieht, können wir diese Frage durch die Ausführung einer **Fouriersynthese**, basierend auf den Bemerkungen im letzten Absatz, beantworten. Wir nehmen eine bestimmte Zahl von Sinuswellen, deren Frequenzen in einem bestimmten Bereich – der Linienbreite der Strahlung – zufallsverteilt sind, und addieren sie. Wir haben dieses als Beispiel in Abb. 11.2 getan, wo verschiedene kontinuierliche Wellen dadurch erzeugt wurden, daß fünf Sinuswellen mit zufallsverteilten Frequenzen innerhalb der Linienbreite überlagert wurden. Wir sehen ein kompliziertes **Schwebungsmuster**, die Amplitude der Welle ist nicht konstant, sondern fluktuiert in einer scheinbar erratischen Art und Weise. Die durchschnittliche Schwebungsdauer hängt von dem Frequenzbereich ab, aus dem die beteiligten Wellen gewählt wurden. Gibt es keine rationale Beziehung zwischen den Partialfrequenzen, wiederholt sich die Wellenform nie. Sie stellt ein Beispiel für **chaotisches Licht** dar, siehe Abschn. 14.2.3.

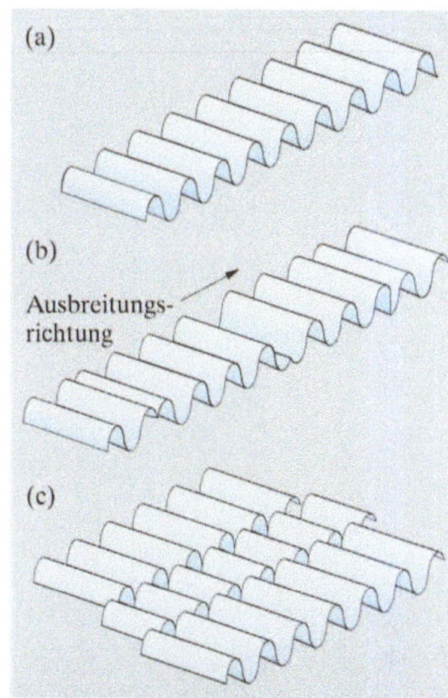

Abb. 11.1a–c. Kohärenz von Wellenzügen. (a) Vollständig kohärente Welle; (b) nur räumlich kohärente Welle; (c) nur zeitlich kohärente Welle

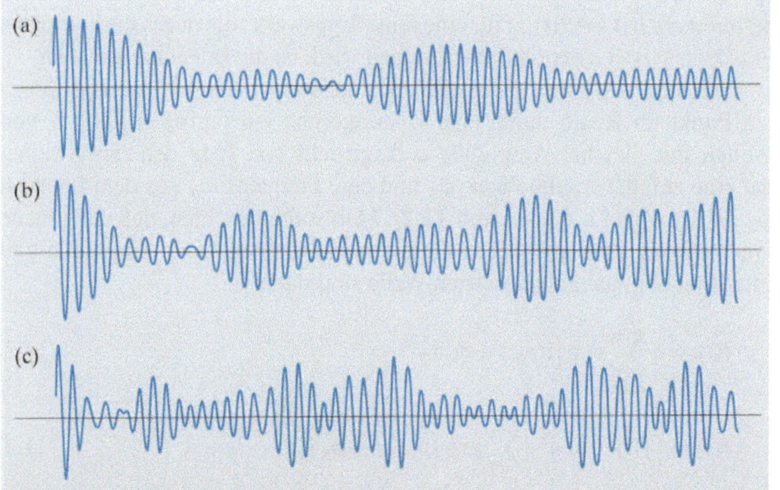

Abb. 11.2a–c. Drei Beispiele für Wellen, die keine reinen Sinuswellen darstellen. Jede besteht aus 5 Einzelkomponenten, die in einem Bereich von $\pm\frac{1}{2}\varepsilon$ um eine Frequenz ω_0 zufallsverteilt sind. Durch diese Verteilung in der Frequenz kommt es zu Amplitudenfluktuationen. Die Werte von ε/ω_0 betragen: (a) 0,04; (b) 0,08; (c) 0,16

Die Wellenzüge in Abb. 11.2 können noch auf andere Weise betrachtet werden. Wir können jede Schwebung als unabhängiges **Wellenpaket** ansehen; der vollständige Wellenzug ist dann eine Reihe solcher Wellenpakete, die zu zufallsverteilten Zeitpunkten ausgesendet wurden. Diese Beschreibung ist für einige Zwecke nützlich. Wir werden in Abschn. 11.2.2 zeigen, daß das Spektrum eines solchen Prozesses genau dem Spektrum einer quasimonochromatischen Quelle, wie oben beschrieben, entspricht.

Diese Darstellung birgt allerdings auch eine Gefahr in sich: Die individuellen Wellenpakete dürfen nicht als **Photonen**, Quanteneinheiten der Lichtenergie, aufgefaßt werden. Abgesehen davon, daß das Modell ausschließlich von klassischen Annahmen ausging und deshalb keine quantisierten Teilchen produzieren kann, ist die Wiederholrate der Wellenpakete ausschließlich eine Funktion der Breite des Frequenzbandes. Wären die Wellenpakete Photonen, würde ihre Rate von der Intensität der Welle abhängen und nicht von der Linienbreite. So ist diese Idee trotz ihrer scheinbaren Eleganz nicht mit den Fakten vereinbar.

11.2.1 Amplitude und Phase von quasimonochromatischem Licht

Versuchen wir, die im vorigen Abschnitt formulierte Idee mit Hilfe eines einfachen Modells etwas weiter zu entwickeln. Es ist an dieser Stelle zweckmäßig, formell den **Mittelwert** (englisch „average" oder „mean" genannt) einer Funktion $g(t)$ während eines Intervalls der Dauer T, das von $-T/2$ bis $T/2$ geht, zu definieren:

$$\langle g \rangle_T = \frac{1}{T} \int\limits_{-T/2}^{T/2} g(t)\, \mathrm{d}t\,. \tag{11.1}$$

Aus Gründen der mathematischen Bequemlichkeit werden wir mit dem komplexen Wellenfeld $f = f^{\mathrm{R}} + \mathrm{i}f^{\mathrm{I}}$ arbeiten; man sollte sich aber daran erinnern, daß die beobachtbaren physikalischen Felder reell und deswegen durch f^{R} gegeben sind. Die Art und Weise, wie man eine zugeordnete komplexe Funktion aus einer reellen generiert, wurde in Abschn. 4.4.7 besprochen. Die Intensität der Welle zu einem bestimmten Zeitpunkt ist dann definiert als $I(t) \equiv |f(t)|^2$; für eine reine Sinuswelle, die durch die komplexe Funktion $f(t) = a\exp(\mathrm{i}\omega t)$ beschrieben wird, ist die Intensität konstant.

Nun stellen wir uns quasimonochromatisches Licht an einem bestimmten Punkt im Raum durch eine Überlagerung einer großen Zahl N von Wellen mit gleicher Amplitude a dargestellt vor. Jede der Partialwellen hat eine zufallsverteilte Phase ϕ_n und eine Frequenz ω_n aus dem Intervall $\omega_0 \pm \varepsilon/2$, wobei $\varepsilon \ll \omega_0$ (Abb. 11.2). Man sollte beachten, daß der genaue Wert von ϕ_n vom gewählten Zeitnullpunkt abhängt. Die Amplitude und Intensität der zuammengesetzten Welle sind dann:

$$f(t) = a\sum_{n=1}^{N} \exp\left[\mathrm{i}(\omega_n t + \phi_n)\right]; \tag{11.2}$$

$$I(t) = |f(t)|^2 = a^2 \left|\sum_{n=1}^{N} \exp\left[\mathrm{i}(\omega_n t + \phi_n)\right]\right|^2, \tag{11.3}$$

was sich als Doppelsumme schreiben läßt

$$I(t) = a^2 \sum_n \sum_m \exp\left\{ i\left[(\omega_n - \omega_m)t + \phi_n - \phi_m \right] \right\}. \tag{11.4}$$

Zu den Wellen in Abb. 11.2 ist noch zu bemerken, daß ihre Amplitude und Phase mit einer typischen Schwebungsperiode von $2\pi/\varepsilon$, die etwa ω_0/ε Wellen enthält, fluktuieren. Dieser Effekt sollte durch einen Vergleich des kurzzeitigen und langzeitigen Mittelwerts von (11.4) sichtbar werden. Bei einer Mittelung über einen Zeitraum T_0, der groß im Vergleich zu einer Schwebungsperiode ist, sollten sich diese Fluktuationen herausmitteln, was bei einem Zeitraum T_1, kurz im Vergleich zur Schwebungsperiode, nicht der Fall ist. Wir können diese Mittelwerte auswerten

$$\langle I(t) \rangle_T = \frac{a^2}{T} \int_{-T/2}^{T/2} \sum_n \sum_m \exp\left\{ i\left[(\omega_n - \omega_m)t + \phi_n - \phi_m \right] \right\} dt. \tag{11.5}$$

Ist die Integrationszeit T gleich T_0, **langzeitiges Mittel**, kann der Term $(\omega_n - \omega_m)t$ einen beliebigen Wert bis zu εT_0 annehmen, was nach der Definition von T_0 viel größer als 2π sein kann. Daher gibt es die Tendenz, daß sich die fluktuierenden Teile im Integral gegenseitig herausheben; sie gehen mit verschiedenen Geschwindigkeiten durch viele Perioden während des langen Intervalls T_0. Nur die Terme mit $n = m$, die alle den Wert $e^{i0} = 1$ haben, liefern einen dauernd positiven Beitrag zum Integral; daher gilt

$$\langle I(t) \rangle_{T_0} = \frac{a^2}{T_0} \int_{-T_0/2}^{T_0/2} \sum_{n=1}^{N} 1 \, dt = a^2 N. \tag{11.6}$$

Diese Gleichung besagt einfach, daß aufgrund der Unkorreliertheit der einzelnen Wellen, die Intensität ihrer Summe gleich der Summe der Einzelintensitäten ist.

Berechnen wir nun das **kurzzeitige Mittel**. Dafür schreiben wir wiederum (11.5) hin, diesmal mit $T = T_1$. Die Situation unter dem Integral unterscheidet sich nun von der des Langzeitmittels dadurch, daß, wenn T_1 klein genug ist, die maximale Phase $|(\omega_n - \omega_m)T_1|$ kleiner ist als $\pi/2$. Dies tritt ein für $\varepsilon T_1 < \pi/2$. Dann gilt

$$\langle I(t) \rangle_{T_1} = \frac{a^2}{T_1} \int_{-T_1/2}^{T_1/2} \sum_n \sum_{m=1}^{N} \exp\left[i(\phi_n - \phi_m) \right] dt$$

$$= a^2 N + 2a^2 \sum_n \sum_{m<n} \cos(\phi_n - \phi_m), \tag{11.7}$$

wobei wir in der letzten Zeile die Terme mit $n = m$ von den anderen getrennt aufgeführt haben. Wir können den genauen Wert des zweiten Terms nicht vorhersagen. Wir wissen nur, daß er im allgemeinen von null verschieden sein wird und daß sich sein Wert während T_1 nicht ändert. Wir können (11.7) daher entnehmen, daß die Intensität während des Intervalls T_1 annähernd konstant bleibt, aber einen Wert annimmt, der sich vom langfristigen Mittelwert $a^2 N$ unterscheidet. Es ist interessant, die Größe des fluktuierenden zweiten Terms in (11.7), der etwa $\frac{1}{2}N^2$ Beiträge zur Summe liefert, abzuschätzen. Sein Quadrat, über viele Intervalle gemittelt, hat den erwarteten Wert von

$$\tfrac{1}{2}N^2 \cdot 4a^4 \langle \cos^2(\phi_n - \phi_m)\rangle = a^4 N^2 \,, \tag{11.8}$$

da $\langle \cos^2\theta\rangle = \frac{1}{2}$. Folglich hat der fluktuierende Term einen quadratischen Mittelwert von $a^2 N$. Die Fluktuationen sind daher vergleichbar mit der mittleren Intensität, ebenso $a^2 N$, auch wenn $N \to \infty$. Wir können daher folgern, daß der kurzzeitige Mittelwert um den langzeitigen Mittelwert $a^2 N$ **makroskopisch** fluktuiert. Die kritische Zeitkonstante $\pi/2\varepsilon$, die die kurzzeitigen von den langzeitigen Fluktuationen unterscheidet, entspricht in etwa der **Kohärenzzeit** τ_c der Welle („c" für engl. „coherence time"), die wir weiter unten definieren werden; sie ist für klassische Lichtquellen von der Größenordnung 10^{-10} s.

Wir können auch zeigen, daß während des kurzen Intervalls T_1 sich die Welle praktisch wie eine reine Sinuswelle verhält. Dazu schreiben wir die Amplitude $f(t)$ (11.2) in der Form

$$f(t) = a \exp(\mathrm{i}\omega_0 t) \sum_n \exp\left[\mathrm{i}(\omega_n - \omega_0)t + \mathrm{i}\phi_n\right]. \tag{11.9}$$

Während der Zeit $t < T_1$ ist $|(\omega_n - \omega_0)t| \ll \pi/2$, und (11.9) kann geschrieben werden als

$$f(t) \approx a \exp(\mathrm{i}\omega_0 t) \sum_n \exp(\mathrm{i}\phi_n) \,. \tag{11.10}$$

Die Summe $\sum \exp(\mathrm{i}\phi_n)$ wird im allgemeinen einen von null verschiedenen Wert $\alpha_1 \exp(\mathrm{i}\Phi_1)$ annehmen, wobei Φ_1 noch unbestimmt ist. Wir schließen, daß wir während des Intervalls T_1 die Welle durch eine harmonische Welle $a\alpha_1 \exp[\mathrm{i}(\omega_0 t + \Phi_1)]$ darstellen können, deren Phase Φ_1 und Amplitude $a\alpha_1$ konstant, aber unbekannt sind. Wiederholen wir nun die Messung über das Intervall T_1 zu einem späteren Zeitpunkt t_0, sollten wir das gleiche Ergebnis mit neuer Phase Φ_2 und Amplitude $a\alpha_2$ finden, gegeben durch

$$\alpha_2 \exp(\mathrm{i}\Phi_2) = \sum_n \exp\left[\mathrm{i}(\omega_n - \omega_0)t_0 + \mathrm{i}\phi_n\right]. \tag{11.11}$$

Φ_2 und $a\alpha_2$ unterscheiden sich im allgemeinen unvorhersehbar von Φ_1 und $a\alpha_1$, da die ω_ns zufallsverteilt ausgewählt wurden. Es gibt keinerlei Korrelation zwischen den Phasen Φ_1, Φ_2 und den Amplituden $a\alpha_1$, $a\alpha_2$, die in verschiedenen Intervallen der Länge T_1 gemessen werden.

Wir stellen abschließend fest, daß Messungen während der kurzen Zeit T_1 ein Verhalten des quasimonochromatischen Lichts wie bei einer einfachen, harmonischen Welle konstanter Intensität ergeben. Beobachtungen über einen Zeitraum von deutlich länger als $\pi/2\varepsilon$ zeigen, daß diese kurzzeitige Intensität fluktuiert und daß es keine Korrelation zwischen Phasen gibt, deren Messungen um deutlich mehr als T_1 auseinanderliegen.

11.2.2 Das Spektrum einer Zufallsfolge von Wellenpaketen

Wir haben gesehen, daß das Schwebungsmuster in Abb. 11.2 auch als eine zufallsverteilte Folge von Wellenpaketen interpretiert werden kann. Eine solche Folge hat in der Tat eine ähnliche Spektralcharakteristik. Betrachten wir beispielsweise ein Wellenpaket, definiert durch die **Gaußsche Funktion** aus Abschn. 4.4.6:

$$f(t) = A \exp(-i\omega_0 t) \exp(-t^2/2\sigma^2) \,, \tag{11.12}$$

dessen Fouriertransformierte durch

$$F(\omega) = 2\pi A (2\pi\sigma^2)^{\frac{1}{2}} \exp\left[-(\omega - \omega_0)^2 \sigma^2/2\right] \tag{11.13}$$

gegeben ist. Eine Zufallsfolge solcher Wellenpakete wird beschrieben durch

$$f_{\mathrm{r}}(t) = \sum_{n=1}^{N} f(t - t_n) \,, \tag{11.14}$$

wobei t_n der zufällig gewählte Mittelpunkt des $n$ten Wellenpakets ist (der Index „r" steht für engl. „random"). Die Transformierte von (11.14) ist

$$F_{\mathrm{r}}(\omega) = F(\omega) \sum_n \exp(-i\omega t_n) = F(\omega)\beta \exp\left[-i\psi(\omega)\right] . \tag{11.15}$$

Mit Hilfe des **Parsevalschen Theorems** (Abschn. 4.7.2) ist es einfach zu zeigen, daß $\beta^2 = N$.

Der Faktor $\beta \exp[-i\psi(\omega)]$ hat eine unbestimmte Phase $\psi(\omega)$, die für jeden Wert von ω verschieden ist. Wir können also schließen, daß das Spektrum das gleiche wie das eines einzelnen Wellenpakets (11.12) ist, aber mit einer zufallsverteilten Phase. Die **spektrale Intensität** $J(\omega) \equiv |F_{\mathrm{r}}(\omega)|^2$ ist dagegen wohldefiniert und hat den Wert

$$J(\omega) = \left|F_{\mathrm{r}}(\omega)\right|^2 = \beta^2 \left|F(\omega)\right|^2 = N\left|F(\omega)\right|^2 . \tag{11.16}$$

Die Folge von Wellenpaketen reproduziert exakt das Spektrum von Abb. 11.2 und ist daher eine gute Darstellung der Welle. Darüber hinaus sollte man dieses Resultat mit dem aus Abschn. 8.3.8 für das **Fraunhofersche Beugungsmuster** einer Anordnung von zufallsverteilten Blenden vergleichen.

11.2.3 Weißes Licht

Ein Grenzfall ist von besonderem Interesse; verkürzen wir die Wellenpakete, so daß sie im Limit **Deltafunktionen** darstellen, wird die Funktion $F(\omega)$ zu einer Konstanten, unabhängig von ω. Somit transformiert sich eine Folge von deltaförmigen Pulsen, zu zufallsverteilten Zeiten ausgesendet, zu einem Spektrum, das alle Frequenzen mit zufälligen Phasen enthält. Dies wird **weißes Licht** genannt; es enthält alle Frequenzen in gleichem Maße, sie sind aber in ihrer Phase völlig unkorreliert.

11.3 Physikalische Ursachen der Linienbreite

Bisher hatten wir die Breite einer Spektrallinie oder die Endlichkeit eines Wellenzuges nur als Parameter betrachtet, den man in seine Überlegungen mit einbeziehen muß; nun werden wir uns kurz mit den physikalischen Ursachen der Linienverbreiterung beschäftigen.

11.3.1 Natürliche Linienbreite

Eine Spektrallinie hat ihren Ursprung in dem Quantenübergang, bei dem ein Atom oder Molekül seinen Zustand vom Energieniveau A zum Energieniveau B, mit den Energien E_A und E_B, ändert; eine Welle der Frequenz $\omega_0 = (E_A - E_B)/\hbar$ wird zur gleichen Zeit ausgestrahlt (Abschn. 14.3). Nun ist allerdings kein Zustand mit Ausnahme des Grundzustands stationär aufgrund von Fluktuationen des umgebenden elektromagnetischen Feldes (Abschn. 14.2). Als Resultat davon wird ein Atom im Zustand A nach einer bestimmten Zeit T_A in einen Zustand niedrigerer Energie übergehen. Gemäß der **Unschärferelation** ist der Wert von E_A daher um den Betrag $\delta E \approx h/T_A$ unscharf, wobei h das Plancksche Wirkungsquantum ist. Die dazugehörige Frequenzbreite der ausgesendeten Welle ist $\delta\omega = 2\pi(T_A^{-1} + T_B^{-1})$. Dies wird **natürliche Linienbreite** genannt; sie ist allgemein geringer als die Dopplerverbreiterung und die Verbreiterung aufgrund atomarer Stöße, die wir in den folgenden Abschnitten diskutieren werden. Sie kann allerdings experimentell erreicht werden, unter Bedingungen, bei denen die anderen Effekte neutralisiert werden (*Haroche* und *Kleppner* 1989; *Foot* 1991).

11.3.2 Dopplerverbreiterung

Betrachten wir Strahlung, die von einem isolierten Atom eines Gases der Temperatur T ausgesendet wird. Hat das Atom der Masse m die Geschwindigkeit v_x entlang der Beobachtungsrichtung, während der atomare Übergang stattfindet, wird die Spektrallinie aufgrund des **Dopplereffekts** verschoben erscheinen. Die Geschwindigkeitsverteilung entlang einer bestimmten Achse (x) in einem idealen Gas entspricht einer **Gauß-Verteilung**

$$f(v_x)\,\mathrm{d}v_x = C\exp\left(\frac{-mv_x^2}{2k_\mathrm{B}t}\right)\mathrm{d}v_x \, , \tag{11.17}$$

und die **Dopplerverschiebung** der beobachteten Linie ist

$$\omega - \omega_0 = \omega_0 v_x/c \, , \tag{11.18}$$

so daß

$$F(\omega) = C\exp\left[\frac{-m(\omega - \omega_0)^2 c^2}{2\omega_0^2 k_\mathrm{B}t}\right] . \tag{11.19}$$

Dieser Effekt hat die idealerweise scharfe Spektrallinie zu einer Spektrallinie mit **Gaußprofil** (siehe Abschn. 4.4.6) verbreitert, wobei

$$\sigma = \omega_0 (k_\mathrm{B}T/mc^2)^{\frac{1}{2}} \, . \tag{11.20}$$

Es ist allgemein üblich, die spektrale Linienbreite mit Hilfe der **Halb-wertsbreite** (Abschn. 4.4.6) auszudrücken, die für eine Gauß-Funktion $2,36\sigma$ beträgt. In Wellenlängen anstelle der Frequenz ausgedrückt, ist die Halbwertsbreite $2,36\,\lambda_0(k_B\,T/mc^2)^{1/2}$.

Als Beispiel betrachten wir die Kr^{84} Linie mit $\lambda_0 = 560\,\text{nm}$. Mit $m = 1,4\cdot 10^{-22}\,\text{g}$ finden wir bei $T = 80\,\text{K}$ mit Hilfe von (11.20) eine Halbwertsbreite von $1,6\cdot 10^{-11} \approx 0,02\,\text{nm}$, was einigermaßen gut mit dem beobachteten Wert von $0,03\,\text{nm}$ übereinstimmt.

11.3.3 Stoßverbreiterung

Mit der Betrachtung eines isolierten Atoms haben wir noch nicht das vollständige Modell für die Linienbreite. Es wird in einem realen Gas immer Stöße zwischen den Gasatomen geben. Gemäß der kinetischen Gastheorie (siehe z. B. *Jeans* 1982) ist die Zeit zwischen zwei Stößen für ein bestimmtes Atom gegeben durch

$$\tau_1 = (4NvA)^{-1}\,, \tag{11.21}$$

wobei N die Zahl der Moleküle pro Volumeneinheit und A ihren Streuquerschnitt darstellt. Nun hängen sowohl N als auch v von der Temperatur T und dem Druck P des Gases ab

$$Nv = P(3/mk_B\,T)^{\frac{1}{2}}\,. \tag{11.22}$$

Daher gilt

$$\tau_1 = bT^{\frac{1}{2}}/P\,, \tag{11.23}$$

wobei b eine Konstante ist.

Betrachten wir nun, was passiert, wenn ein emittierendes Atom eine Kollision erleidet. Wir können annehmen, daß der Kollisionsstoß zumindest die Phasenkorrelation zwischen den emittierten Wellen vor und nach der Kollision zerstört. Die Emission aller Atome im Gas wird daher wie eine Serie unkorrelierter Strahlungsausbrüche erscheinen, jeder davon mit einer durchschnittlichen Dauer von τ_1. Die tatsächliche Dauer wird um den Mittelwert τ_1 **poissonverteilt** sein; die Wahrscheinlichkeit, daß ein Strahlungsausbruch eine Dauer zwischen τ und $\tau + \delta\tau$ besitzt, ist

$$p(\tau) = \tau_1^{-1}\exp(-\tau/\tau_1)\,. \tag{11.24}$$

So bestehen die emittierten Wellen aus Wellenzügen mit der Frequenz ω_0 und einer zufallsverteilten Phase, beginnen zu einer zufälligen Zeit und haben statistisch verteilte Dauern gemäß (11.24).

Folgen wir der Argumentation in Abschn. 11.2.2, können wir schließen, daß die spektrale Intensität einer solchen ausgestrahlten Welle gleich der mittleren spektralen Intensität eines einzelnen Wellenzuges ist, wobei die Phasen zufallsverteilt sind. Das Spektrum ist daher

$$J(\omega) = \int_0^\infty \left[\int_{-\tau/2}^{\tau/2}\exp(i\omega_0 t)\exp(-i\omega t)\,dt\right]^2 p(\tau)\,d\tau\,. \tag{11.25}$$

In (11.25) ist das innere Integral (in den eckigen Klammern) die Fouriertransformierte einer harmonischen Welle der Dauer τ; das äußere Integral ist das statistische Mittel. Das innere Integral ist uns aus Abschn. 4.4.2 wohlbekannt als $\tau\,\mathrm{sinc}[(\omega - \omega_0)\tau/2]$. Daher wird aus (11.25)

$$J(\omega) = \frac{4}{\tau_1(\omega - \omega_0)^2} \int\limits_0^\infty \exp(-\tau/\tau_1)\,\sin^2\left[(\omega - \omega_0)\tau/2\right]\,d\tau \qquad (11.26)$$

$$= 2\tau_1^2 \Big/ \left[1 + (\omega - \omega_0)^2\,\tau_1^2\right] . \qquad (11.27)$$

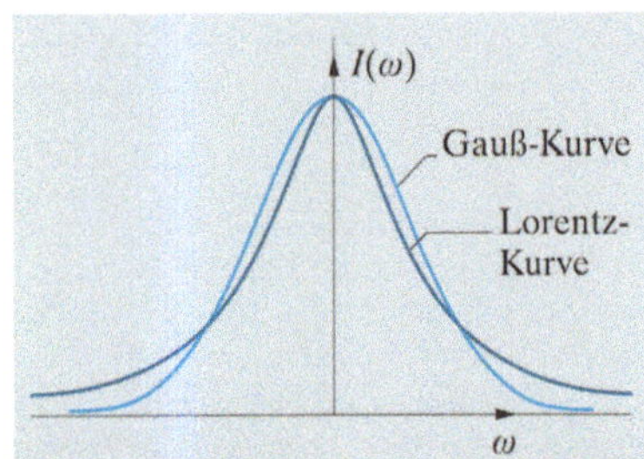

Abb. 11.3. Vergleich zwischen Lorentz- und Gauß-Funktion

Diese Funktion (11.27) heißt **Lorentz-Funktion** mit einer Halbwertsbreite von $2\tau_1^{-1}$. Wir haben sie bereits als Fouriertransformierte einer Exponentialfunktion bei der Diskussion der Interferenzmuster bei Mehrfachreflexionen in Abschn. 9.5 kennengelernt. Zeichnen wir (11.27) als Funktion von ω, sehen wir, daß diese Funktion auf den ersten Blick einer **Gauß-Funktion** ähnelt, aber einen deulich langsameren Abfall in den Flankenbereichen hat (Abb. 11.3).

In der Praxis führen Temperatur und Druck zu sowohl einer Doppler- als auch einer Stoßverbreiterung der Spektrallinien und die beobachtete Linienform ist weder ein exaktes Gauß- noch ein Lorentz-Profil. Zusätzlich sind viele Spektrallinien Multipletts mit einer komplizierten Feinstruktur, können aber vom Gesichtspunkt der Theorie der einfachen optischen Kohärenz als eine Linie mit einer einzigen, empirisch bestimmten Linienbreite angesehen werden.

11.4 Quantifizierung des Konzepts der Kohärenz

In den vorangegangenen Abschnitten haben wir einige der Eigenschaften realen Lichts beschrieben. Um zu verstehen, wie diese Eigenschaften optische Experimente beeinflussen, ist es notwendig, einen quantitativen Rahmen dafür zu schaffen, sie statistisch zu beschreiben. Die Funktion γ, die in Abschn. 11.4.1 definiert wird, ist ein Maß für die **Kohärenz** zwischen zwei Werten eines Wellenfeldes $f(\boldsymbol{r}_1, t_1)$ und $f(\boldsymbol{r}_2, t_2)$. Kohärenz in diesem Zusammenhang heißt, grob ausgedrückt, daß für ein gegebenes $f(\boldsymbol{r}_1, t_1)$ ein Rezept existiert, nach dem man die Amplitude und Phase von $f(\boldsymbol{r}_2, t_2)$ abschätzen kann. Je besser dieses Rezept im Durchschnitt funktioniert, desto größer ist die Kohärenz, und umso näher kommt die Funktion γ dem Wert 1. Es ist am einfachsten, zwei Grenzfälle zu betrachten:

- **Zeitliche Kohärenz** mißt die Kohärenz zwischen $f(\boldsymbol{r}, t_1)$ und $f(\boldsymbol{r}, t_2)$, d. h. zwischen zwei Werten des Feldes an der gleichen Stelle $\boldsymbol{r}$, aber zu verschiedenen Zeiten. Zeitliche Kohärenz ermöglicht die Definition einer **Kohärenzzeit** τ_c, der maximalen zeitlichen Entfernung $t_2 - t_1$, für die das Rezept gut funktioniert. Wie wir in Abschn. 11.2.1 gesehen haben, ist τ_c eng mit der Bandbreite quasimonochromatischen Lichts verknüpft, und wir werden sehen, wie der Grad der zeitlichen Kohärenz quantitativ mit dem Spektrum des Wellenfelds verknüpft ist.

- **Räumliche Kohärenz** mißt die Kohärenz zwischen $f(r_1, t)$ und $f(r_2, t)$, d. h. zwischen zwei Werten des Feldes an verschiedenen Punkten zur gleichen Zeit t. In Analogie zu τ_c kann man einen **Kohärenzbereich** in der Umgebung von r_1 definieren, in der das Rezept gültig ist. Diese Region muß nicht kreisförmig sein.

11.4.1 Die gemeinsame Kohärenzfunktion

Wir quantifizieren die bisherigen Konzepte nun durch die Definition der **gemeinsamen Kohärenzfunktion**, die auf der Idee der Korrelation basiert, die in Abschn. 4.7 eingeführt wurde. Wir schreiben $t_1 = t$ und $t_2 = t + \tau$ und nehmen an, daß sich die Kohärenzeigenschaften im Laufe der Zeit nicht ändern und deshalb nur von der Differenz $\tau = t_2 - t_1$ abhängen (dies wird Stationaritätsannahme genannt). Die **komplexe gemeinsame Kohärenzfunktion** Γ ist definiert als

$$\Gamma(r_1, r_2, \tau) = \langle f(r_1, t) f^*(r_2, t + \tau) \rangle , \qquad (11.28)$$

wobei im Sinne obiger Annahme Γ nicht von t abhängen soll. Das **komplexe Maß gegenseitiger Kohärenz** ist ein normierter Wert, der definiert ist als

$$\gamma(r_1, r_2, \tau) = \Gamma(r_1, r_2, \tau)/(I_1 I_2)^{\frac{1}{2}} , \qquad (11.29)$$

wobei I_1 die mittlere Intensität am Ort r_1 ist:

$$I_1 \equiv \langle f(r_1, t) f^*(r_1, t) \rangle , \qquad (11.30)$$

was gleichzeitig $\Gamma(r_1, r_1, 0)$ entspricht. Eine analoge Definition gilt für I_2. Da f die komplexe Darstellung der reellen Funktion f^R ist, kann leicht gezeigt werden, daß

$$I_1 = 2 \left\langle \left[f^R(r_1, t) \right]^2 \right\rangle . \qquad (11.31)$$

Experimentell ist es einfacher, mit γ zu arbeiten als mit Γ, da erstere über die relativen Intensitäten ausgedrückt werden kann. Um die zugrundeliegende Physik aufzuzeigen, werden wir nur die beiden oben definierten Grenzfälle der zeitlichen und räumlichen Kohärenz behandeln.

11.4.2 Das optische Stethoskop und die Sichtbarkeit von Interferenzstreifen

Das **optische Stethoskop** (Abb. 11.4) ist ein Gedankenexperiment, das wir als hilfreich zum Verständnis des Konzeptes der Kohärenz ansehen. Es besteht aus zwei Monomodenfasern (Abschn. 10.1.4) gleicher Länge, deren Enden B_1 und B_2 nahe beieinanderliegen sollen, etwa einige Wellenlängen voneinander entfernt. Die anderen Enden A_1 und A_2 befinden sich in dem quasimonochromatischen Wellenfeld, dessen Kohärenzeigenschaften wir bestimmen wollen. Es stammt aus einer weit entfernten Quelle mit kleiner Raumwinkelausdehnung.[1] A_1 und A_2 tasten das Feld an zwei beliebig

---

[1] Die Quelle muß klein sein, damit wir eine einigermaßen wohldefinierte Ausbreitungsrichtung erhalten.

Abb. 11.4a,b. Optisches Stethoskop. Das Instrument mißt im Fall (a) die zeitliche, im Fall (b) die räumliche Kohärenz

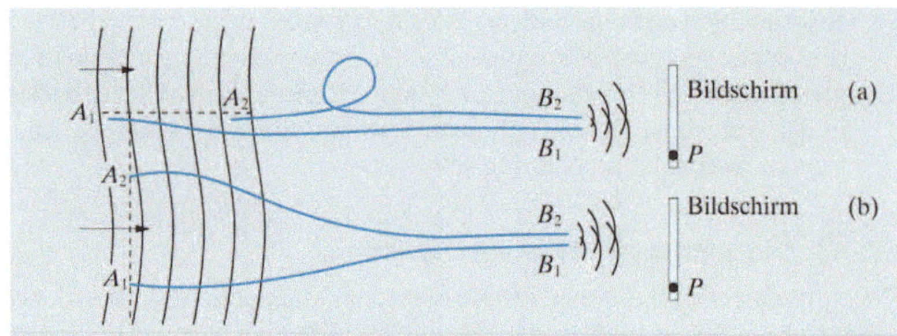

ausgewählten Punkten ab, und wir nehmen an, daß die Lichtamplituden, die wir in B_1 und B_2 messen, die gleichen sind, die in A_1 und A_2 aufgenommen werden. Die Signallaufzeit ist aufgrund der identischen Länge der Fasern ebenfalls gleich. B_1 und B_2 wirken als Punktquellen, und wir können ein Interferenzmuster auf einem Schirm im Abstand von einigen Zentimetern betrachten. Emittieren B_1 und B_2 kohärentes Licht, sind die Interferenzstreifen deutlich sichtbar; sind B_1 und B_2 inkohärent, wird es keine Interferenzstreifen geben. Es gibt auch Zwischenzustände, in denen schwach sichtbare Streifen zu erkennen sind; dies ist der Fall, wenn B_1 und B_2 teilweise kohärent sind. In Abb. 11.12 sind einige Beispiele gezeigt, die später im Detail besprochen werden. Sind die beiden Punkte A_1 und A_2 hintereinander in der Ausbreitungsrichtung des Lichts angeordnet, wie in Abb. 11.4a, mißt man im wesentlichen die Welle an der gleichen Stelle, aber zu verschiedenen Zeiten, die sich um $\tau = \overline{A_1 A_2}/c$ voneinander unterscheiden. Der Kontrast der Interferenzstreifen ist dann ein Maß für die zeitliche Kohärenz. Liegen die Punkte nebeneinander auf der gleichen Wellenfront, aber um r voneinander getrennt, wie in Abb. 11.4b, mißt der Kontrast die räumliche Kohärenz.

Der Kontrast der durch das quasimonochromatische Licht erzeugten Interferenzstreifen kann durch die Definition der **Sichtbarkeit** V quantifiziert werden

$$V \equiv \frac{I_{\max} - I_{\min}}{I_{\max} + I_{\min}} \; , \tag{11.32}$$

wobei I die örtliche Intensität an einem beliebigen Punkt P auf dem Schirm ist. An diesem Punkt hat das Feld den Wert g und die örtliche Intensität ist $\langle |g^2| \rangle$. Nun ist das in P gemessene Feld g die Summe der Felder g_1 und g_2, die von B_1 und B_2 zur Zeit t abgestrahlt werden:

$$g_1(P,t) = \frac{1}{BP} \, f\left(B_1, t - \frac{\overline{B_1 P}}{c} \right) \; , \tag{11.33}$$

$$g_2(P,t) = \frac{1}{BP} \, f\left(B_2, t - \frac{\overline{B_2 P}}{c} \right) \; , \tag{11.34}$$

wobei $1/BP$ für beide Felder einen Term gleicher Größe darstellt, der sich bei der Berechnung der Sichtbarkeit heraushebt; er entsteht, da B_1 und B_2

punktförmige Strahlungsquellen darstellen. Es folgt

$$I(P) = \langle (g_1 + g_2)(g_1^* + g_2^*)\rangle$$
$$= \langle g_1 g_1^*\rangle + \langle g_2 g_2^*\rangle + \langle g_1 g_2^*\rangle + \langle g_1^* g_2\rangle \,. \tag{11.35}$$

Wir werden nun zeigen, daß für den Fall gleicher Intensitäten $\langle |f(B_1)|^2\rangle$ und $\langle |f(B_2)|^2\rangle$ die Sichtbarkeit ein direktes Maß für die Kohärenz zwischen A_1 und A_2 darstellt, d. h. $V = |\gamma_{A_1 A_2}(0)|$.[2] Wir haben

$$g_1 g_2^* = \frac{1}{(BP)^2}\, f\left(B_1, t - \frac{\overline{B_1 P}}{c}\right) f^*\left(B_2, t - \frac{\overline{B_2 P}}{c}\right)$$

$$= \frac{1}{(BP)^2}\, f\left(B_1, t - \frac{\overline{B_1 P}}{c}\right) f^*\left(B_2, t - \frac{\overline{B_1 P}}{c} - \tau_p\right), \tag{11.36}$$

wobei wir $\tau_p = (\overline{B_2 P} - \overline{B_1 P})/c$ definieren. Da B_1 und B_2 nur einige λ voneinander entfernt sind, ist τ_p nur einige Perioden lang und daher viel kürzer als die Kohärenzzeit τ_c. Wir können nun die Stationaritätsannahme und die Tatsache, daß während τ_p gilt: $f \sim e^{i\omega_0 t}$, dazu verwenden, um

$$\langle g_1 g_2^*\rangle = \frac{1}{(BP)^2}\, \langle f(B_1, t) f^*(B_2, t)\rangle \exp(-i\omega_0 \tau_p) \tag{11.37}$$

zu schreiben. Nehmen wir aus Einfachheitsgründen an, daß das Stethoskop so konstruiert ist, daß die auf die beiden Fasern einfallenden Intensitäten gleich sind, so daß $I_i = \langle |f(A_i)|^2\rangle = \langle |f(B_i)|^2\rangle \equiv I$ und $\langle f(B_1) f^*(B_2)\rangle = \langle f(A_1) f^*(A_2)\rangle$ zu jeder Zeit. Wir erhalten dann mit Hilfe von (11.35)

$$I(P) = \frac{1}{BP^2}\Big[I_1 + I_2 + \langle f(A_1) f^*(A_2)\rangle \exp(-i\omega_0 \tau_p)$$
$$+ \langle f^*(A_1) f(A_2)\rangle \exp(i\omega_0 \tau_p)\Big]. \tag{11.38}$$

Da $\langle f(A_1) f^*(A_2)\rangle = \Gamma_{A_1 A_2}(0)$, was auch als $|\Gamma_{A_1 A_2}(0)|e^{i\Delta}$ geschrieben werden kann, können wir (11.38) in der Form

$$(BP)^2 I(P) = I_1 + I_2 + 2|\Gamma_{A_1 A_2}(0)| \cos(\omega_0 \tau_p + \Delta)$$
$$= I_1 + I_2 + 2(I_1 I_2)^{1/2}|\gamma_{A_1 A_2}(0)| \cos(\omega_0 \tau_p + \Delta)$$
$$= 2I\big[1 + |\gamma_{A_1 A_2}(0)| \cos(\omega_0 \tau_p + \Delta)\big] \tag{11.39}$$

schreiben. Aus der Definition (11.32) folgt nun für die Sichtbarkeit der Interferenzstreifen

$$\boxed{V = |\gamma_{A_1 A_2}(0)|}\,, \tag{11.40}$$

---

[2] Die Notation $\gamma_{A_1 A_2}(0)$ steht kurz für $\gamma[\mathbf{r}(A_1), \mathbf{r}(A_2), 0]$. Im Prinzip könnte ein optisches Stethoskop zur Messung von $\gamma_{A_1 A_2}(\tau)$ durch Verwendung von Fasern mit einer Längendifferenz von $c\tau$ hergestellt werden.

wenn die Intensitäten gleich sind, $I_1 = I_2$. Der Wert für Δ in (11.39) kann aus der Verschiebung des Streifenmusters auf dem Schirm aus seiner symmetrischen Position ($\tau_p = 0$) bestimmt werden. Er ist ein Maß für die aktuelle mittlere Phasenverschiebung zwischen den Wellenfeldern an den Orten A_1 und A_2.

Das optische Stethoskop stellt uns somit eine direkte Methode zur Messung der Kohärenz eines Wellenfeldes zwischen zwei beliebigen Punkten A_1 und A_2 zur Verfügung. Es kann auch tatsächlich konstruiert werden, wenn auch womöglich nicht in der oben beschriebenen flexiblen Form. In später folgenden Abschnitten werden wir im Detail zwei Anwendungen diskutieren: das **Fourier-Spektrometer** (Abschn. 11.6), das zeitliche Kohärenz mit Hilfe eines Michelson-Interferometers (Abschn. 9.3.2) mißt, und das **Michelson-Stellarinterferometer** (Abschn. 11.9.1), das die räumliche Kohärenz einer Lichtwelle mißt. Beide Ideen stammen ursprünglich von *Michelson*, und ihre Grundlagen sind in seinem Buch *Studies in Optics* (*Michelson* 1927, 1962) beschrieben.

11.5 Zeitliche Kohärenz

Von den beiden in Abschn. 11.4 eingeführten Kohärenzkonzepten möchten wir zunächst die zeitliche Kohärenz diskutieren, bei der Wellen an einem festen Punkt r zu verschiedenen Zeiten korreliert werden.

11.5.1 Der Grad zeitlicher Kohärenz

Kehren wir nun zu der in Abb. 11.4a dargestellten Situation zurück. Da die Lichtquelle klein ist, sieht A_2 die Welle, wie sie am Ort A_1 zu einer um τ früheren Zeit war, so daß $\gamma_{A_1 A_2}(0) = \gamma_{A_1 A_1}(\tau) \equiv \gamma(\tau)$, wobei $\tau = \overline{A_1 A_2}/c$; wir können in diesem Abschnitt die Positionsvariable weglassen. Die Sichtbarkeit der Streifen im Stethoskop ist dann $V = |\gamma(\tau)|$, wobei

$$\gamma(\tau) = \frac{\langle f(t)\,f^*(t+\tau)\rangle}{I} = \frac{\langle f(t)\,f^*(t+\tau)\rangle}{\langle f(t)\,f^*(t)\rangle}\,. \tag{11.41}$$

$\gamma(\tau)$ wird **komplexer Grad der zeitlichen Kohärenz** genannt. Für eine reine Sinuswelle haben wir

$$f(t) = a\exp(\mathrm{i}\omega_0 t)\,, \tag{11.42}$$

also

$$\gamma(\tau) = \exp(-\mathrm{i}\omega_0\tau)\,. \tag{11.43}$$

Es ist allgemein üblich, sich auf $|\gamma(\tau)|$ zu beziehen, wobei die Abweichung vom Wert 1 die Abweichung der Wellenform von einer reinen Sinuswelle darstellt, und den Betrag als Grad der zeitlichen Kohärenz zu nehmen.

Für eine quasimonochromatische Quelle hat $|\gamma(\tau)|$ die Form, die in Abb. 11.5 dargestellt ist. Gemäß der Definition ist $\gamma(0) = 1$ mit zunehmendem τ geht $|\gamma(\tau)|$ monoton gegen null. Für jede Welle mit einem solchen

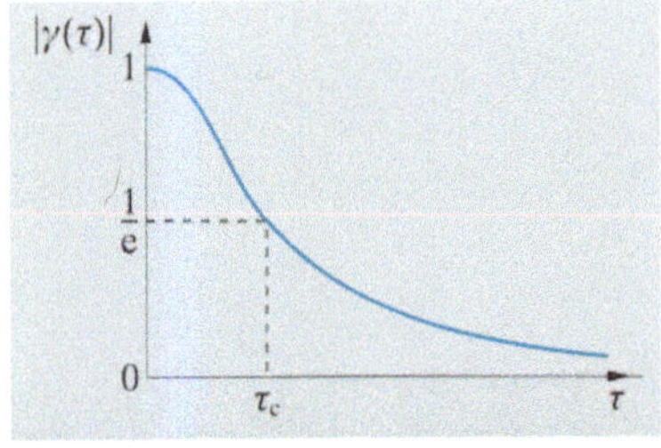

Abb. 11.5. Kohärenzfunktion für eine typische quasimonochromatische Quelle

Verlauf von $|\gamma(\tau)|$ können wir die **Kohärenzzeit** τ_c als die Zeit definieren, nach der $|\gamma(\tau)| = 1/e$; z. B. ist für die zufallsverteilte Folge von Gaußschen Wellenpaketen aus Abschn. 11.2.2 $\tau_c = 2\sigma$ (siehe Aufgabe 11.2). Die in Abb. 11.5 gezeigte Kurvenform ist für Laserlicht, das wir in Abschn. 14.6 diskutieren werden, dagegen untypisch.

Es ist leicht, mit Hilfe von (11.31) zu zeigen – was man z. B. für (11.42) überprüfen kann –, daß der Realteil von $\gamma(\tau)$ dem Maß an zeitlicher Kohärenz für die reelle Funktion $f^R(t)$ entspricht, d. h.

$$\gamma^R(\tau) = \frac{\left\langle f^R(t) f^R(t+\tau) \right\rangle}{\left\langle \left[f^R(t) \right]^2 \right\rangle} = \frac{2 \left\langle f^R(t) f^R(t+\tau) \right\rangle}{I} \ . \tag{11.44}$$

11.5.2 Zeitliche Kohärenz und Autokorrelation

Die Form von $\gamma(t)$ in (11.41) entspricht der der **Autokorrelationsfunktion**, die wir in Abschn. 4.7.1 besprochen haben, wenn wir (11.1) dazu benutzen, die Mittelwerte durch Integrale auszudrücken. Ist $f(t)$ reell und wird der Mittelwert über eine längere Zeit T genommen, dann stellt das **Wiener-Khinchin-Theorem** (4.85) eine Verbindung zwischen dem Leistungsspektrum von $f(t)$ und der Fouriertransformierten von $\gamma(\tau)$ her, die nun die symmetrische, reelle Funktion $\gamma^R(\tau)$ ist. Wir haben

$$\left| F(\omega) \right|^2 = \frac{I}{2} \int\limits_{-\infty}^{\infty} \gamma^R(\tau) e^{-i\omega\tau} \, d\tau \tag{11.45}$$

und

$$\left| F(-\omega) \right|^2 = \left| F(\omega) \right|^2 \ . \tag{11.46}$$

Die spektrale Intensität $J(\omega)$ entspricht $T^{-1} |F(\omega)|^2$, was unabhängig vom Zeitbereich T der Mittelung ist. Wir werden aber, wie wir es bereits in (11.16) getan haben, den Faktor T^{-1} vernachlässigen. Wir können (11.45) entnehmen, daß, wenn wir $\gamma^R(\tau)$ messen können, die spektrale Intensität $J(\omega)$ aus der Fouriertransformierten abgeleitet werden kann; dies führt uns zu einer wichtigen Form der Spektroskopie, die entsprechend **Fourier-Spektroskopie** oder **interferometrische Spektroskopie** genannt wird.

11.6 Fourier-Spektroskopie

1898 zeigte *Michelson*, daß ein Zweistrahl-Interferometer für spektrale Untersuchungen verwendbar ist. Zu dieser Zeit war seine Idee schwierig umzusetzen aufgrund der Notwendigkeit, eine Fouriertransformation auszuführen, um die beobachteten Werte in ein konventionelles Spektrum zu übertragen. Immerhin gelangen *Michelson* einige Fortschritte mit Hilfe intuitiver Methoden. Er konstruierte sogar einen analogen Computer, um die Spektren zu rekonstruieren. Das Erscheinen elektronischer Rechenmaschinen hat diese Situation natürlich grundlegend geändert. Aufgrund

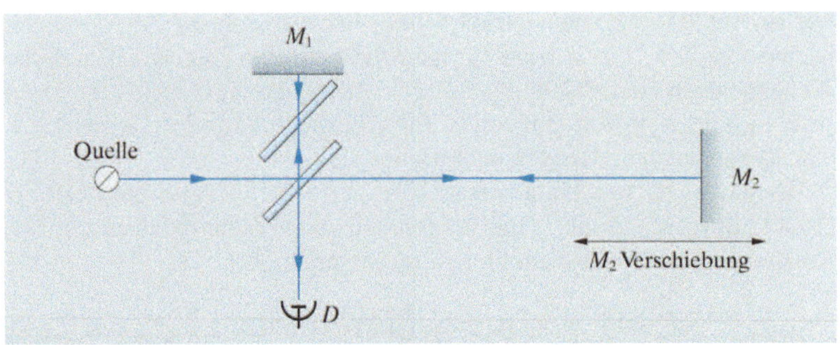

Abb. 11.6. Verwendung eines Michelson-Interferometers in der Fourierspektroskopie. D ist der Detektor; die Weglängendifferenz ist gegeben durch $d = 2(OM_2 - OM_1)$

der Einfachheit der Konstruktion eines Michelson-Interferometers, seiner Leistungsfähigkeit im Hinblick auf das Signal-Rausch-Verhältnis (Abschn. 11.6.2) und seiner einfachen Handhabung für Wellenlängen außerhalb des sichtbaren Spektralbereiches (speziell im Infraroten) ist die Fourier-Spektroskopie in der modernen Physik und Chemie zu einer wichtigen Technik geworden (siehe z. B. *Bell* 1972).

Wie in Abb. 11.6 gezeigt, wird die einfallende Welle in zwei gleiche Teile aufgespalten, jeder mit der reellen Amplitude $f^R(t)$, die sich auf verschiedenen Wegen ausbreiten, bevor sie rekombinieren. Unterscheiden sich die beiden Wege um die Länge d, so ist klar, daß die Wellen, die zu einem bestimmten Zeitpunkt in D ankommen, von der Quelle zu Zeiten ausgesandt wurden, die um $\tau = d/c$ auseinanderliegen. Dies entspricht im wesentlichen der in Abb. 11.4a gezeigten Situation. Das Instrument wird so justiert, daß die Interferenzstreifen ein ringförmiges Muster bilden (siehe Abb. 9.13b), in deren Zentrum D der Detektor plaziert wird. Idealerweise ist der Detektor so groß wie der zentrale Ring für den Fall $d = d_{\mathrm{max}}$. Der Detektor mißt die Intensität der rekombinierten Welle:[3]

$$I_M(\tau) = \left\langle \left[f^R(t) - f^R(t + \tau) \right]^2 \right\rangle . \tag{11.47}$$

Wir stellen fest, daß $f^R(t)$ außerhalb des Zeitintervalls $-T/2 < t < T/2$ als null angenommen wird, da die Meßzeit endlich ist. Verwenden wir (11.44), kann (11.47) geschrieben werden als

$$I_M(\tau) = I \left[1 - \gamma^R(\tau) \right] . \tag{11.48}$$

Daher ist die Fouriertransformierte von $[I - I_M(\tau)]$ gleich der von $I\gamma^R(\tau)$, was nach (11.45) $2J(\omega)$ ist. Das Signal I_M ist reell und symmetrisch, ebenso $J(\omega)$ (11.46); der Teil des Spektrums mit $\omega < 0$ hat allerdings keine physikalische Bedeutung. Schreiben wir die Transformierte explizit hin und

---

[3] Das Minuszeichen in (11.47) kommt durch die ungleiche Phasenverschiebung zustande, die durch den Strahlteiler eingeführt wird. Dieser Effekt, der in der Literatur oft ignoriert wird, führt zu dunklen Streifen in der nullten Ordnung. Das endgültige Ergebnis ist aber vom verwendeten Vorzeichen unabhängig.

ersetzen wir τ durch d/c, erhalten wir:

$$J(\omega) = \frac{1}{2c} \int\limits_{-d_{\max}}^{d_{\max}} \left[I - I_M(d/c) \right] \exp[-\mathrm{i}\omega d/c]\, \mathrm{d}d\,. \qquad (11.49)$$

Da in der Praxis das Interferogramm symmetrisch um $d = 0$ ist, geben nur die Kosinusterme von null verschiedene Beiträge zu $J(\omega)$. Verlassen wir uns auf dieses Symmetrieargument, muß man das Interferogramm nur für ein Vorzeichen von d messen (mit einer kurzen Exkursion in den Bereich des anderen Vorzeichens, um den Nullpunkt von d genau zu bestimmen). Als Resultat davon kann das Integral als Funktion der Wellenzahl $k = \omega/c$ geschrieben werden:

$$\boxed{J(k) = \frac{1}{c} \int\limits_{0}^{d_{\max}} \left[I - I_M(d/c) \right] \cos(kd)\, \mathrm{d}d}\,. \qquad (11.50)$$

Diese Gleichung stellt den grundlegenden Algorithmus in der Fourier-Spektroskopie dar; die Meßwerte sind die $I_M(d/c)$, das daraus abgeleitete Spektrum ist $J(\omega)$ für $\omega > 0$.

In (11.49) haben wir endliche Grenzen für das Fourier-Integral verwendet, da es keine Daten für $d > d_{\max}$ gibt, weswegen die beste Abschätzung für diesen Bereich $I_M = I$ ist. Dieses scharfe Abschneiden des Integrals ergibt ein Spektrum mit begrenzter Auflösung (siehe Aufgabe 11.5). Desweiteren werden dadurch Artefakte im Spektrum erzeugt, auf eine Art und Weise, wie wir sie in Abschn. 12.3.5 diskutieren werden. Die Technik der **Apodisation** (Abschn. 12.5.1) wird oft mathematisch dazu verwendet, die Linienform zu verbessern.

Die obige Behandlung kann auf den Fall ausgedehnt werden, bei dem ein Material mit unbekanntem Brechungsindex $\mu(\omega)$ in einen Arm des Interferometers eingebracht wird. Man erhält dann nichtsymmetrische Funktionen $I_M(\tau)$ und $\gamma^R(\tau)$, entsprechend bekommt die Fouriertransformierte einen Imaginärteil. Der Wert von $\mu(\omega)$ kann aus dem Verhältnis zwischen dem Real- und Imaginärteil der Transformierten bestimmt werden. Diese Technik wird **asymmetrische Fourier-Spektroskopie** genannt (*Parker* 1990).

11.6.1 Zwei Beispiele für Fourier-Spektroskopie

In Abb. 11.7,8 zeigen wir zwei Beispiele für Fourier-Spektroskopie. Die erste Abbildung zeigt *Michelsons* ursprünglichen Ansatz auf der Grundlage der Sichtbarkeitsfunktion, auch die Grenzen dieser Methode sind aufgezeigt; aus diesem Grund werden wir uns im Detail damit beschäftigen. Das zweite Beispiel ist dann ein typisches modernes Fourier-Spektrometer.

(1) Betrachten wir eine Spektrallinie mit einer Feinstruktur um die Frequenz ω_0. Ihre spektrale Intensität kann durch eine Deltafunktion $\delta(\omega - \omega_0)$ beschrieben werden, die mit einer Feinstrukturfunktion $s(\omega)$ gefaltet ist. Diese ist, wie ihr Name nahelegt, auf einen Frequenzbereich $\varepsilon \ll \omega_0$ beschränkt.

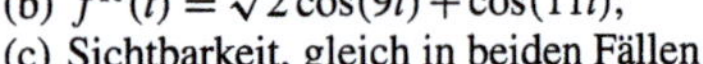

Abb. 11.7a–c. Ausschnitte aus einem Fourierinterferogramm $I_M(\tau)$ im Falle einer Quelle mit asymmetrischer Dublett-Aufspaltung. Man sieht, daß die Asymmetrie in den Beugungsstreifen enthalten ist. (a) $f^R(t) = \cos(9t) + \sqrt{2}\cos(11t)$; (b) $f^R(t) = \sqrt{2}\cos(9t) + \cos(11t)$; (c) Sichtbarkeit, gleich in beiden Fällen

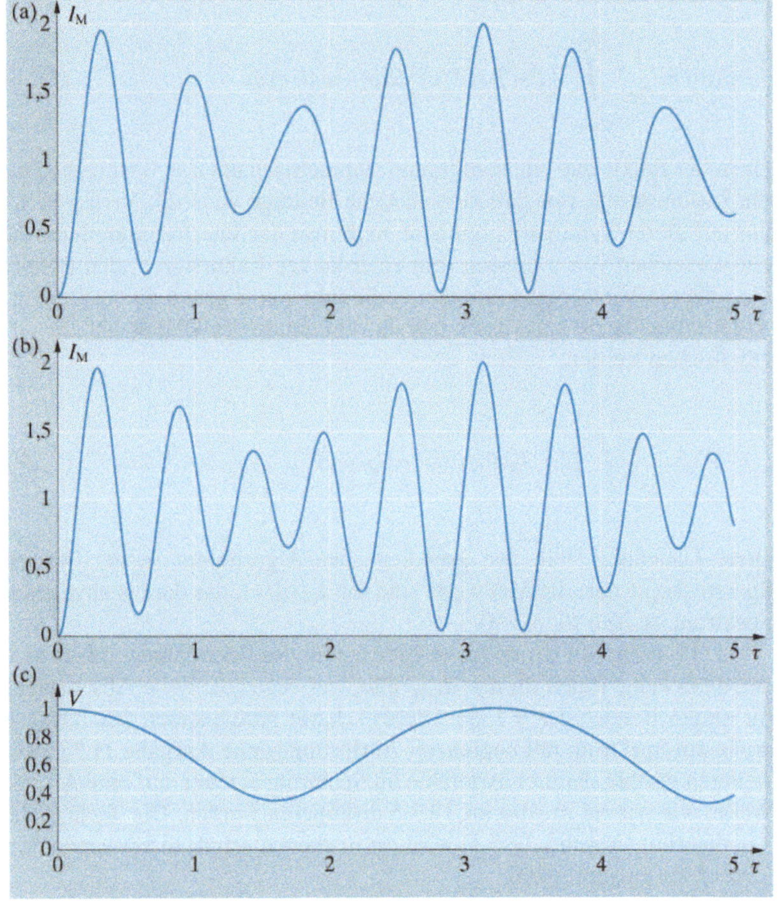

Die Funktion $J(\omega)$, die das um den Ursprung symmetrisch wiederholte Spektrum darstellt (Abschn. 11.5.2), ist dann gegeben durch

$$J(\omega) = s(\omega) \otimes \delta(\omega - \omega_0) + s(-\omega) \otimes \delta(\omega + \omega_0) . \tag{11.51}$$

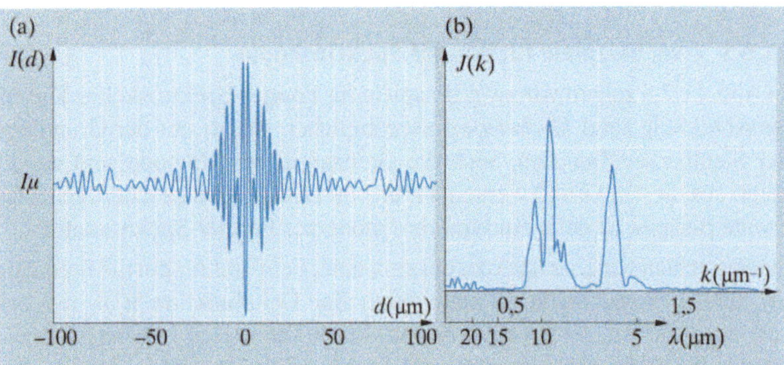

Abb. 11.8a,b. Interferogramm einer breitbandigen Infrarotquelle und das daraus berechnete Spektrum

Die Transformierte, die durch Invertierung von (11.45) gleich $\pi I \gamma^R(\tau)$ sein muß, ist

$$\pi I \gamma^R(\tau) = S(\tau)\exp(-i\omega_0\tau) + S^*(\tau)\exp(i\omega_0\tau)$$
$$= 2S^R(\tau)\cos(\omega_0\tau) + 2S^I(\tau)\sin(\omega_0\tau)\,. \qquad (11.52)$$

Daraus folgt $I - I_M(\tau)$, (11.48). Da die Feinstruktur auf einen kleinen Frequenzbereich ε beschränkt ist, hat die Transformierte S eine Skala von ε^{-1}, so daß man (11.52) als oszillierende Funktion (die die Interferenzstreifen wiedergibt) mit einer langsam variierenden Einhüllenden beschreiben kann. Der Real- und Imaginärteil von $S(\tau)$ kann daher durch sorgfältige Beobachtung der Modulation und der Phase der Streifen abgeleitet werden. Die vollständige komplexe Funktion, die zu (11.52) gehört, ist $\pi I \gamma(\tau) = 2S(\tau)\exp(-i\omega_0\tau)$, woraus $V = |\gamma(\tau)| = 2|S(\tau)|/\pi I$ folgt. Würden wir nur die Sichtbarkeit messen (und die Phaseninformation weglassen), würden wir nur $|S(\tau)|$ kennen; und daher wäre die Feinstruktur $f(\omega)$, die daraus berechnet wird, falsch.

Als Beispiel möchten wir dies anhand von Abb. 11.7 verdeutlichen. Eine Quelle emittiert ein eng beieinanderliegendes, asymmetrisches Dublett, das aus zwei Wellen mit einer Intensität a^2 bei der Frequenz $(\omega_0 - \varepsilon/2)$ und b^2 bei $(\omega_0 + \varepsilon/2)$ besteht:

$$f^R(t) = a\cos\left[(\omega_0 - \varepsilon/2)t + \phi_a\right] + b\cos\left[(\omega_0 + \varepsilon/2)t + \phi_b\right]. \qquad (11.53)$$

Es ist leicht zu zeigen, daß das dazugehörige Leistungsspektrum durch (11.51) gegeben ist, mit

$$s(\omega) = a^2\delta(\omega - \varepsilon/2) + b^2\delta(\omega + \varepsilon/2)\,. \qquad (11.54)$$

Aus (11.44) und (11.53) erhalten wir

$$\gamma^R(\tau) = \frac{a^2\cos(\omega_0 - \varepsilon/2)\tau + b^2\cos(\omega_0 + \varepsilon/2)\tau}{a^2 + b^2} \qquad (11.55)$$

$$= \cos(\varepsilon\tau/2)\cos(\omega_0\tau) + \frac{a^2 - b^2}{a^2 + b^2}\sin(\varepsilon\tau/2)\sin(\omega_0\tau)\,. \qquad (11.56)$$

Wir merken an, daß die genauen Werte von ϕ_a und ϕ_b unwichtig sind. Vergleichen wir die Koeffizienten von $\cos(\omega_0\tau)$ und $\sin(\omega_0\tau)$ mit denen in (11.52), können wir die komplexe Funktion $S(\tau)$ bestimmen zu

$$S(\tau) = \frac{\pi I}{2}\left[\cos(\varepsilon\tau/2) + i\frac{a^2 - b^2}{a^2 + b^2}\sin(\varepsilon\tau/2)\right]\,, \qquad (11.57)$$

deren inverse Fouriertransformierte der Feinstrukturfunktion (11.54) entspricht. Gleichung (11.55) entspricht offensichtlich dem Realteil der komplexen Funktion

$$\gamma(\tau) = \frac{a^2\exp i(\omega_0 - \varepsilon/2)\tau + b^2\exp i(\omega_0 + \varepsilon/2)\tau}{a^2 + b^2}\,, \qquad (11.58)$$

und daher gilt

$$V = |\gamma(\tau)| = 2\frac{|S(\tau)|}{\pi I} = \frac{\left[a^4 + b^4 + 2a^2 b^2 \cos(\varepsilon\tau)\right]^{1/2}}{a^2 + b^2} . \tag{11.59}$$

Nun ist V invariant gegen Vertauschung von a und b. Aus (11.59) können wir deshalb nur ε ableiten (aufgrund der Modulationsperiode) sowie das Verhältnis $|(a^2 - b^2)/(a^2 + b^2)|$ (aufgrund des Modulationsgrads). Diese Methode wurde von *Michelson* benutzt, aber die Beantwortung der Frage, ob $a^2 > b^2$ oder $a^2 < b^2$ kann nur durch die Messung der Phase der Interferenzstreifen selbst erfolgen. Dies ist bei der Fouriertransformation (11.50) natürlich implizit enthalten.

(2) Das zweite Beispiel, das in Abb. 11.8 gezeigt ist, stammt aus einem vollautomatischen Fourier-Spektrometer. Es mißt $\gamma^R(\tau)$ durch das Aufnehmen von $I_M(d)$, während d den Bereich $-d_1$ bis d_{max} durchläuft. Ist das Instrument perfekt justiert, ist $I_M(d) = I_M(-d)$. Eine Untersuchung des Bereichs $0 \leq d \leq d_{max}$ würde demnach ausreichen, aber durch Einbeziehen eines kleinen negativen Bereiches läßt sich der Nullpunkt von d genau bestimmen. Das Beispiel zeigt einen kleinen Ausschnitt aus dem zentralen Bereich des Interferogramms und das daraus abgeleitete Spektrum unter Verwendung von (11.50).

11.6.2 Auflösungsvermögen und Empfindlichkeit

Das Auflösungsvermögen der Fourier-Spektroskopie kann anhand des ersten der obigen Beispiele bestimmt werden. Die Modulation in den Streifen wird nur dann bemerkbar sein, wenn d_{max} hinreichend groß ist, um zumindest eine halbe Modulationsperiode darzustellen. Es folgt daher aus (11.57)

$$\varepsilon\tau_{max} = \varepsilon d_{max}/c > 2\pi , \tag{11.60}$$

was durch $\varepsilon_{min} = 2\pi c/d_{max}$ erfüllt wird. Dies läßt sich am einfachsten einsehen, wenn man diesen Zusammenhang als Funktion der kleinsten auflösbaren Wellenzahl δk ausdrückt

$$\delta k = \varepsilon_{min}/c = 2\pi/d_{max} . \tag{11.61}$$

Bei einer gegebenen Wellenzahl k_0 ist das Auflösungsvermögen dann

$$\boxed{k_0/\delta k = d_{max}/\lambda_0} . \tag{11.62}$$

Es ist interessant, diesen Ausdruck mit dem Auflösungsvermögen eines **Beugungsgitters** (Abschn. 9.2.2) zu vergleichen. Das Auflösungsvermögen des Interferometers ist das gleiche, was bei optimalen Bedingungen mit einem Beugungsgitter der gleichen physikalischen Länge ($d_{max}/2$) erzielt werden kann! Es ist also wiederum die physikalische Größe des Instruments, in Wellenlängen ausgedrückt, die das Auflösungsvermögen bestimmt – unabhängig von Details. In einem Fourier-Spektrometer kann diese Auflösung aber auch tatsächlich erreicht werden (vergleiche Abschn. 9.2.2)! Kann die

Hintergrundstrahlung am Detektor nicht vernachlässigt werden, hat ein Fourier-Spektrometer einen Vorteil gegenüber konventionellen Spektrometern, die Beugungsgitter oder Prismen verwenden. Wird das Ausgangssignal eines konventionellen Geräts mit einem einzelnen Detektor gemessen, muß das Spektrum in irgendeiner Weise abgerastert werden, weswegen für einen Großteil der Zeit nur wenig Licht von der Quelle beim Detektor ankommt, Hintergrundstrahlung dagegen die ganze Zeit aufgenommen wird. Hingegen hat man beim Fourier-Spektrometer den Vorteil, daß durchschnittlich die Hälfte des einfallenden Lichts den Detektor zu jedem Zeitpunkt erreicht (die andere Hälfte tritt in Richtung des einfallenden Lichts wieder aus, wobei in dieser Richtung theoretisch ein zweiter Detektor plaziert werden könnte). Das Fourier-Spektrometer hat dann den ausgesprochenen Vorteil (der **Fellgett-Vorteil** heißt) des besseren Signal-Rausch-Verhältnisses. Dies ist der Grund des Erfolgs dieses Spektrometertyps, vor allem im Infrarotbereich.

Ein weiterer Vorteil, der sog. **Jacquinot-Vorteil**, gegenüber Beugungsgittern oder Prismengeräten liegt in dem maximal möglichen Strahlungsdurchsatz, der beim Fourier-Spektrometer etwa eine Größenordnung höherliegt. Dies gilt für alle spektralen Bereiche, auch im Sichtbaren.

11.7 Räumliche Kohärenz

Das Konzept der **zeitlichen Kohärenz** wurde eingeführt, um eine quantitative Antwort auf folgende Frage zu liefern: Zu einem bestimmten Zeitpunkt messen wir die Phase einer sich ausbreitenden Lichtwelle an einem bestimmten Punkt. Handelt es sich bei der Welle um eine perfekt sinusförmige Welle der Form $A \exp(-i\omega_0 t)$, kennen wir dann die Phase für jeden zukünftigen Zeitpunkt. Aber wie sieht es in einer realen Situation aus, wie lange nach der obigen Messung ist eine genaue Abschätzung der Phase möglich? Das graduelle Verschwinden unserer Kenntnis der Phase ergab sich aus der Unschärfe der genauen Frequenz ω_0 und konnte quantitativ auf die endliche Breite der Spektrallinie, die die Welle darstellt, zurückgeführt werden.

Das zweite Konzept der Kohärenz, das der **räumlichen Kohärenz** beschäftigt sich mit der Phasenbeziehung zwischen Wellen zu einem gegebenen Zeitpunkt an verschiedenen Orten in einer Ebene senkrecht zur Ausbreitungsrichtung. Wäre die Welle eine perfekt ebene Welle, würde diese Ebene eine Wellenfront darstellen, und die Bestimmung der Phase an einem Punkt P würde sofort die Phase an jedem anderen Punkt definieren; dies gilt auch für jede Wellenlänge einer Partialwelle, falls die Welle nicht monochromatisch ist. In der Praxis müssen wir uns folgende Frage stellen: Wenn wir den Wert der Phase am Ort P kennen, wie weit können wir uns von P entfernen und immer noch eine korrekte Aussage über die Phase machen?

In einer ähnlichen Art und Weise, in der wir die zeitliche Inkohärenz mit einer Unschärfe in der Frequenz ω_0 verknüpft haben (und damit mit dem **Betrag** des Wellenvektors, $|\mathbf{k}|$), werden wir sehen, daß die räumliche Inkohärenz mit einer Unschärfe in der Bestimmung der **Richtung** des Wellenvektors verknüpft ist. Diese Unschärfe in der Richtung von k entsteht, wenn die Lichtquelle nicht punktförmig, sondern ausgedehnt ist.

11.7.1 Qualitative Untersuchung der räumlichen Kohärenz

Wir haben in Abschn. 11.4.2 gesehen, daß wir im Falle des Abtastens des Wellenzuges mit dem optischen Stethoskop an zwei hintereinanderliegenden Punkten A_1 und A_2 nur dann Interferenzstreifen bekommen, wenn der Abstand $\overline{A_1 A_2}$ kleiner als $c\,\tau_c$ ist. Räumliche Kohärenz kann auf analoge Weise identifiziert werden und läßt sich durch das folgende, einfache eindimensionale Experiment illustrieren.

Betrachten wir eine inkohärente, quasimonochromatische Lichtquelle der geometrischen Ausdehnung a, die eine Maske $\mathscr{P}$ beleuchtet, die ein Paar sehr kleiner Lochblenden P_1 und P_2 im Abstand x (Abb. 11.9) enthält. Das Erscheinen von Interferenzstreifen auf dem Bildschirm weist auf die Kohärenz zwischen den Wellenamplituden an den beiden Lochblenden hin. Die Quelle befindet sich in einer Entfernung L, der Bildschirm in einer Entfernung H von den Lochblenden; zur Vereinfachung des Problems wollen wir annehmen, daß $L, H \gg a, x$, weswegen alle vorkommenden Winkel klein sind.

Betrachten wir nun den Punkt S_1 an einem Ende der Quelle. Dieser Punkt allein beleuchtet die Lochblenden kohärent und erzeugt deshalb ein Interferenzmuster auf dem Bildschirm. Die nullte Ordnung des Musters erscheint am Ort Z_1, dem Ort mit verschwindender Weglängendifferenz zwischen $\overline{S_1 P_1 Z_1}$ und $\overline{S_1 P_2 Z_1}$. Z_1 liegt auf der Geraden, die S_1 mit dem Punkt O (auf halber Strecke zwischen den Lochblenden) verbindet. Die Periode der Interferenzstreifen ist gegeben durch $H\lambda/x$. Nun betrachten wir den Punkt S_2 am anderen Ende der Quelle: Er erzeugt Interferenzstreifen mit der gleichen Periode, mit der nullten Ordnung am Punkt Z_2 auf der Geraden $S_2 O$. Die beiden Interferenzmuster überlappen, und da S_1 und S_2 inkohärent sind, tendieren die Muster dazu, sich gegenseitig auszulöschen. Entspricht $Z_1 Z_2$ einem halben Streifenabstand, sind die Muster, die von S_1 und S_2 erzeugt werden, räumlich um 180° phasenverschoben, deshalb sind keine Interferenzstreifen auf dem Schirm sichtbar. Wir können sagen, daß die räumliche Kohärenz zwischen den beiden Lochblenden verschwunden ist, wenn gilt

$$\tfrac{1}{2}H\lambda/x = Z_1 Z_2 = aH/L\,; \tag{11.63}$$

$$x = L\lambda/2a\,. \tag{11.64}$$

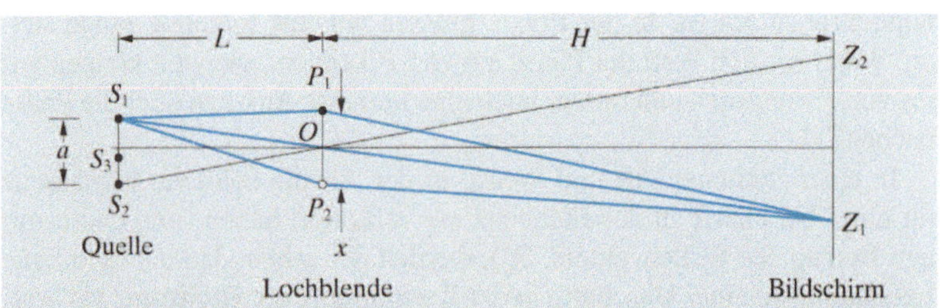

Abb. 11.9. Räumliche Kohärenz

Dieses Ergebnis kann auch wie folgt ausgedrückt werden: Aufgrund der Ausdehnung a der Quelle, oder besser ausgedrückt, seiner Winkelausdehnung $\alpha = a/L$, tritt Kohärenz zwischen benachbarten Punkten auf der Maske nur dann auf, wenn der Abstand zwischen den Punkten kleiner ist als

$$x_{\mathrm{c}} = \lambda/2\alpha\,. \tag{11.65}$$

Dieser maximale Abstand heißt **Kohärenzabstand** in der Ebene der Lochblenden (Index „c" für engl. „coherence distance"). Man beachte die reziproke Beziehung zwischen x_{c} und α.

Wir haben in dieser Diskussion die Effekte aller anderen Punkte wie S_3 irgendwo zwischen S_1 und S_2 vernachlässigt und daher einen Fehler um etwa einen Faktor 2 begangen. Er wird in Abschn. 11.7.3 in einer vollständigeren Analyse korrigiert.

Erweitert man diese Analyse auf zwei Dimensionen, definiert eine Quelle mit endlicher Winkelausdehnung eine zweidimensionale Region, in der beide Lochblenden liegen müssen, um kohärent beleuchtet zu werden. Diese Region heißt **Kohärenzbereich**.

Die Beziehung zwischen Kohärenzbereich, oder genauer der Kohärenzfunktion, und der geometrischen Ausdehnung der Lichtquelle erweist sich, wie in Abschn. 11.7.3 gezeigt wird, als Fouriertransformation, zumindest, wenn die Quelle einen kleinen Winkeldurchmesser α hat. Diese Beziehung ist in der Praxis sehr nützlich und stellt die Grundlage der Technik der **Apertursynthese** dar, die in Abschn. 11.9.3 kurz diskutiert wird.

11.7.2 Der Grad räumlicher Kohärenz

Wir kehren nun zu dem Gedankenexperiment des optischen Stethoskops, das ein quasimonochromatisches Wellenfeld untersucht, zurück und nehmen an, A_1 und A_2 liegen annähernd auf der gleichen Wellenfront.[4] Um dies etwas genauer zu definieren, gehen wir davon aus, daß τ_{c} viel größer ist als τ, der Differenz der Ankunftszeiten der Wellenfront an den Orten A_1 und A_2. Es gilt wiederum (11.39), nun jedoch hängt $|\gamma_{A_1 A_2}(0)|$ nur noch von der lateralen Entfernung zwischen A_1 und A_2 ab, da der einzige Effekt einer Veränderung ihrer longitudinalen Entfernung die Multiplikation von $|\gamma_{A_1 A_2}(0)|$ mit einem Phasenfaktor $\mathrm{e}^{\mathrm{i}\omega_0\tau}$ ist. Wir nennen $|\gamma_{A_1 A_2}(0)|$ den **Grad der räumlichen Kohärenz**. Oft hängt $\gamma_{A_1 A_2}(0)$, der **komplexe Grad räumlicher Kohärenz**, nur vom Verbindungsvektor r zwischen A_1 und A_2 ab; dann können wir ihn als $\gamma(r)$ schreiben.

Ein Instrument, welches das hier geschilderte Konzept praktisch exakt umsetzt, ist das **Michelsonsche Stellarinterferometer** (Abschn. 11.9.1), wobei $A_{1,2}$ die Eingangsspiegel sind und $B_{1,2}$ das zweite Spiegelpaar.

---

[4] Die Bedeutung davon, daß A_1 und A_2 innerhalb einer Kohärenzlänge auf der gleichen Wellenfront liegen, wird in Abschn. 11.9.3 bei der Diskussion der Apertursynthese erläutert.

11.7.3 Das van Cittert-Zernike-Theorem

Dieses Theorem ist das räumliche Äquivalent zum **Wiener-Khinchin-Theorem** (Abschn. 4.7.1). Es wurde unabhängig voneinander von *van Cittert* und *Zernike* bewiesen. Es verknüpft $\gamma(r)$ mit Hilfe einer Fouriertransformation mit der Intensitätsverteilung $I(\theta_x, \theta_y)$ der Quelle. Um das Theorem in einer Dimension herzuleiten, betrachten wir eine entfernte quasimonochromatische, inkohärente Lichtquelle der Ausdehnung α (außerhalb dieses Bereichs soll die Intensität gleich null sein, siehe Abb. 11.10), die die Beobachtungsebene beleuchtet. Alle auftretenden Winkel sollen klein sein. Die Amplitude am Punkt S auf der Quelle ist $g(\theta)$, die Amplitude, die am Punkt $P(x = 0)$ gemessen wird, ist dann

$$f(0) = \frac{1}{L} \int_{\text{Quelle}} g(\theta) \exp(ik_0\,SP)\,d\theta \,. \tag{11.66}$$

Am Ort Q haben wir

$$f(x) = \frac{1}{L} \int g(\theta) \exp\left[ik_0\,(SP + x\sin\theta)\right] d\theta \,. \tag{11.67}$$

Das Produkt $c(x) = f(0)\,f^*(x)$ ist dann gegeben durch

$$\begin{aligned}
c(x) &= \frac{1}{L^2} \int g(\theta) \exp(ik_0\,SP)\,d\theta \\
&\quad \times \int g^*(\theta) \exp\left[-ik_0\,(SP + x\sin\theta)\right] d\theta \tag{11.68} \\
&= \frac{1}{L^2} \int\!\!\int g(\theta)g^*(\theta') \\
&\quad \times \exp\left[ik_0\,(SP - S'P)\right] \exp(-ik_0 x \sin\theta')\,d\theta\,d\theta' \tag{11.69}
\end{aligned}$$

wobei wir θ im zweiten Integral in (11.68) durch θ' ersetzt haben, um das Produkt der beiden Integrale als Doppelintegral auszudrücken, vgl. (11.4).

Nun kann $\gamma(x)$ aufgrund seiner Definition (11.29) mit Hilfe des zeitlichen Mittelwerts von $c(x)$ ausgedrückt werden, d. h.

$$\gamma(x) = \langle c(x)\rangle / \langle c(0)\rangle \,, \tag{11.70}$$

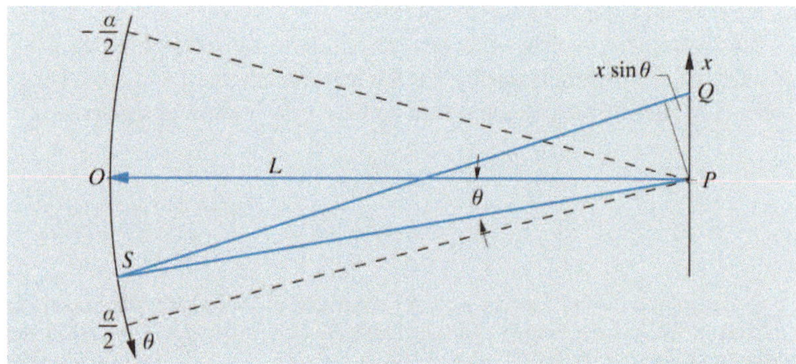

Abb. 11.10. Verdeutlichung des van Cittert-Zernike-Theorems

da die Intensitäten an den Orten P und Q, $\langle|f(0)|^2\rangle$ und $\langle|f(x)|^2\rangle$, beide gleich $\langle c(0)\rangle$ gesetzt werden können. Berechnet man $\langle c(x)\rangle$ mit Hilfe von (11.69), ist der einzige Term, über den zeitlich gemittelt werden muß, $g(\theta)g^*(\theta')$, da alle anderen Terme geometrisch sind. Ist die Quelle inkohärent, sind $g(\theta)$ und $g(\theta')$ unkorreliert. Daraus folgt, daß das Zeitmittel null ist, außer für $\theta = \theta'$, wenn es gleich $\langle|g(\theta)|^2\rangle \equiv I(\theta)$ ist, der Quellenintensität am Punkt S. Setzen wir dies in das Doppelintegral ein, erhalten wir

$$\langle c(x)\rangle = \frac{1}{L^2} \int_{\text{Quelle}} I(\theta)\exp(-\mathrm{i}k_0 x \sin\theta)\,\mathrm{d}\theta\,. \tag{11.71}$$

Dieses Integral erinnert an die Fraunhofersche Beugung (Abschn. 8.2). Der Wert von $\gamma(x)$ ist

$$\begin{aligned}\gamma(x) &= \langle c(x)\rangle/\langle c(0)\rangle \\ &= \frac{\int I(\theta)\exp(-\mathrm{i}k_0 x \sin\theta)\,\mathrm{d}\theta}{\int I(\theta)\,\mathrm{d}\theta}\,.\end{aligned} \tag{11.72}$$

Da $I(\theta) = 0$ außerhalb der Quelle, kann man die Integrationsgrenzen als $\pm\infty$ schreiben. Für kleine θ gilt dann

$$\gamma(x) = \frac{\int_{-\infty}^{\infty} I(\theta)\exp(-\mathrm{i}k_0 x \sin\theta)\,\mathrm{d}\theta}{\int_{-\infty}^{\infty} I(\theta)\,\mathrm{d}\theta}\,; \tag{11.73}$$

$\gamma(x)$ ist daher die Fouriertransformierte von I, ausgedrückt als Funktion von $(k_0\theta)$ und auf eins normiert am Punkt $x = 0$. Diese Beziehung wird **van Cittert-Zernike-Theorem** genannt.

Das Theorem kann leicht, wie jede andere Fouriertransformation auch, auf den zweidimensionalen Fall ausgedehnt werden. Es lautet dann wie folgt: Für zwei Punkte in der Beobachtungsebene (x, y), die durch den Vektor $\boldsymbol{r}$ verbunden sind, ist $\gamma(\boldsymbol{r})$ die Fouriertransformierte von $I(k_0\theta_x, k_0\theta_y)$. Wir werden dies am Beispiel eines runden Sterns erläutern. Die Quelle besitzt eine auf 1 normierte Intensität innerhalb eines Kreises mit einem kleinen Winkeldurchmesser α und eine Intensität von 0 außerhalb. Die Korrelationsfunktion ist dann die Fouriertransformierte, die nach Abschn. 8.2.7 gegeben ist durch

$$\gamma(r) = \frac{2J_1(k_0\alpha r/2)}{k_0\alpha r/2}\,; \tag{11.74}$$

ihre erste Nullstelle liegt bei $r = 1{,}22\,\lambda/\alpha$.

Nehmen wir als Beispiel einen Stern mit einem Winkeldurchmesser von 0,07 Bogensekunden, entsprechend $3{,}4\cdot10^{-7}$ rad, so erhalten wir im grünen Spektralbereich eine Kohärenz in einem Kreis von 1,8 m Radius um jeden gegebenen Punkt (Abb. 11.11). Nach der ersten Nullstelle sagt (11.74) weitere Bereiche mit (sowohl negativer als auch positiver) Korrelation voraus, aber diese stammen vom scharfen Abschneiden der Intensität an den Rändern des Sterns und werden deshalb nur bei Laborexperimenten beobachtet.

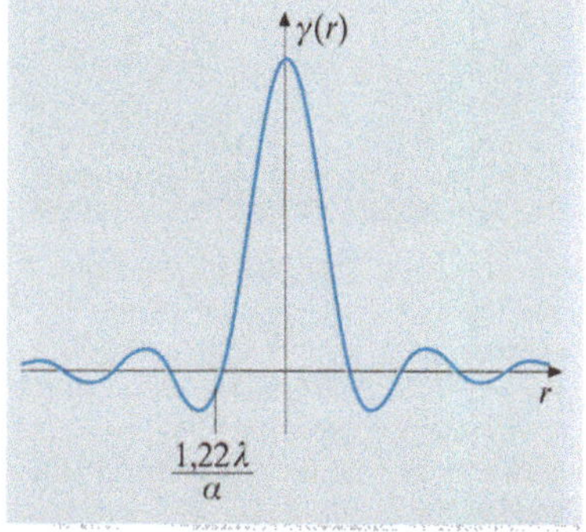

Abb. 11.11. Korrelationsfunktion von P und Q als Funktion ihres Abstandes r bei Beleuchtung durch eine kreisförmige Lichtquelle mit Winkeldurchmesser α

11.7.4 Partielle Kohärenz von einer ausgedehnten Quelle

Ein Spezialfall, in dem θ nicht klein ist, ist der der Mikroskopbeleuchtung (Abschn. 12.3.6), wo die Probe von allen Seiten innerhalb eines stark fokussierten Kegels, dessen halber Öffnungswinkel $\alpha/2$ in der Nähe von $\pi/2$ liegen kann, beleuchtet wird. Fahren wir von (11.72) an fort und verwenden $u = k_0 \sin\theta$, $\mathrm{d}u = k_0 \cos\theta \, \mathrm{d}\theta$, können wir für eine eindimensionale Quelle schreiben

$$\gamma(x) = \frac{\int_{-k_m}^{k_m} \left[I(\theta)/\cos\theta \right] \exp(-iux) \, \mathrm{d}u}{\int_{-k_m}^{k_m} \left[I(\theta)/\cos\theta \right] \mathrm{d}u} , \qquad (11.75)$$

wobei $k_m = k_0 \sin(\alpha/2)$. Für eine **Lambertinische Quelle** (ein schwarzer Körper, siehe beispielsweise Abschn. 14.1.2) ist $I(\theta) \sim \cos\theta$, woraus mit (11.75) folgt, daß $\gamma(x) = \mathrm{sinc}(k_m x)$. Für den Grenzfall einer unendlich weit ausgedehnten Quelle ist $\alpha = \pi$ und $\gamma(x) = \mathrm{sinc}(k_0 x)$. Die Kohärenzlänge x_c ist das erste x, für das $\gamma(x)$ null wird, d. h. $x_c = \lambda/2$. Die gleiche Rechnung für eine in x *und* y unendlich ausgedehnte Quelle folgt aus dem äquivalenten Resultat für eine kreisförmige Quelle, $\gamma(r) = 2J_1(k_0 r)/k_0 r$, und ergibt $r_c = 0,61\lambda$.

11.7.5 Ein Laborexperiment zur räumlichen Kohärenz

Das **van Cittert-Zernike-Theorem** kann anhand des Experiments aus Abschn. 11.7.1 erläutert werden, bei dem ein Paar Lochblenden P_1 und P_2 mit Abstand x durch eine inkohärente Quelle beleuchtet wird (Abb. 11.9). Die Sichtbarkeit (Abschn. 11.4.2) der Interferenzstreifen mißt die Kohärenz zwischen den Feldern an den beiden Lochblenden, die den beiden Meßpunkten des optischen Stethoskops äquivalent sind. Die Quelle ist ein Spalt S der Breite a, der senkrecht zur Verbindungslinie $P_1 P_2$ ausgerichtet ist. Die Funktion, die die Kohärenz zwischen P_1 und P_2 beschreibt, ist daher

$$\gamma(x) = \mathrm{sinc}\left[k_0 x \sin(a/2L) \right] \approx \mathrm{sinc}\left[\frac{\pi a x}{\lambda L} \right] . \qquad (11.76)$$

Diese Funktion stellt die Fouriertransformierte in (11.72) dar. Nimmt a, von null anfangend, immer weiter zu, geht die Kohärenz zwischen den Lochblenden P_1 und P_2, die bei eins beginnt, gegen null beim Wert $a = \lambda L/x$ und zeigt dann die übliche Folge von schwächeren Maxima und Minima, wenn a diesen Wert überschreitet. Die Interferenzmuster für mehrere Werte von a sind in Abb. 11.12 gezeigt, wobei die Sichtbarkeit offensichtlich die gleichen Muster aufweist. Man beachte den Effekt von negativem γ, das Verschieben des Musters um einen halben Streifen ($\phi = \pi$).

Das obige Experiment ist die Grundlage für mehrere fundamental wichtige Interferometer, die dazu verwendet werden, die Winkelausdehnung von unzugänglichen Quellen, z. B. Sternen, zu messen. Wir werden sie in Abschn. 11.9 besprechen.

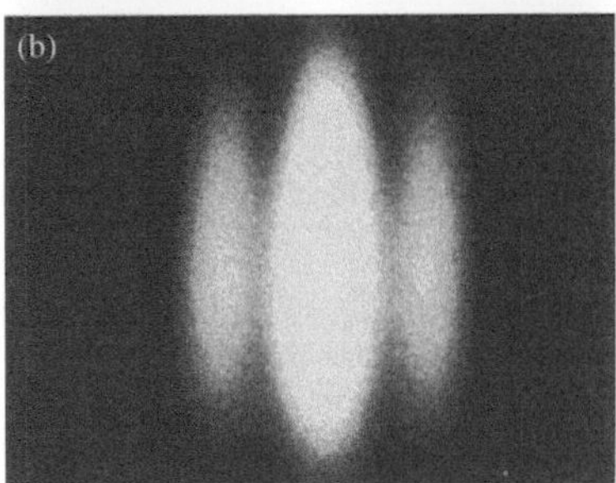

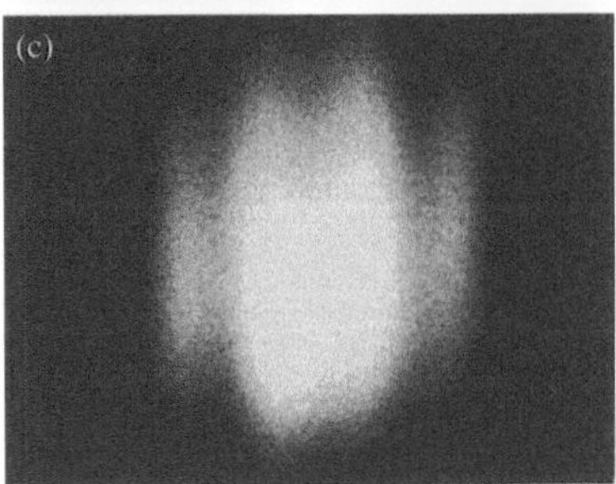

Abb. 11.12a–c. Youngsche Beugungsmuster mit unterschiedlicher räumlicher Kohärenz. (a) $\gamma = 0,97$; (b) $\gamma = 0,50$; (c) $\gamma = -0,07$. Man beachte insbesondere das Minimum in der Mitte von (c), das auf den negativen Wert der Kohärenzfunktion hinweist

11.8 Fluktuationen in Lichtstrahlen und die klassische Photonenstatistik

In Abschn. 11.2.1 haben wir gezeigt, daß jeder Lichtstrahl, wie intensiv er auch sein mag, **Fluktuationen** in seiner Intensität aufweist, wenn er mit einem hinreichend schnellen Detektor untersucht wird. Die Argumentation vollzog sich vollständig im Rahmen der klassischen Physik, die Erfindung des Lasers stimulierte allerdings eine nochmalige Untersuchung der Vorgänge. Die Hoffnung bestand vor allem darin, einen Unterschied in der statistischen Behandlung von Licht, das von einem Laser ausgesendet wird, und Licht von konventionellen Quellen zu finden. In diesem Abschnitt stellen wir eine vereinfachte Zusammenfassung der klassischen Theorie vor, die einige wichtige Anwendungen besitzt; die Quantentheorie der Fluktuationen wird dann in Kap. 14 kurz besprochen. Eine bemerkenswerte Eigenschaft der klassischen Resultate ist ihre Ähnlichkeit zu denen der Quantentheorie; erst im letzten Jahrzehnt wurden signifikante Unterschiede zwischen den beiden experimentell entdeckt.

Bevor wir uns den Lichtstrahl selbst anschauen, sollten wir uns fragen, was man eigentlich genau bei einem Experiment zur Detektion von Fluktuationen mißt. Die Antwort lautet natürlich, den elektrischen Strom von einem Photodetektor. Jede Behandlung dieses Themas muß daher in Betracht ziehen, daß wir in Wirklichkeit diskrete Elektronen beobachten, die z. B. von einer Photokathode emittiert werden (andere Detektionsmethoden, z. B. Halbleiterbauteile, können in ähnlicher Weise beschrieben werden). Bei diesen Experimenten gibt es zwei unkorrelierte Quellen für Fluktuationen. Die erste ergibt sich durch die Beobachtung der Emission einzelner Elektronen, deren **Durchschnittsrate** der momentanen Lichtintensität proportional ist. Die zweite Quelle von Fluktuationen ist die tatsächliche Fluktuation der momentanen Lichtintensität um ihren langfristigen Mittelwert. Erinnern wir uns an das Ergebnis von Abschn. 11.2.1, daß der Ausdruck „momentane Intensität" eine kurzfristige Mittelung über einen Zeitraum $T_1 < \tau_\mathrm{c}$ impliziert.

Die **mittlere** Zahl von Elektronen, die in einem bestimmten Intervall $\delta t < T_1$ emittiert werden, ist $\bar{n} \equiv \langle n \rangle = \langle I(t) \rangle_{T_1} \, \eta \, \delta t / \hbar \omega$. Dabei ist $\langle I(t) \rangle$ die mittlere Intensität während δt und η die **Quantenausbeute**, die die Wahrscheinlichkeit beschreibt, daß ein Elektron emittiert wird, wenn ein Photon der Energie $\hbar \omega$ auf die Photokathode fällt – sie liegt typischerweise bei einigen Prozent. Nun gehorcht aber die **exakte** Zahl der emittierten Elektronen einer statistischen Verteilung, nämlich einer **Poisson-Verteilung** mit obigem Mittelwert. Die Wahrscheinlichkeit, daß n Elektronen im Intervall δt emittiert werden, ist deshalb gegeben durch

$$p(n) = \bar{n}^n \exp(-\bar{n}) / n! \, . \tag{11.77}$$

Die Varianz oder mittlere quadratische Fluktuation der Poisson-Verteilung ist bekanntermaßen gleich ihrem Mittelwert

$$\left\langle (\Delta n)^2 \right\rangle_{T_1} \equiv \left\langle n^2 \right\rangle - \bar{n}^2 = \bar{n} \, . \tag{11.78}$$

Dies ist eine der Quellen für Fluktuationen im Photostrom. Da $\bar{n}$ von der mittleren Intensität während des Intervalls abhängt, die selbst eine fluktuierende Variable ist, können wir zusätzlich $\bar{\bar{n}} = \langle I(t) \rangle_{T_0}\, \eta\, \delta t / \hbar\,\omega$ als Mittelwert von $\bar{n}$ über eine sehr lange Zeit T_0 definieren. Der Erwartungswert von $\langle (\Delta n)^2 \rangle_{T_1}$ wird dann gleich $\bar{\bar{n}}$ sein.

Die zweite Quelle der Fluktuationen ist die von $\langle I(t) \rangle$ selbst, die wir bereits in Abschn. 11.2.1 behandelt haben. Wie wir in (11.8) gesehen haben, ist die mittlere quadratische Differenz

$$\left\langle \left[\langle I(t) \rangle_{T_1} - \langle I(t) \rangle_{T_0} \right]^2 \right\rangle_{T_0} = a^4 N^2 = \left[\langle I(t) \rangle_{T_0} \right]^2 . \tag{11.79}$$

Bezüglich der im Intervall δt emittierten Elektronen kann dies geschrieben werden als

$$\left\langle (\Delta \bar{n})^2 \right\rangle_{T_0} \equiv \left\langle (\bar{n} - \bar{\bar{n}})^2 \right\rangle_{T_0} = \bar{\bar{n}}^2 . \tag{11.80}$$

Da $\Delta \bar{n}$ und Δn nicht korreliert sind, ist die Gesamtvarianz der gezählten Photoelektronen während T_1 gleich der Summe der Einzelvarianzen

$$\left\langle (\bar{n} - \bar{\bar{n}})^2 \right\rangle_{T_0} = \left\langle (\Delta \bar{n})^2 \right\rangle_{T_0} + \left\langle \left\langle (\Delta n)^2 \right\rangle_{T_1} \right\rangle_{T_0} = \bar{\bar{n}}^2 + \bar{\bar{n}} . \tag{11.81}$$

Was an dieser Gleichung so bemerkenswert ist, ist die Tatsache, daß sie identisch zur Varianz der Photonenzahl in einem bestimmten Zustand ist, wenn man die Photonen als masselose Teilchen mit **Bose-Einstein-Statistik** ansieht (siehe z. B. *Landau* und *Lifshitz* 1980), was natürlich eine quantenmechanische Beschreibung darstellt. Einige Hinweise auf eine mögliche Erklärung werden in Kap. 14 gegeben.

Die oben angeführte Argumentation ist vollständig klassisch und zeigt, daß bei Beleuchtung eines Photodetektors mit quasimonochromatischem Licht die Emission von Elektronen kein rein zufallsverteilter Prozeß ist, der nur durch die Regeln der Poisson-Verteilung gegeben wird. Photoemittierende Ereignisse sind daher auf eine bestimmte Weise korreliert, die **Photon-Bunching** (Photonenbündelung) genannt wird. Für hohe Lichtintensitäten ist $\bar{\bar{n}} \ll \bar{\bar{n}}^2$, so daß n im Bereich zwischen 0 und $2\bar{\bar{n}}$ fluktuiert.

Das Konzept der Photonenbündelung, die durch den $\bar{\bar{n}}^4$-Term gegeben ist, kann mit Hilfe des optischen Stethoskops verstanden werden. Wir plazieren zwei Detektoren an den Ausgängen B_1 und B_2 und korrelieren ihre Ausgangsströme i_1 und i_2 elektronisch, anstatt das Interferenzmuster zu beobachten. Wie wir oben festgestellt haben, sind diese Ströme proportional zu den mittleren Intensitäten, $\langle I_1(t) \rangle_{T_1}$ und $\langle I_2(t) \rangle_{T_1}$. Verwenden wir das Modell aus Abschn. 11.2.1, können wir die Korrelation zwischen diesen Intensitäten berechnen. Erkennen wir, daß die Partialwelle j an den Orten A_1 und A_2 zu verschiedenen Zeiten ankommt und daher eine Phasendifferenz ϕ_j in Abhängigkeit von ihrer Ausbreitungsrichtung besitzt, können wir mit

Hilfe von (11.3) schreiben

$$
\begin{aligned}
\langle I_1(t) I_2(t) \rangle &= a^4 \left\langle \sum_{j=1}^{N} \exp(\mathrm{i}\omega_j t) \sum_{j=1}^{N} \exp(-\mathrm{i}\omega_j t) \sum_{j=1}^{N} \exp\left[\mathrm{i}(\omega_j t + \phi_j)\right] \right. \\
&\quad \left. \times \sum_{j=1}^{N} \exp\left[-\mathrm{i}(\omega_j t + \phi_j)\right] \right\rangle \\
&= a^4 \left\langle \sum_{j,k,l,m=1}^{N} \exp\left\{\mathrm{i}\left[(\omega_j - \omega_k + \omega_l - \omega_m)t + (\phi_l - \phi_m)\right]\right\} \right\rangle .
\end{aligned}
$$

$$(11.82)$$

Wird der Mittelwert über einen langen Zeitraum T_0 gebildet, sind die einzigen, von null verschiedenen Beiträge normalerweise diejenigen mit $j = k$ und $l = m$, weshalb der Mittelwert $\langle I_1(t) I_2(t) \rangle_{T_0} = a^4 N^2$ ist. Ist dagegen $|\phi_l - \phi_m|_{\max} \ll \pi/2$, gibt es einen zusätzlichen Beitrag $a^4 N(N - 1) \approx a^4 N^2$ von den Termen mit $j = m$ und $k = l$. Der Wert von ϕ_j hängt von den Positionen von A_1 und A_2 ab. Man sieht sofort, daß, wenn A_1 und A_2 direkt hintereinanderliegen, so daß die Phasenverschiebung durch den Laufzeitunterschied τ zustande kommt, $\phi_j = \omega_j \tau$ gilt und der zweite Beitrag zum Mittelwert in (11.82) nur dann wirksam wird, wenn $\tau \ll \pi/[2|\omega_l - \omega_m|_{\max}] = \pi/2\varepsilon \approx \tau_{\mathrm{c}}$, der Kohärenzzeit. Setzen wir dann $I_1 \equiv I(t)$, $I_2 \equiv I(t + \tau)$, können wir die **Intensitätskohärenzfunktion** oder Kohärenzfunktion zweiter Ordnung definieren

$$
\gamma_2(\tau) = \frac{\langle I(t) I(t + \tau) \rangle_{T_0}}{\langle I(t) \rangle_{T_0}^2} .
$$

$$(11.83)$$

Wir merken an, daß diese Definition von γ sich im Nenner von der z. B. in (11.44) verwendeten unterscheidet. Die Funktion $\gamma_2(\tau)$ hat die typische Form wie in Abb. 11.13 gezeigt, mit $\gamma_2(0) = 2$ und $\gamma_2 \to 1$ für $t \to \infty$. Photonenbündelung erscheint als Zusatzkorrelation für $\tau < \tau_{\mathrm{c}}$. In Zählraten für die Photoelektronen ausgedrückt heißt das, daß, wenn man einen Elektronenemissionsvorgang beobachtet, die Wahrscheinlichkeit, innerhalb von τ_{c} einen weiteren zu beobachten, größer ist, als wenn die Emissionsvorgänge völlig zufallsverteilt wären (siehe Abb. 14.20). Experimente dieser Art wurden zunächst von *Morgan* und *Mandel* (1966) ausgeführt. Wir werden zu diesem Thema als quantenmechanisches Phänomen in Kap. 14 zurückkehren.

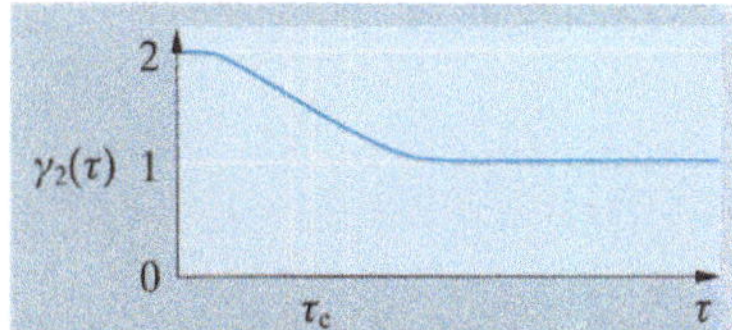

Abb. 11.13. Zeitverhalten der Intensitätskorrelationsfunktion $\gamma_2(\tau)$, die im Bereich $\tau < \tau_{\mathrm{c}}$ Überschußkorrelation von Fluktuationen zeigt

Eine analoge Berechnung kann für räumliche Kohärenz durchgeführt werden. In diesem Fall stellt ϕ_j die Phasendifferenz zwischen Wellen, die von einem bestimmten Ort auf der Quelle herrühren, bei ihrer Ankunft an den Orten A_1 und A_2 dar. Für quasimonochromatisches Licht ist diese Phasendifferenz gleich $k_0(\overline{SP} - \overline{SQ})$ (siehe Abb. 11.10), so daß verstärkte Kohärenz dann auftritt, wenn A_1 und A_2 innerhalb des Kohärenzbereiches liegen.

Abb. 11.14. Messung der räumlichen Kohärenz durch Korrelation von Intensitätsfluktuationen

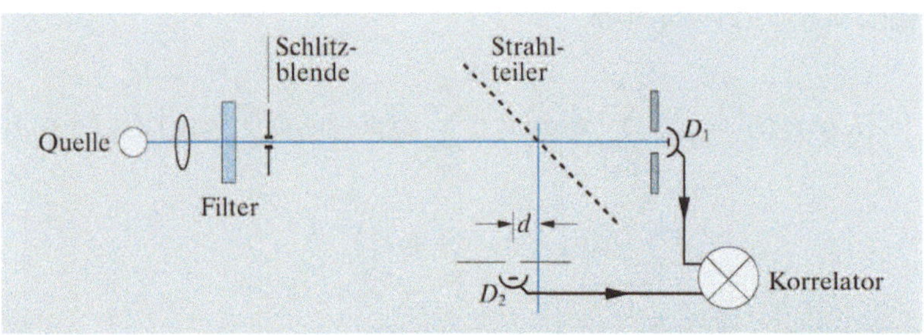

Man kann mit Hilfe dieses Modells demonstrieren, daß die allgemeine Beziehung

$$\gamma_2(r, \tau) = 1 + \left|\gamma(r, \tau)\right|^2 \tag{11.84}$$

gilt (siehe Aufgabe 11.9). Es folgt daraus, daß Kohärenz, ob zeitlich oder räumlich, durch die Beobachtung der Korrelationskoeffizienten $\gamma_2(\tau)$ bzw. $\gamma_2(r)$ gemessen werden kann. *Brown* und *Twiss* entwickelten diese Ideen 1955–1957 und bestätigten sie in Experimenten, in denen sie die räumliche Kohärenz des Lichts einer Quecksilberdampflampe mit Hilfe der elektronischen Korrelation der Signale zweier Photozellen untersuchten (Abb. 11.14) (*Brown* und *Twiss* 1956).

Aus (11.84) wird klar, daß für jede klassische Welle $\gamma_2(\tau) \geq 1$ ist. Wir zeigen in Kap. 14, daß es quantenmechanische Formen von Licht gibt, für die $\gamma_2(0) < 1$ ist und für die es deshalb keine Äquivalenzen in der klassischen Physik gibt.

11.9 Anwendung der Kohärenztheorie in der Astronomie

Wir hatten bereits erwähnt, daß das Konzept der Kohärenz das Studium von Objekten ermöglicht, deren direkte optische Beobachtung nicht möglich ist. In diesem Abschnitt wollen wir drei Anwendungen der Kohärenztheorie in der Astronomie etwas tiefergehend vorstellen.

11.9.1 Das Michelsonsche Stellarinterferometer

Michelson verwendete die Idee der räumlichen Kohärenz, um ein Stellarinterferometer zu konstruieren, das es ermöglichte, Detailmessungen an Sternen vorzunehmen, deren Winkeldurchmesser zu klein ist, um in einem astronomischen Teleskop aufgelöst zu werden.[5] Dieses Instrument kann als praktische Umsetzung des Konzepts des optischen Stethoskops

---

[5]Aufgrund atmosphärischer Turbulenzen, die ausführlich in Abschn. 12.8 diskutiert werden, kann kein astronomisches Teleskop auch nur annähernd ein Auflösungsvermögen in der Größenordnung des Rayleighschen Limits (Abschn. 12.3.1) erreichen. Da die Turbulenzen aber nur eine örtliche Bewegung der Beugungsstreifen verursachen, ohne ihre Sichtbarkeit zu verändern, war das Michelsonsche Stellarinterferometer das erste Instrument, das dieses Limit tatsächlich erreichte und sogar übertraf.

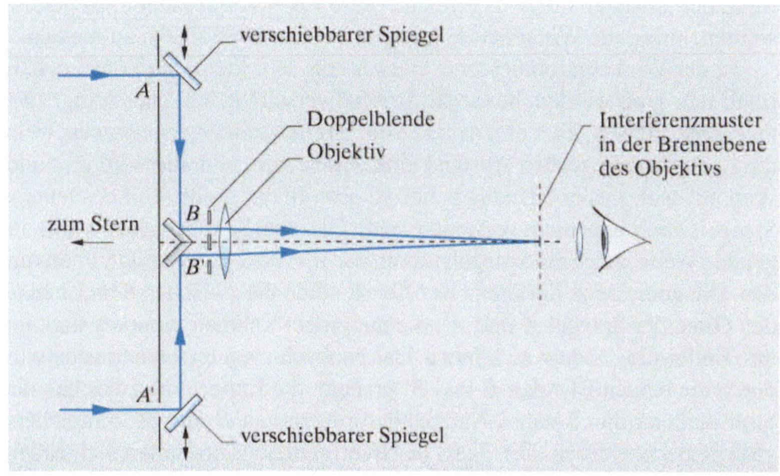

Abb. 11.15. Das Michelson-Stellarinterferometer

für den in Abschn. 11.7.1 diskutierten Fall angesehen werden. Im Interferometer (Abb. 11.15) sind die Abmessungen der Blenden B_1 und B_2 in der gleichen Größenordnung wie ihr Abstand $\overline{B_1 B_2}$, daher bilden sich nur einige Beugungsstreifen, und die Zeitdifferenz τ_p, die in Abschn. 11.4.2 eingeführt wurde, ist sehr klein. Dies vermeidet, daß die Bandbreite der Beleuchtung klein sein muß. Wir konnten bei dem in Abschn. 11.7.5 vorgestellten Experiment sehen, daß die Sichtbarkeit der Interferenzstreifen, gemessen als Funktion des Blendenabstands x, quantitativ mit der Größe der Lichtquelle verbunden werden konnte; das **van Cittert-Zernike-Theorem** (Abschn. 11.7.3) zeigt, daß $\gamma(x)$, verknüpft mit der Sichtbarkeit der Streifen, fouriertransformiert werden kann und dann die stellare Intensitätsverteilung in der Richtung $P_1 P_2$ wiedergibt. Tatsächlich aber mißt die Sichtbarkeit nur $|\gamma(x)|$, und die Phase ist unbekannt, so daß die Fouriertransformation nicht vollständig ausgeführt werden kann. Es ist allerdings oftmals ausreichend, anzunehmen, daß der Stern ein Symmetriezentrum besitzt. Damit läßt sich das Problem lösen; dieser Punkt wird in einem anderen Zusammenhang in Abschn. 12.8 noch genauer diskutiert.

Im Prinzip wird das Michelsonsche Stellarinterferometer so konstruiert, daß man eine Maske über einem Teleskopobjektiv anbringt und zwei Löcher mit variablem Abstand in die Maske macht. Die **Punktantwort** (das Bild, das durch ein punktförmiges Objekt erzeugt wird, siehe Abschn. 12.3.1) des Teleskops mit der Maske ist als Simulation in Abb. 11.16a gezeigt: Es ist das Beugungsbild zweier Löcher (erzeugt wird ein Ringmuster, das sich mit den Interferenzstreifen, die durch das Vorhandensein **zweier** Lochblenden erzeugt werden, schneidet).

Wird die Punktquelle durch eine Lichtquelle mit endlicher Ausdehnung ersetzt, hängt das weitere Auftreten von Interferenzstreifen von der Kohärenz zwischen der Beleuchtung der beiden Lochblenden ab. Ein kreisförmiges Muster wird von jedem der beiden Löcher einzeln erzeugt, die geraden Interferenzstreifen von beiden zusammen. Wird der Lochabstand erhöht, werden die Streifen immer undeutlicher und verschwinden völlig,

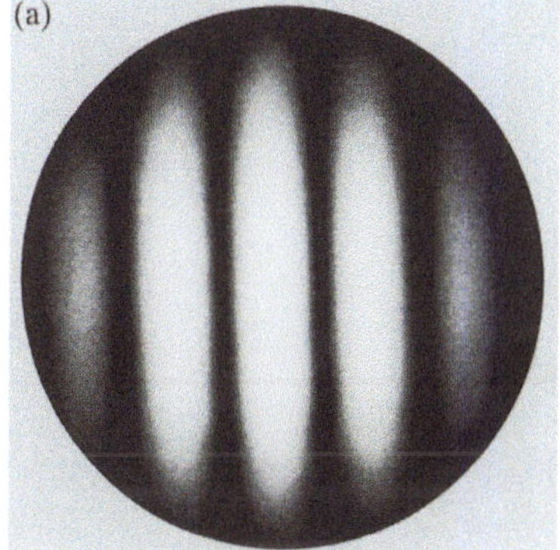

(a)

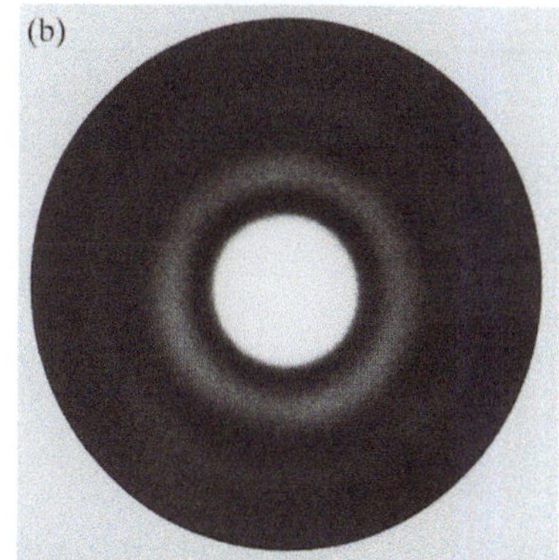

(b)

Abb. 11.16. (a) Simulation des Beugungsmusters im Michelson-Stellarinterferometer verglichen mit (b) dem Bild ohne Blenden. Die Blendenöffnung beträgt nur 2% der Gesamtöffnung, so daß bei (a) eine längere Belichtungszeit verwendet werden mußte

wenn der Abstand $1{,}22\,\lambda/\alpha$ erreicht; diese Eigenschaft kann dazu genutzt werden, um α, die Winkelausdehnung in der Richtung $P_1\,P_2$, zu messen.

Ist der Winkeldurchmesser α eines Sterns sehr klein, muß der Lochabstand sehr groß werden, bevor die Streifen verschwinden. Dies bringt zwei Probleme mit sich. Zum einen rücken die Streifen sehr eng zusammen, wenn die Löcher einen großen Abstand einnehmen, zum anderen wird ein Teleskop mit sehr großer Öffnung benötigt, obwohl der größte Teil des teueren Spiegels überhaupt nicht verwendet wird. Die erste Schwierigkeit wurde auf geniale Weise durch ein Spiegelsystem, wie in Abb. 11.15 gezeigt, überwunden. Die gemessene Kohärenz ist offensichtlich die zwischen dem Licht an den Orten der Spiegel A und A', die auf einem Rahmen montiert sind, um ihre Entfernung ändern zu können. Das beobachtete Interferenzmuster wird durch die beiden Blenden B und B' erzeugt, die Entfernung zwischen den Streifen kann durch nahes Aneinanderbringen von B und B' hinreichend groß gemacht werden. Die Skala des Interferenzmusters ändert sich zudem nicht, wenn A und A' weiter auseinandergebracht werden. Um beispielsweise einen Stern mit einem Winkeldurchmesser von 0,03 Bogensekunden in grünem Licht zu vermessen, benötigt man einen Abstand von 4 m.

Michelson baute eine Reihe von Stellarinterferometern, wobei das ehrgeizigste Projekt am 2,5 m Teleskop am Mount Wilson (*Michelson* 1927, 1962) durchgeführt wurde. Es sollte aufgrund der obigen Diskussion klar sein, daß der Durchmesser des Teleskopobjektivs selbst relativ unwichtig für das Ergebnis der Experimente ist. *Michelson* benutzte das 2,5 m Teleskop nur deshalb, weil dessen Konstruktion stabil genug war, das Gewicht der zusätzlichen Aufbauten zu tragen. Unglücklicherweise begrenzte die ineffiziente Ausnutzung des Lichts bei diesem Instrument und die Bewegung der Interferenzmuster aufgrund atmosphärischer Szintillation die Verwendung dieses Instruments auf ausgesprochen helle Sterne; das Originalexperiment wurde am Stern Beteigeuze im Sternbild Orion durchgeführt, insgesamt wurden ungefähr zwanzig Sterne im Rahmen der Möglichkeiten des Instruments von *Michelson* und seinen Kollegen vermessen.

Kürzlich erlebte das optische Stellarinterferometer ein Comeback als astronomisches Instrument. Moderne Versionen (siehe *Beckers* und *Merkle* 1992) werden aus zwei oder mehreren Teleskopen, die jeweils eine Öffnung von etwa 40 cm Durchmesser und einen Abstand von teilweise über 100 m haben, konstruiert. Eine optische Bank ermöglicht es, ein beliebiges Paar von Bildern miteinander interferieren zu lassen. Die Unterschiede in der optischen Weglänge zwischen dem Stern und der Interferenzebene werden durch ein computergesteuertes Spiegelsystem ausgeglichen, das manchmal als „optische Posaune" bezeichnet wird, was die Konstruktion gut beschreibt. Die Interferenzstreifen können sogar mit weißem Licht beobachtet werden. Die Wegdifferenz wird periodisch mit einigen Hundert Hertz moduliert, so daß das Interferenzmuster innerhalb der charakteristischen Fluktuationszeit der Atmosphäre (siehe Abschn. 12.8) aufgenommen werden kann. Die größeren Öffnungen ermöglichen die Messung viel schwächerer Sterne, als es *Michelson* möglich war. Damit kann man sowohl die Winkeldurchmesser der Sterne bestimmen, Parallaxenmessungen durchführen (um die absoluten Entfernungen der Sterne zu vermessen) als auch kritische Tests der allgemeinen Relativitätstheorie (Abschn. 2.9) vornehmen.

In den dazwischenliegenden Jahren inspirierte das Konzept des Michelsonschen Stellarinterferometers die Entwicklung der **Apertursynthese**, eine der nützlichsten Techniken in der Radioastronomie, die in Abschn. 11.9.3 besprochen wird.

11.9.2 Das Intensitätsinterferometer von Brown und Twiss

Brown und *Twiss* konstruierten ein Stellarinterferometer, das auf Intensitätskorrelationen basierte (siehe Abschn. 11.8; *Brown* 1974). Es bestand aus zwei Suchscheinwerferspiegeln mit einem einstellbaren Abstand r und einer Photozelle in den jeweiligen Brennpunkten. Die beiden Spiegel wurden auf den zu untersuchenden Stern fokussiert und die Korrelation zwischen den Fluktuationen der Photoströme als Funktion von r gemessen. Mit diesen Daten, $\gamma_2(r)$ in (11.84), konnten die Abmessungen des Kohärenzbereichs und damit die Dimensionen des Sterns bestimmt werden. Da die Korrelation elektrisch ausgeführt wurde und die typische Fluktuationsdauer τ_c^{-1} betrug, war es notwendig, ein optisches Filter zu verwenden, um diese Frequenz auf einen mit der damaligen Elektronik verarbeitbaren Wert von ca. 100 MHz zu reduzieren; dadurch ging ein großer Teil des Lichts verloren, da diese Bandbreite einem Wellenlängenintervall von ca. 10^{-3} nm entspricht. Auf der anderen Seite liegt die Frequenz von 100 MHz weit oberhalb der von typischen atmosphärischen Szintillationen, so daß die Intensitätsinterferometrie gegen dieses Problem immun ist. Verwendet man einen Grundabstand von etwa 200 m, erzielt man eine Auflösung von $5 \cdot 10^{-4}$ Bogensekunden bei einer Wellenlänge von 0,5 μm. Dadurch konnten etwa 200 Sterne vermessen werden, womit alle für diese Anwendung hinreichend hellen Objekte erfaßt wurden.

11.9.3 Apertursynthese

In der Astronomie im Radiofrequenzbereich ist es möglich, die momentanen Werte (Amplitude und Phase) des elektrischen Feldes der Wellen aufzuzeichnen, die von einem stellaren Objekt empfangen werden, und nicht nur die Intensitäten. Dies geschieht dadurch, daß man den Strom einer Antenne mit dem eines lokalen Oszillators einer benachbarten Frequenz mischt und so ein niederfrequentes Schwebungssignal erzeugt, daß aufgezeichnet werden kann. Die Bandbreite dieses Schwebungssignals ist durch die Frequenzantwort der Aufnahmeelektronik begrenzt. Dies eröffnet neue Möglichkeiten, unter anderem das zeitliche Aneinanderreihen von sequentiell aufgezeichneten „Momentaufnahmen", wobei die Signale von verschiedenen Aufnahmen post factum kohärent addiert werden. Diese Technik heißt **Apertursynthese** und ist eine direkte Anwendung des van Cittert-Zernike-Theorems (Abschn. 11.7.3). Es ist wichtig, zu verstehen, daß das Mischen die empfangene Strahlung im wesentlichen quasimonochromatisch macht, da die Bandbreite des Niederfrequenzsignals viel kleiner ist als die Frequenz des lokalen Oszillators. Ist die verwendete Wellenlänge beispielsweise 10 cm und die Bandbreite 100 MHz, so ist das Verhältnis $\varepsilon/\omega_0 = 0,03$ (siehe Abb. 11.2). Zusätzliche Informationen über diese Technik finden sich bei *Perley*, *Schwab* und *Bridle* (1986) und *Rohlfs* (1986). Vor kurzem wurden erfolgreiche Versuche durchgeführt, eine ähnliche Synthese im Infrarotbereich durchzuführen, wobei stabilisierte Laser als lokale Oszillatoren verwendet wurden (*Beckers* und *Merkle* 1992).

Nehmen wir das Michelsonsche Stellarinterferometer als Basis, bei dem wir das Interferenzmuster zwischen zwei Signalen, die an zwei Lochblenden empfangen werden, beobachten. Hier nun verwenden wir zwei empfindliche, punktförmige[6] Radioempfänger an den Orten r_0 und $r_0 + r$, die durch den Vektor r getrennt sind, dessen Länge vom Beobachter verändert werden kann. Wir zeichnen die beiden Signale $E^{\mathrm{R}}(r_0, t)$ und $E^{\mathrm{R}}(r_0 + r, t)$ für einen bestimmten Zeitraum auf, berechnen die zugeordneten komplexen Felder und dann die komplexe Kohärenzfunktion $\gamma(r)$. Für ein quasimonochromatisches Feld ist die Ableitung des komplexen Feldes einfach; der Imaginärteil ist einfach das reelle Feld, eine Viertelperiode (d. h. $\pi/2\omega_0$) früher (siehe Aufgabe 11.11).

Die geometrischen Überlegungen sehen folgendermaßen aus: Während der täglichen Rotation der Erde beschreibt der Vektor r in einem ruhenden Bezugssystem einen Kegelmantel (siehe Abb. 11.17b). Als wir das komplexe Maß der räumlichen Kohärenz $\gamma_{A_1 A_2}(\tau = 0)$ in Abschn. 11.7.2 einführten und zeigten, daß seine Fouriertransformierte das Bild der Quelle darstellt, nahmen wir aus Gründen der Einfachheit an, A_1 und A_2 lägen innerhalb der Kohärenzlänge auf der gleichen Wellenfront. Dies ist offensichtlich in einem Apertursynthesesystem nicht mehr der Fall, denn beide Antennen befinden sich auf der Erdoberfläche. Liegt die Quelle allerdings in der Richtung des Einheitsvektors $\hat{s}$, können wir das Signal am Ort A_2 mit dem an einem äquivalenten Ort auf der Wellenfront durch A_1 verknüpfen durch Einführen einer Zeitverzögerung $r \cdot \hat{s}/c$ (Abb. 11.17b). Dann ist der komplexe Kohärenzgrad der räumlichen Kohärenz gegeben durch

$$\gamma(r) = \frac{\langle E(r_0, t)\, E^*(r_0 + r, t - r \cdot \hat{s}/c)\rangle}{\left[\left\langle\left|E(r_0, t)\right|^2\right\rangle\left\langle\left|E(r_0 + r, t)\right|^2\right\rangle\right]^{1/2}} . \tag{11.85}$$

Da $\gamma(r)$ die Transformierte der Quellenintensität ist, die eine reelle Funktion darstellt, weswegen $\gamma(r) = \gamma^*(-r)$, ist die Datenaufzeichnung für ein gegebenes $|r|$ in 12 Stunden vollendet, obwohl für einen bestimmten Teil des Tages die Quelle durch die Erde abgeschattet sein kann. In darauffolgenden Beobachtungsperioden kann der Antennenabstand (der Kilometer lang sein kann) kontinuierlich verändert werden, nur begrenzt von der Größe des Observatoriums und der Geduld des Astronomen. Man verwendet dann das van Cittert-Zernike-Theorem, um mit den Werten von $\gamma(r)$ das Intensitätsbild der stabilen[7] Radioquelle bei der ausgewählten Wellenlänge zu berechnen, wobei die Auflösung durch die maximalen Abmessungen des Observatoriums begrenzt ist. Verwendet man z. B. eine maximale Basislänge von

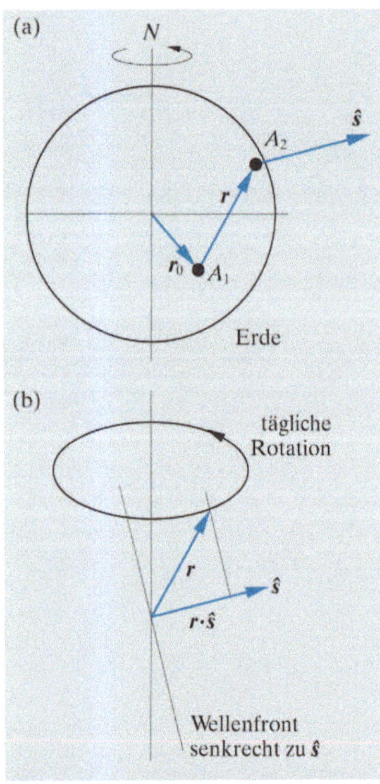

Abb. 11.17a,b. Apertursynthese in der Radioastronomie. (a) zeigt die Relativpositionen der Antennen A_1 und A_2 auf der Erdoberfläche; (b) verdeutlicht, wie r eine tägliche Kegelbewegung beschreibt

---

[6] Dies sind üblicherweise Parabolschüsseln, die die Strahlung aus einer bestimmten Richtung auf die Antenne fokussieren, um eine maximale Empfindlichkeit in der Richtung von Interesse zu erhalten. Diese Idee entspricht der des **Blaze-Gitters**, Abschn. 9.2.5.

[7] Man kann auf diese Weise nur zeitlich unveränderte Radioquellen untersuchen.

4 km, erhält man bei einer Wellenlänge von 2 cm eine Winkelauflösung von $5 \cdot 10^{-6}$ rad, ungefähr eine Bogensekunde. Dies entspricht in etwa dem durch atmosphärische Störungen begrenzten Auflösungsvermögen („**Seeing**") optischer Teleskope. In der Praxis verwenden Apertursyntheseobservatorien mehr als zwei Detektionsöffnungen, das Prinzip bleibt aber unverändert.

Geht man an die Grenzen des heute technisch Machbaren, arbeiten derzeit Observatorien auf der ganzen Welt zusammen und nehmen simultane Messungen der gleichen Quelle vor, die mit Hilfe einer extrem genauen Atomuhr synchronisiert werden. Die Resultate werden zusammen in einem zentralen Labor verarbeitet. Diese Technik heißt **Langbasis-Interferometrie** oder **VLBI** für „Very Long Baseline Interferometry" (*Kellerman* und *Thompson* 1988; *Perley* et al. 1986). Mit Hilfe der Apertursynthese kann das Radiouniversum bis zu einer Auflösung untersucht werden, die durch eine Basislänge von der Größe der interkontinentalen Abstände gegeben ist. Natürlich ist in diesem Fall $\gamma(\boldsymbol{r})$ nicht für alle $\boldsymbol{r}$ berechenbar, aber die $\boldsymbol{r}$-Ebene ist ausreichend gefüllt, um ein gutes Bild zu erzeugen. Dies entspricht der Verwendung eines optischen Teleskops, bei dem einige Teile des Spiegels abgedeckt sind; es entstehen einige Artefakte (siehe Abschn. 12.7.3), aber insgesamt betrachtet ist der Schaden nicht besonders groß, und die Auflösung ist weiterhin durch die maximalen Abmessungen der Öffnung bestimmt.

✖ Übungsaufgaben

$\lambda = 0,5\,\mu\text{m}$, soweit nichts anderes vermerkt ist.

11.1 Schätzen Sie die Linienbreite ab, die bei Emission von H_2O-Molekülen mit einer Wellenlänge von $\lambda = 0,5\,\mu\text{m}$ bei 300 K und Atmosphärendruck durch den Doppler-Effekt bzw. die Stoßverbreiterung zustande kommt. Nehmen Sie dafür an, der Streuquerschnitt der Moleküle entspräche ihrer geometrischen Ausdehnung.

11.2 Monochromatisches Licht wird unter 90° an einer Zelle gestreut, die 10^{-16} g Teilchen in einer Suspension bei 300 K enthält. Schätzen Sie die Kohärenzzeit und Linienbreite des gestreuten Lichts ab.

11.3 Ein Laserstrahl wird räumlich gefiltert, indem er auf eine Lochblende fokussiert wird. Damit erzeugt man ein glattes Intensitätsprofil entlang der Wellenfront. Der Laserstrahl hat ein Gaußsches Profil (mit zusätzlichem Rauschen) mit $\sigma = 1$ mm und wird durch ein $50\times$ Mikroskopobjektiv mit einer Brennweite von 5 mm fokussiert. Welche Größe muß die Lochblende haben, um einen homogenen Strahl zu übertragen?

11.4 Ein Fourier-Spektrometer erzeugt ein Interferogramm, dessen positive Hälfte in Abb. 11.18 gezeigt ist. Welche qualitativen Aussagen können Sie über das Quellenspektrum machen?

11.5 Das Spektrum einer Lichtquelle ist $J(\omega) = \delta(\omega - \omega_1) + \delta(\omega - \omega_2)$. Diskutieren Sie das Ausgangsspektrum, das mit Hilfe eines Fourier-Spektrometers erhalten wird, als Funktion von $d_{\max}$ und die Verbesserungen, die erreicht werden können,

Abb. 11.18. Fourierinterferogramm

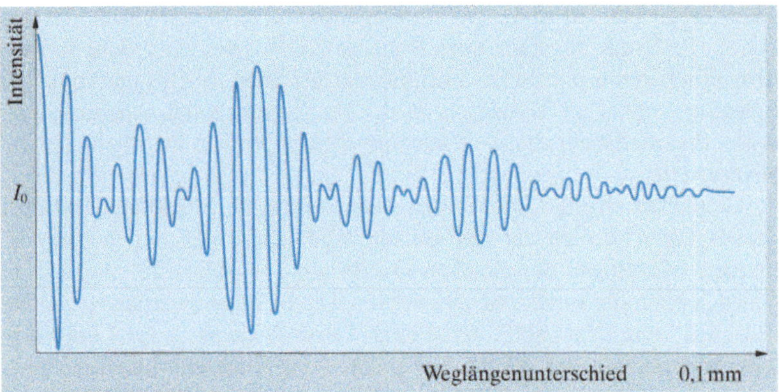

wenn man das Interferogramm $I - I_M\,(d/c)$ vor der Transformation mit einer Glättungsfunktion der Form $\cos(d\pi/2d_{max})$ multipliziert. Wie wird die Auflösung durch diese Apodisation beeinflußt?

11.6 Berechnen Sie die räumliche Kohärenzfunktion in der Ebene einer Tischplatte, die durch eine gewöhnliche Leuchtstoffröhre in einer Höhe von 10 m beleuchtet wird. Nehmen Sie monochromatisches Licht an.

11.7 Zwei inkohärente beleuchtete Punktquellen A und B der gleichen Wellenlänge befinden sich in einer vertikalen Anordnung in den Entfernungen (Höhen) h_1 und h_2 oberhalb der ebenen Oberfläche eines Metallspiegels (siehe Abb. 11.19). Das Interferenzmuster wird auf einem Schirm in der Entfernung L beobachtet. Was sieht man? Verwenden Sie dies als ein Modell, um das Konzept des Kohärenzbereiches zu erklären, der bei einer ausgedehnten Lichtquelle AB mit dem Winkeldurchmesser α zustande kommt. Nehmen Sie alle Winkel als klein an.

11.8 Beweisen Sie (11.84), d. h. beweisen Sie, daß der Intensitätskorrelationskoeffizient $c(\tau) = 1 + |\gamma(\tau)|^2$ ist, durch die Auswertung von $\gamma(\tau)$ in bezug auf das Modell aus Abschn. 11.2.1. Vorsicht bei der Mittelwertbildung!

11.9 Finden Sie die äquivalente Punktantwort (englisch „Point Spread Funktion") für ein Antennenpaar, das die Region des Polarsterns einen Tag lang bei einer Wellenlänge von 10 cm mit Hilfe der VLBI untersucht. Der Abstand der Antennen beträgt in der Projektion auf die Ebene senkrecht zur Erdachse 100 km. Wie müßte die Antwort qualitativ für andere Beobachtungsrichtungen modifiziert werden?

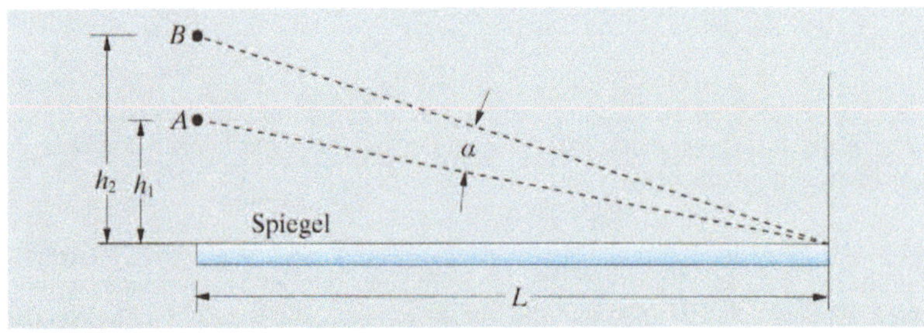

Abb. 11.19. Lloyd-Spiegel mit zwei inkohärenten Lichtquellen

11.10 Zwei Radiowellen empfangende Antennen in einem Apertursyntheseobservatorium befinden sich an den Orten $r = (\pm x_0/2, 0, 0)$ auf horizontalem Boden und beobachten zwei gleich helle, quasimonochromatische Radioquellen (Sterne), eine im Zenit (z-Achse) und eine unter dem Winkel θ zur z-Achse in der $z - x$-Ebene.

(1) Berechnen Sie das Feld $E^R(r, t)$, das von den Antennen gesehen wird, und die reelle Kohärenzfunktion $\gamma^R(x_0)$. (Um Inkohärenz zwischen den Signalen der beiden Sterne zu simulieren, nehmen Sie an, sie besitzen die Frequenzen ω_1 und ω_2, die nahe beieinanderliegen, aber nicht gleich sind, und integrieren über eine Zeit, die lang ist im Vergleich zu $|\omega_1 - \omega_2|^{-1}$.)

(2) Berechnen Sie die dazugehörigen komplexen Felder und die komplexe Kohärenzfunktion $\gamma(r_0)$. Zeigen Sie, daß ihre Fouriertransformierte die Winkelpositionen der Quellen wiedergibt.

Bild-
entstehung

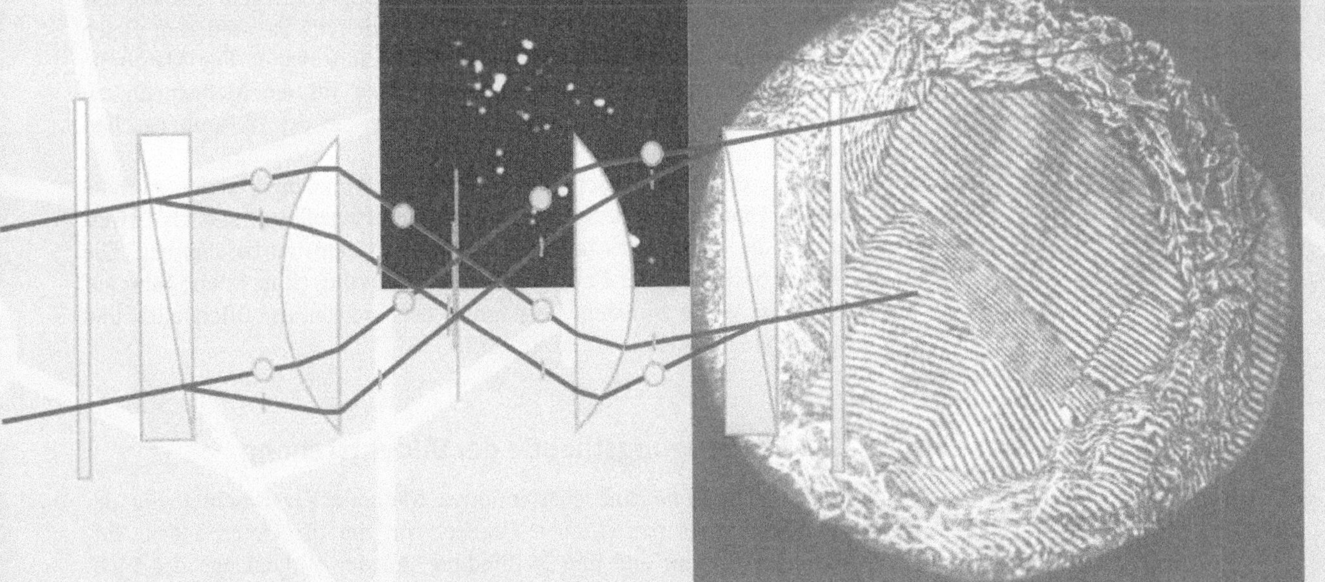

12

Bildentstehung

▼ Übersicht

In diesem Kapitel beschäftigen wir uns mit einer der Hauptaufgaben optischer Instrumente: dem Erzeugen von Bildern. Wir beschreiben die physikalischen Grundlagen, die zu den grundlegenden Beschränkungen in der Leistungsfähigkeit optischer Geräte führen und stellen einige moderne Methoden vor, diese Grenzen möglichst weit hinauszuschieben.

12.1 Einführung

Die meisten optischen Systeme werden zur Bilderzeugung verwendet. Von der Lochkamera abgesehen, verwenden alle bildgebenden optischen Instrumente Linsen oder Spiegel, deren Eigenschaften in bezug auf die geometrische Optik bereits in Kap. 3 diskutiert wurden. Aber die geometrische Optik vermittelt uns kein Konzept, um mögliche Grenzen der Leistungsfähigkeit solcher Instrumente abzuschätzen, und tatsächlich dachten Mikroskophersteller bis zu den Arbeiten von *Abbe* in der Mitte des 19. Jahrhunderts, daß die einzige Begrenzung des räumlichen Auflösungsvermögens durch ihre technischen Fähigkeiten im Schleifen und Polieren von Linsen gegeben sei. Wie wir heute wissen (und es kommt uns heutzutage offensichtlich vor), ist die grundlegende Bezugsskala die Wellenlänge des Lichts, obwohl in letzter Zeit einige bildgebende Methoden ersonnen wurden, die ein Auflösungsvermögen erzielen, das deutlich besser als diese Grenze ist. Die Beziehung ist wiederum gleich der zwischen klassischer Physik und Quantenmechanik. Die klassische Physik sagt keinerlei grundsätzliche Grenzen für die Meßgenauigkeit voraus; in der Quantenmechanik entstammen sie der **Heisenbergschen Unschärferelation**.

In diesem Kapitel beschreiben wir, wie die Wellenoptik dazu verwendet werden kann, die Bilderzeugung durch eine Einzellinse (und als Erweiterung: die durch jedes beliebige optische System) zu beschreiben. Die Theorie basiert auf der **Fraunhoferschen Beugung** (Kap. 8) und führt auf natürliche Weise zu einem Verständnis der Grenzen der Bildqualität und einiger Möglichkeiten, sie zu steigern.

12.2 Die Beugungstheorie der Bildentstehung

1867 schlug *Abbe* eine eher intuitive Methode zur Beschreibung der Abbildung eines periodischen Objekts vor, die die Grenzen des Auflösungsvermögens und ihre Verbindung mit der Wellenlänge des Lichtes verdeutlicht. Wir werden zuerst seine einfache Methode beschreiben und sie später als zweifache Fouriertransformation formalisieren. Resultat dieses Prozesses sind verschiedene Methoden zur Verbesserung der

Bildqualität, insbesondere das Erzeugen von Bildkontrast aufgrund von Phasenunterschieden, die normalerweise unsichtbar sind.

12.2.1 Die Abbesche Theorie: das Bild eines unendlich ausgedehnten periodischen Objekts

Wir haben in Abschn. 8.3.4 gesehen, daß bei senkrechtem Einfall von parallelem Licht auf ein Beugungsgitter mehrere Beugungsordnungen entstehen (Abb. 12.1). Plazieren wir das Beugungsgitter in der Ebene $\mathscr{O}$ und erzeugen sein Bild mit Hilfe des gebeugten Lichtes. In der **paraxialen Näherung** kann jede Beugungsordnung als ebene Welle angesehen werden. Dieser Satz ebener Wellen kann durch eine Linse so gebeugt werden, daß die ebenen Wellen, jede einzeln, zu einem Satz von Punkten S in der Brennebene $\mathscr{F}$ der Linse konvergieren und von dort aus so weiterlaufen, daß sie alle in der Ebene $\mathscr{I}$ überlappen. Dort formen sie ein kompliziertes Interferenzmuster; dieses Muster ist das Bild.

Der Vorteil in der Verwendung von Beugungsgittern als Abbildungsobjekten besteht darin, daß der Prozeß der Bildentstehung in zwei separate Schritte zerlegt werden kann. Wir haben zunächst den Schritt zwischen $\mathscr{O}$ und $\mathscr{F}$. In der Ebene $\mathscr{F}$ haben wir das Fraunhofersche Beugungsmuster des Objekts. Der zweite Schritt findet zwischen $\mathscr{F}$ und $\mathscr{I}$ statt. Die Beugungsordnungen $S_2, S_1, \ldots, S_{-2}$ verhalten sich wie äquidistante Punktquellen, und das Bild ist ihr Beugungsmuster.

> Daher scheint der Vorgang der Bildentstehung aus zwei hintereinander ausgeführten Beugungsprozessen zu bestehen.

Der zweite Beugungsprozeß in diesem Modell kann einfach analysiert werden. Jedes Paar von Beugungsordnungen S_j und S_{-j} erzeugt **Youngsche**

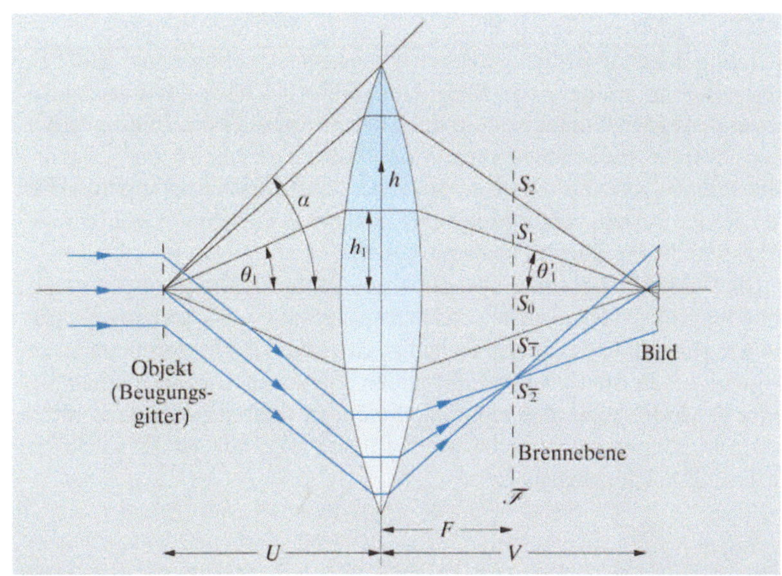

Abb. 12.1. Bildentstehung an einem Beugungsgitter. 5 Beugungsordnungen sind eingezeichnet, die 5 Brennpunkte S in der Ebene $\mathscr{F}$ erzeugen. Das komplette Strahlenbündel ist nur für die −2-te Ordnung gezeigt. Der halbe Öffnungswinkel der Linse ist mit α gekennzeichnet

Beugungsstreifen in der Ebene $\mathscr{I}$. Hat das Beugungsgitter die Periode d, erscheint die Beugungsordnung S_j unter dem Winkel θ_j, der für kleine Winkel gegeben ist durch

$$\theta_j \approx \sin \theta_j = j\lambda/d \, . \tag{12.1}$$

Wir werden in Abschn. 12.2.2 sehen, daß diese Näherung kleiner Winkel eigentlich unnötig ist. Aufgrund einfacher geometrischer Überlegungen kann man aus Abb. 12.1 ableiten, daß

$$\theta_j \approx \tan \theta_j = h_j/U \, , \tag{12.2}$$
$$\theta_j' \approx \tan \theta_j' = h_j/V \tag{12.3}$$

und daher

$$\theta_j' \approx U\theta_j/V \, . \tag{12.4}$$

Die Wellen der ersten Ordnungen S_1 und S_{-1} konvergieren in der Bildebene unter den Winkeln $\pm\theta_1'$ und bilden periodische Beugungsstreifen mit Abstand

$$d' = \lambda/\sin \theta_1' \approx \lambda V/\theta_1 U = Vd/U \, . \tag{12.5}$$

Dadurch wird ein vergrößertes Bild erzeugt; die Vergrößerung ist gegeben durch $m = V/U$. Die Beugungsstreifen höherer Beugungsordnungen erzeugen die Harmonischen zu dieser periodischen Anordnung mit einem Streifenabstand von d'/j und tragen zur Feinstruktur des Bildes bei.

> Die kleinste beobachtbare Struktur des Bildes ist durch die höchste Beugungsordnung, die noch durch die Linse durchgelassen wird, bestimmt.

Die nullte Beugungsordnung trägt eine konstante Amplitude zum Bild bei. Dieser Beitrag besitzt große Bedeutung. Ohne ihn hätte das Interferenzmuster der ersten Ordnungen nur die halbe Periodizität des Bildes, da wir Intensitäten beobachten und keine Amplituden; die Funktion $\sin^2 x$ hat die halbe Periode von $\sin x$. Die Addition eines konstanten Terms sorgt nun für die korrekte Periodizität der Intensität, denn $(c + \sin x)^2 = c^2 + 2c\sin x + \sin^2 x$, was die Periodizität von $\sin x$ besitzt.

Die Verwendung eines unendlich ausgedehnten Beugungsgitters als Abbildungsobjekt hat natürlich das Problem etwas zu sehr vereinfacht. Haben wir ein endliches Gitter, tauchen zusätzliche Beugungsordnungen auf (Abschn. 8.3.3), die ebenfalls Information übertragen. Das oben erhaltene, einfache Modell muß also modifiziert werden, wenn das Objekt komplizierter ist, aber es drückt nichtsdestoweniger die grundlegenden Ideen der Auflösungsbegrenzung aus.

12.2.2 Die Abbesche Sinusbedingung

Obwohl die Behandlung im vorangegangenen Abschnitt darauf hinweisen könnte, daß eine gute Abbildung nur mit kleinen Beugungswinkeln zu erzeugen ist, erkannte Abbe, daß auch größere Winkel zulässig sind.

> Eine gute Abbildungsqualität läßt sich auch erreichen, wenn das Verhältnis $\sin\theta/\sin\theta'$ anstelle von θ/θ' für alle θ gleich ist. Dieser Zusammenhang heißt **Abbesche Sinusbedingung**.

Haben wir also genaugenommen

$$\boxed{\frac{\sin\theta_j}{\sin\theta_j'} = m} \; , \tag{12.6}$$

ergibt sich für die Periodizität der Beugungsstreifen des Bildes

$$d_j' = \lambda/\sin\theta_j' = m\lambda/\sin\theta_j = md_j \; . \tag{12.7}$$

Die Harmonischen haben so genau die richtige Periodizität im Vergleich zur Grundperiode d_1', womit das Bild so perfekt wie möglich wird. Eine wichtige Sorte Linsen, die genau diese Eigenschaft besitzt, wurde in Abschn. 3.9 vorgestellt und stellt ein Grundelement für Hochleistungsmikroskope dar.[1] Die Abbesche Sinusbedingung besagt *nicht*, daß $\sin\theta/\sin\theta'$ in einem beliebigen bildgebenden System eine Konstante ist, sondern *fordert*, daß diese Bedingung erfüllt sein muß, damit keine Aberrationen unter großen Winkeln θ und θ' auftreten. Sie wird beispielsweise von einer symmetrischen Einzellinse nicht erfüllt.

12.2.3 Bildentstehung als doppelter Beugungsvorgang

In Abschn. 12.2.1 haben wir auf qualitative Weise die Idee vorgestellt, daß die Bildentstehung als ein zweifacher Beugungsprozeß interpretiert werden kann, und in Abschn. 12.2.2 haben wir gesehen, daß die Abbesche Sinusbedingung erfüllt sein muß, damit dieser Ansatz funktioniert. In diesem Abschnitt werden wir diese Methode mathematisch für eine Objektdimension formulieren. Es gibt dabei keine Schwierigkeiten, sie auf zwei Dimensionen zu erweitern.

Die Analyse basiert auf der **skalaren Wellentheorie** der Beugung und setzt voraus, daß ein Objekt von einer ebenen Welle gleichmäßig und kohärent beleuchtet wird. Die vom Objekt ausgehende Welle wird durch die komplexe Funktion $f(x)$ dargestellt (natürlich mit einem Phasenfaktor $\exp(-i\omega_0 t)$ multipliziert, der aber in allen Gleichungen unverändert bleibt und daher weggelassen wird). Das Objekt wird mit Hilfe einer Linse abgebildet, mit den Objekt- und Bildentfernungen U und V; die Ausdehnung des Objekts soll dabei klein gegen U sein (siehe Abb. 12.2). Die Amplitude der Welle, die am Punkt P in der Brennebene $\mathscr{F}$ der Linse ankommt,

---

[1] Die Bedingung $\sin\theta/\sin\theta' = \mathrm{const}$ kann aus rein geometrischen Überlegungen abgeleitet werden (siehe *Kingslake* 1978), aber die obige Argumentation legt mehr Wert auf die physikalischen Grundgedanken und stellt ihre Bedeutung heraus.

Abb. 12.2. Strahlengang zur Veranschaulichung der Objekt-Bild-Beziehung. Für die Koordinate gilt $\xi = uF/k_0$

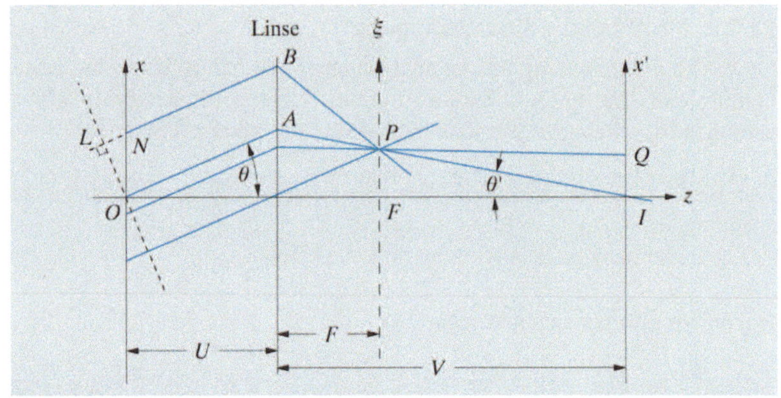

ist, gemäß der Ableitung und Notation aus Abschn. 8.2, im eindimensionalen Fall die Fouriertransformierte von $f(x)$ mit einer Phasenverschiebung, die dem optischen Weg $\overline{OAP}$ entspricht:

$$\psi(u) = \exp\left(ik_0\,\overline{OAP}\right) F(u)$$
$$= \exp\left(ik_0\,\overline{OAP}\right) \int\limits_{-\infty}^{\infty} f(x)\exp(-iux)\,dx\,, \tag{12.8}$$

wobei $k_0 = 2\pi/\lambda$ ist und u dem Punkt P entspricht:

$$u = k_0 \sin\theta\,. \tag{12.9}$$

Nun kann die Amplitude $b(x')$ am Punkt Q in der Bildebene mit Hilfe des **Huygensschen Prinzips**, angewandt auf die Punkte der Brennebene $\mathscr{F}$, berechnet werden.[2] Der optische Weg von P nach Q ist gegeben durch

$$\overline{PQ} = \left(\overline{PI}^2 + x'^2 - 2x'\,\overline{PI}\sin\theta'\right)^{\frac{1}{2}}$$
$$\approx \overline{PI} - x'\sin\theta'\,, \tag{12.10}$$

wobei $x' \ll \overline{PI}$. Ist die Abbesche Sinusbedingung (12.6) erfüllt, gilt

$$\sin\theta = m\sin\theta'\,, \tag{12.11}$$

wobei m die **Vergrößerung** darstellt. Wir können daher mit Hilfe von (12.9) schreiben

$$\overline{PQ} = \overline{PI} - x'u/mk_0\,, \tag{12.12}$$

wodurch sich für die Amplitude am Punkt Q

---

[2] Da dieser Vorgang unter Einbeziehung der Interferenz von Kugelwellen stattfindet, müßte eigentlich ein Faktor $1/r$ hinzukommen. Er hat allerdings keinerlei Einfluß auf die Physik und wird daher weggelassen.

$$b(x') = \int_{-\infty}^{\infty} \psi(u) \exp\left(\mathrm{i}k_0\,\overline{PQ}\right) \mathrm{d}u$$

$$= \int_{-\infty}^{\infty} \exp\left(\mathrm{i}k_0\,\overline{PI}\right) \psi(u) \exp(-\mathrm{i}x'u/m)\,\mathrm{d}u \tag{12.13}$$

ergibt. Dies ist die zweite Fouriertransformation des Problems. Setzen wir (12.8) in (12.13) ein, können wir die Beziehung zwischen dem Bild $b(x')$ und dem Objekt $f(x)$ umschreiben zu

$$b(x') = \int_{-\infty}^{\infty} \left\{ \exp\left[\mathrm{i}k_0\left(\overline{OAP}+\overline{PI}\right)\right] \int_{-\infty}^{\infty} f(x)\exp(-\mathrm{i}ux)\,\mathrm{d}x \right\}$$
$$\times \exp(-\mathrm{i}ux'/m)\,\mathrm{d}u\,. \tag{12.14}$$

Der kombinierte Phasenfaktor $\exp[\mathrm{i}k_0\,(\overline{OAP}+\overline{PI})]$ scheint auf den ersten Blick eine Funktion des Ortes P zu sein und daher auch eine von u. Dies ist auch der Fall, wenn die Ebenen $\mathscr{O}$ und $\mathscr{I}$ willkürlich gewählt werden. Aber wenn sie **konjugierte Ebenen** sind, dann ist gemäß dem **Fermatschen Prinzip** (Abschn. 2.7.2) der optische Weg von O nach I *unabhängig* vom Punkt P. Damit kann der Faktor als Konstante mit dem Wert $\exp(\mathrm{i}k_0\,\overline{OI})$ geschrieben werden und aus dem Integral herausgezogen werden. Es verbleibt das Integral

$$b(x') = \exp\left(\mathrm{i}k_0\,\overline{OI}\right) \int_{-\infty}^{\infty} \left[\int_{-\infty}^{\infty} f(x)\exp(-\mathrm{i}ux)\,\mathrm{d}x \right]$$
$$\times \exp(-\mathrm{i}ux'/m)\,\mathrm{d}u\,. \tag{12.15}$$

Diese Integrale sind die gleichen wie die, die beim **Fourierinversionstheorem** auftraten. Mit den Ableitungen aus Abschn. 4.5 haben wir daher

$$\boxed{b(x') = \exp\left(\mathrm{i}k_0\,\overline{OI}\right) f(-x'/m)}\,. \tag{12.16}$$

Diese Gleichung stellt die wohlbekannte Tatsache dar, daß das Bild eine um den Faktor m vergrößerte, invertierte Kopie des Objekts darstellt. Dieses Ergebnis, daß zuerst von *Zernike* mathematisch bewiesen wurde, kann leicht in Worten ausgedrückt werden: Ein optisches Bild kann als Fouriertransformierte der Fouriertransformierten des Objekts dargestellt werden. Diese Regel gilt strenggenommen nur, wenn die Linse im Hinblick auf alle Abbildungsfehler korrigiert ist, d. h. wenn sie die Abbesche Sinusbedingung erfüllt und die Eigenschaft besitzt, daß der optische Weg $\overline{OPI}$ unabhängig vom Punkt P ist.[3]

---

[3] Im Zusammenhang mit den Bildfehlern aus Abschn. 3.7 ausgedrückt, bedeutet die Bedingung, daß keine sphärische Aberration (keine Bildfehler aufgrund von $\theta \neq 0$ für beliebige Punkte auf der optischen Achse) und kein Koma erster Ordnung (die gleiche Bedingung für Punkte, die einen kleinen Abstand x von der optischen Achse besitzen) auftreten darf.

12.2.4 Beispiele für die Beugungstheorie der Bildentstehung

Im vorangegangenen Abschnitt haben wir theoretisch gezeigt, daß bei kohärenter Beleuchtung eines Objekts der Prozeß der Bildentstehung als doppelte Fouriertransformation interpretiert werden kann. Wir möchten nun einige Experimente beschreiben, die ursprünglich von *Porter* 1906 ausgeführt wurden und die diese theoretischen Ergebnisse bestätigen. Sie wurden mit dem abbildenden System, das in Abb. 12.3 gezeigt ist, durchgeführt. Dieses System erlaubt den Vergleich zwischen der ersten Transformation und dem endgültigen Bild (siehe Anhang A2). Eine teiltransparente Maske wird mit einem parallelen, kohärenten Strahl beleuchtet und durch eine Sammellinse abgebildet. Wir können das beleuchtende Licht in der Brennebene als **Fraunhofersches Beugungsmuster** des Objekts wahrnehmen und das endgültige Bild als **Fouriertransformierte** dieses Beugungsmusters beobachten. Der erste Schritt, die Entstehung des Fraunhoferschen Beugungsmusters, wurde bereits ausführlich in Kap. 8 besprochen. Um nun zu bestätigen, daß der zweite Schritt ebenfalls eine Fouriertransformation darstellt, können wir die Transformierte in der Brennebene durch zusätzliche Masken oder Blenden modifizieren und die daraus resultierenden Veränderungen des Bildes beobachten. Dieser Vorgang heißt **räumliche Filterung** in Analogie zu den entsprechenden zeitlichen Vorgängen in elektronischen Schaltkreisen. Räumliche Filter haben einige sehr wichtige Anwendungen, die wir im Detail in späteren Abschnitten diskutieren werden.

Betrachten wir als erstes Objekt ein Stückchen Gaze (Gewebe). Es ist ein zweidimensionales Objekt mit einer bestimmten Periodizität, obwohl es durch Herstellungsfehler Abweichungen in der genauen Periodizität und zusätzliche Defekte wie verstopfte Maschen usw. gibt. Wir bilden es mit dem in Abb. 12.3 gezeigten System ab. Das Beugungsmuster (in der Ebene $\mathscr{F}$) ist in Abb. 12.4a gezeigt. Es enthält wohldefinierte helle Punkte, die der periodischen Komponente der Objektfunktion entsprechen, und eine zusätzliche Intensitätsverteilung um die verschiedenen Beugungsordnungen herum, die den nichtperiodischen Komponenten entsprechen. Das komplette Bild des Gazestückchens ist in Abb. 12.4b zu sehen.

Abb. 12.3. Optisches System zur Darstellung der Abbeschen Theorie der Bildentstehung. Das Objekt $\mathscr{O}$ wird durch paralleles kohärentes Licht eines Lasers S beleuchtet. Durch die Linse L wird es auf einen entfernten Schirm $\mathscr{T}$ projiziert. Der halbdurchlässige Spiegel M wird dazu benutzt, am Ort $\mathscr{F}'$ ein Bild der Brennebene $\mathscr{F}$ zu erzeugen. Die verschiedenen Blenden werden in Ebene $\mathscr{F}$ eingesetzt und die Bilder in $\mathscr{F}'$ und $\mathscr{T}$ gleichzeitig beobachtet (Abb. 12.4)

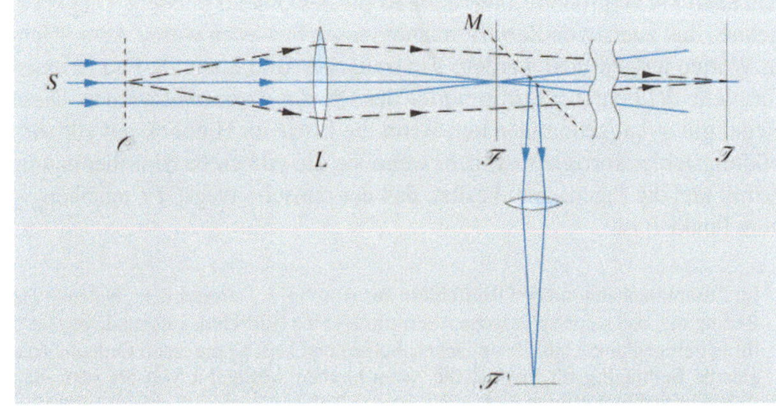

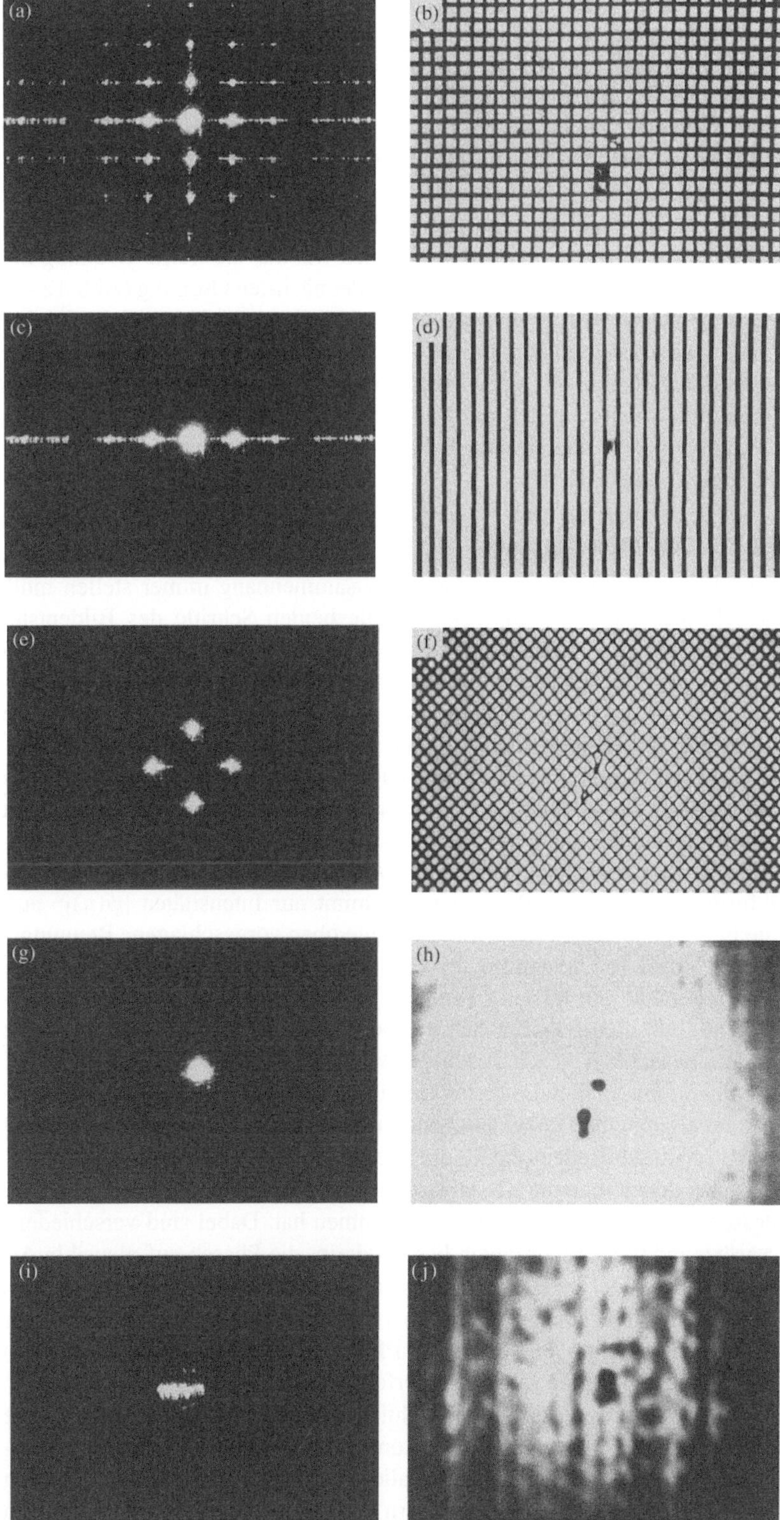

Abb. 12.4a–j. Darstellungen zur Abbeschen Theorie der Bildentstehung. In der linken Spalte sind Ausschnitte aus dem Beugungsmuster eines Stücks Mull zu sehen, in der rechten Spalte die dazugehörigen Bilder

Wir bringen nun verschiedene Blenden in die Ebene $\mathscr{F}$ ein und blenden somit verschiedene Bereiche des Beugungsmusters aus. Transmittiert die Blende z. B. nur die Beugungsordnungen auf der horizontalen Achse (Abb. 12.4c), wird aus dem Bild ein Satz vertikaler Linien (Abb. 12.4d); dies wäre das Objekt, das Abb. 12.4c als Beugungsmuster hätte. Analog dazu ergibt eine Maske, die nur die Ordnungen $(0, \pm 1)$, $(\pm 1, 0)$ durchläßt (Abb. 12.4e), ein unterschiedliches Gewebe als Bild (Abb. 12.4f). Nur die Unregelmäßigkeiten sind überall die gleichen, da sie an allen Punkten zum Beugungsmuster beitragen. Nehmen wir nur die nullte Ordnung zusammen mit dem Bereich bis zur Hälfte der nächsten Ordnung (Abb. 12.4g) erhalten wir ein Bild, in dem das Muster der Gaze überhaupt nicht sichtbar wird, sondern in dem man nur die Unregelmäßigkeiten – insbesondere die verstopften Maschen – sieht. Nehmen wir als letztes Beispiel einen kleinen Bereich weit vom Zentrum des Beugungsmusters entfernt (Abb. 12.4i), erhalten wir eine weitere Darstellung der Abweichungen von der exakten Periodizität (Abb. 12.4j).

12.2.5 Das Phasenproblem

Eine Frage, die man sich in diesem Zusammenhang immer stellen muß, bezieht sich auf die Möglichkeiten, die beiden Schritte des Bildentstehungsprozesses voneinander zu trennen. Nehmen wir an, wir versuchen das Beugungsmuster in der Brennebene zu photographieren, und beleuchten in einem getrennten Experiment diese Photographie mit kohärentem Licht, um ihr Beugungsmuster zu beobachten. Sollten wir auf diese Weise nicht das Beugungsmuster des Beugungsmusters erzeugt und somit das Originalbild rekonstruiert haben? Der Fehler bei dieser Überlegung liegt in der Vernachlässigung der Phase des Beugungsmusters. Die Beleuchtung $\psi(u)$ ist eine komplexe Größe, die sowohl Phasen- als auch Amplitudeninformation trägt. Die Photographie nimmt nur Intensitäten $|\psi(u)|^2$ auf, die Phase geht dabei verloren. Der zweite oben vorgeschlagene Beugungsprozeß würde in Unkenntnis der Phasen ausgeführt und würde daher sehr wahrscheinlich ein falsches Ergebnis hervorbringen. Es ist genaugenommen so, daß dieser zweite Schritt alle Phasen als null ansieht; wenn die Phasen tatsächlich so wären, würden wir das korrekte Bild erhalten.

Das Problem, daß die Phasen in einem aufgenommenen Beugungsmuster im allgemeinen unbekannt sind, heißt **Phasenproblem**. Seine Lösung ist von zentraler Bedeutung für die Interpretation von Röntgenbeugungsbildern, bei denen man die Kristallstruktur eines Kristalls rekonstruieren will, dessen Beugungsmuster man aufgenommen hat. Dabei sind verschiedene Ansätze möglich. Einer davon besteht darin, die Phasen auf plausible Art und Weise aus der im Beugungsmuster enthaltenen Information abzuleiten, wenn man bereits einiges Wissen über das Objekt hat. Dieser Ansatz wurde in Abschn. 8.6 unter dem Stichwort **Phasenwiedergewinnung** besprochen und war in den letzten Jahren sehr erfolgreich.

Es gibt allerdings eine sehr wichtige Klasse von Beugungsbildern, die direkt zurücktransformiert werden können, da bei ihnen die Phasen tatsächlich alle null sind. Daraus folgt, daß alle gebeugten Wellen sich im Ursprung des Realraums konstruktiv überlagern und daß die Objektfunktion daher an dieser Stelle ein Maximum besitzt. In der Sprache der Kristallographie ausgedrückt, bedeutet das, daß am Ursprung ein sehr stark streuendes Atom sitzt. Viele Moleküle sind tatsächlich um ein einzelnes schweres Atom herum aufgebaut, das leicht als Ursprung der Elementarzelle angesehen werden kann. Kristallisiert ein solches Material mit einem einzelnen Molekül dieser Art pro Elementarzelle, haben wir die passenden Bedingungen dafür, daß alle Phasen bei der Beugung null sind.[4] In einem solchen Fall ergibt die Rücktransformation des Beugungsmusters als reelle Funktion bereits ein einigermaßen gutes Bild der ursprünglichen Kristallstruktur.

Ein Experiment dieser Art wurde von *W.L. Bragg* 1939 ausgeführt; er nannte es **Röntgenmikroskop**. Die Rekonstruktion des Objektes wurde dadurch ausgeführt, daß man entsprechend dem Muster bei der Röntgenbeugung an dem zu untersuchenden Kristall Löcher in eine ansonsten undurchsichtige Platte bohrte (siehe Abb. 12.5a), wobei die Fläche eines Lochs der Amplitude des entsprechenden Beugungsreflexes entsprach. Das Fraunhofersche Beugungsmuster dieser Lochmaske ergibt dann ein Bild der Kristallstruktur (Abb. 12.5b).

Diese Idee ist die Grundlage der **Methode der schweren Atome** zur Lösung von Kristallstrukturproblemen. Sie ist anwendbar auf beliebige Moleküle, die so kristallisieren, daß sich ein einzelnes oder wenige schwere Atome an der gleichen Position in jeder Einheitszelle befinden. Diese Atome bestimmen dann hauptsächlich das Beugungsmuster und legen die Phasen von allen gebeugten Wellen fest. Mit diesen Randbedingungen an die Phasen läßt sich die Struktur der Einheitszelle bestimmen. Diese Methode wurde beispielsweise von *Perutz* und *Kendrew* dazu verwendet, die Strukturen von Proteinen, Hämoglobin und Myoglobin zu erforschen, und stellt auch heutzutage für die meisten komplexen Moleküle die einzige Möglichkeit der Strukturaufklärung dar (*Woolfson* 1970; *Blundell* und *Johnson* 1976).

12.3 Auflösungsgrenze optischer Instrumente

Das Licht, das in einem optischen System ein Bild entstehen läßt, ist in seinem Einfallswinkel durch die **Aperturblende** (Abschn. 3.4.2) begrenzt. In diesem Abschnitt werden wir die Abbesche Theorie der Bildentstehung dazu verwenden, ein Modell zu entwickeln, das erklärt, wie die Größe der Aperturblende und die Kohärenz der Beleuchtung die Bildcharakteristik beeinflußen und wie sie insbesondere die erreichbare Auflösung begrenzen. Es wird sich herausstellen, daß die Grenzfälle perfekter Kohärenz oder vollständiger Inkohärenz einfach zu behandeln sind; die dazwischenliegenden Bereiche partieller Kohärenz sind dagegen sehr kompliziert, und ihre Resultate können in diesem Buch nur in allgemeiner Form dargestellt werden.

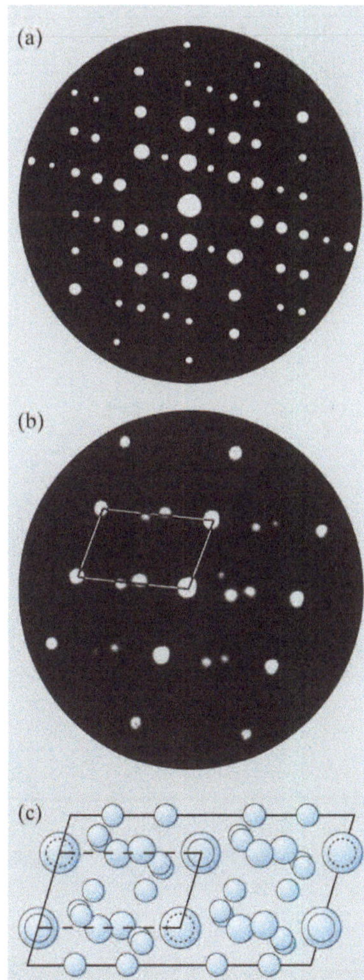

Abb. 12.5. (a) Satz von Lochblenden, die verschiedene Ordnungen im Röntgen-Beugungsbild von Diopsit (CaMg(SiO$_3$)$_2$) repräsentieren; (b) Beugungsbild von (a), stellt eine Projektion der Atome im Kristallgitter dar; (c) Strukturdiagramm des Kristallgitters zum Vergleich mit (b). (Rekonstruktion des Braggschen Experiments durch *Harburn* 1972)

---

[4] Es müssen strenggenommen nicht alle Phasen null sein, sondern nur die der starken Beugungsordnungen. Dies ist normalerweise hinreichend, für eine vernünftige erste Rekonstruktion, die dann in weiteren Schritten verbessert werden kann.

12.3.1 Das Rayleigh-Kriterium für ein inkohärentes Objekt

Das einfachste und am besten bekannte Auflösungkriterium ist das von *Lord Rayleigh (J.W. Strutt)* formulierte. Es bezieht sich auf ein selbstleuchtendes oder inkohärent beleuchtetes Objekt. Es wird normalerweise auf astronomische Teleskope angewendet, da Sterne sicherlich die Bedingungen selbstleuchtend und inkohärent erfüllen; es gilt aber auch für ein Mikroskop, mit dem beispielsweise ein fluoreszierendes Objekt beobachtet wird.

Betrachten wir einen einzelnen Punkt auf dem Objekt, wissen wir aus Abschn. 7.2.7, daß wir in der Bildebene das Fraunhofersche Beugungsmuster der Aperturblende beobachten, dessen Abmessungen von der Bildweite abhängen. Dieses Beugungsmuster wird **Punktantwort** (englisch „point spread function") genannt. Ein ausgedehntes Objekt kann als Ansammlung solcher Punkte angesehen werden, und jeder davon erzeugt eine ähnliche Punktantwort in der Bildebene; da die Quellen inkohärent sind, müssen wir die **Intensitäten** der verschiedenen Beugungsmuster zum endgültigen Bild überlagern. Das Bild ist daher die Faltung der Objektintensität mit der Punktantwort.

Das **Rayleigh-Kriterium** für die Auflösung läßt sich herleiten, indem man zwei benachbarte Punkte des Objekts betrachtet, die einen kleinen Winkelabstand voneinander entfernt sind. Hat die Aperturblende den Durchmesser D, besitzt ihr Beugungsmuster, dargestellt als Funktion des Winkels θ die normierte Intensität (Abschn. 8.2.7):

$$I(\theta) = \left[2J_1 \left(\tfrac{1}{2}k_0 D \sin\theta \right) \Big/ \left(\tfrac{1}{2}k_0 D \sin\theta \right) \right]^2 . \tag{12.17}$$

Rayleigh nahm an, daß die beiden Punkte auf dem Objekt dann noch voneinander zu unterscheiden sind, wenn das zentrale Maximum des einen Beugungsmusters außerhalb des ersten Minimums des anderen liegt. Die Funktion (12.17) hat nun ihre erste Nullstelle an der gleichen Stelle wie $J_1(x)$, nämlich bei $x = 3{,}83$. Daraus folgt

$$\tfrac{1}{2}k_0 D \sin\theta_1 = \pi D \sin\theta_1 / \lambda = 3{,}83 . \tag{12.18}$$

Der Winkel θ_1 ist der minimale Winkelabstand noch auflösbarer, inkohärenter Quellen; da $\theta_1 \ll 1$ ist, gilt für das Auflösungsvermögen

$$\boxed{\theta_{\min} = \theta_1 = 3{,}83\lambda/\pi D = 1{,}22\lambda/D \quad \text{(Rayleigh)}} . \tag{12.19}$$

Man beachte, daß nur der **Winkelabstand** der Quellen in diesem Ergebnis vorkommt.[5]

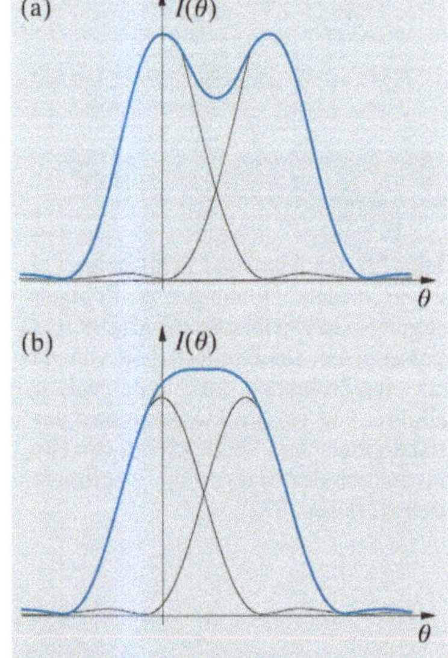

Abb. 12.6a,b. Überlagerung der Bilder zweier inkohärent beleuchteter Lochblenden. Die dünnen Linien stellen die Einzelintensitäten dar, die stark ausgezogene ihre Summe. (a) Rayleigh-Kriterium; (b) Sparrow-Kriterium

---

[5] Sind zwei gleich helle Punkte um diesen Winkelabstand voneinander entfernt, hat die Intensität, gemessen entlang ihrer Verbindungslinie, ein Minimum am Mittelpunkt der Verbindungsstrecke mit dem Funktionswert $8/\pi^2$ der Intensität des Maximums jeden Punktes. Oft wird das Rayleigh-Kriterium unter anderen Bedingungen definiert als die Entfernung, die ein Minimum mit diesem Funktionswert zwischen den beiden Maxima ergibt. Wir werden hier diese Interpretation nicht weiter verwenden, sondern als Alternative das Sparrow-Kriterium vorziehen.

Obwohl das Rayleigh-Kriterium das bekannteste Maß für das Auflösungsvermögen ist, funktioniert es unter bestimmten Bedingungen nicht, die wir später diskutieren werden. Eine Alternative, die vor allem auf die Eigenschaft des menschlichen Auges, **Intensitätsunterschiede** besonders gut wahrzunehmen, abzielt, ist das **Sparrow-Kriterium**. Dabei werden zwei Punkte als aufgelöst betrachtet, wenn ihre gemeinsame Intensitätsfunktion entlang ihrer Verbindungslinie ein Minimum besitzt. Haben beide Punkte die gleiche Intensität, ergibt das Sparrow-Kriterium einen Minimalabstand $\theta_{\min}$, wenn gilt:

$$\left(\frac{\mathrm{d}^2 I}{\mathrm{d}\theta^2}\right)_{\theta=\theta_{\min}/2} = 0 \, . \tag{12.20}$$

Ohne in die Details der Differenzierung einer Besselfunktion einsteigen zu wollen, erhalten wir hieraus

$$\boxed{\theta_{\min} = 0{,}95\lambda/D \qquad (\text{Sparrow})} \, . \tag{12.21}$$

12.3.2 Kohärent beleuchtete Objekte

Betrachten wir das Problem des Auflösungsvermögens, wenn beide Quellen kohärent sind. Besteht das Objekt aus zwei Punkten, die Licht mit der gleichen Phase emittieren, müssen wir die **Amplituden** ihrer Punktantwort hinzuaddieren

$$A(\theta) = J_1\left(\tfrac{1}{2}k_0 D \sin\theta\right) / \left(\tfrac{1}{2}k_0 D \sin\theta\right) \, . \tag{12.22}$$

Das **Rayleigh-Kriterium** ergibt das gleiche Resultat wie (12.19), da die Nullstellen der Punktantwort sich nicht verändert haben; die Punkte werden aber nicht aufgelöst. Auf der anderen Seite ergibt das **Sparrow-Kriterium** $\theta_{\min} = 1{,}46\,\lambda/D$. Der Grund für das größere $\theta_{\min}$ beim Sparrow-Kriterium ist in Abb. 12.6 und Abb. 12.7 dargestellt. Wir zeigen zunächst die Intensität als Funktion des Ortes entlang der Verbindungslinie der Bilder zweier inkohärenter Quellen an den Orten $\theta = 0$ und $\theta = \theta_{\min}$ für die beiden Fälle (12.19) und (12.21). Die abgebildete Funktion ist $I(\theta) + I(\theta - \theta_{\min})$. Das Rayleigh-Kriterium ist offensichtlich mehr als ausreichend. Betrachten wir die äquivalente Situation für kohärente Quellen; hierbei werden die Amplituden **vor** dem Quadrieren addiert, um die Intensität zu erhalten, $[A(\theta) + A(\theta - \theta_{\min})]^2$. Dies ist in Abb. 12.7 für die beiden Kriterien gezeigt. Offensichtlich sind die Punkte nach dem Rayleigh-Kriterium nicht aufgelöst.

Die obige Diskussion legt nahe, daß inkohärente Beleuchtung zu einem größeren Auflösungsvermögen führt. Dies ist aber nicht immer richtig; wir haben eine spezielle Phasenbeziehung zwischen den Quellen angenommen, um dieses Ergebnis zu erzielen. Haben die beiden Quellen einen Phasenunterschied von π können wir die gemeinsame Intensitätsfunktion als $[A(\theta) - A(\theta - \theta_{\min})]^2$ schreiben, die immer ein Minimum in der Intensität am Mittelpunkt zwischen den beiden Maxima hat, egal wie eng benachbart die Quellen sind! Natürlich werden die Bilder aufgrund

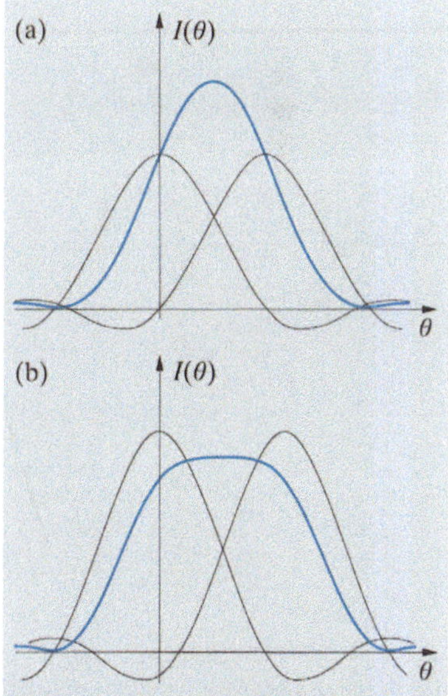

Abb. 12.7a,b. Überlagerung der Bilder zweier kohärent beleuchteter Lochblenden. Die dünnen Linien stellen die Einzelamplituden dar, die stark ausgezogene ihre Summe. (a) Rayleigh-Kriterium; (b) Sparrow-Kriterium

Abb. 12.8a–e. Vergleich zwischen Bildern kohärent und inkohärent abgebildeter Lochblendenpaare. In (a–c) ist die Öffnung so gewählt, daß der Abstand der Lochblenden dem Auflösungsvermögen im Rayleigh-Kriterium entspricht, wobei in (a) die Beleuchtung mit inkohärentem Licht, in (b) mit kohärentem Licht gleicher Phase und in (c) mit kohärentem Licht mit einer Phasenverschiebung 180° erfolgte. In (d) und (e) sind die gleichen Blenden in einem Abstand entsprechend dem Sparrow-Limit dargestellt, (d) mit inkohärentem Licht, (e) mit kohärentem Licht mit Phasenverschiebung beleuchtet. Die untere Reihe zeigt die gleichen Bilder mit kürzerer Belichtungszeit

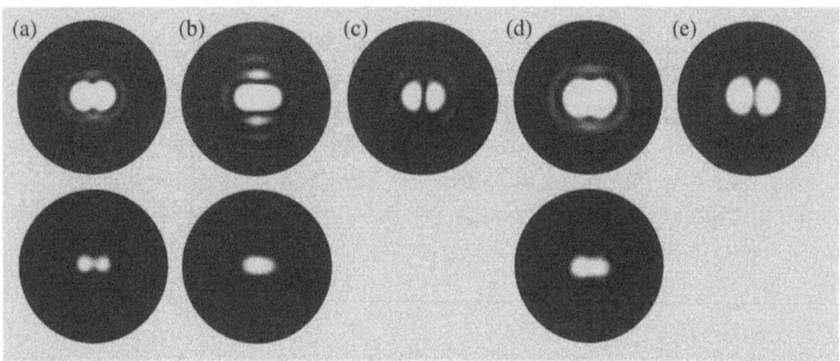

destruktiver Interferenz immer schwächer, je näher die Quellen zusammenrücken. Nichtsdestotrotz gibt es für diesen Fall eine wichtige Anwendung, die sog. **Phasenmaske** (engl. „phase-shift mask"), die bei der Photolithographie in der Mikroelektronik dazu verwendet wird, die Auflösung von eng beieinanderliegenden Elementen auf einer komplexen Photomaske zu verbessern. Abwechselnde Elemente werden mit einem transparenten Film bedeckt, der zu der notwendigen Phasenverschiebung von π führt, um sicherzustellen, daß eine dunkle Linie zwischen den Bildern beider Objekte entsteht (*Levenson* 1993). Im allgemeinen gilt aber tatsächlich, daß inkohärente Beleuchtung zu einem höheren Auflösungsvermögen führt. Diese Zusammenhänge sind in Abb. 12.8 verdeutlicht, die Bilder eines Paares von Lochblenden unter verschiedenen Beleuchtungsbedingungen zeigt. Man sollte insbesondere bemerken, daß im Falle von kohärenten, gegenphasigen Quellen (Abb. 12.8e) sich der Abstand der Bilder von ihrem wirklichen Abstand deutlich unterscheidet; er wird in diesem Falle durch den Durchmesser der Blenden bestimmt (siehe Aufgabe 12.5)! Eine detaillierte Beschreibung des Einflusses der Kohärenz auf die Bildentstehung kann bei *Goodman* (1985) gefunden werden.

12.3.3 Anwendung der Abbe-Theorie auf das Auflösungsvermögen

Trotz der Schlüsse, die wir im vorhergegangenen Abschnitt gezogen haben, arbeiten die meisten Mikroskope aufgrund der kleinen Abmessungen der Objekte und der praktischen Schwierigkeiten (Abschn. 12.3.6), wirklich räumlich inkohärentes Licht herzustellen, mit kohärenter, oder wenigstens teilweise kohärenter Beleuchtung. Die Abbe-Theorie, die wir in Abschn. 12.2.1 diskutiert haben, kann für kohärente Beleuchtung verwendet werden und ist eine gute Methode, das Auflösungsvermögen eine Mikroskops zu bestimmen.

Kehren wir deshalb zu dem Modell des periodischen Objekts zurück. Das Auflösungsvermögen, das mit einer bestimmten Linse oder einem bestimmten optischen System erzielt werden kann, ist, wie bereits in Abschn. 12.2.1 erwähnt, durch die höchste durch den endlichen Durchmesser der Objektivlinse noch zugelassene Beugungsordnung bestimmt. Hat das Objekt die Periodizität d, erscheint die erste Beugungsordnung unter dem Winkel θ, der gegeben ist durch

$$\sin\theta_1 = \lambda/d . \tag{12.23}$$

Um ein Objekt mit einer solchen Periodizität abzubilden, muß der halbe Öffnungswinkel α der Linse größer sein als θ_1. Die kleinste abbildbare Periodizität ist deshalb

$$d_{\min} = \lambda/\sin\alpha . \tag{12.24}$$

Es ist üblich, wie wir bereits in Abschn. 3.9 erwähnt haben, das Objekt in ein Medium mit Brechungsindex μ, in dem die Wellenlänge dann λ/μ ist, einzubetten. Damit kann man $d_{\min}$ im Verhältnis zur **numerischen Apertur** $\mathrm{NA} = \mu\sin\alpha$ schreiben als

$$d_{\min} = \lambda/\mu\sin\alpha = \lambda/\mathrm{NA} , \tag{12.25}$$

was dem Auflösungsvermögen für kohärente Beleuchtung in diesem Fall entspricht.[6]

In der obigen Diskussion haben wir angenommen, daß die Beleuchtung parallel zur optischen Achse erfolgt und daß das Empfangen der nullten und zwei ersten Ordnungen zur Entstehung eines Bildes mit der korrekten Periodizität notwendig ist. In der Tat reicht es bereits, daß die nullte und eine erste Ordnung die Linse passieren, um die korrekte Periodizität zu erzielen. Wir können daher das Auflösungsvermögen verbessern, indem wir das Objekt mit Licht beleuchten, daß einen Winkel α zur optischen Achse hat, so daß die nullte Ordnung gerade noch durchgelassen wird; die Bedingung, daß dann die erste Ordnung auf einer Seite ebenfalls transmittiert wird, ist

$$\boxed{d_{\min} = \lambda/2\mu\sin\alpha = \lambda/2\,\mathrm{NA}} , \tag{12.26}$$

wobei wir das Ergebnis der Fraunhoferschen Beugung für schräge Beleuchtung aus Abschn. 8.2.2 verwendet haben. Dieses Ergebnis stellt das Maximale an Auflösungsvermögen dar, das mit einer gegebenen Linse erzielt werden kann. Um es in der Praxis zu erzielen, beleuchtet man üblicherweise das Objekt isotrop mit einem Lichtkegel, der einen halben Öffnungswinkel von mindestens α hat, wie in Abb. 12.9 gezeigt, um die hohe Auflösung in allen Richtungen zu erhalten.

12.3.4 Auflösungsvermögen bei kohärenter Beleuchtung

Die im vorangegangenen Abschnitt beschriebene Theorie kann durch den in Abb. 12.3 gezeigten Aufbau nachgeprüft werden. Die Laserquelle S wird dabei durch eine gewöhnliche Quecksilberdampflampe ersetzt, um die Effekte partiell kohärenter Beleuchtung zu zeigen, die in der Mikroskopie eine

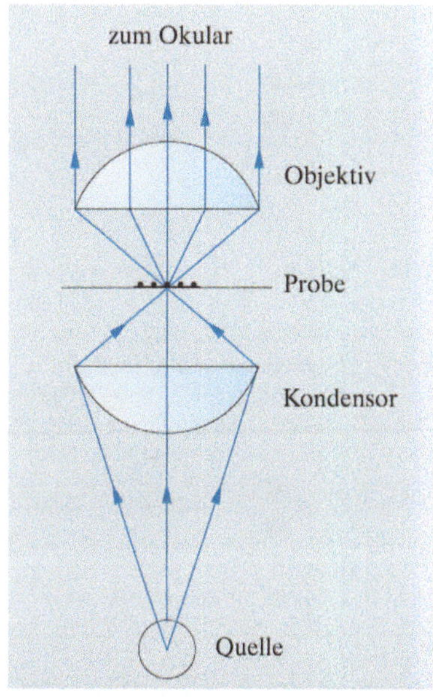

Abb. 12.9. Kegelförmige Beleuchtung einer Probe, um größte mikroskopische Auflösung zu erreichen

---

[6] Mikroskopobjektive sind normalerweise mit zwei Zahlen gekennzeichnet: Die erste ist die Vergrößerung bei einer Standardentfernung von 200 mm oder 250 mm; die zweite ist die numerische Apertur. Die Dicke des Deckglases, für die Aberrationen noch korrigiert sind, ist bei Objektiven mit hoher Vergrößerung ebenfalls angegeben.

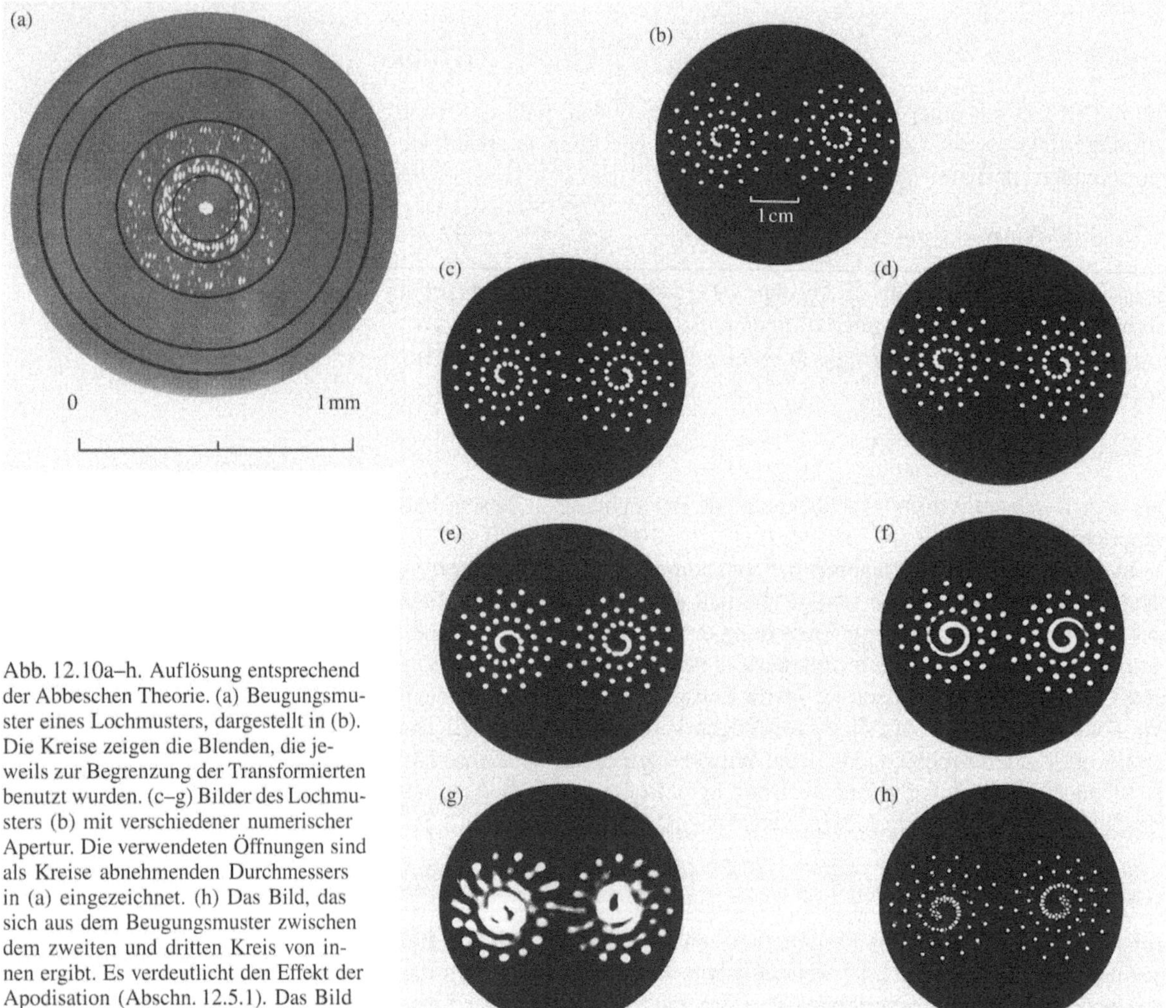

Abb. 12.10a–h. Auflösung entsprechend der Abbeschen Theorie. (a) Beugungsmuster eines Lochmusters, dargestellt in (b). Die Kreise zeigen die Blenden, die jeweils zur Begrenzung der Transformierten benutzt wurden. (c–g) Bilder des Lochmusters (b) mit verschiedener numerischer Apertur. Die verwendeten Öffnungen sind als Kreise abnehmenden Durchmessers in (a) eingezeichnet. (h) Das Bild, das sich aus dem Beugungsmuster zwischen dem zweiten und dritten Kreis von innen ergibt. Es verdeutlicht den Effekt der Apodisation (Abschn. 12.5.1). Das Bild ist schärfer als das Objekt, enthält aber Detailartefakte

wichtige Rolle spielen. Wir können nun die Veränderungen an einem Bild untersuchen, die eintreten, wenn die optische Transformierte in irgendeiner Art räumlich begrenzt wird. Nehmen wir beispielsweise an, daß wir ein Objekt, wie in Abb. 12.10b gezeigt, betrachten. Seine Transformierte ist in Abb. 12.10a gezeigt. Wir setzen dann eine Reihe von immer kleiner werdenden Lochblenden vor die Transformierte und beobachten, wie sich das Bild verändert. Die Diagramme (Abb. 12.10c–h) sind in der Abbildungslegende erklärt.

Die Auflösungsgrenze, die durch eine endliche Öffnung zustande kommt, kann auch als Anwendung des **Faltungssatzes** (Abschn. 4.6) interpretiert werden. In einem System mit kohärenter Beleuchtung resultiert die Begrenzung der optischen Transformierten durch eine endliche Blende in einer Punktantwort in der Bildebene, deren Amplitude (nicht Intensität wie in Abschn. 12.3.1) mit der des Objekts gefaltet werden muß, wenn das Bild entsteht. Das Resultat ist wiederum ein Verschmieren des Bildes; da aber die Amplituden hierbei verwendet werden, können benachbarte Teile des Bildes interferieren. Das Ergebnis wird dann deutlich komplizierter als im inkohärenten Fall, und **Artefakte** (Abschn. 12.3.5) können dabei entstehen.

12.3.5 Artefakte

Wie wir im vorangegangenen Abschnitt gesehen haben, kann kohärente Beleuchtung zum Entstehen falscher Details im Bild, sog. **Artefakten**, führen. In vielen Fällen können sie kleiner als das theoretische Auflösungsvermögen sein (man betrachte beispielsweise Abb. 12.10h etwas genauer). Bei der Verwendung eines optischen Instruments nahe der Auflösungsgrenze treten solche Effekte mit großer Wahrscheinlichkeit auf. Als die Abbesche Theorie erstmals verkündet wurde, verwiesen zahlreiche Mikroskopiewissenschaftler auf solche Artefakte als Beweis für die Unhaltbarkeit der Theorie (Abschn. 1.6.3). Selbst heutzutage, wo die Theorie vollständig akzeptiert ist, werden ihre Grenzen bei Anwendungen in der Bilderzeugung, z. B. in der Elektronenmikroskopie, manchmal vergessen.

Die Entstehung von Artefakten kann einfach am Beispiel von Abb. 12.4 dargestellt werden. Nehmen wir an, eine Blende in der Brennebene des Instruments begrenzt die Transformierte auf die inneren fünf Ordnungen (Abb. 12.11a). Das daraus entstehende Bild ist in Abb. 12.11b gezeigt. Man kann nun helle Flecke auf den Kreuzungspunkten der Gazefäden sehen. Der Ursprung dieser Flecke läßt sich qualitativ leicht dadurch erkennen, daß man die nullte und die ersten Ordnungen einer Rechteckwelle, die ein gutes eindimensionales Modell für ein Gazestück darstellt, rücktransformiert.

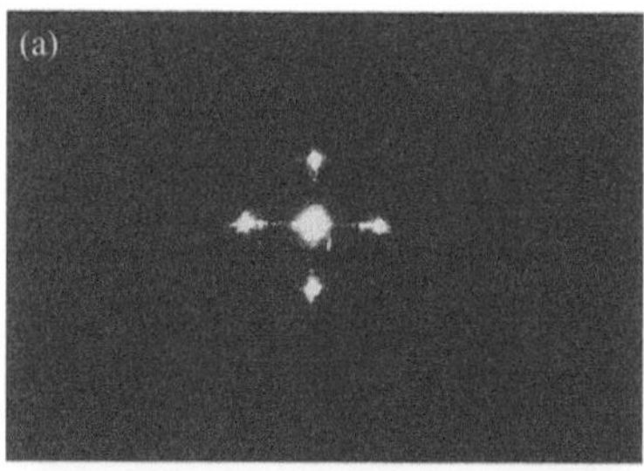

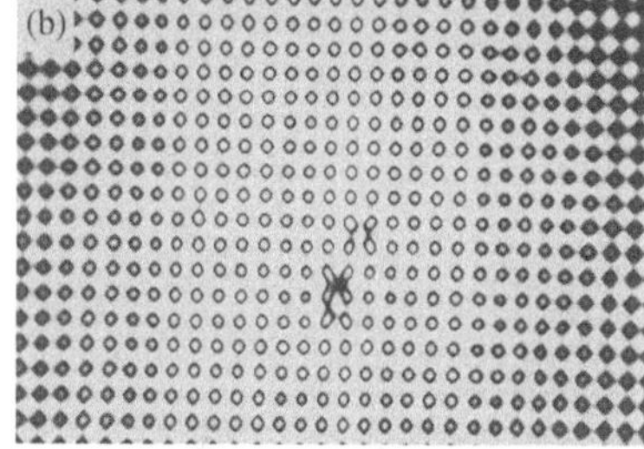

Abb. 12.11a,b. Artefakte durch die Bilderzeugung aus einer begrenzten Region des Beugungsmusters aus Abb. 12.4a

12.3.6 Die Bedeutung des Kondensors

Im Rahmen der geometrischen Optik bestand die Aufgabe der **Kondensorlinse(n)** darin, die Probe besonders hell zu erleuchten. In der Wellentheorie ist nun aber auch die Kohärenz des einfallenden Lichts wichtig, und der Kondensor hat diesbezüglich die gleiche Bedeutung wie alle anderen Bestandteile des optischen Systems.[7] Der Grund dafür kann am besten in Zusammenhang mit der Kohärenz der Beleuchtung ausgedrückt werden. Idealerweise sollte das Objekt, wie wir weiter unten zeigen werden, von vollständig inkohärentem Licht beleuchtet werden, das wir von einer allgemeinen äußeren Quelle großer Ausdehnung, z. B. Tageslicht vom Himmel, erhalten. Leider ist solches Licht im allgemeinen recht schwach, und man muß zur Steigerung der Intensität eine Linse verwenden, um das Licht der Quelle auf das Objekt zu fokussieren. Ein Abbildungssystem kann nun nie perfekt sein, und jeder Punkt der Quelle erzeugt ein Bild endlicher Größe auf dem Objekt. In anderen Worten ausgedrückt, heißt das, daß benachbarte

---

[7] Im Reflexionsmikroskop erfolgt die Beleuchtung durch das Objektiv, das deshalb auch als Kondensor fungiert.

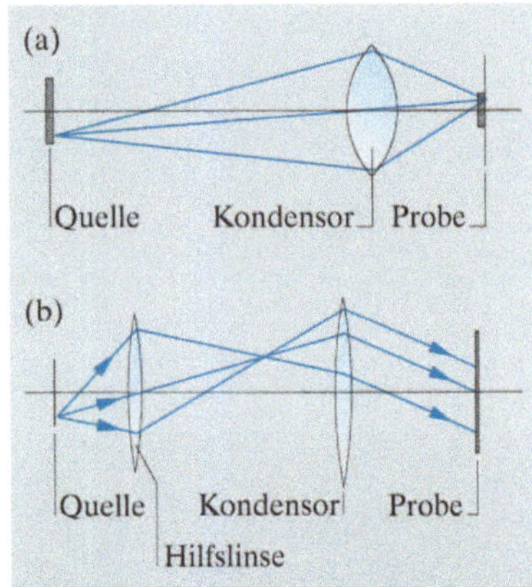

Abb. 12.12a,b. Arten inkohärenter Beleuchtung. (a) kritisch; (b) nach *Köhler*

Punkte auf dem Objekt durch teilweise kohärentes Licht beleuchtet werden. Je schlechter die Qualität des Kondensors dabei ist, desto mehr Artefakte erwarten wir.

In der Praxis werden meistens zwei Arten von Beleuchtung verwendet. Die erste davon heißt **kritische Beleuchtung** und wird durch das Erzeugen eines Bildes der Lichtquelle direkt auf dem Objekt durch die Kondensorlinse realisiert, wie in Abb. 12.12a gezeigt. Diese Anordnung hat allerdings den Nachteil, daß Unregelmäßigkeiten der Quelle das entstandene Bild beeinträchtigen können. Eine Anordnung, die diesen Nachteil nicht aufweist, ist die sog. **Köhler-Beleuchtung**, die in Abb. 12.12b gezeigt ist. Eine ausgedehnte Lichtquelle wird dabei benutzt, und, obwohl jeder Punkt der Quelle paralleles, kohärentes Licht unter einem bestimmten Winkel erzeugt, ist die Gesamtstrahlung von allen Punkten der Quelle zusammengenommen fast vollständig inkohärent (Abschn. 11.7.4). Dies kommt deswegen zustande, weil die einzelnen kohärenten ebenen Wellen zufallsverteilte Phasen besitzen und verschiedene Ausbreitungsrichtungen. Sie überlagern sich deshalb an jedem Punkt des Feldes mit verschiedenen Relativphasen. Das Objekt befindet sich an einer Stelle, in deren Nähe die Kondensorlinse das Bild der Hilfslinse erzeugt. Man kann erwarten, daß diese Hilfslinse relativ gleichförmig ausgeleuchtet wird, wenn sie sich nicht zu nahe an der Quelle befindet, selbst wenn die Quelle ungleichmäßig hell ist.

Für beide oben erwähnten Fälle ergibt die Beleuchtungsanordnung ein Feld mit einem räumlichen Kohärenzbereich der Abmessung r_c. Speziell die Köhler-Beleuchtung entspricht der in Abschn. 11.7.4 beschriebenen Situation, bei der $r_c = 0{,}61\lambda/\mathrm{NA_c}$, wobei $\mathrm{NA_c}$ die numerische Apertur der Kondensorlinse darstellt. Im Falle der kritischen Beleuchtung erzeugt jeder unkorrelierte Punkt auf der Quelle ein Bild der Größe der **Airy-Scheibe** (Abschn. 8.2.7) auf dem Objekt, was in etwa zum gleichen Wert von r_c führt. Aberrationen der Kondensorlinse erhöhen in jedem Fall den Wert von r_c.

Ist $\mathrm{NA_c}$ größer als die numerische Apertur des Objektivs und ist die optische Qualität der Kondensorlinse sehr gut, erhält man ein r_c, das kleiner ist als die räumliche Auflösungsgrenze, so daß aufgelöste Punkte im wesentlichen unkorreliert sind. Daraus folgt, daß die Auflösungsgrenze wirklich durch das Rayleigh- oder Sparrow-Kriterium gegeben ist und Artefakte vermieden werden. Eine Reduktion von $\mathrm{NA_c}$ erhöht oft den Bildkontrast, führt aber zu mehr Artefakten.

12.4 Anwendungen der Abbeschen Theorie: räumliche Filterung

Optische Instrumente können bedient werden, ohne daß man über mehr als ein oberflächliches Wissen, wie sie funktionieren, verfügt, aber ein Physiker sollte doch mehr über sie wissen. Nur dann kann er ihre Grenzen richtig einschätzen, die Bedingungen für ihren optimalen Einsatz finden und, vielleicht am wichtigsten, Wege finden, sie für Fragestellungen einzusetzen, die mit anderen konventionellen Mitteln nicht lösbar sind. Die

Techniken, die wir in diesem Abschnitt vorstellen möchten, sind unter dem allgemeinen Namen **räumliche Filterung** bekannt. Sie beschreiben die Effekte, die auftreten, wenn man Masken in den Strahlengang einbringt, die Phase und Amplitude von Licht in der hinteren Brennebene $\mathscr{F}_2$ der Linse modifizieren. Dies ist die Ebene, in der man die Fouriertransformierte eines kohärent beleuchteten Objekts beobachten kann. Da hauptsächlich die Fouriertransformierte oder das Spektrum der Raumfrequenzen des Bildes modifiziert werden, wurde der Name „räumliche Filterung" in Analogie zu elektronischen Filtern eingeführt, die verwendet werden, um das Zeitspektrum eines Signals zu verändern. Wird eine inkohärente Beleuchtung verwendet, kann die Fouriertransformierte in der Ebene $\mathscr{F}_2$ natürlich nicht direkt beobachtet werden, aber die unten diskutierten Prinzipien lassen sich weiterhin anwenden. Die verwendeten Methoden sind sowieso meistens Näherungsmethoden.

12.4.1 Dunkelfeldabbildung

Nehmen wir an, wir möchten ein sehr kleines, nichtleuchtendes Objekt betrachten. Verwenden wir die normalen Beleuchtungsmethoden, bei denen das Licht die Probe von praktisch allen Seiten her beleuchtet und dann in das Objektiv eintritt, ist der Beitrag des von der Probe gestreuten Lichts wahrscheinlich so gering, daß er vernachlässigbar ist gegenüber dem ungestreuten Licht. Das Objekt wird daher nicht sichtbar sein. Wir können dieses Problem dadurch umgehen, daß das einfallende Licht unter einem bestimmten Winkel so auf die Probe fällt, daß es hinterher nicht auf das Objektiv trifft. Diese Methode wurde z. B. zur Untersuchung der **Brownschen Molekularbewegung** verwendet. Sie funktioniert solange gut, wie wir nur die Position des zu beobachtenden Objekts wissen wollen; sie ist äquivalent zur Erzeugung eines Bildes aus einem kleinen, außerhalb des Zentrums gelegenen Ausschnitt der Transformierten. Damit erhält man aber nicht viel Information über die Gestalt des Objekts. Um ein vollständiges Bild der Probe zu erhalten, müssen wir einen möglichst großen Teil der Transformierten verwenden, und dies wird in der Praxis durch einen Aufbau erzielt, der in Abb. 12.13 gezeigt ist. Dabei blendet man einen möglichst großen Teil des direkt von der Lichtquelle kommenden (Abb. 12.13a) oder reflektierten (Abb. 12.13b) Lichts aus, ohne den Rest zu beeinträchtigen. Diese Technik ist auch zur Darstellung von **Phasenobjekten** mit geringer Absorption (Abschn. 8.2.5) geeignet.

Das Grundprinzip dieser Methode kann relativ einfach am Aufbau aus Abb. 12.3 verdeutlicht werden, indem man eine kleine schwarze Abdeckung über den zentralen Beugungsfleck der Transformierten plaziert. Wir haben als Objekt ein Lochmuster gewählt, das in einen dünnen transparenten Film gestanzt wurde (Abb. 12.14a). Da der Film optisch nicht ganz einheitlich ist, ist die Transformierte relativ diffus. Nun setzen wir einen kleinen Tintenfleck auf einer Glasplatte in das Zentrum der Transformierten (siehe Abb. 12.14b); das endgültige Bild (Abb. 12.14c) kann nun mit dem Original (Abb. 12.14a), das ohne den Tintenfleck erhalten wurde, verglichen werden. Obwohl die Kanten der Löcher bereits im ungefilterten Bild sichtbar waren, ist der Kontrast durch das Dunkelfeldfilter deutlich erhöht worden.

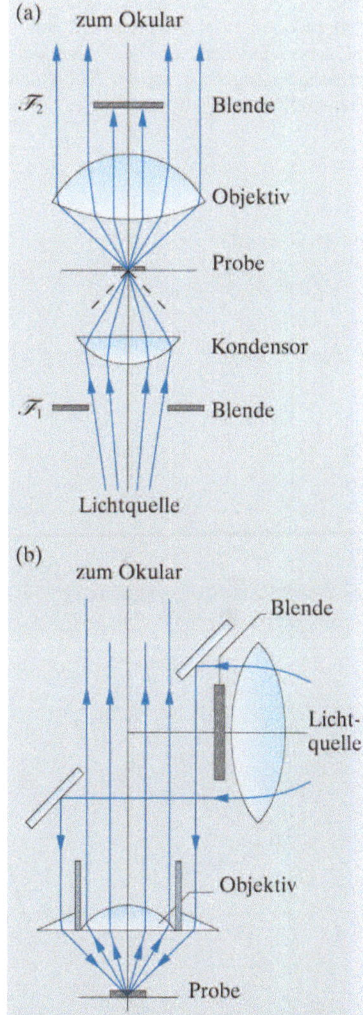

Abb. 12.13a,b. Beispiele für Bilderzeugung im Dunkelfeld. (a) In Transmission, wobei das direkt vom Kondensor kommende Licht durch eine Blende hinter dem Objektiv abgedeckt wird; (b) in Reflexion, wobei die Probe durch einen Kegelring von Licht um das Objektiv herum beleuchtet wird

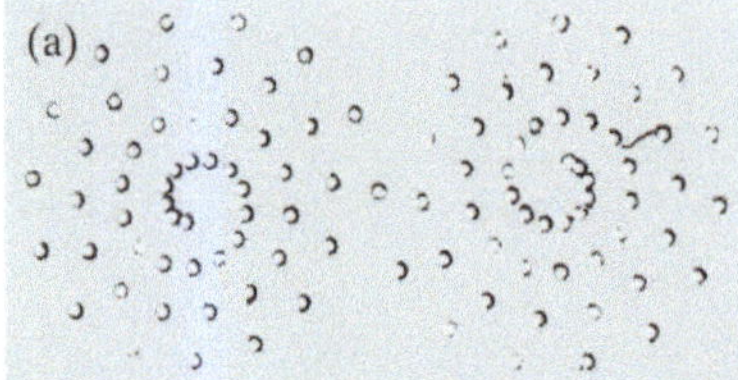

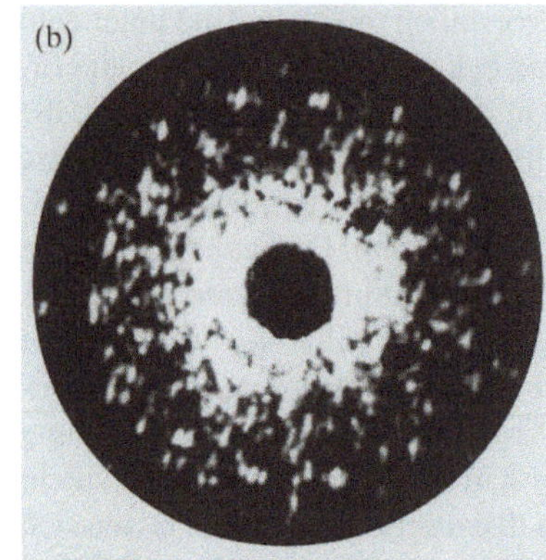

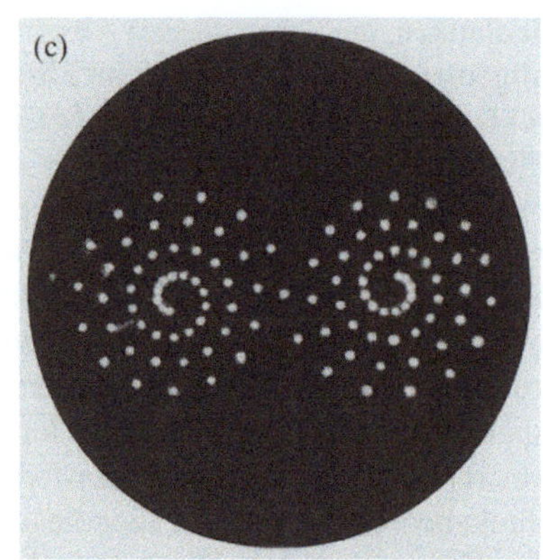

Abb. 12.14. (a) Lochmuster in einer Zellophanfolie; (b) Beugungsbild von (a), wobei das Zentrum durch eine kleine Scheibe abgedeckt ist; (c) Bild durch Transformation von (b)

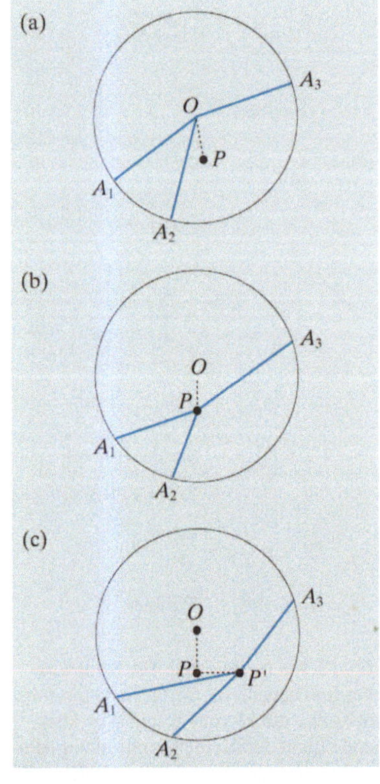

Abb. 12.15a–c. Vektordiagramme. (a) Normale Abbildung eines Phasenobjekts; (b) im Dunkelfeld; (c) Phasenkontrast

12.4.2 Phasenkontrastmikroskopie

Phasenkontrastmikroskopie ist eine weitere Methode, um den Kontrast eines Phasenobjektes zu erhöhen. Da große Phasenänderungen aufgrund ihrer Brechungseffekte normalerweise sichtbar sind, wird die Phasenkontrastmikroskopie vor allem für kleine Phasenänderungen verwendet. Sie kann wie folgt erklärt werden, auf eine Weise, die sie mit der Dunkelfeldmikroskopie vergleicht.

Nehmen wir an, wir stellen die Amplitude des von einem Objekt transmittierten Lichts durch einen Vektor in der komplexen Ebene dar. Bei einem Phasenobjekt (Abschn. 8.2.5) sind die Vektoren, die die komplexen Amplituden auf verschiedenen Punkten des Objekts darstellen, gleich lang, haben aber unterschiedliche Phasenwinkel. In Abb. 12.15a sind OA_1, OA_2 und OA_3 typische Vektoren. In einem perfekt abbildenden System haben korrespondierende Bildpunkte die gleichen komplexen Amplituden (von einem konstanten Faktor abgesehen, den wir hier vernachlässigen); ihre Intensitäten sind daher gleich, und kein Kontrast ist beobachtbar. Stellen wir uns jeden Vektor OA als Summe einer Konstanten OP und des Restes PA vor, wobei die Vektorsumme aller PAs null ergibt. Da die Vektoren OA verschiedene Richtungen haben, besitzen die PAs verschiedene Längen. Nun hat der Vektor OP gemäß seiner Definition eine konstante Amplitude und Phase an jedem Punkt und entspricht daher der Fouriertransformierten einer Deltafunktion am Ursprung der Fourierebene; dies haben wir **nullte Beugungsordnung** genannt. Bei der Dunkelfeldmethode blenden wir diese nullte Ordnung aus und ziehen daher den Vektor OP von jedem der OAs ab. Die verbleibenden Vektoren PA haben verschiedene Längen, weshalb es zu dem in Abb. 12.15b gezeigten Intensitätskontrast kommt. Die **Phasenkontrastmethode** von *Zernike* beinhaltet eine Phasenänderung des Vektors OP um $\pi/2$, weswegen er durch den Vektor PP' ersetzt werden kann. Die neuen Bildpunktvektoren $P'A$ haben wiederum verschiedene Längen, wie in Abb. 12.15c gezeigt. Diese Methode hat den Vorteil, daß das gesamte, vom Objekt transmittierte Licht zur Bilderzeugung genutzt wird. Es ist offensichtlich, daß der genaue Wert der Phasenänderung nicht wichtig ist, so daß man auch weißes Licht dazu verwenden kann.

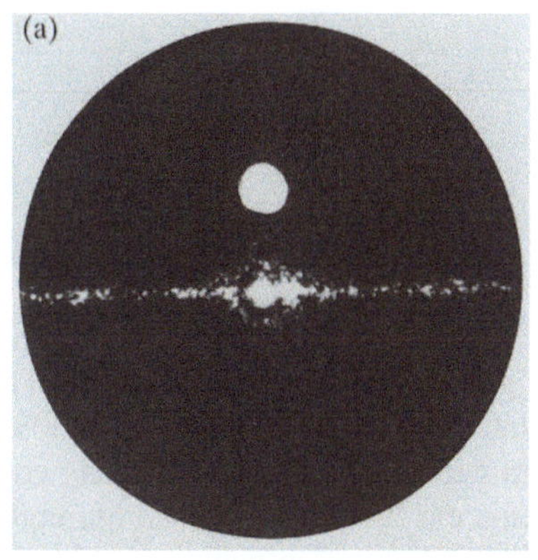

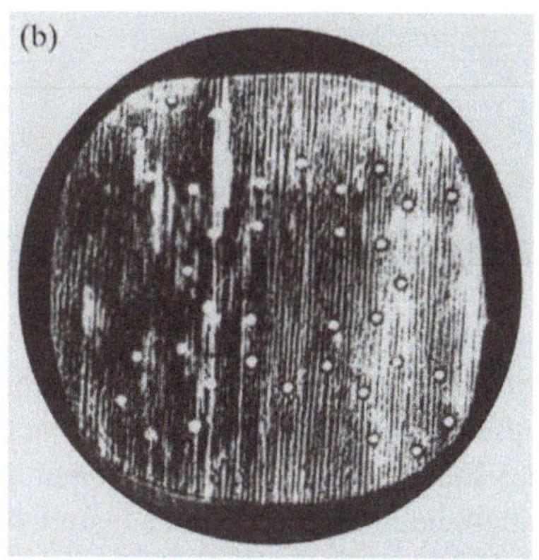

Abb. 12.16a,b. Phasenkontrastabbildung. (a) Fraunhofersches Beugungsmuster einer Phasenmaske ähnlich zu der in Abb. 12.14a. Ein Raumfilter, das aus einer durchsichtigen Scheibe mit einem kleinen Loch besteht, wird über die nullte Beugungsordnung gelegt. Die Größe des Lochs ist als weiße Scheibe oberhalb der Bildmitte dargestellt. (b) Das so entstandene Bild. Man beachte, daß die Löcher und Unterschiede in der Materialdicke besonders deutlich zu sehen sind

Die Phasenkontrastmethode kann auch analytisch beschrieben werden, wenn die Phasenvariationen $\phi(x) \ll 1$ sind, indem man die komplexe Transmissionsfunktion entwickelt:

$$f(x) = A \exp\left[i\phi(x)\right] \approx A + iA\phi(x), \qquad \left|f(x)\right|^2 = A^2. \tag{12.27}$$

Verändert man die Phase der nullten Ordnung (des von x unabhängigen Terms) um $\pi/2$, erhält man die Funktion

$$f_1(x) = iA + iA\phi(x) \approx iA \exp\left[\phi(x)\right]; \tag{12.28}$$

$$\left|f_1(x)\right|^2 = A^2 \exp\left[2\phi(x)\right] \approx A^2\left[1 + 2\phi(x)\right], \tag{12.29}$$

die eine reelle Variation in der Intensität mit einer linearen Abhängigkeit von ϕ zeigt. Eine Simulation hiervon ist in Abb. 12.16 gezeigt, wobei der Apparat aus Abb. 12.3 verwendet wurde.

In der Praxis ist leider die Anwendung auf eine inkohärent beleuchtete Probe nicht so einfach, da es keine genau definierte Transformierte gibt, deren erste Ordnung man identifizieren könnte. Eine Kompromißlösung ist daher notwendig und wird wie folgt erhalten (Abb. 12.17). Der beleuchtende Strahl wird durch eine ringförmige Blende in der Brennebene unterhalb der Kondensorlinse begrenzt, und ein reelles Bild dieser Öffnung bildet sich auf der hinteren Brennebene $\mathscr{F}_2$ des Objektivs. Die Platte, die die Phasenverschiebung erzeugt, ist ein dünner Film der optischen Dicke $\lambda/4$, dessen Abmessungen denen des Bildes der Ringblende entsprechen. Sie wird in $\mathscr{F}_2$ eingesetzt. Alles unabgelenkte Licht, das von der Probe kommt, muß sie daher passieren. Das Bild wird schließlich durch Interferenz zwischen dem Licht, das durch die Platte gegangen ist, und dem abgelenkten Licht, das an ihr vorbeigegangen ist, erzeugt. Die idealen Bedingungen werden meist nur angenähert erreicht, da ein Teil vom indirekten Licht ebenfalls durch die Phasenplatte läuft, was zu charakteristischen Halos um die Phasenstufen führt. Die Phasenplatte selbst wird durch Vakuumaufdampfung von dielektrischem Material, z. B. Kryolit (Na_3AlF_6), auf einem Glassubstrat hergestellt.

Erzeugt die Probe selbst nur kleine Phasenunterschiede, ist die nullte Ordnung im Beugungsmuster außerordentlich hell, und eine Veränderung

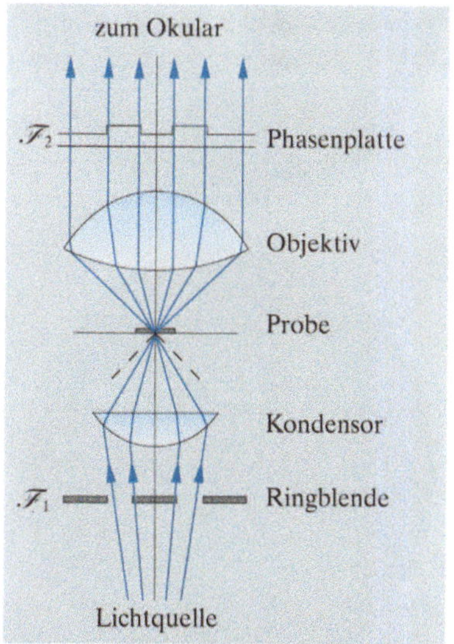

Abb. 12.17. Optik eines Phasenkontrastmikroskops. Die Phasenplatte liegt in der Ebene des Bildes der Ringblende, das vom Kondensor-Objektiv-Linsensystem geformt wird

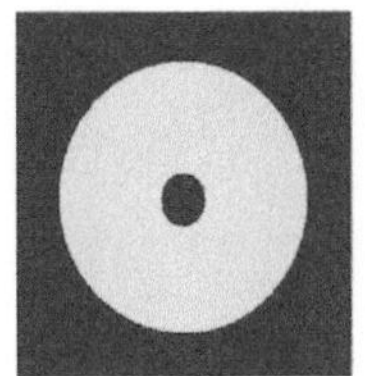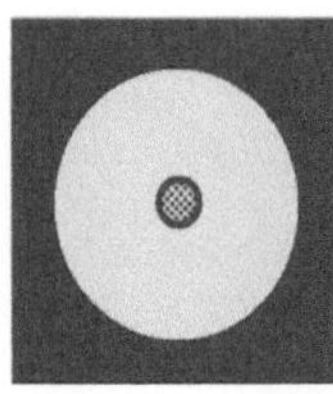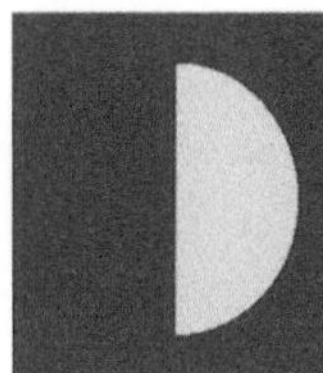

Abb. 12.18. Filter in der Fourierebene für die Darstellung im (von *links* nach *rechts*) Dunkelfeld, Phasenkontrast, Schlieren- und Beugungskontrast (siehe Abschn. 12.4.5)

ihrer Phase führt zu einer übertrieben großen Änderung des Bildes. Man stellt die Phasenplatte deshalb so her, daß sie im allgemeinen nur 10–20% des Lichts transmittiert. Dies sieht dann wie ein dünner, dunkler Ring vor einem hellen Hintergrund aus und erzeugt ein Bild, das einen Kompromiß zwischen einer Dunkelfeld- und einer Phasenkontrastaufnahme darstellt.

12.4.3 Die Schlierenmethode

Eine alternative Methode zur Erzeugung von Kontrast besteht darin, den zentralen Fleck im Beugungsbild mit einer scharfen Kante zu begrenzen, wobei die Hälfte der Transformierten ausgeblendet wird. In der Praxis wird hierfür das zu untersuchende Objekt in einen kohärenten, parallelen Lichtstrahl eingebracht, der durch eine auf sphärische Aberration sorgfältig korrigierte Linse fokussiert wird. Eine scharfe Kante wird dann so in die Brennebene der Linse eingeführt, daß sie den Fokuspunkt gerade schneidet. Ein deutliches Bild des Objekts kann dann gesehen werden (Abb. 12.19). Wir haben diese Methode am gleichen Objekt demonstriert, das wir auch für die Dunkelfeldbeleuchtung (Abb. 12.14a) verwendet haben; das Bild weist nun einige Fehler auf, auf die wir später eingehen werden.

Die **Schlierenmethode** hat zwei wichtige Anwendungen. Als erstes stellt sie einen kritischen Test der Linsenqualität dar, denn wenn eine Linse **sphärische Aberrationen** aufweist, hat sie keinen scharf begrenzten Fokus, und es wird nicht möglich sein, eine Position für die Messerkante zu finden, bei der genau die Hälfte der Transformierten abgeschnitten wird. Wenn wir daher die Linse selbst beim Verschieben der Kante entlang der Brennebene betrachten, wird sich die Intensität der Beleuchtung auf der Oberfläche verändern (Abb. 12.20); wir können dann die notwendigen Korrekturen für die Linse ableiten. Dieser Test wird **Foucaultsche Schneidenprüfung** genannt; er kann auch dazu verwendet werden, den Brennpunkt einer Linse genau zu bestimmen.

Die zweite Anwendung der Schlierenmethode ist in der Flüssigkeitsdynamik wichtig. Ein Windkanal, bei dem die Luftdichte konstant gehalten wird (und in dem dann der Brechungsindex der Luft konstant ist), stellt ein Objekt ohne Phasen- oder Amplitudenvariation dar. Wellen oder andere Störungen im Tunnel modifizieren die Luftdichte und damit den Brechungsindex auf eine ungleichförmige Art und Weise und erzeugen so ein **Phasenobjekt**. Indem man die Schlierenmethode verwendet, kann man Phasenänderungen visuell als Änderungen der Intensität im schließlich erhaltenen Bild (Abb. 12.21) erkennen. Ein wichtiger Unterschied zwischen Phasenkontrast- und Schlierensystemen besteht darin, daß die letzteren nur entlang einer Achse arbeiten. Schlierensysteme werden oft so einge-

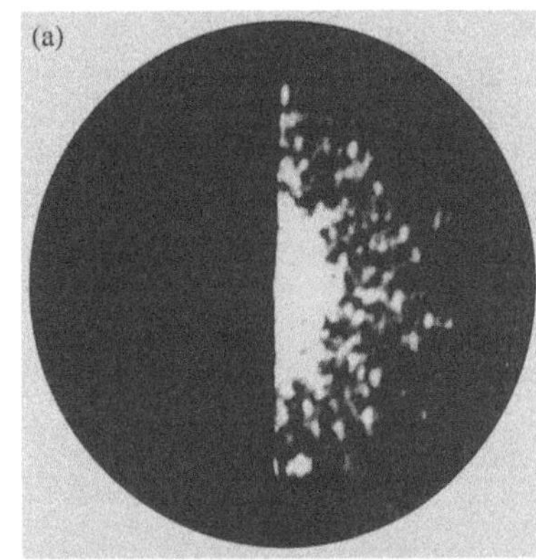

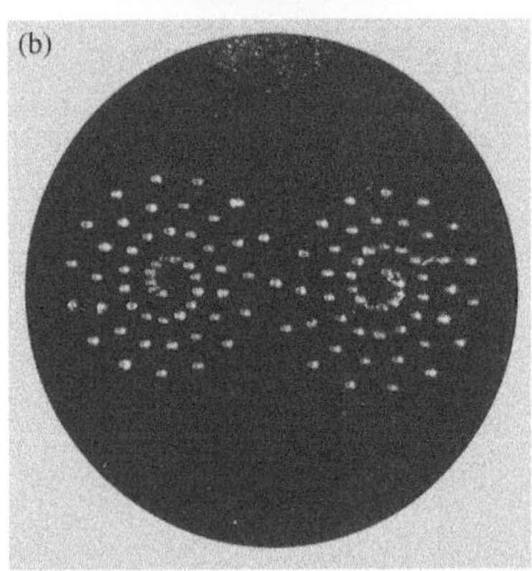

Abb. 12.19. (a) Schneidet man die Hälfte des Beugungsmusters aus Abb. 12.14b weg, erhält man das Bild (b)

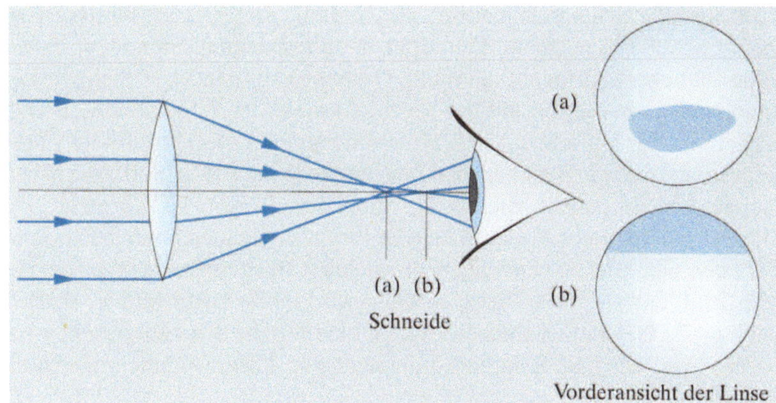

Abb. 12.20a,b. Linse mit sphärischer Aberration im Foucaultschen Schneidentest. (a) Die Klinge befindet sich in der Brennebene der achsenfernen Strahlen; (b) die Klinge befindet sich in der Brennebene der achsennahen Strahlen. Man beachte, daß z. B. im Falle (b) nur Licht aus dem oberen Teil der Linse den Betrachter erreicht, weswegen nur dieser Teil hell erscheint

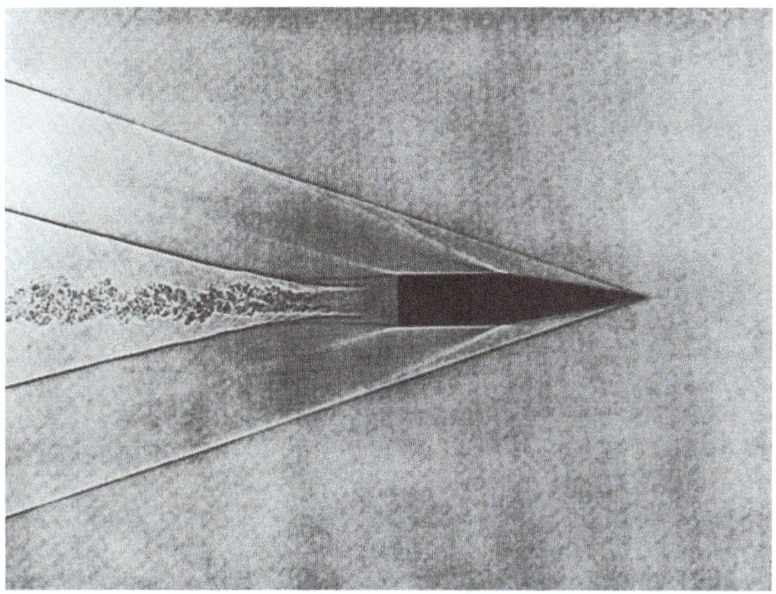

Abb. 12.21. Schlieren-Muster eines granatenförmigen Objekts mit der Machzahl 3,62. (Aus *Binder* 1973)

stellt, daß das Licht der nullten Ordnung gedämpft, aber nicht vollständig ausgeblendet wird; dies erhöht die Empfindlichkeit erheblich.

12.4.4 Beugungskontrast

Techniken der räumlichen Filterung werden sowohl in Elektronenmikroskopen als auch bei optischen Instrumenten oft verwendet. In Elektronenmikroskopen ist die **numerische Apertur** sehr klein, da es keine Möglichkeiten gibt, die Aberrationen von Elektronenlinsen vollständig zu korrigieren. Betrachtet man kristalline Materialien in einem Elektronenmikroskop, ist es daher möglich, sich nur einen sehr begrenzten Teil der Fouriertransformierten anzuschauen, der z. B. nur eine Beugungsordnung und ihre Umgebung enthält. Wie wir in den Abb. 12.4h und 12.4j gesehen haben, reicht dies aus, um die Struktur auf einer Skala größer als die

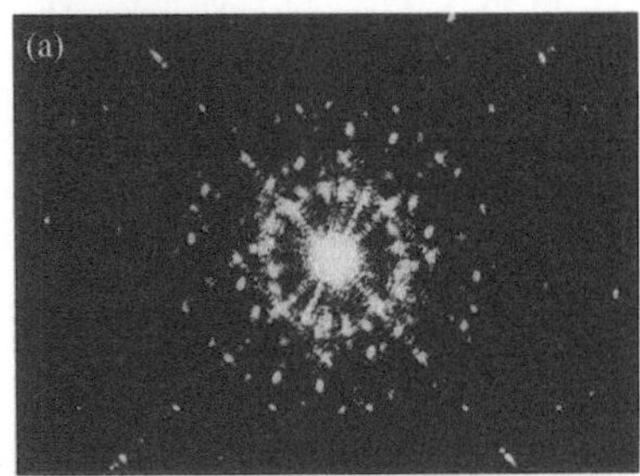

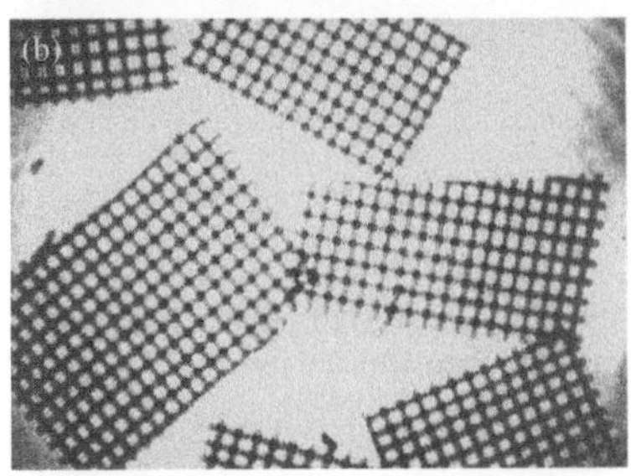

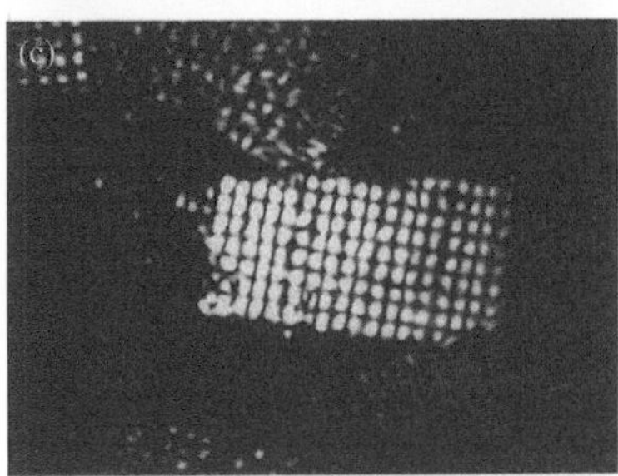

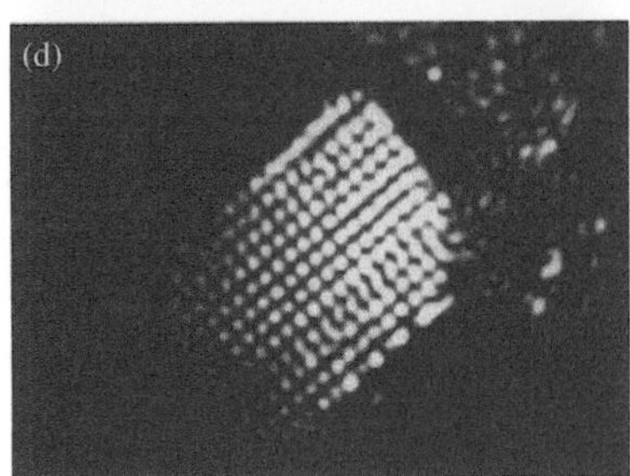

Abb. 12.22a–d. Simulation von Beugungskontrast in kohärentem Licht.
(a) Beugungsmuster einer Maske, die polykristallines Material darstellen soll;
(b) Bild unter Verwendung des gesamten Beugungsmusters; (c) und (d) Bilder unter Verwendung von Ausschnitten aus dem Beugungsmuster

Einheitszelle sichtbar zu machen. Die Technik, die **Beugungskontrast** genannt wird, verwendet ein Raumfilter, das alle Beugungsordnungen bis auf eine (üblicherweise nicht die nullte Ordnung) ausblendet. Haben wir beispielsweise ein polykristallines Material und bilden es durch eine Blende außerhalb der optischen Achse ab, erscheinen nur die Kristallite als helle Flecke im Bild, die Beugungsmaxima innerhalb der Blendenöffnung haben; der Rest bleibt dunkel. Dies ist als Simulation in Abb. 12.22 gezeigt. Um die Periodizität (atomare Struktur) der Probe zu erhalten, muß man normalerweise eine Blende verwenden, die mehrere Beugungsordnungen enthält. Ein Bild, das auf diese Weise erhalten wird, heißt **Gitterbild**. Es besteht eine große Gefahr, bei solchen Bildern eine falsche Struktur zu rekonstruieren, wenn man die Beugungsordnungen zur Bilderzeugung ungeschickt auswählt.

12.4.5 Ein analytisches Beispiel zur Verdeutlichung von Dunkelfeld-, Schlieren- und Phasenkontrastabbildung

In diesem Abschnitt wollen wir die Intensitätsverteilungen in dem Bild eines einfachen, eindimensionalen Phasenobjekts berechnen, wenn wir die in Abschn. 12.4.1–3 diskutierten Filter verwenden. Sie sind als Diagramme nochmals in Abb. 12.18 zusammengefaßt. Obwohl die Beispiele diese Mikroskopiemethoden quantitativ behandeln, wollen wir darauf hinweisen, daß ihre Hauptanwendung eher qualitativer Natur ist – die optische Darstellung eines Phasenobjekts und nur selten eine quantitative Auswertung des Bildes.

Wir können ein solches Objekt **Phasenspalt** nennen; es ist eine transparente Maske, die einen schmalen Streifen mit einer unterschiedlichen optischen Weglänge enthält. In einer Dimension x, senkrecht zur langen Achse des Streifens, kann ein solches Objekt beschrieben werden als

$$f(x) = \exp\left[i\phi(x)\right], \tag{12.30}$$

wobei $\phi(x) = \beta$ ist, wenn $|x| \leq a$ ist, und $\phi(x) = 0$ sonst. Diese Funktion läßt sich schreiben als Summe eines gleichförmigen Feldes und einer Differenz im Bereich des Streifens:

$$f(x) = 1 + (e^{i\beta} - 1)g(x), \tag{12.31}$$

wobei $g(x) = \text{rect}(x/2a)$ einen normalen transmittierenden Streifen der Breite $2a$ beschreibt. Die Transformierte der auf diese Weise geschriebenen Funktion ist

$$F(u) = \delta(u) + 2a(e^{i\beta} - 1)\,\text{sinc}(au). \tag{12.32}$$

Betrachten wir nun zunächst die Effekte der Dunkelfeldbeleuchtung (siehe Abschn. 12.4.1). Bei dieser Technik blenden wir die nullte Ordnung aus; diese entspricht dem $\delta(u)$ und einem kleinen Bereich vernachlässigbarer Breite in der Mitte der sinc-Funktion. Nach einer solchen Filterung läßt sich die Transformierte in guter Näherung schreiben als

$$F_1(u) = 0 + 2a(e^{i\beta} - 1)\,\text{sinc}(au), \tag{12.33}$$

und das daraus resultierende Bild, die Transformierte von $F_1(u)$, ist

$$f_1(x) = (e^{i\beta} - 1)g(x). \qquad (12.34)$$

Wenn wir uns an die Definition von $g(x)$ (12.31) erinnern, sehen wir, daß der Streifen hell vor einem dunklen Hintergrund erscheint. Seine Intensität ist tatsächlich eine Funktion der Phase β:

$$I_1(x) = |f_1(x)|^2 = 2(1 - \cos\beta)g(x). \qquad (12.35)$$

Eine Bestätigung unserer Berechnungen liefert die Feststellung, daß das Bild bei Phasenwerten von $\beta = 0, 2\pi, \ldots$ verschwindet, da es dann keine physikalischen Unterschiede zwischen dem Streifen und seiner Umgebung gibt.

Verwenden wir das gleiche Beispiel zur Darstellung der **Schlierenmethode** (Abschn. 12.4.3). In diesem Fall unterdrückt der Filter die Deltafunktion $\delta(u)$ und alle Teile der Transformierten mit $u < 0$, was uns als Rest

$$F_2(u) = 2a(e^{i\beta} - 1)\,\mathrm{sinc}(au)\,D(u) \qquad (12.36)$$

behalten läßt. Dabei ist $D(u)$ die Stufenfunktion: $D(u) = 1$, wenn $u > 0$, ansonsten gilt $D(u) = 0$. Verwenden wir den **Faltungssatz**, ergibt sich für die Transformierte von (12.36):

$$f_2(x) = (e^{i\beta} - 1)g(x) \otimes d(x), \qquad (12.37)$$

wobei

$$d(x) = \int\limits_{-\infty}^{\infty} D(u)\,e^{-iux}\,du = \frac{1}{ix} \qquad (12.38)$$

die Transformierte der Stufenfunktion ist.[8] Werten wir die Faltung (12.37) für die Spaltfunktion $g(x)$ aus, erhalten wir

$$\begin{aligned} g(x) \otimes d(x) &= -i \int\limits_{-\infty}^{\infty} \frac{g(x - x')}{x'}\,dx' \\ &= -i \int\limits_{x-a}^{x+a} \frac{dx'}{x'} = -i \ln\left|\frac{x+a}{x-a}\right|. \end{aligned} \qquad (12.39)$$

Die Bildintensität ist dann

$$I_2(x) = |f_2(x)|^2 = 2(1 - \cos\beta)\left[\ln|(x+a)/(x-a)|\right]^2, \qquad (12.40)$$

was in Abb. 12.23 dargestellt ist. In diesem Beispiel verstärkt die Schlierenmethode offensichtlich die Kanten des Streifens, die Unstetigkeitsstellen im

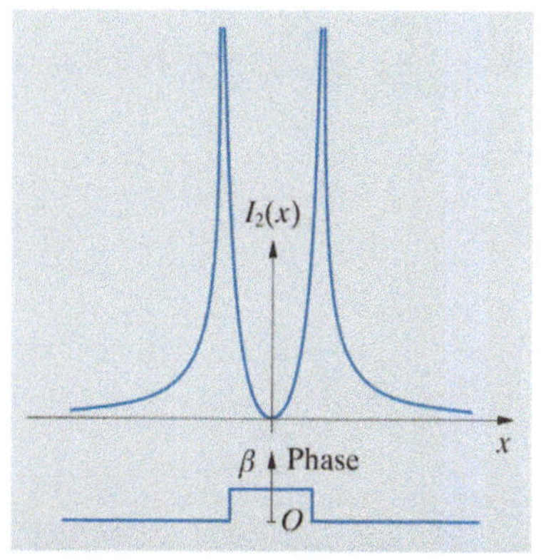

Abb. 12.23. Schlieren-Bild eines Phasenschlitzes

---

[8] Diese Transformierte wird in Abschn. 13.4.2 im Detail diskutiert.

Phasenobjekt darstellen. Im allgemeinen läßt sich zeigen, daß diese Methode Phasengradienten senkrecht zur Blendenkante hervorhebt; dieser Effekt kann beispielsweise auch in Abb. 12.19 betrachtet werden.

Betrachten wir schließlich dieses Modell im Zusammenhang mit der **Phasenkontrastmethode** (Abschn. 12.4.2). Die Transformierte (12.32)

$$F(u) = \delta(u) + 2a(e^{i\beta} - 1)\,\mathrm{sinc}(au)\,. \tag{12.41}$$

wird durch eine Phasenplatte gefiltert, die die Phase der Komponente mit $k = 0$ um $\pi/2$ verschiebt (d. h. sie mit einem Faktor i multipliziert):

$$F_3(u) = i\delta(u) + 2a(e^{i\beta} - 1)\,\mathrm{sinc}(au)\,. \tag{12.42}$$

Die Bildamplitude ist die Transformierte hiervon:

$$f_3(x) = i + (e^{i\beta} - 1)g(x)\,, \tag{12.43}$$

was den Wert i im Bereich $|x| > a$ hat und den Wert

$$i - 1 + e^{i\beta} = (\cos\beta - 1) + i(\sin\beta + 1) \tag{12.44}$$

innerhalb des Bereichs des Streifens. Der Intensitätskontrast wird maximal bei $\beta = 3\pi/4$.

12.4.6 Das Interferenzmikroskop

Benötigen wir eine quantitative komplexe Analyse eines Phasenobjekts, können wir ein **Interferenzmikroskop** verwenden. Diese Form eines Mikroskops wird um ein Zweistrahlinterferometer herum konstruiert. Verwenden wir inkohärente Beleuchtung, ist klar, daß Interferenzstreifen am Objekt lokalisiert sein müssen. Viele Interferometertypen lassen sich für diese Zwecke nutzen, wir werden allerdings hier nur ein Beispiel vorstellen, weitere Beispiele finden sich bei *Krug*, *Rienitz* und *Schulz* (1968) und in Lehrbüchern über Interferometrie. Interferenzmikroskopie ist eigentlich keine Technik der räumlichen Filterung, wir haben sie aber in diesen Abschnitt aufgenommen, da sie eine komplementäre Methode zu den in Abschn. 12.4.1–4 beschriebenen Ansätzen darstellt.

Das Interferenzmikroskop, das wir hier vorstellen möchten, verwendet ein sog. **Scherungsinterferometer**, eine Sorte Interferometer, die wir nicht speziell in Kap. 9 diskutiert haben. Es erzeugt ein Interferenzmuster zwischen dem Bildbereich und einem gleichen Bereich, der um einen kleinen Betrag seitlich dazu verschoben ist.[9] Das Bild erscheint deshalb zweifach, wobei die Verschiebung des zweiten Bilds so klein sein kann, daß das Gesamtbild immer noch scharf erscheint. Wird nun zusätzlich ein Phasenunterschied von π zwischen den beiden Bildern hervorgerufen, tritt destruktive Interferenz ein, und das Gesamtbild erscheint dunkel, solange es keine Phasenvariationen gibt. Bildbereiche, die im Bereich des Verschiebungsvektors zu einer Phasendifferenz führen, erscheinen dann hell vor dem

---

[9] Das Jamin-Interferometer (Abschn. 9.3.1) ist ein Beispiel für ein Interferometer, das leicht dazu umgebaut werden kann, eine solche Funktion zu erfüllen.

dunklen Hintergrund. Aus diesem Grund wir diese Technik **differentieller Interferenzkontrast** genannt. Sie findet vielfältige Anwendung, von der Waferinspektion bis zur Biologie.

In der von *Nomarski* vorgeschlagenen Form der differentiellen Interferenzkontrastmikroskopie wird die kleine Bildverschiebung durch die verschiedenen optischen Eigenschaften eines Kristalls für zwei orthogonale Polarisationen erreicht. Wir möchten es in seiner Form als Durchlichtmikroskop besprechen, obwohl es oft auch als Auflichtmikroskop verwendet wird. Dabei nehmen wir **kritische Beleuchtung** (Abschn. 12.3.6) an. Die Beleuchtung an zwei Punkten des Objekts entspricht beim Eintritt in den Kondensor zwei ebenen Wellen, die sich in verschiedene Richtungen ausbreiten. Sie werden aus einer einzelnen, linear polarisierten ebenen Welle dadurch erzeugt, daß man die Welle durch ein dünnes Kristallplättchen laufen läßt (**Wollaston-Prisma**), dessen Konstruktion Ähnlichkeit mit dem **Babinet-Kompensator** (Abschn. 6.8.2) hat. Es wird aus einem einachsigen Kristall geschnitten und besteht aus zwei dünnen Kristallkeilen, deren optische Achsen OA senkrecht aufeinanderstehen (Abb. 12.24a). Die ursprüngliche ebene Welle ist unter einem Winkel von 45° gegenüber diesen optischen Achsen polarisiert, so daß der ordentliche und der außerordentliche Strahl gleiche Amplituden besitzen. Ist der Öffnungswinkel α der Keile klein, ist die Winkelabweichung der ebenen Welle $(\mu - 1)\alpha$, wobei das entsprechende μ verwendet werden muß. Der Doppelkeil bewirkt daher das Entstehen eines Winkelabstandes $2\alpha(\mu_e - \mu_o)$ zwischen den beiden senk-

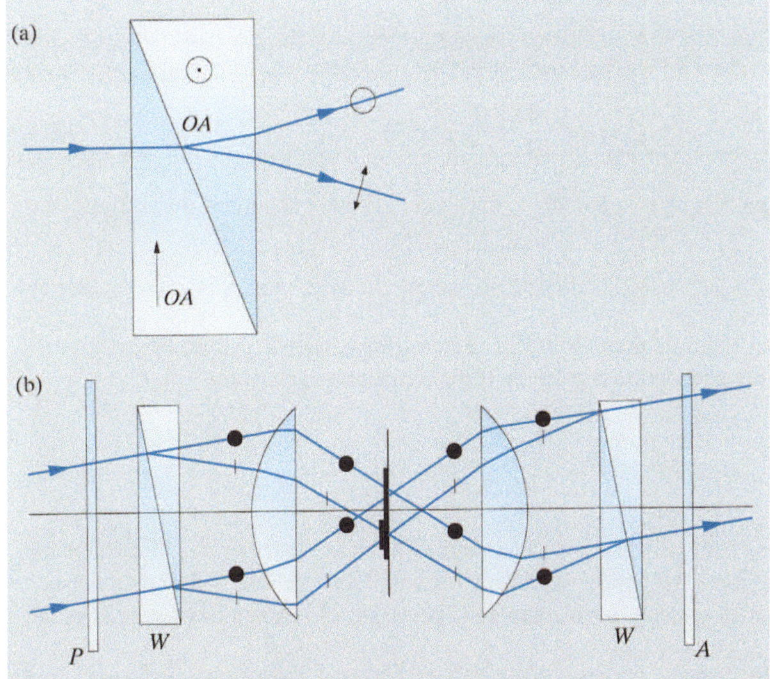

Abb. 12.24a,b. Schema von Nomarskis differentiellem Interferenzkontrastmikroskop. (a) Wollaston-Prisma mit der optischen Achse OA; (b) Strahlengang durch das gesamte Mikroskop. W bezeichnet das Wollaston-Prisma, P den Polarisator und A den Analysator

recht zueinander polarisierten Wellen, was einem Abstand $2F\alpha(\mu_e - \mu_o)$ in der Objektebene entspricht, wobei F die Brennweite der Kondensorlinse und des Objektivs ist. Nach der Transmission durch das Objekt und das Objektiv rekombinieren die beiden Partialwellen wieder in einem zweiten, ähnlichen Wollaston-Prisma. Aufgrund ihrer gegenseitigen Kohärenz (sie stammen beide von einer einzelnen ebenen Welle der Beleuchtung) kann Interferenz zwischen beiden einfach dadurch erzeugt werden, daß man einen Analysator mit einer Orientierung senkrecht zum Polarisator in den Strahlengang einbringt (siehe Abb. 12.24b). Führt die Probe zu keiner Phasenverschiebung zwischen den beiden Partialwellen, ist die rekombinierte Welle wiederum eine linear polarisierte ebene Welle mit einer Polarisationsrichtung senkrecht zur Durchlaßrichtung des Analysators. Deswegen bleibt der Beobachtungsschirm dunkel. Jede induzierte Phasendifferenz wird eine elliptische Polarisation der Welle erzeugen, weswegen zumindest etwas Licht den Analysator passiert. Die Orthogonalität von Polarisator und Analysator hat so die benötigte Phasenverschiebung von π unabhängig von der Wellenlänge erzeugt.

Was stellt das Bild nun dar? Ist die Transmissionsfunktion des Objekts $f(x, y)$, von der angenommen wird, daß sie unabhängig von der Polarisation ist,[10] ist die Intensität des Interferenzbildes gegeben durch

$$I(x, y) = \left| f(x, y) - f(x + \delta x, y) \right|^2 \otimes p(x, y), \tag{12.45}$$

wobei δx der Translationsvektor zwischen den beiden Bildern ist und $p(x, y)$ die **Punktantwort** (Abschn. 12.3.1) des Mikroskopobjektivs; inkohärente Beleuchtung wird angenommen. Wir können (12.45) für kleine δx entwickeln und erhalten

$$f(x + \delta x, y) \approx f(x, y) + \delta x \frac{\partial f}{\partial x}, \tag{12.46}$$

$$I(x, y) = \delta x^2 \left| \frac{\partial f}{\partial x} \right|^2 \otimes p(x, y). \tag{12.47}$$

Nun schreiben wir $f = |f| \exp[i\phi(x, y)]$ und bekommen durch Einsetzen

$$\frac{\partial f}{\partial x} = i\, f \frac{\partial \phi}{\partial x} + \exp(i\phi) \frac{\partial |f|}{\partial x}. \tag{12.48}$$

Der dominierende Anteil bei einem **Phasenobjekt** ist der Phasenkontrast, weswegen wir den zweiten Term vernachlässigen. Dann gilt

$$\boxed{I(x, y) = |f|^2 \delta x^2 \left| \frac{\partial \phi}{\partial x} \right|^2 \otimes p(x, y)}. \tag{12.49}$$

Das Bild verstärkt also Phasengradienten in Richtung des Verschiebungsvektors. Der Phasenspalt aus Abschn. 12.4.5 würde daher als zwei helle Linien entlang der Kanten zu sehen sein, es sei denn, δx verliefe parallel

---

[10] Sonst wäre ein Polarisationsmikroskop für seine Untersuchung geeigneter.

zu den Kanten. Ist der Spalt sehr schmal, können sich die Linien überlappen; man ist dann versucht, ihre Intensitäten zusammenzuzählen, um eine Einzellinie in diesem Fall zu erhalten. Davor sollte man sich allerdings hüten, da in der Nähe der Auflösungsgrenze die Beleuchtung nicht mehr räumlich inkohärent sein kann. Wie wir in Abschn. 12.4.3 gesehen haben, betont auch ein **Schlierensystem** Phasengradienten. Die hier vorgestellte Methode verwendet allerdings inkohärente Beleuchtung und ist daher für hochauflösende Anwendungen besser geeignet.

12.5 Methoden zur Steigerung der Auflösung

Keine der in den vorangegangenen Abschnitten vorgestellten Methoden verbessert die räumliche Auflösung über die Grenze von $\lambda/2\mathrm{NA}$ hinaus; es ist sogar so, daß durch die Begrenzung des verwendeten Anteils der Ebene, in der die Fouriertransformierte des Objekts entsteht, die Auflösung verschlechtert wird (Die Schlierenmethode ist ein Beispiel hierfür). Es stellt sich daher die Frage: Ist die Grenze von $\lambda/2\mathrm{NA}$ ein fundamentales Limit?

Diese Grenze hat tatsächlich etwas von der Aura eines physikalischen Limits. Sie wurde von *Heisenberg* dazu verwendet, das quantenmechanische Unschärfeprinzip darzustellen. Er verwendete dazu ein Gedankenexperiment, sein berühmtes „Gammastrahlenmikroskop" (*Heisenberg* 1930). Nehmen wir an, wir möchten die Position eines punktförmigen Teilchens im Blickfeld eines Mikroskops so genau wie möglich bestimmen. Um dies zu erreichen, verwenden wir zunächst ein Objektiv mit möglichst großer NA und Wellen der kürzesten Wellenlängen (Gammastrahlen). Um nun die Ortsbestimmung durchzuführen, müssen wir mindestens ein Photon an dem Objekt streuen, und dieses Photon muß in das optische System des Mikroskops einfallen. Es gibt allerdings keine Möglichkeit, festzustellen, unter welchem Winkel das Photon in die Optik einfällt. Alles, was wir wissen, ist, daß nach der Streuung an dem punktförmigen Objekt das Photon eine Richtung innerhalb des halben Öffnungswinkels α besitzen muß, der die NA des Mikroskops bestimmt (Abb. 12.25). Hat das Photon die Wellenzahl k_0, muß seine x-Komponente nach der Streuung daher im Bereich $-k_0 \sin\alpha \leq k_x \leq k_0 \sin\alpha$ liegen. Es gilt daher eine Unschärfebeziehung $\delta k_x = 2k_0 \sin\alpha$. Mit Hilfe der Theorie zum Auflösungsvermögen eines Mikroskops ergibt (12.26) eine Unschärfe in der Bildposition (der Punktantwort) $\delta x = \lambda/2\,\mathrm{NA} = \lambda/2 \sin\alpha$. Daher gilt

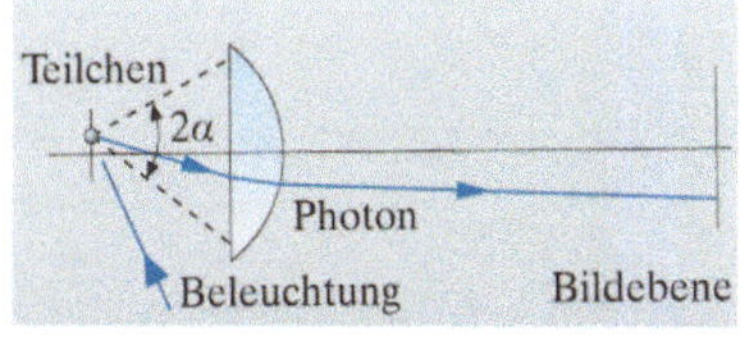

Abb. 12.25. Gedankenexperiment zur γ-Strahlmikroskopie

$$\delta x \, \delta k_x = 2\pi \,, \tag{12.50}$$

was in der Form

$$\boxed{\delta x \, \delta p_x = h} \tag{12.51}$$

geschrieben werden kann. Dies ist die übliche Schreibweise der **Unschärferelation** (Abschn. 14.2).

Nun suchen wir nach Möglichkeiten, das Unschärfeprinzip zu umgehen, was uns Wege zur Verbesserung des Auflösungsvermögens des Mikroskops aufzeigen könnte. Eine sinnvolle Idee ist die Verwendung zahlreicher Photonen. Jedes beobachtete Photon muß weiterhin in die Linse eintreten, so daß δk_x unverändert bleibt. Aber ein statistisches Ensemble n solcher Photonen hat eine totale Unschärfe von $2\sqrt{n}\,k_0 \sin\alpha$, so daß wir $\delta x \approx \lambda/(2\sqrt{n}\,\mathrm{NA})$ erwarten können. Ist n nun sehr groß, könnte dies zu einer deutlichen Verbesserung des Auflösungsvermögens führen.

Es gibt mehrere Methoden, mit denen das optische Auflösungsvermögen über das Abbesche Limit hinaus gesteigert werden kann, und sie verwenden dazu tatsächlich eine große Zahl von Photonen. Eine Methode verwendet **evaneszente Wellen**. Wie wir in Kap. 7 gesehen haben, muß eine elektromagnetische Welle die (skalare) **Wellengleichung** (7.5) erfüllen

$$\nabla^2 \psi + k_0^2 \psi = 0\,. \tag{12.52}$$

Wir haben bisher einfach angenommen, daß die Lösungen in alle Richtungen wellenförmig sind. Können wir nun die Welle in eine Richtung, beispielsweise z, evaneszent machen, so daß ψ in der Form $\exp[\mathrm{i}(xk_x + yk_y) \pm 2\pi z/a]$ geschrieben werden kann, erhalten wir durch Einsetzen in (12.52)

$$k_x^2 + k_y^2 - \frac{4\pi^2}{a^2} = k_0^2 = \frac{4\pi^2}{\lambda^2}\,. \tag{12.53}$$

Ist nun $a \ll \lambda$, wird k_x oder k_y fast so groß wie $2\pi/a$, also deutlich größer als k_0. Als Resultat davon wird die Auflösung δx oder $\delta y \approx a$ deutlich kleiner sein als eine Wellenlänge. Der Prozeß des Erzeugens evaneszenter Wellen bedeutet die Anwendung bestimmter Randbedingungen, die evaneszente Wellen zu ihrer Erfüllung benötigen.

Wir werden anschließend drei Methoden diskutieren, die dieses Konzept verwenden. Zwei von ihnen haben tatsächlich zu praktisch funktionierenden Instrumenten geführt. Trotzdem lädt dieses Gebiet noch zu zahlreichen Neuerungen ein.

12.5.1 Apodisation

Apodisation ist eine Technik der **räumlichen Filterung**, bei der die Fouriertransformierte durch Einsetzen einer Maske in die Linsenebene eine passende Form annimmt. Dadurch wird die Punktantwort optimiert (*Jacquinot* und *Roizen-Dossier* 1964). Eine Anwendung ist die Unterdrückung der Beugungsringe um die Airy-Scheibe, die man mit Hilfe einer Maske mit annähernd Gaußschem Profil erreichen kann.[11] Dies verschlechtert die Auflösung ein wenig (Aufgabe 12.9). Eine weitere Anwendung, die uns hier interessiert, verbessert die Auflösung dagegen etwas. Nehmen wir an, wir decken das Zentrum der Linse ab, so daß nur an ihrem Rand eine ringförmige Blendenöffnung bestehen bleibt. Die Punktantwort ist dann die Fouriertransformierte dieser Ringöffnung, die sich mit Hilfe von Abschn. 12.3.1

---

[11] Apodisation kann auch dazu verwendet werden, die Linienform bei der Fourierspektroskopie (Abschn. 11.6) auf praktisch die gleiche Weise zu verbessern.

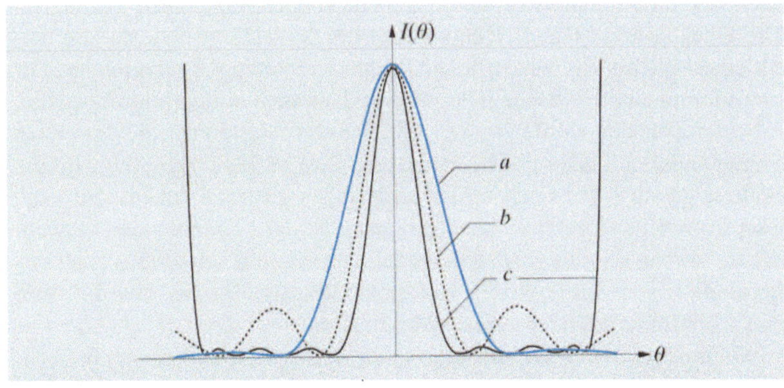

Abb. 12.26. Vergleich der Punktantworten (*a*) einer Lochblende; (*b*) einer Ringblende; (*c*) einem Satz aus fünf konzentrischen Ringblenden, der für besonders hohe Auflösung entworfen wurde

und Anhang A1 schreiben läßt als

$$I(\theta) = J_0^2 \left(\tfrac{1}{2} k_0 D \sin \theta \right) . \tag{12.54}$$

Ihre erste Nullstelle liegt bei $\tfrac{1}{2} k_0 D \sin \theta = 2{,}40$. Wendet man das **Rayleigh-** oder **Sparrow-Kriterium** (Abschn. 12.3.1) an, findet man $\theta_{\min} = 0{,}76\,\lambda/D$ bzw. $0{,}69\,\lambda/D$, verglichen mit $1{,}22\,\lambda/D$ und $0{,}95\,\lambda/D$ für die vollständig geöffnete Blende – eine Verbesserung des Auflösungsvermögens von ca. 40%. Da die Beugungsringe, die durch die J_0-Funktion entstehen, relativ stark sind (Abb. 12.26), hat diese Methode wenige direkte Anwendungen, sie kann aber als zweidimensionales Analogon zum **Michelsonschen Stellarinterferometer** angesehen werden. Sie hat den gleichen Nachteil einer großen Verschwendung von Licht. Aus Sicht der Unschärferelation gesehen, haben wir δk_x dadurch maximiert, daß wir nur Photonen aus den Randbereichen der Linse verwendet haben, wodurch wir δx minimiert haben. Ein Beispiel ist in Abb. 12.10h gezeigt.

12.5.2 Superauflösung

Ein kluger Vorschlag, der von *Toraldo di Francia* (1952) gemacht wurde, zeigt, daß theoretisch die Abbesche Auflösungsgrenze ohne weitere Beschränkung überschritten werden kann, allerdings auf Kosten der Photoneneffizienz.

Nehmen wir eine Linse mit Radius $R_0 = N\lambda$ an. Begrenzen wir sie mit einer dünnen Ringblende, erzielen wir eine Punktantwort $J_0(uR_0)$, wobei das Argument in (12.54) $u = k_0 \sin \theta$ wird. Das Rayleighsche Auflösungsvermögen ist dann $\delta u = 2{,}4/R_0$. Nun nehmen wir eine zweite, konzentrische Ringblende hinzu, mit einem Radius $R_1 < R_0$, einer Phase π und einem Transmissionsfaktor, der so gewählt wird, daß sich ihre Punktantwort gegen die der ersten Ringblende an einem bestimmten Ort $u_0 < 2{,}4/R_0$ aufhebt (aufgrund der Phasenverschiebung um π). Es gibt also jetzt einen dunklen Ring an der Stelle u_0, und das Rayleighsche Auflösungsvermögen ist verbessert. Die Punktantwort heben sich aber bei $u = 0$ ebenfalls *fast* auf, so daß das zentrale Maximum sehr schwach wird; das meiste Licht wird in die äußeren Bereiche des Sichtfeldes gestreut, in denen sich die Punktantwort addieren. Wir können nun diesen Prozeß mit Hilfe eines zweiten Paares Ringblenden mit Radien R_2 und R_3, die beide kleiner sind als R_1, wiederholen. Dadurch erhalten wir am gleichen Ort u_0 wiederum eine Nullstelle. Die Amplitudentransmissionsfunktionen dieser beiden Blenden werden so gewählt, daß das zweite Paar die des ersten an einer anderen Stelle mit dem Radius $u_1 > u_0$ aufhebt. Dadurch wird die Hauptmenge an Licht noch weiter nach außen gestreut. Im Prinzip kann dieser Prozeß fortgesetzt werden, bis man etwa $N/2$ Ringblenden verwendet hat. Ist man so weit gegangen, findet man ein sehr schwaches zentrales Maximum vor einem praktisch völlig dunklen Hintergrund, und die *Wahl* von u_0 bestimmt die Breite dieses Maximums.

Wohin ist nun die Lichtenergie verschwunden? Mathematisch betrachtet, ist der Hauptanteil der Intensität in einen Bereich $u > k_0$ verschoben worden, der unbeobachtbar ist; er entspricht evaneszenten Wellen, die die Bildebene nie erreichen. Das Licht wird daher in Analogie zur kritischen Reflexion zum Objekt zurückreflektiert. Aufgrund der schlechten Ausnutzung der Lichtintensität läßt sich dieses Konzept nicht in ein praktisches Instrument umsetzen, außer vielleicht für ein extrem kleines Objekt, das sich vollständig innerhalb des äußeren hellen Ringes befindet. Nichtsdestotrotz verdeutlicht diese Überlegung, daß sich die Abbesche Auflösungsgrenze umgehen läßt, wenn man genügend Photonen zur Verfügung hat. Ein Beispiel für eine auf diese Weise erhaltene Punktantwort ist in Abb. 12.26c gezeigt.

12.5.3 Konfokales Rastermikroskop

Eine praktisch eingesetzte Technologie, die ein etwas besseres Auflösungsvermögen als $\lambda/2\,\mathrm{NA}$ erzielt und die auf konventionellen Mikroskopen basiert, ist das **konfokale Rastermikroskop** (*Wilson* und *Sheppard* 1984). Es ist schematisch in Abb. 12.27 dargestellt. Dieses Diagramm zeigt ein in Transmission arbeitendes abbildendes System (es gibt auch die Möglichkeit, mit reflektiertem Licht zu arbeiten), in dem das Objekt durch das Bild einer Punktquelle beleuchtet wird. Das durch das Objekt transmittierte Licht wird durch eine zweite Linse auf eine Lochblende H fokussiert, hinter der ein Detektor angebracht ist, der die empfangene Leistung mißt. Das Objekt wird dann mechanisch durch das System gefahren und sein Bild elektronisch aufgrund des Detektorsignals aufgebaut.

Um die Auflösung eines solchen Systems zu bestimmen, muß man zunächst die Punktantwort berechnen, wie sie auf dem Bildschirm erscheint. Dazu stellen wir uns ein punktförmiges Objekt mit einer Transmissionsfunktion $\delta(x)\delta(y)$ vor. Das Beleuchtungssystem erzeugt eine Amplitudenpunktantwort $s_1(x)$ in der Objektebene, so daß die Amplitude in einer Entfernung x von der Achse

$$A(x) = A_0 s_1(x) \tag{12.55}$$

beträgt. Wird nun unser punktförmiges Objekt abgerastert, verhält es sich wie eine Punktquelle, die sich am Ort x befindet und eine Amplitude $A_0 s_1(x)$ besitzt. Diese wird nun durch die Objektivlinse mit der Vergrößerung m auf die Ebene H abgebildet, so daß sie mit ihrem Zentrum

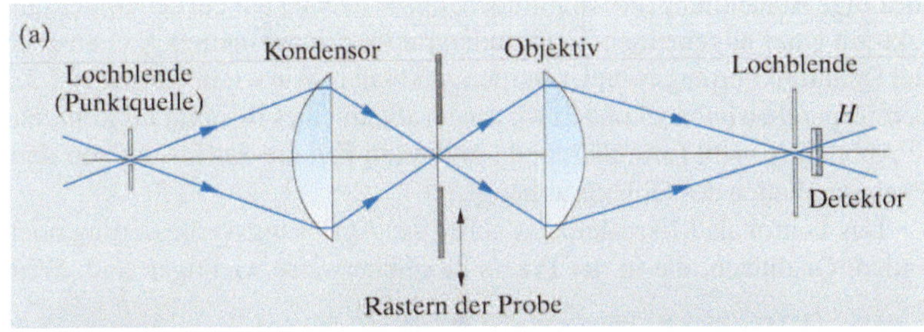

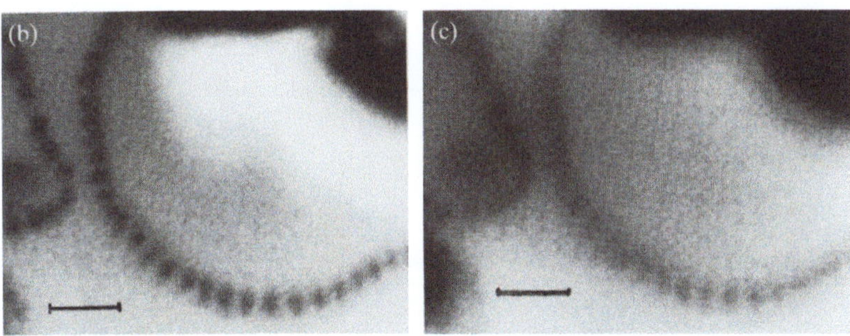

Abb. 12.27. (a) Strahlengang in einem konfokalen Rastermikroskop; Bild einer Spore von Dawsonia superba in einem (b) konfokalen und (c) konventionellen Fluoreszenzmikroskop. Die schwarzen Striche markieren 1 μm. (Photographien mit freundlicher Genehmigung von *V. Sarafis* und *C. Thoni*, Leica Lasertechnik, Heidelberg)

bei $x' = -mx$ erscheint. Das Objektiv hat die Amplitudenpunktantwort in der Ebene der Lochblende $s_2(x'/m)$. Die Amplitude in dieser Ebene ist daher $A_0 s_1(x) s_2[(x' - mx)/m]$ und an der Stelle $x' = 0$, an der sich die Lochblende befindet, $A_0 s_1(x) s_2(-x)$. Sind beide Linsen identisch, ist die Amplitudenpunktantwort daher $s^2(x)$ und die für die Intensitäten $s^4(x)$. Setzen wir die Gleichung für eine beugungsbegrenzte Linse der numerischen Apertur NA ein, $s(x) = 2J_1(k_0 x\,\text{NA})/(k_0 x\,\text{NA})$, so stellen wir fest, daß wir ein schmaleres Bild eines punktförmigen Objekts erhalten, als das beste konventionelle Mikroskop liefern kann. Diese Tatsache zeigt sich nicht im Rayleigh-Kriterium (siehe Fußnote 5 zu Abschn. 12.3.1), da die Nullstellen unverändert bleiben. Das Sparrow-Kriterium jedoch liefert

$$d_{\min} = \lambda/3,1\text{NA} \, , \tag{12.56}$$

da die zweite Ableitung von $[J_1(x)/x]^4$ eine Nullstelle bei $x = 1{,}08$ besitzt. In Abb. 12.27 ist die sehr hohe erreichbare Auflösung zu sehen; man beachte dabei, daß ein Objekt mit periodischen Detailstrukturen in diesem Beispiel verwendet wurde. Eine weitere Verbesserung der Auflösung könnte man durch eine Ringblende erreichen (Aufgabe 12.10).

Nun trifft nur ein Bruchteil des vom Objekt transmittierten Lichts auf die Lochblende H, so daß der Gewinn an Auflösung wie oben durch einen Verlust an Intensität bezahlt werden muß. Für einen weiteren Verlust an Intensität könnte die Auflösung theoretisch nochmals gesteigert werden, wenn man das Licht ein zweites Mal durch das Objekt hindurchlaufen ließe, bevor es die Lochblende erreicht. Wir möchten darauf hinweisen, daß der volle Zugewinn an Auflösung nur dann zum Tragen kommt, wenn die Beleuchtung vollständig inkohärent ist, d. h. wenn das Objekt als Reaktion auf das einfallende Licht fluoresziert. Sonst ist die Abbildung teilweise kohärent (Beleuchtung durch eine Punktquelle). Aus diesem Grund beinhaltet die obige Abhandlung die Amplituden, um so leichter auf ein beliebiges Objekt mit einer allgemeinen Amplitudentransmissionsfunktion $f(x)$ anstelle der Deltafunktion angewendet werden zu können. Wie wir in Abschn. 12.3.2 bereits gesehen haben, können wir ein so allgemeines Resultat für kohärente Abbildung nicht formulieren, da in diesem Fall die Auflösung von dem Phasenverhalten des Objekts abhängt.

Das konfokale Mikroskop hat außer der Auflösungsverbesserung noch andere Qualitäten, die in der Praxis möglicherweise wichtiger sind. Wird

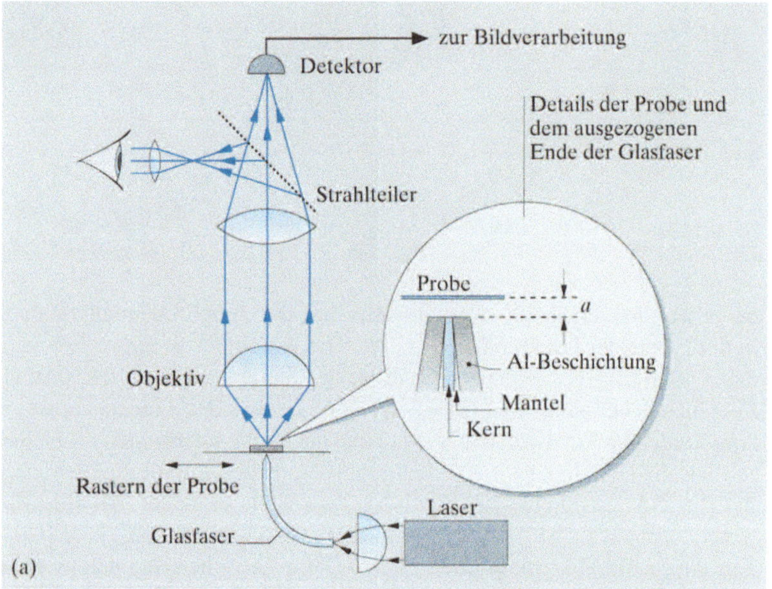

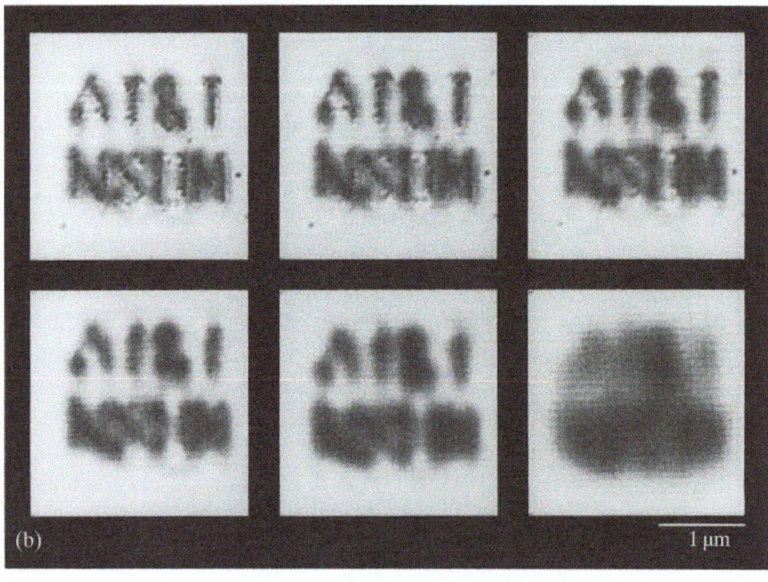

Abb. 12.28. (a) Schema eines optischen Nahfeldmikroskops, die Spitze der Glasfaser ist im Nebenbild gezeigt; (b) Bilder, aufgenommen mit einem Spitze-Objekt Abstand $a < 0{,}005\,\mu$m; $a = 0{,}005\,\mu$m; $0{,}010\,\mu$m; $0{,}025\,\mu$m; $0{,}10\,\mu$m; $0{,}40\,\mu$m. (Photographien mit freundlicher Genehmigung von *E. Betzig*)

das Objekt entlang der optischen Achse durch die Bildebene der Punktquelle bewegt, wird es nicht mehr durch einen Punkt beleuchtet, sondern durch eine nun ausgedehnte Quelle. Zusätzlich ist die zweite Stufe der Bilderzeugung nicht mehr richtig fokussiert, so daß insgesamt nur sehr wenig Licht beim Detektor ankommt; das Gesamtsystem hat eine geringe **Fokustiefe**. Diese Eigenschaft kann dazu verwendet werden, dreidimensionale Bilder, vor allem von biologischen Objekten, zu erzeugen, was zu zahlreichen Anwendungen führt.

12.5.4 Optische Nahfeldmikroskopie

Ein ganz anderes abbildendes System, das ein Auflösungsvermögen besitzt, das um etwa eine Größenordnung besser ist als die Wellenlänge des Lichts, ist das **optische Nahfeldmikroskop**. Mit Licht wurde ein solch hohes Auflösungsvermögen zuerst von *Lewis* et al. (1984) und *Pohl, Denk* und *Lanz* (1984) erreicht. Eine Beschreibung der Entwicklung dieser Technik und ihr neuester Stand finden sich bei *Betzig* et al. (1991, 1992) sowie bei *Paesler* und *Moyer* (1995). Bei diesem Instrument, das in Abb. 12.28 dargestellt ist, wird eine Lichtquelle mit der Ausdehnung $a \ll \lambda$ über die Probe gerastert. Das davon gestreute oder transmittierte Licht wird durch eine Linse gesammelt und auf einen Detektor fokussiert. Das Bild wird sequentiell während des Rastervorgangs aufgebaut. Da die Lichtquelle Abmessungen besitzt, die deutlich kleiner sind als die Wellenlänge des benutzten Lichts, ist die Welle im Bereich $z \ll \lambda$ evaneszent, weswegen eine Auflösung erzielt werden kann, wie sie in (12.53) abgeschätzt wurde. Natürlich muß die Quelle bis auf die Entfernung a an das Objekt herangebracht werden, was einen entscheidenden Nachteil bedeutet, aber es muß immer ein Preis für die Erhöhung des Auflösungsvermögens bezahlt werden; die Situation ist in dieser Hinsicht vergleichbar mit der des **Rastertunnelmikroskops**, RTM oder STM (engl.: „scanning tunneling microscope") abgekürzt, (*Binnig* und *Rohrer* 1985). Das Originalinstrument verwendete Laserlicht, das durch eine winzige Lochblende fokussiert wurde; neuere Versionen verwenden extrem dünne Glasfasern, die am Ende ausgezogen werden, oder kleine, elektrolumineszente Kristalle. Die Verwendung von evaneszenten Wellen resultiert wiederum in einer sehr schlechten Beleuchtungseffizienz, weswegen diese Methode (wie oben in Abschn. 12.5.2) viele Photonen erfordert.

12.6 Holographie

Da die gesamte Information zum Bild eines Objekts in seinem Beugungsmuster vorhanden ist, ist die Versuchung groß, zu fragen, ob man nicht einfach diese Information auf einer photographischen Platte aufnehmen kann, um das Bild daraus zu rekonstruieren. Die Hauptschwierigkeit, die dabei auftritt, ist das Aufnehmen der relativen Phasen der verschiedenen Teile der optischen Transformierten (siehe Abschn. 12.2.5), da photographische Methoden nur Intensitäten messen können. Die grundlegende Lösungsidee wurde 1948 von *D. Gabor* vorgeschlagen und hatte zu dieser Zeit nur begrenzten Erfolg; die Erfindung des Lasers ermöglichte dann allerdings die Durchführung seiner Vorschläge.

12.6.1 Das Gabor-Verfahren

Der eigentliche Grund, warum sich *Gabor* mit der Überwindung dieses Problems beschäftigte, war der Versuch, einen Weg zu finden, Aberrationen bei der Elektronenmikroskopie zu umgehen. Die Auflösung, die man mit Hilfe von Elektronenmikroskopen erzielen kann, ist nicht durch die Wellenlänge ($\sim 0{,}01$ nm) begrenzt, sondern durch die Aberrationen der Elektronenlinsen. Sie können nicht korrigiert werden, weswegen man normalerweise Linsen mit einer sehr kleinen numerischen Apertur verwendet. *Gabor* dachte, daß ein besseres Bild rekonstruiert werden könnte, wenn man das von Aberrationen verzeichnete Bild aufnehmen und es dann mit einem optischen System abbilden könnte, dessen Optik die Aberrationen der Elektronenoptik kompensiert. Um seine Idee zu demonstrieren, simulierte er das Problem zunächst optisch. Das **Phasenproblem** wurde dadurch gelöst, daß er ein Objekt verwendete, das aus kleinen, undurchsichtigen Details auf einem großen, transparenten Hintergrund bestand; der Hintergrund würde eine starke nullte Ordnung erzeugen und die Phasenvariationen des Beugungsmusters könnten als Intensitätsvariationen, wie bei der Röntgenmikroskopie (Abschn. 12.2.5), beobachtet werden. Die Intensität würde dabei am größten, wenn die Phase des Beugungsmusters die gleiche wie die des Hintergrunds wäre, und am geringsten, wenn die Phasendifferenz π betrüge. Diese Methode wurde erst viel später wirklich auf Elektronenmikroskopbilder angewendet (*Tonomura* 1986), wurde aber bereits in den sechziger Jahren, als die Laser zur Verfügung standen, erfolgreich für optische Systeme zur Bilderzeugung entwickelt.

12.6.2 Der Einsatz des Lasers

Die Idee eines Hologramms wurde von *Leith* und *Upatnieks* 1960 erfolgreich umgesetzt, indem sie den intensiven Strahl kohärenten Lichts, den ein Laser lieferte,[12] verwendeten. Das Experiment selbst ist dabei recht einfach (Abb. 12.29). Ein räumlich kohärenter Laserstrahl wird geteilt, entweder in seiner Amplitude oder seiner Wellenfront, so daß ein Teil davon

---

[12]Tatsächlich wurden die ersten Demonstrationen mit gewöhnlichen Lichtquellen gemacht, der Laser machte das Leben aber viel einfacher.

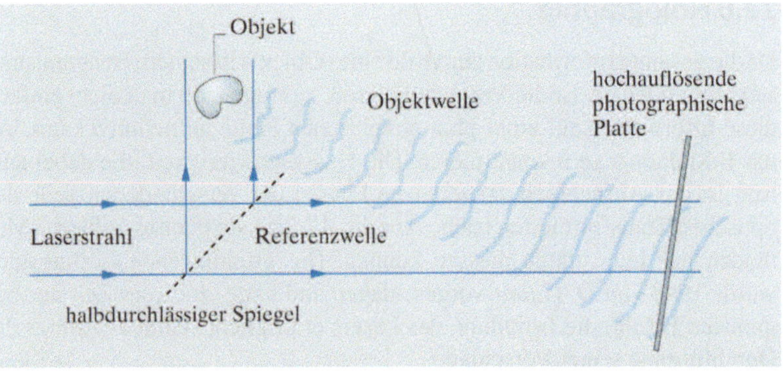

Abb. 12.29. Schema für ein holographisches Aufnahmeverfahren

direkt auf eine photographische Platte, der andere auf das aufzuzeichnende Objekt fällt, das Licht auf dieselbe Platte streut. Die beiden Wellen, **Referenzwelle** und **Objektwelle** genannt, interferieren, und das entstehende Interferenzmuster wird aufgezeichnet. Es ist dabei notwendig, die relativen Bewegungen der verschiedenen Bestandteile des Aufbaus auf Amplituden deutlich unter einer Wellenlänge zu reduzieren, da sonst die Interferenzstreifen verschwimmen. Die Rekonstruktion des Bildes wird dadurch ausgeführt, daß man die entwickelte Platte mit einer Welle beleuchtet, die identisch mit, oder zumindest sehr ähnlich zu der ursprünglichen Referenzwelle ist. Dann werden üblicherweise zwei Bilder beobachtet. Wir wollen zunächst eine qualitative Beschreibung des Aufnahme- und Rekonstruktionsprozesses geben und sie anschließend in einer mehr quantitativen Weise diskutieren.

Der Prozeß kann in allgemeiner Form dadurch beschrieben werden, daß man das Hologramm als ein **Beugungsgitter** betrachtet (Abschn. 8.3.4, Abschn. 9.2). Nehmen wir an, wir photographieren das Hologramm eines punktförmigen Streuzentrums (Abb. 12.30a). Das Punktobjekt erzeugt eine kugelförmige Objektwelle, die mit der ebenen Referenzwelle interferiert. Das Resultat ist ein Satz gekrümmter Beugungsstreifen (Abb. 12.30b), die wie ein Ausschnitt einer Zonenplatte (Abschn. 7.3.4) außerhalb des

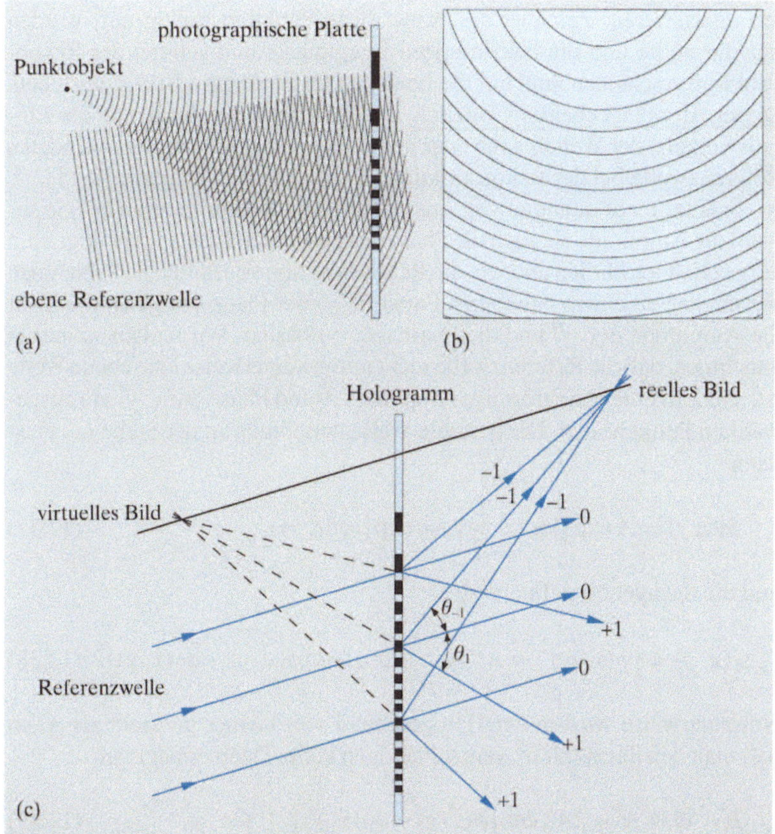

Abb. 12.30a–c. Entstehung und Rekonstruktion des Hologramms eines punktförmigen Objekts. (a) Kugelwellen vom Objekt interferieren mit ebenen Referenzwellen; (b) Interferenzmuster auf der photographischen Platte; (c) die Platte verhält sich wie ein Beugungsgitter mit ungleichmäßigen Linienabständen

Zentrums aussehen. Das Hologramm wird photographiert und die Photoplatte entwickelt. Um das Bild zu rekonstruieren, beleuchten wir das Bild mit einer ebenen Welle, die mit der ursprünglichen Referenzwelle identisch ist (Abb. 12.30c). Wir können jeden Teil des Hologramms einzeln als ein Beugungsgitter mit einem speziellen lokalen Gitterabstand ansehen. Die Beleuchtung mit der Referenzwelle ergibt eine nullte und zwei erste Beugungsordnungen unter den Winkeln θ_1, θ_{-1}, die vom örtlichen Linienabstand abhängen. Es ist nicht schwierig, zu erkennen, daß die Streifen der Ordnung -1 sich schneiden und ein reelles Bild des Streuzentrums bilden, während die der Ordnung $+1$ ein virtuelles Bild an der ursprünglichen Position des Objekts erzeugen. Die Bilder sind dreidimensional, da sie durch die Überlagerung von Wellen aus verschiedenen Richtungen zustande kommen.

Zwei weitere wichtige Punkte lassen sich aus diesem Modell ableiten. Als erstes ist zu sehen, daß ein rekonstruierter Punkt um so genauer lokalisiert werden kann, je größer der verwendete Bereich der photographischen Platte ist, da sich die zur Rekonstruktion verwendeten Beugungsordnungen unter einem größeren Winkel schneiden können.

> Die erreichbare Auflösung ist daher eine Funktion der Größe des Hologramms.

Zweitens sind die Beugungsstreifen sinusförmig, da nur zwei Wellen interferieren. Zeichnet die Platte diese Funktion richtig auf, werden nur die nullte und die beiden ersten Beugungsordnungen bei der Rekonstruktion erscheinen, und nur die beiden oben erwähnten Bilder entstehen. Dieser Ansatz ist ebenfalls nützlich, um die Effekte bei Änderung des Einfallswinkels, der Wellenlänge oder des Konvergenzgrades der verwendeten Referenzwelle bei der Rekonstruktion zu untersuchen (Aufgabe 12.11).

In einer mehr quantitativen Auswertung können wir nun sehen, wie sowohl die Amplitude als auch die Phase des gestreuten Lichts im Hologramm aufgezeichnet werden und wie die Rekonstruktion vonstatten geht. Nehmen wir an, daß an einem beliebigen Punkt (x, y) der Platte das gestreute Licht die Amplitude $a(x, y)$ und die Phase $\phi(x, y)$ besitzt. Wir wollen weiterhin annehmen, daß die Referenzwelle nicht notwendigerweise eine ebene Welle ist, sondern eine gleichförmige Amplitude A und Phase $\phi_0(x, y)$ am ausgewählten Punkt besitzt. Die gesamte Wellenamplitude an der Stelle (x, y) ist dann

$$\psi(x, y) = A \exp\left[i\phi_0(x, y)\right] + a \exp\left[i\phi(x, y)\right] \tag{12.57}$$

und die dazugehörige Intensität

$$I(x, y) = \left|\psi(x, y)\right|^2 = A^2 + a^2 + 2Aa \cos\left[\phi(x, y) - \phi_0(x, y)\right]. \tag{12.58}$$

Normalerweise wird in der Holographie a viel kleiner gemacht als A, so daß man den Term mit a^2 vernachlässigen kann. Dann erhält man

$$I(x, y) \approx A^2 + 2Aa \cos\left[\phi(x, y) - \phi_0(x, y)\right]. \tag{12.59}$$

Die Photographie davon ist das Hologramm. Es besteht aus einem Satz Interferenzstreifen mit sinusförmigem Profil und einer Phase $\phi - \phi_0$. Die **Sichtbarkeit** der Steifen ist $2a/A$. Da A konstant ist und ϕ_0 bekannt, werden somit sowohl $a(x, y)$ als auch $\phi(x, y)$ im Hologramm aufgezeichnet. Die Notwendigkeit, mit kohärentem Licht zu arbeiten, sollte nun klar sein, da die **Phasendifferenz** $\phi - \phi_0$ im holographischen Muster festgehalten wird.

Um die Form der Rekonstruktion herzuleiten, nehmen wir an, daß das Interferenzmuster (12.59) auf einer photographischen Platte aufgezeichnet wird, deren Amplitudentransmissionskoeffizient $\mathscr{T}(x, y)$ nach dem Entwickeln linear[13] von der Belichtungsintensität $I(x, y)$ abhängt

$$\mathscr{T}(x, y) = 1 - \alpha I(x, y). \tag{12.60}$$

Das Hologramm wird von einer Welle $A \exp[\mathrm{i}\phi_0(x, y)]$, die identisch zur ursprünglichen Referenzwelle ist, beleuchtet, wodurch sich für die übertragene Amplitude

$$A\mathscr{T}(x, y) \exp\left[\mathrm{i}\phi_0(x, y)\right] = \left[1 - \alpha I(x, y)\right]A \exp\left[\mathrm{i}\phi_0(x, y)\right] \tag{12.61}$$

$$= A(1 - \alpha A^2) \exp\left[\mathrm{i}\phi_0(x, y)\right] \tag{a}$$

$$- \alpha A^2 a(x, y) \exp\left[\mathrm{i}\phi(x, y)\right] \tag{b}$$

$$- \alpha A^2 a(x, y) \exp\left\{\mathrm{i}\left[2\phi_0(x, y) - \phi(x, y)\right]\right\} \tag{c}$$

ergibt. Die drei Terme dieser Gleichung lassen sich wie folgt interpretieren:

(a) Die nullte Beugungsordnung stellt den gedämpften, fortlaufenden Anteil der Referenzwelle dar.

(b) Die erste Ordnung formt ein virtuelles Bild. Von dem konstanten Faktor αA^2 abgesehen, ist die rekonstruierte Welle *exakt* gleich der Objektwelle, weswegen das Licht von einem perfekt rekonstruierten, virtuellen Objekt zu kommen scheint. Da die komplette komplexe Welle $a(x, y)$ rekonstruiert wurde, sieht die Rekonstruktion aus jeder Richtung genauso aus wie das Objekt und erscheint deshalb dreidimensional.

(c) Die Ordnung -1 ist das dazu konjugierte Bild. Diese Welle stellt im Fall von $\phi_0 = \mathrm{const}$ die zur Objektwelle komplex konjugierte Welle dar und ergibt dann das reelle Spiegelbild des Objekts. Im Falle anderer Phasen ist das Bild verzerrt.

Dies ist nicht der richtige Ort, um auf die praktischen Details zur Herstellung von Hologrammen einzugehen, für die wir die Leser auf die Bücher von *Collier*, *Burckhardt* und *Lin* (1971) und *Hariharan* (1989) verweisen wollen; wir werden hier nur einige Punkte erwähnen, die direkt aus der obigen Diskussion resultieren.

Das Intensitätsverhältnis zwischen dem Objekt- und dem Referenzstrahl, a^2/A^2, wurde als klein angenommen; im allgemeinen reicht ein Verhältnis von 1:5, wobei für einige Spezialfälle sogar noch 1:2 möglich ist. Perfekte Rekonstruktion setzt voraus, daß die Lichtintensität

---

[13]Es ist immer möglich, einen begrenzten Bereich zu finden, in dem dies der Fall ist. Dies ist ein weiterer Grund dafür, $a^2 \ll A^2$ zu wählen, damit der dynamische Bereich von I nicht zu groß wird.

von der photographischen Platte linear aufgezeichnet wird. Diese Bedingung kann für zahlreiche Anwendungen deutlich gelockert werden, da der Haupteffekt einer nichtlinearen Aufzeichnung darin besteht, daß Bilder zweiter und höherer Ordnung entstehen, die normalerweise vom Hauptbild räumlich getrennt sind, obwohl sie unter bestimmten Bedingungen mit diesem interferieren können. Eine weitere, offensichtliche Forderung ist die nach einer hohen räumlichen Auflösung der photographischen Platte. Sind der Referenz- und der Objektstrahl um einen Winkel θ getrennt, dann ist die Periodizität der Beugungsstreifen im Hologramm annähernd $\lambda/\sin\theta$. Haben wir beispielsweise $\theta = 30°$, so ergibt sich für den gewöhnlichen Helium-Neon-Laser eine Periodizität von 1 μm. Um Streifen dieser Größe aufzeichnen zu können, muß der Film Details von mindestens 0,5 μm Auflösen können, was nur von speziellen, hochauflösenden photographischen Platten erfüllt wird. Diese Platten sind daher normalerweise sehr unempfindlich und, wie wir sehen werden, sehr ineffizient.

12.6.3 Phasen- und Volumenhologramme

Der Leser wird sich zweifellos an die Diskussion der Beugungsgitter in Abschn. 9.2 erinnern, die zeigte, wie schlecht die Effizienz eines Amplitudengitters ist. Ein Hologramm stellt im wesentlichen ein solches dar, und die Argumentation aus Abschn. 9.2.4 kann für ein sinusförmiges Gitter genauso wiederholt werden. Man erhält als Ergebnis eine Beugungseffizienz von $\eta \approx a^2/12A^2$, was einen sehr kleinen Wert darstellt. Die Lösung dieses Problems besteht wie bei Beugungsgittern darin, ein **Phasenhologramm** zu verwenden. Es gibt mehrere praktische Methoden, den Amplitudentransmissionskoeffizienten $\mathscr{T}(x, y)$ durch ein proportionales Brechungsindexfeld $\mu(x, y)$ zu ersetzen. Eine davon besteht im Bleichen eines entwickelten Amplitudenhologramms (chemische Ersetzung von absorbierendem Silber durch einen transparenten Komplex, z. B. AgCl, dessen Anwesenheit lokal den Brechungsindex der Emulsion verändert), weitere verwenden Gele oder Polymere, deren Verkettungsgrad durch die Belichtung verändert wird. Andere Materialien, z. B. Thermoplaste oder elektrooptische Kristalle, werden ebenfalls zur Aufzeichnung von Phasenhologrammen verwendet (werfen Sie einmal einen Blick auf ihre Kreditkarte).

Haben wir erst einmal eine Technologie entwickelt, nichtabsorbierende Hologramme zu erzeugen, können wir auch **Volumenhologramme** produzieren. Dies sind üblicherweise Polymere oder Kristalle, die die einfallende Lichtintensität in drei Dimensionen als lokale Brechungsindexvariation aufzeichnen (siehe beispielsweise Abschn. 13.5), die dann „fixiert" (d. h. gegen weitere Belichtung unempfindlich gemacht) wird. Das volumenholographische Medium ersetzt in Abb. 12.30 die photographische Platte und zeichnet das vollständige, räumliche Beugungsmuster auf, wobei so ein dreidimensionales Beugungsgitter entsteht.

Die Rekonstruktion des Bildes entsteht durch Beugung der ebenen Referenzwelle an diesem Gitter. Wir haben hierbei die gleiche Situation wie bei der Diskussion des **akustooptischen Effekts** (siehe Abschn. 8.4.5), außer daß in diesem Fall das Beugungsgitter stationär und somit die akustische Frequenz Ω null ist. Wir haben in der dortigen Diskussion gesehen, daß das Volumengitter die Welle nur dann beugt, wenn es den passenden Winkel zur Erfüllung der **Braggschen Beugungsbedingung** einnahm (siehe Abb. 8.27). Nehmen wir aus Gründen der Einfachheit an, wir haben das Hologramm einer ebenen Welle so aufgenommen, daß der Winkel zwischen dem Hologramm und der Referenzwelle 2α beträgt. Dann sind die Beugungsstreifen im Volumenhologramm planar und haben einen Abstand von $\Lambda = \lambda/2\sin\alpha$. Das Braggsche Gesetz sagt uns nun, daß Beugung stattfindet, wenn der Referenzstrahl einen Winkel von α einnimmt, d. h. wenn er aus der gleichen Richtung wie bei der Aufzeichnung des Hologramms kommt. Unter anderen Winkeln kommt es zu keiner Rekonstruktion, und das Hologramm erscheint für die Welle transparent. Vergleichen wir dies mit der zweidimensionalen Situation, wo die Verwendung einer von der Referenzwelle verschiedenen Welle nur zu einer Verzerrung des Bildes geführt hat.

Das vollständige Verschwinden der Rekonstruktion für jede rekonstruierende Welle, die nicht die Richtung der ursprünglichen Referenzwelle hat, ermöglicht das simultane Aufnehmen vieler Hologramme (wobei jedes ein unterschiedliches Bild darstellt) im gleichen Medium. Jedes dieser Hologramme wird durch eine spezielle Referenzwelle geformt, und es gibt die Möglichkeit, sich jedes Bild dadurch separat anzuschauen, indem man jeweils die passende Welle zur Rekonstruktion wählt. Dies hat zur Idee des **holographischen Speichers** geführt, bei dem eine große Menge an Information in der Form dreidimensionaler Bilder in einem Kristall gespeichert werden kann mit der Möglichkeit eines schnellen Zugriffs durch die Auswahl des passenden Rekonstruktionsstrahls.

12.6.4 Holographische Interferometrie

Holographische Rekonstruktionen haben zwei wesentliche Vorteile gegenüber normalen Photographien: Sie sind dreidimensional, und sie enthalten Phaseninformation (Abschn. 12.4.2). Die Möglichkeit, Phaseninformation aufzuzeichnen, hat die Entwicklung von **holographischer Interferometrie** ermöglicht, bei der ein Objekt interferometrisch mit einer holographischen Aufnahme, die von ihm zu einem früheren Zeitpunkt gemacht wurde, verglichen wird. Ist es seitdem zu irgendeiner Veränderung – beispielsweise der optischen Dichte oder der geometrischen Ausdehnung – seit der Aufzeichnung gekommen, werden die Unterschiede als Interferenzstreifen zu sehen sein. Es ist nicht unsere Absicht, die praktischen Details solcher Experimente darzustellen; ein Beispiel ist in Abb. 12.31 gezeigt, in dem das Wachstum eines Kristalls aus transparentem Material beobachtet wird. Dazu wird innerhalb einer optischen Kammer das Interferenzmuster, das aufgrund von Veränderungen in der optischen Dichte entsteht, aufgezeichnet. Das Hologramm wurde aufgenommen, bevor der Kristall anfing zu wachsen, so daß sich das Interferogramm nur auf den Kristall bezieht. Die Details der Experimentierkammer spielen bei der Interpretation des Interferogramms keine Rolle, da nur **Veränderungen** in der optischen Dichte aufgezeichnet werden. Andere Anwendungen der holographischen Interferometrie beinhalten

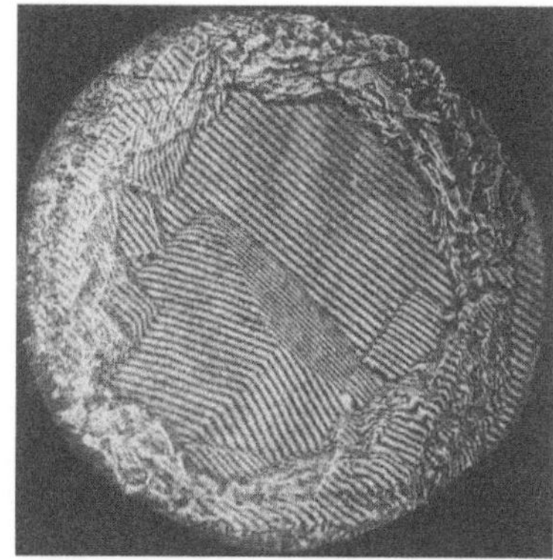

Abb. 12.31. Holographisches Interferogramm eines wachsenden Kristalls aus festem Helium bei einer Temperatur von 0,5 K

die Analyse von Vibrationen und aerodynamische Experimente (siehe dazu die weiter oben aufgeführte Literatur zum Thema Holographie sowie *Jones* und *Wykes* 1989).

12.6.5 Anwendungen der Abbeschen Theorie mit holographischen Filtern

Die Techniken der räumlichen Filterung, die wir in Abschn. 12.4 diskutiert haben, verwenden sehr einfache geometrische Filter, z. B. die Dunkelfeld-Blende oder die Phasenplatte. Holographie erlaubt uns nun die Aufzeichnung der komplexen Amplitude eines Wellenfeldes, und die Verwendung von holographischen Filtern eröffnet eine neue Dimension der **räumlichen Filterung**.

Betrachten wir das Objekt $f(x)$, das in dem bereits häufig verwendeten System zur räumlichen Filterung (Abb. 12.3) mit Hilfe einer Linse der Brennweite L abgebildet wird. In der Brennebene der Linse sehen wir die komplexe Fouriertransformierte $F(u)$ der Dimension ξ, wobei $u = k_0 \xi / L$ ist. Das endgültige Bild ist dann die Transformierte hiervon, $f(-x/m)$, wobei wir ab jetzt annehmen wollen, daß die Vergrößerung m des Systems gleich eins ist. Wir können nun einen beliebigen Filter $H(u)$ in die Brennebene einbringen; die Filterfunktion wird mit der Transformierten $F(u)$ multipliziert, und das daraus entstehende Bild ist die Transformierte von $F(u)H(u)$, nach dem **Faltungssatz** $f(-x) \otimes h(-x)$. Es gibt mehrere interessante Anwendungen dieses Resultats, wenn $H(u)$ eine komplexe Funktion ist. In der Praxis wird der komplexe Filter $G(u)$ holographisch auf einer photographischen Platte als reelle Funktion $H(u)$ aufgenommen, entweder in einem experimentellen Aufbau (Abb. 12.32) oder mit Hilfe einer computergenerierten Zeichnung. Für einen ebenen Referenzstrahl unter einem Winkel β zur optischen Achse ist die Transmission des Filters proportional zur Intensität (12.59):

$$\begin{aligned} H(u) \propto I(u) &= \left| G(u) + A \exp(\mathrm{i} u L \sin \beta) \right|^2 \\ &\approx A^2 + A G(u) \exp(-\mathrm{i} u L \sin \beta) \\ &\quad + A G^*(u) \exp(\mathrm{i} u L \sin \beta) \,. \end{aligned} \tag{12.62}$$

Die Wirkung des Filters auf das Bild von $f(x)$ ist die Erzeugung eines Bildes

$$\begin{aligned} f_1(x) &= A^2 f(-x) + A f(-x) \otimes g(-x) \otimes \delta(x - L \sin \beta) \\ &\quad + A f(-x) \otimes g^*(x) \otimes \delta(x + L \sin \beta) \,. \end{aligned} \tag{12.63}$$

Dieser Ausdruck enthält drei identifizierbare Terme:

(1) $A^2 f(-x)$ ist einfach ein Bild von $f(x)$;
(2) der zweite Term ist die Faltung von f und g, mit dem Zentrum bei $x = L \sin \beta$;
(3) der dritte Term ist die Korrelation von f und g, mit dem Zentrum bei $x = -L \sin \beta$.

Die drei Bildfunktionen sind in der Bildebene physikalisch getrennt, da sie um verschiedene Punkte zentriert sind. Eine Anwendung eines solchen

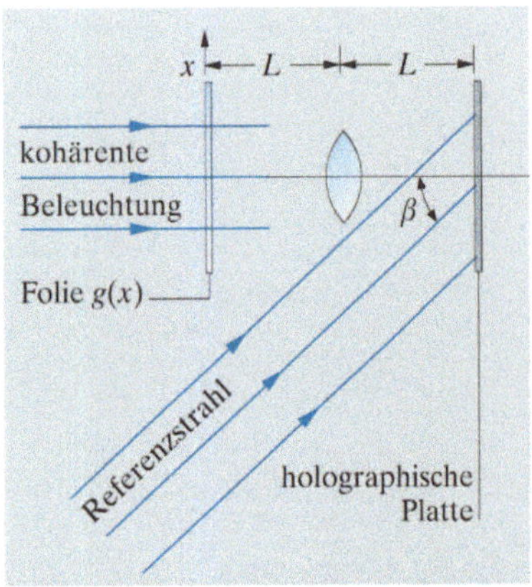

Abb. 12.32. Herstellung eines holographischen Filters

Systems ist die Identifikation von komplexen Mustern, z. B. von Fingerabdrücken. Nehmen wir an, daß $g(x)$ zu einem bekannten Objekt gehört und $f(x)$ zu einem unbekannten. Sind die beiden Funktionen identisch, erzeugt die Korrelationsfunktion einen helles zentrales Maximum, das schwächer wird oder ganz fehlt, wenn die beiden Objekte nicht identisch sind.

Eine weitere Anwendung besteht in der Verminderung von Unschärfen in Photographien oder anderen Bildern. Wie in Abschn. 4.6.1 erwähnt, ist das Verschwimmen eines Bildes identisch mit der Faltung der Bildfunktion mit einer „Unschärfefunktion" (engl.: „blur function"). Wir bezeichnen diese Funktion mit $b(x)$. Dann ist das verschwommene Bild von $f(x)$ gegeben durch $f(x) \otimes b(x)$; die Transformierte hiervon ist dann $F(u)B(u)$. Was wäre bei bekanntem $b(x)$ leichter, als mit Hilfe eines Computers ein Filter $1/B(u)$ zu generieren und mit $F(u)B(u)$ zu multiplizieren, um so $F(u)$ zu rekonstruieren und ein scharfes Bild $f(-x)$ in der Bildebene zu erhalten? Diese Methode würde es z. B. erlauben, unfokussierte Photographien, Bilder von bewegten Objekten oder Röntgenbilder von klinischen Anwendungen (die im wesentlichen Schatten einer ausgedehnten Quelle sind) wieder scharf darzustellen. Aber leider ist diese Darstellung zu einfach. Was passiert beispielsweise an den Nullstellen von $B(u)$? Fast alle Transformierten haben Nullstellen, und an diesen Punkten geht die in $F(u)B(u)$ enthaltene Information unwiederbringlich verloren. Einige Methoden, die sich mit diesen Problemen beschäftigen, wurden mit mäßigem Erfolg entwickelt, wir möchten an dieser Stelle aber nicht weiter auf sie eingehen (siehe beispielsweise *Guenther* 1990).

12.7 Vertiefungsthema: interferometrische Bilderzeugung in der Astronomie

Eine Hauptschwierigkeit in der Astronomie besteht in der großen Entfernung der zu beobachtenden Objekte und ihres daraus folgenden kleinen Winkeldurchmessers. Mit Hilfe interferometrischer Methoden läßt sich die erreichbare Winkelauflösung deutlich verbessern.

12.7.1 Radioastronomie

Die Entdeckung der kosmischen Strahlung mit einer Wellenlänge von 14,6 m durch *Jansky* 1932 war für die Astronomie ein wichtiges Ereignis. Gründend auf dieser Entdeckung und den Entwicklungen der Elektronik im Zweiten Weltkrieg, hat sich die Radioastronomie seit den fünfziger Jahren schnell entwickelt. Sie profitierte speziell von der Übernahme optischer Techniken auf den Wellenlängenbereich zwischen einigen Millimetern und vielen Metern. Viele Radioteleskope sind so konstruiert, daß sie aus einem großen, parabolischen Reflektor und einer Antenne an dessen Brennpunkt bestehen. Von der Tatsache abgesehen, daß der Detektor damit nur einen Punkt abtastet und daher durch das Bild rastern muß, ist das Konzept dem eines optischen Spiegelteleskops sehr ähnlich; insbesondere läßt sich das Auflösungsvermögen auf die gleiche Weise berechnen (siehe Abschn. 12.3.1). Das Problem bei Radioteleskopen sind vielmehr die Abmessungen. In Wellenlängen ausgedrückt, sind selbst die größten herstellbaren Strukturen sehr klein im Vergleich zu denen im Bereich des sichtbaren Lichts, weswegen alternative Methoden, die auf interferometrischen Technologien basieren, absolut notwendig sind, um eine hohe räumliche Auflösung zu erreichen. Die wichtigste Technik in der modernen Radioastronomie ist die der **Apertursynthese**, die wir in Abschn. 11.9.3 im Zusammenhang mit der Kohärenztheorie diskutiert haben. Um den Überblick zu vervollständigen, werden wir im folgenden kurz die Entwicklung von radioastronomischen Interferometeranordnungen diskutieren, die in den vergangenen Jahren auch für Submillimeter-Wellenlängen verwendet wurden.

12.7.2 Interferometer aus zwei Antennen

Das einfachste Radiointerferometer besteht aus zwei Antennen, die einen horizontalen Abstand L besitzen, siehe Abb. 12.33a. Wir werden jede Antenne als Punktempfänger ansehen, auch wenn sie durch einen großen Parabolreflektor mit einem Durchmesser $\ll L$ zur Erhöhung der Empfindlichkeit umgeben ist. Um die Punktantwort zu berechnen, nehmen wir an, das Antennenpaar beobachtet eine einzelne Strahlungsquelle unter dem Winkel θ relativ zum Zenit in der vertikalen Ebene, die beide Antennen enthält. Jede Antenne empfängt das gleiche Signal von der Quelle, das wir als $f(t)$ an einer Antenne bezeichnen wollen und das gegenüber dem an der anderen Antenne zeitlich um $L \sin\theta/c$ früher ankommt. Das Antennensignal ist daher proportional zu $f(t)$ bzw. $f(t + L \sin\theta/c)$. Die Signale beider Antennen werden dann kohärent addiert, wobei das Signal der zweiten Antenne um eine Zeit T verzögert wird. Wir haben daher das interferometrische Signal $s(t) = f(t) + f(t + L \sin\theta/c - T)$. Offensichtlich erhält man das maximale Signal $2f(t)$, wenn die Verzögerung $T = L \sin\theta/c \equiv T_0$ beträgt. Nehmen wir an, die Quelle ist quasimonochromatisch mit Frequenz ω, dann ergibt eine Zeitverzögerung von $T = T_0 + m\pi/\omega$:

$$s(t) = f(t) + f(t - m\pi/\omega) . \tag{12.64}$$

Variieren wir die Zeitverzögerung T, können wir Interferenzen beobachten, destruktive, wenn m ungerade ist, und konstruktive, wenn m gerade ist – in anderen Worten **Youngsche Beugungsstreifen** mit einer Periode von $2\pi/\omega$ – solange, bis die Zeitverzögerung länger als die Kohärenzzeit wird. Sind die Antennen entlang einer Linie in Ost-West-Richtung angeordnet, ändert sich θ aufgrund der Erdrotation mit der Zeit, und man erzielt dadurch eine Variation von T_0. Ein Signal, das auf diese Weise in den fünfziger Jahren erhalten wurde, ist in Abb. 12.33b gezeigt. Liegen die Antennen in Nord-Süd-Richtung, muß die Zeitverzögerung T künstlich im Computer variiert werden.

Die Winkelauflösung, mit der die Position einer Punktquelle gemessen werden kann, entspricht dem Winkeläquivalent eines halben Interferenzstreifens, d. h. $L\delta(\sin\theta)/\lambda = \frac{1}{2}$, was gleichbedeutend ist mit

$$\boxed{\delta\theta_{\min} = \lambda/(2L \cos\theta)} . \tag{12.65}$$

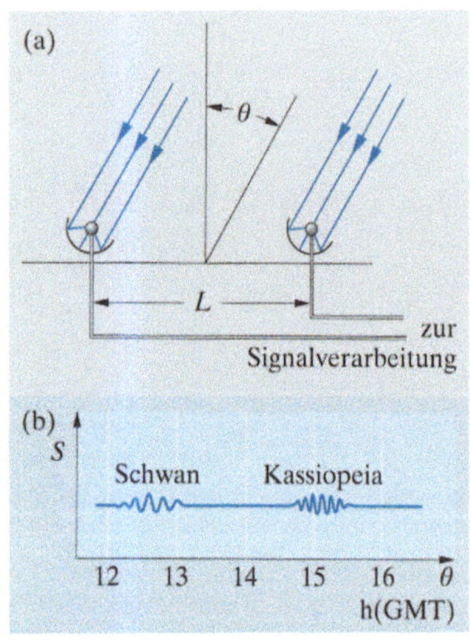

Abb. 12.33. (a) Geometrie eines einfachen Radio-Interferometers; (b) beobachtetes Signal beim Durchgang der Sternbilder Schwan und Kassiopeia durch die Zenitebene. (Aus *Smith* 1962)

Dies ist das gleiche Ergebnis wie das, was wir in Abschn. 9.1.1 für die optischen Beugungsstreifen in einem Youngschen Experiment erhalten haben. Nehmen wir beispielsweise $L = 1\,\mathrm{km}$ und $\lambda = 1\,\mathrm{m}$, ergibt sich eine Winkelauflösung von $0{,}5 \cdot 10^{-3}$ rad, was etwa der des „unbewaffneten" Auges entspricht. Es entspricht aber auch der Auflösung (nicht der Empfindlichkeit!) einer Parabolantenne mit $1{,}2\,\mathrm{km}$ Durchmesser, die sicherlich nicht leicht zu konstruieren ist. Das eigentliche Problem ist die Interpretation von Signalen, die von einer Quelle stammen, die keine Punktquelle darstellt. Wir werden deshalb die Analogie zu optischen Instrumenten weiterverfolgen und eine Entsprechung für ein Beugungsgitter suchen.

12.7.3 Beugungsgitter und Antennenfelder

Wie wir in Abschn. 9.1, 2 gesehen haben, vereinfacht die Verwendung einer regelmäßigen Anordnung von Spalten anstelle der zwei, die beim Youngschen Experiment verwendet werden, die Interpretation von Spektralmustern deutlich. Das gleiche Prinzip gilt auch für größere Antennenanordnungen. Nehmen wir eine lineare Anordnung von $N + 1$ Antennen mit einem gegenseitigen Abstand L, die wie oben Signale von der gleichen Quelle empfangen. Das kombinierte Signal aller Antennen ist nun

$$s(t) = \sum_{n=0}^{N} f(t + nL \sin\theta/c)\,. \tag{12.66}$$

Wie zuvor kompensieren wir die Terme $nL \sin\theta/c$ durch eine Zeitverzögerung $T_n = nT_0$ des $n$ten Signals und erhalten ein maximales Signal $s(t) = (N + 1)f(t)$. Nun variiert man T_n (entweder durch die Veränderung von T_0 aufgrund der Erdrotation oder künstlich im Computer), so daß $T_n = n(T_0 + \tau)$. Für eine quasimonochromatische Quelle mit $f(t) = a\exp(-\mathrm{i}\omega t)$ ergibt sich dann

$$s(t,\tau) = \sum_{n=0}^{N} f(t - n\tau) = a\exp(-\mathrm{i}\omega t) \sum_{n=0}^{N} \exp(\mathrm{i}n\omega\tau)\,, \tag{12.67}$$

der gleiche Ausdruck, den wir auch für das Beugungsmuster einer linearen Anordnung von $N + 1$ Spalten in Abschn. 8.3.3 erhalten haben, wobei $ud \equiv \omega\tau$. Wir haben damals gesehen, daß das Beugungsmuster aus hellen Hauptmaxima bestand, die durch $N - 1$ schwächere Nebenmaxima getrennt waren (siehe Abb. 8.15). Dies ist die Punktantwort eines Antennenfeldes, wenn man es als bilderzeugendes Instrument ansieht. Die Breite des Hauptmaximums (die nullte Ordnung, deren Position von der Wellenlänge unabhängig ist) ist dann gegeben durch $\tau_{\min} = 2\pi/N\omega$. Die Winkelauflösung erhält man, wenn man $\tau = L\delta(\sin\theta)/c$ einsetzt, also $\delta\theta_{\min} = \lambda/(NL\cos\theta)$, vgl. (12.65).

Ein Antennenfeld erreicht also die gleiche Auflösung wie ein Antennenpaar, das die komplette Länge NL des Antennenfeldes getrennt ist; da jedoch die Hauptmaxima schmaler und zudem besser getrennt sind, kann die Struktur von komplizierteren Quellen leichter erforscht werden. Zusätzlich nimmt die Leistung $|f(t)|^2$ im Hauptmaximum mit N^2 zu. Diese Vorteile entsprechen genau denen eines Beugungsgitters, das ein viel intensiveres Beugungsmuster als ein Youngscher Doppelspalt gibt und eines, welches sich bei einem komplexen Spektrum deutlich leichter interpretieren läßt.

Die oben berechnete Punktantwort ist nur eindimensional; das Antennenfeld hat eine hohe Auflösung entlang seiner Achse, aber nicht senkrecht dazu. Zwei aufeinander senkrecht stehende lineare Antennenfelder würden – mit einer Winkelauflösung, die durch die Länge der Felder gegeben ist – senkrechte Schnitte durch eine zweidimensionale Radioquelle erzeugen, stellen aber immer noch kein Äquivalent zu einer vollständigen, zweidimensionalen Bilderzeugung dar.

12.7.4 Das Mills-Antennenkreuz

Aufgrund obiger Überlegungen scheint es notwendig zu sein, $(N+1)^2$ Antennen auf einer Fläche von $L \times L$ zu verteilen, um ein zweidimensionales Bild mit der gleichen Auflösung zu erhalten. Das **Mills-Kreuz** erreicht dies mit zwei orthogonalen, eindimensionalen Antennenfeldern, von denen jedes $N+1$ Antennen besitzt. Sie sind auf dem Boden in Ost-West- bzw. Nord-Süd-Richtung (x- und y-Richtung) aufgestellt. Das Abrastern des Himmels geschieht durch die tägliche Erdrotation und elektronische Signalverzögerung, wie in Abschn. 12.7.3 beschrieben. Man erhält zwei Ausgangssignale S_+ und S_- durch Addition und Subtraktion der Signale der beiden Antennenfelder. Es läßt sich zeigen, daß die Differenz $S_+^2 - S_-^2$ dem Signal entspricht, das man von einem vollständigen Areal von $(N+1)^2$ Antennen erhalten würde. Diese Anordnung heißt **Mills-Kreuz**. Es ist sinnvoll, sich das Prinzip anhand des äquivalenten optischen Beugungsmusters klarzumachen, das, wie wir gesehen haben, die durch das Rastern erhaltenene Punktantwort darstellt.

Jede einzelne Antenne wird optisch durch eine Lochblende dargestellt. Um die Summation und Subtraktion optisch auszuführen, ordnen wir die Lochblenden an Gitterpunkten mit Koordinaten $(n + \frac{1}{2})d$, n ist eine ganze Zahl, entlang der Achsen an. Dies ist in Abb. 12.34a für $N = 5$ gezeigt, aber das Grundprinzip ist unabhängig von N – in der Praxis wird eine deutlich größere Zahl verwendet. Die Anordnung der Punkte auf den halbzahligen Gitterpositionen ergibt das gleiche Beugungsmuster wie bei einer Anordnung auf ganzzahligen Gitterpositionen, aber die Phase ist verschieden (Abschn. 4.4.4), wobei die $m$te Ordnung die Phase $m\pi$ modulo 2π besitzt.[14] Betrachten wir das Beugungsmuster, Abb. 12.34b, sehen wir zwei Sätze von senkrechten Streifen in der u- und v-Richtung. Diese Streifen entstehen unabhängig voneinander durch die beiden linearen Antennenfelder, aber sie interferieren an den Kreuzungspunkten. Wir definieren einen Kreuzungspunkt durch $(u, v) = (m_1, m_2)2\pi/d$. Für ideale Lochblenden wären alle Streifen identisch; ihre Amplituden sind aber abwechselnd positiv und negativ (Phasen 0 und π). Sind m_1 und m_2 entweder beide gerade oder

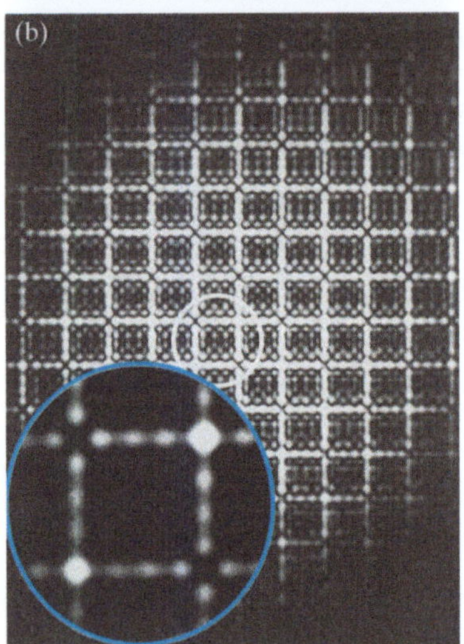

Abb. 12.34a,b. Optische Erklärung des Prinzips des Mills-Antennenkreuzes. (a) Eine Lochmaske stellt das Antennenfeld dar; (b) das entsprechende Fraunhofersche Beugungsbild. Im Einsatz sieht man vergrößert den inneren Bereich mit den Ordnungen $(0, 0)$, $(-1, 0)$, $(0, -1)$ und $(-1, -1)$

---

[14]Die Transformierte von $f(x) = \sum_n \delta(x - d/2 - nd)$ ist

$$F(u) = \exp(iud/2) \sum_m \delta(u - 2\pi m/d) = (-1)^m \sum_m \delta(u - 2\pi m/d) \, .$$

beide ungerade, dann haben beide Streifen die gleiche Phase, die Interferenz am Kreuzungspunkt ist positiv, und wir erhalten einen hellen Fleck mit einer Intensität proportional zu $[2(N+1)]^2$. Ist eines der beiden m_1 oder m_2 gerade und das andere ungerade, sind die Phasen entgegengesetzt und wir erhalten destruktive Interferenz mit einer Intensität von null. An anderen Punkten des Beugungsmusters kommt das Signal jeweils von einem Antennenfeld allein. Nun können wir S_+ als das Beugungsmuster um den Ursprung $(0, 0)$ herum betrachten und S_- als das um beispielsweise $(-1, 0)2\pi/d$. Wie man dem Bildeinsatz in Abb. 12.34b entnehmen kann, sind die beiden Bereiche im wesentlichen gleich, mit Ausnahme des hellen Flecks, der nur im ersten Muster vorkommt, so daß das Subtrahieren der Intensitäten S_+^2 und S_-^2 nur helle Flecke an den Kreuzungspunkten übrigläßt. Diese stellen das Beugungsmuster des gesamten, zweidimensionalen Feldes dar.

Beim Mills-Kreuz befinden sich die Antennen an den ganzzahligen Gitterpunkten, und die Kreuzungspunkte des Beugungsmusters sind alle hell. Nehmen wir nun an, die Phase eines Antennenfeldes wird um π verschoben, was leicht elektronisch durch Umpolen des Signals verwirklicht werden kann. Dann werden die Kreuzungspunkte dunkel, während der Rest des Beugungsmusters unverändert bleibt. Zieht man nun die Bilder, die man einmal mit und einmal ohne den Phasensprung erhalten hat, voneinander ab, bleiben nur die Signale der Kreuzungspunkte übrig. Dies ist dann einer Anordnung von $(N+1)^2$ Antennen, die das komplette Feld ausfüllen, gleichwertig.

12.8 Vertiefungsthema: astronomische Anwendung der Speckle-Interferometrie

Die theoretische Auflösungsgrenze eines Teleskops $\theta_{min} = 1{,}22\,\lambda/D$ (siehe Abschn. 12.3.1) kann mit erdgebundenen Instrumenten aufgrund atmosphärischer Störungen nicht erreicht werden. Lokale Druck- und Temperaturschwankungen führen dazu, daß die Atmosphäre eine schlechte optische Qualität besitzt. Zusätzlich ändern sich ihre Eigenschaften über einen weiten Bereich als Funktion des Wetters, der Zeit und der Zenitdistanz. Um einmal eine grobe Vorstellung davon zu bekommen, welche Parameter alles eine Rolle spielen können, möchten wir hier einige typische Abweichungen von der mittleren optischen Dicke der gesamten Atmosphäre anführen. Die Amplitude der Mittelwertsschwankungen (quadratisches Mittel) beträgt zwischen zwei und drei Wellenlängen im sichtbaren Bereich und ändern sich statistisch innerhalb einer Zeitskala von etwa 10 ms. In der räumlichen Dimension sind Fluktuationen auf einer Entfernungsskala von etwa 0,1 m korreliert und für das Flimmern der Sterne verantwortlich. Der allgemeine Effekt des Verschwimmens eines Sternes aufgrund dieser atmosphärischen Fluktuationen wird von den Astronomen **Seeing** genannt und liegt zwischen 3 Bogensekunden in einer unruhigen und 0,5 Bogensekunden in einer besonders ruhigen Nacht. Teleskope verhalten sich deshalb so, als ob sie eine Zusammenstellung kleiner, unabhängiger Teleskope wären, von denen jedes einen Durchmesser (in der Größenordnung 0,1 m) hat, so daß θ_{min} dem Seeing entspricht. Dies sollte mit dem Rayleighschen Auflösungsvermögen eines Teleskops mit beispielsweise 2 m Öffnung verglichen werden, das etwa 0,05 Bogensekunden beträgt. Die Auflösung, die mit einem sehr großen Teleskop erreicht werden kann, scheint deshalb nicht besser zu sein als die eines Teleskops mit 10 cm Öffnung; nur die Helligkeit des Bildes ist in dem größeren Teleskop natürlich viel größer.

Mit Hilfe von zwei wesentlichen Erfindungen wurde versucht, dieses von der Atmosphäre gesetzte Auflösungslimit durch die Verwendung mehrerer Teleskope zu durchbrechen: Dabei handelt es sich zum einen um das **Michelsonsche Stellarinterferometer** (Abschn. 11.9.1) und zum anderen um das **Brown-Twiss-Interferometer** (Abschn. 11.9.2). In den letzten Jahren wurden zwei neue Techniken eingeführt, die das Problem der atmosphärischen Störungen bei einem Einzelteleskop beheben sollten: die **Speckle-Interferometrie** (siehe unten) und die **adaptive Optik**, bei der die verzerrten Wellenfronten durch flexible Spiegel korrigiert werden. Hierzu findet sich mehr Information bei *Pearson*, *Freeman* und *Reynolds* (1979) sowie bei *Tyson* (1991).

Aufgrund ihrer Verbindung zum Hauptthema dieses Kapitels wollen wir zunächst die originale Form der Speckle-Interferometrie (*Labeyrie* 1976) und zwei ihrer Erweiterungen besprechen. Diese Methode entstand aus der sorgfältigen Beobachtung von Kurzzeitbelichtungen von Sternen. Durch die Einführung von Bildverstärkerröhren wurde es möglich, photographische Aufnahmen von Sternen durch ein schmalbandiges Filter bei großer Vergrößerung mit einer Belichtungszeit von unter 10 ms zu erhalten, der typischen Zeitskala atmosphärischer Fluktuationen. Dies reicht aus, um Details in der Größe des Rayleighschen Auflösungslimits inklusive momentaner atmosphärischer Fluktuationen zu sehen, ohne daß sie durch atmosphärische Einflüsse verschwimmen. Solche Bilder haben eine Gesamtgröße, die durch

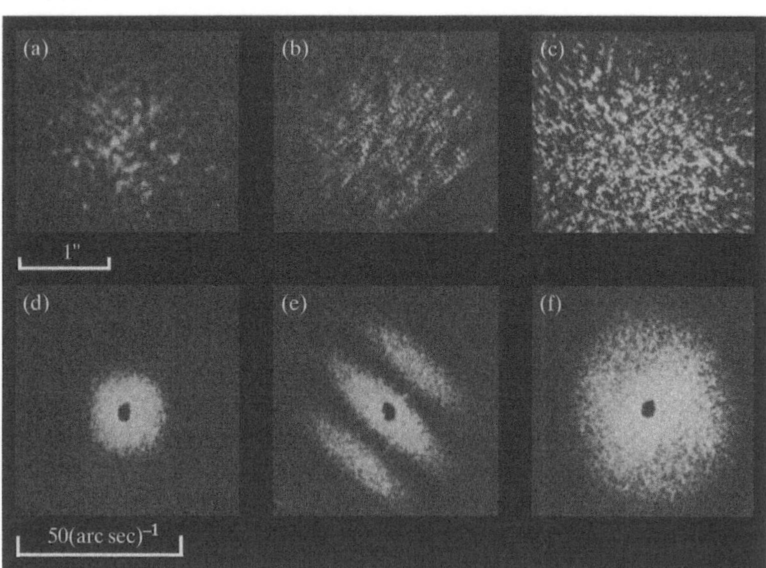

Abb. 12.35a–f. Speckle-Bilder (*obere Reihe*) und dazugehörige örtliche Leistungsspektren (12.72) (*untere Reihe*). Von *links* nach *rechts*: (a), (d) Beteigeuze, aufgelöste Scheibe; (b), (e) Capella, aufgelöster Doppelstern; (c), (f) unaufgelöster Referenzstern. (Aus *Labeyrie* 1976)

das **Seeing** vorgegeben wird, sind aber voller feiner Details. Drei Beispiele solcher „Momentaufnahmen" sind in Abb. 12.35 gezeigt. Es gibt offensichtliche Unterschiede in ihrer Detailstruktur, und diese stellen wirkliche Unterschiede der Objekte dar. Die Methode der Speckle-Interferometrie separiert die Beiträge der Atmosphäre und die des Objekts durch eine Reihe von Aufnahmen, bei denen sich die Atmosphäre von Bild zu Bild unterscheidet, während der Beitrag des Sterns unverändert bleibt.

Nehmen wir an, das Teleskop wird zunächst dazu benutzt, einen idealen, punktförmigen Stern zur Zeit t zu beobachten. Das Bild, durch die Atmosphäre hindurch photographiert, hat eine Intensitätsverteilung $p(r, t)$ (mit $r \equiv (x, y)$), die die momentane, atmosphärisch verzerrte Punktantwort des Teleskops darstellt. Dies ist in Abb. 12.35c gezeigt, wo man erkennen kann, daß sie eine zufallsverteilte Ansammlung scharfer Lichtpunkte darstellt. Wäre die Atmosphäre homogen, wäre das ideale Bild eines ausgedehnten Sterns mit der Intensität $o(r)$ in seiner Auflösung nur durch die endliche Öffnung des Teleskops begrenzt. Durch die Störungen der realen Atmosphäre entsteht ein zusammengesetztes Bild, das die Faltung von $o(r)$ mit der Punktantwort $p(r)$ darstellt:

$$i(r, t) = o(r) \otimes p(r, t) \,. \tag{12.68}$$

Bei der ursprünglichen Methode wird dieses Bild zur Zeit t_j unter Bedingungen aufgenommen, bei denen der photographische Film eine Amplitudentransmission proportional zur Belichtungsintensität hat (wie bei der Holographie in Abschn. 12.6). Die entwickelte Photographie wird anschließend als Maske in einem Diffraktometer verwendet. Man nimmt mit einem zweiten Film die Intensität ihres **Fraunhoferschen Beugungsmusters** auf, das die Fouriertransformierte von $i(r, t_j)$ darstellt. Dieser Prozeß wird für eine Reihe von Zeiten t_j wiederholt, und die Transformierten werden auf dem zweiten Film übereinandergelegt. Heutzutage haben Videoaufnahmen und digitale Bildverarbeitung den Film ersetzt, aber das Resultat bleibt das gleiche.

Die Transformierte von $i(r, t_j)$ (12.68) ist

$$I(u, t_j) = O(u) P(u, t_j) \,, \tag{12.69}$$

wobei u der Vektor (u, v) ist, und ihre Intensität ist gegeben durch

$$\left| I(u, t_j) \right|^2 = \left| O(u) \right|^2 \left| P(u, t_j) \right|^2 \,. \tag{12.70}$$

Die Summation über eine lange Reihe von t_js ergibt

$$\sum_j \left| I(u, t_j) \right|^2 = \left| O(u) \right|^2 \sum_j \left| P(u, t_j) \right|^2 \,. \tag{12.71}$$

Da $|P(u, t_j)|^2$ eine Zufallsfunktion von u ist, deren Details sich zwischen t_j und t_{j+1} deutlich ändern, wird die Summation desto glatter, je mehr Terme hinzuaddiert werden (Abschn. 8.3.8). Schließlich haben wir genug Terme, um $\sum |P(\boldsymbol{u}, t_j)|^2$ schreiben zu können als

$$\sum_j \left|I(\boldsymbol{u}, t_j)\right|^2 = \left|O(\boldsymbol{u})\right|^2 \times (\text{eine glatte Funktion}) \,. \tag{12.72}$$

Die glatte Funktion kann durch die Beobachtung eines unauflösbaren Sterns bestimmt werden. Auf diese Art und Weise kann die Intensität der Fouriertransformierten $|O(\boldsymbol{u})|^2$ gemessen werden. Wird diese Funktion zurücktransformiert, erhalten wir die räumliche Autokorrelationsfunktion des stellaren Bildes, die einfache strukturelle Eigenschaften (z. B. den Sterndurchmesser oder den Winkelabstand eines Doppelsterns) enthält; das genaue Bild des Sterns kann man dadurch natürlich nicht erhalten.

In Abb. 12.35 zeigen wir drei Beispiele von Speckle-Bildern, die auf diese Weise erhalten wurden. Die obere Reihe zeigt Beispiele für Einzelaufnahmen aus einer Reihe von Hunderten von Aufnahmen, die untere Reihe ihre aufsummierten räumlichen Transformierten (12.72). Die glatte Funktion ist in Abb. 12.35f gezeigt. Sie entspricht einem unaufgelösten, punktförmigen Stern mit einem Winkeldurchmesser von weniger als 0,02 Bogensekunden, dem Rayleigh-Limit für dieses Teleskop. Die anderen Beispiele sind aufgelöste Sterne; insbesondere die Transformierte in Abb. 12.35e zeigt Youngsche Beugungsstreifen, aus denen man schließen kann, daß der Stern ein Doppelstern ist.

Die grundlegende Methode der Speckle-Interferometrie leidet unter dem **Phasenproblem**, aber der Verlust der Phaseninformation geschieht in diesem Fall, *nachdem* die Speckle-Bilder aufgenommen worden sind, weswegen sie wiedergewonnen werden kann. Mehrere Methoden wurden zu diesem Zweck ersonnen und sind heute hochentwickelt, so daß man wirklich beugungsbegrenzte Bilder erhalten kann. Wir möchten hier zwei der wichtigsten Methoden vorstellen.

Die erste Methode wurde von *Knox* und *Thompson* (1974) vorgestellt. Sie wird im allgemeinen digital durchgeführt, aber es ist nicht schwierig, einige Teile davon auch mittels eines **Scherungsinterferometers** (Abschn. 12.4.6) auszuführen.

Bei dieser Methode interferiert die Transformierte $I(\boldsymbol{u}, t_j)$ nach der Verschiebung um einen kleinen Vektor $\delta\boldsymbol{u}$ mit sich selbst. Die Verschiebung sollte klein sein, aber nicht zu klein im Vergleich mit den in $|O(\boldsymbol{u})|^2$ (12.72) beobachteten Strukturen. Damit erhalten wir das Produkt

$$\begin{aligned} I(\boldsymbol{u}, t_j)\, & I^*(\boldsymbol{u} + \delta\boldsymbol{u}, t_j) \\ & = O(\boldsymbol{u})\, O^*(\boldsymbol{u} + \delta\boldsymbol{u}) \cdot P(\boldsymbol{u}, t_j)\, P^*(\boldsymbol{u} + \delta\boldsymbol{u}, t_j) \,. \end{aligned} \tag{12.73}$$

Führen wir die Phasen explizit in der Form $O = |O|\exp(\mathrm{i}\phi_O)$ ein und verwenden $\delta\phi = \phi(\boldsymbol{u}) - \phi(\boldsymbol{u} + \delta\boldsymbol{u})$, ergibt sich

$$\begin{aligned} \left|I(\boldsymbol{u}, t_j)\right|\, & \left|I(\boldsymbol{u} + \delta\boldsymbol{u}, t_j)\right| \exp(\mathrm{i}\delta\phi_I) = \left|O(\boldsymbol{u})\right| \left|O(\boldsymbol{u} + \delta\boldsymbol{u})\right| \exp(\mathrm{i}\delta\phi_O) \\ & \times \left|P(\boldsymbol{u}, t_j)\right| \left|P(\boldsymbol{u} + \delta\boldsymbol{u}, t_j)\right| \exp(\mathrm{i}\delta\phi_P) \,. \end{aligned} \tag{12.74}$$

Wie zuvor wird (12.74) über eine große Zahl von Einzelbildern aufsummiert. Die wichtigste Eigenschaft hiervon ist, daß statistisch $\langle \delta\phi_P \rangle = 0$. Ist $\delta\boldsymbol{u}$, wie oben definiert, klein, gilt $|O(\boldsymbol{u} + \delta\boldsymbol{u})| \approx |O(\boldsymbol{u})|$ usw. und daher

$$\sum_j I(\boldsymbol{u}, t_j) I^*(\boldsymbol{u} + \delta\boldsymbol{u}, t_j)$$

$$= |O(\boldsymbol{u})|^2 \exp(\mathrm{i}\delta\phi_O) \times (\text{eine glatte Funktion}), \qquad (12.75)$$

woraus sich zusammen mit (12.72) $\delta\phi_O$ bestimmen läßt.

Wird diese Berechnung für zwei orthogonale Werte von $\delta\boldsymbol{u}$, $\delta\boldsymbol{u} = \Delta_u$ und $\delta\boldsymbol{u} = \Delta_v$, durchgeführt, können die Phasen $\phi_O(\boldsymbol{u})$ auf einem Punktgitter $(m_1 \Delta_u, m_2 \Delta_v)$ in der (u, v)-Ebene durch Aufsummieren der $\delta\phi$ unter der Annahme von $\phi_O = 0$ am Ursprung berechnet werden. Als Ergebnis ist dann die komplexe Funktion $O(\boldsymbol{u})$ bekannt, und ihre Fouriertransformierte ergibt das vollständige Bild mit den beugungsbegrenzten Einzelheiten.

Eine weitere Methode, die heute weiter verbreitet ist, heißt **Speckle-Maskierung** (*Weigelt* 1991). Falls es einen weiteren, einzelnen, unaufgelösten Stern im Blickfeld gibt, so ist ein Anteil an der räumlichen Autokorrelationsfunktion ein **Bild** des ursprünglichen Sternfeldes (gefaltet mit dem unaufgelösten Stern, der im wesentlichen eine Deltafunktion darstellt). Speckle-Maskierung erzeugt solch einen „Referenzstern" künstlich.

Nehmen wir als Beispiel an, das Objekt $o(r)$ ist ein Doppelstern, dessen Abstand r_1 durch Speckle-Interferometrie bestimmt wurde. Das Produkt $i(r) \cdot i(r + r_1)$ enthält dann einen überlappenden Punkt für jeden Lichtfleck und entspricht deswegen $p(r)$. Es wird weitere zufällige Überlappungen in einem komplexen Speckle-Feld geben, die zu einem Fehler führen, der statistisch korrigiert werden kann. Dies wird in weiterführenden Behandlungen des Themas beschrieben, wir werden es an dieser Stelle aber nicht weiter diskutieren. Man sieht nun leicht, daß statistisch die Korrelation zwischen der Punktantwort und ihrem Speckle-Bild die Objektfunktion ist. Verwenden wir (12.68), können wir dies schreiben als $c_3(r)$:

$$\begin{aligned} c_3(r, t_j) &= i(r, t_j) \otimes p(-r, t) \\ &= \big[o(r) \otimes p(r, t_j)\big] \otimes p(-r, t_j) \\ &= o(r) \otimes \big[p(r, t_j) \otimes p(-r, t_j)\big]. \end{aligned} \qquad (12.76)$$

Wird der zweite Term (die Autokorrelation von p) über viele Bilder zu den Zeiten t_j gemittelt, dominiert das scharfe Maximum am Ursprung (siehe Abschn. 8.3.8 und Abb. 8.21c); es entspricht im wesentlichen einer Deltafunktion, so daß

$$\boxed{\sum_j c_3(r, t_j) = Co(r)} , \qquad (12.77)$$

wobei C eine Konstante ist. Daher kann man mit der Speckle-Maskierung das ursprüngliche Bild wiedergewinnen. Der schwierigste Punkt an dieser Technik ist eine geschickte Wahl von r_1, um die beste Annäherung an p zu erhalten, wenn wir es mit einem komplizierteren Objekt als einem Doppelstern zu tun haben. Oft werden dazu mehrere Ansätze verwendet und die Ergebnisse gemittelt. Beispiele für neuere Ergebnisse, die diese und andere Techniken nutzen, können bei *Beckers* und *Merkle* (1992) gefunden werden und sind in Abb. 12.36 gezeigt.

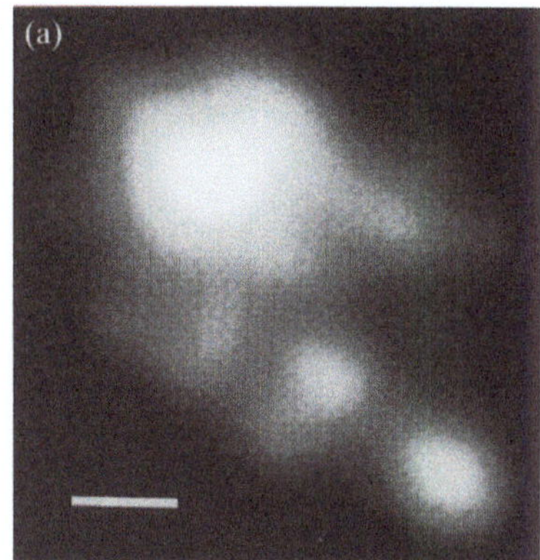

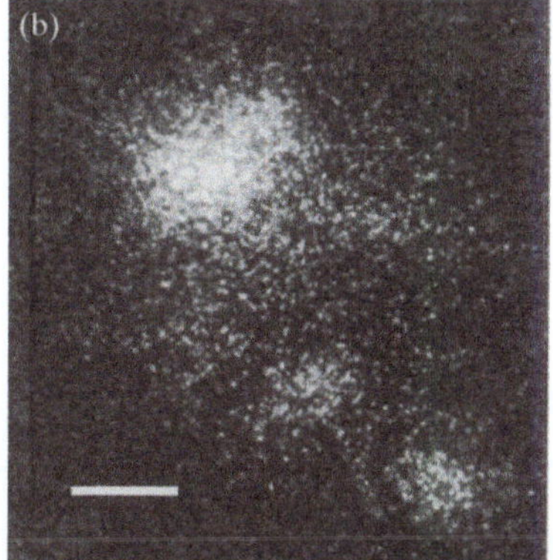

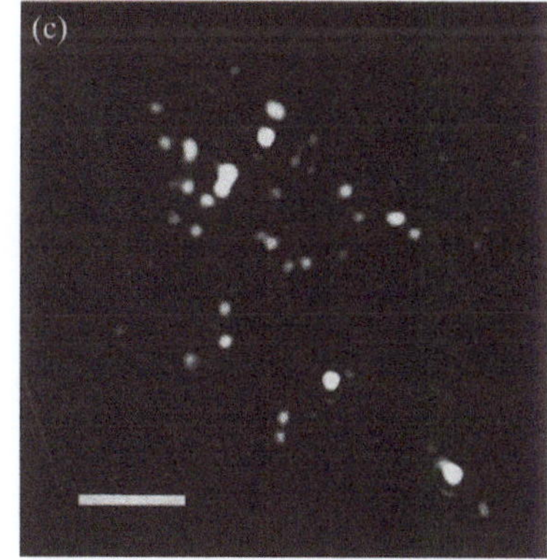

Abb. 12.36. Beispiel für eine Auflösungserhöhung bis zur Beugungsbegrenzung durch Speckle-Maskierung; (a) Langzeitbelichtung des Sterns R136 im 30 Doradus-Nebel; (b) einzelnes Speckle-Bild; (c) hochauflösende Rekonstruktion der Quelle. Die Skala hat eine Breite von einer Bogensekunde. (Bilder mit freundlicher Genehmigung von *G. Weigelt*)

$\lambda = 0,5\,\mu$m, soweit nichts anderes vermerkt ist.

12.1 Ein astronomisches Teleskop wird zusammen mit einer Kamera dazu verwendet, ein stark vergrößertes Bild aufzunehmen. Die verwendete photographische Platte hat eine Auflösung von 0,05 mm. Wenn der Hauptspiegel einen Durchmesser von 1 m und eine Brennweite von 12 m hat, welche zusätzliche Vergrößerung kann dann nützlicherweise noch von der Kameraoptik geliefert werden?

12.2 Ein Objekt besteht aus zwei weißen Punkten auf einem schwarzen Hintergrund. Ihr Abstand beträgt 3λ. Berechnen Sie das Bild, das man erhält, wenn man das Objekt mit einem Mikroskop unter folgenden Bedingungen betrachtet:

(1) axiale, kohärente Beleuchtung, Objektiv mit NA $= 0,5$;
(2) axiale, kohärente Beleuchtung, Objektiv mit NA $= 0,2$;
(3) inkohärente Beleuchtung, Objektiv mit NA $= 0,2$.

Behandeln Sie das Problem eindimensional.

12.3 Eine photographische Folie zeigt einen Affen hinter einem Gitter, das aus senkrechten Stäben in gleichen Abständen besteht. Wie kann man räumliche Filterung verwenden, um das Gitter zu entfernen und dabei den Affen nur möglichst gering zu verletzen?

12.4 Für eine bestimmte Gruppe von Graustufenobjekten (ohne Phasenstruktur) ist das Dunkelfeldbild im photographischen Sinne das Negativ des normalen Bildes. Welche Bedingungen müssen hierfür erfüllt sein?

12.5 Zwei Objekte werden mit kohärentem gegenphasigem Licht beleuchtet, so daß sie in einem Mikroskop immer aufgelöst werden können, so nahe sie auch zusammenrücken. Was ist ihr scheinbarer Abstand als Funktion der NA des Mikroskops, wenn der reale Abstand kleiner als das Abbe-Limit wird?

12.6 Ein Phasenobjekt besteht aus vielen identischen kleinen transparenten Scheiben auf einem gleichförmig beleuchteten Hintergrund. Die Scheiben sind zufallsverteilt, ohne sich zu überlappen, und bedecken zusammengenommen die Hälfte des Gesichtsfeldes. Die Scheiben ändern die Phase des transmittierten Lichts um ϕ. Welches räumliche Filter gibt maximalen Kontrast zwischen den Scheiben und ihrer Umgebung?

12.7 Berechnen Sie die Dimensionen eines Wollaston-Prismas aus Kalkspat für ein differentielles Interferenzkontrastmikroskop nach *Nomarski* (engl.: „Nomarski DIC microscope") mit einem Objektiv der Brennweite 5 mm und NA $= 0,6$. Es sollte so konstruiert sein, daß eine Bildverdopplung nicht beobachtbar ist.

12.8 Eine beliebte Form der Phasenkontrastabbildung besteht einfach darin, das Mikroskop ein wenig zu defokussieren. Drücken Sie dies in Form eines komplexen räumlichen Filters aus, und wenden Sie es auf den Phasenspalt aus Abschn. 12.4.5 an.

12.9 Eine Teleskoplinse wird apodisiert, um die Stärke der Beugungsringe in der Punktantwort zu verringern. Der Objektivradius ist R, und die Amplitudentransmission wird durch die Verwendung einer Maske mit einer gaußförmigen Transmissionsfunktion mit dem Parameter σ reduziert. Finden Sie den Wert σ der Maske, bei dem die Intensität des ersten Beugungsrings auf 10% ihres Ausgangswerts reduziert ist. Wie verändert sich das Auflösungsvermögen gemäß dem Rayleigh- und dem Sparrow-Kriterium?

12.10 Berechnen Sie die Auflösunggrenze eines konfokalen Mikroskops, dessen beide Linsen durch ringförmige Blenden mit dem gleichen Radius wie der der Linsen abgedeckt sind.

12.11 Ein Hologramm eines bestimmten Objekts wird durch die Verwendung von Licht mit der Wellenlänge λ_1 erzeugt. Die Rekonstruktion wird durch einen ähnlichen Referenzstrahl mit der Wellenlänge λ_2 vorgenommen. Wie verzerrt sich die Rekonstruktion, und wo kann man sie beobachten? (Nehmen Sie an, alle beteiligten Winkel wären klein.)

12.12 Berechnen Sie die longitudinale und transversale Auflösung einer holographischen Rekonstruktion in Abhängigkeit von der Wellenlänge, dem Anteil des ausgeleuchteten Teils des Hologramms und der Bildposition. (Verwenden Sie das Fermatsche Prinzip.)

12.13 Wie ist das Verhältnis zwischen den Rekonstruktionen eines Amplitudenhologramms und seines Negativs?

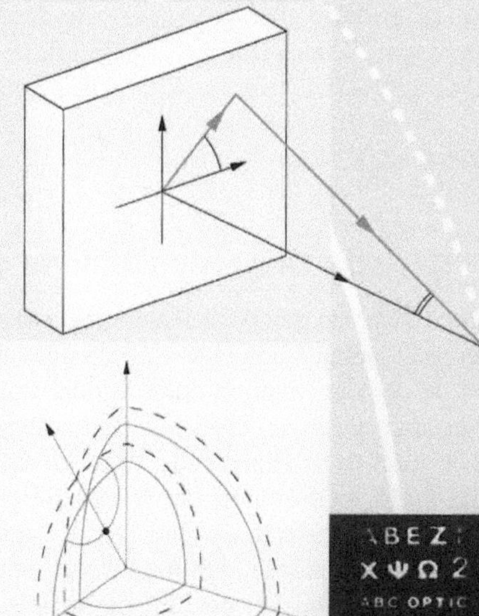

Die klassische Dispersions-theorie

13
Die klassische Dispersionstheorie

▼ Übersicht

Der Begriff „Dispersion" beschreibt die Abhängigkeit der dielektrischen Antwortfunktionen (Dielektrizitätskonstante und Brechungsindex) von der Frequenz der Wellenfeldes. Sie wird durch die Wechselwirkung von elektromagnetischer Strahlung mit Materie auf atomarer Skala bestimmt. Daraus ergeben sich zahlreiche optische Phänomene. Außerdem betrachten wir einige Anwendungen der dielektrischen Antwort auf Effekte, die aufgrund räumlicher Anisotropie zustande kommen.

13.1 Klassische Dispersionstheorie

Zahlreiche Aspekte der Wechselwirkung zwischen Strahlung und Materie können recht genau durch eine vollständig klassische Theorie beschrieben werden, in der das Medium durch Modellatome dargestellt wird, die aus positiven und negativen Bestandteilen zusammengesetzt sind und deren Bindung durch eine anziehende Kraft zustande kommt, die linear vom Abstand abhängt. Obwohl für die ab initio Berechnung der absoluten Größen der beteiligten Parameter die Quantenmechanik benötigt wird, werden wir in diesem Kapitel zeigen, daß die meisten optischen Effekte physikalisch mit Hilfe eines Modells, das auf die klassische Mechanik zurückgreift, beschrieben werden können. In Abschn. 13.5 werden wir die Beschränkung auf den linearen Kraftansatz fallenlassen. In Kap. 14 werden wird dann einige quantenmechanische Grundlagen diskutieren, viele jedoch gehen eindeutig über den Rahmen diese Lehrbuches hinaus (siehe dafür *Yariv* 1989; *Loudon* 1983).

13.1.1 Das klassische Atom

Unser Bild vom klassischen Atom besteht aus einem massiven, positiv geladenen Kern, der von einer leichten, kugelsymmetrischen Wolke aus Elektronen der gleichen Gesamtladung umgeben ist. Wir stellen uns vor, beide sind mit Federn gekoppelt (siehe Abb. 13.1), so daß im Gleichgewichtszustand der Schwerpunkt der Masse und der Ladung von Kern und Elektronen zusammenfallen. Als Resultat davon hat das ruhende Atom ein **verschwindendes Dipolmoment**. Wird es dagegen gestört, bewegt sich die Elektronenwolke relativ zum Massenschwerpunkt mit der Frequenz η, die durch die reduzierte Masse m des Atoms und die Federkonstante der Kopplung, die als $m\eta^2$ definiert wird, gegeben ist.

Dieses Modell kann auf individuelle Atome und einfache Moleküle angewendet werden; kompliziertere Moleküle besitzen eine innere Dynamik und statische Dipolmomente, trotzdem erlaubt dieses einfache Modell noch physikalische Einsichten. Zusätzlich kann es noch für die Streuung von sehr kleinen Teilchen verwendet werden. Es sagt allerdings nur eine einzelne Resonanzfrequenz voraus, während ein reales Atom resonant auf zahlreiche

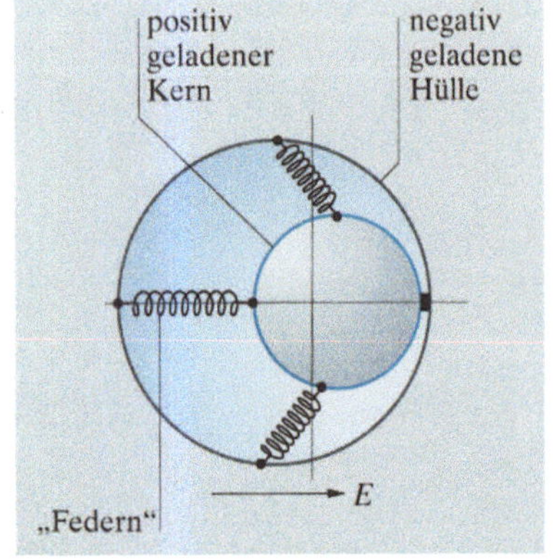

Abb. 13.1. Das klassische Atom

diskrete Frequenzen reagiert; diesen Vorgang werden wir phänomenologisch in Abschn. 13.3.2 besprechen. Unser Hauptanliegen ist allerdings die Beschreibung der Wechselwirkung zwischen dem Atom und einer Welle mit einer wohldefinierten Frequenz ω. Diese Wechselwirkung wird nur dann stark sein, wenn $\omega \approx \eta$, so daß eine einzelne Resonanz normalerweise dominiert und alle anderen vernachlässigt werden können.

Wir werden sehen, daß sich das Atom wie ein schwingender Dipol verhält und daher Energie aufgrund des Aussendens elektromagnetischer Strahlung verliert. In diesem Kapitel werden wir den Energieverlust phänomenologisch in die Bewegungsgleichung als Dämpfungsterm mit einer Dämpfungskonstanten $m\kappa$ einführen. Sie ist ein Beispiel für einen Parameter, dessen mikroskopischer Ursprung nur durch die Quantenmechanik erklärt werden kann.

Nach diesen Vorbemerkungen können wir die Bewegungsgleichung für eine Auslenkung x zwischen dem Massenzentrum des positiven Kerns und der Elektronenwolke aufstellen, wobei F die Kraft ist, die mit gleichem Betrag, aber entgegengesetztem Vorzeichen auf beide wirkt:

$$m \frac{\mathrm{d}^2 x}{\mathrm{d}t^2} + m\kappa \frac{\mathrm{d}x}{\mathrm{d}t} + m\eta^2 x = F \ . \tag{13.1}$$

Ist $F = qE$ die Kraft, die durch ein äußeres konstantes elektrisches Feld ausgeübt wird, hat (13.1) die Lösung $x = F/m\eta^2$. Erinnern wir uns daran, daß x der Abstand zwischen den positiven und negativen Ladungen im Atom ist, entspricht dies einem induzierten Dipolmoment

$$p = qx = q^2 E/m\eta^2 \ . \tag{13.2}$$

Als Ergebnis davon ist die **elektrische Polarisierbarkeit** des Atoms für die Frequenz $\omega = 0$

$$\alpha(0) = \frac{p}{\varepsilon_0 E} = \frac{q^2}{\varepsilon_0 m \eta^2} \ . \tag{13.3}$$

Auf gleiche Art und Weise können wir nun den Effekt eines elektrischen Feldes der Form $E = E_0 \exp(-\mathrm{i}\omega t)$ berechnen, wobei wir $\mathrm{d}/\mathrm{d}t \equiv -\mathrm{i}\omega$ verwenden. Wir erhalten

$$\alpha(\omega) = \frac{q^2}{\varepsilon_0 m (\eta^2 - \omega^2 - \mathrm{i}\kappa\omega)} \ . \tag{13.4}$$

Wichtig ist, festzuhalten, daß α komplex ist. Dies deutet darauf hin, daß es einen Phasenunterschied zwischen dem angelegten äußeren Feld und dem induzierten Dipolmoment gibt, der besonders groß ist in einem Frequenzbereich von etwa 2κ um η herum.

Wir wollen uns nun einige Anwendungen dieses Modells anschauen. Wir beginnen mit der Diskussion der Streuung an Teilchen, die so weit voneinander entfernt sind, daß es zu keiner Interferenz zwischen den von ihnen gestreuten Wellen kommt (Abschn. 13.2). Anschließend wenden wir das Modell auf dichte Materie an (Abschn. 13.3), bei der Interferenzbetrachtungen absolut notwendig sind.

13.2 Rayleigh-Streuung

Trifft elektromagnetische Strahlung auf ein isoliertes Teilchen, wird sie entweder absorbiert oder gestreut. Ist die Frequenz ω der Welle hinreichend weit entfernt von irgendeiner Resonanzfrequenz η, wird die Absorption der Welle vernachlässigbar sein, und nur Streuung spielt eine Rolle. **Rayleigh-Streuung** tritt auf, wenn die Teilchengröße viel kleiner als eine Wellenlänge ist, so daß das Teilchen das Feld der Welle im wesentlichen als gleichförmig wahrnimmt. Die hieraus resultierenden Ergebnisse sind besonders für die Streuung an isolierten Atomen oder Molekülen nützlich, obwohl man sie auch auf sehr feine, staubförmige Materie oder Dichtefluktuationen anwenden kann. Wir schreiben in diesem Fall das momentane Dipolmoment (13.2) als

$$p(t) = \alpha \varepsilon_0 E(t) \,. \tag{13.5}$$

Ist $E(t) = E_0 \exp(-i\omega t)$, so verhält sich $p(t)$ wie ein schwingender Dipol. Wie wir wissen, strahlt dieser Energie ab mit einer Rate, siehe (5.34),

$$W = \frac{\omega^4 p_0^2}{12\pi\varepsilon_0 c^3} = \frac{\omega^4 E_0^2 \alpha^2}{12\pi c^3} \,. \tag{13.6}$$

Gibt es daher N unabhängig voneinander streuende Teilchen in einem Würfel mit Volumen eins, ist die totale gestreute Leistung einfach N-mal das Ergebnis (13.6). Nun ist die Strahlungsleistung, die auf eine Seite dieses Würfels einfällt, einfach der **Poynting-Vektor Π** (Abschn. 5.2.1), der eine gemittelte Amplitude von $\frac{1}{2}E_0^2\varepsilon_0 c$ hat. Daher beträgt der Leistungsverlust pro Längeneinheit bei der Ausbreitung

$$\frac{d\Pi}{dz} = -NW = -\frac{\Pi N\omega^4\alpha^2}{6\pi c^4} \,. \tag{13.7}$$

Diese Gleichung hat die Lösung

$$\boxed{\Pi = \Pi_0 \exp\left(-\frac{N\omega^4\alpha^2 z}{6\pi c^4}\right) = \Pi_0 \exp(-z/z_0)} \,, \tag{13.8}$$

wobei $z_0 = 6\pi c^4/N\omega^4\alpha^2$ die Zerfallslänge ist, die uns sagt, daß nach dem Durchlaufen einer Länge z_0 in der Streuregion die Lichtintensität auf e^{-1} der Anfangsintensität abgefallen ist. Bevor wir nun versuchen, z_0 für Systeme wie z. B. Gase, in denen N und α bekannt sind, abzuschätzen, sollten wir uns die Voraussetzung (von oben) ins Gedächtnis zu rufen, daß die Streuung an individuellen Teilchen unabhängig voneinander stattfinden soll. Dies bedeutet, daß die gestreuten Wellen inkohärent sind und sich ihre Intensitäten einfach addieren. Diese Annahme ist oft nicht richtig, und wir werden sie im Detail in Abschn. 13.2.3 untersuchen.

13.2.1 Wellenlängenabhängigkeit der gestreuten Strahlung

Die am meisten ins Auge springende Eigenschaft von (13.8) ist ihre Abhängigkeit von der Frequenz, die mit der vierten Potenz eingeht; blaues Licht wird daher zehnmal stärker gestreut als rotes. Dies ist der Grund für die offensichtliche Beobachtung (sofern es das Wetter zuläßt), daß der Himmel während der meisten Zeit des Tages blau ist; bei direkter Beobachtung in Richtung der Sonne am Morgen oder Abend erscheint er dagegen rot. Der Himmel ist blau, da das Sonnenlicht in jeder Höhe in der Atmosphäre von Luftmolekülen gestreut wird und das Spektrum des gestreuten Lichts daher ein deutliches Übergewicht bei kürzeren Wellenlängen hat. Die Morgen- oder Abendröte kommt daher zustande, daß sowohl das Sonnenlicht als auch das von den horizontnahen Luftschichten gestreute Licht einen sehr langen optischen Weg durch die Atmosphäre zurücklegen muß, weswegen ein viel größerer Teil des blauen Lichtes im Vergleich zum roten aus dem Strahlenweg herausgestreut wird. Rayleigh-Streuung ist auch verantwortlich für zahlreiche Effekte des täglichen Lebens, wie z. B. die Farbe verdünnter Milch oder Zigarettenrauchs und die durch Luftverschmutzung erzeugten phantastischen Sonnenuntergänge.

13.2.2 Polarisation der gestreuten Strahlung

Das im Atom erzeugte Dipolmoment ist parallel zum Vektor des elektrischen Feldes des einfallenden Lichts, das mit einer Winkelverteilung, wie sie in dem Polardiagramm in Abschn. 5.3.1 (Abb. 5.2b) dargestellt ist, reemittiert wird. Die abgestrahlte Intensität entlang der Dipolachse ist dabei null. Daraus folgt, daß die gestreute Strahlung entlang einer Gerade senkrecht zum einfallenden Licht linear polarisiert ist, und zwar mit einer Polarisationsrichtung senkrecht auf der Ebene, die den Wellenvektor des einfallenden und des gestreuten Lichts enthält. In anderen Richtungen wird das Licht partiell polarisiert erscheinen. Mit Hilfe einer Polaroid-Folie (Abschn. 6.3.2) kann man diese Feststellungen leicht mit normalem Sonnenlicht testen (Abb. 13.2), obwohl die Polarisation aufgrund von Mehrfachstreuung lange nicht vollständig ist. Dieser Effekt wird oft in der Photographie benutzt („**Pol-Filter**"), um den Bildkontrast zu erhöhen (Aufgabe 13.1).

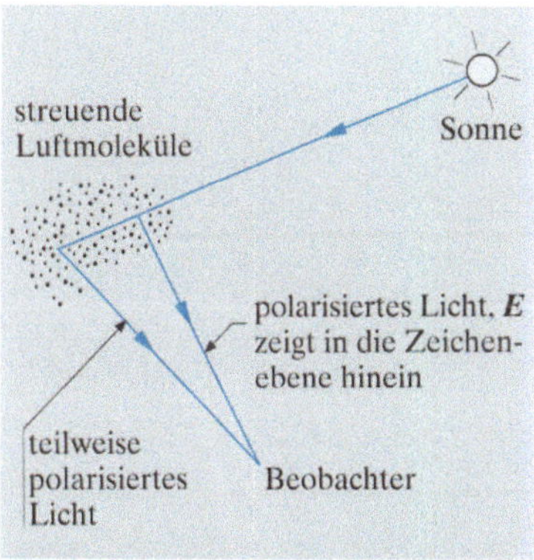

Abb. 13.2. Polarisation von Sonnenlicht durch Streuung an Molekülen in der Atmosphäre

13.2.3 Inkohärente und kohärente Streuung

Als nächstes wollen wir (13.8) dazu verwenden, die Zerfallslänge in klarer Luft bei Atmosphärendruck zu berechnen. Zunächst sollten wir aber nochmals die Annahme betrachten, daß die Streuung an individuellen Molekülen unabhängig voneinander stattfindet. Es zeigt sich, daß die mittlere Entfernung zweier Luftmoleküle unter Atmosphärenbedingungen zwei Größenordnungen *kleiner* ist als die Wellenlänge des Lichtes, so daß man eigentlich fast vollständig kohärente Streuung erwarten würde. Hat das Medium zusätzlich eine gleichförmige Dichte, werden wir in Abschn. 13.3 sehen, daß es überhaupt keine Nettostreueffekte gibt. Es sind nur die *Abweichungen* von der einheitlichen Dichte, die Streuung überhaupt ermöglichen. Das Thema der Streuung an Dichtefluktuationen kann vollständig thermodynamisch behandelt werden (siehe z. B. *Landau* und *Lifshitz* 1980),

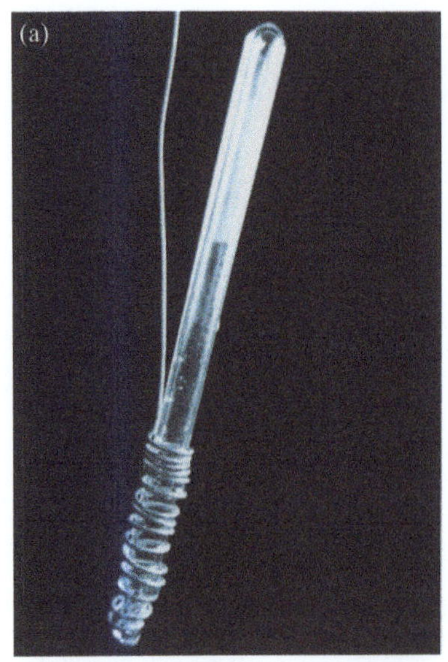

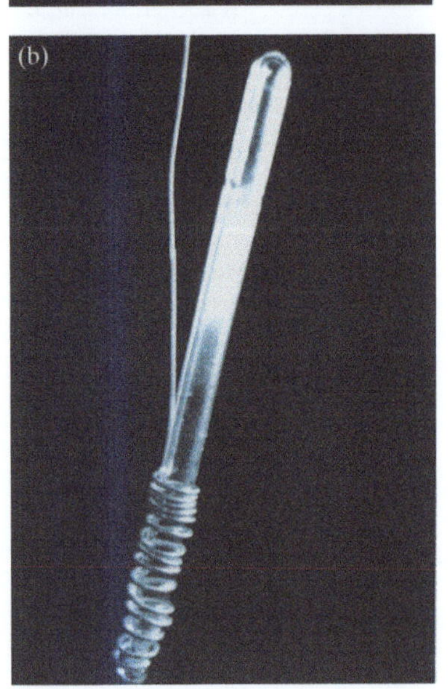

Abb. 13.3a,b. Kritische Opaleszenz von CO_2 in der Nähe des kritischen Punktes. (a) $T < T_c$; (b) $T \approx T_c$

wir können aber bereits mit Hilfe eines einfachen Arguments eine gute Vorstellung von den Resultaten erhalten. Man erwartet inkohärente Rayleigh-Streuung von unabhängigen Volumenelementen des Mediums der Abmessung λ, die also ein Volumen $V \approx \lambda^3$ besitzen. Größere Elemente sind nicht mehr klein gegen die Wellenlänge, und kleinere werden nicht inkohärent streuen. In einem solchen Volumenelement werden sich durchschnittlich NV Moleküle befinden. In einem idealen Gas wechselwirken die Moleküle nicht miteinander, und die genaue Zahl der Moleküle im Volumen V wird durch die **Poisson-Statistik** (Abschn. 11.3.3) beschrieben. Bei dieser Statistik ist die mittlere Fluktuation in der Zahl der Moleküle $\sqrt{NV}$, und es sind diese Fluktuationen, die als streuende „Teilchen" auftreten. Wir betrachten daher die Rayleigh-Streuung an „Teilchen", die $\sqrt{NV}$ Moleküle enthalten und deswegen die Polarisierbarkeit $\alpha\sqrt{NV}$ und die Anzahldichte $1/V$ besitzen. Kehren wir damit zu (13.8) zurück, erhalten wir

$$z_0 = \frac{6\pi c^4}{V^{-1}\omega^4(\alpha\sqrt{NV})^2} = \frac{6\pi c^4}{N\omega^4\alpha^2}, \tag{13.9}$$

was exakt dem Resultat entspricht, das wir für inkohärente Streuung (13.8) erhalten haben. Die Streuung an Dichtefluktuationen in einem idealen Gas ist daher genau die gleiche wie die inkohärente Streuung an allen Molekülen.

Um den Wert von z_0 für die Streuung in der Atmosphäre (nicht verschmutzt) abzuschätzen, verknüpfen wir die **atomare Polarisierbarkeit** α mit der **Dielektrizitätskonstanten** ε des Gases und damit mit seinem Brechungsindex (Abschn. 5.1.3)

$$\mu = \varepsilon^{\frac{1}{2}} = (1 + N\alpha)^{\frac{1}{2}} \approx 1 + N\alpha/2. \tag{13.10}$$

Daher kann z_0 nach Einsetzen der Wellenlänge $\lambda = 2\pi c/\omega$ in (13.8) geschrieben werden als

$$z_0 = \frac{3N\lambda^4}{32\pi^3(\mu - 1)^2}. \tag{13.11}$$

Verwenden wir die Werte für Atmosphärendruck $\mu - 1 = 3 \cdot 10^{-4}$ und $N = 3 \cdot 10^{25}$ m^{-3}, erhalten wir für grünes Licht $z_0 \approx 65$ km. Auf den ersten Blick erscheint dieser Wert überraschend klein, vor allem, da die molekulare Streuung oft nicht der einzige Faktor ist, der die Sichtbarkeit durch die Atmosphäre beschränkt. Man findet oft Momente, in denen die meteorologische Sichtbarkeit 100 km oder sogar 200 km übertrifft. Man sollte sich aber daran erinnern, daß z_0 einem Dämpfungsfaktor von $e^{-1} = 0,37$ entspricht und so Faktoren von $e^{-2} = 0,14$ bei $2z_0$ oder sogar $e^{-3} = 0,05$ in einer Entfernung von $3z_0$ akzeptabel sind, bevor das weit entfernte Bild schneebedeckter Berggipfel gegen das Himmelsblau im Dunst verschwindet.

Unter welchen Bedingungen können wir Streuung erwarten, die sich vom inkohärenten Fall unterscheidet? Wir brauchen dazu Situationen, in denen die Poisson-Statistik die Dichtefluktuationen nicht mehr korrekt beschreibt. Ist das Medium relativ inkompressibel, wie beispielsweise in einer Flüssigkeit, sind die Bewegungen der Teilchen so korreliert, daß sie versuchen, sich gegenseitig zu vermeiden. Dichtefluktuationen werden so unterdrückt, die Streuung ist geringer als im inkohärenten Fall und nähert sich null im Grenzfall gleichmäßiger Dichte (Abschn. 13.3). Auf der anderen Seite divergiert die Kompressibilität in einer Flüssigkeit in der Nähe des kritischen Punktes und es gibt eine Tendenz hin zu lokaler Kondensation, die Dichtefluktuationen erhöht. Wir sehen dann vermehrte Streuung und das Phänomen der **kritischen Opaleszenz** (Abb. 13.3).

13.3 Kohärente Streuung und Dispersion

Wir betrachten nun das Problem der Streuung in einem inkompressiblen Medium gleichförmiger Dichte, in dem sich die Moleküle enger als eine Wellenlänge voneinander entfernt befinden und in dem daher die gestreuten Wellen in ihrer Phase korreliert sind. Bei diesem Problem müssen wir die Amplituden der gestreuten Wellen aufsummieren. Es stellt sich heraus, daß eine reelle Polarisierbarkeit α zu einem Verschwinden der Nettostreuung führt; das Material bricht einfach die einlaufende Welle. Ist dagegen α komplex, erfolgt eine Absorption des einfallenden Lichts.

13.3.1 Brechung als Spezialfall kohärenter Streuung

Betrachten wir die Streuung an einem dünnen Plättchen der Dicke $\delta z \ll \lambda$ in der Ebene $z = 0$, wobei z die Ausbreitungsachse der Strahlung sein soll (Abb. 13.4). In diesem Plättchen soll es N Moleküle pro Volumeneinheit geben, jedes davon mit der Polarisierbarkeit α. Die schwingenden Dipole in dem Plättchen werden alle mit der gleichen Phase durch eine einlaufende ebene Welle $E = E_0 \exp[i(kz - \omega t)]$ angeregt. Wir können nun ihre gemeinsame Strahlung am Punkt $Q \equiv (0, 0, z)$ berechnen. Ein Molekül innerhalb des Plättchens am Punkt $P = (x, y, 0)$ reagiert auf die einlaufende Welle mit einem Dipolmoment der Größe

$$p(t) = \alpha \varepsilon_0 E_0 \exp(-i\omega t) \,. \tag{13.12}$$

Mit Hilfe von (5.31) können wir sein transversales Schwingungsfeld am Punkt $Q = (0, 0, z)$ bestimmen

$$e(t) = \frac{\alpha \varepsilon_0 \omega^2 E_0 \exp\left[i(kr - \omega t)\right] \cos\theta}{4\pi\varepsilon_0 c^2 r} \,, \tag{13.13}$$

wobei $r^2 = x^2 + y^2 + z^2 \equiv \varrho^2 + z^2$ ist und θ der Winkel zwischen dem Vektor $\boldsymbol{r}$ und der z-Achse. Das Gesamtfeld von allen Molekülen in einem Einheitsvolumen $\mathrm{d}x\,\mathrm{d}y\,\delta z$ an diesem Punkt ist durch (13.13) multipliziert mit $N\,\mathrm{d}x\,\mathrm{d}y\,\delta z$ gegeben. Wir können daher δE_Q, das Feld der gesamten gestreuten Welle am Punkt Q, als Integral von (13.13) über das gesamte Plättchen schreiben

$$\delta E_Q = \frac{N\alpha\omega^2 E_0 \delta z \exp(-i\omega t)}{4\pi c^2} \int\int_{-\infty}^{\infty} \frac{z \exp(ikr)}{r^2} \,\mathrm{d}x\,\mathrm{d}y \,, \tag{13.14}$$

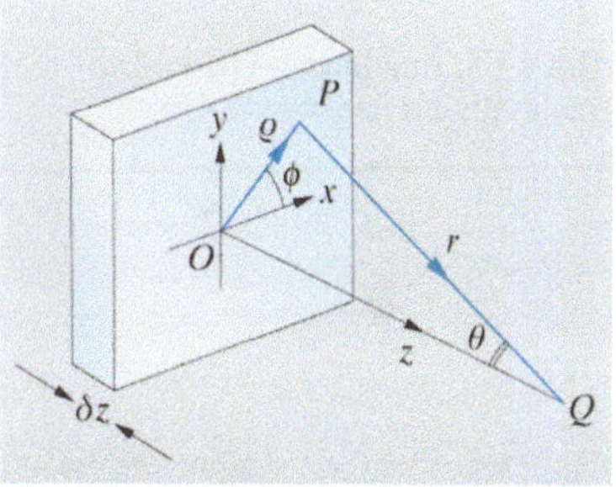

Abb. 13.4. Kohärente Streuung in einem dichten Medium

wobei $\cos\theta$ durch z/r ersetzt wurde. Drücken wir dies mit Hilfe von ϱ aus, ergibt sich

$$\delta E_Q = 2\pi z \frac{N\alpha\omega^2 E_0\,\delta z \exp(-i\omega t)}{4\pi c^2}$$
$$\times \int_0^\infty \frac{\exp\left[ik(z^2+\varrho^2)^{\frac{1}{2}}\right]}{\varrho^2+z^2}\,\varrho\,d\varrho\,. \tag{13.15}$$

Das Integral in (13.15) kann umgeschrieben werden zu

$$\int_z^\infty \frac{\exp(ikr)}{r}\,dr\,, \tag{13.16}$$

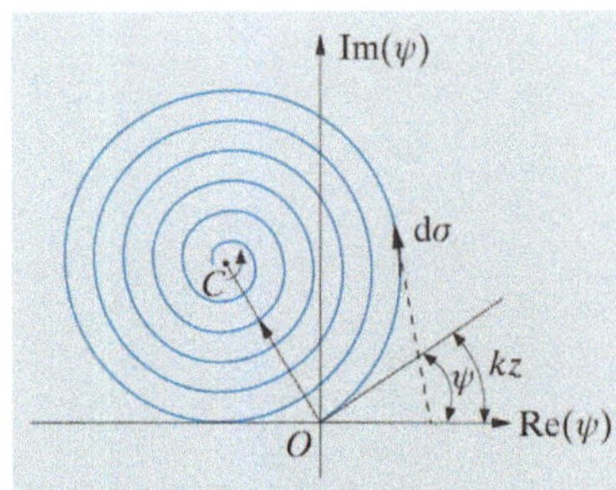

Abb. 13.5. Amplituden-Phasen-Diagramm für das Integral (13.16)

was sich leicht in einem Amplituden-Phasen-Diagramm auswerten läßt. Wie in Abschn. 7.4.1 erläutert, ergibt dies eine Kurve wie in Abb. 13.5 gezeigt und das Integral entspricht dem Vektor OC, der den Wert

$$OC = (kz)^{-1} \exp\left[i(kz+\pi/2)\right] \tag{13.17}$$

hat. Daher ist

$$\delta E_Q = \frac{N\alpha\omega^2 E_0\,\delta z}{2c^2 k} \exp\left[i(kz-\omega t+\pi/2)\right]$$
$$= \tfrac{1}{2}ikN\alpha E_0\,\delta z \exp\left[i(kz-\omega t)\right]. \tag{13.18}$$

Diese gestreute Welle muß zu der ungestreuten Welle, die am Punkt Q ankommt, hinzuaddiert werden; da δz nach Definition klein ist, ist die ungestreute Welle nur vernachlässigbar von der einfallenden Welle $E_{Q0} = E_0 \exp[i(kx-\omega t)]$ verschieden. Daher gilt

$$\delta E_Q = \tfrac{1}{2}ikN\alpha\delta z E_{Q0}\,. \tag{13.19}$$

Ist α reell, ist die gestreute Welle um $\pi/2$ zur direkten Welle phasenverschoben, weswegen sich an der Amplitude der Welle nichts ändert, sondern nur an der Phase. Dies bedeutet in anderen Worten, daß sich die Wellengeschwindigkeit geändert hat, es aber keine Dämpfung gibt (Abb. 13.6). Dann ist

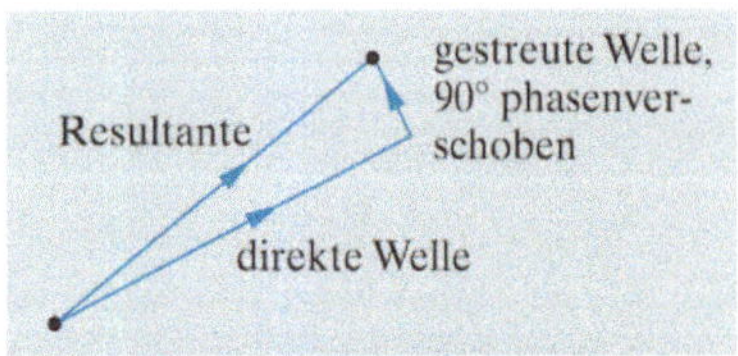

Abb. 13.6. Amplituden-Phasen-Diagramm für kohärente Streuung ohne Absorption

$$E_Q = E_{Q0} + \delta E_Q = \left(1 + \tfrac{1}{2}ikN\alpha\delta z\right) E_{Q0}$$
$$\approx \exp\left(\tfrac{1}{2}ikN\alpha\delta z\right) E_{Q0}\,. \tag{13.20}$$

Hätten wir ein durchsichtiges Plättchen mit dem Brechungsindex μ und der Dicke δz in den Strahlengang eingebracht, hätten wir dadurch den optischen Weg um $(\mu-1)\delta z$ geändert und die Welle E_{Q0} zu

$$E_Q = E_{Q0} \exp\left[ik\delta z(\mu-1)\right] \tag{13.21}$$

modifiziert. Somit resultiert die kohärente Streuung an dem Plättchen in einem effektiven Brechungsindex

$$\mu = 1 + \tfrac{1}{2}N\alpha\,. \tag{13.22}$$

Dies entspricht genau dem Brechungsindex, den wir beispielsweise in (13.10) verwendet haben. Kohärente Streuung resultiert also in Brechung, nicht aber in Absorption. Es scheint, als ob wir hierbei nichts Neues festgestellt hätten. Die Bedeutung dieser Berechnungen liegt darin, daß wir einen Zusammenhang zwischen Brechung und Streuung hergestellt haben und einen Weg gefunden haben, einen effektiven Brechungsindex auch für andere Wellentypen, deren Streuverhalten bekannt ist, herzuleiten. Ein Beispiel dafür sind **Neutronen**, siehe Abschn. 13.3.6. Ist das Medium sehr dicht, so daß μ deutlich von eins verschieden ist, müssen wir als Feld, das die Moleküle polarisiert, das lokale Feld und nicht einfach das angelegte Feld betrachten. Dies kompliziert die Behandlung etwas, führt aber immer noch nicht zu Absorption.

13.3.2 Resonanz und anomale Dispersion

Bei Anregungsfrequenzen in der Nähe der Resonanzfrequenz η ergibt sich aus (13.14), daß α komplex wird. Als Resultat davon gilt die Aussage nicht mehr, daß die gestreute Welle um $\pi/2$ mit der direkten Welle phasenverschoben ist. Der Brechungsindex ist weiterhin verändert, aber es kann auch zu Absorption kommen, wie man Abb. 13.7 entnehmen kann. In (13.4) hatten wir die Polarisierbarkeit $\alpha(\omega) = q^2/[\varepsilon_0 m(\eta^2 - \omega^2 - i\kappa\omega)]$, weswegen der Brechungsindex (13.22) angenähert

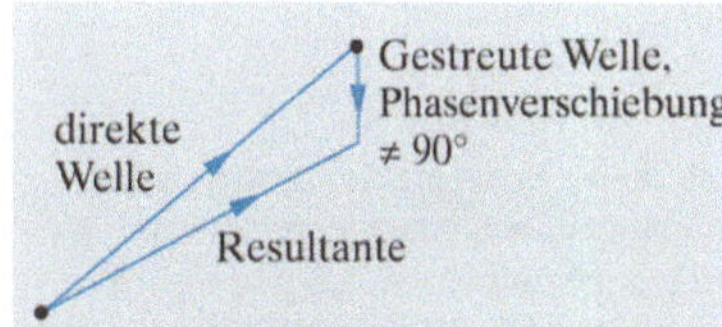

Abb. 13.7. Absorption findet statt, wenn die gestreute Welle nicht mehr um 90° phasenverschoben ist gegen die direkte Welle

$$\mu = 1 + \tfrac{1}{2}N\alpha = 1 + \tfrac{1}{2}\Omega^2(\eta^2 - \omega^2 - i\kappa\omega)^{-1} \tag{13.23}$$

ergibt, wenn $N\alpha \ll 1$ ist. $\Omega = (Nq^2/\varepsilon_0 m)^{1/2}$ heißt **Plasmafrequenz**. Ihre Bedeutung wird in Abschn. 13.3.4 besprochen. Der Real- bzw. Imaginärteil von μ ist gegeben durch

$$\mu_{\mathrm{r}} = 1 + \frac{\Omega^2(\eta^2 - \omega^2)}{2\left[(\eta^2 - \omega^2)^2 + \kappa^2\omega^2\right]}\,, \tag{13.24}$$

$$\mu_{\mathrm{i}} = \frac{\Omega^2\kappa\omega}{2\left[(\eta^2 - \omega^2)^2 + \kappa^2\omega^2\right]}\,. \tag{13.25}$$

In Abb. 13.8 sind die beiden Größen $\mu_{\mathrm{r}}(\omega)$ und $\mu_{\mathrm{i}}(\omega)$ schematisch aufgezeigt. Die Kurve hat mehrere wichtige Eigenschaften:

(1) Außerhalb des Frequenzbereiches $\eta \pm \kappa$ ist $\mathrm{d}\mu_{\mathrm{r}}/\mathrm{d}\omega$ positiv und $\mu_{\mathrm{i}} \ll 1$. Dies wird **normale Dispersion** genannt und ist für alle transparenten Medien typisch.

(2) Der Brechungsindex wird für Frequenzen knapp unterhalb der Resonanz besonders groß und fällt rasch auf einen Wert unterhalb von eins knapp oberhalb der Resonanz. Im Bereich der großen Änderung ist $\mathrm{d}\mu_{\mathrm{r}}/\mathrm{d}\omega$ negativ; dies heißt **anomale Dispersion**.

(3) Im Bereich anomaler Dispersion kann μ_{i} nicht vernachlässigt werden, und es kommt zu **Absorption**. Wir werden in Abschn. 13.4 zeigen, daß dies aufgrund von sehr allgemeinen Überlegungen notwendig ist. Dies entspricht natürlich der Absorption im Bereich einer Emissionslinie im atomaren Spektrum.

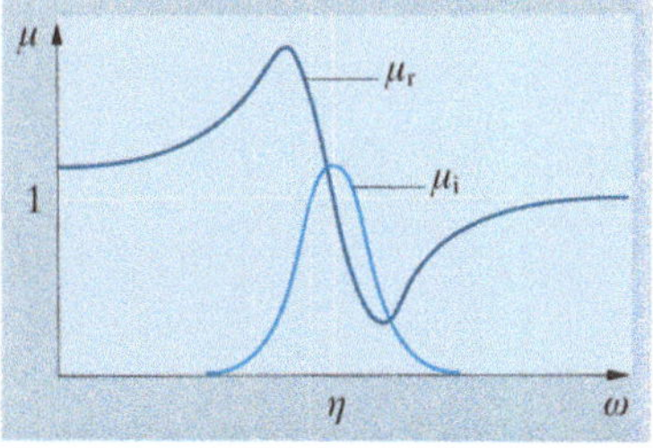

Abb. 13.8. Anomale Dispersion

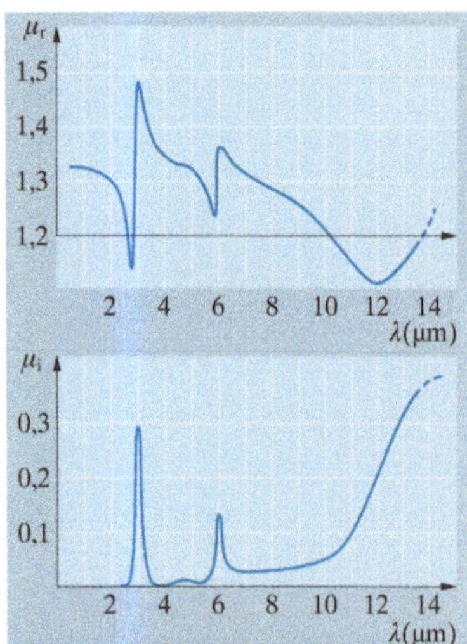

Abb. 13.9. Real- und Imaginärteil des Brechungsindex von Meerwasser im Wellenlängenbereich von $0{,}6\,\mu\mathrm{m}$ bis $14\,\mu\mathrm{m}$ durch Messung der Reflektivität bei schrägem Einfall der $\parallel$- und $\perp$-Polarisationen (Abschn. 5.4.2)

Ein reales Atom hat eine Reihe von Spektrallinien bei verschiedenen Frequenzen, und anomale Dispersion geschieht in jedem dieser Frequenzbereiche. So wie wir das Modellatom in diesem Kapitel eingeführt haben, hat es nur eine Resonanzfrequenz; die mehrfachen Resonanzen können dann so erklärt werden, daß es mehrere resonante Zustände gibt, wobei der $j$te Zustand die Frequenz η_j und die relative Stärke N_j hat. Schreiben wir nun den Brechungsindex als Superposition der gesamten Effekte, erhalten wir

$$\mu_{\mathrm{r}} = 1 + \frac{q^2}{2\varepsilon_0 m} \sum_j \frac{N_j\,(\eta_j^2 - \omega^2)}{(\eta_j^2 - \omega^2)^2 + \kappa_j^2\,\omega^2} \ . \tag{13.26}$$

Die N_j heißen **Oszillatorstärken** und sind mit den Matrixelementen der quantenmechanischen Beschreibung (Abschn. 14.3) verknüpft. In Abb. 13.9 ist eine typische Brechungsindexkurve gezeigt.

13.3.3 Dispersion fern von einem Absorptionsband: Brechungsindex für Röntgenstrahlen

Im Bereich normaler Dispersion, weit von einer Resonanzfrequenz η entfernt, können wir die Absorption vernachlässigen und (13.24) schreiben als

$$\mu \approx 1 + \frac{\Omega^2}{2\left(\eta^2 - \omega^2\right)} \ . \tag{13.27}$$

Ist speziell ω weit oberhalb der höchsten Resonanzfrequenz in (13.26), haben wir

$$\mu \approx 1 - \frac{\Omega^2}{2\omega^2} \ , \tag{13.28}$$

was zeigt, daß der Brechungsindex im Bereich von Röntgenstrahlen kleiner als eins ist, aber nur wenig. Setzt man typische Werte ein, ergibt sich $\mu - 1 \approx -10^{-7}$. Dies ermöglicht äußere **Totalreflexion** als Methode zur Handhabung von Röntgenstrahlen. Obwohl $v = c/\mu$ größer als c ist, wird dadurch der Relativitätstheorie nicht widersprochen, da es die Gruppen- und nicht die Phasengeschwindigkeit ist, mit der Information und Energie übertragen werden (Aufgabe 2.3).

13.3.4 Plasmakante beim freien Elektronengas

Sind die Elektronen in einem Material ungebunden, z. B. als Plasma in der Ionosphäre oder als Leitungselektronen in einem einfachen Metall, können wir die Dispersion dadurch berechnen, daß wir $\eta = 0$ einsetzen. Wir erhalten dann aus (13.23)

$$\varepsilon = \mu^2 = 1 + N\alpha = 1 - \frac{\Omega^2}{\mathrm{i}\kappa\omega + \omega^2} \ . \tag{13.29}$$

Sind die Elektronen frei, gilt $\kappa \ll \omega$ und damit

$$\mu \approx (1 - \Omega^2/\omega^2)^{\frac{1}{2}} \ , \tag{13.30}$$

was zeigt, daß für $\omega < \Omega$ die Welle evaneszent wird und das Medium daher undurchsichtig wirkt.Bei der Frequenz Ω findet der Übergang zu einem durchsichtigen Zustand statt. Dies wird **Plasmakante** genannt und ist in Abb. 13.10 gezeigt. Sie ist in Alkalimetallen besonders scharf, wo sie im nahen Ultraviolett liegt. An der Plasmakante ist $\mu = 0$, und die Wellenlänge ist unendlich groß; das gesamte Plasma schwingt in Phase und erzeugt eine **kollektive Oszillation**.

13.3.5 Brechungsindex eines freien Elektronengases in einem magnetischen Feld

Eine ähnliche Berechnung wie oben kann bei Gegenwart eines konstanten Magnetfeldes $\boldsymbol{B}_0$ gemacht werden und zeigt den Ursprung des **magneto-optischen Effekts**, den wir in Abschn. 6.9.3 diskutiert haben. Kehren wir zu der grundlegenden mechanischen Gleichung (13.1) zurück, können wir einen Term $q\boldsymbol{B} \times \boldsymbol{v}$ addieren, der die **Lorentz-Kraft** darstellt. Es wird nun allerdings aufgrund des Vektorprodukts notwendig, in drei Dimensionen zu arbeiten. Kennen wir $\boldsymbol{B}_0$ und den Wellenvektor der einlaufenden Welle beispielsweise in z-Richtung, ergibt sich

$$m\frac{\mathrm{d}^2 x}{\mathrm{d}t^2} + m\kappa\frac{\mathrm{d}x}{\mathrm{d}t} + m\eta^2 x + qB_0\frac{\mathrm{d}y}{\mathrm{d}t} = F_x = qE_{0x}\exp(-\mathrm{i}\omega t)\,; \qquad (13.31)$$

$$m\frac{\mathrm{d}^2 y}{\mathrm{d}t^2} + m\kappa\frac{\mathrm{d}y}{\mathrm{d}t} + m\eta^2 x - qB_0\frac{\mathrm{d}x}{\mathrm{d}t} = F_y = qE_{0y}\exp(-\mathrm{i}\omega t)\,, \qquad (13.32)$$

wobei (x, y) die Ladungsverschiebung beschreibt. Wir wollen die Effekte nur im Bereich hoher Frequenzen $\omega \gg \kappa,\ \eta$ beschreiben.[1] Offensichtlich ist $(x, y) = (x_0, y_0)\exp(-\mathrm{i}\omega t)$, und wir können $\mathrm{d}/\mathrm{d}t$ durch $-\mathrm{i}\omega$ ersetzen, wodurch wir

$$-m\omega^2 x_0 - \mathrm{i}q\omega B_0 y_0 = qE_{0x}\,; \qquad (13.33)$$

$$-m\omega^2 y_0 + \mathrm{i}q\omega B_0 x_0 = qE_{0y} \qquad (13.34)$$

erhalten. Diese Gleichungen entsprechen denen eines **Foucaultschen Pendels** in der klassischen Mechanik (siehe auch Abschn. 9.6). Das Ergebnis ist besonders einfach im Fall zirkular polarisierter Strahlung (Abschn. 6.2.2), für die $E_{0y} = \pm\mathrm{i}E_{0x}$ gilt, wobei die beiden Vorzeichen links- bzw. rechts-händigen Drehsinn beschreiben. Eliminieren wir y_0 aus den Gleichungen, bekommen wir

$$-\left(\omega^2 m - \frac{q^2 B_0^2}{m}\right)x_0 = E_0 q\left(1 \pm \frac{qB_0}{m\omega}\right)\,. \qquad (13.35)$$

Daher ist

$$x_0 = \pm\mathrm{i}y_0 = \frac{-E_0 q}{\omega^2 m\,(1 \mp \omega_c/\omega)}\,, \qquad (13.36)$$

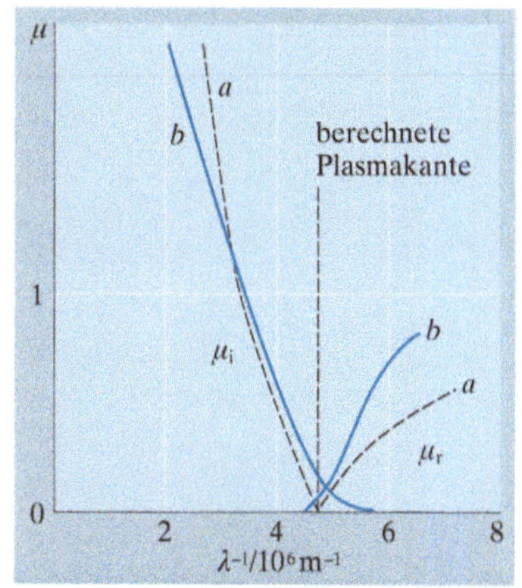

Abb. 13.10. (*a*) Real- und Imaginärteil des komplexen Brechungsindex für ein freies Elektronengas ohne Dämpfung (*gestrichelte Linie*); (*b*) gemessene Werte für Natrium (*durchgezogene Linie*)

---

[1] Ein breiterer Frequenzbereich wurde in Kap. 11 der zweiten, englischsprachigen Ausgabe dieses Buches besprochen. Eine ausführlichere Diskussion findet sich bei *Budden* (1966) sowie bei *Altman* und *Suchy* (1991).

wobei $\omega_c = qB_0/m$ die **Zyklotronfrequenz** ist (Index c für englisch „cyclotron frequency"). Aus der Ladungsverschiebung können wir die Polarisation des Mediums berechnen, $P_0 = Nq(x_0, y_0)$ und damit die **Dielektrizitätskonstante** $\varepsilon = 1 + P_0/\varepsilon_0 E_0$:

$$\varepsilon = \mu^2 = 1 - \frac{\Omega^2}{\omega^2(1 \mp \omega_c/\omega)} \tag{13.37}$$

für die beiden zirkular polarisierten Wellen, wobei der Einfluß des Magnetfelds durch ω_c dargestellt wird. Ist ω groß, sind die entsprechenden Brechungsindizes reell, und das Medium zeigt daher magnetisch induzierte **optische Aktivität**, den **Faraday-Effekt**.

Wir können (13.31, 32) mittels einer Matrixgleichung darstellen, was uns in Einklang mit dem in Kap. 6 verwendeten Formalismus bringt. Mit Hilfe von (13.33) und (13.34) können wir in entsprechender Weise den **dielektrischen Tensor $\boldsymbol{\varepsilon}$** berechnen:

$$\boldsymbol{\varepsilon} = 1 - \frac{\Omega^2}{\omega^2 - \omega_c^2} \begin{pmatrix} 1 & i\omega_c/\omega & 0 \\ -i\omega_c/\omega & 1 & 0 \\ 0 & 0 & 1 - \omega_c^2/\omega^2 \end{pmatrix}, \tag{13.38}$$

wobei 1 der Einheitstensor ist. Diese Gleichung kann direkt mit (6.40) für ein uniaxiales magnetooptisches Medium verglichen werden, und ihre Hauptachsenwerte entsprechen (13.37).

13.3.6 Brechungsindex eines Festkörpers für Neutronenstrahlen

In Abschn. 13.3 haben wir gezeigt, daß der Brechungsindex eines Mediums aus der kohärenten Streuung abgeleitet werden kann. Streuquerschnitte sind für eine Vielzahl von Teilchen untersucht worden und in diesem Abschnitt wollen wir das Konzept auf Neutronenstrahlen anwenden, deren Streuung an Festkörpern ausführlich als Einteilchenphänomen erforscht wurde (*Squires* 1978). Das Ergebnis wird ein **effektiver Brechungsindex** für Neutronenwellen in einem Festkörper sein.

Eine ebene Neutronenwelle der Amplitude $A \exp[i(kz - \omega t)]$ trifft auf ein einzelnes Streuzentrum, von wo eine Kugelwelle der Form

$$-A\frac{\overline{b}}{r} \exp\left[i(kr - \omega t)\right] \tag{13.39}$$

ausgeht, wobei $\overline{b}$ **Streulänge** genannt wird und einen Wert in der Größenordnung typischer Atomkerne hat, etwa 10^{-14} m. Um den entsprechenden Brechungsindex für die Neutronenwellen herauszufinden, stellen wir fest, daß (13.39) und (13.13) identisch sind, wenn wir in letzterer $-\overline{b}$ für $\alpha k^2/4\pi$ einsetzen. Da Neutronenwellen skalar sind, gibt es keinen $\cos\theta$-Term. Wir können nun zum endgültigen Ergebnis (13.22) springen und schließen, daß für N Streuzentren pro Volumeneinheit der Brechungsindex gegeben ist durch

$$\mu_n = 1 - N\frac{2\pi\overline{b}}{k^2} = 1 - \frac{N\overline{b}\lambda^2}{2\pi}. \tag{13.40}$$

Typische Wellenlängen für langsame Neutronen liegen etwa bei 10^{-10} m,
und Festkörper haben eine Dichte N von etwa 10^{30} Kernen pro m^3. Daher ist
$\mu_n - 1$ etwa von der Größenordnung -10^{-5}. Es ist interessant, festzustellen,
daß μ_n kleiner als eins ist. Wie bei Röntgenstrahlen kann man so externe
Totalreflexion und **streifenden Einfall** dazu benutzen, eine Optik zum
Fokussieren und Führen von Neutronenstrahlen zu konstruieren.

13.4 Dispersionsrelationen

In diesem Abschnitt werden wir einige sehr allgemeine Ausdrücke für das
Verhältnis zwischen Real- und Imaginärteil von Antwortfunktionen wie beispielsweise $\varepsilon(\omega)$ kennenlernen, die auf dem Prinzip der **Kausalität** beruhen,
das die offensichtliche Tatsache ausdrückt, daß kein Ereignis beobachtbare
Folgen erzeugen kann, die ihm zeitlich vorhergehen.

13.4.1 Verbindung zwischen Impuls- und Frequenzantwort

Ein bequemer Weg, um die dynamische Antwort eines Systems auf ein
äußeres Feld zu verstehen, ist die Untersuchung des Effekts eines einzelnen
Pulses auf das System.[2] Ist die Antwort des Systems linear, kann der Effekt
eines komplizierteren, zeitlich variablen Signals durch Superposition der
Impulsantworten konstruiert werden.

Nehmen wir an, wir legen ein elektrisches Feld E für eine kurze Zeit dt
an ein Dielektrikum an. Der Feldpuls ist dann $E\,dt$. Er führt zu einer Polarisation $EX(t)\,dt$, die zwar direkt vom Puls erzeugt wird, aber sehr langsam
abklingen kann. $X(t)$ wird **Impulsantwort** genannt und ist die zeitliche
Polarisationsantwort auf einen Einheitspuls zur Zeit $t = 0$. **Kausalität** erfordert, daß $X(t)$ bei negativem t null ist. Berechnen wir nun die durch ein
Feld $E(t)$ hervorgerufene Polarisation durch die Superposition von Pulsen
$E(t')\,dt'$ zur Zeit t':

$$P(t) = \int_{-\infty}^{t} E(t')X(t - t')\,dt' . \tag{13.41}$$

Da $X(t)$ für negative t null ist, kann die obere Integrationsgrenze als ∞
angesehen werden. Im Spezialfall eines harmonischen Feldes, bei dem $E = E_0 \exp(i\omega t)$ ist, wird aus (13.41) mit $t'' \equiv t - t'$

$$P(t) = E_0 \int_{-\infty}^{\infty} \exp(i\omega t')X(t - t')\,dt' \tag{13.42}$$

$$= E_0 \exp(i\omega t) \int_{-\infty}^{\infty} \exp(-i\omega t'')X(t'')\,dt''$$

$$= E\chi(\omega) , \tag{13.43}$$

---

[2] Dieser Ansatz ist keineswegs besonders modern; *Newton* verwendete ihn bereits
bei seiner Analyse der Mondbewegung im Gravitationsfeld der Erde.

wobei $\chi(\omega)$ die Fouriertransformierte von $X(t)$ ist. $\chi(\omega)$, das eine Verbindung zwischen P und E herstellt, ist dann die **Polarisierbarkeit** ($\equiv N\alpha(\omega)$). Die Dielektrizitätskonstante bei der Frequenz ω ist dann gegeben durch

$$\varepsilon_0 \varepsilon(\omega) E = \varepsilon_0 E + P\,, \tag{13.44}$$

wobei

$$\varepsilon_0 \big[\varepsilon(\omega) - 1\big] = \chi(\omega)\,. \tag{13.45}$$

Diese Gleichung zeigt, wie die Frequenzantwort mit der Fouriertransformierten der Impulsantwort im dielektrischen Material verbunden ist.

13.4.2 Kramers-Kronig-Relationen

Durch die Einführung der Bedingung, daß die Antwortfunktion eines Systems dem Kausalitätsprinzip gehorchen muß, können wir nun den Zusammenhang zwischen reellen und imaginären Frequenzantworten finden, für die (13.24,25) Beispiele waren. Wir definieren eine **Einheitsstufenfunktion** $d(t)$ wie folgt:

$$d(t) = \begin{cases} \lim_{s \to 0} \exp(st)(\sim 1)\,, & \text{falls} \quad t < 0\,; \\ 0\,, & \text{falls} \quad t \geq 0\,. \end{cases} \tag{13.46}$$

Wie in Abschn. 12.4.5 angedeutet, hat die Stufenfunktion, die man durch Einsetzen von $s = 0$ erhält, eigentlich keine Fouriertransformierte, aber man kann dieses Problem dadurch umgehen, daß man s beliebig klein, aber noch von null verschieden werden läßt. Die Transformierte ist dann

$$D(\omega) = \lim_{s \to 0} (s - i\omega)^{-1}\,. \tag{13.47}$$

Da $X(t)$ erst bei $t = 0$ losgeht und $d(t)$ zur gleichen Zeit endet, können wir schreiben[3]

$$X(t)\,d(t) = 0\,. \tag{13.48}$$

Als Fouriertransformierte dieser Gleichung erhalten wir

$$0 = \chi(\omega) \otimes D(\omega) = \lim_{s \to 0} \int_{-\infty}^{\infty} \frac{\chi(\omega')}{s - i(\omega - \omega')}\,d\omega'$$

$$= \varepsilon_0 \lim_{s \to 0} \int_{-\infty}^{\infty} \frac{\varepsilon(\omega') - 1}{s - i(\omega - \omega')}\,d\omega'\,. \tag{13.49}$$

---

[3] Wir ignorieren eine mögliche deltaförmige Antwort als Teil von $X(t)$, die ein von null verschiedenes Ergebnis bei einer Multiplikation mit $d(t)$ für $t > 0$ ergeben könnte.

Geht $s \to 0$, gibt es eine Singularität bei $\omega' = \omega$. Wir teilen daher das Integral in zwei Teile auf, in den von $\omega - s$ bis $\omega + s$ und den Rest. Das erste Integral kann einfach ausgewertet werden, da $\varepsilon(\omega')$ bei hinreichend kleinem s über den Integrationsbereich konstant ist:

$$\lim_{s \to 0} \int_{\omega - s}^{\omega + s} \frac{\varepsilon(\omega') - 1}{s - \mathrm{i}(\omega - \omega')}\, \mathrm{d}\omega' = \big[\varepsilon(\omega) - 1\big] \int_{\omega - s}^{\omega + s} \frac{\mathrm{d}\omega'}{s - \mathrm{i}(\omega - \omega')}$$
$$= \pi \big[\varepsilon(\omega) - 1\big], \tag{13.50}$$

wobei wir sehen können, daß das Integral von s unabhängig ist. Der Rest wird **Hauptwert** des Integrals genannt und wird mit $\mathscr{P} \int$ (für englisch „principal value") bezeichnet:

$$\lim_{s \to 0} \left(\int_{-\infty}^{\omega - s} + \int_{\omega + s}^{\infty} \right) \frac{\varepsilon(\omega') - 1}{s - \mathrm{i}(\omega - \omega')}\, \mathrm{d}\omega' \equiv \mathscr{P} \int_{-\infty}^{\infty} \frac{\varepsilon(\omega') - 1}{-\mathrm{i}(\omega - \omega')}\, \mathrm{d}\omega' . \tag{13.51}$$

Da (13.49) die Summe aus (13.50) und (13.51) ist, erhalten wir

$$\varepsilon(\omega) = 1 + \frac{1}{\pi} \mathscr{P} \int_{-\infty}^{\infty} \frac{\varepsilon(\omega') - 1}{\mathrm{i}(\omega - \omega')}\, \mathrm{d}\omega' . \tag{13.52}$$

Wir können den Real- und Imaginärteil von (13.52) separat auswerten und erhalten zwei Integralbeziehungen zwischen $\varepsilon_\mathrm{r}(\omega)$ und $\varepsilon_\mathrm{i}(\omega)$:

$$\varepsilon_\mathrm{r}(\omega) = 1 + \frac{1}{\pi} \mathscr{P} \int_{-\infty}^{\infty} \frac{\varepsilon_\mathrm{i}(\omega')}{(\omega - \omega')}\, \mathrm{d}\omega'$$
$$\left[= 1 + \frac{2}{\pi} \mathscr{P} \int_{0}^{\infty} \frac{\omega' \varepsilon_\mathrm{i}(\omega')}{(\omega^2 - \omega'^2)}\, \mathrm{d}\omega' \right] ; \tag{13.53}$$

$$\varepsilon_\mathrm{i}(\omega) = -\frac{1}{\pi} \mathscr{P} \int_{-\infty}^{\infty} \frac{\varepsilon_\mathrm{r}(\omega') - 1}{(\omega - \omega')}\, \mathrm{d}\omega'$$
$$\left[= -\frac{2}{\pi} \mathscr{P} \int_{0}^{\infty} \frac{\omega\big[\varepsilon_\mathrm{r}(\omega') - 1\big]}{(\omega^2 - \omega'^2)}\, \mathrm{d}\omega' \right] . \tag{13.54}$$

In den eckigen Klammern in (13.53) und (13.54) haben wir die Eigenschaft $\varepsilon(\omega) = \varepsilon^*(-\omega)$ der Fouriertransformierten einer reellen Antwortfunktion auf ein angelegtes elektrisches Feld verwendet. Die Gleichungen (13.53) und (13.54) sind (in jeder der Formen) als **Kramers-Kronig-Relationen** bekannt.

13.5 Vertiefungsthema: nichtlineare Optik

Bis zu diesem Zeitpunkt haben wir die Polarisation eines Materials durch ein äußeres Feld als linearen Prozeß angesehen. Für hinreichend kleine Felder kann man dies als den ersten Term einer **Taylor-Entwicklung** von $P(E)$ ansehen:

$$P(E) = P(0) + E\left(\frac{\mathrm{d}P}{\mathrm{d}E}\right)_0 + \frac{1}{2}E^2\left(\frac{\mathrm{d}^2P}{\mathrm{d}E^2}\right)_0 + \frac{1}{6}E^3\left(\frac{\mathrm{d}^3P}{\mathrm{d}E^3}\right)_0 + \cdots \tag{13.55}$$

Für ein Material ohne statisches Dipolmoment ist $P(0) = 0$, und wir können (13.55) schreiben als

$$P(E) \approx \chi E + \chi_2 E^2 + \chi_3 E^3 + \cdots \; , \tag{13.56}$$

wobei χ_n die **nichtlineare Polarisierbarkeit** oder Suszeptibilität $n$ter Ordnung ist. Seit der Erfindung des Lasers wurde eine Vielzahl faszinierender Phänomene entdeckt, die Lichtstrahlen verwenden, die so intensiv sind, daß die Entwicklung (13.56) weiter als bis zum ersten Term fortgeführt werden muß (*Bloembergen* 1982; *Yariv* 1989, 1991). In den folgenden Abschnitten wolen wir kurz zwei davon beschreiben: die **Erzeugung der zweiten Harmonischen** (englisch: „second harmonic generation", SHG), die den Term zweiter Ordnung in der Entwicklung darstellt, und das **Vier-Wellen-Mischen**, das noch eine höhere Ordnung benötigt.

13.5.1 Erzeugung der zweiten Harmonischen

Betrachten wir den Effekt des Feldes $E = E_0 \cos \omega t$ auf das Medium.[4] Nehmen wir (13.56) und entwickeln sie bis zur zweiten Ordnung, erhalten wir

$$P(E) = \chi E_0 \cos \omega t + \tfrac{1}{4} E_0^2 \chi_2 (\cos 2\omega t + 1) + \cdots . \tag{13.57}$$

Man kann sofort sehen, daß die Frequenz der ersten Oberwelle 2ω in der Gleichung auftaucht; sie wird vom schwingenden Dipol ausgestrahlt. Dieser Vorgang heißt **Erzeugung der zweiten Harmonischen**. Im Photonenbild ausgedrückt, heißt das, daß zwei Photonen der Frequenz ω zu einem Photon der Frequenz 2ω kombinieren, weswegen dieser Prozeß in die Kategorie des **Drei-Wellen-Mischens** fällt. Im allgemeinen werden auch höhere Terme der Entwicklung mit Frequenzen $n\omega$ auftreten, sie werden allerdings aus Gründen, die wir unten erläutern, oft nicht beobachtbar sein.

Welche Regeln gelten nun für die Intensitäten der beobachteten Harmonischen? Zunächst ist die Intensität der 2ω-Komponente in P proportional zu E_0^2, so daß eine große Intensität notwendig ist, um überhaupt beobachtbare Effekte zu erzeugen. Zweitens muß ein Medium mit hinreichend

---

[4] Es ist nicht sinnvoll, hier die komplexe Exponentialdarstellung zu verwenden, da E im folgenden quadriert oder zur dritten Potenz erhoben wird.

niedriger Kristallsymmetrie gewählt werden, da der Wert von χ_2 für Materialien mit einem Symmetriezentrum aus den gleichen Gründen wie in Abschn. 6.9.1 identisch null wird.

Hat man nun ein hinreichend großes E_0 und ein von null verschiedenes χ_2, wird es in einem kleinen Volumen des Dielektrikums zur Erzeugung der zweiten Harmonischen kommen. Um den Effekt im Verhältnis zum Probenvolumen zu erhöhen, fordern wir, daß sich die Harmonischen, die in verschiedenen Volumenelementen erzeugt werden, kohärent überlagern. An ihrem Ursprungspunkt hat die 2ω-Welle eine wohldefinierte Phasenbeziehung zu der ω-Welle, die sie erzeugt hat. Um diese Beziehung, die für die konstruktive Interferenz eine notwendige Bedingung ist, an allen anderen Punkten aufrechtzuerhalten, müssen sich die beiden Wellen in der gleichen Richtung mit der gleichen Phasengeschwindigkeit ausbreiten, d.h. $v(\omega) = v(2\omega)$. Dies wird **Phasenanpassung** (englisch: „phase matching") genannt. Ist diese Bedingung erfüllt, kann man relativ einfach die Erzeugung von Harmonischen beobachten. Die meisten für die Erzeugung von Harmonischen verwendeten Kristalle sind anisotrop, und die Anisotropie von $\boldsymbol{\mu}$ (Abschn. 6.4.2) kann dazu verwendet werden, die Ausbreitungsrichtungen zu finden, in denen die Brechungsindizes und damit die Geschwindigkeiten für orthogonale Polarisationen bei den beiden Frequenzen gleich sind, d.h. $\mu_1(\omega) = \mu_2(2\omega)$. Dies ist als geometrische Konstruktion in Abb. 13.11 für einen biaxialen Kristall gezeigt. Der gleiche Mechanismus kann dazu verwendet werden, Licht verschiedener Frequenzen zu mischen (Aufgabe 13.6), kann aber klarerweise nicht benutzt werden, um beispielsweise die dritte Harmonische gleichzeitig mit der zweiten zu erzeugen.

Phasenanpassung kann am besten dadurch verstanden werden, daß man die Bedingung der gleichen Geschwindigkeiten zur Erfüllung sowohl der Energie- als auch der Impulserhaltung bei der Kombination zweier Photonen im Kristall zu einem einzigen benötigt. Offensichtlich ist die Energieerhaltung durch die Beziehung $2\hbar\omega = \hbar\omega + \hbar\omega$ gewährleistet. Aus der Impulserhaltung für zwei Photonen, die in die gleiche Richtung laufen, folgt dann $k(2\omega) = 2k(\omega)$, was gleiche Brechungsindizes für beide Frequenzen bedeutet. Wir könnten auch die Wechselwirkung zweier Wellen der gleichen Frequenz, aber mit verschiedenen Richtungen, mit Wellenvektoren $k_1(\omega)$ und $k_2(\omega)$ betrachten und sie wie in Abb. 13.12a so kombinieren, daß die Resultierende die korrekte Größe $k(2\omega)$ besitzt. Dies funktioniert jedoch in transparenten Medien mit normaler Dispersion nicht, da dort $k(2\omega) > 2k(\omega)$ ist.[5] Können wir dagegen einen Weg finden, einen festen Vektor k_0 zu addieren, dann können wir die Vektorgleichung, wie sie in Abb. 13.12b gezeigt ist, erfüllen. Dies kann beispielsweise durch eine periodische Modulation des Mediums verwirklicht werden und stellt eine alternative Methode zur Phasenanpassung dar (siehe *Bloembergen* 1982).

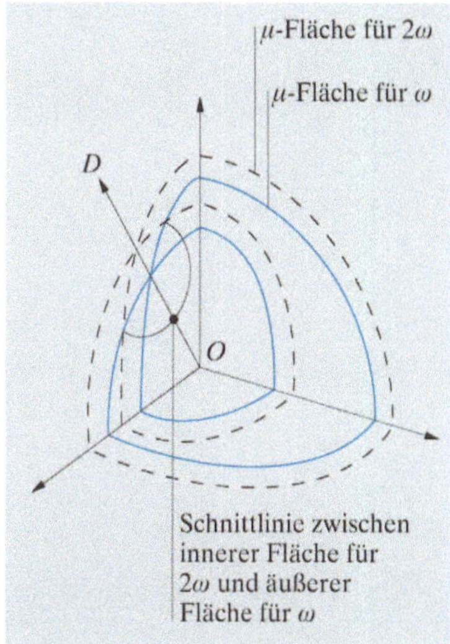

Abb. 13.11. Phasenanpassung bei ω und 2ω in einem biaxialen Kristall. Der äußere Zweig der Oberfläche bei ω schneidet den inneren bei 2ω entlang der eingezeichneten Linie, so daß in Richtungen wie z. B. D Phasenanpassung möglich ist

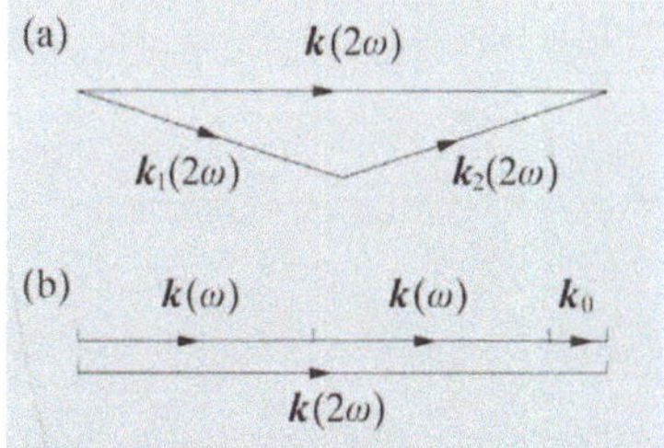

Abb. 13.12a,b. Vektordiagramm zur Wellenvektorerhaltung bei Frequenzverdopplung. (a) Hypothetische Situation mit zwei einlaufenden Wellen verschiedener Richtung; (b) Wechselwirkung zweier paralleler Wellen in einem periodisch modulierten Medium

---

[5] In jedem Fall wäre das Überlappungsvolumen der beiden in verschiedenen Richtungen laufenden Wellen sehr gering.

13.5.2 Vier-Wellen-Mischen

Wird ein nichtlineares Medium von einem Paar kohärenter Wellen, die in verschiedene Richtungen laufen, beleuchtet, stellen sie ein Phasengitter innerhalb des Materials dar, das dann eine dritte Welle (die nicht notwendigerweise mit den ersten beiden kohärent sein muß) in eine vierte abbeugen kann. Dieser Prozeß heißt **Vier-Wellen-Mischen** und wurde bereits für mehrere Kristalle gezeigt, insbesondere für $BaTiO_3$. Der Effekt kann im Zusammenhang mit der **nichtlinearen Suszeptibilität** dritter Ordnung χ_3 verstanden werden.

Die zwei kohärenten Wellen, die beide die Zeitabhängigkeit $E = \frac{1}{2} E_0 \cos \omega t$ besitzen, erzeugen ein Interferenzmuster bzw. eine stehende Welle innerhalb des Kristalls. Das Muster besteht aus Bereichen in der Nähe der Knoten, wo das Feld im wesentlichen null ist, und aus Bereichen der Bäuche, wo das Feld einen Wert von nahezu $E_0 \cos \omega t$ besitzt. Die Antwort auf ein zusätzliches, schwaches Feld ist in den beiden Bereichen unterschiedlich. Nehmen wir Terme bis zur dritten Ordnung in (13.56) mit, läßt sich die Polarisation schreiben als

$$P(E) = \chi E + \chi_2 E^2 + \chi_3 E^3 \; . \tag{13.58}$$

Nun fügen wir ein kleines Feld e hinzu. Wir haben dann bis zur ersten Ordnung in e

$$P + \delta P = \chi(E + e) + \chi_2(E^2 + 2Ee) + \chi_3(E^3 + 3E^2 e) \, , \tag{13.59}$$

$$\delta P = e(\chi + 2\chi_2 E + 3\chi_3 E^2) \, . \tag{13.60}$$

Ist nun e inkohärent zu E, erhält man das Verhältnis $\delta P/e$ durch Mittelung des Terms in Klammern in (13.60) über viele Perioden von ω. Der Mittelwert von $E_0 \cos \omega t$ ist natürlich null; der von $E_0^2 \cos^2 \omega t$ ist $E_0^2/2$, weswegen wir durch die Mittelung

$$\delta P/e = \left(\chi + \tfrac{3}{2} E_0^2 \chi_3 \right) \tag{13.61}$$

erhalten. Der Brechungsindex, der vom Feld e gesehen wird, ist also

$$\mu_{\mathrm{d}} = (1 + \delta P/\varepsilon_0 e)^{\frac{1}{2}}$$

$$= \left[1 + \left(\chi + \tfrac{3}{2} \chi_3 E_0^2 \right) / \varepsilon_0 \right]^{\frac{1}{2}} \tag{13.62}$$

und hängt vom Feld E_0 ab. Er ist deshalb unterschiedlich für die Bereiche der Knoten und Bäuche der stehenden Welle, die von den ersten beiden Wellen erzeugt wird. Die Welle e sieht daher die stehende Welle als ein auf den Kristall aufgeprägtes Phasengitter (Abschn. 8.4.5), das gemäß der **Bragg-Bedingung** (Abschn. 12.6.3) genau so beugt wie ein **Volumenhologramm**. Eine physikalische Beschreibung der beteiligten Mechanismen findet sich bei *Pepper*, *Feinberg* und *Kukhtarev* (1990).

Die Beschreibung des Vier-Wellen-Mischens mit Hilfe der Impulserhaltung ist leicht nachzuvollziehen. Aus Gründen der Einfachheit nehmen wir an, das Medium sei isotrop. Die primären Wellen – die mit Amplitude $\frac{1}{2} E_0$

– haben die Wellenvektoren k_1 und k_2, die die gleiche Länge besitzen. Ihr Interferenzmuster wird durch den Vektor $K = k_2 - k_1$ dargestellt. Fällt die dritte Welle k_3 ein, wird sie zu $k_4 = k_3 \pm K$ abgebeugt, wobei das Vorzeichen, um der Energieerhaltung zu genügen, so gewählt wird, daß $|k_3| = |k_4|$. Die Gleichungen sind in Abb. 13.13 graphisch dargestellt, wobei natürlich k_1, k_2 und k_3 nicht notwendigerweise koplanar sein müssen.

13.5.3 Phasenkonjugierte Spiegel

Ist die Welle, die durch e beschrieben wird, kohärent zu E_0, ist die Situation aufgrund der Vielzahl von möglichen Interferenztermen komplexer. Ein faszinierendes Resultat ist das Konzept des **phasenkonjugierten Spiegels**, der eine einfallende Welle als ihre räumlich komplex konjugierte reflektiert. Diese Idee wurde auch in anderen Bereichen der Physik angewandt, die teilweise weit von der Optik entfernt sind, wie beispielsweise superfluides ^{3}He. Eine weiterführende Behandlung dieses Themas kann bei *Yariv* (1991) und *Pepper* (1986) gefunden werden.

Wir beginnen wiederum mit der Berechnung der Polarisation, die durch den simultanen Einfall der folgenden drei Wellen entsteht: E_1 mit Amplitude $\frac{1}{2}E_0$ und Wellenvektor k_1, E_2 mit $\frac{1}{2}E_0$ und k_2 und E_3 mit e und k_3, wobei wir nach Termen Ausschau halten, die ein passendes $k(\omega)$ besitzen, um sich im Medium ausbreiten zu können. Wir behandeln hier einen Fall, der sich explizit von der Situation in Abschn. 13.5.2 unterscheidet, nämlich den Fall gegenläufiger Wellen E_1 und E_2, d. h. $k_1 = -k_2$. Diese Wellen heißen **Pumpstrahlen**. Die Felder der drei Wellen sind dann

$$
\begin{aligned}
E_1 &= \tfrac{1}{2}E_0 \cos(k_1 \cdot r - \omega t) \,; \\
E_2 &= \tfrac{1}{2}E_0 \cos(k_2 \cdot r - \omega t) \,; \\
E_3 &= e \cos(k_3 \cdot r - \omega t + \phi_3) \,.
\end{aligned}
\tag{13.63}
$$

Wir werden weiter unten sehen, daß diese von sich aus eine Welle mit dem Wellenvektor $k_4 = -k_3$ und der Amplitude $e \cos(-k_3 \cdot r - \omega t - \phi_3)$ erzeugen, deren Phase die komplex konjugierte zu E_3 ist. Wie man Abb. 13.14a entnehmen kann, ist offensichtlich die Impulserhaltung erfüllt.

Der Polarisationsterm dritter Ordnung in (13.58), der uns hier interessiert, ist $\chi_3 E^3 = \chi_3 (E_1 + E_2 + E_3)^3$. Setzen wir (13.63) ein und drücken die Kosinusterme in der komplexen Exponentialdarstellung aus, um die Multiplikationen zu erleichtern, erhalten wir einen Ausdruck mit etwa 70 sinusförmigen Termen! Darunter befinden sich Terme, die für unsere jetzige Diskussion nicht relevant sind:

(1) Wellen der Frequenz 3ω, die die dritten Harmonischen darstellen,
(2) Wellen, bei denen $\omega/|k|$ nicht der Wellengeschwindigkeit entspricht und die sich deshalb nicht ausbreiten können,
(3) Wellen mit den gleichen Argumenten wie E_1, E_2 und E_3, die hauptsächlich durch die Brechungsindexmodifikation, die wir in (13.62) gesehen haben, zustande kommen.

Die wichtigen Terme sind die, die alle drei einfallenden Wellen beinhalten und die deswegen Amplituden der Größe $E_0^2 e$ besitzen

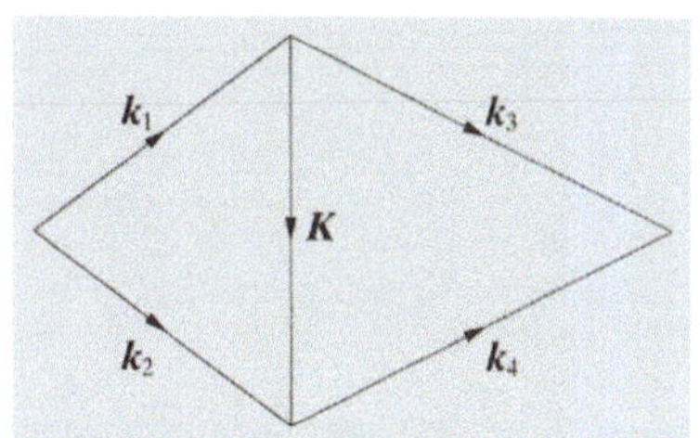

Abb. 13.13. Vektordiagramm für das Vier-Wellen-Mischen

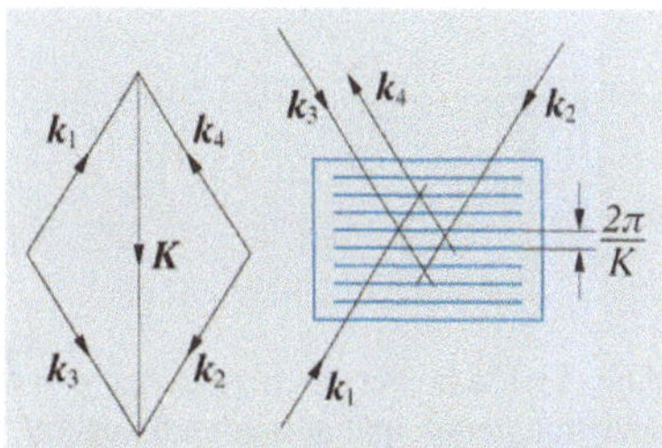

Abb. 13.14. Vektordiagramm für phasenkonjugierte Reflexion und ihre Interpretation im Sinne eines dreidimensionalen Beugungsgitters

$$\frac{1}{4}\chi_3\,E_0^2\,e\Big\{\cos\big[(\boldsymbol{k}_1+\boldsymbol{k}_2+\boldsymbol{k}_3)\cdot\boldsymbol{r}-3\omega t+\phi_3\big]$$
$$+\cos\big[(\boldsymbol{k}_1-\boldsymbol{k}_2+\boldsymbol{k}_3)\cdot\boldsymbol{r}-\omega t+\phi_3\big]\qquad(13.64)$$
$$+\cos\big[(\boldsymbol{k}_1+\boldsymbol{k}_2-\boldsymbol{k}_3)\cdot\boldsymbol{r}-\omega t-\phi_3\big]\Big\}\;.$$

Setzen wir $\boldsymbol{k}_1=-\boldsymbol{k}_2$ ein, sehen wir, daß der erste Term von Typ (1) in der obigen Liste ist, der zweite hat einen Wellenvektor $2\boldsymbol{k}_1+\boldsymbol{k}_3$, der nicht den passenden Betrag $|\boldsymbol{k}_1|$ zur Frequenz ω besitzt und deshalb vom Typ (2) der Aufzählung ist und keine sich ausbreitende Welle darstellt. Damit bleibt nur der dritte Term übrig, der den Wellenvektor $-\boldsymbol{k}_3$ besitzt, der die richtige Größe für die Frequenz ω hat. Seine Phase ist $-\phi_3$, und deshalb ist seine komplexe Darstellung $\exp[\mathrm{i}(-\boldsymbol{k}_3\cdot\boldsymbol{r}-\omega t-\phi_3)]$ das räumlich komplex konjugierte Feld zu E_3.

Diese Situation kann durch ein **Hologramm** (Abschn. 12.6) von $\boldsymbol{k}_3$ statisch simuliert werden, wobei $\boldsymbol{k}_1$ als Referenzstrahl dient. Aus der Behandlung in (12.57–61) folgt dann, daß im Fall der Rekonstruktion des Hologramms mit Hilfe der Welle $-\boldsymbol{k}_1$ anstelle von $\boldsymbol{k}_1$, die komplex konjugierte Rekonstruktion $\boldsymbol{k}_4$ erzeugt wird (Abb. 13.14b).

Ein phasenkonjugierter Spiegel wird in Abb. 13.15 mit einem gewöhnlichen Spiegel verglichen, sowohl von einem geometrischen Gesichtspunkt aus als auch im Sinne des **Huygensschen Prinzips**. Er reflektiert eine Wellenfront genau in die Richtung, aus der sie ursprünglich kam, wie eine Ansammlung von Katzenaugen auf atomarer Skala, die ebenfalls das Vorzeichen der Phase umkehrt. Die Wellenfront wird also in ihrem ursprünglichen Zustand zur Quelle zurückkehren, und da die Phase umgekehrt wird, wird die Welle mit genau derselben Phase bei der Quelle ankommen, mit der sie gestartet ist. Hat die Quelle eine räumliche Struktur, kann jeder Punkt auf ihr separat behandelt werden. Nehmen wir an, die Welle wird durch eine schlechte Optik auf ihrem Weg zum Spiegel verzerrt. Die Verzerrungen werden sich an jedem Punkt in ϕ_3 bemerkbar machen; da aber die reflektierte Welle die Phase $-\phi_3$ besitzt, werden die Verzerrungen auf dem Rückweg ausgeglichen, so daß das Bild perfekt ist. Dies sollte im Vergleich zu einem normalen Spiegel gesehen werden; in einem identischen Experiment hat die reflektierte Welle die gleiche Phase ϕ_3 wie die einlaufende, und die Verzerrungen werden doppelt so groß sein, wenn die Welle ein zweites Mal die schlechte Optik passiert. Ein Experiment, das die Korrektur von verzerrten Wellenfronten illustriert, ist in Abb. 13.16 gezeigt. In diesem Experiment ist die schlechte Optik eine Multimodenfaser, die natürlich die Welle bis zur Unkenntlichkeit am entfernten Ende verzerrt. Wird die Welle durch einen phasenkonjugierten Spiegel zurückgeworfen, wird das Bild wiederhergestellt.

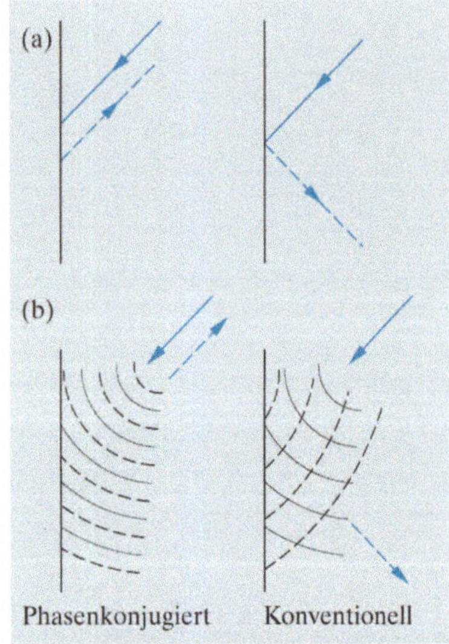

Abb. 13.15a,b. Vergleich zwischen phasenkonjugierten und normalen Spiegeln. (a) Gemäß der geometrischen Optik; (b) gemäß dem Huygensschen Prinzip. In (b) sind die einlaufenden Wellenfronten durchgezogen, die auslaufenden gestrichelt gezeichnet

✖ Übungsaufgaben

$\lambda = 0{,}5\,\mu$m, soweit nichts anderes vermerkt ist.

13.1 In welcher Richtung relativ zur Sonne sollte eine Photographie aufgenommen werden, damit ein Pol-Filter möglichst effektiv die Streuung an Staub in der Atmosphäre reduziert?

13.2 Im Bereich anomaler Dispersion ist $d\mu/d\lambda > 0$. Dies könnte prinzipiell zu einer Gruppengeschwindigkeit $v_g > c$ führen. Warum kann man das nicht dazu benutzen, Informationen mit Überlichtgeschwindigkeit zu übertragen? Versuchen Sie, eine physikalische Antwort zu finden, eine mathematische wird von *Brillouin* (1960) gegeben.

13.3 Ein Material hat eine spektrale Absorptionslinie bei der Wellenlänge λ_0, die durch eine Deltafunktion der Größe a_0 dargestellt werden kann. Verwenden Sie die Kramers-Kronig-Relationen, um $\mu(\lambda)$ herzuleiten.

13.4 Ein uniaxialer nichtlinearer Kristall hat $\mu_o = 1{,}40$ und $\mu_e = 1{,}45$. Seine Dispersion in beiden Polarisationsrichtungen ist $\lambda d\mu/d\lambda = -2{,}5 \cdot 10^{-2}$. Unter welchem Winkel zur optischen Achse kann Phasenanpassung für (a) die Erzeugung der zweiten Harmonischen und (b) der dritten Harmonischen erfolgen?

13.5 Erklären Sie, warum ein polykristallines nichtlineares Material ohne besondere Vorkehrungen in der Ausrichtung zur Erzeugung der zweiten Harmonischen verwendet werden kann. Unter welchen Bedingungen könnte man so die zweite und dritte Harmonische gleichzeitig erzeugen?

13.6 Leiten Sie die Bedingung zur Phasenanpassung her, die benötigt wird, damit zwei Frequenzen ω_1 und ω_2 so gemischt werden, daß man ihre Summe $\omega_1 + \omega_2$ erhält.

13.7 Welches Interferenzmuster erwarten Sie, wenn ein Spiegel in einem Michelson-Interferometer durch einen phasenkonjugierten Spiegel ersetzt wird? Die Antwort findet sich bei *Fischer* und *Sternklar* (1985).

13.8 Betrachten Sie sich selbst in einem phasenkonjugierten Spiegel. Was sehen Sie?

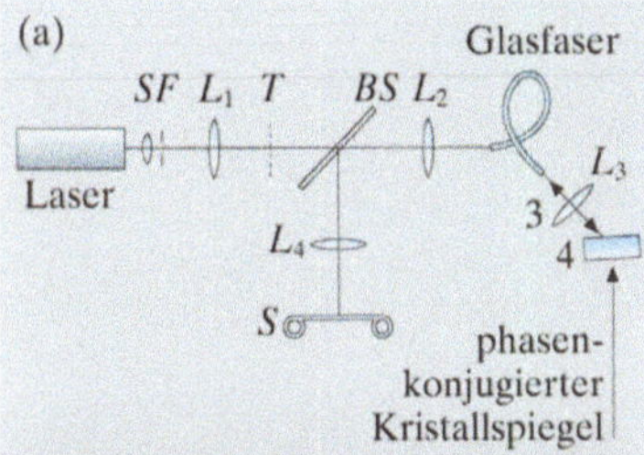

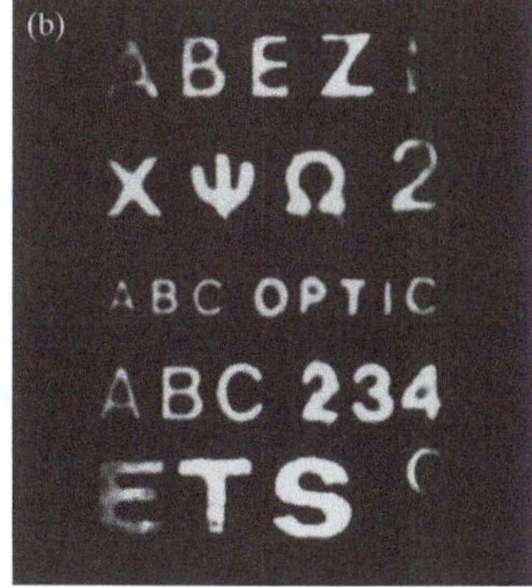

Abb. 13.16. (a) Experiment zur Kompensation von verzerrender Optik durch phasenkonjugierte Spiegel. Das Licht, das durch ein Objekt, hier ein Dia *T*, hindurchgeht, wird in eine Mehrmodenfaser eingekoppelt. Am anderen Ende der Faser wird das Licht (*4*) auf einen phasenkonjugierten Spiegel fokussiert, reflektiert und wieder in die Faser eingekoppelt (*3*). Das Bild, beobachtet auf dem Schirm *S*, das mit Hilfe eines Strahlteilers *BS* (englisch: „beam splitter") erhalten wird, ist in (b) dargestellt. (Aus *Fischer* und *Sternklar* 1985, mit freundlicher Genehmigung von *B. Fischer*)

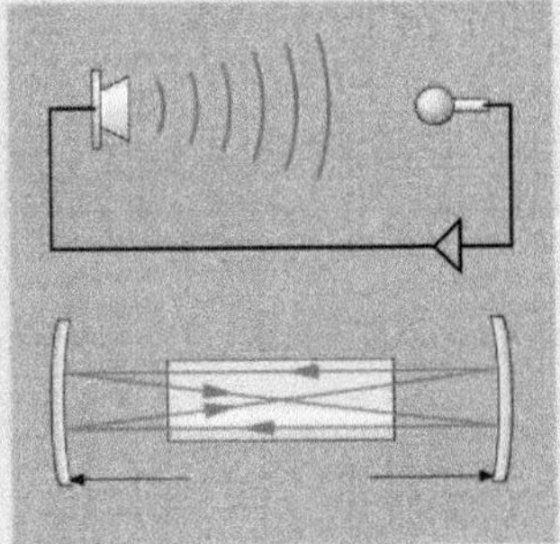

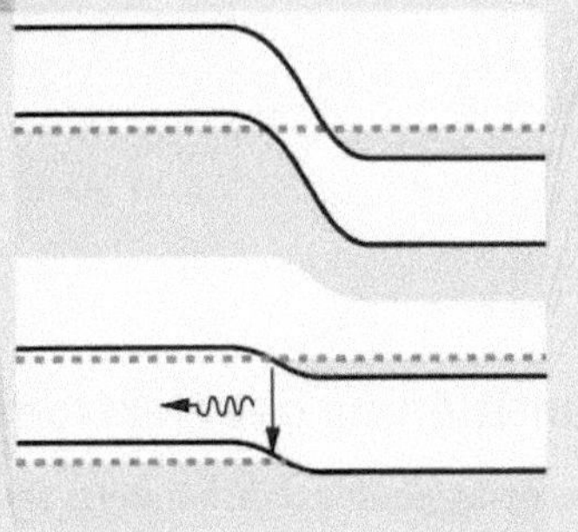

Quantenoptik *und* Laser

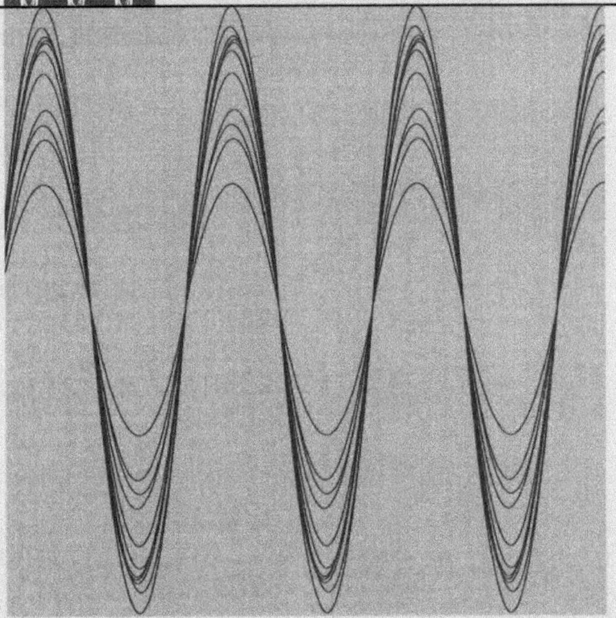

14
Quantenoptik und Laser

▼ Übersicht

Die moderne Physik ist ohne die Konzepte aus der Quantenmechanik und die daraus entstehenden Anwendungen nicht vorstellbar. Ein Problem aus der Optik, das Spektrum eines schwarzen Körpers, war Ausgangspunkt für die Entstehung der Quantentheorie. Auf der Erklärung dieses Phänomens aufbauend, werden wir in diesem Kapitel die Grundlagen der Quantenoptik einführen und den Laser als ihre wichtigste Anwendung kennenlernen.

14.1 Die Quantisierung des elektromagnetischen Feldes

Gegen Ende des neunzehnten Jahrhunderts wurde langsam deutlich, daß die klassische Physik nicht alle bekannten Phänomene erklären konnte (siehe Abschn. 1.5). Es bedurfte eines grundlegend neuen Konzepts, das der **Quantisierung**, um hier neue Erkenntnisse gewinnen zu können.

14.1.1 Die „Ultraviolett-Katastrophe"

Eines der am meisten diskutierten Probleme war das **elektromagnetische Spektrum eines Hohlraumes**. Die Problemlage ist wie folgt: Nehmen wir an, wir haben einen würfelförmigen, reflektierenden Hohlraum mit Seitenlänge L, der aus einem hochleitenden Metall besteht (die Würfelform ist aus Gründen der Bequemlichkeit gewählt und ist für das Endergebnis unkritisch). Jede elektromagnetische Welle, die die Randbedingung $E_\parallel = 0$ auf den Innenwänden des Hohlraums erfüllt, stellt eine seiner **Grundmoden** dar. Wir können solche Moden leicht finden; die stehende Welle

$$E_y = \cos zk_z \, \cos xk_x \, \mathrm{e}^{-\mathrm{i}\omega t} \tag{14.1}$$

beispielsweise hat Nullstellen in den Ebenen $x = \pm L/2$, $z = \pm L/2$, wobei $Lk_x = l\pi$, $Lk_z = n\pi$ erfüllt sein muß. l und n sind dabei ungerade ganze Zahlen. Es gibt entsprechende Sinuslösungen mit geraden ganzen Zahlen. Da das Feld in der y-Richtung liegt, ist seine Komponente parallel zur Ebene $y = \pm L/2$ immer gleich null. Nun ist (14.1) die Superposition von vier ebenen Wellen und kann geschrieben werden als

$$\begin{aligned}
E_y &= \tfrac{1}{2}\mathrm{e}^{-\mathrm{i}\omega t}\big[\cos(xk_x + zk_z) + \cos(xk_x - zk_z)\big] \\
&= \tfrac{1}{4}\Big\{\exp\big[\mathrm{i}(xk_x + zk_z - \omega t)\big] + \exp\big[\mathrm{i}(-xk_x - zk_z - \omega t)\big] \\
&\quad + \exp\big[\mathrm{i}(xk_x - zk_z - \omega t)\big] + \exp\big[\mathrm{i}(-xk_x + zk_z - \omega t)\big]\Big\},
\end{aligned} \tag{14.2}$$

die alle

$$\omega^2 = (k_x^2 + k_z^2)c^2 = \pi^2 c^2 L^{-2}(l^2 + n^2) \tag{14.3}$$

erfüllen müssen. Die dazugehörigen Frequenzen der elektromagnetischen Welle in diesem Hohlraum unter Berücksichtigung der Polarisationen E_x und E_z sind

$$\omega^2 = \pi^2 c^2 L^{-2}(l^2 + m^2 + n^2) \;, \tag{14.4}$$

wobei l, m und n positive[1] ganze Zahlen oder null sind, von denen mindestens zwei von null verschieden sein müssen. Es gibt zwei voneinander unabhängige Polarisationen, die die gleichen Werte von l, m und n ergeben. Es gibt keine Obergrenze für l, m und n! Die Zahl der möglichen Moden ist unendlich, und ihre Dichte (die Zahl der Moden in einem gegebenen Frequenzintervall) nimmt mit steigendem ω zu. Gemäß dem klassischen **Gleichverteilungssatz** von *Boltzmann* hat jede Mode im thermischen Gleichgewicht die Energie $k_{\mathrm{B}} T$ ($\frac{1}{2} k_{\mathrm{B}} T$ pro Freiheitsgrad, von denen eine Oszillatormode zwei besitzt; siehe Abschn. 14.2), weshalb die Gesamtenergie innerhalb des Hohlraums unendlich groß werden muß. Dabei wird die Energiedichte mit zunehmender Frequenz in Richtung Ultraviolett unendlich groß. Dies stellte eine absurde Schlußfolgerung dar und wurde „**Ultraviolett-Katastrophe**" genannt. Unter anderen suchten *Rayleigh* und *Jeans* hartnäckig nach einer Lösung. Die experimentellen Daten (Abb. 14.1) des Spektrums eines **schwarzen Körpers** (ein Hohlraum mit einer kleinen Öffnung) zeigten eine Strahlungsdichte, die, vom roten Ende des Spektrums kommend, mit zunehmender Frequenz in Übereinstimmung mit (14.4) mit ω^2 zunimmt, wie wir in (14.6) sehen werden. Aber dann erreicht die Strahlungsdichte ein Maximum bei einer bestimmten Frequenz (das „Rot" bei einem rotglühenden Körper) und fällt bei höheren Frequenzen rapide ab. *Planck* fand zunächst empirisch die dazugehörige Lösung durch eine Quantisierung der Strahlungsmoden, und seine Entdeckung stellt die Geburtsstunde der Quantenmechanik dar, die seitdem zur Beschreibung von Materie in atomarer Größenordnung und hinunter bis zur Größe von Atomkernen erfolgreich angewendet wird.

Dieses Kapitel wird sich mit dem beschäftigen, was im wesentlichen aus der Planckschen Quantisierung der elektromagnetischen Moden eines Hohlraums resultiert. Dieser Ansatz hat zur Erfindung des **Lasers** und zu faszinierenden Formen nichtthermischen Lichts geführt, die zur Zeit die Grenzen der Forschung markieren.

14.1.2 Die Quantisierung der elektromagnetischen Moden eines Hohlraums

Der Argumentationsweg von *Rayleigh* und *Jeans*, der von *Planck* modifiziert wurde, geht wie folgt weiter. Die Zahlentripel (l, m, n) können als ganzzahlige Punkte in einem Phasenraum aufgefaßt werden, in dem l in der x-Richtung, m in y-Richtung und n in z-Richtung aufgetragen wird (Abb. 14.2). Aus (14.4) folgt, daß die Frequenz ω, die zu (l, m, n) gehört, $\pi c/L$-mal der Abstand von (l, m, n) zum Ursprung ist. Daher ist die Zahl

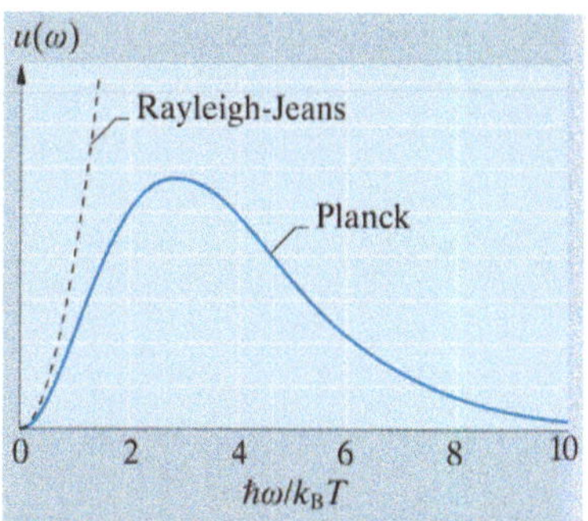

Abb. 14.1. Spektrum eines schwarzen Körpers im Vergleich mit dem Rayleigh-Jeans-Gesetz

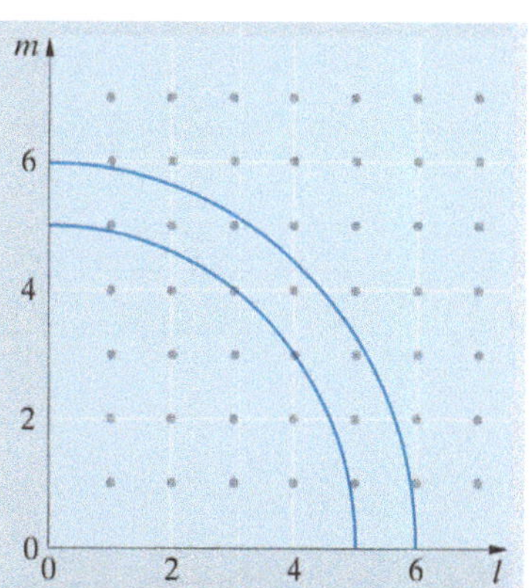

Abb. 14.2. Verteilung der Moden in der (l, m)-Ebene für einen kubischen Hohlraum

---

[1] Negative Zahlen ergeben keine neuen Zustände, sondern vertauschen nur die Terme in (14.2).

der Zustände mit Frequenzen im Intervall ω bis $\omega + \Delta\omega$ gleich der Zahl der Punkte im positiven Quadranten einer „Zwiebelschale" mit Radius $\omega L/c\pi$ und Dicke $\Delta\omega L/c\pi$. Dieser Schalenquadrant hat das Volumen

$$\frac{1}{8} \cdot 4\pi \left(\frac{\omega L}{c\pi}\right)^2 \cdot \frac{\Delta\omega L}{c\pi} \tag{14.5}$$

und enthält im Durchschnitt die gleiche Zahl von Zuständen, da es einen ganzzahligen Gitterpunkt pro Volumeneinheit gibt. Diese Zahl, mit 2 multipliziert aufgrund der beiden Polarisationsrichtungen, ergibt die **Zustandsdichte** pro Frequenzeinheit $\Delta\omega$:

$$D(\omega) = \frac{L^3 \omega^2}{c^3 \pi^2} \ . \tag{14.6}$$

Plancks Idee bestand darin, die elektromagnetische Energie in Einheiten von $\hbar\omega$ zu quantisieren. Jede Mode kann dann eine beliebige ganze Zahl von Energiequanten besitzen. Die durchschnittliche Zahl solcher Quanten wird dann durch die **Boltzmann-Statistik** gegeben. *Boltzmann* konnte zeigen, daß diese Durchschnittszahl gegeben ist durch[2]

$$\langle n \rangle = \left[\exp\left(\frac{\hbar\omega}{k_\mathrm{B} T}\right) - 1\right]^{-1} \tag{14.7}$$

bei der Temperatur T. Ist das Quantum $\hbar\omega$ klein zur klassisch ermittelten mittleren Energie einer Mode, $k_\mathrm{B} T$, dann ist eine große Zahl von Quanten möglich, und das klassische Ergebnis $\langle n \rangle \approx \hbar\omega/k_\mathrm{B} T$ gilt. Ist das Energiequantum dagegen groß im Vergleich zu $k_\mathrm{B} T$, gibt es nur eine sehr geringe Wahrscheinlichkeit, daß auch nur ein einziges Quantum pro Mode im thermischen Gleichgewicht im Hohlraum zu finden ist. So verstehen wir $\langle n \rangle$ in (14.7). Befinden wir uns beispielsweise im Maximum des Spektrums eines schwarzen Körpers, wo $\hbar\omega \approx k_\mathrm{B} T$ ist, ist die wahrscheinliche Zahl von Photonen pro Mode $(\mathrm{e} - 1)^{-1} \approx 0{,}6$. Nur bei Frequenzen deutlich kleiner als $k_\mathrm{B} T/\hbar$ gibt es eine annehmbare Wahrscheinlichkeit, mehr als ein Photon pro Mode zu finden. Aus (14.7) entnehmen wir, daß die Gesamtenergie im Hohlraum im Frequenzbereich zwischen ω und $\omega + \mathrm{d}\omega$ gegeben ist durch $u(\omega)\mathrm{d}\omega$, wobei

$$u(\omega) = \langle n \rangle \hbar\omega D(\omega) = \frac{\hbar L^3}{c^3 \pi^2} \cdot \frac{\omega^3}{\mathrm{e}^{\hbar\omega/k_\mathrm{B} T} - 1} \ . \tag{14.8}$$

Dies entspricht sehr gut dem beobachteten Spektrum der Strahlung eines schwarzen Körpers (Abb. 14.1). Integriert man darüber, erhält man die gesamte Energiedichte der Schwarzkörperstrahlung in einem Hohlraum der Temperatur T (**Stefan-Boltzmann-Gesetz**)

$$U(T) = \int\limits_0^\infty u(\omega)\,\mathrm{d}\omega = \frac{L^3 \pi^2 k_\mathrm{B}^4 T^4}{15\hbar^3 c^3} \ . \tag{14.9}$$

---

[2] Die Herleitung findet sich in jedem Lehrbuch zur statistischen Mechanik.

Die Quanten der Strahlung werden **Photonen** genannt und können in verschiedener Weise wie Teilchen behandelt werden. Dies kommt daher, daß ihre Verteilungsfunktion (14.7) die gleiche ist wie die für identische Teilchen mit ganzzahligem Spin und einem chemischen Potential null. Man ist daher versucht, ihnen diese Eigenschaften zuzusprechen. Aber dies ist nicht ungefährlich, da Photonen nicht in der gleichen Weise lokalisiert werden können wie massebehaftete Teilchen. Wir werden einige der daraus folgenden Konsequenzen in Abschn. 14.1.3 besprechen.

Ein weiterer Oszillator mit der gleichen statistischen Verteilungsfunktion ist der einfache quantenmechanische **harmonische Oszillator**. Es stellt sich heraus, daß es sehr hilfreich ist, eine Analogie zwischen ihm und der elektromagnetischen Welle herzustellen, da wir dann direkt die quantenmechanischen Lösungen verwenden können. Im speziellen ist es heutzutage üblich, die Konzepte des quantisierten elektromagnetischen Feldes in der Sprache der **zweiten Quantisierung** auszudrücken, d. h. in Zusammenhang mit **Erzeugungs-** und **Vernichtungsoperatoren** für Photonen, und die Wellenfunktion entsprechend anzupassen. Wir werden diesen Ansatz allerdings nicht bis zur mathematischen Formulierung der Theorie entwickeln (siehe hierfür z. B. *Goldin* 1982; *Loudon* 1983 und *Meystre* und *Sargent* 1991), sondern nur soviel davon beschreiben, daß wir die physikalischen Grundlagen einiger der neuesten Ideen verstehen, die zu experimentellen Resultaten führen, die nicht mit Hilfe der klassischen elektromagnetischen Theorie interpretiert werden können. Zunächst kehren wir allerdings zu einem der ältesten, aber immer noch verwirrenden Phänomene in der Photonenoptik zurück.

14.1.3 Interferenz im Grenzfall sehr schwachen Lichts

Können wir Interferenzerscheinungen auch dann noch beobachten, wenn wir uns dem Grenzfall sehr geringer Intensität nähern, in dem sich, statistisch betrachtet, gelegentlich nur ein einzelnes Photon innerhalb eines Interferometers befindet und sehr selten mehr als eines? Experimente, die von *G.I. Taylor* 1909 ausgeführt wurden, zeigten, daß es möglich ist, unter solchen Bedingungen ein Interferenzmuster aufzunehmen, vorausgesetzt die Belichtungszeit ist lang genug. Betrachtet man dieses Problem naiv, könnte man erwarten, daß zwei Photonen gleichzeitig durch das System wandern müssen, jedes auf einem der beiden möglichen Wege, um bei Rekombination miteinander zu interferieren. Aufgrund des Experiments ist es aber offensichtlich, daß bereits ein Photon dazu ausreicht.

> Tatsächlich ist das Photon kein lokalisiertes Teilchen, und jeder Versuch, den Weg festzustellen, den das Photon gelaufen ist, zerstört das Interferenzmuster.

Diese offensichtlich paradoxe Situation hat viele Auswirkungen in der grundlegenden Quantentheorie und wurde ausgedehnt diskutiert, ohne daß eine allgemein anerkannte Lösungstheorie dabei herauskam. Abhandlungen, die mehrere verschiedene Ansätze des Problems diskutieren, finden sich in den Büchern von *Rae* (1986) und *Peres* (1993). Aufgrund der kontroversen Positionen zu diesem Problem ist es schwierig, an dieser Stelle eine Zusammenfassung zu geben, ohne mehr Fragen aufzuwerfen als Antworten zu geben.

Im allgemeinen ergibt die Theorie der elektromagnetischen Wellen, die in diesem Buch ausführlich verwendet wurde, die korrekte gemittelte Lichtintensitätsverteilung in jeder beliebigen Situation, solange eine *große Zahl von Photonen* betrachtet wird. Wird die Photonenzahl klein, ist der gemittelte Erwartungswert immer noch korrekt, aber das Ergebnis eines speziellen Experiments wird durch die Statistik der Ankunft einzelner Photonen modifiziert, egal, ob der Detektor eine einzelne Einheit oder ein Feld wie im Fall eines photographischen Filmes ist. Diese Statistik kann **Poisson-Form** besitzen, wenn die Photonen unkorreliert sind, kann aber durch verschiedene Techniken, die wir weiter unten besprechen werden (Abschn. 14.7), verändert werden. In zahlreichen Fällen kann die Statistik hinreichend gut durch die Analyse des Detektors selbst beschrieben werden, wie in Abschn. 14.3.1 gezeigt. Es scheint so, als ob das klassische elektromagnetische Feld die einzelnen Photonen leitet, auf die gleiche Weise, wie die Schrödingergleichung die Wahrscheinlichkeitsdichte für Materieteilchen angibt, ohne daß sie uns sagt, was genau mit jedem einzelnen Teilchen geschieht.

Um zu zeigen, was geschieht, wenn wir versuchen, ein Photon (als ob es ein lokalisiertes Teilchen wäre) durch ein Interferometer zu verfolgen, betrachten wir das folgende Gedankenexperiment, von dem zahlreiche Variationen möglich sind. Der Apparat ist ein Michelson-Interferometer (Abb. 14.3). Wir werden nun zeigen, daß der Versuch, herauszufinden, welcher der beiden Spiegel ein einzelnes Photon reflektiert, das das Instrument passiert, in der Zerstörung des Interferenzmusters resultiert. Nehmen wir an, alle Komponenten des Interferometers besitzen eine unendliche Masse, abgesehen vom Spiegel M_2, der eine endliche Masse besitzt. Gemäß *de Broglies* Hypothese hat ein Photon mit der Wellenzahl k_0 den Impuls $p = \hbar k_0$. Wird das Photon reflektiert, wird der Spiegel einen Impulsübertrag von $2\hbar k_0$ verspüren, der gemessen werden kann, *nachdem* die Reflexion vonstatten gegangen ist, weswegen die Messung das Interferenzmuster nicht beeinflussen kann. Um aber den Rückstoß überhaupt zu messen, müssen wir den ursprünglichen Impuls von M_2 mit einer Genauigkeit δp kennen, die besser sein muß als $\hbar k_0$. *Vor* der Reflexion muß also $\delta p < \hbar k_0$ gelten. Die **Heisenbergsche Unschärferelation** verknüpft die Unschärfen von Impuls und Ort in der Form $\delta p\, \delta x \geq h$ miteinander (siehe Abschn. 12.5); diese bedeutet, daß die Ortsunschärfe δx von M_2 mindestens $2\pi/k_0 = \lambda$ betragen muß. Eine so hohe Unschärfe in der Spiegelposition macht die Beobachtung eines Interferenzmusters unmöglich!

Obwohl dies nur ein Beispiel ist, führt *jeder* Versuch, den Weg des Photons durch das Interferometer zu verfolgen, zu der Zerstörung des Interferenzmusters. Wir kommen daher zu der unvermeidbaren Schlußfolgerung, daß das Photon beide Wege auf einmal nehmen muß und mit sich selbst interferiert. Einige der Konsequenzen aus diesem Gedankengang sind bei *Greenberger*, *Horne* und *Zeilinger* (1993) zusammengefaßt. Als intellektuelles Training möchten wir speziell auf zwei der vielen Experimente

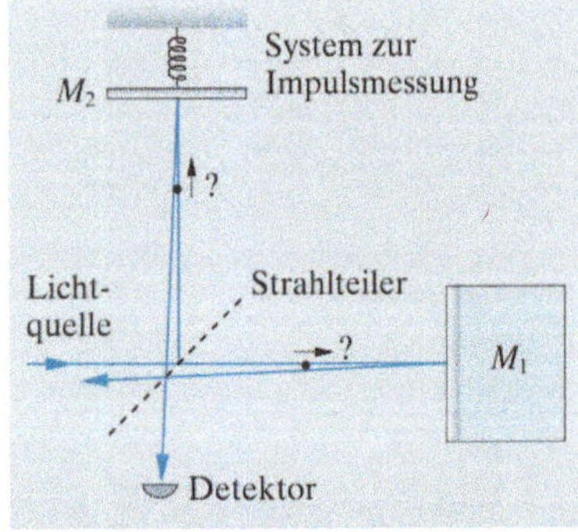

Abb. 14.3. Gedankenexperiment zur Bestimmung des Spiegels in einem Michelson-Interferometer, der ein bestimmtes Photon reflektiert hat

verweisen, die zum Verständnis dieses konzeptionellen Problems erdacht wurden. Das erste davon verwendet die Interferenz von Photonen aus voneinander unabhängigen Lasern (*Pfleegor* und *Mandel* 1968), das zweite die Interferenz zwischen Photonen, die von einem konvertierenden Kristall ausgesendet werden, bei dem ein einzelnes einlaufendes Photon die Aussendung von zwei Photonen auslöst, die dann kohärent mit dem einlaufenden Photon verbunden sind (*Zou*, *Wang* und *Mandel* 1991).

14.2 Moden des elektromagnetischen Feldes in einem linearen Hohlraum

Wir kehren nun zur Analogie zwischen dem Photon und einem einfachen harmonischen Oszillator zurück (Abschn. 14.1.2). Es erweist sich als ausreichend, einen eindimensionalen Hohlraum der Länge L zu betrachten, bei dem die Mode, die eine ebene Welle darstellt, ein elektrisches Feld der Form

$$E = E_0 \cos(kx - \omega t - \phi) \tag{14.10}$$

besitzt, wobei die Werte von k und damit ω durch L bestimmt sind. Das magnetische Feld ist nicht unabhängig und immer durch die Impedanz mit E verknüpft. Man beachte, daß k und E nun als Skalare geschrieben werden können, da die Auswahl einer bestimmten Mode (inklusive ihrer Polarisation) es ermöglicht, eine einzelne Komponente des Feldes zu betrachten. Es ist die **Größe** von E_0, die sich als quantisiert herausstellen wird.

Zunächst definieren wir zwei neue Größen

$$q(t) = \frac{E_0}{\omega} \cos(\omega t + \phi) \; ; \tag{14.11}$$

$$p(t) = -E_0 \sin(\omega t + \phi) \; , \tag{14.12}$$

wobei wir feststellen, daß $\mathrm{d}q(t)/\mathrm{d}t = p(t)$ gilt und wir das Feld schreiben können als

$$\begin{aligned}
E &= E_0 \big[\cos(\omega t + \phi) \cos kx + \sin(\omega t + \phi) \sin kx \big] \\
&= \omega q(t) \cos kx - p(t) \sin kx \; .
\end{aligned} \tag{14.13}$$

Die Gesamtenergie pro Einheits-Querschnittsfläche des Hohlraums (sowohl des E- als auch des B-Felds) ist dann

$$\begin{aligned}
U &= \int_0^L \varepsilon_0 E^2 \, \mathrm{d}x = \int_0^L \varepsilon_0 (\omega q \cos kx - p \sin kx)^2 \, \mathrm{d}x \\
&= \tfrac{1}{2} \varepsilon_0 L (\omega^2 q^2 + p^2) \; .
\end{aligned} \tag{14.14}$$

Verwenden wir neue Variablen

$$Q(t) = (\varepsilon_0 L)^{\frac{1}{2}} q \; ; \tag{14.15}$$

$$P(t) = (\varepsilon_0 L)^{\frac{1}{2}} p \; ; \tag{14.16}$$

gilt

$$U = \tfrac{1}{2}(\omega^2 Q^2 + P^2) \,. \tag{14.17}$$

Dies hat die gleiche Form wie die Energie eines einfachen, mechanischen harmonischen Oszillators, für den gilt:

$$U = \tfrac{1}{2}(K x^2 + m v^2) \,, \tag{14.18}$$

wobei K die Federkonstante und m die Masse ist. Dies kann auch in der gleichen Form wie (14.17) geschrieben werden, wobei $\omega = (K/m)^{\frac{1}{2}}$ die klassische Eigenfrequenz für Vibrationen ist, $m^{\frac{1}{2}} x = Q$ und $m^{\frac{1}{2}} v = \mathrm{d}Q/\mathrm{d}t = P$.

14.2.1 Energiequantisierung und Nullpunktsenergie

Die Energie eines einfachen harmonischen Oszillators ist $U_n = \hbar\omega(n + \tfrac{1}{2})$, wobei n eine beliebige nicht-negative ganze Zahl sein kann.

Wir folgern daher, daß die Energie einer gegebenen Mode eines elektromagnetischen Felds auf die gleiche Weise quantisiert ist.

Eine wichtige nicht-klassische Eigenschaft ist die Existenz einer **Nullpunktsenergie**

$$\boxed{U_0 = \tfrac{1}{2}\hbar\omega} \,, \tag{14.19}$$

die das niedrigste erlaubte Energieniveau für diese Mode darstellt; es ist nicht möglich, Feldoszillationen in irgendeiner Mode vollständig auszuschalten. Selbst das **Vakuumfeld** (die niedrigste Energie aller Moden eines Hohlraums) enthält diese Energie in jeder seiner Moden.[3] Das elektrische Feld, das aus der Nullpunktsenergie aller Moden resultiert, ist ihre Superposition. Da ihre Phasenbeziehungen nicht spezifiziert sind, können wir sie im Moment als zufallsverteilt annehmen, was zu einem *unvermeidbaren, fluktuierenden Hintergrundfeld* führt, das Rauschen zu jeder Art physikalischer Messung hinzufügt. Dieses Rauschen werden wir hier genauer untersuchen. Im letzten Jahrzehnt wurden allerdings Methoden entwickelt, das Phasen dieser Nullpunktsschwankungen zu ordnen, was zu einer möglichen Rauschverminderung führt. Dies wird **komprimiertes Licht** bzw. „gequetschtes" Licht (engl. „squeezed light") genannt und wird im Detail in Abschn. 14.7 diskutiert.

---

[3] Wenn man alle Moden zusammennimmt, erhält man eine unendlich große Energie, da der Hohlraum eine unendliche Zahl möglicher Moden besitzt; wir haben gelernt, mit einer solchen unzugänglichen, unendlichen Hintergrundenergie, die in der Quantenmechanik oft vorkommt, umzugehen. Mathematisch umgeht man das Problem mit Hilfe einer Renormierung.

14.2.2 Unschärferelation

Die Unschärferelation ist eine Beziehung aus der Quantenmechanik, die aufgrund der Analogie zum harmonischen Oszillator direkt auf das elektromagnetische Feld angewendet werden kann. Wie wir in Abschn. 14.1.3 gesehen haben, kann sie in der Form $\delta p\,\delta x \geq \hbar$ geschrieben werden. Nun sind die konjugierten Variablen, die wir oben für den harmonischen Oszillator verwendet haben, $Q = m^{1/2}x$ und $P = m^{1/2}v = p/m^{1/2}$, so daß

$$\delta P\delta Q \geq \hbar \tag{14.20}$$

gilt, was aufgrund der Analogie mit der Genauigkeit verknüpft ist, mit der wir die Amplituden der $\cos kx$- und $\sin kx$-Anteile des elektromagnetischen Feldes spezifizieren können.

Es ist instruktiv, diese Unschärfen in einem $(P, \omega Q)$-**Diagramm**[4] darzustellen. Wir tragen P auf der horizontalen und ωQ auf der vertikalen Achse auf, wie in Abb. 14.4 gezeigt. Die Energie (14.17) ist dann proportional zum Quadrat des Ortsvektors vom Ursprung zum Punkt $(P, \omega Q)$. Darüberhinaus wissen wir aus (14.11) und (14.15), daß $(\varepsilon_0 L)^{-1/2}\omega Q$ die momentane Amplitude des $\cos kx$-Terms ist und entsprechend $(\varepsilon_0 L)^{-1/2}P$ die momentane Amplitude des $\sin kx$-Terms. Daher ist die Phase $(\omega t + \phi)$ des Feldes (14.13) durch den Winkel θ gegeben und die Amplitude durch den Ortsvektor. Nun wissen wir allerdings, daß der Punkt $(P, \omega Q)$ aufgrund der Unschärferelation nicht genau definiert werden kann. Wir kennen nur die mittlere Position des Punktes und das Produkt der Unschärfen $\delta P\,\delta Q$. Von nun an werden wir ωt in der Phase ignorieren, so daß die $(P, \omega Q)$-Diagramme so gezeichnet werden, als befänden sie sich in einem mit der Winkelgeschwindigkeit $-\omega$ rotierenden Bezugssystem. Dann stellt der Winkel θ die Phase ϕ direkt dar.

Da P und ωQ in (14.17) symmetrisch erscheinen, erwarten wir, daß die Werte von δP und $\omega\delta Q$ gleich groß sind, so daß die in Abb. 14.4 definierte Region einen Kreis darstellt. Dies ist die Situation, die man normalerweise vorfinden würde und auf die wir alle anderen Zustände natürlicherweise beziehen werden. Licht in einer einzelnen Mode mit dieser Eigenschaft heißt **chaotisches Licht**. Es wird in Abschn. 14.2.3 genauer besprochen. Aber das einzige, was durch die Quantenmechanik begrenzt wird, ist die **Fläche** des Unschärfebereiches, und jedes vorgeschlagene Experiment, das die Form des Bereiches unter Beibehaltung der Fläche verändert, ist vom theoretischen Standpunkt aus zulässig. Betrachten wir einige Beispiele.

Wenn wir einen Unschärfebereich in der $(P, \omega Q)$-Ebene definieren, ist die Konstruktion einer Welle relativ einfach. Wir wählen zufällig einige Punkte innerhalb des Unschärfebereiches aus und zeichnen die Wellen, die sie darstellen, übereinander auf. Jede Welle hat die Amplitude und Phase (A, ϕ), die, wie in Abb. 14.4 gezeigt, die Polarkoordinaten von $(P, \omega Q)$ darstellen, wobei $A^2 = P^2 + \omega^2 Q^2 = 2U$. Die Breite der daraus resultierenden Linien stellt die Unschärfe des Wellenfeldes dar. In Abb. 14.5 ist gezeigt, was man für den Gleichgewichtszustand $\delta P = \omega\delta Q = \sqrt{\hbar\omega}$ erhält.

---

[4]In der Quantenmechanik trägt ein solches Diagramm den Namen **Wigner-Diagramm**.

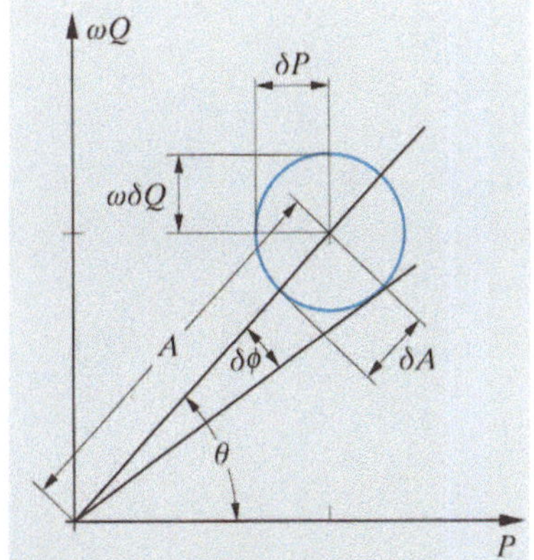

Abb. 14.4. $(P, \omega Q)$-Diagramm für Licht mit minimaler Unschärfe (chaotisches Licht)

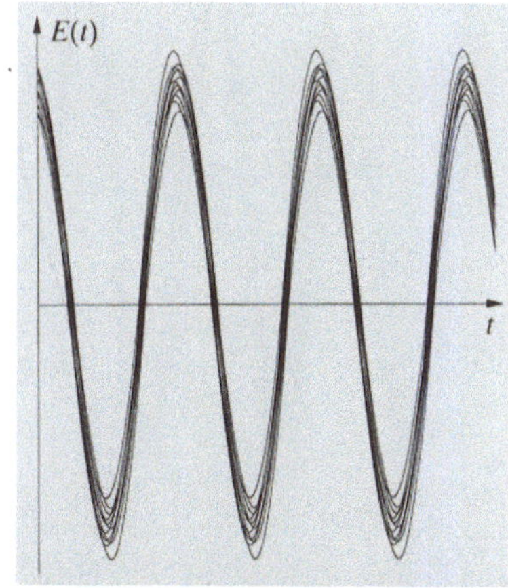

Abb. 14.5. Die Welle aus der vorhergehenden Abbildung. Die Unschärfe ist aus der Überlagerung der Partialwellen abzuleiten

Verschiedene Techniken sind entwickelt worden, um die Form des Unschärfebereiches zu manipulieren (Abschn. 14.7). Es wurde beispielsweise gezeigt, daß es möglich ist, die Amplitude einer von einer Laserdiode ausgesendeten Welle durch sorgfältige Stabilisierung des anregenden Stroms zu kontrollieren (Abschn. 14.7.1). δA ist dann sehr klein, und der Unschärfebereich ist, wie in Abb. 14.6 gezeigt, verformt. Dies führt zu einer Welle, deren Phase sehr instabil ist, d. h. die eine große Frequenzbandbreite besitzt. Man kann hierin in der Tat eine alternative Formulierung der Unschärferelation erkennen; der Unschärfebereich in Abb. 14.6 ist gegeben durch:

$$\omega\,\delta P\,\delta Q = A\,\delta A\,\delta\phi = \tfrac{1}{2}\delta(A^2)\delta\phi \geq \hbar\omega\,. \tag{14.21}$$

$\tfrac{1}{2}\delta(A^2)$ ist aber die Unschärfe $\delta U = \delta n\,\hbar\,\omega$ in der Energie pro Flächeneinheit (Intensität · Zeit), wobei n die Zahl der in einem Experiment beobachteten

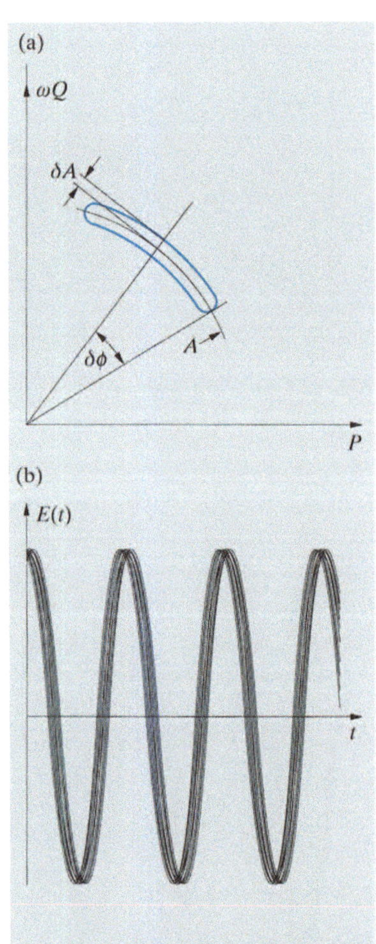

Abb. 14.6a,b. Amplitudenstabilisiertes Licht mit entsprechendem Auseinanderlaufen der Phasen. (a) $(P, \omega Q)$-Diagramm; (b) Wellenform

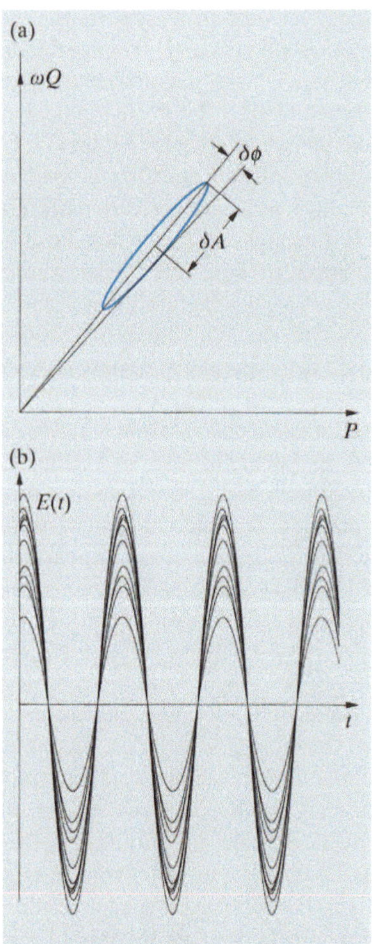

Abb. 14.7a,b. Phasenstabilisiertes Licht mit entsprechendem Auseinanderlaufen der Amplituden. (a) $(P, \omega Q)$-Diagramm; (b) Wellenform

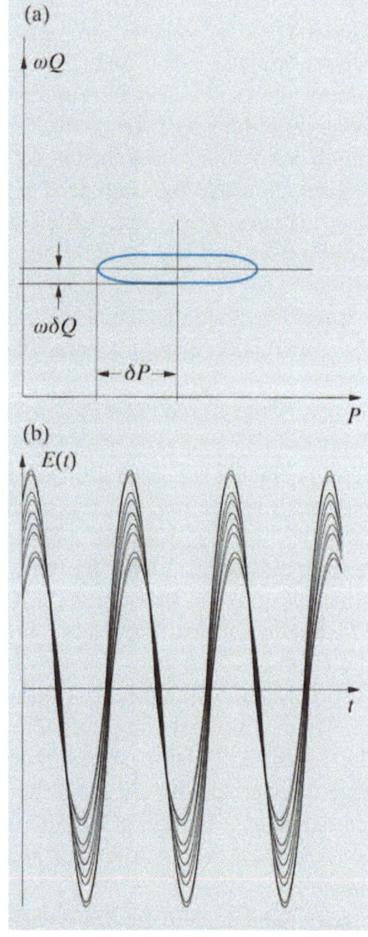

Abb. 14.8. Komprimiertes Licht, bei dem die Fluktuationen im $\sin\omega t$-Term enthalten sind; (a) $(P, \omega Q)$-Diagramm; (b) Wellenform

Photonen ist. Daher gilt

$$\boxed{\delta n\,\delta\phi \geq 1}\ . \tag{14.22}$$

Das zweite Beispiel ist genau das Gegenteil des ersten. Wir stabilisieren die Phase des Lichts dadurch, daß wir $\delta\phi$ sehr klein machen. In diesem Fall fluktuiert die Amplitude sehr stark (Abb. 14.7). Es gibt schließlich eine Form von Licht, die experimentell nachgewiesen werden konnte, bei der entweder δP oder $\omega\delta Q$ auf Kosten der jeweils anderen Variable reduziert wird (Abb. 14.8). Dies hat Anwendungen im Bereich der Präzisionsinterferometrie und wird in Abschn. 14.7.3 diskutiert.

14.2.3 Fluktuationen in chaotischem Licht

Chaotisches Licht besitzt die Gleichgewichtsverteilung $\delta P = \omega\delta Q = \sqrt{\hbar\omega}$. Aus (14.17) folgt daher, wenn man zur Vereinfachung $\phi = 0$ setzt,

$$\begin{aligned}
\delta U &= \omega^2 Q\delta Q + P\delta P \\
&= (\varepsilon_0 L)^{\frac{1}{2}}\left[\omega^2\frac{E_0}{\omega}(\cos\omega t)(\hbar/\omega)^{\frac{1}{2}} + E_0(\sin\omega t)(\hbar\omega)^{\frac{1}{2}}\right] \\
&= (\varepsilon_0 L\hbar\omega)^{\frac{1}{2}}(E_0\cos\omega t + E_0\sin\omega t)\ .
\end{aligned} \tag{14.23}$$

Dies zeigt, daß die Beiträge zu δU von den $\cos\omega t$- und $\sin\omega t$-Phasen gleich sind. Die mittlere Fluktuation ΔU in jeder Phase ist

$$\begin{aligned}
\Delta U &= \langle\delta U^2\rangle^{\frac{1}{2}} = (\varepsilon_0 L\hbar\omega)^{\frac{1}{2}}E_0\langle\cos^2\omega t\rangle^{\frac{1}{2}} \\
&= E_0\left(\frac{\varepsilon_0 L\hbar\omega}{2}\right)^{\frac{1}{2}}\ .
\end{aligned} \tag{14.24}$$

Es ist sehr instruktiv, diese Fluktuationen mit der mittleren Intensität zu vergleichen, wenn beide als Zahl n von Photonen pro Zeit und Flächeneinheit gemessen werden. Wir erhalten dann

$$\delta n = \frac{\Delta U}{\hbar\omega} = E_0\left(\frac{\varepsilon_0 L}{2\hbar\omega}\right)^{\frac{1}{2}}\ ; \tag{14.25}$$

$$\begin{aligned}
\langle n\rangle &= \frac{U}{\hbar\omega} = \frac{1}{2}\langle\omega^2 Q^2 + P^2\rangle\frac{1}{\hbar\omega} \\
&= \frac{1}{2}\left\langle\omega^2\frac{E_0}{\omega^2}\cos^2\omega t + E_0^2\sin^2\omega t\right\rangle\frac{\varepsilon_0 L}{\hbar\omega} \\
&= E_0^2\frac{\varepsilon_0 L}{2\hbar\omega}\ .
\end{aligned} \tag{14.26}$$

Daraus folgt für jede Phase

$$(\delta n)^2 = \langle n\rangle\ . \tag{14.27}$$

In Abschn. 11.8 haben wir das gleiche Resultat für die Detektionswahrscheinlichkeit von Photoelektronen verwendet, wenn man eine Quelle

Abb. 14.9. Darstellung des Vakuum-Feldes

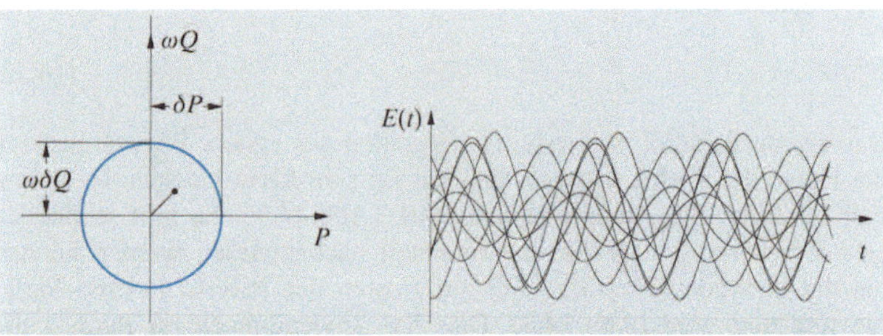

konstanter Intensität beobachtet. Es ist eine Konsequenz der **Poisson-Statistik** für unkorrelierte Ereignisse. Das vorliegende Ergebnis deutet also darauf hin, daß chaotisches Licht der Poisson-Statistik gehorcht. In der früheren Diskussion fuhren wir mit der Addition von klassischen Intensitätsfluktuationen fort, die durch eine teilweise kohärente Natur einer thermischen Quelle zustandekommen, und zeigten, daß als Ergebnis die **Photonenbündelung** zustande kommt, die man grob gesprochen als „**Super-Poisson**"-Verteilung bezeichnen kann, in dem Sinne, daß eine positive Korrelation zwischen den Detektionszeiten der Photonen existiert. Diese Fluktuationen begründen letztendlich die Grenzen der Genauigkeit, mit denen optische Messungen gemacht werden können. Auf der anderen Seite bekommen Methoden, die diese Fluktuationen ungleich zwischen den $\sin \omega t$- und $\cos \omega t$-Termen verteilen und die stabileren davon für Messungen verwenden, praktische Bedeutung. Was man dafür benötigt, wird „**Sub-Poisson-Licht**" genannt (Abschn. 14.7).

Der „dunkelste" Zustand, der die geringste Zahl von Photonen besitzt, hat $\langle n \rangle = 0$ in jeder Mode und wird **Vakuumfeld** genannt. Er besitzt immer noch die Energie $\frac{1}{2}\hbar\omega$, die sich als fluktuierendes Wellenfeld bemerkbar macht. Das Bild sieht dann wie in Abb. 14.9 gezeigt aus, wo die Phasen vollständig unbestimmt sind. Das Vakuumfeld ist zum Verständnis der spontanen Emission wichtig.

14.3 Wechselwirkung von Licht mit Materie

Eine detaillierte Beschreibung der Wechselwirkung von Licht mit Materie geht sicherlich über den Rahmen dieses Buches hinaus. Wir müssen nichtsdestotrotz einige ihrer Grundlagen darlegen, um das Prinzip des Lasers verständlich zu machen. Dies ist heutzutage für jeden, der sich mit dem Gebiet der Optik beschäftigt, eine Notwendigkeit. Für eine weitergehende Diskussion dieses Problems siehe beispielsweise *Loudon* (1983).

Wir möchten unsere Diskussion auf die bildhafte Beschreibung des Effekts eines schwingenden elektromagnetischen Feldes auf ein einzelnes, isoliertes Atom mit einem einzelnen Elektron, das nur zwei Energieniveaus, L_1 und L_2, besitzt,[5] beschränken. Dies stellt das einfachste entsprechende

---

[5] Es ist leicht zu sehen, wie man diese Beschreibung auf mehrere Niveaus ausdehnen kann.

Problem dar, das wir uns vorstellen können. Das Atom im Zustand $j(=1,2)$ kann durch die elektronische Wellenfunktion

$$\psi_j(\boldsymbol{r},t) = f_j(\boldsymbol{r})\mathrm{e}^{-\mathrm{i}\omega_j t} \qquad (14.28)$$

beschrieben werden, in der die räumliche Wellenfunktion $f(\boldsymbol{r})$ (von der wir annehmen, daß sie reell ist) von den zeitabhängigen Oszillationen abseparariert werden kann. Die Eigenwerte der beiden Wellenfunktionen sind $\hbar\omega_1$ und $\hbar\omega_2$ ($\omega_2 > \omega_1$), und ψ ist in jedem Fall eine Lösung der Schrödinger-Gleichung für das Atompotential $V(\boldsymbol{r})$. Jede Wellenfunktion korrespondiert mit einer *exakten* Lösung der Schrödingergleichung, aus diesem Grund wird ein Elektron, das sich in einem der beiden Zustände befindet, *für immer in diesem Zustand bleiben*. Die komplette Zeitabhängigkeit findet sich im Term $\exp(-\mathrm{i}\omega t)$. Jede andere mögliche Elektronenverteilung kann als Superposition der beiden Wellenfunktionen $\psi_j(\boldsymbol{r},t)$ geschrieben werden, da sie einen vollständigen Satz von Eigenfunktionen bilden (wie die Sinus- und Kosinusfunktionen in der Fouriertheorie).

Nun nehmen wir an, ein elektrisches Wechselfeld wird an das Atom angelegt. Das Potentialfeld wird modifiziert von $V(\boldsymbol{r})$ zu $V(\boldsymbol{r})+e\Phi(\boldsymbol{r},t)$, wobei $\Phi(\boldsymbol{r},t)$ das elektrische Potential des Wechselfeldes darstellt. Die stationären Wellenfunktionen $\psi(\boldsymbol{r},t)$, die zu diesem neuen Potential gehören, sind nicht länger die gleichen Lösungen $\psi_j(\boldsymbol{r},t)$ der Schrödinger-Gleichung. Aber wir können die $\psi(\boldsymbol{r},t)$ als lineare Superposition der $\psi_j(\boldsymbol{r},t)$ ausdrücken. Wie sieht dann die daraus resultierende elektronische Wahrscheinlichkeitsverteilung aus? Wir schreiben die Superposition als

$$\psi(\boldsymbol{r},t) = a\psi_1(\boldsymbol{r},t)+b\psi_2(\boldsymbol{r},t)\,, \qquad (14.29)$$

wobei $a^2+b^2=1$. Erinnern wir uns daran, daß $\psi_j(\boldsymbol{r},t)$ den Faktor $\mathrm{e}^{-\mathrm{i}\omega_j t}$ enthält. Wenn wir nun die elektronische Wahrscheinlichkeitsdichte $|\psi_j(\boldsymbol{r},t)|^2$ berechnen, finden wir einen kombinierten Term (unterstrichen), der mit der Frequenz $(\omega_2-\omega_1)$ oszilliert:

$$\begin{aligned}
\left|\psi(\boldsymbol{r},t)\right|^2 &= \left|af_1(\boldsymbol{r})\mathrm{e}^{-\mathrm{i}\omega_1 t}+bf_2(\boldsymbol{r})\mathrm{e}^{-\mathrm{i}\omega_2 t}\right|^2 \\
&= a^2f_1^2(\boldsymbol{r})+\underline{2abf_1(\boldsymbol{r})f_2(\boldsymbol{r})\cos\left[(\omega_2-\omega_1)t\right]}+b^2f_2^2(\boldsymbol{r})\,.
\end{aligned}$$
$$(14.30)$$

Bildlich ausgedrückt, sieht die Situation wie in Abb. 14.10 gezeigt aus. Zur Zeit $t=0$ oder $2m\pi/(\omega_2-\omega_1)$, wobei m eine ganze Zahl ist, ist $|\psi|^2 = (af_1+bf_2)^2$, wie in Abb. 14.10e gezeigt für $a=b$. Auf der linken Seite dieses Diagramms, wo f_1 und f_2 das gleiche Vorzeichen besitzen, ist die Ladungsdichte $|\psi|^2$ größer als auf der rechten Seite, wo f_1 und f_2 entgegengesetzte Vorzeichen haben. Zur Zeit $t=\pi(2m+1)/(\omega_2-\omega_1)$ haben wir $|\psi|^2 = (af_1-bf_2)^2$, siehe Abb. 14.10f, und die Ladungsdichte ist auf der rechten Seite größer. In anderen Worten ausgedrückt, heißt das, daß die Ladung zwischen den beiden Seiten hin- und herschwingt: Wir haben somit einen **oszillierenden bzw. schwingenden Dipol**. Wir wissen aus Abschn. 5.3.2, daß ein schwingender Dipol ein guter Sender oder Empfänger

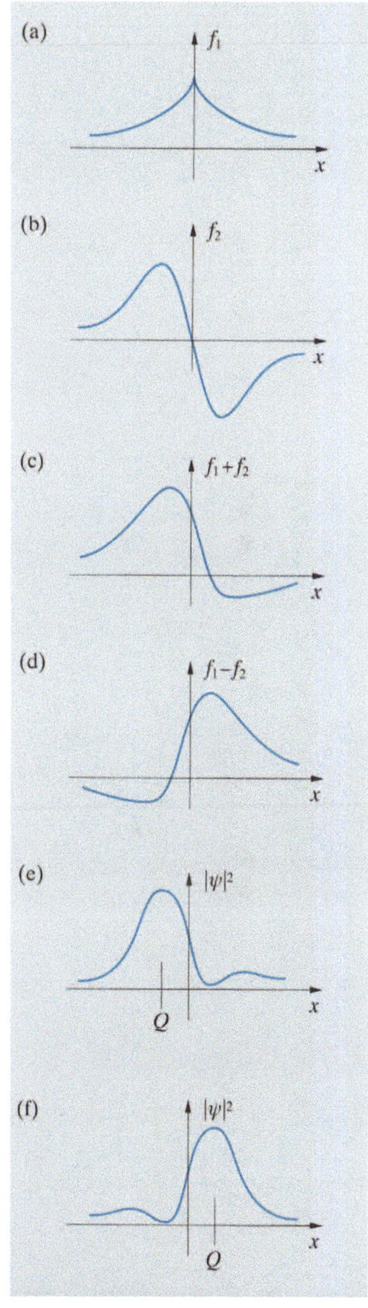

Abb. 14.10. (a), (b) Schematische Darstellung der Funktionen $f_1(\boldsymbol{r})$ und $f_2(\boldsymbol{r})$ für die Elektronendichte in einem Atom; (c) $f_1(\boldsymbol{r})+f_2(\boldsymbol{r})$; (d) $f_1(\boldsymbol{r})-f_2(\boldsymbol{r})$. In (e) und (f) liegt der Ort Q der höchsten Ladungsdichte außerhalb des Ursprungs, was einem Atom mit einem Dipolmoment entspricht

ist, so daß das Atom bei der Frequenz $\omega = (\omega_2 - \omega_1)$ Strahlung absorbiert oder emittiert; im allgemeinen koppelt das Atom an ein Strahlungsfeld mit einer Frequenz an, die dem Energieunterschied der beiden Energieniveaus entspricht. Die Stärke des schwingenden Dipols, dargestellt in Abb. 14.10e und 14.10f entspricht dem unterstrichenen Term in (14.30), was zu einem Dipolmoment der Größe

$$2ab \iint\limits_{\substack{\\ \text{ganzer Raum}}} \int er\, f_1(\boldsymbol{r})\, f_2(\boldsymbol{r})\, \mathrm{d}^3 r \equiv 2abe M_{12} \qquad (14.31)$$

führt. M_{12} heißt **Matrixelement** der Wechselwirkung oder **Oszillatorstärke**, eine Größe, die bereits in Abschn. 13.3.2 empirisch eingeführt wurde. Aufgrund des antisymmetrischen Faktors $\boldsymbol{r}$ im Integranden müssen die Funktionen, die in Abb. 14.10a und 14.10b gezeigt sind, entgegengesetzte Symmetrie haben, damit M_{12} größere Werte annimmt; dies entspricht der **Auswahlregel** $\Delta l = \pm 1$ in der Quantenmechanik (wobei l auf die gleiche Weise definiert wird wie in Abschn. 10.2).

Die obige Diskussion kann zu dem Eindruck führen, daß Emission oder Absorption nur dann stattfindet, wenn ω exakt genau gleich $(\omega_2 - \omega_1)$ ist. Dies ist nicht ganz der Fall. Die Folge des Energietransfers aus dem Feld ist, daß a und b sich im Laufe der Zeit ändern, die Wechselwirkung findet deshalb nur während einer Zeit T statt, in der sowohl a als auch b von null verschieden sind. Deswegen muß ω nur in einem Bereich $\omega_2 - \omega_1 \pm \pi/T$ liegen, wobei $2\pi/T$ die **natürliche Linienbreite** darstellt (Abschn. 11.3.1). Je größer die Werte des Matrixelements und von Φ, desto schneller ändern sich a und b und desto breiter wird das Frequenzband.

Obwohl wir hier nicht die exakten Berechnungen ausgeführt und ein stark vereinfachtes Modell verwendet haben, sollte die Physik klar sein. Wir können nun einige sehr wichtige Beobachtungen machen:

(1) Das Verhältnis zwischen den Energieniveaus ist symmetrisch. Ist das Atom ursprünglich in Zustand 1, mit $a = 1$ und $b = 0$, führt das elektromagnetische Feld zu einem Übergang vom unteren zum oberen Energieniveau. Ist das Atom ursprünglich im angeregten Zustand, mit $a = 0$ und $b = 1$, führt das gleiche Feld zu einem Übergang in das tieferliegende Niveau.

(2) Aufgrund der Tatsache, daß die Wechselwirkung im wesentlichen die zwischen einem schwingenden Dipol und einem elektromagnetischen Feld der gleichen Frequenz ist, ist die Richtung des Energietransfers von der Phasenbeziehung zwischen den beiden abhängig. Im ersten Fall aus Punkt (1) wird die Energie $\hbar(\omega_2 - \omega_1)$ aus dem Feld vom Atom absorbiert. Im zweiten Fall strahlt der Dipol diese Energie kohärent in das Feld ab.

(3) Wir haben in Abschn. 14.2 gesehen, daß das elektromagnetische Feld nie genau null wird. Es gibt immer zumindest Vakuumfluktuationen. Dadurch kann das Atom nicht für alle Zeiten im oberen Zustand bleiben. Man könnte versucht sein, das gleiche auch für das untere Niveau zu sagen, aber das Atom muß Energie absorbieren, um in den angeregten Zustand überzugehen. Das elektromagnetische Feld kann diese

Energie nicht zur Verfügung stellen, da es sich bereits in seinem niedrigsten Energiezustand befindet, so daß es keine Energiequelle für einen Übergang gibt.

14.3.1 Der photoelektrische Effekt

Die Quantisierung von Energie in einer Lichtwelle wurde von *Einstein* bei seiner Interpretation des photoelektrischen Effekts, der bei praktisch allen empfindlichen Photodetektoren eingesetzt wird, verwendet. Die Argumentation im Sinne von quantisierten Photonen sollte dem Leser nun geläufig sein; wir wollen diesen Effekt hier aber im Sinne des oben beschriebenen Wechselwirkungsbildes beschreiben, bei dem das elektromagnetische Feld rein klassisch ist.

Die Detektion von Licht erfordert eine Wechselwirkung der einfallenden Welle mit den Elektronen des lichtempfindlichen Detektionselements, der Photokathode, in dem die Elektronen viele Zustände einnehmen. Die am niedrigsten liegenden beziehen sich dabei auf Elektronen, die innerhalb der Kathode gebunden sind, aber oberhalb einer bestimmten Energie, genannt ε_W, der **Austrittsenergie** (englisch: „work function"), beziehen sich die Zustände auf freie Elektronen mit einer bestimmten kinetischen Energie. Die Lichtwelle mit der Frequenz ω erzeugt eine Mischung zwischen dem Grundzustand ω_1 und einem bestimmten angeregten Zustand ω_2 wie in (14.29), wobei $\omega = \omega_2 - \omega_1$ gelten muß. Ist $\hbar\omega_2 < \varepsilon_W$, ist der Endzustand ein gebundener Zustand, und es können keine freien Elektronen beobachtet werden. Ist dagegen $\hbar\omega_2 > \varepsilon_W$, ist der Endzustand ein freies Elektron mit der kinetischen Energie $\hbar\omega_2 - \varepsilon_W$. Die Übergangsrate zu ungebundenen Zuständen, und damit die Erzeugungsrate freier Elektronen, ist der Größe der Störung proportional, d. h. der Intensität der Lichtwelle. Dies ist, im Schnelldurchgang, die Beschreibung des photoelektrischen Effekts; man beachte, daß die Quantisierung durch die elektronischen Zustände in der Photokathode zustande kommt und nicht durch das Wellenfeld. Tatsächlich beweist der photoelektrische Effekt nicht wirklich, daß die Lichtenergie quantisiert ist!

14.3.2 Spontane und stimulierte Emission

Die Beschreibung in Abschn. 14.3 führt uns direkt zu den wichtigsten Konzepten, die beim **Laser** verwendet werden. Wir haben gesehen, daß in Gegenwart einer elektromagnetischen Welle keine elektronische Wellenfunktion eines Atoms vollständig stationär ist, mit Ausnahme des Grundzustandes in Anwesenheit des Vakuumfeldes. Sonst treten immer Übergänge auf, bei denen Energie zwischen dem Atom und der elektromagnetischen Welle hin- und her übertragen wird. Wir möchten betonen, daß sich während des Übergangs das Atom wie ein schwingender Dipol verhält und daß die Phasenbeziehung zwischen diesem Dipol und dem elektromagnetischen Feld bestimmt, ob das Atom emittiert oder absorbiert.

Spontane Emission tritt auf, wenn sich das Atom im angeregten Zustand L_2 befindet und durch das Vakuumfeld beeinflußt wird. Wie wir in Abschn. 14.2.3 gesehen haben, geschieht dies im allgemeinen mit einer zufälligen Phase, weswegen auch die emittierten Wellen eine zufällige Phase haben. Im Prinzip lassen sich allerdings die zufallsverteilten Fluktuationen des Vakuums ordnen, diese Möglichkeit wird in Abschn. 14.7 weiter besprochen. Die Abhängigkeit der spontanen Emission von der Anwesenheit des Vakuumfeldes wurde sehr schön in Experimenten über die Strahlung von Atomen in mikroskopisch kleinen Hohlräumen demonstriert. Werden die Ausmaße des Hohlraums soweit verringert, bis die erste Mode eine Frequenz oberhalb der Übergangsfrequenz vom Zustand L_2 in den Grundzustand besitzt, gibt es keine Vakuumfluktuationen mit der richtigen Frequenz, um diesen Übergang anzuregen, und die Lebensdauer von L_2 wird unendlich groß. Diese Experimente sind im Detail bei *Jhe* et al. (1987), *Haroche* und *Kleppner* (1989) und *Haroche* und *Raimond* (1993) beschrieben.

Stimulierte Emission tritt auf, wenn sich ein Atom im gleichen Zustand L_2 befindet, aber von einem elektromagnetischen Feld beeinflußt wird, das größer ist als das Vakuumfeld. Das Atom, angeregt mit der Frequenz ω, geht in den Zustand L_1 über, und die Phase der emittierten Welle ist die des schwingenden Dipols, die wiederum die der anregenden Welle ist. Daher wird eine zweite Welle, die kohärent zur ersten ist, ausgestrahlt.

Stimulierte Absorption tritt auf, wenn das Atom ursprünglich im Zustand L_1 ist. Es gilt dann die gleiche Beschreibung wie im vorangegangenen Absatz, allerdings mit umgekehrter Phase, so daß das Atom die Strahlung absorbiert.

Die Beziehung zwischen stimulierter und spontaner Emissionsrate kann aufgrund einer einfachen Argumentation, die von *Einstein* aufgestellt wurde, gefunden werden. Er betrachtete den Gleichgewichtszustand eines großen Ensembles von Atomen in Anwesenheit von isotroper Schwarzkörperstrahlung $u(\omega)$ im thermischen Gleichgewicht bei der Temperatur T (14.8). Aufgrund der **Boltzmann-Statistik** kennen wir das Gleichgewichtsverhältnis der Besetzungszahlen n_1 im Zustand L_1 und n_2 in L_2:[6]

$$\frac{n_2}{n_1} = \exp\left(-\frac{\hbar(\omega_2 - \omega_1)}{k_B T}\right) .\tag{14.32}$$

Die spontanen Übergange von L_2 zu L_1 hängen vom Vakuumfeld ab, das nicht in $u(\omega)$ enthalten ist. Die Rate der stimulierten Übergänge ist proportional zu $u(\omega)$. Daher ist die Übergangsrate von L_2 nach L_1 gegeben durch

$$r_{21} = An_2 + Bu(\omega)n_2 ,\tag{14.33}$$

wobei A und B Konstanten sind. Für Übergänge von L_1 nach L_2 fehlt der Term des spontanen Übergangs

$$r_{12} = Bu(\omega)n_1 .\tag{14.34}$$

---

[6] Alle Zustände werden durchweg als nichtentartet angenommen. Die Einführung eines Entartungsfaktors führt auf diesem Niveau nicht zu neuen physikalischen Einsichten.

Setzen wir (14.33) und (14.34) im Gleichgewichtszustand gleich und schreiben wir (14.8) anstelle von $u(\omega)$, erhalten wir

$$\frac{A}{B} = \frac{\hbar\omega^3 L^3}{c^3 \pi^2} . \tag{14.35}$$

Damit die Komponente der spontanen Emission vernachlässigbar wird, muß die Energiedichte $u(\omega)$ die Gleichung

$$Bu(\omega) \gg A \tag{14.36}$$

erfüllen, die nach Einsetzen von (14.35) für B/A das Resultat

$$u(\omega) \gg \hbar\omega^3 L^3 / \pi^2 c^3 \tag{14.37}$$

ergibt. Bezieht man dies auf (14.8), bedeutet es, daß in der Mode mit Frequenz ω die mittlere Zahl von Photonen $\langle n \rangle \gg 1$ ist.

Es ist interessant, sich die Größenordnung des Schwellenwerts der **Energiedichte** (14.37) anzuschauen, die mit der Intensität durch $I = cu(\omega)$ verknüpft ist. Im Bereich von Mikrowellenfrequenzen, $\omega = 10^{11}$ s-1 ($\lambda = 2$ cm), ist diese Schwelle $3 \cdot 10^{-20}$ J$\cdot$m^{-3}, was etwa 10^{-11} W$\cdot$m^{-2} entspricht, einer extrem kleinen Intensität. Es scheint daher so, als ob bei Mikrowellenfrequenzen die spontane Emission vernachlässigbar ist. Bei optischen Frequenzen, $\omega = 3 \cdot 10^{15}$ s-1 ($\lambda = 0{,}5$ µm), ist der Schwellwert $7 \cdot 10^{-7}$ J$\cdot$m^{-3}, was 20 W$\cdot$m^{-2} entspricht. Dies ist eine sehr intensive Strahlung, was zu großen Problemen bei der Konstruktion der ersten optischen Laser geführt hat (Abschn. 14.4.3). Die Probleme, die man beim Entwurf eines Röntgenlasers bekommt, sind sogar noch größer.

14.4 Laser

Das Akronym „**LASER**" steht für „Light Amplification by Stimulated Emission of Radiation" (Lichtverstärkung durch stimulierte Strahlungsemission). Man versteht darunter heutzutage eine Lichtquelle, bei der die **stimulierte Emission** dominiert, obwohl der ursprüngliche Puls, der die Emission auslöst, normalerweise spontan ist.

Der wichtigste Unterschied zwischen stimuliert und spontan emittierten Wellen besteht in ihrer **Phasenkohärenz**. Jedes stimuliert emittierte Photon ist genau in Phase mit dem Photon, das die Stimulation bewirkt hat, und so wächst die Welle als eine kontinuierliche Welle mit vollständiger zeitlicher Kohärenz. Kennen wir die Phase zu einem Zeitpunkt, können wir die Phase der Welle zu einem beliebigen späteren Zeitpunkt vorhersagen, da alle ihre Komponenten genau in Phase sind. Diese Idylle wird durch die spontane Emission gestört, die durch Vakuumfluktuationen mit einer zufälligen Phase ausgelöst wird. Sie stellt ein Hintergrundrauschen dar, das in einer Verschlechterung der vollständigen Phasenkohärenz resultiert. Es ist bequem, für die folgenden Überlegungen die spontane Emission zu ignorieren; um eine hierfür hinreichend große Energiedichte $u(\omega)$ zu erzeugen, muß man das laseraktive Material normalerweise in einen Hohlraumresonator packen, der bei der Frequenz ω resonant ist (Abschn. 9.5.2 und Abschn. 9.5.3).

Kehren wir zu (14.33) und (14.34) zurück und lassen den Term der spontanen Emission weg. Wir bekommen die Rate der stimulierten Emission von Licht aus (14.33)

$$I_e = \hbar\omega r_{21} = Bu(\omega)n_2 \tag{14.38}$$

und die für die Absorption bei der gleichen Frequenz aus (14.34)

$$I_a = \hbar\omega r_{12} = Bu(\omega)n_1 \ . \tag{14.39}$$

Damit (14.38) größer wird als (14.39), ist es notwendig, daß n_2 größer ist als n_1, was offensichtlich nach (14.32) unmöglich ist, wenn sich das Ensemble der Atome im Gleichgewicht bei einer beliebigen (positiven) Temperatur befindet. Ein Laser setzt daher voraus, daß die Atome in eine Nichtgleichgewichtsverteilung angeregt werden, in der sich mehr Atome im angeregten Zustand L_2 befinden als im unteren Zustand L_1. Dieser Zustand heißt **Populationsinversion**. Solange dieser Zustand anhält, dominiert die stimulierte Emission über die Absorption.

14.4.1 Populationsinversion in einem chemischen Laser

Von den Grundlagen her gesehen, ist der wahrscheinlich einfachste Prozeß zur Erzeugung einer Populationsinversion der **chemische Laser**. Eine Reaktion findet statt, die ein großes Maß an Energie erzeugt, und die daraus resultierenden Moleküle werden in einem angeregten Zustand erzeugt (der durch einen Stern nach der Molekülformel angedeutet wird). Zum Zeitpunkt der Molekülbildung befinden sich daher keine Moleküle im Grundzustand, nur neu erzeugte im angeregten Zustand, und die Inversion ist somit erreicht. Die Reaktion findet in einem Hohlraumresonator statt, der seine Resonanz bei der Übergangsfrequenz vom angeregten Zustand zum Grundzustand hat. Fluor und Wasserstoff reagieren z. B. in der geforderten Art und Weise:

$$H_2 + F_2 \rightarrow 2HF^* \ . \tag{14.40}$$

Stimulierte Emission geschieht, wenn ein Photon der Frequenz ω im Hohlraumresonator den Übergang von HF^* zu HF unter Emission eines zweiten Photons der gleichen Phase und Frequenz wie das erste anregt:

$$\hbar\omega + HF^* \rightarrow 2\hbar\omega + HF \ . \tag{14.41}$$

Die Laseraktivität hält so lange an, wie H_2 und F_2 vorhanden sind, um angeregte Moleküle zu erzeugen, und das HF im Grundzustand aus dem Resonator entfernt wird. Dieser Typ Laser ist allerdings für den täglichen Gebrauch weder bequem noch sicher zu handhaben!

14.4.2 Atomare Fluoreszenz

Nehmen wir an, wir beleuchten ein Atom mit vielen Energieniveaus mit einem kurzen Lichtblitz und das Licht wird absorbiert. Dies wird **optisches Pumpen** genannt und induziert Übergänge vom Grundzustand in den angeregten Zustand. Sendet das Atom anschließend Strahlung mit einer längeren Wellenlänge aus, ist es klar, daß es einen strahlenden Weg zurück zum Grundzustand über mindestens einen Zwischenzustand geben muß. Ein solch **fluoreszierendes System** stellt eine Möglichkeit dar, Populationsinversion zu erreichen. Nehmen wir an, es ist nur ein Zwischenniveau beteiligt. Wir nennen den Grundzustand L_0, den obersten Zustand L_2 (wohin wir das Atom durch den Lichtblitz anregen wollen) und den Zwischenzustand L_1, wie in Abb. 14.11a gezeigt. Bezeichnen wir die Lebensdauer des Atoms im Zustand L_i mit T_i; dies ist die mittlere Zeit, die das Atom im betreffenden Zustand bleibt, bevor es spontan emittiert (T_0 ist natürlich unendlich). Ist das System wie oben beschrieben fluoreszent, wird ein Teil der Atome von L_2 nach L_0 über L_1 zerfallen.

Nehmen wir zunächst an, daß $T_2 < T_1$. Die kürzere Lebensdauer T_2 bedeutet, daß das Matrixelement M_{02} groß ist und daß die Pumpstrahlung durch das Atom effektiv absorbiert werden kann. Dann kann L_0 durch die Anregung zu L_2 gut geleert werden, von wo aus das Atom schnell nach L_1 zerfällt. In L_1 verbleibt das Atom die längere Zeit T_1, und so entsteht eine Populationsinversion zwischen L_1 und L_0, vorausgesetzt, daß die Besetzung von L_0 durch das Pumpen um mindestens die Hälfte abgenommen hat (siehe Abb. 14.11b). Der **Rubin-Laser** und der **Erbium-dotierte Glasfaserlaser** (Abschn. 14.4.3) funktionieren im wesentlichen auf diese Weise.

Natürlich ist es im wirklichen Leben meistens nicht so einfach. Normalerweise sind mehrere Energieniveaus beteiligt, aber in einigen Fällen kommt man der Modellsituation recht nahe. Benutzt man beispielsweise ein viertes Niveau L_3, wie in Abb. 14.11c, ist es viel leichter, die Populationsinversion aufrechtzuerhalten, da der Grundzustand nicht substantiell entvölkert sein muß; der **Neodym-YAG-Laser** ist hierfür ein wichtiges Beispiel. Zusätzlich ist die Lebensdauer eines Atoms im oberen Zustand des

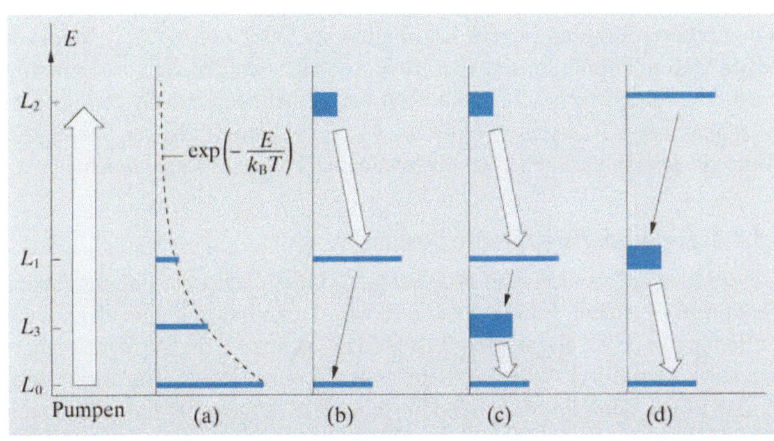

Abb. 14.11. (a) Energieniveaus eines fluoreszierenden Atoms; (b) und (c) stellen einen Drei-Niveau-Laser dar; (d) ein Vier-Niveau-Laser, basierend jeweils auf dem gleichen Atom. Optisches Pumpen ist durch den Pfeil im linken Diagramm verdeutlicht. Die Länge der verschiedenen Linien repräsentiert die relative Besetzung der Niveaus; ihre Dicke die Zerfallsrate $1/T_i$. Schnelle Zerfälle sind mit breiten Pfeilen eingezeichnet. Die Besetzungen im thermischen Gleichgewicht sind in (a) eingetragen

Laserübergangs verkürzt, wenn einmal die stimulierte Emission angefangen hat, und die Balance kann dadurch gestört sein. Dies kann zu einem pulsierenden Verhalten führen.

Eine weitere Möglichkeit ist die, daß $T_2 > T_1$ ist, wie in Abb. 14.11d gezeigt. In diesem Fall leert sich das Niveau L_1 schneller, als es durch Übergänge von L_2 aufgefüllt werden kann. Deshalb sind immer mehr Atome in L_2, als in L_1, so daß Populationsinversion zwischen diesen beiden Niveaus auftritt. Laseraktivität ist daher zwischen L_2 und L_1 möglich, wenn Atome von L_0 nach L_2 gepumpt werden. Da T_2 in diesem Falle groß ist, ist M_{02} klein und das optische Pumpen ineffizient; der **Argonionen-Laser**, der **CO$_2$**- und **Helium-Neon-Laser** (Abschn. 14.4.4) verwenden diese Methode, werden aber durch elektrische Entladung gepumpt.

14.4.3 Optisch gepumpte Rubin- und Erbium-Laser

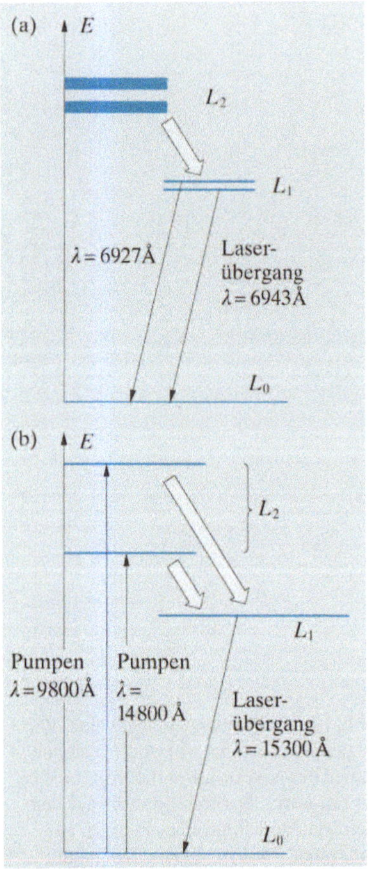

Rubin ist ein Al_2O_3-Kristall mit einer kleinen Menge an Cr^{3+} Verunreinigungen, die ihm die rote Farbe verleihen. Der Rubin-Laser, der von *Maiman* 1960 konstruiert wurde, war der erste Laser, der mit optischen Frequenzen arbeitete. Er verwendete die Energieniveaus des verdünnten Cr^{3+}, die schematisch in Abb. 14.12a gezeigt sind. Das Schema hat Ähnlichkeit mit dem Drei-Niveau-Laser in Abb. 14.11b. Da der Drei-Niveau-Laser eine Entvölkerung des Grundzustands um mindestens die Hälfte erfordert, ist dieser Laser relativ ineffektiv und benötigt eine hohe Pumpleistung. Diese wird durch eine Xenon-Blitzlampe geliefert, deren Licht auf den Rubin-Kristall fokussiert wird.

Der **Erbium-dotierte Quarzglas(SiO$_2$)-Laser** und -Verstärker wird heutzutage oft bei optischen Kommunikationssystemen bei einer Wellenlänge von $1{,}5\,\mu$m eingesetzt und stellt ebenfalls ein Beispiel für ein optisch gepumptes Drei-Niveau-System dar (Abb. 14.11b). Er wird aus einer Quarzglasfaser hergestellt, die etwa 35 ppm (englisch: „parts per million", Teile einer Million) Er^{3+}-Ionen enthält, und wird durch Licht einer Laserdiode (Abschn. 14.4.5) mit einer Wellenlänge von entweder $1{,}48\,\mu$m oder $0{,}98\,\mu$m gepumpt. Das Niveauschema von Er^{3+} ist in Abb. 14.12b gezeigt und bietet zwei Pumpmöglichkeiten. Da die beteiligten Wellenlängen relativ groß sind und die Konstruktion der Glasfaser sowohl das Pumplicht als auch die emittierte Strahlung in der Kernregion der Faser konzentriert, kann ein hohes Maß an Populationsinversion leicht erreicht werden, und die Emission wird sehr effektiv stimuliert. Als Resultat verhält sich das System in Abwesenheit eines Resonators (Abschn. 14.5.1) wie ein optischer Verstärker, während das Hinzufügen eines Resonators es zu einem Laser macht.

14.4.4 Entladungsgepumpte Gaslaser

Diese Laser verwenden eine Mischung aus Gasen, um eine Populationsinversion zu erzeugen. Im **He-Ne-Laser** wird Helium durch eine elektrische Entladung in einen angeregten Zustand He* gebracht, die Anregungsenergie wird dann durch Stöße von He* mit Ne einem Ne-Atom übertragen. Einige seiner Energieniveaus sind in Abb. 14.13 gezeigt. Dadurch wird eine Populationsinversion zwischen den Niveaus L_2 und L_1 erzeugt. Die Abbil-

Abb. 14.12. Niveauschema des (a) Rubin- und (b) Erbiumlasers

dung zeigt die Niveaus von nur einem der vielen möglichen Laserübergänge des Neon, den bei 632,8 nm.

Der **CO_2-Laser** hat generell ein ähnliches Schema, wobei N_2 als anregendes Gas anstelle des He verwendet wird. Mehrere Wellenlängen zwischen 9,6 und 10,6 µm können so in Abhängigkeit der Resonatoreinstellung erzeugt werden.

14.4.5 Populationsinversion in p-n-Übergängen bei Halbleitern

Ein wichtiges System, vor allem in der optischen Kommunikation, das Laseraktivität zeigt, ist der in Sperrrichtung geschaltete p-n-**Übergang**. Er unterscheidet sich von der vorangegangenen Beispielen dadurch, daß seine Energieniveaus nicht die von einzelnen Atomen sind, sondern die von freien Ladungsträgern in einem Halbleiterkristall: Elektronen am unteren Ende des Leitungsbandes und Löcher an der Oberkante des Valenzbandes.[7] Ihre genaue Energie ist aufgrund der Struktur (p-dotiertes Material auf der einen Seite, n-dotiertes auf der anderen) eine Funktion ihrer Position innerhalb des Übergangs. Als Resultat hoher Dotierungsdichte gibt es freie Elektronen im Leitungsband der n-dotierten Seite und freie Löcher im Valenzband der p-dotierten Seite. Im thermischen Gleichgewicht sind die Bandenergien die in Abb. 14.14a gezeigten. Es gibt keinen Bereich, in dem es *sowohl* freie Elektronen *als auch* freie Löcher in mehr als vernachlässigbaren Konzentrationen gibt. Wird eine Sperrspannung ΔV angelegt, verschieben sich die energetischen Lagen der Bänder, wie in Abb. 14.14b gezeigt. Nun ist es energetisch günstig für ein Elektron, in Richtung der positiven Seite zu driften und für ein Loch in Richtung der negativen. Bei diesem Driftvorgang bewegen sich beide in die Sperrschicht hinein. Erreichen sie den gleichen Ort, haben wir eine Situation der **Populationsinversion**, in dem Sinne, daß es viel höhere Dichten von freien Elektronen und freien Löchern am gleichen Ort gibt, was einen Zustand höherer Energie darstellt als den der Rekombination, bei dem das Elektron den Lochzustand ausfüllt und beide dadurch vernichtet werden.[8] Vorausgesetzt, der Rekombinationsprozeß resultiert nur in der Emission eines Photons, was für eine Klasse von Materialien der Fall ist, die Klasse der **direkten Halbleiter** genannt wird und zu der viele III-V Halbleiter wie GaAs, InP und InSb (nicht aber Si oder Ge) gehören, dann haben wir alle Charakteristiken für einen Laser. Das entsprechende fluoreszierende Bauteil ist die **Leuchtdiode** (LED = „Light-Emitting Diode"), die auf die gleiche Weise arbeitet, aber auf spontaner anstatt stimulierter Emission basiert. Die Wellenlänge der ausgesandten Strahlung entspricht genau der Bandlücke des Halbleiters; für GaAs entspricht dies etwa 870 nm; für ein Mitglied der quaternären Verbindung InGaAsP kann sie auf etwa 1,5 µm angepaßt werden, was für Anwendungen der optischen Kommunikation sehr interessant ist, da dies in etwa die Wellenlänge ist, bei der in Glasfasern die minimale Dämpfung erzielt wird (Abschn. 10.2.3).

---

[7] Die Physik des Halbleiterübergangs ist nicht Inhalt dieses Buches; siehe z. B. *Kittel* (1986), *Myers* (1990).

[8] Die Lebensdauer T_2 des nicht rekombinierten Zustands kann sehr klein sein, in der Größenordnung $10^{-9}-10^{-10}$ s.

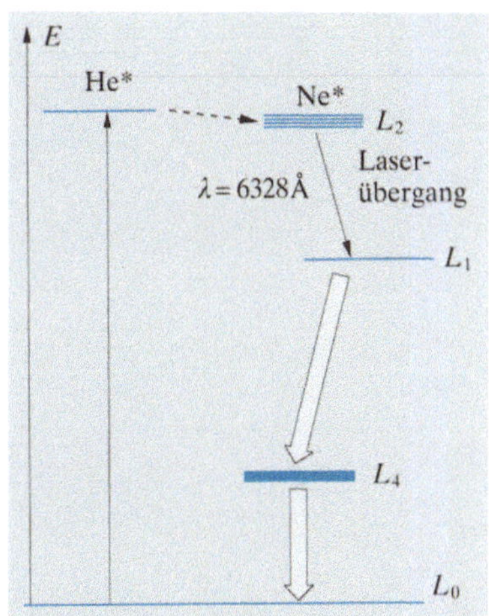

Abb. 14.13. Niveauschema des Helium-Neon-Lasers

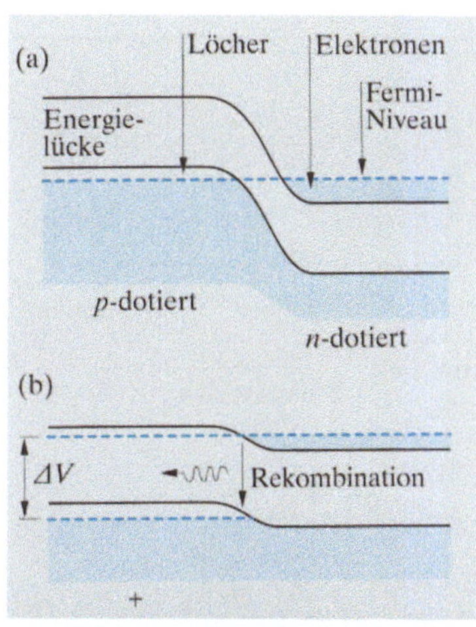

Abb. 14.14a,b. Halbleiter-Laserdiode. (a) Ohne angelegte Spannung; (b) mit angelegter Spannung ΔV

14.5 Komponenten eines Lasers

Laser werden im Detail in zahlreichen Lehrbüchern besprochen, beispielsweise bei *Svelto* (1989), *Yariv* (1991) und *Wilson* und *Hawkes* (1989). In dem begrenzten Platz, der uns hier zur Verfügung steht, ist es unmöglich, den vielen Facetten der Lasertechnologie, die sich seit den sechziger Jahren entwickelt haben, gerecht zu werden. Alles, was wir in diesem Abschnitt tun werden, besteht darin, zu zeigen, wie einige der physikalischen Konzepte, die wir in diesem und anderen Kapiteln des Buches diskutiert haben, dazu verwendet wurden, verschiedene Typen von Lasern zu konstruieren.

14.5.1 Der optische Resonator

Der Zustand, der durch einen der in den vorhergegangenen Abschnitten geschilderten Mechanismen zur Populationsinversion geschaffen worden ist, muß nun stabilisiert werden, damit wir eine Quelle kohärenter Strahlung erhalten. Dies kann dadurch geschehen, daß man ihn in ein Verstärkersystem mit positiver **Rückkopplung** einbaut; ein bekanntes akustisches Beispiel ist das einer Lautsprecheranlage, die anfängt zu pfeifen, wenn das Mikrophon das Lautsprechersignal „hört". Angefangen von einem zufälligen Rauschsignal, wird so eine kohärente Schallwelle erzeugt, deren Frequenz in dem Bereich liegt, in dem der Verstärker seine größte Verstärkung hat, die aber exakt durch die akustische Verzögerungszeit (Abstand/Schallgeschwindigkeit) zwischen Lautsprecher und Mikrofon bestimmt wird. Diese Verzögerung muß so sein, daß sich die Phase des Eingangssignals in den Verstärker um genau $2n\pi$ vom Ausgangssignal unterscheidet, so daß sich beide genau verstärken. Ist die Verstärkung so hoch, daß Verluste auf der Signaltransportstrecke mehr als ausgeglichen werden, entsteht eine dauerhafte Schwingung.

Die Analogie zum Laser ist leicht zu sehen (Abb. 14.15). Das Lasermedium entspricht dem Verstärker, in dem ein einlaufendes Photon neue Photonen mit der gleichen Phase durch stimulierte Emission erzeugt. Die Bandbreite ist durch die Linienbreite der Emission bestimmt, die sowohl durch die Lebensdauern der Zustände als auch durch Prozesse wie beispielsweise die Dopplerverbreiterung (Abschn. 11.3.2) bestimmt wird. Die Rückkopplung wird durch einen **optischen Resonator** erzeugt, normalerweise vom Typ, der in Abschn. 3.10 beschrieben ist. Die tatsächliche Auswahl der Frequenzen, die ausgestrahlt werden, wird durch die optische Länge des Resonators bestimmt. Es gibt oft mehrere solcher Frequenzen innerhalb der Linienbreite eines Übergangs. Sie werden **Moden** des Lasers genannt.

Quantitativ betrachtet, wird die Laserverstärkung durch die Pumpleistung und die atomaren Parameter bestimmt. Sie muß sowohl die Verluste kompensieren, die im Resonator durch unvollkommene Reflexion entstehen, als auch die notwendige Ausgangsleistung des Lasers zur Verfügung stellen (die, vom Gesichtspunkt des Lasers aus betrachtet, auch einen Verlust darstellt). Spontane Emission ist ebenfalls unerwünscht, da sie die Populationsinversion dazu verwendet, Wellen mit der falschen Phase zu erzeugen, auch wenn sie zunächst als ursprüngliche Stimulation, die die Rückkopplung startete, notwendig war.

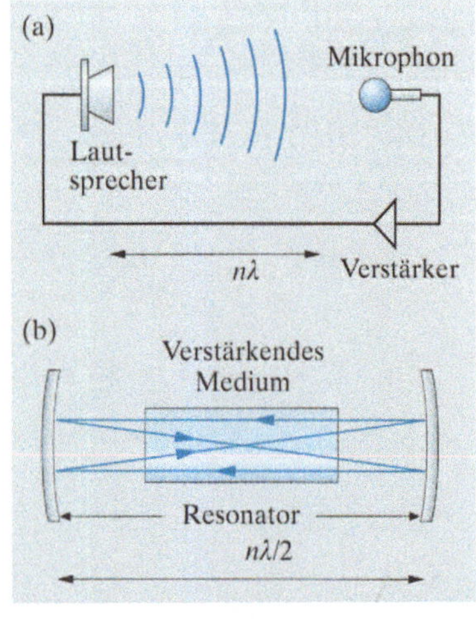

Abb. 14.15. Rückkopplung in (a) einem Lautsprechersystem; (b) einem Laser

Die longitudinalen Lasermoden entsprechen der Bedingung, daß die optische Länge $\overline{L}$ einer kompletten Strecke hin und zurück durch den Resonator ein ganzzahliges Vielfaches n der Wellenlänge darstellen muß: $\overline{L} = 2\overline{\mu}l = n\lambda$, wobei $\overline{\mu}$ ein gemittelter Brechungsindex ist, der sich mit der Intensität ändern kann. Die Frequenzen der Moden sind durch $2\pi c/\overline{L}$ voneinander getrennt. Die Länge l hängt ebenso von der Richtung ab, die der Strahl im Resonator einnimmt, und manchmal sind mehrere transversale Moden mit gleichem n, aber verschiedenem Winkel zur optischen Achse möglich. Dieses Problem läßt sich am besten als Beugungsproblem behandeln (Abschn. 9.5.3).

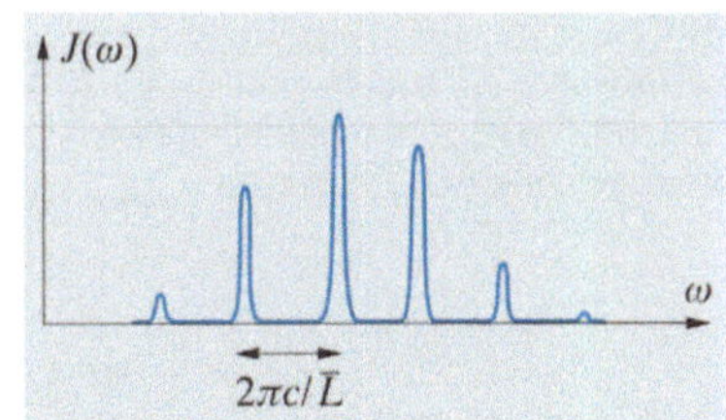

Abb. 14.16. Frequenzspektrum der longitudinalen Moden eines Lasers

Eine Frequenzanalyse des Ausgangssignals eines typischen Lasers ist in Abb. 14.16 gezeigt, wobei mehrere longitudinale Moden angeregt sind.

14.5.2 Kontinuierliche Laser im Vergleich zu gepulsten Lasern

Die Lebensdauer T_j eines Zustands hängt von seinen Zerfallskanälen ab. Viele Laser können hinreichend kräftig gepumpt werden, so daß die Populationsinversion auch in Anwesenheit von stimulierter Emission und **kontinuierlicher Lichtabstrahlung** aufrechterhalten wird. Auf der anderen Seite wird ein angeregter Zustand generell eine kürzere Lebensdauer haben, wenn seine Emission stimuliert ist, als im natürlichen Umfeld. Wenn dann die Laseraktion beginnt, ist es möglich, daß die Bedingung für Populationsinversion (beispielsweise $T_2 > T_3$ in Abb. 14.11c) nicht weiter erfüllt werden kann, und der Laser hört auf, kohärentes Licht abzustrahlen. Als Resultat bekommen wir einen **gepulsten Laser**. Einige Laser können in beiden Betriebsarten arbeiten.

Es gibt verschiedene Weisen, Laserpulse zu kontrollieren oder auszulösen, indem man die verschiedenen Faktoren, die die Verstärkung beeinflussen, verändert. Eine wichtige davon, die es ermöglicht, regelmäßige, sehr große Pulse zu erzeugen, heißt „**Modenkopplung**" (englisch: „mode-locking"). Wenn ein Laser, wie wir in Abschn. 14.5.1 gesehen haben, auf mehreren longitudinalen Moden arbeitet, ist die Wellenform, die man am Ausgang erhält, die Superposition der Wellen, die zu den verschiedenen Moden gehören. Haben diese zufallsverteilte Phasen, ist das Ergebnis den in Abschn. 11.2.1 erhaltenen Wellen ähnlich, außer der Tatsache, daß sich die Wellenform mit Abständen von $\overline{L}/c$ wiederholt, da die Moden in regelmäßigen Frequenzabständen $2\pi c/\overline{L}$ auseinanderliegen. Haben die Moden dagegen die gleiche Phase, ist ihre kombinierte Wellenform eine Reihe von wohldefinierten Wellenzügen (Aufgabe 14.2); je mehr Moden beteiligt sind, desto kürzer und intensiver sind die einzelnen Wellenzüge. Diese Situation kann in einem Laser dadurch erzwungen werden, daß man in den Resonator ein variables Dämpfungsglied einbaut, das einmal pro Zykluszeit $\overline{L}/c$ transparent wird.

14.5.3 Der Aufbau des He-Ne-Lasers

Der Helium-Neon-Laser ist der am weitesten verbreitete Laser im normalen Labor, und sein Aufbau wird vielen Studenten vertraut sein. In Abschn. 14.4.4 haben wir das Niveauschema, das er benutzt, beschrieben. Er wird aus einer verschlossenen Gasentladungsröhre konstruiert, die eine

Abb. 14.17. Schema eines He-Ne-Lasers. *E* Elektroden für die Gasentladung; *B* Brewster-Fenster; *M* konfokale Resonatorspiegel (englisch „mirrors")

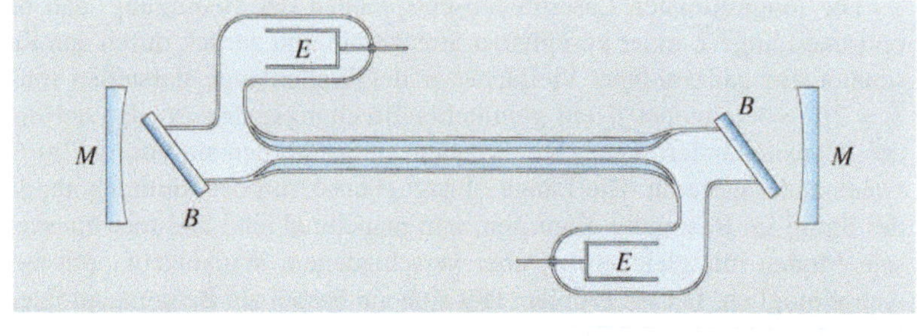

Mischung aus He und Ne in einem Druckverhältnis von etwa 10:1 enthält und sich innerhalb eines **konfokalen Resonators** (Abschn. 9.5.3) befindet. Einer der Spiegel des Resonators läßt einige Prozent der Strahlung austreten, um den Ausgangsstrahl zu erhalten. Der ausgewählte Laserübergang wird durch die Verwendung eines dielektrischen Vielschichtspiegels verstärkt, der ein Maximum in der Reflektivität bei der gewünschten Wellenlänge (Abschn. 10.3.4) besitzt. Die Fenster, die die Entladungsröhre abschließen, müssen möglichst geringe Reflexionsverluste besitzen und sind daher entweder antireflexbeschichtet (Abschn. 10.3.3) oder unbeschichtet, aber wie in Abb. 14.17 gezeigt, unter dem **Brewster-Winkel** (Abschn. 5.4.3) montiert, oder stellen selbst den konfokalen Resonator dar. Da die Laserverstärkung in diesem System schwach ist, ist es wichtig, die Verluste auf diese Weise zu minimieren; werden Fenster unter dem Brewster-Winkel verwendet, wird eine Polarisationsrichtung weniger Verluste haben als die andere, weshalb der Ausgangsstrahl polarisiert ist.

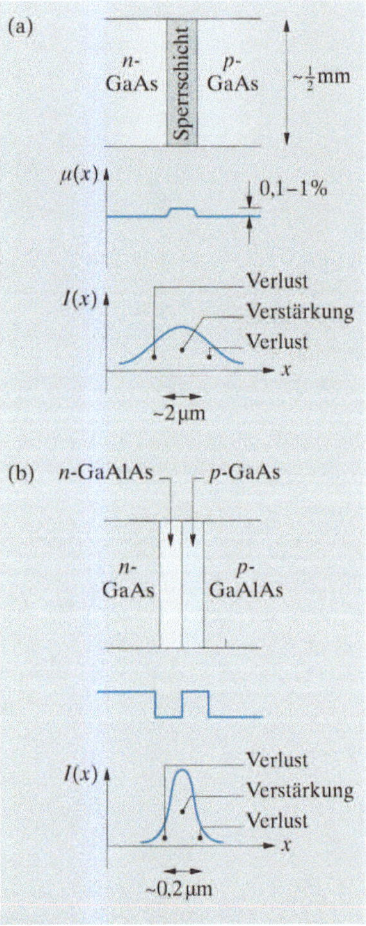

14.5.4 Der Aufbau eines Halbleiter-Lasers

Der Aufbau von Halbleiter-Lasern unterliegt aufgrund ihrer Anwendung in der Kommunikationstechnologie noch einer schnellen Entwicklung, und wir werden hier nur kurz auf einige grundlegende Aspekte eingehen. Eine typische **Laserdiode**, wie in Abb. 14.18a gezeigt, besteht aus einem 0,5 mm Würfel aus GaAs mit einem p-n-Übergang. Die **Sperrschicht**, in der die Populationsinversion stattfindet und das Licht emittiert wird, ist $d = 1-3\,\mu\mathrm{m}$ dick. Da diese Abmessungen so klein sind, ist $\lambda/d \approx 0,3$, und das austretende Licht ist ziemlich divergent, viel davon wird in den inaktiven n- und p-Regionen auf jeder Seite wieder absorbiert. Der Resonator wird dadurch erzeugt, daß man den Kristall senkrecht zum Übergang spaltet, was zu zwei ebenen und sehr parallelen Oberflächen führt und einen grenzwertig stabilen Resonator bildet (Abschn. 3.10). Der Brechungsindex von GaAs ist hoch (etwa 3,6), weswegen die Oberflächen auch ohne Beschichtung hochreflektiv sind.

Aufgrund der Absorption des recht divergenten Strahls in den inaktiven Regionen ist ein solcher Laser relativ ineffizient und kann normalerweise nur im gepulsten Modus betrieben werden. Eine beträchtliche Verbesserung in der Effizienz kann durch die Verwendung der Prinzipien eines ebenen Wellenleiters (Abschn. 10.1.2) erreicht werden. Durch die Verwendung verschiedener Materialien, insbesondere $\mathrm{Ga}_x\mathrm{Al}_{1-x}\mathrm{As}$, kann erreicht werden, daß die emittierende Region mit einer Dicke $< 1\,\mu\mathrm{m}$ einen höheren Bre-

Abb. 14.18a,b. Halbleiter-Laserdiode. (a) Prinzipieller Aufbau; (b) Heterostruktur aus GaAs und GaAlAs. Die Diagramme zeigen die Geometrie, den Brechungsindex $\mu(x)$ und die Intensitätsverteilung $I(x)$ des ausgesandten Lichts

chungsindex besitzt als ihre Umgebung. So besteht ein großer Teil der Strahlung aus Wellenleiter-Moden, die ihre maximale Intensität in diesem Bereich haben und die daher sehr effizient zur stimulierten Emission beitragen. Da ein höherer Brechungsindex normalerweise mit einer geringeren elektronischen Bandlücke korreliert, ist es möglich, diese Struktur dazu zu verwenden, die sich überlappenden Bereiche hoher Elektronen- und Lochdichte auf die Emissionsregion zu begrenzen. Als Resultat hiervon erhält man eine hinreichend hohe Verstärkung für einen kontinuierlichen Laserbetrieb. Ein Beispiel für einen solchen **Heterostruktur-Laser** ist in Abb. 14.18 gezeigt.

14.6 Laserlicht

Betrachten wir einen Laser, in dem nur eine longitudinale Mode des Resonators angeregt ist. Stimulierte Emission führt zu einer sehr großen Anzahl $\langle n \rangle$ von Photonen in dieser einen Mode (14.37). Dies ist der Hauptunterschied zwischen **Laserlicht** und **thermischem Licht**, das, wie wir in Abschn. 14.1.2 gesehen haben, im Schnitt viel weniger als ein Photon pro Mode besitzt. Die Fluktuation δn ist durch (14.27) gegeben, da auch das Laserlicht die Unschärferelation erfüllen muß. Daher ist $\delta n = \langle n \rangle^{1/2}$, und somit ist gemäß (14.22) $\delta\phi = \langle n \rangle^{-1/2}$, was sehr klein ist.

Laserlicht ist daher durch eine sehr wohldefinierte Phase gekennzeichnet.[9] Zusätzlich ist bei Anregung einiger weniger longitudinaler Moden das Licht auch in seiner Ausbreitungsrichtung wohldefiniert, wobei die Winkelausdehnung des Strahls durch die Beugung bestimmt wird, die der an einer Blende mit dem physikalischen Strahldurchmesser entspricht (Abschn. 8.2.7). Diese drei Eigenschaften – Phasenkohärenz, hohe Intensität und wohldefinierte Ausbreitungsrichtung – sind die charakteristischsten Eigenschaften von Laserlicht.

14.6.1 Kohärenzfunktion

Wie in Abschn. 11.5.2 beschrieben, ist die **zeitliche Kohärenzfunktion** die normierte Fouriertransformierte der spektralen Intensität. Würde der Laser in einer einzelnen longitudinalen Mode arbeiten, wäre das Spektrum im Idealfall eine einzelne Spitze. Sie entspricht aufgrund der Phasenfluktuationen nicht ganz genau einer Deltafunktion; die Zeitskala dieser Fluktuationen muß mindestens der Lebensdauer des Laserübergangs entsprechen, und so ist die Kohärenzzeit τ_c mindestens gleich dieser Lebenszeit (beispielsweise 10^{-7} s für T_2 in Abb. 14.13). Die dazugehörige Kohärenzlänge beträgt $c\tau_c$ (30 m). In der Praxis kann die Kohärenzzeit durch mechanische Fluktuationen (z. B. aufgrund von Temperaturschwankungen usw.) der optischen Weglänge $\overline{L}$ für einen Umlauf durch den Resonator verkürzt sein.

Viele Laser arbeiten gleichzeitig mit mehr als einer longitudinalen Mode (Abb. 14.16). Haben die Moden zufällige Phasen, hat die Kohärenzfunktion – die Fouriertransformierte von einigen Spektrallinien, die durch

---

[9] Dies gilt nicht notwendigerweise für **beliebiges** helles Licht. Die große Zahl an Photonen muß in einer einzigen Mode konzentriert sein.

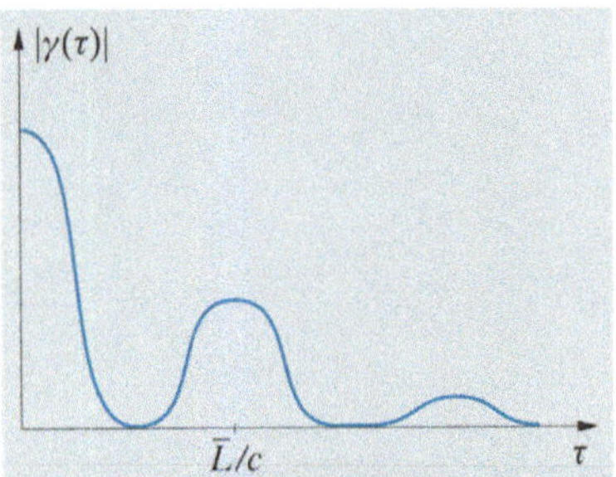

Abb. 14.19. Kohärenzfunktion eines Lasers mit wenigen longitudinalen Moden

$\delta\omega = 2\pi c/\overline{L}$ voneinander getrennt sind – die in Abb. 14.19 gezeigte Form, in der die Kohärenz in Intervallen der Länge $\overline{L}/c$ verschwindet und wieder erscheint. Es gibt keine einfach definierte Kohärenzlänge, wenn sich die Kohärenzfunktion so verhält, aber für die meisten praktischen Anwendungen ist die effektive Kohärenzlänge $\overline{L}/2$, die optische Länge des Resonators, da die Kohärenz zum ersten Mal nach der Zeit $\overline{L}/2c$ verschwindet. Ist der Laser gepulst oder modengekoppelt, wie in Abschn. 14.5.2 erwähnt, entspricht die Kohärenzzeit der Dauer eines Einzelpulses.

Der Kohärenzbereich eines Einzel- oder Mehrmodenlasers entspricht gerade der Strahlfläche, da die Lichtverteilung von einer einzelnen kohärenten Mode oder der Superposition solcher stammt.

14.7 Vertiefungsthema: Komprimiertes Licht und seine Anwendungen

In Abschn. 14.2.2 führten wir das Konzept ein, daß in einem $(P, \omega Q)$-Diagramm die Enden des Amplituden- und Phasenvektors, die eine monochromatische Welle darstellen, nur mit einer begrenzten Genauigkeit lokalisierbar sind, was durch eine Fläche der Minimalgröße $\hbar$ repräsentiert wird. Es ist allerdings möglich, die *Form* dieses Bereiches zu verändern (wie in Abb. 14.4–8 gezeigt) und eine Unschärfe auf Kosten der anderen zu verringern. Wir werden dieses Konzept in diesem Abschnitt genauer behandeln; für eine tiefgehende Diskussion siehe *Teich* und *Saleh* (1990) und *Reynauld* et al. (1992).

14.7.1 Sub-Poisson-Licht

Wir haben in Abschn. 14.2.2 gesehen, daß chaotisches Licht, das Licht mit vielen Photonen in einer Mode mit $\delta P = \omega\delta Q = \hbar^{1/2}$ ist, in einer Weise fluktuiert, die der Poisson-Statistik entspricht, die ebenfalls die kleinste, nach dem klassischen Modell mögliche Fluktuation beschreibt. Die **Poisson-Statistik** besagt, daß die Ankunft jedes einzelnen Photons am Detektor mit der vorhergehenden unkorreliert ist (Abschn. 11.8), was notwendigerweise die Genauigkeit optischer Messungen begrenzt. Könnten wir sie korrelieren, wäre die Ankunftsrate gleichmäßiger, und eine Verbesserung in der Genauigkeit wäre zu erwarten. Kämen beispielsweise die Photonen in genau gleichen Intervallen T an, würde die Ankunft keines Photons in einer Zeitspanne minimal größer als T ohne jeden Zweifel auf die Abwesenheit eines Feldes hindeuten. Solch nichtklassisches Licht heißt **Sub-Poisson-Licht** und entspricht Abb. 14.6. Man sollte dabei bemerken, daß die Intensität auf Kosten der Phasenfluktuationen stabilisiert wurde, gemäß (14.22).

Mehrere Methoden, dies zu erreichen, sind erfunden worden:

(1) Der Betrieb einer Halbleiter-Laserdiode (Abschn. 14.4.5, Abschn. 14.5.4) mit einer stabilisierten Stromquelle als Pumpmechanismus (*Machida*, *Yamamoto* und *Itaya* 1987; *Tapster*, *Rarity* und *Satchell* 1987). Dadurch wird der Elektronenfluß kontrolliert, der aufgrund der sehr kurzen Lebenszeit T_2 der Elektron-Loch-Paare in der Sperrschicht die Austrittsrate der Photonen bestimmt.

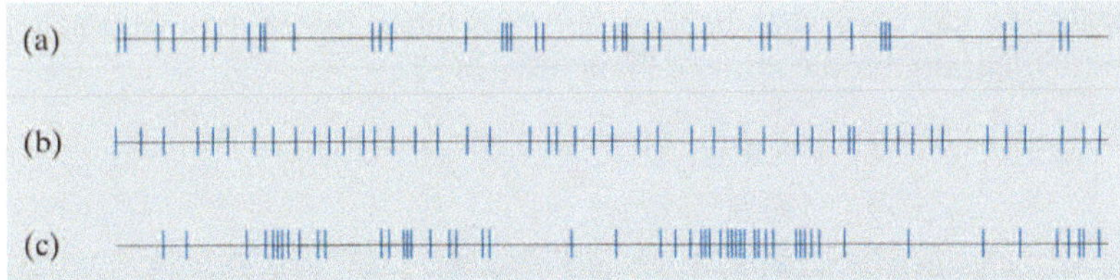

Abb. 14.20. Simulation von Ereignissen, die (a) Poisson-, (b) sub-Poisson- und (c) super-Poissonverteilt sind. (c) entspricht $\gamma_2(\tau)$ aus Abb. 11.13

(2) Die Emission von resonantem Fluoreszenzlicht eines Einzelatoms, das nach jedem Emissionsvorgang wieder angeregt werden muß. Diese Wiederanregung führt zu einer „Totzeit" nach jeder Emission, die den Photonenfluß dadurch regelmäßiger werden läßt, daß jedes Photon von seinem Vorgänger abhängt (*Kimble*, *Dagenais* und *Mandel* 1977; *Teich* und *Saleh* 1985).

(3) Emission von Photonenpaaren in einer Kaskade aus drei Energieniveaus von ^{40}Ca. Ein Photon davon erzeugt den Strahl, das andere steuert eine elektronische Weiche, mit der man eine künstliche elektronische Totzeit erreicht. Dies wird im Englischen als „conditionally anti-bunched light" (im Deutschen etwa „bedingt anti-gebündeltes Licht") genannt (siehe *Teich* und *Saleh* 1990).

Obwohl die Methoden (2) und (3) sehr künstlich wirken, besteht der wesentliche Punkt darin, daß sie nur dadurch existieren, daß Licht in einzelnen Quanten emittiert wird und sie daher nicht klassisch beschrieben werden können. Abbildung 14.20 zeigt eine *Simulation* von Poisson- und Sub-Poisson-Licht. In Abb. 14.20a sehen wir eine Reihe von unkorrelierten photonischen Ereignissen mit einer Durchschnittsrate r. In Abb. 14.20b haben wir die Reihe aus Abb. 14.20a genommen, die Rate auf $2r$ verdoppelt und dann nach jedem registrierten Ereignis eine Detektionstotzeit mit einem Durchschnittswert von $1/r$ eingeführt, während der aufgezeichnete Ereignisse wieder gelöscht werden, so daß die mittlere Gesamtrate wiederum r beträgt. Man sieht leicht, daß man so eine stetigere Folge von Photonen erreicht, dies entspricht der Methode (2) in obiger Aufzählung.

14.7.2 Sub-Poisson-Licht und digitale optische Kommunikation

Nehmen wir an, daß ein digitaler optischer Kommunikationskanal „0" dadurch darstellt, daß kein Photon gesendet wird (Er ist sozusagen ausgeschaltet.), und eine „1" durch Einschalten für eine Zeit T (mit einer mittleren Photonenzahl rT, wobei r die mittlere Photonenrate darstellt). Wie groß ist die Fehlerwahrscheinlichkeit für die in Abb. 14.20a,b dargestellten Fälle?

Im Falle des Poisson-Lichts ist die mittlere Photonenzahl bei angeschaltetem Strahl im Zeitraum T gleich rT und ihre Fluktuation $(rT)^{1/2}$. Nähern wir die Poisson-Verteilung durch eine Gauß-Verteilung (nach dem Grenzwertsatz, gültig für große rT) mit einer Varianz $\sigma^2 = rT$ an, so ist die Wahrscheinlichkeit, n Photonen zu registrieren, gleich

$$p(n) = (2\pi rT)^{-\frac{1}{2}} \exp\left[-(n-rT)^2/2rT\right]. \tag{14.42}$$

Daher ist die Wahrscheinlichkeit, aufgrund eines *Fehlers* null zu erhalten (als Schätzung für die mittlere Photonenzahl rT)

$$p(0) = (2\pi rT)^{-\frac{1}{2}} \exp\left[-(rT)^2/2rT\right]$$
$$= (2\pi rT)^{-\frac{1}{2}} \exp(-rT/2). \qquad (14.43)$$

Verlangen wir eine Fehlerquote $p(0) < 10^{-9}$, ergibt sich hieraus $rT > 34$; jeder „1"-Puls muß also mindestens 34 Photonen enthalten. Im Fall des simulierten Sub-Poisson-Lichts haben wir eine Pulsrate von $2r$ mit einer Totzeit r^{-1} nach jedem empfangenen Puls. Die Wahrscheinlichkeit, null Pulse innerhalb der Zeit T zu empfangen, kann auf die gleiche Weise berechnet werden, indem man die Rate $2r$ für einen Zeitraum von einer Mindestdauer $T - r^{-1}$ annimmt (der Grenzfall mit einem Puls direkt nach dem Beginn der Periode T). Die entsprechende Gauß-Funktion hat nun $\sigma^2 = 2rT - 2$, und daher gilt

$$p(0) = \left[4\pi(rT-1)\right]^{-\frac{1}{2}} \exp\left\{-(2rT)^2/4(rT-1)\right\}. \qquad (14.44)$$

Ist $p(0) < 10^{-9}$, ergibt sich hieraus eine mittlere Photonenzahl $rT > 18$ für den Zeitraum T, so daß ein „1"-Puls nun nur noch 18 Photonen enthalten muß.[10]

Der Preis für dieses Sub-Poisson-Licht ist der Verlust der Kontrolle über seine Phase. Diese ist aber bei diesen speziellen Anwendungen unwichtig.

14.7.3 Komprimiertes Licht und Interferometrie

In der Interferometrie ist die Phase des Lichts von entscheidender Bedeutung und wir würden komprimiertes Licht gerne dazu verwenden, die Genauigkeit von Messungen zu erhöhen (*Xiao, Wu* und *Kimble* 1987). Da jedoch jede Beobachtung letztlich eine Messung einer Intensität darstellt, können wir nicht einfach in der Phase komprimiertes Licht (englisch:„phase-squeezed light") verwenden, bei dem die Fluktuationen, wie in Abb. 14.7 gezeigt, auf die Intensität übertragen wurden. Die beste Methode der Kompression ist die in Abb. 14.8 gezeigte, bei der die ωQ-Komponente ($\cos \omega t$) allein verwendet wird (P allein wäre genauso gut geeignet).

Betrachten wir zunächst ein ideales **Michelson-Interferometer** als ein Beispielsystem (Abb. 14.21), in dem die Bewegung von Spiegel M_2 so genau wie möglich vermessen werden soll. Wir verwenden eine möglichst intensive Laserquelle, so daß ihre Fluktuationen vernachlässigt werden können, und stellen die Spiegel M_1 und M_2 so ein, daß destruktive Interferenz auftritt und unser Detektor kein Ausgangssignal zeigt. Dann wird jede Bewegung von M_2 zu einem Signal am Ausgang führen. Das kleinste sicher zu entdeckende Signal entspricht dem kleinsten[11] Rauschsignal des Systems.

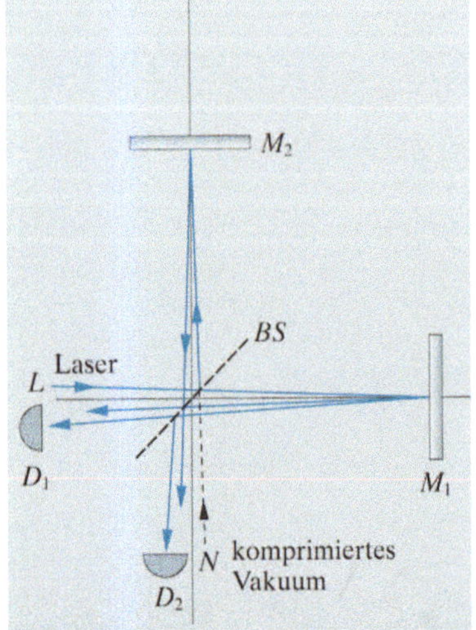

Abb. 14.21. Michelson-Interferometer mit komprimiertem Licht

[10] Wird das Sub-Poisson-Licht wirklich durch die Verwendung einer Weiche realisiert wie bei der Methode (3), hat man keinen wirklichen Gewinn, da man durchschnittlich die Hälfte der Photonen wegwirft, um die gleichmäßige Verteilung zu erzielen. Verwendet man dagegen Methode (1), hat man einen echten Vorteil.

[11] Wir wollen hierfür annehmen, daß alles Rauschen, das durch vermeidbare experimentelle Umstände hervorgerufen wird, unterdrückt ist und nur das Quantenrauschen übrigbleibt.

Es gibt zwei Eingänge für Strahlung in das System. Einer davon ist der Ort, an dem das Laserlicht einfällt, L, der andere der Ort des Detektors, N. Licht, das auf einem dieser Wege eintritt, kann vom Detektor nach Reflexion an M_1 und M_2 gesehen werden, mit einer Phasendifferenz Φ für das von L stammende Licht (wobei $\Phi = \pi$ den nominellen Fall destruktiver Interferenz darstellt). Unter diesen Voraussetzungen wird das Rauschen von N mit einer Phasendifferenz $\Phi - \pi$ gesehen (siehe Abschn. 9.3.2 und Abschn. 5.6.2). Sind die einfallenden Amplituden L für das Laserlicht und N für das Rauschsignal, dann sieht der Detektor das Intensitätssignal

$$S = L^2 \sin^2(\Phi/2) + N^2 \cos^2(\Phi/2) \,, \tag{14.45}$$

wobei wir einen idealen 50% Strahlteiler angenommen haben. Der kleinste Wert von Φ, der noch von null unterschieden werden kann, ist der, der den ersten Term in (14.45) gleich dem zweiten macht (d. h. Signal = Rauschen):

$$\left| \tan(\Phi_{min}/2) \right| = N/L \,. \tag{14.46}$$

Es ist instruktiv, sich diese beiden Anteile in einem $(P, \omega Q)$-Diagramm, Abb. 14.22a, anzuschauen. Die Spitze des Amplitudenvektors des Laserlichts L liegt innerhalb eines Kreises C_L, der die Fluktuationen darstellt; das fast destruktiv interferierende Signal $L' = L \sin \Phi/2$ liegt daher innerhalb eines viel kleineren Kreises C_L' näher am Ursprung, da $\sin \Phi/2 \ll 1$ gilt. Das Vakuumrauschen N ist durch die Region C_N dargestellt, die um den Ursprung zentriert ist, da der Mittelwert des Rauschsignals null beträgt und $N' = N \cos \Phi/2 \approx N$. Ist der Laserstrahl sehr intensiv, ist der Durchmesser von C_L' sehr klein (da C_L' dem um den Faktor L'/L skalierten C_L entspricht) und kann daher im Vergleich zu C_N vernachlässigt werden. Das Signal L' wird in Gegenwart von Rauschen meßbar sein, wenn C_L' außerhalb von C_N liegt, so daß Vektoren von irgendeinem Punkt innerhalb der einen Region zu einem Punkt in der anderen einen von null verschiedenen Mittelwert haben. Der Zustand mit einem Signal, das genauso groß ist wie das Rauschen (C_L' auf dem Rand von C_N), ist in Abb. 14.22a gezeigt. Werden nun die Vakuumfluktuationen komprimiert, wird C_N kein Kreis, sondern eine Ellipse sein (Abb. 14.8), und wir haben die in Abb. 14.22b gezeigte Situation. Offensichtlich hat sich insbesondere der randnahe Zustand verbessert, wenn man nur die Q-Komponente mißt; die Meßgenauigkeit ist nun durch die Q-Komponente des neuen C_N, N_{SQ}, bestimmt, was durch die Kompression verringert wurde.

14.7.4 Erzeugung von komprimiertem Licht

Ein möglicher Weg, eine Phasenkomponente des Lichts (d.h. die Q-Komponente auf Kosten von P) zu komprimieren, besteht in der Verwendung eines **phasenkonjugierten Spiegels** an Stelle einer der konventionellen Spiegel in dem Hohlraumresonator eines optischen Verstärkers (*Yurke* 1984). Obwohl andere, vielleicht praktikablere Methoden vorgeschlagen wurden (siehe beispielsweise *Wu* et al. 1986 und andere Artikel in *Meystre* und *Walls* 1991), werden wir diese Konstruktion als Beispiel wählen, da ihr Hintergrund bereits in Abschn. 13.5.3 diskutiert wurde. Vergleichen wir den konventionellen Resonator, Abb. 14.23a, mit Spiegeln M_1

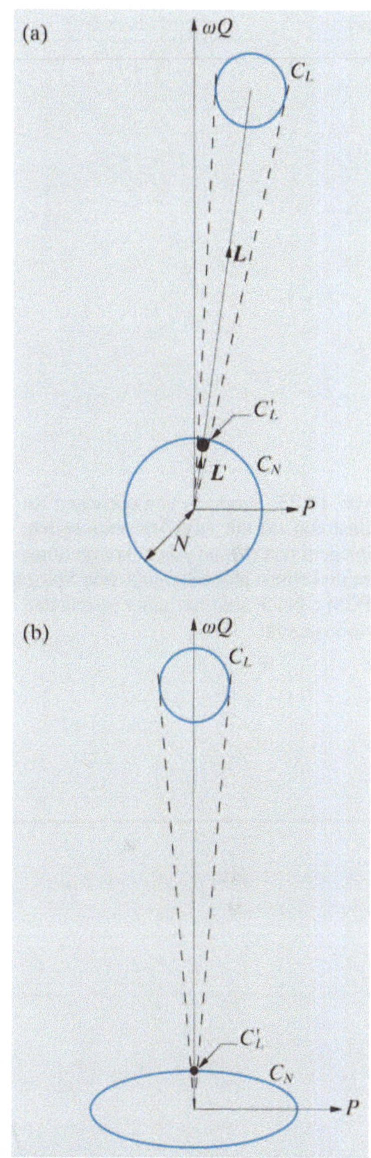

Abb. 14.22. $(P, \omega Q)$-Diagramm eines Michelson-Interferometers (a) mit normalen Vakuumfluktuationen; (b) mit komprimierten Vakuumfluktuationen

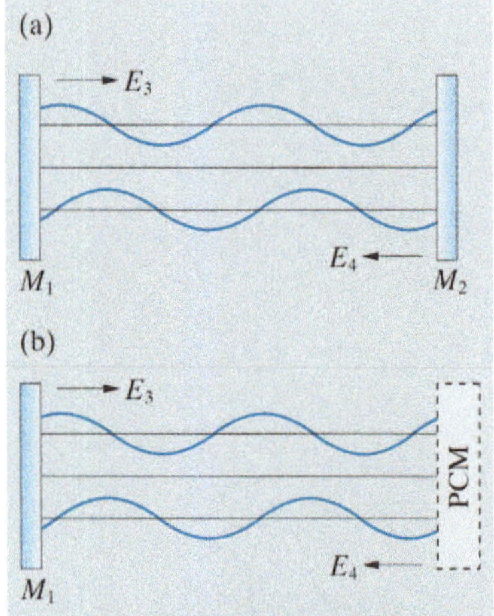

Abb. 14.23. Vergleich von optischen Resonatoren (a) mit zwei konventionellen Spiegeln und (b) mit einem konventionellen und einem phasenkonjugierten Spiegel (PCM); beide sind mit einer resonanten Mode gezeigt

und M_2 an den Stellen $x = 0$ und $x = h$ mit einem, bei dem M_2 durch einen phasenkonjugierten Spiegel ersetzt wurde (Abb. 14.23b). Die Welle, die M_1 verläßt, hat die Form einer ebenen Welle

$$E_3 = e_3 \cos(kx - \omega t + \phi_3)\,, \tag{14.47}$$

wobei $\phi_3 = 0$ der P-Phase entspricht und $\phi_3 = \pi/2$ der Q-Phase. Nach Reflexion am konventionellen Spiegel M_2 hat die Welle die Form

$$E_4 = e_4 \cos(-kx - \omega t + \phi_4)\,. \tag{14.48}$$

Für perfekte Reflektoren muß das totale Feld am Ort $x = h$ zu allen Zeiten t gleich null sein, und somit gilt $e_3 = -e_4$ und $\phi_4 = \phi_3 + 2kh$. Nach erneuter Reflexion von E_4 an M_1 wird die Welle zu

$$E_3' = e_3' \cos(kx - \omega t + \phi_4)\,, \tag{14.49}$$

was für eine resonante Mode mit (14.47) identisch sein muß, was heißt, daß $e_3' = e_3$ und $2kh = 2\pi m$, wobei m eine ganze Zahl ist. Durch die Resonanzbedingung wird kein bestimmter Wert für ϕ_3 vorgegeben, so daß die P- und Q-Moden gleiche Amplituden besitzen.

Ersetzen wir nun M_2 durch den phasenkonjugierten Spiegel. Aus Abschn. 13.5.3 wissen wir, daß $\phi_4 = -\phi_3$ gilt, so daß nach der zweiten Reflexion an M_1

$$E_3' = e_3' \cos(kx - \omega t + \phi_4) = e_3' \cos(kx - \omega t - \phi_3) \tag{14.50}$$

gilt. Um konstruktive Interferenz zur ursprünglichen Welle (14.47) zu erhalten, benötigen wir $\phi_3 = -\phi_3$, d. h. $\phi_3 = 0$. Dies bedeutet, daß die P-Komponente resonant ist und die Q-Komponente nicht. Es ist interessant festzustellen, daß der Hohlraum keine Resonanzbedingung für k besitzt.

Wo wurde nun die Symmetrie zwischen P und Q gebrochen? Die Beziehung $\phi_4 = -\phi_3$ wurde in Abschn. 13.5.3 dadurch erhalten, daß wir Pumpstrahlen der Form $\cos(\pm \boldsymbol{k} \cdot \boldsymbol{r} - \omega t)$ im phasenkonjugierten Spiegel verwendet haben. Hätten wir die Phase von einem davon um $\pi/2$ verschoben, hätten wir $\phi_4 = -\phi_3 + \pi$ erhalten, was uns zu einer resonanten Q-Phase anstatt der P-Phase geführt hätte. Die Phase des komprimierten Lichts wird daher durch die Phase der Pumpwellen bestimmt.

Es wurden noch weitere Methoden zur Komprimierung von Licht erfunden, insbesondere die Verwendung von parametrischer Verstärkung, aber diese Themen sind zu nahe an den Grenzen der aktuellen Forschung, um sie vernünftig in einem Lehrbuch diskutieren zu können. Der interessierte Leser wird in dem Kompendium von *Meystre* und *Walls* (1991) einen hervorragenden Startpunkt für ein vertieftes Studium der modernen Quantenoptik finden.

✖ Übungsaufgaben

$\lambda = 0,5\,\mu\text{m}$, soweit nichts anderes vermerkt ist.

14.1 Ein kubischer Strahlteiler, der jeweils 50% der auf seine Seitenflächen einfallenden Strahlung reflektiert und transmittiert, wird dazu verwendet, eine Referenzwelle $E_0 \cos \omega t$ mit einer signaltragenden Welle der Frequenz ω und unbekannter Phase und Amplitude zu mischen (siehe Abb. 14.24). Zeigen Sie, wie die Phase und die Amplitude des Signals durch die Messung des langfristigen Mittelwertes der beiden Ausgangssignale der Detektoren D_1 und D_2 bestimmt werden kann. Dieser Aufbau wird **optischer phasensensitiver Detektor** genannt.

14.2 Mehrere Moden eines Lasers, durch die kleine ganze Zahl n, die zwischen $+5$ und -5 liegen soll, gekennzeichnet, werden durch die Wellen

$$E_n = a \exp\left\{-\mathrm{i}\left[(\omega_0 + n\omega_1)t + \phi_n\right]\right\} \qquad (14.51)$$

beschrieben, wobei ω_1 der Frequenzabstand der Moden ist. Berechnen Sie die Superposition dieser Moden, um die Modenkopplung zu verdeutlichen, wenn (a) ϕ_n eine Variable mit zufälligem Wert ist und (b) wenn alle $\phi_n = 0$ sind. (Dies kann bequem mit Hilfe eines Computers ausgeführt werden.)

14.3 Ein Atomkern besitzt eine annähernd gleichförmige Ladungsverteilung innerhalb einer Kugel mit einem Radius in einer Größenordnung von 10^{-14} m. Er führt einen Übergang aus, bei dem ein Gammastrahl mit einer Energie von etwa $1\,000\,\text{keV}$ ausgesendet wird. Erklären Sie, warum die Auswahlregel $\Delta l = \pm 1$ bei diesem Übergang verletzt werden kann.

14.4 Ein Atom besitzt einen Übergang von seinem ersten angeregten Zustand zum Grundzustand mit einer Wellenlänge λ. Es befindet sich in einem würfelförmigen, metallischen Hohlraum der Seitenlänge $l \approx \lambda/2$. Welche Abhängigkeit der Lebensdauer des angeregten Zustands vom **exakten** Wert von l im Bereich $0 < l < 3\lambda/2$ würden Sie erwarten?

14.5 Ein Material besitzt sechs Energiezustände A bis F mit Energien von $2\,\text{eV}$; $1,9\,\text{eV}$; $1,7\,\text{eV}$; $1,6\,\text{eV}$; $1,1\,\text{eV}$ und $0,4\,\text{eV}$ oberhalb des Grundzustands G. Die Zeitkonstanten für die verschiedenen möglichen Übergänge sind in Einheiten von Nanosekunden in Abb. 14.25 gezeigt. Konstruieren Sie verschiedene Laser, die mit diesem Material arbeiten, und nennen Sie die Pump- und Ausgangswellenlängen für jeden davon.

14.6 Eine schwache Quelle emittiert N Photonen pro Sekunde. Das Licht trifft auf einen idealen Strahlteiler, so daß die Hälfte davon jeweils auf einen von zwei schnellen, idealen ($\eta = 1$) Detektoren trifft. Die Korrelation des Ausgangssignals der Detektoren wird aufgezeichnet, wobei eine positive Korrelation bedeutet, daß beide Detektoren ein Elektron innerhalb einer bestimmten Periode $T \ll N^{-1}$ aussenden. Analysieren Sie dieses Experiment klassisch (d. h. jeder Detektor sieht eine Welle der halben Intensität) und vom quantenmechanischen Gesichtspunkt aus (ein einfallendes Photon trifft entweder den einen **oder** den anderen Detektor), wobei die Quelle eine Poisson-Statistik aufweisen soll. Zeigen Sie, daß das Resultat in beiden Fällen gleich ist, daß dies aber nicht der Fall ist, wenn die Quelle nicht der Poisson-Statistik folgt.

14.7 Welche Kohärenzfunktion gehört zu dem in Abb. 14.16 gezeigten Laserspektrum? (Vergleichen Sie ihre Antwort mit Abb. 14.19.)

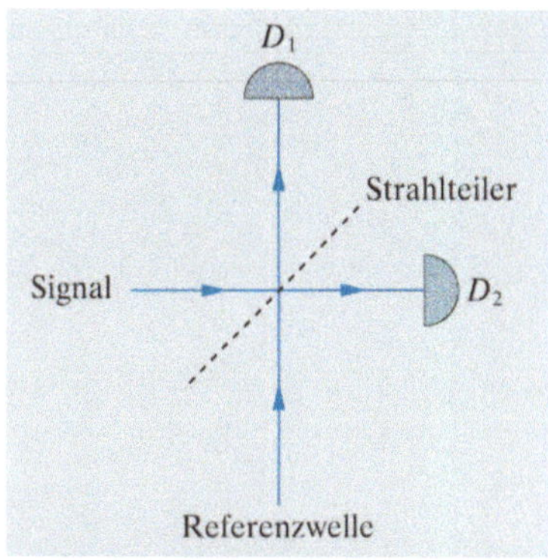

Abb. 14.24. Phasenempfindlicher optischer Detektor

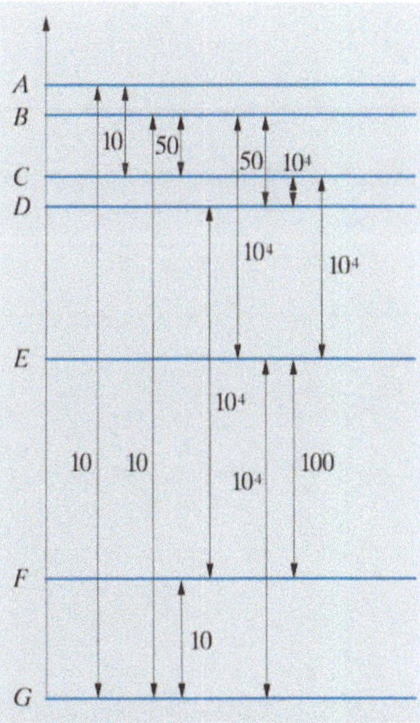

Abb. 14.25. Niveauschema eines Lasermediums. Die Pfeile geben die Übergangszeiten in Nanosekunden an

Lösungen der
Übungs-
aufgaben

Lösungen der Übungsaufgaben

Allgemeine Bemerkungen

Dieses Kapitel enthält die Lösungen zu den meisten Übungsaufgaben aus den vorangegangenen Kapiteln. Einige der Aufgaben stellten sich als schwieriger heraus, als wir zunächst angenommen hatten, und die Antworten sind dementsprechend umfangreich. Wir haben versucht, die den Antworten zugrundeliegenden physikalischen Konzepte zu betonen, möglicherweise auf Kosten mathematischer Genauigkeit. Wir führen keine Details der verwendeten Computermethoden bei numerischen Lösungen an; einige davon wurden mit Hilfe von „Mathematica" berechnet. Wir möchten betonen, daß die Antworten zu einigen Problemen nicht endgültig sind und wir daher Kommentare von den Lesern willkommen heißen.

In den wenigen Fällen, in denen die Lösung der Aufgabe in der einfachen Anwendung von Formeln aus dem Text besteht, haben wir nur die Antwort selbst aufgeführt. Bei den Aufgaben, die mit Computerprogrammen gelöst werden, haben wir keine Beispielprogramme aufgelistet; sie erscheinen unter Umständen in einer späteren Ausgabe dieses Buches.

Denken Sie daran, daß $\lambda = 0{,}5\,\mu$m überall dort gilt, wo nichts anderes aufgeführt ist.

Kapitel 2

2.1 Die Dispersionsrelation ist periodisch, da die Massen diskret sind und die Auslenkungen nur an den immer um a getrennten Gitterpunkten abgetastet werden. Jede kontinuierliche Welle, die den gleichen Satz an Funktionswerten an diesen Stellen besitzt, wird durch die gleichen Auslenkungen dargestellt und hat daher die gleiche Frequenz. Die Wellen, die zu den Wellenzahlen k und $k + 2\pi m/a$ gehören – wobei die Welle an den Stellen $x = na$ abgetastet wird – sind durch $\exp(\mathrm{i}kna)$ und $\exp[\mathrm{i}(k + 2\pi m/a)na]$ gegeben und offensichtlich identisch, da sowohl m als auch n ganze Zahlen sind.

Geht $\omega \to 0$, gilt $\omega/k = \partial\omega/\partial k \to (Ka^2/m)^{1/2}$.

Ist $\omega = 2(K/m)^{1/2}$, so gilt $k = \pi/a$, und ω erreicht seinen Maximalwert. Da die Wellenlänge $2a$ beträgt, bewegen sich benachbarte Massen gegenphasig, und die Knotenpunkte auf der Hälfte der Strecke dazwischen bleiben stationär. Daher ist die Gruppengeschwindigkeit null.

2.2 Verwenden wir die Substitutionen aus Abschn. 2.3.1, finden wir $\omega \pm Bk^2$, wofür es vier Lösungen gibt:

$$k = \pm\sqrt{B\omega}\,; \qquad k = \pm\mathrm{i}\sqrt{B\omega}\,. \tag{15.1}$$

Diese stellen zwei Wellen dar, die in beide Richtungen laufen, von denen eine in x evaneszent ist. Jede vollständige Lösung eines Problems von Biegewellen des Stabs muß daher eine Superposition all dieser vier Wellen darstellen. Es gibt also vier Randbedingungen, d. h. Werte für

$y(0)$, $y(a)$, $dy/dx(0)$ und $dy/dx(a)$ für einen an beiden Enden eingespannten Stab.

2.3 Einfaches Einsetzen von $v = \omega/k$ löst dieses Problem.

2.4 Ein Strahl verläßt die Achse am Punkt O mit $z = u < 0$ und wird an der Stelle I mit $z = v$ auf sie zurückgebrochen. Der Strahl durchquert die Linse im Abstand r von der optischen Achse, und wir nehmen an, daß die Linse dünn genug ist, daß $\mu(r)$ entlang des Wegs des Strahls als konstant angenommen werden kann. Wir wählen $s = -u > 0$, um Schwierigkeiten mit negativen Werten von u zu vermeiden. Der optische Weg ist dann

$$\overline{OI} = (s^2 + r^2)^{1/2} + (v^2 + r^2)^{1/2} + d\mu(r)$$
$$\approx s + v + \tfrac{1}{2}r^2(s^{-1} + v^{-1}) + d(\mu_2 - \alpha r^2). \tag{15.2}$$

Dies ist unabhängig von r (d. h. abbildend), wenn $(s^{-1} + v^{-1}) = (-u^{-1} + -v^{-1}) = 2d\alpha$ ist, was eine dünne Linse mit der Brennweite $(2d\alpha)^{-1}$ definiert.

2.5 Man beachte den grundlegenden Unterschied zwischen den beiden Brennpunkten einer Linse und den Brennpunkten eines Kegelschnitts: Letztere sind Abbildungen voneinander, erstere nicht.

Eine verbreitete Methode, Ellipsen zu zeichnen, besteht darin, in F_1 und F_2 einen Faden mit einer Länge $> F_1 F_2$ zu befestigen und den Faden mit einem Bleistift zu spannen. Bewegt man den Bleistift entlang des Fadens, wird eine Ellipse ausgezogen (siehe Abb. 15.1a). Dies bedeutet, daß der (optische) Pfad von F_1 nach F_2 konstant ist und F_1 daher ein Bild von F_2 ist. Analytisch betrachtet, nimmt man die Formel für eine Ellipse

$$\frac{x^2}{a^2} + \frac{y^2}{b^2} = 1, \tag{15.3}$$

die Brennpunkte an den Stellen $(\pm(a^2 - b^2)^{1/2}, 0)$ besitzt und berechnet die Summe der Abstände von den Brennpunkten zu einem beliebigen Punkt auf der Ellipse.

Eine ähnliche Fadenkonstruktion ergibt eine Hyperbel (Abb. 15.1b). Für die Hyperbel wird das Fermatsche Prinzip, wie in der unteren Hälfte der Abb. 15.1b gezeigt, verwendet: Wir definieren für ein Strahlenbündel, das in F_2 konvergiert, eine sphärische Wellenfront in einer Entfernung r von F_2. Der optische Weg von der Wellenfront zu F_1 ist $r - d + a = r+$const, was eine Konstante darstellt. Daher konvergiert das reflektierte Strahlenbündel in F_1.

Das Cassegrain-Teleskop sollte idealerweise aus einem parabolischen und einem hyperbolischen Spiegel konstruiert werden und stellt das Spiegeläquivalent zu einem Teleobjektiv dar. Die beiden Spiegel haben einen gemeinsamen Brennpunkt, wie in Abb. 15.2a gezeigt. Das Schmidt-Spiegel-Teleskop verwendet einen parabolischen und einen elliptischen Spiegel, wie in Abb. 15.2b gezeigt.

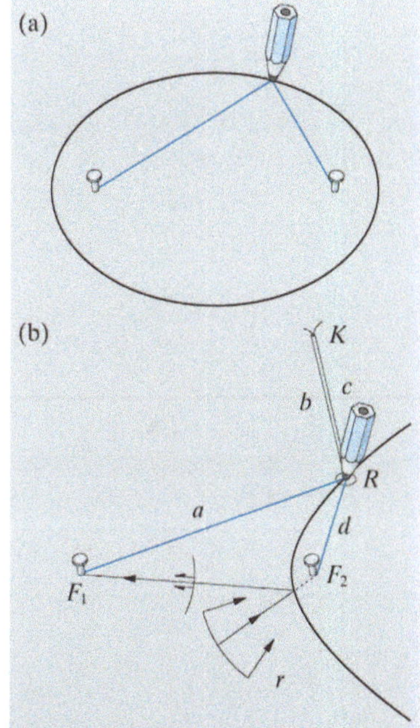

Abb. 15.1. Konstruktion einer (a) Ellipse und (b) Hyperbel mit Hilfe eines Bindfadens. Die Hyperbel wird wie folgt konstruiert: Ein Faden der Länge $a+b+c+d$ wird an den Punkten F_1 und F_2 befestigt. Ein Knoten K wird so gemacht, daß $a+b = c+d+$const. Ein kleiner Ring R gleitet den Faden entlang, so daß $b = c$. Dann gilt $F_1 R - F_2 R = a - d = $const, d. h. die Ortskurve des Rings beschreibt eine Hyperbel. Die Strahlen, die in F_1 und F_2 zusammenlaufen, werden im Text erwähnt

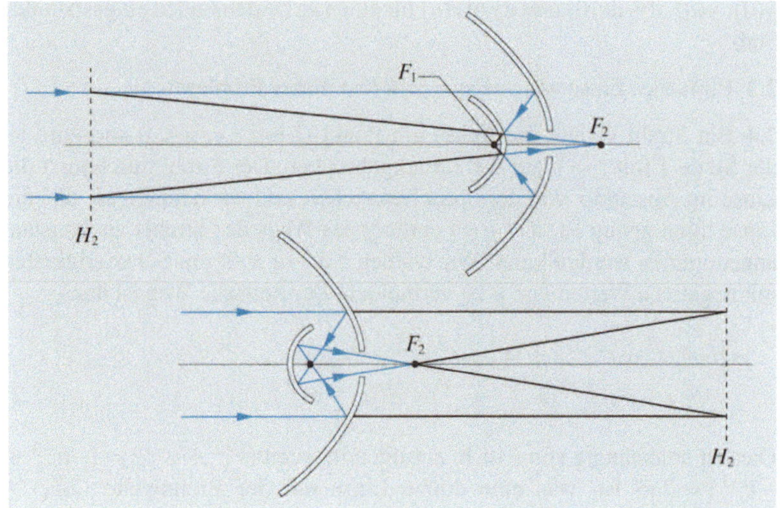

Abb. 15.2. Cassegrain und Gregor-Teleskop. Für beide Teleskope ist die Hauptebene H_2 eingezeichnet

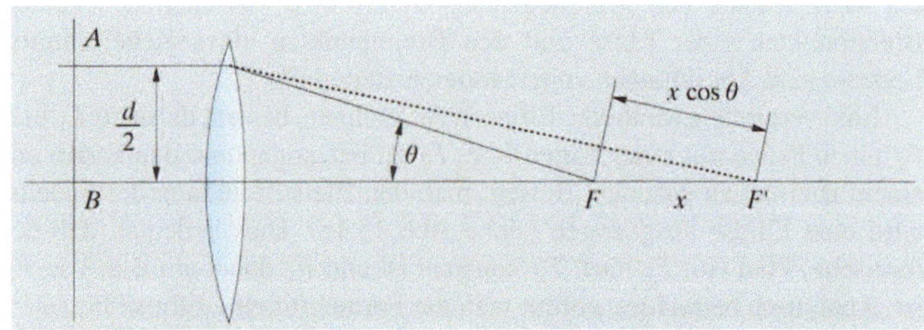

Abb. 15.3. Fermatsches Prinzip, angewendet zur Bestimmung der Fokustiefe

2.6 Abbildung 15.3 zeigt einen randnahen Strahl, der gegen den Brennpunkt F konvergiert, und den benachbarten Achsenpunkt F', wobei $\overline{FF'} = x$ ist. Am Fokuspunkt erhalten wir aus dem Fermatschen Prinzip $\overline{AF} = \overline{BF}$. Dann gilt für kleine Winkel $\overline{AF'} - \overline{BF'} = x - x\cos\theta$, wobei $\theta \approx d/2$ gilt. Entwickelt man den Ausdruck, erhält man $\overline{AF'} - \overline{BF'} = x\theta^2/2 = xd^2/8f^2$. Das Bild wird immer noch scharf erscheinen, wenn diese Größe kleiner als etwa $\lambda/4$ ist, so daß die Tiefenschärfe etwa $2\lambda f^2/d^2 = 2\lambda \cdot (\text{Blendenzahl})^2$ beträgt. Dies ist eine nützliche Daumenregel.

2.7 Die abgestrahlte Leistung entspricht der Intensität, multipliziert mit der Fläche der Wellenfront beim Radius r, also $4\pi r^2$. Damit dies einem konstanten Wert entspricht (keine Absorption), muß die Intensität beim Radius r proportional zu r^{-2} sein. Die Amplitude, die Quadratwurzel aus der Intensität, muß daher wie r^{-1} gehen. Analog dazu gilt bei einer Linienquelle, daß die Fläche $2\pi r$ pro Längeneinheit beträgt und die Amplitude proportional zu $r^{-1/2}$ ist.

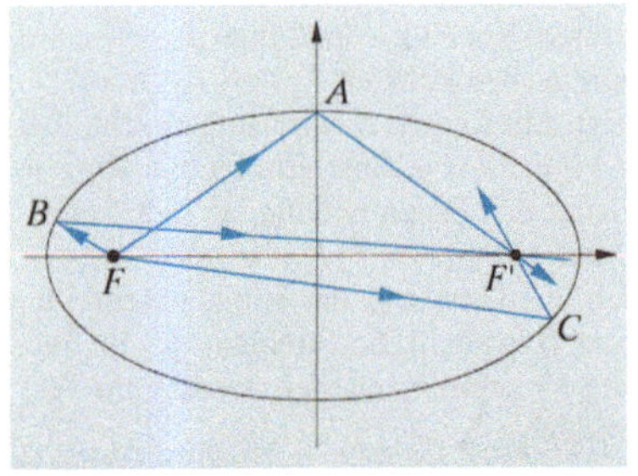

Abb. 15.4. Bildentstehung in einem Rotationsellipsoid

Kapitel 3

3.1 Tatsächlich unterliegt das Bild, das von einem endlich großen Objekt gebildet wird, so starken Aberrationen, daß seine Vergrößerung nicht definiert werden kann. Wenn wir das Problem als symmetrisch betrachten (Strahlen gehen durch eine Region um den Punkt A in Abb. 15.4), dann ist die Vergrößerung klarerweise eins. Betrachten wir die Region um den Punkt B als annähernd sphärischen Spiegel, dann ist die Vergrößerung $(1+e)/(1-e)$, wobei $e \equiv (a^2 - b^2)^{1/2}$ die Exzentrizität des Ellipsoiden ist; analog dazu ergibt der Bereich um C die Vergrößerung $(1-e)/(1+e)$.

3.2 Um den Strahlengang zu zeichnen, stellen wir das Okular durch eine Einzellinse dar. Die volle NA des Objektivs wird nur dann ausgenutzt, wenn die Hilfslinse einen Lichtkegel erzeugt, dessen Öffnungswinkel mindestens so groß ist, daß er die Objektivlinse abdeckt. Dies ist für Objektive mit hoher NA natürlich schwierig zu erreichen, weshalb die Hilfslinse leicht zur Aperturblende des Systems wird und die effektive NA reduziert. Ihr Bild sowohl im Objektiv als auch im Okular ist die Austrittspupille. Da die Hilfslinse außerhalb des Fokus des Objektivs liegt, wird ein reelles Bild davon zwischen Okular und Objektiv erzeugt, was dazu führt, daß die Austrittspupille weiter vom Okular entfernt ist als im ursprünglichen Mikroskop. Das Gesichtsfeld wird durch das Okular beschränkt und wird gemäß der Gaußschen Optik nicht durch die Hilfslinse beeinflußt. In der Praxis ist es allerdings schwierig, eine Linse mit langer Brennweite zu finden, deren Qualität so hoch ist, daß sie nicht die Abbildungseigenschaften eines guten Mikroskopobjektivs für achsenferne Punkte verschlechtert. Daher verringert im allgemeinen eine Hilfslinse sowohl die Auflösung als auch das verwendbare Gesichtsfeld eines Mikroskops.

3.3 Wir vernachlässigen die Spiegel an den beiden Enden (Abb. 15.5). Alles Licht, das in den Tubus einfällt, muß ihn durch das andere Ende verlassen, so daß die beiden Enden die Ein- und Austrittspupillen darstellen. Am Eingang muß sich eine Linse befinden, um Licht bis zu einem Winkel von 30° einfallen zu lassen. Ihre Maximalbrennweite, die wir $2f$ nennen wollen, wird dadurch bestimmt, daß die Strahlen aus dem Randbereich dieses Öffnungskegels noch innerhalb des Tubus fokussiert werden müssen; daraus folgt $2f \approx 8\,\mathrm{cm}$. Die Brennebene ist der Ort für die Feldlinse der Brennweite f, die eine Zwischenpupille mit einem Durchmesser gleich der Eintrittspupille erzeugt. In die Ebene dieser Pupille setzen wir eine Hilfslinse, ebenfalls mit Brennweite f, ein und wiederholen den ganzen Prozeß. Für die angegebenen Abmessungen und $2f = 8\,\mathrm{cm}$ ergibt sich eine Gesamtzahl an Linsen von 26; die Abbildung zeigt das Prinzip für ein kürzeres Periskop.

3.4 Die axiale Blende wirkt als Aperturblende. Die Eintrittspupille befindet sich 45 mm rechts von L_1 und die Austrittspupille 60 mm links von L_2. Sie stellen beide virtuelle Bilder der Blende dar.

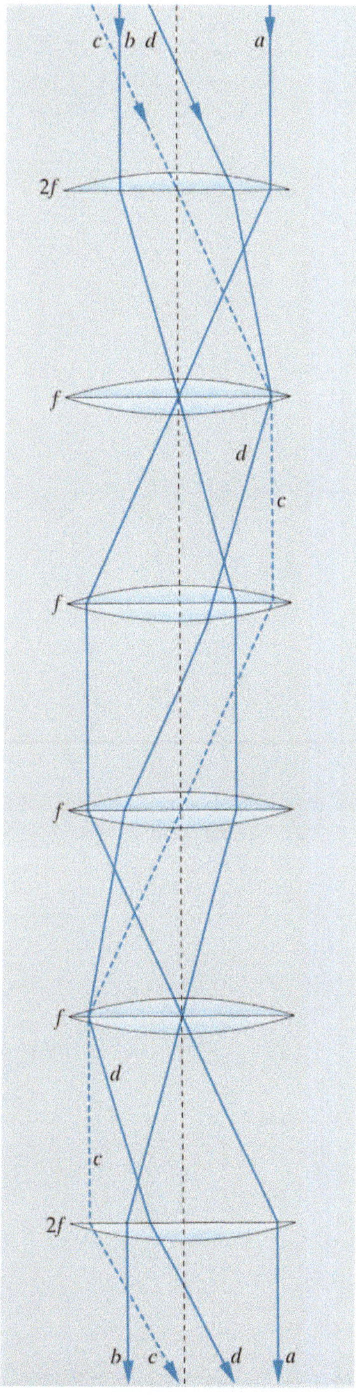

Abb. 15.5. Periskop

3.5 In der Gaußschen Optik wird die Verschiebung $x = (1 - \mu^{-1})d$. Bei großen Blenden tritt dabei erhebliche sphärische Aberration auf. Wie in Aufgabe 2.6 ist auch hier die Tiefenschärfe durch $\Delta x = 2\lambda f^2/D^2$ gegeben, wobei D der Linsendurchmesser ist. Mit Hilfe dieser Formel kann die Genauigkeit, mit der μ zu bestimmen ist, abgeleitet werden.

3.6 In Kap. 3 haben wir betont, wie bequem es ist, den Vektor $(y, \mu\theta)$ zur Beschreibung des Achsenabstands und der Richtung eines Lichtstrahls zu verwenden. Dieses Problem stellt ein Gegenbeispiel dar, da μ eine Funktion von y ist und daher für eine gegebene Ebene z nicht eindeutig definiert ist. Wir können also diese Konvention hier nicht verwenden und müssen den Strahl durch (y, θ) darstellen.

Wir unterteilen den Stab in Scheiben der Dicke δz in z-Richtung. Für eine solche Scheibe legt der Strahl, der im Achsenabstand y und unter dem Winkel θ eintritt, in der paraxialen Näherung den optischen Weg $\bar{s} = \delta z\, \mu(y)/\cos\theta \approx \delta z\, \mu(y)$ zurück. Ein Strahl im Abstand $y + \delta y$ legt den Weg $\bar{s} + \delta\bar{s} = \delta z\, \mu(y + \delta y)$ zurück. Die Veränderung im Winkel der Wellenfront ist dann

$$\frac{\delta\bar{s}}{\delta y} = \delta z \frac{\mathrm{d}\mu}{\mathrm{d}y} = -2\alpha y \delta z \,. \tag{15.4}$$

Wir haben also für die Scheibe

$$\delta\theta = -2\alpha y \delta z \,; \tag{15.5}$$
$$\delta y = \theta \delta z \,, \tag{15.6}$$

was für das Infinitesimallimit die Differentialgleichung

$$\frac{\mathrm{d}^2 y}{\mathrm{d}z^2} + 2\alpha y = 0 \tag{15.7}$$

ergibt, die die Lösungen

$$y = y_0 \cos\left[(2\alpha)^{1/2}z + \Delta\right]; \tag{15.8}$$
$$\theta = \frac{\mathrm{d}y}{\mathrm{d}z} = -y_0(2\alpha)^{1/2}\sin\left[(2\alpha)^{1/2} + \Delta\right] \tag{15.9}$$

besitzt. Wir drücken nun $\cos\Delta$ und $\sin\Delta$ durch $y(0)$ und $\theta(0)$ aus und erhalten aus (15.9) und (15.10) die Matrix $\mathsf{M_G}$ für die Länge l, wobei wir die Brechung am Eintritts- und Austrittsende vernachlässigt haben:

$$\mathsf{M_G} = \begin{pmatrix} \cos\left[(2\alpha)^{1/2}l\right] & (2\alpha)^{-1/2}\sin\left[(2\alpha)^{1/2}l\right] \\ -(2\alpha)^{1/2}\sin\left[(2\alpha)^{1/2}l\right] & \cos\left[(2\alpha)^{1/2}l\right] \end{pmatrix} \,. \tag{15.10}$$

Im Limit $l \to 0$ nähert sich diese Matrix der für eine dünne Linse mit $1/f = 2\alpha l$, wie in Aufgabe 2.4 gesehen, an. Trotzdem verstehen wir dieses Resultat nicht völlig, da in Aufgabe 2.4 die Brechung am Eintritts- und Austrittsende betrachtet wurde, während sie in dieser Aufgabe explizit vernachlässigt wurde.

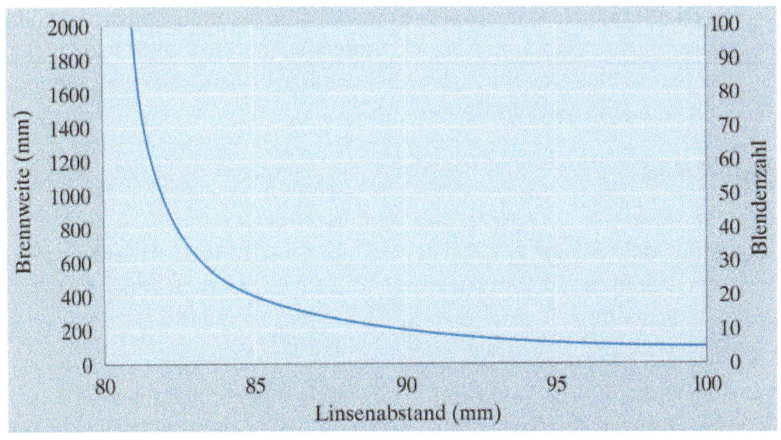

Abb. 15.6. Brennweite und Blendenzahl eines Zoom-Objektivs als Funktion des Linsenabstands

3.7 Ja, da die Hauptebenen übereinstimmen. Dies ist allerdings hier eher zufällig, da dieser Zusammenhang natürlich für eine beliebige dicke Linse nicht gilt.

3.8 In Abb. 15.6 ist die Brennweite aufgezeichnet. Wir nehmen an, die positive Linse stellt die Aperturblende dar und ihr Durchmesser beträgt 20 mm. Die Blendenzahl ist umgekehrt proportional zum Winkel am Brennpunkt, der von den Kantenstrahlen, die aus dem Unendlichen kommen und am Rand der Blende eintreten, gebildet wird. Sie beträgt hier daher $f/20$, was auf der rechten Ordinate aufgetragen ist.

3.9 (a) Siehe Abb. 15.7. Ein Strahl, der parallel zur optischen Achse einfällt, wird zu ihr hin gebrochen und wird die zweite Oberfläche näher zur Achse schneiden. Er wird daher in einem kleineren Winkel zurückgebeugt. Somit hat die Linse eine positive Brechkraft. (Man beachte, daß das **Gegenteil** gilt, wenn die Oberflächen konzentrisch sind!)

(b) Die Brennweite ist 40 mm, und H_1 und H_2 befinden sich jeweils 200 mm links der beiden Vertizes.

3.10 Da es hierfür natürlich keine Standardlösung gibt, geben wir kein Beispielprogramm an.

3.11 Jeder Lichtstrahl, der das System durchläuft, ist umkehrbar. Auf der einen Seite müssen sich die Verzerrungen verdoppeln, wenn wir vom Bild zurück durch die Linse zum Objekt laufen. Auf der anderen Seite muß die Strahlumkehrung die Verzerrung aufheben. Beides gilt nur, wenn die Verzerrungen identisch null sind.

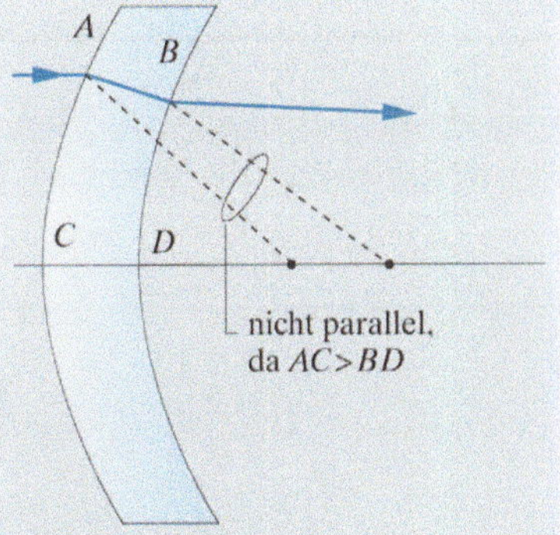

Abb. 15.7. Fokussierung in einem schalenförmigen Stück Glas

3.12 Eine Linse mit $r_1 = -0{,}5$, $t = 1$, $r_2 = -1$ besitzt $f = \infty$, und der aplanatische Punkt der zweiten Oberfläche liegt im Zentrum der ersten. Die Linse hat ihre Hauptebenen im Unendlichen. Die Vergrößerung $m = (v - v_p)/(u - u_p)$ kann aus diesem Grund endlich groß sein. Um Polstellen zu vermeiden, betrachten wir den Fall, bei dem r_2 durch $-0{,}999$ in obiger Linse ersetzt wird. Dann erhalten wir $f = 499{,}5$, und H_1 und H_2 sind bei $+250$ und $+500$ relativ zu ihren Vertizes. Da sich das Objekt bei $-0{,}5$ und das Bild bei -3 befindet, ist die Vergrößerung ungefähr 2. Tatsächlich ist die

Bilderzeugung durch ein afokales System recht verbreitet; man betrachte z. B. ein einfaches Teleskop, Abb. 3.7a, mit dem man ein Objekt in endlicher Distanz beobachtet. Das Bild, das reell oder virtuell sein kann, befindet sich dann ebenfalls in endlicher Entfernung.

Kapitel 4

4.1 Wir lösen dies mit Hilfe von partieller Integration. Es ist natürlich notwendig, daß sowohl $\int_0^\infty f(x')\mathrm{d}x'$ als auch $\mathrm{d}f/\mathrm{d}x$ Fouriertransformierte besitzen, was unter anderem erfordert, daß die zu transformierende Funktion gegen null geht für $x \to \pm\infty$, d. h. $\int_0^{\pm\infty} f(x')\mathrm{d}x' \to 0$ und $\mathrm{d}f/\mathrm{d}x|_{\pm\infty} \to 0$. Die Transformierten sind dann $-\mathrm{i}F(k)/k$ und $\mathrm{i}kF(k)$.

4.2 Gleichung (4.90) kann dadurch bewiesen werden, daß man die Sinus- und Kosinusterme als Kombinationen von $\exp(\pm\mathrm{i}kx)$ ausdrückt und die Tatsache ausnutzt, daß für reelles $v(x)$ gilt: $V(k) = V^*(-k)$. Die Transformierte (4.90) kann dann geschrieben werden als

$$H(k) = \left[V(k) - \mathrm{i}V(-k)\right]/(1 - \mathrm{i}) \, . \tag{15.11}$$

Der Faktor $(1 - \mathrm{i})$ ist dabei einfach eine Konstante. Die optische Methode von *Villasenor* und *Bracewell* verwendet ein Michelson-Interferometer, um das Fraunhofersche Beugungsmuster von $v(x, y)$ mit seinem gedrehten Bild $v(-x, -y)$ mit einstellbaren Phasenverschiebungen zu überlagern. Setzt man diese Phasendifferenz auf $3\pi/2$, erhält man einen Faktor $-\mathrm{i}$. Verschiedene Alternativen können dafür erdacht werden.

4.3 Die Funktion $f(t)$ stellt das Produkt $\left[\sum \delta(t - nt_0)\right] \exp(-\alpha t/t_0)$ dar. Dann ist ihre Fouriertransformierte gegeben durch

$$F(\omega) = \sum_{m=-\infty}^{\infty} \delta(\omega - 2\pi m/t_0) \otimes \frac{1}{\omega + \mathrm{i}\alpha/t_0} \, . \tag{15.12}$$

Die Intensität ist eine periodische Reihe von Lorentz-Funktionen (siehe Abschn. 9.5). Diese Analyse beschreibt ein Fabry-Perot-Interferometer, wenn wir einfallendes polychromatisches Licht als Zufallssequenz von Deltafunktionen (Abschn. 11.2.3) interpretieren. Aufgrund von Mehrfachreflexionen erhalten wir am Ausgang des Instruments für jede dieser Deltafunktionen eine Reihe von abnehmenden Pulsen mit zunehmenden, durch (4.91) beschriebenen Zeitabständen. Diese transformieren sich zu der Anordnung von Lorentz-Funktionen (15.12), die das vom Interferometer übertragene Spektrum darstellen.

4.4 Die Fourierkoeffizienten können mit Hilfe von (4.17) berechnet werden: $F_0 = \pi/2$, $F_{\pm 1} = 2/\pi$, $F_{\pm 2} = 0$, $F_{\pm 3} = 2/(9\pi)\ldots$; allgemein $F_0 = \pi/2$, $F_{\mathrm{gerades\, n}} = 0$ und $F_{\mathrm{ungerades\, n}} = 2/(n^2\pi)$. Dies sind die Quadrate der Koeffizienten einer Rechteckwelle mit der Periode 2π, mit einem minimalen Wert 0 und maximalen Funktionswert von $(2\pi)^{1/2}$ (vgl. Abschn. 4.3.2). Die Dreieckswelle stellt tatsächlich die Autokorrelation dieser Rechteckwelle dar, wenn die Autokorrelation hier definiert wird als $h_{\mathrm{AC}}(x) = 1/(2x) \int_{-\pi}^{+\pi} f(x') f(x' + x)\,\mathrm{d}x'$. Man muß die Autokorrelation hier so definieren, da die Funktion periodisch ist. Die übliche Definition geht davon aus, daß die Funktion gegen null geht für $x \to \pm\infty$.

4.5 Stellen wir die Welle als Faltung einer periodischen Anordnung von Deltafunktionen mit einem Rechteckpuls dar. Die Transformierte des Pulses ist $c\,\mathrm{sinc}(kc/2)$. Die Transformierte der Deltafunktionen tastet diese Funktion an den Stellen $k = 2\pi m/b$ ab (m ist dabei eine ganze Zahl). Geht $c/b \to 1$, sind die Abtastpunkte $k = 2\pi m/c$, wobei $\mathrm{sinc}(kc/2) = 0$ ist. Es bleibt daher nur die Deltafunktion an der Stelle $m = 0$ übrig, was konsistent mit der Aussage ist, daß die Welle eine Konstante mit Wert 1 wird.

4.6 Die Transformierte von $\mathrm{sinc}(ax/2)$ ist ein Rechteckpuls. Wird ein solcher mit sich selbst multipliziert, bleibt seine Form erhalten, und nur der Funktionswert wird mit einer Konstanten multipliziert.

4.7 Werten wir diese Funktionen Term um Term aus, stellen wir fest, daß die erste eine Phasenrampe $f_3(x)$ im Bereich $-\infty$ bis ∞ darstellt, die zweite dagegen eine sich periodisch wiederholende Phasenrampe im Intervall $-b/2 < x < b/2$ ist – Sägezahn-Funktion (siehe Abb. 15.8). Beide Funktionen unterscheiden sich also voneinander (siehe Abb. 15.8). Ihre

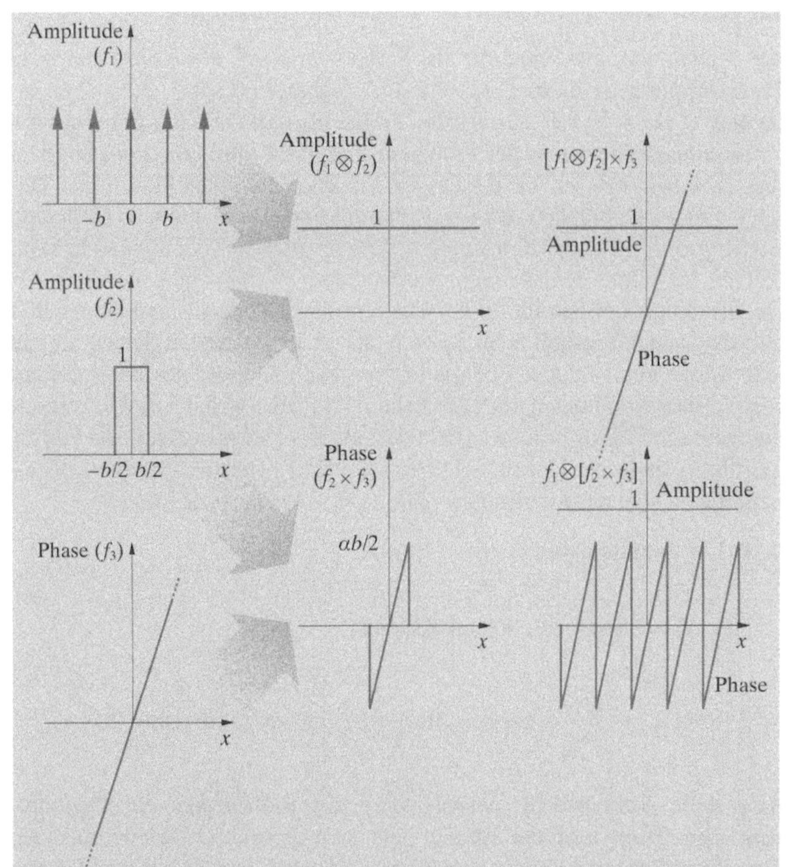

Abb. 15.8. Funktionen und Lösung zur Aufgabe 4.7

Abb. 15.9. Amplituden von Fouriertransformierten periodischer Strukturen mit Lücken

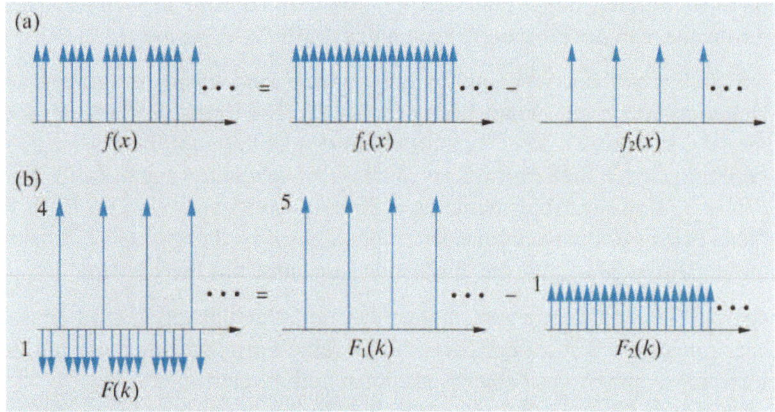

Transformierten sind zum einen eine einzelne Deltafunktion an der Stelle $k = a$ und zum anderen $\mathrm{sinc}[(k - \alpha)b/2] \sum_{m=-\infty}^{\infty} \delta(k - 2\pi m/b)$. Nur im Fall von $a = 2\pi m/b$ sind beide Transformierten identisch. In der Beugungstheorie entspricht der erste Fall einem Prisma und der zweite einem Blazing-Gitter.

4.8 Die Lösung ist bei *Collin* (1991) ausführlich diskutiert.

4.9 Stellen wir die Funktion als $\sum \delta(x - nb) - \sum \delta(x - 5nb)$ dar. Die Transformierte ist dann $F_1(k) - F_2(k)$, wobei $F_1(k) \equiv \sum \delta(k - 2\pi m/b)$ ist und $F_2(k) \equiv \sum \delta(k - 2\pi m/5b)$. F_1 hat also Spitzen, die fünfmal weiter auseinanderliegen als bei F_2. Diese sind dafür fünfmal schwächer. Um dies zu sehen, müssen wir die Originalfunktion auf einen bestimmten Bereich von x beschränken und den Deltafunktionen eine endliche Höhe und Breite zuordnen. Unter Benutzung des Parsevalschen Theorems sieht man, daß das Verhältnis der Energien zwischen dem zweiten und ersten Satz von Deltafunktion 1/5 beträgt. In der Transformierten des zweiten Satzes sind allerdings auch fünfmal mehr Spitzen, als in der des ersten Satzes, so daß jede Spitze nur 1/25 der Energie im Vergleich zu einer des ersten Satzes besitzt. Ihre Amplituden betragen daher 1/5 (siehe Abb. 15.9). Die zusammengesetzte Transformierte besteht deshalb aus großen Spitzen, die von F_1 herrühren, zwischen denen sich vier schwache „Geister"-Spitzen von F_2 befinden, wobei das Intensitätsverhältnis $(5 - 1)^2 = 16$ zu 1 beträgt.

4.10 Die Funktion wird durch

$$f(x, y) = \left[\text{diagonale Rechteckblende} \right.$$

$$\left. \times \sum_{n_1, n_2} \delta(x - n_1 b)\delta(x - n_2 b) \right] \otimes \mathrm{rect}(x/b)\,\mathrm{rect}(y/b) \tag{15.13}$$

dargestellt. Man beachte insbesondere die Reihenfolge der Operationen. Die Transformierte besteht aus sich periodisch wiederholenden Transformierten der diagonalen Blende, die mit einer Einhüllenden der

Form $\mathrm{sinc}(k_x b/2)\,\mathrm{sinc}(k_y b/2)$ multipliziert werden. Die Mittelpunkte der Transformierten der Diagonalblende fallen mit den Nullstellen der sinc-Funktionen zusammen, außer an den Punkten $(k_x, k_y) = 0$ (siehe Abb. 15.10). Mit zunehmendem N wird b kleiner. Für kleines b liegt der größte Teil der Diagonalentransformierten in der Nähe einer solchen Nullstelle und wird bis auf die mittlere unsichtbar. Für großes b sind dagegen die meisten Teile der Transformierten sichtbar und zusammen füllen sie den Bereich der sinc-Funktion aus.

4.11 Die Transformierte, die während des Zeitintervalls δt gemessen wird, ist die von $f(t)\,\mathrm{rect}(t/\delta t)$. Sie ist $F(\omega) \otimes \mathrm{sinc}(\omega\delta t/2)$. Die Faltung verschmiert die Transformierte von $f(t)$ (mindestens) auf den Bereich des zentralen Maximums der sinc-Funktion, das die Breite $\delta\omega = 2\pi/\delta t$ hat. Daraus folgt $\delta\omega \cdot \delta t \approx 2\pi$.

4.12 Man kann das Problem dadurch behandeln, daß man die Autokorrelationsfunktion berechnet, was für Wahrscheinlichkeitsaufgaben immer ein guter Ansatz ist. Die Funktion h_{AC} wird dabei wie folgt gefunden. Man betrachte N Perioden ($N \to \infty$). Am Punkt $x = 0$ gibt es eine Deltafunktion der Höhe N, die den Überlapp jeder Deltafunktion mit sich selbst bei einer Null-Verschiebung des Ursprungs darstellt. Es gibt keinen weiteren Überlapp bis zur Verschiebung $x = b - h$, die in Abb. 15.11a beispielsweise an den Stellen $2b + h$ und $3b$ erzeugt werden. Sie treten mit einer statistischen Wahrscheinlichkeit bei einem Viertel der Fälle auf, was zu einer Deltafunktion der Höhe $N/4$ führt. Als nächstes haben wir bei $x = b$ den Fall, daß benachbarte Deltafunktionen entweder überhaupt nicht oder beide um h verschoben sind. Dies ist bei einer Hälfte der Fälle so, was zu einer Amplitude von $N/2$ führt. An der Stelle $x = b + h$ finden wir wieder eine Deltafunktion der Höhe $N/4$. Diese Gruppe von drei Deltafunktionen wiederholt sich bei $x = 2b, 3b, \ldots$, wenn man die übernächsten Nachbarn betrachtet. Abbildung 15.11b zeigt $f_{AC}(x)$. Ihre Transformierte, das Leistungsspektrum, kann dadurch bestimmt werden, daß man es als Summe von sich periodisch wiederholenden Gruppen aus drei Deltafunktionen ansieht, wobei am Ursprung eine der Gruppen durch eine einzelne Deltafunktion ersetzt werden muß (Abb. 15.11c). Die Transformierte der einzelnen Gruppe und der einzelnen Deltafunktion ergeben einen kontinuierlichen Hintergrund, da aber $N \gg 1$ ist, ist dessen Amplitude vernachlässigbar klein (Parsevalsches Theorem). Das Ergebnis ist dann in Abb. 15.11d und 15.11e gezeigt, wobei der Hintergrund aus Gründen der Deutlichkeit übertrieben groß gezeichnet wurde. Dieses Beispiel zeigt, daß man das Leistungsspektrum auch aus statistischen Daten berechnen kann, selbst wenn die Transformierte nicht wohldefiniert ist. Diese Methode kann beispielsweise dazu verwendet werden, das Röntgenbeugungsmuster von Kristallen zu finden, wenn sich die Atome in thermischer Bewegung befinden.

Kapitel 5

5.1 In einer großen Entfernung r von der Quelle empfangen wir überlagerte Strahlung von den beiden Dipolen, mit einer Phasenverschiebung, die der

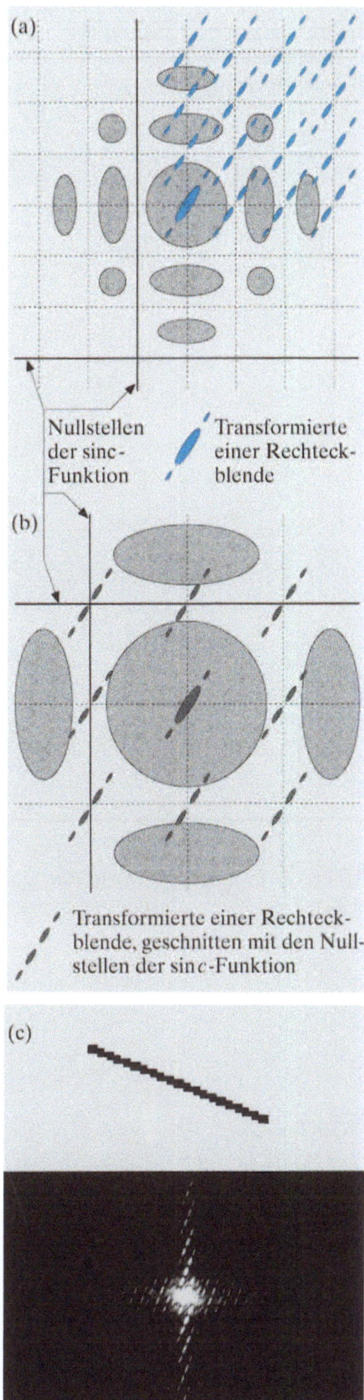

Abb. 15.10. Transformierte der digitalisierten Linie für (a) großes b; (b) kleines b. (c) Photographie des optischen Beugungsbilds

Abb. 15.11. (a) Folge von δ-Funktionen;
(b) ihre Autokorrelationsfunktion;
(c) Summendarstellung von (b); (d) und
(e) Transformierte von (c)

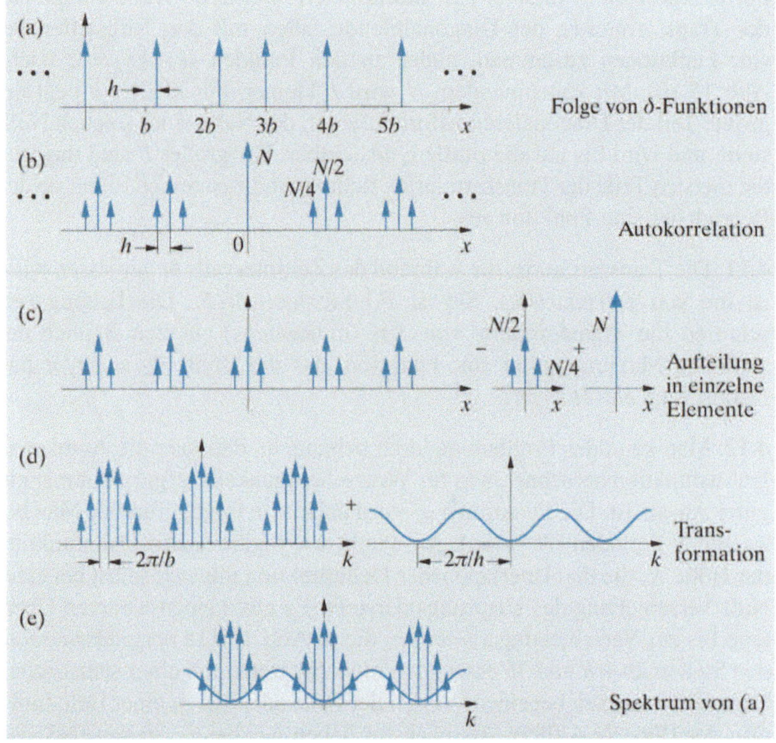

Projektion von l auf r entspricht, d. h. $l \cdot \hat{n}$. Die Superposition ist

$$E_q = E_p\left[1 - \exp(\mathrm{i}kl \cdot \hat{n})\right], \tag{15.14}$$

wobei das Minuszeichen durch die entgegengesetzte Orientierung der Dipole zustande kommt. Für $l \ll 2\pi/k$ läßt sich das zu

$$E_q = -\mathrm{i}kl \cdot \hat{n}E_p \tag{15.15}$$

vereinfachen. In Polarkoordinaten ausgedrückt, können wir $l \cdot \hat{n}$ durch $l\cos\theta$ für den ersten und $l\sin\theta\cos\phi$ für den zweiten Typ Quadrupol ersetzen. Die Amplituden der Felder E_q sind daher

$$|E_{q1}| = \frac{-Q\omega^3}{4\pi\varepsilon_0 c^3 r}\sin\theta\cos\theta\,; \tag{15.16}$$

$$|E_{q2}| = \frac{-Q\omega^3}{4\pi\varepsilon_0 c^3 r}\sin^2\theta\cos\phi \tag{15.17}$$

für die beiden Fälle, wobei $Q = pl$ das **Quadrupolmoment** darstellt. Die Strahlungs-Polardiagramme sind die Quadrate der obigen Geometriefaktoren. Man beachte, daß die Größe der abgestrahlten Energie sehr klein ist, da das elektrische Feld eines Quadrupols um die Größenordnung $kl = 2\pi l/\lambda$ kleiner ist als die des Dipols. Dies wird allerdings, wie man in Aufgabe 14.3 sehen wird, nicht mehr der Fall sein, wenn l und λ die gleiche Größenordnung besitzen.

5.2 In der Tunnelregion hat die Welle die Form (5.63)

$$E = E_0 \exp(-k\beta z) \exp\left[-ikx(1+\beta^2)^{1/2}\right], \tag{15.18}$$

wobei die Ausbreitung senkrecht zu den Prismaoberflächen in z-Richtung erfolgt. Es gibt keine Phasenänderung in dieser Richtung, d. h. $\mathrm{Re}(k_z) = 0$, so daß hier die Phasengeschwindigkeit unendlich groß wird! Sie scheint auch unabhängig von der Frequenz zu sein, so daß die Gruppengeschwindigkeit auch unendlich ist! Obwohl diese Problematik ein aktives Feld der Forschung ist, wagen wir den Vorschlag zu machen, daß die Antwort, wie bei Aufgabe 13.2, durch Dispersion gegeben wird. Das Glas des Prismas muß die Dispersionsrelation (Abschn. 13.4) erfüllen, weswegen bei hinreichend hoher Frequenz (oberhalb des höchsten Absorptionsbandes) sich der Brechungsindex von unten kommend eins annähert. Daher wird das Tunneln (das $\mu > 1{,}41$ bei der gegebenen Konfiguration erfordert) bei hohen Frequenzen nicht auftreten, und eine normale, sich ausbreitende Welle, wird zustande kommen. Wie wir jedoch in Aufgabe 13.2 sehen werden, breitet sich das „Signal" mit einer Geschwindigkeit aus, die durch das Hochfrequenzverhalten gegeben ist, hauptsächlich deshalb, da die scharfe Kante bei Einsetzen des Signals aus sehr hochfrequenten Komponenten besteht. Damit wird die wirkliche Signalgeschwindigkeit, wieder einmal, c.

5.3 Die innere Totalreflexion an jeder Seite erzeugt einen Phasenunterschied $\alpha_\parallel - \alpha_\perp$ zwischen den beiden Hauptpolarisationsrichtungen. Aus Abb. 5.7 können wir entnehmen, daß er einen maximalen Wert von $45° + \pi$ besitzt, der im wesentlichen im Bereich zwischen etwa 49° und 55° konstant bleibt. Um 90° Phasenverschiebung zu erhalten (modulo 2π), muß das Prisma so konstruiert werden, daß der Reflexionswinkel an jeder der diagonalen Seiten etwa 52° beträgt, wie in Abb. 5.12 gezeigt. Dies führt zu einer Phasenverschiebung von 90°. Das einfallende Licht ist natürlich unter 45° relativ zur Zeichenebene linear polarisiert, um zirkular polarisiertes Licht zu erhalten. Das Maximum in Abb. 5.7 ist so flach, daß ein solches Gerät über einen breiten Bereich von Einfallswinkeln arbeitet.

5.4 Für ein freistehendes $\lambda/4$-Plättchen sind die Reflexionskoeffizienten in der Tat gleich, beziehen sich aber auf verschiedene Ebenen, in jedem der Fälle die Einfallsflächen. Betrachten wir den Reflexionskoeffizienten zur **gleichen** Oberfläche, z. B. A in Abb. 15.12, dann haben wir, von links kommend, den Reflexionskoeffizienten $\mathscr{R}_\mathrm{l} = r - re^{i\pi} = 2r$, wobei wir von rechts kommend $\mathscr{R}_\mathrm{r} = re^{-i\pi} - r = -2r$ erhalten. Beziehen wir die Reflexionskoeffizienten auf die Symmetrieebene, sind beide gleich dem komplexen Wert $-2ir$, was mit dem Stokesschen Argument $\mathscr{R} = -\overline{\mathscr{R}}^*$ (5.92) übereinstimmt.

5.5 Wir haben

$$\frac{\sin \hat{\imath}_\mathrm{B}}{\sin \hat{r}_\mathrm{B}} = \mu \, ; \qquad \frac{\sin \hat{\imath}_\mathrm{B}}{\cos \hat{\imath}_\mathrm{B}} = \mu \, , \tag{15.19}$$

woraus $\sin \hat{\imath}_\mathrm{B} = \cos \hat{r}_\mathrm{B}$ folgt, was darauf hindeutet, daß die reflektierten und gebrochenen Strahlen senkrecht aufeinander stehen (Abb. 15.13). Nehmen

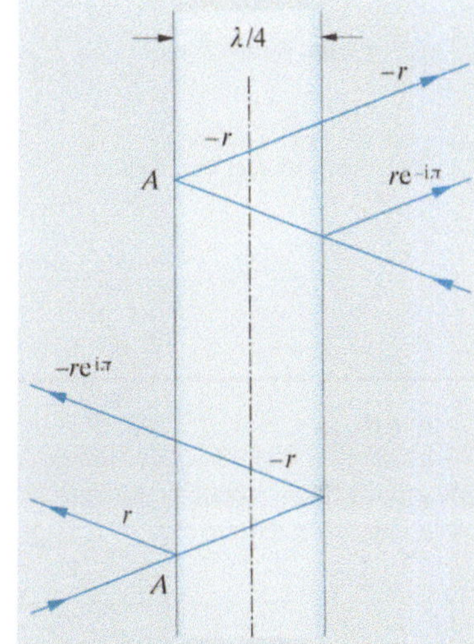

Abb. 15.12. Reflexionen an einem symmetrischen Reflektor

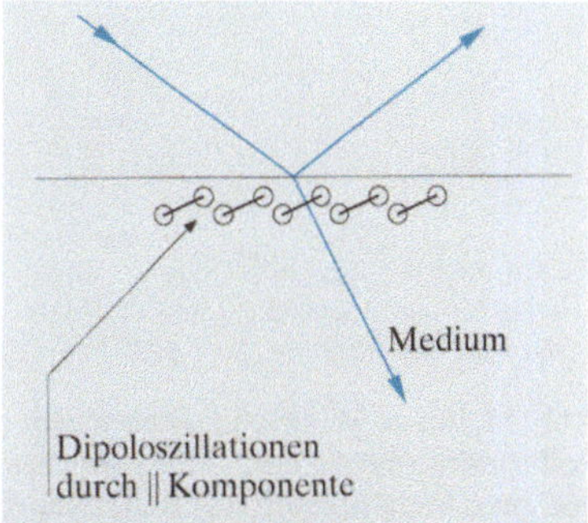

Abb. 15.13. Brewsterwinkel

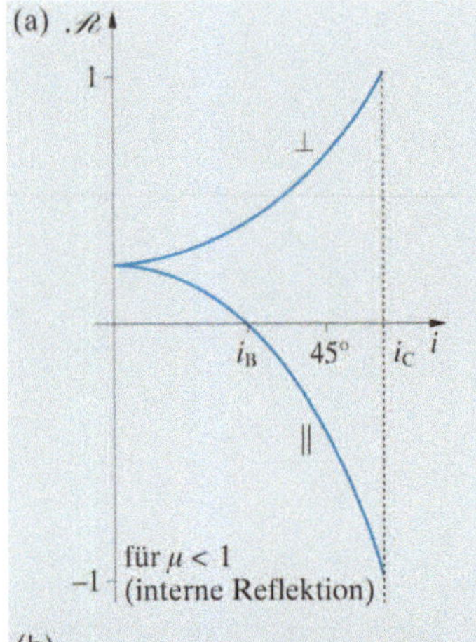

(b)

Komponente des ∥ Feldes in
Reflektorebene ändert Vorzeichen

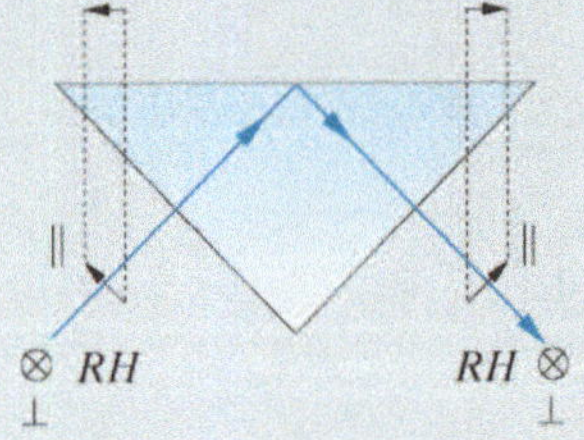

Komponente des ⊥ Feldes in Reflektorebene ändert Vorzeichen nicht

(c)

Komponente des ∥ Feldes in
Reflektorebene ändert Vorzeichen

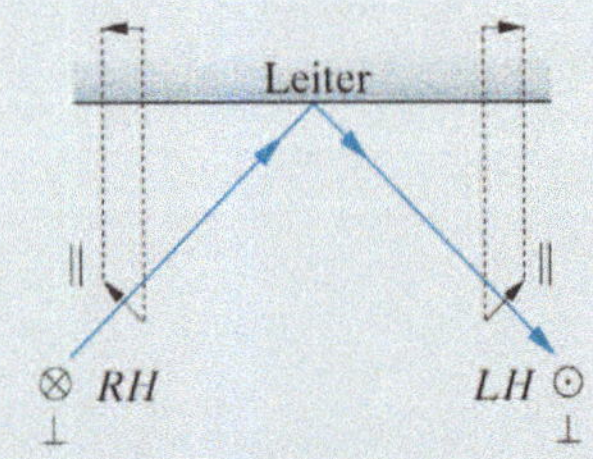

Komponente des ⊥ Feldes in
Reflektorebene ändert auch Vorzeichen

Abb. 15.14a–c. Vergleich zwischen dem
Reflexionsvermögen eines MgF_2-Prismas
und eines Metallspiegels. (a) Reflexionskoeffizient von MgF_2; (b) MgF_2-Prisma;
(c) leitfähiger Spiegel

wir an, die Atome im Dielektrikum sind transversal zum unter dem Winkel $\hat{r}_B$ gebeugten Strahl angeregt. Die reflektierte Welle kann nun als von diesen Atomen reemittierte Welle interpretiert werden. Da sie nicht longitudinal abstrahlen können, wird nur die ⊥-Komponente reflektiert. Dieses physikalische Argument läßt sich leider im Fall des Einfalls von der Innenseite eines Mediums nicht anwenden, da die Atome an der Oberfläche dann von der einfallenden und nicht der gebeugten Welle angeregt werden. Als Resultat scheint die gesamte Argumentation etwas suspekt zu sein.

5.6 Unter dem Brewster-Winkel reflektiert eine einzelne Glasplatte an Luft die Intensität $R_B = 0,15$ der ⊥- und $R_B = 0$ von der ∥-Komponente. Das Licht ist inkohärent, so daß die verschiedenen reflektierten und transmittierten Intensitäten sich addieren. Die reflektierte Intensität des ⊥-Lichtes von der Rückseite der Glasplatte unter Berücksichtigung von Mehrfachreflexionen ist

$$R_P = (1 - R_B)^2(R_B + R_B^3 + R_B^5 + \cdots)$$
$$= R_B(1 - R_B)/(1 + R_B) = 0,11, \tag{15.20}$$

wobei wir die Tatsache verwendet haben, daß ein Strahl, der unter dem äußeren Brewster-Winkel einfällt, die Rückseite unter dem internen Brewster-Winkel trifft. Daher reflektiert eine einfache Glasplatte $0,15 + 0,11 = 0,26$ der ⊥-Komponente und transmittiert einen Anteil von $0,74$. Nach n Scheiben ist die transmittierte Komponente $(0,74)^n$, was nach 15 Platten etwa 1% beträgt.

5.7 Für diesen Wert von μ beträgt der kritische Winkel $46,4°$, und der Brewster-Winkel ist $36,0°$, daher liegt die Reflexion unter $45°$ zwischen den beiden mit $\mathscr{R}_\parallel = -0,402$ und $\mathscr{R}_\perp = 0,584$, siehe Abb. 15.14a. Als Resultat ist E_z, die Komponente des elektrischen Feldes in der Ebene der Reflexion für die ∥-Polarisation, im Vorzeichen umgekehrt, während E_y, das Feld für die ⊥-Polarisation, das Vorzeichen beibehält. Deswegen bleibt eine einfallende Welle, die rechtshändig zirkular polarisiert ist, nach der Reflexion rechtshändig polarisiert, siehe Abb. 15.14b. Man vergleiche dies mit einem Metallspiegel oder der Außenseite eines Dielektrikums unter $\hat{i} < \hat{i}_B$, wo in beiden Fällen der Drehsinn einer zirkular polarisierten Welle umgekehrt wird (Abb. 15.14c).

5.8 Wir stellen die Schicht der Dicke z durch die komplexen Parameter $\mu = S(1 + \mathrm{i})$ und $g = \mu k_0 z$ dar, wobei $S = (\sigma/2\varepsilon_0\omega)^{1/2}$, (5.83). Man beachte, daß aus (5.81) $S = 1/k_0 l = \lambda/2\pi l$ folgt und somit, wie man Tabelle 5.1 entnehmen kann, bei optischen Frequenzen einen Wert von etwa $S = 50$ hat. Wir verwenden dann die Analyse aus Abschn. 10.3.3 für die Reflexion an einer Einzelschicht, wobei wir $u_0 = u_S = 1$ einsetzen, da wir das Substrat ignorieren wollen. Aus (10.55) folgt dann

$$1 + \mathscr{R} = \mathscr{T}(c + \mathrm{i}\mu^{-1}s);$$
$$1 - \mathscr{R} = \mathscr{T}(\mathrm{i}\mu s + c), \tag{15.21}$$

wobei $c = \cos g$ und $s = \sin g$ jeweils die Werte $\frac{1}{2}[\exp(\mathrm{i}g) \pm \exp(-\mathrm{i}g)]$ annehmen. Lösen wir diese Gleichungen für $\mathscr{R}$ und $\mathscr{T}$ haben wir im Fall $S \gg 1$

$$\begin{aligned}
\mathscr{T}^{-1} &= c + \mathrm{i}s\big[(\mu + \mu^{-1})/2\big] \approx c + s(1+\mathrm{i})S/2 \, ; \\
\mathscr{R} &= \mathrm{i}\,\mathscr{T}s\big[(\mu^{-1} - \mu)/2\big] \approx \mathscr{T}s(1-\mathrm{i})S/2 \, .
\end{aligned} \tag{15.22}$$

Die vollständige Lösung kann durch Einsetzen von s und c gefunden werden. Um die Sache zu vereinfachen, wollen wir annehmen, daß die Schicht sehr dünn ist und daß $Sk_0 z \ll 1$ ist, so daß $\cos g \approx \cosh Sk_0 z$ und $\sin g \approx \sinh Sk_0 z$ gilt. Die gesuchte Lösung läßt sich aus (15.22) ableiten, indem man $|\mathscr{R}| = |\mathscr{T}|$ setzt, woraus

$$\sinh Sk_0 z = \sqrt{2}/S \tag{15.23}$$

folgt. Da $S \gg 1$ ist, ist die rechte Seite von (15.23) klein, und ihre Näherungslösung ist $k_0 z \approx \sqrt{2}/S^2$. Für $S = 50$ ergibt dies eine Dicke von etwa $10^{-4}\lambda$. Da die Theorie der freien Elektronen nicht so leicht bei solch hohen Frequenzen anwendbar ist (Abschn. 5.6), sollte in der Praxis ein kleinerer Wert für S angenommen werden, was zu einer dickeren Schicht führt, die jedoch immer noch $\ll \lambda$ ist.

Kapitel 6

6.1 Ein $\lambda/4$-Plättchen verwandelt zirkular polarisiertes Licht in linear polarisiertes, läßt jedoch unpolarisiertes Licht unpolarisiert. Somit kann eine Experiment ausgeführt werden, in dem das Licht durch ein $\lambda/4$-Plättchen fällt, dem ein Polarisator folgt, dessen Polarisationsrichtung gedreht werden kann. Befindet sich die Polarisatorachse unter $45°$ zur Achse des $\lambda/4$-Plättchens, wird rechtshändiges Licht vollständig zusammen mit dem unpolarisierten Licht transmittiert, während linkshändiges Licht blockiert wird. Unter $-45°$ geht linkshändiges Licht zusammen mit dem unpolarisierten Licht durch die Anordnung, während rechtshändiges blockiert wird. Aus diesen beiden Messungen lassen sich sowohl die Intensitätsverhältnisse als auch der Drehsinn ermitteln (obwohl dies von der Kalibration des $\lambda/4$-Plättchens abhängt und so nicht die folgende Aufgabe löst!).

6.2 Eine Absolutbestimmung kann durch die Verwendung eines Fresnel-Rhombus geschehen, der bereits in Aufgabe 5.3 besprochen wurde. Zwei interne Totalreflexionen erzeugen eine Phasenverschiebung von $90°$ zwischen der $\parallel$- und der $\perp$-Polarisation. Aus Abschn. 5.5 kennen wir den Reflexionskoeffizienten, der $\exp(-\mathrm{i}\alpha)$ beträgt, wobei $\alpha_\parallel > \alpha_\perp$, (5.61–62). Die Phasenverschiebung α führt dazu, daß sich das System so verhält, als ob der optische Weg um ein kleines bißchen, $\lambda\alpha/2\pi$, länger wäre, als der geometrische optische Weg, so daß der Rhombus die $\parallel$-Komponente etwas mehr verzögert als die $\perp$-Komponente. Nun nehmen wir an, wir betrachten rechtshändig polarisiertes Licht durch den Rhombus, wie in Abb. 5.12 gezeigt. Für diese Drehrichtung werden die Feldschwingungen in der x-, $\perp$-Richtung gegenüber denen in y-, $\parallel$-Richtung avanciert; d.h. das positive x-Feld rotiert gegen den Uhrzeigersinn in Richtung des positiven *y*-Feldes. Addiert man eine zusätzliche Verzögerung um eine Viertelwellenlänge zu den Schwingungen in *x*-Richtung, so sind beide synchron, wodurch eine linear polarisierte Welle mit einem Feldvektor unter 45° zu den Achsen in dem Quadranten mit positivem *x* und positivem *y* zustande kommt. Analog dazu ist bei einer linkshändigen Welle die −*x*-Komponente relativ zur *y*-Komponente avanciert, so daß die auslaufende Welle linear polarisiert unter 45° in dem Quadranten mit negativem *x* und positivem *y* ist.

6.3 Die Lösung ist in Abb. 15.15 gezeigt. Der Schnitt des Brechungsindexellipsoiden, der die optische Achse enthält, besteht aus einem Kreis mit Radius $\mu_0 = 1{,}544$ und einer Ellipse mit den Hauptachsen 1,544 und 1,533. Die *k*-Vektoren aller Wellen (eine externe, zwei interne) liegen alle in einem Winkel von 45° zur optischen Achse *OA* (da diese die Senkrechte auf die Seiten der Quarzscheibe ist). Die Frage reduziert sich daher auf das Auffinden der Richtungen der *Π*-Vektoren, die senkrecht auf den beiden Zweigen des Brechungsindexellipsoiden stehen. Für den ordentlichen Strahl ist *Π* ∥ *k*, d. h. unter 45° zu *OA*; für den außerordentlichen Strahl ist die Richtung des *Π*-Vektors $\tan^{-1}(\tan 45° \cdot 1{,}533/1{,}544) = 44{,}795°$. Der Abstand zwischen den austretenden Strahlen ist daher $(45-44{,}795)\,d/57{,}3 = 0{,}00358d$.

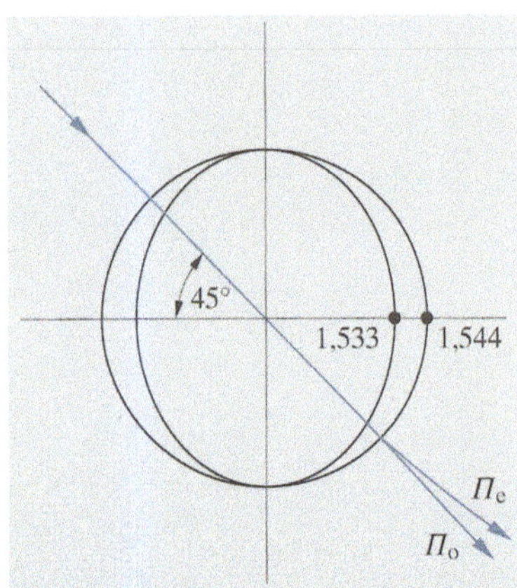

Abb. 15.15. Strahlengang in einer Quarzplatte

6.4 Wir nehmen an, die Scheibe hat eine Dicke *d*. Die optische Dicke der Scheibe ist daher μd, wobei sich μ immer auf die entsprechende Polarisation bezieht. Der Phasenunterschied zwischen zwei senkrecht zueinander polarisierten Wellen mit der Brechungsindexdifferenz $\delta\mu = 0{,}01$ ist daher $\delta\phi = 2\pi\delta\mu d/\lambda$. Wird Licht bei gekreuzten Polarisatoren transmittiert, gilt $\delta\phi = n\pi$ mit *n* ungerade, und die Hauptachsen des Glimmers stehen in einem Winkel von 45° zu den Polarisatorachsen. Dies ist der Fall bei $\lambda \approx 0{,}4\,\mu\mathrm{m}$ und $\lambda \approx 0{,}7\,\mu\mathrm{m}$, wobei für gerades *n* dies bei $\lambda \approx 0{,}55\,\mu\mathrm{m}$ der Fall ist. Wir haben daher

$$
\begin{aligned}
0{,}01\,d/0{,}55 &= n_0 \\
0{,}01\,d/0{,}4 &\approx n_0 + 1\,, \\
0{,}01\,d/0{,}7 &\approx n_0 - 1\,,
\end{aligned}
\tag{15.24}
$$

wobei n_0 gerade ist. Es gibt keine Lösung, die diese Werte exakt erbringt, aber für $n_0 = 4$ und $d = 220\,\mu\mathrm{m}$ transmittiert der Glimmer maximal für die Wellenlängen $0{,}44\,\mu\mathrm{m}$ und $0{,}73\,\mu\mathrm{m}$, während $0{,}55\,\mu\mathrm{m}$ nicht durchgelassen wird, woraus die purpurne Farbe entsteht. (Man beachte, daß auch größere Werte für n_0 in (15.24) eingesetzt werden könnten, die genauer passen würden, aber dann würden andere Farben auch transmittiert und die Farbe wäre nicht mehr Purpur.) (a) Wird der Glimmer zwischen den Polarisatoren gedreht, verschwindet die Farbe, wenn die Hauptachsen des Glimmers parallel und senkrecht zu denen der Polarisatoren stehen, und erscheint wieder bei weiterer Drehung. (b) Wird ein Polarisator gedreht, verschwindet zunächst die Farbe, dann erscheint die Komplementärfarbe (Grün), wenn die Polarisatoren parallel stehen.

6.5 Im allgemeinen entsteht eine Phasendifferenz zwischen Wellen mit den Hauptpolarisationen der Größe

$$\delta\phi = 2\pi t(\mu_e - \mu_o)/\lambda\,, \tag{15.25}$$

wenn sie einen Weg t im Kristall zurückgelegt haben. Wir fordern daher

$$\delta\phi_1 = 2\pi t\big[\mu_e(\lambda_1) - \mu_o(\lambda_1)\big]/\lambda_1 = 2m\pi\,; \tag{15.26}$$
$$\delta\phi_2 = 2\pi t\big[\mu_e(\lambda_2) - \mu_o(\lambda_2)\big]/\lambda_2 = (2m \pm 1)\pi\,. \tag{15.27}$$

Für benachbarte Wellenlängen verwenden wir

$$\frac{\mathrm{d}}{\mathrm{d}\lambda}\left(\frac{\mu}{\lambda}\right) = \frac{1}{\lambda}\frac{\mathrm{d}\mu}{\mathrm{d}\lambda} - \frac{\mu}{\lambda^2}\,, \tag{15.28}$$

so daß gilt

$$t\delta\lambda\left[\frac{1}{\lambda}\frac{\mathrm{d}(\delta\mu)}{\mathrm{d}\lambda} - \frac{\delta\mu}{\lambda^2}\right] = \pm\frac{1}{2}\,, \tag{15.29}$$

wobei $\delta\mu = \mu_e - \mu_o$. Setzen wir die Zahlenwerte ein, $\delta\mu = -0{,}172$ und $\mathrm{d}(\delta\mu)/\mathrm{d}\lambda = 2{,}35\cdot 10^{-5}\ \mathrm{nm}^{-1}$, finden wir $t = 1{,}55\ \mathrm{mm}$.

6.6 Bei der Reflexion verbleiben alle k-Vektoren in der Einfallsebene. Sie sind durch die Pöverlein-Konstruktion, wie in Abb. 15.16 gezeigt, miteinander verbunden. Die Abbildung zeigt einen Schnitt einer im allgemeinen doppelwertigen Brechungsindexoberfläche mit minimaler (Inversions-)Symmetrie. Die maximale Anzahl von unterschiedlichen Wellenvektoren mit der gegebenen Projektion $\overline{OX} = \overline{OY}$ auf der Grenzschicht ist 4 innerhalb des Kristalls (OB, OC, OE, OF) und 2 außerhalb des Kristalls (OA als einfallende Welle, die OX definiert, und OD als transmittierte Welle). Nach zwei Reflexionen sind alle Wellen angeregt, weswegen keine weitere mehr angeregt wird. Jedes k hat seine eigene Strahlrichtung.

6.7 Für den freitragenden Arm in Abb. 15.17 haben wir aus der Mechanik

$$p_x \propto \frac{Wy(L-x)}{t}\,, \tag{15.30}$$

wobei die Größen in der Abbildung definiert sind. Daher ist $p_x - p_y \propto Wy(L-x)$. Da die Hauptachsen x und y sind, muß der Polarisator unter $45°$ zu diesen angeordnet sein, um maximalen Kontrast zu erreichen. Die Konturlinien des Hell/Dunkel-Übergangs entsprechen

$$t(\mu_o - \mu_e)/\lambda = \frac{\text{ganze Zahl}}{\text{ganze Zahl}} + \frac{1}{2}\,. \tag{15.31}$$

Die Konturlinien von $y(L-x) = \text{const}$ sind in der Abbildung gezeigt.

6.8 (a) Man löst die einfallende Welle in zwei linear polarisierte Wellen mit den beiden charakteristischen Polarisationsrichtungen für den in Frage kommenden k-Vektor auf. Jede dieser Wellen ist im Vergleich zu einer Welle mit dem gleichen Weg in Luft um die Phase $2\pi(\mu - 1)d/\lambda$ verzögert, jeweils mit dem entsprechenden μ. Jede Welle wird ohne Änderung

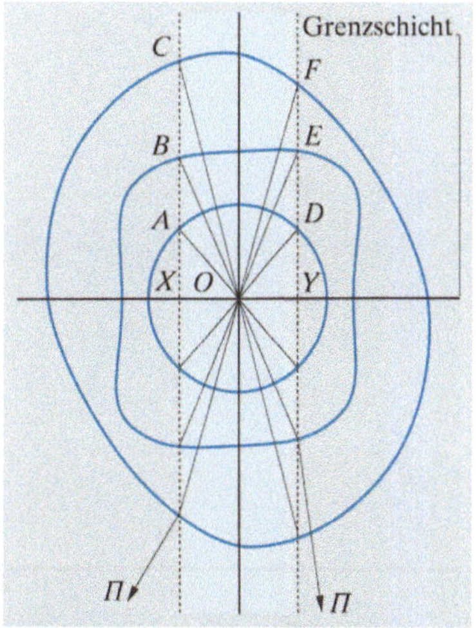

Abb. 15.16. Pöverlein-Konstruktion für die Reflexion

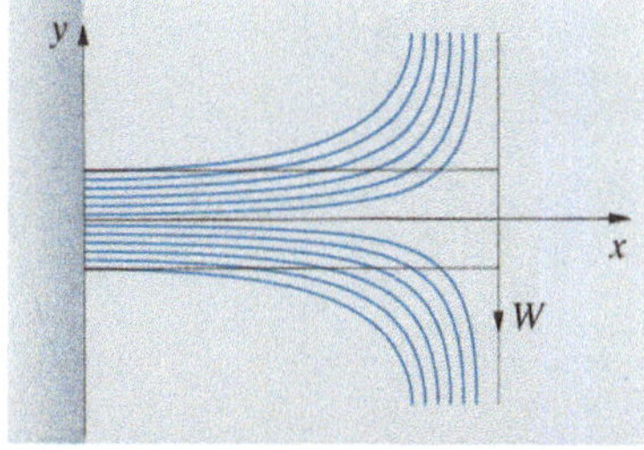

Abb. 15.17. Photoelastischer Effekt in einem einseitig eingespannten Balken (engl. „cantilever")

ihrer Polarisationsachse reflektiert und erleidet daher die gleiche Verzögerung beim zweiten Durchgang. Daher ist die Phasenverschiebung nach dem zweiten Durchgang doppelt so groß. Im allgemeinen ist die reflektierte Welle elliptisch polarisiert.

(b) Es ergibt sich das gleiche Resultat wie oben, wobei das elektrische Feld die Doppelbrechung erzeugt: $\mu(\pm E) = \mu(0) \pm rE$, wobei r der Pockels-Koeffizient ist.

(c) Man löst analog zu (a) die Welle in zwei zirkular polarisierte Wellen auf, da sie die charakteristischen Wellen in einem optisch aktiven Medium darstellen. Bei Reflexion an einem Spiegel werden allerdings links- und rechtshändige Wellen vertauscht, weshalb die Phasenverschiebung beim zweiten Durchgang aufgehoben wird: es tritt keine Änderung in der Polarisation auf!

(d) Wie in (c) löst man die Welle in zwei zirkular polarisierte Wellen auf. In diesem Fall haben wir einen Brechungsindex μ_r für die rechtshändig polarisierte Welle, die sich parallel zu $\boldsymbol{B}$ ausbreitet, bzw. die linkshändige Welle antiparallel zu $\boldsymbol{B}$ und μ_l für die linkshändig polarisierte Welle parallel zu $\boldsymbol{B}$ bzw. die rechtshändige Welle antiparallel zu $\boldsymbol{B}$. Da *sowohl* Händigkeit *als auch* Ausbreitungsrichtung relativ zu $\boldsymbol{B}$ bei der Reflexion im Spiegel umgekehrt werden, addieren sich die Phasenverschiebungen auf; die austretende Welle ist im allgemeinen elliptisch polarisiert.

Man beachte den Unterschied zwischen den Beziehungen von (a) zu (b) und (c) zu (d); er kommt daher, daß E ein Vektor ist, B dagegen ein Pseudo-Vektor.

6.9 In Abb. 15.18 stellt PBS (englisch: „polarizing beam splitter") einen polarisierenden Strahlteiler und QWP (englisch: „quarter-wave plate") ein $\lambda/4$-Plättchen dar, das so orientiert ist, daß sich die Polarisationsebene um 90° dreht. $\uparrow$ ist die Richtung der $\parallel$-Polarisation, $\otimes$ und $\odot$ die der $\perp$-Polarisation.

Wir beginnen mit einem kollimierten, unpolarisierten Strahl eines bestimmten Querschnitts. Um eine endliche Leistung zu übertragen, muß er einen von null verschiedenen Öffnungswinkel haben. Bei unserem Beispiel (Abb. 15.18) haben wir nach der Rekombination der Strahlen die folgenden Möglichkeiten:

(a) Verwenden wir einen Strahlteiler, überlappen die Strahlen genau, so daß weder die Fläche noch die Divergenz erhöht wird, sondern zwei Ausgangsstrahlen erhalten werden (Beachte: Die Wellen haben identische Polarisation, so daß ein Strahlteiler nicht dazu verwendet werden kann, sie zu kombinieren, ohne jeden Strahl in zwei Strahlen aufzuspalten).

(b) Die Strahlen können parallel zueinander ausgerichtet werden, indem man einen Spiegel für einen davon verwendet, dann verdoppelt sich allerdings die Strahlfläche.

(c) Die Strahlen können unter einem kleinen Winkel durch die Verwendung eines Spiegels kombiniert werden, so daß sie in einer entfernten Ebene überlappen; dann verdoppelt sich allerdings der abgedeckte Raumwinkel.

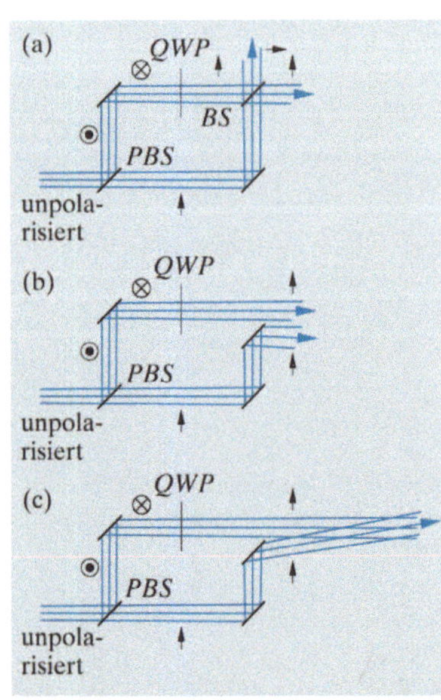

Abb. 15.18a–c. Erzeugung eines vollständig polarisierten Strahls

In all diesen Fällen bleibt die Helligkeit die gleiche; es führt kein Weg am zweiten Gesetz der Thermodynamik vorbei!

Kapitel 7

7.1 Das Fresnel-Integral (7.34) für ein Loch mit Radius R ergibt

$$\psi = 2A^2\left[\exp(-\mathrm{i}k_0 R^2/2L) - 1\right].\tag{15.32}$$

Den größten Wert von L, für den dieser Ausdruck null wird, erhält man im Fall $k_0 R^2/2L = 2\pi$ oder $L = R^2/2\lambda$. Setzt man die Werte ein, erhält man $L = 250\,\mathrm{mm}$.

7.2 Die Phase im Mittelpunkt, die durch die Wellen entsteht, die gerade die Scheibe am Rand passieren, ist $k_0 R^2/2L$. Einige Beiträge zum hellen Fleck werden negativ sein, wenn Unregelmäßigkeiten ΔR an der Kante diese Phase um etwa π verändern. Daraus folgt $k_0 R\Delta R/L \approx \pi$. Für die gegebenen Parameter ergibt sich hieraus $\Delta R \approx 0{,}1\,\mathrm{mm}$. Die Größe des Flecks berechnet sich in ähnlicher Weise. Für einen Punkt, der um $\Delta R/2$ außerhalb der Mitte liegt, ist die Variation in der Phase der Wellen, die von verschiedenen Randpunkten kommen, wiederum $k_0 R\Delta R/L \approx \pi$. In dieser Entfernung von der Scheibenmitte wird der Fleck daher praktisch unsichtbar, so daß man für seinen Durchmesser ebenfalls etwa $0{,}1\,\mathrm{mm}$ annehmen kann.

7.3 Wir können die Konstruktion der Kantenwelle dazu verwenden, eine Näherungslösung zu finden. Die Phasenverzögerung der Kantenwelle im Vergleich zur einlaufenden Welle beträgt $k_0 x^2/2L$, die der direkten Welle $\pi/4$, wobei x die Entfernung von der Kante des geometrischen Schattens und L der Abstand zum Schirm ist. Die Wellen sind in Phase (maximale Intensität) bei $k_0 x^2/2L = 2n\pi + \pi/4$ und außer Phase (minimale Intensität) bei $k_0 x^2/2L = (2n+1)\pi + \pi/4$. Bei den gegebenen Bedingungen befinden sich die Maxima bei $\sqrt{n} + 1/8\,\mathrm{mm}$ und die Minima bei $\sqrt{n} + 5/8\,\mathrm{mm}$. Wir überprüfen dies mit Hilfe der Cornu-Spirale und erhalten die ersten drei Maxima bei $0{,}60\ (0{,}35)\,\mathrm{mm}$; $1{,}17\ (1{,}11)\,\mathrm{mm}$ und $1{,}55\ (1{,}46)\,\mathrm{mm}$, wobei die Zahlen in Klammern die Werte der obigen Näherungsformeln darstellen; entsprechend finden sich die Minima bei $1{,}00\ (0{,}79)\,\mathrm{mm}$; $1{,}37\ (1{,}29)\,\mathrm{mm}$ und $1{,}70\ (1{,}63)\,\mathrm{mm}$. Die beiden Formeln nähern sich asymptotisch für $n \to \infty$.

7.4 Die Zonenplatte hat Brennpunkte in Abständen L, die durch (7.41) gegeben sind: $L = R_0^2/m\lambda$. Daher ist für ein gegebenes m die Brechkraft proportional zu λ. Dies entspricht einer Linse aus einem Material mit $(\mu - 1) \propto \lambda$, woraus sich eine Brechzahlkurve (3.52) von

$$\omega = \frac{\lambda_\mathrm{b} - \lambda_\mathrm{r}}{\lambda_\mathrm{y}} = -0{,}28\tag{15.33}$$

ergibt, mit $V = \omega^{-1} = -3{,}4$. Man beachte, daß der negative Wert äquivalent zu anomaler Dispersion ist und bedeutet, daß eine achromatische Kombination im Prinzip aus einer Zonenplatte und einer beugenden Linse konstruiert werden kann. Dieses V ist allerdings sehr klein im Vergleich zu Gläsern (die typische Werte von 25–80 besitzen), was auf sehr große chromatische Aberration hindeutet.

7.5 Dazu muß man (7.33) zwischen R_1^2 und R_2^2 integrieren, um die Intensitätsvariationen der Form $\cos[k_0(R_2^2 - R_1^2)/2L] + 1$ zu erhalten.

7.6 Dies ist ein Beispiel, bei dem das Fresnelsche Beugungsmuster sowohl für Punkte auf der optischen Achse als auch für achsenferne Punkte analytisch berechnet werden kann. Für die axiale Lichtverteilung ergibt das Integral (7.32)

$$\psi = \frac{\mathrm{i}k_0 A}{2L} \int_0^\infty \exp\left[-\frac{s}{2\sigma^2}\mathrm{i}s\left(\frac{1}{2\beta^2} - \frac{k_0}{2L}\right)\right]\mathrm{d}s. \tag{15.34}$$

Die Auswertung dieses Integrals ergibt maximale Intensität, wenn $L = \beta^2 k_0$. Daher wird das Licht auf diesen Punkt auf der Achse fokussiert. Die achsenferne Integration ist etwas umständlicher. Wir verwenden (7.24), schreiben $\boldsymbol{r} \cdot \boldsymbol{p}$ als $rL \sin\theta$ und erhalten das Integral

$$\psi = \frac{\mathrm{i}k_0 A}{2L} \int_0^\infty \exp\left[-\frac{r^2}{2\sigma^2}\mathrm{i}r^2\left(\frac{1}{2\beta^2} - \frac{k_0}{2L}\right) - \mathrm{i}k_0 r \sin\theta\right]r\,\mathrm{d}r. \tag{15.35}$$

Dies kann umgeschrieben werden, durch Komplettierung des Quadrats im Exponenten als Gaußsches Integral (Abschn. 4.4.6). Schreibt man ψ als Funktion von $u \equiv k_0 \sin\theta$, ergibt sich die Varianz zu $[\sigma^{-4} + (\beta^{-2} - k_0/L)^2]^{1/2}$. Offensichtlich hat dieser Ausdruck seinen kleinsten Wert, σ^{-2}, in der Brennebene. Was auch beachtet werden sollte, ist, daß die Lichtverteilung immer ein Gaußsches Profil behält, unabhängig von der Entfernung L. Dies ist die Grundlage für die erste Mode des konfokalen Laserresonators.

7.7 Die Lochblende hat den Radius R. In der Entfernung d ist die Ausdehnung eines Bildes aufgrund der Beugung (nach Abschn. 8.2.7) $0{,}61\,d\lambda/R$, wobei wir annehmen, daß das Loch klein genug ist, daß Fraunhofer-Beugung auftreten kann (was strenggenommen nicht gilt, wenn die beiden Effekte, die zur Bildunschärfe beitragen, vergleichbar groß sind). Die geometrische Unschärfe eines weit entfernten Objekts entspricht einer Scheibe mit Radius R. Die Ausdehnung der Punktantwort ist die Summe der beiden, d. h. $R + 0{,}61\,d\lambda/R$. Dies ist einfacher, als den Radius des Fresnelschen Beugungsmusters in der Entfernung d zu bestimmen, da das Integral für achsenferne Punkte nicht analytisch lösbar ist. Die Ausdehnung des Beugungsbildes wird minimal bei $R^2 = 0{,}61\,d\lambda$. Für beispielsweise $d = 10\,\mathrm{cm}$ erhalten wir $R = 0{,}17\,\mathrm{mm}$.

7.8 Die Länge eines Vektors auf der normalen Cornu-Spirale ist $\Delta v = w(2/\lambda L)^{1/2} = 2$. Die numerische Berechnung (dies läßt sich leicht mit Hilfe der Tabellen aus dem Buch von *Hecht* und *Zajak* durchführen) wird in Abb. 15.19 mit dem Fraunhoferschen Beugungsmuster verglichen. Man beachte, daß die Minima des Fresnelschen Beugungsmusters gut mit den Nullstellen des Fraunhoferschen Beugungsmusters übereinstimmen.

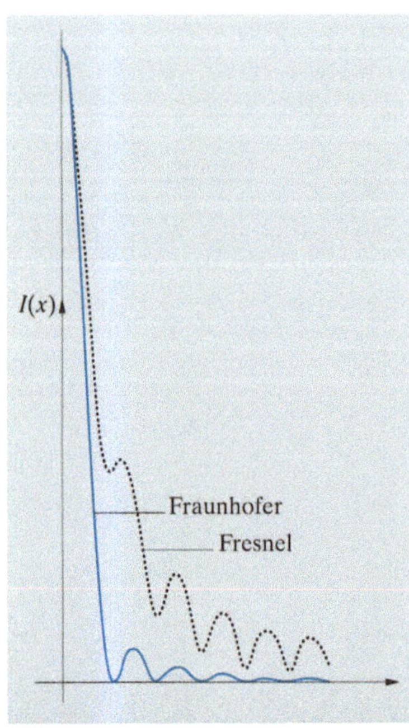

Abb. 15.19. Fresnel- und Fraunhofer-Beugung an einer Schlitzblende

7.9 Das Amplituden-Phasen-Diagramm wird wie in Abschn. 7.4.1 definiert. Da in diesem Fall $\phi(x) = ux$ gilt, hat die Kurve den Krümmungsradius $\kappa = u/f(x)$, und in einer Region, in der $f(x)$ den konstanten Wert A besitzt, ist sie ein Kreis mit Radius A/u. Für eine Schlitzblende der Breite $2b$ ist die Länge der Kurve, das Integral $\int f(x)\,dx$, eine Konstante, $2Ab$. Die Amplitude des Beugungsmusters wird durch die Entfernung zwischen den Enden eines Bogens der Länge $2Ab$ auf einem Kreis mit Radius A/u bestimmt, und man kann leicht zeigen, daß sie den Wert $b\,\mathrm{sinc}(bu)$ hat. Für 6 Schlitze, die Abstände b voneinander besitzen, entspricht jeder Schlitz einem kurzen Abschnitt des Kreises; die Abschnitte kann man durch gerade Linien annähern, wenn die Schlitze sehr dünn sind. Wir müssen daher 6 Vektoren unter den Winkeln 0, b/u, $2b/u$, $\dots$, $5b/u$ addieren. Es gibt offensichtlich zahlreiche Werte für u, für die das Vektordiagramm eine geschlossene Kurve, also null, ergibt; ist allerdings $b/u = 2m\pi$, sind alle Vektoren parallel, und man erhält die Hauptmaxima (siehe Abb. 15.20).

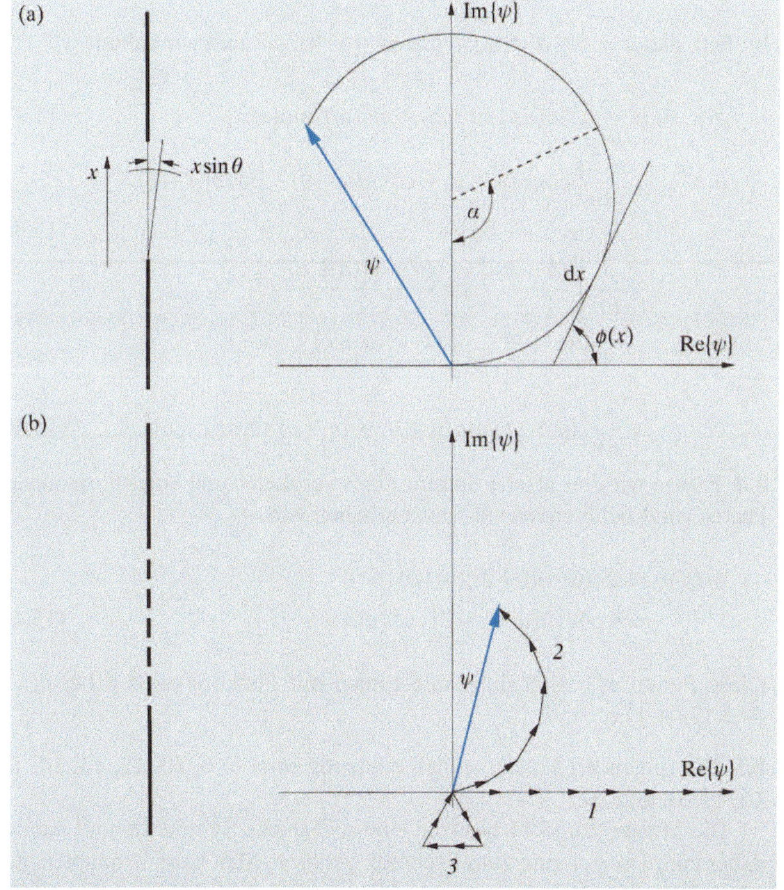

Abb. 15.20a,b. Fraunhofer-Beugung im Amplituden-Phasen-Diagramm. (a) Für eine einzelne, breite Schlitzblende; (b) für sechs schmale Schlitzblenden mit gleichmäßigen Abständen

Kapitel 8

8.1 Ein Schlitz ergibt $\mathrm{sinc}(ua/2)$. Zwei Schlitze an den Stellen $\pm b$ ergeben $2\,\mathrm{sinc}(ua/2)\cos(ub)$. Die drei Schlitze ergeben daher $\mathrm{sinc}(ua/2)[1+\cos(ub)]$.

8.2 Nehmen wir an, jeder Schlitz habe die Breite a, der Mittenabstand zwischen zwei Schlitzen betrage b. Dann haben wir
(a) $\mathrm{sinc}(ua/2)[4\cos(ub/2)\cos(ub)]$;
(b) $\mathrm{sinc}(ua/2)[2\cos(ub/2)+2\cos(3ub/2)]$.
Aufgrund trigonometrischer Überlegungen kann man zeigen, daß beide Darstellungen identisch sind.

8.3 Wir definieren die äußeren Abmessungen des rechteckigen Rahmens als $2a$, die inneren als $2b$. Dann erhalten wir, wenn wir uns daran erinnern, daß die Amplitude eines Beugungsmusters in seinem Zentrum proportional zur Gesamtfläche der Blende ist:

$$\psi(u,v) = 4a^2\,\mathrm{sinc}(ua)\,\mathrm{sinc}(va) - 4b^2\,\mathrm{sinc}(ub)\,\mathrm{sinc}(vb)\,. \tag{15.36}$$

Im Fall, daß $d = a - b \ll a$ ist, gilt $a^2 - b^2 \approx 2ad$, und wir haben

$$\psi(u,v) = \frac{4}{uv}\big[\sin(ua)\sin(va) - \sin(ub)\sin(vb)\big] \tag{15.37}$$

$$= \frac{-2}{uv}\big[\cos a(u+v) - \cos a(u-v) - \cos b(u+v) + \cos b(u-v)\big] \tag{15.38}$$

$$\approx \frac{4}{uv}\left[\frac{(u+v)d}{2}\sin\frac{(u+v)(a+b)}{2} - \frac{(u-v)d}{2}\sin\frac{(u-v)(a+b)}{2}\right] \tag{15.39}$$

$$\approx \frac{2d}{uv}\big[(u+v)\sin a(u+v) - (u-v)\sin a(u-v)\big]\,. \tag{15.40}$$

8.4 Fassen wir dies als die Summe eines vertikalen und eines horizontalen Paares von Lochblenden auf. Dann erhalten wir

$$\psi(u,v) = 2\cos(ua) + 2\cos(va)$$

$$= 4\cos\big[a(u+v)/2\big]\cos\big[a(u-v)/2\big]\,. \tag{15.41}$$

Diese Funktion besitzt diagonale Linien mit Funktionswert 0 bei $a(u\pm v) = (2n+1)\pi$.

8.5 Die folgenden Muster sollten eindeutig sein: 5, 6, 10, 12, 13, 14, 15, 16, 17, 18 und 20.
Die Muster 2 und 11 besitzen eine sechsfache Symmetrie und müssen daher zum Dreieck und zum Sechseck gehören. Man kann behaupten, daß 11 eine bessere Näherung an das Muster eines kreisförmigen Loches ist und daher zum Sechseck (xv) gehören muß. Alternativ kann man argumentieren, daß das hexagonale Loch Paare von parallelen Kanten enthält, die

zu starken, periodischen Modulationen in der radialen Lichtverteilung führen, die senkrecht zu den Kanten konzentriert sind. Darüberhinaus besitzt das dreieckige Loch kein Zentrumssymmetriezentrum, weshalb die Beugungsamplitude komplex wird; dies führt zu nicht besonders gut definierten Nullstellen.

Sowohl 3 als auch 10 haben etwa zirkulare Symmetrie (die Blenden sind nicht exakt rund), aber 3 hat eine kleinere Scheibe im Zentrum und stärker ausgeprägte Ringe, so daß es zum Ring (iii) gehört und 10 zu der Lochblende (vi). Analog dazu korrespondieren 6 und 16 mit (xiv) und (xii).

Muster 4 gehört sicherlich zu einer Blende mit mehr als zwei großen Löchern. Es korrespondiert daher mit (ii). Es kann als Superposition von zwei Beugungsmustern gesehen werden, die um etwa 45° geneigt sind.

Eine mögliche Unsicherheit bei der Zuordnung von 7 und 17 zu (x) oder (xi) kann durch Ausmessen der Winkel des reziproken Gitters behoben werden.

Die Blenden (xviii) und (xx) sind Lochgitter, die durch Fenster verschiedener Form begrenzt werden. Ihre Beugungsmuster sind daher die Faltungen des reziproken Gitters mit der Transformierten des Fensters, also 1 und 19.

Die Blende (xvi) kann mit 9 durch die Beobachtung ihrer Symmetrie (und durch Eliminieren der anderen Möglichkeiten) in Verbindung gebracht werden. Ihre Ausrichtung kann durch die Betrachtung der Gesamtform gefunden werden, die eine Transformierte des zentralen Maximums von 9 darstellt.

8.6 Dieses Problem läßt sich durch die Verwendung zweier Prinzipien lösen: Symmetrie und das Beugungsmuster eines Paares beugender Objekte (Löcher oder Kanten). Zwei Beugungsmuster, (a) und (c), werden von parallelen Streifen durchzogen und entsprechen zwei identisch orientierten Löchern. Eines davon muß also zu Maske 4 gehören. Die Richtungen, in die das Licht unter großen Winkeln gebeugt wird (die „Zacken" der Sterne), stehen senkrecht auf den Kanten der Dreiecke, so daß Maske 4 zum Muster (c) gehören muß. Muster (d) besitzt vertikale und horizontale Spiegelsymmetrie, und Maske 1 ist die einzige mit diesen Symmetrieeigenschaften. In (b) kann man die drei Richtungen der Zacken mit Kantenpaaren mit jeweils verschiedenen Abständen identifizieren; die Abstände und Orientierungen der Beugungsstreifen, die diese Zacken kreuzen, entsprechen den Translationsvektoren, die zwei Kanten miteinander verbinden. Die gröbsten Streifen liegen auf dem NW-SO-Zacken, so daß wir zwei eng benachbarte, parallele Kanten senkrecht zu dieser Richtung erwarten, wie bei Maske 2. Die anderen Kantenpaare dieser Maske entsprechen den Streifen auf den anderen Zacken. Muster (e) besitzt keine solchen Zacken, entsprechend Maske 3, die sechs verschiedene Kantenorientierungen besitzt, im Vergleich zu drei bei den anderen Masken. Schließlich folgt aus der Identifikation von (c), daß (a) zu einer Maske mit zwei identischen Einheiten gehören muß, jede davon wie *entweder* das rechte oder linke Dreieck von Maske 1.

Ein alternativer Ansatz stützt sich hauptsächlich auf die Kanten der Dreiecke. Wir erinnern uns aus Aufgabe 4.1 daran, daß ikF die Fouriertransformierte der Ableitung df/dx ist. Die Ableitung der dreieckigen Figuren ist ein Satz aus scharfen Linien (mit einem deltaförmigen Profil) entlang

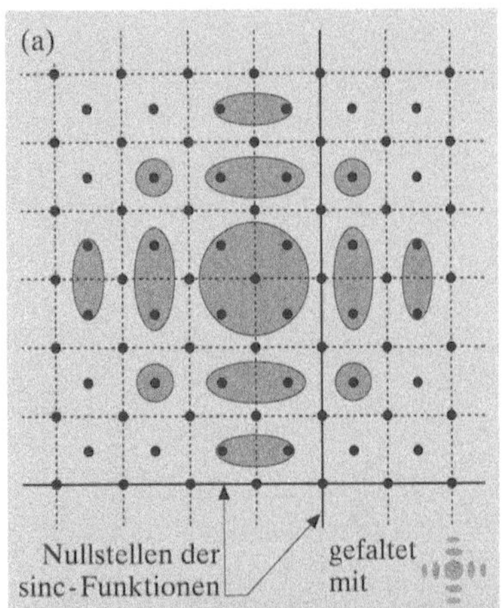
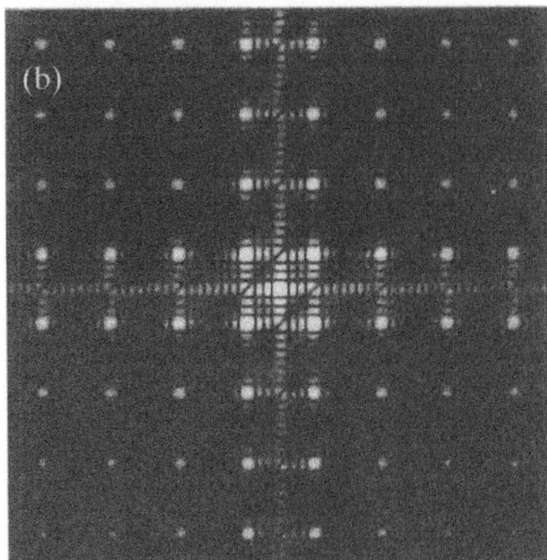

Abb. 15.21. (a) Konstruktion des Beugungsmusters einer schachbrettförmigen Maske; (b) berechnetes Beugungsmuster.

jeder Kante. Erscheinen diese Linien in parallelen Paaren, werden sie offensichtlich Youngsche Beugungsstreifen ergeben, mit einer Periode, die umgekehrt proportional zu ihrem Abstand ist. Diese Youngschen Beugungsstreifen werden nicht signifikant durch den Faktor k verändert und sind im gesamten Beugungsmuster dominant. Die Masken können daher dadurch identifiziert werden, daß man die Periode und Orientierung der verschiedenen Sätze von Beugungsstreifen (die Streifen variierender Helligkeit) bestimmt und sie mit den Abständen der Kanten in den Masken korreliert. Die einzige Maske ohne Kantenpaare ist 3, und (e) besitzt keine Beugungsstreifen.

8.7 Nehmen wir die Seitenlänge des kleinen Quadrats als a an. Das Objekt kann dann als unendliches Rechteckgitter aus Deltafunktionen mit einer Gitterperiode von $a/\sqrt{2}$ und Achsen unter $45°$ relativ zu x und y angesehen werden. Dies wird dann mit einem quadratischen Fenster $8a \cdot 8a$ multipliziert, was zu einer Auswahl von 32 Deltafunktionen führt, die dann mit dem weißen Quadrat $a \cdot a$ gefaltet werden, um 32 weiße Quadrate zu ergeben.

Die Transformierte basiert auf dem quadratischen reziproken Gitter mit Gitterkonstante $2\pi/a\sqrt{2}$ unter $45°$. Jeder Punkt wird mit einer $\mathrm{sinc}(4ua) \cdot \mathrm{sinc}(4va)$-Funktion multipliziert, was in sechs $(= 8-2)$ Nebenmaxima zwischen den Hauptmaxima resultiert. Schließlich wird das Ganze mit $\mathrm{sinc}(ua/2) \cdot \mathrm{sinc}(va/2)$ multipliziert, was jede zweite Zeile und jede zweite Spalte in dem Muster eliminiert. Abbildung 15.21a zeigt schematisch diesen Prozeß, wobei die letzte Funktion grau schattiert dargestellt ist. Abbildung 15.21b zeigt eine Photographie der Transformierten, wie sie vom Computer berechnet wurde.

8.8 Die komplette Blende hat die Abmessungen $a \cdot a$. Wir stellen sie als Faltung der halben Blende mit zwei Deltafunktionen mit einem Abstand $a/2$ dar, deren Phasen um $\pi/2$ differieren. Daher gilt

$$f(x, y) = \left[\, \mathrm{rect}(2x/a)\,\mathrm{rect}(y/a) \right] \otimes \left[\delta(x - a/4) + \mathrm{i}\delta(x + a/4) \right], \tag{15.42}$$

woraus folgt

$$\begin{aligned} F(u, v) = {}& 2a^2 \mathrm{sinc}(au/4)\,\mathrm{sinc}(av/2) \\ & \times \exp(\mathrm{i}\pi/4)\cos(ua/4 + \pi/4)\,. \end{aligned} \tag{15.43}$$

Man beachte, daß das Beugungsmuster nicht zentrumssymmetrisch ist, da es ein Phasenobjekt darstellt.

8.9 Die 6 Lochblenden können als Superposition von 3 Lochpaaren dargestellt werden, die jeweils auf den um $120°$ gedrehten Achsen liegen. Jedes davon ergibt sinusförmige Beugungsstreifen mit einer Amplitude von 2, periodisch entlang der entsprechenden Achse. Die resultierende Superposition ist in Abb. 15.22a gezeigt. Um dieses Muster ohne viel Aufwand zu „berechnen", stellen wir jeden Satz Streifen als einen Satz äquidistanter Linien mit den Werten ..., -2, 0, 2, 0, -2, 0, ... dar und addieren ihre Werte an den Schnittpunkten der drei Beugungsmuster. Auf diese Weise können die Maxima, Minima und Nullstellen der Transformierten in Abb. 15.22b

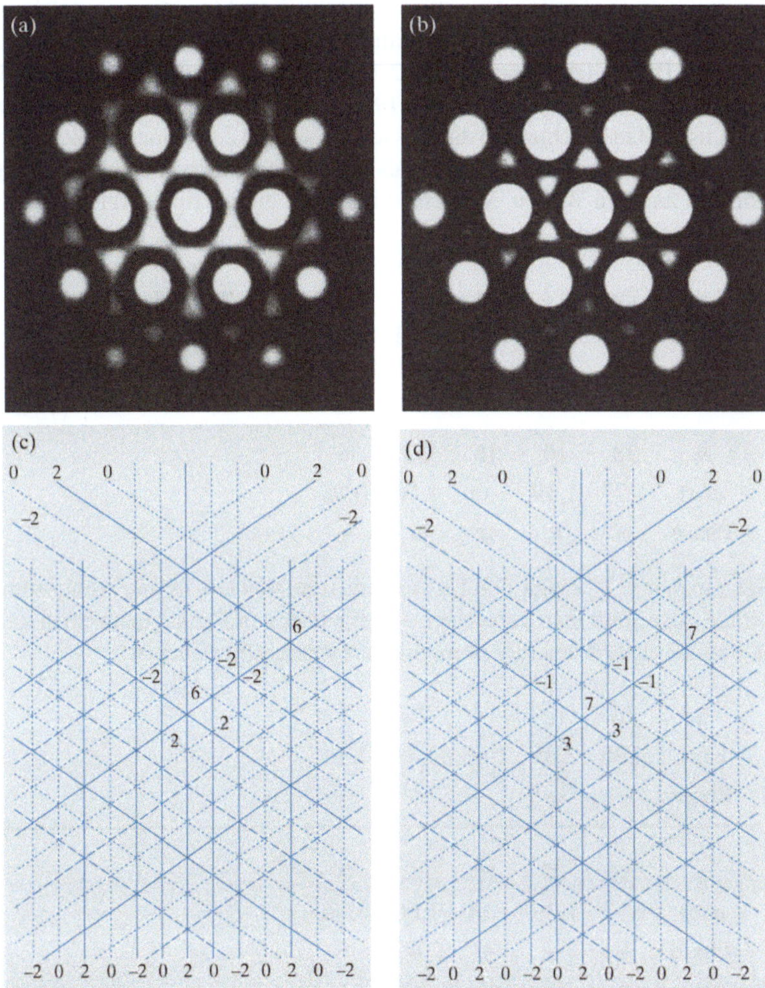

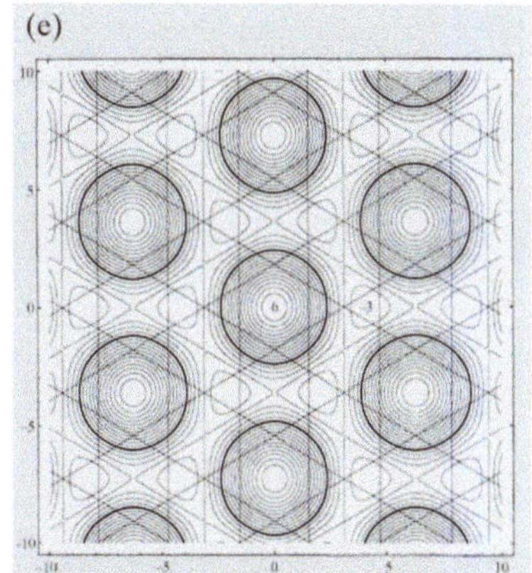

Abb. 15.22. (a), (b) Beugungsmuster von 6 bzw. 7 Löchern; (c) Repräsentation durch 3 Sätze sich schneidender Beugungsstreifen. Die Zahlen an den Schnittpunkten ergeben sich aus der Summe der jeweiligen Streifen und ergeben die Amplitude des entsprechenden Punktes in (a); (d) gleiche Konstruktion zur Darstellung des Musters von 7 Löchern, indem zu den Amplitudenwerten jeweils 1 addiert wurde; (e) Höhenlinienbild der Amplituden aus (a) bzw. (c). Die Beugungsstreifen sind entlang der Orte mit Amplitude 0 eingezeichnet, der Abstand der Konturlinien beträgt 0,5

lokalisiert werden. Man findet einen Maximalwert von 6 und einen Minimalwert von 3 (aufgrund der Symmetrie, da sich die absoluten Minima nicht auf diesem groben Gitter befinden). Nimmt man nun eine siebte Lochblende am Ursprung mit dazu, wird ein Wert von 1 zu jedem Wert hinzuaddiert. Dies macht die positiven Werte in der Transformierten größer, 7, und die negativen schwächer, -2 (Abb. 15.22c). Daraus lassen sich nun die Phasen ($+$ oder $-$ in diesem Beispiel) ableiten.

8.10 (a) Die ungeraden Werte von n mit einer Amplitude von null implizieren, daß die Transformierte des Objekts als Produkt von $\cos(n\pi/2)$ und einer anderen Funktion ausgedrückt werden kann. Das Objekt muß daher die Faltung dieser anderen Funktion mit zwei Deltafunktionen, die 32 Einheiten voneinander entfernt sind, sein. Dies sagt im wesentlichen aus, daß die Einheitszelle nur halb so groß ist, wie wir ursprünglich dachten, so daß die Beugungsreflexe um den doppelten Betrag der ursprünglich angenommenen reziproken Gitterkonstante voneinander entfernt sind. Dieser „Fehler" beeinträchtigt nicht die restliche Ausarbeitung.

(b,c) Die hellen Tripel sind (12,14,26) mit einem Produkt von 22,4, (12,12,24) mit einem Produkt von 19,6, (12,14,2) mit einem Produkt von 16,0, usw. Man beachte, daß die Tatsache, daß (12,12,24) einen großen Wert darstellt, die Folgerung nahelegt, daß 24 wahrscheinlich $+$ ist, unabhängig von den anderen Werten. Verwendet man nun diese Tripel, ergibt sich als erste Abschätzung:

$$
\begin{array}{lccccc}
n & 26 & 12 & 14 & 24 & 2 \\
a(n) & 2{,}96 & 2{,}85 & 2{,}66 & 2{,}41 & 2{,}11 \\
\text{Phase} & + & a & a & + & +,+
\end{array}
\tag{15.44}
$$

$$
\begin{array}{lccccc}
n & 28 & 10 & 16 & 32 & 6 \\
a(n) & 1{,}77 & 1{,}39 & 1{,}00 & 1{,}00 & 0{,}96 \\
\text{Phase} & + & a & a & b & +
\end{array}
$$

Setzt man $a = -$, ergibt sich Unsinn, und $a = +$, $b = -$ ist nur wenig sinnvoller. Also muß man versuchen, $-$ dem stärksten Punkt zuzuordnen und $+$ dem zweitstärksten (der immerhin nur wenig schwächer ist):

$$
\begin{array}{lccccc}
n & 26 & 12 & 14 & 24 & 2 \\
a(n) & 2{,}96 & 2{,}85 & 2{,}66 & 2{,}41 & 2{,}11 \\
\text{Phase} & - & + & - & + & -
\end{array}
\tag{15.45}
$$

$$
\begin{array}{lccccc}
n & 28 & 10 & 16 & 32 & 6 \\
a(n) & 1{,}77 & 1{,}39 & 1{,}00 & 1{,}00 & 0{,}96 \\
\text{Phase} & + & - & + & b & -
\end{array}
$$

Dies, zusammen mit $b = -$, ergibt eine ganz ermutigende Lösung mit drei starken Deltafunktionen an den Positionen 11, 16 und 21, und „kurzem Rasen" dazwischen. Zusammen mit der Reflexionssymmetrie erfüllt dies in der Tat unsere Erwartungen von (a).

(d) Nun transformieren wir nur diese drei Deltafunktionen zurück und vergleichen die Transformierte mit den gegebenen Daten. Damit erhalten wir die Phasen der restlichen Reflexe.

8.11 Wir können den Dopplereffekt dazu verwenden, die Wellenlänge herauszufinden. Für senkrechten Einfall wird die $m$te Ordnung nach $\sin\theta = m\lambda_0/d$ gebeugt. Die Komponente von v unter θ zur Normalen ist $v\sin\theta = vm\lambda_0/d$. Daher haben wir bei einer bewegten Quelle $\lambda_m = \lambda_0(1 - vm\lambda_0/dc)$.

Kapitel 9

9.1 Dieses Problem kann auf formale Weise ganz **allgemein**, d. h. nicht auf ein Amplitudengitter beschränkt, gelöst werden. Das Beugungsgitter wird durch eine Funktion $g(x) = f(x) \otimes \sum_n \delta(x - nd)$ dargestellt. Ihre Transformierte ist $G(u) = F(u) \times \sum_m \delta(u - 2\pi m/d)$. Um das Profil zu optimieren, würden wir gerne die Funktion $f(x)$ finden, die $F(2\pi/d)$ (oder $F(2\pi m/d)$ für die $m$te Ordnung) für eine gegebene transmittierte Gesamtintensität $\int |f(x)|^2 \mathrm{d}x$ maximiert. In der üblichen Weise definieren wir

$$L \equiv \int\limits_{-d/2}^{d/2} \left[f(x)\exp(2\pi \mathrm{i}x/d) - \lambda |f(x)|^2 \right] \mathrm{d}x\,, \tag{15.46}$$

wobei λ eine unbekannte Zahl (Lagrange-Multiplikator) darstellt. Das Optimum ist gegeben durch die Bedingung $\mathrm{d}L/\mathrm{d}f = 0$, d. h.

$$\int\limits_{-d/2}^{d/2} \left[\exp(2\pi \mathrm{i}x/d) \pm 2\lambda f(x) \right] \mathrm{d}x = 0\,. \tag{15.47}$$

Die allgemeine Lösung hierfür ist $f(x) = \pm(2\lambda)^{-1}\exp(-2\pi \mathrm{i}x/d)$, die das Blaze-Gitter definiert – nichtabsorbierend, wenn $\lambda = 1/2$. Beschränken wir $f(x)$ auf reelle Werte, indem wir eine Kosinusfunktion anstelle der komplexen Exponentialfunktion in (15.47) verwenden, ergibt das gleiche Argument $f(x) = \pm(2\lambda)^{-1}\cos(2\pi x/d)$, was offensichtlich korrekt ist, da diese Funktion nur die beiden ersten Ordnungen besitzt. Wiederum ergibt $\lambda = 1/2$ die größtmögliche Intensität. Dadurch, daß wir $f(x)\cos(2\pi x/d)$ maximieren, maximieren wir $f(x)\exp(2\pi \mathrm{i}x/d)$ und $f(x)\exp(-2\pi \mathrm{i}x/d)$, d. h. $F(2\pi/d)$ und $F(-2\pi/d)$ und somit auch $F^*(2\pi/d)$, da für eine reelle Funktion gilt, daß $F^*(2\pi/d) = F(-2\pi/d)$.

Es ist schwierig, die Randbedingung $f(x) > 0$ analytisch einzufügen, aber es scheint, daß $f(x) = 1 + \cos(2\pi x/d)$ ein wahrscheinlicher Kandidat dafür ist. In der Realität hat die Rechteckwelle eine noch höhere Beugungseffizienz als diese Funktion, da die Gesamttransmission größer ist; wir haben sie aber nicht in diese Aufgabe mit aufgenommen, da wir die transmittierte Intensität als Randbedingung verwendet haben.

9.2 Dieses Problem ist in Wirklichkeit viel einfacher, als es den Anschein hat, da eine Drehung um den Winkel $\tan^{-1} h/b$ das Stufengitter in ein Blaze-Gitter verwandelt. Das Standardergebnis ist dann anwendbar, obwohl man sich daran erinnern soll, daß strenggenommen die effektive Breite einer Stufe immer noch b ist, während die Abstände $(b^2 + h^2)^{1/2}$ sind. Das Auflösungsvermögen ist $Nm_{\max} = 2N(b^2 + h^2)^{1/2}/\lambda$.

9.3 Wir betrachten zwei Spektrallinien gleicher Intensität. Jede davon hat ein instrumentell bedingtes Profil $\mathrm{sinc}^2(uL/2)$. Das Sparrow-Kriterium ergibt $2u_s$, wobei u_s der Wert von u ist, bei dem die zweite Ableitung dieses Ausdrucks null ergibt. Man ermittelt diesen Wert am besten numerisch, was $u_s = 2{,}61/L$ ergibt, also ein Auflösungsvermögen 1,2 mal besser als nach dem Rayleigh-Kriterium.

9.4 Bei der Blaze-Wellenlänge haben die Beugungsordnungen die Intensitäten

$$I(u) = \left[\operatorname{sinc} \frac{(u-u_\mathrm{B})b}{2} \sum \delta(u-2\pi m/d) \right]^2 , \tag{15.48}$$

wobei $u_\mathrm{B} = 2\pi/d$. Die Intensitäten der ersten Ordnungen sind:

$$I(0) = \operatorname{sinc}^2(u_\mathrm{B}b/2) = \operatorname{sinc}^2(\pi b/d) ; \tag{15.49}$$
$$I(1) = 1 . \tag{15.50}$$

Ist $I(0) = 0{,}09$ ergibt dies $b/d = 0{,}75$. Dann gilt $I(m) = \operatorname{sinc}^2[3\pi(m-1)/4]$.

Bei $\lambda = 500\,\mathrm{nm}$ ist $u_\mathrm{B} = 2\pi/d \cdot 700/500 = 2{,}8\pi/d$. Dann gilt $I(m) = \operatorname{sinc}^2[\pi(m-1{,}4)/d]$.

9.5 Das Licht wird von der oberen Grenzfläche mit einem Amplitudenreflexionskoeffizienten $\mathscr{R} = (\mu-1)(\mu+1)$ und von der rückseitigen Grenzfläche mit $-\mathscr{R}$ reflektiert. Vernachlässigt man Mehrfachreflexionen, ist die Lichtintensität für die optische Dicke $\bar{l}$ daher

$$\frac{1-\mu}{1+\mu}\left[1 - \exp(2ik_0\bar{l})\right] \to 0 \quad \text{für} \quad \bar{l} = 0 . \tag{15.51}$$

Die Maximalintensität tritt bei $2k_0\bar{l} = m\pi$ mit ungeradem m auf. Dies ergibt $4\bar{l} = m\lambda$. Für einen gegebenen Wert von λ korrespondieren die Werte $m = 9$, 11 und 13 mit den obigen Daten bei $\bar{l} = 1\,500\,\mathrm{nm}$, also einer Dicke $l = 1{,}07\,\mu\mathrm{m}$.

9.6 Es gibt zwei Ausgänge des Interferometers, an denen Interferenz beobachtet werden kann. Da die Reflexionskoeffizienten von beiden Seiten eines nichtabsorbierenden Strahlteilers die Bedingung $R = -\mathscr{R}^*$ erfüllen (5.92), sind die beiden Interferenzmuster jeweils gegenphasig. Das andere Muster hat daher unter den angegebenen Bedingungen die maximale Intensität.

9.7 Wir verwenden die Konstruktion aus Abschn. 9.3.3, in der wir zwei Lichtstrahlen von einer Punktquelle auf den zwei möglichen Routen durch das Interferometer verfolgen. Die beiden Strahlen schneiden sich in der Ebene der Lokalisierung, wenn das Interferometer leicht dejustiert gezeichnet wird (sonst ist die Schnittstelle nicht definiert).

Bei der Interferenz von einer dünnen Schicht bedeutet die „leichte Dejustierung", daß die Oberflächen der Schicht einen kleinen Winkel zueinander besitzen. Ansonsten gibt es keinen Beugungsstreifen nullter Ordnung, der, wie man sich erinnern sollte, der einzige ist, für den diese Konstruktion exakt gilt. Der Streifen nullter Ordnung muß also auf der „Schnittgeraden" der beiden Oberflächen liegen. Verwenden wir nun die Konstruktion von Paaren von Bildern zweier Punktquellen (A_1, A_2); (B_1, B_2) in Abb. 15.23a, sieht man sofort, daß die Ebene der Lokalisierung in der Schicht liegt und parallel zum Bild der Quelle ist. Um den Streifen nullter Ordnung zu sehen, sollte das Auge des Beobachters auf der Verbindungslinie von den Bildpunkten zu Z_A, Z_B liegen. In der Realität ist die Schichtdicke nie null, und

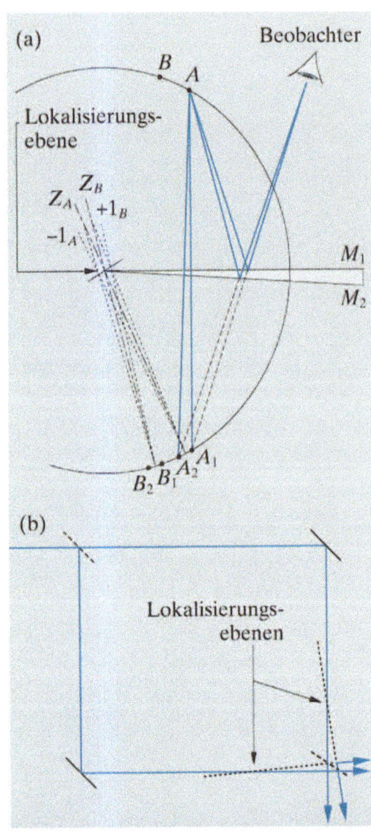

Abb. 15.23. Lokalisation von Beugungslinien in (a) einem dünnen Film; (b) im Mach-Zehnder-Interferometer. Beachte, daß in (a) die Lokalisationsebene durch den Schnittpunkt der Ober- und Unterseite des Films geht. Ihre Orientierung ist parallel zum Mittelwert von $A_1 A_2$ und $B_1 B_2$, die natürlich von der Position der Quelle abhängen

die Streifen, die man sieht, sind die höherer Ordnung, deren Position, wie gezeichnet, in der Blickrichtung liegen kann.

In einem Mach-Zehnder-Interferometer kann die Lokalisierungsebene durch eine passende Justage der Spiegel in eine beliebige Position gebracht werden (Abb. 15.23b)! Die beiden gezeigten Positionen für die Lokalisierungsebene beziehen sich auf die beiden möglichen Blickrichtungen und stellen die Orte der nullten Beugungsordnung dar.

Für ein System mit Mehrfachreflexion können wir das gleiche Konzept verwenden, wobei wir dann allerdings nach den Schnittstellen der Strahlen, die auf allen möglichen Wegen laufen, suchen müssen. Gibt es mehr als zwei Strahlen, gibt es im allgemeinen keinen gemeinsamen Schnittpunkt und daher auch keine Lokalisierungsebene.

9.8 Wir interpretieren das Interferenzmuster des Etalons als eines, das von Wellen erzeugt wird, die von den mehrfach reflektierten, kohärenten Bildern eines Punktes der Lichtquelle emittiert werden. Dies geschieht in völliger Analogie zu der Art und Weise, wie wir es für das Michelson-Interferometer in Abschn. 9.3.2 (Abb. 15.24a) getan haben. Sind die Oberflächen parallel, handelt es sich dabei um eine periodische, lineare Anordnung von Quellen mit Abständen von $2d$, die aufgrund der Mehrfachreflexionen stetig schwächer werden. Das Interferenzmuster verhält sich wie bei einem Beugungsgitter, bei dem die Linienstärke exponentiell abnimmt. Anstelle der üblichen Formel für Beugungsgitter (unter Vernachlässigung des Brechungsindex der Glasplatte) haben wir in diesem Fall $m\lambda = 2d\sin(\pi/2 - \theta)$, da θ relativ zur Richtung der Quellenanordnung gemessen wird. Da alle Quellen in Phase sind, ist das Auflösungsvermögen L/λ, wobei L die effektive Länge des Gitters darstellt. Dies entspricht $2d$-mal der Zahl der Reflexionen, die stark genug sind, einen signifikanten Beitrag zu liefern (siehe Abschn. 9.5). Wir haben all dieses gesagt, um die Lösung dieses Problems offensichtlich zu machen. Sind die Platten nicht parallel, dann liegen die mehrfach reflektierten Quellen auf einem **Kreis** mit Radius $R = d/\beta$, dessen Zentrum auf der Schnittgeraden der beiden Glasplatten (Abb. 15.24b) liegt. Dies kommt daher zustande, daß jede Reflexion ein Bild der vorhergehenden in einem zusätzlichen Spiegelpaar unter dem Winkel β ist, was jedem klar sein sollte, der einmal sein Spiegelbild mit einem zweiten, fast parallelen Spiegel hinter sich betrachtet hat. Ist der Reflexionskoeffizient $\mathscr{R}$ groß genug, können die Quellen einen Halbkreis ausfüllen, bevor sie zu schwach werden. Das Auflösungsvermögen ist dann durch $2R/\lambda = 2d\lambda\beta$ gegeben, da die größte Wegdifferenz zwischen zwei Quellen auf dem Kreis $2R$ ist. Das tatsächliche Interferenzmuster ist nur schwer analytisch berechenbar und wird am besten numerisch ermittelt; siehe beispielsweise Abb. 15.24c (aus *Senthilkurmaran* et al. 1995).

9.9 Ist θ klein, ist ϕ ungefähr gleich dem kritischen Winkel $\hat{\imath}_c = \sin^{-1}(1/\mu)$. Der Unterschied im optischen Weg zwischen aufeinanderfolgenden Wegen ist $2\mu d\cos\phi$, was im Falle konstruktiver Interferenz der Ordnung $m = 2\mu d\cos\phi/\lambda$ entspricht, und die Phasenverschiebung beträgt $2\pi m = 4\pi\mu d\sqrt{1 - \mu^2\cos^2\theta}/\lambda$. Die Zahl der interferierenden Wel-

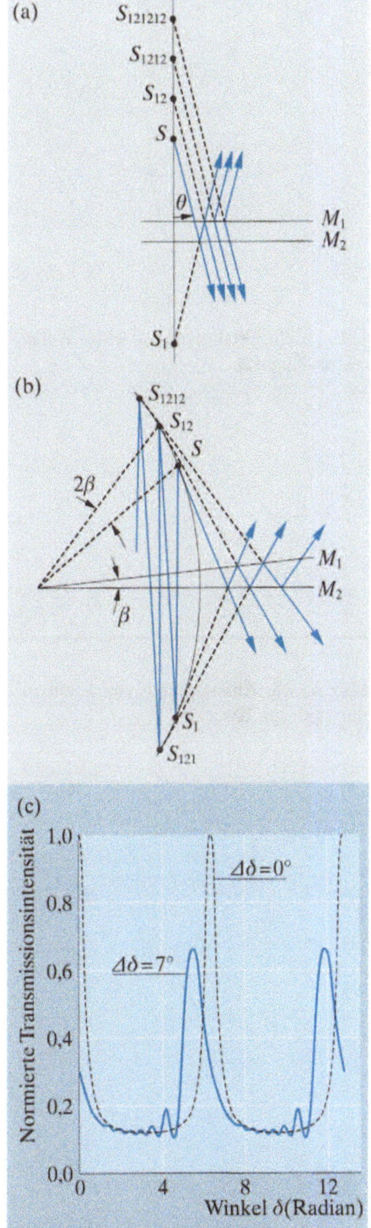

Abb. 15.24. Fabry-Perot-Interferometer mit (a) parallelen und (b) geneigten Platten; (c) ein Beispiel für das numerisch berechnete Linienprofil

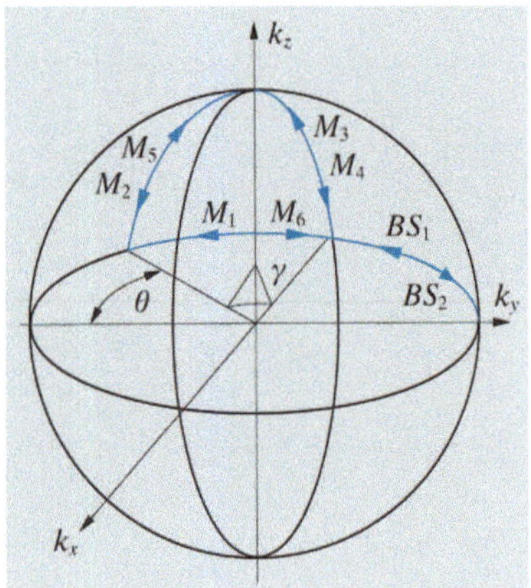

Abb. 15.25. Ortskurven auf einer Wellen-vektor–Kugel

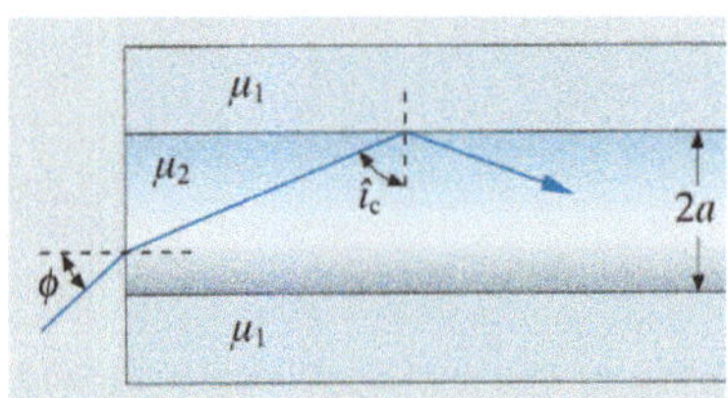

Abb. 15.26. Einkopplung von Licht in eine optische Faser

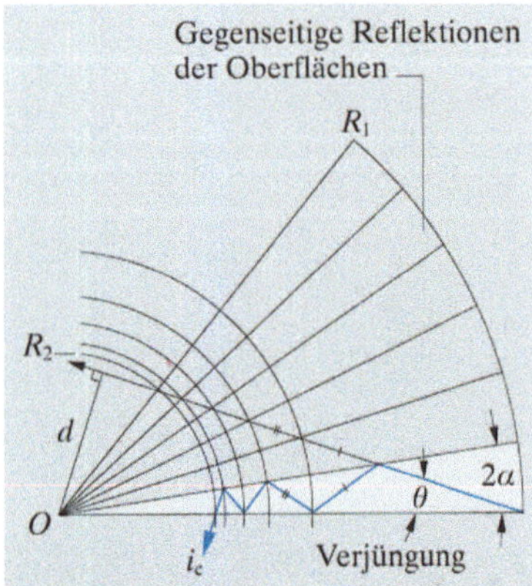

Abb. 15.27. Strahlengang in einer sich verjüngenden Faser

len beträgt $N = L/(2d \tan\phi)$. Daher ist das Auflösungsvermögen gleich $R = mN = \mu L \cos\phi/(\lambda \tan\phi) \approx L(\mu^2 - 1)/\lambda$.

9.10 Betrachten wir beispielsweise eine linkshändig zirkular polarisierte Welle. Die Felder können als

$$E_x = E_0 \exp\left[i(k_0 z + \omega t)\right];$$
$$E_y = E_0 \exp\left[i(k_0 z + \omega t + \pi/2)\right] \tag{15.52}$$

geschrieben werden. Die Pfade sind in Abb. 15.25 aufgezeichnet. Offensichtlich ist der abgedeckte Raumwinkel der beiden Pfade $\pm\gamma = (\pi/2 - \theta)$. Ein Pfad addiert zu jeder Komponente $+\gamma$; der andere $-\gamma$. Da beide Wellen zirkular polarisiert sind, interferieren sie immer, aber die Interferenzphase ist um $2\gamma = \pi - 2\theta$ verschoben. Für die andere Richtung ist die Phase um -2γ verschoben. Würden wir linear polarisiertes Licht verwenden, könnten wir es als Überlagerung zweier zirkular polarisierter Wellen interpretieren. Ist dann speziell $\theta = \pi/4$, sind beide Interferenzmuster um 90° phasenverschoben und somit ist mit linear polarisiertem Licht keine Interferenz beobachtbar.

Kapitel 10

10.1 Verwendet man geometrische Optik, kann man Abb. 15.26 entnehmen, daß der kritisch reflektierte Strahl einem Einfallswinkel ϕ auf einer ebenen Grenzfläche senkrecht zur Faserachse mit

$$\sin\phi = (\mu_2^2 - \mu_1^2)^{1/2} \tag{15.53}$$

entspricht. Dies stellt die maximal nutzbare NA dar; sie kann auch als $V/ak_0\mu_2$ geschrieben werden (siehe Abschn. 10.1.2 für die Definition der Variablen). Es gibt keine Möglichkeit, den Lichteinfall durch eine Veränderung des Faserprofils zu erhöhen; jeder Teil des Profils, der nicht senkrecht zur Faserachse steht, wird auf der einen Seite mehr Licht einsammeln, aber auf der anderen Seite weniger.

10.2 Der Weg, den ein Strahl nach Eintritt in den trichterförmigen Bereich nimmt, kann mit Hilfe der Konstruktion in Abb. 15.27, die selbsterklärend sein sollte, verfolgt werden. Der Akzeptanzwinkel für Strahlen, die den Trichter an seinem schmalen Ende verlassen, bevor ihr Einfallswinkel relativ zur Faserwand $\hat{\imath}_c$ erreicht, läßt sich geometrisch als θ bestimmen, wobei $R_1 \sin\theta = R_2 \cos\hat{\imath}_c = d$ ist. Die Radien des Ein- bzw. Ausgangs des Trichters sind $R_1 \sin\alpha$ und $R_2 \sin\alpha$. Die Helligkeit ist als Leistung pro Flächeneinheit und Raumwinkelelement definiert. Für die Leistung P ist die Helligkeit am Eingang $P/[(\sin^2(\alpha)\pi R_1^2 \sin^2\theta)]$ und am Ausgang $P/[\sin^2(\alpha)\pi R_2^2 \sin^2(\pi/2 - \hat{\imath}_c)]$. Beide sind gleich!

10.3 Die Nullstellen und Asymptoten von $\alpha a \tan(\alpha a)$ und entsprechend die von $\mu_2^2/\mu_1^2 \alpha a \tan(\alpha a)$ liegen bei den gleichen Werten, so daß die Zahl der Schnittstellen mit dem Kreis in Abb. 10.5 die gleiche ist. Daher sind auch die Modenzahlen gleich. Die Werte für βa, die man im zweiten Fall erhält, sind allerdings größer, so daß die Zerfallslänge im Mantel $(\beta)^{-1}$ kleiner ist. Daher sind die Verluste im $\parallel$-Fall kleiner.

10.4 Wir können diese Aufgabe durch Analogiebildung zur Schrödingergleichung lösen. Der entsprechende „Potentialwall" hat eine Potentialbarriere auf einer Seite, die man als unendlich ansehen kann (da $\mu_2 - \mu_1 \ll \mu_2 - \mu_0$). Dort muß offensichtlich die Wellenfunktion jeder Mode null sein. Daher muß die Mode zu einer Hälfte der Sinuslösung von (10.15) gehören. Die Bedingung, unter der es eine einzelne Sinuslösung gibt (entweder $\|$ oder $\perp$), ist $\pi/2 < Va < 3\pi/2$. Ist $Va < \pi/2$, breiten sich keine Moden in einem asymmetrischen Wellenleiter aus (siehe Abb. 10.5); $Va = \pi/2$, wenn $a/\lambda = (\mu_2^2 - \mu_1^2)^{1/2}/4$.

10.5 10.5 Die Konvention für (n, l), die in Abschn. 10.2.2 eingeführt wurde, ist die gleiche, die normalerweise in der Quantenmechanik beim Wasserstoff-Atom verwendet wird, außer daß wir die niedrigste Mode $n = 0$ anstatt $n = 1$ nennen. Es gibt dann $(n - l + 1)$ Maxima in der Radialfunktion $R(r)$, einschließlich dem bei $r = 0$, falls die Funktion dort nicht null ist. Es gibt l azimutale Knoten, die Durchmesser darstellen, und es gilt $l \leq n$. Aus dieser Konvention folgen für (a) bis (d) die Zahlenpaare (0,0), (1,1), (1,0) und (2,2). (e) hat den Wert null bei $r = 0$, d. h. $l \neq 0$, es gibt aber keine azimutale Variation. Dieser Fall stellt eine Superposition zweier (1,1)-Moden wie im Fall (b) dar, die ihre Knotenpunkte auf zueinander senkrechten Durchmessern haben; sie haben wahrscheinlich verschiedene Polarisationen, was wir aber nicht nachgeprüft haben. Im Gegensatz dazu besitzt (f) azimutale Variationen, ist aber bei $r = 0$ nicht null; dieser Fall ist eine Überlagerung von (0,0) und (1,1).

In der Literatur zur Optik (z. B. *Wilson* und *Hawkes* 1989) werden auch Wellenleiter- Modennummern (l, m) verwendet, wobei l die gleiche Bedeutung wie oben hat, während m die Zahl der radialen Maxima bei $r > 0$ darstellt, mit $m = 0$ für ein einzelnes Maximum im Zentrum. Die Moden in der Abbildung sind dann $(l, m) = $ (0,0), (1,1), (0,2), (1,0), (2,0), (0,1) und eine Mischung von jeweils (0,0) und (1,1). Diese Notation unterscheidet nicht so einfach zwischen gemischten und puren Moden, wie im Fall (c) und (e) dargestellt.

10.6 Die Interferenzbedingung für ein Filter, basierend auf einem Fabry-Perot-Étalon, ist $n\lambda = 2d\mu \cos\theta$, so daß λ mit von Null an zunehmendem θ abnimmt: Eine Verkippung verschiebt die Transmissionswellenlänge ins Blaue. Der Wert von $\delta\lambda$ hängt über die Reflexionskoeffizienten (10.75) von der Polarisation ab: $\mathscr{R}_\perp$ nimmt mit θ zu, $\mathscr{R}_\|$ nimmt ab und wird beim Brewster-Winkel null. Daher nimmt $\delta\lambda$ für die $\perp$-Polarisation bei Verkippung ab bzw. nimmt für die $\|$-Polarisation zu; das Filter wird für diese Polarisation beim Brewster-Winkel an der Grenzschicht zwischen u_H und u_L unwirksam.

10.7 Entsprechend der Antwort zu Aufgabe 10.6 kann ein Polarisator mit Hilfe eines periodischen Vielschichtspiegels konstruiert werden, der beim Brewster-Winkel die $\|$-Polarisation vollständig transmittiert. Das Design wird dann komplettiert, so daß die $\perp$-Polarisation zu 99% reflektiert wird. Nehmen wir als Beispiel ein System aus ZnS und MgF_2 mit den Werten $\mu_\mathrm{H} = 2{,}32$ und $\mu_\mathrm{L} = 1{,}38$, $\hat{\imath}_\mathrm{B} = 59°$. Daraus folgt, daß für $\perp$: $u_\mathrm{H} = 1{,}98$, $u_\mathrm{L} = 0{,}71$ und für $\|$: $u_\mathrm{H} = u_\mathrm{L} = 2{,}69$. Mit einem Substrat mit Brechungs-

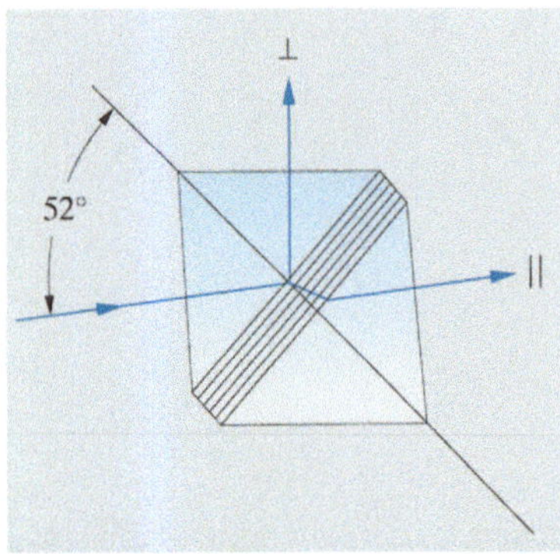

Abb. 15.28. Polarisierender Strahlteiler

index 1,5, können wir (10.69) dazu verwenden, $\mathscr{R}_\perp \approx 1-5{,}1 \cdot (0{,}36)^{2N}$ für N Perioden zu berechnen. Um $\mathscr{R}_\perp = 0{,}995$ zu erhalten, benötigen wir vier Perioden; wird dagegen ein Stapel aus $\lambda/4$ dicken Platten (sog. „Viertelwellen-Anordnung") verwendet (Aufgabe 10.8), braucht man nur drei Perioden. Ein konventionelles Design für einen solch polarisierenden Strahlteiler ist in Abb. 15.28 gezeigt.

10.8 Der Vielschichtspiegel wird dadurch optimiert, daß man abwechselnd positive und negative Reflexionskoeffizienten hat, die durch positive und negative Sprünge im Brechungsindex zustande kommen. Diese Sprünge sind natürlich um eine Viertelwellenlänge voneinander getrennt. Ein Fehler in der Reihenfolge ist natürlich verheerend. Betrachten wir die erste Folge Glas $(\mathrm{HL})^{q+1}$ Luft. Die Vorzeichen der Brechungsindexsprünge sind $(+-)^{q+1} - = (+-)^q + --$. Auf der anderen Seite hat die „Viertelwellen-Anordnung" Glas $(\mathrm{HL})^q \mathrm{H}$ Luft $(+-)^q + -$. Im ersten Fall erzeugt das abschließende $--$ eine gegenphasige Welle, die diese Anordnung weniger reflektierend macht als die zweite.

10.9 Computerprogramm

Kapitel 11

11.1 Die Berechnung folgt aus Abschn. 11.3.2 und 11.3.3. Die Halbwertsbreite der Lorentz-Funktion ist $2\tau^{-1}$. Verwenden wir eine Abschätzung von $0{,}1\,\mathrm{nm}^2$ als Querschnitt eines Wassermoleküls, finden wir unter den gegebenen Bedingungen $\delta\lambda$ (Doppler) $\approx 0{,}0014\,\mathrm{nm}$ und $\delta\lambda$ (Kollision) $\approx 0{,}0016\,\mathrm{nm}$.

11.2 Licht wird von Teilchen in thermischer Bewegung gestreut, und wir erhalten so eine Dopplerverschiebung, wie sie von einem bewegten Spiegel, der die Bewegung der Teilchen darstellt, erzeugt würde. Man kann zeigen, daß für eine Streuung unter $90°$ die Geschwindigkeitskomponente der reflektierten Quelle in der Beobachtungsrichtung gleich der Teilchengeschwindigkeit ist, unabhängig von deren Richtung. Ist $m = 10^{-16}$ g, ist die Dopplerbreite $\delta\lambda = 8 \cdot 10^{-7}$ nm, und die Kohärenzlänge ist 230 m.

11.3 Wir nennen das σ der Intensität σ_I. Für die *Amplitude* ist der Exponent der Gauß-Funktion halb so groß wie der der Intensität, d. h. $\sigma_\mathrm{A} = \sqrt{2}\sigma_\mathrm{I} = \sqrt{2}$ mm. Die Transformierte ist eine Gauß-Funktion mit dem Skalenparameter σ_A^{-1}; in der Brennebene hat die Lichtamplitude den Gaußschen Parameter $\sigma_{\mathrm{A}f} = \sigma_\mathrm{A}^{-1} f/k_0 = f/\sqrt{2}k_0\sigma_\mathrm{I}$; die *Intensität* in der Brennebene hat den Parameter $\sigma_{\mathrm{I}f} = \sigma_{\mathrm{A}f}/\sqrt{2} = f/2k_0\sigma_\mathrm{I}$. Damit die Lochblende 95% des Lichts transmittiert, muß sie einen Radius haben, der dreimal so groß ist wie dieser Wert. Setzt man die Zahlenwerte ein und nimmt $\lambda = 500$ nm, ergibt sich ein Blendendurchmesser von $0{,}6\,\mu$m. Man nimmt an, daß das Rauschen, das zu Amplitudenvariationen in einer Größenordnung führt, die klein im Vergleich zur Gauß-Funktion ist, durch das Objektiv in größere Winkel abgebeugt und nicht durch eine Lochblende mit diesem Durchmesser transmittiert wird.

11.4 Folgende, qualitative Aussage kann mit Hilfe der Grundprinzipien der Fourieranalyse getroffen werden. Es ist in diesem Fall nützlich, die spektroskopische Notation der Wellenzahlen zu verwenden, d. h. $1/\lambda$ in Einheiten cm^{-1}. Es gibt 30 Perioden der Hauptstruktur innerhalb des Spektrums bis $0{,}01\,\mathrm{cm}$, so daß die Wellenzahl $3\,000\,\mathrm{cm}^{-1}$ ist ($\lambda = 3{,}3\,\mu\mathrm{m}$). Die Form der Einhüllenden, die abwechselnd große und kleine Amplituden zeigt, deutet darauf hin, daß das Spektrum aus drei nahe beieinanderliegenden Komponenten mit annähernd gleicher Amplitude besteht. Die Wiederholperiode dieses Musters beträgt etwa $0{,}003\,\mathrm{cm}$, der Abstand der Komponenten ist das Reziproke hiervon, also etwa $300\,\mathrm{cm}^{-1}$. Das gesamte Muster ist nach etwa $0{,}01\,\mathrm{cm}$ abgeklungen, was eine Breite von etwa $100\,\mathrm{cm}^{-1}$ für jede Komponente ergibt.

11.5 Das Ausgangsspektrum ist ideal, d. h. $J(\omega)$ gefaltet mit der Funktion $\mathrm{sinc}(\omega d_{\max}/c)$, um den endlichen Beobachtungsbereich zwischen $-d_{\max}$ bis $d_{\max}$ darzustellen. Das Resultat ist

$$J_1(\omega) = \mathrm{sinc}\left[(\omega - \omega_1)\frac{d_{\max}}{c}\right] + \mathrm{sinc}\left[(\omega - \omega_2)\frac{d_{\max}}{c}\right], \qquad (15.54)$$

wobei die erste sinc-Funktion ihre ersten Nullstellen bei $\omega = \omega_1 \pm \pi c/d_{\max}$ hat und die zweite an entsprechenden Punkten. Daher scheinen die Deltafunktionen eine Breite von dieser Größenordnung und zusätzliche kleine Oszillationen zu besitzen. Aus Konsistenzgründen drücken wir dies als Halbwertsbreite $3{,}8c/d_{\max}$ aus (da $\mathrm{sinc}(1{,}8955) = 0{,}5$). Man beachte, daß die Intensität bei den ungeraden Schwingungen negativ *erscheint*, was offensichtlich ein Artefakt ist, das aufgrund der *Berechnung* der Intensitäten durch Fouriertransformation über einen endlichen Bereich und der *Annahme*, daß das Interferogramm außerhalb dieses Bereiches null ist, zustande kommt. Wird das Interferogramm durch die Funktion $\cos(d\pi/2d_{\max})$ apodisiert, wird das Spektrum zusätzlich mit der Transformierten dieser Funktion, nämlich einem Paar von Deltafunktionen an den Stellen $\pm\pi c/2d_{\max}$, gefaltet. Aufgrund der Position der ersten Nullstelle nach der zweiten Faltung (siehe Abb. 15.29a) kann man abschätzen, daß dies die Halbwertsbreite um einen Faktor von etwa 3/2 vergrößert und das Auflösungsvermögen um den gleichen Faktor reduziert. Wichtiger jedoch ist die Tatsache, daß die Oszillationen (die mit n gezählt werden) der beiden Komponenten der Faltung genau gegenphasig sind und ihre Amplituden daher wie $1/n - 1/(n+1) \approx 1/n^2$ abklingen, was zu einem viel schwächeren Muster als bei der sinc-Funktion führt.

Die Reduktion des Auflösungsvermögens und die entsprechende Reduktion der Geisterbilder ist in Abb. 15.29b gezeigt.

11.6 Die Quelle hat die Form eines Rechtecks von $0{,}04\,\mathrm{m}\cdot 1\,\mathrm{m}$. Die räumliche Kohärenzfunktion (der komplexe Grad räumlicher Kohärenz) ist

$$\gamma(x, y) = \mathrm{sinc}(0{,}002\,k_0 x)\,\mathrm{sinc}(0{,}05\,k_0 y), \qquad (15.55)$$

was ein zentrales Maximum der Halbwertsbreiten $150\,\mu\mathrm{m}\cdot 6\,\mu\mathrm{m}$ besitzt.

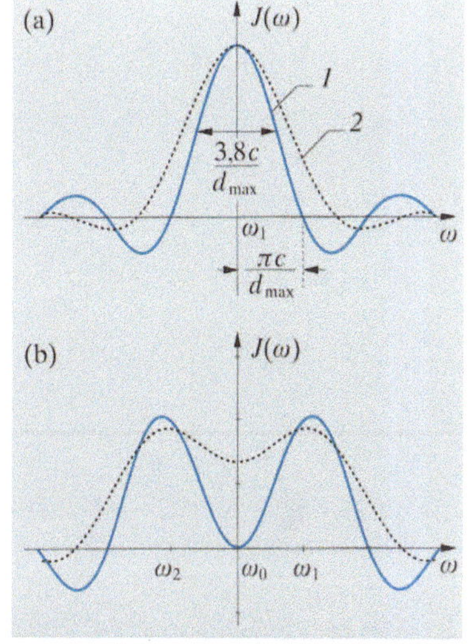

Abb. 15.29. (a) Die Funktion $\mathrm{sinc}[(\omega - \omega_1)d_{\max}/c]$ (*1*) und ihre Faltung mit zwei δ-Funktionen an den Stellen $\omega = \pm\pi c/2d_{\max}$ (*2*); (b) Summe zweier Spektrallinien mit den Frequenzen $\omega_{1,2} = \omega_0 \pm \pi c/d_{\max}$ für den nicht-apodisierten Fall (*durchgezogene Linie*) und für den apodisierten Fall (*gepunktete Linie*)

11.7 Jede Quelle interferiert **kohärent** mit ihrem Bild im Spiegel, aber die beiden Interferenzmuster überlagern sich **inkohärent**. Für Amplituden mit dem Wert 1 ergibt sich

$$\psi_A = 2\sin(k_0 h_1 \sin\theta) = 2\sin(k_0 h_1 x/L)\,; \tag{15.56}$$

$$\psi_B = 2\sin(k_0 h_2 \sin\theta) = 2\sin(k_0 h_2 x/L)\,. \tag{15.57}$$

Inkohärent addiert, erhalten wir

$$|\psi_A|^2 + |\psi_B|^2 = 4\left[\sin^2(k_0 h_1 x/L) + \sin^2(k_0 h_2 x/L)\right]. \tag{15.58}$$

Die Interferenzstreifen verstärken sich gegenseitig, bis sie außer Phase geraten. Dies geschieht, wenn $k_0 h_1 x/L - k_0 h_2 x/L \approx \pi$ oder $x \approx \pi L/k_0(h_2 - h_1) = \pi/k_0\alpha = \lambda/2\alpha$ wird. Die Größenordnung ist die gleiche wie bei den Abmessungen der Kohärenzregion für eine Quelle, die sich von h_1 nach h_2 erstreckt; der Fehler von einem Faktor 2 entsteht dadurch, daß wir nur die Endpunkte dieser Quelle betrachtet haben und es auch das Spiegelbild dazu gibt (ähnlich wie in Abschn. 11.7.1).

11.8 Wir können im Sinne von (11.82) fortfahren. Zunächst schreiben wir $\gamma(\tau)$ im Sinne des Modells:

$$\begin{aligned}
\gamma(\tau)\frac{\langle E(t)E^*(t+\tau)\rangle}{\langle I(t)\rangle} \\
= \frac{a^2}{Na^2}\left\langle \sum_{j,k=1}^{N} \exp\left\{\mathrm{i}\big[(\omega_j - \omega_k)t + \phi_j - \phi_k - \omega_k\tau\big]\right\}\right\rangle \\
= N^{-1}\sum_{k=1}^{N} \exp(-\mathrm{i}\omega_k\tau)\,.
\end{aligned} \tag{15.59}$$

Daraus folgt, daß $|\gamma(\tau)|^2$ als Doppelsumme geschrieben werden kann:

$$|\gamma(\tau)|^2 = N^{-2}\sum_{j,k=1}^{N} \exp\big[\mathrm{i}(\omega_j - \omega_k)\tau\big]. \tag{15.60}$$

Nun schreiben wir $c(\tau)$ in der gleichen Notation in der Form

$$\begin{aligned}
c(\tau)\frac{\langle I(t)I(t+\tau)\rangle}{\langle I(t)\rangle^2} \\
= \frac{a^4}{a^4 N^2}\left\langle \sum_{j,k,l,m=1}^{N} \exp\left\{\mathrm{i}\big[(\omega_j - \omega_k + \omega_l - \omega_m)t \right.\right. \\
\left.\left. + \phi_j - \phi_k + \phi_l - \phi_m + (\omega_l - \omega_m)\tau\big]\right\}\right\rangle.
\end{aligned} \tag{15.61}$$

Bei der Summation sind die einzigen Terme, die sich nicht herausmitteln, diejenigen mit $j = k$ und $l = m$, für die alle Exponentialfunktionen eins werden und die die Summe N^2 ergeben, sowie die Terme mit $j = m$ und $k = l$, die sich zu

$$\sum_{j,k=1}^{N} \exp\left[\mathrm{i}(\omega_j - \omega_k)\tau\right] \qquad (15.62)$$

aufsummieren. Daher gilt

$$c(\tau) = N^{-2}\left\{N^2 + \sum_{j,k} \exp\left[\mathrm{i}(\omega_j - \omega_k)\tau\right]\right\} \qquad (15.63)$$

$$= 1 + \left|\gamma(\tau)\right|^2 . \qquad (15.64)$$

11.9 In diesem Fall ist die Geometrie sehr einfach. Der Vektor r zwischen den beiden Antennen, projiziert auf die Ebene senkrecht zur Beobachtungsrichtung, beschreibt einen Ring mit Radius $100\,\mathrm{km}$. Daher ist die Punktantwort die Fouriertransformierte dieser (ringförmigen) Blende,

$$J_0(ur) = J_0(k_0 r \sin\theta) = J_0(2\pi \cdot 10^6 \sin\theta) . \qquad (15.65)$$

Sie hat ihre erste Nullstelle bei $\theta = 2{,}4 \cdot 10^{-6}/2\pi$ rad.

Für andere Beobachtungsrichtungen muß r auf die Ebene senkrecht zur Richtung des Sterns projiziert werden, was im allgemeinen eine Ellipse ergibt. Teile davon können durch die Erdrotation verdeckt werden (passiert nicht in der Nähe der Pole). Befindet sich der Stern in der Äquatorialebene, ist die Projektion eine gerade Linie, deren Länge von der Größe von r abhängt und ihrer Orientierung relativ zur Erdachse.

11.10 Die reellen Felder E_1 bei r_1 und E_2 bei r_2 sind

$$E_1^{\mathrm{R}} = \cos(\omega_1 t) + \cos\left(\omega_2 t + \tfrac{1}{2}x_0 k_0 \sin\theta_0\right) ; \qquad (15.66)$$

$$E_2^{\mathrm{R}} = \cos(\omega_1 t) + \cos\left(\omega_2 t - \tfrac{1}{2}x_0 k_0 \sin\theta_0\right) , \qquad (15.67)$$

wobei $k_0 = \omega_2/c$ ist. Dann gilt

$$\begin{aligned}
\gamma^{\mathrm{R}}(x_0) = &\left\langle \cos\omega_1 t \cdot \cos\omega_1 t + \cos\left(\omega_2 t + \tfrac{1}{2}x_0 k_0 \sin\theta_0\right) \right. \\
&\left. \times \cos\left(\omega_2 t - \tfrac{1}{2}x_0 k_0 \sin\theta_0\right)\right\rangle \\
&+ \text{Terme mit } (\omega_1 - \omega_2)t, \text{ die sich herausheben} \\
= &\tfrac{1}{2}\left[1 + \cos(k_0 \sin\theta_0)\right] .
\end{aligned} \qquad (15.68)$$

Die dazugehörigen komplexen Funktionen können dadurch erhalten werden, daß man den Kosinus durch die komplexe Exponentialfunktion ersetzt:

$$E_1 = \exp(\mathrm{i}\omega_1 t) + \exp\left[\mathrm{i}\left(\omega_2 t + \tfrac{1}{2}x_0 k_0 \sin\theta_0\right)\right] ; \qquad (15.69)$$

$$E_2 = \exp(\mathrm{i}\omega_1 t) + \exp\left[\mathrm{i}\left(\omega_2 t - \tfrac{1}{2}x_0 k_0 \sin\theta_0\right)\right] . \qquad (15.70)$$

Daher gilt

$$\gamma(x_0) = \tfrac{1}{2}\big[1 + \exp(ik_0 \sin \theta_0)\big]. \tag{15.71}$$

Die Intensitätsverteilung der Quelle ist die Fouriertransformierte von (15.71) mit der Variablen $k_0 x_0$, d.h. $\delta(\theta) + \delta(\theta - \theta_0)$. Dieses Resultat ist nicht nur eine Kleinwinkelnäherung, sondern exakt, da die Variablen in der Fouriertransformation $k_0 x_0$ und $\sin \theta$ sind.

Kapitel 12

12.1 Die Auflösungsgrenze des Teleskops (unter Vernachlässigung der atmosphärischen Effekte) beträgt $6 \cdot 10^{-7}$ rad. Ein beugungsbegrenzter Fleck hat einen Durchmesser von $7 \cdot 10^{-3}$ mm. Da der Film eine Auflösung von $5 \cdot 10^{-2}$ mm besitzt, wird eine zusätzliche Vergrößerung von 7 beide angleichen. In der Praxis wird allerdings der beugungsbegrenzte Bildpunkt durch atmosphärische Störungen verwaschen, weswegen die zusätzliche Vergrößerung nicht notwendig sein wird.

12.2 Dieses Problem löst man am besten mit der in Abschn. 12.3.1,2 beschriebenen Methode. Im Bildraum wäre das ideale Bild unter der vereinfachten Annahme einer Vergrößerung von eins $\delta(x - 3\lambda/2) + \delta(x + 3\lambda/2)$. Die Amplituden-Punktantworten sind sinc(ua), wobei a die Halbblende $U \cdot$ NA ist, d.h. $0{,}5\,U$ im Fall (a) und $0{,}2\,U$ in den Fällen (b) und (c). U ist die Objektentfernung, gleich der Bildentfernung V. Setzen wir $u = 2\pi \sin \theta / \lambda = 2\pi x / V\lambda$ ein, erhalten wir

$$\text{Punktantwort} = \text{sinc}\left(\frac{2\pi \text{NA} x}{\lambda}\right). \tag{15.72}$$

In (a) und (b) addieren wir die Amplituden der Punktantwort, gefaltet mit den Deltafunktionen, und quadrieren dann, um die Intensitäten der Bilder zu erhalten; in (c) quadrieren wir die Punktantwort zuerst und addieren dann. Die Resultate sind in Abb. 15.30 gezeigt. Wir sehen, daß die Punkte in Abb. 15.30a,c aufgelöst sind, aber nicht in Abb. 15.30b.

12.3 Das Beugungsmuster, das in der Fourierebene betrachtet werden kann, besteht aus dem des Affen und einem Satz aus äquidistanten Punkten entlang der horizontalen Achse, die die Gitterstäbe darstellen. Ein Filter, das **nur** diese Reflexe herausfiltert, würde also die Gitterstäbe entfernen und dem Affen dabei nur wenig Schaden zufügen. Diese Lösung setzt allerdings voraus, daß das Dia als *Summe* aus Affe und Gitterstäben dargestellt werden kann. Man kann allerdings auch dafür argumentieren, daß es das *Produkt* der beiden Funktionen ist, wobei die genaue Lösung dann nicht mehr trivial ist. Wir können aber feststellen, daß bei schmalen Stäben der Unterschied zwischen beiden Versionen vernachlässigbar gering ist (d.h. ein vernachlässigbarer Teil des Bildes des Affen wird durch die Gitterstäbe verdeckt). Ansonsten ist die Transformierte des Dias eine Faltung, die dann entfaltet werden muß. Die Technik der Entfaltung ist interessant, aber außerhalb des Rahmens dieses Buches. Siehe beispielsweise *R.H.T. Bates* und *M.J. McDonald* (1986).

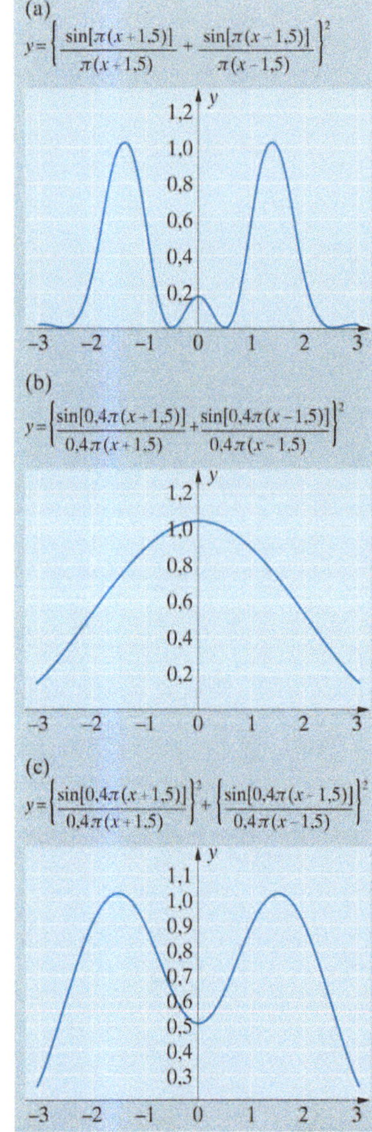

Abb. 15.30a–c. Bilder aus Aufgabe 12.2a–c

12.4 Nehmen wir an, wir erwarten ein Negativ der *Amplitude* $f(x, y)$ des Bildes $(0 \le f(x, y) \le 1)$, d. h. $1 - f(x, y)$. Nehmen wir $\bar{a}$ als mittlere Amplitude (die zwischen 0 und 1 liegt). Dann ist das Dunkelfeldbild $f(x, y) - \bar{a}$. Ist der nichtweiße Bereich eines Bildes viel kleiner als der weiße, dann ist $\bar{a} \approx 1$ und dann gilt $f(x, y) - \bar{a} = -[1 - f(x, y)]$, wobei die nichtweißen Bereiche nun *größere* Amplituden haben. Daher ist $f(x, y) - \bar{a}$ das Negativ (das Minuszeichen kann als Phasenfaktor interpretiert werden). Die Bedingung für ein Bild mit negativer *Amplitude* ist deshalb die, daß f hauptsächlich weiß ist. Bezüglich der Intensität erzeugt dies ein Bild $(1 - f)^2$, das nicht das Negativ von f^2 ist, es sei denn, $f(x, y)$ ist ein reines Schwarz-Weiß-Bild, d. h. es besitzt keine Halbtöne.

12.5 Wir behandeln das Problem in einer Dimension und nehmen an, daß die Vergrößerung eins beträgt, so daß die geometrischen Bilder um d, dem Objektabstand, voneinander entfernt sind. Jeder Punkt erzeugt eine sinc-Funktion in der Bildebene, die die Transformierte der Linse darstellt und die Form

$$\text{sinc} \frac{2\pi \text{NA}}{\lambda} x \tag{15.73}$$

hat, jedoch um das geometrische Bild zentriert ist. Die Intensität ist daher

$$I(x) = \left\{ \text{sinc} \left[\frac{2\pi \text{NA}}{\lambda} (x - d/2) \right] - \text{sinc} \left[\frac{2\pi \text{NA}}{\lambda} (x + d/2) \right] \right\}^2 . \tag{15.74}$$

Beträgt der Abstand weniger als das Abbesche Limit, dann ist d viel kleiner als der Maßstab der sinc-Funktion λ/NA, und wir können $I(x)$ mit Hilfe von

$$f(x - d/2) - f(x + d/2) = d \frac{\mathrm{d}f}{\mathrm{d}x} \tag{15.75}$$

auswerten, was

$$I(x) = \left[\frac{2\pi d}{\lambda} \frac{y \cos y - \sin y}{y^2} \right]^2 \tag{15.76}$$

ergibt, wobei $y = 2\pi x \text{NA}/\lambda$. Diese Funktion ist bei $y = 0$ gleich null und hat ein Maximum bei $y = 2{,}08 \, \text{rad}$. Daher ist der scheinbare Abstand der beiden Bilder $2{,}08\lambda/\pi\text{NA} = 0{,}66\lambda/\text{NA}$. Man beachte, daß dies mit dem echten Abstand d zwischen den Punkten nichts zu tun hat.

12.6 Die Funktion $g(x, y)$, die die Scheiben ohne Phasenverschiebung beschreibt, hat einen Wert von eins auf der Fläche, die von den Scheiben abgedeckt wird, und von null sonst. Ihre Transformierte kann durch

$$G(\zeta) = S(\zeta) \cdot 2\pi R^2 J_1(\zeta R)/\zeta R \tag{15.77}$$

beschrieben werden, wobei $S(\zeta)$ das Speckle-Muster ist, das durch die zufällige Verteilung der Streuzentren zustande kommt (Dies sollte strenggenommen als $S(\zeta)$ geschrieben werden, da das Speckle-Muster keine Mittelpunktssymmetrie aufweist). Dieses Muster hat eine starke Deltafunktion bei $\zeta = 0$, d. h.

$$G(\zeta) = G'(\zeta) + \delta_1(\zeta). \tag{15.78}$$

Die komplette Funktion, einschließlich des Hintergrunds und einschließlich der Phasenverschiebungen durch die Scheiben ist daher

$$f(x, y) = g(x, y)\mathrm{e}^{\mathrm{i}\phi} + 1 - g(x, y) \tag{15.79}$$

mit der Transformierten

$$F(\zeta) = \delta(\zeta) + \delta_1(\zeta)\mathrm{e}^{\mathrm{i}\phi} - \delta_1(\zeta) + G'(\zeta)(\mathrm{e}^{\mathrm{i}\phi} - 1). \tag{15.80}$$

Da die Scheiben das halbe Gesichtsfeld bedecken, muß $\delta(\zeta) = 2\delta_1(\zeta)$ gelten. Eine Phasenverschiebung α wird nun durch das Raumfilter bei $\zeta = 0$ eingeführt, woraus sich

$$F'(\zeta) = \delta_1(\zeta)\left[\mathrm{e}^{\mathrm{i}\alpha} + \mathrm{e}^{\mathrm{i}(\alpha+\phi)}\right] + \left[G(\zeta) - \delta_1(\zeta)\right](\mathrm{e}^{\mathrm{i}\phi} - 1) \tag{15.81}$$

ergibt. Transformieren wir dies zurück, erhalten wir für die Bildamplitude $f'(x, y)$:

$$2f'(x, y) = \mathrm{e}^{\mathrm{i}\alpha} + \mathrm{e}^{\mathrm{i}(\alpha+\phi)} + \left[2g(x, y) - 1\right](\mathrm{e}^{\mathrm{i}\phi} - 1), \tag{15.82}$$

wobei $2g(x, y) - 1$ den Wert $+1$ im Bereich der Scheiben und -1 im Hintergrund besitzt und wir die Beziehung $\mathrm{FT}[\delta_1(\zeta)] = 1/2$ verwendet haben. Das Intensitätsverhältnis hat ein Maximum bei $\alpha = \pi/2$.

Bedecken die Scheiben viel weniger als die Hälfte des Gesichtsfeldes, kann man zeigen, daß das Intensitätsverhältnis ein Maximum bei $\alpha = \pi/2 + \phi/2$ hat. Dies gilt beispielsweise beim schmalen Phasenschlitz, der in Abschn. 12.4.5 behandelt wurde.

12.7 Der Prismenwinkel sei α. Der Winkelabstand zwischen den zwei transmittierten Wellen beträgt $2\alpha(\mu_\mathrm{e} - \mu_\mathrm{o})$. Die räumliche Trennung zwischen den beiden Bildern, unter Annahme einer Vergrößerung von eins, ist daher $2f\alpha(\mu_\mathrm{e} - \mu_\mathrm{o})$, was kleiner als die Auflösungsgrenze $\approx \lambda/2\mathrm{NA}$ sein muß. Daraus folgt $\alpha < 2{,}5 \cdot 10^{-4}$ rad (also etwa $0{,}02°$).

12.8 Defokussieren entspricht dem Einfügen einer zusätzlichen Linse in das System. Es ist am einfachsten, wenn man annimmt, sie befindet sich in der Fourierebene, so daß klar ist, daß das entsprechende Filter (in der zweiten Ordnung) die Form $\exp(\mathrm{i}\alpha u^2)$ hat, wobei der Parameter α das Maß der Defokussierung beschreibt. Setzt man dieses Filter in (12.31) ein, muß man

$$F_1(u) = \delta(u) + 2a\exp(\mathrm{i}\alpha u^2)(\mathrm{e}^{\mathrm{i}\beta} - 1)\,\mathrm{sinc}(au) \tag{15.83}$$

zurücktransformieren. Dies kann nur schwierig analytisch durchgeführt werden, aber man kann das Ergebnis dadurch erhalten, daß man erkennt, daß $2a \exp(i\alpha u^2)\operatorname{sinc}(au)$ die Transformierte eines defokussierten Amplitudenschlitzes ist, die einfach seinem Fresnelschen Beugungsmuster entspricht (siehe Abschn. 7.4); dies kann durch die Cornu-Spirale ausgewertet werden. Für kleine Defokussierung ist der Abstand $X_1 X_2$ in Abb. 7.12 sehr lang, weswegen außerhalb des Schlitzes beide innerhalb der Spirale sind, an einem der beiden Enden; innerhalb des Schlitzes ist ein Punkt in je einer der Spiralen, und für einen kleinen Parameterbereich an jeder Kante des Schlitzes bewegen sich X_1 und X_2 von einer Spirale zur andern.

Betrachten wir den Fall, bei dem der Beobachtungspunkt genau dem Ende, das durch X_2 dargestellt wird, gegenüberliegt, wie in Abb. 15.31a gezeigt. Gäbe es keinen Phasenunterschied ($\beta = 0$) zwischen dem Schlitz und der Umgebung, könnte die Amplitude an diesem Beobachtungspunkt als die Vektorsumme $\overrightarrow{C_- X_1} + \overrightarrow{X_1 X_2} + \overrightarrow{X_2 C_+}$ geschrieben werden, wobei der erste Term vernachlässigbar klein ist. Für jede Position von X_2 ist diese Summe gleich $\overrightarrow{C_- C_+}$, so daß die Intensität immer $|\overrightarrow{C_- C_+}|^2$ beträgt, unabhängig von der Position, weswegen es keinen Kontrast gibt. Hat der Schlitz stattdessen die Phase $\beta \neq 0$, muß der Vektor $\overrightarrow{X_1 X_2}$ vor der Summation um β gedreht werden (d. h. $\overrightarrow{C_- X_1} + \overrightarrow{X_1 X_2}\mathrm{e}^{i\beta} + \overrightarrow{X_2 C_+}$), weshalb ein substantieller Intensitätsunterschied zu $|\overrightarrow{C_- C_+}|^2$ zu sehen ist (Abb. 15.31b), vorausgesetzt, die Vektoren $\overrightarrow{X_1 X_2}$ und $\overrightarrow{X_2 C_+}$ haben vergleichbare Längen. Daher kann ein Intensitätskontrast gesehen werden, wenn X_2 im Bereich des Spiralenzentrums liegt, was die Kanten des Schlitzes sichtbar werden läßt.

12.9 Ohne Maske ist die Punktantwort $2J_1(uR)/(uR)$. Mit der Maske wird diese Funktion mit der Maskentransformierten, $\exp(-u^2\sigma^2/2)$, gefaltet. Diese Faltung kann numerisch ausgeführt werden.

Eine relativ einfache Methode, dies zu tun, verwendet „Mathematica" und baut die Punktantwort aus Anteilen von kreisförmigen Ringen in der Linsenebene auf. Ein Ring der offenen Blende mit Radius r und Breite δr hat eine Amplituden-Punktantwort $2\pi r\delta r J_0(ur)$. Mit der Maske in Position, wird dies zu $2\pi r\delta r J_0(ur)\exp(-r^2/2\sigma^2)$ reduziert. Dies kann nun von $r = 0$ bis $r = R$ integriert werden, um die Punktantwort der gesamten Blende zu ergeben (Beachte, daß $\int_0^R 2\pi r\delta r J_0(ur)\,\mathrm{d}r = 2\pi R^2 J_1(ur)/(uR)$ die Airy-Funktion ist). Führt man die Integration mit σ als Parameter aus, findet man für $\sigma \to \infty$, daß der erste dunkle Ring wie erwartet bei $u = 3{,}83/R$ liegt und der erste helle Ring, an der Stelle $u = 5{,}135/R$, eine Intensität von 0,0175 im Vergleich zum zentralen Maximum hat. Mit $\sigma = 0{,}575\,R$ verschiebt sich der dunkle Ring an die Stelle $u = 4{,}95\,/R$ und der erste helle Ring, mit einer Intensität von 0,0171, an die Stelle $u = 5{,}97/R$. Für diesen Wert von σ hat also das Rayleighsche Auflösungsvermögen um den Faktor $4{,}95/3{,}83 = 1{,}29$ abgenommen (d. h. $\theta_{\min} = 1{,}58\lambda/D$). Das Integral liefert uns auch das Auflösungsvermögen nach *Sparrow*. Wir suchen nach dem maximalen Intensitätsgradienten und finden ihn bei $u = 1{,}68/R$ für $\sigma = 0{,}575\,R$, verglichen mit $u = 1{,}49/R$ für $\sigma \to \infty$. Das Auflösungsvermögen nach *Sparrow* hat sich somit um einen Faktor 1,13 verringert (d. h. $\theta_{\min} = 1{,}07\lambda/D$).

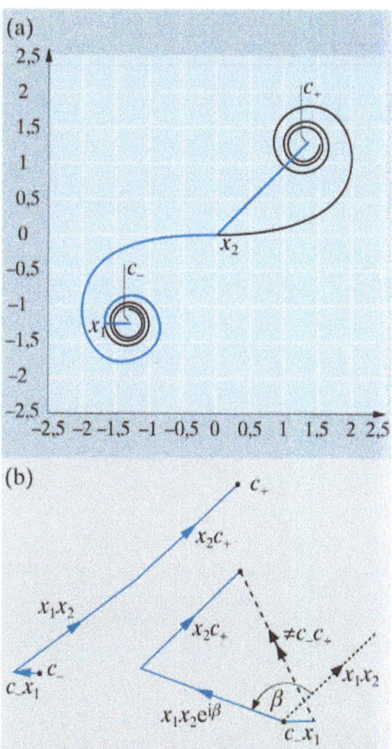

Abb. 15.31a,b. Cornu-Spirale für eine Schlitzblende außerhalb des Brennpunkts, in der Gegend eines Endes des Schlitzbilds. (a) Spirale für $\beta = 0$; (b) Vektoren, die zum Bild beitragen für $\beta = 0$ (*links*) und $\beta \neq 0$ (*rechts*). Offensichtlich verändert sich das Ergebnis im zweiten Fall

Abb. 15.32. Hologramm mit falscher Wellenlänge

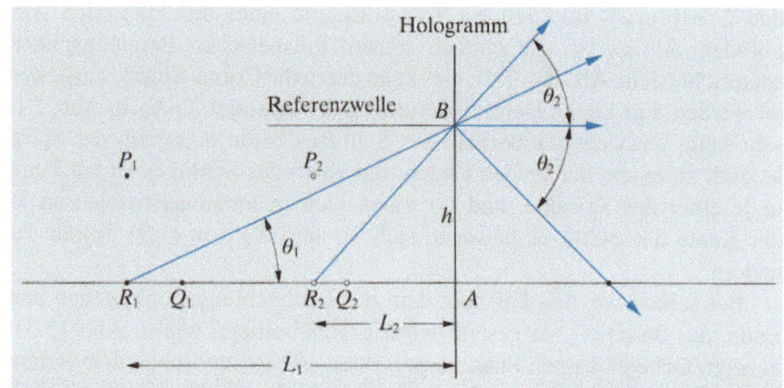

12.10 Die Punktantwort ist das Produkt der Punktantworten von Kondensor- und bildgebenden Linsen. Nehmen wir inkohärente Beleuchtung an (Fluoreszenzmodus), ergibt sich so $J_0^4(k_0 \mathrm{NA}\, x)$. Da die Nullstellen von J_0^4 die gleichen sind wie die von J_0, ist das Auflösungsvermögen gemäß dem Rayleigh-Kriterium gleich dem eines beliebigen Mikroskops mit einer ringförmigen Blende ($\theta_{\min} = 0{,}76\lambda/D$, Abschn. 12.5.1). Das Sparrow-Kriterium für diese Funktion ist etwa $0{,}54\,\lambda/D$, was mit dem für ein gewöhnliches Mikroskop mit einer Blende von $0{,}69\lambda/D$ zu vergleichen ist. Dies ist auch das Resultat für ein konfokales Mikroskop mit diesen Blenden bei kohärenter Beleuchtung.

12.11 Wir verwenden hierzu das Analogon zum „Beugungsgitter" aus Abschn. 12.6.2. Ist das Objekt ein Einzelpunkt R_1 in der Entfernung L_1, wählen wir zwei repräsentative Bereiche des Gitters: A auf der Achse, wo der Gitterabstand unendlich ist, und B an der Stelle, wo $d_B = \lambda_1/\sin\theta_1$, so daß für kleine Winkel gilt: $d_B = \lambda_1/\theta_1 = \lambda_1 L_1/h$ (Abb. 15.32). Für eine Rekonstruktion mit λ_2 unter Berücksichtigung der ersten Ordnungen (virtuelle Rekonstruktion) wird nur der Strahl durch A nicht gebrochen, während für den durch B gilt: $\theta_2 = \lambda_2/d_B = \lambda_2 h/\lambda_1$. Die Strahlen durch A und B treffen sich am Punkt R_2 in einer Entfernung $L_2 = L_1 \lambda_1/\lambda_2$. Wir können diese geometrische Konstruktion auch für zwei andere Objektpunkte, P_1 transversal zu $R_1 A$ und Q_1 auf $R_1 A$, durchführen. Diese werden als P_2 und Q_2 rekonstruiert. Die longitudinalen Abmessungen der Rekonstruktion sind daher umgekehrt proportional zur Wellenlänge, wie bei einer Zonenplatte. Die lateralen Abmessungen sind aber unabhängig von der Wellenlänge. Die gleichen Ergebnisse erhalten wir bei der reellen Rekonstruktion (Beugungsordnung -1).

12.12 Betrachten wir wiederum das Bild eines Einzelpunktes. Die Rekonstruktion der Wellenfront liegt vollständig innerhalb der beleuchteten Region des Hologramms. Es verhält sich so, als ob sie von einer Linse mit Radius $R\cos\theta$ erzeugt worden wäre, siehe Abb. 15.33. Der Abstand zum Bild ist $L/\cos\theta$. Daher beträgt das transversale Auflösungsvermögen etwa $\lambda/\mathrm{NA} \approx \lambda L/R\cos^2\theta$ und das longitudinale Auflösungsvermögen $\lambda/\mathrm{NA}^2 \approx \lambda L^2/R^2\cos^4\theta$.

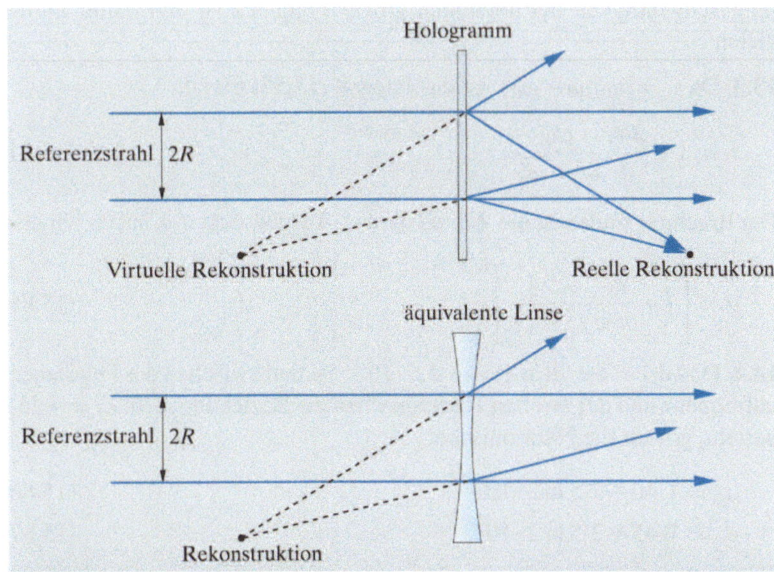

Abb. 15.33. Auflösungsgrenze der holographischen Rekonstruktion

12.13 Gemäß dem Babinetschen Theorem sind beide gleich. Der Unterschied liegt in der nullten Ordnung, dem ungebeugten Referenzstrahl.

Kapitel 13

13.1 Die induzierten Dipole in den Staubpartikeln stehen senkrecht zum einfallenden Licht. Ein Polarisationsfilter ist effektiv, wenn seine Transmissionsachse einer Polarisationsrichtung entspricht, die nicht von den Staubteilchen abgestrahlt wird, d. h. der Richtung parallel zur einfallenden Strahlung. Daher muß die zu photographierende Szene von der Seite beleuchtet sein, wobei die vom Filter transmittierte Polarisation in der von der Beobachtungs- und Beleuchtungsrichtung aufgespannten Ebene liegen sollte. Dieses Rezept funktioniert aber nur, wenn die Streuung schwach ist, so daß die Wahrscheinlichkeit von Mehrfachstreuung an Staubteilchen sehr klein ist.

13.2 Im Bereich anomaler Dispersion werden die Wellen mit der größten Phasengeschwindigkeit am schnellsten absorbiert, so daß nach einer bestimmten Wegstrecke diese Wellen nicht mehr im Wellenzug enthalten sind. Um einen möglichen Widerspuch zur Relativitätstheorie zu verifizieren, möchte man einen Wellenzug konstruieren, der eine sehr scharfe Anstiegsflanke besitzt. Dies erfordert jedoch Wellen mit einer beliebig hohen Frequenz (Abschn. 13.4.2), deren Verhalten die Geschwindigkeit der Anstiegsflanke bestimmt. Wir wissen, daß oberhalb der höchsten Resonanzfrequenz des Mediums der Brechungsindex asymptotisch gegen eins geht, und zwar so, daß die *lokale* Gruppengeschwindigkeit kleiner als c ist (Aufgabe 2.3). *Brillouin* nennt die Geschwindigkeit der Anstiegsflanke „Signalgeschwindigkeit". Er drückt dieses Problem mathematisch aus und zeigt, daß in der Tat die Signalgeschwindigkeit gleich der Phasengeschwindigkeit bei unendlich großer Frequenz ist und damit immer gleich c.

13.3 Da $\varepsilon_i = a_0 \delta(\omega - \omega_0)$, ist das Integral (13.53) trivial:

$$\varepsilon_r = 1 + \frac{2a_0}{\pi} \frac{\omega_0}{\omega^2 - \omega_0^2} . \tag{15.84}$$

Der Brechungsindex ist die Wurzel daraus. Ausgedrückt in λ haben wir also

$$\mu = \left[1 + \frac{a_0}{\pi^2 c} \frac{\lambda^2 \lambda_0}{\lambda_0^2 - \lambda^2} \right]^{1/2} . \tag{15.85}$$

13.4 Da $\lambda d\mu = d\mu/d(\ln \lambda) = -2,5 \cdot 10^{-2}$ ist und zwischen der Fundamentalfrequenz und der zweiten Harmonischen die Beziehung $\Delta(\ln \lambda) = -\ln 2$ besteht, gilt für die Harmonische:

$$\mu_o = 1,40 + 2,5 \ln 2 \cdot 10^{-2} ; \tag{15.86}$$

$$\mu_e = 1,45 + 2,5 \ln 2 \cdot 10^{-2} . \tag{15.87}$$

Für den elliptischen Querschnitt einer uniaxialen Brechungsindexoberfläche gilt

$$\mu(\theta) = \mu_o + (\mu_e - \mu_o) \sin \theta , \tag{15.88}$$

wobei θ der Winkel zwischen k und der optischen Achse ist. Daher gilt: bei der Fundamentalwellenlänge für die außerordentliche Welle:

$$\mu_e = 1,40 + 0,05 \sin \theta ; \tag{15.89}$$

bei der Harmonischen für die außerordentliche Welle:

$$\mu_o = 1,40 + 2,5 \ln 2 10^{-2} . \tag{15.90}$$

Beide sind gleich, wenn $0,05 \sin \theta = 2,5 \ln 2 \cdot 10^{-2}$, d. h. $\theta = 0,35 \, \text{rad} = 20°$. Entsprechend gilt für die dritte Harmonische $\sin \theta = 0,5 \ln 3$, also $\theta = 0,58 \, \text{rad} = 33°$.

13.5 Es wird immer *einige* Kristallite geben, die für eine Phasenanpassung günstig orientiert sind, und diese können zur Erzeugung der Harmonischen ausreichen. Die Situation ist analog zur Röntgenbeugung an Pulver. So wurden beispielsweise Zuckerwürfel verwendet. Zweite und dritte Harmonische können so gleichzeitig erzeugt werden, wobei verschiedene Kristallite dafür verantwortlich sind.

13.6 Es gibt mehrere Möglichkeiten für diese Polarisationen und daher Brechungsindizes, die man zur Berechnung von $k = \mu\omega/c$ verwenden kann. Wir nehmen an, die Polarisationen der beiden Eingangs- und der Ausgangswellen sind α, β und γ. Dann verlangen wir

$$k_\gamma(\omega_1 + \omega_2) = k_\alpha(\omega_1) + k_\beta(\omega_2) ; \tag{15.91}$$

$$\frac{(\omega_1 + \omega_2)\mu_\gamma(\omega_1 + \omega_2)}{c} = \frac{\omega_1 \mu_\alpha(\omega_1)}{c} + \frac{\omega_2 \mu_\beta(\omega_2)}{c} . \tag{15.92}$$

Die Lösungen dieser Gleichungen können graphisch ermittelt werden, wenn
wir die verschiedenen Querschnitte der Brechungsindexoberfläche für die
entsprechenden Frequenzen, multipliziert mit ω_1, ω_2 und $(\omega_1 + \omega_2)$, aufzeichnen. Dann konstruieren wir die Summe der ersten beiden (d. h. wir
addieren ihre Radien in jeder Richtung). Eine Lösung entspricht einem
Punkt, wo die Kurve für $(\omega_1 + \omega_2)$ sich mit der Summenkurve schneidet
(Abb. 15.34). Ein in der Praxis wichtiger Fall ist der des parametrisch herun-
terkonvertierenden Kristalls. Dies entspricht der umgekehrten Situation, bei
der eine einlaufende Welle in zwei auslaufende aufgespalten wird. Die einlaufende Welle entspricht $(\omega_1 + \omega_2)$ mit einer vorgegebenen Richtung, was
den entsprechenden Punkt auf der $(\omega_1 + \omega_2)$-Oberfläche definiert. Dann
läßt sich der dazugehörige Punkt für ω_2 für jeden Punkt der ω_1-Fläche
finden. Liegt er auf der ω_2-Fläche, ist die Gleichung gelöst.

13.7 Das Resultat hängt natürlich von der einlaufenden Welle ab. Ist
die einlaufende Welle beispielsweise eine ebene Welle, wird das Interferenzmuster gerade Streifen besitzen, die sich nur durch Kippen des
normalen Spiegels verändern lassen. Stammt die einlaufende Welle dagegen von einer divergenten Punktquelle im Abstand L von den Spiegeln,
besteht das Interferenzmuster aus kreisförmigen Streifen, als stamme es
von zwei Punktquellen im Abstand $\pm L$, d. h. mit einem Abstand $2L$ auf der
optischen Achse. Dies unterscheidet sich deutlich vom normalen Michelson-
Interferometer, bei dem das Interferenzmuster hauptsächlich eine Funktion
der Spiegelgeometrie und nicht der Quellenposition ist.

13.8 Jeder Punkt ihrer Retina wird durch die Augenlinse und den phasenkonjugierten Spiegel auf sich selbst abgebildet. Wäre die Retina
selbstleuchtend, würde man sie sehen können. Da sie jedoch nicht leuch-
tet, würde man wahrscheinlich das von verschiedenen Elementen auf dem
optischen Weg gestreute Licht wahrnehmen.

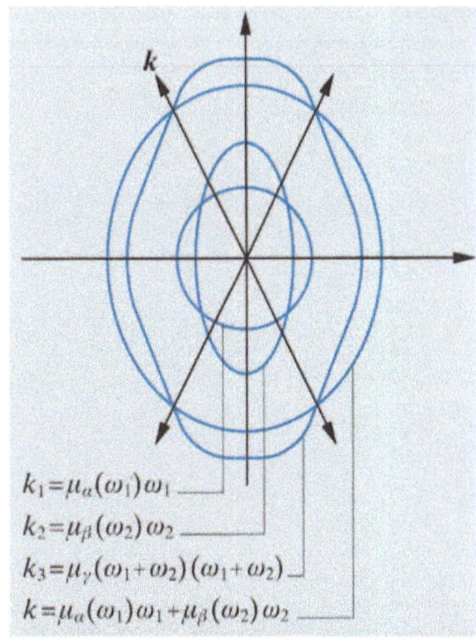

Abb. 15.34. Graphische Lösung der Gleichungen für das Mischen von Frequenzen

Kapitel 14

14.1 D_1 empfängt die Intensität

$$\tfrac{1}{4}\left\langle \left[E_0 \cos \omega t + e \cos(\omega t + \phi)\right]^2 \right\rangle = \tfrac{1}{8}\left[E_0^2 + e^2 + 2E_0 e \cos \phi\right]. \quad (15.93)$$

D_2 empfängt

$$\tfrac{1}{4}\left\langle \left[E_0 \cos \omega t - e \cos(\omega t + \phi)\right]^2 \right\rangle = \tfrac{1}{8}\left[E_0^2 + e^2 - 2E_0 e \cos \phi\right], \quad (15.94)$$

wobei der Unterschied durch die Phasenverschiebung zwischen den Reflexionen an beiden Seiten des Strahlteilers zustande kommt. Die Summe bzw.
Differenz dieser beiden Ausgangsstrahlen ist:

$$S_+ = D_1 + D_2 = \tfrac{1}{4}\left[E_0^2 + e^2\right]; \quad (15.95)$$

$$S_- = D_1 - D_2 = \tfrac{1}{2}E_0 e \cos \phi. \quad (15.96)$$

Wenn man entweder die Signal- oder die Referenzwelle blockiert, erhält
man die Werte von E_0 und e an beiden Detektorausgängen, was zur Eichung

Abb. 15.35. Beispiele zur Superposition von Wellen mit zufallsverteilten und korrelierten Phasen

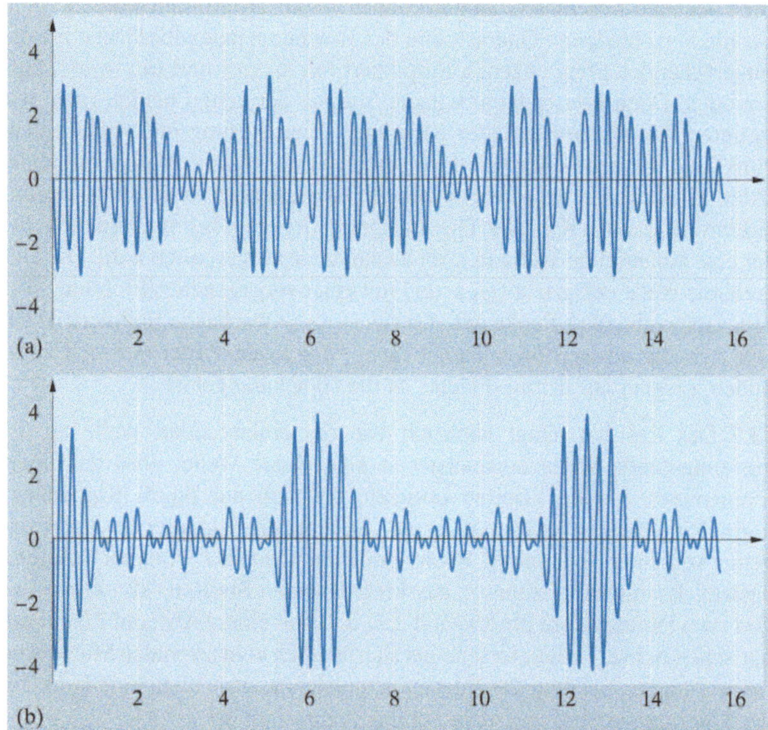

der Verstärker verwendet werden kann. Aus diesen Messungen kann $\cos\phi$ berechnet werden.

14.2 Beispiele für diese beiden Fälle sind in Abb. 15.35a,b gezeigt, wobei die spektrale Breite übertrieben eingezeichnet wurde.

14.3 Wir hatten die Strahlung eines Atoms, das einen elektronischen Übergang ausführt, im Sinne von Dipolstrahlung eines schwingenden Dipols betrachtet, der die Ladungsverteilung darstellt, wenn $\Delta l = \pm 1$. Quadrupolstrahlung, die zu $\Delta l = \pm 2$ gehört, ist nur im Fall $k_0 l \ll 1$ (Aufgabe 5.1) bedeutend. Bei einem elektronischen Übergang ist $l \approx 10^{-10}$ m, wobei $\lambda \approx 10^{-7}$ m, woraus sich $k_0 l \approx 10^{-2}$ ergibt. Für Übergänge im Atomkern, mit Energien E von 1 MeV, gilt $l \approx 10^{-14}$ m und $\lambda = ch/E \approx 10^{-12}$ m, so daß sich $k_0 l \approx 10^{-1}$ ergibt, was Quadrupolübergänge wahrscheinlich macht.

14.4 Die Normalmoden für elektromagnetische Wellen in einem würfelförmigen Kasten sind durch

$$k_i = \pi n_i / l \quad (i = x, y, z)$$
$$\omega(n_x, n_y, n_z) = |k|c = (k_x^2 + k_y^2 + k_z^2)^{1/2} c$$
$$= (n_x^2 + n_y^2 + n_z^2)^{1/2} c/l \tag{15.97}$$

gegeben. Es gibt ein Nullpunktsfeld, das zu jeder Mode gehört, und dieses Feld kann einen spontanen Übergang auslösen, wenn die Frequenz zu einer

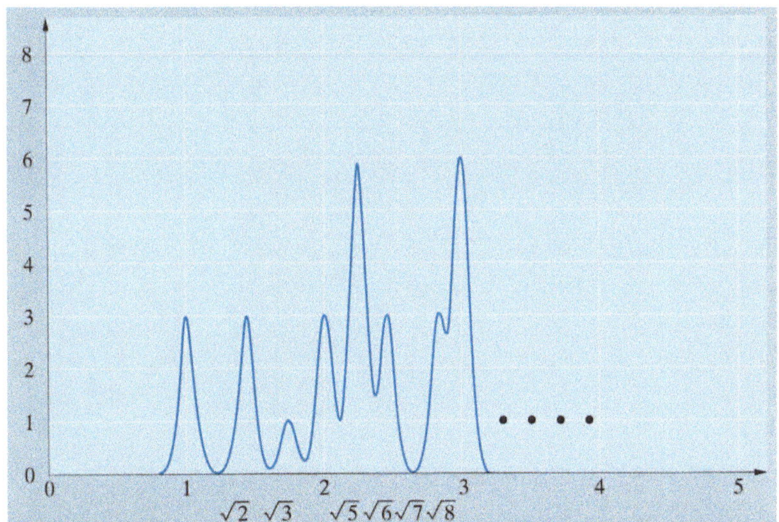

Abb. 15.36. Spektrum elektromagnetischer Wellen in einem würfelförmigen metallischen Hohlraum

Übergangsfrequenz des Atoms $\omega_0 = 2\pi c/\lambda$ gehört. Wir nehmen an, daß das Metall des Hohlraums eine hohe Leitfähigkeit besitzt, so daß die Frequenzen (15.97) noch gut definiert sind. Dann ist die natürliche Lebensdauer der Übergänge bei einem Durchfahren von l lang, wenn ω_0 nicht mit einem der Übergänge korrespondiert, und wird kurz, wenn dem so ist. Das Spektrum des würfelförmigen Kastens ist als Funktion von ω in Abb. 15.36 gezeigt.

14.5 Die Bedingung für einen Laser ist, daß es mindestens eine Gruppe von drei oder mehr Energiezuständen gibt, die die folgenden Eigenschaften besitzen:

(a) das unterste Niveau ist der Grundzustand;

(b) der oberste Zustand muß mit dem Grundzustand durch einen Übergang mit kurzer Zeitkonstante verbunden sein, wenn optisches Pumpen verwendet werden soll;

(c) ein Paar Zustände, die als Laserübergang verwendet werden, müssen schwach gekoppelt sein, d. h. die Zeitkonstante des Übergangs zwischen ihnen muß lang im Vergleich zu den anderen Zeitkonstanten des Systems sein;

(d) der obere Laserzustand darf keinen anderen, schnelleren Übergang zu einem anderen Niveau besitzen, ausgenommen ist bei optischem Pumpen der Grundzustand.

Wir wollen annehmen, daß optisches Pumpen verwendet wird. Dies kann aus dem Grundzustand G entweder nach A oder B erfolgen. Beide Zustände sind mit C über relativ kurze Zeitkonstanten verbunden. C ist metastabil und zerfällt entweder nach D (der auch metastabil ist) oder E. Daher ist eine mögliche Gruppe: $G \to A$ oder $B \to C \to E \to F \to G$, wobei der Laserübergang von C nach E erfolgt. Die Möglichkeit von zwei alternativen Pumpübergängen ist akzeptabel und erhöht die Effizienz, wenn beide benutzt werden. Die Pumpwellenlängen sind $GA = 0{,}62\,\mu\mathrm{m}$, $GB =$

Abb. 15.37. Niveauschema aus Abb. 14.25, in dem die vorgeschlagenen Laser-Übergänge ergänzt wurden

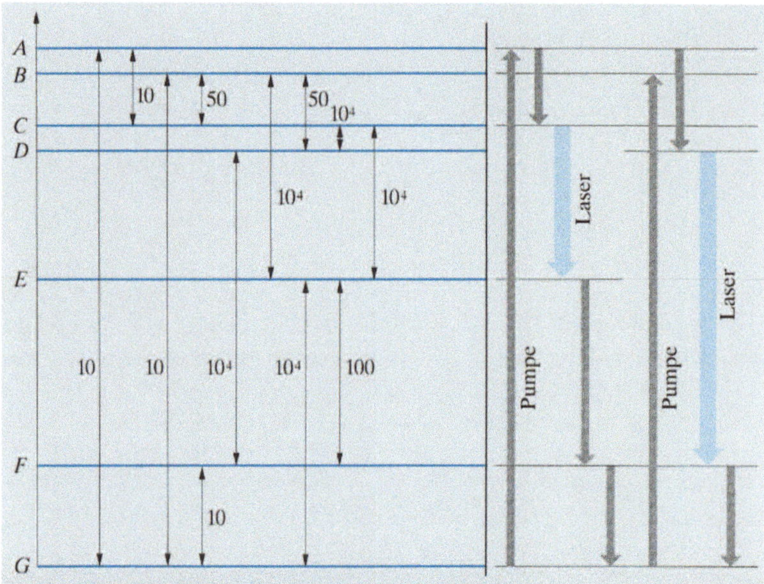

$0,65\,\mu$m, und der Laser hat $CE = 2,06\,\mu$m. Ein zweites mögliches Schema würde von G nach B pumpen, der mit dem metastabilen D durch eine kurze Zeitkonstante verbunden ist. Ein Laserübergang nach F folgt, mit einem raschen Zerfall nach G. Diese Gruppe ist $G \to B \to D \to F \to G$. Der Laser hat in diesem Fall $DF = 1,03\,\mu$m. Ist B das Pumpniveau, muß der Laserresonator so justiert werden, daß eine der beiden Alternativen ausgewählt wird. Die Lösungen sind in Abb. 15.37 gezeigt.

14.6 Dieses Beispiel illustriert die Ununterscheidbarkeit von klassischer Optik und Quantenoptik, die bis zur Entdeckung des Sub-Poisson-Lichts bestand. Wir definieren eine „Koinzidenz" als ein Ereignis, auf das beide Detektoren innerhalb eines festgelegten Zeitraumes T reagieren. Vom klassischen Gesichtspunkt aus empfängt jeder Detektor die halbe Energie und emittiert daher Elektronen mit einer Poisson-Verteilung mit Mittelwert $N/2$. Die Zahl der Koinzidenzen im Zeitraum Δ ist daher $(N\Delta/2) \cdot (NT/2) = N^2T\Delta/4$. Vom quantenmechanischen Gesichtspunkt aus scheint es auf den ersten Blick so zu sein, daß jedes Photon entweder zum einen oder zum anderen Detektor geht und es überhaupt keine Koinzidenzen gibt. Es werden jedoch für eine Poisson-Verteilung gelegentlich zwei Photonen innerhalb einer Periode T emittiert, und je eines davon wird in einem Detektor registriert. Die Wahrscheinlichkeit, daß zwei Photonen innerhalb eines Zeitraumes T emittiert werden, ist NT für den Fall, daß ein Photon irgendwann innerhalb der Periode emittiert wird, mal der Wahrscheinlichkeit für ein zweites Photon innerhalb der Restzeit dieser Periode. Diese Restzeit hat den Mittelwert $T/2$, so daß die gesamte Wahrscheinlichkeit $N^2T^2/2$ beträgt. Von solchen Photonenpaaren werden die als Koinzidenzen registriert, bei denen ein Photon in den einen und ein Photon in den anderen Detektor geht. Dies wird in der Hälfte der Fälle geschehen (in je einem Viertel der Fälle werden beide Photonen zum einen, in dem anderen Viertel beide zum zweiten Detektor laufen), so daß die Wahrscheinlichkeit für eine Koinzidenz innerhalb der Zeit T den Wert $N^2T^2/4$ hat. Daraus folgt, daß innerhalb einer Gesamtzeit Δ, die Δ/T Intervalle enthält, die Koinzidenzrate $N^2T\Delta/4$ beträgt – das gleiche Ergebnis wie bei der klassischen Rechnung. Offensichtlich hängt ein Ergebnis von der Poisson-Statistik der Elektronenemission ab; das andere von der Poisson-Statistik der Quelle (wenn man den Detektor als deterministisch ansieht).

Man könnte eine alternative, mehr praktisch orientierte Definition von „Koinzidenz" in Betracht ziehen, wenn nach einer Reaktion von Detektor 1 Detektor 2 innerhalb einer Zeitspanne T anspricht. Das Ergebnis wäre das gleiche. In diesem Fall ergibt das klassische Experiment $N\Delta/2$ Ereignisse am Detektor 1, jedes davon gefolgt von einer Reaktion von Detektor 2 mit einer Wahrscheinlichkeit $NT/2$, was $N^2T\Delta/4$ als erwartete Zahl von Koinzidenzen ergibt. Das quantenmechanische Experiment sagt $N\Delta$ Photonen innerhalb der Zeit δ voraus und eine Wahrscheinlichkeit von NT, daß das zweite Photon innerhalb von T nach dem ersten emittiert wird. Die Wahrscheinlichkeit, daß das erste Photon zu Detektor 1 läuft, ist $1/2$, genauso groß wie die Wahrscheinlichkeit für ein Registrieren des zweiten Photons im Detektor 2. Die Zahl der registrierten Koinzidenzen ist daher wiederum $N^2T\Delta/4$.

14.7 Das Leistungsspektrum von Abb. 14.16 kann annähernd durch

$$f(\omega) = \exp\left[-(\omega-\omega_0)^2\tau_{\mathrm{c}}^2/2\right]$$
$$\times\left[\sum_n \delta(\omega - n\tau_{\mathrm{c}}^{-1}) \otimes \exp(-10\omega^2\tau_{\mathrm{c}}^2/2)\right] \tag{15.98}$$

beschrieben werden, wobei $\tau_{\mathrm{c}} = 2\pi c/\overline{L}$. Seine Transformierte, die Autokorrelationsfunktion, ist bis auf die Normierung gleich $\gamma(\tau)$. Die Transformierte von (15.98) ist dann

$$\gamma(\tau) = \exp(i\omega_0\tau)\exp\left[-\tau^2/2\tau_{\mathrm{c}}^2\right]$$
$$\otimes\left[\sum_n \delta(\tau - n\tau_{\mathrm{c}}) \times \exp(-\tau^2/20\tau_{\mathrm{c}}^2)\right]. \tag{15.99}$$

Dies wird qualitativ durch Abb. 14.19 beschrieben. Man beachte beim Darüberlesen, daß mit der richtigen Wahl der Parameter, wie beispielsweise der 10, diese Funktion ihre eigene Fouriertransformierte wird.

Bessel-Funktionen *in der* Wellenoptik

Vorlesungsversuche *in der* Fourieroptik

Anhang 1: Bessel-Funktionen in der Wellenoptik

A1.1 Bessel-Funktionen

Bessel-Funktionen treten in der Optik aus dem Grund auf, daß die meisten optischen Elemente – Linsen, Blenden, Spiegel – kreisförmig sind. Wir sind ihnen im Verlauf des Buches schon mehrfach begegnet (Abschn. 8.2.7, Abschn. 12.3 und Abschn. 12.5.2 beispielsweise), aber da die meisten Studenten mit ihnen nicht sehr vertraut sind (was durch die Verbreitung des Computers wahrscheinlich verstärkt wird), haben wir möglichst geringen Gebrauch davon gemacht. Eine unvermeidbare Begegnung kommt beim Fraunhoferschen Beugungsmuster einer runden Scheibe, dem Airy-Muster, zustande, das die beugungsbegrenzte Punktantwort eines aberrationsfreien optischen Systems darstellt (Abschn. 12.3.1).

In diesem Anhang möchten wir den Leser mit den Resultaten bekannt machen, die für die elementare Wellenoptik vonnöten sind. Die Beweise können beispielsweise in *Watsons* Abhandlung (1958) und anderen Lehrbüchern nachgesehen werden.

Es ist am bequemsten, mit der Besselschen Integralformulierung der Funktion $J_n(x)$ zu beginnen:

$$J_n(x) = \frac{1}{2\pi} \int_0^{2\pi} \exp\left[i(x\cos\phi + n\phi)\right] d\phi. \tag{A1.1}$$

Die Funktionen haben die in Abb. A1.1 gezeigte Form. Charakteristischerweise beginnt $J_n(x)$ von $x=0$ ausgehend wie x^n, entwickelt aber bei $x > n\pi/2$ gedämpfte Oszillationen $\sim x^{-\frac{1}{2}}\cos[x - (n-\frac{1}{2})\pi/2]$. Daher verhalten sich benachbarte Funktionen bei großem x grob wie Kosinus- und Sinusfunktionen mit einer Phasenverschiebung von $\pi/4$.

Um die Differential- und Integraleigenschaften der Funktionen zu beweisen, ist es oft am bequemsten, sie als Potenzreihe auszudrücken,

$$J_n(x) = \left(\frac{x}{n}\right)^n \sum_{j=0}^{\infty} \frac{(-1)^j}{j!(j+n)!} \left(\frac{x}{2}\right)^{2j}, \tag{A1.2}$$

aus der man leicht das $\sim x^n$ Verhalten für $x \ll 1$ erkennen kann.

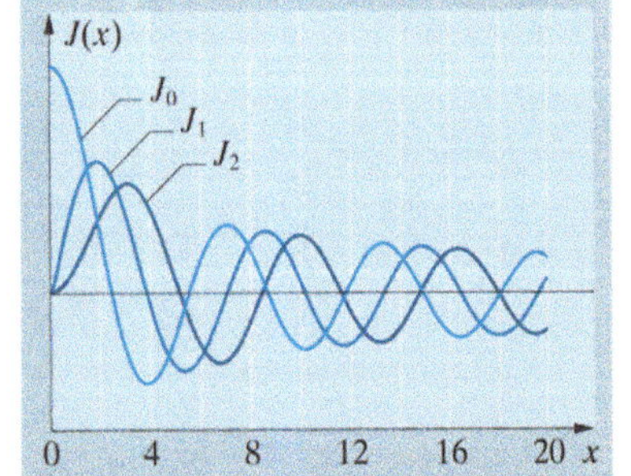

Abb. A1.1. $J_0(x)$, $J_1(x)$ und $J_2(x)$

A1.1.1 Fraunhofer-Beugung an einer Ringblende

Die Besselfunktion nullter Ordnung entsteht als Beugungsmuster einer ringförmigen Blende. Sie besitzt einen Radius a und eine Breite $\delta a \ll a$. Gemäß (8.33) ist ihre Fouriertransformierte

$$F_0(\zeta, \phi) = a\delta a \int_a^{a+\delta a} \int_0^{\infty} \exp\left[-i\zeta\varrho\cos(\phi-\theta)\right] d\varrho\, d\theta. \tag{A1.3}$$

Aufgrund der Symmetrie ist dies keine Funktion von ϕ, und man erhält durch Einsetzen von $\phi = 0$

$$F_0(\zeta) = a\delta a \int_0^{2\pi} \exp(\mathrm{i}\zeta a \cos\theta)\, \mathrm{d}\theta$$
$$= 2\pi a\delta a\, J_0(\zeta a) \tag{A1.4}$$

Dies entspricht dem Beugungsmuster aus Aufgabe 8.5, Fall (iii) und kann in Abb. A1.2b betrachtet werden. Sie ist auch bei *Harburn* et al. (1975) sehr schön dargestellt.

A1.1.2 Kreisblende

Das Beugungsmuster einer kreisförmigen Blende kann durch Integration von (A1.4) zwischen den Grenzen $a = 0$ und $a = R$ erhalten werden:

$$F_0(\zeta) = 2\pi \int_0^R J_0(\zeta a) a\, \mathrm{d}a = \frac{2\pi}{\zeta^2} \int_0^{R\zeta} J_0(\zeta a)\zeta a\, \mathrm{d}(\zeta a) \;. \tag{A1.5}$$

Mit Hilfe von (A1.2) läßt sich leicht beweisen, daß

$$\int_0^\zeta x^{n+1} J_n(x)\, \mathrm{d}x = \zeta^{n+1} J_{n+1}(\zeta)\;, \tag{A1.6}$$

woraus mit $n = 0$ folgt:

$$F_1(\zeta) = 2\pi \frac{R}{\zeta} J_1(\zeta R) = 2\pi R^2 \frac{J_1(\zeta R)}{\zeta R} \;. \tag{A1.7}$$

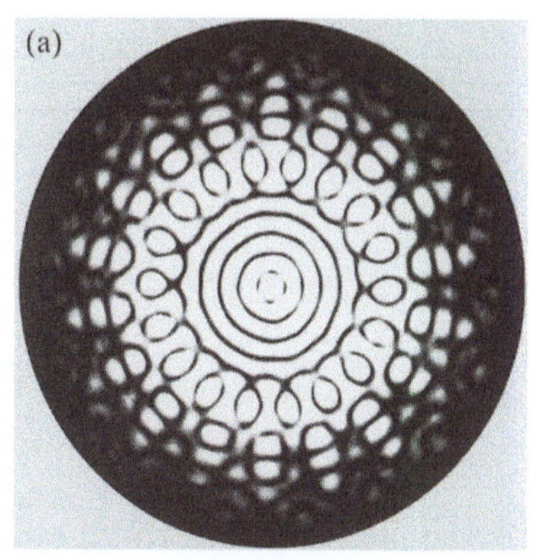

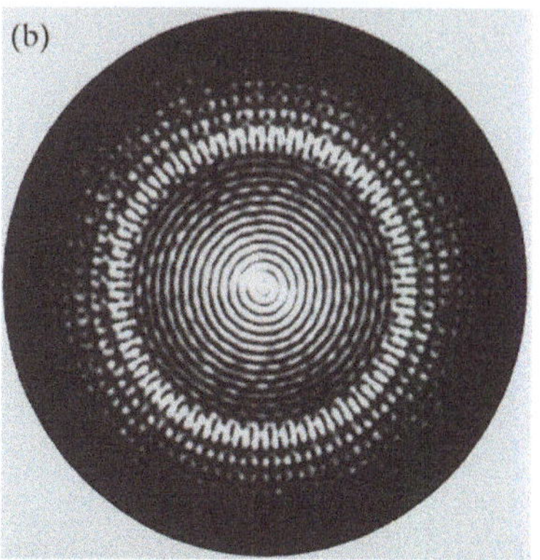

Abb. A1.2. Fraunhofer-Beugung von (a) 18 und (b) 47 kreisförmig angeordneten Lochblenden. In (b) sind die Anteile $J_0(\zeta a)$ und $J_{47}(\zeta a)$ radial deutlich getrennt

Wir möchten die Ähnlichkeit zwischen den Transformierten von äquivalenten linearen und kreisförmigen Systemen betonen:

- Ein Spalt der Breite $2R$ hat die Transformierte $2R\sin(uR)/uR$.
- Eine Kreisblende mit Radius R und Fläche $A = \pi R^2$ hat die Transformierte $2A J_1(\zeta R)/\zeta R$.
- Zwei schmale Spalte der Breite w an der Stelle $x = \pm R$ haben die Transformierte $2w\cos(uR)$.
- Eine schmale Ringblende der Breite w und mit Radius R hat die Transformierte $2\pi R w J_0(\zeta a)$.

Man sieht, daß im wesentlichen $J_1(x)$ die Sinusfunktion $\sin x$ und $J_0(x)$ die Kosinusfunktion $\cos x$ ersetzt.

A1.1.3 Ein Ring aus gleichverteilten Lochblenden

Aufgrund der Schönheit der Beugungsmuster lohnt es sich, ein Beispiel für die Verwendung höherer Bessel-Funktionen zu zeigen. Ein Ring aus m Lochblenden kann grob durch die Funktion

$$f(\varrho, \theta) = \left[1 + \cos(m\theta/2\pi)\right]\delta(\varrho - a) \tag{A1.8}$$

dargestellt werden, die m auf einem Kreis mit Radius a gleichverteilte Maxima besitzt. Ihre Transformierte ist

$$F_m(\zeta, \phi)$$

$$= \int_0^{2\pi} \left[1 + \tfrac{1}{2} \exp(im\theta/2\pi) + \tfrac{1}{2} \exp(-im\theta/2\pi) \right] \exp\left[i\zeta a \cos(\phi - \theta) \right] d\theta$$

$$= J_0(\zeta a) + \tfrac{1}{2} \int \exp\left\{ i\left[-\zeta a \cos(\phi - \theta) + m\theta/2\pi \right] \right\} d\theta$$

$$\qquad + \tfrac{1}{2} \int \exp\left\{ i\left[-\zeta a \cos(\phi - \theta) - m\theta/2\pi \right] \right\} d\theta$$

$$= J_0(\zeta a) + \tfrac{1}{2} \left[\exp(im\phi/2\pi) + \exp(-im\phi/2\pi) \right] J_m(\zeta a)$$

$$\boxed{\; = J_0(\zeta a) + \cos(m\phi/2\pi)\, J_m(\zeta a) \;} \;. \tag{A1.9}$$

Die Intensität $|F_m(\zeta, \phi)|^2$ besteht aus zwei Beiträgen, die sich kaum überlappen, wenn m groß ist. Im Zentrum ($\zeta a \sim 1$) gibt es das übliche $J_0(\zeta a)$-Muster des Ringes bei $\varrho = a$; für kleine ζ werden die einzelnen Löcher nicht aufgelöst. Auf der anderen Seite ist die Funktion $J_m^2(\zeta a)$ sehr schwach, wenn $\zeta a < m\pi/2$ ist, aber sie entwickelt gedämpfte Oszillationen bei größerem ζ. Diese Funktion wird durch $\cos^2(m\phi/2\pi)$ moduliert, die $2m$ Maxima auf dem Vollkreis besitzt. In Abb. A1.2 ist das Beugungsmuster für $m = 18$ und $m = 47$ gezeigt.

Anhang 2: Vorlesungsversuche der Fourieroptik

A2.1 Einführung

Optik ist das ideale Gebiet für Vorlesungsversuche. Normalerweise ist dabei nicht nur das Ergebnis eines optischen Experiments sichtbar (und kann heutzutage mit Hilfe von Fernsehübertragungen einem größeren Publikum nahegebracht werden), sondern auch das grundlegende Konzept, das man vermitteln möchte, ist ohne Messung oder Analyse klar zu erkennen. In jüngster Zeit haben einige Institutionen dies erkannt und bieten Videofilme zum Verkauf an, bei denen optische Experimente unter optimalen Laborbedingungen und mit besseren Geräten, als sie für eine durchschnittliche Vorlesung zur Verfügung stehen, durchgeführt werden. Obwohl solche Filme sicherlich einen Platz in einer Vorlesung finden werden, glauben wir fest daran, daß die Studenten viel mehr durch die Beobachtung eines realen Experiments lernen, das von einem lebendigen Dozenten ausgeführt wird, mit dem sie persönlich interagieren können und von dem sie erfahren können, was die Probleme und Grenzen eines sonst trivial erscheinenden Experiments sind. Auch das Fehlschlagen eines Versuchs, gefolgt von Vorschlägen und Hilfen aus dem Publikum, die schließlich zum Erfolg führen, wird sich viel deutlicher in das Gedächtnis einprägen, als es ein Videofilm je kann.

Der Sinn dieses Anhangs ist die Darstellung einiger Ideen, die wir selbst besonders nützlich zur Darstellung des in diesem Buch behandelten Stoffes gefunden haben und die mit relativ einfachen und billigen Geräten vorgeführt werden können. Zahlreiche andere Vorschläge werden bei *Taylor* (1988) gemacht. Es ist wohl kaum notwendig anzumerken, daß es uns Spaß gemacht hat, die Experimente zu entwickeln und vorzuführen.

A2.2 Korrelation und Faltung durch eine Lochkamera

Der Projektionsapparat, der schematisch in Abb. A2.1 gezeigt ist, erzeugt ein Bild, das die Korrelation zwischen zwei reellen, positiven, zweidimensionalen Funktionen darstellt. Die folgende Beschreibung ergänzt einige der Details, die wir in Abschn. 4.6.1 weggelassen haben. Ein Projektor beleuchtet inkohärent eine Maske $f(x, y)$, die sich in Kontakt mit einem durchscheinenden Schirm in Ebene A befindet. In Ebene B befindet sich ein zweiter Schirm mit Einschnitten, die eine Funktion $g(x, y)$ darstellen. Ein dritter, durchscheinender Schirm wird in Ebene C so angeordnet, daß die Entfernungen AB und BC gleich sind. Wir werden zeigen, daß die Beleuchtung $h(x, y)$ in Ebene C der Korrelationsfunktion von $f(x, y)$ mit $g(x/2, y/2)$ bzw. der Faltung von $f(x, y)$ mit $g(-x/2, -y/2)$ entspricht. Sie wird von der Rückseite des Schirms her betrachtet und kann leicht mit Hilfe einer TV-Kamera projiziert werden (Abb. 4.11).

In einer Dimension kann man der Abbildung leicht entnehmen, daß im Falle von $f(x) = \delta(x - a)$ und $g(x) = \delta(x - b)$ sich $h(x) = \delta(x + a - 2b)$ er-

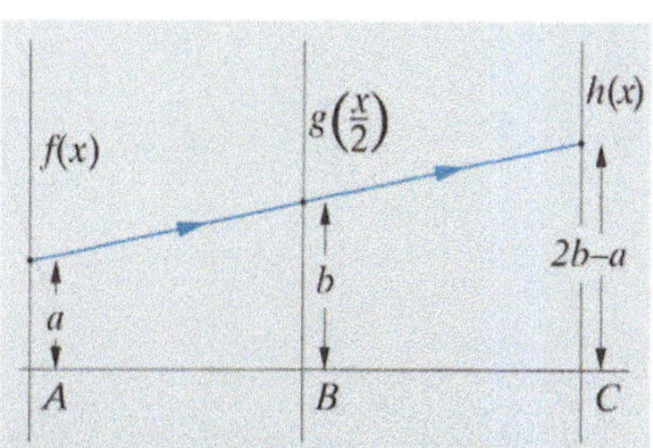

Abb. A2.1. Geometrie des Korrelationsapparats: $AB = BC$

gibt, d.h. ein Punkt der Ebene C an der Stelle $x = 2b - a$ wird beleuchtet. Die Korrelationsfunktion von $f(x) = \delta(x - a)$ und $g(x/2) = \delta(x/2 - b)$ ist tatsächlich $h(x) = \delta(x + a - 2b)$. Darüber hinaus ist die Intensität des Punktes in C proportional zum Produkt der Quellenintensität f und der Transmission des Punktes g. Da eine beliebige Funktion als Summe von Deltafunktionen beschrieben werden kann und die Korrelation eine assoziative Operation darstellt, ist die folgende Gleichung allgemein gültig:

$$h(x) = \int f(x' + x)g(x'/2)\,\mathrm{d}x' \,. \tag{A2.1}$$

Funktion $h(x)$ beschreibt daher die Korrelationsfunktion von $f(x)$ und $g_1(x)$, wobei $g_1(x) = g(x/2)$.

Einige besondere Fälle sind dabei hervorzuheben. Sind beide Masken gleich, aber $g(x)$ nur halb so groß wie $f(x)$, d.h. $g(x/2) = f(x)$, dann beschreibt $h(x)$ die Autokorrelation von $f(x)$. Dies kann für einen Satz von Lochblenden gezeigt werden – man beachte das besonders helle Zentralmaximum in Abb. 4.11f – und für kontinuierliche Funktionen wie beispielsweise das quadratische Loch – Abb. 4.11g. Um den Intensitätsverlauf im letzteren Fall zu zeigen (der ein dachförmiges Profil aufweist), muß man die TV-Kamera sorgfältig justieren. Drehen wir die zweite Funktion um 180° um den Ursprung, so daß die Achsen von $g(x, y)$ nun nach unten und nach links zeigen, erhalten wir die **Faltung** der beiden Funktionen. Eine wichtige Demonstration zeigt, daß eine periodische Funktion eine Faltung aus einer Einheitszelle mit einem periodischen Gitter aus kleinen Löchern (Deltafunktionen) entweder in einer (Beugungsgitter) oder in zwei Dimensionen (Kristall) darstellt.

Bei der Konstruktion dieses Apparats ist es wichtig, durchscheinende Schirme zu verwenden, die das Licht nach allen Richtungen gleichmäßig streuen, da sonst winkelabhängige Effekte auftreten, die die Analyse kom-

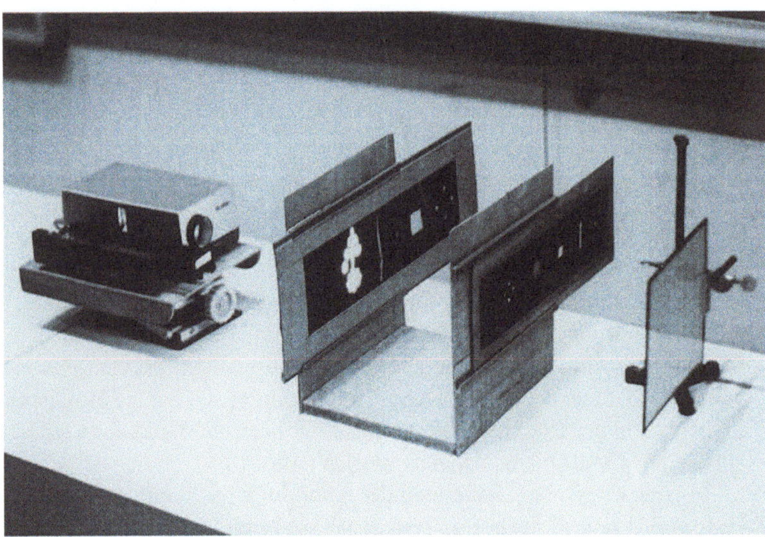

Abb. A2.2. Der Korrelationsapparat

plizieren, denn bei einem Apparat einer gut zu handhabenden Größe treten relativ große Winkel auf (Abb. A2.2). Transparentpapier funktioniert ganz gut, obwohl man in Abb. 4.11 sehen kann, daß die Ränder eines Bildes schwächer sind als das Zentrum.

A2.3 Fraunhofer-Beugung

Die Demonstration der Fraunhofer-Beugung wurde ursprünglich für die kristallographische Analyse entwickelt (*Taylor* und *Lipson* 1964), wobei eine Quecksilberdampflampe verwendet wurde. Durch die Einführung billiger He-Ne-Laser ($\lambda = 0{,}633\,\mu$m) wurde die Darstellung von Effekten der Beugung und der räumlichen Filterung sehr einfach. Zusätzlich kann die Verwendung einer TV-Kamera das Endergebnis deutlich sichtbar machen.

A2.3.1 Optische Bank

Wir beschreiben hier eine optische Bank, die für diese Experimente konstruiert wurde (*Lipson* 1972), und die in Abb. A2.3 gezeigt ist.

Es wird ein Laser mit geringer Leistung ($0{,}5\,$mW) verwendet. Damit ist die Sicherheit bei Demonstrationszwecken gewährleistet; es gibt praktisch keine Gefahr, bei dieser Leistung das Auge zu schädigen, außer, man schaut für längere Zeit direkt in den Strahl. Der Laserstrahl wird mit Hilfe von Linsen L_1 ($F \approx -50\,$mm) und L_2 ($F \approx 250\,$mm) auf etwa 8 mm Durchmesser aufgeweitet; man kann dann Beugungsmasken von vernünftiger Größe verwenden. (Wir fanden es überflüssig, eine Lochblende als räumlichen Filter zur „Säuberung" des Laserstrahls zu verwenden; dies macht den Aufbau komplizierter und bedeutet häufiges Nachjustieren.) Mit einer typischen Maske, die runde Löcher mit 0,5 mm Durchmesser besitzt, bekommt man bei einem Maske-Schirm-Abstand von 5 m einen Radius für den ersten dunklen Ring einer Airy-Scheibe von ca. 7 mm, was recht gering ist. Es werden daher zwei Linsen L_3 und L_4 als Teleobjektiv dazu verwendet, das Bild um einen Faktor 3 oder mehr zu vergrößern, abhängig von der Maske und den Details, die man beobachten möchte. Auf diese Weise wird die effektive Brennweite vervielfacht, ohne daß der Aufbau länger wird.

Mit moderner Videotechnologie kann man sehr dramatische Effekte erzielen, auch ohne die Raumbeleuchtung auszuschalten. Man kann eine CCD-Videokamera (die durch Überbelichtung durch die nullte Ordnung nicht beschädigt wird) ohne ihre Linsen verwenden und das Beugungsbild direkt auf ihre lichtempfindlichen Elemente projizieren, die typischerweise

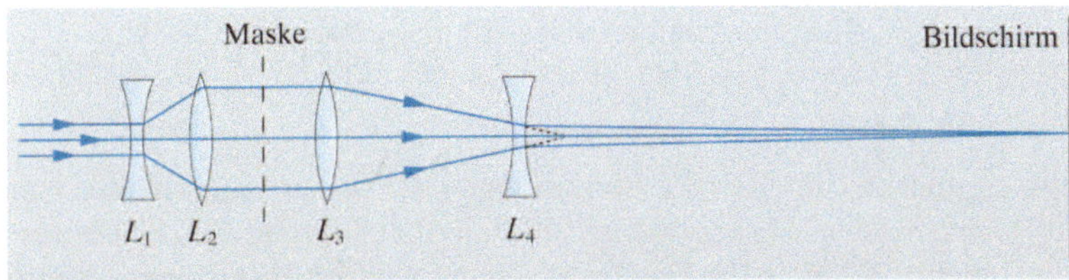

Abb. A2.3. Diffraktometer

Abb. A2.4. Diffraktometer zur Illustration räumlicher Filterung

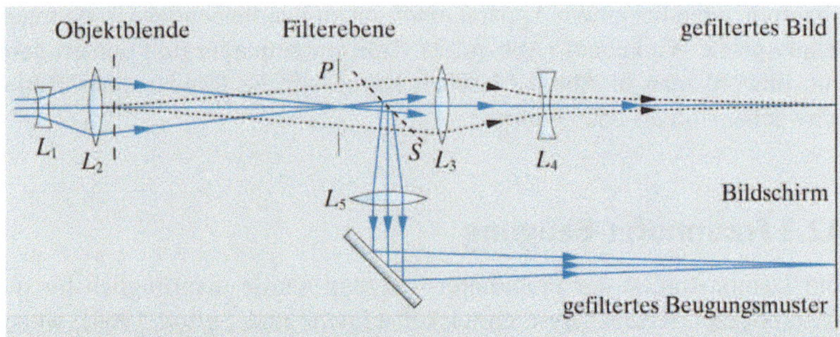

Abmessungen von etwa 1 cm besitzen. Dieses Bild wird dann von einem Videoprojektor auf die volle Bildschirmbreite vergrößert. So kann man auch ohne einen besonders starken Laser ausgesprochen'viele Details beobachten. Die Helligkeit der nullten Ordnung ist oft ein Problem (sie kann das Kamerasignal sättigen); dies kann man dadurch vermeiden, daß man die Kamera mit ihrer eigenen Linse dazu verwendet, das reelle Beugungsmuster auf einem halbdurchlässigen Schirm zu betrachten.

Man möchte oftmals ein Bild der Maske auf dem gleichen Schirm wie das Beugungsmuster sehen. Dies kann durch Einsetzen eines Strahlteilers nach der Maske realisiert werden; eine einfache Linse L_5 wird dann dazu verwendet, das gewünschte Bild zu erzeugen. Ein Strahlteiler muß von guter Qualität sein, da er sonst unerwünschte Interferenzmuster erzeugt. Ein kubischer Strahlteiler mit $\mathscr{R} \approx 0,5$ funktioniert ganz gut.

Eine Abwandlung der gleichen Idee kann dazu verwendet werden, die Abbesche Theorie und räumliche Filterung in der Fourierebene zu demonstrieren (Abb. A2.4). Der aufgeweitete Strahl wird nun leicht konvergent auf einen Punkt P fokussiert, um den herum das Beugungsmuster erscheint. Der Strahlteiler S wird direkt hinter P eingesetzt, und die Linse L_5 in einem der Ausgangsstrahlen wird dazu verwendet, die gefilterte optische Transformierte auf den Schirm abzubilden. Zusätzlich wird der andere Ausgangsstrahl des Strahlteilers dazu benutzt, das gefilterte Bild zu erzeugen. Dies muß mit Hilfe eines Teleobjektivs erfolgen, da es sonst zu klein zum Beobachten ist. (Es gibt hier widersprüchliche Anforderungen an den Aufbau, die nur mit Hilfe eines Teleobjektivs erfüllt werden können. Auf der einen Seite benötigt man für ein großes Bild ein großes Objekt. Dann wird das Beugungsmuster allerdings klein, und die räumliche Filterung wird zur delikaten Angelegenheit. Auf der anderen Seite würde ein kleines Objekt mit feinen Details dieses Problem lösen, wobei aber die abbildende Linse für ein stark vergrößertes Bild nicht nahe genug an das Objekt herangebracht werden kann, da sie hinter P angeordnet sein muß. Die Teleobjektiv-Linsen-Kombination stellt die Lösung hierfür dar.)

A2.3.2 Objekte

Beugungsmasken mit äußeren Abmessungen von bis zu 8 mm müssen nun konstruiert werden. Photographien sind hierfür aufgrund der Phasenverschiebungen, die durch die Emulsion erzeugt werden, keine gute Lösung.

Die besten Masken bestehen aus dünnem Pappkarton, unbelichtetem photographischem Film (Röntgenfilm ist hierfür ideal – er ist etwas dicker als optisches Filmmaterial) oder dünner Phosphor-Bronze-Folie (etwa 0,1 mm dick). *Taylor* und *Lipson* (1964) haben einen Pantograph zur Herstellung der Masken beschrieben, der sich leicht in einer vereinfachten Form herstellen läßt. Die rechteckigen Löcher in Computer-Lochkarten sind zur Darstellung von Einzel- und Mehrfachblenden nützlich. Andere Formen können in Folie gebohrt und gefeilt werden. Die Muster von Mehrfachblenden sind sehr hübsch, besonders, wenn sie symmetrisch sind – beispielsweise ringförmig angeordnete Lochblenden (Anhang 1). Man beachte speziell die Symmetriebeziehungen, wenn die Zahl der Blenden im Ring gerade oder ungerade ist.

Eine Demonstration des Babinetschen Prinzips kann einfach durch den Vergleich der Muster eines dicken Drahts (z.B. mit 1,5 mm Durchmesser) und einem Spalt der gleichen Breite erfolgen.

Dynamische Demonstrationen sind besonders beeindruckend. Der Effekt der Änderung des Abstands eines Blendenpaares kann mit Hilfe eines Doppelschlitzes mit variablem Abstand gezeigt werden. Ein solcher kann aus einem Paar langer, schmaler Schlitze, die nicht völlig parallel sind, konstruiert werden, wobei der verwendete Abschnitt durch Verschiebung ausgewählt wird. Entsprechend kann ein Paar keilförmiger, paralleler Spalte dazu verwendet werden, die Effekte der Änderung der einzelnen Blendengröße bei konstantem Blendenabstand zu zeigen. Die Folge der Beugungsmuster, die durch $1, 2, \dots, n$ parallele Blenden entstehen, kann durch Überlagerung eines groben, periodischen Rechteckgitters (Ronchi-Teilung) und einem Spalt variabler Breite, der die gewünschte Zahl der Perioden bestimmt, erzeugt werden. Diese Vorführung ist besonders wertvoll, da die Maske offensichtlich ein Produkt darstellt und die beiden gefalteten Beugungsmuster klar sichtbar sind (besonders, wenn der variable Spalt zufällig nicht genau parallel zu den Linien des Gitters ist).

Phasenmasken können auf verschiedene Weisen hergestellt werden. Natürlich können Photographien verwendet werden, zusammen mit einem Bleichprozeß. Einfacher dagegen ist die Verwendung von gespaltenem Glimmer und dünnen Deckgläsern, bei denen die Größe der Phasenverschiebung durch Kippen der Maskenebene relativ zur Richtung des Lichtstrahls verändert werden kann. Phasenobjekte mit vielen Details (um beispielsweise Phasenkontrast zu zeigen) können durch Auftragen von transparentem Klebstoff auf ein Deckglas erzeugt werden. Fingerabdrücke sind auch gute Phasenobjekte. Wir sollten auch Blaze-Gitter erwähnen, die leicht erhältlich sind. Der Bereich heißer Luft um eine Kerze herum ergibt ein dynamisches Phasenobjekt, das besonders zur Darstellung von Schlierenfilterung nützlich ist.

A2.3.3 Räumliche Filter

Zu den räumlichen Filtern, die in die Fourierebene eingesetzt werden können, zählt zuallererst die Irisblende (um Porters Experiment, Abb. 12.4, nachzuvollziehen), zu der Drähte und andere Hindernisse, die auf Deckgläsern aufgebracht sind, hinzugefügt werden können, um praktisch jede

Kombination von Beugungsflecken auszuwählen. Es ist nützlich, einen Mikroskopiertisch zu verwenden, um eine genaue x-y-Kontrolle über die Position der Filter zu haben, da sie genau relativ zum Beugungsmuster positioniert werden müssen.

Für Phasenobjekte können die in Abb. 12.18 gezeigten Filter – ein schwarzer Fleck in der Mitte eines Deckglases, eine Rasierklinge und ein kleines Loch in einem transparenten Zelluloid-Blatt – dazu verwendet werden, Dunkelfeld-, Schlieren-, und Phasenkontrastfilterung vorzuführen (wobei letztere sehr schwierig ist und bei einer Vorführung auf diesem Weg unserer Meinung nach nicht besonders überzeugend wirkt).

A2.4 Fresnel-Beugung

Fresnelsche Beugungsmuster können leicht dadurch gezeigt werden, daß man den Fraunhofer-Apparat defokussiert, obwohl es pädagogisch besser ist, die Linsen vollständig zu entfernen. Um Streuung an den Blendenkanten zu vermeiden, ist es am besten, sie aus Film und nicht aus Metallfolie herzustellen.

Besonders beeindruckend ist der helle Fleck in der Mitte des Schattens einer Scheibe, der sich leicht mit Hilfe eines Kugellagers mit etwa 5 mm Durchmesser zeigen läßt. Es kann auf einen Objektträger aus Glas geklebt oder an einem Draht befestigt werden (der den Fleck nur wenig, den Rest des Beugungsmusters aber merklich stört). Die Verwendung einer TV-Kamera ist hierbei wichtig, da der Fleck sehr klein ist und ihre nichtlineare Antwortfunktion dazu verwendet werden kann, die Helligkeit des Flecks zu erhöhen (d.h. durch Sättigung des Kamerasignals durch die äußeren Bereiche des Beugungsmusters).

Literaturverzeichnis

Kapitel 1

Born, M. (1981): Optik. 3. Aufl., Springer, Berlin, Heidelberg, New York

Born, M. und Wolf, E. (1980): Principles of Optics. 6th edn., Pergamon Press, Oxford

Demtröder, W. (1995): Experimentalphysik 2: Elektrizität und Optik. Springer, Berlin, Heidelberg, New York

Ewald, P.P. (1962): Fifty Years of X-Ray Diffraction. Oosthoek, Utrecht

Hooke, R. (1665): Micrographia

Lipson, H. (1968): The Great Experiments of Physics. Oliver and Boyd, Edinburgh

Segrè, E. (1984): From Falling Bodies to Radio Waves. Freeman and Co., New York

Kapitel 2

Brillouin, L. (1960): Wave Propagation and Group Velocity. Academic Press, New York

Marchand, E.W. (1978): Gradient Index Optics. Academic Press, London

Paczyński, B. und Wambsganss, J. (1993): Gravitational Microlensing. Physics World **6** (5), 26

Schneider, P., Ehlers, J. und Falco, E.E. (1992): Gravitational Lenses. Springer, Berlin, Heidelberg, New York

Kapitel 3

Demtröder, W. (1995): Experimentalphysik 2: Elektrizität und Optik. Springer, Berlin, Heidelberg, New York

Kingslake, R. (1978): Lens Design Fundamentals. Academic Press, New York

Kingslake, R. (1983): Optical System Design. Academic Press, Orlando

Welford, W.T. (1986): Aberrations of Optical Systems. Adam Hilger, Bristol

Welford, W.T. und Winston, R. (1989): High Collection Non-imaging Optics. Academic Press, San Diego

Kapitel 4

Born, M. (1981): Optik. 3. Aufl., Springer, Berlin, Heidelberg, New York

Born, M. und Wolf, E. (1980): Principles of Optics. 6th edn., Pergamon Press, Oxford

Bracewell, R.N. (1986): The Hartley Transform. Oxford University Press, Oxford

Brigham, E.O. (1988): The Fast Fourier Transform and Applications. Prentice Hall, New York

Collin, R.E (1991): Field Theory of Guided Waves. 2nd edn., IEEE, New York

Combes, J.M., Grossman, A. und Tchamitchian, Ph. (Eds.)(1990): Time-Frequency Methods and Phase Space. 2nd edn., Springer, Berlin, Heidelberg, New York

Stößel, W. (1993): Fourieroptik. Springer, Berlin, Heidelberg, New York

Villasenor, J. und Bracewell, R.J.N. (1987): Optical phase obtained by analogue Hartley transformation. Nature **330**, 735

Walker, J.S. (1988): Fourier Analysis. Oxford University Press, New York

Kapitel 5

Chiao, R.Y., Kwiat, P.G. und Steinberg, A.M. (1993): Faster than Light? Scientific Am., August 1993, 38

Cohen-Tannoudji, C., Diu, B. and Laloe, F. (1977): Quantum Mechanics. Wiley-Interscience, New York

Gasiorowicz, S. (1974): Quantum Physics. Wiley, New York

Grant, I.S. und Phillips, W.R. (1975): Electromagnetism. Wiley, London

Jackson, J.D. (1988): Klassische Elektrodynamik. 2. Aufl., de Gruyter, Berlin, New York

Wille, K. (1991): Synchrotron Radiation Sources. Rep. Prog. Phys. **54**, 1005

Zeilinger, A. (1981): General properties of lossless beam-splitters in interferometry. Am. J. Phys. **49**, 882

Kapitel 6

Azzam, R.M.A. und Bashra, N.M. (1989): Ellipsometry and Polarized Light. 2nd edn., North Holland, Amsterdam

Budden, K.G. (1966): Radio Waves in the Ionosphere. Cambridge University Press, Cambridge

Clarke, D. und Grainger, J.F. (1971): Polarized Light and Optical Measurement. Pergamon Press, Oxford

Hecht, E. (1989): Optik, Addison-Wesley, Bonn

Ibach, H. und Lüth, H. (1996): Festkörperphysik, 4. Aufl., Springer, Berlin, Heidelberg, New York

Kittel, C. (1996): Einführung in die Festkörperphysik. 11. Aufl., Oldenbourg, München

Myers, H.P. (1990): Introductory Solid-State Physics. Taylor and Francis, London

Yariv, A. (1989): Quantum Electronics. 3rd edn., Wiley, New York

Yariv, A. und Yeh, P. (1984): Optical Waves in Crystals. Wiley-Interscience, New York

Kapitel 7

Born, M. (1981): Optik. 3. Aufl., Springer, Berlin, Heidelberg, New York

Born, M. und Wolf, E. (1980): Principles of Optics. 6th edn., Pergamon Press, Oxford

Howells, M.R., Kirz, J. und Sayre, D. (1991): X-Ray Microscopes. Scientific Am., Feb. 1991, 42

van de Hulst, H.C. (1984): Scattering of Light by Small Particles. Dover, New York

Michette, A.G. (1988): X-ray microscopy. Rep. Prog. Phys. **51**, 1525

Wood, R.W. (1934): Physical Optics. MacMillan; 3rd edn., veröffentlicht von der Optical Society of America, 1989

Kapitel 8

Born, M. (1981): Optik. 3. Aufl., Springer, Berlin, Heidelberg, New York

Born, M. und Wolf, E. (1980): Principles of Optics. 6th edn., Pergamon Press, Oxford

Fienup, J.R. (1982): Phase Retrieval Algorithms: A Comparison. Appl. Opt. **21**, 2758

Hauptman, H.A. (1991): The Phase Problem of X-Ray Crystallography. Rep. Prog. Phys. **54**, 1427

Hutley, M.C. (1982): Diffraction Gratings. Academic Press, London

Korpel, A. (1988): Acousto-Optics. Marcel Dekker, New York

Squires, G.L. (1978): Introduction to the Theory of Thermal Neutron Scattering. Cambridge University Press, Cambridge

Taylor, C.A. und Lipson, H. (1964): Optical Transforms. G. Bell and Sons, London

Woolfson, M.M. (1971): Direct Methods in Crystallography. Rep. Prog Phys., 369

Yariv, A. (1991): Quantum Electronics. 4th edn., Holt, Reinhart and Winston, Philadelphia

Kapitel 9

Berry, M.V. (1984): Quantal Phase Factors Accompanying Adiabatic Changes. Proc. Roy. Soc. London **A392**, 45–57

Berry, M.V. (1987): Interpreting the Anholonomy of Coiled Light. Nature **326**, 277

Binder, R.C. (1973): Fluid Mechanics. 5th edn., Prentice Hall, New York

Chiao, R.Y., Antaramian, A., Ganga, K.M., Jaio, H. und Wilkinson, S.R. (1988): Observation of a Topological Phase by means of a Non-planar Mach-Zehnder Interferometer. Phys. Rev. Lett. **60**, 1214

Chow, W.W., Gea-Banacloche, J., Pedrotti, L.M., Sanders, V.E., Schleich, W. und Sculley, M.O. (1985): The Ring Laser Gyro. Rev. Mod. Phys. **57**, 61–104

Cowley, J.M. (1984): Diffraction Physics. 2nd edn., North Holland, Amsterdam

Hariharan, P. (1985): Optical Interferometry. Academic Press, Sydney

Hutley, M.C. (1982): Diffraction Gratings. Academic Press, London

Kim, B.Y. und Shaw, H.J. (1986): Fiber-Optic Gyroscopes. IEEE Spectrum, March 1986, 54

Lefevre, H. (1993): The Fiber-Optic Gyroscope. Artech House, Boston

Lipson, S.G. (1990): Berry's Phase in Optical Interferometry – a Simple Interpretation. Optics Lett. **15**, 154

Loewen, E.G. (1983): Diffraction Gratings, Ruled and Holographic. In: Applied Optics and Optical Engineering, Vol. IX, Shannon, R.R. und Wyant, J.C. (Eds.). Academic Press, New York

Michelson, A.A. (1927): Studies in Optics. Nachdruck durch University of Chicago Press, Chicago, 1962

Steel, W.H. (1983): Interferometry. Cambridge University Press, Cambridge

Tolansky, S. (1973): An Introduction to Interferometry. 2nd edn., Wiley, New York

Tomita, A. und Chiao, R.Y. (1986): Observation of Berry's Topological Phase by Use of an Optical Fiber. Phys. Rev. Lett. **57**, 937

Kapitel 10

Agrawal, G.W. (1989): Nonlinear Fiber Optics. Academic Press, Boston

Cohen-Tannoudji, C., Diu, B. und Laloe, F. (1977): Quantum Mechanics. Wiley-Interscience, New York

Desurvire, E. (1992): Lightwave Communications: the 5th Generation. Scientific Am., Jan. 1992, 114

Gasiorowicz, S. (1974): Quantum Physics. Wiley, New York

Ghatak, A. und Thyagarajan, K. (1980): Graded-Index Optical Waveguides: A Review. In: Progress in Optics XVIII, 1. North Holland, Amsterdam

Gloge, D. (1979): The Optical Fibre as a Transmission Medium. Rep. Prog. Phys. **42**, 1777

Keiser, G. (1991): Optical Fiber Communications, 2nd edn., McGraw Hill, New York

Liddell, H.M. (1981): Computer-aided Techniques for the Design of Multilayer Filters. Hilger, Bristol

Marcuse, D. (1989): Light Transmission Optics. 2nd edn., van Nostrand-Reinhold, New York

Marcuse, D. (1991a): Theory of Dielectric Optical Waveguides. 2nd edn., Academic Press, Boston

Marcuse, D. (1991b): Dielectric Optical Waveguides. 2nd edn., Academic Press, San Diego, CA

Macleod, H.A. (1989): Thin-film Optical Filters. Hilger, Bristol

Yablonovitch, E. (1993): Photonic Band Structures. J. Opt. Soc. Am. **B10**, 283–295

Young, M. (1996): Optik, Laser, Wellenleiter. Springer, Berlin, Heidelberg, New York

Kapitel 11

Beckers, J.M. und Merckle, F. (Eds.) (1992): High-Resolution Imaging by Interferometry II, ESO Conference and Workshop Proceedings 39. European Southern Observatory, Garching

Bell, R.J. (1972): Introductory Fourier Transform Spectroscopy. Academic Press, New York

Brown, R.H. (1974): The Intensity Interferometer. Taylor and Francis, London

Brown, R.H. und Twiss, R.Q. (1956): Correlation between photons in two beams of light. Nature **177**, 27–29

Foot, C.J. (1991): Laser Cooling and Trapping of Atoms. Contemp. Phys. **32**, 369

Haroche, S. und Kleppner, D. (1989): Cavity Quantum Electrodynamics. Physics Today **42**, 24–30

Jeans, J. (1982): An Introduction to the Kinetic Theory of Gases. Cambridge University Press, Cambridge

Kellerman, K.I. und Thompson, A.R. (1988): Very Long Baseline Array. Scientific. Am., Jan. 1988, 44

Landau, L.D. und Lifschitz, J.M. (1991): Lehrbuch der theoretischen Physik 5: Statistische Physik, Teil 1, 8. Aufl., Harri Deutsch, Frankfurt am Main, Thun

Landau, L.D. und Lifschitz, J.M. (1992): Lehrbuch der theoretischen Physik 9: Statistische Physik, Theorie des kondensierten Zustands, 4. Aufl., Harri Deutsch, Frankfurt am Main, Thun

Lauterborn, W., Kurz, T. und Wiesenfeldt, M. (1995): Coherent Optics. Springer, Berlin, Heidelberg, New York

Michelson, A.A. (1927): Studies in Optics. Nachdruck durch University of Chicago Press, Chicago, 1962

Morgan, B.L. und Mandel, L. (1966): Measurement of Photon Bunching in a Thermal Light Beam. Phys. Rev. Lett. **16**, 1012–1015

Parker, T.J. (1990): Dispersive Fourier Transform Spectroscopy. Contemp. Phys. **31**, 335

Perley, R.A., Schwab, F.R. und Bridle, A.H. (1986): Synthesis Imaging (NRAO Summer School). NRAO, Green Bank, WV

Rohlfs, K. und Wilson, T.L. (1996): Tools of Radio Astronomy, 2nd edn., Springer, Berlin, Heidelberg, New York

Kapitel 12

Betzig, E., Trautman, J.K., Harris, T.D., Weiner, J.S. und Kostelak, R.L. (1991): Breaking the Diffraction Barrier: Optical Microscopy on a Nanometric Scale. Science **251**, 1468–1470

Betzig, E. und Trautman, J.K. (1992): Near-field Optics: Microscopy, Spectroscopy and Surface Modification beyond the Diffraction Limit. Science **257**, 189–195

Binnig, G. und Rohrer, H. (1985): The Scanning Tunnel Microscope. Scientific Am., August 1985, 40

Blundell, H. und Johnson, L.N. (1976): Protein Crystallography. Academic Press, New York

Collier, R.J., Burckhardt, C.B. und Lin, L.H. (1971): Optical Holography. Academic Press, New York

Goodman, J.W. (1985): Statistical Optics. Wiley, New York

Guenther, R. (1990): Modern Optics. Wiley, New York

Harburn, G. (1972): Optical Fourier Synthesis. In: Optical Transforms, Lipson, H. (Ed.), 189. Academic Press, London

Hariharan, P. (1989): Optical Holography. Cambridge University Press, Cambridge

Heisenberg, W. (1930): The Physical Principles of the Quantum Theory, Chaps. II, III. University of Chicago Press, Chicago

Jacquinot, P. und Roizen-Dossier, B. (1964): Apodization. In: Progress in Optics III, Wolf, E. (Ed.), 29. North-Holland, Amsterdam

Jones, R. und Wykes, C. (1989): Holographic and Speckle Interferometry. Cambridge University Press, Cambridge

Kingslake, R. (1978): Lens Design Fundamentals. Academic Press, New York

Knox, K.T. und Thompson, B.J. (1974): Recovery of Images from Atmospherically-degraded Short-exposure Photographs. Astrophys. J. **193**, L45–48

Krug, W., Rienitz, J. und Schulz, G. (1968): Contributions to Interference Microscopy, Dickson, J.H. (Übers.). Hilger and Watts, London

Labeyrie, A. (1976): High Resolution Techniques in Optical Astronomy. In: Progress in Optics XIV, 47, Wolf, E. (Ed.). North Holland, Amsterdam

Levenson, M.D. (1993): Wavefront Engineering for Microlithography. Physics Today, July 1993, 26

Lewis, A., Isaacson, M., Harootunian, A. und Murray, A. (1984): Development of a 500 Å Resolution Light Microscope: I – Light is Efficiently Transmitted through a $\lambda/6$ Diameter Aperture. Ultramicroscopy **13**, 227–230

Loewen, E.G. (1983): Diffraction Gratings, Ruled and Holographic. In: Applied Optics and Optical Engineering IX, Shannon, R.R. und Wyant, J.C. (Eds.). Academic Press, New York

Paesler, M. und Moyer, P. (1995): Near-field Optics. Wiley Interscience, New York

Pearson, J.E., Freeman, R.H. und Reynolds, H.C. (1979): Adaptive Optical Techniques for Wavefront Correction. In: Applied Optics and Optical Engineering VII, Shannon, R.R. und Wyant, J.C. (Eds.). Academic Press, New York

Pohl, D.W., Denk, W. und Lanz, M. (1984): Optical Stethoscopy: Image Recording with Resolution $\lambda/20$. Appl. Phys. Lett. **44**, 651

Smith, F.G. (1962): Radioastronomy. Penguin Books, Harmondsworth

Tonomura, A. (1986): Electron Holography. In: Progress in Optics XXIII, 183, Wolf, E. (Ed.). North Holland, Amsterdam

Toraldo di Francia, G. (1952): Super-gain Antennas and Optical Resolving Power. Suppl. Nuovo Cimento **9**, 426

Tyson, R.K. (1991): Principles of Adaptive Optics. Academic Press, Boston

Weigelt, G. (1991): Triple-Correlation Imaging in Optical Astronomy. In: Progress in Optics XXIX, Wolf, E. (Ed.). North Holland, Amsterdam.

Wilson, T. und Sheppard, C.J.R. (1984): Theory and Practice of Scanning Optical Microscopy. Academic Press, London

Woolfson, M.M. (1970): X-ray Crystallography. Cambridge University Press, Cambridge

Kapitel 13

Altman, C. und Suchy, K. (1991): Reciprocity, Spatial Mapping and Time Reversal in Electromagnetics. Kluwer Academic Press, Dordrecht

Bloembergen, N. (1982): Non-linear Optics. 2nd edn., Benjamin, New York

Brillouin, L. (1960): Wave Propagation and Group Velocity. Academic Press, New York

Budden, K.G. (1966): Radio Waves in the Ionosphere. Cambridge University Press, Cambridge

Fischer, B. und Sternklar, S. (1985): Image Transmission and Interferometry with Multimode Fibers Using Self-pumped Phase Conjugation. Appl. Phys. Lett. **46**, 113

Landau, L.D. und Lifschitz, J.M. (1991): Lehrbuch der theoretischen Physik 5: Statistische Physik, Teil 1, 8. Aufl., Harri Deutsch, Frankfurt am Main, Thun

Landau, L.D. und Lifschitz, J.M. (1992): Lehrbuch der theoretischen Physik 9: Statistische Physik, Theorie des kondensierten Zustands, 4. Aufl., Harri Deutsch, Frankfurt am Main, Thun

Loudon, R. (1983): The Quantum Theory of Light. 2nd edn., Clarendon Press, Oxford

Pepper, D.M. (1986): Applications of Optical Phase Conjugation. Scientific Am., Jan. 1986, 56

Pepper, D.M., Feinberg, J. und Kukhtarev, N.V. (1990): The Photorefractive Effect. Scientific Am., Oct. 1990, 34

Yariv, A. (1989): Quantum Electronics. 3rd edn., Wiley, New York

Yariv, A. (1991): Optical Electronics. 4th edn., Holt, Reinhart and Winston, Philadelphia

Kapitel 14

Demtröder, W. (1996): Laser Spectroscopy, 2nd edn., Springer, Berlin, Heidelberg, New York

Goldin, E. (1982): Waves and Photons – an Introduction to Quantum Optics. Wiley, New York

Greenberger, D.M., Horne, M.A. und Zeilinger, A. (1993): Multiparticle Interferometry and the Superposition Principle. Physics Today, 22

Haroche, S. und Kleppner, D. (1989): Cavity Quantum Electrodynamics. Physics Today **42**, 24–30

Haroche, S. und Raimond, J.M. (1993): Cavity Quantum Electrodynamics. Scientific Am., April 1993, 26

Ibach, H. und Lüth, H. (1996): Festkörperphysik. 4. Aufl., Springer, Berlin, Heidelberg, New York

Jhe, W., Anderson, A., Hinds, E.A., Meschede, D., Moi, L. und Haroche, S. (1987): Suppression of Spontaneous Decay at Optical Frequencies. Phys. Rev. Lett. **58**, 666–669

Kimble, H.J., Dagenais, M. und Mandel, L. (1977): Photon Antibunching in Resonance Fluorescence. Phys. Rev. Lett. **39**, 691-695

Kittel, C. (1996): Einführung in die Festkörperphysik. 11. Aufl., Oldenbourg, München

Machida, S., Yamamoto, Y. und Itaya, Y. (1987): Observation of Amplitude Squeezing in a Constant-Current-Driven Semiconductor Laser. Phys. Rev. Lett. **58**, 1000–1003

Meystre, P. und Sargent, M. (1991): Elements of Quantum Optics. 2nd edn., Springer, Berlin, Heidelberg, New York

Meystre, P. und Walls, D.F. (Eds.) (1991): Non-classical Effects in Quantum Optics (Key papers in physics 4). American Institute of Physics, New York

Mills, D.L. (1991): Nonlinear Optics. Springer, Berlin, Heidelberg, New York

Peres, A. (1993): Quantum Theory – Concepts and Methods. Kluwer, Dordrecht

Pfleegor, R.L. und Mandel, L. (1968): Further Experiments on Interference of Independent Photon Beams at Low Light Levels. J. Opt. Soc. Am. **58**, 946

Rae, A.I.M. (1986): Quantum Physics: Illusion or Reality? Cambridge University Press, Cambridge

Reynauld, S., Heidmann, A., Giacobino, E. und Fabre, C. (1992): Quantum Fluctuations in Optical Systems. In: Progress in Optics XXX, Wolf, E. (Ed.). North Holland, Amsterdam

Svelto, O. (1989): Principles of Lasers. 3rd edn., Plenum, New York

Tapster, P.R., Rarity, J.G. und Satchell, J.S. (1987): Generation of Sub-Poissonian Light by High-Efficiency Light-Emitting Diodes. Europhys. Lett. **4**, 293

Teich, M.C. und Saleh, B.E.A. (1985): Observation of sub-Poisson Franck-Hertz Light. J. Opt. Soc. Am. **B2**, 275–282

Teich, M.C. und Saleh, B.E.A. (1990): Squeezed and anti-bunched light. Physics Today, Juni 1990, 26

Wilson, J. und Hawkes, J.F.B. (1989): Optoelectronics – an Introduction. 2nd edn., Prentice Hall, Englewood Cliffs, New Jersey

Wu, L., Kimble, H.J., Hall, J.L. und Wu, H. (1986): Generation of Squeezed States by Parametric Down-Conversion. Phys. Rev. Lett. **57**, 2520–2523

Xiao, M., Wu, L. und Kimble, H.J. (1987): Precision Measurement beyond the Shot-Noise Limit. Phys. Rev. Lett. **59**, 278–281

Yariv, A. (1991): Optical Electronics. 4th edn., Holt, Reinhart and Winston, Philadelphia

Yurke, B. (1984): Use of Cavities in Squeezed-State Generation. Phys. Rev. A **29**, 408–410

Zou, X.Y., Wang, L.J. und Mandel, L. (1991): Induced Coherence and Indistinguishability in Optical Interference. Phys. Rev. Lett. **67**, 318

Kapitel 15

Bates, R.H.T. und McDonald, M.J. (1986): Image Restoration and Reconstruction. Clarendon Press, Oxford

Collin, R.E (1991): Field Theory of Guided Waves. 2nd edn., IEEE, New York

Senthilkumaran, P., Sriram, K.V., Korhiyal, M.P. und Sirohi, R.S. (1995): Appl. Opt. **34**, 1197

Wilson, J. und Hawkes, J.F.B. (1989): Optoelectronics – an Introduction. 2nd edn., Prentice Hall, Englewood Cliffs, New Jersey

Anhang 1

Harburn, G., Taylor, C.A. und Welberry, T.R. (1975): Atlas of Optical Transforms. G. Bell and Sons, London

Watson, G.N. (1958): A Treatise on the Theory of Bessel Functions. 2nd edn., Cambridge University Press, Cambridge

Anhang 2

Lipson, S.G. (1972): Optical Transforms in Teaching, in: Lipson, H. (Ed.), Optical Transforms, 349. Academic Press, London

Taylor, C.A. (1988): The Art and Science of Lecture Demonstration. Hilger, Bristol

Taylor, C.A. und Lipson, H. (1964): Optical Transforms. G. Bell and Sons, London

Sach- und Namenverzeichnis

ALBERT® ist ein Windows-Lernprogramm, das physikalische Experimente für alle Fachrichtungen am PC-Bildschirm simuliert und erklärt.

Die Windows-Oberfläche ist selbsterklärend und ermöglicht auch dem unerfahrenen Benutzer, sofort eine Simulation zu starten. Durch geschicktes Verändern der Variablen können Sie die verschiedensten Versuche durchführen. Die Anzeigemöglichkeiten erlauben Ihnen die Beobachtung aller Effekte in der gleichen Simulation. Hilfetexte bieten zu jedem Versuch Theorie, Anregungen und Übungen.

ALBERT® gibt allen, die sich für Physik interessieren, ein Heimlabor in die Hand, um Zusammenhänge besser verstehen zu lernen. Physikstudenten im Haupt- und Nebenfach können sich damit auch auf Prüfungen vorbereiten. ALBERT® läßt sich bestens in der Vorlesung oder im Schulunterricht einsetzen.

M. Wüllenweber, Hamburg, FRG

ALBERT®
Physik Interaktiv 1
ISBN 3-540-14539-7, DM 79,-

ALBERT®
Physik Interaktiv 2
ISBN 3-540-14540-0, DM 79,-

Die Programmiersprache
ZU ALBERT®
PhysCAL

Mit zahlreichen Programmierbeispielen vor allem zu Mechanik und Quantenmechanik.
ISBN 3-540-14185-5. DM 169,00

Sehr einfach in einer Art PASCAL zu programmieren, ist PhysCAL die ideale Ergänzung für alle Nutzer.

Das Paket 1 bietet 18 Versuche zur Mechanik und Wellenlehre und 6 Programme zur Optik.

Das Paket 2 bietet 6 Versuche zur Elektrizitätslehre, 6 zu Thermodynamik und Statistik, 5 zur Quantenmechanik und 2 zur Kernphysik.

Hardware- und Softwareanforderungen:

IBM 80486 oder kompatibler PC mit VGA-Grafik und Maus, ca. 5 MB freie Festplattenspeicher, Microsoft Windows 3.1 oder Windows '95.

M. Young, Boulder, CO, USA

Optik, Laser, Wellenleiter

mit Fasern und optischen Wellenleitern

Aus dem Amerikanischen übersetzt von **R. Kowarschik, L. Wenke, A. Kießling, B. Fleck, H. Rehn**

1997. XXII, 486 S. 286 Abb., 5 Tab. Brosch.
DM 64,-; öS 467,20; sFr 56,50
ISBN 3-540-60358-1

Optik, Laser, Wellenleiter stellt eine Einführung in die angewandte Optik dar. Dabei werden nicht nur Strahlenoptik mit optischen Instrumenten, Lichtquellen und Detektoren einerseits sowie Wellenoptik mit Interferometrie andererseits behandelt; es wird auch ausführlich auf Holographie, Laser, Kohärenz, Faseroptik, Wellenleiter und integrierte Optik eingegangen. Die physikalischen Grundlagen, Anwendungen und die Instrumentierung stehen dabei stets im Vordergrund. Mehr als 100 Übungen dienen der Vertiefung des Stoffes. Das Buch ist sowohl als vorlesungsbegleitende Lektüre für Studenten als auch als Nachschlagewerk für Diplomanden, Wissenschaftler und Praktiker geeignet.

Springer Verlag und Umwelt

Springer

Wie können wir unsere Lehrbücher noch besser machen?

Diese Frage können wir nur mit Ihrer Hilfe beantworten. Zu den unten angesprochenen Themen interessiert uns Ihre Meinung ganz besonders. Natürlich sind wir auch für weitergehende Kommentare und Anregungen dankbar.

Unter allen Einsendern der ausgefüllten Karten aus **Springer-Lehrbüchern** verlosen wir pro Semester **Überraschungspreise** im Wert von insgesamt **DM 5000.- !**

(Der Rechtsweg ist ausgeschlossen)   Springer-Verlag

Damit wir noch besser auf Ihre Wünsche eingehen können, bitten wir Sie, uns Ihre persönliche Meinung zu diesem Springer-Lehrbuch mitzuteilen.

Bitte kreuzen Sie an:	sgt.		bfr.		mgh.
Didaktisches Konzept	❑	❑	❑	❑	❑
Übersichten	❑	❑	❑	❑	❑
Aufgaben und Lösungen	❑	❑	❑	❑	❑
Abbildungen	❑	❑	❑	❑	❑
Literaturverzeichnis	❑	❑	❑	❑	❑

	mehr		gerade richtig		weniger
Abbildungen	❑	❑	❑	❑	❑
Hervorgehobene Formeln	❑	❑	❑	❑	❑
Aufgaben und Lösungen	❑	❑	❑	❑	❑
Literaturstellen	❑	❑	❑	❑	❑
Begriffe des Sachverzeichnisses	❑	❑	❑	❑	❑

Zu welchem Zweck haben Sie dieses Buch gekauft?

❑ zur Prüfungsvorbereitung im Prüfungsfach _______________

❑ Verwendung neben einer Vorlesung

❑ zur Nachbereitung einer Vorlesung

❑ zum Selbststudium

❑ _______________

Was würden Sie anders machen?

____
____
____
____